轻烃加工工艺与工程

孙丽丽　主编

中国石化出版社

内 容 提 要

本书论述了炼油厂 C_6及以下轻质烃类(简称轻烃)的加工工艺过程和工程技术。内容包括炼油厂轻烃资源与加工利用方案、轻烃回收与净化、炼厂“干气”的综合回收利用、高辛烷值清洁汽油组分、石油化工基础原料及相关精细化学品、合成树脂与合成橡胶、轻烃加工综合效益分析等。

本书系统、完整和深入地论述了炼油厂轻烃加工工艺和工程，是突出理论与实践、工艺与工程、技术与经济及国内与国外相结合的创新性专著。

本书的主要读者对象为从事炼油与石化规划、研发、设计、生产及其管理的科技工作者和生产经营者，也可供有关大专院校师生学习参考。

图书在版编目(CIP)数据

轻烃加工工艺与工程/孙丽丽主编.—北京:中国石化出版社，2020.10(2022.4 重印)
ISBN 978-7-5114-5899-5

Ⅰ.①轻… Ⅱ.①孙… Ⅲ.①烃-石油炼制-生产工艺 Ⅳ.①TE96

中国版本图书馆 CIP 数据核字(2020)第 150786 号

中国石化出版社出版发行

地址:北京市东城区安定门外大街 58 号
邮编:100011 电话:(010)57512500
发行部电话:(010)57512575
http://www.sinopec-press.com
E-mail:press@sinopec.com
北京科信印刷有限公司印刷
全国各地新华书店经销

*

787×1092 毫米 16 开本 57 印张 1424 千字
2020 年 12 月第 1 版 2022 年 4 月第 2 次印刷
定价:450.00 元

《轻烃加工工艺与工程》
编 委 会

主　编　孙丽丽

副主编　李志强　蒋荣兴　王鑫泉

顾　问　徐承恩

编　委（按姓氏笔画排序）

丁文有　马爱增　于　群　王　彤

华　炜　刘永芳　朱华兴　朱学军

迟庆峰　李广华　李出和　李　浩

吴　雷　余学恒　范传宏　郑拥军

高　耸　袁忠勋　戴文松

序

随着我国石化工业的快速发展，我国炼油加工能力和乙烯生产能力均居世界第二位，支撑了国民经济的发展。进入21世纪，石油对外依存度不断增加，至2019年已经超过了70%，因此，提升石油资源有效利用率是事关能源安全的重要任务之一。

原油中的轻烃是重要的能源和资源，数量可观，利用价值高。通常一座原油深度加工的炼油厂，其轻烃产量约占原油加工量的10%左右。若将炼油厂所产轻烃经分离后再进一步加工，则可多生产高附加值的高档汽油组分及化工品，其经济效益相当可观。

炼油厂轻烃加工利用涉及合成树脂、合成橡胶、合成纤维、基本有机化工原料、高辛烷值汽油调和组分等石油化工的众多技术领域。因此，业界深切期盼能有一本系统介绍国内外轻烃加工技术和发展状况、全面分析评价轻烃加工利用经济性的专著。

孙丽丽同志是我国首座单系列千万吨级炼厂等多项重大工程的总负责人，提出了重油高效转化和轻烃精准回收增值利用的集成优化思路，建立了高效清洁炼化新工艺，她带领团队在原油高效清洁转化技术集成创新上取得了重大突破，使渣油高效转化、轻烃等低值副产品高附加值化，实现了资源高效利用和污染物源头治理。我一直期望她和她的团队结合这些经验进行总结与展望，让好的经验得到分享。

今天很高兴看到中国石化出版社和中国石化工程建设有限公司合作出版、由中国工程院孙丽丽院士任主编的《轻烃加工工艺与工程》专著。这是国内外第一部系统介绍炼油厂轻烃资源加工和利用的工程科技专著，首次对炼油厂轻烃资源进行系统梳理，首次系统总结炼油厂轻烃利用和加工的路线、方法和经验，内容丰富、翔实、新颖、实用。该专著的出版将会指导炼油厂轻烃的统筹规划、优化加工利用，对促进炼油厂结构调整、节约石油资源、降低原油加工成本、提升炼油厂经济效益具有重要意义。

该专著是多学科技术的集成，便于读者了解炼油厂轻烃加工工艺过程和工程技术的现状和未来，也是当前最全面、最实用的炼油厂轻烃加工工艺和工程的教科书和培训教材，可用于培养和造就炼油厂轻烃加工工艺与工程方面的研究、设计、建设、生产操作和管理人才。

袁晴棠

2020年11月30日

前　　言

长期以来，炼油厂的轻烃除少部分用于生产炼厂油品的调和组分（如烷基化油和MTBE等）外，大部分均作为炼油厂自用燃料或低值的商品燃料出售，不仅污染了环境，而且极大地浪费了有限的能源资源。

随着我国石油资源对外依存度的提高和环保要求的日趋严格，炼油厂轻烃资源的利用日益受到重视。业内关注轻烃中的乙烷、乙烯、丙烷、丙烯、丁烷、丁烯、异丁烷、异丁烯等资源的深度加工和利用，挖掘轻烃潜力资源，以节约原油资源消耗。

本书较为系统梳理了国内炼油厂轻烃资源的来源和数量，系统总结了国内外炼油厂轻烃加工利用的应用技术、科研成果、工业实践，并展望了未来发展，形成了这一工程技术领域的集成创新技术，为读者提供一个了解炼油厂轻烃加工和利用的理念、思路、方法和应用的平台，即如何合理利用和加工炼油厂轻烃、节约有限的石油资源、在满足人们对石油和石化产品需求的同时保护环境，以促进我国炼油工业和国民经济的可持续发展。

本书的作者来自国内的设计、科研、生产单位及著名高等院校，都是长期在一线从事该领域的科技专家和技术骨干，具有较高的理论水平和丰富的实践经验。因而，本书内容贴近科研、设计和生产实际，不仅具有新颖性，而且极具实用价值。

本书由孙丽丽负责框架设计、写作提纲、编写要求，并统稿和定稿。第一篇由孙丽丽、李志强、王鑫泉和李进锋撰写，第二篇第一章第一节由吴小平撰写、第二节由余龙红撰写、第三节由胡刚撰写、第四节由张方方撰写、第五节由黄孟旗和徐松撰写，

第二章第一节由戴文松撰写、第二节由魏志强撰写，第三章由袁忠勋和潘丽莉撰写，第三篇第一章第一节由吴小平撰写、第二节由余龙红撰写、第三节由胡刚撰写、第四节由张方方撰写、第五节由黄孟旗和徐松撰写，第二章由张竹梅撰写，第三章由沙利撰写，第四章由吴小平撰写，第四篇第一章和二章由马婧撰写，第三章由宋以常、李辉和黄孟旗撰写，第四章由李淑红、张仲利和李建保撰写，第五章由刘建路、张浩波、潘玉强和陈晓宇撰写，第五篇第一章第一至四节由张立新撰写、第五节由刘植昌、张睿和孟祥海撰写，第二章第一节由王传真和王玉翠撰写、第二节由申建华和李吉春撰写，第三章由张立新撰写，第四章第一节由张方方撰写、第二节由王鑫泉撰写，第六篇第一章由刘健和郭雪华撰写，第二章由于中伟撰写，第三章第一至三节及第七节由翟庆铜和周峰撰写、第四至六节由胡林撰写，第四章由陈茂春撰写，第五章由马立国撰写，第七篇第一章由苏洪、胡晓石、华朋和赵钢撰写，第二章由陈茂春撰写，第八篇第一章由吴群英撰写，第二章由赵文忠撰写。蒋荣兴参加了全书的策划、编制的组织和全书的审稿，王鑫泉参加了全书的审稿，霍宏伟、祖超、胡德铭、应江宁、刘雪梅等也为本书做出了贡献。

本书在编写过程中得到了中国石化工程建设有限公司、中国石化石油化工科学研究院、中国石化大连石油化工研究院、中石化洛阳(广州)工程有限公司、中国石化燕山石化公司、中国石油兰州石化公司、中国海油山东海化集团有限公司、中海石油中捷石化有限公司、中国石油大学(北京)和中国石化出版社的大力支持。中国工程院袁晴棠院士为本书作序，中国工程院徐承恩院士对本书做了大量的指导工作，谨在此表示感谢。

由于专业面广、水平有限，书中内容虽经多次讨论和修改，仍难免有不妥或不足之处，敬请广大读者批评指正。

目　　录

第一篇　总　　论

第二篇　炼厂轻烃资源与加工利用方案

第三篇　轻烃回收与净化

第四篇　炼厂干气的综合回收利用

第五篇 高辛烷值清洁汽油组分

第六篇 石油化工基础原料及相关精细化学品

第七篇　合成树脂与合成橡胶

第八篇　轻烃加工综合效益分析

第一篇 总 论

第一章 石油炼制与石油化工

第一节 石油炼制、石油化工产业的发展历程

一、石油炼制

(一) 石油炼制产业的发展历程

石油炼制产业的建立大约可以追溯到19世纪初，1823年俄国杜比宁兄弟建立了世界上第一座釜式蒸馏炼油厂；1860年，美国B. Siliman建立了原油连续蒸馏装置，至今已近200年，这可以看作是世界炼油工业的雏形。近200年来，石油炼制工业不论是规模还是技术都得到了极大的发展。截至2019年底，全球炼油能力已达4907.00Mt/a，炼油厂总数达763座，遍布全球五大洲。

中国石油生产和石油炼制产业也经历了一个漫长的历史过程。新中国成立前发展极为缓慢，至1949年中华人民共和国成立之前70年，全国累计生产的天然石油仅0.672Mt，加上东北地区生产的人造石油2.324Mt，累计石油总产量也不过3.00Mt。

新中国成立后，国内石油工业飞速发展，从1960年到1965年，是石油生产实现历史性突破的重要时期。到1978年全国石油产量达到104.00Mt(其中人造石油0.363Mt)，成为当时世界上第8产油大国；到1988年达到137Mt(其中人造石油0.182Mt)，居世界第5位，至2008年达187.00Mt；2009年达189.00Mt，仍居世界第5位。2010年全国石油产量突破200.00Mt/a，之后一直稳定在200.00Mt/a左右的水平。与此同时，由于国内石油炼制规模迅速增长，随之逐年加大了石油进口量。2015年石油对外依存度已达65%，2019年更达70.8%[1]。

中国石油炼制产业起步较晚，虽在1907年就建立了陕西石油官矿局炼油房，但是直到1949年，全国仅有几个小规模的简单小型炼油厂。

新中国成立后，随着石油产业生产能力和产量的不断增加，石油炼制产业规模也迅速扩大。到1988年，全国石油一次加工能力达116.00Mt/a(不含台湾地区，以下同)；至2006年底达384.00Mt/a，2008年底达438.00Mt/a，其石油炼制能力进入世界第2位。至2015年，石油炼制产能已达750.00Mt/a以上(之后由于关停落后产能，2015年底实际产能降为710.20Mt/a)，仅次于美国仍居世界第2位。2019年全国炼油能力达到881.00Mt/a[2]。

(二) 技术发展与启示

世界石油炼制产业在经历了分离和热加工、沸石催化剂催化加工和现代加氢技术等三个发展阶段后，已成为规模宏大、技术密集的产业集群。目前，石油炼制已步入数字化时代，向智能化方向发展。

现代石油炼制产业，通过深度转化，把每吨原油按市场所需要的比例，转化成为各种燃料、润滑油(脂)、化工原料产品和电力等，使每吨原油所产生的价值比以往任何时候都要高；石油炼制生产不仅有高的转化率，可将全部渣油经济有效地转化为轻质产品，同时生产清洁的汽油、柴油、喷气燃料和优质润滑油(脂)，全部成品是符合环保要求的清洁产品；随着加工能力的提高，油品和化工产品需求的变化，炼厂向生产更多化工原料转变；炼厂能加工组成和性质变化较大的各种原油，并且可大幅度改变产品分布，使目的产品的数量最大化和质量最佳化。因而，能经济有效地适应市场需求或价格的变化；可以快速分析原油和中间产物的分子组成，通过实时操作，获得理想的产品组成，进而获得最大的经济价值；通过整合工艺模型，可在实时的基础上优化炼油厂的生产过程，充分实现预期的经济目标。

由于科学技术和工程技术的进步，带动了石油炼制工艺和工程技术的不断发展。21世纪石油炼制产业面临的重大问题和挑战使人类更加渴求科技的进步。面对当时的社会经济环境，中国石化工程建设有限公司在《21世纪炼厂概念设计(研究)》中，对未来炼厂作出了某些能够产生全新推动力的假定与推测，即“如果……那会怎么样”。

如果世界各国都规定排入大气中CO_2的数量限制，那会怎么样?

如果车辆制造商成功地制造出工业上可行的“绿色”车辆(如新能源汽车)，这种车辆使用的是与以往不同的燃料、不同的动力传动系统，并需要不同的润滑油，那会怎么样?

如果生产微生物的工程技术(这些微生物能有效地催化石油炼制过程中的反应或直接生产所需要的石油产品和化学品)取得突破性的进展，那又会怎么样?

如果常规石油资源迅速减少，而非常规原油数量可观，替代能源在技术上取得重大突破，经济上占有优势，那更会怎么样?

上述无论哪种情况，现在看来不仅是可能发生的，而且有些已经发生并且开始对石油炼制产业产生了重大影响。为了适应这些情况，石油炼制产业将更加需要依靠科学和工程技术的进步，确定未来的发展战略和技术策略。

二、石油化工

石油化工一般是指以石油产品(石脑油、轻烃、加氢裂化尾油等)为原料的烯烃化工和芳烃化工。本书所述石油化工仅指烯烃化工(以下同)。

(一) 石油化工的发展历程[3]

1920年，以炼厂气分离出的丙烯为原料合成出异丙醇，1921年乙烯生产开始工业化，被看作是石油化工的开端。20世纪20~40年代，世界石油炼制产业有了迅速的发展。1935年，美国的原油加工量已经达到132.00Mt/a，炼厂提供的丰富原料为石油化工的发展奠定了物质基础。1941年管式炉制乙烯实现了工业化，石油化工走上加速发展的道路。在第二次世界大战期间，涉及战略物资的合成橡胶急剧发展，乳液聚合技术趋于成熟。进入50年代，以齐格勒-纳塔(Ziegler-Natta)催化剂为代表的一批重大技术先后取得突破，为石油化工进入大发展时期作出了技术准备。60年代，石油化工经历了全球性的大发展，1960年世界乙烯生产能力2.91Mt/a，到1970年达到19.76Mt/a。70~80年代，经历了石油危机的冲击，世界石油化工仍然继续发展，1980年乙烯生产能力达到34.06Mt/a，各项重要技术趋向成熟。进入90年代，以信息技术为代表的高新技术向石油化工渗透，全球石油化工经历了一次空前的产业结构调整，石油化工产业在提升中继续发展，世界乙烯生产能力由1991年的64.60Mt/a增加到2000年底的100.595Mt/a。至2014年底，全球乙烯生产能力达157.49Mt/a，当年产量达136.31Mt，乙烯装置开工率为86.5%。2019年底，乙烯产能达186Mt/a，当年产量达165Mt，开工率88.9%[2]。

第二次世界大战前期，美国的石油化工已经有了一定的发展，但还仅限于一部分产品，形成石油化工体系是20世纪50~60年代。这一阶段，专利数量急剧上升，各种石油化工生产技术大量涌现，一些具有划时代意义的科技成果实现了工业转化，石油化工开始成为一门独立的新兴产业。1938年聚酰胺纤维产品问世，结束了人类只能用植物纤维和动物毛皮制作服装的历史。1939年高压聚乙烯实现了百吨级生产，到60年代末总产量达到了1.70Mt/a。聚丙烯是50年代研究成功的，1957年第一套6kt/a生产装置投产，聚丙烯产量的急剧增长，使丙烯和乙烯的消费同步，拉动了蒸汽裂解制乙烯技术的发展。1955年之后，聚酯纤维的出现开辟了大量应用芳烃的新途径。合成纤维所需的原料不仅消费了蒸汽裂解制乙烯所得的芳烃，而且还需要从炼油厂获取。加之，1957年聚丙烯腈纤维(腈纶)问世，使合成纤维走上快速发展的道路。合成橡胶的发展迄今已有近百年历史，20世纪20年代乳液聚合的研究成果使丁苯橡胶等品种实现了工业化，50年代Ziegler-Natta配位络合催化剂及负离子聚合技术的进步，形成了现代合成橡胶工业的技术基础。这样，经过这一段起步阶段，以石油产品为原料，得到了以三大合成材料为主体的石油化工产品体系。与此同时，有机化工原料也迅速发展，为涂料、胶黏剂以及精细化学品的发展创造了条件。

自20世纪60年代开始，世界石油化工进入高速发展时期，技术进入成长阶段。这一时期，形成了具有重要影响的大品种系列，出现了聚乙烯、聚氯乙烯、聚丙烯、聚苯乙烯、ABS五大通用树脂；聚酯、聚酰胺、聚丙烯腈、聚丙烯四大合成纤维；丁苯、顺丁、乙丙、丁基、丁腈、氯丁、异戊七大合成橡胶。三大合成材料产品在实现千吨级规模生产的基础上，经过万吨级，普遍进入十万吨级，几乎提高了两个数量级。在实现工程放大的过程中，淘汰了一批又一批的落后工艺，每一类大宗产品往往只有少数几种工艺得到了充分的发展。例如，聚乙烯主要是高压合成及溶液法技术，聚丙烯是溶液法及液相本体技术，顺丁橡胶是溶液法技术，等等。为适应生产大型化的要求，工程技术迅速发展并带动了相关技术的发展。在工艺技术发展的同时，解决了诸如大型压缩机组、大型反应器、挤压机组、高效传质传热设备等大型石油化工专用设备的设计及制造技术；依据各种工艺提出的严格要求，解决了耐高温、耐低温、防腐蚀及自动控制技术，等等。有大批量的石油化工合成材料作基础，塑料、纤维、橡胶加工等种类浩繁的加工技术也得到迅速发展。

20世纪70~80年代，石油化工经历高速发展后，技术进入相对成熟阶段。从产品角度看，各大品种因其在原料、性能/价格比等方面的优势，经受了市场的考验，占有了自己的份额。与此同时，与这些大品种相对应的生产技术得到充分发展，巩固了自己的地位。例如，采用管式炉方法生产乙烯越来越普遍，以至世界总生产量95%以上的乙烯都是管式炉裂解装置生产的。70年代以来，聚乙烯、聚丙烯技术日新月异，它们在催化体系、聚合方式、工艺过程以及产品应用等方面相互借鉴，相互补充，形成了多种技术路线，支持了聚乙烯、聚丙烯产业的发展。以聚丙烯为例，形成了溶剂聚合法、溶液聚合法、液相本体聚合法和气相本体聚合法等多种工艺路线，目前采用Basell公司Spheripol(液相本体)和Novolen(气相本体)工艺的总生产能力已超过世界聚丙烯生产能力的1/3。此外，聚乙烯高压法、丁苯橡胶乳液聚合法等技术的进一步发展，都是石油化工技术进入成熟阶段的标志。

进入成熟阶段的石油化工技术仍继续发展，成套技术日臻完善，流程在缩短，水平在继续提高。例如，1994年同1960年相比，聚丙烯生产工艺由14步减少到6步；规模由

5.00kt/a 增加到 220.00kt/a；每吨聚丙烯的相对能耗比由 1982 年的 100 降到 1990 年的 28。1980 年到 1998 年，每吨聚丙烯的固定成本以每年平均 7%的速度下降。

在这一阶段，大品种格局基本维持不变，但新牌号层出不穷，产品沿系列化、精细化方向发展，例如聚氯乙烯商品牌号发展到 2000 多个，其中专用牌号占 50%～80%。伴随聚合产品的多样化，聚合物成型技术受到高度重视，像振动剪切塑化成型、气辅成型、反应加工成型、新成纤技术、特种纤维纺织技术等研究成果的出现为最终产品的精细化铺平了道路。目前，适应每类用户的不同需求，有一系列专用产品供挑选；而针对每一个产品只有为数不多的成熟的先进工艺供选择。

20 世纪的最后 10～20 年，以信息技术为代表的高新技术迅速崛起，特别是计算机和网络技术的迅猛发展，使信息技术向石油化工快速渗透，石油化工产业进入提升阶段。石油化工作为一个流程工业，是以信息技术为代表的高新技术渗透最快、影响最广而又最具成效的产业之一。如今，几乎石油化工的各个方面都和计算机相联系，从模拟实验室、仿真操作室、计算机辅助设计，直到过程控制、工厂管理、产品销售，计算机已经成为石油化工领域里随处可见的基本设备，信息技术与石油化工技术的结合已到了密不可分的程度。在信息技术的推动下，从分子设计到产品应用的每一个环节几乎都在发生着深刻的变化。目前，这一变化还在深化。已经看出，信息技术和石油化工技术紧密结合，正在促进实现一些原先难以实现的设想。如解决高分子合成的精密控制；实现资源的最优化利用；实现清洁生产，达到原子经济；满足用户的不同要求，做到产品定制；最大限度实现效益最佳化，提高石油化工产业的利润水平，等等。

进入 21 世纪以来，石油化工产业规模向大型化、结构向炼油化工一体化、原料向多元化轻质化、产品向“优势+高端”的方向继续发展。

（二）技术发展与启示

石油化工产业诞生于 20 世纪 20 年代，伴随着石油炼制产业的发展，为之后的石化产业发展奠定了物质基础。从 20 世纪 60 年代开始，世界石油化工产业进入高速发展时期，至今已形成一个庞大的产业集群，为社会提供了大量不同性能的材料和其他化工品，大大推动了社会经济的发展和人类生活的改善。而面对当今的社会经济环境，石化产业何去何从？我们也同样可做出一些能够产生全新推动力的假设与推测，即“如果……那么会怎样”：

如果国家规定排入大气中 CO_2 的数量限制，并开始征收碳排放税，那会怎么样？

如果现代煤化工在环境保护和经济效益方面取得重大突破，并大量产业化形成规模，那么会怎样？

现在各种高新技术和新材料的应用正在改变着化工的传统概念。如果市场大量需要各种高性能材料，那会怎么样？

同样，上述无论哪种情况，不仅是可能发生的，而且有些已经发生并且开始对石化产业产生或将要产生重大影响。为了适应这些变化，石油化工产业同样更加需要科学和工程技术的进步，来确定未来的发展战略和技术策略。

第二节　国民经济的支柱产业

一、石油炼制产业在国民经济中的重要地位

石油炼制是国民经济重要的基础产业之一。它生产的各种产品用途广泛，涉及国民经

济、国防建设和人民生活的各个方面。无论工业、农业、交通运输业、建筑业和国防事业等现代社会的各种行业，都离不开石油产品。正因为如此，石油炼制产业在国民经济和社会发展中占据重要地位，发挥着重要的作用。

（一）发动机燃料

发动机燃料是石油炼制产业生产数量最多的产品，其中包括汽油、喷气燃料（航空煤油）、柴油、重油、工业和民用液化气等。这些燃料类油品使用方便、洁净、能量利用效率较高，是各种现代交通运输工具、各种农业机械、动力机械等的燃料。据国家统计局统计，2019 年我国汽、煤、柴油产品的产量达 360.32Mt/a。

（二）润滑油、润滑脂及石蜡

各行各业使用的运输车辆、舰船及各种机械、设备、仪表，包括轴承、齿轮、导轨、液力传动装置和链索、钢丝绳等组件，都需要润滑剂来减少机械磨损、降低温度和节省动力消耗，并保护机械不受腐蚀或锈蚀，以延长机械的使用寿命。现在，除少数特殊润滑材料外，量大面广的各种润滑油及润滑脂都主要依靠石油炼制产业来提供。其产品按大类划分，大致可分为工业用油、工艺加工用油和车辆用油。其中工业用油包括工业齿轮油、液压油、主轴油、汽轮机油、压缩机油、仪表油等；工艺加工用油包括切削加工油、冷热轧油、热处理油等；车辆用油包括各种内燃机油、车辆齿轮油及车用润滑脂、刹车油等。这些润滑油脂类油品的应用范围十分广泛，是机械、冶金、建筑、能源、化工、纺织、交通运输、航空航天、军工、家电等众多部门不可缺少的配套材料。

石油炼制产业生产的石蜡，是国民经济和国防建设中必不可少的原料或主要的配套材料，广泛应用于工业、农业、军工、医药和日常生活等许多方面。

（三）石油沥青和石油焦

炼油工业生产的石油沥青，大量用于公路、机场、高速铁路、码头等地面工程，也用于建筑、水利等工程。同时也是生产油毡纸、沥青纸、沥青板、沥青混凝土、沥青保冷砖和高铁路基用沥青等各种特种沥青的主要原料；是生产化学制品、橡胶、塑料、电器绝缘材料、油漆等产品的辅助材料。另外，在河堤、房屋的防漏防水、木材防腐和钢材防锈等方面也使用石油沥青。

炼油工业生产的石油焦，除作为高炉用焦、金属铸造用焦、锅炉用焦、制氢用焦外，还是制造炼钢用的石墨电极，制铝、制镁用的融熔电极，制碱用的盐水溶液电解电极，制造电动机或发电机用的碳刷等多种石墨制品的主要原料，并在金属材料和机械制造工业上作为渗碳还原材料使用。

（四）下游化工、化纤等原料

石油炼制产业的一些产品或中间产品都可用作石油化工的基本原料，如石脑油、轻馏分油直至柴油，均可作为原料通过蒸汽裂解工艺来制取乙烯、丙烯、丁二烯、氢气等石油化工基础原料；石脑油经催化重整和芳烃抽提而得到的苯类产品可用来制取化纤、农药或炸药；用炼厂气可生产苯乙烯、聚丙烯、丙烯腈、环氧丙烷、仲丁醇、顺丁橡胶及合成氨等产品；用液体石蜡可生产合成洗涤剂、农药乳化剂、增塑剂、合成香料等多种多样的精细化工产品。从加工环烷酸原油过程中制取的环烷酸、石油酸，可以用来生产油漆涂料的促干剂、增光剂、木材防腐剂、漆胶及苯胺染料的溶剂等，也可作为农药或消毒剂的配制原料。

（五）其他

炼油工业生产的各种溶剂油、防锈油、防冻液、凡士林、白油等产品，也广泛用于金属加工、金属铸造、电子、电器、橡胶、塑料、涂料、建材、油墨、医药、麻纺、油脂、化妆品等行业。

（六）许多石油产品是重要的军需物资

军队陆、海、空、火箭军及战略支援部队等军兵种使用的各种车辆、舰船、飞机、坦克、军械及武器弹药等，都需要石油炼制产业为之提供燃料动力和润滑、防锈材料。与国防建设密切相关的电子、航空、航天、核工业等部门，还需要具有良好的高温安定性和低温流动性，能耐高负荷、高真空、高辐射并具有长寿命的合成润滑脂。这些特殊用途的润滑材料，绝大部分也是由石油炼制产业部门生产制造的。

（七）电力输出

随着炼厂节能技术的进步和能量利用效率的提高，未来炼厂在满足自用电力的前提下，将可能作为“发电厂”向外输出电力。

总之，石油炼制产业作为现代工业的一个重要组成部门，具有投入较少而产出较多的优势。它是国家提高财政收入、增加积累的重要来源。国家统计局数据显示，2018 年中国石油、煤炭及其他燃料加工业主营业务收入为 4.63 万亿元人民币，占国家当年 GDP 总量（91.93 万亿元人民币）的 5.04%，当年实现利润 2270 亿元人民币。

二、石油化工在国民经济中的重要地位

石油化工在国民经济和社会发展中占有举足轻重的地位，具有不可替代的基础作用，对国家的综合国力和人民生活水平的提高有着直接的影响。我国的石油化工与石油炼制、建筑、机械、汽车、电子等一起构成国民经济的支柱产业。

半个多世纪以来，以石油为原料的石油化工异军突起，以乙烯等基本石油化工原料为基础，合成树脂、合成纤维、合成橡胶等合成材料急剧增长，全世界的石油化工产品总生产能力从每年百万吨增加到上亿吨。据统计，远在 2000 年前后，世界石油化学工业每年以 750 亿美元的烃类原料生产 2550 亿美元的聚合材料和 1500 亿美元的其他化工产品，增值 3300 亿美元。石油化工技术的不断进步为石油化学工业的发展提供了强有力的支撑，推动着石油化学工业逐步成长为规模庞大的现代产业，为促进人类更合理和更有效地利用石油资源、改善生活质量提供了新的源泉。

（一）合成树脂及塑料

合成树脂及塑料的出现，为现代农业提供了必不可少的农膜、灌溉材料，为建筑、汽车、机械及电子等产业提供了大量性能优异的基础材料。从能耗角度看，生产塑料所消耗的能量仅为钢材的 60%～80%、铝材的 35%～50%；用塑料窗替代金属窗可节省采暖能量 30%～50%；用塑料管替代钢管输水可节省动力。因此，塑料不仅是一类综合性能优异的新型材料，而且是优良的节能材料，其发展速度远远超过了钢的发展速度。如果以体积计算，1965 年世界合成树脂产量仅为同年钢产量的 30%。到 1991 年，世界合成树脂产量就已超过了粗钢的产量，而且还在继续按此趋势增长。

（二）合成纤维

合成纤维具有强力高、耐磨、耐腐蚀等优良性能，在纺织工业中得到广泛应用。1t 聚酯纤维相当于 22 亩（1 亩 = 666.6m^2）棉田所产的棉花量。目前我国合成纤维在纺织原料中所占比例为 50%以上，为解决人们的穿衣和对纺织品的需求作出了不可磨灭的贡献。可以设想，假如没有合成材料的应用，人类生存会给自然环境带来多么难以承受的压力。随着产品

性能的拓展，合成纤维在建筑工程、室内装饰、汽车用纺织材料、渔网、航空航天及医疗等方面还有更广阔的发展空间。

（三）合成橡胶

合成橡胶对汽车工业发展的重要性已经成为人们的常识。目前，合成橡胶有数十个品种、数千种牌号。新的合成橡胶产品已具有某些特殊性能，如阻尼性、耐热性、密封性、耐溶剂性、生理相容性、形状记忆性等，都是天然橡胶无法比拟的，其应用已拓展到交通运输、建筑、机电、日用品、电子信息、航空航天、医药卫生以及生物科学等领域。

（四）精细化学品

石油化工精细化学品丰富多彩。随着石油化工的发展，涂料已摆脱依靠天然树脂和植物油脂的时代，成为石化精细化工的一类重要产品。涂料保护着世界数以亿吨计的钢铁免遭腐蚀，并使建筑、机电产品、家具等得到保护和美化。合成胶黏剂既能很好地连接各种金属和非金属材料，又能对性能相差悬殊的基材如金属和塑料、水泥和木材、橡胶和帆布等实现良好的粘接。它可以补充或代替传统的铆、焊、螺等连接方法，并且更灵活、快速、可靠、美观、节能。功能高分子综合了材料的结构性和功能性，对物质、能量和信息具有传输、转换或贮存等作用，兼有光、电、磁、热、力、声、化学和生物等多种功能，如导电材料、导磁材料、导光材料、导热材料、医用材料以及记忆性材料、多功能膜、具有自修复性能的材料等。

采用现代高分子合成技术，对合成材料的分子进行合理设计，使分子的组成、大小、分布和结构等特性达到前所未有的精度，从而获得人们所需要的各种性能的材料，获取更高的附加价值。目前，以各项最新科技成果为基础，一个个崭新的、具有巨大市场潜力的合成材料高技术产业正在蓬勃兴起。

石油化工在过去半个多世纪的发展中，为农业、机械、交通、建筑、电子等行业的发展提供了必不可少的基础材料，同时还为信息、电子、航天、航空、海洋等新兴高科技产业和国防军工提供性能独特的合成材料，在世界性的产业结构调整中发挥着重要的作用。在可预见的将来，随着知识经济的发展，石油化工仍然具有旺盛的生命力，必将与环境协调发展，为人类作出新的贡献。

三、国民经济的支柱产业

（一）世界和中国的石油炼制产业

1. 世界石油炼制产业

进入21世纪，全世界石油炼制产能随着世界经济的增长仍在不断增长。至2019年底，全世界石油炼制产能已达4907Mt/a（表1-1-1）。同时工艺装置结构不断优化，产品质量快速跃升，环境保护措施不断完善，炼油毛利有所增加。

表1-1-1　2019年世界炼油加工能力数据统计[①]　Mt/a[②]

	地区与国家	原油蒸馏	催化裂化	加氢裂化	催化重整	加氢精制	延迟焦化
大洲与地区	亚太	1823.05	379.48	192.57	195.06	738.89	148.48
	北美	1051.55	311.40	123.49	173.37	682.73	143.29
	西欧	622.08	93.34	64.91	82.05	333.70	12.90
	东欧与独联体地区	499.89	46.88	18.85	63.57	122.07	14.85
	中东	458.66	18.54	34.95	32.57	98.15	11.16
	南美	290.59	56.76	3.37	10.73	32.22	16.02
	非洲	161.03	10.43	3.28	18.94	32.13	2.32

续表

	地区与国家	原油蒸馏	催化裂化	加氢裂化	催化重整	加氢精制	延迟焦化
加工能力排名前25的国家与地区	美国	917.11	267.74	112.98	145.99	593.04	141.80
	中国大陆	859.90	234.01	114.34	104.25	386.45	109.91
	俄罗斯	265.17	18.27	5.18	32.49	41.95	1.43
	印度	242.83	40.10	31.93	12.81	76.88	27.45
	日本	187.54	41.41	3.54	25.28	111.08	1.10
	韩国	157.25	18.35	16.95	16.94	52.64	1.05
	沙特阿拉伯	141.95	6.61	12.47	13.33	29.31	6.20
	德国	107.98	17.49	8.65	17.30	75.36	4.32
	巴西	106.90	25.09	0	0.92	12.68	6.34
	意大利	106.14	121.23	18.74	14.55	43.23	0
	加拿大	103.84	24.63	10.50	15.37	46.16	1.49
	伊朗	101.95	1.75	5.33	5.81	8.47	0
	西班牙	71.38	9.57	6.58	8.46	35.47	3.58
	新加坡	66.55	3.87	6.00	6.33	29.37	0
	中国台湾省	65.50	10.90	1.25	3.87	12.43	2.81
	委内瑞拉	64.18	11.59	0	2.13	3.09	4.80
	法国	63.11	10.56	4.00	6.34	39.77	0
	英国	61.70	17.54	1.80	11.67	36.47	3.73
	荷兰	60.41	5.41	10.41	6.43	34.73	0
	印尼	55.73	8.17	4.99	4.01	0.54	1.79
	阿联酋	55.35	0.96	4.40	2.15	11.84	0
	伊拉克	49.00	0	3.71	3.78	13.72	0
	乌克兰	43.99	3.51	0.36	6.31	9.11	1.04
	土耳其	43.19	1.45	5.99	3.43	11.91	2.20
	比利时	38.83	6.50	2.55	4.04	22.88	0
全球总计		4906.85	916.83	441.42	576.30	2039.90	349.02

①有关中国内地的数据来自中国石油经济技术研究院，其他数据来自美国《油气杂志》2020年1月7日报道。

②原文加工能力单位为每天桶数，本表按以下系数换算成每年吨数：原油加工、催化裂化、加氢裂化均为50，催化重整43，加氢精制为47，延迟焦化55。

2. 中国的石油炼制产业

“十三五”时期，中国石油炼制产业持续快速发展，2019年原油加工能力达881Mt/a，接近美国的917Mt/a，居世界第二位。同时炼厂布局及集约化程度、油品质量、节能、减排、降碳、各项生产经济技术指标等方面都有了长足进步和较大提高。此外，油品市场供应过剩压力增大，2019年油品消费增速全面进入下降通道。

至2018年末，全国已建成千万吨级炼厂28座，其炼油总能力达370Mt/a，占当年全国总产能的44.5%左右。同时，炼厂向下游延伸，建设了乙烯工厂，呈现了大规模的炼油化工一体化。中国石化作为中国石油炼制产业的排头兵(表1-1-2)，已发展成为全球最大的石油炼制公司。

表 1-1-2 2018 年中国石油炼制产业产能分布情况[2]

企业(公司)名称	产能占比/%	企业(公司)名称	产能占比/%
中国石化	35.00	其他国有企业	9.00
中国石油	24.00	传统地炼	26.00
中国海油	6.00	总计	100.00

“十二五”期间，全国车用汽油、车用柴油质量从国Ⅲ标准升级至国Ⅳ标准，北京、上海、广州等部分地区开始执行国Ⅴ标准；“十三五”的 2017 年，全国执行车用汽、柴油国Ⅴ标准，2019 年 1 月 1 日起，全国全面供应符合第六阶段强制性国家标准ⅥA 车用汽油(含 E10 乙醇汽油)、Ⅵ车用柴油(含 B5 生物柴油)，同时停止国内销售低于标准的车用汽油、柴油。

但与此同时，由于国内外政治、经济等环境变化而引发的油品市场需求的变化，与全球油品市场供需过剩压力加大类似，中国石油炼制产业在供给侧也出现了一些结构性的矛盾，主要表现为石油炼制产能过剩，消费柴汽比的大幅下降，2019 年汽煤柴消费增速全面进入下降通道。

(二) 世界和中国的石油化工产业

石化产业是一个强周期性行业，其景气水平除了受供需基本面的影响外，与经济、石油价格也密切相关。金融危机之后，世界经济持续低迷，石化产品需求萎缩、产能过剩、利润缩减。随着石油价格的下跌及全球去产能进程加快，本轮石化周期有望走出谷底。2015 年，原油价格继续大幅下跌，石化产品价格出现不同程度的下降，对产品消费起到了促进作用，树脂中原生料对废旧料的取代支撑了乙烯消费的增长，全球乙烯装置开工率继续回升。中国经济处于结构调整、转型和换挡期，2015 年 GDP 增速回落、油价下跌，导致多套非石脑油基新建项目延后，石化产品产能增长低于预期，但多数产品需求保持稳定增长，乙烯当量消费增速维持上年水平。低油价导致石化产品价格下滑，但原材料价格的下跌使得石化企业经营利润仍有所回升。

2016 年，世界经济缓慢复苏，石化产品需求保持低速增长；随着装置陆续投产，全球石化产能增速加快；国际原油价格仍维持低位运行，石化产业毛利维持较高水平。

2019 年，世界乙烯新增产能再创新高，但消费增速出现明显回落，下降 3%左右。

1. 2019 年世界石化产业

(1) 乙烯产能大幅增长

2019 年，世界乙烯新增产能再创新高，增加了 8.3Mt，总产能达到 186Mt/a[2]。

(2) 乙烯装置开工率稳中略降[4]

2019 年，世界乙烯装置平均开工率维持在 89%左右，略低于上年的 90%。美国乙烯装置开工率维持在 95%左右，略低于上年的 96%；因煤基烯烃和甲醇制烯烃开工率较上年有所提高，中国乙烯装置平均开工率从 2018 年的 73%上升到 78%左右；日本乙烯装置开工率保持在 85%~90%，低于上年的 96%；韩国乙烯装置开工率约为 94%。

(3) 世界各地乙烯原料变化趋势各异[4]

乙烷制乙烯的收率可高达 80%~85%，具有收率高、能耗低、流程短、成本低等优势，而石脑油制乙烯收率仅为 30%~35%，因此乙烷制乙烯正获得更多乙烯生产商的青睐。2019

年，全球以石脑油为原料生产乙烯的占比从 2018 年的 52%下降到 50%左右，而以乙烷裂解生产乙烯的占比从 23%上升至 25%左右。

美国乙烷基乙烯所占比例从 2018 年的 55%上升到 57%左右，10 年前仅为 37%左右。乙烷制乙烯已成为主流，主要是因为页岩气开发使得乙烯行业能获取低成本的原料。为弥补乙烷裂解制乙烯下游产品单一的缺陷，在乙烷原料趋紧的情况下，部分北美乙烯生产商开始采用较中质原料或混合进料。

亚太和欧洲地区油基乙烯占比保持在 70%左右，但正在增加以进口美国乙烷为原料制乙烯的装置，一些装置已建成投产，同时中国的煤制烯烃和甲醇制烯烃使原料更加多元化。

中东地区乙烷基乙烯占比在 67%左右。由于乙烷原料供应趋紧和价格上涨，中东地区一些乙烯生产商开始利用石脑油为原料或混合进料，未来油基乙烯占比将有所增加，但以乙烷为原料生产乙烯的占比仍然较高。

(4) 三大合成材料产能均有不同程度的增长[2]

① 合成树脂生产规模连续 3 年大幅扩张，需求增速回落

2019 年，全球聚乙烯(PE)、聚丙烯(PP)、聚氯乙烯(PVC)、聚苯乙烯(PS)和丙烯腈-丁二烯-苯乙烯共聚物(ABS)五大合成树脂连续第三年新增产能超过 10Mt/a，总产能达到 302.86Mt/a，需求量为 257.38Mt，装置平均开工率维持在 85%。近八成新增产能来自 PE/PP 产品。其中聚乙烯新增产能占比 42%，聚丙烯新增产能占比 38%，PVC 新增产能占比 16%，PS 和 ABS 新增产能占比均在 3%以内。2019 年单边贸易主义抬头影响全球经济增长，拖累五大合成树脂消费增长，需求增量为 9.88Mt，较 2018 年减少 0.76Mt，需求增速为 4.0%，较 2018 年下降 0.5 个百分点。

② 合成纤维产能及消费延续增长趋势

2019 年，全球合成纤维(含涤纶、腈纶、锦纶、丙纶和其他合成纤维)产能达 96.13Mt/a，消费量为 75.36Mt，分别较上年增长 2.6%和 3.7%；平均开工率较上年提升，达到 78.2%。供需增长主要来自涤纶及锦纶，其他合纤产品供需增加有限。

③ 合成橡胶产能增速低于需求增速

2019 年全球合成橡胶生产能力为 16.68Mt/a，比上年增长 2.2%；受轮胎产量增加等因素影响，2019 年全球合成橡胶消费量为 11.67Mt，比上年增长 4.2%。需求增速大于产能增速，合成橡胶行业过剩进一步缓解。

2. 2019 年中国石化产业[2]

(1) 乙烯新增产能再创新高

2019 年，中国新增乙烯产能 0.36Mt/a，创历史新高，总能力达到 28.89Mt/a。乙烯产量 25.85Mt，比上年增长 9.8%. 行业平均开工率约为 89%，较上年降低 4 个百分点。

(2) 乙烯当量消费增速延续高增长态势

2019 年，中国乙烯当量消费为 51.55Mt，增速延续高增长态势，达 9%。

(3) 合成树脂产能产量均创 5 年来增量高点

2019 年，浙江石化、大连恒力等炼化一体化化工项目投产，国内五大合成树脂的产能得以大幅提升，达 93.24Mt/a，比上年增长 8.6%；产量为 71.85Mt，较上年增长近 9.1%，高于产能增幅。其中 PE 产量增长约 9%，PP 增长约 13%，PVC 产量增长约 8%。

2019 年，五大合成树脂进口增幅在 10%以上，其中聚乙烯进口增幅高达 18.3%。

(4) 合成橡胶消费稳中回升

2019 年，中国的合成橡胶(含 7 大基本胶种及 SBCs)产能达 6.43Mt，比上年增加 5%；出口量为 0.22Mt，比上年增长 7%；表观消费量为 5.14Mt，比上年增加 3.4%。

(5) 化工行业效益低位运行

2019 年，中国化学工业主营业务收入达 6.89 万亿元，同比下降 0.9%；全行业利润总额为 3978.4 亿元，同比下降 13.9%。

3. 中国六大石油化工集团是我国石化产业的核心

经过 40 年的改革开放，中国已成为世界第二大经济体，其中石油化工行业的贡献巨大。2020 年《财富》世界 500 强企业中国大陆石化企业，中国石油化工集团公司、中国石油天然气集团公司、中国海洋石油总公司、中国中化集团公司、中国化工集团公司、陕西延长石油等六大石油化工集团榜上有名。六大石油化工公司营业收入合计达 10855.331 亿美元(表 1-1-3)。

表 1-1-3 2020 年《财富》世界 500 强企业中国大陆石化企业排名

公司名称	2020 年排名	2019 年排名	营业收入①/百万美元	利润②/百万美元
中国石油化工集团公司	2	2	407008.8	6793.2
中国石油天然气集团公司	4	4	379130.2	4443.2
中国海洋石油总公司	64	63	108686.8	6957.2
中国中化集团公司	109	88	80376.2	473.4
中国化工集团公司	164	144	65766.7	-1250.9
陕西延长石油	265	263	44564.4	215.2
总计			1085533.1	17631.3

①按 2019 年营业收入计。

②按 2019 年利润计。

第三节 创新发展与战略转型

一、中国经济的转型发展之路

2015 年，中国人均国内生产总值(GDP)7924 美元，属于世界银行定义的中等偏上收入国家。经济学家总结了大量经济发展史实，针对我国所处的这个发展阶段，概括出了“中等收入陷阱”的经济学概念：“引领一个经济体成功摆脱贫困的道路，并不能确保该经济体实现从中等收入到高收入的跨越”。对此概念及其政策含义，学术界众说纷纭。跨越“中等收入陷阱”是中国“十三五”时期面临的重大命题。

“十三五”时期，国内外发展环境错综复杂。世界经济在深度调整中曲折复苏、增长乏力。主要经济体走势和宏观政策取向分化，金融市场动荡不稳，大宗商品价格大幅波动。全球贸易持续低迷，贸易保护主义强化，国际能源格局发生重大调整。全球治理体系深刻变革，国际投资贸易规则体系加快重构，多边贸易体制受到区域性高标准自由贸易体制挑战。局部地区地缘博弈更加激烈，传统安全威胁和非传统安全威胁交织，国际关系复杂程度前所未有。外部环境不稳定不确定因素明显增多，我国发展面临的风险挑战加大。国内，经济发展进入新常态，向形态更高级、分工更优化、结构更合理阶段演化的趋势更加明显。但发展方式粗放，不平衡、不协调、不可持续问题仍然突出，经济增速换挡、结构调整阵痛、动能转换困难相互交织，面临稳增长、调结构、防风险、惠民生等多重挑战。有效需求乏力和有效供给不足并存，结构性矛盾更加凸显，传统比较优势减弱，创新能力不强，经济下行压力加大，财政收支矛盾更加突出，金融风险隐患增大。

“十三五”时期，我国坚定不移贯彻新发展理念，推动高质量发展，经济社会发展取得重大成就。经济结构持续优化、质量效益不断提升，消费持续发挥经济增长主拉动作用。新兴产业快速发展，传统产业加快升级，大众创业万众创新蓬勃开展。全面深化改革取得重大突破，供给侧结构性改革持续深化，简政放权、放管结合、优化服务改革纵深推进，大规模减税降费政策有效实施。对外开放持续扩大，共建“一带一路”成果丰硕。2016~2019 年我国国内生产总值年均增长 6.7%，2019 年人均国内生产总值超过 1 万美元，预计 2020 年我国经济能够实现正增长，总量突破 100 万亿元。我国“十三五”规划确定的目标任务即将完成，全面建成小康社会胜利在望。

在本书编辑即将完成之际，“中共中央关于制定国民经济和社会发展第十四个五年规划和二〇三五年远景目标的建议”发布。该规划制定了国民经济和社会发展“十四五”规划和二〇三五年远景目标，标志着我国将开启全面建设社会主义现代化国家新征程。规划到二〇三五年基本实现社会主义现代化，到 21 世纪中叶把我国建成富强民主文明和谐美丽的社会主义现代化强国。“十四五”时期，将以推动高质量发展为主题，以深化供给侧结构性改革为主线，以改革创新为根本动力，以满足人民日益增长的美好生活需要为根本目的，统筹发展和安全，加快建设现代化经济体系，加快构建以国内大循环为主体、国内国际双循环相互促进的新发展格局。

二、中国石油炼制与石油化工产业的结构调整与转型升级

“十三五”时期，我国石油炼制与石油化工产业着力结构调整与转型升级。

2016 年 8 月，国务院发布了《关于石化产业调整结构促转型增效益的指导意见》。《指导意见》指出，要推进供给侧结构性改革，积极开拓市场，坚持创新驱动，改善发展环境，着力去产能、降消耗、减排放，补短板、调布局、促安全，推动石化产业提质增效、转型升级和健康发展。

《指导意见》明确了 7 个方面的重点任务，即：

一是努力化解过剩产能。严格控制产能严重过剩行业新增产能，对符合政策要求的先进工艺改造提升项目实行等量或减量置换。研究制定产能置换方案，充分利用安全、环保、节能、价格等措施，推动落后和低效产能退出，为先进产能创造更大市场空间。

二是统筹优化产业布局。综合考虑资源、环境、安全等因素，完善石化产业布局，有序推进沿海七大石化产业基地建设。开展智慧化工园区试点，依法做好综合评估和信息公开。结合大型煤炭基地开发，按照环境准入条件要求，有序发展现代煤化工产业。

三是改造提升传统产业。利用清洁生产、智能控制等先进技术改造提升现有生产装置，提高产品质量，降低消耗，减少排放，提高综合竞争能力。加快炼油和乙烯装置技术改造，适时调整柴汽比，优化原料结构。拓展传统化工产品应用领域，支持优势产能“走出去”。

四是促进安全绿色发展。强化安全生产责任制，探索高风险危险化学品全程追溯，实施危险化学品生产企业安全环保搬迁改造。完善化工园区监控、消防、应急等系统平台，推进信息共享，夯实安全生产基础。实施能效领跑者制度，完善节能标准体系。

五是健全完善创新体系。健全以企业为主体的产学研用协同创新体系，组建一批技术创新战略联盟；整合技术中心、工程研究中心、重点实验室、工程实验室等研发平台，加大人才培养和引进力度，加快科技研发及成果转化。

六是推动企业兼并重组。落实财税、金融、土地、职工安置等支持政策，破除跨地区、跨所有制兼并重组的体制机制障碍，为企业兼并重组营造公平的市场环境。

七是加强国际产能合作。充分发挥我国传统石化产业比较优势，结合“一带一路”倡议，积极推动优势产业开展国际产能合作，建设海外石化产业园区，推动链条式转移、集约式发展，带动相关技术装备与工程服务“走出去”。

（一）石油炼制化解过剩产能、调整结构，任重道远

1. 产能结构性过剩

根据中国石油经济技术研究院2016年初发布的《2015年国内外油气行业发展报告》，我国炼厂平均开工率不断下降，从2011年的81.50%下降至2015年的75.40%，但仍然明显低于84%的国际平均水平。2015年底，中国石油炼制产业淘汰了落后产能约40.00Mt/a，使产能由750.00Mt/a以上降至710.20Mt/a，去过剩产能取得了一定效果。

“十三五”时期，我国炼油能力显著增加，民营企业炼油能力增速更加显著，产能过剩加剧。2018年底，我国炼油能力达到830Mt/a，但炼厂平均开工率2018年仅为72.9%；2019年全国炼油能力更达到881Mt/a。而据国际能源署统计，2018年全球炼厂平均开工率为83%，美国炼厂开工率为90%，亚太地区炼厂开工率为85%，欧盟地区炼厂开工率为88%。可以预见，我国“十四五”期间石油炼制产业产能过剩的问题十分严峻。

2. 结构调整势在必行

（1）中国石油炼制产业面临市场需求的新变化

目前，中国石油炼制产业除面临上述产能过剩的挑战之外，还面临着如下几个方面的主要问题：

① 有限石油资源的高效利用

庞大的各类石油资源，虽可为未来石油炼制和石油化工的发展，提供可靠的资源保证，但由于化石能源的不可再生性，高效利用、节约石油资源仍是石油炼制和石油化工发展永恒的主题。

我国石油炼制工业经过几十年的发展，特别是改革开放以来40年的发展，已在重油深加工、蜡油高效转化方面取得巨大成就和技术进步。当前，随着炼化一体化的深入发展及油品质量快速升级的需求，如何加工和利用好炼厂轻质烃类资源，特别是炼油过程中副产的C_1~C_6资源，为清洁高端油品及烯烃生产提供优质及轻质化的廉价原料，实现烯烃生产原料的多元化，对提高石油资源的高效利用具有重要意义。

② 柴汽比降低

未来，我国总的油品需求量还会稳步增长，但其市场需求增长较快的主要是车用汽油和航空煤油，对柴油总的需求量呈相对减少的趋势。2004年和2005年国内柴汽比达到2.3的最高值，之后逐年降低，目前降至1.44左右。现在，总的炼油产能已经过剩，因而增加汽油产量不能靠增加总加工量的办法，否则柴油产量也会相应增加，柴汽比更加不能适应市场需求。

③ 油品质量升级速度加快

由于汽车制造技术的进步，车辆性能的提高以及环境保护要求的日益严格，对车用汽、

柴油的性能和清洁化程度提出了新的要求。2017 年开始，全国范围内执行国Ⅴ标准(相当于欧Ⅴ标准)。同时，北京市率先实施“京Ⅵ”汽柴油标准，这一标准是参照国际上最严格的汽、柴油标准而制定的，对汽油而言，硫含量保持不变(<10mg/kg)，但是汽油中的烯烃、芳烃、苯、蒸气压、馏程等主要环保指标进一步加严。特别是大幅度加严了对烯烃含量限制，从 25%直接降至 15%；对柴油而言，其中的多环芳烃、密度、闪点、清净剂等环保指标都进一步加严。国Ⅵ汽、柴油标准(严于欧Ⅵ)于 2019 年开始实施。汽、柴油质量升级步伐的加快对炼厂结构产生了重大影响。

④ 生产过程清洁化

目前，除了油品质量标准加快升级，要求炼厂生产清洁油品外，同时还要求生产过程清洁化，即有害气体、废水、废渣、固体颗粒物等排放达到标准规定要求和总量控制要求。另外，特别需要考虑的是 CO_2 等温室气体排放，国务院“十三五”控制温室气体排放工作方案指出：到 2020 年，单位国内生产总值 CO_2 排放比 2015 年下降 18%，碳排放总量得到有效控制。因而，需要研发低 CO_2 排放，以及 CO_2 捕集及转化利用技术。

⑤ 精细化炼油与智能化工厂

为最大限度地高效利用石油资源降低生产成本，减少排放污染，应深化“宜油则油，宜芳则芳，宜烯则烯”的科学内涵，即以 21 世纪的新科学理念为指导，采用各种新技术，运用现代信息技术，优化炼厂加工总工艺流程；同时提高管控水平是精细化炼油的关键，也是未来炼厂发展的方向。

目前，我国许多炼厂正在进行智能化工厂试点，取得了初步效果。所谓智能化是将新催化剂(例如可进行定向反应的催化剂)、新工艺和新设备等与过程自动化、信息技术、智能技术高度集成，以提高炼厂的整体水平。例如，中国石化集团公司在所属燕山石化、镇海炼化、茂名石化、九江石化、镇海炼化进行智能化工厂试点(三年)，在原有信息化技术的基础之上，采用云计算、物联网、大数据等先进技术，按照数字化、可视化、模型化、集成化和自动化的建设思路，对原有系统进行集成、完善、提升和深化应用改造，提高了炼厂的运营管理水平，推动了企业生产方式和管理模式的变革，提高了安全、环保和节能减排水平，促进了劳动效率和生产效益的提升。

(2) 降本、提质、增效是未来我国炼厂结构性调整和技术发展的主要方向

当前，在中国经济发展进入新常态的大背景下，石油炼制产业靠什么培育新的增长动力和竞争优势呢？答案是肯定的，即只能是靠科技创新这一国之利器。就是根据市场需求的变化，结合我国炼厂目前工艺生产装置的具体情况，采用新催化剂、新工艺，新技术，从优化加工总流程入手，对生产装置进行结构性改革，以达到调整产品结构、实现清洁生产、降低生产成本、提高产品质量、增强竞争力、提高经济效益之目的。

① 优化催化裂化原料

目前，中国年生产和销售 2500 多万辆轿车，绝大部分是汽油车，消费结构决定了柴汽消费比的逐年下降，车用汽油的需求量在逐年增加，多生产汽油经济效益相对良好。

中国车用汽油中的基础汽油是催化裂化汽油，过去一般约占车用汽油组分的 70%以上。进入 21 世纪以来，由于汽油标准的不断升级和环保要求的日益严格，催生了一批催化重整、MTBE 等高辛烷值清洁汽油生产装置，使这一比例已大幅下降。目前，新设计的千万吨级炼厂中这一比例已大幅下降，有的已降至 35%左右。

中国是催化裂化大国，生产汽油主要是采用重油催化裂化技术。这一技术路线曾发挥过

历史性的作用。但现在来看，也存在一系列的问题。第一是再生烟气排放问题，烟气中含有大量SO_x、NO_x和颗粒物，必须脱除，但目前国内外的烟气处理技术都存在二次污染问题；第二是汽油质量问题，催化裂化汽油作为基础汽油，在中国汽油池中占有最大比例，给汽油带来的主要问题是硫、烯烃含量高，辛烷值偏低(特别是MON)；第三是CO_2排放问题，催化裂化烧焦排放是炼厂CO_2排放的重要源头之一。

解决这一问题的关键是要对催化裂化原料进行预精制处理，可采用加氢或溶剂(如丁烷)精制等工艺。

催化裂化原料经预处理后，汽油产率会大幅提升，柴油产率明显下降。同时，若采用加氢工艺进行预处理，原料中的硫转化为硫化氢后可进行回收利用；再生烟气和产品汽油、柴油和液化气、干气及烟气中的硫含量均会大幅下降，十分有利于汽油及柴油的后精制和液化气、干气、再生烟气的后净化处理。另外，原料预处理后，其氢碳比提高，催化剂积炭减少，再生过程中的CO_2排放自然也会大幅减少。

② 将劣质的催化裂化柴油转化为高辛烷值汽油组分或芳烃

增加汽油产量、减少柴油产量最好的办法，除了将催化裂化原料预处理，提高其氢碳比之外，另外一个办法是将劣质的催化裂化柴油加氢转化为高辛烷值汽油组分或单环芳烃(苯、甲苯、二甲苯)。在这一技术领域国内研究单位已成功研发出了可供应用的催化剂与工艺技术。例如中国石化石油化工科学研究院的LTAG(从催化裂化柴油生产高辛烷值汽油)技术和RLG技术(即可从催化裂化柴油生产高辛烷值汽油，又可以生产芳烃)。另外，中国石化抚顺石油化工研究院开发的FD2G(将催化柴油选择性转化为高辛烷值调和组分)技术。这些技术都已开始了工业应用，对提高汽油产量、降低柴汽比、改善催化裂化柴油发挥了重要作用。

③ 增加航空煤油产量

目前，国内航空煤油市场需求旺盛，需求量不断增长，因而，增加航空煤油产量势在必行。增产航空煤油产量可有多种方法。

一是根据市场需求，优化加工总工艺流程，平衡好直馏石脑油、直馏航空煤油、直馏柴油的合理需求量，在原油蒸馏装置的常压蒸馏塔中进行精细化分馏，以多产直馏航空煤油，这样，经低压加氢脱除硫醇性硫之后，一般可符合产品标准要求。但对某些原油(例如高酸环烷基原油)的直馏航空煤油馏分，则需经高压加氢改质技术转化才能达到产品标准要求。

二是加氢裂化采用多产煤油的生产方案，可将蜡油更多地转化为高质量的航空煤油产品。

三是在采用加氢异构脱蜡工艺生产基础润滑油的装置，副产相当量的航空煤油组分，应充分合理利用。

四是直馏柴油经加氢裂化技术转化，将部分柴油转化为航空煤油馏分。

④ 清洁燃料生产技术的开发与应用

清洁燃料生产技术主要是指清洁汽油、清洁航空煤油和清洁柴油等生产技术。清洁航空煤油和清洁柴油生产技术已有许多成熟技术发表，在此不再赘述。清洁汽油生产技术主要包括基础汽油(即催化裂化汽油)的清洁化生产及其汽油馏分的后精制和高辛烷值调和组分生产与调和技术。基础汽油生产技术已在《催化裂化工艺与工程》等专著中有详细论述；后精制技术，国内外已有许多新技术发表并已应用于工业生产实践。例如，中国石化在美国康-菲石油公司吸附脱硫基础上改进和研发的新一代吸附脱硫(S Zorb)技术，成为了催化汽油脱硫主要技术。另外，中国石化石油化工科学研究院的第三代催化裂化汽油加氢脱硫（RSDS-Ⅲ）技术、中国石油和石油大学联合研发的汽油加氢脱硫（GARDES）、CDTECH公司研发的CDhydro/CDHDS技术、法国石油研究院研发的Prime-G$^+$等12种以上的催化裂化汽油脱硫技术，已在国内外得到了广泛应用，取得了良好效果。

高辛烷值调和组分生产主要指用石脑油馏分通过催化重整生产的混合芳烃，及利用炼油厂及石油化工厂副产的C_4、C_5、C_6及轻汽油等馏分，通过异构化、烷基化、醚化等工艺过程生产的低硫、低芳烃、低烯烃和高辛烷值的汽油馏分，是理想的车用汽油调和组分。目前，汽油池的合理构成应是：基础汽油（精制后的催化裂化汽油）约占1/3，催化重整汽油约占1/3，异构化、烷基化、醚化等汽油约占1/3。

汽油调和技术是车用汽油生产的最后一道工序。即在上述汽油组分生产的基础上，根据市场需求，将这些汽油组分按一定比例充分混合，调和为符合国家（或地方）标准的车用汽油，最后进入销售市场。

近年来，由于计算机及控制技术的发展，汽油调和过程由传统的离线手工调和进入在线计算机调和，使调和过程更为简便、高效，产品合格率基本达到100%，消除了“产品质量过剩的问题”，同时大大减少了调和设备，降低了工程投资和生产操作费用，为企业带来了良好的经济效益。

⑤ 提高炼油——石油化工（烯烃化工）一体化水平，合理利用宝贵的石油资源

从国内外炼油——石油化工（烯烃化工）一体化（以下简称炼化一体化）的发展历程来看，促使炼化一体化的重要原因主要有如下三个方面：

一是炼化一体化利于提高资本回报率。

PEP报告曾指出：若1t原油直接作为燃料产生100的价值，则用来生产石油产品的价值是226；若进一步精细化加工，则还能升值若干倍。例如，若加工成有机合成材料，则价值是1470；又如，丁烷用作燃料价值仅5000元/t左右，若用来生产成雾化剂，则价值可达50000元/t左右，增值10倍。

根据Bechtel石油化学公司报道，利用工艺工业模型系统（PTMS）及费用数据和估算技术从其进行的研究和在中东实际项目所得到的经济性数据如表1-1-4所示。

表1-1-4　炼油和石化装置联合的经济性

建设方案	A	B	C	D	E	F
装置组成	炼油厂	A+BTX	B+PX	C+乙烯	D+PE	E+PP
投资/亿美元	11.2	14.0	18.0	24.0	26.0	27.1
净收益/（亿美元/年）	2.24	3.60	5.60	6.80	8.60	9.34
内部收益率/%			23.0		38.2	
投资回收期/年	5.0	3.8	3.1	3.5	3.0	2.9

注：A—5Mt/a炼油厂；B—A+0.73Mt/a BTX（混合二甲苯装置）；C—B+0.51Mt/a PX（对二甲苯装置）；D—C+0.45Mt/a乙烯装置；E—D+0.46Mt/a聚乙烯装置；F—E+0.22Mt/a聚丙烯装置。

从表1-1-4可以看出，从A到F，投资由11.2亿美元增加到27.1亿美元，提高了2.42倍。但年净收益则由2.24亿美元增加到9.34亿美元，提高了4.17倍。C、F、E投资回收期相近，比A基础条件的5年约少2年。

二是炼化一体化增强成本竞争力。

随着中间产品在炼油厂和化工厂之间的交互使用，如炼厂石脑油、加氢裂化尾油，炼厂直接供裂解装置，省去了采购运输；裂解汽油直接用作汽油调和组分，不用外销和运输。这样就省去了中间商的营销费用，既减少了需要负担第三方费用，又可减少库存和贮运费用，因而存贮和装运成本较低。

炼油和石油化工的服务和公用设施合用，由一个共用支持系统进行管理和供应，减少了公用工程系统和服务系统的投资和管理费用。

实现一体化，企业具有更大的操作灵活性，可通过计算机模拟，优化庞大的资产资源，进一步降低成本、增加效益。

三是炼化一体化保证了安全的原料供应来源和副产品出路。

由于实现了炼化一体化，就可为下游石化提供安全可靠的原料供应，减少了在市场采购可能发生的价格变动的风险。炼厂可向化工厂提供在炼厂用途一般、而在化工厂有价值的原料(如石脑油；催化裂化、延迟焦化、减黏裂化等装置产生的轻质烯烃；各类加氢装置、原油蒸馏装置、催化重整等装置产生的 $C_2 \sim C_6$烷烃等)。而从乙烯装置产生的副产品(如裂解汽油、芳烃、氢气等)又可返回炼厂加工精制成为品质良好的汽油组分等石油产品，避免了裂解副产品循环裂解或投入市场经受市场波动的风险。

⑥ 节能、减排、降碳——炼厂永恒的主题

a. 目前炼厂的能效

能量消耗是炼油厂最大的单项操作费用。按照美国所罗门公司(Solomon)的能量密度指数(Energy Intensity Index，EII)和美国凯毕西先进过程技术公司(简称 KBC 公司)的最佳技术指数(Best Technology Index，BTI)来衡量，目前的炼厂作为一个整体，能源利用效率并不高。世界炼厂的平均能耗约为“最佳技术”炼厂能耗水平的近 2 倍。因而在企业建设初期就重视节能是最为关键的，装置一旦建成，要解决能效不高的问题，成本就相当昂贵。因此，炼油厂能量消耗系统存在很大的节能潜力，即使在能源利用效率较高的炼油厂也同样如此。

炼油企业是微利型企业，企业之间使用的是相似生产技术和生产相似产品。除了规模、管理、产品有所差别之外，相互之间的主要差异就在于能源利用效率。

b. 未来炼厂节能的主要方向

从传统节能技术看，炼厂能效提高主要与以下四个领域的效率有关：装置间和装置与系统间的热联合；发电与电力输入；加热炉热效率；其他主要节能措施。由于石油炼制作为过程工业，在从原料到产品的加工过程中，始终伴有能量的供应、利用、转换、回收和排弃等环节。因此，这四个方面要与加工总工艺流程一起综合考虑、集成优化。

随着节能技术的发展，炼厂作为一个整体，从设备元件、工艺过程、工厂全局等三个应用层次，实施节能技术和强化传热，将是重要的发展方向[5]；低温热深度利用，如芳烃装置，为了更好地利用低温热，通过适当提高抽余液塔和抽出液塔的操作压力，使塔顶温度升高至 195~200℃，能够满足发生 0.5MPa 蒸汽的温位要求。甲苯塔顶冷凝热除作为苯塔重沸器热源外，多余部分也用来发生 0.5MPa 蒸汽。发生的蒸汽经二甲苯塔重沸炉对流段进行加热，少部分用作歧化循环氢压缩机透平的驱动蒸汽和除氧器除氧，其余的均作为动力源发电，芳烃装置因此由传统的输入电转变为输出电，能耗大幅度降低[6]。

c. 炼厂节能的重要意义

减少炼厂 CO_2 及其他有害气体（SO_x、NO_x、H_2S 等）的排放。

按 IPCC（欧盟政府间气候变化专门委员会）方法测算，我国炼油工业的 CO_2 排放因子约为 0.34t CO_2/t 原油。

燃烧排放（一般占排放总量的 70.80%左右）主要由燃烧燃料（目前主要为炼厂生产过程中副产的轻烃）的锅炉、工艺加热炉、制氢转化炉、火炬等产生。

工艺排放主要为工艺过程排放（一般占总排放量的 29.20%左右），主要由催化裂化、催化重整的催化剂连续再生过程、制氢装置的转化过程和氧化沥青的氧化过程等所产生。而催化裂化催化剂再生和制氢的转化过程是工艺过程主要的 CO_2 排放源。

逃逸排放的排放量一般很小，暂可以忽略不计。

工艺排放目前是不可避免的，但燃烧排放是可以通过节能而减少的。这部分节省下来的轻质烃类大部分可用于生产高辛烷值汽油组分或用于石油化工生产烯烃，使其升值。

因此，一方面由于原油性质的劣质化、产品质量要求的不断提升等因素，使炼油能耗增加；另一方面由于技术创新与进步、炼厂结构的优化和管理水平的提升，可使能耗不断下降，有害物质排放不断减少，因而使炼厂有更好的经济效益和环保效益。例如，我国镇海炼化作为大型化复杂型炼厂，经过不断努力，全厂综合能耗多年来一直保持在 45.00kgEO/t 左右，经济效益处于中国行业领先地位，同时进入世界先进行列，就是成功的范例。所以说：节能减排本身就是“最廉价、最洁净和最快捷的能源资源”。

节能不用考虑煤和石油燃烧后的污染，不像太阳能和风能需要取决于天气状况，不像生物质能源（如乙醇等）那样需要以砍伐森林和食品价格上涨为代价，也不同于核能可能受到恐怖主义威胁，还要考虑放射性废料存储，并且需要高耗资和多年的建设。另外，节能的同时也减少了 CO_2 等有害气体的排放。因此，“节能、减排、降碳，利国利民，功在当代，利在千秋”是炼厂永恒的主题。

⑦ 氢气管理与降低氢气成本

由于产品质量要求的不断升级、环境保护要求日趋严格以及经济利益的推动，各种加氢技术的快速发展已成为必然趋势。炼厂氢气资源紧缺和制氢成本的高企，将可能成为发展加氢工艺的制约因素。因此，需特别注重氢气管理与降低其生产成本的问题。

在氢气管理方面，首先要选择低氢耗的加氢工艺与催化剂，以降低工艺过程中的氢消耗；第二是注重炼厂生产过程中某些装置弛放气（例如各类加氢装置的低分气，重油催化裂化干气等）中氢气的回收，经提纯之后作为加氢装置氢源；第三是充分利用炼厂催化重整装置副产的氢气，在炼化一体化企业中还可采用裂解装置和脱氢等装置所副产的氢气；第四是进一步完善与改进轻烃水蒸气转化制氢工艺，提高氢气收率；第五是优化氢气管网设置，实现氢气的“梯级”利用。

当前，在降低氢气成本方面，首要的是应大力开发与推广应用以廉价重质烃类为原料（如煤炭、石油焦等）的非催化部分氧化法（Partial Oxidation，POX）制氢工艺。其所产氢气的成本约为轻烃水蒸气转化制氢成本的 50%左右。在有条件和需要的地方，还可采用整体煤（或焦、或煤焦混合）气化，燃气－蒸汽联合循环发电（Integrated Gasification Combined cycle，IGCC）技术，实现炼厂蒸汽、电、氢气及燃料气的联产，形成炼厂“公用工程岛”。

IGCC其燃料化学能转变成电能的效率已可达60%以上，其能效明显高于现有炼厂常规公用工程的发生系统。该技术将可能是未来炼厂解决氢气资源、公用工程建设、节能减排、提高经济效益的重要手段之一。

近年来，中国国内高校及研究单位在这一领域进行了大量的研究与开发工作，并已取得可喜的成果。2016年12月25日，西安交通大学“煤炭超临界水气化制氢、发电多联产技术”重大科研成果产业化项目正式启动。这对于保障能源战略安全、加快制污降霾、改善环境意义重大。

传统燃煤、煤气化锅炉及其发电技术均采用“一把火烧煤”的形式，总能效和煤电转化效率低、污染严重、耗水量大，脱除SO_x、NO_x、粉尘等和富集CO_2的代价高昂。“煤炭超临界水气化制氢、发电多联产技术”提出了煤炭在超临界水中完全吸热——还原制氢的新气化原理。即利用温度和压力达到或高于水的临界点——即超临界水的特殊物理化学性质，将超临界水用作煤气化的均相、高速反应媒介，并借助超临界水流化反应床将煤中的碳、氢、氧元素转化为氢气和CO_2，同时热化学反应分解了部分超临界水生成氢气。可以看出，这个过程将煤炭化学能直接高效转化为氢能。

该技术具有完全自主知识产权，是一项变革性技术，也是一项能够根除雾霾形成源的有效技术，可实现煤炭向电力、载能工业品及化工产品等高附加值产品的“三个转化”。

目前，中国已是位居世界第二的石油炼制大国，每年消耗大量的石脑油及轻烃通过水蒸气转化制取氢气，供各种加氢工艺过程使用，氢气成本已是加氢型炼厂仅次于原油成本的第二大生产成本。因此，应用廉价的重质烃类原料制取氢气已是势在必行。这不仅可以降低氢气成本，而且节省下来的石脑油和轻质烃类可用于生产高端汽油组分或生产高价值的芳烃和烯烃等石油化学品，使炼化企业增效。

⑧ 重油深加工

重油深加工是提高炼厂轻质油收率、实现石油资源高效转化与利用的重要手段。主要工艺包括脱碳(如溶剂脱沥青、延迟焦化等)、重油催化裂化、加氢处理(如固定床加氢、沸腾床加氢、浆态床加氢)等，以及最近出现的“煤油共炼”工艺等。这方面在《延迟焦化工艺与工程》《催化裂化工艺与工程》《渣油加氢工艺与工程》等专著中大多已有详细论述，因而在此不再赘述。需要特别指出的是，这些过程大都产生$C_1 \sim C_6$轻质烃类，同时也直接或间接(产品精制)地消耗大量氢气。

因此，应特别关注在这些重油深加工过程中所产轻烃的回收利用和使用廉价氢源。

⑨ 炼厂轻烃资源的清洁、高效利用

石油炼制过程中所副产的$C_1 \sim C_6$轻质烃类，其数量相当巨大，主要来自原油蒸馏、催化裂化、延迟焦化、催化重整及各类加氢等装置。其中十分宝贵的轻质烯烃主要来自催化裂化及延迟焦化装置，其他装置主要副产饱和轻烃。

据国家统计局统计数据，2018年中国各类炼厂全年原油加工量突破600Mt，我们估算，所副产$C_1 \sim C_6$轻烃为55.00Mt/a左右。如何清洁、高效利用好这部分宝贵的轻烃资源是炼厂供给侧结构性改革，实现降本、提质、增效的重要方面之一，也正是本专著要探索、研究和论述的主要内容。

⑩ 调整工艺装置结构，优化加工总工艺流程

石油炼制产业是一种流程行业，其终端产品汽、煤、柴、润等是由特定和不同馏程范围的碳氢化合物的混合物及相应的少量助剂按一定比例调和而成，其目的是满足内燃机的燃烧及机械润滑等要求。因此，炼厂需要用不同的工艺过程(装置)来生产不同的石油馏分产品。所以，需要根据不同产品的要求，配置不同工艺和不同规模的工艺生产装置，形成特别的结构，以生产市场需求的各类石油产品，特别是各类汽油产品的生产更需要如此。所以说，加工总工艺流程的优化，实则是工艺装置结构的调整与配置优化，是石油炼制过程的工艺基础，是十分重要的。表 1-1-1 表示了世界主要石油炼制国家及地区主要工艺装置结构。

可以看出，中国炼厂加氢装置能力占原油蒸馏能力的比例明显低于美国、日本、德国等；催化重整装置能力占原油蒸馏能力的比例也低于美国、德国、加拿大。

目前，我国汽油池中催化汽油占比过大，催化重整汽油占比较小，而烷基化油、异构化油占比更小。

中国石油炼制企业，在当前形势下工艺装置结构性调整的主要方向仍应是提高各类加氢、催化重整及烷基化、异构化等高辛烷值汽油调和组分装置生产能力占原油蒸馏能力的比例，以适应清洁化、高端化石油产品及石油化工原料生产的需求。

综上所述，根据当前和今后相当一段时间所面临的形势，未来中国石油炼制产业应坚持突出内涵发展，遵循“宜油则油、宜烯则烯、宜芳则芳”+“氢气管理”+“节能、减排、降碳”的技术发展路线。

（二）石油化工产业的结构调整刻不容缓

改革开放以来，中国石化产业得到了快速发展，取得了骄人的成果，但同时也面临着市场需求的新变化与挑战。

1. 裂解原料偏重，裂解装置规模偏小

长期以来，裂解装置主要以重质原料(如石脑油、加氢裂化尾油、甚至柴油等)为主，生产乙烯等化工烯烃。因而，绝大部分装置产能小于 1.00Mt/a，建设成本高，操作费用高，乙烯等三烯收率及氢气产率低，经济效益相对较低。

2. 市场需求放缓，通用石化产品显现产能过剩，而高端产品对外依存度居高不下

目前，我国石油和化学工业规模已位列世界前茅，但石化产品却处于产业链的中低端，通用石化产品多，高端石化产品少。

上述在供给侧存在的结构性问题是阻碍未来石化产业发展的主要问题，应通过理念创新，紧紧依靠科技创新加以解决。

3. 降本、提质、增效同样是结构调整和技术发展的主要方向

如何实现降本、提质、增效的目标？根据中国目前的经济发展环境及石化产业的具体情况，中国石化产业要适度做大增量，以科技创新为引领，借鉴国内外石化产业发展的先进经验，实现规模化、一体化、原料多元化和产品高端化的协同发展。

（1）规模大型化

美国 DOW 化学公司于 2017 年 1 月宣布，其在得克萨斯州新建的 1.50Mt/a 乙烷裂解装置施工已完成 95%。

Shell 公司在位于美国宾夕法尼亚州南部新建的 1.5Mt/a 乙烷裂解装置标志着该公司将回归聚烯烃行业。

美国 Chevron Phillip 公司于 2016 年在得克萨斯州 Baytown 新建了 1.50Mt/a 乙烷裂解装置。

中国恒力 1.50Mt/a 乙烯裂解装置于 2019 年建成。中沙天津石化乙烯产能正由 1.0Mt/a 扩能至 1.30Mt/a。

(2) 炼化一体化

至 2015 年，中国 24 座千万吨级炼油基地中，14 座建设了乙烯及下游化工装置，实现了炼化一体化，使炼厂轻质烃类资源得到较为充分的利用，企业获得了良好的经济效益与社会效益。其后，建设和正在筹建的大型化炼油-石化(含芳烃化工)全部为炼化一体化项目。

(3) 裂解原料轻质化与石化(烯烃化工)原料多元化

① 裂解原料轻质化的趋势

目前，国际石油化工巨头公司纷纷在美国推进乙烯装置建设，这些装置的原料大多为乙烷，全球约 99%的乙烷都用于生产乙烯。

据《国内外石化快报》2017 年第 4 期报道，2016 年全球乙烷产量为 66.00Mt/a，其中美国占 40%。预计 2020 年全球乙烷产量将超过 85.00Mt/a，其中美国产量超过 40.00Mt/a，其中出口可能超过 7.00Mt/a。

据统计，2017 年美国乙烷裂解制乙烯产能达到 12.05Mt/a，到 2020 年将提高到 18.94Mt/a。

全球约 96%的乙烷来源于天然气加工行业，纯乙烷通过蒸汽裂解制乙烯的收率约为 78%，净利润超过 30%，远远高于传统石脑油等原料的工艺路线。

近年来，中国在大量煤/甲醇制烯烃(丙烯与乙烯的产率之比最高可达 1.8)、丙烷脱氢制丙烯项目投产的背景下，加之催化裂解提供的丙烯资源，中国丙烯产能增速明显超过乙烯，而中国乙烯需求量及供需缺口远大于丙烯。2019 年，中国乙烯产量 25.85Mt，当量缺口达到 25.7Mt。如此巨大的供需缺口成为企业青睐乙烯项目的主要因素之一。

预计 2020 年，中国乙烯产能将达到 35.11Mt/a，较 2019 年增长 21.5%，乙烯当量需求达到 55.75Mt/a 左右，当量缺口约为 24.7Mt/a，乙烯自给率将从目前的 50.2% 提升到 56.7%左右，届时乙烯市场依然存在巨大的缺口。

由于中国天然气成分中主要以甲烷为主，乙烷、丙烷含量相对较少，因此，在实现裂解原料轻质化的过程中，在考虑进口国外乙烷、丙烷的同时，特别需要研究与评估庞大的石油炼制产业在生产过程中副产的轻质饱和烃类作为裂解原料的问题。这样可以高效利用石油资源、降低裂解原料成本，将是实现裂解原料轻质化的重要补充措施。

② 石化(烯烃化工)原料多元化

目前，烯烃化工原料呈多元化态势。煤基以煤/甲醇制烯烃(MTO、MTP)为主，技术已成熟并实现了产业化；生物基以生物乙烯、生物丁二烯、生物异丁烷、生物异戊二烯等为主。这些有的已实现产业化，一般规模较小，有的正处在研发之中；而石油基则主要从炼厂副产轻烃中直接回收烯烃(如从催化裂化、催化裂解气体中回收乙烯、丙烯)；石脑油、乙烷、丙烷、丁烷等通过蒸汽裂解、丙烷脱氢获得烯烃。上述几种石油基路线技术已十分成熟，并已实现了大规模产业化。而乙烷氧化脱氢、催化裂解制乙烯、丙丁烷混合脱氢制丙烯、异丁烯、原油直接裂解制乙烯等技术正处在研发阶段，尚未产业化。

同样需要研究与评估炼油过程副产的轻质烯烃直接作为石化烯烃化工原料的课题，以降低烯烃化工的原料成本。这将同样是实现石化烯烃化工原料多元化的重要补充措施。

（4）产品“优势+高端”化

以高端化工材料为代表的化工新材料是近年来高速发展的具有传统化工材料所不具备的优异性能或特殊功能的新型化工材料，主要包括先进高分子材料和电子化学品等高端专用化学品。与传统化工材料相比，化工新材料具有性能更优、功能更强、技术含量和附加值更高的特点。在全球科技创新发展的大潮中，新材料与信息、能源一起成为科技的三大支柱，其中新材料是其他两个产业的基础。新材料的诞生往往会催生出一种甚至多种新型产业和技术领域。

建设重大工程、增强国防保障能力、提升经济发展质量、构建国际竞争新优势都离不开新材料的支撑。作为新材料的重要组成部分和生产其他新材料的重要原料，化工新材料，特别是石油化工新材料，近年来备受国内外投资者的关注与青睐。

在中国，化工新材料是国民经济的基础性、先导性产业，是《中国制造2025》重点发展的十大领域之一，受到国家重点扶持和培育。当前，中国经济进入新常态，经济增长动力由要素和投资驱动转向创新驱动。石油化工等传统产业面临的结构调整压力持续加大，急需寻找新的经济增长点。在传统化工品市场饱和、产能过剩的情势下，行业投资热点逐步转向以化工新材料、专用化学品等为代表的新型领域。目前，中国已能生产工程塑料、高端聚烯烃树脂、聚氨酯材料、氟硅材料、特种合成橡胶、高性能纤维、功能膜材料、电子化学品等八大门类数千个品种的化工新材料产品，广泛应用于电子电器、建筑材料、汽车船舶、轨道交通、航空航天及军工等多个国民经济的关键领域。

然而，对于中国而言，化工新材料仍处于发展阶段，还面临产业体系不健全、自主创新能力不强、高端产品大量依赖进口、原料保障能力有待提升等矛盾和问题。因此，行业迫切需要创新理念、相关政策引导和资金扶持，大力发展化工新材料，推动中国由化工材料大国迈向化工材料强国。

这方面应当参照和研究国外一些著名石化公司发展化工新材料的模式。例如：美国Exxon Mobil化工公司实施“基础为主+优势特殊化学品”；美国DOW化学公司实施“高端+系统解决方案”；美国Dupont公司实施“转型升级成为高端化工产品制造商”；德国BASF公司实施“基础+高端为主+系统解决方案”的发展模式等。同时，结合中国石油化工通用产品应用范围广、市场巨大以及未来市场对化工新材料的需求，在提高通用产品质量、保证产品优势的同时，大力发展石油化工高端新材料，即实施“优势+高端”的石油化工新材料发展战略，争取在国家组织实施的“关键新材料工程”（国家决定组织实施的10大高端制造重点工程之一）包括PC、己二腈、PMMA、聚1-丁烯等高性能树脂，异戊橡胶及单体、丙烯酸酯橡胶、聚酯型热塑性弹性体，光学级聚酯膜等功能性膜材料，芳纶、T800级碳纤维及其增强树脂基复合材料等高端专用化工新材料的开发与产业化方面有重大突破，在满足市场对高端化工新材料需求的同时，大大提高石油化工行业的经济效益。

综上所述，根据当前和今后相当一段时间所面临的市场环境，中国石油化工产业需适度做大增量，同时要以科技创新为引领，坚持可持续发展。

第二章　资源与加工利用

第一节　炼厂轻烃资源

2019年中国炼油能力已达881Mt/a以上，在炼制加工过程中会产生大量H_2和$C_1\sim C_6$轻质烃类。这些宝贵的轻烃是炼厂加氢过程必需的氢气资源和制氢原料、主要的炉用燃料、高辛烷值汽油组分生产的原料和烯烃化工及某些有机化工生产的重要原料。因此，如何回收和科学、高效地利用好这部分宝贵资源，是降低炼厂和石油化工厂生产成本、改善和提高产品质量、增加经济效益的重大课题。

这些轻质烃类主要来自原油蒸馏、催化裂化、延迟焦化、加氢裂化等各类加氢和催化重整等工艺过程。

一、原油蒸馏

原油是一种组成极为复杂的混合物，而且不同原油之间由于组成的差异，其性质差别较大，轻质烃类的含量也各不相同。

中国产原油大部分轻质烃类含量相对较少。表1-2-1为采用气相色谱法分析的辽河油田兴隆台原油<C_7馏分中单体烃的含量。

表1-2-1　辽河兴隆台原油<C_7的单体烃组成　　%

化合物名称	含量(占原油)	化合物名称	含量(占原油)
乙烷	0.01	苯	0.10
丙烷	0.04	3,3-二甲基戊烷	0.02
异丁烷	0.05	环己烷	0.53
正丁烷	0.19	2-甲基己烷	0.17
异戊烷	0.29	2,3-二甲基戊烷	0.11
正戊烷	0.40	1,1-二甲基环戊烷	0.07
2,2-二甲基丁烷	0.02	3-甲基己烷	0.24
环戊烷	0.14	顺-1,3-二甲基环戊烷	0.14
2,3-二甲基丁烷		反-1,3-二甲基环戊烷	0.16
2-甲基戊烷	0.32	反-1,2-二甲基环戊烷	0.28
3-甲基戊烷	0.21	正庚烷	0.65
正己烷	0.54	甲基环己烷	1.51
2,2-二甲基丁烷	0.12	乙基环戊烷	0.10
甲基环戊烷	0.47	甲苯	0.42
2,4-二甲基戊烷	0.07	合计	7.39
2,2,3-三甲基丁烷	0.02		

从表 1-2-1 可知，辽河兴隆台原油含 C_2、C_3仅 0.05%，加上 C_4也只有 0.29%，即 C_2~C_4的轻烃含量较少。

而进口轻质原油中轻烃含量相对较高，有的可达 2%~3%，其中 C_1~C_2含量占轻烃总量的 20%左右，C_3~C_4含量占轻烃总量的 60%左右。

原油蒸馏工艺系利用原油组分的蒸发特性，将其在不同温度和压力下，分离为不同组分，进入下游装置进一步加工或精制为石油产品的过程，是石油炼制过程的"龙头"和基础，其所产轻烃主要源自天然石油本身，少量为蒸馏过程中的裂化产物。

二、催化裂化

中国催化裂化规模庞大，仅次于美国居世界第二。其催化剂、工艺和工程技术先进、成熟，生产操作与管理经验丰富，已形成完整的技术体系。催化裂化在中国炼化产业汽、柴油生产和化工烯烃及有机化工原料的生产中发挥着重要的骨干作用。

（一）催化裂化工艺

催化裂化采用分子筛酸性催化剂，具有正碳离子反应的催化活性。加工过程中进行异构化、烷基转移、脱氢、氢转移、环烷烃开环、烷基芳烃脱烷基等复杂的反应过程。除生产汽油、柴油组分外，还副产大量的轻质烃类，特别是氢气、干气（C_1、C_2）和液化石油气（C_3、C_4等）。不同原料的催化裂化生产装置，气体轻烃的产率有较大差异。另外，气体轻烃产率还与催化剂、工艺、操作条件等有关。一般来说：

1. 氢气

当以馏分油为原料时，一般产率<0.1%（对进料）；当以渣油为原料时，其产率会成倍增加，但一般≯0.5%（对进料）。

2. 气体轻烃

（1）干气

主要成分为甲烷、乙烷、乙烯等，其产率一般为 3.0%~6.0%（对进料）。C_2中乙烯含量一般稍大于乙烷含量。

（2）液化石油气

主要成分为 C_3、C_4，还会有少量 C_5，其产率一般为 8.0%~15.0%（对进料）。其中 C_3约占 30.0%~40.0%（对液化石油气），C_3中丙烯约占 60.0%~80.0%；C_4约占 55.0%~60.0%（对液化石油气），其中异丁烯约占 50.0%~65.0%，异丁烷约占 30.0%~40.0%。

表 1-2-2 至表 1-2-5 为在提升管反应条件下，随着原料、催化剂和操作条件等的不同，气体轻烃产率有较大差异。

表 1-2-2　馏分油催化裂化装置操作条件与气体产品产率①

原料油	大庆原油减压馏分油	胜利原油减压馏分油	辽河原油减压馏分油	混合减压馏分油	加氢蜡油	新疆减压馏分油
原料油						
密度(20℃)/(g/cm³)	0.8593	0.8996	0.9140	0.9104	0.910	0.8831
残炭/%	0.55	0.19	0.24	0.52	0.45	0.32
催化剂	Y-15	Y-15	Y-15	LRC-99	CC2000D/MLC500	LBO-16H

续表

原料油	大庆原油减压馏分油	胜利原油减压馏分油	辽河原油减压馏分油	混合减压馏分油	加氢蜡油	新疆减压馏分油
操作条件						
反应温度/℃	490	473	508	490	490	485
再生温度/℃	628	676	738	696	695/700	675/688
再生催化剂碳含量/%	0.25	0.30	0.15	0.10	0.05	0.12
剂油比	3.3	4.1	3.6	4.18	5.75	6.6
回炼比	0.40	0.76	0.47	0.2	0.07	0.4
转化率/%	70.2	61.5	61.0	60.76	68.56	61.41
气体产品产率/%						
气体(干气+液化气)	13.5	9.7	15.2	14.22	19.27	14.05
气体合计	13.5	9.7	15.2	14.22	19.27	14.05

①提升管反应。

表 1-2-3 减压馏分油(掺焦化馏出油)催化裂化装置操作条件与气体产品产率①

原料油	辽河油	鲁宁管输油1(早期)	鲁宁管输油2(早期)	国外油	辽河/大庆混合油	管输哈油
原料油						
减压馏分油比例/%	74.3	78.8	74.9	76(加氢蜡油)	89.3	71.8(含12其他)
焦化馏出油比例/%	25.7	21.2	25.1(加氢后16.6)	24.0	10.7	28.2
密度(减压馏分油/焦化馏出油)/(g/cm^3)	0.9191/0.8988	0.8788/0.8979	0.8962/0.8623	0.913	0.8873	0.8924
残炭(减压馏分油/焦化馏出油)/%	0.18/0.12	0.093/0.13	0.19/0	0.65	0.29	0.32
氮含量(减压馏分油/焦化馏出油)/(μg/g)	2043/4804	1000/7700	1719/1686	350	110	
碱氮含量(减压馏分油/焦化馏出油)/(μg/g)	520/2031	300/2500	562/508			
催化剂	Y-15	RHZ-200	RHZ-200	CC2000D/MLC500	LBO-16H	LBO-16
操作条件						
反应温度/℃	515	497	508	490	501	490
再生温度/℃	710	692	694	695/700	698/712	700
剂油比	4.50	3.61	3.66	5.75	6.1	4.7
回炼比	0.38	0.98	0.28	0.07	0.35	0.13
转化率/%	62.70	67.70	68.10	67.45	66.44	70.44
气体产品产率/%						
干气	5.0	4.8	5.3	3.62	2.96	3
液化气	10.1	10.5	8.1	18.11	12.35	13.23
气体合计	15.1	15.3	13.4	21.73	15.31	16.23

①提升管反应。

表 1-2-4　掺渣油催化裂化装置操作条件与气体产品产率①

原　油	混合油	胜利混合油	大庆管输油	大庆油	国外混油
掺减压渣油比例/%	22.8	26.92	43	74	64.2
密度/(g/cm³)	0.9036	0.9035	0.912	0.9005	0.9075
残炭/%	3.22	4.01	5.21	4.1	4.53
碳/%					
氢/%					
硫/%	0.25	0.67	0.37	0.1	0.21
氮/%					
镍/(μg/g)	8.30	8.84	7.80	4.2	9.45
钒/(μg/g)	4.60	0.53	3.00	1.5	
催化剂	RAG-10	DVR-3	VRCC-1	LCC-2	LBO-16
操作条件					
反应温度/℃	530	490	515	515	510
再生温度/℃	700	690	665	703	712/725
剂油比	6.5	6.0	9.0	6.7	6.2
气体产品产率/%					
干气	3.07	5.89	3.53	4.39	3.97
液化气	20.55	14.05	14.16	25.56	17.1
气体合计	23.62	19.94	17.69	29.95	21.07

①提升管反应。

表 1-2-5　渣油催化裂化装置操作条件与气体产品产率①

原　油	仪长管输油	长庆及塔河稠油	混合物	中原油	国外混合油	沙轻油/沙中油
渣油类别	常渣	常渣	常渣	常渣	常渣+减渣	常压渣油(加氢后)
密度/(g/cm³)	0.915	0.901	0.893	0.8841	0.930	0.9314
残炭/%	5.92	4.6	5.60	6.05	6.48	6.05
碳/%						
氢/%						
硫/%	0.25	0.15	0.29	0.4	0.29	0.69
氮/%						0.13
镍/(μg/g)	10	1.68	13.01	27.40	8.40	3.95
钒/(μg/g)	0.50	0.05	0.30	8	8	5.58
催化剂	RAG-6	GP-1XA	CDCH LBO-16 LHO-1 CGP-1Z GOR-Ⅱ	CGP	MIP-CGP-1HN	
操作条件						
反应温度/℃	517	510	502	497	529	525
再生温度/℃	743	673	702			680
再生催化剂碳含量/%	0.1	0.03	0.12	0.35	0.02	0.12
剂油比	7.5	6.3	5.8	6.5	6.9	6.7
回炼比	0.008	0.00	0.00	0.18	0.00	—
转化率/%	81.70	73.73	76.46	78.86	74.35	66.74
气体产品产率/%						
干气	4.37	4.82	4.28	4.19	3.63	4.39
液化气	27.50	19.59	20.76	19.09	23.79	15.71
气体合计	31.87	24.41	25.04	23.28	27.42	20.10

①提升管反应。

(二) 催化裂化生产低碳烯烃工艺

乙烯、丙烯及丁烯等低碳烯烃是石油化工三大合成材料生产的基本有机原料。目前，世界上广泛采用以轻烃为原料的水蒸气裂解方法来制取低碳烯烃。产品以乙烯为主(例如，以乙烷为原料时，乙烯产率达78%)，同时副产丙烯、氢气等。

近些年来，在中国兴起的新型煤化工，以煤为原料制成合成气后，再由合成气先制成甲醇，甲醇在SAPO分子筛催化剂或ZSM类型的分子筛催化剂上催化转化成以乙烯为主，同时副产丙烯等的低碳烯烃。即MTO(Methane to olefins)和MTP(Methane to propylene)工艺技术。该技术已实现了工业化应用，为化工低碳烯烃生产开辟了一条新的技术路线。

据相关部门预测，今后国际市场对丙烯的需求仍有增长，其主要推动力是聚丙烯、丙烯腈及酚醛树脂等产品的市场需求增加。蒸汽(特别是乙烷等轻烃)裂解、MTO、MTP不能满足市场对乙烯和丙烯的需求(据统计，国际市场对乙烯和丙烯的消费需求比约在1.7∶1)。为了平衡市场对乙烯和丙烯的需求比例，除了回收炼厂催化裂化等裂化装置所产丙烯，采用丙烷脱氢、烯烃易位等工艺增加丙烯产量外，采用催化裂化生产低碳烯烃技术，以重质烃类为原料生产丙烯、增加丙烯产量，是一条可供选择的工艺技术路线。

中国自1987年开始，在世界上首先开发了以重质烃类为原料、以催化裂化工艺技术为基础的催化裂解生产低碳烯烃，特别是生产丙烯的技术。第一套工业示范装置于1990年开车成功并投入工业运行。此后，除连续建设了几套催化裂解装置外，还在此基础上继续延伸发展，先后开发了最大量生产丙烯、生产丙烯兼产高辛烷值汽油组分、同时生产乙烯和丙烯的低碳生产技术。这些技术均先后投入了工业应用。

蒸汽裂解主要是以自由基机理进行的热反应，而催化裂化生产低碳烯烃的反应，主要是在酸性催化剂上以正碳离子机理进行的催化转化反应。与以生产汽油与柴油为主的催化裂化(可称为常规催化裂化)相比，常规催化裂化所产汽、柴油是重油原料一次反应的产物，而汽油的二次裂化反应是受到控制的。催化裂化生产低碳烯烃主要是将一次裂化产物中的汽油再在择形沸石催化剂上进一步进行二次反应。二次反应有裂化反应，也有异构化及氢转移等反应。在二次反应中，裂化及异构化反应是得到丙烯及异构烯烃的主要反应。在此过程中，为防止烯烃产物的饱和，必须控制氢转移反应。

催化裂化生产低碳烯烃技术大体上可分为三种类型：

1. 最大量生产丙烯

最大量生产丙烯的技术为催化裂解Ⅰ型(DCC-Ⅰ，Deep Catalytic Cracking Type Ⅰ)技术。DCC-Ⅰ技术的工艺流程与常规催化裂化相似。其主要设备的不同点是：在提升管出口增加一个床层反应器；加粗催化剂输送管径；增大沉降器顶油气管线的油气线速；主分馏塔、油气分离器、吸收及稳定等部分由于气体负荷增加需相应变动设备尺寸及增加气压机负荷。

表1-2-6列出了三套加工不同性质原料的DCC-Ⅰ的原料性质、主要操作参数、物料平衡及低碳烯烃产率。工业装置的反应温度随原料性质略有差异。石蜡基原料易于裂化，反应温度可略低，以免干气增加。中间基原料反应温度略高，在550~560℃操作。由于反应器采用了提升管加床层的形式，转化深度较高，全回炼操作时回炼比仅0.1左右。DCC-Ⅰ的反应热较大，故可以在较高焦炭产率时仍保持反应再生系统热平衡操作。以大庆减压馏分油掺常压渣油为原料时，丙烯产率为22.9%；中间基原料略低，但丙烯产率仍超过17%。在生产丙烯的同时，总丁烯的产率为丙烯产率的70%左右，其中异丁烯与总丁烯之比超过40%，与热力学平衡值接近。

表 1-2-6　DCC-Ⅰ原料、催化剂、操作条件、物料平衡及低碳烯烃产率

原料油品种	大庆减压馏分油掺 25%常压渣油	管输减压馏分油	阿拉伯加氢减压馏分油
密度(20℃)/(g/m^3)	0.8605	0.8914	0.8644
残炭/%	1.13	0.29	<0.1
折光率(20℃)	1.4608	1.4874	1.487
氮/%	0.13	0.18	
硫/%	0.09	0.70	0.04
氢/%	13.65	12.56	
馏程/℃			(实沸点)
初馏点	225	286	157
10%	369	383	343
50%	451	429	430
90%	581	493	542
终馏点		531	580
催化剂	CRP-1	CRP-1	CRP-1+CRP-S
反应条件			
反应温度/℃	545	550	550
回炼比	0.11	0.15	0.035
再生温度/℃	711	700	689
物料平衡/%			
干气	8.15	8.64	10.3
液化气	46.69	37.39	40.0
汽油	23.02	25.12	31.9
轻油	12.12	20.83	
焦炭	6.56	7.61	
损失	0.46	0.41	
合计	100.00	100.00	
低碳烯烃产率/%			
乙烯	3.6	3.8	5.1
丙烯	22.9	17.4	17.4
总丁烯	17.4	13.4	11.0
异丁烯	7.2	5.6	4.8
异丁烯/总丁烯	41.4	41.8	43.6

2. 生产丙烯兼顾汽油生产

既生产丙烯又兼顾汽油生产的催化裂化生产低碳烯烃技术有 DCC-Ⅱ、MGG、MIP-CGP、FDFCC-Ⅲ以及 TSRFCC 等。

(1) DCC-Ⅱ

DCC-Ⅱ(Deep Catalytic Cracking Type Ⅱ)的目的产品是丙烯、异丁烯及异戊烯，同时兼顾汽油。它与 DCC-Ⅰ型的差别在于：采用提升管反应器，但不加床层；反应温度略低，介于 DCC-Ⅰ与 FCC 之间；较高的催化剂活性；较低的水蒸气注入量。DCC-Ⅰ装置采用床层零料位操作时，可进行 DCC-Ⅱ的生产。

(2) MGG

MGG(Maximum Gaseous olefins and Gasoline production)的目的产品是最大量的液化石油气和汽油，液化气中富含烯烃。特点是提升管反应；催化剂活性高；干气及焦炭产率较低；反应温度介于 DCC-Ⅰ与 FCC 之间；水蒸气注入量较低。

(3) MIP-CGP

MIP-CGP(Maximum Iso-Paraffins process for Cleaning Gasoline plus Propylene production)的目的是生产满足欧Ⅲ排放的汽油组分，同时增产丙烯。该工艺采用由串联提升管反应器构成的新型反应系统。第一反应区以裂化反应为主，原料油在该区内一次裂化反应深度增加，从而生成更多富含烯烃的汽油和富含丙烯的液化气；第二反应区以氢转移反应和异构化反应为主，适度二次裂化反应。在二次裂化反应和氢转移反应双重作用下，汽油中的烯烃转化为丙烯和异构烷烃。

(4) FDFCC-Ⅲ

FDFCC-Ⅲ(Flexible Dual Function Catalytic Cracking Type Ⅲ)的目的产品是低烯烃汽油组分，同时增产丙烯。FDFCC 工艺采用双提升管反应器结构，分别对重质原料和催化裂化汽油在不同的操作条件下进行反应。重油提升管在常规催化裂化条件下操作，汽油提升管在较苛刻的条件下操作，实现芳构化、异构化等反应，以降低催化裂化汽油烯烃含量。该工艺不仅可以降低催化裂化汽油的烯烃含量，还可以增加丙烯和丁烯等化工原料产率，同时也可以降低汽油的硫含量。

(5) TSRFCC

TSRFCC(Two Stage Riser Fluid Catalytic Cracking)的目的产品是低烯烃汽油组分，同时增产丙烯。与常规 FCC 相比，TSRFCC 工艺采用两段串联提升管反应器，具有催化剂接力反应、分段反应、短反应时间以及大剂油比操作等特点，可以降低催化裂化汽油中烯烃含量并提高丙烯产率。

这 5 种技术的催化剂配方不同，反应器结构和操作条件也有所差异，故产品分布不尽相同。表 1-2-7 分别列出了五种技术的原料性质及操作参数与产品分布，表中同时列出了 FCC 在较高温度下的产品分布，可作为比较时的参考。

表 1-2-7 生产丙烯兼顾汽油生产工艺的原料品种与性质、催化剂、操作条件与产率分布

工艺	DCC-Ⅱ	MGG	MIP-CGP	FDFCC-Ⅲ	TSRFCC	FCC
原料油品种与性质	临商减压馏分油掺脱沥青油	新疆减压馏分油掺减压渣油	管输减压馏分油掺减压渣油	管输减压馏分油掺减压渣油	长庆常压减压渣油	石蜡基减压馏分油掺减压渣油
密度(20℃)/(g/cm^3)	0.8986	0.8809	0.9097	0.9200	0.9149	0.8788
凝点/℃	49	40				28
残炭/%	0.4	1.9	4.6	1.1	4.5	3.1
折光率(20℃)	1.4891	1.4959				1.4962
元素组成/%						
碳	86.56	86.36		86.47	86.13	86.42
氢	12.48	13.07		12.12	12.81	13.20
硫	0.30	0.18	0.37	0.50	0.14	0.26
氮	0.15	0.11	0.12	0.10	0.18	0.12

续表

工艺	DCC-Ⅱ	MGG	MIP-CGP	FDFCC-Ⅲ	TSRFCC	FCC
重金属/(μg/g)						
镍	0.4	4.2	11.0	4.6	4.2	4.3
钒	<0.1	0.6	4.0	1.4	1.5	6.3
族组成/%						
饱和烃	67.5	70.8	57.3	69.7		64.0
芳烃	30.0	25.2	30.0	21.8		22.1
胶质	2.5	4.0	12.7	7.8		13.8
沥青质				0.5		0.1
馏程/℃						
初馏点	272	256	272	305	316	203
10%	384	346		384	418	314
50%	471	450		453	503	410
70%	502	510		479		476
500℃馏出率/%	69	67		82	49	75
催化剂	CIP	RMG	CGP	CC-20	LV-23	LB-1
操作条件						
反应温度/℃	530	534	524	520	499	522
回炼比	0.07	0.14	0.09	0.04	0.02	0.25
再生温度/℃	705	680	716	700	700	698
注蒸汽量/%	10.4	7.4	10.2			
产品分布/%						
干气	5.18	3.97	3.45	4.82	4.53	3.67
液化气	34.43	26.78	27.37	26.86	14.55	11.01
汽油	38.45	48.07	38.19	29.14	34.41	45.93
柴油	13.90	12.36	16.30	26.00	38.01	30.46
油浆	0	0	5.12	5.19	0	1.08
焦炭	7.17	8.20	9.09	7.95	8.50	7.40
损失	0.87	0.62	0.48	0.03		0.45
合计	100.00	100.00	100	100.00	100.00	100.00
低碳烯烃产率/%						
丙烯	14.43	6.83	8.94	9.85		4.31
总丁烯	11.41	5.96	6.09	7.03		4.60
异丁烯	4.75	1.65	2.00	1.80		1.46
异戊烯	5.93					2.11
异丁烯/总丁烯	0.42	0.28	0.33	0.26		0.32

由于原料性质不完全相同，产品产率也仅是大概的比较。从表1-2-7可看到，DCC-Ⅱ有最高的丙烯、异丁烯及异戊烯产率，以及最高的异丁烯与总丁烯的比值，该比值接近热力学平衡值。MIP-CGP有最低的干气产率，MGG有最高的汽油产率，TSRFCC有最高的柴油产率。这些工艺的丙烯产率都显著高于FCC。

3. 生产乙烯和丙烯

生产乙烯和丙烯的技术为催化热裂解(CPP, Catalytic Pyrolysis Process)技术。在 DCC-Ⅰ最大量生产丙烯技术基础上，通过对工艺参数、催化剂以及装置构型进行改进，开发出了重油直接制取乙烯和丙烯的 CPP 工艺技术。该工艺采用类似常规 FCC 的提升管反应器以及催化剂流化输送的连续反应-再生循环操作方式；产品分离流程可以采用蒸汽裂解的深冷分离技术，但必须预先精制以脱除微量杂质，如硫化物、氮化物、碳氧化合物、砷和水等，可以得到聚合级的乙烯和丙烯产品。其特点为：

(1) 反应温度为580~640℃，是一个催化反应和热反应共存的过程；

(2) 专用催化剂具有正碳离子反应和自由基反应双重催化活性；

(3) 操作方式灵活，可根据需要灵活调整产品结构，实现最大量生产乙烯、最大量生产丙烯或乙烯和丙烯兼产等多种操作模式；

(4) 可以加工重质原料油，包括蜡油、蜡油掺渣油、焦化蜡油和脱沥青油以及全常压渣油等，扩宽了乙烯的原料来源，降低了乙烯原料成本。

表 1-2-8 和表 1-2-9 分别列出了加工大庆管输原油常压渣油原料的 CPP 装置工业试验数据。以大庆常压渣油为原料，在提升管出口温度 610℃时，CPP 可以得到 14.84%的乙烯和 22.21%的丙烯；产品乙烯纯度超过 99.99%，产品丙烯纯度超过 99.9%，达到聚合级优等品指标；液体产品的芳烃含量高，裂解石脑油的芳烃含量达到 80%左右，其中 BTX 占 80%；裂解轻油富含萘系芳烃，芳烃含量超过 90%，可以进一步作为化工原料加以利用。

CPP 装置工业运转表明，该工艺技术成熟可靠，开辟了一条以石蜡基常压渣油为原料生产乙烯、丙烯的新工艺路线。

表 1-2-8 CPP 工业示范装置原料油性质

项　目	数　据	项　目	数　据
密度(20℃)/(g/cm^3)	0.8943	镍	5.8
残炭/%	4.4	钒	0.4
折光率(20℃)	1.4848	钠	5.0
元素组成/%		钙	3.7
碳	86.18	馏程/℃	
氢	12.99	初馏点	266
硫	0.16	5%	352
氮	0.27	10%	376
重金属含量/(μg/g)		30%	438
铁	4.7	50%	510

表 1-2-9 CPP 工业示范装置主要操作条件和产品产率

项　目	数　据	项　目	数　据
操作条件		裂解石脑油	16.12
新鲜原料量/(t/h)	62.8	裂解轻油	9.68
反应温度/℃	610	油浆	2.21
再生温度/℃	732	焦炭	10.71
反应器顶压力(表)/MPa	0.08	损失	0.65
再生器顶压力(表)/MPa	0.12	合计	100.00
蒸汽注入量(对新鲜进料)/%	28.5	气体烯烃产率/%	
产品分布/%		乙烯	14.84
裂解气	60.63	丙烯	22.21

4. 几种工艺的产品性质

几种工艺的干气及液化气组成分别列于表 1-2-10 及表 1-2-11。DCC-Ⅰ、DCC-Ⅱ、MGG、MIP-CGP 和 TSRFCC 干气中的乙烯显著高于常规 FCC，DCC-Ⅰ干气中的乙烯含量为 27.8%，而 FCC 在高温下操作时为 15.5%。

对几种工艺的液化气，比较丙烯浓度可看到 DCC 工艺最高，DCC-Ⅰ及 DCC-Ⅱ液化气中的丙烯含量分别达到 53.7%及 48.6%。DCC-Ⅰ、DCC-Ⅱ的液化气中有较高的异丁烯含量，而 MIP-CGP 和 TSRFCC 的异丁烷含量较高，这主要归因于这几种工艺氢转移反应的差异。

此外，在 DCC-Ⅰ的干气及液化气中丙炔含量分别为 4μg/g 及 17μg/g，液化气经脱硫和丙烯/丙烷塔分离后，丙烯的纯度超过 99.6%，达到聚合级丙烯的要求。其他几种工艺的反应条件比 DCC-Ⅰ缓和，如需制取精丙烯应该不存在问题。

表 1-2-10　各工艺干气组成　　　　%(体)

工艺	DCC-Ⅰ	DCC-Ⅱ	MGG	MIP-CGP	FDFCC-Ⅲ	TSRFCC	FCC
氢气	23.8	20.6	23.4	29.5	29.9	29.1	40.4
硫化氢	1.9	2.0	1.3	0.1	2.8		1.4
甲烷	32.7	39.8	32.6	34.6	33.7	22.4	26.6
乙烯	27.8	23.3	20.2	20.8	17.1	27.8	15.5
乙烷	13.1	12.7	12.5	13.8	11.2	19.4	16.1
丙烯	0.5	0.9	7.0	0.5	4.0	0.4	
丙烷	0.2	0.1	1.0	0.1	0.5	0.1	
C_4和 C_5	0	0.6	2.0	0.6	0.8	0.8	
总计	100.0	100.0	100.0	100.0	100.0	100.0	100.0

表 1-2-11　各工艺液化气组成　　　　%(体)

工艺	DCC-Ⅰ	DCC-Ⅱ	MGG	MIP-CGP	FDFCC-Ⅲ	TSRFCC	FCC
C_2^-						2.9	
丙烷	8.3	8.2	10.0	11.3	10.4	22.6	9.0
丙烯	53.7	48.6	39.6	38.7	43.1	28.3	37.0
异丁烷	4.7	10.2	18.0	24.1	18.9	22.8	17.5
正丁烷	1.8	2.7	5.1	4.5	4.2	6.2	5.5
1-丁烯	4.8	4.9	5.8	4.2	5.3	5.0	6.4
异丁烯	11.8	12.0	7.0	6.5	5.8	8.6	9.8
反-2-丁烯	6.6	6.5	7.3	5.3	7.4	2.4	8.8
顺-2-丁烯	5.0	5.3	5.6	3.8	4.2	0.3	6.0
1,3-丁二烯	0.5						
C_5^+	2.8	1.6	1.6	1.6	0.7	0.9	
总计	100.0	100.0	100.0	100.0	100.0	100.0	100.0

三、延迟焦化

延迟焦化是将减压渣油经深度热裂化即热转化反应转化为液体和气体产品，同时生成石油焦的工艺过程，是炼油厂减压渣油深加工、提高轻质油收率和生产石油焦的主要手段。在该过程中，通常使用水平管式加热炉，在高流速、短停留时间的条件下加热减压渣油至 485~515℃。由于在加热炉管中停留时间很短，减压渣油仅发生浅度热裂化，深度热裂化反应被"延迟"到加热炉下游的焦化塔内发生。

减压渣油的热转化反应过程主要包括：饱和烃(烷烃和环烷烃)热转化反应，芳香烃的热转化反应，胶质、沥青质的热转化反应等。其反应符合烃类和非烃类化合物热转化的一般规律，遵循自由基反应历程。热转化始终沿着裂解和缩合两个方向进行，在热的作用下，发生热裂解吸热反应和缩合放热反应，而总体上表现为吸热反应。其产物有比减压渣油更轻的气体和液体馏分油，还有比原料更重的石油焦产物。

延迟焦化装置的气体轻烃产率由于原料和操作条件的不同而有一定差异，一般多在8%和10%之间(表1-2-12)。

表1-2-12 中国部分延迟焦化装置加工渣油的性质及典型产品分布

项 目	中东混合减压渣油	新疆塔里木混合减压渣油	胜利减压渣油	辽河减压渣油
原料性质				
密度(20℃)/(g/cm^3)	1.0367	1.0256	0.9740	0.9950
康氏残炭/%	26.50	20.09	15.14	20.32
硫含量/%	5.30	1.61	1.48	0.14
氮含量/%	0.34	0.51	0.64	0.70
镍含量/(μg/g)	49.7	33.2	50.3	111.0
钒含量/(μg/g)	155.0	141.0	3.2	2.6
四组分含量/%				
饱和烃	5.4	27.2	21.4	24.3
芳烃	50.5	33.1	31.3	25.1
胶质	28.4	27.8	45.7	46.7
沥青质	15.7	11.8	1.6	3.9
主要工艺条件				
炉出口温度/℃	495	500	500	500
循环比	0.40	0.25	0.45	0.43
产品分布/%				
气体	10.70	8.8	6.8	9.9
石脑油	15.98	14.3	14.7	14.0
柴油	24.16	29.7	35.6	25.3
蜡油	12.56	17.7	19.0	21.2
焦炭	36.60	29.5	23.9	29.6
液体收率/%	52.7	61.7	69.3	60.5

采用几种不同减压渣油的延迟焦化装置所产气体轻烃的组成如表1-2-13所示。

表1-2-13 几种减压渣油延迟焦化气体组成 %

气体组成	中东混合减压渣油	新疆塔里木混合减压渣油	胜利减压渣油	辽河减压渣油
H_2S	10.87	8.00	6.66	1.12
H_2	0.44	0.40	0.74	0.73
CH_4	25.98	27.80	30.39	26.27
C_2H_6	19.57	19.70	19.00	24.51
C_2H_4	2.21	3.30	3.31	3.31
C_3H_8	15.32	17.90	15.12	18.41
C_3H_6	7.31	6.10	8.21	7.63
C_4H_{10}	10.68	10.00	8.85	9.61
C_4H_8	7.62	6.80	7.72	8.41
合计	100.00	100.00	100.00	100.00

从表 1-2-11 至表 1-2-13 可以看出，延迟焦化装置所产气体中 CH_4 含量高达 25%~31%；C_2、C_3、C_4 中，烷烃含量比同碳数的烯烃高；C_4 烷烃中，正构 C_4 烷烃含量比异构 C_4 烷烃含量高。

四、加氢裂化等各类加氢/临氢装置

（一）加氢工艺

石油炼制中的加氢技术包括加氢处理和加氢裂化两大类。

1. 加氢处理

加氢处理是指在加氢反应过程中有不大于 10%的原料油分子变小的那些加氢技术。因此，它包括传统意义上的加氢精制和加氢处理技术，例如催化重整原料的加氢预处理，汽、煤、柴油的加氢精制，催化裂化原料的加氢预处理等。

2. 加氢裂化

加氢裂化是最主要和重要的加氢工艺，一般是指在加氢反应过程中，原料油的分子有10%以上变小的那些加氢技术。因此，它包括传统意义上的高压加氢裂化（反应压力大于14.5MPa）及缓和与中压加氢裂化（反应压力不大于 12.0MPa）技术。加氢裂化按加工原料的不同，可分为馏分油加氢裂化和渣油加氢裂化。馏分油加氢裂化的原料主要有减压蜡油、焦化蜡油、裂化循环油及脱沥青油等，其目的是生产高质量的轻质油品，如柴油、喷气燃料和优质化工原料（如石脑油和尾油），以及高档润滑油的基础油等。渣油加氢裂化（固定床加氢裂化、沸腾床加氢裂化和悬浮床加氢裂化等）以劣质渣油为原料生产中间馏分油等产品，是劣质渣油轻质化的重要加工手段。渣油加氢裂化与馏分油加氢裂化有本质的不同，由于渣油中富集了大量的硫化物、氮化物、胶质、沥青质大分子及金属化合物，使催化剂的作用大大降低。因此，热裂解反应在渣油加氢裂化过程中具有重要作用。一般来说，渣油加氢裂化的产品尚需进行加氢再处理。

（二）加氢技术的发展

从 20 世纪 90 年代开始，特别是进入 21 世纪后，随着世界范围内环保法规的日益严格，对运输燃料的质量及排放要求越来越高，石油化工的发展对原料的需求不断加大，加之原油重质化、劣质化的趋势增加等，极大地推动了催化加氢催化剂、工艺和工程技术的发展，出现了适用于不同要求的“名目繁多”的各种加氢技术。例如，仅馏分油加氢裂化就有单段串联一次通过（含兼顾石脑油和尾油型、尾油型、石脑油型）、单段串联全循环、单段一次通过、单段全循环等不同流程。这些加氢技术由于原料、催化剂、工艺、操作条件等的不同，除所产主产品的性质与产率不同外，其副产轻烃（干气、液化气）的产率与组成也不相同。加氢裂化气体轻烃产率小于催化裂化和延迟焦化，但是各类加氢装置中产生气体轻烃最多的装置。

（三）加氢过程中的气体轻烃

以加氢裂化为代表的现代加氢技术，其产物气体轻烃主要包括三部分：原料中烃类裂化时所产生的低分子烃类；原料中非烃化合物（如硫、氮、氧等）在加氢裂化过程中生成的 H_2S、NH_3 和 H_2O 等；原料氢气带入的 CH_4、CO、CO_2 和 N_2 等。CO 和 CO_2 在过程中转化为 CH_4 和 H_2O，其含量将随供氢来源不同而异。若采用催化重整氢时，还会带有少量 C_2H_6、C_3H_8 及 C_4H_{10} 等烃类。

这三部分中，原料中烃类裂化所产生的低分子烃类占全部气体轻烃的绝大部分。

原料烃在催化加氢裂化过程中，碳链的断裂依正碳离子反应机理进行，所生成的低分子气体烃大部分是C_3H_6和C_4H_{10}，并且异构烷烃较多，而生成的CH_4和C_2H_6很少，CH_4产率为0.17%~0.30%，其比例如表1-2-14所示，异构烃含量一般高于正构烃的一倍以上。

表1-2-14 加氢裂化的气体产率与各种气体组成

原料	伊朗 VGO 1		伊朗 VGO 2	
气体产率(对进料)/%				
H_2S+NH_3	1.88		1.88	
C_1	0.17		0.30	
C_2	0.22		0.28	
C_3	1.09		1.94	
i-C_4	1.64		3.48	
n-C_4	0.90		1.63	
气体种类	循环氢	闪蒸气	循环氢	闪蒸气
气体组成/%(体)				
H_2S	2.34	—	1.96	—
H_2	91.81	48.5	94.13	46.6
C_1^0	3.14	5.28	2.10	5.36
C_2^0	0.44	3.74	0.37	2.68
C_3^0	0.76	12.69	0.29	12.51
i-C_4^0/n-C_4^0	0.34/0.23	14.49/7.91	0.40/0.29	17.07/8.01
i-C_5^0/n-C_5^0	0.23/0.02	5.58/1.58	0.11/0.06	5.97/1.65
C_6^0	0.30	0.23	0.29	0.15
转化率	>350℃转化 75%		>350℃全循环	
原料氢纯度/%(体)	99.9		99.9	
催化剂	3824		3824	

这些气体烃类的另一特点是皆为饱和烃，加氢裂化生成的气体有三个特点：生成的气体烃类皆为饱和烃类；C_3、C_4烃含量远高于C_1、C_2烃；异构烷烃较相同碳原子数的正构烷烃含量高。

气体生成的数量除与催化剂的裂化选择性有关外，最关键的是裂化深度，因为裂化深度增加时，二次裂化反应亦随之增加，即裂化得到的产品进一步分解为更低分子的烃类。有关实验表明，当所用的原料是石脑油馏分、C_5以上转化率达到70%以上时，C_3+C_4的产率增加很快；而转化率超过80%以上时，C_1+C_2的产率则快速增加。

这些气体烃在反应系统的物流中，分别存在于气相和液相中，其比例取决于系统的压力、温度、氢油比以及气体在液体中的溶解度等。由于在反应系统中的各个部位的环境条件都在改变，因而应由最后状态来确定其最终的分离结果。工艺过程要求这些低分子烃在氢气中保留的数量愈低愈好，以维持较高的循环氢纯度，从而保持较高的氢分压。

由于各种气体在石油馏分及水中的溶解度不同，即碳原子数越少的烃在油中的溶解度越低，而且油越重时所溶解的低分子烃的数量也越少。

因此，虽然加氢裂化中所产生的分子最小的 C_1 烃的量并不多，但因其溶解度低，连同新氢中带入一定量 C_1，故在气相循环氢中保留的量却最高(表 1-2-14)。然而因其他低分子烃(C_2 ~ C_4)的溶解度相对较高，同时在高压下操作，有利于增加溶解量，并且这些低分子烃的生成量并不高，故在气相中存留的量不多，连同 C_1 的量总和亦不甚多，从而一般可保持较高的循环氢纯度，利用这种溶解特性使循环氢气保持较高的氢浓度，从而减少了新鲜氢气的耗量。

(四) 工业加氢裂化及加氢处理等装置的气体轻烃

在工业生产装置中则采用高压分离、低压分离以及稳定、分馏的方法将这些气体自液体产品中除去。其过程是将加氢裂化反应器流出的氢气和产物经换热，冷却达 40℃ 以下后先进入高压分离器，顶部逸出的气体称循环氢气，底部排出的液体经减压后流入低压分离器。在此状态下，溶解的低分子烃和氢及其他气体又被释放出来，此气体称低分气或闪蒸气，底部液体再送至稳定塔、分馏塔，顶部排出的气体经分离后称干气、液化石油气。其气体组成如表 1-2-15 所示。

表 1-2-15　工业装置加氢裂化气体组成①

	新鲜氢	循环氢	低分气	干气	液化石油气
密度(20℃)/(kg/m^3)	0.1100	0.2268	—	0.6433	—
H_2/%	98.10	93.49	74.71	58.62	—
CH_4/%	1.90	5.60	16.69	25.08	—
C_2H_6/%	—	0.11	2.96	1.81	1.61
C_3H_8/%	—	0.28	2.20	5.66	20.18
i-C_4H_{10}/%	—	0.36	2.04	6.05	51.94
n-C_4H_{10}/%	—	0.09	0.68	2.00	23.27
C_5/%	—	0.07	0.59	0.78	2.90

①镇海炼化公司加氢裂化装置运转数据。

由表 1-2-15 看出，循环氢中氢含量较高，余下的组分主要是有少量 C_1、C_2 ~ C_4。干气中含 C_3、C_4 数量较多，C_2 较少，但含 C_1 却很多，这种结果的出现是由于 C_3、C_4 在加氢裂化中生成的量较多，而且 C_3、C_4 的溶解度较高所致；C_1 的含量较多却并非加氢裂化过程生成的 C_1 量多，而是由于制氢装置中生产的氢气有一定数量的 C_1 溶于液体油中所致。

五、催化重整

传统的催化重整装置一般包括原料油预处理和催化重整两部分。

(一) 原料油预处理

催化重整装置的原料油在进入重整反应系统之前一般都要先进行预处理，以切取合适的馏分和除去有害的杂质。

预处理过程包括预分馏和预加氢(石脑油加氢精制)两个部分。

1. 预分馏

在预分馏部分，原料油经过精馏以切除其轻组分(拔头油)。生产芳烃时，一般只切除小于65℃馏分。而生产高辛烷值汽油时，为了控制重整生成油的苯含量，原料油的初馏点不宜太低，一般切去小于80℃的馏分。原料油的终馏点通常均由上游装置控制，少数装置也通过预分馏切除过重的组分。生产高辛烷值汽油时，原料油终馏点一般不超过180℃，以保证重整汽油终馏点不超过汽油规格要求的205℃。生产苯、甲苯、二甲苯等芳烃时，一般要求原料油终馏点为160~170℃。生产喷气燃料时，根据不同情况，直馏重整原料油的终馏点切到140~170℃。

2. 预加氢

预加氢的目的是脱除原料油中对重整催化剂有害的杂质，其中包括硫、氮、烯烃以及砷、铅、铜和水分等。

我国主要原油的直馏重整原料在未精制以前，铅、铜的含量都能符合要求，因此加氢精制的目的主要是脱硫，同时通过汽提塔脱水。对于大庆原油和新疆原油的直馏重整原料，脱砷也是预处理的一项重要任务。烯烃饱和和脱氮主要是针对二次加工原料油的。

在原料预处理过程中，除生产合格的重整进料原料外，还副产约15.30%“拔头油”轻烃和约0.80%拔头瓦斯(干气)气体轻烃。

(二) 催化重整

催化重整是以C_6~C_{11}石脑油馏分为原料，在一定的操作条件和催化剂的作用下，烃分子发生重新排列，使环烷烃和烷烃转化成芳烃或异构烷烃，同时产生氢气的过程。重整反应深度决定于原料油的性质、催化剂的性能和操作的苛刻度。重整催化剂是一种双功能催化剂，既有金属功能，进行脱氢和环化等反应；又有酸性功能，进行异构化和加氢裂解反应。

催化重整的化学反应主要包括六元环烷烃脱氢、异构化、烷烃脱氢环化、加氢裂化、脱甲基、芳烃脱烷基、积炭等反应。在重整反应过程中除生产重整生成油、氢气等主要产品外，还副产部分丁(戊)烷油、干气、液化石油气等轻质烃类。以连续再生重整为例，在其过程中约可产生4.50%的丁(戊烷)油、1.30%干气、3%左右的液化石油气和4%左右的纯氢气体。

六、炼厂轻烃资源与组成

以下是典型炼厂的轻烃资源与组成

(一) 基本情况

中国国内某A炼厂，设计产能10.00Mt/a，后扩建为12.00Mt/a。于2008年5月投产，加工原油为科威特、沙中、沙重、伊朗重、扎库姆混合原油。

混合原油性质：密度(20℃)870.1kg/m^3、API度31.1、凝点-30℃、硫含量2.41%、酸值0.19KOHmg/g、含盐(NaC1)量21.8mg/L、残炭5.86%。

主要装置包括原油蒸馏、催化裂化、延迟焦化、催化重整、加氢裂化、柴油加氢、航煤加氢、蜡油加氢处理、S Zorb等。

其2015年主要装置轻烃产率与产量见表1-2-16和表1-2-17。

表 1-2-16 中国某 A 炼厂主要装置轻烃产率

装置名称 \ 装置概况 \ 轻烃产率	产能/(Mt/a)	当年加工量/(Mt/a)	能耗/(kgEO/t)	轻烃产率/%				
				干气			液化气(C_3、C_4)	液体轻烃(C_5、C_6)
				C_1	C_2	合计		
原油蒸馏	10.00⑤	9.4870	7.52			0.48		
催化裂化	2.90	3.0064	40.29	1.09	2.34	3.43	19.36	
延迟焦化	2.90	2.4048	20.35	2.78	3.87	6.65	5.73	
催化重整	1.80	1.5735	41.20④	0.30	0.98	1.28	3.04	15.62
加氢裂化	2.00	0.9507	37.91	0.25	2.54	2.79	5.14	17.92
蜡油加氢	3.20	2.9260	5.22	~0.20	1.37	1.57		
柴油加氢	4.10	3.0170	5.05	~0.20	2.12	2.37①		
航煤加氢	1.00	0.8336	4.32	~0.10	0.25	0.35②		
S Zorb	1.50	0.5160	5.67	~0.10	0.58	0.68③		

①、②、③含少量液化气；④为 2014 年全年平均值；⑤原设计能力，现扩建为 12.00Mt/a。

表 1-2-17 中国某 A 炼厂主要装置轻烃产量 kt/a

装置名称 \ 轻烃 \ 轻烃产量	气体轻烃				液体轻烃(C_5、C_6)	装置轻烃合计	占比/%
	干气			液化气(C_3、C_4)			
	CH_4	C_2	合计				
原油蒸馏	15.2	30.3	45.5			45.5	2.66
催化裂化	32.8	70.3	103.1	582.0		685.1	40.03
延迟焦化	66.9	93.0	159.9	137.8		297.7	17.39
催化重整	4.7	15.4	20.1	47.8	245.8	313.7	18.34
加氢裂化	2.4	24.1	26.5	48.9	170.4	245.8	14.36
蜡油加氢	5.8	40.1	45.9			45.9	2.67
柴油加氢	6.0	65.5	71.5			71.5	4.18
航煤加氢	0.8	2.1	2.9			2.9	0.17
S Zorb	0.5	3.0	3.5			3.5	0.20
合计	135.1	343.8	478.9	816.5	416.2	1711.6	100.00

（二）分析

1. 概况

中国某 A 炼厂原设计产能为 10.00Mt/a，属燃料型炼厂。2015 年加工原油 9.487Mt/a，除生产油品外，还副产轻烃(C_1~C_6)1.7116Mt/a，占原油加工量的 18.04%。

2. 轻烃构成

从表 1-2-16 和表 1-2-17 可以看出：

(1) 催化裂化和延迟焦化是该厂主要的轻烃生产装置，二者轻烃产量合计达 0.9828Mt/a，占全厂总轻烃产量的 57.42%，且所产轻烃几乎全部是气体轻烃(C_1~C_4)。

(2) 催化重整、加氢裂化是该厂的主要液体轻烃(C_5、C_6)生产装置。二者轻烃产量共计达 0.5595Mt/a，占全厂总轻烃产量的 32.70%。其中液体轻烃(C_5、C_6)达 0.4162Mt/a，占二者轻烃总量的74.39%。

(3) 其他加氢/临氢装置均副产轻烃较少或很少，总计占比约7.88%，且绝大部分是干气。

(4) 轻烃构成及产率分布趋势与中国全国炼厂平均值大体类同，但产率明显高于全国平均水平约三个百分点。究其原因，可能是该厂二次加工装置规模对原油蒸馏装置的占比较大(表1-2-18)所致，说明炼厂轻烃产率/产量与二次加工装置对原油蒸馏装置的占比直接关联。

表1-2-18 中国某A炼厂主要工艺装置2015年产量与加工量占比情况

装置名称	设计产能/(Mt/a)	设计占比/%	实际加工量/(Mt/a)	实际加工占比/%
原油蒸馏	10.00	100.00	9.4870	100.00
催化裂化	2.90	29.00	3.0064	31.69
延迟焦化	2.90	29.00	2.4048	25.35
催化重整	1.80	18.00	1.5735	16.59
各类加氢	10.30	103.00	7.7273	81.45

(5) 从表1-2-18可见，该厂主要生产装置综合能耗值除加氢裂化外均较低，当年全厂炼油综合能耗处于全国先进水平。这为轻烃的加工利用提供了良好的物质条件。

(6) 未来，随着油品质量升级、环保要求日趋严格和石油化工原料需求的增加而导致炼厂装置结构的变化会使炼厂轻烃产率进一步提高，产量进一步增加。

第二节 轻烃资源的科学高效利用

一、满足石油炼制过程中燃料与氢气平衡的需要

(一) 燃料需求与平衡

炼厂轻烃资源的利用，先进行气体分离，剩余部分将作为燃料气。作为燃料气部分的轻烃资源的处理，通常有以下几种做法：

(1) 常减压塔顶气和火炬回收气等低压气，需用压缩机升压并经脱除H_2S后接入燃料气管网；

(2) 没有设置轻烃回收设施的加氢装置的含硫干气可优先考虑去轻烃回收设施回收C_3、C_4后再脱硫，脱硫后的燃料气进入燃料气管网；

(3) 加氢装置的脱硫低分气如采用PSA设施回收氢气，则提纯氢气后的尾气用压缩机升压后可做制氢原料，也可进入燃料气管网；

(4) 制氢装置如采用PSA设施提纯氢气，则PSA尾气用压缩机升压后做装置自用燃料气；

(5) 重整装置产生的含氢气体，除直接供重整预加氢、煤油加氢等装置外，其余经过PSA设施提纯氢气，其尾气可以进入C_2提浓设施回收H_2和富乙烷气体，也可以做制氢原料或做燃料；

(6) 催化干气、焦化干气一般与饱和干气分开单独设置脱硝设施；

(7) 炼化一体化企业，催化干气及焦化干气优先考虑通过C_2提纯设施回收富乙烯气体作为优质的乙烯原料，尾气进入燃料气管网。

燃料气平衡的一般做法是：

（1）优先平衡给由于工艺操作要求只能使用燃料气的装置加热炉，如重整反应加热炉、制氢反应炉等；

（2）剩余燃料气可供给采用油气联合燃烧器的其他加热炉；

（3）制氢原料采用炼厂气可优先考虑加氢干气、焦化干气和催化干气；

（4）特殊情况下，如果全厂产燃料气多余时，还可以供给自用锅炉做燃料。

（二）氢气需求与平衡

随着我国加工含硫原油和重质原油数量的增加以及环保法规对油品质量要求的提高，加氢工艺得到越来越广泛的应用，相应对氢气的需求也迅速增加[7]。优质稳定的高纯氢气已成为新世纪炼油企业提高轻油收率、改善产品质量不可缺少的基本原料[8]。

氢气平衡是工厂生产的氢气与工厂装置消耗氢气的平衡，在全厂的总耗氢量确定后，为满足耗氢量需要先寻找廉价氢源，如催化重整副产氢气、加氢装置高分气和低分气的提纯氢、重油催化干气的提纯氢、乙烯裂解副产氢气等，如果还不能满足氢耗量，再考虑制氢装置的设置。

二、生产高辛烷值汽油调和组分、提高车用汽油质量

（一）车用汽油的理想组分

汽油产品主要含烷烃、烯烃、环烷烃和芳香烃等碳氢化合物。以辛烷值来衡量，直链烷烃最差，带支链烷烃和烯烃以及芳香烃是比较理想的成分，但是它们对于环境有不利的影响，因而需要限制它们在汽油中的含量。醚类含氧有机化合物基本符合这样的要求，所以近年来甲基叔丁基醚(MTBE)得到了广泛的应用，它是以炼厂气中的异丁烯和甲醇为原料而制得的。同类的还有乙基叔丁基醚(ETBE)及叔戊基甲基醚(TAME)。虽然MTBE不污染大气，但渗入地下会污染地下水，因此MTBE逐渐被烷基化调和油品所替代。

（二）车用汽油标准的演变历程

国外汽油的质量标准推进经历了三个阶段：第一阶段是提高辛烷值，即淘汰低辛烷值汽油，使用90#以上的汽油；第二阶段是实现无铅化，即不允许在汽油中加入四乙基铅抗爆剂；第三阶段是实行新配方，即限制汽油中的苯、芳烃、烯烃含量及饱和蒸气压。国内汽油的质量标准经历了低标号、高标号、无铅化以及燃料乙醇汽油等四个阶段。

（三）车用汽油的生产

随着环保要求的逐渐提高，结合未来资源供应、消费需求和环保法规，汽油生产技术应朝着三个方向发展：加氢裂化-催化重整结合的加工技术，催化裂化原料预加氢-催化裂化-催化裂化汽油后精制结合的加工技术，充分利用炼油装置所产的轻烃进行芳构化、烷基化、叠合以及异构化工艺技术，提高汽油辛烷值，降低对含氧化合物(乙醇除外)的依赖。

三、生产有用的石油化工产品，为石油化工烯烃生产提供原料

（一）生产石油化工产品

轻烃是众多石油化工产品的基础原料，如乙烯、丙烯、丁二烯、异戊二烯及其衍生物。本书第六篇介绍了丙烷脱氢制丙烯，轻质烯烃芳构化生产苯、甲苯、二甲苯；正丁烯水合脱氢制甲乙酮，正丁烷氧化生产顺酐；丙烯羰基合成生产丁辛醇、聚异丁烯、聚丙烯、合成橡胶等。其实，可以不夸张地说，轻烃几乎可以生产目前所有的石油化工产品，涵盖塑料、纤维、合成橡胶等与人们日常生活息息相关的有关品种，也可生产航空、军工等高科技的许多

产品，如聚碳酸酯、碳纤维等等。

（二）为石油化工烯烃生产提供轻质化原料

炼油企业中有10套左右的生产装置，会产出轻烃，包括干气、液化石油气和轻石脑油，其产量约是总炼油能力的10%~18%，所产轻烃量非常可观。我国2017年的炼油能力接近800Mt，实际炼油量为567Mt，炼油企业产出的轻烃数量约在60~100Mt之间，可提供的C_2量在12~20Mt，C_3量约在14~24Mt。我国乙烯2017年的产量为22.75Mt，其主要原料是石脑油和加氢尾油之类的液体料（约占70%）。若用乙烷来蒸汽裂解制乙烯，则乙烯收率可提高一倍多，能耗和制造成本可下降一半。若将炼油企业的C_2馏分约20Mt，全部用来生产乙烯，那么我国将多产约10Mt乙烯。同理，2017年我国的丙烯产量为28.51Mt，如能将炼油装置所产的C_3馏分，其中的丙烷通过脱氢制成丙烯，那也可增产丙烯近千万吨。仅就炼厂的C_2和C_3馏分，就可增产乙烯、丙烯约20Mt/a，如此，将会产生显著的社会效益和经济效益。

第三节 炼厂轻烃加工利用途径

一、干气的利用

（一）炉用燃料

一般来说，炼厂各装置所产生的气体都可用作加热炉的燃料气。与燃料油相比，使用燃料气的加热炉可以很好地控制炉管的壁温，也可以通过使用脱硫后的燃料气，进一步降低排烟温度。使用燃料气的燃烧器不需要雾化蒸汽，燃料气流程简单，但需要在燃料气管线上的适当位置设置阻火器，避免回火。同样，20世纪末原油价格相对较低，炼厂运营商对炼厂气体的关注程度不是很高，炼厂气体广泛用作燃料，有的炼厂甚至用燃料气作为动力站锅炉燃料。原油价格的攀升迫使炼厂重视炼厂气体的综合利用，进一步提高工厂的经济效益。一方面，炼厂气中有效组分的回收，增加了炼厂的经济效益，但同时减少了燃料气的数量；另一方面，炼厂原油加工深度的提高，对燃料的需求越来越大。其结果发展成炼厂的自产气体燃料已经不能满足炼厂对燃料的需求了。在这种情况下，炼厂不得不将一部分液化气作为燃料气，或是引入天然气作为燃料气的补充。

（二）水蒸气转化制氢

炼厂干气可获取氢气，干气中的氢含量从5%~10%到80%~90%不等。不同氢含量的气体适用不同的工艺路线来获取氢气。常用的获取氢气的方法主要包括两大类，即氢气回收和造气制氢。氢气回收是指通过分离/提纯等物理方法，直接回收物流中已有的氢气组分，常用的方法包括变压吸附、膜分离和深冷分离。造气制氢则需要通过化学或电化学反应制取氢气，常用的方法有水电解、甲醇裂解、烃类蒸汽转化和部分氧化。一般来说，氢气含量较高的炼厂气适宜直接回收其中的氢气，而氢气含量较低的炼厂气可以用作造气制氢的原料。

干气制氢通常分为造气和富氢气体的净化两部分。造气是指生成氢气的工艺过程，分烃类蒸汽转化和变换两个步骤。烃类蒸汽转化的平衡产品气的成分有氢气、一氧化碳、二氧化碳、残余甲烷、水蒸气及原料中的惰性成分，如氮气。变换反应是转化气中的一氧化碳继续与水蒸气反应，生成氢气和二氧化碳，进一步制取氢气。净化是去除造气部分生产出的富氢气体中除氢气之外的其他组分，生产出满足下游装置对纯度和净化度要求的工业氢气。

（三）C_2 回收及利用

在催化裂化、延迟焦化等炼油过程中会产生大量的炼厂干气，其中含有较多的乙烷、乙烯等烃类，以往这些干气一般作为燃料气烧掉，造成资源的极大浪费。近年来逐渐从炼厂干气中回收 C_2 组分并将其作为蒸汽裂解制乙烯的原料，以提高石化企业的经济效益。迄今，从干气中分离乙烯且已实现工业化的技术主要有变压吸附分离工艺、深冷分离工艺和吸收分离工艺等。

（四）稀乙烯的利用

1. 与苯烃化生产乙苯

国外在五十年代末就已开始探索利用催化干气中的乙烯生产乙苯，主要生产工艺有三种：(1)美国 Mobil/Badger 公司合作开发的气相分子筛工艺；(2)美国 UOP 公司开发的 Alkar 工艺及其以后开发的催化蒸馏技术；(3)Monsanto 开发的稀乙烯制乙苯工艺。

国内从 20 世纪 80 年代开始致力于稀乙烯制乙苯工艺技术的研发工作，形成了以大连化学物理研究所为代表的以新型稀土-ZSM-5/ZSM-11 共结晶分子筛 3884 催化剂为核心的气相法技术、以上海石油化工研究院为代表的以 ZSM-5 分子筛 SEB-08 催化剂为核心的气相法技术、以北京服装学院为代表的以改性 β 沸石 FX-02 催化剂为核心的液相法技术三大类干气制乙苯技术。

2. 与氯气生产二氯乙烷(EDC)

炼厂干气是最常见的典型稀乙烯，国外干气稀乙烯直接氯化制 EDC 的技术研究和应用实例比较少见，但是针对其他类型稀乙烯氯化制 EDC 的技术研究已有少量文献报道。美国、欧洲、日本的一些有机氯化工企业一直在跟踪研究稀乙烯直接氯化制 EDC 的课题，部分研究部门也曾进行过稀乙烯直接氯化制 EDC 的生产工艺的研究，并且有小型工业化装置。巴斯夫公司和索维公司已有类似研究成果申请了相关专利。国外至今尚未见到有关干气稀乙烯直接氯化制 EDC 的相关工业化报道。

国内对利用干气稀乙烯制 EDC 方面的研究最早开始于 20 世纪 90 年代。1996 年中国石油天然气总公司规划设计院提交了“催化裂化干气稀乙烯直接氯化生产二氯乙烷”的专利申请。2004 年中国石油化工股份有限公司北京化工研究院提交了“利用炼厂干气制氯乙烯的方法”的专利申请并获得授权。1998 年华东理工大学曾进行了氯化尾气制 EDC 的实验，与干气稀乙烯直接氯化制 EDC 的工艺过程十分相近，2002 年联合上海氯碱股份有限公司进行了“200t 尾气乙烯直接氯化制二氯乙烷工程开发研究”的工业化中试，取得了阶段性的技术成果，2005 年该课题的研究获上海市科技进步三等奖。2000 年中国石化齐鲁石油化工分公司也曾对此课题进行了初步的实验室研究。以上研究有些仅仅是对干气稀乙烯直接氯化制二氯乙烷的一种概念设计和构想，缺乏深入的技术研究；聚氯乙烯(PVC)生产中的氯化尾气回收利用以及其他相关研究只是做了尝试性研究，虽然取得了一些成果，但是均未走向工程化。

2009 年山东海化集团有限公司联合几家科研单位对稀乙烯直接氯化制二氯乙烷技术开始了研究。经方案论证、小试和中试，建成了 5000t/a 炼化干气稀乙烯直接氯化制 EDC 中试装置并顺利运行，进行了 6 个月中试放大研究，解决了工业化放大过程中的各种工程技术问题，2013 年完成了炼化干气稀乙烯制 EDC 成套技术的开发，为工业化放大奠定了良好基础。该技术以炼化干气为原料，经干气净化和浓缩富集工艺、氯化加成反应工艺和尾气回收工艺，构建了完整的炼化干气稀乙烯直接氯化制二氯乙烷生产技术体系，实现了廉价炼化干气的增值，与同规模其他工艺相比，投资少、原料成本低、能耗较低，技术经济突出，符合我国节能减排和资源综合利用的产业政策，具有良好的发展前景。2013 年该技术通过山东省科技成果鉴定和中国石油和化学工业联合会组织的技术成果评估。

二、C_3 的利用

炼油装置尤其是催化裂化除生产汽、柴油组分外，还副产大量气体烃类，特别是氢气、干气、液化气等。其中液化气的主要成分为 C_3、C_4，含有少量 C_5，其产率一般为 8%～15%（对进料）；C_3约占 30%～40%（对液化气），而 C_3中丙烯约占 60%～80%；C_4约占 55%～60%（对液化气），其中异丁烯占 50%～65%，异丁烷占 30%～40%。丙烯主要用于生产聚丙烯，还可用于生产丙烯腈、苯酚、丙酮、环氧丙烷、环氧氯丙烷、丙烯酸酯、异丙醇、丁辛醇、异丙苯、壬烯、十二烯等产品。

丙烷的化工利用，主要是脱氢生产丙烯或用于蒸汽裂解制乙烯。丙烷脱氢制丙烯的转化率约为 80%，丙烷蒸汽裂解制乙烯的转化率约 45%，其次还产丙烯约 17%，丁二烯约 3%，乙烯、丙烯、丁二烯的总收率约为 65.0%。

三、C_4 的利用

正丁烷主要用于氧化制顺酐，顺酐酯化加氢可生产 1，4-丁二醇（BOD）、γ-丁内酯、四氢呋喃等。

全球顺酐生产能力 80%以上采用正丁烷路线。国外以正丁烷为原料生产顺酐的较为典型和先进的工艺技术路线有美国 Lummus 公司和意大利 Alusuise 公司联合开发的正丁烷流化床溶剂吸收工艺、英国 BP 公司开发的正丁烷流化床水吸收工艺、美国 SD 公司开发的正丁烷固定床水吸收工艺、意大利 SISAS 化学公司采用的正丁烷固定床溶剂吸收工艺。正丁烷深加工路线如 BP Amoco-Lurgi 合作开发的 Geminox 工艺、Huntsman-Kvaerner 和 BASFKvaerner 的氧化-酯化-加氢工艺、Du Pont 公司的四氢呋喃（THF）工艺等也成为全球新的发展方向。顺酐酯化加氢可生产 1,4-丁二醇，同时副产 γ-丁内酯、四氢呋喃，而且可进一步制备附加值更高的精细化学品 *N*-甲基吡咯烷酮和聚四亚甲基乙二醇醚。1,4-丁二醇与对苯二甲酸可以生产聚对苯二甲酸丁二酯（PBT）工程塑料，可用于电子电器元件和零部件以及汽车工业中。[9]

将正丁烷转化为附加值更高的异丁烷，可以拓展下游产品链，带来更好的经济效益。国外正丁烷异构化发展较早，始于 20 世纪四五十年代。目前国外掌握正丁烷异构化技术的有 UOP 公司、Axens 公司、Shell 公司、BP 公司等。有较多商业化业绩的企业主要是 UOP 公司和 Axens 公司。国内只有中国石化工程建设公司掌握全套丁烷异构化技术。

异丁烷主要用于生产烷基化油，还可采用异丁烷/丙烯共氧化法生产环氧丙烷并联产叔丁醇。

异丁烷与正丁烯的烷基化是炼油工业中提供高辛烷值组分的一项重要工艺，目前开发的新工艺有 Lummus 公司和 Akzo Nobel 公司开发的 Alkyclean 工艺、UOP 公司的 Alkeylene 工艺、基于负载型磺酸盐/SiO_2 催化剂工艺，以及固体酸催化工艺。与传统的 HF 法和 H_2SO_4 法相比，避免了腐蚀性强、环保差等问题。

异丁烷脱氢生产高纯度异丁烯是解决异丁烯短缺问题的主要技术之一，目前国外已经开发的工业化技术有 UOP 公司的 Oleflex 工艺、Lummus 公司的 Catofin 工艺、Phillips 公司的 STAR 工艺、Snamprogetti 公司的 FBD-4 工艺、Linde 公司的 Linde 工艺。中国石化抚顺石油化工研究院开发的异丁烷脱氢技术，采用 Pt-Sn 催化体系，是具有国有知识产权的专利技术。

异丁烷与丙烯一起通过哈康(Halcon)共氧化法制环氧丙烷，联产叔丁醇(TBA)，与传统的氯醇法相比，不仅大大地降低了“三废”处理量，而且也降低了环氧丙烷的生产成本。

正丁烯可生产仲丁醇、甲乙酮、环氧丁烷、戊醛、戊醇及异壬醇等产品。高纯度 1-丁烯是线型低密度聚乙烯(LLDPE)生产中不可缺少的共聚单体。

正丁烯法是目前国内外工业化生产甲乙酮(MEK)普遍采用的方法。目前，国外成功开发的工艺有德国 Deutsche Texac 工艺、日本出光杂多酸工艺。中国石化抚顺石油化工研究院也成功开发了正丁烯直接水合-仲丁醇气相脱氢制 MEK 成套技术，并建成了多套生产装置。

正丁烯和无水冰醋酸在酸性催化剂作用下通过加成反应可直接合成醋酸仲丁酯。采用正丁烯法合成醋酸仲丁酯目前在我国正处于发展初期。

美国 Phillips 公司、法国 IFP 公司、德国 BASF 公司开发的碳四烯烃歧化相关工艺，将正丁烯在催化剂作用下与乙烯发生易位反应制取丙烯，中国石化、中科院大连物化所也研究开发了该工艺。

正丁烯齐聚制聚 1-丁烯(PBT)、1-己烯、1-辛烯及十二碳烯也具有发展前景，成熟的工艺有日本 Nissan 公司的镍系均相催化工艺、美国 UOP 公司和德国 Hüls 公司联合开发的 Octol 工艺，近年来国内也开始进行这方面的研究，但总的来说与国外仍有一定的差距。

异丁烯可用来制备 MBTE、叔丁醇、丁基橡胶、聚异丁烯、叔丁胺、二异丁烯、三异丁基铝、对叔丁基甲苯、异戊二烯等。[10]

异丁烯和甲醇在酸性催化剂(聚苯乙烯磺酸型树脂)、40～100℃下醚化生成 MTBE。MTBE 可作为含氧型高辛烷值汽油添加剂，主要用于生产无铅汽油。[11] 2017 年国家印发了《关于扩大生物燃料乙醇生产和推广使用车用乙醇汽油的实施方案》，《方案》实施后，MTBE 将不能再加入汽油中，该生产路线受到了限制。

丁基橡胶是由异丁烯和少量异戊二烯共聚而成，是世界上第四大合成橡胶。用氯甲烷作溶剂，以三氯化铝为引发剂，由异丁烯和少量异戊二烯为单体，在低温下制得异丁烯-异戊二烯共聚橡胶(丁基橡胶)。世界上只有美国、德国、俄罗斯和意大利等少数国家拥有丁基橡胶生产技术。近十多年，中国石化也掌握了该技术，并建成了工业化装置，国内有数套丁基橡胶装置，不仅可满足国内需求，而且已向外出口。

异丁烯直接氧化法(C_4 法)生产甲基丙烯酸甲酯(MMA)技术，与传统的丙酮氰醇法以及其他方法比较，此法具有原料来源广泛，催化剂活性高、选择性好、寿命长，反应收率和原子利用率高，无污染、环境友好、成本低的优势，具备很强的竞争力。以异丁烯为原料生产 MMA 的工艺包括异丁烯(叔丁醇)两步气相直接氧化法和异丁烯氨氧化法。

异丁烯氨氧化法是叔丁胺合成的发展方向。德国 BASF 公司 1996 年完成了异丁烯直接氨氧化制叔丁胺的工业装置。

叔丁醇的生产工艺主要有硫酸水合法、树脂水合法和环氧丙烷联产法。树脂水合法是以混合碳四烃中的异丁烯与水反应生产叔丁醇。目前，以高浓度杂多酸水溶液为催化剂的异丁烯水合工艺已基本成熟。环氧丙烷联产法是异丁烯与丙烯共氧化生产环氧丙烷同时联产叔丁醇。

四、C_3、C_4 的综合利用

到目前为止，国际上以炼厂液化气为原料经过叠合反应生产异辛烷/异辛烯的公司包括

Axens、LyndndellBasell/Kvaerner、Neste Oil/KBR、Refining Hydrocarbon Technologies、Snamprogetti/CDTECH 和 UOP 等。国内公司研究较多的是上海石油化工研究院、兰州石化公司和石油化工科学研究院等单位。各公司都有合适的 MTBE 装置改造方案和异辛烯生产工艺。

其中 LyndndellBasell 和 Kvaerner 公司合作开发的是异丁烯选择性叠合技术，Neste Oil 和 KBR 公司合作开发了异丁烯选择性叠合技术 NExOCTANE。Refining Hydrocarbon Technologies 则提出了两种异丁烯选择性叠合技术：RHT-isooctene^{SM}和 RHT-isooctane^{SM}，分别对应异辛烯和异辛烷的生产技术。Snamprogetti/CDTECH 开发了 Dimer8^{SM}技术，产品是异辛烷/异辛烯，工艺特色也是异丁烯选择性二聚。上述技术的下游一般是配套烷基化处理单元，可以将其他的碳四烯烃和异丁烷转化为异辛烷。国内 SEI、石油化工科学研究院、北京化工研究院燕山分院、丹东明珠特种树脂有限公司等均开发了各具特色的选择性叠合技术。

对于液化气中烯烃全叠合的技术不是很多，其中开发丁烯非选择性叠合技术的国外公司包括 Axens 和 UOP，国内则是石科院，各自采用了特定的固体酸催化剂，可以将液化气中的烯烃几乎完全转化为异辛烯。

五、C_5 的利用

碳五分离出的异戊二烯与高纯度异丁烯在催化剂作用下进行阳离子聚合反应生成丁基橡胶，该胶种具有优良的气密性和良好的耐热、耐老化、电绝缘、减震及低吸水等性能，在汽车工业等方面具有广泛的用途。

C_5 异构烯烃经醚化可生产甲基叔戊基醚。甲基叔戊基醚(TAME)是继甲基叔丁基醚(MTBE)之后又一生产无铅、含氧及高辛烷值新配方汽油的理想含氧化合物。TAME 的辛烷值略低于 MTBE，但在蒸气压、水中溶解度等指标上要优于 MTBE，生产过程中还可减少汽油中大气光化学活性高的碳五烯烃。目前催化蒸馏合成 TAME 技术是最先进的技术，它具有单程转化率高、流程简单、投资省、能耗低的优点。[12,13]

正戊烷研究法辛烷值(RON)为 61.7，经异构化反应制异戊烷(RON 为 93.5)是生产高辛烷值汽油的重要工艺过程，在清洁汽油生产中占有重要地位。

六、C_3、C_4、C_5 的利用

C_3、C_4、C_5混合烃可作为芳构化的原料。轻烃芳构化是以改性分子筛为催化剂，将轻烃转化为芳烃或富含芳烃的高辛烷值汽油调和组分的石油化工技术。轻烃芳构化的原料适应性很广，因此来源广泛，油田轻烃以及来自炼油厂的 C_2至 C_7组分都是潜在的芳构化原料。

烷烃和烯烃都可芳构化，其中烷烃芳构化反应机理研究的核心问题之一是其如何活化。研究表明，低碳烷烃芳构化反应主要有两个步骤，第一步是烷烃转化为低碳烯烃，第二步是低碳烯烃的芳构化。在第一步中，低碳烷烃既可以在催化剂的质子酸中心上活化，通过正碳离子机理离解为低碳烯烃，并副产更低碳数的烷烃或氢气，也可以在脱氢活性中心上通过直接脱氢转化为烯烃和氢气。关于低碳烯烃在酸性催化剂上芳构化的反应机理，一般认为烯烃通过聚合、裂解、环化、氢转移芳构化或脱氢芳构化，最后转化为芳烃。

七、C_5、C_6 的利用

C_5、C_6烷烃异构化技术是生产不含烯烃、芳烃和硫的环保型汽油调和组分的重要措施，是汽油产品改质、调节汽油组成的一种灵活手段，是成熟的工艺技术。

C_5、C_6烷烃异构化装置多以直馏轻石脑油、芳烃抽提装置抽余油、加氢裂化轻石脑油、

重整装置C_5馏分等轻石脑油为原料。这些原料中通常直链烷烃的含量较多，辛烷值RON较低，约在60~70之间，直接调和汽油对成品汽油的辛烷值影响较大。通过异构化反应将低辛烷值的正构烷烃转化成高辛烷值的异构烷烃，其反应产物不仅辛烷值和抗爆指数较高，更是不含烯烃、苯、芳烃和硫，作为汽油调和组分，可以有效地“稀释”成品汽油中的烯烃、苯、芳烃和硫含量，还可以调整成品汽油的前端性质，如蒸气压、10%点温度等。根据所选的催化剂和工艺流程的不同，C_5、C_6烷烃异构化产物辛烷值RON通常在80~93之间。

C_5、C_6烷烃异构化工艺技术经过多年的发展，已经日趋成熟。美国UOP公司、Shell公司、Engelhard公司、英国BP公司、法国Axens公司等都拥有该技术。国内开发的异构化技术有中国石油化工科学研究院开发的RISO异构化技术和中国石油化工股份有限公司金陵分公司、华东理工大学、中国石化工程建设有限公司联合开发的全异构化工艺技术。

八、轻汽油(C_4~C_7)的利用

提高催化汽油辛烷值的技术途径主要有：烷烃/烯烃的异构化技术、烯烃的芳构化和烯烃的醚化技术等，其中催化轻汽油醚化技术是将轻汽油中叔碳烯烃与甲醇反应生成醚类化合物，提高了汽油辛烷值又降低了汽油烯烃组分，同时将低价值的甲醇转化成汽油，增加了汽油产量，降低了汽油加工成本，是当今一项有效降低催化汽油烯烃并兼顾辛烷值的具有竞争力的技术，已在世界范围内的炼化企业普遍应用，成为催化汽油改质的主流技术。国外CDtech公司、UOP公司、Neste公司、ARCO公司、IFP(Axens)、BP公司等开发出催化轻汽油醚化工业技术，CDtech公司已向我国炼化企业转让催化轻汽油醚化成套工艺技术，相继建成南充炼化总厂80kt/a、格尔木炼厂145kt/a、乌鲁木齐石化公司400kt/a及大连石化1000kt/a等催化轻汽油醚化工业装置，醚化装置生产运行良好，推动了汽油质量升级生产技术的进步。为适应国内汽油质量升级技术需求，石油化工研究院、抚顺石化、齐鲁石化、兰州石化等相继开展了催化轻汽油醚化技术研究。2012年，兰州石化采用中国石油石油化工研究院开发的轻汽油醚化LNE-1技术，建成了当时世界上单套规模最大的500kt/a轻汽油醚化装置投产运行。2013年，呼和浩特石化采用中国石油石油化工研究院开发的轻汽油醚化LNE-2技术，建成了400kt/a轻汽油醚化装置投产运行，标志着中国石油石油化工研究院开发的催化轻汽油醚化(LNE)技术成功实现工业应用，其装置生产的技术指标已达到世界同类工艺的先进水平，使国内催化轻汽油醚化不再依赖国外公司的技术。

第三章　炼厂轻烃回收加工利用的社会效益和经济效益

第一节　社会效益

一、有利于轻质石油资源的高效利用

（一）为生产国Ⅴ、国Ⅵ高标号车用汽油创造条件

随着人们环保意识的提高，国家环保政策的强化，从 2018 年 1 月 1 日开始，国内全面供应国Ⅴ汽油，从 2019 年 1 月 1 日开始将供应国ⅥA 汽油，从 2023 年开始，将全面改用国ⅥB 汽油。国Ⅴ、国ⅥA/ⅥB 汽油的主要指标见表 1-3-1。[14]

表 1-3-1　国Ⅴ和ⅥA/ⅥB 车用汽油主要指标

名称＼标号		国Ⅴ	国ⅥA/ⅥB
硫含量/(mg/kg)	不大于	10	10
苯含量(体积分数)/%	不大于	1	0.8
芳烃含量(体积分数)/%	不大于	40	35
烯烃含量(体积分数)/%	不大于	24	18/15

从表 1-3-1 可以看出，随着车用汽油标号的升级，汽油中苯、芳烃、烯烃含量将下降，虽仅下降几个百分点，但炼油厂需要下大力气。如前一章所述，充分利用炼厂轻烃资源中的液化气，通过烷基化、异构化、叠合等技术，生产出高辛烷值汽油，且芳烃和烯烃含量低，符合国Ⅴ和国Ⅵ汽油的要求。

（二）为众多石油化工产品提供更廉价的轻烃原料

迄今，塑料、纤维、合成橡胶已走入千家万户，深入到人们的衣食住行中，不能设想，现今社会，若离开石油化工生产的塑料、纤维、合成橡胶三大合成材料，人类的社会将是何等模样。要生产三大合成材料，基本原料就是轻烃，炼厂产生的轻烃，包括干气、液化气和轻石脑油（主要是 C_5、C_6烃类），目前现状是：其中干气大部分用作装置自身的燃料气；液化气除丙烯被充分回收和利用，丙烷和 C_4烃，大部分仍在作燃料使用；轻石脑油（C_5、C_6烃）除部分用作汽油外，其余也作燃料被烧掉。随着国内天然气的增产，以及引进的液化天然气的增多，已经可以部分或进一步全部替代用作炼厂燃料，因此，每年炼厂生产的数千万吨的轻烃，有可能作为下游石油化工行业廉价的轻烃原料，这不仅有上、下游炼化一体化企业的运输便捷，更有廉价之好处。

其中轻烃中的乙烷、丙烷可方便地制取乙烯、丙烯。而 C_4、C_5、C_6烃类，可经烷基化、催化叠合生产高标号汽油；烃芳构化生产出苯、甲苯、二甲苯，进而制取纤维、聚碳酸酯等高附加值石化产品。

二、有利于促进重质资源(煤、石油焦等)的合理利用

(一) 以重质资源生产燃料

我国是一个多煤少油的国家。2017 年原油加工量为 567Mt，其中进口原油量为 420Mt，占原油加工量的 74%。随着石油化工产业的发展，对轻烃资源量的增长需求明显。炼厂所产的轻烃资源作为燃料消耗，已不合时宜，迫切需要改变这种现状。

据统计炼厂的能耗介质构成见表 1-3-2[15]。

表 1-3-2　炼油厂能耗介质构成

序号	能耗介质	占总能耗比例/%	序号	能耗介质	占总能耗比例/%
1	燃料气和燃料油	30～40	4	蒸汽	10～20
2	催化烧焦	10～40	5	水	约为 1
3	电	20～30	6	其他	0～5

从表 1-3-2 中可知燃料消耗的能耗占炼厂能耗的 1/3 强，因此充分利用我国丰富的煤炭资源和炼厂产生的石油焦成为必须。但是烧煤和石油焦对环境的污染十分严重，这又促进清洁利用煤炭和石油焦的技术发展，减少环境污染和保护蓝天碧水。

(二) 以重质资源(煤、石油焦等)生产氢气

由于国家产业政策的导向，环保政策的密集出台，致使炼油工业更向吃干榨尽的方向发展，所产的轻烃，对新建的炼厂，几乎 100%地进行回收利用；对重油和渣油，普遍采用各类加氢的方案，如加氢裂化，使直馏蜡油、焦化蜡油、常减压渣油等，原先只作燃料油的重馏分轻质化生产有用的汽柴油及轻烃。目前，新建的全氢型炼厂，加氢能力占一次加工能力的比例可达 120%，是炼油中最灵活的绿色加工技术。[16]

由于加氢技术的快速发展，造成炼厂企业氢源的明显短缺，另外炼厂干气的充分利用，使炼厂干气制氢资源的不足，致使氢气价格提高，不利于加氢装置充分发挥效益。

我国是产煤大国，充分利用煤、石油焦来制氢，以弥补氢源的不足，是一种可选择的方向。但在人们的印象中，煤的利用往往与环境污染相关联。幸好近十多年来，在国家有关政策的支持下，通过自主研发和引进国外先进技术，以煤气化为基础的能源与化工系统的发展，能源的梯级利用，环境污染的最小化，成本的降低和效率的最大化等技术都有了长足的进步，使得价廉物美的煤制氢成为可能。

第二节　经济效益

一座 10Mt/a 的炼油厂，约可产轻烃 1.70Mt/a，我国 2017 年的原油加工量为 567Mt，若按上述估算，约可产轻烃 96Mt。其中 C_2产量约为 20%，则为 19.20Mt，用于蒸汽裂解制乙烯，可产乙烯 13.0Mt。我国 2017 年的乙烯产量为 22.75Mt，可将我国乙烯产量提高一半以上。目前国内蒸汽裂解制乙烯的原料主要是液态烃，如石脑油、轻柴油、加氢尾油等，而轻烃(乙烷、丙烷)类气态原料，不足 20%，乙烷制乙烯的产率是石脑油类的 2 倍，氢气收率是石脑油的 5 倍，且目标产品集中，可较大幅度地降低乙烯投资、消耗和运行成本。

据有关资料统计，对于一套 1.0Mt/a 乙烯装置，石脑油裂解和乙烷裂解的投资和成本见表 1-3-3。

表 1-3-3 石脑油裂解和乙烷裂解的投资和成本表

规模/(Mt/a)		建设投资/万元	单位烯烃成本①/元
石脑油为主的蒸汽热裂解	1.0	468316	6609
乙烷蒸汽热裂解	1.0	345486	6108

①烯烃指产物中乙烯和丙烯。

表 1-3-3 的数据是一种相对值，因为对建设投资和单位烯烃成本的影响因素很多，如原料、公用工程价格、劳动力成本等，此处仅可粗略地看出一种趋势：即建设投资相差约 30%，单位烯烃成本约差 10%，对于建设一套 1.0Mt/a 乙烯装置，采用乙烷裂解可减少投资 10 多亿元。如上述，全国的炼厂轻烃乙烷皆用来制乙烯，乙烯装置的建设投资可减少上百亿元，经济效益实在是太可观了。

同样，炼厂轻烃中，液化气约占 48%，C_3、C_4几乎各占一半，C_3中主要是丙烯，少部分为丙烷，而 C_4中异丁烷的量相对较多，烯烃量适度，正丁烷较少。丙烯本身就是基本有机原料，可生产聚丙烯、环氧丙烷、丙烯腈、丁辛醇、乙丙橡胶等众多人类不可缺少的化工品。C_4资源，不仅可生产多种橡胶，也可生产高标号的汽油组分。尤其是当今形势下，我国已是汽车生产第一大国，而国家对环保的要求日趋严格。目前我国的汽油调和组分，很大程度依赖 MTBE(甲基叔丁基醚)，烷基化油比例较低，随着国家政策限制和取消 MTBE 的使用，势必要增加烷基化油和叠合汽油，这样，才能保证汽油升级要求。生产烷基化油的原料是异丁烷和 C_3、C_4烯烃，叠合油原料是液化气中的 C_3、C_4烯烃，当液化气用于生产高标号车用汽油(烷基化油和叠合汽油)后，液化气中的烯烃含量降低，此时的液化气更适宜于蒸汽裂解制乙烯和丙烯。因为烯烃含量高的轻烃，在蒸汽裂解时易于在裂解炉管上结焦，从而降低裂解炉管在线生产时间。

如上述，回收炼厂轻烃中的液化气，先生产高标号汽油，再用于生产乙烯，其经济价值可提升 50%以上，以 2017 年我国炼油量计算，约产液化气 46Mt，扣除投资、生产、人力等成本，若按每吨增加产值 1000 元计，则可增加 460 亿元人民币，其经济效益是非常可观的。

第三节 典型项目分析的技术经济效益

本书的第八篇将介绍炼油厂或炼化一体化企业，轻烃综合利用时，对全厂投资、操作费用以及经济效益的综合分析。

由于轻烃利用的方案是多种多样的，本书仅对三种典型方案进行技术、经济分析。这三种方案是：

第一种方案：选择轻烃回收、异构化、烷基化等装置手段，回收石脑油、液化气，并生产异构化油、烷基化油等，实现全厂多产高品质汽油的目标。在此基础上，进一步考虑生产聚丙烯和苯乙烯的情况。

第二种方案：炼化一体化企业中乙烯裂解料的来源和轻质化一直是困扰裂解装置产出的大问题，拟选择干气提浓手段，回收碳二资源，作为乙烯裂解料。

第三种方案：炼化一体化企业综合利用轻烃，使炼油、化工两部分的轻烃资源得以充分利用，并通过轻烃资源串换实现更大的附加值。

第一种方案，主要利用的是轻烃中的液化气，研究结果是，在中低油价下，后端综合利用轻烃措施(生产苯乙烯、聚丙烯方案)的增量效益要好于前端(生产汽油方案)，在中高油价下，前端要好于后端。从效益最大化的角度看，无论是前端和后端的轻烃利用，其在经济上都是有效的，且效益明显。

第二种方案，主要利用的是炼厂轻烃中的干气，其中包括加氢裂化气、焦化气、重整气等。干气含有氢气、甲烷、乙烷、乙烯等。回收其中的氢气、乙烯，再把乙烷返蒸汽裂解炉制乙烯。通过技术经济分析，对第二种方案，效益增加约5亿~6亿元。

第三种方案是在第二种方案的基础上，对炼油和化工各装置所产的轻烃综合利用，宜油则油，宜化则化，物料互供。如炼油产的干气、石脑油、加氢尾油供化工乙烯装置，乙烯装置产的氢气、甲烷、C_8馏分、抽余油、燃料油供炼油装置，石油中的各组分充分发挥效益。通过分析，第三种方案还可在第二种方案的基础上增效3.2亿元。

通过上述分析可知，对一个22Mt/a炼油及1.0Mt/a乙烯装置，若能充分利用现有技术，合理利用轻烃资源，则可增效约10亿元人民币。

参考文献

[1] 王志刚，蒋庆哲，董秀成，等. 中国油气产业发展分析与展望报告蓝皮书：2019—2020[M]. 北京：中国石化出版社，2020.
[2] 2020中国能源化工产业发展报告[M]. 北京：中国石油化工集团公司经济技术研究院，2020.
[3] 李为民，单玉华，邬国英. 石油化工概论[M]. 3版. 北京：中国石化出版社，2013.
[4] 徐海丰. 2019年世界乙烯行业发展状况与趋势[J]. 国际石油经济，2020，28(5)：48-54.
[5] 孙丽丽. 化工过程强化传热[M]. 北京：化学工业出版社，2019.
[6] 孙丽丽. 创新芳烃工程设计开发与工业应用[J]. 石油学报(石油加工)，2015，31(2)：244-249.
[7] 方怡中. 浅谈发展我国制氢工艺的合理途径[J]. 石油炼制，1985，16(6)：32-34.
[8] 刘家明. 炼油厂设计与工程：石油炼制工程师手册(第Ⅰ卷)[M]. 北京：中国石化出版社，2014：232.
[9] 张甫，易金华，雷元柏，等. 我国混合碳四的化工利用现状及发展前景[J]. 化工生产与技术，2011，18(4)：46-52.
[10] 金宏. 积极开展液化石油气的化工利用[J]. 石油商技，2003，21(1)：13-16.
[11] 李明辉. 碳四烃的综合利用[J]. 石油化工，2003，32(9)：808-814.
[12] 王伟，郝兴仁，吕爱梅. TAME合成工艺技术[J]. 石油化工，2003，32(1)：52-55.
[13] 张旭之. 碳四碳五烯烃工学[M]. 北京：化学工业出版社，1998：602-604.
[14] GB17930—2016 车用汽油[S]. 北京：中国标准出版社，2016.
[15] 蒋庆哲，高潮洪. 中国油气产业发展分析与展望报告蓝皮书：2017—2018[M]. 北京：中国石化出版社，2018.
[16] 李大东. 加氢处理工艺与工程[M]. 北京：中国石化出版社，2016.

第二篇　炼厂轻烃资源与加工利用方案

第一章　轻烃来源及其性质

第一节　原油与原油蒸馏轻烃

国产原油的轻烃含量很少，其中C_3~C_4的含量占原油总量的0.2%~0.7%，大部分国产原油的轻烃含量在0.5%以下，因而加工国产原油的常减压蒸馏装置一般产生的气体较少。特别是过去加工大庆油、胜利油、南疆油及北疆油等陆上原油时，装置的初顶气、常顶气及减顶气只有少量的塔顶不凝气，其中部分不凝气还是原油经加热炉后裂解产生的，蒸馏流程的设置上仅将加工过程中的塔顶不凝气，送入加热炉作为燃料。随着环境保护的严格要求，当加工国产原油时，尤其是国产含硫原油时，通过设置塔顶气压缩机，将低压塔顶不凝气升压后送至催化装置或焦化装置的气压机入口，与催化或焦化装置的富气一并进行回收处理，此种设置也仅是考虑符合环保的要求。

进入21世纪以来，世界能源消费仍在不断增长，尤其是中国已成为世界第一能源消费大国。近年来我国国民经济一直保持较快增速，能源消费结构主要是煤炭和石油，尤其国内油田的开采均处于中晚期，在国产原油产量只降不增的情形下，我国对进口原油的依存度已超过50%，而且这种趋势还在逐年递增，因此加工海洋轻质原油和进口轻质原油增多，特别是进口中东高含硫轻质原油的加工量占总原油加工量的一半以上。进口中东含硫原油，其原油中的轻烃占原油总量的2%~3%，比国产原油轻烃含量高得多，从原油蒸馏中得到的轻烃组成中，C_1、C_2占轻烃总量的20%左右，C_3、C_4占轻烃总量的60%左右，而且大都是以饱和烷烃为主，如果不设置轻烃回收，大量的轻烃组分不能有效回收利用，而仅作为燃料气烧掉，含轻烃的塔顶气在炼厂没有很好地利用，不仅经济上不合理，同时还会造成原油蒸馏装置塔顶压力的波动，影响原油蒸馏装置的平稳生产。

轻烃回收不仅是资源合理利用的需要，也是加工进口中东含硫原油生产平稳操作的要求，加工中东高含硫轻质原油的轻烃回收就成了原油蒸馏装置的重要课题，也成为国内大多数炼厂进行轻烃回收改造的新任务。近几年来，随着加工进口原油的日益增加，尤其是加工轻质高硫原油，因其轻烃及硫含量高的特点，也由于新建装置与旧装置在轻烃回收工艺中的设置不同，因而原油蒸馏中的轻烃回收方案也是多种多样的，这就需要结合全厂加工流程的要求，根据原油蒸馏装置自身的特点选择合适恰当的轻烃回收工艺，做好新建装置轻烃回收的设计和旧装置轻烃回收的改造。原油蒸馏装置是炼油厂加工原油的第一道工序，属于原油的一次加工，在炼油厂加工总流程中起首要作用。原油在原油蒸馏装置经电脱盐、初馏(或闪蒸)、常压及减压蒸馏等部分，将原油用蒸馏的方法分割成不同沸点的组分，以适应产品生产和下游工艺装置对原料的要求，而原油中轻烃主要存在于原油蒸馏装置的塔顶气及石脑油中。本节将从原油中的轻烃及原油蒸馏中的轻烃两个方面叙述。

一、原油中的轻烃

(一) 国产原油中的轻烃

从化学组成来看，石油中主要含有烃类和非烃类这两大类。烃类和非烃类存在于石油的各个馏分中，因为原油的产地不同，烃类在原油中的含量差别较大，尤其是原油含有的轻烃(C_3、C_4)的量与产地及种类密切相关。国产原油主要是低硫原油，但也有局部区域生产含硫及含酸原油。我国主要产油区域的原油与国外原油相比，国产原油凝点及蜡含量较高、庚烷沥青质含量较低、相对密度大多在0.85~0.95g/cm^{3}之间，国产原油的比重指数API度大都不超过30，属偏重的常规原油。国产原油含C_5以下的轻烃组分较少，仅在国内新疆吐哈、甘肃长庆等地区所产原油含轻烃较多，国内大庆、胜利、大港、江汉、任丘等主要原油产区生产的原油含轻烃很少。主要国产原油轻烃组成及含量见表2-1-1。

表 2-1-1　主要国产原油轻烃组成及含量

项目	20℃密度/(g/cm^3)	硫含量/%	轻烃含量/%					
			C_2	C_3	i-C_4	n-C_4	C_5	合计
大庆油	0.8611	0.09	0.01	0.07	0.08	0.19	0	0.35
胜利油	0.9082	1.0	0.01	0.06	0.06	0.15	0	0.28
长庆油	0.8511	0.11	0.05	0.26	0.12	0.21	0.10	0.74
青海油	0.8506	0.24	0.02	0.10	0.05	0.08	0.03	0.28
南疆油	0.8740	0.83	0.03	0.20	0.10	0.18	0.09	0.6
北疆油	0.8962	0.14	0.01	0.05	0.03	0.05	0.02	0.16

从表2-1-1中可见，仅长庆原油、南疆原油中的轻烃含量相对较高，但也不超过原油量的0.75%。

(二) 国外原油中的轻烃

占进口原油大部分的中东含硫原油，其硫含量高、原油相对密度在0.85~0.90之间，API度大都在30以上，是典型的高含硫轻质原油，其轻烃含量在0.9%~1.6%以上，为国产原油轻烃含量的2~4倍以上。中东等进口原油的轻烃组成及含量见表2-1-2[1]。

表 2-1-2　中东等进口原油轻烃组成及含量

项目	20℃密度/(g/cm^3)	硫含量/%	轻烃含量/%					
			C_2	C_3	i-C_4	n-C_4	C_5	合计
阿曼油	0.8518	1.15	0	0.10	0.20	0.60	0	0.90
沙特(轻)	0.8565	2.07	0	0.20	0.10	0.70	0	1.00
沙特(中)	0.8664	2.64	0	0.30	0.20	0.7	0	1.20
沙特(重)	0.8871	2.85	0.08	0.46	0.19	0.86	0	1.59
伊朗(轻)	0.8498	1.56	0	0.40	0.90	0	0	1.30
伊朗(重)	0.8699	1.95	0	0.40	0.20	0.8	0	1.4

（三）目前国内加工原油中的轻烃

随着加工进口含硫轻质原油增多，尤其是国内大多数炼厂基本是以加工进口中东轻质原油为主，就必须根据中东原油含硫及含轻烃的特点，采取合适的加工流程，回收原油中的轻烃，提高资源的利用率。目前国内一些炼油厂加工进口混合原油的轻烃组成见表2-1-3。

表2-1-3　国内一些炼油厂加工进口混合原油的轻烃组成　%

炼厂	C_2	C_3	i-C_4	n-C_4	i-C_5	n-C_5	CP	合计	硫含量
炼厂1	0.01	0.35	0.23	0.94	0.78	1.15	0.08	3.54	2.28
炼厂2	0.02	0.19	0.20	0.53	0.51	0.75	0.04	2.24	0.87
炼厂3	0.01	0.53	0.16	0.63	0.62	1.28	0.09	3.32	2.56
炼厂4	0.02	0.16	0.22	0.55	0.55	0.95	0.08	2.53	1.17
炼厂5	0.03	0.33	0.18	0.72	0.57	0.93	0.07	2.83	2.0
炼厂6	0.01	0.275	0.205	0.78				1.27	2.28

由表2-1-3中可知，国内加工的进口原油，其轻烃含量约占原油总量的2.0%～3.0%，其中仅C_3～C_4组分含量就已占原油总量的0.9%～1.3%，比国产原油中的轻烃含量高得多。由于大多数的进口原油在油田均未进行拔头预处理，在原油蒸馏中，原油中轻烃的大部分存在于石脑油中，石脑油中所含轻烃组分常达到5%以上。如果这部分轻烃不进行合理回收，会直接影响下游装置的生产能力，在罐区储存不但会造成挥发损失，同时也会给罐区带来安全隐患，使加工原油的损失增加，影响全厂的经济效益。故必须对这部分的轻烃进行回收，在新建炼厂的总流程设计中完善轻烃回收，同时对加工中东含硫轻质原油的炼厂进行轻烃回收流程改造。

国内现有大多数炼厂是按加工国产原油设计和生产的，原油蒸馏装置的流程及设备均没有考虑加工原油轻烃含量高的特点，塔顶产生的大量含轻烃气体只能送加热炉作为燃料，生产操作中由于过多的塔顶气，为了平稳生产，有时只能将其放空，给安全生产带来严重隐患，而且还对环境带来不良影响；而石脑油所含的大量轻烃没有回收。在目前能源需求形势日益严峻、环保压力日益剧增情形下，对加工原油轻烃含量高的原油蒸馏装置，就必须设置或完善原油蒸馏中的轻烃回收，使轻烃这一宝贵资源得到充分利用。

二、原油蒸馏中的轻烃

原油中的轻烃含量因原油的运输方式不同而有所区别。在原油蒸馏过程中，由于原油在加热炉中加热，原油发生热裂解，也会产生少量的气态烃；不同的原油蒸馏过程，使得轻烃存在于塔顶气及塔顶油中的比例有所不同，故原油蒸馏过程中的轻烃与原油的运输方式、工艺流程的选择、操作条件的控制都密切相关。

（一）原油蒸馏塔顶气中的轻烃

原油蒸馏过程中产生的轻烃主要存在于塔顶气及石脑油中。以加工中东原油为例，在闪蒸-常压蒸馏流程中，常顶气中的轻烃约占原油蒸馏中的轻烃的30%；而在初馏-常压蒸馏流程中，初顶气及常顶气中的轻烃仅占原油蒸馏中轻烃的5%~10%，如若初馏采用加压操作，原油中大部分的轻烃溶于石脑油中，塔顶气中的轻烃含量较少，甚至会出现无初顶气、而仅有少量的裂解气的情况。原油蒸馏过程中的塔顶气也是随着原油种类、加工工艺等条件而变化，在原油蒸馏过程中，塔顶气中的轻烃亦是同此。

原油蒸馏过程中的塔顶气大多数是以一些饱和烷烃为主，其中含少量的甲烷、乙烷，主要为丙烷、正丁烷及异丁烷等组分。由于加工过程中的常压炉及减压炉加热条件的影响，油品在高温下发生部分热裂解，产生了乙烯、丙烯、丁烯等不饱和烃类，同时也由于原油在储运过程中溶入少量的空气及二氧化碳，故原油蒸馏过程中的塔顶气还含有此部分的非烃类组成，原油中溶解的空气愈多，则原油蒸馏中的塔顶气含量愈高，造成的损失也就愈大。另外，塔顶气中因为原油的产地不同，还含有浓度不同的硫化氢气体。

1. 初顶气中的轻烃

原油蒸馏装置加工中东混合原油，其初顶气的组成见表2-1-4。

从表2-1-4可见，初顶气组成中以丙烷、丁烷组分为主，一般约占初顶气的60%(v)以上，还含有少量空气、二氧化碳及硫化氢气体。

2. 常顶气中的轻烃

加工中东混合原油常顶气的一般组成见表2-1-5。

从表2-1-5可见，常顶气组成也是以丙烷、丁烷组分为主，大多数常顶气中的C_3、C_4含量占常顶气的50%(v)以上，特别在选择闪蒸-常压蒸馏的流程中，大量的轻烃存在于常顶气中，其回收价值高。

3. 减顶气中的轻烃

加工中东混合原油减顶气的一般组成见表2-1-6。

从表2-1-6可见，减顶气组成以甲烷、乙烷、硫化氢、空气为主，而丙烷、丁烷组分的含量不大，且含轻烃(C_3、C_4)的体积比甲烷的体积要小，不仅减顶气的流量小，而且其硫含量高，尤其采用减压深拔工艺，因减压炉出口温度高，致使油品发生热裂解，产生了甲烷、乙烷、烯烃等裂解气，裂解气与硫化氢及漏入的空气使得减顶气的热值较低，回收价值不高，往往仅对减顶气进行简单脱硫处理后，作为装置的燃料气。

从上述加工中东等进口混合原油初顶气、常顶气、减顶气的组成可以看出：初顶气、常顶气中轻烃(C_3、C_4)组分含量较高，具有回收价值。

炼油厂中，加氢精制、加氢裂化及渣油加氢原料预处理等装置中的部分塔顶气往往含有较高的C_3、C_4组分，其C_3~C_4组分大多数是饱和烷烃，如果和原油蒸馏装置的初顶气、常顶气进行混合，可便于集中回收气相中的轻烃，有利于提高轻烃产量和方便统一管理。

(二) 炼厂气的基本物性

现列出炼厂气中单体烃主要物理性质表2-1-7[2]及炼厂气中非烃组分主要物理性质表2-1-8[2]供参考。

表 2-1-4　加工中东等进口混合原油初顶气的组成

%(v)

原　油	CO_2	H_2	N_2	O_2	空气	CH_4	C_2H_6	C_2H_4	C_3H_8	C_3H_6	i-C_4H_{10}	n-C_4H_{10}	C_4H_8	C_5H_{12}	H_2S
沙特等混合油	2.28	9.52			5.42	4.10	11.48	0.04	39.95	0.06	11.74	19.40	0.04	3.87	1.61
阿曼等混合油	3.39	0.19	7.18			10.66	13.03		29.93		11.61	17.85		6.17	0.56
科威特等混合油	3.68	0.40			11.17	7.35	9.25	0.43	25.44	0.20	7.17	21.60		11.18	2.12
沙中	0.48		1.12	0.24		1.44	5.67		26.88		9.44	27.32		20.96	0.73
沙中、沙重混合油	0.5				2.50	0.50	1.30		44.50		15.00	35.10			0.60
伊轻等混合油	0.02	0.03	2.10	0.50		0.99	11.88		34.78		8.36	21.48		17.65	0.47
沙轻、沙重	6.01		23.72	3.02		14.64	7.35		14.71	0.11	4.88	9.41		5.14	6.5
卡宾达等混合油	3.73		22.41	5.00		12.99	9.19		21.61	0.04	5.96			0.97	0.08

表 2-1-5　加工中东等进口混合原油常顶气的组成

%(v)

原　油	CO_2	H_2	N_2	O_2	空气	CH_4	C_2H_6	C_2H_4	C_3H_8	C_3H_6	i-C_4H_{10}	n-C_4H_{10}	C_4H_8	C_5H_{12}	H_2S
沙特等混合油	2.87	7.72			0.24	11.27	9.34	0.92	24.28	0.38	7.42	13.80	0.02	6.23	5.53
阿曼等混合油	4.46	11.03	4.88			19.58	6.62	1.06	12.04	0.52	4.27	13.16	0.24	4.64	12.40
科威特等混合油	0.99	0.98			1.08	5.11	5.47	0.51	24.08	0.33	8.51	29.25	0.06	17.95	5.68
古拉索等混合油	1.47	0.38	2.49			2.71	9.97		36.21		11.82	22.93		11.13	0.86
伊轻	0.60	0.04			6.99	1.15	14.66		43.00		18.26	8.96		5.97	0.36
沙特等混合油	1.55	13.55			16.17	10.80	6.02	0.69	19.04	0.18	4.78	13.53		3.75	6.71
管混、进口混合油		0.72	2.03	0.27		16.19	8.77	0.45	25.28	0.19	9.39	18.95		10.10	0.33
沙中	1.15	9.41	10.23	0.39		11.42	8.58	0.24	18.55	0.11	5.02	12.37		8.06	4.86

表 2-1-6　加工中东等进口混合原油减顶气的组成

%(v)

原　油	CO_2	H_2	N_2	O_2	空气	CH_4	C_2H_6	C_2H_4	C_3H_8	C_3H_6	i-C_4H_{10}	n-C_4H_{10}	C_4H_8	C_5H_{12}	H_2S
吉拉索等混合油	1.82	4.75			13.28	24.53	8.89	1.84	9.39	2.85	2.03	3.37	1.79	1.80	17.22
阿曼等混合油	0.98	8.63		3.57		19.87	10.65	2.25	8.77	4.41	0.72	4.74	0.32	3.56	25.36
科威特等混合油	0.85	7.63			4.60	18.94	6.80	1.14	5.83	2.40	0.67	3.75	2.99	3.90	29.66
吉拉索等混合油	0.91	6.38	0.63			24.54	11.08	1.80	9.11	3.96	0.86	5.15	3.93	7.80	23.85
伊轻	0.19	3.62			11.30	20.84	17.99	2.44	9.79	5.29	2.90	1.12	2.23	2.48	17.89
马希拉等混合油	1.82	4.75			13.28	24.53	8.89	1.84	9.39	2.85	2.03	3.37	0.42	1.80	17.22

注：表 2-1-4 至表 2-1-6 中的数据摘自有关资料。

表 2-1-7　炼厂气中单体烃主要物理性质

名　称	分子式	相对分子质量	液体相对密度①(d_4^{20})	常压沸点/℃	动力黏度(20℃)/(mPa·s)	比热容(25℃)/[kJ/(kg·K)]		蒸发潜热(常压沸点下)/(kJ/kg)	临界性质	
						理想气体	液体		温度/℃	压力/MPa(绝)
甲烷	CH_4	16.04	0.4240(沸点)	-161.50	0.010(气)	2.2190		510.24	-82.57	4.60
乙烷	C_2H_6	30.07	0.3399	-88.60	0.0090(气)	1.7174	5.0267	489.73	32.27	4.880
丙烷	C_3H_8	44.10	0.5005	42.05	0.125(10℃)	1.6329	2.5217	426.05	96.67	4.249
正丁烷	C_4H_{10}	58.12	0.5788	-0.50	0.174	1.6710	2.4066	385.56	152.03	3.797
异丁烷	C_4H_{10}	58.12	0.5772	-11.27	0.194	1.6354	2.4384	366.68	143.99	3.648
正戊烷	C_5H_{12}	72.15	0.6262	36.06	0.229	1.6295	2.3207	357.47	196.62	3.369
2-甲基丁烷	C_5H_{12}	72.15	0.6197	27.84	0.225	1.6031	2.6828	342.44	187.28	3.381
乙烯	C_2H_4	28.05	0.5674(沸点)	-103.68	0.0093(气)	1.5139		483.11	9.21	5.032
丙烯	C_3H_6	42.08	0.5139	-47.72	0.0078(气)	1.4859	2.5581	438.02	91.6	4.610
1-丁烯	C_4H_8	56.11	0.5951	-6.25	0.0070(气)	1.4834	2.2986	390.88	146.4	4.022
顺-2-丁烯	C_4H_8	56.11	0.6213	3.72		1.3490	2.2500	416.42	162.43	4.205
反-2-丁烯	C_4H_8	56.11	0.6042	0.88	0.0069(气)	1.5273	2.2755	405.87	155.48	4.104
异丁烯	C_4H_8	56.11	0.5942	-6.90	0.0073(气)	1.5516	2.2362	394.48	144.75	4.000
1-戊烯	C_5H_{10}	70.13	0.6405	29.96	0.239	1.5186	2.2161	359.52	191.63	3.546
1,2-丁二烯	C_4H_6	54.09	0.6520	10.85		1.4428	2.3053	(422.87)	(171)	(4.499)
1,3-丁二烯	C_4H_6	54.09	0.6211	-4.41		1.4243	2.1750	(406.12)	152	4.326
乙炔	C_2H_2	26.04	0.6154	-84	0.0102(气)	1.6509			35.17	6.139
丙炔	C_3H_4	40.06	0.6711	-32.2	0.173(0℃)	1.4834		(407.38)	129.24	5.627

①对于 20℃在常压沸点和临界温度之间的组分，液体相对密度为其 20℃饱和压力下的值；对临界温度小于 20℃的组分，如甲烷和乙烯，在 20℃不可能液化，则列出其沸点时的液体相对密度。甲烷和乙烯的临界密度分别为 0.16g/cm^3 和 0.20g/cm^3。

表 2-1-8 炼厂中非烃组分主要物理性质表

名称	分子式	相对分子质量	标准状态下密度/(kg/m^3)	常压沸点/℃	标准状态下动力黏度/(10^{-5}Pa·s)	理想气体比热容(20℃)/[kJ/(kg·K)]	蒸发潜热(常压沸点下)/(kJ/kg)	临界性质	
								温度/℃	压力/MPa(绝)
氮	N_2	28.01	1.2507	-195.78	1.70	1.0467	190.83	-147.18	3.393
氨	NH_3	17.03	0.771	-33.4	0.918	2.2190	1373.27	132.4	11.298
氢	H_2	2.02	0.0898	-252.75	0.842	14.2686	454.27	-239.9	1.297
氧	O_2	32.00	1.4289	-182.98	2.03	0.9127	213.19	-118.82	5.036
氯	Cl_2	70.91	3.217	-33.8	1.29(16℃)	0.4815	305.43	144.0	7.711
空气	—	28.96	1.293	-192	1.73	1.0090	196.78	-140.75	3.774
二氧化碳	CO_2	44.01	1.9768	-78.2(升华)	1.37	0.8374	573.59	31.1	7.387
一氧化碳	CO	28.01	1.2501	-191.48	1.66	1.0467	211.43	-140.2	-140.2
二氧化氮	NO_2	46.01	1.492	21.2	—	0.8039	711.76	158.2	10.133
二氧化硫	SO_2	64.06	2.9268	-10.8	1.17	0.6490	393.56	157.5	7.881
硫化氢	H_2S	34.08	1.5392	-60.2	1.166	1.0593	548.47	100.4	9.008
氯化氢	HCl	36.46	1.6394	-84.95	—	0.8122	433.80	51.5	8.258
水蒸气	H_2O	18.02	0.598(100℃)	100	1.23(100℃)	1.8841(100℃)	2256.69	374.2	22.038

第二节　催化裂化过程中的轻烃

催化裂化(FCC)装置是炼油企业重要的二次加工装置之一，是炼油企业生产汽油、柴油和液化气产品的主要装置，对企业经济效益影响显著。催化裂化装置以减压蜡油、常压渣油、减压渣油、焦化蜡油、脱沥青油、加氢处理油(蜡油和重油)及其一定掺炼比例的混合油为原料，为适应市场需求，通过调整催化剂、工艺参数或进行相应的技术改造，可在一定的范围内调整其产品收率。

催化裂化装置除了承担炼油厂重油轻质化、生产车用燃料(汽油、柴油)调和组分的任务外，还是炼油厂轻烃组分的主要来源之一。截至 2017 年底，国内催化裂化装置总套数约为 180 套，总加工量已超过 220Mt/a，其中，中国石化催化裂化装置共 50 套，2017 年加工总量约为 71. 37Mt/a，干气中氢气 62. 8kt/a、甲烷 430kt/a、乙烷 341. 6kt/a、乙烯 349. 2kt/a；同期液化气总产量为 12. 70Mt/a，其中丙烷 1. 50Mt/a、丙烯 4. 14Mt/a、正丁烷 0. 84Mt/a、异丁烷 2. 90Mt/a、2-丁烯 1. 04Mt/a、异丁烯 1. 12Mt/a、1-丁烯 0. 74Mt/a。

催化裂化所产轻烃为催化干气及液化气，其产率一般为 13%~25%。一般地，干气收率为 2. 5%~4%，液化气收率为 12%~22%。催化干气中除了携带的非烃外，主要组分是氢气、甲烷，其中乙烯浓度为 10%~32%(v)，相对催化裂化进料的收率为 1%~2%。多产液化气的催化裂化(MIP-CGP)工艺，其干气收率低，为 2. 5%~3. 5%，干气中乙烯浓度也达到 20%(v)左右。多产液化气的催化裂解(DCC)工艺由于反应油气在稀相停留时间较高，反应温度高，存在热裂化反应，干气收率较高，为 5%~8%，干气中乙烯浓度也较高，为 23%~27%(v)。丙烯是石油化学工业重要的基础原料，其中 30%是由催化裂化过程提供。对以生产汽油、柴油等液体产品为目标的常规催化裂化装置，其丙烯收率一般为 5%~6%，多产液化气的 MIP-CGP 工艺丙烯收率可达 8%~9%，多产液化气的 DCC 工艺丙烯收率可达 15%~16%，DCC-Plus 工艺丙烯收率可达 20%，催化热裂解(CPP)工艺的丙烯收率可达 19%~24%，但随着丙烯收率增加的同时液体产品质量变差。催化裂化液化气中 C_4产品的收率一般为 7%~9%，MIP-CGP、DCC 则为 14%~17%，由于氢转移反应占有较高的比例，其中以异丁烷含量最高，异丁烯次之。但 CPP 的 C_4收率约为 8%，以异丁烯及其他丁烯为主，正、异丁烷含量较少。

一、催化裂化干气中的轻烃

(一) 干气组成

表 2-1-9 所列干气组成均为实际生产装置的标定气体体积组成，从中可以看出，催化干气主要是由氢气、甲烷组成，体积组成达到 50%以上。而且，从干气中氢气/甲烷比判断反应器平衡催化剂 Ni 污染程度，高 Ni 会促进烃类脱氢反应；干气中其次是乙烷、乙烯组分，其组成为 20%~35%(v)；干气中如果含有较高的 C_3^+组分，如表 2-1-9 中 FCC(2)，干气中 C_3、C_4 含量高达 8. 82%(v)，则是典型的“干气不干”，吸收效果变差导致。一般的，干气中 C_3、C_4组分浓度不超过 1. 5%~3%(v)。对于特殊的干气下游利用装置，如干气制乙苯，则要求干气中丙烯不超过 1%(v)。

表 2-1-9　各类催化工艺的干气组成　%(v)

组分	FCC(1)	FCC(2)	MIP-CGP	DCC-Ⅰ	DCC-Ⅱ	ARGG
H_2	24.16	18.29	34.84	11.4	18.328	32.83
H_2S	0.00475	2.8	1.23	0.4	0.0017	
CO	1.59					1.232
CO_2	1.69	4.14	1.04	2.6	1.911	2.126
N_2	12.07	16.25	10.76	11.7	11.758	20.526
O_2	0		0.98		0.6	2.323
CH_4	23.41	24.25	26.93	38.4	29.625	19.139
C_2H_4	32.15	13.51	10.35	21.6	25.861	9.511
C_2H_6		11.56	11.25	12.1	10.901	10.116
C_3H_6	3.18	4.09	0.99	1.5	0.944	0.634
C_3H_8	0.92	1.34	0.25	0.2	0.077	0.257
i-C_4H_{10}	0.49		0.24	0.1		0.228
n-C_4H_{10}	0.03	0.96	0.16			0.255
i-C_4H_8		1.64	0.22			0.227
n-C_4H_8			0.14			
t-C_4H_8		0.48	0.20			0.192
c-C_4H_8		0.31	0.15			0.152
≥C_5			0.28			0.252

（二）催化干气的回收与利用

（1）做燃料用，根据全厂的燃料气平衡，许多老厂将脱硫后的催化干气并入燃料气管网，直接用作加热炉的燃料。

（2）催化干气制氢：由于催化干气含有丰富的氢气及氢元素，是制氢的优质原料，但制氢量较小。

（3）干气制乙苯、苯乙烯，是近年来发展起来的充分回收、利用催化干气中乙烯的有效手段，发展较为迅速。

（4）直接通入一固定床层，干气中乙烯芳构化生成高辛烷值清洁汽油。

（5）并入已有的乙烯装置，对乙烯、乙烷进行回收。

（6）采用“组合吸收法”[3]回收干气中的 C_2，只采用丙烯级制冷，得到聚合级乙烯和乙烷产品，C_2回收率可以达到98%。对于一座炼厂或石油化工厂，有多套催化裂化装置时，可以将催化干气汇合起来，形成回收装置的规模效益，提升产品附加值。

（7）新建大型催化裂化、催化裂解装置，采用分离和轻烃回收一体化技术，融合了富气压缩，汽油稳定，饱和 C_1~C_4 烃气、烃液分别脱硫化氢、脱硫醇，浅冷，吸收脱吸，气体分馏，制冷等工艺，得到 CH_4-H_2、C_2、$C_3^=$、C_3^0、混合 C_4、C_5^+ 汽油产品。

总之，在对催化干气资源充分利用的同时，会影响已有的干气燃料利用平衡，需要综合考虑。

二、催化裂化液化气中的轻烃

（一）液化气组成

从表 2-1-10 为实际生产液化气的体积组成，可以看出，除了丙烯外，其他几类组成均差别不大。后四种工艺为专门多产丙烯的工艺，与催化剂本身有关，在丙烯浓度高的同时，其异丁烷的浓度有所下降。对于常规的催化裂化工艺及 DCC 工艺，异丁烷在液化气 C_4组分中占比是最高的，催化热裂解(CPP)工艺则不同，其异丁烯在 C_4中占比最高，如表 2-1-11 所示。

表 2-1-10　各类催化工艺的液化气组成　　%(v)

工艺	FCC(1)	FCC(2)	MIP-CGP	DCC-I	DCC-II	ARGG
H_2S			0.83			
C_2	0.1		0.63			
C_3H_6	35.8	37.0	41.41	48.1	48.6	42.53
C_3H_8	9.8	9.0	10.11	10.2	8.2	9.44
i-C_4H_{10}	18.4	17.5	14.69	11.5	10.2	13.02
n-C_4H_{10}	4.8	5.5	5.10	3.7	2.7	4.13
i-C_4H_8	18.3	9.8	10.34	15.4	12.0	16.94
n-C_4H_8		6.4	5.91		4.9	
t-C_4H_8	7.3	8.8	6.12	6.4	6.5	8.24
c-C_4H_8	5.4	6.0	4.24	4.4	5.3	5.70
C_4H_6			0.079	0.1		
$\geqslant C_5$	<0.1			0.2	1.6	

表 2-1-11　催化工艺的 C_4组成　　%(v)

组成	FCC	MIP-CGP	DCC	CPP
i-C_4H_{10}	33.78	34.29	32.67	10.16
n-C_4H_{10}	8.45	8.40	9.40	5.08
n-C_4H_8	14.30	11.43	7.32	15.28
i-C_4H_8	19.71	18.99	23.10	36.87
t-C_4H_8	13.88	14.96	16.54	16.55
c-C_4H_8	9.89	11.93	10.84	14.01
1.3-C_4H_6	0.00	0.00	0.12	2.04
收率(占进料)/%	7.294	14.875	17.647	7.862

(二) 液化气中 C_4 的性质

表 2-1-12 列出了催化液化气中 C_4的主要性质，由于正、异丁烯之间，正丁烷、反丁烯之间常压沸点非常接近，所以，在工业实际中用常规精馏的方法很难分离出高纯组分产品。催化液化气经脱硫化氢、脱硫醇后，进入气体分馏装置，分出聚合级丙烯外，对于 C_4的分离，也只能做到分出轻、重 C_4，其中，轻 C_4包括：异丁烷、正/异丁烯、丁二烯，重 C_4为正丁烷、顺/反丁烯。

表 2-1-12 催化液化气中 C_4 的主要性质

名称	分子式	相对分子质量	常压沸点/℃	常压冰点/℃	液体相对密度	爆炸极限/%(v)
异丁烷	$i-C_4H_{10}$	58.124	-11.72	-159.605	0.5572	1.8~8.44
正丁烷	$n-C_4H_{10}$	58.124	-0.5	-138.362	0.5788	1.86~8.41
异丁烯	$i-C_4H_8$	56.108	-6.896	-140.337	0.5942	—
正丁烯	$n-C_4H_8$	56.108	-6.25	-185.35	0.5951	—
反丁烯	$t-C_4H_8$	56.108	0.88	-105.553	0.6042	—
顺丁烯	$c-C_4H_8$	56.108	3.718	-138.922	0.6213	—
1,3-丁二烯	$1,3-C_4H_6$	54.092	-4.411	-108.902	0.6211	—

(三) C_4 的利用

(1) 烷基化，异丁烷跟所有丁烯反应生成异辛烷，以生产高辛烷值汽油。

(2) 甲基叔丁基醚(MTBE)，利用异丁烯与甲醇反应，同时与 $n-C_4H_8$ 分离。

(3) 正丁烯，顺、反丁烯进行氧化脱氢，转化成1,3-丁二烯，1,3-丁二烯是橡胶工业的基础原料，要求丁烯原料中 $i-C_4H_8 \leq 0.5\%$(m)。

(4) 烯烃催化裂解(OCC)，固定床反应，处理全部 C_4、C_5 烯烃，转化成丙烯、乙烯。

(5) 丁烯与乙烯歧化反应(OCT)，采用固定床，生产丙烯。

(6) 混合 C_4，尤其是 C_4 烯烃，回催化提升管高温段(或第二提升管)回炼，可提高丙烯收率1~2个百分点。

(7) 混合丁烯与甲醇耦合裂解(COCR)，流化床反应，生产乙烯、丙烯及高芳烃汽油。

(8) 混合碳四烷、烯烃萃取分离，分别加以转化、利用。

三、催化裂解(DCC)与催化热裂解(CPP)裂解气中的轻烃

(一) DCC 裂解气中的轻烃

催化裂解(DCC)工艺是以石蜡基减压蜡油、或掺炼少量渣油、或加氢处理油为原料，采用MMC等专用催化剂，多生产液化气、丙烯等气体产品的技术。该工艺的主要特征是：较高的反应温度、较低的压力、较多的注入蒸汽量、较低的床层空速、大剂油比，丙烯产率为15%~20%，汽油研究法辛烷值可达94~97以上，加入助剂可延长诱导期。

DCC 裂解气中的干气及液化气的收率分别为7.48%、34.64%，与催化裂化轻烃的干气、液化气收率(一般为2.5%~4%、12%~22%)相比，气体收率明显增加。其干气、液化气组成具体见表2-1-9、表2-1-10。由于DCC反应温度高，在反应器稀相反应(停留)时间长，DCC反应存在一定程度的热裂化，所以DCC干气收率高，其中 CH_4 浓度较高。DCC催化剂具有Y型分子筛(孔道大，重油转化成汽油分子)和择形分子筛(促进汽油馏分的二次裂化生成丙烯)两种活性组分，剂油比增加，有利于Y型分子筛；空速降低，有利于择形分子筛的化学反应，以实现多产丙烯的目的。

(二) CPP 裂解气中的轻烃

催化热裂解工艺(Catalytic Pyrolytic Process，简称CPP)是由中国石化石油化工科学研究院与中国石化工程建设有限公司合作开发的以重油为原料，采用专门研制的具有正碳离子反应与自由基热反应双功能的酸性分子筛催化剂，应用流化催化裂化技术，在反应系统中通过催化裂化、高温热裂解、择形催化、烯烃共聚、歧化与芳构化的综合反应，产品中以最大量生产乙烯和丙烯为目的的新工艺。CPP与蒸汽裂解(SC)制乙烯相比，SC以热反应为主，而CPP兼有催

化反应和热反应的特点，同时由于催化剂的使用，降低了裂解反应的活化能，使得 CPP 的反应温度明显低于 SC。CPP 与蒸汽裂解压缩机入口裂解气组成对比如表 2-1-13 所示。

表 2-1-13　CPP 裂解气与 SC 裂解气(压缩机入口)组成对比　　%(v)

组成	CPP①	SC	组成	CPP①	SC
H_2	9.92	14.13	C_3H_4	0.01	0.46
N_2	1.58	0	n-C_4H_{10}	0.65	0.09
O_2	1.58	0	i-C_4H_{10}	1.17	0
CO	0.15	0.18	n-C_4H_8	2.10	1.20
CO_2	2.01	0.05	i-C_4H_8	4.77	1.03
H_2S	—	0.03	c-C_4H_8	1.87	0.5
CH_4	22.63	23.68	t-C_4H_8	2.37	0.5
C_2H_6	6.19	6.41	1,3-C_4H_6	0.69	1.65
C_2H_4	18.16	31.69	i-C_5H_{12}	0.57	
C_2H_2	0.15	0.45	n-C_5H_{12}	0.19	
C_3H_8	1.72	0.23	其他	9.76	8.28
C_3H_6	15.18	9.44			

①包括 CPP 装置生成的乙烷、丙烷回蒸汽裂解炉回炼的气体。

从表 2-1-13 可以看出：

(1) CPP 裂解气中乙烯浓度比蒸汽裂解低，丙烯浓度比蒸汽裂解高。

(2) 乙炔、二烯烃(丙二烯，1,3-丁二烯)明显低于蒸汽裂解。

(3) 氢气与乙烷组成基本相当。

(4) 由于 CPP 再生催化剂需携带一定量的烟气进入反应器，故裂解气含有一定量的 N_2、O_2、CO_2等非烃杂质；CPP 原料为重油，其含有硫、氮和重金属，所以，裂解气中还含有 COS、RSH、RSR′、NO_x、H_2S、H_3As、Hg 等微量杂质，在深冷之前，需要预精制脱除。

CPP 裂解气的分离与蒸汽裂解的裂解气一样，全组分气体需要进行深冷的综合分离，一般采用“前脱丙烷前加氢法”。[4]

第三节　延迟焦化过程中的轻烃

一、延迟焦化轻烃资源

(一) 延迟焦化工艺加工能力及现状

延迟焦化装置是炼油厂重质油，尤其是劣质重油的重要加工装置，用以加工减压渣油、减黏渣油、催化裂化油浆及脱油沥青等高密度、高黏度、高残炭、高沥青质、高重金属含量的重油，使之在热作用下转化生成气体、石脑油、柴油、蜡油和石油焦。

近年来，我国炼油行业快速发展，到 2016 年我国原油加工能力达到 794Mt/a，占世界原油加工能力的 16.3%，全国炼厂年平均开工率 76.7%。加工原油最重质桶底油的延迟焦化装置，至 2016 年国内已投产超过 115 套，总加工能力达 140Mt/a，其中中国石化拥有延迟焦化加工能力约 51.75Mt/a，中国石油约 16.50Mt/a，中国海油 8.80Mt/a，其余包括地方炼厂在内约 63.00Mt/a。2017 年中国石化延迟焦化装置总加工量 43.31Mt/a，占原油加工量的 18.77%。

国内延迟焦化装置单套加工能力大多在1.00~1.60Mt/a之间，最高达到2.10Mt/a，最大的装置规模达到4.20Mt/a。延迟焦化装置在20世纪末21世纪初经历了高速发展时期，之后，随着原油价格的逐步高企，轻质产品与固体焦炭产品价格差加大，延迟焦化装置的经济性变差，同时，由于国家和地方对炼油项目的环保要求提高，使得延迟焦化装置的开工率有所降低。但是随着近年来原油价格回落，同时延迟焦化装置的安全、环保手段在不断改进，而且石油焦作为冶金行业的必备生产资料供给，投运延迟焦化装置依然是炼油厂低生产成本、低能耗、宽原料适应性并具有经济吸引力的重质油加工手段。

在能源价格低廉的20世纪80年代以前，国内炼厂的延迟焦化装置对焦化气体配置轻烃回收单元少，焦化气体主要作为燃料气并入炼厂气管网，作为工艺装置炉用燃料气使用。随着石油资源的日益珍贵，对延迟焦化轻烃进行回收，已经由单纯从回收液化石油气作为民用燃料或以焦化干气作为制氢原料的阶段，发展为从焦化气体中回收C_2~C_4烷烃等饱和组分作为乙烯裂解原料、回收丙烯作为高附加值小品种产品，从传统炼油向分子炼油过程的转变，以满足提高炼化一体化经济效益的需求。

（二）焦化轻烃资源

延迟焦化过程产生的焦化气中主要含有氢气、甲烷、C_2~C_4烷烃和烯烃等烃类组分，其收率一般占焦化原料的7%~10%(m)。按照目前国内延迟焦化装置开工负荷计算，中国石化脱硫后的焦化气体资源约为3.25~3.70Mt/a，全国的延迟焦化气体资源预计可以达到8.0Mt/a。

延迟焦化装置产生的焦化气体，通常是采用吸收稳定工艺流程对焦化富气中的C_3及C_4液化烃组分进行回收，液化烃的烃收率一般为3%~4%(m)；C_2及更轻的组分留在气体中，焦化干气的烃收率一般为4%~6%(m)。

焦化液化烃中的饱和烃丙烷、丁烷组分含量一般在70%(m)以上。回收这部分饱和烃组分，可以作为非常好的乙烯裂解原料，“三烯”收率要比石脑油原料高出15%(m)以上。焦化液化气中含有约10%~15%(m)的丙烯，可提取高附加值丙烯产品。

典型的焦化轻烃回收组分及用途见表2-1-14。

表2-1-14　典型的焦化轻烃回收组分及用途

物料名称	组分收率/%	去向
燃料气	37	燃料气管网
C_2产品	31	至乙烯装置原料
丙烯产品	5	聚合级丙烯产品至下游化工装置
丙烷馏分	13	作乙烯裂解料或至液化气储罐
碳四馏分	14	作乙烯裂解料

二、延迟焦化气体的生成及性质特点

（一）焦化气体生成的主要反应机理

延迟焦化气体的产生是由于大分子重质油品在无催化剂的高温热转化过程中，经过复杂的裂化和缩合反应，化学键断裂生成小分子气体。焦化原料的主要性质参数有密度、黏度、残炭值、氢/碳原子比、四组分组成、硫含量、氮含量以及重金属Ni及V的含量等，对焦化气体的生成产生影响。

1. 四组分的热裂化反应机理

四组分即重质油按照分子结构及极性的不同分为饱和烃、芳烃、胶质和沥青质。从渣油中四组分的热裂化反应分析主要的生成小分子气体的热转化反应，包括：

（1）饱和烃

饱和烃主要包括烷烃和环烷烃。烷烃的断链和脱氢均为强吸热反应，主要为 C—C 键断裂生成较小分子的烷烃和烯烃，以及 C—H 键断裂生成碳原子数保持不变的烯烃及氢气等反应。环烷烃的热反应主要发生侧链断裂反应、环烷环的断裂反应以及脱氢反应。在 600℃以上时，单环环烷烃可以发生脱氢反应；500℃左右时双环环烷烃就能进行脱氢反应。

（2）芳烃

芳烃的热转化反应主要为烷基芳香烃的断侧链及脱烷基反应、在更高的温度（650～700℃）时发生侧链脱氢反应，以及芳烃在高温下发生脱氢缩合反应。

（3）胶质

在受热过程中，可以发生断侧链、断链桥等裂解反应生成气体。随着温度的升高，胶质的侧链断裂反应、C—S 键断裂反应逐渐加剧。

（4）沥青质

沥青质的分解温度较低，分子通常带有的烷基链少且短，因此，发生断侧链、断链桥等反应生成的烃气体分子较小且量少。

2. 重金属影响

重油中的总金属含量尤其是镍、钒含量也会影响焦化气体的产生[5]。随着镍+钒含量的增加，生焦率增加，气体收率增加，而且气体中氢气含量也明显增加，这与重油催化裂化装置催化剂因镍+钒中毒出现的情况类似，即在焦化反应过程中，镍、钒也具有催化脱氢作用，从而影响产品分布。有报道表明，当添加抑焦剂后气体产率有所降低，焦化反应的生焦率降低，气体收率降低 0.55～0.81 个百分点，焦化气体中氢气摩尔分数下降。

3. 硫的分布

重质油热转化产物中硫的分布与其组成、结构有着内在的联系。一般来说，烷基硫醚和环硫醚由于其中的 C—S 键不稳定，很容易裂解析出 H_2S；芳基硫醚中与芳香环相连的 C—S 键比较稳定。焦化原料中的大约 30%的硫分布到焦化气体中。

（二）焦化原料对焦化气体的影响

1. 原料来源影响焦化轻烃收率

影响焦化气体产品收率的主要因素是延迟焦化装置加工的原料品种及性质。不同品种的渣油经过延迟焦化工艺过程，所产生的 C_4 及更轻组分的轻烃收率及组成不同。

（1）几种减压渣油焦化气体收率参考数据见表 2-1-15。

表 2-1-15　几种减压渣油的焦化气体收率[6]

项　　目	大庆减渣	胜利减渣	新疆减渣	辽河减渣	沙特混合减渣
密度（20℃）/（g/cm^3）	0.9158	0.9740	0.9437	0.9950	1.0344
康氏残炭/%	7.27	15.14	10.76	20.32	24.3
硫含量/%		1.48	0.1255	0.14	5.5
氮含量/%	0.19	0.64	0.42	0.70	0.34
镍/（μg/g）	6.67	50.31	14.6	111.0	54.2
钒/（μg/g）	0.09	3.2	4.0	2.0	157
主要工艺条件（R①）		0.45	0.25	0.43	0.4
焦化气体收率/%	8.3	6.8	8.58	9.9	9.22（H_2S：12.17%）

①R 为焦化循环比，即 R=（进入焦化加热炉的联合焦化油流量-焦化原料流量）/焦化原料流量-1。

(2) 几种减压渣油的焦化气体组成见表2-1-16。

表2-1-16 几种减压渣油的焦化气体组成[6] %(m)

组 分	大庆减渣	胜利减渣	辽河减渣	新疆塔里木混合减渣	中东混合减渣	沙轻减渣
H_2	0.66	0.74	0.4	0.73	0.44	0.51
CH_4	26.61	30.39	27.80	26.27	25.98	20.08
C_2H_6	21.23	19.00	19.70	24.51	19.57	19.12
C_2H_4	3.97	3.31	3.30	3.31	2.21	2.79
C_3H_8	18.09	15.12	17.90	18.41	15.32	16.37
C_3H_6	10.55	8.21	6.10	7.63	7.31	6.74
n-C_4H_{10}	10.78	1.6	10.00	9.61	10.68	2.41
i-C_4H_{10}		7.25				8.38
C_4H_8	7.53	7.72	6.80	8.41	7.62	7.36
H_2S	0.58	6.66	8.0	1.12	10.87	16.24

2. 焦化气体产率估测

焦化气体产率和组成可以通过焦化专用数据库支持的模拟软件进行模拟预测。

(1) 焦化原料残炭值估算焦化气体产率

影响焦化气体产率的因素主要为焦化原料的残炭，残炭值是焦化原料中的沥青质、芳烃、极性组分含量决定的，通过原料的残炭值可以估算焦化气体产品的产率。

估测焦化气体产率所用的关联资料都为开发关联技术的公司所专有，Baid推荐适用于直馏减压渣油焦化过程的估测焦化气体产品的收率关联式[7]为：

① 硫化氢收率=0.25×S_f；

② 干气收率=3.5+0.1×CCR；

③ 液化烃收率=4.3+0.044×CCR。

注：CCR为渣油的康氏残炭，%(m)；S_f为渣油中的硫含量，%(m)。

适用的延迟焦化操作条件范围为：

① 焦炭塔顶操作压力：0.24~0.31MPa(表压)；

② 焦化温度：430~440℃；

③ 循环比：0.1。

(2) 焦化原料比重指数(API度)估测焦化气体产率

渣油的API度也可用于估测焦化气体产品收率。比重指数(API度)是美国石油学会制定的一种石油及石油产品的比重单位，API度=141.5/$d_{15.6}^{15.6}$-131.5。

J. G. Speight在1981年对两类不同的原油的渣油用°API建模型来预测延迟焦化产品产率，所建模型对气体的产率如下式[6]。

(a) Wilmigtong渣油公式：气体收率(<C_4,%)=11.27-0.14×API度

(Wilmigtong重质原油，API度为18.6，$d_{15.6}^{15.6}$约为0.9465)；

(b) 东 Texasy 渣油公式：气体收率($<C_4$,%)= 11.92-0.16×API 度

(东 Texasy 轻质原油，API 度为 37.0，$d_{15.6}^{15.6}$为 0.8398)。

J. F. Scharbon 和 Speight (Nelson W L. Petroleum Refining Engineering. 4th ed. New York：MwGraw-Hill，1958) 比较了六种具有不同特点的渣油，在实验中发现沥青质含量和渣油的 CCR(康氏残炭值)有一个大致的关联，可以得到关联因子，即沥青质在渣油中的质量分数乘以在甲苯中的物质的相对分子质量再乘以沥青质中碳、氢之外的杂原子含量，即关联因子=VPO MW×(沥青质量/渣油质量)×[1-(m_H+m_C)]。六种渣油实验得到的关联因子见表 2-1-17[6]。

表 2-1-17 六种实验渣油的关联因子

渣油	$d_{15.6}^{15.6}$	CCR	关联因子
A	1.034	25.6	108
B	1.050	29.2	105
C	0.977	7.5	2.78
D	1.011	15.9	50.3
E	0.972	9.7	5.28
F	1.025	16.7	36.4

注：VPO MW 为溶于甲苯中的物质的相对分子质量。

从渣油所得的关联因子，预测渣油在延迟焦化过程中的气体产率的关联式：

(a) 公式 1(Gary 和 Handwerk，1984)：气体收率($<C_4$,%)= 7.8+0.144×CCR；

(b) 公式 2(Schabron 和 Speight，1997)：气体收率($<C_4$,%)= 0.0259×关联因子+8.98。

CCR=0.18×关联因子+8.19，如果分析得到 CCR，由此得到关联因子，可计算得到气体产品收率。

对指定的焦化原料，用于工程设计的焦化气体产率和组成等基础数据，可以由实验室在要求的加热炉出口温度、焦化压力和循环比条件下由中试实验测得，或源于焦化原料性质特点相似且操作条件相当的工业生产运行装置的标定数据。

(三) 焦化反应条件对焦化轻烃的影响

主要工艺操作参数，包括焦化反应温度、焦炭塔内焦化反应压力及闪蒸冷凝进入焦化油的循环比等，也可以比较明显地影响焦化气体产品的收率，该收率的变化一般在 20%范围以内。

焦化反应产生的气体收率及组成与反应条件相关。焦化反应温度提高，轻烃收率会提高。轻烃收率随焦化反应压力的提高略有提高，因为气体产物在焦炭塔内的停留时间延长，二次裂化机会增加。对已有装置，焦化压力由固有系统决定。温度相同的加热炉出口温度，在相同的焦化压力下，不同的循环比 R 对焦化气体的收率影响相对较大，在操作中是可以实现的。循环比的变化，对焦化 C_4 及更轻组分的收率(相对于焦化原料)及对组成的影响参见表 2-1-18。

表 2-1-18　某油品实验条件下循环比对焦化气体的收率及组成的影响

项　　目	R=0.2	R=0.35	R=0.5
≤C_4轻烃(含H_2)收率/%(m)	9.22	9.76	10.06
组成/%(m)			
氢气	0.69	0.75	0.78
甲烷	24.38	24.5	24.58
乙烷	15.9	15.39	15.25
乙烯	1.05	1.43	1.56
丙烷	18.64	17.89	17.56
丙烯	6.49	6.99	7.05
丁烷	12.64	11.63	11.36
丁烯	7.16	7.43	7.55
1,3-丁二烯	0.12	0.18	0.21
硫化氢	12.93	13.76	14.09
总计	100	100	100
平均相对分子质量	25.67	25.29	25.13

(四) 焦化气体的性质及特点

1. 焦化气体的特点

与炼油厂其他炼厂气相比，延迟焦化反应产生的气体中，甲烷含量高、C_2含量高、氢/碳比高，烷烃含量比相同碳数的烯烃高。焦化富气体积组成中H_2为6%~14%，甲烷含量约为40%~50%，总烷烃为70%~80%，烯烃为6%~15%，此外含H_2S、少量CO_2、N_2以及焦粉等杂质。液化气中烷烃含量比烯烃高，正构烷烃含量比异构烷烃高。经过脱硫及去除焦粉处理，焦化干气是较好的制氢原料。

2. 焦化气体的性质

典型的延迟焦化气体组成见表 2-1-19。

表 2-1-19　典型的延迟焦化气体组成(基准：不含硫)[8]

组　分	含　量		组　分	含　量	
	体积分数/%	质量分数/%		体积分数/%	质量分数/%
H_2	13.7	1.3	C_3H_8	8.2	17.4
CH_4	51.4	39.7	C_4H_8	2.4	6.5
C_2H_4	1.5	2.0	i-C_4H1_0	1.0	2.8
C_2H_6	15.9	23.0	n-C_4H_{10}	2.6	0.6
C_3H_6	3.1	6.3	CO_2	0.2	0.4

某加工高硫油减压渣油延迟焦化装置的焦化气体，经过C_3、C_4气体回收处理后的焦化干气及焦化液化烃的组成见表 2-1-20。

表 2-1-20 某延迟焦化装置焦化干气及焦化液化烃组成

焦化干气(酸性)		焦化液化气(酸性)	
组分	体积分数/%	组分	体积分数/%
H_2O	0.70	H_2S	24.7
H_2	13.8	C_2H_6	0.2
H_2S	10.2	C_3H_8	33.4
CH_4	54.0	C_3H_6	11.1
C_2H_6	16.4	$n\text{-}C_4H_{10}$	13.2
C_2H_4	1.9	$i\text{-}C_4H_{10}$	4.0
$\geqslant C_3$	3.0	$n\text{-}C_4H_8$	5.5
		$i\text{-}C_4H_8$	3.9
		$t\text{-}C_4H_8$	2.0
		$c\text{-}C_4H_8$	1.3
		$\geqslant C_5$	0.7

3. 净化焦化干气和液化烃的指标

焦化干气经过脱硫作为炉用燃料气或作为制氢原料。焦化气体用作燃料气时，视环保或加热炉热效率需要，H_2S 含量可以降为 10mg/Nm^3 甚至更低。回收 C_3、C_4后的净化焦化干气相对分子质量一般为 20 左右，热值约 46000kJ/kg。焦化气体用作制氢原料，经过气体回收单元吸收稳定处理后，丙烯、丁烯被分出，烯烃含量降低，乙烯体积含量可降到<2%。焦化气体含有较多的硫化物杂质，其用作制氢原料，预处理工序相对复杂。

焦化液化烃脱硫后 H_2S 含量<5mg/kg，但总硫量可能达到 4000～8000mg/kg，主要为硫醇性硫。经过脱硫及脱硫醇处理后的精制液化烃中 H_2S 含量<1mg/kg，硫醇性硫含量<10mg/kg，总硫含量<50mg/kg，Na^+含量<1mg/kg。

第四节 催化重整轻烃

一、催化重整轻烃的产生

目前，常见的催化重整工艺有半再生(固定床)和连续再生(移动床)两种类型，是按其催化剂再生方式不同区分的。无论是半再生重整工艺还是连续重整工艺，它们的重整反应原理是一样的。

催化重整反应过程分为理想反应和非理想反应。理想反应有利于提高重整生成油的辛烷值、增加纯氢产率；而非理想反应会降低重整生成油的液体收率、纯氢产率，增加 C_1～C_6 轻烃和催化剂上焦炭的产生，这类反应应尽量避免或减少。

(一) 产氢的理想反应

1. 六元环烷烃脱氢反应

重整原料中的环烷烃通常包括环己烷、甲基环己烷、乙基和二甲基环己烷以及 C_9 以上的六元环烷烃等，经过脱氢反应可以生成苯、甲苯、二甲苯、C_9芳烃、C_{10}芳烃等。这类反应为强吸热反应，高温低压有利于反应的进行。

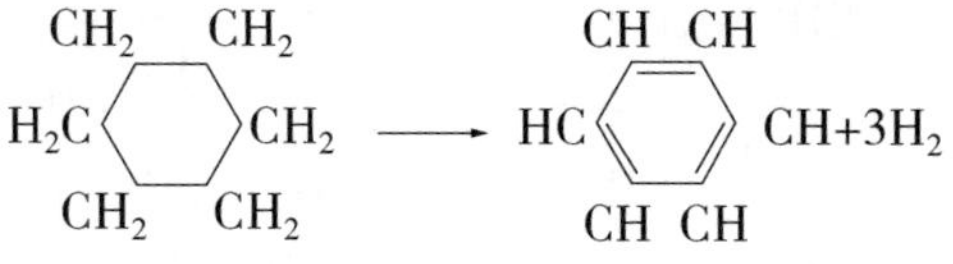

环己烷　　苯

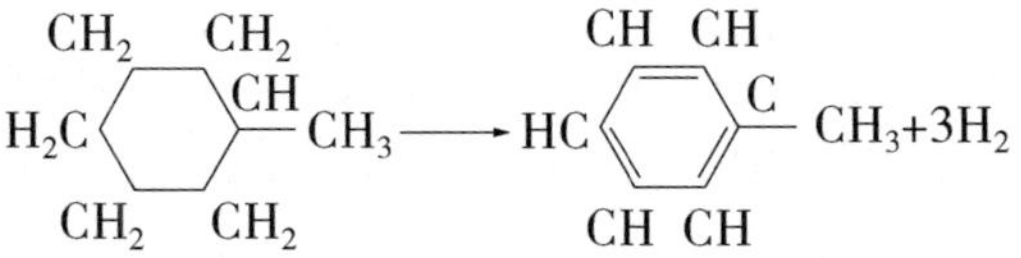

甲基环己烷　　甲苯

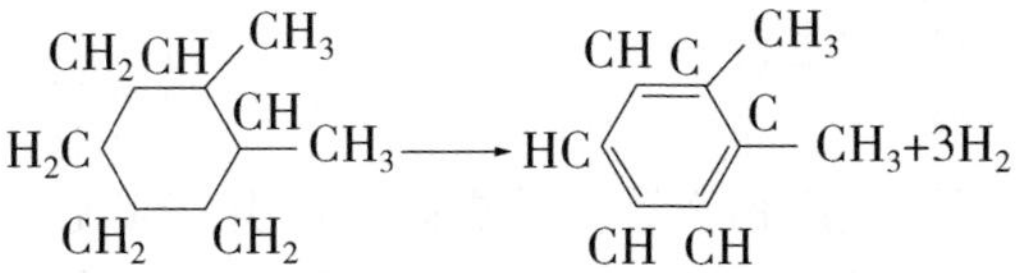

二甲基环己烷　　二甲苯

2. 五元环烷烃脱氢异构化反应

以乙基环戊烷异构化反应生成甲基环己烷再脱氢生成甲苯为例。由于甲基环己烷可以发生脱氢反应生成甲苯，因此，这类反应是催化重整的理想反应；但该反应涉及分子重排过程，因此存在环烷烃开环裂化的可能。

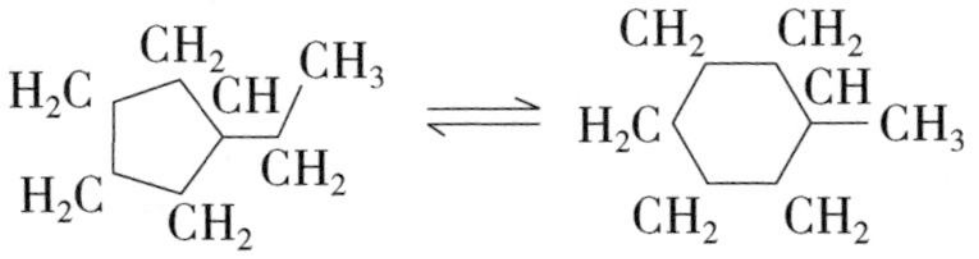

乙基环戊烷　　甲基环己烷

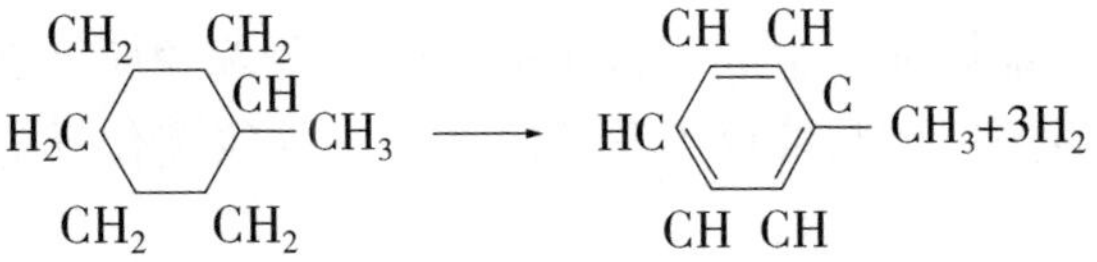

甲基环己烷　　甲苯

3. 烷烃脱氢环化反应

这类反应是分几个步骤进行的：正构或异构烷烃首先脱氢转化成烯烃，然后进一步转化成环烷烃，再脱氢转化成芳烃。产生环烷烃的分子重排过程是最难进行的反应，但也是烷烃转化成芳烃的关键反应。

例如：C_7烷烃脱氢环化生成芳烃的反应如下：

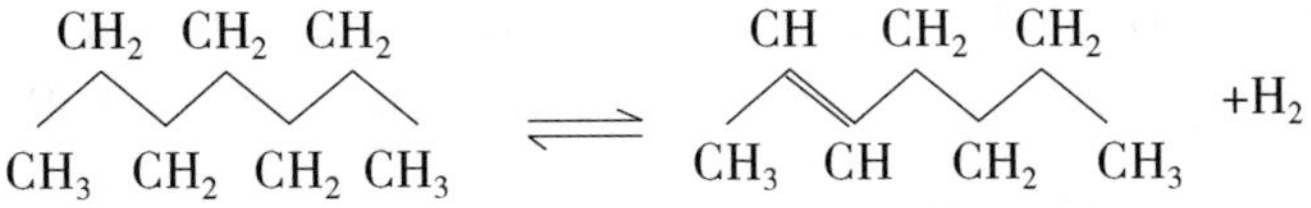

C_7H_{16}　　C_7H_{14}

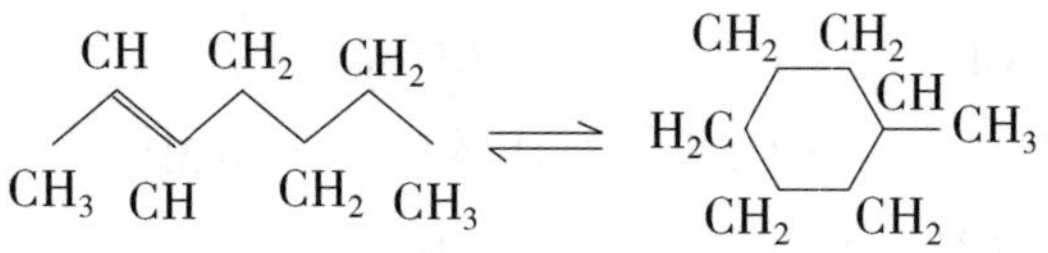

C_7H_{14}　　　　甲基环己烷

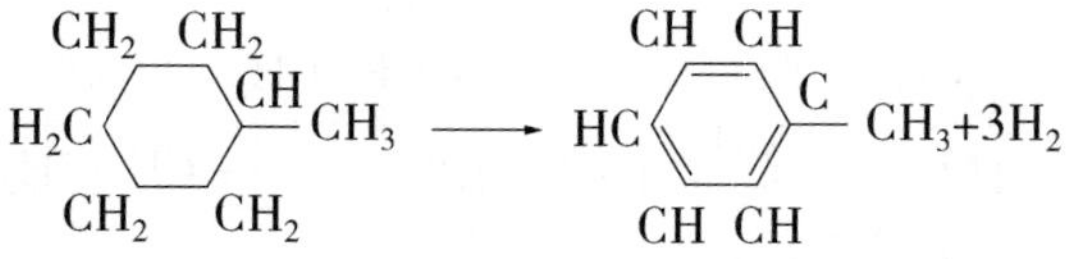

甲基环己烷　　　　甲苯

通常，相对分子质量越大的烷烃脱氢环化反应越容易进行，但是烷烃裂化的可能性也随之增加。高温低压有利于反应的进行。

（二）不产氢的理想反应

烷烃异构化反应有利于重整产物辛烷值的提高，这类反应比较容易进行，为轻度的放热反应。正构与异构烷烃的热力学平衡浓度主要取决于温度，压力没有影响。

例如，C_7烷烃异构化反应如下：

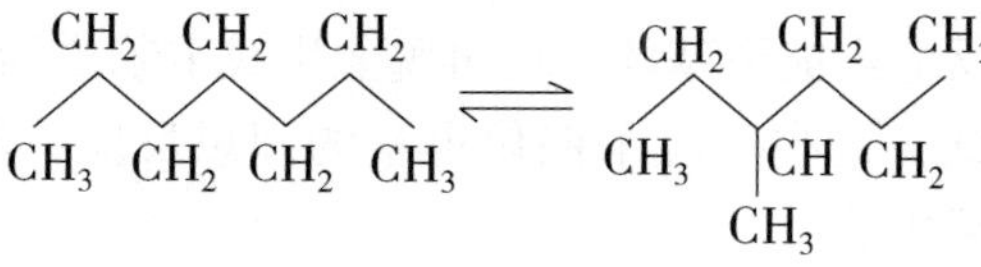

C_7H_{16}　　　　C_7H_{16}

（三）非理想反应

1. 加氢裂化反应

在重整反应中，烷烃和环烷烃都会发生加氢裂化反应，它在某种程度上可以看成是烷烃脱氢环化反应的平行反应。烷烃加氢裂化反应的第一步是先生成烯烃，然后再裂化生成小分子的烯烃，最后小分子的烯烃加氢生成小分子的烷烃。环烷烃加氢裂化反应的第一步是先开环、脱氢生成烯烃，随后的反应与烷烃裂化反应相似。加氢裂化反应是放热反应，高温高压有利于反应的进行。

（1）烷烃加氢裂化反应

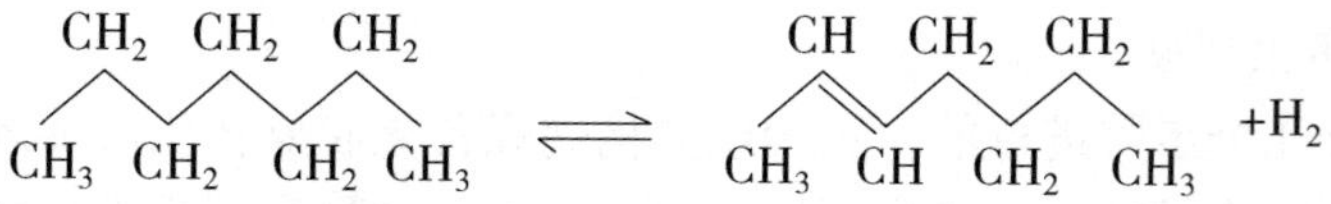

C_7H_{16}　　　　C_7H_{14}

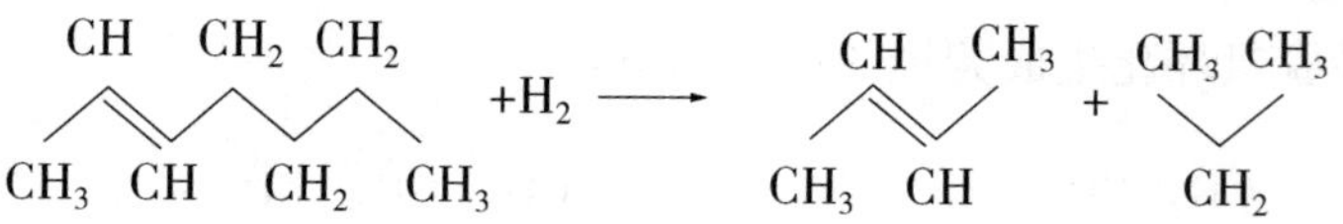

C_7H_{14}　　　　C_4H_8　　　　C_3H_8

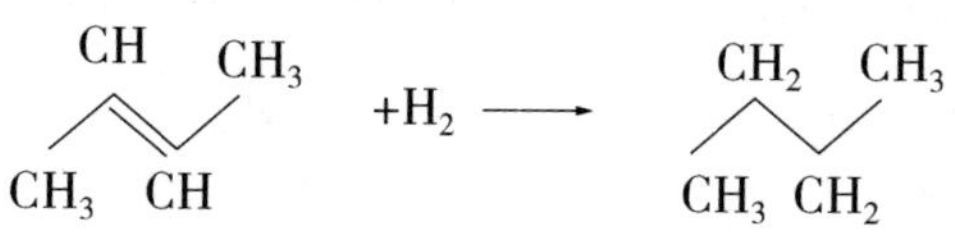

C_4H_8　　　　C_4H_{10}

（2）环烷烃加氢裂化反应

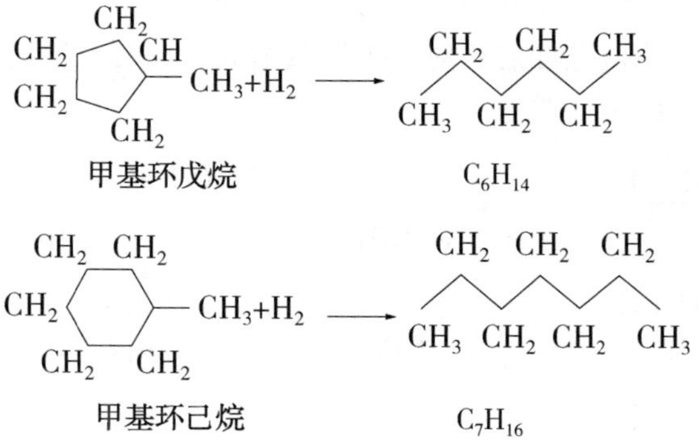

加氢裂化反应的主要影响是减少了重整生成油中大分子烷烃所占的比例，芳烃比例相应增加，液体收率减少，氢气产率下降，$C_1\sim C_6$轻烃的产量增加。

2. 氢解反应

这类反应是由金属中心催化的反应。与加氢裂化反应相似，也涉及化学耗氢和分子键断裂，但断裂主要发生在分子的末端。该反应是放热反应，高温高压有利于反应的进行。该反应的主要影响也是减少了重整生成油中大分子烷烃所占的比例，芳烃比例相应增加，液体收率减少，氢气产率下降，$C_1\sim C_6$轻烃的产量增加。

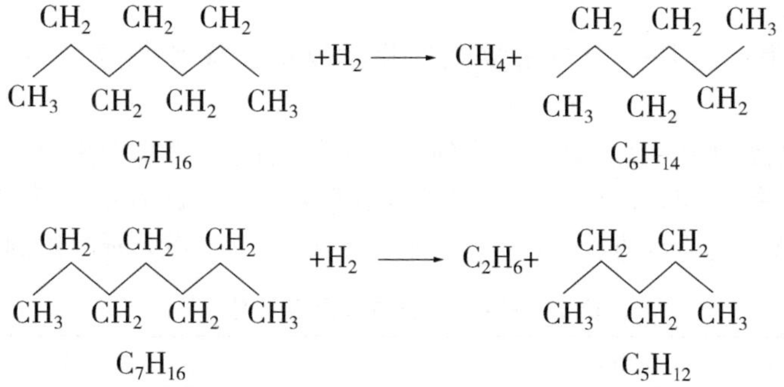

3. 加氢脱烷基反应

重整反应中的加氢脱烷基反应主要是指芳烃苯环上的烷烃从苯环上脱落的反应。例如：二甲苯经加氢脱烷基反应后生成甲苯，然后进一步反应生成苯。该反应消耗氢气，生成甲烷（CH_4）；高温高压有利于反应的进行。

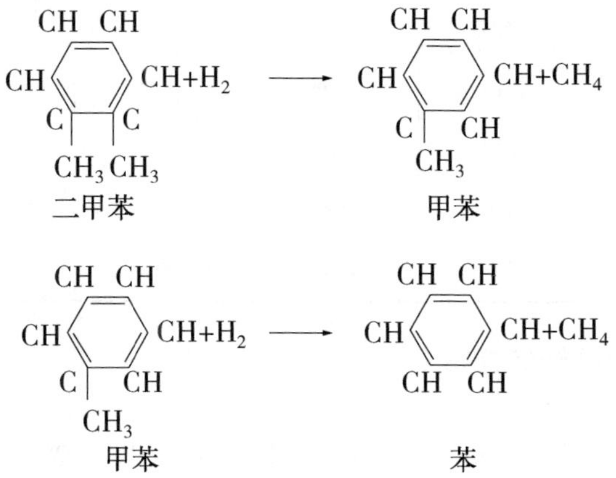

4. 烷基化反应

重整反应中的烷基化反应主要是指烯烃与芳烃之间的反应。例如：苯与丙烯经过烷基化反应生成异丙苯。该反应使得芳烃的相对分子质量增大，同时产物的终馏点升高，潜在的结焦可能性增大。这类反应该尽量避免。

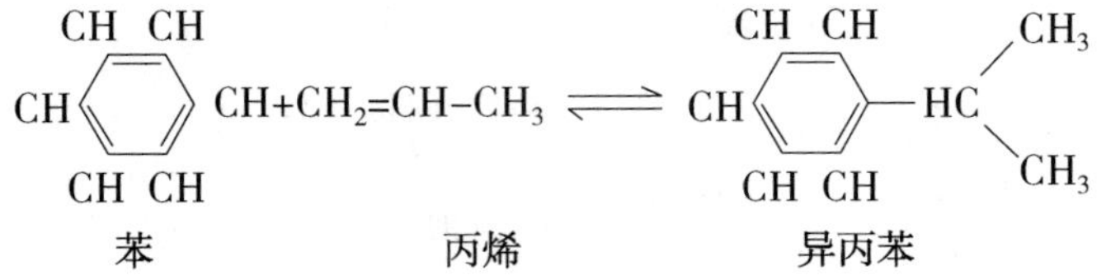

5. 歧化及烷基转移反应

重整反应中的歧化及烷基转移反应如：两个甲苯发生反应生成苯和二甲苯，这类反应仅发生在重整反应条件较为苛刻的情况下。

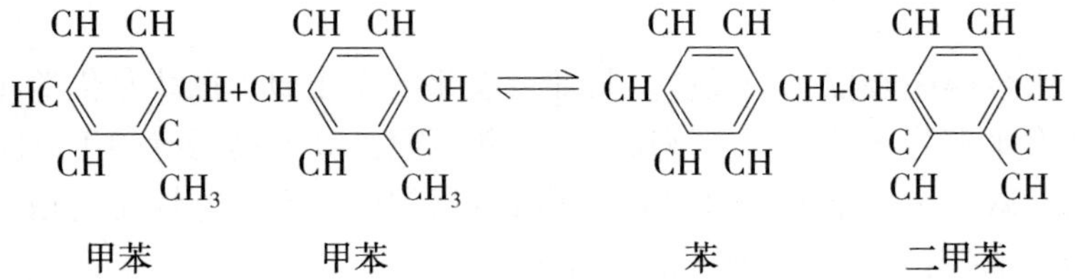

6. 结焦

催化剂上的结焦反应是一个非常复杂的化学反应，详细的反应机理还有待于进一步研究。

催化反应汇总见表 2-1-21。综合上述分析，重整反应中的非理想反应如：加氢裂化、加氢裂解、加氢脱烷基等反应是产生 $C_1 \sim C_6$轻组分的重要原因。随着重整反应苛刻度的提高，反应温度升高有利于这些反应的进行，$C_1 \sim C_6$的轻组分在反应产物中所占比例将随之增加。

表 2-1-21　各类重整反应汇总[10]

反　　应	反应速度	热效应	氢气	$C_1 \sim C_5$轻烃	C_5^+液体收率
六元环烷烃脱氢反应	很快	强吸热	产氢	—	—
五元环烷烃脱氢异构反应	快	强吸热	产氢		
烷烃脱氢环化反应	慢	强吸热	产氢	—	—
烷烃异构化反应	快	轻度放热	不产氢	—	—
加氢裂化反应	很慢	放热	耗氢	增加	减少
氢解反应	很慢	放热	耗氢	增加	减少
加氢脱烷基反应	很慢	放热	耗氢	增加	减少
烷基化反应	很慢	放热	不耗氢	减少	减少
歧化及烷基转移反应	很慢	放热	不耗氢	—	—

二、催化重整产物中的轻烃分布

(一) 重整装置的反应产物

典型的半再生重整和连续重整装置的反应产物详见表 2-1-22。

表 2-1-22　典型重整反应产物组成分布

项　　目	半再生重整装置	连续重整装置
原料 PNA	53.23/34.81/11.96	48.06/47.45/4.49
原料 N+2A	58.73	56.43
反应苛刻度(RON)	95	102
反应温度/℃	~495	~525
反应产物(计算)/%		
H_2	2.66	3.92
烷烃	36.23	25.56
C_1	0.89	0.68
C_2	1.72	1.33
C_3	2.58	1.83
C_4	3.60	2.23
C_5	3.89	3.12
C_6	8.38	9.09
C_7^+	15.17	7.28
环烷烃	2.96	2.01
C_6	0.34	0.86
C_7^+	2.62	1.15
芳烃	58.15	68.51
C_6	5.92	6.73
C_7^+	52.22	61.78
C_5^+液体收率	88.55	90.01

从表 2-1-22 中可以看出，连续重整装置的反应苛刻度较高，其产物中的芳烃含量较高，氢产率较高，C_5^+液体收率较高，轻烃产率相对较少。

(二) 重整装置产物中的轻烃分布

重整装置的主要产品有含氢气体、燃料气、液化气、戊烷及 C_6^+重整生成油等。表 2-1-23 列出了某典型的连续重整装置氢气及 C_1~C_6轻烃在各产品中的分布情况。

表 2-1-23　连续重整装置的轻烃在各产物中的分布情况　%(m)

轻烃	含氢气体	燃料气	液化气	戊烷	C_6^+	合计
H_2	~99.5	~0.5	微量	—	—	100
C_1	~94	~5	~1	—	—	100
C_2	~69	~17	~14	—	—	100
C_3	~35	~18	~47	—	—	100
C_4	~14	~11	~74	~1	—	100
C_5	~4	~3	~1	~65	~27	100
C_6	~1	微量	微量	微量	99	100

注：表中的结果是基于重整含氢气体经过低温、加压再接触流程后得出的。

从表 2-1-23 中可以看出：对于重整反应产物来说，约 99%以上的 H_2分布在含氢气体中，少量分布在燃料气中；约 94%的 CH_4分布在含氢气体中，其他的分布在燃料气和液化气中；约 69%的 C_2烃类分布在含氢气体中，约 17%的 C_2烃类分布在燃料气中，约 14%的 C_2烃类分布在液化气中；约 35%的 C_3烃类分布在含氢气体中，约 18%的 C_3烃类分布在燃料气中，约 47%的 C_3烃类分布在液化气中；约 14%的 C_4烃类分布在含氢气体中，约 11%的 C_4烃类分布在燃料气中，约 74%的 C_4烃类分布在液化气中，其他的分布在戊烷中；约 4%的 C_5烃类分布在含氢气体中，约 3%的 C_5烃类分布在燃料气中，约 1%的 C_5烃类分布在液化气中，65%的 C_5烃类分布在戊烷中，27%的 C_5烃类分布在 C_6^+ 的重整生成油中；C_6烃类主要分布在 C_6^+ 重整生成油中。

三、催化重整装置产物中的轻烃组成

对于催化重整装置来讲，采用不同的原料、确定不同的产品方案、选择不同的工艺流程，对含氢气体、燃料气、液化气、戊烷等产品中的轻烃分布都有较大影响。

表 2-1-24 至表 2-1-27 分别列出了典型的连续重整装置的含氢气体和燃料气、液化气、戊烷等产品中的轻烃组成。

表 2-1-24　重整氢气组成

组分	H_2	C_1	C_2	C_3	C_4	C_5	C_6^+	$CO+CO_2$	合计
组成/%(mol)	92.03	3.53	2.55	1.18	0.43	0.06	0.22	≤25μL/L	100.00

注：表中列出的是经过低温、加压再接触后的含氢气体组成。

表 2-1-25　重整燃料气组成

组分	H_2	C_1	C_2	C_3	C_4	C_5	C_6^+	合计
组成/%(mol)	1.7	3.6	23.9	35.0	25.6	9.4	0.8	100.0

注：表中列出的是脱戊烷塔顶燃料气与 C_4/C_5分离塔顶燃料气混合后的组成。

表 2-1-26　液化气组成　　%(m)

组分	P(烷烃)	O(烯烃)	合计
C_1	0.18		0.18
C_2	6.92		6.92
C_3	31.43		31.43
C_4	60.27		60.27
C_5	1.00	0.20	1.20
合计	99.80	0.20	100.00

表 2-1-27　戊烷油组成　　%(m)

组分	*n*-P(烷烃)	*i*-P(烷烃)	O(烯烃)	A(芳烃)	合计
C_4	0.96	0.04			1.00
C_5	28.16	62.49	5.96		96.61
C_6	0.07	2.19	0.06	0.07	2.39
合计	29.19	64.72	6.02	0.07	100.00

第五节　加氢裂化等各类加氢过程轻烃

加氢工艺自 20 世纪 50 年代在炼油工业开始应用，发展到今天已经成为炼厂的重要组成部分。目前新建的全氢型炼厂，加氢能力占一次加工能力的比例可达 120%以上。炼厂中不

但二次加工装置的原料需要加氢（如渣油加氢装置给催化裂化装置提供原料），更多的产品（如汽油、喷气燃料、柴油、润滑油等）也需要加氢后出厂。炼油企业采用加氢技术不仅是用清洁的工艺生产清洁的产品，还可以扩大原料来源，增加产品种类，调整产品结构，提高轻质油收率，改善产品质量，延长生产周期，是炼油中最灵活和绿色的加工技术[11]。

一、加氢装置的品种划分和特点

加氢装置的种类繁多，按照加工原料分，有汽油加氢、柴油加氢、蜡油加氢、渣油加氢等；按照转化率的不同分，可以概括分为加氢精制、加氢处理和加氢裂化三大类，因而这也是目前国际上通用的分类方法。

本节出于讨论方便，按照所加工原料的轻重和处理深度的不同，将各种加氢装置分为加氢裂化、加氢处理和加氢精制三大类，各类装置的主要特点如下：

1. 加氢裂化装置特点

加氢裂化是以重油轻质化为目的，通常以重质馏分油如直馏蜡油、焦化蜡油等为原料，在高压、高温及氢气、催化剂存在等条件下，原料中的大分子烃类转化为小分子烃类，并使油品轻质化的加氢工艺。加氢裂化工艺的主要特点：一是液体产品收率高，C_5以上液体收率可达90%以上；二是与催化、焦化等脱碳工艺相比，C_1～C_4气体收率较低，通常仅4%～6%，且干气收率更低，仅1%～2%；三是产品的饱和度很高，几乎不含烯烃；四是产品中的异构烃含量较高，如碳四中异构烃与正构烃比值可达2～3。

2. 加氢处理装置特点

加氢处理按其目的可分为两大类：一是催化裂化原料的加氢处理，为下游催化装置提供优质原料，通常以直馏蜡油、焦化蜡油、常压/减压渣油等为原料进行加氢处理，对其进行脱硫脱氮、脱残炭及脱金属，提高催化裂化原料的可裂化性能和汽油的收率；二是润滑油的加氢处理，满足润滑油基础油的质量要求。由于润滑油产率仅占原油加工量的2%左右，润滑油加氢处理工艺应用远不如催化原料加氢处理普遍。

3. 加氢精制装置特点

加氢精制通常对轻质馏分如汽油、喷气燃料及柴油等进行加氢，脱除其中的S、N等杂质，以满足相关产品的质量要求。通常，加氢精制装置以脱除杂质为主，几乎没有裂化，氢气耗量低，液体产品收率大于99%，C_1至C_4轻烃收率很低。

二、加氢装置的轻烃产生机理

1. 加氢裂化装置的轻烃产生

由于加氢裂化工艺的操作压力较高，且为双功能催化剂（裂化和加氢功能），原料竞相发生裂化和加氢反应。

加氢裂化工艺过程中的反应有两大类：一是杂原子加氢精制，如加氢脱硫、脱氮、脱氧及脱金属等，相应脱除原料中的杂原子；二是烃类的加氢反应，主要包括原料中不饱和烃如烯烃、芳烃的加氢饱和反应和烃类的加氢裂化反应。

由于加氢裂化工艺是加氢和裂化反应的结合，因此，加氢裂化的催化剂为双功能催化剂，其加氢活性由负载在催化剂载体上的金属组分提供，裂化活性则通过调节载体的酸性来实现。

加氢裂化轻烃的来源主要有：一是原料中较重的烃分子裂解生成低分子轻烃，这是轻烃的主要来源。由于加氢裂化反应主要在催化剂的酸性中心上进行，碳链的断裂遵照正碳离子反应机理，生成的低分子烃类以C_3H_8和C_4H_{10}为主，而CH_4和C_2H_6的量很少。二是原料中的杂原子等非烃化合物通过加氢断裂转化为轻烃，这主要是因为在加氢裂化的反应条件下，原料中的硫氮氧等杂原子几乎全部转化为相应的 H_2S、NH_3 和 H_2O，同时生成少量的轻烃。三是随氢气带入的轻烃，与前两项相比，其量最小。

加氢裂化工艺生成轻烃的主要反应如下：

（1）加氢脱硫、脱氮等反应：

$$\underset{\text{(硫醇)}}{RSH} + H_2 \longrightarrow \underset{\text{(烷烃)}}{RH} + \underset{\text{(硫化氢)}}{H_2S}$$

$$\underset{\text{(硫醚)}}{R—S—R} + 2H_2 \longrightarrow \underset{\text{(烷烃)}}{RH} + \underset{\text{(烷烃)}}{RH} + \underset{\text{(硫化氢)}}{H_2S}$$

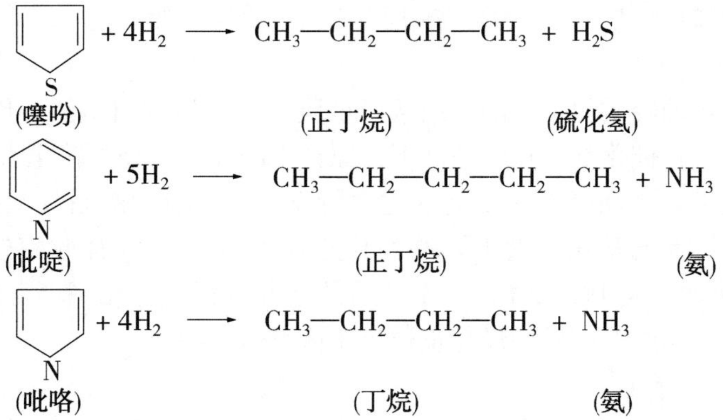

（2）加氢裂化反应：

$$\underset{\text{(烷烃)}}{R—CH_2—CH_2—R'} + H_2 \longrightarrow \underset{\text{(烷烃)}}{R—CH_3} + \underset{\text{(烷烃)}}{R'CH_3}$$

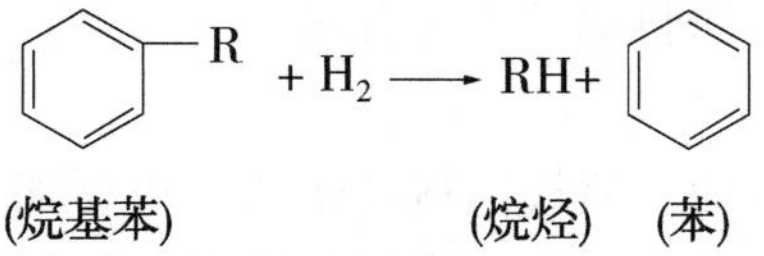

表 2-1-28 为中国石化某加氢裂化装置轻烃的收率和组成。

表 2-1-28　中国石化某加氢裂化装置轻烃的收率和组成

项　目	运转阶段	
	SOR	EOR
产品收率(与进料比)/%		
H_2S	0. 21	0. 21
NH_3	0. 14	0. 14
C_1	0. 25	0. 3
C_2	0. 88	1. 01
C_3	3. 24	3. 42
C_4	4. 39	4. 72

2. 加氢处理和加氢精制装置的轻烃产生

加氢处理及加氢精制工艺的目的有：一是脱除油品中的硫、氮、氧等杂质，如喷气燃料加氢、柴油加氢等；二是满足后续加工工艺的要求，如重整石脑油预加氢、催化原料加氢处理等。其催化剂主要以加氢功能为主，通常不含酸性中心，原料分子中参与裂化的很少，轻烃主要由原料中的杂质原子加氢转化断裂后产生，轻烃的收率也较低。由于原料中硫、氮等含量较低，汽油、喷气燃料及柴油等加氢精制生成的轻烃很低，而蜡油及渣油加氢处理的轻烃收率略高。表2-1-29为中国石化某加氢处理装置的轻烃收率和组成。

表2-1-29　中国石化某加氢处理装置的轻烃收率和组成

项　目	运转阶段	
	SOR	EOR
产品收率(与进料比)/%		
H_2S	1.91	1.90
NH_3	0.13	0.13
C_1	0.06	0.11
C_2	0.09	0.13
C_3	0.11	0.18
C_4	0.12	0.17

三、加氢装置的轻烃分布

加氢工艺通常以原料或产品的精制或裂化等为目的，需要消耗氢气，轻烃是加氢装置的副产品，且轻烃中的氢含量都较高，从氢平衡的角度来看，轻烃收率增大会使装置的氢气耗量和操作费用增加，所以在满足工艺要求的前提下需降低轻烃收率。工艺上主要措施有：一是选择适宜的催化剂，根据工艺要求控制适当的催化剂酸性，防止烃类的过度裂化；二是选择合适的操作参数，控制反应温升，减少装置操作中尤其是操作末期的热裂化等反应。根据加氢装置工艺流程的特点，反应过程中生成的轻烃主要去向有：

1. 冷低压分离器顶

加氢装置反应系统常采用冷高分和热高分两种流程，两种流程各有其特点。冷高分投资和氢气耗量均较低，但能耗较高；热高分投资和氢气耗量均较高，但能耗较低。由于能耗较低，目前热高分流程在新建装置中普遍采用。除反应压力较低的汽油加氢和喷气燃料加氢外，加氢装置在反应和分馏系统之间设有冷低压分离器，其主要目的有：一是使高压下溶解于油相中的部分氢气和轻烃在压力降低时泄放出来，以降低下游分馏系统的负荷，放出的气体即为低分气；二是便于回收低分气中氢气；三是可以作为缓冲区防止反应系统直接串压分馏系统，保证操作安全。表2-1-30为某加氢装置的脱硫低分气组成。

表2-1-30　某加氢装置的脱硫低分气组成　%(mol)

项　目	指　标	项　目	指　标
H_2	76.62	H_2O	0.73
C_1	8.98	H_2S	最大值500μL/L
C_2	5.66	NH_3	最大值200μL/L
C_3	4.37	平均相对分子质量	9.14
C_4	2.45	标准态密度/(kg/m^3)	0.258
C_5	1.19	温度/℃	50
C_6^+	0	压力/MPa(表压)	2.1

从表 2-1-30 可以看出，低分气有以下特点：

（1）氢气含量高，达70%(v)以上，其次是甲烷，同时含有一定的 H_2S。低分气中氢气的量约占新氢消耗比例的10%~20%，随着炼厂加氢装置品种逐渐增多、规模不断增大，氢气资源需求较大，对低分气中氢气的回收也非常重视。

（2）冷高分和热高分流程对低分气的组成及氢气量有较大影响。目前，新建装置多热高分流程，与冷高分流程相比，低分气中氢气含量更高，需注重氢气的回收利用。

2. 循环氢系统排废氢

加氢反应是一个耗氢过程，需要不断补充新氢，新氢纯度受其生产工艺的影响较大，甲烷等轻烃可能随新氢带入反应系统，同时，反应系统又不断产生甲烷等轻烃。通常，新氢中烃类组分甲烷最多，但在油相中的溶解度最低，通过油相带出甲烷量小于带入量和产生量之和，未能带出的甲烷在反应系统逐渐累积，使循环氢纯度和氢分压降低。为了维持氢分压，需要不定期排放少量废氢将反应系统累积的甲烷等轻烃组分排出。排出的废氢以氢气为主，可送至变压吸附系统回收氢气，尾气可作为燃料气。由于氢气在油相中的溶解度随温度的升高而升高，甲烷等烃类在油相中的溶解度随温度的升高而降低。与冷低分流程相比，热高分流程在热高压分离器中油相量较大，通过热高分油带出的氢气量较大且甲烷量较少；而冷高压分离器中油相量较少，通过冷低分油带出的甲烷量亦较少，导致反应系统累积的甲烷量较多、循环氢纯度降低，需增大废氢排量以维持循环氢纯度，增加了氢气消耗，氢耗较高，需注重废氢及低分气中氢气的回收。表 2-1-31 为某加氢装置排放废氢的组成。

表 2-1-31 某加氢装置排放废氢的组成(体积分数)

组　成	反应初期	反应末期	组　成	反应初期	反应末期
H_2	0.9131	0.8532	i-C_4	0.0028	0.0063
C_1	0.0631	0.0967	n-C_4	0.0006	0.0017
C_2	0.0112	0.0236	C_5^+	0.0024	0.0026
C_3	0.0059	0.015			

3. 分馏系统

加氢装置分馏系统的主要目的：一是将加氢反应生成油中的 H_2S、NH_3 和 H_2O 等脱除，保证产品中杂质含量合格；二是根据物料的沸点不同和产品的质量要求，将反应部分来的生成油分离，以得到相应的目标产品。加氢工艺的类型不同，其目标产品不同，分馏系统流程设置的差别也较大。如柴油加氢精制装置，反应以加氢脱硫脱氮为主，原料中裂化的分子数很少，主要产品为精制柴油，副产少量轻烃及石脑油等，分馏系统将轻烃和石脑油分出即可，其流程设置比较简单。而加氢裂化装置由于原料的裂化度较大，主要产品有轻重石脑油、煤油、柴油、尾油及轻烃等，分馏塔设置相应的侧线馏出各产品，另需设置轻烃回收系统来回收液化气，同时需考虑分馏系统与轻烃回收系统的热联合以降低装置能耗。

反应系统低压分离器中大部分未闪蒸出的轻烃随油相进入分馏系统。通常，分馏系统有双塔(硫化氢汽提塔+分馏塔)和单塔(分馏塔)流程两种，两种流程轻烃都从第一个塔塔顶馏出，下面对两种流程进行简单比较说明：

（1）单塔流程：只设置分馏塔，可采用蒸汽汽提或重沸炉两种流程，反应生成的轻烃、H_2S 和产品都送至分馏塔处理，轻烃和 H_2S 直接从分馏塔顶馏出，流程简单，投资和操作费用较低。为降低能耗，分馏塔压力通常较低，塔顶馏出的轻烃需要增压后送至轻烃回收单元回收液化气，当轻烃收率较低或装置规模较小时可采用单塔流程。由于能耗较低，以往设计中单塔流程采用蒸汽汽提较多，其主要缺点一是塔底油相可能带水，后续需设置脱水设施；二是 H_2S 可能被带至塔底，可能使产品银片腐蚀试验不合格，采用重沸炉汽提可以较好地解决以上问题。

（2）双塔流程：设置硫化氢汽提塔和分馏塔，硫化氢汽提塔采用蒸汽汽提，反应生成的轻烃和 H_2S 等从硫化氢汽提塔顶馏出，反应生成油在分馏塔中进一步处理。双塔流程相对灵活，硫化氢汽提塔可在较高压力下操作，轻烃从塔顶馏出直接至下游的轻烃回收单元回收液化气，不需再次升压。分馏塔可在低压下操作，以降低能耗。与单塔流程相比，由于 H_2S 在汽提塔中已经被汽提出来，可很好解决产品带水及 H_2S 而导致质量不合格等问题，也可降低分馏塔系的材质。双塔流程较单塔流程复杂，投资和操作费用稍高，对于轻烃收率较高的装置如加氢裂化或规模较大的加氢处理装置等多采用双塔流程。表 2-1-32 为某加氢装置分馏塔顶气及轻烃的组成。

表 2-1-32　某加氢装置分馏塔顶气及轻烃的组成(质量分数)

项　目	塔顶气	塔顶轻烃	项　目	塔顶气	塔顶轻烃
H_2	0.0130	0.0001	i-C_4	0.4083	0.5355
C_1	0.0131	0.0006	H_2O	0.0036	0.0003
C_2	0.0461	0.0098	C_5^+	0.0456	0.1267
C_3	0.3719	0.2265	温度/℃	40	40
C_4	0.0493	0.0858	压力/MPa(表压)	1.1	1.5
H_2S	0.0488	0.0146	气相分率	1	0
NH_3	0.0002	0.0001	平均相对分子质量	36.5	54.2

参　考　文　献

[1] 黄鉴．进口原油评价数据[M]．北京：中国石化出版社，2001.
[2] 赖光愚．炼厂气体加工[M]．北京：中国石化出版社，2006.
[3] 黄孟旗，余龙红，李出和．一种组合吸收法回收炼厂干气中碳二的系统及方法：中国，201210290804[P]．2012-08-15.
[4] 余龙红．重油催化裂解制乙烯(CPP)工业应用[C]//2011 年中国石油炼制技术大会论文集．北京：中国石化出版社，2011：336.
[5] 梁朝林，沈本贤，刘纪昌，等．重金属与抑焦剂对焦化反应产物分布影响研究[J]．石油炼制与化工，2008，39(10)：6-9.
[6] 瞿国华．延迟焦化工艺与工程[M]．北京：中国石化出版社，2008.
[7] 史由．炼油工艺过程关联(六)：延迟焦化[J]．炼油设计，1987，17(5)：50-52.
[8] 孙丽丽．石油炼制技术与经济[J]．北京：中国石化出版社，2013.
[9] 侯芙生．中国炼油技术[M]．3 版．北京：中国石化出版社，2011.
[10] 徐承恩．催化重整工艺与工程[M]．北京：中国石化出版社，2006.
[11] 李大东．加氢处理工艺与工程[M]．2 版．北京：中国石化出版社．2016：1.

第二章　炉用气体燃料与轻烃资源

第一节　炉用气体燃料与轻烃资源

一、炼厂炉用燃料的状况和变化

（一）炼厂炉用燃料状况

1. 炼厂加热炉

炼油厂的各种加工过程大多需要使用加热炉来预热原料或中间产品，有些加热炉还是工艺过程的核心设备，如水蒸气转化制氢装置的转化炉。加热炉主要为加工过程提供热量，将原料加热到过程所需要的温度。炼厂加工过程的加热炉按用途可分成进料加热炉、重沸炉、反应炉几类。

原油蒸馏装置的常压炉和减压炉，以及延迟焦化装置的加热炉是最具代表性的原料加热炉。原油蒸馏装置设计了合适的换热网络，最大限度回收产品的热量，需要分离的原油被换热到较高的温度。但最终加热到蒸馏塔所需的进料温度，是通过加热炉实现的。加热炉提供整个换热网络中最高温位的热量，是换热网络中“热阱”的提供者。

重沸炉广泛用于加氢精制和加氢裂化装置产品分离部分，提供蒸馏塔塔底产生提馏蒸汽所需的热量。由于这些装置内没有合适温位的热物流作为蒸馏塔重沸器的热源，工厂蒸汽的压力等级又不足以满足重沸器的温位，需要设置重沸炉提供塔底所需热量。

水蒸气转化制氢装置的转化炉是最为典型的反应炉。炉管内装填催化剂，原料天然气或轻烃与水蒸气在转化炉炉管内的催化剂床层上通过吸收管外燃料气燃烧放出的热量发生水蒸气转化反应和部分变换反应，生成富含氢气和一氧化碳的合成气。

炼厂还有一类加热炉是用来发生蒸汽的，因此被称作锅炉，用来提供炼厂工艺过程所需的工艺蒸汽、加热蒸汽以及驱动转动设备的动力蒸汽。

上述炼厂加热炉，都是利用燃料燃烧所放出的热量加热过程中的物流或提供反应过程的热量，因此都需要炼厂提供燃料。

2. 炼厂加热炉燃料的来源和特点

燃料气和燃料油都可以作为加热炉的燃料。炼厂或生产运输用燃料，如汽油、煤油和柴油，或生产化工原料，如乙烯、芳烃原料，或同时生产运输用燃料和化工原料。不论炼厂的生产目的如何，炼厂的燃料首先考虑来自原油，但都不希望将炼厂潜在产品用作加热炉燃料而降低炼厂的产品收率和经济效益。因此，炼厂加热炉的燃料主要是不易转化的重质油品和回收有价值组分后的可燃烧的气体。

（1）炼厂的燃料油

在20世纪末原油价格相对较低、社会环保意识不是很高的年代，炼厂可用作燃料油的物料相对较多，如减压渣油、催化油浆、加氢尾油。这些物料的一个特点是不易进一步轻质化加工，而且减压渣油和催化油浆还含有一定数量的硫。

随着炼厂对商品率的追求，加工深度不断提高，用作加热炉燃料的燃料油来源越来越少，只有难以轻质化的重质油才被用作燃料油，催化外甩油浆成了许多炼厂燃料油的唯一来源。

相对于气体燃料而言，燃料油的组成复杂，所含杂质多，还会含有较为复杂形态的硫，黏度大、流动性差。使用燃料油的燃烧器或多或少还需要一定数量的雾化蒸汽，加热炉的燃料流程还要在设计中避免燃料油的凝固。这些特点决定了加热炉使用燃料油不如使用燃料气那样能准确、方便地控制炉管的管壁温度。由于燃料油硫含量高，加热炉的排烟温度也不能像使用燃料气那样控制得很低，有时还不得不设置尾气脱硫设施以实现严格的排放标准。

在炼厂燃料不足的情况下，有时也不得不使用重柴油作为炼厂的补充燃料油使用。

(2) 炼厂的燃料气

与燃料油相比，可作为炼厂燃料气的物流来源较多，特别是原油加工深度提高，在二次加工装置中，伴随原料的轻质化，不可避免地产生裂解气体，有时数量还较大，如催化裂化装置的干气。

一般来说，炼厂各装置所产生的气体都可用作加热炉的燃料气。与燃料油相比，使用燃料气的加热炉可以很好地控制炉管的壁温，也可以通过使用脱硫后的燃料气，进一步降低排烟温度。使用燃料气的燃烧器不需要雾化蒸汽，燃料气流程简单，但需要在燃料气管线上的适当位置设置阻火器，避免回火。

同样，20 世纪末原油价格相对较低，炼厂运营商对炼厂气体的关注程度不是很高，炼厂气体广泛用作燃料，有的炼厂甚至用燃料气作为动力站锅炉燃料。原油价格的攀升迫使炼厂重视炼厂气体的综合利用，进一步提升工厂的经济效益。最初是回收气体中的液化气进行销售，如催化裂化装置回收液化气的吸收稳定工艺逐步应用在延迟焦化、加氢裂化和原油蒸馏装置中。此外，炼厂干气用作制氢原料和回收其中的氢气也越来越受到炼厂的重视。

一方面，炼厂气中有效组分的回收，增加了炼厂的经济效益，但同时减少了燃料气的数量。另一方面，炼厂原油加工深度的提高，对燃料的需求越来越大，其结果发展成炼厂的自产气体燃料已经不能满足炼厂对燃料的需求了。在这种情况下，炼厂不得不将一部分液化气作为燃料气，或是引入天然气作为燃料气的补充。

(二) 炼厂加热炉用燃料的变化

炼厂炉用燃料的变化源于原油价格的攀升和日益严格的环境法规，显现气体化和清洁化两个趋势。

1. 加热炉用燃料的气体化

(1) 原油加工深度的提高，减少了燃料油的供应量。

为最大限度地利用原油资源，一次加工装置的重油已尽可能在二次加工装置中轻质化。因此，先前可以部分作为燃料油使用的重油成为二次加工装置的原料，如减压渣油在新建炼厂中基本上全部作为渣油加氢-重油催化或/和延迟焦化的原料，不再分出一部分作为加热炉燃料油。这样，加热炉的燃料油来源越来越少，目前尚未被加工利用的催化裂化外甩油浆在一定条件下，还可以作为炉用燃料油的一个来源。

(2) 加热炉操作苛刻度的提高，使得一些装置的加热炉不得不选择气体燃料。

原油价格的上涨迫使炼厂不断提高工厂的商品率和高附加值轻油的收率。为此，炼厂选择更为苛刻的操作条件，提高原油的加工深度。如原油蒸馏装置采用深拔技术，追求更高的切割温度，获取更多轻油。这样，减压塔的切割温度从 535~540℃ 提高到 565℃，有的工厂提高到更高的 580℃[1]。减压深拔的关键技术之一就是提高减压炉的出口温度。这大大增加了炉管结焦的风险，需要严格控制炉管内物流的流型、油膜温度和停留时间[2]。显然，使用燃料油或油气混合燃烧的加热炉不易很好地控制炉膛温度分布的均匀程度和随着进炉原料条件波动而变化的稳定性。使用气体燃料的加热炉可以较方便地控制炉膛温度分布，也可以比较方便地随着被加热原料条件的波动，控制燃料所提供的热量。因此，采用深拔技术后的减压炉，越来越多地选择气体燃料。

再如延迟焦化装置，以原油蒸馏装置的减压渣油为主要原料，其加热炉炉管内的物料具有很强的结焦倾向，是影响装置长周期稳定运行的因素之一。在原油蒸馏装置采用深拔技术后，延迟焦化装置的原料更加劣质，非烃化合物含量增多，在高温下容易裂解、缩合，生成焦炭，导致加热炉管的结焦[3]。避免焦化加热炉炉管结焦的措施包括控制合适的炉管管壁温度和保证燃烧器的正常燃烧[4]。这样，焦化装置的加热炉也开始选择燃料气作为燃料。

(3) 选择气体燃料，易于降低加热炉的能耗。

加热炉的能量损失主要来自烟气带出的热量和炉体本身的散热，其中烟气带出的热量占加热炉热量损失的绝大部分。提高加热炉的热效率必须减少烟气带出的热量，其方法是降低加热炉的排烟温度和空气过剩系数。以燃料气为原料，可以选择较低的空气过剩系数，如1.10~1.15，而燃烧燃料油的加热炉，为保证燃料油的完全燃烧，需要控制较高的空气过剩系数。另外，通常排烟温度受燃料中的硫含量限制，一般燃料油的硫含量会高于燃料气的硫含量，因此使用燃料油的加热炉的排烟温度会高些。两者决定了使用燃料油的加热炉的热效率会低于使用燃料气的加热炉。

2. 加热炉用燃料的清洁化

许多炼油厂的环评报告表明，除催化裂化装置的再生烟气外，炼油厂主要的硫化物、氮氧化合物和含粉尘的废气排放来自加热炉的烟气。在全社会环境意识不断提高的当下，加热炉必须控制污染物的排放。

加热炉烟气排放中的污染物主要是硫化物、氮氧化合物和粉尘。硫化物来自燃料，氮氧化合物来自燃烧过程，粉尘来自燃料和燃烧过程。

为控制加热炉烟气中的硫含量，炼厂加热炉用燃料气全部经过了脱硫处理，甚至数量不多的减压塔顶不凝气在用作加热炉燃料前也经过了脱硫[5,6]。由于液体燃料脱硫较为困难，特别是重油的脱硫，这进一步限制了燃料油在炼厂加热炉中的使用。

控制燃烧过程火焰峰值温度和控制燃烧的完全程度，可以降低烟气中的氮氧化合物数量和粉尘数量。燃料燃烧的完全程度要求较高的空气过剩系数，这与减少空气过剩系数以降低加热炉能耗是矛盾的。使用气体燃料的加热炉可以较好地找到两者之间的平衡。

总之，环境要求炼厂限制加热炉燃料的硫含量，气体燃料较易实现，燃料油实现起来较为困难，如降低催化外甩油浆中的硫含量，解决方法之一是增设加热炉烟气的脱硫脱硝设施。随着环保要求的不断提高，有可能在不远的未来，即便是采用脱硫后的净化燃料气和低 NO_x 燃烧器的加热炉，也不得不设置烟气的脱硫、脱硝设施。

二、炼油厂燃料气的来源及其特点

(一) 炼厂燃料气体的来源

炼厂的燃料气来自加工过程产生的气体，主要来自催化裂化装置的干气和延迟焦化装置的干气。加氢裂化、重整和原油蒸馏装置也有一部分气体燃料产生，但是都被用作装置自身加热炉的燃料，没有净输出。通常炼厂各工艺装置所产生的气体是指碳四和小于碳四的含烃组分，还包括氢气、一氧化碳和少量的二氧化碳和氮气。这些组分在常温和常压下都是以气态存在的，因此常被统称为炼厂气体。

气体中的碳三碳四组分，加压到1.6MPa左右，在常温下凝结为液体，运输起来较为方便，被称作液化气(LPG)。随着石油化工工业的发展，液化气经过分离，气中的大部分组分成为很好的石油化工原料，如丙烯、1-丁烯，异丁烯，其中的丙烷也可经过丙烷脱氢，转化为丙烯，用于生产聚丙烯。由于液化气具有的使用价值，在炼厂气中，液化气组分首先被分离出来，作为进一步加工的原料或作为产品销售，只有在没有燃料气来源或/和制氢装置原料来源时，才不得不作为炼厂燃料的补充和制氢装置的原料使用。分离出液化气组分的炼厂气被称作炼厂干气，目前炼厂使用的燃料气都是炼厂干气。

某燃料型炼厂，以渣油为原料的延迟焦化是其核心装置，该厂的燃料平衡见表2-2-1。

表2-2-1　以延迟焦化为核心的炼厂燃料平衡

序号	装　置	燃料气/(kt/a)		
		消耗	产出	外供
1	常减压蒸馏	77.8	—	
2	催化原料预处理	27.1	41.6	—
3	催化裂化(双脱)		260.8	
4	重整	116.1	4.1	
5	焦化	68.3		
6	柴油加氢	32.3	—	—
7	喷气燃料加氢	2.1	—	—
8	硫黄回收	11.6	—	—
9	制氢	5.3	—	—
10	补充天然气			34.1
11	合计	340.6	306.5	34.1

表2-2-1中炼厂的燃料气主要来自催化裂化和延迟焦化装置(送到双脱装置脱除硫化物后用作燃料气)。表中制氢装置消耗的燃料气是指转化炉用燃料，制氢装置以液化气为原料，因此在表中表示用作制氢原料的燃料气消耗。即便如此，该炼厂的燃料气无法自身平衡，需要外购少量的天然气作为补充燃料。

表2-2-2是某全加氢型炼厂的燃料平衡。炼厂只有催化裂化装置外供燃料气(经过干气脱硫装置脱除硫化物后)和燃料油，其余装置所产干气不足以提供本装置所需加热炉燃料，还需外界补充。

表2-2-2　某全加氢型炼厂的燃料平衡　t/h

序号	装　置	燃料气消耗	燃料供应
1	常减压蒸馏	6.027	
2	催化原料预处理	3.697	
3	重油催化裂化		油浆16.536t/h外卖
4	催化重整	10.748	
5	异构化	0.206	
6	柴油加氢	1.853	
7	喷气燃料加氢		

续表

序号	装　置	燃料气消耗	燃料供应
8	硫黄回收	0.561	
9	锅炉	13.0	
10	制氢	2.0	
11	干气脱硫		24.522
12	加氢裂化	4.656	
13	外购天然气		18.227
	合计	42.749	42.749

同样，表2-2-2中的制氢装置只列出了用做转化炉燃料的燃料气消耗，计入制氢装置原料后，工厂外购天然气的数量增加到33.12t/h。可见，全加氢型炼厂考虑到制氢装置的原料，工厂的燃料气供应严重不足，需要找到合理的外供燃料来源。表中催化裂化装置的外甩油浆可以作为燃料油使用，但由于环境排放的要求限制，在该炼厂只得外卖。

(二) 主要工艺装置所产燃料气的特点

如前所述，炼厂燃料气来自加工过程产生的炼厂气经分离液化气后的干气。不同加工装置产生的炼厂气的组成不同，各具特点。

1. 催化裂化干气

催化裂化装置是炼厂燃料气的主要来源。催化裂化是在高温和催化剂的作用下使重质油发生裂化反应获得轻质油品的过程，属于一种脱碳过程。

催化裂化装置在获得轻质油品的同时，也裂解产生大量的气体，以液化气和催化干气的形式送出装置。据统计，催化裂化装置干气和液化气的产率在新鲜原料的占比中占有相当数量的比重。同时，催化裂化反应过程的特点，决定了催化裂化气体中，不论是碳二、碳三还是碳四的族组成中，烯烃含量高，而且碳四烷烃中的异丁烷含量高于正丁烷，因此，催化裂化装置也是炼厂提供石油化工原料的重要装置[7]。

催化干气除含乙烷、乙烯、甲烷及氢气外，还有在生产过程中带入的二氧化碳和氮气。由于回收液化气的吸收稳定设置的回收率限制，催化干气中还含有少量的丙烷、丙烯和较重的轻烃。

催化干气或多或少都含有氢气。以馏分油为原料的催化裂化装置的干气中氢气的含量一般小于0.1%(相对原料质量)；以渣油作原料时，氢含量较高，但不超过0.5%(相对原料质量)。催化干气中的甲烷含量一般少于碳二组分，乙烷含量一般少于乙烯。

根据原油性质的不同和目标产品的差异，不同炼厂的催化裂化装置采用的工艺不同，主要有馏分油催化裂化(FCC)、渣油催化裂化(RFCC)和以常压渣油为原料的ARGG工艺。不同催化裂化工艺的干气中的组分相同，但组成数据有较大差异。

由于催化干气富含乙烯，还含有一些乙烷，为充分利用这些资源，相继开发出稀乙烯制乙苯工艺[8]和催化干气回收乙烯技术[9]。前者，利用催化干气中的稀乙烯直接与苯发生烷基化反应获得乙苯。后者采用一系列分离步序，获得乙烯和乙烷，送到乙烯裂解装置用于生产乙烯，该技术也被称为碳二回收工艺。这些技术的应用，在提升炼厂经济效益的同时，燃料气的数量进一步减少。

2. 延迟焦化装置干气

延迟焦化是重质油热转化过程之一，以贫氢重质油为原料，在高温和长反应时间下，进行深度热裂化和缩合反应，将重质油转化为气体、石脑油、柴油馏分、重质馏分油和石油焦。

延迟焦化气体产率在原料的10%左右(含液化气成分)，焦化富气具有如下特点[10]：

(1) 焦化富气中甲烷含量较高。

(2) 富气的C_2、C_3、C_4烷烃含量比相同碳数的烯烃高。

(3) C_4烷烃中的正构C_4烷烃含量高于异构C_4烷烃。

(4) 富气中含有硫化氢、有机硫和二氧化碳及氢气。

直到20世纪90年代，延迟焦化富气都是直接作为燃料气使用。由于富气中含有较多的液化气组分，为充分利用资源，延迟焦化装置陆续建设吸收稳定设施，回收其中的液化气组分，回收液化气后的焦化富气被称作焦化干气。

与催化干气相比，焦化干气中的烯烃和氢气含量要少得多，回收或利用其中烯烃生产石油化工原料的价值不大，因此，主要用作炼厂的燃料气。由于焦化干气中的烯烃含量低，基本不含氧气，用作水蒸气转化制氢装置原料时的净化流程比使用催化干气简单得多，自20世纪90年代开发成功焦化干气制氢技术后，焦化干气广泛用作水蒸气转化制氢装置的原料。

3. 加氢裂化装置的气体

加氢裂化过程是通过加氢反应使原料油中大分子组分的分子变小的加氢过程。加氢裂化过程可将不饱和烃加氢饱和，除去非烃化合物，将原料烃裂解成较小的分子并发生异构化反应，可直接将质量较差的重质原料转化成优质产品。加氢裂化装置的气体产物包含三部分，一是原料中烃类裂解所产生的低分子烃类，如甲烷、乙烷、丙烷和丁烷等；另一部分是原料中非烃化合物，如含硫、氮、氧等原子的非烃类在加氢裂化时形成的硫化氢、氨、和水蒸气等；再有就是原料氢中带入的其他组分如甲烷、一氧化碳、二氧化碳和氮气等，一氧化碳和二氧化碳在加氢过程中转化为甲烷和水蒸气，如直接使用重整氢气作为加氢裂化的新氢，还会带入少量的乙烷、丙烷和丁烷。

加氢裂化产生低分子烃的碳链断裂过程基于正碳离子反应机理进行，所生成的低分子气体烃具有下列特点：

(1) 生成的气体烃类皆为饱和烃类。

(2) 碳三、碳四烃含量远高于碳一、碳二烃。

(3) 异构烷烃较相同碳原子数的正构烷烃含量高。

气体产生的数量与催化剂的裂解选择性和裂解深度有关，随着裂解深度的增加，二次裂解的反应也随着增加，气体产品的产率快速增加。表2-2-3列出了伊朗原油VGO馏分加氢裂化装置不同转化率下的气体产率数据[11]。

表2-2-3 伊朗原油VGO加氢裂化的气体收率及闪蒸气组成

原 料	伊朗VGO 1	伊朗VGO 2
气体产率(对进料)/%		
H_2S+NH_3	1.88	1.88
C_1	0.17	0.30
C_2	0.22	0.28
C_3	1.09	1.94
i-C_4	1.64	3.48
n-C_4	0.90	1.63

续表

原　料	伊朗 VGO 1	伊朗 VGO 2
气体种类	闪蒸气	闪蒸气
气体组成/%(v)		
H_2S		
H_2	48.5	46.6
CH_4	5.28	5.36
C_2H_6	3.74	2.68
C_3H_8	12.69	12.51
i-C_4H_{10}/n-C_4H_{10}	14.49/7.91	17.07/8.01
i-C_5H_{12}/n-C_5H_{12}	5.58/1.58	5.97/1.65
C_6H_{14}	0.23	0.15
转化率	>350℃转化 75%	>350℃全循环
原料氢气纯度/%	99.9	99.9
催化剂	3824	3824

加氢裂化过程裂解产生的气体烃类一般含在装置中的低分气和分离部分的塔顶气中。根据不同的分离流程，装置送出的干气或以来自分离部分的常压塔顶为主，或以稳定塔顶和气提塔顶气为主。在加氢裂化装置内，液化气被分离作为装置产品送出，因此，虽然裂化产生气体烃类中的丙烷和丁烷数量远高于甲烷和乙烷，但干气中的液化气成分不高。干气通常经过湿法脱硫后作为燃料气使用。由于低分气中的氢气含量较高，一般经过脱硫后送到变压吸附单元回收氢气，变压吸附尾气压缩后作为燃料气使用。

4. 重油加氢装置的气体

重油加氢装置的主要作用是降低重馏分油或渣油中的杂质(硫化物、氮化物、少量的重金属、易生焦物质等)含量和芳烃含量，减少其对后续加工过程的负面影响，改善运行性能。重油加氢装置一般并不直接生产成品油，加氢过程以精制反应为主，但也有少量的裂解反应发生，因此会有少量的含烃气体产生。

重油加氢装置的气体主要来自产品分馏部分的汽提塔顶或分馏塔顶，重油加氢过程只有少量的裂解反应发生，而且装置不分离液化气物流，因此，重油加氢装置总有一部分干气送出，一般占进料的1%左右，而且含有较多的碳三、碳四组分。

5. 催化重整装置的气体

催化重整是在一定温度、压力、临氢和催化剂存在的条件下，使石脑油转变成富含芳烃的重整生成油，并副产氢气的过程。催化重整主要包括环烷烃脱氢、环烷烃和烷烃的异构化、烷烃的脱氢环化、加氢裂化、脱甲基和芳烃的脱烷基化反应。重整装置的含烃气体就是后三个反应产生的，一部分在离开重整反应器的重整氢气中，另一部分溶解在重整的生成油中[17]。

离开重整反应器的重整氢气经过压缩，送到再接触部分，回收重整氢气中的部分轻烃，同时提高重整氢的浓度后作为重整氢气送出装置。经过再接触进一步溶解了轻烃的重整生成油送到产品分离部分，在稳定塔回收液化气组分后的塔顶气，作为重整装置的外排气体送出，这是重整装置外送干气的一个来源。

重整外送气体量很少，一般占装置的进料比例不超过2%。重整反应属于临氢过程，其中的液化气组分已经回收，重整气体(干气)具有如下特点：

(1) 气体基本不含烯烃。

(2) 气体含有的碳三和碳四数量不多。

(3) 重整外送气体一般都含有少量的氢气。

重整外送气体的另一个来源是预加氢部分的分离塔顶气，如果能够严格按照要求提供重整装置的原料，这部分气体的数量更少，但与重整产物分离部分的气体不同，这部分气体含有少量的硫化氢。重整装置产气一般直接用作燃料气。

在某些炼厂，重整氢气的浓度不能满足炼厂用氢装置对氢气纯度的要求，一般采用变压吸附工艺进行提纯，获取高纯度氢气，同时产生变压吸附尾气。重整氢提纯后的尾气，仍然含有一定数量的氢气，其余组分为轻烃，是很好的水蒸气转化制氢装置的原料。但由于尾气压力低，需要经过多级压缩，压缩功耗高。

6. 原油蒸馏装置的气体

原油蒸馏装置的气体主要来自原油中所带的轻烃组分，在原油蒸馏装置的常压炉和减压炉也会因为极少量油品在炉管内的热裂化产生少量含烃气体，但与原油所带的轻烃组分相比，加热炉管内因原油热裂解产生的气体数量微乎其微，因此，原油蒸馏装置的气体主要指初馏塔顶气和常压塔顶气。

国产原油轻质油馏分含量低，且基本不含C_5以下的轻烃，因此一般不设塔顶气体回收设施，直接将这部分气体作为装置内加热炉燃料使用。随着环境要求的提高，这部分气体不再直接用作燃料气，而是送到催化裂化装置或延迟焦化的富压缩机入口，随着催化富气或焦化富气回收液化气组分后经过湿法脱硫送入燃料气管网作为清洁燃料气使用。

进口含硫原油，尤其是中东高含硫轻质原油，原油中的C_5以下轻烃含量达到2%~3%，比国内原油高出许多。从常压蒸馏得到的组分分析，C_1、C_2占轻烃总量的20%左右，C_3、C_4占轻烃总量的60%左右，且以饱和烃类为主。加工中东原油的炼厂，由于原油所含轻烃数量大，原油蒸馏装置的塔顶气体不再送到催化裂化或延迟焦化装置一起回收，需要在装置内设置轻烃回收设施，回收其中的液化气成分后再送到湿法脱硫装置净化，作为清洁的燃料气使用。

三、解决炼厂炉用燃料的方法

(一) 煤炭引入炼厂作为动力站燃料

炼厂的燃料主要用于三个方面，即：

(1) 用作以发生蒸汽为目的的动力站锅炉的燃料；

(2) 工艺装置加热炉燃料；

(3) 水蒸气转化制氢装置的原料。

蒸汽在炼厂除作为工艺过程物料外，还被用作加热过程的热介质和用作驱动压缩机和泵的动力。工艺装置余热所能发生的蒸汽一般不能满足工厂对蒸汽数量的需求，需要建设动力站发生蒸汽同时副产一定的电力。以某座千万吨级炼厂为例，正常运行时需要动力站锅炉发生330t/h的10MPa等级蒸汽，相当于需要约24.0t标油/h的燃料。

动力站锅炉使用的燃料经历了燃料油、燃料气和煤炭或石油焦三个过程。早期的炼厂动力站锅炉多以燃料油为燃料，随着原油价格的高升和环境要求的提高，动力站不再使用燃料油，开始使用燃料气。随着炼厂经济性压力的增大，动力站燃料开始转向更加低廉的煤炭和石油焦。大约在20世纪末，作为一种化石能源的煤炭开始进入炼厂，首先用作动力锅炉燃料。2000年以后新建炼厂，只要环保政策和条件允许，动力站锅炉的燃料已经广泛采用煤炭和石油焦。

（二）煤炭气化生产燃料气作为加热炉用燃料的分析

炼厂引入煤炭作为动力锅炉的燃料以后，因其价格低廉，降低了发生蒸汽的成本，在炼厂得到快速推广。一方面，由于环境的要求和经济效益的压力，随着炼厂的加工深度和油品精制要求的提高，氢气用量增加，造成燃料气需求量的增大。另一方面，为增加炼厂的竞争力，从干气中提取高附加值组分也成为炼厂广泛采用的增效措施，如回收或直接利用干气中的乙烯，其结果是燃料气的供应量的减少。这两方面共同造成了现代炼厂燃料气供应不足，且状况越来越严重，成为一种常态。

1. 煤气化制氢可替换出一部分干气，减少炼厂燃料气用量

水蒸气转化制氢装置是炼厂干气的大用户，以重油加氢-催化裂化为渣油加工路线的千万吨级炼厂为例，需要建设的制氢装置规模都在10万Nm^3/h产氢量上下[12]，装置原料加燃料消耗的干气数量折算为天然气约3.83万Nm^3/h，相当于标准燃料32.6t标油/h。利用价格相对低廉的煤炭或石油焦为原料生产氢气，可以减少炼厂对燃料气的需求量。

（1）煤气化（或石油焦）制氢装置

煤（石油焦）气化制氢装置采用部分氧化工艺，以煤（石油焦）生产合成气，合成气再经过一系列下游处理后获得氢气。典型的煤气化制氢装置的示意流程参见图2-2-1。

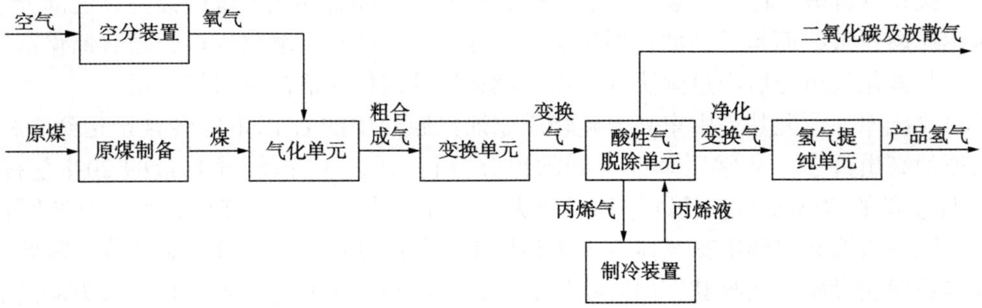

图2-2-1　典型的煤气化制氢装置示意流程

煤气化制氢装置流程长，一般包括空分、备煤、气化、变换、酸性气脱除、制冷和氢气提纯几个单元。原料进入装置后，经过备煤单元的处理，达到气化单元所需要的进料要求，如粉煤或水煤浆。在气化单元内，制备好的原料煤与来自空分单元的氧气在气化炉内发生部分氧化反应，获得富含氢气和一氧化碳的合成气，合成气在气化单元内经过初步精制，去除其中所携带的固体颗粒后送到变换单元。合成气中的一氧化碳在变换单元内与水蒸气发生变换反应，生成氢气和二氧化碳，降低合成气中的一氧化碳数量，进一步提高氢气的产率。经过变换后的合成气送入酸性气脱除单元，去除合成气的含硫组分和二氧化碳。净化后的合成气送到氢气提纯单元获得高纯度的氢气。酸性气脱除一般在低温下操作，所需冷量来自制冷单元。

和水蒸气转化制氢路线相比，煤气化制氢装置的工艺流程长、建设投资高，而且由于气化单元的操作苛刻性和处理固体物料的复杂性，通常气化单元的气化炉设有备用系列，这就更增加了煤气化制氢装置的投资和操作的复杂性。即便如此，在高油价和大规模产氢的条件

下，煤气化制氢与水蒸气转化制氢相比还是具有一定的经济性[13]。

(2) 煤气化制氢装置对炼厂环境排放物的影响

在高油价的能源供给环境下，煤气化制氢装置因其较低的氢气成本，逐渐开始在炼厂应用，如中国石化茂名分公司的煤气化制氢装置和中国石化九江分公司的煤气化制氢装置。煤气化制氢装置除流程长、投资高、操作复杂外，还造成炼厂的二氧化碳排放、固体废弃物排放大幅度增加，污水处理量增多。

以产能10万Nm^3/h制氢能力的煤气化制氢装置为例，采用水煤浆气化工艺，神府煤为原料，变压吸附作为氢气提纯工艺，煤气化制氢装置的二氧化碳排放量约210.6t/h，相当于1769kt/a；外排气化废渣19.3t/h(含水15%)，相当于年排固废162kt/a。与此相比，同样是10万Nm^3/h产氢规模的水蒸气转化制氢装置，在以天然气为原料时，二氧化碳的排放量约87.0t/h，相当于731kt/a，只有煤气化制氢二氧化碳排放量的40%左右；至于固体废弃物，除废催化剂外(煤气化制氢装置同样有废催化剂排放)，基本没有外排物。

煤炭中含有的金属离子和氯离子，经过气化后一部分会溶解在水中；煤和氧气中的氮元素会在气化过程中生成氨并部分溶解在水中。这些物质如果不外排，将在气化装置内循环累计，引起结垢或/和对设备的腐蚀。气化技术是通过排放一部分水来控制气化装置内水中上述离子浓度的。这部分外排水，会携带一部分固体颗粒，并溶解少量含氧化合物如有机酸。外排水属于高氨氮、高固体悬浮物含量的含盐废水，炼厂需要设置专门的废水处理设施加以处理。

由此看来，炼厂建设煤气化制氢装置，会大大加重炼厂的环境压力，特别是在全社会关注环境、关注二氧化碳减排的当下。

2. 以煤气化技术为核心的多联产路线，可以为炼厂提供一部分清洁燃料气和动力

煤气化技术不仅应用在煤化工领域，实际上它的发展是伴随煤炭清洁发电的需求才得以快速发展和推广的。

20世纪七八十年代，电力行业为寻找清洁、高效利用煤炭发电的方法推出了IGCC技术。该技术以煤气化和燃气轮机为核心，将煤炭通过气化、净化后得到的合成气作为燃气轮机燃料，用高效的联合循环过程生产电力，并在20世纪90年代建设了若干IGCC燃煤电站，其中的四座长期商业运行。

(1) 以煤炭为原料的多联产路线，可以替代炼厂制氢，同时消除或减少动力站锅炉用燃料气

虽然IGCC技术具较高的发电效率和优良的环境友好特点，基本实现了煤炭清洁利用的目的，但是其建设投资高、运行故障率高，推广缓慢，特别是燃煤电厂超临界、超超临界发电技术的商业化，更影响IGCC技术的推广。作为对IGCC技术的改进，推出了多联产技术。多联产技术改变IGCC技术只生产电力的限制，可以同时生产电力、蒸汽、化学品，增加了产品的附加值，改进了经济性。用煤炭为原料的多联产联合装置，可以同时为炼厂提供化工原料(如氢气、合成气)、电力、蒸汽、和氧气、氮气、压缩空气，成为炼厂真正意义上的公用工程岛[14]，其示意流程见图2-2-2。

以煤炭为原料，采用多联产路线，可以为炼厂提供氢气、蒸汽和一部分电力。从炼厂所需三个主要燃料气使用方面分析，可以替代制氢原料用燃料气(干气)和动力站锅炉用燃料气。解决了炼厂燃料气供应的很大一部分，但是工艺加热炉仍需要供应气体燃料。

由于燃气轮机具有很高的发电效率，动力岛设置燃气轮机+蒸汽轮机的方案，更适合于

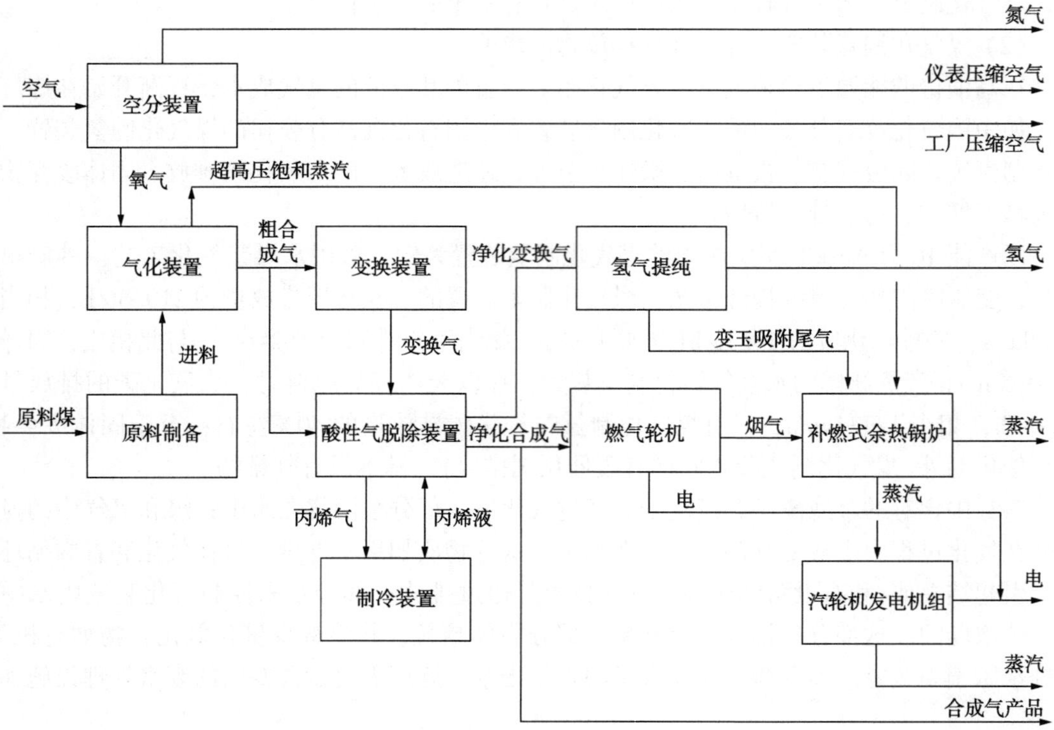

图 2-2-2　以气化装置为核心的公用工程岛示意图

电厂的发电过程。根据计算，扣除烟气排放带走的能量，进入燃气轮机的合成气中的化学能，有 65%左右在燃气轮机中转化为电能输出，只有 35%左右在随后的余热锅炉里通过回收燃气轮机高温烟气的热量发生了蒸汽。也就是合成气的化学能只有少部分以蒸汽形式获得。炼厂动力站是以获取蒸汽、提供炼厂所需蒸汽为主要目的，其发电效率比不上电厂，因此以燃气轮机为核心之一的动力岛在炼厂中的推广缓慢。

燃气轮机，提高了动力岛的能量利用效率。如不设燃气轮机，为获取蒸汽，只能将净化合成气用作锅炉的燃料直接燃烧，虽然从环保上具有优势，但显然不如燃煤锅炉更为节能和经济。

（2）煤炭气化直接生产工艺加热炉用燃料

煤炭气化并经过净化的合成气，可以作为工艺加热炉的燃料，这与生产城市煤气的过程非常相似。表 2-2-4 列出了以神府煤为原料，采用水煤浆气化和粉煤气化的粗合成及净化合成气的组成。

表 2-2-4　不同气化技术粗合成气和净化合成气的组成

项　　目	水煤浆气化		粉煤气化	
	粗合成气	净化合成气	粗合成气	净化合成气
气体组成/%(v)				
H_2	34.34	43.82	25.71	26.81
CO	43.49	55.49	62.16	64.81
CO_2	21.33	0.00	3.85	0.00
CH_4	0.07	0.09	0.01	0.01

续表

项目	水煤浆气化		粉煤气化	
	粗合成气	净化合成气	粗合成气	净化合成气
H_2S	0.30	0.00	0.25	0.00
N_2	0.34	0.43	7.92	8.25
Ar	0.13	0.17	0.11	0.11
H_2O	0.00	0.00	0.00	0.00
小计	100.00	100.00	100.00	100.00
相对分子质量	22.48	16.58	21.10	20.15
低热值(LHV)/(kJ/Nm^3)	9330	10400	10710	11170

分析表2-2-4，煤气化获得的合成气以一氧化碳和氢气为主要提供燃烧热的组分，这与以甲烷为主要提供燃烧热的炼厂干气有较大的不同。炼厂干气的低热值通常在33500kJ/Nm^3，炼厂液化气的低热值更是在41870kJ/Nm^3以上，相比而言，煤气化合成气，即便脱除二氧化碳后，其低热值也只有不到12560kJ/Nm^3，为常规炼厂燃料气低热值的1/3左右。

① 煤气化合成气用作炼厂燃料的特点

和炼厂常规燃料气相比，煤气化合成气用作燃料具有以下特点：

a. 热值低，提供相同热量需要更多的燃料气。

b. 燃烧用空气配比少。同样体积的合成气完全燃烧所需燃烧空气量低于炼厂燃料气；提供同样数量的热量，合成气完全燃烧所需燃烧空气量亦低于炼厂燃料气。

c. 合成气完全燃烧的火焰温度低于炼厂燃料气。

d. 由于含有大量氢气，合成气燃烧与炼厂燃料气燃烧相比，火焰长度更短、火焰直径更大。

因为煤气化产合成气与常规炼厂燃料存在较大的不同，使用时需要分析其对于现有炼厂加热炉和燃料气管网的影响。

② 煤气化合成气用作炼厂燃料对炼厂燃料系统的影响

煤气化产合成气因其主要成分是氢气和一氧化碳，与炼厂以甲烷为主要成分的燃料气差异较大。在炼厂使用合成气作燃料时，需要根据其特点，充分考虑下列因素：

a. 由于合成气的热值低，只有常规燃料气体积低热值的1/3左右，提供同样热量所消耗的燃料气的数量以体积计算比使用常规燃料气多很多，需要适当加大燃料气管线的直径。

b. 合成气完全燃烧的火焰温度较常规炼厂燃料气燃烧的火焰温度低，在用作工艺加热炉燃料时，需要充分考虑对加热炉炉管传热面积的影响。

c. 合成气的华白指数远低于常规炼厂燃料气，加热炉在使用合成气作为燃料时需要选择与使用炼厂燃料气所不同的燃烧器。

③ 生产炼厂燃料气的煤气化技术的工艺流程选择

煤气化过程是煤炭与氧气或富氧空气发生部分氧化反应的过程。不同的原料煤进料方式，决定了气化过程不同的冷煤气效率，如水煤浆进料的气化技术，冷煤气效率在70%左右；而粉煤进料的气化技术，冷煤气效率在80%左右。冷煤气效率反映了原料煤中的化学能转换成合成气中化学能的百分比。从冷煤气效率数据分析，煤炭中的化学能只有70%~80%转化成产品合成气中的化学能，其余部分以热的形式放出。

无论是水煤浆进料还是粉煤进料气化技术，气化反应温度都在1200℃以上，大量的高温热量通过余热锅炉和激冷两种方式取出，对应两种不同的工艺流程。

a. 余热锅炉流程。高温合成气离开气化炉气化段(粉煤气化技术称气化室)后进入余热锅炉(粉煤气化技术称蒸汽发生段)，发生高压或超高压等级蒸汽，合成气本身被冷却。再经过滤、水洗饱和后作为粗合成气产品送出气化装置。其中粗合成气中水蒸气含量按水蒸气/合成气(干气)比计算，在0.3~0.5之间。余热锅炉流程同时副产高压或超高压蒸汽。

用于生产氢气或化工用原料如甲醇的工厂中，在气化装置下游的变换装置，水蒸气与一氧化碳发生变换反应，提高合成气中的H_2/CO比。在变换过程，粗合成气中的水蒸气作为反应原料利用了，有时还需要补充一部分蒸汽满足变换反应的需要。

用于生产燃料的气化合成气，其下游不需要再经过变换过程，这样，粗合成气中的水蒸气没有利用价值，还需冷凝到常温，分离凝结水，达到燃料气对露点的要求。

b. 激冷流程。离开气化炉的高温合成气直接与激冷水混合，合成气所携带的高温热通过直接接触并气化激冷水得以回收，合成气自身的水蒸气含量大大提高。激冷后的合成气再经过水洗塔水洗后成为产品粗合成气送出气化装置。采用激冷流程的粗合成气中的水蒸气含量按照水蒸气/合成气(干气)比计算，在0.7~1.1之间，也就是合成气中含有大量的水蒸气。同时气化装置不产高压或超高压蒸汽。

与余热锅炉流程相似，用作生产氢气或化学品原料合成气的气化装置，粗合成气中的水蒸气可以在变换过程中加以利用，但用作生产燃料的气化装置，粗合成气中的水蒸气不得不冷凝分出，以满足燃料气对露点的要求。虽然合成气在冷却过程可以通过发生低压或中压蒸汽回收部分能量，但能位没有充分利用。

分析余热锅炉流程和激冷流程可以看出，用作生产燃料气的气化装置更适合采用余热锅炉流程，特别是这种流程还可以提供一部分高压或超高压蒸汽，减少动力站发生蒸汽的数量，降低燃料的使用量。但是，采用余热锅炉流程的气化装置要增加余热锅炉本身和过滤设施，投资会比激冷流程高很多，所生产的燃料气的经济附加值又不高，影响了装置的经济性。

从上面的分析看出，煤炭引入炼厂是炼油厂解决燃料气短缺的一个有效途径，它可作为动力站锅炉的燃料替代燃料气，又可以生产氢气，节省用作水蒸气转化制氢装置的干气，也可以直接生产加热炉所需的燃料气。就这三个方面而言，煤炭作为动力站的燃料已经在炼厂中广泛应用，煤气化制氢也在一些缺乏廉价水蒸气转化制氢原料的炼厂应用，只是煤气化直接生产工艺加热炉燃料在炼厂鲜有实践。

国家能源政策对煤炭的使用限制越来越严，尤其对燃煤锅炉的使用，即便建设了燃煤锅炉的烟气处理设施，在环境敏感地区也很难获得建设许可。在这种条件下，以煤气化为核心的多联产路线，可能是没有廉价天然气来源、燃料供应又不足的炼厂解决燃料供应的一种选择。

(三) 天然气、页岩气等作为炼厂炉用燃料的前景

天然气是一种清洁的化石能源，且使用方便。但天然气的运输不如石油和煤炭方便，需要建设输送管道或是使用专门的LNG运输船，后者还需配套建设相应的天然气液化设施和上岸后的接收设施，因此其价格随产地差别较大。一般而言，如果炼厂能获取价格合理的天然气，用天然气补充炼厂燃料气的不足和用作制氢装置的原料应该是首选。

天然气对环境友好，在我国的消费量逐年增加。国家发改委2017年印发的《天然气发展“十三五”规划》统计我国天然气年产量在2015年达到1350亿立方米，当年表观消费量1931亿立方米。2017年有报道我国当年天然气的表观消费量达到2398.6亿立方米[15]。

我国能源的特点是“富煤、少气、缺油”，天然气资源大多集中在西南和西北地区，而经

济发达、炼厂集中的东部沿海地区，天然气资源相对贫乏，呈现出天然气供需不平衡的状况。为解决这种状况，国家建设了多条"西气东输"天然气管线，缓解了东部对天然气需求的矛盾，基本解决了民用天然气供应问题，对工业用天然气、特别是用天然气生产化工品采取了限制政策[18]。天然气的长距离输送，增加了天然气成本，在一定程度上影响了天然气的使用。

基于我国的天然气资源少、供给不足的实际情况，我国建设了跨国天然气管道和 LNG 接收站，引进国外天然气资源。规划的 7 条跨国天然气管线(中亚 A、B、C、D 线，中缅线，中俄东线、西线)中，中亚 A、B、C 线和中缅线已建成运行，到 2015 年 6 月 30 日，中亚 A、B、C 线累计输气量 1230 亿立方米，中缅天然气管线到 2015 年 6 月 30 日累计输气量也达到了 52 亿立方米[16]。沿着我国东部海岸线，我国规划和建设了一系列 LNG 接收站，到 2017 年 6 月，已经建成 LNG 接收站 15 座，年接收能力 56.40Mt[19]。

美国的页岩气革命改变了世界能源格局。我国近年来探测和发现了大量的页岩气资源，成功开采了试验气田。和美国不同，我国的页岩气资源分布在山区和丘陵地带，页岩气的开采成本较高，制约了页岩气的发展。我国已发现的页岩气资源集中在西部，虽然可以利用已有的天然气管道，但是长距离输送同样增加了用户的使用成本。

为了清洁利用相对丰富的煤炭资源，我国在煤炭资源丰富地区规划了一批煤制替代天然气项目，其中的几个项目已经投产进入示范运行，基本验证了煤制替代天然气技术的可行性和经济性，同时也发现煤制替代天然气项目高昂的建设投资和对水资源的依赖以及为解决环保问题所付出的代价。经济性和对水资源的依赖将成为煤制替代天然气发展的主要限制因素。

总之，我国天然气供应形成了天然气、页岩气、煤制替代天然气组合的格局，在未来一段时间内，天然气的供应还是主要来自天然气和进口天然气及 LNG，页岩气和煤制 SNG 作为少量补充的局面。对于炼厂而言，只要价格合理，天然气作为燃料的补充和制氢的原料是较为合理的选择。

第二节　降低炉用燃料气消耗

一、炼油厂能量系统的构成及用能特点

(一) 炼油能量系统构成

石油炼制工厂(简称炼油厂)是以原油为原料，采用多种物理分离和化学反应的方法，生产出各种燃料油品(包括汽、煤、柴、燃料油等)、润滑油、石油蜡、石油沥青、石油焦等石油产品和石油化工原料的工厂。

炼油厂既是重要的能源生产工业企业，也是重要的能源消耗大户，其能源生产过程的推动力是通过消耗一定数量的自产能源(燃料气、石油焦、燃料油等)和外供能源(煤炭、电等)获取的。炼油厂的生产、储运、公用工程系统均涉及能源、能量的转换、利用、回收过程，因此，炼油厂的物理构成与炼油厂的能量系统构成是一致的。

炼油生产装置大体上可以按生产目的分为以下几类[20]：

原油蒸馏装置：原油加工的第一步是把原油分离为多种馏分油和残渣油。一般炼油厂都有原油的常减压蒸馏装置，分离出常压馏分油、减压馏分油和残渣油，供后续装置加工。

重质油轻质化装置：为了提高轻质油品收率，须将部分或全部减压馏分油及渣油转化为轻质油。这类装置有催化裂化、加氢裂化、溶剂脱沥青、延迟焦化、减黏裂化等装置。

油品改质和油品精制装置：这类装置的作用是提高油品质量以达到产品质量的要求。如催化重整、加氢精制、溶剂精制、氧化沥青等。

气体加工装置：加工催化裂化、加氢裂化、延迟焦化、催化重整等重油轻质化和油品改质装置中产生的气体。这类装置有气体分馏、气体脱硫、叠合、合成甲基叔丁基醚(MTBE)、烷基化、C_5/C_6异构化等装置。

油品调和装置：为了达到产品质量要求，通常需要进行组分油之间的调和，并且加入各种提高油品性质的添加剂。

制氢装置：在现代炼油厂，由于加氢过程的耗氢量大，催化重整副产氢气不够使用，有必要建立专门的制氢装置。通常有气体(如外购天然气、炼油厂自产干气)制氢、石脑油制氢、沥青或焦炭制氢、煤制氢等。

润滑油与化工产品生产装置：如润滑油精制、润滑油加氢、白土精制、芳烃联合装置、聚丙烯、含硫化氢气体的脱硫制硫等。

生产装置是炼油厂的核心，也是炼油厂能量系统的核心。生产装置自身的能量优化利用可以降低工艺总用能，合理减少能源消耗，对于炼油厂全局用能优化具有至为关键的影响。生产装置能量优化主要包括：选择新型反应技术，先进生产工艺和高效催化剂、先进设备，合理降低反应苛刻度；优化反应、分离系统顺序和操作参数；充分利用反应放热；合理降低循环物流流量等。需要指出的是，生产装置的用能优化是主动节能。能量回收，如优化生产装置换热网络，增加能量回收的数量和品位；实现局部生产装置间的热集成等措施也可以降低生产装置的能源消耗，但属于被动节能。

炼油厂储运系统主要是指原油、中间原料油、中间成品、成品油、各种化学助剂、燃料油和燃料气的储存和运输等。储运系统肩负着原料接收、装置开工、成品外输及事故处理的需要，是炼油厂安全、稳定生产的重要保证。储运能耗约占炼油总能耗的2.0%~8.0%，节能潜力较大。多年来，对于储运系统的节能研究不够深入，储运系统与工艺装置之间只有物料连接关系，缺乏能量集成。

作为重要的辅助系统，储运系统在确保工艺装置能量综合优化的同时，通过储量最小化、储运工艺参数最优化和选择适宜的加热方式实现自身用能优化，可以节省大量的罐容、维温热量和泵功耗，降低维温热负荷的品位，为工艺装置的低温热提供热阱，为蒸汽动力系统节省蒸汽。因此，储运系统的用能优化是炼油厂能量系统全局优化的重要组成部分之一。

公用工程系统是重要的炼油厂能量生产与转换系统，其中供热系统的蒸汽系统是炼油厂能量系统的重要组成部分。由于炼油厂加工流程特点，其蒸汽动力系统具有多等级参数、多燃料来源、多产(汽)供(汽)需求和多周期条件等特点。蒸汽动力系统的节能要点主要包括：优化供汽系统，实行热电联供，根据生产条件变化，优化锅炉、热力机组以及供汽管线运行；分级供汽，充分利用蒸汽能级，在允许条件下使蒸汽参数最低化；回收乏汽，采用除氧节汽技术，节约蒸汽；对间接使用蒸汽的管线、设备，安装适当的疏水器，回收利用凝结水；优化蒸汽管网运行，合理调整流量，做好保温排凝等。

对于炼油厂能量系统，蒸汽系统处于能量转换环节的前端，一次能源必须首先转换为热、蒸汽和动力，才能为工艺装置所利用。但在炼油厂全局用能优化过程中，蒸汽动力系统处于优化过程的末端，生产装置、其他公用工程系统优化完成后，节能效果多体现为电力、蒸汽和燃料气消耗量的降低，因此，蒸汽动力系统是平衡炼油厂全局能量的重要组成部分。

此外，供配电系统为炼油厂提供电力能源保证，也是炼油厂能量系统的重要组成部分。

供配电系统节能的要点一般包括：优化物料传输，减少不必要的物料输送，停开或少开机泵节省电力，合理物料升压避免过度升压；主要手段包括直供料、油品在线调和、热集成减少空冷电耗等。同时，提高电网功率因数、采用节能设备和技术、提高能量转换过程效率也是供配电系统节能的有效方式。

（二）三环节能量流结构模型

炼油厂能量系统是一个极其复杂的过程。能量是工艺过程的核心，在过程系统中，能量被利用的形式和方式、步骤及演变过程具有一定的共同之处。因此，需要寻找一个能够剖析复杂工艺过程用能规律的方法。按照炼油厂能量变化的线索来认识过程系统、揭示其结构关系，便成了过程系统设计和优化的一个重要手段。炼油厂的能量流结构是客观存在的，人们在进行过程能量综合优化研究时，特别是在进行热能的有效回收利用时提出了多种能量流结构模型[21]。其中，三环节能量流结构模型是我国学者提出，并广泛用于表征炼油厂能量系统的一种结构模型[22,23]。

按照能量变化线索研究工艺过程，发现炼油厂能量系统具有下述三大特点：

(1) 过程用能的主要形式是热、功和蒸汽，而热、功和蒸汽又是由电和燃料转化来的。一般是通过转换设备，如炉、机泵等实现能量转换的。

(2) 转换设备提供的热、功、蒸汽等形式的能量进入工艺核心环节（反应、分离等），连同回收循环能量一起推动工艺过程完成后，除部分能量转入到产品中外，其余均进入能量回收系统。

(3) 能量在工艺核心环节完成其使命后，质量下降，但尚具较高的温度和压力，在很大程度上可以通过换热设备、换功设备（如液力透平）等回收利用，从而可以减少转换设备输入的能量。但受工程和经济条件约束，回收不能到底，最终通过冷却、散热等渠道排弃到环境中去。连同转换环节的损失能一起构成了装置数量上的能量损失。

因此，炼油厂能量系统存在三环节：将一次能源转换为工艺过程可以直接利用的能量转换环节、完成工艺核心过程的能量利用环节和从能量利用环节排出能量中进一步回收利用的能量回收环节，即能量转换、能量利用、能量回收“三环节”。其中，用能对象是工艺核心设备，但其数量不变（无消耗），为之服务的转换和传输环节以及能量回收环节却表现出了能量数量上的消耗。基于上述用能特点，提出的三环节能量流结构模型，系统地解决了炼油厂能量平衡的方法问题。炼油厂三环节能量流结构模型见图2-2-3。

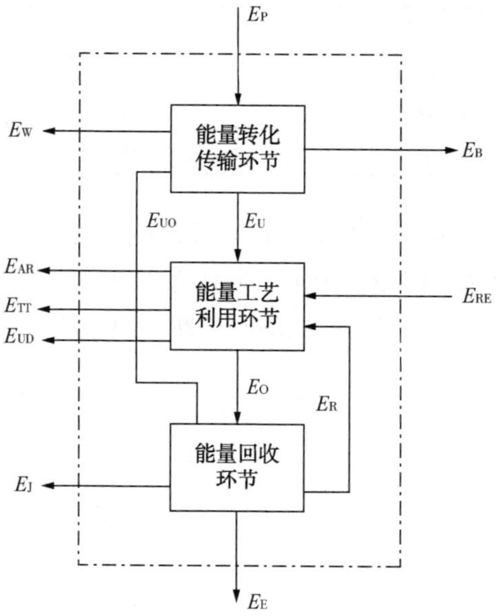

图2-2-3　三环节能量结构模型图

E_P—总供入能；E_U—有效供入能；E_B—转化输出能量；E_W—直接损失能量；E_R——回收循环能量；E_O—待回收能量；E_E—回收输出能量；E_J—回收环节排弃能量；E_{UD}—工艺利用设备散热；E_{UO}—非工艺流体有效动力；E_{RE}—反应放热；E_{AR}—反应吸热；E_{TT}—物理能差；热力学能差：$E_T=E_{TT}+E_{AR}-E_{RE}$

（三）炼油厂能源消耗结构

炼油厂消耗的能源主要包括燃料气、燃料油、催化烧焦、蒸汽、电、新鲜水等。图 2-2-4 提供了某石化集团公司 2017 年炼油板块能源消耗结构的示意图。其中，排名第一位的是燃料气，消耗比例约占能源消耗总量的 35.44%，其他依次是催化烧焦、电、蒸汽、新鲜水和燃料油，消耗比例分别约占能源消耗总量的 31.06%、22.02%、8.33%、2.90%和 0.25%。燃料气、燃料油、催化烧焦都可以看做燃料，燃料消耗比例约占能源消耗总量的 66.75%。

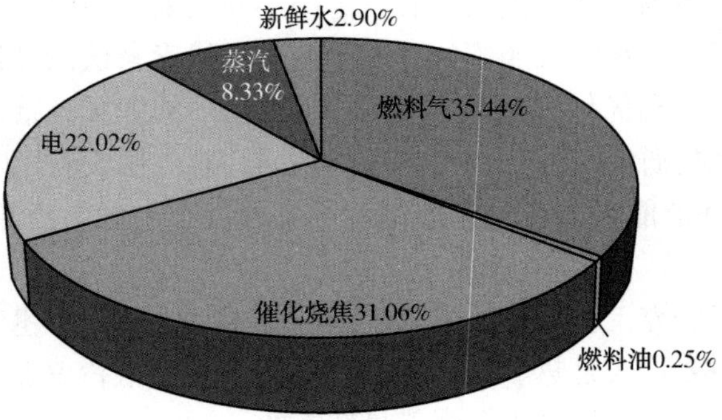

图 2-2-4　某石化集团公司炼油厂能源消耗结构图（2017 年）

表 2-2-5 提供了某石化集团公司 2017 年炼油板块吨原油能源消耗的数值。

表 2-2-5　某石化集团公司 2017 年炼油板块吨原油能源消耗值

消耗能源	数　值	消耗能源	数值
燃料气/（kgoe/t）	21.29	电/（kgoe/t）	13.23
燃料油/（kgoe/t）	0.15	蒸汽/（kgoe/t）	5.01
催化烧焦/（kgoe/t）	18.66	新鲜水/（kgoe/t）	1.74

二、炼油厂能源消耗的联动性分析

炼油厂能量系统是一个具有较强联动性的整体，因此，炼油厂消耗的各种能源之间不是彼此孤立的，而具有一定的联动性。图 2-2-5 给出了炼油厂能量系统联动的拓扑结构示意图。

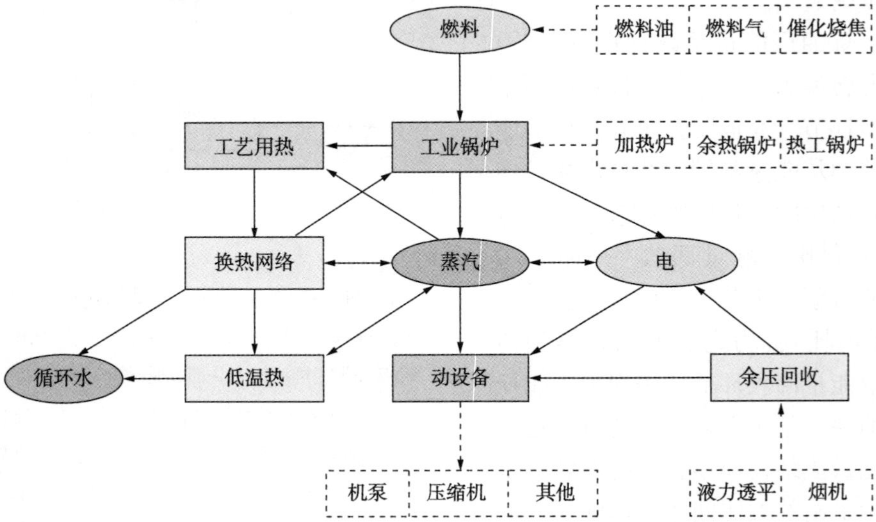

图 2-2-5　炼油厂能量系统联动拓扑结构

炼油工艺总用能主要包括热能和压力能两种形式。热能主要来源于各种燃料和放热反应过程，通过工业炉、余热锅炉等转换为工艺过程需要的热能。典型的热能利用途径是燃料燃烧放热，热能传递给工艺热用户，如：反应、分离用热等，热能驱动工艺热用户后称为工艺余热，部分工艺余热可通过换热网络回收利用，或转换为蒸汽；此外，燃料也可以通过热工锅炉直接转换为蒸汽，然后蒸汽携带热能间接加热工艺物流，如：蒸汽加热器、再沸器等。压力能可来源于电能(电驱动动设备)、燃料(燃气轮机发电)和蒸汽(驱动动设备、发电)。

燃料可以转换为工艺用热、蒸汽和电；蒸汽与工艺用热相互关联，同时可以转换为电或者工艺用压力能。因此，燃料、蒸汽、电之间存在一定的转换关系，炼油厂消耗能源之间存在一定的联动性。

三、降低炉用燃料消耗的主要途径

(一) 强化燃烧设备，提高加热炉热效率

加热炉是炼油厂重要的能量转换设备，其技术水平及操作性能极大影响着炼油厂的能源消耗，特别是燃料气消耗。提高原油蒸馏装置加热炉效率主要通过降低排烟温度、优化加热炉过剩空气系数、采用合理的加热炉结构与高效燃烧器、控制烟气氧含量、减少加热炉散热损失、设置和改进控制系统等途径实现。

1. 降低排烟温度

减少排烟热量损失可有效提高加热炉热效率。据统计，当加热炉效率高于90%时，排烟损失占总损失的70%~80%；当加热炉热效率在70%左右时，排烟损失占总损失的比例高达90%以上。降低排烟损失对提高加热炉效率作用明显。相关措施包括：

(1) 减小末端温度，即减小排烟温度与被加热介质入对流室温度之差。末端温差大，一次投资少，但加热炉热效率低，运行费用高；末端温差小，一次投资大，热效率高，运行费用低。因此，末端温度应通过一次投资与运行费用的权衡优化，并通过严格的技术经济分析确定。当燃料油价格较低时，末端温差一般在150~200℃，在当前的燃料油价格下，末端温差以50~100℃为宜。

(2) 在对流室末端引入新的低温介质，进一步降低排烟温度，如设置循环热媒水系统回收烟气热量供其他热阱使用或者预热空气。

(3) 采用空气预热器预热空气。利用烟气预热空气是回收加热炉烟气余热、提高加热炉热效率的常用方法。空气预热器类型多样，热管技术是其中的重要代表。一般认为，由烟气直接预热空气的优点在于它自成体系，不受工艺流程的约束。在加热炉其他参数不变的情况下，空气预热温度与热效率提高幅度的关系[24]见图2-2-6。由图2-2-6可见，空气温度每提高20℃，加热炉热效率约提高1%。

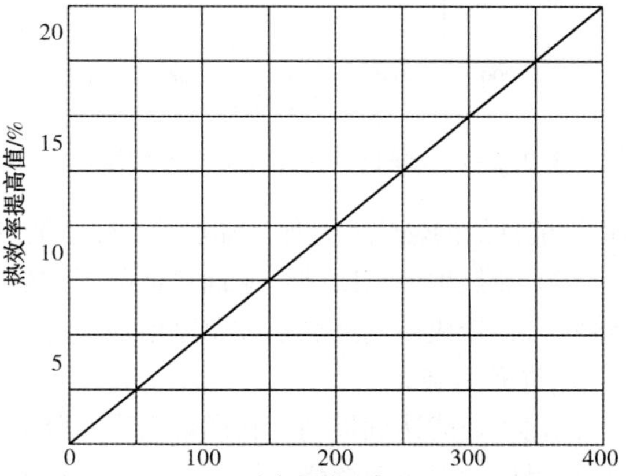

图2-2-6　空气预热温度与热效率提高幅度的关系

(4) 除灰除垢，保证加热炉长期高效运转。燃料不完全燃烧产生的炭粒和燃料中的灰分等烟尘均会污染对流室炉管的外

表面，增加热阻，降低传热效果。随着积灰的增加，排烟温度迅速上升，热效率显著下降。为保证管式炉长期热效率运转，须定期清除积灰。当前吹灰器的种类主要包括蒸汽吹灰器、声波除灰器、亚(次)声波除灰器、激波除灰器等。

(5) 降低排烟温度的限制。理论上，排烟温度可以降到接近环境温度，并获得最高的热效率，但排烟温度要受到经济和技术方面的限制。随着排烟温度的降低，烟气余热回收系统的末端温差越来越小，传热效果也越来越差，回收余热的换热面积也将越来越大，一次投资迅速增加，因此必须根据经济评价确定一个经济合理的余热回收末端温差。此外，排烟温度主要受烟气露点的限制，在目前的技术条件下，余热回收换热面的温度必须高于烟气的露点温度，否则将发生露点腐蚀。

2. 降低加热炉过剩空气系数

加热炉燃料不可能在化学平衡空气量，即理论空气量下完全燃烧，需要有一定过剩空气量。燃烧所用实际空气量与理论空气量之比即为过剩空气系数 α。对于原油蒸馏加热炉，过剩空气系数 α 一般为 1.05~1.15。实际操作中，如果过剩空气量增加，排烟时大量的过剩空气将热量带走排入大气，使得排烟损失增加，加热炉热效率降低。图 2-2-7 表示在不同排烟温度下，过剩空气系数 α 每增加 0.1，加热炉热效率相应下降值的变化情况[24]。充分表明降低过剩空气系数可以有效减少排烟损失，提高加热炉热效率。此外，过剩空气系数过大时，将加速炉管和炉内构件的氧化，增加对流室吸热量，以及促进 SO_2 向 SO_3 转化，加剧低温露点腐蚀等。

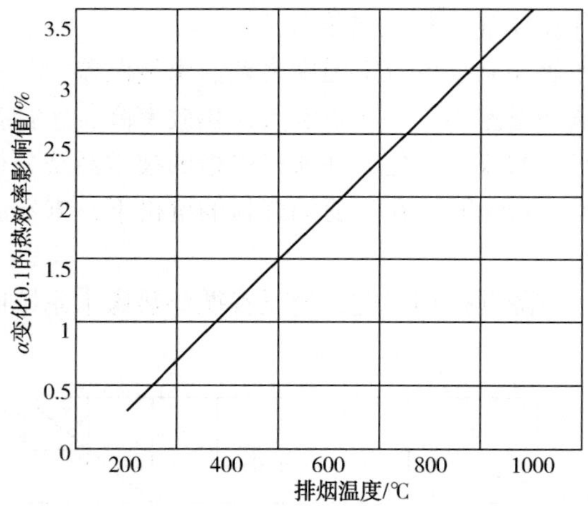

图 2-2-7　过剩空气系数对热效率的影响

影响过剩空气系数的主要因素主要包括：

(1) 燃料性质：气体燃料与空气混合均匀，过剩空气系数较小，在 1.1~1.2 之间；液体燃料不易与空气混合，其过剩空气系数介于 1.2~1.3 之间。液体燃料多通过采用增加燃料雾化，使得燃料与空气充分混合，以降低空气过剩系数。

(2) 燃烧器特性：燃烧器的类型与性能不同，其过剩空气系数也不相同。目前国内使用的自然引风式烧油喷嘴，空气过剩系数介于 1.2~1.4 之间；国外燃烧器的空气过剩系数大多介于 1.1~1.15 之间；新型平行气流燃烧器的空气过剩系数可降低至 1.025 左右。因此，选用性能良好的燃烧器是保证加热炉在较低的过剩空气系数下实现完全燃烧的关键。

(3) 加热炉的密闭性：原油蒸馏装置加热炉为负压操作，如果炉体密闭性差，空气将会大量吸入，造成空气过剩系数急剧增加，操作难于控制。

3. 强化燃烧

强化燃烧能达到提高燃料燃烧效率及降低过剩空气系数的目标，高效燃烧器能强化燃烧过程，保证燃料完全燃烧。燃烧不完全造成的化学热损失是排烟损失的重要组成部分，机械不完全燃烧产生的炭粒还会造成对流室炉管表面积灰，影响传热效果。鉴于原油蒸馏装置加热炉大多采用油气混烧，因此，采用先进的雾化喷嘴，改善燃料油的雾化粒度，也有利于强化燃烧。

4. 合理设置加热炉结构

合理的炉管分布结构可以使得加热炉炉管内物料获取更多的热量，是提高加热炉效率的重要手段。加热炉辐射室一般采用立式管，但被加热介质容易结焦堵塞或管内为混合相态且要求流动平稳、可靠时多采用横管。当对流室仅预热单种介质时，设计与烟气逆流传热；若为多种介质，如冷进料、过热蒸汽、初底油等同时进入对流室，则需要对其分布实施合理优化安排。当被加热流体为液态油料时，对流管采用钉头管或翅片管，可降低管外侧传热热阻，达到提高对流管总传热速率的目的。当加热气态介质时，采用光管较为合理。针对具体加热介质，综合考虑加热炉辐射室、对流室特点，设置合理的加热炉结构，对提高加热炉效率具有重要意义。

5. 减少加热炉散热损失

管式加热炉外壁以辐射对流两种方式向大气散热，散热量与炉外壁温度、环境温度和风速等有关。减少加热炉热损失的主要措施包括：一是强化加热炉检修与维护工作，保证炉体无裂纹空洞，避免烟气串入炉墙与炉壁之间造成局部过热；二是采用耐热与保温新材料，如采用耐高温与导热系数低的陶瓷纤维，降低炉壁温度以减少炉体散热；三是控制炉膛温度，避免出现超温、烧坏炉墙等现象。

6. 在线控制与炉膛温度场调控

炉膛温度是加热炉重要的工艺指标之一。在炉膛内，燃料燃烧产生的热量通过辐射传热和对流传热两种方式传给炉管，传热量的大小与炉膛温度和管壁温度有关。炉膛温度高，辐射室传热量大，但炉管容易结焦，甚至烧坏炉管、炉衬和管架。所以炉膛温度是保证加热炉长周期安全运行的重要指标，一般控制在820~870℃以下。应用在线控制技术，实施炉膛温度场调控，强化热量传递。为了能准确反映炉膛温度，测量元件安装时应避免燃烧器火焰舔烧及烟气流动死区。根据石化行业规定，加热炉炉膛测温元件，水平安装时热电偶插入深度如过长，悬臂长度过大，保护管会受热变形下垂，甚至烧坏，因此最大悬臂长度不超过600mm；测量元件超过炉管50~100mm就能够测出炉管靠近火焰侧的烟气温度，太长会把保护管烧坏。热电偶补偿导线的耐热温度不超过105℃，在100℃下具备温度补偿性能，因此热电偶的接线盒应放在回弯头箱绝热层外。炉膛中的介质为高温烟气，热电偶套管在选材时应选用能耐热、抗氧化、抗酸的材质，在石化行业一般选用GH3030为套管材质的耐磨热电偶，其长期使用最高温度可达1100℃。

7. 低温露点腐蚀的防止和减轻措施

随着节能工作的不断深入，加热炉的排烟温度要求越来越低。但是，低温露点腐蚀成为进一步降低排烟温度、提高加热炉热效率的主要瓶颈。以此，应从改进设计、精心操作和采用新材料等方面采取可行措施，防止或减轻低温露点腐蚀危害。

（1）提高空气预热器空气侧入口温度及换热面的壁温：提高空气预热器空气侧入口温度可以提高预热器冷端换热面的壁温，有效防止露点腐蚀。通常采用空气再循环，即把预热的空气从再循环管道引入风机入口和冷空气混合来提高入口温度。也可以考虑利用工艺低温余热将空气预热到60~80℃后，再进入空气预热器。

（2）应用耐腐蚀材料：耐腐蚀材料分为非金属和金属材料两类。国内外针对耐低温腐蚀材料已进行广泛的研究，如国内研制的09CuWSn是一种有效的耐低温腐蚀用钢，在低铜钢中加入国内富有的合金元素钨，能对钢的耐硫酸性能产生良好的作用。几种钢材的耐硫酸露点腐蚀数据如表2-2-6所示[24]。

表 2-2-6　50%硫酸浸泡(6h)腐蚀速率

钢　种	腐蚀速率/[mg/(cm^2·h)]	钢　种	腐蚀速率/[mg/(cm^2·h)]
09CrCuSb	7.30	Cast(日本)	63.0
碳钢	103.5	CRIA(日本)	13.4

(3) 采用低氧燃烧：对于炼油工业管式加热炉，实现低氧燃烧必须保证炉墙的严密性，并且严格控制燃烧器的进风量，否则极易引起机械和化学不完全燃烧，增加排烟热损失。

(4) 使用低硫燃料：烟气露点温度随液体燃料或气体燃料中的硫含量或硫化氢含量的增大而升高。目前炼油厂用于加热炉的气体燃料来源有多处，除铂重整装置的瓦斯外，其他装置的瓦斯都含有相当数量的 H_2S 气体，故其露点温度均较高。通过对炼油气体燃料实施脱硫处理，则可显著降低烟气露点温度，减少低温露点腐蚀。

(二) 强化多装置间热集成，降低工艺加热炉燃料消耗

热量集成是指将一个装置的热量输送至另外一个装置，作为加热工艺介质的热源，以充分利用高温位热量，达到降低加热炉负荷、降低燃料消耗的目的。

传统设计中，炼油厂各生产装置间物料基本上都是上游装置的产品先进入下游装置的原料储罐，下游装置再根据加工需要抽取。由于储罐温度不能太高，上游装置的产品在出装置前必须先冷却到一定温度，而下游装置在加工时又需要先加热到一定的温度，同时为保证油品的流动性，储罐也需要一直维持一定的温度。传统的“出料-冷却-中间罐-加热-进料”模式仅是满足装置独立操作的要求。但是，衔接上、下游装置的中间物流必须先降温再升温，经历二次换热、两级㶲损耗，工艺上不合理，造成能量的极大浪费。热集成是将上下游两套或者多套装置作为一个整体，在炼油大系统内根据温位匹配原则，充分实施“高热高用，低热低用”，提高整体热量利用效率。热集成是避免二次换热、两级㶲损耗的有效方式。

热集成主要包括两个方面，即装置间热量集成和热供料。装置间热量集成，就是在炼油大系统内利用工艺物流的冷却过程回收热量，对需要加热的物流进行预热，即通过装置间热量集成来替代装置内独立的加热或冷却，从而降低冷换设备投资费用，减少加热燃料或蒸汽消耗。例如，利用催化装置循环油浆与原油蒸馏装置初底油换热，提高原油换热终温。焦化、加氢等装置的产品也可设计与原油换热，向原油蒸馏装置补充热源等，降低加热炉燃料消耗。热供料是热联合的另一种形式，基于装置之间的物料直供，即上游装置的产品物流不经冷却或者不完全冷却，且不进中间储罐，直接引至下游装置的原料缓冲罐作为进料。实施热供料可以避免物料的重复冷却和再加热，降低下游装置加热负荷，最终表现为节约燃料等能源的消耗。

以某炼油企业原油蒸馏装置-催化裂化装置间热集成为例，阐述热集成降低工艺加热炉燃料消耗。某千万吨级炼油厂(不配置乙烯工程)催化裂化装置规模为 3.50Mt/a，炼油厂中压蒸汽富余，催化油浆(约 340℃)热量用来发生 3.5MPa 的中压蒸汽 70t/h，而该炼油厂原油蒸馏装置初底油换热终温为 280℃。为合理降低原油蒸馏装置燃料气消耗，原油蒸馏装置与催化裂化装置之间实施热集成，即设置催化循环油浆与原油蒸馏初底油换热。经过核算，热集成方案催化裂化装置 3.5MPa 蒸汽发生量降低 24.5t/h，原油蒸馏装置初底油温位由 280℃提高至 300℃，节约燃料气约 2.4t/h。

四、降低燃料气消耗的重要意义

燃料气是炼油厂能源消耗的重要组成部分，合理降低炼油厂燃料气消耗，意义重大。下面分别从节能减排、资源利用、经济效益三个方面进行阐述。

（1）降低燃料气消耗，对于节能减排具有重要意义

近年来，环境污染问题越来越受到重视，国家明确提出了节能减排的目标，单位 GDP 二氧化碳排放降低 17%、单位 GDP 能耗下降 16%的目标。炼油厂是重要的能源生产企业，也是重要的能源消耗大户，国家对于炼油综合能耗的要求不断提高。在这种形势下，加强炼油厂能量系统全局优化，提高能源利用效率，合理降低燃料气消耗，可以有效节约能源消耗和降低二氧化碳排放。

（2）降低燃料气消耗，对于提高资源利用率具有重要意义

随着经济社会的快速发展和人口不断增加，我国在能源矿产等方面呈现出资源不足的趋势，提高资源利用效率是化解资源不足的关键途径之一。合理降低炼油厂燃料气消耗，可以回收燃料气中的轻烃资源，按照本书前面章节的轻烃资源利用方式，将其转换为具有更高附加值的化工产品，提高燃料气中轻烃资源的利用率。

（3）降低燃料气消耗，对于提高炼油厂经济效益具有重要意义

合理降低炼油厂燃料气消耗，或者以更低能源成本的其他可替代物替代现有的燃料气消耗，回收燃料气中的轻烃资源将其转换为具有更高附加值的化工产品，可以有效提高炼油厂经济效益，提高企业的市场竞争力。

参 考 文 献

[1] 庄肃青，畅广西，张海燕．常减压蒸馏装置的减压深拔技术[J]．炼油技术与工程，2010(5)：6-11.
[2] 陈建民，黄新龙，王少峰，等．减压深拔及结焦控制研究[J]．炼油技术与工程，2012(2)：8-13.
[3] 崔毅．辽河减压渣油深拔技术及深拔加工工艺的研究[J]．天然气与石油，2003(12)：34-38.
[4] 杨万强．延迟焦化装置炉管结焦原因分析及预防措施[J]．化学工业与工程技术，2012(12)：53-56.
[5] 汪年．常减压蒸馏装置减压塔顶不凝气常压脱硫技术[J]．安徽化工，2015(4)：65-66.
[6] 陈建民，桑国平．常减压蒸馏装置减压塔顶含硫不凝气的喷射增压脱硫技术[J]．炼油技术与工程，2012(4)：18-21.
[7] 陈俊武，曹汉昌．催化裂化工艺与工程[M]．北京：中国石化出版社，1995.
[8] 陈福存，朱向学，谢素娟，等．催化干气制乙苯技术工艺进展[J]．催化学报，2009(8)：817-824.
[9] 王建，麻毅进，王崇明．催化干气变压吸附精制生产乙烯技术的应用[J]．乙烯工业，2006(1)：60-64.
[10] 瞿国华主编．延迟焦化工艺与工程[M]．北京：中国石化出版社，2008.
[11] 韩崇仁主编．加氢裂化工艺与工程[M]．北京：中国石化出版社，2001.
[12] 王玉倩．煤气化制氢装置为炼油厂供氢方案研究[J]：化学工业，2014，(8)：39-43.
[13] 尹忠辉．煤及天然气两种制氢路线的比较[J]．石油化工技术与经济，2009(6)：60-62.
[14] 戴文松．IGCC 技术及其在炼油厂的应用分析[J]：炼油技术与工程，2015(1)：1-6.
[15] 高芸，高钰杰，栾佳．2017 年中国天然气发展述评及 2018 年展望[J]．天然气技术与经济，2018(1)：1-7.
[16] 王保群，赵永强．我国七大陆路进口天然气通道[J]．石油知识，2015(5)24-25.
[17] 徐承恩主编．催化重整工艺与工程[M]．2 版．北京：中国石化出版社，2014.
[18] 中华人民共和国国家发展和改革委员会．第 15 号令：天然气利用政策，2012-10-14.
[19] 孙慧，单蕾，刘烁．中国天然气市场化改革加速推进[J]．国际石油经济，2017(6)：51-57.
[20] 刘家明．炼油厂设计与工程[M]．北京：中国石化出版社，2014.
[21] 陈清林，尹清华，王松平，等．过程系统能量流结构模型及其应用[J]．化工进展，2003，22(3)：239-243.
[22] 华贲．炼油厂能量系统优化技术研究与应用[M]．北京：中国石化出版社，2009.
[23] 魏志强．炼油厂节能设计方法与技术[M]．北京：中国石化出版社，2018.
[24] 钱家麟．管式加热炉[M]．北京：中国石化出版社，2003.

第三章 轻烃加工利用方案

炼油厂轻烃是在原油加工过程中产生的C_5以下的烃类，包括C_1~C_4烷烃、C_2~C_4烯烃、少量的C_5烃类，在这些轻烃中不同程度地含有H_2S和CO_2等杂质。炼油厂轻烃的产量一般占原油加工量的5%~10%。轻烃中C_3和C_4组分所占的比例相对较大，C_5组分相对来说较少。

由于各炼油厂所加工的原油及产品结构不同，总加工流程方案和工艺装置构成不同，其轻烃产量不同，有时差别很大。相同的工艺装置采用不同的工艺技术，轻烃的产量也有较大的差别。因此，难以给出各工艺装置所产的轻烃数量占炼油厂总轻烃产量的比例，只能针对具体的工厂进行具体分析。

第一节 炼油厂轻烃来源及组成

炼油厂轻烃来自两部分，一部分是所加工的原油本身含有的轻烃，基本都在常减压蒸馏装置的初馏塔中分离出来；另一部分是来自于二次加工装置，如催化裂化、延迟焦化、加氢裂化、加氢改质、催化重整等。在这些二次加工装置中，催化裂化所产的轻烃占炼油厂轻烃数量的比例最大。

一、原油中的轻烃

原油的轻烃主要由溶解在原油中的气体组成，从甲烷到丁烷，其组成与含量与原油的性质有关。原油中所含轻烃基本在原油蒸馏装置的初馏塔顶或常压塔顶拔出。表2-3-1分别列出了几个炼油厂原油蒸馏装置常压塔顶扣除石脑油后的气体组成。各种原油的性质差别较大，所以所含轻烃的数量和组成差别也很大。

表2-3-1 原油蒸馏装置常压塔顶气体组成

组 分	A厂常压塔顶气/%	B厂常压塔顶气/%(mol)	C厂常压塔顶气/%
C_1	6.8	11.0	8.5
C_2	7.7	15.9	15.4
C_3	32.0	30.4	30.2
i-C_4	12.5	13.8	45.9
n-C_4	41.0	28.9	
合计	100.0	100.0	100.0

二、二次加工装置生产的轻烃

各炼油厂由于所采用的加工路线及处理的原油性质不同，轻烃的产量和性质组成也有差别。在炼油厂中，催化裂化装置所产轻烃的数量最大。在某种程度上，催化裂化装置的规模和所采用的工艺技术，决定了炼油厂所产轻烃的数量和组成，也决定了轻烃的加工利用方案。对于炼油厂二次加工装置，即使是同类装置，因其所用的原料不同，要求的产品方案不同，操作条件以及工艺流程都有所不同，因此，所产轻烃的数量和组成不同，有时差别很大。

1. 催化裂化装置轻烃

催化裂化在现代炼油厂中占有重要地位。它不仅是深度加工增产轻质油品的主要手段，而且能提供大量裂解气体，是生产炼厂轻烃的一个主要工艺过程。

表 2-3-2 为某催化裂化装置生产的轻烃组成，加工的原料为渣油加氢的加氢重油和蜡油加氢的加氢蜡油的混合油，采用 MIP 工艺技术。干气产率 2.8%，液化气产率 14.6%。

表 2-3-2　某催化裂化装置生产的轻烃组成　　%

组　分	组　成	组　分	组　成
H_2~C_2组分		丙烯	32.0
硫化氢	4.8	异丁烷	25.1
氢气	4.0	正丁烷	8.8
甲烷	31.1	1-丁烯	6.0
乙烷	29.2	异丁烯	9.3
乙烯	30.9	反-2-丁烯	6.5
合计	100.0	顺-2-丁烯	5.9
C_3~C_4组分		合计	100.0
丙烷	6.4		

2. 催化重整装置轻烃

催化重整是用来生产芳烃及车用汽油的工艺过程。在生产高辛烷值液体燃料的同时，还产生一定量的富氢气体，含有从甲烷到丙烷的轻质烷烃，其中丙烷、丁烷的含量很高。气体的组成与重整苛刻度及进料组成有关，一般重整气分为 C_3~C_4及富氢两部分，前者即是炼厂气，后者可作为加氢装置的氢源。

表 2-3-3 列出了某连续重整装置生产的轻烃组成。该装置所加工石脑油原料的 P/N/A 比例为 49.8%/38.8%/11.4%。反应苛刻度按稳定汽油的辛烷值(RON)为 102 和 104 两种工况设计，平均反应压力 0.35MPa。燃料气产率 0.28%~0.33%，液化气(LPG)产率 1.3%~2.1%，含氢气体产率 6.1%~7.06%。

表 2-3-3　某连续重整装置生产的轻烃组成

组分	未稳定 LPG/%		燃料气/%(mol)		含氢气体/%(mol)	
	反应苛刻度 RON 102	反应苛刻度 RON 104	反应苛刻度 RON 102	反应苛刻度 RON 104	反应苛刻度 RON 102	反应苛刻度 RON 104
H_2			46.7	48.7	96.1	95.3
C_1	7.4	7.9	9.1	11.5	1.5	1.8
C_2			25.0	23.9	1.2	1.5
C_3	50.2	43.6	15.6	12.2	0.7	0.8
i-C_4	15.9	18.5	0.7	0.8	0.1	0.1
n-C_4	25.2	28.6	1.6	1.7	0.2	0.2
C_5^+	1.3	1.4	1.3	1.2	0.2	0.3
合计	100.0	100.0	100.0	100.0	100.0	100.0

3. 加氢裂化装置轻烃

在正常生产时，加氢裂化装置生产一定数量的轻烃，所产轻烃基本为饱和烃类。与催化重整一样，加氢裂化气也分为富氢及轻烃两部分。所有循环气体和液化石油气由饱和烷烃组成，其中异构烷烃生产量较多，特别是异丁烷在C_4组分中占到了50%(mol)以上。

表2-3-4为某加氢裂化装置生产的轻烃组成。该装置加工减压蜡油和焦化蜡油的混合油，比例为78%：22%。采用单段串联、尾油全循环工艺流程。设置精制、裂化两个反应器，两反应器串联操作，中间不设置分离系统。一反入口氢分压15.0MPa，裂化剂体积空速(对新鲜料)1.5h^{-1}。装置产品以石脑油和柴油为主，重石脑油收率在47.0%左右，满足重整装置进料要求。柴油收率在36.0%左右。C_4^-轻烃收率(包括H_2S和NH_3)为5.6%~6.2%。

表2-3-4　某加氢裂化装置生产的轻烃组成　　%

组　分	反应初期	反应末期	组　分	反应初期	反应末期
H_2S	3.5	3.1	C_3	24.8	26.2
NH_3	3.8	3.5	i-C_4	46.4	41.5
C_1	2.9	3.3	n-C_4	14.5	18.3
C_2	4.1	4.1	合计	100.0	100.0

4. 加氢处理及加氢精制装置轻烃

加氢处理及加氢精制所产的轻烃一般分为富氢及轻烃两部分，气体由饱和烷烃组成。由于裂化深度低于加氢裂化，其轻烃产量较少。

某柴油加氢精制装置在反应初末期生产的轻烃组成见表2-3-5。该装置加工的原料为直馏柴油和催化柴油混合柴油，比例为83.3%：16.7%。生产质量指标满足欧V标准的柴油产品。反应器入口氢分压6.4MPa，主催化剂体积空速1.6h^{-1}。C_4^-轻烃收率(包括H_2S和NH_3)为0.38%~0.72%。

表2-3-5　某柴油加氢精制装置生产的轻烃组成　　%

组　分	反应初期	反应末期	组　分	反应初期	反应末期
H_2S	39.5	20.8	C_3	15.8	23.6
NH_3	10.5	5.6	C_4	21.0	31.9
C_1	7.9	11.2	合计	100.0	100.0
C_2	5.3	6.9			

5. 延迟焦化装置轻烃

热加工工艺如延迟焦化、减黏裂化等是炼厂气的另一个来源。在延迟焦化产生的炼厂气中含有从甲烷到液化石油气的轻烃，其中含有部分烯烃。

某延迟焦化装置的轻烃组成见表2-3-6。该装置加工的原料为环烷基-中间基原油的减压渣油，装置的干气产率为4.06%，液化气产率为4.38%。

表 2-3-6　某延迟焦化装置干气及液化气性质　%(mol)

组　分	干　气	液化气	组　分	干　气	液化气
H_2O	0.883	0.009	C_3H_6	0.712	13.312
H_2S	1.260	0.863	C_3H_8	1.000	34.640
H_2	13.897	—	i-C_4H_8	0.035	6.417
N_2	2.199	—	C_4H_8	0.097	20.147
NH_3	0.014	—	1,3-C_4H_8	0.001	0.217
CO_2	0.469	—	C_4H_{10}	0.102	21.484
CH_4	53.695	—	C_5^+	0.134	1.629
C_2H_4	3.393	0.016	相对分子质量	18.90	50.35
C_2H_6	22.110	1.267			

6. 加氢装置高/低分气

各类加氢装置的高/低分排放气中含有氢气和轻烃。重整装置生产的含氢气体中也含有氢气和少量的轻烃。

表 2-3-7 为某炼油厂重油加氢、蜡油加氢、柴油加氢装置脱硫后的高/低分排放气以及连续重整装置生产的含氢气体的组成。

表 2-3-7　各加氢装置脱硫后的高低分排放气和重整含氢气体组成　%(mol)

组　分	重整氢	重油加氢高分气	重油加氢低分气	蜡油加氢低分气	柴油加氢低分气
H_2	91.4	89.26	93.44	82.07-	81.7
C_1	2.83	7.2	3.48	6.64-	11.9
C_2	2.72	1.99	1.25	3.22	1.1
C_3	2.0	0.93	0.81	4.87	1.0
C_4	0.32	0.28	0.31	1.30	2.9
i-C_4	0.5	0.09	0.07	0.41	—
H_2S	—	0.004	0.016	0.008	—
H_2O	—	0.15	0.57	0.66	—
C_5	0.05	—	—	0.66	1.4
i-C_5	0.08	—	—	—	—
C_6	0.03	—	—	—	—
i-C_6	0.07	—	—	—	—
C_5^+	—	0.09	0.06	—	—
相对分子质量	4.65	4.29	3.55	7.47	7.02

7. C_5组分

除重整装置外，炼油厂基本没有可以直接副产戊烷的工艺装置，而且也只有用于生产芳烃的重整装置才直接副产戊烷。因此，除非有用于生产芳烃的重整装置，一般的炼油厂不直接生产戊烷产品。

因所用原料组成及反应的苛刻度不同，重整装置的戊烷产率也有所不同，一般连续重整的戊烷产率为 1%～4%(对重整反应进料量)，大部分在 2%左右。

第二节　炼油厂轻烃加工

一、炼油厂轻烃加工总流程

炼油厂轻烃大多来自炼厂气。炼厂气是石油加工过程中各工艺装置所产气体的总称，主要包括氢气和 C_1 至 C_4 的烷烃、烯烃以及少量 C_5。炼油厂轻烃集中分布在各工艺装置所产的燃料气、液化气中。常减压、各类加氢、催化重整和芳烃等装置所产的基本为饱和燃料气和液化气。催化裂化等脱碳裂解装置所产的为非饱和的燃料气和液化气。这些气体和液化气中都含有硫等杂质，因此，在最终使用前或到后续装置加工处理前都要进行脱硫处理。因饱和轻烃和非饱和轻烃的用途不同，所以在脱硫处理时，也有所不同。

炼厂气的加工总体流程包括回收、脱硫、加工利用三个过程。回收过程基本都采用吸收稳定工艺，在此过程中尽量把气体、石脑油中的 C_3、C_4 回收为 LPG。产品干气和 LPG 经脱硫处理后，再送往下游装置进行加工利用。

大部分炼厂气经过回收、处理及综合加工后，其基础产品包括 LPG、丙烯、MTBE、烷基化油和燃料气等。有时，炼油厂利用丙烯做原料配套建设聚丙烯装置。如果为炼化一体化的项目，饱和 LPG 往往作为乙烯裂解原料。

典型的炼油厂轻烃初步加工方案汇总见表 2-3-8。

表 2-3-8　典型的炼油厂轻烃初步加工方案

<table>
<tr><th>轻烃来源</th><th>去向</th><th>炼厂产品</th></tr>
<tr><td>常压塔顶气体</td><td rowspan="4">轻烃回收+脱硫/脱硫醇</td><td rowspan="4">净化饱和干气、净化液化气、轻石脑油</td></tr>
<tr><td>催化汽油脱硫燃料气和轻烃</td></tr>
<tr><td>喷气燃料加氢处理、柴油加氢处理、蜡油加氢处理、加氢裂化、重油加氢、润滑油加氢等燃料气和轻烃</td></tr>
<tr><td>重整含硫燃料气和轻烃</td></tr>
<tr><td>催化裂化燃料气和轻烃</td><td>干气→脱硫
液化气→脱硫/脱硫醇→
气体分馏→MTBE →烷基化</td><td>净化非饱和干气、丙烷、丙烯、MTBE、液化气、烷基化油等</td></tr>
<tr><td>柴油加氢、蜡油加氢、加氢裂化、重油加氢、润滑油加氢低分气</td><td>脱硫→PSA</td><td rowspan="2">氢气、尾气(燃料气、制氢原料)</td></tr>
<tr><td>重整含氢气体</td><td>PSA</td></tr>
<tr><td>炼油火炬气柜回收气体</td><td>脱硫</td><td>净化干气、液化气</td></tr>
</table>

加氢和催化重整装置所产的轻烃为饱和烃。目前，大部分炼厂都设置轻烃回收装置，对常减压、各类加氢、催化重整和芳烃等装置产生的饱和轻烃和燃料气进行集中回收、分离和脱硫处理。

加氢装置的轻烃主要来自装置的分馏塔顶气和轻石脑油。在塔顶气中含有一定量的 C_3 和 C_4 组分，而在轻石脑油中，除含 C_3、C_4 组分外还夹带一定量的重石脑油馏分。将常减压以及各类加氢装置生产的塔顶气和轻石脑油送至轻烃回收装置，通过吸收稳定等工艺，回收

气体中的 C_3^+ 组分，并且回收轻石脑油中的 C_6 以上的重石脑油组分。轻烃回收装置将轻烃分成干气、液化气、轻石脑油馏分。这些组分中都含有 H_2S、NH_3 等杂质，在进入下游装置或作为产品之前都要经过脱硫和脱硫醇处理，生产出净化的饱和干气、液化气和轻石脑油等产品。

催化重整装置原料预处理部分分馏塔顶产生少量燃料气和轻石脑油(拔头油)，一般也送至轻烃回收装置处理。催化重整装置还生产部分液化气，因不含杂质，可直接作为产品。用于生产芳烃的催化重整装置，还副产戊烷产品。除催化重整装置外，炼油厂基本没有可以直接生产戊烷的装置。

催化裂化装置生产的轻烃为非饱和烃类，不再到轻烃回收装置处理，而直接去脱硫/脱硫醇装置进行处理。经过脱硫/脱硫醇后的液化气再到气体分馏装置分离出丙烷、丙烯和 C_4。精制后的催化裂化 C_4 可以作为 MTBE 的原料。MTBE 的剩余 C_4 馏分也即醚后 C_4，可用作民用液化气，也可作为烷基化原料。催化裂化装置生产的干气含硫，在使用前也要经过脱硫处理。

各类加氢装置高低分排放气以及催化重整产的含氢气体中氢气含量较高，并含有一定量的低分子轻烃。目前大部分炼油厂设有像 PSA 这样的氢气提浓回收装置，回收各类加氢装置高低分排放气以及重整含氢气体中的氢气。加氢装置高低分排放气中含硫，在进入氢气提浓回收装置之前要进行脱硫处理。PSA 等氢气提浓回收装置生产的氢气纯度达到 99.9%以上，其 PSA 的氢气回收率达到 90%以上。生产的尾气可以作为燃料，也可作为制氢原料。

目前，炼油厂基本都设置火炬气回收设施，在正常操作时，通过安全阀等渗漏到火炬放空系统的气体都到火炬气回收设施的气柜中进行回收。这些气体可能含硫，因此，再通过压缩机升压后送至脱硫装置进行脱硫处理。排放到火炬放空系统的烃类既含有饱和烃类也含有非饱和烃类，因此都送至非饱和烃脱硫系统进行脱硫。

二、炼油厂气体的回收及预处理

在炼油厂中催化裂化装置所产的气体量较大，并且含有大量的烯烃即不饱和烃。其他装置所产气体量相对较少，且不含或含少量的烯烃，为饱和烃。因此大多炼厂将催化裂化装置所产的气体与其他装置所产气体分开回收处理。炼油厂轻烃加工分成饱和轻烃以及非饱和轻烃两条路线。

比较典型的炼油厂轻烃加工总流程见图 2-3-1。

(一) 炼厂轻烃的回收[1]

工业上一般采用吸收与解吸的方法将炼厂气中大于 C_3 和小于 C_2 的组分进行分离回收，也就是吸收稳定过程。

过去炼油厂的吸收稳定大多只采用一个吸收塔，用汽油做吸收剂。塔内没有解吸过程，有部分 C_2 组分也被吸收带入稳定塔，这样就造成稳定塔顶液体中含有较多的 C_2 组分(一般为 5%~10%)。要求稳定塔在较高的压力下操作，稳定塔回流罐排放的气体中会夹带有部分 C_3 以上的烃类，并且回收的液态烃进一步分离时必须设置脱乙烷塔。这种流程在新建炼油厂中已经不再采用，基本采用单塔吸收稳定和双塔吸收稳定两种类型的流程，但目前应用最广泛的是双塔吸收稳定流程。

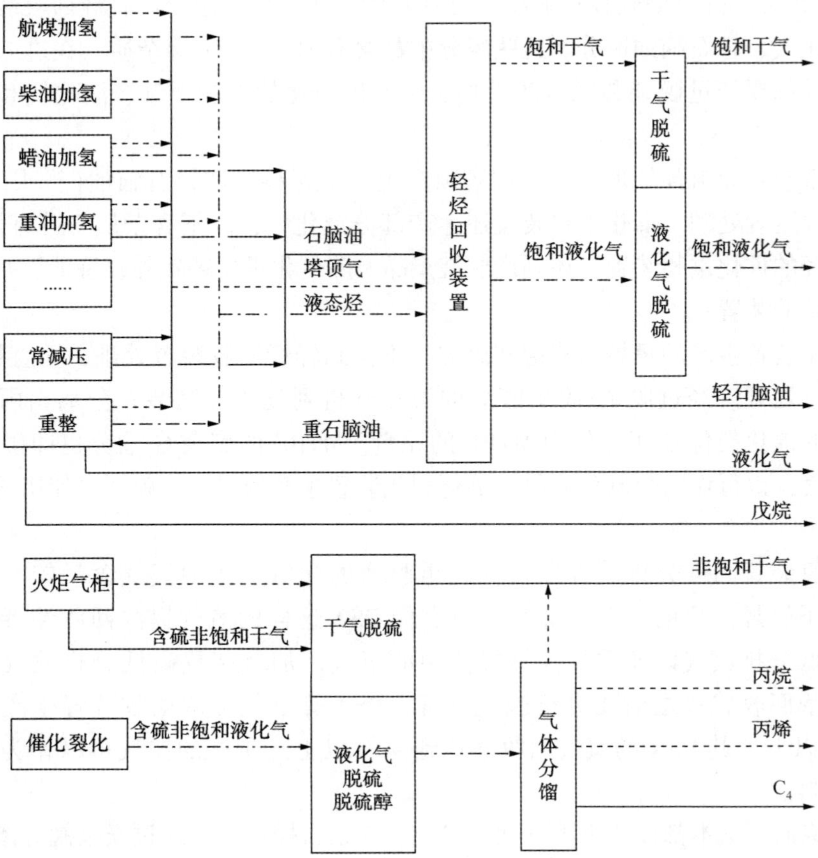

图 2-3-1　炼油厂轻烃加工总流程

1. 单塔吸收稳定流程

该流程的特点是吸收过程采用一个吸收-解吸塔，使得大于 C_3组分的吸收和小于 C_2组分的解吸过程在同一个吸收-解吸塔内进行。这种塔以富气进料口为界，进料口以上为吸收段，将富气中的大于 C_2的组分以及部分 C_2组分吸收下来，进入进料口以下的解吸段。在解吸段，通过塔底重沸器加热将带入的 C_2组分解吸出来。因此 C_2组分很少带入稳定塔，能减少稳定塔顶液态烃的 C_2组分含量(一般在1%以下)，有利于稳定塔操作。这种流程最大的缺点是吸收和解吸在同一个塔内进行，相互有干扰。要想提高 C_3的吸收效率，C_2的脱吸率就要受到一定的影响；相反，要保证 C_2的脱吸率，又会影响到 C_3的回收率。操作时较难同时达到最高的 C_3回收率和最好的 C_2脱吸率，液态烃的回收率一般只能达到60%～70%。因此，目前大多炼厂不再采用单塔而采用双塔吸收稳定流程。

2. 双塔吸收稳定流程

双塔吸收稳定是从单塔吸收稳定流程发展起来的，其特点是吸收和解吸在两个塔内进行。该流程解决了单塔流程吸收和解吸相互干扰的问题，操作的灵活性也较大。C_3吸收率可达90%，C_2的脱吸率也能得到保证。目前，炼油厂的催化裂化和延迟焦化装置基本都采用这种吸收稳定流程。

3. 催化裂化的吸收稳定流程

目前催化裂化的轻烃回收基本采用吸收、再吸收、脱吸、石脑油稳定的工艺流程，如

图 2-3-2所示。

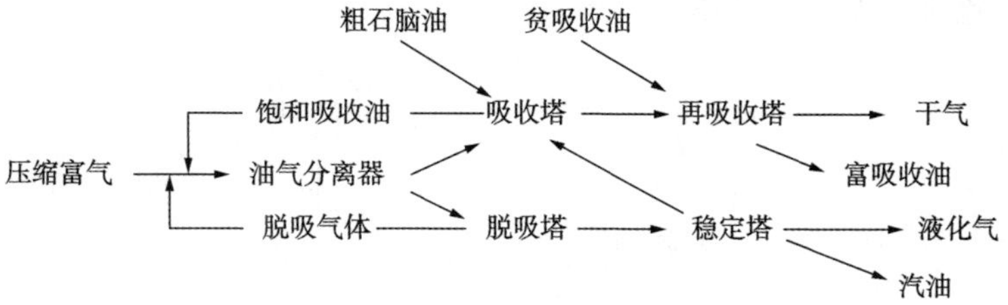

图 2-3-2　催化裂化的轻烃回收(吸收稳定)流程示意图

从分馏部分来的富气被压缩后与脱吸塔顶的脱吸气体混合，经冷却后再与吸收塔底的饱和吸收油混合，再经冷凝冷却后进入油气分离器分离出富气和凝缩油。富气进入吸收塔下部。从分馏部分来的粗石脑油，以及作为补充吸收剂的稳定汽油分别进入吸收塔。在吸收塔内吸收油与气体逆流接触。吸收塔底的饱和吸收油再与压缩富气混合。吸收塔顶的贫气进入再吸收塔底部，与作为贫吸收油的轻循环油逆流接触，以吸收贫气中携带的汽油组分。从再吸收塔顶排出的干气送至双脱部分，塔底富吸收油返回稳定塔。

自油气分离器出来的凝缩油进入脱吸塔上部。脱吸塔顶气体再与压缩富气混合。脱吸塔塔底的脱乙烷汽油进入稳定塔。C_4及 C_4以下的轻组分从稳定塔顶馏出。稳定塔顶液化气送往双脱部分进一步精制。稳定塔底的稳定汽油分为两部分，一部分作为稳定汽油去汽油脱硫装置进行脱硫，另一部分经冷却后打入吸收塔顶作为补充吸收剂。

4. 炼厂轻烃回收加工流程

目前国内轻烃回收大多采用图 2-3-2 所示的工艺流程。采用二级吸收工艺能保证干气和液化气的质量，提高装置的轻烃回收率。一般情况下，干气中 C_3及大于 C_3以上的组成不超过3%(mol)；液化气中 C_5及 C_5以上的组分不超过3%(mol)；液化气饱和蒸气压(37.8℃)不大于 1380kPa。

轻烃回收装置消耗的热量较多，大多需要与常减压蒸馏装置进行热联合，以降低装置能量消耗。

再吸收塔顶干气和稳定塔顶液化气需送至脱硫联合装置进行脱硫，以确保 H_2S 含量符合要求。

(二) 炼厂轻烃的脱硫净化处理

催化裂化、延迟焦化以及轻烃回收装置的干气和液化气都含有 H_2S、NH_3和硫醇硫等杂质，在进一步使用之前需送净化处理。一般要送至脱硫联合装置进行脱硫，以确保杂质含量符合要求。

过去炼厂脱硫大多采用碱洗的方法，这种方法工艺过程简单、操作容易、投资少。但最大的缺点是脱硫效率低，产生大量的碱渣，造成环境污染。目前，炼厂气体及液化气的净化处理大多采用以甲基二乙醇胺(MDEA)作脱硫溶剂的胺法脱硫。液化气脱硫醇基本采用纤维膜接触器碱洗的方法。有时下游装置对气体中 CO_2 含量有特殊要求时，应采用脱硫脱碳工艺。

1. 炼厂气脱硫

目前，炼厂气脱硫基本采用 MDEA 做溶剂的胺法脱硫工艺。MDEA 具有对吸收 H_2S 选择性好、与 H_2S 和 CO_2的反应热小、溶剂循环量小、溶剂损耗低和对碳钢设备腐蚀性小等优点。脱硫后的净化干气 H_2S 含量可达到 20mg/Nm^{3}以下。

炼厂干气脱硫流程见图 2-3-3。

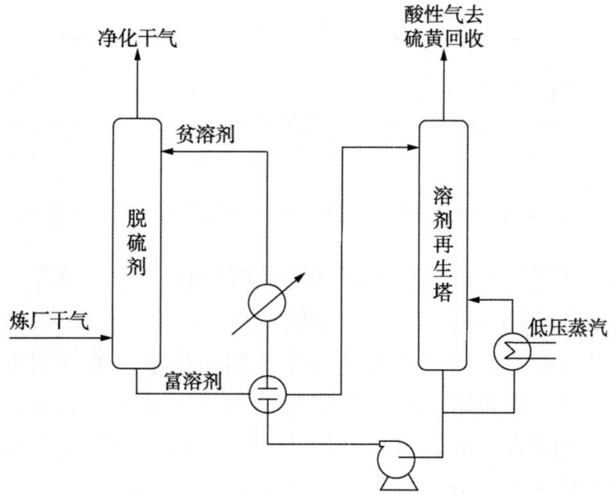

图 2-3-3　炼厂干气脱硫流程

来自催化裂化、轻烃回收、火炬气柜等的干气经过分液后进入脱硫塔，在塔内气体和贫胺液逆流接触，气体中的 H_2S 与 MDEA 发生反应，富胺液自脱硫塔底送至溶剂再生装置进行再生。净化混合干气自脱硫塔顶流出并经脱除胺液后送出装置。脱硫部分使用的贫胺液大多为 30%的 MDEA 溶液，来自溶剂再生装置的溶剂再生塔。

大多数炼厂的轻烃回收装置饱和干气、催化裂化非饱和干气、火炬气柜干气都分开设置脱硫塔。脱硫后的饱和干气和火炬气柜干气做燃料气，如果下游有乙烯裂解装置，净化后催化裂化非饱和干气送蒸汽裂解装置进行 C_2 回收。

2. 液化气脱硫

现在炼厂的液化气脱硫也基本采用类似于气体脱硫的 MDEA 胺法脱硫流程。液化气脱硫流程见图 2-3-4。

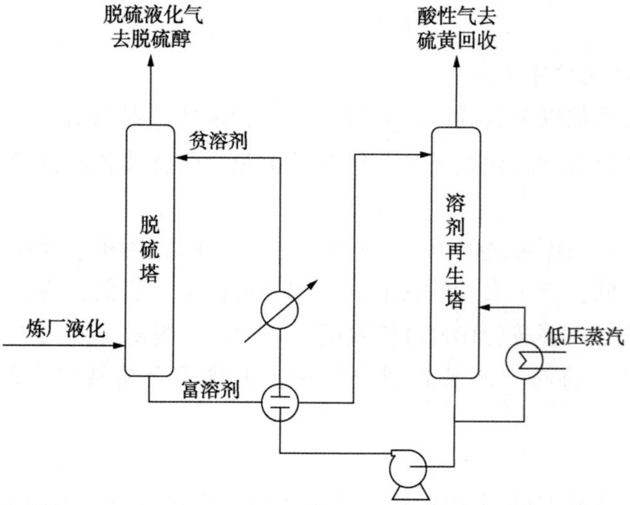

图 2-3-4　液化气脱硫流程

液化气进入脱硫塔下部，贫胺液从塔上部进入。在塔内，液化气中的 H_2S 被胺液吸收。富胺液自塔底送至溶剂再生部分。净化液化气自塔顶流出经脱除可能携带的胺液后送至液化气脱硫醇部分。所使用的贫胺液大多为 30% 的 MDEA 溶液，来自溶剂再生装置的溶剂再生塔。

大多数炼厂的轻烃回收装置饱和液化气和催化裂化的非饱和液化气分开设置脱硫塔。

3. 催化裂化干气的脱硫脱碳

催化裂化干气中含有一定量的 CO_2(0.5%~5%)。有时，下游利用催化裂化干气做原料的装置对原料中 CO_2的含量有特殊要求，因此在进行脱硫的同时也要将其中的 CO_2脱出。这样就要采用催化干气脱硫脱碳流程。

催化干气脱硫脱碳工艺流程与干气脱硫一致。所使用的贫胺液大多为 30% 的复合胺溶液，来自溶剂再生装置。

4. 脱硫溶剂再生

目前炼油厂的脱硫富溶剂基本采用集中再生的方式。设置溶剂再生塔，以低压(0.4~0.5MPa)蒸汽做塔底热源，采用间接汽提工艺，将来自脱硫塔的富溶剂中的酸性气汽提出去，送到硫黄回收装置进行硫黄回收。因酸性气的压力低，并且具有腐蚀性，不适宜远距离输送。因此，溶剂再生装置常常与硫黄回收装置布置在一起，方便管理，同时为下游硫黄回收装置提供了稳定的酸性气来源。再生后贫胺液的 H_2S 含量≤0.008mol/mol MDEA，CO_2 含量≤0.003mol/mol MDEA。

由于不同介质的脱硫对溶剂的质量要求不一样，一般根据需要将溶剂再生装置分为多个系列。加氢装置的循环氢脱硫、干气和液化气脱硫、酸性水汽提、催化干气脱硫脱碳的富溶剂大多都分开设置溶剂再生塔。因焦化干气和液化气脱硫的富溶剂中有时携带焦粉，容易引起溶剂发泡，一般也与其他富溶剂分开再生。

5. 液化气脱硫醇

目前，大多炼油厂利用纤维膜接触器采用碱洗方法进行液化气脱硫醇，代替普通的碱洗。由于纤维膜的比表面积大，所以使用的碱液量较常规的碱洗大幅度减少。

(1) 脱硫醇部分

对于硫醇含量较低的液化气，例如带有原料预处理(即催化原料进行过加氢处理)的催化液化气，一般可采用一级纤维膜接触器脱硫醇的工艺流程。

一级液化气纤维膜接触器脱硫醇的工艺流程见图 2-3-5。

脱除了大部分 H_2S 后的液化气经过滤后从上部进入液化气脱硫醇纤维膜接触器，在纤维膜的表面液化气与碱液接触，可能含有的少量 H_2S 以及硫醇被碱液从液化气中抽提出来。脱除了 H_2S 及硫醇的液化气离开纤维膜接触器后再经水洗纤维膜接触器水洗，经水洗的精制催化液化气再送往气体分馏装置。液化气和碱液在液化气纤维膜脱硫醇罐内依靠重力分离，大部分碱液返回脱硫醇纤维膜接触器循环使用，少部分碱液去往碱液再生系统。

大部分非饱和液化气的硫醇含量较高，一般采用二级纤维膜接触器脱硫醇的工艺流程，其工艺流程见图 2-3-6。

脱硫部分来的脱除了大部分 H_2S 后的液化气从上部进入一级纤维膜接触器，与碱液接触，可能含有的少量 H_2S 以及硫醇被碱液抽提出来。液化气和碱液在一级纤维膜脱硫醇罐内依靠重力分离。液化气从罐顶流出进入二级液化气脱硫醇纤维膜接触器，与来自碱液再生系统的碱液接触。通过两级抽提，液化气中硫醇被脱除。一级纤维膜接触器内的碱液从底部送往碱液再生系统。液化气和碱液在二级液化气脱硫醇纤维膜接触器内依靠重力分离，大部分碱液送至一级纤维膜接触器入口。脱除了 H_2S 及硫醇的精制液化气从二级液化气脱硫醇纤维膜接触器流出，进入水洗纤维膜接触器，经水洗除去其中可能携带的金属离子后送往罐区。

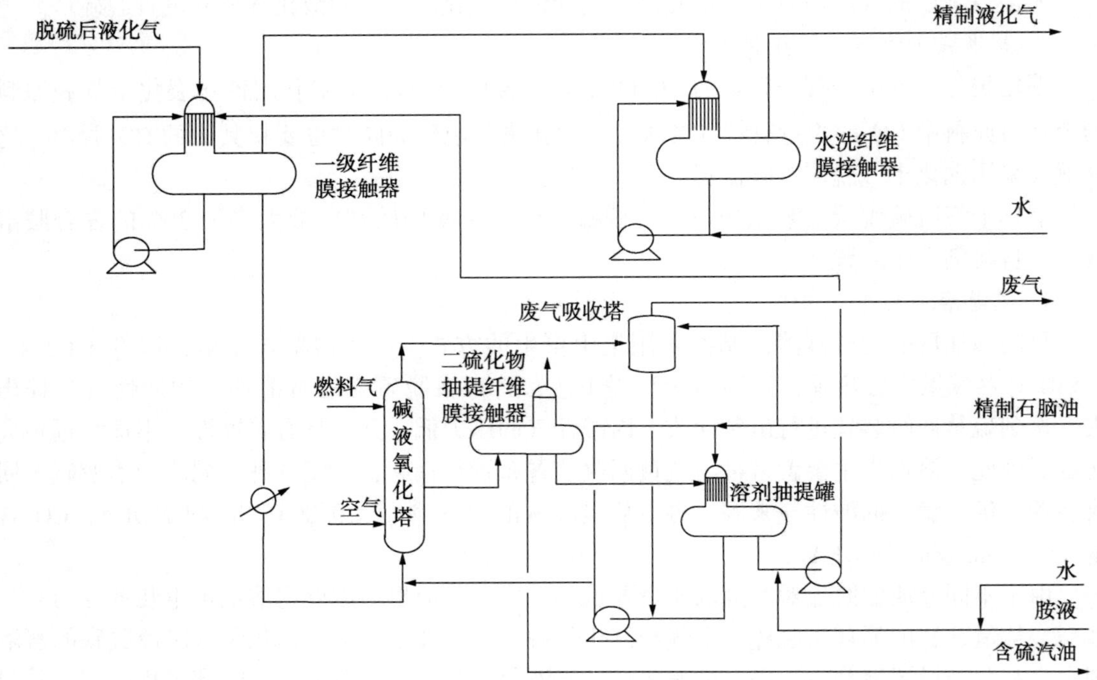

图 2-3-5　一级液化气纤维膜接触器脱硫醇的工艺流程示意图

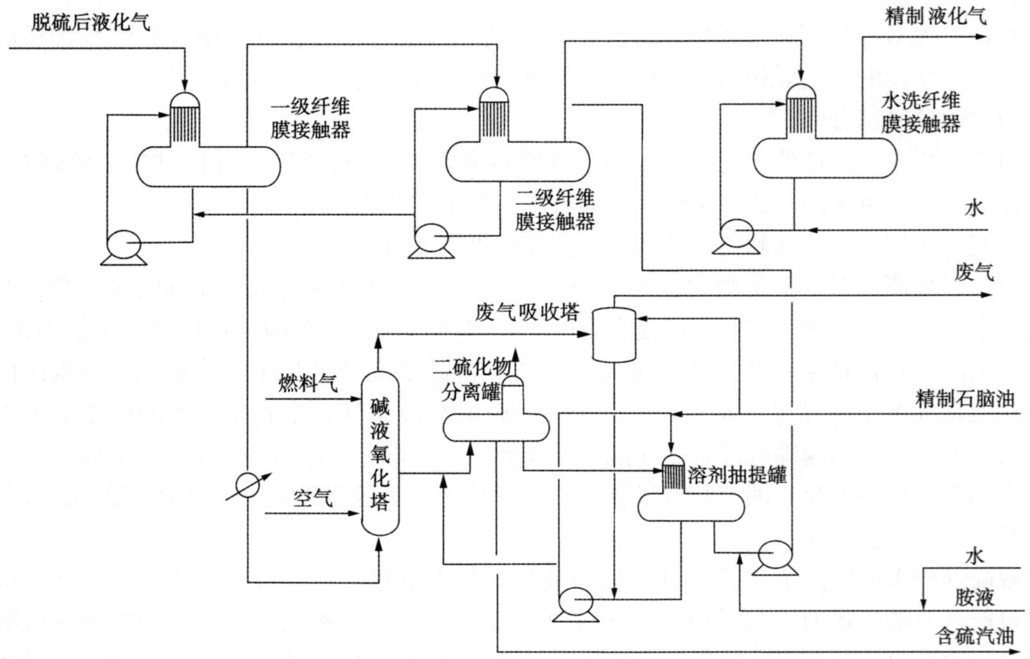

图 2-3-6　二级液化气脱硫醇流程示意图

精制液化气的硫醇硫含量≤5mg/m³，铜片腐蚀合格，钠离子含量≤0.1mg/m³，完全满足商品以及下游装置进料的质量规格要求。

(2) 碱液再生

纤维膜脱硫醇用的碱液需要进行再生，再生采用氧化+抽提法，其流程见图 2-3-5 和图 2-3-6。

从液化气脱硫醇部分来的碱液经加热后经过催化剂加入器进入碱液氧化塔，在塔内通入空气使碱液中的硫醇钠和硫化钠被氧化。氧化后的碱液离开氧化塔，经冷却后与来自二硫化物溶剂抽提罐(纤维膜接触器)的抽提溶剂混合后进入二硫化物分离罐。溶剂和碱液在二硫化物分离罐内分离，含二硫化物的溶剂(含硫汽油)送出装置。经初步抽提的碱液离开二硫化物分离罐后与新鲜的抽提溶剂(一般为干净的汽油)混合后进入二硫化物抽提罐(溶剂抽提罐)。溶剂抽提罐为纤维膜接触器，碱液和抽提溶剂在纤维膜接触器内分离。再生后的碱液被送至脱硫醇部分循环使用。含二硫化物的溶剂升压后一部分作为回流，另一部分送至二硫化物分离罐。

(三) 催化液化气的分离-气体分馏

催化裂化生产的液化气量较大，并且其中含有大量的烯烃，用途较多。炼油厂基本都设置气体分馏装置，用于分离催化裂化的液化气。通过气体分馏将液化气分离出燃料气、丙烯、丙烷和碳四馏分。

催化裂化装置副产的液化气经液化气脱硫、脱硫醇后作为气体分馏装置的原料。气体分馏装置可生产纯度≥99.6%(mol)的精丙烯产品，可作为聚丙烯装置的原料。分离出的碳四馏分可作为 MTBE 装置的原料。根据上游催化裂化装置所提供的原料组成，并且为满足下游装置对产品的规格要求，气体分馏装置流程方案不同。常规采用三塔流程，即脱丙烷塔、脱乙烷塔和丙烯塔。典型的三塔分离的气体分馏流程示意图见图 2-3-7。

当碳四作为 MTBE 原料时，如果碳四馏分中的硫含量还较高，会使得 MTBE 产品硫含量超标。有些装置生产的 MTBE 产品硫含量大于 30mg/kg，无法满足全厂汽油调和对硫含量的要求。在这种情况下，有时气体分馏采用四塔流程，即增加碳四分馏塔，分离出轻碳四作为 MTBE 原料。典型的四塔分离的气体分馏流程示意图见图 2-3-8。

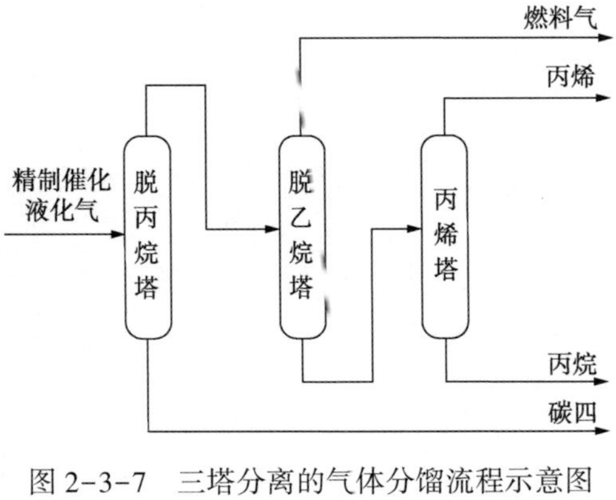

图 2-3-7 三塔分离的气体分馏流程示意图

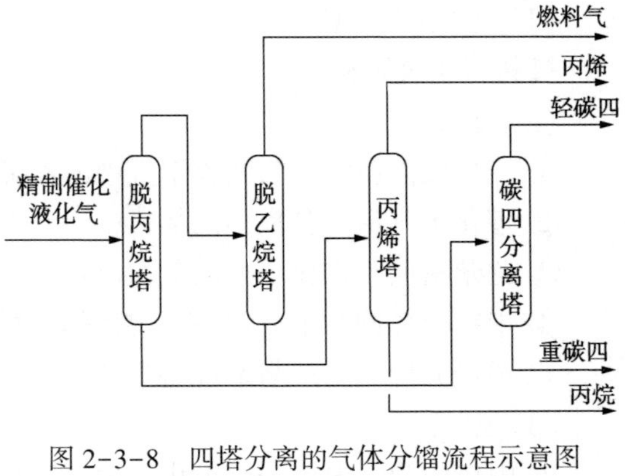

图 2-3-8 四塔分离的气体分馏流程示意图

通过轻重碳四分离，使碳四馏分中的硫进入重碳四馏分中，以降低轻碳四馏分中硫含量进而降低 MTBE 产品的硫含量。这样在 MTBE 装置内可以不再增设脱硫设施。对于是在气体分馏装置设置轻重碳四分馏塔，还是在 MTBE 装置内增设脱硫设施，要根据具体情况进行技术经济分析对比后进行方案选择。

增加碳四分馏塔还有另外一个目的，由于催化裂化稳定塔的分离效果不佳，使得液化气中的C_5含量超标，设置碳四分馏塔分离出C_5。因这种流程的全部碳四要蒸馏到塔顶，能耗大，很少采用。基本是在催化裂化的稳定塔控制液化气中的C_5含量。

有时，在下游装置对丙烯的水和硫含量有要求时，还在气分装置增设丙烯预精制部分，即设置丙烯脱水、脱硫处理设施。聚丙烯装置的原料一般可分成两类，即炼厂丙烯和裂解丙烯。炼厂丙烯通常含有较高含量的杂质，其中水和硫是主要的杂质，因此要进行脱水、脱硫处理。丙烯脱水采用分子筛吸附，脱硫采用水解剂和脱硫剂组合的方式。精制后的丙烯中水含量可达到2.0mg/kg，硫含量可达到1.0mg/kg。

气体分馏装置的产品纯度要求高，回流比大，能耗很大。塔底加热消耗低压蒸汽，塔顶又要消耗大量的冷却水或用空冷取走冷凝热，其中丙烯-丙烷分离系统的能耗占装置能耗的50%以上。根据丙烯-丙烷的精馏工艺不同，气体分馏可分为常规和热泵两种工艺流程。在无低温热源情况下，大型的气体分馏装置的丙烯-丙烷分离系统一般均采用热泵流程，可取得良好的节能、节水效果。热泵循环就是逆向卡诺循环，它将回收塔顶流体的低温热能通过压缩机组将其温位提高，作为塔底热源，从而达到节能的目的。但热泵系统中需增加一台气体压缩机及相应的配套设施，因此与常规流程相比，一次性投资比较大。

大部分的气体分馏装置基本都与催化装置为联合装置，而催化能提供大量的热水和热油，此热量可作为气体分馏装置的热源，正常操作下可不用蒸汽加热。因此，大部分炼厂的气分装置都按常规流程设计，利用催化提供的热水和热油作为气体分馏装置的热源，这样既减少装置投资，又降低能耗。

第三节　炼厂轻烃转化与利用

一、炼厂轻烃的综合利用

炼厂轻烃具有广泛的用途，是生产石油化工产品的宝贵原料。轻烃综合利用的最主要技术途径举例如下：

(1) 干气(C_1、C_2)

燃料、制氢原料。

(2) 碳二

① 变压吸附(PSA)法回收干气中的乙烯；

② 催化干气深冷分离出乙烯；

③ 乙苯法回收催化干气的低浓度乙烯；

④ 中冷分离饱和干气中的乙烷用作乙烯原料；

⑤ 烯烃芳构化生产高辛烷值汽油。

(3) 碳三

① 丙烯作为聚丙烯等有机化工生产原料；

② 丙烷可作为液化气；

③ 丙烷作为乙烯裂解原料；

④ 丙烷作为丙烷脱氢制丙烯原料。

(4) 碳四

① 丁烷作汽油调和组分；

② 丁烷作液化气；

③ 异丁烯与甲醇醚化生产 MTBE；

④ 异丁烯与水制取叔丁醇；

⑤ 丁烯和异丁烷生产烷基化油；

⑥ 烯烃芳构化生产芳烃和高辛烷值汽油；

⑦ 烯烃裂解制乙烯、丙烯。

(5) 碳五

① 异戊烷作汽油调和组分；

② 异构化生产高辛烷值汽油组分；

③ 正构碳五作乙烯裂解原料；

④ 碳五烯烃作轻汽油醚化原料；

⑤ 烯烃裂解制乙烯、丙烯。

近年来，国内炼厂轻烃的加工利用得到了快速发展，主要体现在如下几个方面[2]：

(1) 生产高辛烷值汽油组分

由于丁烷的辛烷值高，在汽油蒸气压满足规格要求的情况下，汽油中留有一定量的丁烷组分，以增加汽油产量，并提高汽油的辛烷值。

利用催化裂化液化气中的异丁烯与甲醇醚化生产 MTBE，作为汽油添加组分；利用丁烯和异丁烷(MTBE 未反应碳四)通过烷基化工艺生产烷基化油。烷基化油不含烯烃和芳烃并且辛烷值很高，是非常理想的高辛烷值汽油调和组分；利用丙烯、丁烯经叠合工艺生产叠合汽油。

随着汽油质量不断升级，要求汽油中的硫、烯烃和芳烃等含量不断下降，上述汽油调和组分所占的比例将不断增加。在最近几年，对烷基化油的需求将大幅度提高，烷基化工艺又将迎来新的发展阶段。

(2) 生产合成材料、有机化工原料和溶剂

利用催化裂化干气中的乙烯与苯烃化生产乙苯；利用丙烯生产聚丙烯、环氧丙烷等；用丁烯氧化脱氢制丁二烯生产顺丁橡胶等；用丙烯与苯烃化生成异丙苯，再将异丙苯氧化制取苯酚、丙酮；用丁烯生产甲乙酮，用丙烯生产异丙醇等。

(3) 作为生产烯烃、氨和氢气的原料

用炼厂的 $C_2 \sim C_5$ 烷烃做蒸汽裂解的原料制取乙烯和丙烯等；利用炼厂干气特别是焦化干气制造氨和制氢等。

二、炼厂轻烃的分离转化

如果炼厂气中的烯烃与烷烃用于生产高辛烷值汽油和化工原料，需要进一步分离和转化。由于大部分烯烃可用于转化，为了进行再利用，首先要从炼厂气中分离出部分或全部烯烃。在炼厂轻烃中，数量最多的烯烃是催化裂化产生的丙烯和碳四烯烃。丙烯可以在气体分馏中直接分离出来，重点是碳四烯烃的分离。

(一) 碳四烯烃的分离与转化

在炼厂轻烃所含的烯烃中，碳四烯烃的应用比较广泛。经济合理的分离方法，是碳四烯烃利用的基础和前提。C_4烯烃异构体的分离主要包括异丁烯的醚化、C_4选择加氢除丁二烯、

正丁烯的加氢等工艺[1]。

1. 正丁烯的分离

催化裂化和蒸汽裂解所产生的 C_4产物中含有一定量的正丁烯。图 2-3-9 为从 C_4产物中分离正丁烯的流程示意图。C_4物料中的异丁烯在生产甲基叔丁基醚的 MTBE 装置中与甲醇醚化去除掉，未反 C_4中富含正丁烯。如果需要正丁烯产品的纯度较高，则富含正丁烯的物料可再进行选择性加氢以除去其中残余的丁二烯。

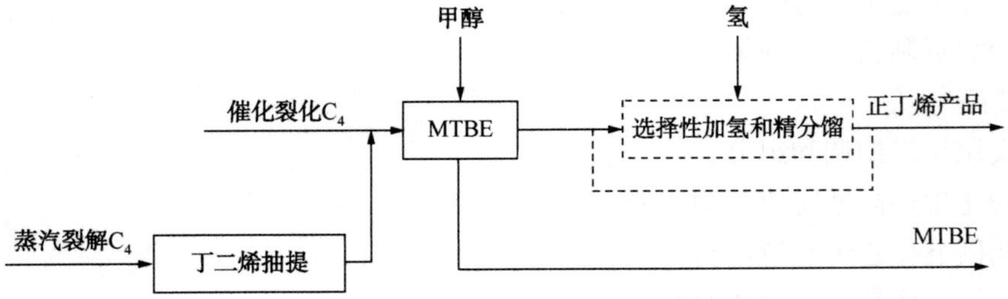

图 2-3-9　从 C_4中分离正丁烯流程

2. 异丁烯的分离

图 2-3-10 为从 C_4产物中分离异丁烯可行的流程示意图。首先在 MTBE 反应过程中使异丁烯与甲醇醚化生成 MTBE，然后再将 MTBE 裂解，重新分解成纯的异丁烯和甲醇。

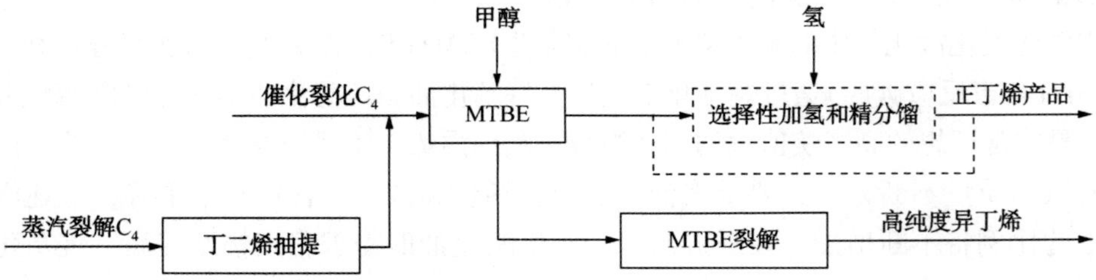

图 2-3-10　从 C_4中分离异丁烯流程

3. 烯烃完全转化的 MTBE-烷基化组合工艺

气体分馏装置得到的催化裂化 C_4馏分，通过如 MTBE 等某些生产工艺过程兼收分离与转化的效果。

以催化裂化液化气经气体分馏分出的 C_4作为 MTBE 原料，其中异丁烯与甲醇通过醚化反应，剩余 C_4 中几乎不含异丁烯的正丁烯和丁烷组分。而丁烯和异丁烷可以通过烷基化工艺生产烷基化油。MTBE+烷基化的组合工艺见图 2-3-11。这样的组合工艺可将炼厂催化裂化及蒸汽裂解装置的 C_4烯烃完全转化，生产出高辛烷值汽油组分。

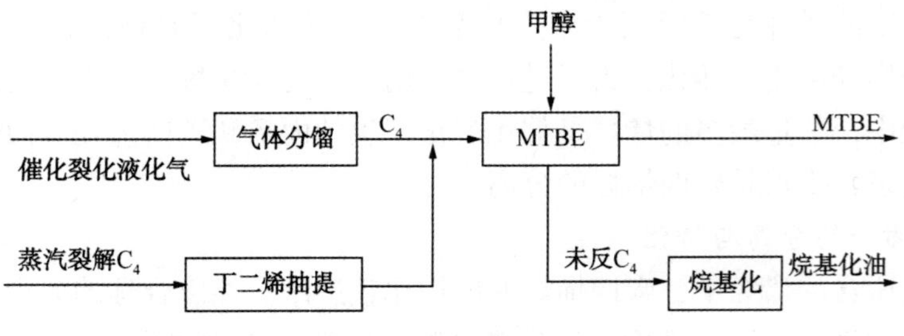

图 2-3-11　MTBE+烷基化的组合工艺

某催化裂化装置的液化气经过气体分馏后得到的可作为MTBE生产原料的C_4组成见表2-3-9。

表2-3-9　MTBE进料C_4组成

组　分	组成/%	组　分	组成/%
C_3H_6	0.05	t-C_4H_8	14.50
C_3H_8	0.06	c-C_4H_8	12.59
i-C_4H_{10}	33.04	i-C_5H_{12}	0.07
n-C_4H_{10}	7.06	H_2O	饱和
i-C_4H_8	22.35	小计	100.0
1-C_4H_8	10.28		

采用上述原料，在MTBE装置经过甲醇醚化所生产的MTBE产品规格见表2-3-10。

表2-3-10　MTBE产品规格

组　分	组成/%	组　分	组成/%
MTBE(含MSBE)	≥98(扣除C_5)	甲醇	0.2
叔丁醇	0.4~0.6	C_4	<0.5
二聚物	0.2~0.4		

MTBE剩余C_4馏分组成见表2-3-11。该馏分中基本不含异丁烯，大部分是异丁烷和丁烯，可作烷基化原料，也可用作民用液化气燃料。

表2-3-11　MTBE剩余C_4组成

组　分	组成/%	组　分	组成/%
丙烯	0.06	顺-2-丁烯	16.03
丙烷	0.08	异戊烷	30mg/kg
异丁烷	42.43	水	0.05
正丁烷	9.06	二甲醚	0.05
异丁烯	0.57	甲醇	≤50mg/kg
1-丁烯	13.13	MTBE	≤50mg/kg
反-2-丁烯	18.52	小计	100

烷基化装置是以液化气中的烯烃及异丁烷为原料，在催化剂的作用下烯烃与异丁烷反应生成烷基化油。由于MTBE装置所提供的未反应碳四馏分中烷烯比不足，需补充部分异丁烷。加氢裂化副产的液化气中富含异丁烷，对于有加氢裂化装置的炼厂，烷基化装置基本都以加氢裂化液化气作为补充异丁烷的来源。

以液体酸为催化剂的烷基化工艺可分为硫酸烷基化和氢氟酸烷基化，两种工艺都为成熟的技术，在国内外都有广泛应用。目前应用较多的以硫酸烷基化工艺为主。

以一套硫酸烷基化为例，采用表2-3-11中所列的MTBE剩余碳四做原料，为硫酸烷基化装置补充的加氢裂化液化气组成见表2-3-12。

表 2-3-12　补充的加氢裂化液化气组成　　%(mol)

组　分	组　成	组　分	组　成
C_2H_6	1.36	C_5H_{12}	1.24
C_3H_8	30.22	H_2O	0.26
i-C_4H_{10}	39.71	合计	100.00
n-C_4H_{10}	27.21		

该硫酸烷基化装置的产品收率和主要性质见表 2-3-13。

表 2-3-13　硫酸烷基化产品收率和主要性质

	物料名称	收率/%	产品性质组成
进　料	MTBE 未反应碳四	80.0	见表 2-3-11
	加氢裂化碳四	20.0	见表 2-3-12
	合计	100.0	
出　料	烷基化油	78.0	雷氏蒸气压(RVP)：0.03MPa 相对密度：0.69 辛烷值：RON(C)96.8 MON(C)93.3
	正丁烷	14.0	n-C_4H_{10}：94.0% i-C_4H_{10}：3.86% C_5H_{12}：2.14%
	液化气	6.0	
	燃料气	2.0	
	合计	100.0	

(二) 轻烃芳构化

目前，除了利用催化裂化 C_4烯烃生产 MTBE 和做烷基化原料外，国内炼化企业对 C_4资源的综合利用率比较低，C_4馏分大多作为燃料液化气。化工利用方兴未艾。随着炼油加工能力的提高以及乙烯产能的不断增加，使得作为副产品的 C_4资源的有效利用矛盾更加突出。特别是近年来国内天然气工业的快速发展，现作为民用液化气商品的 C_4资源面临着更加严峻的挑战。在 C_5馏分中，除了对部分裂解 C_5馏分中异戊烯、环戊二烯、间戊二烯以及异戊二烯分离利用外，其余 C_5馏分大多作为乙烯裂解料及汽油调和组分。C_4、C_5等轻烃馏分的附加值较低。

轻烃芳构化是近年发展起来的一种生产芳烃、乙烯裂解料和汽油调和组分的新工艺。该工艺采用沸石分子筛催化剂，将诸如油田凝析油、直馏汽油、焦化汽油、重整抽余油、重整拔头油、热裂解汽油、热裂解碳五馏分和液化石油气等轻烃转化为芳烃。轻烃芳构化技术有三种产品方案，即芳烃方案、裂解料方案和汽油方案，分别用于生产 BTX、优质乙烯裂解料或高辛烷值汽油调和组分。

按照反应器类型、再生方式的不同，芳构化反应工艺有等温固定床和绝热移动床反应工艺。目前国内外 C_4等烃类的芳构化技术主要有以下几种：一是 UOP 公司与 BP 公司联合开发的 Cyclar 工艺；二是由日本 Sanyo 石油公司开发的 Alpha 工艺；三是由 Mobil 公司开发的

M2-forming 工艺；四是由 IFP 和 Salutec 共同开发的 Aroforming 工艺；五是由中石化石油化工科学研究院(RIPP)开发的工艺；六是大连理工齐旺达化工科技有限公司开发的 Nano-forming 工艺。上述工艺大多已实现工业化应用。

1. 移动床轻烃芳构化技术

国内的移动床轻烃芳构化技术由 RIPP 开发。该工艺是以液化气和轻石脑油等轻烃为原料，生产富含芳烃的高辛烷值汽油调和组分和富含丙烷的优质液化气，并副产少量乙烷含量较高的干气。液化气和干气均可以作为优质的乙烯裂解原料。

按照目的产品的不同，该技术分为芳烃方案、乙烯裂解料方案和汽油方案三种。芳烃方案可以同时兼顾生产乙烯裂解料和汽油组分；乙烯裂解料方案可以兼顾汽油生产。芳烃方案操作条件最为苛刻，除了使原料中的烯烃转化外还能使烷烃(正构烷烃与异构烷烃)转化为芳烃；裂解料方案主要转化烯烃和异构烷烃；而汽油方案操作条件较为缓和，只转化烯烃。

(1) 原料杂质含量要求

轻烃移动床芳构化对原料中杂质含量有一定的规格要求，其中二烯烃含量要求小于0.4%，硫含量要求小于100mg/kg，碱性氮要求含量小于2mg/kg，液化气中甲醇、二甲醚、MTBE 的含量都要求小于0.1%。

(2) 产品结构

① 芳烃方案的液相收率为50%左右。液体产品中的芳烃含量达98%以上，其中苯、甲苯和二甲苯占90%以上。副产饱和液化气和20%的干气，干气的主要成分为氢气、甲烷和乙烷。

② 乙烯裂解料方案产品中70%为乙烯裂解料，其中丙烷约占50%，副产25%辛烷值(RON)为95左右的汽油组分。

③ 汽油方案主要产品为 RON93 的汽油组分，副产饱和液化气和很少量的干气。

(3) 产品收率

以醚后碳四和其他轻烃做原料，用以生产乙烯裂解料的芳构化装置为例，其产品收率见表2-3-14。装置的主生产方案为生产乙烯裂解原料，副生产方案为生产高辛烷值汽油组分。

表2-3-14 轻烃芳构化生产乙烯裂解料产品收率

项　目	组　分	相对装置进料收率/%
原　料	混合轻烃(C_3~C_6，主要是C_4)	100
产　品	干气(H_2+C_1+C_2)	5~6
	丙烷(C_3)	45~55
	裂解料(n-C_4+C_5)	12~16
	汽油(C_5^+)	28~32

(4) 产品性质组成

采用生产乙烯裂解料技术方案，液化气产品组成见表2-3-15。汽油产品性质见表2-3-16。干气组成见表2-3-17。

表2-3-15 芳构化液化气产品组成

组　分	组成/%	组　分	组成/%
丙烷	55~59	正丁烷	14~18
异丁烷	24~28	丁烯	0.2~0.6

表 2-3-16　芳构化汽油产品性质

项　目	指标(平均值)	项　目	指标(平均值)
辛烷值(RON)	~92	芳烃总含量/%(v)	~35
苯含量/%(v)	~1.1	总烯烃含量/%(v)	~10

表 2-3-17　芳构化干气组成

组　分	组成/%	组　分	组成/%
氢　气	~10.0	乙　烷	~63.5
甲　烷	~25.0	乙　烯	~1.5

轻烃移动床连续芳构化装置由反应系统、催化剂再生系统和吸收稳定系统等组成。

该技术采用与连续重整工艺类似的移动床反应-再生工艺流程，催化剂在反应器内靠重力作用向下移动，边移动边反应，当催化剂移出反应器后停止反应，催化剂经过提升后进入再生器，经过再生后催化剂活性恢复，重新提升回到反应器。装置连续运行，没有固定床反应的停工吹扫步骤。

芳构化产物的分离采用传统的吸收-稳定流程，首先通过吸收塔和解吸塔分离出反应产生的干气，液化气和液相产物通过稳定塔进行分离，塔顶出饱和液化气，稳定塔底出 C_5^+ 液相产品，作为高辛烷值汽油调和组分。

2. 固定床轻烃芳构化技术

Nano-forming(NF)工艺是大连理工大学与山东齐旺达集团联合开发的最新的利用低碳烃生产汽油及芳烃的技术。该工艺是一种以纳米分子筛催化剂为技术核心的芳构化工艺。它采用常压固定床反应器切换操作方式，在非临氢条件下，以 LPG 等低碳烃为原料生产芳烃或高辛烷值超低硫汽油。主产品为苯、甲苯和二甲苯，同时联产干气、车用液化气(或乙烯裂解原料)和 C_9^+ 重芳烃，液收不低于 55%。在汽油生产模式下，主产品为符合欧Ⅳ 和欧Ⅴ标准的清洁汽油，稳定汽油的 RON 辛烷值可达 96，联产物为丁烷液化气，液收接近 50%。该工艺可根据市场情况在同一装置上选择生产模式。目前 Nano-forming 已经有生产装置运行。

Nano-forming 碳四芳构化工艺流程热量回收系统、加热炉系统、反应系统、吸收稳定系统及催化剂再生系统。

三、炼油厂最大化生产轻烃技术路线[3]

(一) 传统炼油-化工一体化模式

乙烯和丙烯都是石化工业最主要的基础原料，也是炼油、化工形成一体化的关键纽带。近年来，我国新建的炼化一体化企业基本都是炼油厂为下游化工厂提供裂解原料，通过蒸汽裂解获得乙烯和丙烯等单体产品，用于发展化工衍生物[4]，此种模式见图 2-3-12。该模式乙烯与炼油厂重整等装置争夺石脑油资源，在满足下游乙烯百分之百裂解原料供给的同时，炼油厂的加工流程优化、汽油产品生产等都会受到一定的限制。同时，这种模式生产的乙烯成本，较以廉价乙烷、丙烷作裂解原料的中东地区的乙烯生产成本明显增高，就乙烯成本而言处于明显的竞争劣势[5]。

丙烯作为另一种十分重要的炼化一体化载体，在我国其主要来源是蒸汽裂解生产乙烯的副产物，而来自炼油厂的丙烯量仅为 30%。而在美国，炼油厂则提供了石化需要丙烯产量的 50%左右[6]。随着裂解原料供给向轻质化和优质化发展的趋势日趋明显，提高乙烯收率和增产乙烯产量成为研究重点和追求的目标[7]，而作为副产品的丙烯，所占比例则随之下降。

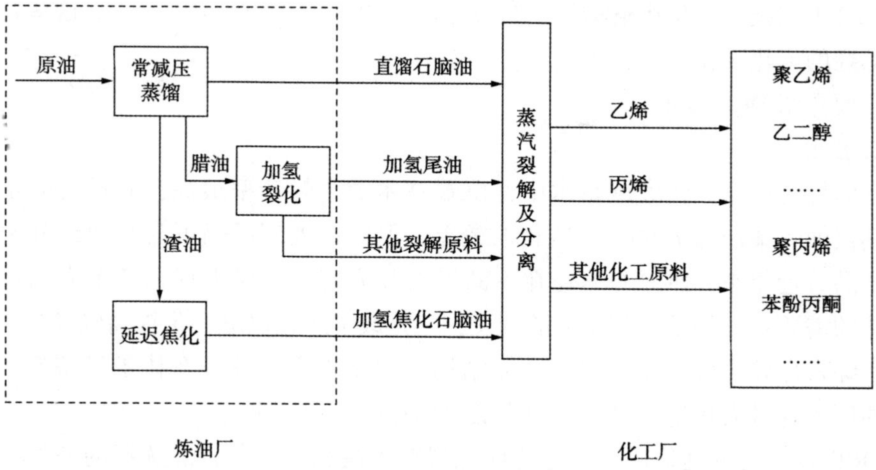

图 2-3-12　炼厂裂解原料-蒸汽裂解路线生产化工原料示意图

（二）炼油厂直接生产化工原料的途径

可以通过调整炼油厂的加工流程，选择合适的工艺技术路线，利用价值相对较低的重质原料增产丙烯等低碳烯烃产品。再以丙烯等低碳烯烃产品为载体，可在炼油厂一步实现化工产品的生产，不需要二次转化。一种具有代表性的生产方式见图 2-3-13。

催化裂化是炼油厂中副产轻烃最多的装置，副产的轻烃中以低碳烯烃为主，并且不同的裂化工艺低碳烯烃的产率和分布不同。而炼油厂的其他工艺装置副产的轻烃量相对较少，并且产量也不能调整。因此，炼油厂最大化的生产轻烃化工原料的基本途径是选择合适的催化裂化技术，达到增产以丙烯为主的低碳烯烃的目的。

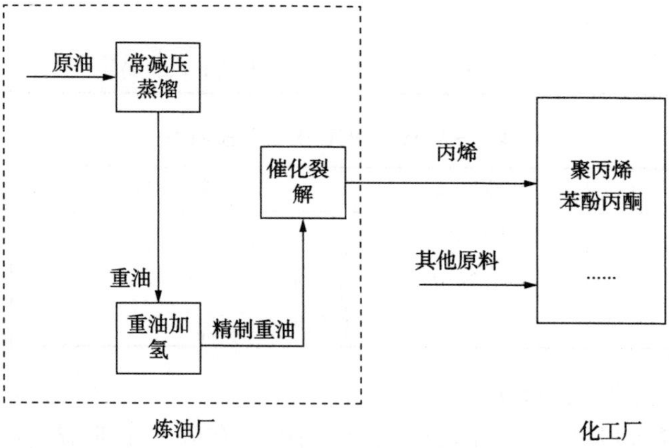

图 2-3-13　炼厂直接生产化工原料示意图

（三）增产丙烯的工艺技术

1. 重油制烯烃技术

在炼油厂，催化裂化是增产以丙烯为主的核心装置。传统的催化裂化(FCC)工艺主要以生产汽柴油产品为主，丙烯收率相对较低，一般在4%~5%。我国开发出了一系列的重油制烯烃技术：以重油为原料最大量生产低烃的催化裂解（DCC）工艺，最大量生产液化石油气和汽油的 ARGG 技术，最大量生产异构烯烃的 MIO 技术及重油直接制取乙烯和丙烯的催化热裂解（CPP）工艺技术，生产清洁汽油组分并增产丙烯的 MIP-CGP 工艺。这些技术形成了重油生产烯烃的催化裂化家族技术[8~12]。

下面简要介绍 DCC 技术。

2. DCC 技术

在增产丙烯的催化裂化家族技术中，DCC 技术的丙烯产率最高，而且反应条件相对较为温和，其汽油和柴油馏分虽然性质相对较差，但经过处理后仍可与其他组分调和后生产汽、柴油产品。近年来，DCC 技术还在不断发展和完善，主要表现在三个方面：一是适应原料重质化的需要；二是系列催化剂的开发；三是改进工艺以进一步提高轻烯烃，特别是丙烯的产率。综合比较目标产品收率、产品结构、油品生产、投资及技术经济等因素，DCC 技术是炼油厂实现最大化生产以丙烯为主低碳轻烃的最优技术。

采用 DCC 技术的关键是选择合适的催化裂解规模和反应条件。选择的条件应适中，在适当增产丙烯的同时，也要兼顾油品生产的需要。如果单独追求丙烯产量的最大化，就会导致油品质量下降，甚至无法生产出合格的油品。

（1）DCC 产品分布

以加氢处理后的渣油和蜡油为原料的 DCC 装置，液化气的收率可高达 40%左右，其中含有 50%左右的丙烷。表 2-3-18 和表 2-3-19 分别给出了某 DCC 装置的原料性质、产品分布的数据。

表 2-3-18　DCC 装置的原料性质

项　目	数　值	项　目	数　值
密度(20℃)/(g/cm^3)	0.908	氢/%	T
硫/%	0.14	残炭/%	2.2
氮/(μg/g)	1733	金属(镍+钒)/(μg/g)	6

表 2-3-19　DCC 主要产品收率

项　目	收率/%	项　目	收率/%
干气(乙烯)	9.1(4.8)	柴油	14.4
液化气(丙烯)	41.2(19)	油浆	2.3
汽油	24.4	焦炭	8.6

（2）DCC 其他产品加工和利用

DCC 干气中乙烯含量可达到 50%左右，可利用已有成熟工业应用的催化干气制苯乙烯技术，直接生产苯乙烯产品。不仅回收利用了催化干气富含的乙烯资源，而且炼油厂生产的苯也可以得到充分的利用。

原料不同以及采用的操作条件不同，DCC 裂解汽油的组成有所差异。裂解汽油的芳烃含量较高，一般可高达 75%左右。典型的催化裂解汽油的芳烃分布见表 2-3-20。为了回收利用这些芳烃资源，可将其中的 C_6 ~ C_8 馏分切割出来，先加氢精制去除其中的烯烃和二烯烃杂质，再经过芳烃分离，得到苯、甲苯和混合二甲苯。

表 2-3-20　DCC 汽油的芳烃分布

芳　烃	含量/%	芳　烃	含量/%
苯	3~7	二甲苯	30~35
甲苯	17~24	C_9^+	37~43

DCC 柴油的质量相对较差，表现为密度大、芳烃含量高，十六烷值在 20 左右。一组 DCC 柴油的主要性质见表 2-3-21。由于柴油的收率较低、产量较少，与其他柴油组分混合加氢后仍可生产出满足指标要求的柴油产品。

表 2-3-21　DCC 柴油的主要性质

项　目	数　值	项　目	数　值
密度(20℃)/(g/cm^3)	0.95	总芳烃/%	79.2
饱和烃/%	19.5	十六烷值	20

第四节　炼厂轻烃加工及应用实例

产生炼厂气的主要工艺装置包括催化裂化、催化重整、加氢裂化以及延迟焦化等。不同的炼厂因装置构成不同，炼厂气的构成和产量不同，甚至差别很大。下面主要介绍一个典型的炼化一体化炼油厂的炼厂气加工及利用情况。

一、炼厂气的来源

炼油厂的原油总加工能力为 22.0Mt/a，乙烯产能为 1.0Mt/a。炼油部分加工两种原油，由于原油性质差别较大，分为两条独立的加工路线。路线(Ⅰ)的原油加工能力为 12.0Mt/a，加工原油为高酸重质原油，API 度为 21.9，硫含量 0.32%，酸值 3.57mgKOH/g。路线(Ⅱ)的原油加工能力为 10.0Mt/a，加工原油为高硫中质原油，API 度为 31~32，硫含量不大于 2.5%。该炼油厂主要炼油装置规模占原油加工能力的比例如图 2-3-14 所示。

该炼厂 88%的炼厂气来源于催化裂化、催化重整、加氢裂化、加氢处理及精制以及延迟焦化装置，各类炼厂气所占比例见图 2-3-15。

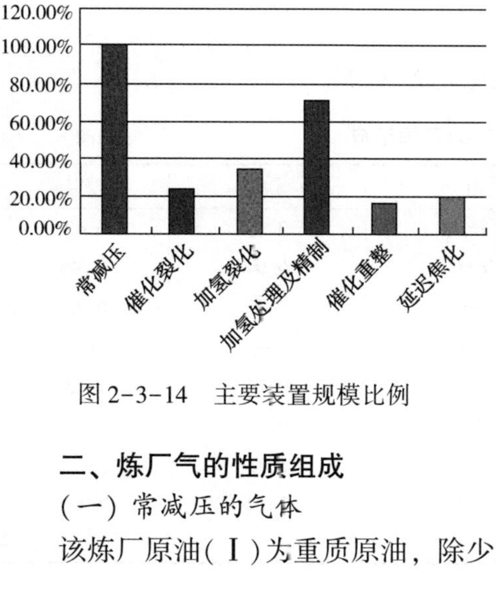

图 2-3-14　主要装置规模比例

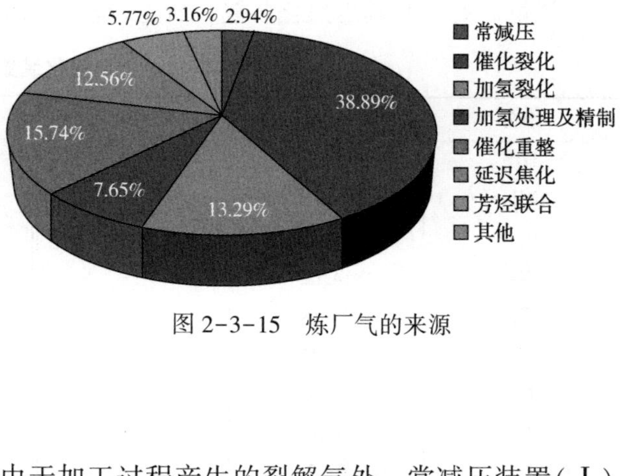

图 2-3-15　炼厂气的来源

二、炼厂气的性质组成

(一) 常减压的气体

该炼厂原油(Ⅰ)为重质原油，除少量由于加工过程产生的裂解气外，常减压装置(Ⅰ)

不产气体。原油(Ⅱ)为中质高硫原油，常减压装置(Ⅱ)所产的气体组成见表2-3-22。

表2-3-22　常减压装置(Ⅱ)的气体组成

组　分	组成/%	组　分	组成/%
H_2	0.16	N_2	0.01
C_1	6.01	H_2S	6.95
C_2	6.81	NH_3	0.05
C_3	28.27	H_2O	3.17
C_4	47.40	合计	100.0
CO_2	1.17		

(二) 催化裂化装置生产的轻烃

该炼厂共有两套催化裂化装置，均采用MIP技术，产生的裂解气体组成见表2-3-23。

表2-3-23　催化裂化装置产生的气体组成　%

组　分	催化裂化(Ⅰ)裂解气		催化裂化(Ⅱ)裂解气	
H_2	4.1		4.0	
H_2S	3.0		4.8	
C_1	34.6		31.1	
C_2	30.3		29.2	
$C_2^=$	28.0		30.9	
C_3		7.8		6.4
$C_3^=$		34.0		32.0
n-C_4		4.2		8.8
i-C_4		18.8		25.1
n-$C_4^=$		5.9		6.0
i-$C_4^=$		12.8		9.3
c-$C_4^=$		7.9		5.9
t-$C_4^=$		8.6		6.5
合计	100.0	100.0	100.0	100.0

(三) 延迟焦化轻烃

该炼厂有一套延迟焦化装置，所生产轻烃的组成见表2-3-24。

表2-3-24　延迟焦化装置生产的气体组成　%(mol)

组分	干气	LPG	组分	干气	LPG
H_2S	1.27	0.86	i-C_4	0.10	6.42
NH_3	0.02		n-C_4	0.04	21.48
H_2O	0.89	0.01	i-$C_4^=$	0.10	0.22
H_2	14.02	—	n-$C_4^=$	—	20.15
C_1	54.18	—	C_5^+	0.14	1.63
C_2	22.31	1.27	CO_2	0.47	—
$C_2^=$	3.42	0.02	N_2	2.22	—
C_3	0.10	34.64	合计	100.0	100.0
$C_3^=$	0.72	13.31			

（四）催化重整气体

该炼厂共有两套催化重整装置，均采用连续重整工艺技术，一套用于生产芳烃原料，另一套用于生产汽油调和组分。两套催化重整装置的反应苛刻度不同，所生产气体的组成见表 2-3-25。

表 2-3-25　催化重整装置生产的气体组成

组分	催化重整（Ⅰ）反应苛刻度 RON106		催化重整（Ⅱ）反应苛刻度 RON102	
	含氢气体/%（mol）	LPG/%	含氢气体/%（mol）	LPG/%
H_2	92.89	—	92.03	—
C_1	2.12	0.12	3.53	0.20
C_2	2.14	3.23	2.55	7.30
C_3	1.55	24.18	1.18	31.37
C_4	0.16	71.46	0.43	59.73
C_5^+	0.37	1.01	0.28	1.40
合计	100.0	100.0	100.0	100.0

（五）加氢裂化生产的轻烃

该炼厂有一套高压加氢裂化和一套中压加氢裂化，原料分别为蜡油馏分和柴油馏分，具体生产气体的组成见表 2-3-26。

表 2-3-26　加氢裂化装置生产的气体组成　%（mol）

组分	高压加氢裂化			中压加氢裂化		
	低分气	干气	LPG	低分气	干气	LPG
H_2S	0.27	1.90	0.46	0.64	3.38	0.58
NH_3	0.18	0.77	0.66	0.03	0.16	0.13
H_2O	0.51	1.23	0.06	0.75	—	0.66
H_2	78.26	52.30	—	69.39	34.57	—
C_1	8.36	19.55	—	13.16	17.11	—
C_2	2.84	19.40	1.85	7.13	32.31	0.36
C_3	4.24	0.87	29.89	3.81	9.19	29.98
i-C_4	2.28	0.75	33.98	2.42	—	49.77
n-C_4	1.69	0.74	31.36	0.76	—	18.31
C_5^+	1.37	2.49	1.75	1.92	3.21	0.21
合计	100.0		100.0	100.0		100.0

（六）加氢处理及加氢精制气

该炼厂共有七套加氢处理及加氢精制装置，分别为渣油加氢、蜡油加氢、柴油加氢、焦化汽柴油加氢、煤油加氢及重整预加氢，各装置生产气体的组成见表 2-3-27 和表 2-3-28。

表 2-3-27　石脑油和煤油加氢装置生产的气体组成　%

组成	煤油加氢	重整预加氢(Ⅰ)		重整预加氢(Ⅱ)	
	干气	干气	轻烃	干气	轻烃
H_2S	20.89	1.23	0.13	6.97	1.00
NH_3	1.42	—	—	—	—
H_2O	—	0.71	0.04	11.66	1.30
H_2	5.11	6.11	0.02	18.50	—
C_1	7.58	3.58	0.07	5.35	0.10
C_2	11.71	4.87	0.43	5.17	0.40
C_3	13.25	16.07	4.48	1.90	0.50
i-C_4	1.48	1.05	0.59	6.88	4.60
n-C_4	11.21	35.39	27.98	5.01	4.30
C_5^+	27.36	30.99	66.26	38.57	87.80
合计	100.0	100.0	100.0	100.0	100.0

表 2-3-28　渣油加氢、蜡油加氢、柴油加氢和汽柴油加氢装置生产的气体组成　%

组成	渣油加氢			蜡油加氢			柴油加氢			汽柴油加氢		
	低分气	干气	轻烃	低分气	干气	轻烃	低分气	干气	轻烃	低分气	干气	轻烃
H_2S	23.76	27.33	3.46	—	63.45	7.50	—	0.01	1.39	1.09	1.70	1.51
NH_3	0.43	0.17	—	—	—	—	—	0.01	—	0.81	0.26	0.41
H_2O	0.58	0.38	0.04	2.08	0.42	0.02	1.32	3.73	0.02	1.07	2.10	0.20
N_2	1.22	0.21	—	0.02	—	—	—	—	—	—	—	—
H_2	22.36	4.83	—	16.64	1.68		19.76	11.27	—	18.97	2.19	—
C_1	22.39	7.10	0.17	17.51	2.66	0.05	25.37	10.91	0.01	23.26	6.59	0.04
C_2	10.50	9.58	0.91	21.20	6.14	0.53	20.13	14.82	0.08	19.64	18.79	3.22
C_3	8.77	15.83	4.50	14.23	8.51	2.35	16.59	20.47	0.38	9.48	22.55	25.90
i-C_4	1.15	3.51	2.38	7.55	4.24	2.73	5.88	10.14	0.45	1.49	4.70	14.53
n-C_4	3.49	12.36	11.34	4.64	4.29	3.76	4.99	9.68	0.59	1.83	5.13	18.46
C_5^+	5.36	18.69	77.20	16.13	8.61	83.06	5.97	18.96	97.08	22.4	35.99	35.73
合计	100.0		100.0	100.0		100.0	100.0			100.0	100.0	100.0

(七)催化汽油加氢脱硫装置产的轻烃

该厂设置一套催化汽油加氢脱硫装置。该装置产生少量的轻烃，其中含有部分烯烃，具体组成见表 2-3-29。

表 2-3-29　催化汽油加氢装置生产的气体组成

组　分	组成/%	组　分	组成/%
H_2S	6.16	i-C_4	1.91
H_2	15.95	n-C_4	4.22
C_1	6.33	$C_4^=$	23.63
C_2	0.66	C_5^+	40.52
$C_2^=$	0.61	合计	100.0

三、炼厂轻烃的加工

该炼油厂对炼厂轻烃进行了深度的回收利用。图 2-3-16 为该厂轻烃加工总流程。

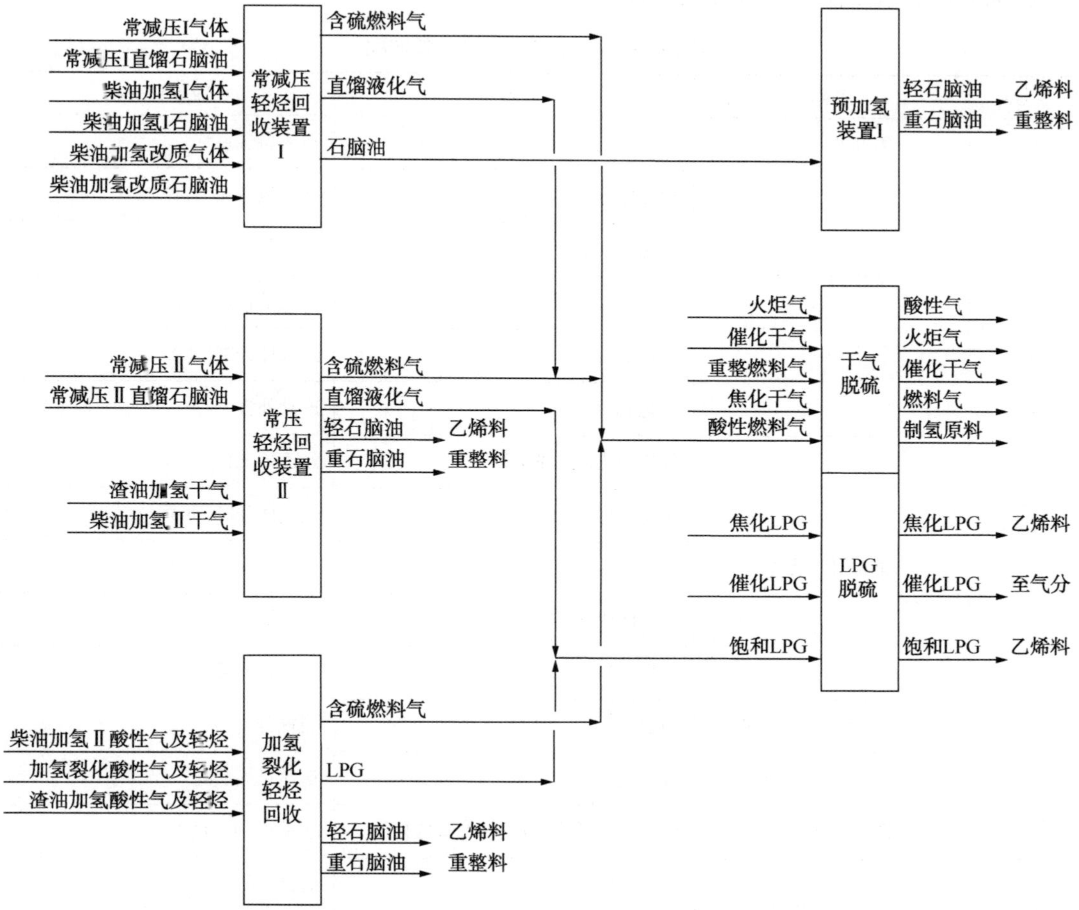

图 2-3-16　轻烃加工总流程

（一）吸收稳定

路线（Ⅰ）的炼厂气分别在延迟焦化、催化裂化及两套加氢裂化的吸收稳定单元进行回收。产品干气和 LPG 分别送至脱硫（Ⅰ）装置。

路线（Ⅱ）建设一套轻烃回收装置，集中回收常压蒸馏（Ⅱ）、连续重整（Ⅱ）及各加氢装置产生的 C_3、C_4。催化裂化（Ⅱ）单独设置吸收稳定。产品干气、LPG 送至脱硫（Ⅱ）装置。

（二）炼厂气脱硫

路线（Ⅰ）炼油工程设有脱硫（Ⅰ）装置，包括焦化干气脱硫、加氢干气脱硫、加氢低分气脱硫、加氢液化气脱硫、催化液化气脱硫脱硫醇以及焦化液化气脱硫脱硫醇 6 个系统。

路线（Ⅱ）炼油工程炼厂气脱硫安排如下：

（1）脱硫（Ⅱ）装置，包括催化裂化干气脱硫、轻烃回收饱和干气脱硫、火炬回收气脱硫、催化液化气脱硫脱硫醇、饱和液化气脱硫脱硫醇 5 个系统。

（2）常减压蒸馏（Ⅱ）装置的减顶气在本装置内脱硫后作自用燃料。

（3）蜡油加氢和柴油加氢装置内分别设置低分气脱硫系统。渣油加氢低分气送至设置在蜡油加氢装置的低分气脱硫系统进行脱硫。脱硫后的低分气送至连续重整(Ⅱ)的 PSA 单元进行氢气回收。

该炼油厂脱硫系统的设置方案见表 2-3-30。

表 2-3-30　脱硫系统的设置方案

序号	名称	加工原料	脱硫后去向
1	脱硫(Ⅰ)装置	加氢干气	送燃料气系统
		加氢低分气	送加氢裂化 PSA
		焦化干气	送燃料气系统
		加氢 LPG	送烷基化及乙烯工程
		催化 LPG	送气体分馏(Ⅰ)
		焦化 LPG	产品外售
	脱硫(Ⅱ)装置	催化裂化(Ⅰ/Ⅱ)干气	送乙烯工程
		催化裂化(Ⅱ)液化气	送气体分馏(Ⅱ)
		饱和干气	送燃料气系统
		饱和液化气	送乙烯工程
		火炬回收气	送燃料气系统
2	常减压蒸馏(Ⅱ)装置	减顶气	装置自用
3	酸性水汽提(Ⅱ)装置	罐顶气	送燃料气系统
4	蜡油加氢装置	蜡油加氢低分气+渣油加氢低分气	送重整(Ⅱ)PSA
5	柴油加氢装置	塔顶气脱硫	送轻烃回收
		加氢低分气	送重整(Ⅱ)PSA

(三) 炼厂气的利用

1. 饱和干气及液化气

净化饱和干气送全厂燃料气管网，净化饱和液化气作乙烯裂解原料。

净化的加氢低分气送往 PAS 进行氢气回收，回收后的尾气送全厂的燃料气管网。

2. 不饱和干气及液化气

催化裂化干气统一在脱硫(Ⅱ)装置进行脱硫，净化干气送下游乙烯工程回收其中的 C_2。

净化催化液化气分别送下游气体分馏(Ⅰ/Ⅱ)装置，分离出丙烯产品，丙烯全部送下游乙烯工程作原料。气体分馏(Ⅰ)的 C_4组分先送至 MTBE(Ⅰ)生产 MTBE。MTBE(Ⅰ)装置的剩余 C_4组分送烷基化装置生产烷基化油。正丁烷送乙烯工程。气体分馏(Ⅱ)的 C_4组分送 MTBE(Ⅱ)装置生产 MTBE，MTBE(Ⅱ)的剩余 C_4馏分送乙烯工程作烯烃转化(OCU)装置的原料。

炼厂气加工示意流程见图 2-3-17。

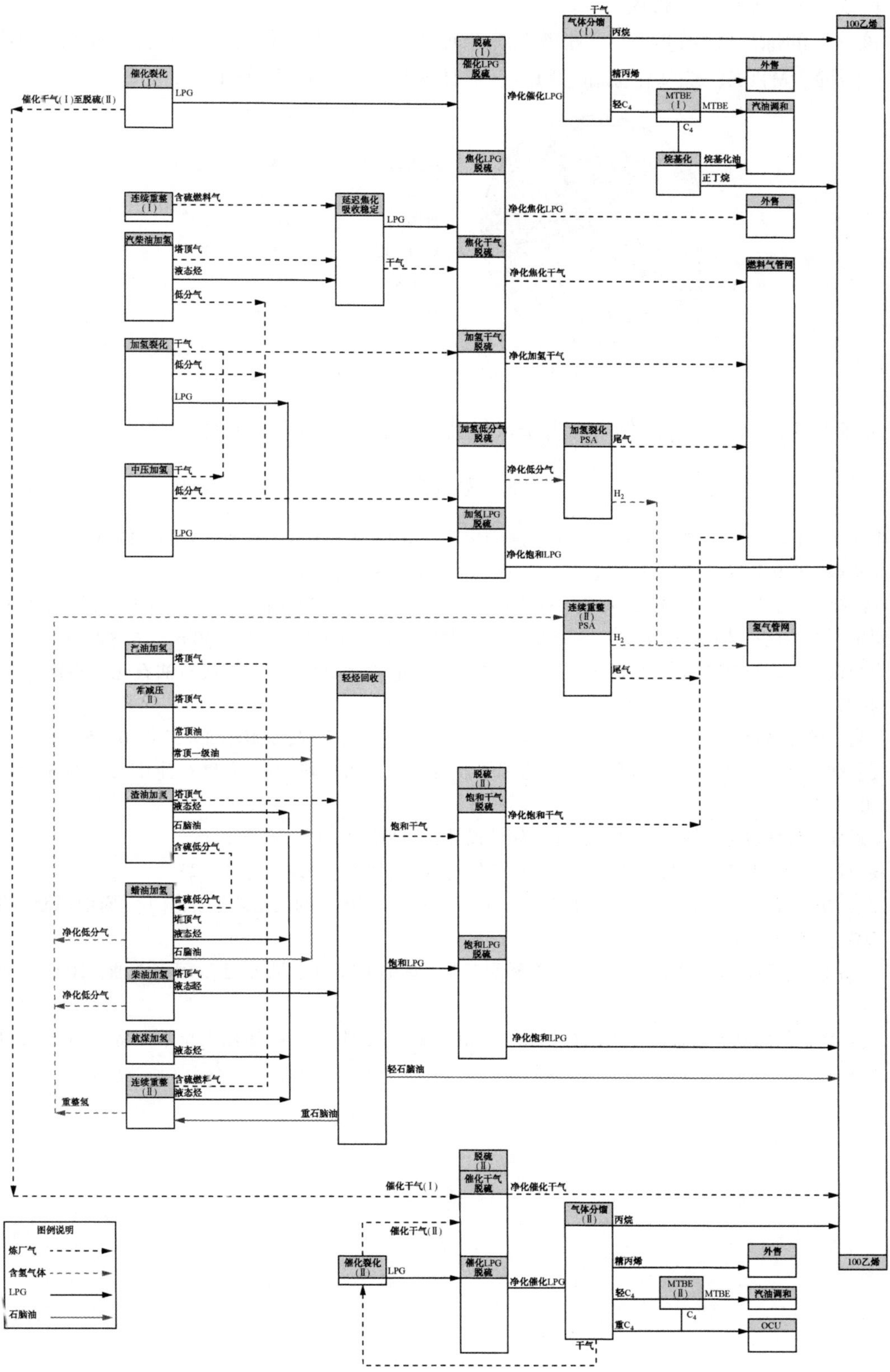

图 2-3-17　炼厂气加工流程示意图

（四）炼厂气的产品构成

该炼厂的炼厂气经过回收、处理及综合加工后，产品主要包括乙烯裂解原料、不饱和LPG、丙烯、MTBE、烷基化油和燃料气，具体构成比例见图2-3-18。

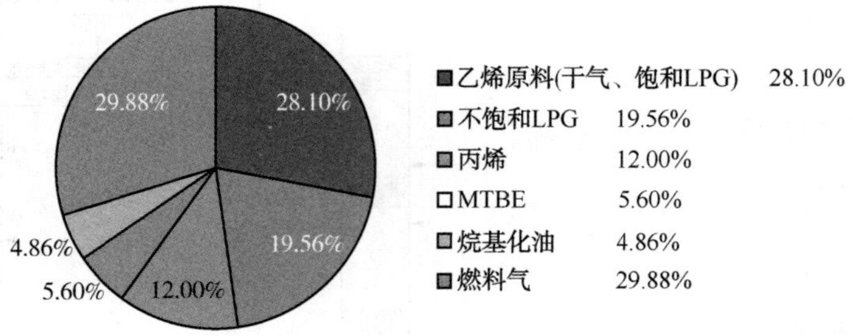

图2-3-18　炼厂气的产品构成

扣除自用燃料气，炼厂气产品占全厂产品总量的比例约为8.13%。

参　考　文　献

[1] 中国石油化工总公司科学技术情报研究所．炼厂气体的加工和利用．北京：1984：17-18.

[2] 侯祥麟．中国炼油技术[M].2版．北京：中国石化出版社，2001：205.

[3] 侯凯峰，袁忠勋．非乙烯路线炼化一体化加工方案研究[J]．石油炼制与化工，2011，42(2)：5-9.

[4] 瞿国华．炼化一体化两个重要发展阶段及其产业特征[J]．当代石油石化，2008，16(8)：9-14.

[5] 梅相银．中东地区石化工业现状及未来发展对我国的影响分析[J]．当代石油石化，2007，15(6)：34-37.

[6] 王巍．催化裂化生产丙烯技术的开发与应用[J]．炼油技术与工程，2005，35(2)：20-25.

[7] 祝宝勤．世界乙烯生产格局及国内炼化一体公司增产乙烯思路[J]．齐鲁石油化工，2006，34(4)：360-364.

[8] 黄景成．催化裂化家族技术的选用[J]．炼油设计，2000，30(9)：30-33.

[9] 钱伯章．增产丙烯技术及其进展[J]．石油炼制与化工，2001，32(11)：19-23.

[10] 许友好，张久顺，马建国，等．生产清洁汽油组分并增产丙烯的催化裂化工艺[J]．石油炼制与化工，2004，35(9)：1-4.

[11] 王明党，沙颖逊，崔中强，等．重油接触裂解制乙烯的HCC工艺研究[J]．河南石油，2002，18(3)：51-53.

[12] 何素珍．催化裂解工艺是国内乙烯原料多元化的必由之路[J]．石油化工技术经济，2005，21(6)：15-17.

第三篇　轻烃回收与净化

第一章　轻烃回收

第一节　原油蒸馏过程中的轻烃回收

尽管在原油开采、油田处理、运输及储存等环节中，原油中的一部分轻烃组分已经挥发和部分回收，但进入炼油厂的原油蒸馏装置中的原油仍含有一定的轻烃组分，特别是加工中东含硫轻质原油，其C_4及C_4以下的轻烃含量常常超过2%(v)，所有这些C_4及C_4以下的轻烃，存在于原油蒸馏过程中生产的石脑油、初馏塔顶气、常压塔顶气及减压塔顶气中。原油中大部分轻烃以液态形式溶解在塔顶的石脑油中，此外由于原油在蒸馏过程中，受常压炉及减压炉加热，油品的热裂解也会产生一定的裂解气，主要是裂解后产生的甲烷、乙烷及少量烯烃。

国内大多数炼油厂原油蒸馏装置的规模都比较小，而且其设计大多是按加工国内原油设计的，国产原油经过油田的处理和储存，进入炼油厂的原油蒸馏装置后，其含有轻烃组分很少，以至于国内原油在评价分析中，往往不含轻烃组分的分析，常压蒸馏产生的不凝气含量仅为原油的0.5%左右，而且溶于塔顶石脑油中的轻烃含量也不高，因此，国内大多数原油蒸馏装置通常不设置轻烃回收设施，装置产生的塔顶气大多送常压炉作为燃料。随着装置的大型化，尤其是国内加工中东轻质含硫原油的量大幅度增加，国家对环境保护的严格要求，原油蒸馏装置产生的大量轻烃必须进行回收，充分提高轻烃资源的利用率。原油蒸馏过程生产塔顶石脑油及塔顶气，进行轻烃回收的工艺及流程也随之形成并发展，并在原油蒸馏装置中设置轻烃回收部分或单元。

原油蒸馏装置设置轻烃回收的主要目的是回收蒸馏过程中塔顶气中的C_3、C_4组分，和对塔顶石脑油进行稳定，并回收其中的C_3、C_4组分；同时，对回收后的干气(C_1、C_2等)及液态烃(液化气)送脱硫装置进行处理，生产洁净的燃料气及液态烃，以提高炼油厂的经济效益和减少对环境的污染。

一、原油蒸馏过程轻烃回收的工业现状及其作用

(一) 原油蒸馏装置轻烃回收的工业现状

国内在加工轻烃含量较高的原油时，应考虑原油处理能力、全厂投资、装置及系统的燃料平衡和全厂总流程等诸多因素，来确定原油中轻烃回收流程。国内原油蒸馏装置轻烃回收流程的变化和发展经历了轻烃简单回收、轻烃一般回收、完整轻烃回收三个发展阶段。

1. 轻烃不回收

国内在20世纪60至80年代期间，原油蒸馏装置规模在1~2.5Mt/a，原油蒸馏装置由于加工大庆、胜利及新疆等国产原油，其原油轻烃含量少，加之全厂二次加工装置量与公用

工程系统缺乏优化及必要的配套，大多数炼厂无单独的燃料供应系统，造成全厂缺少燃料。原油蒸馏装置产生的塔顶气直接作为本装置加热炉的燃料，而溶解在塔顶油中的部分轻烃在进入重整二次加工时，也采取类似的塔顶气作为燃料措施，不回收轻烃。选择这种塔顶气处理方案的流程短、设备少、投资低、操作费用省。国内加工低硫国产原油的原油蒸馏装置普遍采用原油中轻烃直接作燃料的流程，由于受项目投资及当时社会条件等方面的因素制约，原油中的轻烃未能得到回收利用，使得原油蒸馏装置轻烃产品的附加值未能得到提高。

2. 轻烃简单回收

20 世纪 90 年代至 21 世纪初，随着国民经济的发展，对石油产品需求日益增多，国内加工原油量也较以前有大幅增长，加之进口原油量的增加，原油蒸馏装置规模也增大到 8Mt/a，使得原油蒸馏装置产生了大量含轻烃的塔顶气，如不回收，仍作为装置的燃料使用，导致能源利用效率低下。原油蒸馏装置一般设置塔顶气压缩机，回收塔顶气中轻烃。

设置塔顶气压缩机，将产生的塔顶气经压缩机加压后送系统管网，利用全厂管网系统进行统一炼厂气集中处理；或直接至送下游催化裂化、焦化装置的吸收稳定部分。如果不设置塔顶气压缩机，利用与下游催化、焦化装置联合布置的特点，将原油蒸馏装置的塔顶气引入催化或焦化装置气压机入口，与催化富气或焦化富气合并回收轻烃，这种设置塔顶气压缩机，或将塔顶气送下游装置回收轻烃，称为轻烃简单回收。

这种轻烃简单回收工艺，只需要增加塔顶气压缩机，尽管其流程简单、投资低，可提高全厂的经济效益，但产品质量一般，轻烃回收率不高。因此，采用此流程有一定的局限性，必须是在下游的催化裂化、焦化装置的吸收稳定部分有一定的余量，或全厂的气体管网处理能力较为富裕的条件下，原油蒸馏装置的操作受到下游装置的影响和制约，并且需要与下游装置同步操作。在下游装置停工或检修时，原油蒸馏装置的塔顶气中轻烃就无法回收。

目前国内加工原油 3~8Mt/a 中等规模的原油蒸馏装置，因受加工规模、加工原油类型的不确定性、全厂燃料安排、下游催化裂化及焦化等装置气体处理能力等因素的影响，该类型原油蒸馏装置一般采用轻烃简单回收工艺。

3. 轻烃一般回收

21 世纪初，国内新建一批加工原油 5.0~10Mt/a 大中型原油蒸馏装置，因其装置加工规模较大、加工原油的品种较为确定，原油中的轻烃含量高，如果还采用轻烃简单回收工艺，会导致轻烃回收率低，装置经济效益差，尤其是在加工进口中东轻质原油时，需要结合全厂总流程对原油蒸馏的轻烃回收流程进行多方案的比选，根据全厂总流程确定的加工方案、各装置的特点及加工规模、公用工程系统配套能力，尤其是对全厂燃料平衡状况、环境保护的要求、全厂综合经济效益等诸多因素综合考虑，再结合炼化一体化项目中对化工系统的原料供给。选择适合轻烃回收工艺，提高了原油蒸馏中轻烃的回收率，使产品质量有所提高，也使原油蒸馏装置中的轻烃回收流程稳定可靠，使原油蒸馏的轻烃简单回收发展为轻烃一般回收。

原油蒸馏的轻烃一般回收，通常是设置塔顶气压缩和石脑油稳定的轻烃回收流程，也有部分炼厂采用初馏塔加压及初顶油稳定的轻烃一般回收流程。

（1）初馏塔加压、初顶油稳定的轻烃回收流程

在初馏-常压-减压的原油蒸馏流程中，通过提高初馏塔的压力和设置稳定塔，达到回收轻烃的目的。提高初馏塔顶压力到约 0.2MPa(表压)，使得原油中大部分轻烃溶于初顶油中，初顶油送稳定塔回收液化气和稳定石脑油，副产干气。由于初馏塔的加压操作，初顶气

量很小，但该流程的常顶气量则较初馏塔低压流程操作时的常顶气量要多，这是因为初馏加压操作，会使进入常压部分的石脑油中夹带部分轻烃，部分轻烃存在于常顶气中。

(2) 塔顶气加压缩机、常顶油稳定的轻烃回收

在闪蒸-常压-减压的原油蒸馏流程中，设置常顶气压缩机，对常顶气进行压缩，常顶油送稳定塔回收液化气和稳定石脑油，并副产干气。

也可在初馏-常压-减压的原油蒸馏流程中，设置塔顶气压缩机，对初顶气及常顶气进行压缩，对初顶油送稳定塔回收轻烃。

2008 年左右国内投产的 8~10Mt/a 原油蒸馏装置，由于其加工进口中东含硫轻质原油，原油中的轻烃含量在 2.0%以上，大都采用了闪蒸-常压-减压蒸馏流程，其轻烃回收均设常压塔顶气压缩机，常顶油进行稳定的轻烃一般回收流程，由于加工规模大，原油含轻烃多，采用闪蒸-常压蒸馏流程，产生的常顶气流量大，使得常顶气压缩机负荷往往较大。

原油蒸馏轻烃一般回收是增加了塔顶气的压缩机及稳定塔，使得设备投资有所增加，流程也稍微复杂，但由于轻烃有了可以单独处理工艺，使得原油蒸馏装置成为一个相对独立、完整单元或系统，不易受到其他装置波动的影响。

无论是采用初馏塔加压、初顶油稳定，还是塔顶气设压缩机、石脑油稳定的轻烃回收，目前都已成熟可靠，而且轻烃回收的效益明显。但其流程仍有不足之处，主要是轻烃回收率不是最高，干气及液化气的质量不高，尽管采用塔顶气压缩机，使部分 C_3、C_4组分在压缩过程中产生的凝缩油被回收，但由于受温度、压力及原油中 C_1、C_2等其他轻组分等平衡关系的影响，造成了干气不“干”的现象(带液，经压缩后的干气中仍含有一定量的 C_3、C_4组分)。液化气中含有部分 C_1、C_2组分，使得液化气的饱和蒸汽压不稳定，且随着生产操作的波动，液化气中还含有 C_5以上的组分，使得塔顶液化气产品质量不稳定。

此外由于原油中轻烃含量高，使得常规的初馏塔顶或闪蒸流程中的常压塔顶实际操作压力都较设计值偏高，主要是塔顶油气量增大，导致塔顶油气换热设备、管线的压力降过大造成。也因为塔顶压力增大，影响了塔的分离效率，使得塔顶产品和侧线产品的质量受到影响。在设计中通常需要根据原油中的轻烃含量，对塔顶油气量的大小进行调整，确定塔顶油气换热设备的大小，并适当放大塔顶油气管线的管径，使塔顶压力在合适范围之内，保证塔的操作稳定，也避免了过高油气流速对塔顶油气大管线的冲刷腐蚀。

4. 完整轻烃回收

随着国内原油蒸馏装置设置轻烃回收工艺的成熟，如何更好地回收原料中的轻烃，提高轻烃资源的合理利用，在原油蒸馏轻烃一般回收流程的基础上，从提高轻烃回收率，提高产品质量要求，尤其是提高干气质量，解决干气不“干”的问题，发展并形成了完整轻烃回收流程。

轻烃一般回收流程由于其流程中的塔顶气是经压缩机压缩，并与稳定塔的不凝气合并后送下游装置脱硫，压缩机压缩后的气体与稳定塔顶不凝气均含有一定量的 C_3、C_4组分，尤其是在原油蒸馏选择闪蒸-常压流程，常顶气不仅流量大，而且含有 C_3、C_4的组分多，使得干气中 C_3、C_4的组分含量高，出现了干气不“干”的现象，不仅使原油蒸馏装置未能有效回收轻烃，也使下游脱硫装置在处理干气时，消耗过量的贫液，同时干气带液导致脱硫吸收过程易产生发泡现象，使脱硫工序的操作不稳定，增加了下游脱硫装置的生产操作成本和影响脱硫装置平稳生产。轻烃的一般回收流程因其轻烃回收率不高和干气不“干”的质量问题，直接影响了轻烃资源未能得到充分合理的利用，在轻烃一般回收流程的基础上又形成了完整

轻烃回收流程。

完整轻烃回收流程一般有两种类型即带有吸收-再吸收-脱吸-稳定流程和吸收-脱丁烷-脱乙烷流程。

（1）吸收-再吸收-脱吸-稳定流程

在原有塔顶气压缩、石脑油稳定的流程中，增加吸收塔、再吸收塔和脱吸塔，形成带有塔顶气压缩、吸收及再吸收、脱吸及稳定的完整轻烃回收流程。

该轻烃回收流程长、设备多、操作复杂、耗能多、操作费用及投资高，但原油蒸馏装置的轻烃回收率高、产品质量高，干气中的“C_3、C_4”含量低，解决了干气不“干”的问题，并使液化气的产品质量稳定。

自2009年至今，国内在进行的一系列加工原油适应性改造过程中，部分炼厂在原油蒸馏轻烃回收选择吸收-再吸收-脱吸-稳定的轻烃回收工艺，或对原有轻烃一般回收流程进行改造，增加吸收塔、再吸收塔及脱吸塔，形成完整轻烃回收。

（2）吸收-脱丁烷-脱乙烷流程

在塔顶气压缩、石脑油稳定（或脱丁烷）流程中，增加吸收塔和脱乙烷塔，形成带塔顶气压缩及吸收、脱丁烷及脱乙烷的另一种完整轻烃回收。

由于流程中设置了吸收塔，没有设再吸收塔，为了保证干气的质量要求，进吸收塔的吸收剂采用低温吸收剂，使用系统冷媒水降低吸收塔的吸收剂温度，吸收塔内进行低温吸收，提高吸收效果，并使吸收塔顶的干气满足要求，为此还需要配置冷媒水系统。

此种完整轻烃回收也具有流程长、设备多、操作复杂、能耗高、操作费用及投资大的不足之处，但因轻烃回收率高、产品质量稳定的特点，国内部分炼厂原油蒸馏装置也采用这种完整轻烃回收流程。

以上原油蒸馏两类完整轻烃回收流程是目前国内较为典型的，在原油蒸馏装置中也是采用较多的，尤其是新建炼厂，大多是选择完整轻烃回收流程。尽管完整轻烃回收流程也存在着以上诸多的缺点和不足，但在全球能源日趋紧张、环境保护愈加严格的形势下，提高资源的合理利用，满足环境友好的要求，完整轻烃回收流程是目前及今后原油蒸馏中进行轻烃回收的主要选择。

5. 国外原油蒸馏装置中的轻烃回收

国外原油蒸馏装置是否设置轻烃回收工艺也是根据加工原油的品种、全厂燃料的平衡、产品用途及全厂总流程等诸多因素来考虑的。

国外某加工原油15Mt/a特大型炼厂，其原油蒸馏的轻烃回收流程采用塔顶气压缩、石脑油吸收、脱吸及稳定，与国内原油蒸馏装置设置的完整轻烃回收流程几乎一致，其轻烃回收流程见图3-1-1。

该轻烃回收流程有以下特点：①原料集中处理，塔顶气按其压力分别处置，塔顶气以原油蒸馏塔顶气为主；石脑油以原油蒸馏石脑油为主；液态烃以加氢装置液态烃为主。②使用补充吸收剂，除原油蒸馏装置的石脑油为吸收剂外，还以部分稳定塔底油（又称循环石脑油）作为补充吸收剂。③吸收压力高。④优化换热系统，平稳装置的操作，稳定塔底重沸器除以常二中为主热源外，还增加了中压蒸汽作为稳定塔底重沸器的辅助热源；脱吸塔底重沸器除采用常一中为主热源外，还辅以稳定石脑油及中压蒸汽等热源。⑤吸收塔顶气流程合理选择，使吸收塔顶气与吸收剂混合，经水冷后，在吸收塔顶罐中进行再平衡，可进一步提高干气的质量。

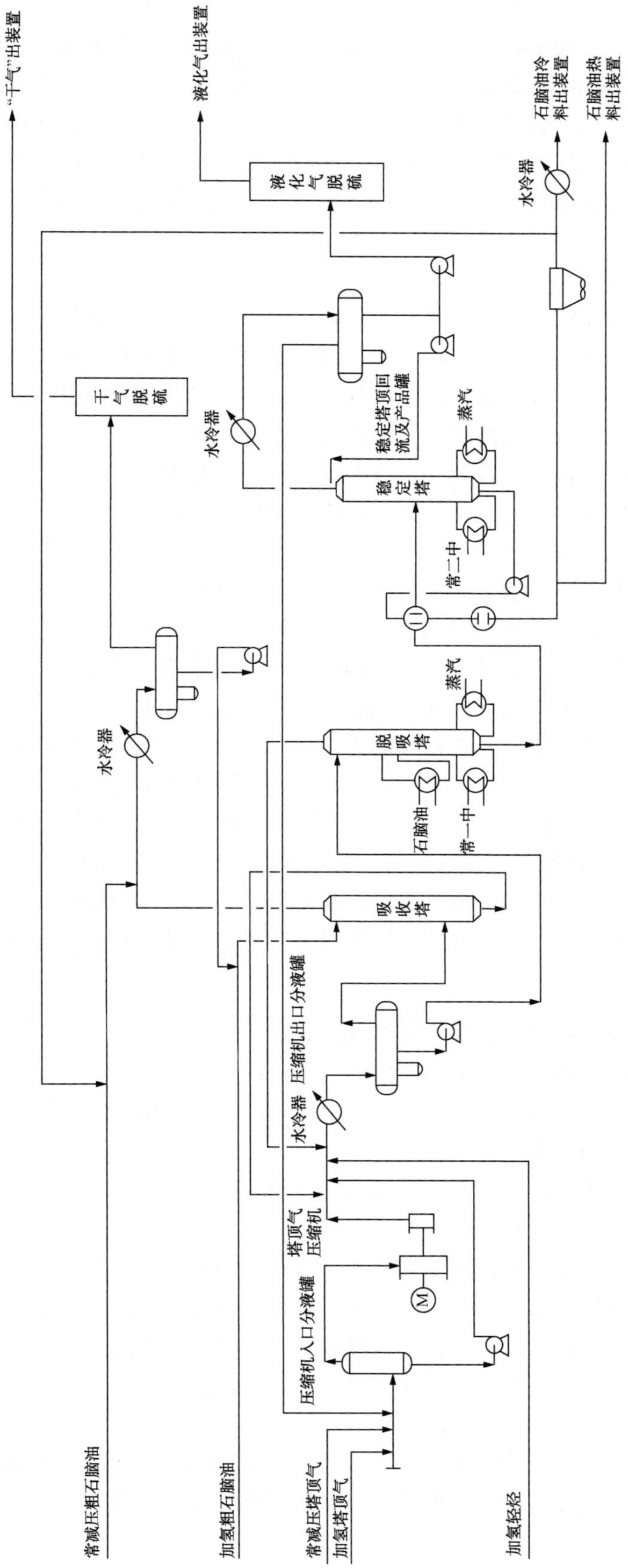

图3-1-1　国外某大型炼厂轻烃回收流程图

（二）原油蒸馏过程中设置轻烃回收的作用

在原油蒸馏装置设置轻烃回收部分，通过吸收、脱吸及稳定流程或采用吸收、脱丁烷及脱乙烷的流程，可以回收原油蒸馏装置绝大部分的饱和轻烃组分，生产出合格的液化气，在石脑油得到稳定的同时，副产合格的干气。液化气及干气经脱硫后可以直接作为商品液化气和清洁燃料气出售，亦可以作为生产乙烯和炼厂气制氢等轻烃综合利用的重要化工原料。

在原油蒸馏装置中设置轻烃回收单元（或部分）有着其他装置所没有的优点。

1. 轻烃回收与原油蒸馏装置物料联合

（1）原油蒸馏装置有大量的石脑油可作为吸收剂。

特别是加工轻质进口原油的大型原油蒸馏装置，因原油中含有大量轻烃，故有大量需要进行稳定的粗石脑油，同时该石脑油在稳定前又可以作为吸收塔的吸收剂。虽然粗石脑油吸收能力没有稳定后的石脑油吸收效果好，但因其流量大，可以满足吸收过程的要求，并方便直接使用，只是在塔顶气量过大的情况下，才需要增加补充吸收剂。

（2）原油蒸馏装置的初顶气、常顶气含有大量的轻烃需要进行回收。

（3）原油蒸馏装置的常一中可以作为再吸收塔需要的再吸收剂。

2. 轻烃回收与原油蒸馏装置热联合

轻烃回收的生产目的不同，加工流程和操作条件不尽相同，以生产饱和液化气为目的，追求液化气收率高，导致稳定塔底的重沸器负荷高；以稳定石脑油为目的，而直馏液化气和轻石脑油都作为乙烯裂解原料的工况，稳定塔的负荷就可以降低；以生产干气质量为追求的目的，就需要吸收塔有更多的吸收剂及补充吸收剂，导致脱吸塔重沸器负荷高，因此轻烃回收无论采用何种流程，是以液化气或者石脑油为生产目的，因其自身无反应部分，是物理吸收和蒸馏过程，轻烃回收需要提供热量来完成。与原油蒸馏装置进行热联合，由原油蒸馏装置的常二中提供给稳定塔（或脱丁烷塔）作塔底重沸器热源，常一中提供给脱吸塔（或脱乙烷）作塔底重沸器热源，实现原油蒸馏与轻烃回收的热联合，降低轻烃回收加工的能耗。

由于原油蒸馏与轻烃回收在物流及热量上关联密切，原油蒸馏与轻烃回收可具有协调操作、平稳生产的特点，在加工轻质原油的原油蒸馏的装置中，设置轻烃回收是现今流程中的合理选择。

二、国内典型的轻烃回收工艺、操作条件及产品

原油蒸馏过程设置轻烃回收主要是达到以下三个目的：

（1）对原油蒸馏石脑油中的轻烃进行回收，使石脑油质量合格，并使回收轻烃后的石脑油饱和蒸汽压满足质量控制要求。

（2）生产出大量合格或符合质量要求的液化气（LPG）。

（3）副产干气。

尽管轻烃回收是塔顶气的常温（或低温）吸收及石脑油和液态烃的精馏分离，属于物理吸收与蒸馏的组合，但原油蒸馏中的轻烃回收又需根据原料条件、产品要求，在达到轻烃回收以上任务的同时，尽可能提高轻烃回收率，降低轻烃回收的加工能耗，方便轻烃回收的生产操作。原油蒸馏中的轻烃回收有着以下几种典型的工艺流程。

（一）国内典型的轻烃回收工艺流程

塔顶气中的轻烃一般通过压缩机加压，其凝液送脱吸塔或稳定塔（脱丁烷）可以回收塔顶气中大部分轻烃；而石脑油及液态烃则根据分离的要求可设置单塔流程、双塔流程、三塔流程和四塔流程。

1. 简单轻烃回收——单塔稳定流程

原油蒸馏装置对轻烃的回收率要求不太高，特别是炼油厂燃料系统的供应缺乏时，需要轻烃回收后干气全部提供全厂的燃料系统时，对塔顶气采用压缩机加压；石脑油送稳定塔回收轻烃工艺路线为简单轻烃回收。

原油蒸馏采用初馏塔加压的工艺操作时，可通过设置塔顶气压缩机对常顶气和少量初顶气加压，其凝液和初顶油送稳定塔回收液化气并稳定汽油的单塔流程见图3-1-2。

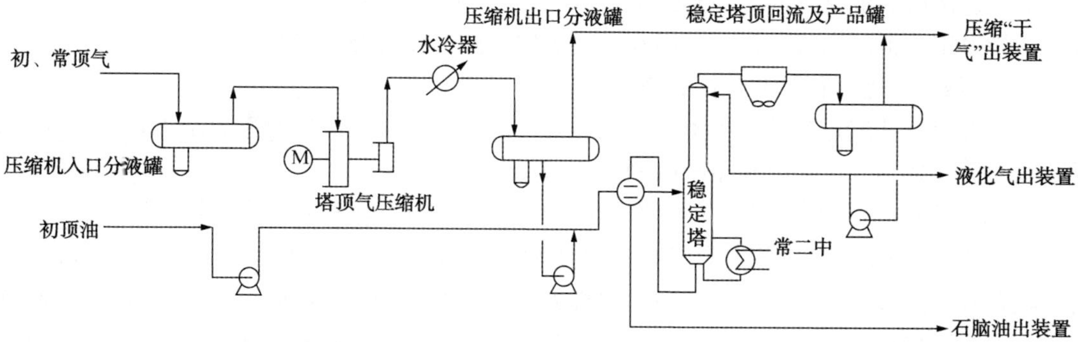

图3-1-2　单塔稳定轻烃回收流程图

原油蒸馏采用闪蒸-常压蒸馏工艺操作时，可通过设置塔顶气压缩机对常顶气加压，其凝液和常顶油送稳定塔回收液化气并稳定汽油的单塔流程，其流程见图3-1-2。

单塔稳定流程的优点是流程简单，可回收原油中大部分轻烃；其缺点是干气的品质不高，干气中含有C_3、C_4量较高，液化气及稳定后石脑油质量较差。

单塔稳定的轻烃回收率在77%~85%。采用初馏塔加压，使原油中的轻烃大部分溶于初顶油中，塔顶气的量相对较小，其塔顶气的压缩机亦较小，但初馏塔加压，也会降低初馏塔的分离精度，影响初馏塔的拔出率，增加了初馏部分的加工能耗；而采用闪蒸-常压蒸馏，则常顶气量较大，致使常顶气压缩机及其压缩功耗均较大。

2. 轻烃回收——吸收-稳定双塔流程

由于单塔稳定流程中的稳定塔顶不凝气中含有大量的C_3、C_4组分，为对气体中C_3、C_4进行回收，在单塔稳定流程中增加一个吸收塔，不仅可以回收稳定塔顶气中的轻烃，也可以对压缩后的塔顶气中轻烃进行回收，从而提高了轻烃回收率。典型的吸收-稳定双塔流程见图3-1-3。

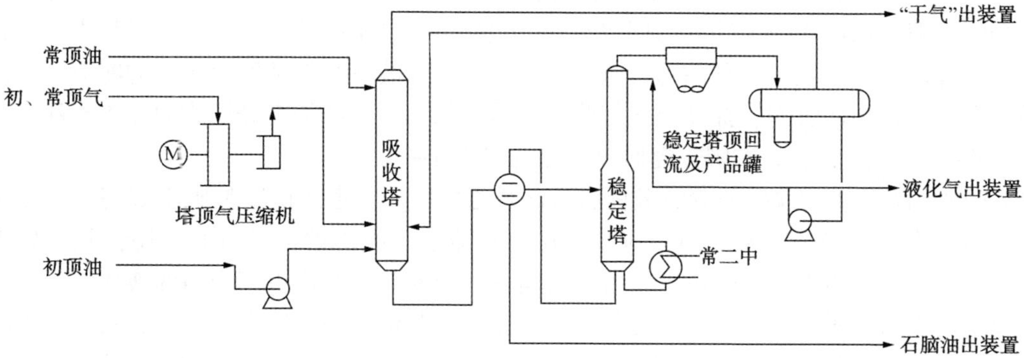

图3-1-3　吸收-稳定双塔轻烃回收流程图

原油中含有一定的 C_1、C_2、O_2、CO_2、NH_3定等组分及加工过程中热裂解产生 C_1、C_2等轻组分，使得单塔稳定流程中稳定塔顶不凝气中含轻组分过多，导致塔顶液化气的饱和蒸汽压不合格(要求液化气在 37.8℃时，饱和蒸气压不大于 1380kPa)，而要使稳定塔顶液化气的饱和蒸汽压符合质量要求，就必须使塔顶回流及产品罐中排放出大量的含 C_3、C_4的气体，造成了液化气的收率降低。

通过设置塔顶气的吸收塔，不仅可以使塔顶气中 C_3、C_4被吸收，使干气的质量得到提高，也使稳定塔的液化气质量得到改善。

一般采用常顶油为吸收剂，经冷却后的稳定石脑油作为补充吸收剂。

吸收-稳定双塔流程其轻烃回收率在~88.2%[3]。

双塔流程因其流程简单，投资少，操作方便的特点，对轻烃回收率要求不是很高的中等规模原油蒸馏装置，可考虑采用吸收-稳定的双塔流程。

3. 轻烃回收——吸收-脱吸-稳定三塔流程或吸收-脱丁烷-脱乙烷三塔流程

尽管吸收-稳定双塔流程其轻烃回收率在~88%，但仍然有约 12%的 C_3、C_4没有得到回收，对大型原油蒸馏装置，其加工原油规模大，且原油轻烃含量高时，就意味着有大量的轻烃未能有效回收利用。为进一步提高轻烃回收率，提高液化气的收率和质量，就需要控制稳定塔的进料，在吸收-稳定的双塔流程之间增加脱吸塔，形成吸收-脱吸-稳定三塔轻烃回收流程，见图 3-1-4。

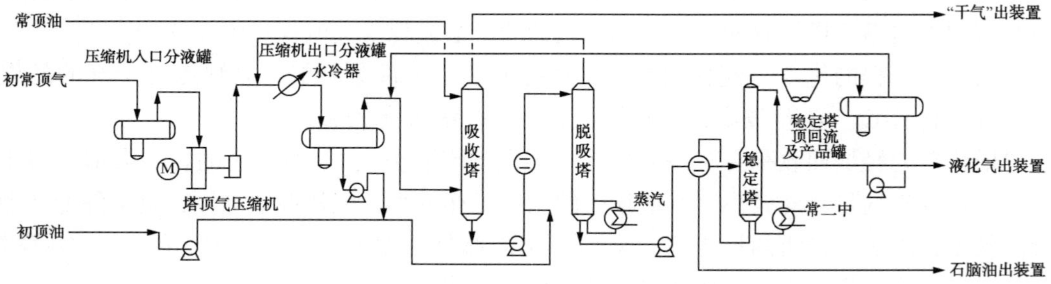

图 3-1-4 吸收-脱吸-稳定的三塔轻烃回收流程图

吸收剂对塔顶气中 C_3^+ 进行吸收的同时，也对塔顶气中 C_1、C_2等轻组分进行了吸收，使吸收油进稳定塔带有 C_1、C_2等轻组分超标，导致稳定塔的操作恶化，液化气的收率及质量均受影响。因此在吸收后，对吸收塔底油进行脱吸，脱吸塔顶气经冷却后返回吸收塔，使进稳定塔的进料组分稳定，确保稳定塔的操作平稳。

吸收-脱吸-稳定的三塔流程与催化裂化装置或焦化装置及加氢装置的吸收稳定部分的流程相似，但根据原油蒸馏装置与催化装置、焦化装置的不同特点，在工程设计中，结合原油蒸馏装置加工原油轻烃含量高的特点，加强原油蒸馏装置与轻烃回收部分的物流、热流的联系，在提高轻烃回收率、提高液化气收率和质量的同时，降低轻烃回收的加工能耗。

吸收-脱丁烷-脱乙烷三塔轻烃回收流程见图 3-1-5。

在吸收-稳定(脱丁烷)的双塔流程后增加脱乙烷塔，稳定塔也即是脱丁烷塔，形成了吸收-脱丁烷-脱乙烷三塔流程，通过对脱丁烷塔顶液送入脱乙烷塔进行脱乙烷，脱乙烷塔顶回流及产品罐的气体返回吸收塔底，脱乙烷塔底液经换热冷却后得到合格的液化气。

脱丁烷塔后置脱乙烷塔，该部分物料是液化气，其流量小、压力较高，脱乙烷塔直径较小；而采用吸收-脱吸-稳定的三塔流程，脱吸塔位于吸收塔和稳定塔之间，因其处理的物料量大、压力低，脱吸塔直径较大。

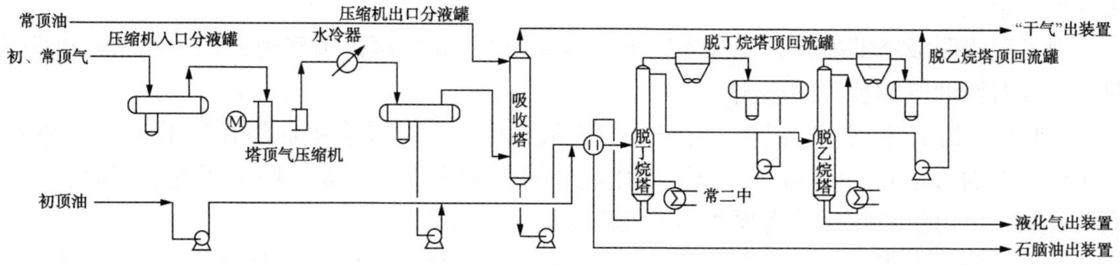

图 3-1-5 吸收-脱丁烷-脱乙烷三塔轻烃回收流程图

采用吸收-脱吸-稳定或吸收-脱丁烷-脱乙烷这两类轻烃回收流程都具有操作复杂的特点，脱吸塔是吸收-脱吸-稳定三塔流程的重点，脱吸操作直接影响到轻烃回收；而脱丁烷塔则是吸收-脱丁烷-脱乙烷三塔流程的重点，脱丁烷操作也直接影响到轻烃回收。

三塔流程的液化气收率及液化气质量均较高，但其流程复杂、设备投资高、加工能耗高、操作费用大，它适合于对液化气价格高且质量要求严格、装置规模较大的工况。大型炼厂新建或对原有简单轻烃回收进行改造时，一般采用此类三塔轻烃回收流程。

4. 完整轻烃回收——吸收-再吸收-脱吸-稳定四塔流程

三塔流程中因吸收塔吸收条件的影响，导致吸收塔顶气中还会有一定的 C_3、C_4组分，造成了干气不"干"，不仅降低了装置的液化气回收率，而且也因为干气含 C_3、C_4量较高，使干气在下游干气脱硫装置进行脱硫的胺液发泡，增大了胺液的损失，增加干气脱硫的成本，影响了全厂的经济效益，干气不"干"成为轻烃回收流程中一个普遍的存在问题。部分炼厂亦因为其干气不"干"的质量问题，而对原有的轻烃回收流程进行改造，使吸收塔顶气进行再吸收，在吸收塔后增加一个再吸收塔，形成完整的吸收-再吸收-脱吸-稳定四塔流程，完整的四塔流程见图 3-1-6。

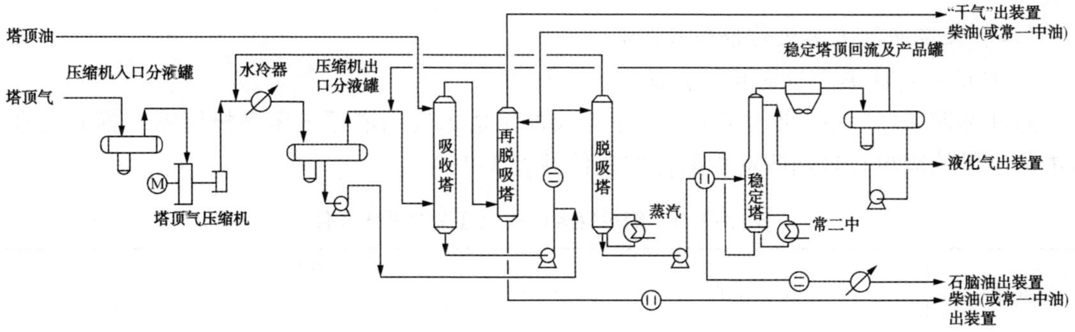

图 3-1-6 吸收-再吸收-脱吸-稳定四塔轻烃回收流程图

四塔流程中的再吸收塔一般采用原油蒸馏装置的常一中作为再吸收剂，吸收后的富再吸收油经换热后返回原油蒸馏装置的常压塔，以减少对原油蒸馏装置常压塔的操作影响。

完整轻烃回收四塔流程可使干气中的 C_3、C_4以上的组成不超过 3%(v)，在提高原油轻烃回收率的同时，还解决了干气不"干"的问题，为下游脱硫装置提供合格的干气。

四塔流程在设计上较为完善，但因流程长、设备多、加工能耗高，而且操作复杂，其中以脱吸塔的操作尤为关键，脱吸过度，导致能耗过高；而脱吸不足，又对稳定部分的液化气收率及质量有不利影响。脱吸塔操作好坏，对四塔流程中的轻烃回收率、产品质量及加工能耗有较大影响。

为了便于脱吸塔的操作，脱吸塔底重沸器采用 1.0MPa 蒸汽为热源，不采用常一中为热源，减少对原油蒸馏装置的影响。

在吸收-脱丁烷-脱乙烷的三塔轻烃回收流程中，因为没有吸收塔顶气的再吸收部分，致使干气中的 C_3、C_4含量超标，为了简化轻烃回收的流程，对吸收塔采用低温吸收，使用冷吸收剂，可以使吸收后的塔顶气即干气满足质量要求。

由于受公用工程系统循环水温的限制，进吸收塔的吸收剂温度一般为 38~40℃，为提高吸收效果，使用冷媒水冷却吸收剂，使吸收塔的操作温度在~27℃，并可使干气中大于 C_3、C_4组分降低至 3%~5%(v)，较好地满足干气的质量要求。采用冷吸收剂的吸收-脱丁烷-脱乙烷流程也已广泛用于大型炼厂轻烃回收流程中。

在完整轻烃回收四塔流程中，由于其流程可处理塔顶气、石脑油、液态烃等多种含轻烃的流股，而且得到的产品质量好，可方便地通过调整四塔物流的操作较灵活控制干气、液化气及稳定石脑油质量，还可以对稳定后石脑油进行轻重石脑油的分离。在稳定塔后增加石脑油分离塔，塔顶产出的轻石脑油作为乙烯的原料去化工装置，而塔底的重石脑油去催化重整装置，在炼化一体化项目中，较好地发挥炼油为化工提供原料的作用。

对炼厂中的相邻装置如煤油加氢、柴油加氢、蜡油加氢、渣油加氢、催化重整等装置的塔顶气、石脑油、液态烃可以集中到原油蒸馏的轻烃回收装置，进行整合轻烃回收处理，节省全厂各部分单独设置轻烃回收的费用，集中统一管理。利用原油蒸馏中的常顶油作为吸收剂、部分常一中油作为再吸收剂的特点，节省吸收剂用量；用常二中作为稳定塔底重沸器的热源，常一中作为石脑油分离塔底重沸器的热源，减少轻烃回收部分能量消耗；在平面布置上使轻烃回收与原油蒸馏、脱硫装置联合布置，既满足按流程合理布置的要求，又便于装置的操作和管理，使原油蒸馏的轻烃回收最大限度地发挥作用，提高全厂的经济效益和社会效益。

(二) 轻烃回收工艺操作条件及产品

1. 单塔稳定简单轻烃回收工艺操作条件及产品

原油蒸馏采用闪蒸-常压工艺，常顶气及加氢塔顶气用塔顶气压缩机压缩，凝液与常顶油进稳定塔的简单轻烃回收流程的操作条件见表 3-1-1。

表 3-1-1　简单轻烃回收流程主要操作条件

序号	设备名称	操作条件	
		温度/℃	压力/MPa
1	稳定塔	65	1.05
2	稳定塔底重沸器	管 250	0.9
		壳 200	1.08
3	稳定塔进料换热器	管 163	1.35
		壳 200	1.7
4	压缩机出口水冷器	管 85	0.89
		壳 43	0.5
5	稳定塔顶水冷器	管 65	1.05
		壳 43	0.5

续表

序号	设备名称	操作条件	
		温度/℃	压力/MPa
6	压缩机入口分液罐	40	0.03
7	压缩机出口分液罐	40	0.88
8	稳定塔顶回流及产品罐	40	1.03
9	压缩机入口	40	0.02
	压缩机出口	85	0.90

简单轻烃回收的物料平衡见表3-1-2。

表3-1-2　简单轻烃回收物料平衡

序号	名称	相态	收率/%	流率			用途
				kg/h	t/d	kt/a	
一	入方						
1	常顶气	气	3.29	4975	119.4	41.8	
2	加氢塔顶气	气	6.04	9133	219.2	76.7	
3	常顶油	液	90.67	137135	3291.2	1151.9	
	合计		100.00	151243	3629.8	1270.4	
二	出方						
1	不凝气	气	5.31	8033	192.8	67.5	去干气脱硫
2	液化气	液	8.23	12450	298.8	104.6	去脱硫、脱硫醇
3	石脑油	液	86.46	130760	3138.2	1098.3	去重整装置
	合计		100.00	151243	3629.8	1270.4	

注：年操作时间8400h。

2. 典型的吸收-再吸收-脱吸-稳定四塔轻烃回收操作条件及产品

初顶气、常顶气及加氢装置塔顶气经压缩，凝液去脱吸塔；初顶油、常顶油及加氢等装置石脑油为吸收油进吸收塔，重整装置液态烃进脱吸塔，采用吸收-再吸收-脱吸-稳定四塔轻烃回收主要操作条件见表3-1-3。

表3-1-3　典型四塔轻烃回收主要操作条件

吸收塔		脱吸塔		稳定塔		再吸收塔	
项目	采用值	项目	采用值	项目	采用值	项目	采用值
一、压力/MPa(表压)							
塔顶	0.8~0.91	塔顶	0.9~1.01	塔顶	1.0~1.1	塔顶	0.8~0.9
二、温度/℃							
塔顶	~46	塔顶	~91	塔顶	~59	塔顶	~45
塔底	~56	塔底	~121	塔底	~193	塔底	~53
		重沸器	220	重沸器	248		
压缩机出口压力：0.95MPa(表压)							

典型四塔轻烃回收的物料平衡见表3-1-4。

表 3-1-4 典型四塔轻烃回收物料平衡

序号	名称	收率/%	流率			用途
			kg/h	t/d	kt/a	
一	入方					
1	常减压装置石脑油	67.84	130141	3123.39	1093.2	
2	加氢装置石脑油	9.89	18984	455.62	159.5	
3	加氢装置轻烃	7.82	15000	360	126.0	
4	初、常顶气	2.95	5658	135.79	47.5	
5	加氢装置塔顶气	2.63	5036	120.86	42.3	
6	贫再吸收油	8.87	17000	408.00	142.8	来自常减压装置
	小计	100	191819	4603.66	1611.3	
二	出方					
1	干气	1.86	3567	85.61	30.0	去干气脱硫
2	液化气	10.43	20000	480.00	168.0	去液化气脱硫
3	稳定石脑油	78.20	150015	3600.36	1260.1	去重整装置
4	富再吸收油	9.51	18237	437.69	153.2	返回常减压装置
	小计	100	191819	4603.66	1611.3	

注：年操作时间 8400h。

3. 吸收-脱丁烷-脱乙烷三塔轻烃回收操作条件及产品

初顶气、常顶气及煤油加氢低压塔顶气经塔顶气压缩机加压，凝液进脱丁烷塔；加氢装置塔顶气进吸收塔，加氢装置的液态轻烃脱乙烷塔，吸收塔采用冷吸收剂，进行低温吸收。采用吸收-脱丁烷-脱乙烷三塔轻烃回收操作条件见表 3-1-5。

表 3-1-5 吸收-脱丁烷-脱乙烷三塔轻烃回收操作条件

吸收塔		脱丁烷塔		脱乙烷塔	
项目	采用值	项目	采用值	项目	采用值
一、压力/MPa(表压)					
塔顶	0.76	塔顶	1.10	塔顶	2.25
二、温度/℃					
塔顶	27	塔顶	64	塔顶	51
塔底	46	塔底	192	塔底	90
		重沸器	201	重沸器	94
压缩机出口压力：0.82MPa(表压)					

吸收-脱丁烷-脱乙烷三塔轻烃回收的物料平衡见表 3-1-6。

表 3-1-6　吸收-脱丁烷-脱乙烷三塔轻烃回收物料平衡

序号	名称	收率/%	流率			产品流向
			kg/h	t/d	kt/a	
一	入方					
1	初、常顶气	0.67	1804	43.30	15.2	
2	加氢低压塔顶气	0.44	1207	28.96	10.1	
3	加氢塔顶气	9.34	25423	610.15	213.5	
4	初、常顶油	83.16	226457	5434.97	1902.2	
5	加氢石脑油	3.04	8284	198.82	69.6	
6	加氢轻烃	3.35	9130	219.12	76.7	
	小计	100	272305	6535.32	2287.3	
二	出方					
1	干气	4.48	12197	292.73	102.4	去干气脱硫
2	液化气	16.14	43963	1055.11	369.3	去液化气脱硫
3	稳定石脑油	79.38	216145	5187.48	1815.6	重整料
	合计	100	272305	6535.32	2287.3	

注：年操作时间 8400h。

三、主要设备与机械

原油蒸馏装置中，一般采用吸收-再吸收-脱吸-稳定-石脑油分离轻烃回收流程(a)，或采用吸收-脱丁烷-脱乙烷-石脑油分离的轻烃回收流程(b)，这两类流程的主要静设备是塔器、换热器、容器类，而主要动设备为压缩机、泵类。

（一）主要静设备

轻烃回收流程中的主要静设备及操作条件见表 3-1-7、表 3-1-8。

表 3-1-7　轻烃回收流程(a)的主要静设备及操作条件

序号	设备名称	操作条件		主体材质
		温度/℃	压力/MPa	
1	吸收塔	47	0.86	壳体 Q345+0Cr13Al 内件 0Cr13 或 0Cr18Ni10Ti
2	脱吸塔	92	0.96	壳体 Q345R+0Cr13Al 内件 0Cr13 或 0Cr18Ni10Ti
3	稳定塔	65	1.06	壳体 Q345R+0Cr13Al 部分内件 0Cr13
4	再吸收塔	51	0.83	壳体 Q345 内件 0Cr13 或 0Cr18Ni10Ti
5	石脑油分离塔	90	0.17	壳体 Q245+0Cr13Al 内件碳钢
6	压缩机出口水冷器	管 123 壳 43	0.9 0.4	管材 Ti 碳钢 壳体碳钢
7	吸收塔中段回流冷却器	管 47 壳 43	1.3 0.4	管材 Ti 壳体碳钢

续表

序号	设备名称	操作条件		主体材质
		温度/℃	压力/MPa	
8	石脑油-吸收塔底油换热器	管 95 壳 128	1.4 1.0	碳钢 碳钢
9	石脑油-稳定塔进料换热器	管 194 壳 163	1.08 1.3	碳钢 碳钢
10	贫-富再吸收油换热器	管 135 壳 160	0.9 1.5	碳钢 碳钢
11	脱吸塔重沸器	管 250 壳 155	1.0 1.04	碳钢 碳钢
12	稳定塔重沸器	管 281 壳 200	1.5 1.08	碳钢 碳钢
13	石脑油分离塔重沸器	管 188 壳 145	1.0 1.19	碳钢 碳钢
14	石脑油水冷器	管 43 壳 65	0.4 0.65	碳钢 碳钢
15	贫吸收油水冷器	管 43 壳 72	0.4 1.45	碳钢 碳钢
16	压缩机入口分液罐	40	0.02	碳钢+热处理
17	压缩机出口分液罐	40	0.9	碳钢+热处理
18	稳定塔顶回流及产品罐	40	1.03	碳钢+热处理
19	石脑油分离塔顶回流及产品罐	40	0.14	碳钢

表 3-1-8　轻烃回收流程(b)的主要静设备及操作条件

序号	设备名称	操作条件		主体材质
		温度/℃	压力/MPa	
1	吸收塔	27	0.76	壳体 Q345+0Cr13Al 内件 0Cr13 或 0Cr18Ni10Ti
2	脱丁烷塔	64	1.1	壳体 Q345+0Cr13Al 内件 0Cr13 或 0Cr18Ni10Ti
3	脱乙烷塔	51	2.25	壳体 Q345 内件 0Cr13
4	石脑油分离塔	85	0.15	壳体 Q345 内件碳钢
5	压缩机出口水冷器	管 85 壳 43	0.82 0.4	管束 08Cr2AlMo 壳体碳钢
6	吸收塔中段回流冷却器	管 12 壳 15	1.0 1.09	管束 08Cr2AlMo 壳体碳钢
7	石脑油-脱丁烷塔进料换热器	管 144 壳 192	1.45 1.14	板片 S32205 碳钢

续表

序号	设备名称	操作条件		主体材质
		温度/℃	压力/MPa	
8	脱乙烷塔进料换热器	管 75	2.52	碳钢
		壳 90	2.3	碳钢
9	脱丁烷塔重沸器	管 250	1.0	管束 022Cr19Ni10
		壳 201	1.13	碳钢
10	脱乙烷塔重沸器	管 140	1.5	碳钢
		壳 94	2.35	碳钢
11	石脑油分离塔重沸器	管 188	1.0	碳钢
		壳 145	0.17	碳钢
12	脱丁烷塔顶后冷器	管 55	1.07	板片 S32205
		壳 43	0.4	碳钢
13	贫吸收油水冷器	管 43	0.4	碳钢
		壳 72	1.45	碳钢
14	压缩机入口分液罐	40	0.02	碳钢+热处理
15	压缩机出口分液罐	40	0.8	碳钢+热处理
16	脱丁烷塔顶回流罐	40	1.05	碳钢+热处理
17	脱乙烷塔顶回流及产品罐	40	2.2	碳钢+热处理
18	石脑油分离塔顶回流及产品罐	40	0.13	碳钢

从表 3-1-7、表 3-1-8 中的设备材料可以看出，除脱乙烷塔和石脑油分离塔壳体及封头的材质为碳钢外，其余塔壳体及封头均采用碳钢+复合板，塔内件一般选用 0Cr13Al 或不锈钢，压缩机出口水冷器管材一般选用钛材料或双相钢等耐腐蚀材料，往往从减小压缩机出口水冷器压力降考虑，而选用板材为钛材料或双相钢的板壳式换热器。

在轻烃回收中，从材料特性、操作参数、抗低温腐蚀要求并结合工艺换热需要出发，稳定塔进料换热器、稳定器塔顶后冷器、吸收塔中段回流冷却器及脱吸塔进料换热器大都选用板壳式换热器，其板材为双相钢或超级奥化体不锈钢 254。

对于稳定塔底重沸器大多采用 T 型管的高效换热器，提高换热效率，节约占地。

轻烃回收部分的分液罐、进料缓冲罐、塔顶回流及产品罐等大都选择碳钢材质加内涂防腐材料，一般在结构上设置分水包，并采用焊后热处理消除应力、减缓腐蚀。

（二）主要机械

原油蒸馏中的轻烃回收其主要机械部分是塔顶气压缩机及液态烃、石脑油类的泵，塔顶气压缩机是装置中的核心设备，其选型对装置的设备投资、占地大小、加工能耗及对原料的适应关系甚大，需对塔顶气压缩机给予足够重视。

轻烃回收选用的压缩机有往复式压缩机、离心压缩机及螺杆压缩机，根据吸收过程中的操作条件，以及塔顶气的特性，一般大都选用螺杆压缩机。

1. 往复式压缩机

往复式压缩机由气罐、活塞、活塞杆、连杆、曲轴、吸入活门和排出活门等部分组成，它又可分成工作腔部分、传动部分、机身部分及压缩机的辅助设备部分。

往复压缩机的工作原理同往复泵类似，由曲柄连杆机构将电动机的旋转运动变成活塞在气缸中的往复运动，气缸与活塞组成压缩容积，通过被吸入气缸内气体，在气缸内被活塞压缩并排出气缸，气缸内的气体依次实现膨胀、收气、压缩、排气的工作循环，使气体升压。

往复式压缩机具有以下优点：①压力范围广，从低压到高压都适用；②压缩效率高；③排气量可在较广的范围内变化，适应性强；④对制造的金属材料要求不严格。

往复式压缩机通过多级压缩提高排出压力，用增加气缸数目以减少压缩比来达到；为减少压缩功耗，必须在多段压缩过程中，设置级间冷却器，降低进每一级气缸的温度；由于活塞的往复运动，使得其送气不均匀，气体流动具有脉动性质，可能通过关小压缩机出口阀(节流)的方法来调节操作，只能部分关闭进口气阀，或将排出的气体经返回线送入进气线。由于往复压缩机有以上自身的特点，使往复压缩机外形尺寸较大、结构复杂、占地多、安装及基础工作量大、易损部件多、维护工作量大。

往复式压缩机出口管线设计安装后，还可能存在喘振现象。

原油蒸馏轻烃回收流程中选用往复式压缩机，往往是塔顶气要求压缩后压力不高及塔顶气流量较小的场合，塔顶气经压缩后送催化装置或焦化装置气压机入口，这样的工艺操作条件，一般可选单级往复压缩机，无级间冷凝器，采用一开一备或单台布置的设置。这种设置，压缩机流程简单、维护工作少，减少设备占地及投资。

气体流量在 $50m^3/min$、压缩机出口压力在 0.4MPa 的中小型规模的简单轻烃回收塔顶气压缩流程中，可选用往复压缩机。

2. 离心压缩机

离心压缩机又称透平压缩机，压缩机由转子和定子两部分组成，转子包括轴以及安装在轴上的叶轮、轴承、平衡盘及联轴器等转动部件，而定子则为安装在机壳内的扩压器、弯道、蜗壳、轴承以及吸气室等固定部件。其工作原理同离心鼓风机相同，当驱动机带动转子高速旋转时，旋转的叶轮带动气体产生旋转的离心力，把机械能传送给了气体，造成气体压力升高、气流速度加快、气温升高、比容缩小。为了防止连续压缩过程中气体温度过高，离心压缩机常分成几级，级间没有中间冷却器。离心压缩机的级数多(可多达 10 级以上)、转速高(一般都在 5000r/min 以上)，因而其具有流量大、排气压力高的特点。

离心压缩机还有可能存在喘振工况的缺点，即当压缩机提供的压力不足以克服气体在排气管线中流动所遇到的阻力时，气体的压力和速度发生明显变化，压力下降，压力和气流速度发生周期性变化，气流方向改变，并引起对叶片的冲击，引起压缩机发生喘振，严重时使压缩机无法正常运转。这种由于管道压力过高、引起压缩机流量减少而出现的周期性气体倒流现象为喘振。

离心压缩机的调节方法有以下几种：①压缩机出口节流。关小排气阀门，气体流量减小，但因阻力增加，使得压缩比增加，动力消耗也增加，此方法简单易操作，但不经济，很少采用。②压缩机进口节流。保持了压缩比不变，但又降低了气体的出口压力，此方法简单，其动力消耗比压缩机出口节流消耗少，常采用此法进行调节。③改变压缩机的转速。通过调整压缩机的驱动机的转速，使压缩机的性能曲线变化来达到调节压缩机流量，这种调节方法要增加变速装置，使设备结构复杂、投资增加。

离心压缩机与往复压缩机相比，其主要优点是体积小、质量轻、运转平稳、操作可靠、调节性能好、维修方便，但其主要缺点是制造精度要求高、不易加工，而且当流量偏离设计的额定点时，其压缩机效率低。

在原油蒸馏轻烃回收装置中，处理的塔顶气在涉及全厂饱和塔顶气，且吸收塔操作压力在1.2~1.4MPa时，可考虑选择离心压缩机，并采用单台无备机设置。催化裂化装置及焦化装置的压缩机则大都选用离心压缩机，也主要是富气流量大、压力高的要求，同时可使用装置中的高压蒸汽和高温烟气驱动离心压缩机，回收热能，节约电能，大大降低离心压缩机的投资及动力成本。

离心压缩机因其流量大、压力高、体积小、易于调节和维护的优点，近年来在炼油化工等领域已愈来愈多地替代往复压缩机。

3. 螺杆压缩机

螺杆压缩机由一对转子、机体、轴承、同步齿轮(或增速齿轮)以及密封组件等组成。在8字形的气缸中，平行地配置两个按一定传动比反向又相互啮合的螺旋形转子，节圆外是有凸齿的转子为阳转子，而节圆外具有凹齿的转子为阴转子，阴、阳转子上螺旋形体别称为阴螺杆和阳螺杆，阳转子与原动机(或与增速齿轮组)连接，带动阴转子转动。

螺杆压缩机一般指双螺杆压缩机，又分成无油螺杆压缩机和喷油螺杆压缩机，而无油螺杆压缩机阴、阳螺杆间并不直接接触，它们之间存在着一定的间隙，设同步齿轮。同步齿轮的作用就在于传递运动、传输动力并确保螺杆间的间隙及其分配，通过一对螺杆的高速旋转而达到密封气体、提高气体压力的目的；喷油螺杆压缩机则在机中喷入润滑油，起着润滑、密封、冷却和降低噪声的作用，不设同步齿轮，一对螺杆就像一对齿轮一样，由阳螺杆直接驱动阴螺杆，同时也由于油膜的密封作用，而取代了轴封，使得喷油压缩机的结构更为简单。可以使用石脑油作为螺杆压缩机的喷液，减缓了螺杆压缩机转子等部件由于水的存在而引起的湿硫化氢的腐蚀，实现了喷油螺杆压缩机的长周期平稳运行。

螺杆压缩机从吸气开始，密封在齿间容积气体经过压缩，最后排出，螺杆压缩机的压缩经历了吸气、压缩及排气的三个过程。压缩过程中螺杆压缩机的阴、阳螺杆和机体之间形成的呈“V”字形的齿间容积随着转子的回转而变化，同时，其位置的空间也不断移动。

螺杆压缩机压缩气体的原理属于容积式压缩，具有往复压缩机的特点，而其运动形式，即螺杆压缩机的转子又与透平机械一致，进行高速旋转运动，因而螺杆压缩机同时又具有透平机械的特性，使螺杆压缩机兼有往复式和离心式两类压缩机的优点：

① 螺杆压缩机具有较高的齿顶线速度，可与高速原动机直联，因此，它的单位排气量的体积、质量、占地面积以及排气脉动均远比往复压缩机小。

② 螺杆压缩机没有诸如气阀、活塞环等易损部件，因而它运转可靠、寿命长，也因为没有往复运动零部件，所以螺杆压缩机基础小。

③ 无油螺杆压缩机又由于阴阳螺杆齿面间实际留有间隙，因而能耐液体冲击，可输送含液气体；喷油螺杆压缩机也由于喷液作用，可获得高的单级压力比(最高达20~30)以及较低的排气温度。

④ 螺杆压缩机具有强输气的特点，即排气量几乎不受排气压力的影响，不同于速度型压缩机，其压力比与转速、密度几乎无关系。

⑤ 螺杆压缩机在宽广的操作范围内，仍能保持较高的效率，没有速度型压缩机在小排气量时出现的喘振现象。

然而螺杆压缩机也有着以下的缺点：

① 由于螺杆齿间容积周期性地与吸、排气孔口连通，以及气体通过间隙的泄漏等原因，导致螺杆压缩机产生很强的中、高频噪声，必须采取消声、减噪措施。

② 因螺杆压缩机齿面是一个空间曲面，要求加工精度高。

③ 螺杆压缩机的密封是依靠间隙密封气体，并受转子刚度的限制，螺杆压缩机只适用于中、低压范围。

以上三类压缩机因结构不同，各有其特点，往复式、离心式、螺杆式压缩机的特点见表 3-1-9。

表 3-1-9　各类压缩机的特点

应用范围	往复式	螺杆式	离心式
	高压、中小流量	低压、中小流量	大流量，大功率
优点	(1)效率高； (2)操作平稳，入口条件的变化不影响排气压力的稳定； (3)介质组成的变化对机组性能影响不大	(1)可以允许多相混输； (2)运行转速高，机器尺寸小，占地面积较小； (3)易损件少，连续运行周期长； (4)单级压缩比高	(1)易损件少，运行稳定，连续运行周期长； (2)零部件少，结构紧凑，占地面积小； (3)气流连续稳定，无脉动
缺点	(1)易损件多，如气阀、活塞环、支撑环和压力填料等，连续运转周期较短； (2)机器尺寸大而重，维修量大	(1)应用范围较窄，只能适用于低压场合； (2)机器运行噪声大； (3)能耗高	(1)单级压比小； (2)控制系统复杂； (3)气体组成变化时，机组运行波动较大； (4)机组转速高，易产生振动

4. 轻烃回收压缩机的选择

(1) 压缩机方案选择

原油蒸馏中轻烃回收塔顶气受加工原油类型、加工流程方案以及吸收操作等因素的影响，压缩机的气量选择要具有一定的适应性。从节省设备投资和操作费用考虑，选择两台或多台并联方式适应塔顶气量的变化。

对于新建原油蒸馏装置轻烃回收压缩机的方案选择，可根据轻烃回收塔顶气的特性及压缩机的特点，有多种选择方案，压缩机的方案选择可参考表 3-1-10[4]。

表 3-1-10　压缩机方案选择

项　目	往复机方案	螺杆机方案	离心机方案
设备配置	一操一备	两台并联操作	单台，无备用
压缩机级数	两级压缩	单级	两段压缩
流量调节	旁路调节	单台操作或并联操作，同时旁路辅助调节	旁路调节
平面占地	大	中	小
设备投资	小	中	大
设备维护	维护量大	维护量小	维护量小

(2) 螺杆压缩机的应用

由于原油蒸馏轻烃回收进塔顶气压缩机的气量一般不是太大，且大多数吸收塔的压力在 0.8~0.9MPa，选用单级螺杆压缩机，无级间冷却，并可允许进压缩机的气体少量带液，使得压缩机体积小，占地少；螺杆压缩机通常采用排气量调节，在轻烃回收压缩机出口线上安装返回进口线的调节阀组，通过调节压缩机的返回量来调整进气量，方便可靠。随着中压变频调速技术的应用，螺杆压缩机的流量调节采用中压变频器，既能适应生产变化，又能大大节省电机的电耗。

由于螺杆压缩机制造技术的提高和进步，对螺杆压缩机的认识不断深入，在实际生产过程中获得的操作经验，使得螺杆压缩机在原油蒸馏轻烃回收中得到广泛的应用。

原油蒸馏轻烃回收中使用的螺杆压缩机一般多为 LG60/1.0、LG80/1.0、LG100/1.0、LG120/1.0 等机型。

原油蒸馏轻烃回收塔顶气的压缩流程，随着轻烃回收工艺技术的不断改进，塔顶气压缩机的选型也经历了由往复式—离心式—螺杆式的变化过程。螺杆压缩机易适应工艺要求，具有操作灵活、维护方便、占地小、投资及操作费用少的优点，新建的大型原油蒸馏装置轻烃回收一般优先选用螺杆压缩机。

（三）原油蒸馏轻烃回收的腐蚀与防腐

原油蒸馏轻烃回收部分，因加工原油大多是含硫或高硫原油，进行轻烃回收的石脑油、液化气及塔顶气含有单体硫、硫化氢及硫化物等，塔顶气中硫化氢含量在 5%~12%(v)，而石脑油的硫含量在 0.02%~0.05%，液态烃中含有硫化氢、硫醇等的硫含量在 0.01%~0.05%。在轻烃回收过程中，因进轻烃回收的原料脱水常常不能达到要求，造成轻烃回收的吸收塔、稳定塔的中低温部位及塔顶油气管线存在硫化氢的腐蚀。

轻烃回收流程中的吸收塔、稳定塔顶部，由于操作温度较低，塔顶油气的硫化氢含量高，存在低温腐蚀现象，塔内件的腐蚀尤为严重。在稳定塔顶部几层塔盘上，由于稳定塔的石脑油还夹带有部分含氯离子的盐类，使其塔盘上附着部分铵盐，塔上部分的溢流孔大部分被腐蚀堵塞，在塔顶冷凝系统的空冷器、后冷器及塔顶油气管线均存在腐蚀记录，这些腐蚀对轻烃回收的安全生产带来隐患。

1. 轻烃回收部分的腐蚀机理

低温湿硫化氢腐蚀是指介质中会有硫化氢和水分，并处于露点温度以下时的腐蚀环境。

(1) 腐蚀机理

由于原料中含硫及硫化氢，当上游装置进料因切水措施不到位，轻烃回收的原料罐及缓冲罐的脱水不及时，就形成了低温湿硫化氢腐蚀环境。一旦脱吸塔的脱水不正常、稳定塔注缓蚀剂没有及时调整，产生了低温湿硫化氢的腐蚀，使塔设备、换热器、容器受损；而当塔顶油气管线流速过高时，由于高速冲刷，其腐蚀速率加快。

低温湿硫化氢的腐蚀形态为氢鼓泡(HB)、硫化物应力腐蚀开裂(SSCC)、氢致开裂(HIC)及应力导向氢致开裂(SOHIC)，同时还伴随有均匀腐蚀。

其低温部位的腐蚀机理是钢中铁与硫化氢反应，生成硫化亚铁，在腐蚀过程中，同时存在两个相对独立的反应过程——阳极反应和阴极反应，并有电流产生，这种电化学腐蚀是最普遍的一种腐蚀现象。

其化学反应式如下：

$$Fe+H_2S = FeS+H_2$$

$$H_2S \longrightarrow 2H^+ + S^{2-}$$

$$Fe \longrightarrow Fe^{2+} + 2e \qquad \text{(阳极反应)}$$

$$Fe^{2+} + S^{2-} \longrightarrow FeS \downarrow$$

$$2H^+ + 2e \longrightarrow 2H \longrightarrow H_2 \qquad \text{(阴极反应)}$$

在金属表面生成了硫化亚铁薄膜，若生成的硫化亚铁薄膜疏松不完整，金属的腐蚀会继续发生；而如果其生成腐蚀产物薄膜能覆盖住金属表面，且具有一定的完整性及紧密性，能够在一定程度上降低金属与介质的反应速率，甚至保护金属不受进一步的腐蚀，生成紧密完整的腐蚀产物，表面膜是控制低温腐蚀的关键。在生产操作中，依靠分析塔顶油品切水中的铁离子含量来判断是否形成金属保护层膜及腐蚀程度。

(2) 影响湿硫化氢腐蚀的主要因素

① 硫化氢浓度。介质中只要有水存在，水中很少的硫化氢就可以引发 SSCC 和 HIC 类的腐蚀。

② 介质温度。温度升高，均匀腐蚀速率增大；但对 SSCC 类腐蚀，则在常温其敏感性高，而升高或降低温度均会降低其敏感性。

③ pH 值。pH 值在中性环境下钢中的氢通量最低，其腐蚀速率最小。

④ 其他腐蚀介质的影响。氯离子能促进硫化氢的腐蚀，从而使腐蚀速率加大。

⑤ 材料硬度。硬度愈高，SSCC 及 HIC/SOHIC 的敏感性愈高，通过焊后热处理，能大大降低残余应力，降低其敏感性。

⑥ 钢中杂质元素的影响。硫含量愈高，HB、HIC 和 SOHIC 的敏感性越高。磷对耐低温湿硫化氢腐蚀是有害的，此外镍对碳钢和低合金钢耐低温湿硫化氢腐蚀也是不利的，所以一般要求碳钢和低合金钢中的镍含量不超过 1%。

2. 防腐措施与设备选材

从出现低温湿硫化氢的环境及其腐蚀机理上，采取以下措施和方法防止和减缓轻烃回收流程中低温湿硫化氢腐蚀。

① 严格控制进轻烃回收原料油及原料气的带水，并加强原料罐、缓冲罐、稳定塔顶回流及产品罐、脱吸塔中部的排水。

② 加强轻烃回收流程的工艺防腐，在稳定塔顶油气管线增设注缓蚀剂措施，关注塔顶排水的 pH 值及铁离子含量的监测。

③ 设备及管线严格按照相关标准及规范的要求选材。

④ 对易发生腐蚀或腐蚀严重的部位，设置防腐探针，对腐蚀的发生和发展状况进行实时监测；在存在冲刷的部位进行超声波定点测厚，对设备及管线的减薄情况进行监测。

吸收塔、再吸塔、脱吸塔等由于其操作温度低，加上介质含水的状况，是形成低温湿硫化氢腐蚀环境，对塔的壳体一般采用 Q345R+0Cr13Al(或 0Cr13)复合材料；塔内件选择 0Cr13，并采用焊后热处理消除应力等措施，减缓腐蚀；对稳定塔进料段上的塔壳体及内件选用 Q345R+0Cr13 复合板，内件选用 0Cr13，而进料段下壳体及内件可选用碳钢。为防止材料的应力腐蚀，塔设备采用整体热处理；容器一般采用 Q245R 材料，并内涂防腐材料加热处理；在发生气液两相相变的空冷器、水冷器，因存在露点腐蚀，设备的造材往往选用 08Cr2AlMo、09Cr2AlMo、S32205、MS254 及钛材等，并对水冷器的换热管水侧选用防腐涂料，空冷器的入口管束处设置 $L=300\sim450$mm 的钛套管以减轻腐蚀及冲蚀。

四、装置消耗、能耗与效益分析

(一) 轻烃回收装置消耗与能耗

轻烃回收装置的目的是回收原料中的液化气，同时副产干气及稳定石脑油，采取的技术手段是吸收、脱吸及稳定等过程，基本上是物理过程，通过消耗能量达到回收液化气、稳定石脑油、降低干气中心 C_3、C_4组分的含量。以生产饱和液化气为生产目的，追求液化气收率，稳定塔底重沸器的负荷就会较大，能耗也就会相对较高；而以石脑油稳定为目的生产直馏液化气和轻石脑油作为乙烯裂解原料的工况，稳定塔底重沸器的负荷可以降低，能耗就相对较小；如果对生产干气中 C_3、C_4以上组分含量有严格质量要求的限制，就需要设置再吸收塔或采用低温吸收的措施，相应也会增加轻烃回收工艺的消耗及能耗。

随着加工规模、原料品种、操作条件及产品方案的不同，轻烃回收的消耗及能耗也不尽相同，并随着流程由简单轻烃回收到一般轻烃回收，直到完整轻烃回收，其轻烃回收率在逐步提高，相应的加工能耗也在逐渐增加。

1. 简单轻烃回收流程的消耗及能耗

某装置规模为处理塔顶气 120kt/a、石脑油 150kt/a，采用塔顶气压缩、石脑油稳定的单塔轻烃回收流程，其轻烃回收的消耗见表 3-1-11。

表 3-1-11 某简单轻烃回收工艺消耗

序号	项目	消耗量	单耗	备注
1	电	1518.4kWh/h	10.04kWh/t 进料	
2	循环水	826t/h	5.46t/t 进料	
3	1.0MPa 蒸汽	0.3t/h	0.002t/t 进料	
4	氮气	$90Nm^3/h$	$0.60Nm^3/t$ 进料	
5	外供热	8330kW		稳定塔底重沸器

装置能耗为 8.14kg 标油/t 进料，装置加工能耗为 433×10^6MJ/a。

2. 四塔轻烃回收流程的消耗及能耗

某装置处理塔顶气 90kt/a、液态烃 126kt/a、石脑油 1260kt/a，采用吸收-再吸收-脱吸-稳定四塔轻烃回收流程，其轻烃回收的消耗见表 3-1-12。

表 3-1-12 某四塔轻烃回收工艺消耗

序号	项目	消耗量	单耗	备注
1	电	1831kWh/h	10.48kWh/t 进料	
2	循环水	785t/h	4.49t/t 进料	
3	1.0MPa 蒸馏	8.2t/h	0.047t/t 进料	
4	净化风	$60Nm^3/h$	$0.34Nm^3/t$ 进料	
5	氮气	$60Nm^3/h$	$0.34Nm^3/t$ 进料	
6	外供热	7390kW		稳定塔底重沸器

装置能耗为 10.45kg 标油/t 进料，装置加工能耗为 643×10^6MJ/a。

3. 吸收-脱丁烷-脱乙烷轻烃回收流程的消耗及能耗

某装置处理塔顶气 240kt/a、液态烃 80kt/a、石脑油 1980kt/a，采用冷吸收剂的低温吸收、脱丁烷及脱乙烷轻烃回收流程，其轻烃回收的消耗见表 3-1-13。

表 3-1-13 某低温吸收轻烃回收工艺消耗

序号	项目	消耗量	单耗	备注
1	电	834kWh/h	3.06kWh/t	
2	循环水	983t/h	3.60t/t	
3	3.5MPa 蒸汽	12.6t/h	0.046t/t	稳定塔底重沸器
4	净化风	$60Nm^3/h$	$0.22Nm^3/t$	
5	氮气	$40Nm^3/h$	$0.15Nm^3/t$	
6	热进料	13960kW		稳定塔底重沸器
7	冷进料	3160kW		冷媒水用量

装置能耗为 9. 87kg 标油/t 进料，装置加工能耗为 945×10^{6}MJ/a。

4. 带轻重石脑油分离的轻烃回收消耗及能耗

某装置处理塔顶气 200kt/a、液态烃 210kt/a、石脑油 1430kt/a，采用吸收-再吸收-脱吸-稳定-轻重石脑油分离的轻烃回收流程，该流程的消耗见表 3-1-14。

表 3-1-14　某带轻重石脑油分离轻烃回收工艺消耗

序号	项目	消耗量	单耗	备注
1	电	1963kWh/h	8. 98kWh/t	
2	循环水	562t/h	2. 57t/t	
3	除盐水	12t/h	0. 055t/t	
4	1. 0MPa 蒸汽	9. 1t/h	0. 042t/t	脱吸塔底重沸器
5	净化风	145Nm^3/h	0. 66Nm^3/t	
6	氮气	80Nm^3/h	0. 37Nm^3/t	
7	外供热	17810kW		稳定塔、石脑油分离塔底重沸器

装置能耗为 12. 54kg 标油/t 进料，装置加工能耗为 965×10^{6}MJ/a。

(二) 轻烃回收能耗指标与实际能耗

1. 能耗指标

由于原油蒸馏轻烃回收流程是新发展起来的，对这一部分的能耗指标，目前尚无统一的规定和要求，加之各炼油厂其轻烃回收流程差别很大，其能耗也就有所不同。

中国石油化工股份有限公司炼油事业部与中国石油化工集团公司节能技术中心制定的《炼油厂能量消耗计算与评价方法》(2004 年 12 月)，在炼油装置能耗定额中规定常减压蒸馏装置含轻烃回收，其能耗定额再增加 1kg 标油/t 原油。

2. 实际能耗

塔顶气压缩、石脑油稳定的单塔简单轻烃回收流程，其实际操作能耗在 6～7kg 标油/t 原料；而吸收-再吸收-脱吸-稳定四塔完整轻烃回收流程，其实际操作能耗在 10～15kg 标油/t 原料；低温吸收-脱丁烷-脱乙烷轻烃回收流程，其实际操作能耗在 9～12kg 标油/t 原料。

3. 节能措施

① 在满足装置产品质量要求的前提下，优化吸收塔、脱吸塔、再吸收塔、稳定塔的操作条件，尤其是优化脱吸塔脱吸量的操作，满足质量要求条件下，合理有效控制脱吸塔底重沸器热量的消耗。

② 适当选择吸收塔的压力及吸收剂温度，减少吸收剂用量，减少压缩机、泵的电耗，也减少脱吸塔及稳定塔底重沸器的加热负荷。

③ 优化轻烃回收部分流股走向与换热，与原油蒸馏装置进行热联合，减少装置外系统的蒸汽消耗，对于热负荷较大的换热器采用板壳式换热器，利用板壳式换热器的逆流换热特点，最大限度地提高热量的回收。

④ 塔顶气按压力不同，高低分开，低压塔顶气去压缩，高压塔顶气直接去吸收，压缩机选用多台并联操作方式，在适应气体流量变化的同时，节约压缩机的功耗。

另外，稳定塔顶及石脑油分离塔顶的油气温度在～70℃，需要冷凝冷却到 40℃，因而存在着大量的低温热，如果能利用这部分的低温热进行发电和制冷，不仅具有节能降耗意义，而且可以大大提高全厂的经济效益。

(三) 轻烃回收效益分析

原油蒸馏中轻烃回收的效益受加工规模、原料性质(原料中轻烃的含量)、产品要求、技术方案及建设类型等因素的影响。

1. 加工规模与原料性质

加工原油的规模愈大，加工原料中的轻烃含量愈高，意味着轻烃回收可以得到更多的液化气产品，尽管所选的塔、压缩机主要设备的投资相对大些，但其轻烃回收的效率也愈高。

2. 产品要求

对于产品的要求不同，轻烃回收流程选择设备多少差别较大，对轻烃回收投资费用与操作费用影响亦较大，轻烃回收对产品有以下的不同要求：

① 塔顶气中的轻烃要不要进行回收，是采用简单的塔顶气压缩回收轻烃；还是干气仅作为燃料气，而选择单级吸收流程；抑或是干气符合严格的气体指标，而选择吸收-再吸收流程或低温吸收流程。

② 液化气是作为生产化工原料还是作为液化气产品的用途不同，对设备要求及液化气生产操作费用也不尽相同。

③ 石脑油仅作为重整原料；还是进一步分离成轻、重石脑油，其中轻石脑油作为化工原料、重石脑油作为重整原料，这需要在原轻烃回收流程中增加石脑油分离塔系，这种流程虽然投资会增加，但可根据市场需要，灵活调整生产方案，提高经济效益。

3. 技术方案

轻烃回收工艺有各种流程及技术方案选择，尽管完整的吸收-再吸收-脱吸-稳定四塔轻烃回收流程的设备多、占地大、投资与操作费用高，但由于其轻烃回收率高、产品质量稳定，其经济效益较好。而简单轻烃回收因其流程短、设备少、占地小、投资低，但其轻烃回收率低、产品质量相对较差，因而其经济效益与完整轻烃回收产生的效益相比就低些，更为重要的是原油中的轻烃未能得到充分合理利用。

4. 建设类型

对于新建大型原油蒸馏装置的轻烃回收，应侧重考虑以高的轻烃回收率及高质量的产品作为总流程规划重要的出发点之一，同时还需要统筹考虑相邻装置生产饱和类轻烃物流是否进原油蒸馏中的轻烃回收，使全厂的轻烃资源能集中统一回收处理，使原油蒸馏轻烃回收发挥更大的作用，提高全厂的经济效益。

对装置已有的轻烃回收流程进行改造，也是提高轻烃回收率、改善产品质量的有效措施，在充分挖掘原有设备潜力的同时，对影响轻烃回收率的因素进行分析，对轻烃回收流程进行改造，也是提高轻烃回收经济效益的有效途径。

对多个原油蒸馏轻烃回收建设项目投资的工程费用进行分析，其中以设备费用为主，占总个工程费用的~75%。而设备费用中，压缩机、塔器、换热器、容器的费用又占总设备费用的~60%，其次是管道、仪表、电气和土建结构等部分的费用，说明轻烃回收中的动、静设备占项目工程费用的近一半，在主要设备中，压缩机是最大一笔设备费用，因此，需优化塔顶气压缩机的设置方案及操作条件。

选择适合的轻烃回收流程及合理确定关键设备的大小，有效降低项目投资的工程费用，对提高轻烃回收经济效益具有实际意义。

以下为原油蒸馏几个轻烃回收项目的经济效益实例。

实例1：某炼厂原油蒸馏装置采用初馏-常压蒸馏流程，加工混合原油，随着掺炼进口原油的比例逐渐增多，因初馏塔是低压操作，原油中轻烃含量增加，导致初顶气大幅度增大，只能使大量的初顶气排入全厂瓦斯系统，造成轻烃资源浪费，经济效益低下。采取了初馏塔加压、初顶气自压送催化裂化装置回收轻烃的改造措施，项目实施一年后进行统计，共回收液化气1409t、轻汽油9544t，考虑到液化气、轻汽油与燃料气的差价，再扣去改造过程的投资费用，装置年净增效益达618.9万元。

实例2：某炼厂采用初馏-常压蒸馏流程，自掺炼进口原油，初顶气、常顶气量显著增多，其作为加热炉的燃料烧掉，造成C_3、C_4轻烃的浪费。装置采取增加塔顶气压缩机，使加压后的塔顶气送催化裂化的吸收稳定部分，经过15个月的运行和统计，催化装置因送入初、常顶气，使汽油增加了4408t、液化气增加了6928t，增加的塔顶气压缩机费用为150万元，考虑到液化气、汽油与燃料气的差价，扣除压缩机投资费用、压缩机电耗及其在催化吸收稳定部分的操作费用，投用期间净增效益848万元[5]。由于初、常顶气采用压缩机送出，使得初馏塔、常压塔的塔顶压力比改造前显著下降，使原油蒸馏装置的轻油收率及分馏精度有所提高。

实例3：某大型炼厂原油蒸馏装置采用闪蒸-常压流程，塔顶气经压缩，并与少量塔顶油混合进水冷及分液后，干气去脱硫，凝缩油送稳定塔回收，塔顶气量为9568kg/h，经压缩后的干气量为783kg/h，压缩后的凝缩油为8785kg/h，去稳定塔稳定，得到液化气、石脑油。考虑液化气、石脑油与燃料气的差价，每年增加1757万元，而增加塔顶气压缩机、冷凝器的设备投资800万元及增加此部分的操作费用320万元/年，仅塔顶气中的轻烃回收就增加经济效益637万元。

实例4：某大型炼厂，加工中东混合原油，原油蒸馏采用闪蒸-常压流程，常顶气采用常顶气压缩机压缩，压缩后的干气去下游装置脱硫，常顶油及压缩凝缩油去稳定塔，回收液化气及石脑油，增加常顶气压缩机、稳定塔、冷换设备、容器等设备的总工程费用为9000万元，经对其产品进行技术经济分析，其静态投资回收期仅为2.0年。

实例5：某大型炼厂，加工国外中东混合原油，原油蒸馏采用闪蒸-常压流程，其常顶气与加氢塔顶气混合后去塔顶气压缩机加压，常顶油与凝缩油去稳定塔回收液化气和稳定石脑油，是一典型的单塔轻烃回收流程，装置运行一段时间后，出装置的干气出现了干气不“干”的现象，造成下游干气脱硫装置的胺液发泡的不良工况；稳定塔顶液化气质量不稳定。装置对单塔轻烃回收进行改造，增加吸收塔、再吸收塔及脱吸塔，利用常顶油为吸收剂，常一中油为再吸收剂，优化轻烃部分的换热，尽可能挖掘原有设备的潜力，改造成典型的吸收-再吸收-脱吸-稳定的四塔轻烃回收流程。改造项目的工程费用为4574万元，通过对轻烃回收进行技术经济分析，改造项目的内部收益率为高达138.7%，项目静态回收期仅为1.72年。

第二节　催化裂化过程中的轻烃回收

传统的催化裂化过程的轻烃回收主要由富气压缩和吸收稳定两部分组成。富气分两段压缩、冷凝冷却、分液后，气体进入吸收塔下部，稳定汽油和催化分馏所产的粗汽油作为吸收剂从吸收塔上部注入，逆流接触，塔顶贫气进入再吸收塔下部，塔顶注入顶循环油或轻柴油做吸收剂，催化干气自再吸收塔顶出装置。吸收塔底的饱和吸收油进入压缩机二段出口分液罐，罐底烃油泵送脱吸塔上部，脱除C_2组分，脱吸气(含大量液化气)返回富气压缩机二段出口循环，塔底脱乙烷汽油主要为液化气和汽油，进入稳定塔，塔顶是液化气产品，塔底是稳定汽油产品。吸收稳定分离的目标产品是干气、液化气和汽油，一般地，控制质量指标和回收率为：

(1) 干气：C_3、C_4≤1.5%~3%(v)；

(2) 液化气：C_2≤0.5%(v)，C_5^+<1.0%(v)；

(3) 汽油：蒸汽压，夏季40~65kPa，冬季45~85kPa(GB 17930—2016《车用汽油》)；

(4) 回收率：C_3≥92%，C_4≥97%

液化气中C_2控制指标系指出催化装置的液化气产品，不是指稳定塔顶气的控制指标，稳定塔顶回流罐的压控方式可采用“热气体旁路”控制或塔顶馏出线安装调节阀的直接压控法。由于通过脱吸塔的深度脱吸控制脱乙烷汽油中的C_2含量，液相液化气中C_2组分很少。

一、催化裂化富气压缩

对于一般规模的催化裂化装置，富气压缩机一般都采用多级离心式。装置正常运行时，可以通过调节离心式压缩机的负荷来控制反应压力：对于变速运行如采用透平驱动的离心式富气压缩机，用反应压力(或吸入压力)直接控制气压机转速；对于恒转速如采用电机驱动的离心式富气压缩机，则用吸入节流来控制反应压力。离心式富气压缩机循环气量调节阀(即防喘振阀)的流通能力，按单台压缩机的全负荷(100%排气量)选定。对于小型催化裂化装置，采用往复式压缩机，往复式压缩机的催化反应压力控制宜采用富气压缩机循环量和放火炬相结合的分程控制方式。由于蒸汽容易得到且稳定供应，不设备用机组，催化富气压缩机大多采用透平驱动。

富气压缩机是催化裂化装置“承前启后”的关键设备，压缩机入口压力(取决于反应压力)基本上是恒压，依靠汽轮机的转速控制；出口压力由再吸收塔压力控制(恒压)。通过压缩富气(干气、液化气和一部分轻汽油馏分)提至合适的压力，使富气中液化气以上组分在以冷却水冷却的情况下(40℃)有液相形成，造成气液两相，为在塔内气、液相接触进行吸收、稳定分离创造条件。

多级离心式气体压缩机的防喘振控制是由压缩机本身的流量-压力特性曲线决定的，压缩机必须在大于喘振限流量负荷下才能正常运行，否则机组的流量和压力都将发生激烈振动，机组振动严重时会导致机件损坏。

流化催化裂化装置的多级离心式富气压缩机的防喘振控制系统既是机组的安全保护系统，又是控制反应压力的重要手段。因此，它除了要遵守一般压缩机防喘振控制的规则外，还需要满足流化催化裂化装置操作控制的特殊要求。

(1) 在同一装置内有两台离心式富气压缩机时，无论是互为备用或是并联运行的机组，每台压缩机都应配置各自独立的防喘振流量控制系统。

(2) 计算防喘振流量控制系统的循环气调节阀的流通能力时，循环气流量的取值一定要大于机组的喘振限流量(喘振限流量一般为机组额定流量的70%~80%)，一般取单台机组额定流量的100%来计算。此外，除了要计算设计工况下所需调节阀的C_V值外，还应该计算在低压工况下所需调节阀的C_V值(有些装置在开工初期或特殊情况下按低吸收压力操作，此时机组出口压力往往只有正常设计压力的50%左右)。在选定调节阀时，取两个C_V值中的较大值，此时调节阀C_V选用值就不必另外再加大了。

(3) 防喘振控制系统的循环气调节阀宜采用低噪声调节阀(直线特性、气关式)，其安装位置应尽量靠近冷却器，以尽量缩短低压侧管道的长度，应该算低压侧管道的流速并放大其管径。

(4) 防喘振控制系统的调节器应具有抗积分饱和或具有输出上限限幅功能的比例积分调节器。

(5) 富气压缩机防喘振控制系统原则上应集中在装置控制室[6]375。

催化裂化装置富气压缩机的操作参数见表 3-1-15。

表 3-1-15　催化裂化装置富气压缩机的操作参数

序　号	项　目	数　值	备　注
1	入口文丘理前压力/MPa(表压)	0.192	
2	一段入口压力/MPa(表压)	0.191	
3	一段出口压力/MPa(表压)	0.659	
4	二段入口压力/MPa(表压)	0.647	
5	二段出口压力/MPa(表压)	1.497	
6	一段入口温度/℃	40.5	
7	一段出口温度/℃	107.6	
8	二段入口温度/℃	40.9	
9	二段出口温度/℃	96.8	
10	一段入口富气量/(Nm^3/min)	567	
11	一段反飞动量/(Nm^3/min)	23.5	
12	二段反飞动量/(Nm^3/min)	0.0	
13	段间水洗水量/(kg/h)	2760	

表 3-1-15 是某厂 2.0Mt/a 催化裂化装置富气压缩机的操作参数，一般，催化富气采用两段等比压缩，设计二段出口压力为 1.5MPa(表压)，实际操作多为 1.1~1.45MPa(表压)，压力较低主要是由于透平蒸汽参数达不到设计值所致。正常操作时，反应压力由汽轮机转速控制，如果压缩机突然停机、且入口压力高至某一值时，放火炬小阀打开，自动调节入口压力；放火炬大阀自动打开 20%~30%，同时切换成手动调节，实现分程控制。压缩机透平多采用背压形式，由 3.9MPa(表压)、~400℃背压成 1.3MPa(表压)、~270℃，背压蒸汽进入低压蒸汽管网。一段出口、二段出口注入净化水，对富气进行洗涤，以减轻硫化物对管道及设备的腐蚀。

二、汽油吸收、脱吸与柴油再吸收系统

催化裂化装置吸收稳定部分的任务是加工来自催化分馏塔顶油气分离器的粗汽油和压缩来的富气，目的是分离出干气(C_2及 C_2以下)，并回收汽油和液化气。众所周知，催化汽油辛烷值高、安定性好，是较好的车用汽油；催化气体中含有浓度较高的 C_3、C_4轻烃，是价值较高的气体资源。提高汽油和液化气产率的关键在于催化裂化反应-再生系统所采用的工艺类型、催化剂类别、裂化反应的深度、生产方案等，然而，多产能否多收的关键则取决于吸收稳定部分工艺设计水平及操作水平。

吸收、脱吸过程要求同时达到两个目的：通过吸收塔尽可能将 C_3、C_4组分吸收下来；通过脱吸塔尽量将 C_2组分脱吸出去。催化裂化装置一般以来自分馏部分的粗汽油作为吸收剂，并根据吸收率的要求以稳定汽油作为补充吸收剂，目前国内各炼厂均使用这两种吸收剂。

在20世纪50至60年代，国内炼厂均采用吸收与脱吸在同一塔内进行的单塔流程，见图3-1-7，其优点是布置紧凑、流程简单；但从工艺过程特点看，吸收与脱吸在同一塔内进行，相互干扰较大。

为了减少吸收与脱吸过程的相互干扰，主要是大量液化气组分在塔上、下气液循环，提高了吸收塔温度，不利于吸收，为了提高吸收、脱吸效率，便于控制调节，70年代以来国内新装置设计和老厂改造多采用吸收与脱吸过程分别在两个塔内进行的双塔流程，见图3-1-8[6]342。

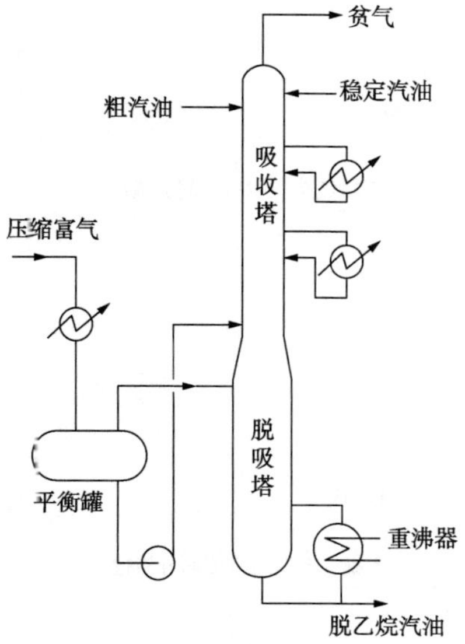

图3-1-7　单塔吸收、脱吸流程图

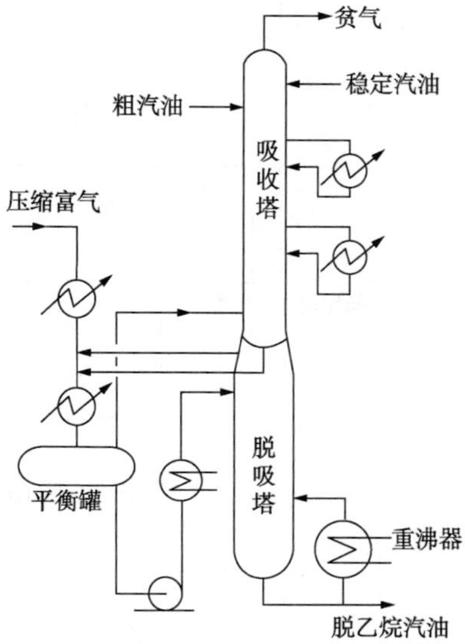

图3-1-8　双塔流程

当前设计吸收、脱吸均采用双塔流程，并且分开独立布置。

自吸收塔顶出来的贫气进入再吸收塔底，与自分馏塔来的低温柴油或顶循环油逆流接触，吸收贫气中的C_5^+汽油组分，返回分馏塔分出。再吸收塔一般宜采用较低的空塔线速，以防止液沫夹带，在塔顶或采用填料，或采用旋风液滴分离器，以加强贫气的脱液效果。

三、稳定分离系统

自脱吸塔底自压来的脱乙烷汽油主要为汽油和液化气，含有极少的C_2组分，经换热后进入稳定塔。稳定塔的主要任务是将液化气和汽油分离，塔顶为液化气，塔底为稳定汽油。由于C_5的常压沸点明显高于C_4，使得液化气与汽油的分离变得容易，采用普通的精馏塔就可以满足，塔底温度165~180℃，采用分馏一中或二中回流油做热源，塔顶温度67℃，采用水冷或空冷+水冷，根据下游流程对液化气的规格要求，塔顶回流比大约为2~3。塔顶液化气几乎为全凝式，塔顶压力控制分为“卡脖子”控制(见图3-1-9)和“热气体旁路”控制(见图3-1-10)。“卡脖子”控制易于理解，在塔顶出口直接设置气相调节阀控制塔顶压力，稳定塔顶回流罐的压力与稳定塔脱开，需另设合适压力的气体压力源采用“一进一出”分程控制，可以相差较大。“热气体旁路”控制通常用于塔顶冷凝冷却器是水冷器的场合，一般置于地面上，冷凝器出来的冷凝液从罐底进入回流罐(即低于回流罐的最低液位)，冷凝器管束是属于“浸没式”的，通过换热器内液面的变化，即换热面积的变化，来达到控制稳定塔的压力。“热气体旁路”控制使稳定塔压力和稳定塔顶回流罐的压力是“一体”的，基本相差不大。对于稳定塔顶液化气用空冷器、或空冷器+水冷器的冷凝冷却场合，冷换设备标高高于回流罐，多采用“卡脖子”控制；若采用“热气体旁路”控制，也可以采用空冷器+水冷器，水冷器置于地面上，冷后的冷凝液需从罐底进入稳定塔顶回流罐(见图 3-1-11)。

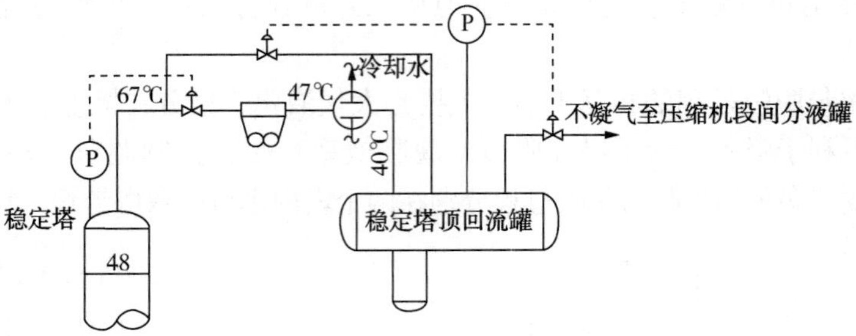

图 3-1-9　“卡脖子”控制

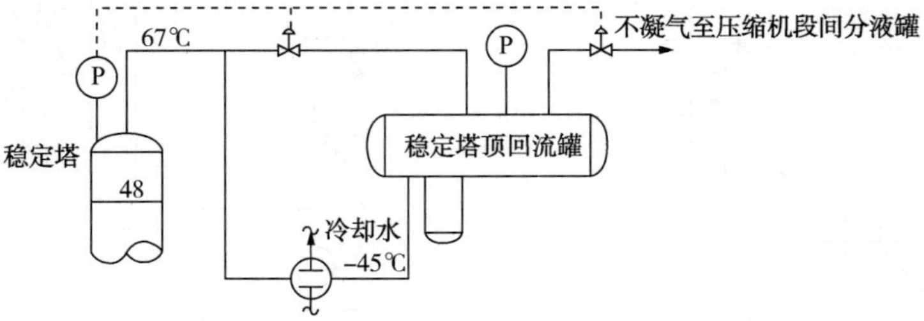

图 3-1-10　“热气体旁路”控制

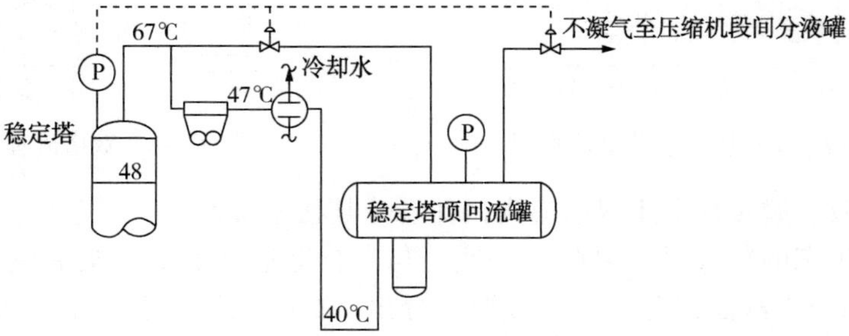

图 3-1-11　“热气体旁路”控制(带空冷)

四、典型的催化裂化轻烃回收流程

典型的催化裂化吸收稳定部分流程见图 3-1-12，现简述如下：

从分馏塔顶油气分离器出来的富气被压缩至 1.5MPa(表压)。压缩富气与脱吸塔顶气混合后经压缩机出口-除盐水换热器换热，设置气压机出口空冷器与压缩机出口-除盐水换热器并联，作为备用，当除盐水没有时(如开工期间)用空冷器冷凝冷却，再与饱和吸收油、从富气压缩机一段出口分液罐泵送来的凝缩油混合，由压缩机出口后冷器冷凝冷却到 40℃，进入气压机出口油气分离器，分离出富气和凝缩油；为了防止设备腐蚀，在压缩机出口-除盐水换热器前和压缩机段间冷却前注入净化水洗涤，洗涤水从一段出口分液罐、气压机出口油气分离器排出自压至含硫氨污水罐。

从气压机出口油气分离器来的富气进入吸收塔下部，吸收塔操作压力为 1.35MPa(表压)，平均吸收温度为~44℃，从分馏部分粗汽油泵来的粗汽油和自稳定塔循环回来的补充吸收剂分别注入吸收塔，与富气逆流接触。为取走吸收过程中放出的热量，在吸收塔中部设有 2~4 个中段回流，用吸收塔中段回流泵抽出经吸收塔中段回流冷却器冷却后返回，吸收塔底饱和吸收油由吸收塔底泵抽出，进入压缩机出口后冷器前与压缩富气混合。

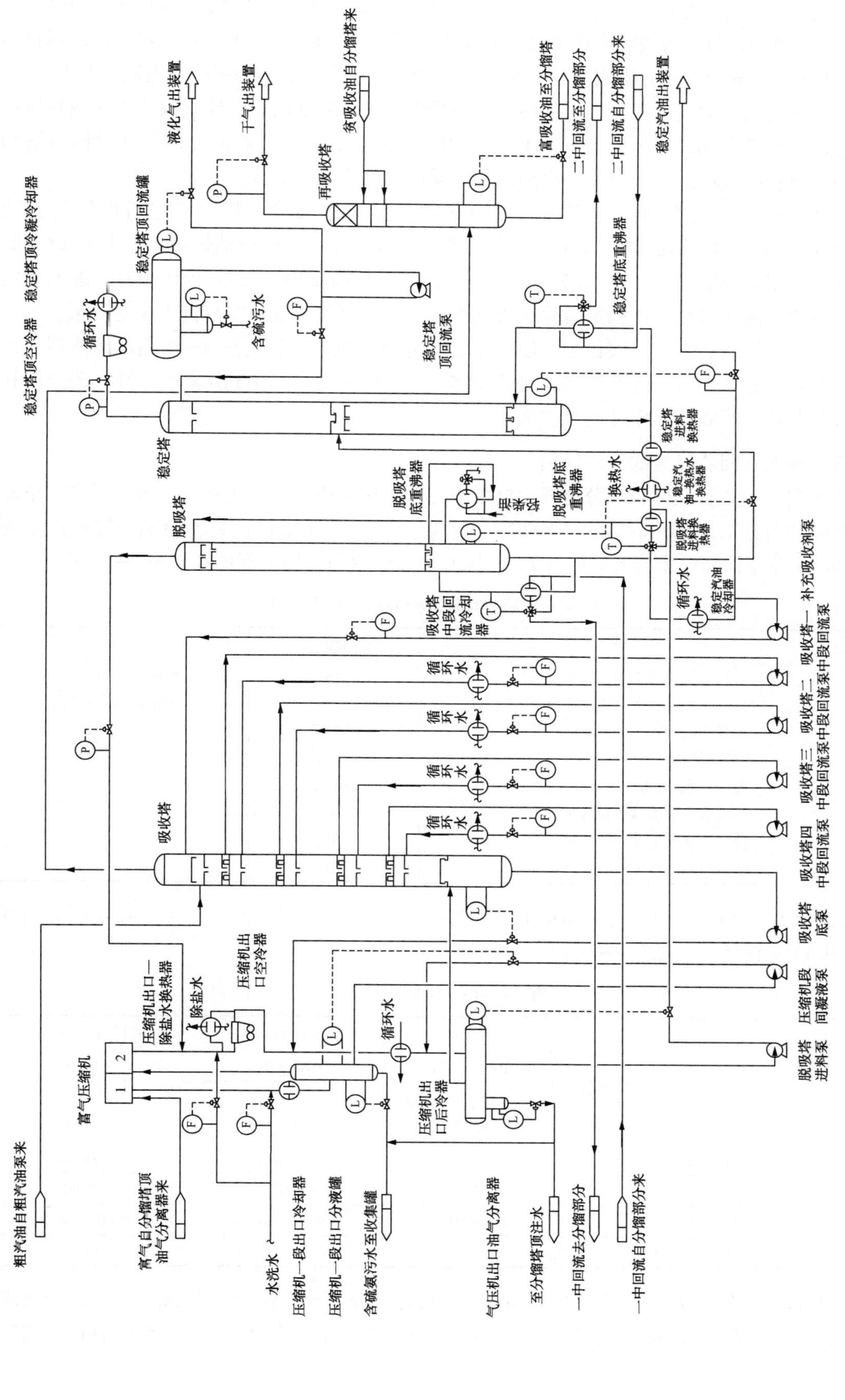

图3-1-12　吸收稳定部分工艺流程图

从吸收塔顶出来的贫气进入再吸收塔底部，与分馏部分来的贫吸收油逆流接触，以吸收贫气中携带的汽油馏分，再吸收塔顶压力为 1.30MPa(表压)，温度为~43℃；从再吸收塔顶排出的干气经旋流后送出装置，塔底富吸收油经贫吸收油-富吸收油换热器换热后返回分馏塔。

自气压机出口油气分离器出来的凝缩油用脱吸塔进料泵抽出后，经脱吸塔进料换热器换热，进入脱吸塔上部，塔顶压力 1.45MPa(表压)。脱吸塔底重沸器由分馏塔一中回流油和轻柴油供热；脱吸塔顶气体至压缩机出口空冷器前与压缩富气混合。

脱吸塔底脱乙烷汽油经稳定塔进料换热器换热后进入稳定塔，稳定塔操作压力为 1.15MPa(表压)，塔底温度约~180℃，塔底重沸器由分馏二中回流油供热。C_4及 C_4以下的轻组分从稳定塔顶馏出，经稳定塔顶空冷器及稳定塔顶冷凝冷却器冷却到 40℃，进入稳定塔顶回流罐，罐底液化气用稳定塔顶回流泵加压，一部分作为塔顶回流打入稳定塔顶，另一部分作为产品送出装置。塔底稳定汽油经稳定塔进料换热器、稳定汽油-换热水换热器、脱吸塔进料换热器降温后，再经稳定汽油冷却器冷却到 40℃：一部分出装置，另一部分用补充吸收剂泵送至吸收塔顶作补充吸收剂。

五、能耗及回收轻烃的经济评估

催化裂化装置轻烃回收部分能耗主要集中在富气压缩机蒸汽轮机耗汽、各泵耗电、塔底重沸器耗热与分馏部分热联合、耗冷却水等，以 2.0Mt/a 催化裂化装置为例，轻烃产量为 59.286t/h(按年操作时数为 8400h 计)，其吸收稳定部分的公用工程消耗见表 3-1-16。

表 3-1-16　吸收稳定部分公用工程消耗表

序号	项　目	数值	备注
1	富气压缩机透平耗中压蒸汽/(t/h)	58	3.9MPa(表压)蒸汽
2	富气压缩机透平背压产蒸汽/(t/h)	-58	1.0MPa(表压)蒸汽
3	机泵耗电/kW	684.37	
4	空冷器耗电/kW	362.6	
5	耗冷却水/(t/h)	1843.3	
6	脱吸塔底重沸器耗热/kW	15477	
7	稳定塔底重沸器耗热/kW	14176	
8	低温热输出/kW	-7763	

依据 GB/T 50441—2016《石油化工设计能耗计算标准》，经计算得，吸收稳定部分能耗为 2919.13kg 标油/h，见表 3-1-17。

表 3-1-17　能耗计算表

序号	项　目	消耗量	能源折算值	设计能耗/(kg/h)
1	电	1046.97kW	0.22kg/kWh	230.33
2	蒸汽			
	3.9MPa	58t/h	88kg/t	5104.00
	1.0MPa	-58t/h	76kg/t	-4408.00
3	冷却水	1843.3t/h	0.06kg/t	110.60
4	综合用热	78804MJ/h	0.0238846kg/MJ	1882.20
	合计			2919.13

本装置的能耗为 10325.52kg 标油/h，吸收稳定部分占全装置能耗的 28.27%，折合成轻烃产品，则为 49.24kg 标油/t 轻烃(干气+液化气)。简单地，按 5000 元/t 标油的价格计算，

每吨轻烃的回收成本需要246.2元。

催化裂化轻烃回收部分的能耗主要体现在脱吸塔、稳定塔重沸器的耗热上，若采用中间重沸器，可充分利用装置内温位稍低一些的低温热，能明显地降低单位能耗。另外，也与在系统内循环的补充吸收剂(稳定汽油)量有关，循环的补充吸收剂量减少，相应地，许多泵的耗电也将降低，补充吸收剂量的大小是由吸收效果决定的。

六、催化裂化(含DCC)分离与轻烃回收一体化工艺

近年来，针对新建大型催化裂化(含DCC)装置，中国石化工程建设有限公司开发了分离与轻烃回收一体化工艺技术，打破了传统的催化裂化富气压缩与吸收稳定、双脱(干气、液化气脱硫化氢，液化气、汽油脱硫醇)与气体分馏的分离格局与工艺理念，得到的产品是脱硫后干气(CH_4、H_2、C_2)、C_5^+汽油、丙烯、丙烷及混合C_4，分离与轻烃回收一体化工艺融合了富气压缩，汽油稳定，饱和C_1~C_4烃气、饱和C_1~C_4烃液分别脱硫化氢、脱硫醇，浅冷，(碳四)吸收-脱吸，气体分馏，制冷等工艺，得到CH_4-H_2、C_2、丙烯、丙烷、混合C_4及C_5^+汽油等产品，其工艺特点是：富气压缩机二段出口气体及低压区分出的粗汽油进入汽油稳定塔，首先自塔底分出C_5^+汽油去脱硫醇，塔顶回流罐分出饱和C_1~C_4烃气、饱和C_1~C_4烃液分别去脱硫化氢、脱硫醇，脱硫后的C_1~C_4烃气进入三段压缩，提压至2.8MPa(表压)后，冷却、冷凝(40℃)、浅冷(15℃)、分液后，气体去碳二吸收塔，与经浅冷后自塔顶进入的C_1~C_4脱硫后烃液、循环回的混合碳四逆流接触，塔顶气体夹带少量吸收剂碳四，去碳四回收塔后，塔顶分出CH_4-H_2送出装置，碳二吸收塔底液回到分液罐，罐底液泵送至甲烷解吸塔，深度解吸，塔顶带出大量的C_2，也经冷却、浅冷后回罐，塔底液(C_2~C_4)去脱碳二塔进行模糊分割，塔顶为C_2、$C_3^=$，送出装置依托现有乙烯装置进一步分离，塔底为C_3、C_4，进入脱丙烷塔和丙烯塔，依次分出混合C_4、丙烯、丙烷等产品。本技术借鉴了传统催化用汽油吸收C_3、C_4，脱吸C_2的吸收-脱吸理念，降低“一个分子”，在合适的工艺条件下(温度降低、压力升高)，用混合C_4吸收C_2，解吸C_1后模糊分割，得到CH_4-H_2、C_2/$C_3^=$及C_3、C_4等。

本一体化工艺C_2、C_3、C_4回收率均大于98%，不设置汽油吸收稳定系统，不消耗较高温位的热量，循环量、回流量少，避免二次分离，装置能耗大幅降低，仅C_2吸收需要低温，制冷量小。另外，塔总数量减少，在装置占地、定员、投资及生产管理等方面，均具有显著的优势。

第三节　延迟焦化过程中的轻烃回收

一、延迟焦化气体的C_3、C_4组分回收

(一) C_3、C_4回收工艺流程

延迟焦化过程反应生成的气体中，含有H_2及C_1~C_4烃。典型的延迟焦化装置气体回收单元采用吸收稳定工艺流程回收焦化气体中的C_3、C_4组分，使焦化气体经分离后得到干气(≤C_2)和液化烃(C_3、C_4)。

1. 常规工艺流程

典型的延迟焦化轻烃回收工艺流程见图3-1-13。焦化反应气与吸收稳定过程中进入富吸收柴油的循环物流一起，在焦化分馏塔中经过分馏及在塔顶分液罐中进行气液相平衡后，

作为焦化富气，自焦化分馏塔顶气液分离罐分出，经富气压缩机升压后，进入气体回收单元。压缩后的焦化富气经过冷却进入焦化富气平衡罐，经过气液平衡后的富气进入吸收塔。在吸收塔中，利用气体混合物各组分在汽油中的溶解度不同，以焦化粗汽油作为吸收剂，以脱除了轻油气组分的稳定汽油作为补充吸收剂，二者自吸收塔顶部进入，与自塔底塔板下进入的焦化平衡富气逆向接触，对压缩富气中的关键组分 C_3、C_4进行吸收。在目标组分 C_3、C_4被吸收的同时，C_2等轻组分也会部分被吸收下来。被吸收了大部分 C_3、C_4轻烃的贫气由吸收塔塔顶流出，进入再吸收塔。用焦化柴油对贫气进行再吸收，将贫气中的汽油组分吸收下来，同时可加强对 C_3、C_4轻烃的吸收，使得含 C_2及更轻组分的干气中，C_3或更重的组分含量更低，干气更干。含 H_2S 的酸性干气自再吸收塔顶流出，去气体脱硫单元脱硫。富吸收柴油在再吸收塔塔底液面控制下自压并经换热后，循环返回分馏塔作回流。汽油吸收塔底的富吸收汽油经富气平衡罐平衡后进入脱吸塔，在塔底重沸器提供的热量作用下，脱出被吸收下来的乙烷等轻组分。

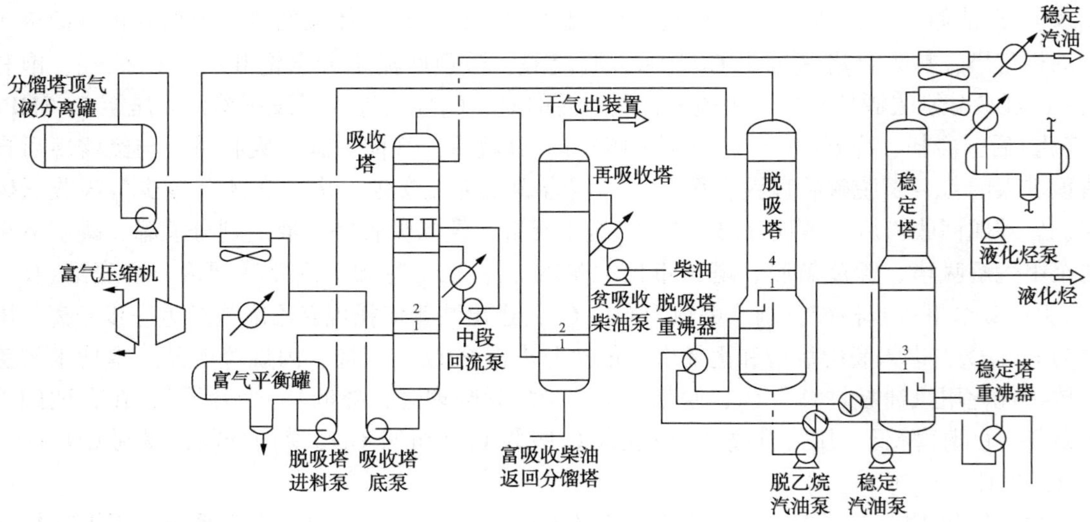

图 3-1-13　典型的延迟焦化轻烃回收工艺流程

脱吸塔顶气与汽油吸收塔底的富吸收汽油汇同富气压缩机压缩后的富气一起，冷却至40~55℃后进入焦化富气平衡罐。在焦化富气平衡罐经过平衡分液后的平衡气体进入汽油吸收塔塔底塔板下，平衡罐底的平衡后富吸收油用泵送入脱吸塔，以脱除汽油中的乙烷。脱除乙烷的脱乙烷汽油自脱吸塔底引出，泵送进入稳定塔，由塔底重沸器提供的热量及塔顶的冷回流量控制，在稳定塔中经过精馏，由塔顶得到 C_3、C_4液化气组分，塔底得到蒸汽压合格的稳定汽油。

在脱吸塔中需要控制脱吸塔底脱乙烷汽油中乙烷的脱吸率。如果脱乙烷汽油中乙烷的含量过高，即脱吸塔的乙烷脱吸率过低，会造成稳定塔顶产生不凝气，或液化烃中 C_2含量超高。而如果脱吸塔中对 C_2过度脱吸，C_3、C_4组分也会相应地被大量解吸，造成脱吸气量增加。大量的脱吸气返回压缩富气冷凝冷却器，并在吸收塔和脱吸塔之间循环，使得吸收塔的补充吸收剂量增加，会导致脱吸塔重沸器及稳定塔重沸器负荷增大，装置能耗增加。

吸收过程是放热过程，较低的温度有利于吸收。为提高汽油对富气中 C_3、C_4的吸收率，吸收塔设置中段回流用以降低汽油吸收塔内的温度。由于焦化富气中 C_3、C_4的含量不很高，一般在33%左右，吸收过程中释放的热量引起的塔内温升不高，故一般可不设置多个中段冷却回流。在工艺要求液化烃回收率高时，设置中段冷却回流是必要的，而且冷却温度越低，吸收效果越好。提高汽油吸收塔的液气比，即增加汽油补充吸收剂量，可以控制干气中 C_3、C_4含量不超标，即控制 C_3、C_4回收率。

2. 主要工艺操作参数

典型的延迟焦化装置轻烃回收单元的主要工艺操作参数见表 3-1-18。

表 3-1-18　轻烃回收单元主要工艺参数

项　目	温度/℃	压力/MPa(表压)	数　值
富气压缩机出口	≯147	1.3~1.40	
吸收塔塔顶	40~50	1.24~1.34	
吸收剂剂气比			~1.6：1
脱吸塔塔顶	55~65	~1.35	
脱吸塔进料	50~60		
脱吸塔塔底	158~170		
稳定塔塔顶	55~65	1.15~1.25	
稳定塔塔底	185~210		
再吸收塔塔顶	~50	1.20~1.30	

（二）流程及工艺参数优化

1. 脱吸塔进料温度的优化

脱吸塔顶进料即压缩机出口富气平衡罐底富吸收汽油进入脱吸塔的入塔温度对 C_3、C_4 气体回收单元的能耗影响较明显。进料为冷进料 40℃时，为达到需要的 C_2脱除率，塔底重沸器的热负荷将增加，此时脱吸塔顶温度低，脱吸气量少，循环至汽油吸收塔需要的补充吸收剂少，综合能耗居中。为降低脱吸塔底热负荷而提高进料温度，在该温度过高时，如65℃以上，则易造成脱吸塔顶的温度高，脱吸气量增加，大量的 C_3、C_4组分重新进入富气平衡罐前的冷凝冷却器和吸收塔，即 C_3、C_4在整个气体回收过程中循环，使得气体回收单元能耗增加。比较适宜的脱吸塔进料温度应控制在 50~55℃。

将脱吸塔进料控制在合适的温度，在流程上可以采取的方案有：方案一，焦化富气汇同富吸收汽油及脱吸气，经过冷却器冷却后的温度保持在 50℃左右进入富气平衡罐，此时可以仅设置空冷器而不设置水冷器。这种情况下虽然平衡罐分出的焦化平衡气进入吸收塔的温度约为 50℃，虽然该温度比较偏高，但可以通过适当增加吸收塔中段冷却器的冷却负荷或增加补充吸收剂的量进行补偿，对减少换热器台位及节能等都是合适的。方案二，焦化富气汇同富吸收汽油及脱吸气经富气空冷器及水冷器冷却至 40℃后进入富气平衡罐。平衡后的冷平衡气进入吸收塔，平衡罐底的富吸收汽油即脱吸塔进料，利用装置内低温位余热，如稳定汽油出装置前的低温热，经换热并控制进脱吸塔进料的前温度为 55℃左右。按此方案换热器台位及投资会相应增加。

2. 脱吸塔重沸器的设置

脱吸塔顶进料温度低对脱吸塔的提馏操作有利，可避免塔顶 C_3、C_4的过度脱出，但同时会增加塔底重沸器的热负荷，对节能不利。为了降低脱吸塔底重沸器热负荷，在脱吸塔中部设置中间再沸器，该再沸器可以利用稳定塔底稳定汽油的温位提供热量。中间再沸器会使脱吸塔内的气液相平衡受到一定的干扰，但对降低脱吸塔底重沸器热负荷有一定的效果。

对脱吸塔底重沸器可以先利用稳定汽油等低温位热源提供部分热量，不足部分采用温位有保证的焦化分馏塔柴油回流或中段回流油，或低压蒸汽作为串级补充热源。

3. 利用焦化分馏系统的过剩热作为气体回收单元塔底重沸器热源

以蜡油回流为稳定塔底重沸器提供热源，或以高温蜡油发生中压蒸汽，以中压蒸汽作为稳定塔重沸器热源，从而避免高温蜡油引起重沸器内烯烃结焦，影响传热。

4. 吸收塔中段冷却回流的设置及抽出/返回板位置

为提高或达到 C_3^+ 目标吸收率，汽油吸收塔可设中段冷却回流。对于吸收塔内由于吸收引起的温升，如果在7℃以下，不设置中段回流是可以接受的。对延迟焦化气体回收单元，由于焦化气体中的 C_3 及 C_4 组分含量相对较低，吸收塔通常最多设置一个中段冷却回流，即可以满足常规的工艺要求，两个或更多的中段冷却回流在经济上不合适。中段冷却回流抽出及返回板的位置的优化可以稍许改善 C_3、C_4 回收率。

（三）提高焦化气体 C_3、C_4 回收率途径

通常情况下，要提高焦化气体中 C_3、C_4 液化烃组分回收率的首选途径为补充吸收剂，但对更高的回收率要求，能耗代价的增加与 C_3^+ 回收率存在效益平衡点。焦化气体中的 C_3 及 C_4 含量与催化裂化气体相比要低得多，从提高回收率的经济性分析，对焦化气体的 C_3、C_4 液化烃组分回收率要求相对较低，焦化干气中 C_3^+ 组分一般要求为3%(v)或放宽至5%(v)。继续提高焦化气体的 C_3 组分回收率除提高补充吸收剂途径外，还可以考虑采用下列手段。

1. 采用溴化锂制低温水冷却技术提高 C_3 回收率

为提高焦化气体中 C_3、C_4 回收率，通过采用冷冻水降低吸收塔内温度得到 C_3 的回收效果比增加补充吸收剂量 C_3 回收率的效果更明显。焦化装置采用溴化锂冷冻水按7℃供给，12℃返回，用作汽油吸收塔中段冷却器冷源，可以大幅降低汽油吸收塔内温度，有利于提高 C_3、C_4 吸收率，控制干气中 C_3 含量。以1.40Mt/a延迟焦化装置为例，保持气体回收单元能耗基本维持不变的情况下，增收400kg/h C_3、C_4 液化气组分，需冷冻水量约100t/h。但采用冷冻水对保持同样的吸收率而减少汽油吸收塔补充吸收剂量，从而降低能耗的作用，没有采用冷冻水用于提高 C_3、C_4 回收率的作用明显。

2. 对汽油吸收塔顶贫气增加汽油平衡吸收流程

C_3^+ 回收率要求高时，可以对汽油吸收塔顶的气体增加一级汽油吸收平衡级。汽油吸收塔顶气因吸收产生的温升会对 C_3 回收率有影响，将稳定汽油与吸收塔顶气体混合后经冷却器冷却至38~40℃，平衡后的的气体去向与常规流程一样，至柴油再吸收塔，平衡后液体用泵送回汽油吸收塔顶作为吸收塔的补充吸收剂。

（四）延迟焦化气体回收单元的配置方式

1. 回收装置外的低压轻烃

延迟焦化装置气体回收单元常用于回收处理装置外各类加氢装置硫化氢汽提塔顶气、常减压装置减顶气及催化重整装置汽提塔顶气等炼厂低压轻烃气体。

2. 多装置共用脱吸及稳定系统

对于早期的未设有完整吸收稳定的气体回收单元的焦化装置，可以根据装置情况，采用两套焦化装置共用一套脱吸/稳定系统的方案。

3. 柴油单级吸收

对不需要回收焦化富气中 C_3、C_4 组分作为化工原料的炼厂，或者从燃料平衡角度，系

统的燃料管网正常运行时需要补充液态烃时，装置可不设完整的气体回收单元，仅对焦化富气进行柴油单级吸收，使其脱除大部分重烃。脱除重组分的焦化贫气进行胺液脱硫时可以降低发泡的可能，有利于保证脱硫后焦化气体的质量。

对焦化富气仅设柴油单级吸收流程的延迟焦化装置，在下游装置停车，而延迟焦化装置继续运行，焦化粗汽油需要外送储罐时，因焦化粗汽油中含有油中气，可能对储罐产生一定冲击。

二、焦化轻烃的脱硫精制

（一）焦化干气、液化烃的脱硫化氢

对焦化干气、液化气的硫化氢脱除，国内外广泛采用成熟可靠的醇胺法脱硫工艺。国内通常采用30%~50%浓度的国产单一*N*-甲基二乙醇胺(MDEA)溶液与焦化干气、液化烃在干气脱硫塔、液化气脱硫塔中逆流接触，气体或液化烃中的 H_2S 等被吸收，从而被脱除。对脱硫溶剂的选择，在国外单乙醇胺和二乙醇胺法已逐渐被淘汰，取而代之的是各种新型溶剂，特别是以*N*-甲基二乙醇胺为基础的溶剂被广泛采用。

典型的焦化干气及液化气组成见表3-1-19。

表3-1-19　焦化干气、焦化液化气

焦化干气(酸性)		焦化液化气(酸性)	
组分	组成/%(v)	组分	组成/%(v)
H_2O	0.70	H_2S	24.7
H_2	13.8	C_2H_6	0.2
H_2S	10.2	C_3H_8	33.4
CH_4	54.0	C_3H_6	11.1
C_2H_6	16.4	$n-C_4H_{10}$	13.2
C_2H_4	1.9	$i-C_4H_{10}$	4.0
$\geqslant C_3$	3.0	C_4H_8	5.5
		$i-C_4H_8$	3.9
		$t-C_4H_8$	2.0
		$c-C_4H_8$	1.3
		$\geqslant C_5$	0.7

1. 焦化干气脱硫化氢

干气脱硫塔通常采用板式塔。焦化气体中焦粉等固体杂质含量较高，使脱硫溶剂损耗量更高。因此在有条件的炼厂可以将焦化干气的脱硫单独处理，减少对其他气体脱硫系统的溶剂污染。

焦化酸性干气中的 CO_2 含量很低。在高压低温操作条件下，在脱硫塔内脱除硫化氢，脱硫溶剂MDEA的酸性气负荷主要来自 H_2S。醇胺类溶液与 H_2S 反应是可逆的，吸收了 H_2S 的胺液可以加热再生循环使用。

2. 焦化液化气脱硫化氢

焦化液化烃脱硫通常采用填料塔，在高于液化烃的泡点压力及温度下，采用30%~50%的MDEA溶液，在脱硫塔内使脱硫溶剂与液化烃逆向接触，脱硫溶剂为连续相，焦化液化烃为分散相。醇胺类溶液与 H_2S 的反应是可逆的，吸收了 H_2S 的胺液可以经加热再生后循环使用。焦化液化烃中所含焦粉极其细小，一般不会对填料造成堵塞。焦化液化烃采用填料塔进行脱硫有良好的工程使用经验。

焦化液化烃含有焦粉等杂质，使脱硫溶剂易发泡。因此，对焦化液化气单独脱硫处理，有利于避免对炼厂其他液化烃脱硫的干扰，并减少脱硫溶剂的损耗。

（二）焦化液化气脱硫醇

脱硫后的焦化液化气中硫醇性硫含量可能达到<4000～8000mg/kg，需进一步脱硫醇处理。焦化液化气中硫醇含量高，且较难于脱除。国内对液化气脱硫醇主要采用预碱洗+碱抽提的技术。国外的液化气脱硫醇技术主要有两种，即美国 UOP 公司的 MEROX 工艺和 MERICHEM 公司的纤维-膜接触器技术。

焦化液化气脱硫醇通常采用纤维膜碱液抽提氧化技术，包括液化气脱硫醇、液化气水洗、碱液再生、尾气分液等过程。液化气脱硫醇采用一级或两级碱洗纤维膜接触器及一级水洗纤维膜接触器。碱液再生部分由碱液空气氧化再生及碱液反抽提纤维膜接触器组成。焦化液化烃脱硫后 H_2S 含量<5mg/kg，总硫量<4000～8000mg/kg，经过脱硫醇的精制液化气产品中硫醇性硫含量<10mg/kg，H_2S 含量<1mg/kg，总硫含量<50mg/kg，Na^+含量<1mg/kg，铜片腐蚀≯1 级，循环碱液浓度为 20%～30%。

某厂延迟焦化装置焦化液化气脱硫及脱硫醇后总硫超高，有时高达 1500mg/Nm^3，通过对液化烃中的硫的组成进行形态分析，发现其中有大量的二硫化物，是造成脱硫后液化烃总硫超标的主要原因，工艺改进后，总硫降至 300mg/Nm^{3}左右。

（三）焦化液化气分馏-加氢-脱硫工艺

常规的焦化液化气精制产生的废碱需要进行碱渣处理。采用分馏-加氢-脱硫工艺，即焦化液化气进入脱丙烷塔，塔底富含硫醇的 C_4、C_5经加氢使烯烃饱和后作乙烯料，仅对 C_3 组分进行脱硫及脱硫醇精制，可以做到无碱渣排放。

三、焦化轻烃的利用

（一）焦化干气 C_2 回收

对脱硫焦化干气采用变压吸附分离技术提浓焦化干气中的 C_2组分，并对浓缩后的含乙烯、乙烷、丙烯等有用组分的富乙烯气体进行脱硫、脱碳、脱砷、脱氧和干燥等一系列深度净化精制工序，净化后的气体送入乙烯装置内的低压脱甲烷塔，回收干气中的 C_2作为生产乙烯的原料，使焦化干气得到综合利用。

（二）焦化液化气用途

焦化液化气深度脱硫工艺可以把焦化液化气的总硫降低到 100mg/Nm^3。焦化液化气可以经气体分馏单元分馏出丙烯、丙烷和丁烯，丙烯送丙烯装置，丙烷至乙烯裂解装置，为化工装置提供优质原料，或作为民用燃料。分馏出的 C_4馏分通过加氢的方法，使烯烃饱和后作为乙烯裂解原料，并可使碳四馏分中的有机硫转化为硫化氢，加氢法可以降低外排至碱渣处理中心的碱渣量。

四、延迟焦化气体的主要应用状况

1. 焦化干气经过脱硫作为炉用燃料气

延迟焦化气体用作燃料气，其中要求硫化氢含量约为 10mg/L，其相对分子质量一般为 21，热值约 45800kJ/kg；经湿法脱硫处理后总硫含量降至<200mg/Nm^3，作为乙烯生产原料。

2. 用作蒸汽裂解制乙烯的原料

焦化干气与其他炼厂气如催化裂化干气一起经过 PSA 工艺过程，进一步回收 C_2，用作蒸汽裂解制乙烯的原料。

3. 延迟焦化气体用作制氢原料

目前炼油厂工业氢气生产多采用以石脑油为原料的水蒸气转化工艺，但石脑油供应紧缺，价格昂贵。焦化气体价格不足石脑油的一半。与其他烃类气体相比，焦化气的甲烷含量高，氢/碳比高，所得的氢气产率比石脑油制氢高6%～7%，是较好的制氢原料。但焦化气体含有较多的硫化物杂质，使得预处理工序相对复杂。

延迟焦化气体中烯烃含量较高，为6%～15%(v)，经过气体回收单元吸收稳定处理后，丙烯、丁烯被取出，使烯烃含量降低，乙烯含量可降至<2%(v)，此工序烯烃的去除率只有13.8%。加氢精制将焦化气体中烯烃完全饱和，再经干法精脱硫的预处理后达到气体中有机硫含量<0.3mg/m^3，总烯烃含量<1%(v)才能满足制氢转化催化剂的要求。

第四节　催化重整过程中的轻烃回收

催化重整过程中的C_1～C_6轻烃是由于催化重整的一些副反应生成的，因此，从优化重整反应条件上可以尽量减少轻烃的产生，但是不能绝对避免。催化重整过程中的C_1～C_5轻烃主要分布在含氢气体、燃料气、液化气、戊烷等产品中，C_6轻烃主要分布在C_6^+重整生成油中。

在催化重整装置中，对于C_1～C_6的轻烃回收措施较多，例如：含氢气体与重整生成油低温加压再接触、脱戊烷塔加压操作回收塔顶燃料气中的轻烃、脱戊烷塔顶燃料气送至再接触系统回收轻烃等。这些措施的采用会根据装置的产品方案、工程投资及配套公用工程设施等因素来综合考虑，目的都是尽可能多地回收轻烃，增加液体产品的收率。

一、含氢气体与重整生成油再接触

以某连续重整装置设计工况下重整产物分离罐顶气相产品、罐底液相产品为基础，计算含氢气体与重整生成油采用常温加压再接触流程与低温加压再接触流程的差别，详见表3-1-20。图3-1-14为典型的含氢气体与重整生成油常温加压再接触流程，图3-1-15为典型的含氢气体与重整生成油低温加压再接触流程。

表3-1-20　含氢气体与重整生成油采用不同再接触流程的比较

项　目	基准	常温加压再接触流程	低温加压再接触流程 脱戊烷塔顶燃料气不循环
再接触操作压力/MPa(表压)	0.24	2.8	2.8
再接触操作温度/℃	48	48	4
重整生成油流量/(kg/h)	149211	186274	195023
含氢气体流量/(kg/h)	65155	28092	19343
含氢气体组成/%(mol)			
H_2	79.1	88.1	91.2
C_1烃类	3.2	3.5	3.5
C_2烃类	3.3	3.2	2.8
C_3烃类	3.1	2.4	1.6
C_4烃类	2.6	1.3	0.6
C_5烃类	2.7	0.8	0.2
C_6烃类	3.2	0.6	0.1
C_7^+烃类	2.8	0.1	—

从表 3-1-20 可以看出，低温加压的操作条件有利于提高含氢气体的氢纯度，有利于液态轻烃的回收，有利于提高装置的液体收率。

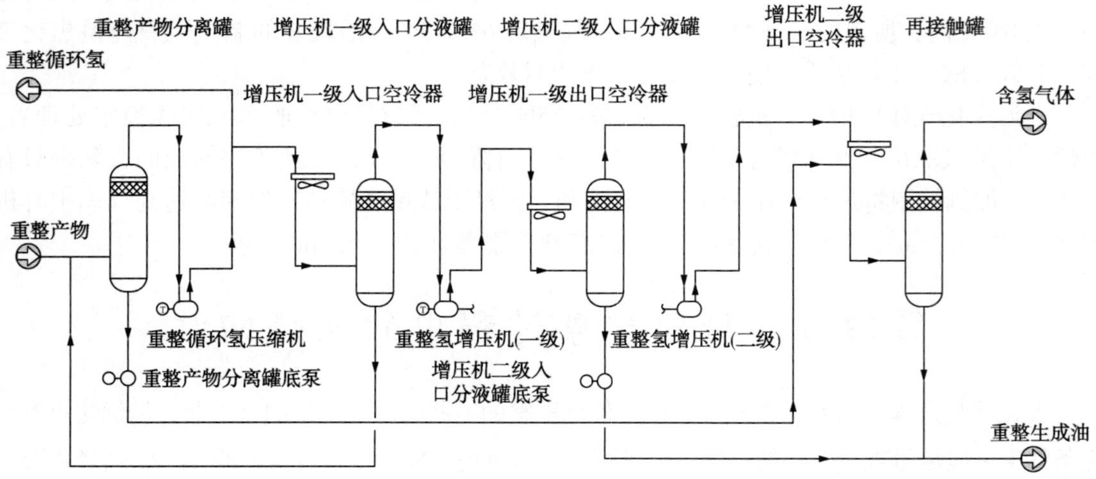

图 3-1-14　典型的含氢气体与重整生成油常温加压再接触流程

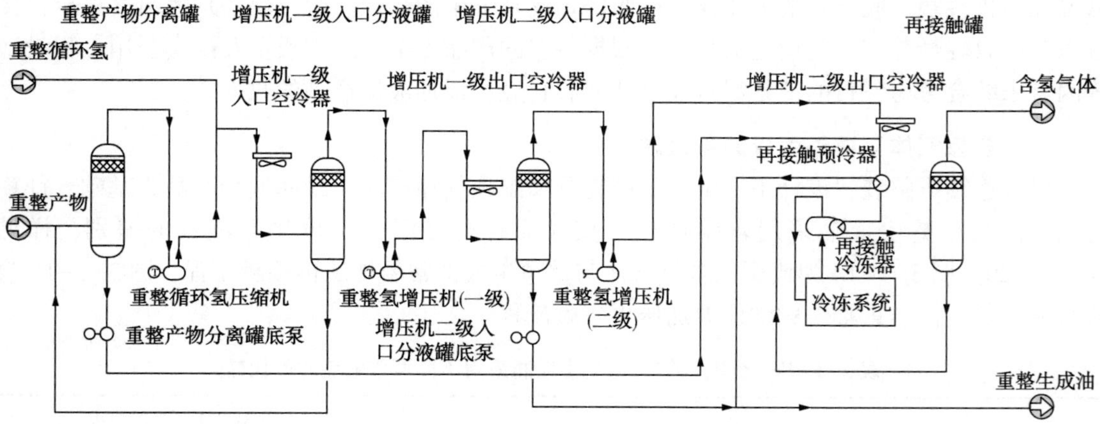

图 3-1-15　典型的含氢气体与重整生成油低温加压再接触流程

二、脱戊烷塔操作压力对燃料气轻烃回收的影响

经过低温加压再接触后的重整生成油通过脱戊烷塔将其分成 C_5^-馏分和 C_5^+ 馏分，塔顶产生部分燃料气产品送至工厂的燃料气管网中．该燃料气会夹带部分 C_3～C_5轻烃。

通过提高脱戊烷塔的操作压力可以在一定程度上减少燃料气中夹带的轻烃，提高装置的液体收率。

以某连续重整装置设计时的重整产物分离罐顶气相产品、罐底液相产品为基础，再接触部分采用低温加压流程，计算不同操作压力对脱戊烷塔产品分布的影响，详见表 3-1-21。从表 3-1-21 中可以看出，提高脱戊烷塔的操作压力有利于减少燃料气中夹带的轻烃组分，增加液体收率。

表 3-1-21　脱戊烷塔操作压力对燃料气轻烃回收的影响

项　　目	低温加压再接触流程 脱戊烷塔顶燃料气不循环		低温加压再接触流程 脱戊烷塔顶燃料气循环至再接触部分
再接触部分			
再接触操作压力/MPa(表压)	2.8	2.8	2.8
再接触操作温度/℃	4	4	4
再接触后重整生成油流量/(kg/h)	195023	195023	196237
再接触后含氢气体流量/(kg/h)	19343	19343	20178
含氢气体组成/%(mol)			
H_2	91.2		90.7
C_1烃类	3.5		3.6
C_2烃类	2.8		3.1
C_3烃类	1.6		1.7
C_4烃类	0.6		0.6
C_5烃类	0.2		0.2
C_6烃类	0.1		0.1
C_7^+烃类	—		
脱戊烷塔部分			
脱戊烷塔进料/(kg/h)	195023	195023	196237
脱戊烷塔回流罐操作压力/MPa(表压)	1.1	1.4	1.4
塔顶液体产品流量/(kg/h)	21016	22012	23892
塔顶燃料气产品流量/(kg/h)	2952	1966	2048
塔底液体产品流量/(kg/h)	171055	171045	170297
燃料气组成/%(mol)			
H_2	24.9	31.9	31.1
C_1烃类	8.5	9.7	9.7
C_2烃类	22.2	21.2	21.8
C_3烃类	22.8	19.7	20.0
C_4烃类	14.1	11.6	11.3
C_5烃类	6.9	5.5	5.6
C_6烃类	0.6	0.4	—
C_7^+烃类	—	—	

三、脱戊烷塔顶燃料气送至再接触系统回收轻烃

经过低温加压再接触后的重整生成油通过脱戊烷塔将其分成 C_5^-馏分和 C_5^+ 馏分，塔顶产生部分燃料气送至再接触部分增压机一级入口空冷器入口，与来自重整循环氢压缩机的重整产氢混合后在再接触部分进行提纯氢气及轻烃回收。采用这种流程，脱戊烷塔顶产生的燃料气将在重整装置内循环。

以某连续重整装置设计时的重整产物分离罐顶气相产品、罐底液相产品为基础，再接触部分采用低温加压流程，计算加压后的脱戊烷塔顶燃料气送至再接触部分对装置产品分布的影响，详见表3-1-21。从表3-1-21可以看出，与脱戊烷塔顶燃料气不循环流程相比，该燃料气送至再接触系统后(见图3-1-16)，脱戊烷塔顶燃料气在装置内循环，有利于装置液体总收率的增加、脱戊烷塔顶液体产品收率的增加；含氢气体的产量有所增加，但氢纯度略有下降。

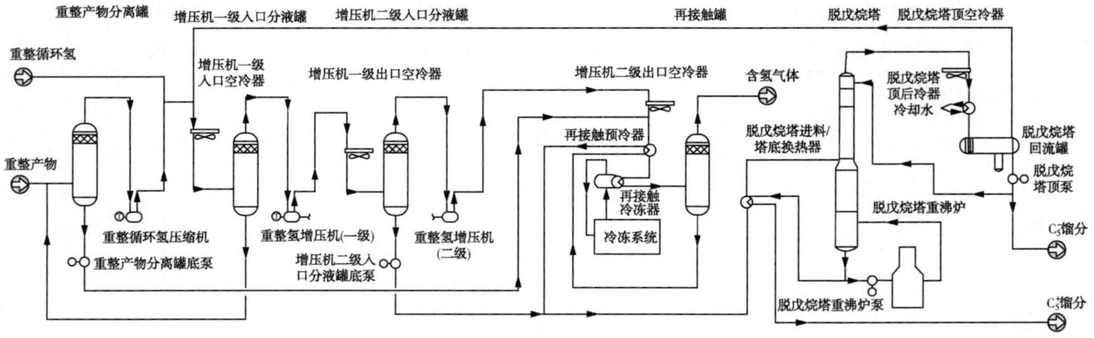

图3-1-16　典型的脱戊烷塔顶燃料气循环至再接触部分工艺流程

第五节　加氢裂化等各类加氢过程中的轻烃回收

一、加氢装置反应单元的轻烃回收

1. 氢气的回收

随着环保要求的日趋严格和产品质量的逐步提高，炼厂加氢装置的种类和数量也不断增多，对氢气资源的需求也迅速增加，对已有氢气资源的回收和利用尤为重视。加氢裂化/渣油加氢装置氢气耗量较高，氢气成本占装置操作费用的80%以上，需注重对氢气的回收。加氢装置需回收氢气资源的主要来自反应部分的低分气和循环氢系统排废氢，低分气中氢气的浓度达70%(v)，需回收。目前，由于操作能耗较低，加氢装置多采用热高分流程，与冷低分流程相比，低分气中的氢气含量更高，更需注重低分气中氢气的回收。低分气中含有H_2S，回收氢气时应先进行脱硫。目前，回收炼厂氢气的常用方法有变压吸附法(PSA)和膜分离法，这两种工艺比较简单，投资和操作费用均较低，不及新建制氢装置的1/10，得到了广泛应用，现对这两种方法进行分别说明：

(1) 变压吸附(PSA)提浓氢气

吸附按性质的不同可分为物理吸附、化学吸附、活性吸附和毛细管凝缩等四大类，变压吸附(PSA)提浓氢气属于物理吸附，其主要是根据恒定温度下混合气体中不同组分在吸附剂上吸附速率的不同及不同压力下各组分在吸附剂上吸附容量的差异而实现的。各常用组分在吸附剂上的吸附能力强弱如下：

氦气	☆	弱
氢气	☆	
氩气	☆☆	

氧气	☆☆	
氮气	☆☆☆	
甲烷	☆☆☆☆☆	
一氧化碳	☆☆☆☆☆	
二氧化碳	☆☆☆☆☆☆	
乙烷	☆☆☆☆☆☆	
乙烯	☆☆☆☆☆☆☆	
丙烷	☆☆☆☆☆☆☆	
异丁烷	☆☆☆☆☆☆☆☆	
丙烯	☆☆☆☆☆☆☆☆	
硫化氢	☆☆☆☆☆☆☆☆☆☆	
硫醇	☆☆☆☆☆☆☆☆☆☆	
苯	☆☆☆☆☆☆☆☆☆☆☆☆	
甲苯	☆☆☆☆☆☆☆☆☆☆☆☆	
乙基苯	☆☆☆☆☆☆☆☆☆☆☆☆☆☆	
苯乙烯	☆☆☆☆☆☆☆☆☆☆☆☆☆☆☆☆☆	
水	☆☆☆☆☆☆☆☆☆☆☆☆☆☆☆☆☆☆☆☆	强

吸附剂是吸附发生的主要场所，优良吸附剂的选择是实现气体分离的基本要求，其选择需考虑以下因素：

① 吸附剂的吸附性能

吸附剂对各气体组分的吸附性能是通过实验测定静态下的等温吸附线和动态下的流出曲线来评价的。良好吸附性能和较大的吸附容量是吸附分离过程的基本条件。

② 吸附和解吸的平衡

吸附剂的选择需根据工艺要求综合考虑解决吸附和解吸之间的平衡，一般来说，吸附越容易解吸则越难。如对于苯、甲苯等强吸附质就要选择吸附能力较弱的吸附剂如硅胶，使吸附容量适当，且有利于解吸操作。而对于弱吸附质如甲烷、氮、一氧化碳等，就需要选用吸附能力较强的吸附剂如分子筛等，以达到较大的吸附容量。

③ 弱强吸附组分之间的分离系数

吸附平衡时某一组分在吸附床内的总量有两部分，一部分在死空间中，剩余部分被吸附剂所吸附，其总和为该组分在吸附床内的存留量；分离系数定义为弱吸附组分和强吸附组分各自在死空间中含有的量占床内存留量的比值之比。分离系数越大分离越容易，选择吸附剂需考虑弱强组分间的分离系数尽可能大，在变压吸附提浓氢气工艺中被分离的两种组分的分离系数不宜小于3。工艺上采用PSA提浓氢气常用的吸附剂有活性氧化铝、硅胶、活性炭和分子筛等，表3-1-22、表3-1-23列出了常见主要组分在大气压和20℃下的分离系数。

表 3-1-22　常见组分对各种吸附剂的分离系数

组分吸附剂	CH_4/CO_2	CO/CH_4	N_2/CH_4	N_2/CO	H_2/CH_4	H_2/CO	H_2/N_2
硅胶	6. 40	1. 31	1. 86	1. 42	2. 90	2. 05	3. 8
活性炭	2. 00	2. 07	2. 84	1. 37	6. 97	5. 10	14. 4

表 3-1-23　常见组分对各种吸附剂的分离系数

组分吸附剂	CH_4/CO	CO/CO_2	N_2/CH_4	N_2/CO	H_2/CH_4	H_2/CO	H_2/N_2
5A 分子筛	1. 79	3. 15	1. 40	2. 50	9. 65	17. 2	6. 9
丝光沸石	1. 18	2. 23	1. 39	1. 65	15. 5	18. 5	11. 2
13X 分子筛	1. 58	4. 70	1. 52	2. 40	8. 0	12. 6	5. 25

采用 PSA 对低分气等富氢气体进行氢气提浓，采用压力升降循环操作，吸附时氢气作为弱吸附组分直接通过吸附剂床层，比 H_2重的组分如 CH_4、C_2H_6等在高分压下被吸附剂床层吸附，从馏出气中获得纯度 99. 9%(v)以上的氢气。当达到预定的吸附前沿时，将其切换至已再生完毕的吸附罐，该吸附罐中的吸附过程结束，进入脱附状态，通过降低压力将所吸附组分解吸出来，吸附剂再生的同时获得浓度较高的 CH_4、C_2H_6等解吸气即 PSA 尾气。

PSA 由于对原料气适应性强、工艺简单、投资操作费用较低、操作弹性大、氢气回收率高、回收氢气纯度很高等突出优点而在炼厂得到普遍应用。

某厂 PSA 回收重整装置的重整氢气和加氢脱硫低分气的混合原料气中氢气的主要工艺条件和参数见表 3-1-24。

表 3-1-24　某厂 PSA 回收重整装置的重整氢气和加氢脱硫低分气的混合原料气中氢气的主要工艺条件和参数

物料名称	原料气	产品氢	解吸气
组成/%(mol)			
H_2	89. 13	99. 9	33. 16
C_1	3. 68	0. 1	22. 30
C_2	2. 85		17. 64
C_3	2. 53		15. 68
C_4	1. 15		7. 11
C_5	0. 37		2. 29
C_6^+	0. 12		0. 76
H_2O	0. 17		1. 06
H_2S	≤117μL/L		≤723μL/L
NH_3	≤47μL/L		≤289μL/L
温度/℃	40	40	40
压力/MPa(表压)	2. 0	1. 9	0. 03
相对分子质量	5. 46	2. 02	23. 32

注：氢气回收率保证值 92%，设计值 94%。

（2）膜分离

膜分离常采用选择性透过膜作为分离介质，其基本原理是在恒定压力和温度下混合气体中各组分透过膜的传递速率不同而达到分离目的。如图 3-1-17 所示，当两种或两种以上的气体混合物通过时，由于各种气体在膜中的溶解度和扩散系数不同，导致不同气体在膜中相对渗透速率不同，在膜两侧压力差的作用下，渗透速率相对快的气体，如水蒸气、氢气、硫化氢、二氧化碳等优先透过膜而被富集；而渗透速率相对较慢的气体，如甲烷、氮气、一氧化碳等气体则在膜的滞流侧被富集，从而实现混合气体中不同组分的分离。

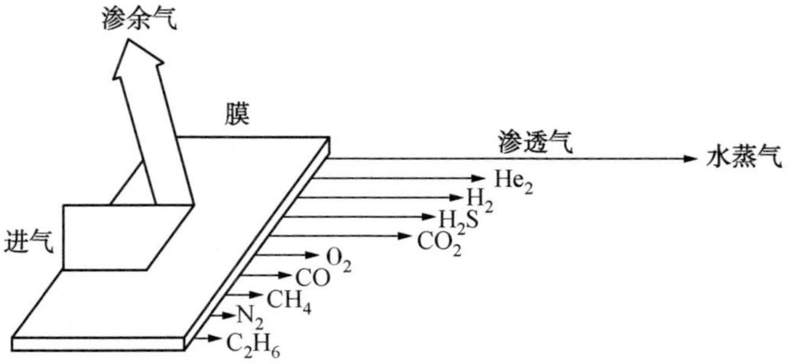

图 3-1-17　气体通过某一渗透膜的相对渗透速度

膜分离回收提纯氢气工艺的主要特点：

① 气体通过分离膜时产生一定的压降，要求原料气具有较高压力，提纯后富氢气体压力相应降低，贫氢气体几乎无压降。

② 适用于原料气中 H_2浓度较高时的提纯，通常，当原料气中 $H_2 \geq 30\%(v)$时，膜分离的经济性较好。

③ 分离过程无相变，分离系数较大，动力消耗少，能耗低。

④ 膜分离的可靠性高，器件的组合性强，改扩建容易。

膜分离回收提纯氢气具有技术先进、工艺设计合理、占地少、开动灵活、膜寿命长、维护及行费用低等优点；膜提氢装置的性能稳定、连续开工期可靠。多年来的实践经验表明，采用膜分离回收提纯氢气技术的设备投资少、投资回收期短，经济效益极为显著。

膜分离技术的核心是膜的性能，其主要取决于膜的材料和成膜材料。

膜材料选择主要考虑对气体分离的选择性、处理能力和操作可靠性等。几种材料的渗透系数见表 3-1-25。

表 3-1-25　几种材料的渗透系数

组分 / 膜材料	H_2	O_2	N_2	CO	CO_2	CH_4
聚砜	13	1	0. 17	0. 33	6	0. 24
醋酸纤维	12	1	0. 18	0. 3	6	0. 2

从表 3-1-25 可以看出，H_2和 CO_2的渗透系数较大，易于透过渗透膜，而 CH_4、CO 等则不易透过。

某厂膜分离回收加氢排废氢中氢气的主要工艺条件和参数见表 3-1-26。

表 3-1-26　某厂膜分离回收加氢排废氢中氢气的主要工艺条件和参数

项　目	参　数	
总氢气回收率/%(v)	>93	
产品氢纯度/%(v)	>96	
产品氢压力/MPa(表压)	9.1	
产品氢温度/℃	40	
尾气(非渗透气)压力/MPa(表压)	1.2	
	初期工况	末期工况
温度/℃	55	55
压力/MPa(表压)	16	16
相对分子质量	3.33	4.85
组分/%(mol)		
H_2O	0.09	0.09
H_2	93.91	87.54
C_1	4.42	8.24
C_2	0.69	1.89
C_3	0.41	1.27
i-C_4	0.22	0.56
n-C_4	0.05	0.15
MDEA	0.00	0.00
C_5^+	0.22	0.26

2. 尾气的回收

经变压吸附和膜分离回收氢气后的尾气，其主要组成为甲烷和氢气，氢含量较高，且 H_2S 等杂质含量较低，优先考虑作为制氢装置原料，也可以直接作为燃料气。

二、加氢装置分馏单元的轻烃回收

对于加氢精制装置，由于原料中参与裂化的烃分子的量少，反应产生的轻烃量较少，通常不设单独轻烃回收单元，轻烃从分馏单元的汽提塔顶或分馏塔顶馏出，直接送至常减压等装置的轻烃回收系统处理。对于加氢裂化装置，原料中裂化的烃分子数较多，轻烃生成量较大，且轻烃中的 C_3、C_4等液化气组分含量较高，常设置单独液化气回收设施。

1. 加氢处理或加氢精制装置轻烃的回收

加氢反应系统生成的轻烃主要送至分馏系统。如前所述，分馏系统有单塔和双塔流程，单塔流程轻烃从分馏塔顶馏出，压力较低，需升压后才能回收液化气组分；双塔流程轻烃从硫化氢汽提塔顶馏出，压力较高，可直接回收液化气组分。表 3-1-27 是某加氢处理装置分馏塔顶气组成(单塔流程)。

表 3-1-27　某加氢处理装置分馏塔顶气组成(单塔流程)

项　目	指　标	项　目	指　标
温度/℃	40.00	H_2O	0.0431
压力/MPa(表压)	0.17	C_1	0.0735
相对分子质量	26.15	C_2	0.1057
组成/%(v)		C_3	0.0969
H_2	0.4212	C_4	0.1113
H_2S	0.0616	C_5^+	0.0853
NH_3	0.0014		

从表3-1-27可以看出，塔顶馏出的轻烃主要是C_1至C_4的饱和组分，且含有H_2S，同时带有一定的C_5^+等重组分。

在加氢反应的条件下，原料中的硫基本上都转化为H_2S，H_2S的主要去向有：一是与NH_3生成硫化铵随含硫污水流出；二是在循环氢脱硫系统中随富胺液排出；三是随低分气排出；四是在分馏系统塔顶随轻烃排出。轻烃中H_2S的含量与原料中的硫含量密切有关，轻烃在进一步利用前都需要相应脱硫。加氢装置轻烃中硫的形态以H_2S为主，几乎不含硫醇硫等，经胺洗即可，脱硫工艺比较简单。

各厂总流程设置的不同，轻烃的回收流程亦有差别。加氢处理或精制装置反应系统轻烃生成量不大，塔顶轻烃可送至附近的吸收稳定系统回收液化气组分，也可经脱硫后直接作为燃料气，尤其在炼厂燃料气不足时。

2. 加氢裂化装置轻烃的回收

液化气主要是C_3、C_4等组分，加氢裂化所产轻烃中液化气组分较多，需设置轻烃回收设施，以实现燃料气(干气)和液化气的分离，同时对石脑油进行稳定。轻烃回收采用汽油吸收液化气和C_2脱吸的方法实现干气和液化气的分离，同时用稳定的方法来保证汽油产品的蒸汽压合格，其常用流程是吸收稳定工艺，在加氢裂化、催化裂化和延迟焦化装置中都得到了广泛应用。

吸收稳定工艺主要包括液化气组分吸收、碳二脱吸和汽油稳定等，主要由三塔或四塔组成：吸收塔、脱吸塔、稳定塔及再吸收塔(视情况设置)，其中液化气的回收率由吸收塔来控制，液化气的质量由脱吸塔(控制C_2^-含量)和稳定塔(控制C_5^+含量)来保证。该工艺主要特点是在适宜的压力及常温下先将富气中大部分液化气组分及少量C_2等吸收下来，然后在合适的条件下将C_2等轻组分脱吸，脱吸气再返回吸收塔。采用吸收脱吸的方法可在较缓和的操作条件下实现C_2和液化气的分离，避免采用精馏的方法在较苛刻的条件下(压力较高、温度较低，需要制冷)来分离C_2和液化气，降低了投资和能耗；其付出的代价是脱吸塔顶气体中除有C_2外，还有一定的液化气等重组分，脱吸气重新返回吸收塔，造成液化气组分在吸收脱吸之间的循环，使吸收稳定系统的能耗增加。

下面对加氢裂化装置吸收稳定系统进行简单介绍：

(1) 吸收

吸收是用石脑油吸收液化气组分，吸收过程放热，使吸收剂温度升高，影响吸收效果。对吸收影响较大的工艺参数有压力、剂气比(吸收剂/入口气体)及温度。通常来说，压力越高、剂气比越大、温度越低有利于吸收；反之，越有利于其脱吸。吸收系统的设计要考虑上述工艺参数的优化，以达到较高的液化气回收率的同时尽量降低能耗。下面讨论以上工艺参数对吸收系统的影响：

① 压力：吸收压力源自上游的分馏系统，吸收压力可以按照工艺要求调整。压力高有利于吸收，但过高会相应增加上游分馏单元硫化氢汽提塔的压力，使其能耗增加。此外，吸收压力增大会使脱吸压力相应上升，脱吸塔温度梯度升高，使脱吸负荷增大。

② 剂气比：剂气比定义为吸收塔石脑油吸收剂/入口气体的质量比，由于在一定压力和温度下液化气组分在石脑油中的溶解度一定，剂气比高有利于吸收，但会相应增加下游脱吸和稳定塔的负荷。

③ 温度：吸收塔内温度越低，吸收效果越好，受到循环水作为冷源的限制，吸收剂所能达到的温度约 40℃。由于吸收过程放热，随着吸收率不断增大，吸收塔内温度也相应升高。当吸收剂温升高于 10~15℃时，可设置中段回流冷却。

(2) 脱吸

在吸收过程中会吸收少量的碳二组分，使液化气蒸汽压大幅升高，需要脱吸，以满足液化气产品的质量要求。碳二脱吸时少量液化气组分也会随之脱吸，脱吸塔工艺参数的设置需保证液化气产品蒸汽也合格的前提下，尽可能降低液化气组分的脱吸率。对脱吸影响较大的工艺参数是压力和温度，下面简单讨论其对脱吸的影响：

① 压力：低压有利于碳二脱吸，且会降低全塔的温度梯度和脱吸塔底重沸器热负荷，但压力太低会导致液化气重组分轻易脱吸，造成液化气组分在吸收脱吸之间的循环，增加能耗。高压会降低液化气等重组分的脱吸率，但会增加塔底重沸器热负荷及温度。由于脱吸塔顶气直接返回吸收塔，脱吸压力通常与吸收压力一致。

② 温度：高温有利于碳二脱吸，但温度过高会导致液化气组分的过度脱吸。为避免过度脱吸，一是控制脱吸塔进料温度；二是控制全塔温度梯度。

(3) 稳定

稳定塔是精馏塔，主要实现液化气和石脑油的分离，主要工艺参数是塔顶压力，根据塔顶冷却后液化气的饱和蒸汽压确定。塔顶馏出液化气，控制 C_5^+ 含量；塔底馏出稳定石脑油，主要控制蒸汽压。

与催化裂化和延迟焦化装置不同，加氢裂化装置的吸收稳定系统有其特点：一是由于上游压力较高，吸收系统的压力可以根据工艺需要由上游系统相应减压，不需设置单独的压缩机来增压，既可简化流程，亦可降低能耗。二是石脑油收率较高，轻烃收率相对较低，石脑油/轻烃收率比可达 10(催化或焦化装置仅为 2~4)，吸收塔剂气比较高，高剂气比下可以较大降低吸收压力。三是轻烃收率相对较低，尤其是 C_1/C_2 收率更低。以上特点使加氢裂化吸收稳定系统工艺参数设置的弹性很大。通常，吸收塔采用较高的剂气比和较低的操作压力，相应降低了脱吸塔的操作压力，亦降低脱吸塔底重沸器的热负荷和全塔温度梯度，从而降低装置能耗，实现整个吸收稳定系统的优化操作。

某加氢裂化装置吸收稳定系统的主要参数：

吸收脱吸塔(塔顶产干气)：

进料温度　　40℃

塔顶温度　　46℃

塔顶压力　　1.15MPa(表压)

石脑油稳定塔(塔顶产液化气)：

进料温度　　140℃

塔顶温度　　78℃

塔顶压力　　1.0MPa(表压)

表 3-1-28 是某加氢裂化装置含硫干气及脱硫液化气组成。

表 3-1-28　某加氢裂化装置含硫干气及脱硫液化气组成

项　目	含硫干气①		脱硫后液化气	
组成/%	质量分数	体积分数	质量分数	体积分数
H_2O	1.27	1.34		
H_2	3.56	33.45		
H_2S	0.08	0.04		
NH_3	0.00	0.00		
C_1	18.34	21.67		
C_2	63.94	40.32	0.23	0.39
C_3	0.08	0.03	40.04	46.92
C_4	1.62	0.53	57.25	50.91
C_5^+	11.12	2.62	2.64	1.78
相对分子质量	18.96		51.68	

①干气去装置外脱硫。

从表 3-1-28 可以看出，加氢裂化干气主要是甲烷、乙烷和氢气，不含烯烃，氢含量较高，且其他杂质含量很低，经脱硫后是制氢装置的优质原料，亦可作为燃料气。液化气中都是饱和烃组分，且其中硫的形态都是单一的 H_2S，经胺法脱硫后即可作为民用液化气，也是裂解制乙烯的优质原料。异丁烷也可与正丁烯合成烷基化油，其辛烷值高、不含硫氮、不含烯烃芳烃等，是理想的汽油调和组分。此外，液化气中碳四辛烷值较高，也可以直接作为汽油调和组分，但其蒸汽压较高，混兑数量有限。

参 考 文 献

[1] 宋华，陈颖等．化工分离工程[M]．哈尔滨：哈尔滨工业大学出版社．2003.
[2] 谭天恩，麦本熙，丁惠华[M]．化工原理．北京：化学工业出版社．1984.
[3] 陈淳．四蒸馏轻烃回收方案的优化[J]．茂名石油化工，1999(1)：1-5.
[4] 李志强．原油蒸馏工艺与工程[M]．北京：中国石化出版社，2010.
[5] 李国梁，连喜增，李茂盛．常压蒸馏装置加设轻烃回收系统改造[J]．炼油设计，2002，32(8)：18-19.
[6] 中国流化催化裂化二十年(1965—1985)[M]．中国石油化工总公司催化裂化科技情报站，1985：342；375.
[7] 瞿国华．延迟焦化工艺与工程[M]．北京：中国石化出版社，2008.

第二章　轻烃净化

在原油的加工过程中，由于加工条件及原料的不同，会产生不同组成的炼厂气。这些炼厂气中不仅富含甲烷、乙烷、乙烯、丙烷、丙烯、正丁烷、异丁烷、1-丁烯和异丁烯等有用的轻烃，还含有 H_2S、CO_2、硫醇等硫化物。随着加工进口原油的增多，特别是加工中东高硫轻质原油的增加，原油中轻烃和硫的含量都有所增高，随之而来，是加工过程副产的炼厂气产量增大，气体中 H_2S、CO_2、硫醇等硫化物含量也增高了。

通常，在轻烃回收和分离后进行轻烃净化处理，即炼厂气经过轻烃回收及分离后，被分成了干气和液化气，这时的轻烃净化是指分别对干气和液化气进行净化处理。也有少数炼厂先进行轻烃净化，再进行轻烃回收和分离。无论是"先"净化，还是"后"净化，目的都是脱除轻烃中的硫化物等杂质，以满足干气和液化气的产品要求。

第一节　干气净化

干气主要是由 H_2、N_2、O_2、C_1、C_2及少量的 C_3等组成，常见的装置干气组成见表 3-2-1。从表中可以看出，在加氢裂化装置、重整装置以及常减压装置的干气中，酸性杂质主要是 H_2S；在延迟焦化干气中的酸性杂质主要是 H_2S 和少量的 CO_2；而催化裂化干气中，酸性杂质不仅有 H_2S，还有较多的 CO_2。另外，从表中还可以看到，催化裂化干气和延迟焦化干气中有一定量的乙烷和乙烯组分，这些 C_2组分具有回收和利用价值。

表 3-2-1　常见的装置干气组成　　%(v)

名称	常减压干气	加氢裂化干气	重整干气	催化裂化干气	延迟焦化干气
H_2S	8.22	6.82	1.7	0.55	8.4
CO_2				2.93	0.2
H_2O	0.68	1.15		0.59	0.8
CH_4	16.55	4.35	1.52	27.16	47.7
C_2H_6	19.24	18.85	1.99	11.82	21.6
C_2H_4				11.53	2.2
C_3H_8	17.58	0.75	2.22	0.07	1.5
C_3H_6				0.64	0.7
C_4	12.35	1.59	0.52	0.03	0.3
C_5^+	2.61		2.6		
H_2	22.29	66.49	89.45	28.02	15.9
N_2	0.48			15.45	0.48
O_2				1.17	0.13
合计	100	100	100	100	100

通常，干气是作为燃料气或制氢原料使用的，在这种情况下，由于干气中的 CO_2的含量符合要求，干气净化只需要考虑对 H_2S 进行脱除处理，使其满足作为燃料气或制氢原料的要求。

目前，由于催化裂化干气和延迟焦化干气中含有乙烷和乙烯组分，很多炼厂开始了催化裂化干气和延迟焦化干气的利用，回收其中的乙烷和乙烯组分，使其作为化工原料使用。此类回收 C_2 组分的装置对于原料气（即催化裂化干气或延迟焦化干气）中 CO_2 含量有着不同的要求，需要根据具体情况综合考虑干气的净化，既要脱 H_2S 又要脱 CO_2。

一、干气净化的方法

1. 常压方法介绍

干气净化的方法可以分为湿法和干法两类。湿法是采用液体吸收剂与气体接触，从而除去其中的 H_2S 和 CO_2。湿法又可以按照液体吸收剂类型的不同，分为化学溶剂法、物理溶剂法和化学-物理溶剂法。干法是使用固体吸附剂床层脱除气体中 H_2S 和 CO_2，脱硫率高，常在湿法之后使用，以达到更高的脱硫率，常用的方法有氧化锌法、活性炭吸附法和分子筛吸附法。

炼厂普遍采用的干气净化方法是湿法，所用的吸收剂以乙醇胺类为主，即以化学溶剂法为主。

2. 化学溶剂法

化学溶剂法是使用化学溶剂，通过化学反应脱除 H_2S 及 CO_2 等酸性杂质，主要的化学溶剂有一乙醇胺（MEA）、二乙醇胺（DEA）、甲基二乙醇胺（MDEA）、二异丙醇胺（DIPA）和位阻胺等。

3. 物理溶剂法

物理溶剂法是使用物理溶剂，利用 H_2S 及 CO_2 等酸性杂质与烃类在物理溶剂中溶解度的不同来实现脱除 H_2S 及 CO_2 等酸性杂质的目的，主要的物理溶剂有多乙二醇二甲醚、碳酸丙烯酯和甲醇等。

4. 化学-物理溶剂法

化学-物理溶剂法是使用化学溶剂（胺类）与物理溶剂组成的溶剂脱除 H_2S 及 CO_2 等酸性杂质的方法，主要的化学-物理溶剂有砜胺溶剂，如 DIPA-环丁砜、MDEA-环丁砜等。

二、胺法

1. 基本原理

胺法属于湿法中的化学溶剂法，是一种典型的伴有化学反应的吸收（或萃取）-再生过程，以一定浓度的醇胺类溶剂（如 MEA、DEA、MDEA 等）水溶液为吸收剂。醇胺与酸性组分 H_2S、CO_2 发生的反应为可逆反应，在较低温度及较高压力下反应向右进行，酸性组分被脱除；在较高温度及较低压力下反应平衡向左移动，溶剂释放出所吸收的酸性组分得以再生。酸性组分与醇胺液的基本反应过程见表 3-2-2。

表 3-2-2　酸性组分与醇胺液的基本反应过程

	伯醇胺
H_2S	$2RNH_2+H_2S \rightleftharpoons (RNH_3)_2S$ $(RNH_3)_2S+H_2S \rightleftharpoons 2RNH_3HS$
CO_2	$2RNH_2+H_2O+CO_2 \rightleftharpoons (RNH_3)_2CO_3$ $(RNH_3)_2CO_3+H_2O+CO_2 \rightleftharpoons 2RNH_3HCO_3$ $2RNH_2+CO_2 \rightleftharpoons RNHCOO^-+RNH_3^+$

续表

	仲醇胺
H_2S	$2R_2NH+H_2S \rightleftharpoons (R_2NH_2)_2S$ $(R_2NH_2)_2S+H_2S \rightleftharpoons 2R_2NH_2HS$
CO_2	$2R_2NH+H_2O+CO_2 \rightleftharpoons (R_2NH_2)_2CO_3$ $(R_2NH_2)_2CO_3+H_2O+CO_2 \rightleftharpoons 2R_2NH_2HCO_3$ $2R_2NH+CO_2 \rightleftharpoons R_2NCOO^-+R_2NH_2^+$
	叔醇胺
H_2S	$2R_2NCH_3+H_2S \rightleftharpoons (R_2NHCH_3)_2S$ $(R_2NHCH_3)_2S+H_2S \rightleftharpoons 2R_2NHCH_3HS$
CO_2	$2R_2NCH_3+H_2O+CO_2 \rightleftharpoons (R_2NCH_3H)_2CO_3$ $(R_2NCH_3H)_2CO_3+H_2O+CO_2 \rightleftharpoons 2R_2NHCH_3HCO_3$

注：其中 R 代表羟基烃。

从表 3-2-2 中可以看到，伯胺含有—NH_2基团，仲胺含有 >NH 基团，叔胺含有 —N< 基团。

伯胺(MEA)和仲胺(DEA)溶剂在脱除 H_2S 的同时，能脱除原料气中所含 CO_2，CO_2吸收率接近 100%，即上述溶剂对脱除 H_2S 没有选择性。

DIPA 虽然也是仲胺，但在脱除 H_2S 的同时仅可部分脱除原料气中所含的 CO_2，对脱除 H_2S 显示有一定的选择性，DIPA 对 CO_2的共吸收率一般为 65%~80%。

叔胺(MDEA)溶剂，由于其分子中不存在活泼 H 原子，故不存在与 CO_2生成氨基甲酸酯的反应，对 CO_2的吸收是接近物理吸收的慢反应，而 MDEA 与 H_2S 的反应是受气膜控制的瞬时反应。这种反应速率的巨大差别导致 MDEA 溶液具有良好的选择性脱硫的特性。也就是说，原料气中的 CO_2 只可能部分被 MDEA 溶剂吸收。MDEA 脱硫，CO_2 共吸收率可取 38%~40%。对 Claus 加氢尾气吸收塔，CO_2共吸收率约为 13%~20%。

CO_2的共吸收除与采用的溶剂种类有关外，还受操作中的气液比、吸收塔的塔板数和溶液浓度的影响。一般而言，气液比小、吸收塔塔板数多、酸气负荷高，CO_2 的共吸收会增加。

2. 醇胺溶剂

在炼厂，胺法被广泛应用在干气净化过程中，并已有成熟的经验，使用的醇胺有一乙醇胺(MEA)、二乙醇胺(DEA)、二异丙醇胺(DIPA)、甲基二乙醇胺(MDEA)等。现将这几种常用醇胺溶剂的主要性质列于表 3-2-3 中。

表 3-2-3　常用醇胺溶剂的主要性质

名　　称	一乙醇胺	二乙醇胺	二异丙醇胺	甲基二乙醇胺
代号	MEA	DEA	DIPA	MDEA
分子式	$NH_2C_2H_4OH$	$NH(C_2H_4OH)_2$	$NH(C_3H_6OH)_2$	$CH_3N(C_2H_4OH)_2$
相对分子质量	61.08	105.14	133.19	119.17
相对密度(20℃)/(g/cm³)	1.018	1.092	0.989	1.042

续表

名　　称	一乙醇胺	二乙醇胺	二异丙醇胺	甲基二乙醇胺
凝点/℃	10.2	28	42	-21
黏度(20℃)/(mm^2/s)	24.1	196.4	198(45℃)	101
沸点/℃	170.4	268.4	248.7	247.2
闪点(开杯)/℃	93.3	137.8	123.9	129.4
蒸气压(20℃)/Pa	48	1.3	1.3	1.3
起泡性	易起泡	易起泡	易起泡	起泡不明显
安定性	易降解	不易降解	不易降解	较稳定
水中溶解度(20℃)/%	全溶	96.4	87	全溶
外观	无色液体	无色液体	黏稠固体	无色液体
与 H_2S 反应热/(kJ/kg)	1905.0	—	1924.6	1054.9
与 CO_2 反应热/(kJ/kg)	1917.6	—	1937.2	1452.9

从表 3-2-3 中可以看到，一乙醇胺(MEA)含有—NH_2基团，是伯胺；二乙醇胺(DEA)和二异丙醇胺(DIPA)含有 ＞NH 基团，是仲胺；甲基二乙醇胺(MDEA)含有 —N＜ 基团，是叔胺。

MEA 的主要优点为：

① 活性高，吸收能力强，它是工业用醇胺类碱性最强的。它与酸性气反应最为迅速，气体净化度最高。

② 由于其相对分子质量在醇胺类中最小，它的单位质量或容积的酸性气负荷较大，亦即在脱除一定量的酸性气时，溶剂循环量较小。

③ 使用范围广。不论装置操作压力高低，原料中酸性气含量多少，原料气中 H_2S 与 CO_2比值的高低均能有效地使用。

④ 价廉易得。

MEA 的主要缺点有：

① 易与 COS、CS_2反应，生成不能在再生过程中分解的固体产物，因此不易处理含较多 COS、CS_2硫化物的炼厂气。

② 腐蚀较重，特别在高温或高 H_2S 浓度部位十分明显。

③ 蒸气压高，溶剂损耗大。

④ 溶液易发泡，会造成操作困难，有时被迫降低装置生产能力。

⑤ 选择性差。在吸收 H_2S 同时亦吸收 CO_2，造成去硫黄回收装置的酸性气质量变差。

与 MEA 相比，DEA 与 COS、CS_2反应速度慢，比较适合含较多 COS、CS_2硫化物的炼厂气；反应活性较弱，气体净化度较差；蒸气压低，溶剂蒸发损耗小；相对分子质量较大，单位质量酸性气负荷较低。

DIPA 对 H_2S 有一定的选择性，有部分脱除有机硫化物能力，腐蚀性较小。

MDEA 是叔胺，虽然反应活性不及 MEA，但在 H_2S 和 CO_2共存时，对 H_2S 有较高的选择性，该溶剂具有节能、腐蚀较轻、不易降解变质等特点。

复合型 MDEA 是近年来国内外研究和应用最快的溶剂。该溶剂是以 MDEA 为基础组分，加入适量添加剂以改善溶剂的脱硫选择性、抗降解能力及腐蚀性。复合型 MDEA 溶剂与传统的其他醇胺类溶剂相比具有以下特点：

① 对 H_2S 有较高的选择吸收性能。

② 溶剂蒸气压低，蒸发损耗小。而且化学性质稳定，溶剂降解物少。

③ 碱性弱，腐蚀性小。

④ 反应热小，使用浓度高，因此装置投资和能耗较低。

3. 典型工艺流程

干气净化以胺法为主，典型的工艺流程示意图见图 3-2-1。

干气经过干气分液罐分液后，进入干气脱硫塔下部，在塔内气体和自塔上部进入的贫胺液逆流接触。气体中的 H_2S 与胺液接触并发生反应，净化干气自塔顶流出。吸收了 H_2S 的富胺液自塔底流出，去富液罐。

吸收了 H_2S 等酸性气的富胺液，由泵升压，经升温后送至溶剂再生塔。在再生塔内，借助塔底重沸器供热解吸，溶液得以再生。再生后的贫胺液由泵升压，经换热和冷却后返回吸收塔作为吸收剂循环使用。从再生塔顶排出的酸性气通常作为原料去硫黄回收装置。

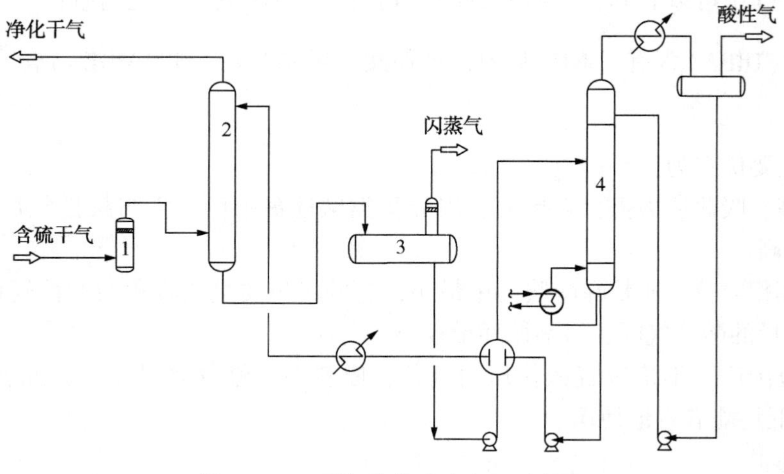

图 3-2-1　干气净化胺法流程示意图

1—干气分液罐；2—干气脱硫塔；3—富液罐；4—溶剂再生塔

4. 主要操作条件

主要操作条件见表 3-2-4。

表 3-2-4　主要操作条件

项　目	指　标	项　目	指　标
干气脱硫塔压力/MPa(表压)	0.7~1.1	塔底	0.11
溶剂再生塔压力/MPa(表压)		贫溶剂温度/℃	35~45
塔顶	0.07~0.09	贫溶剂浓度/%	25~50

5. 主要设备

主要设备为干气脱硫塔、溶剂再生塔、富液罐以及冷换设备、机泵等。

6. 消耗和能耗分析

在胺法的干气净化过程中，作为吸收溶剂的胺液需要再生，该再生过程中消耗的加热蒸汽是干气净化过程的主要消耗。通常，干气净化过程中的胺液循环量越大，其用于胺液再生的蒸汽量就越大，因此，选用单位质量酸性气负荷高的溶剂将有利于减少再生用蒸汽的用量，降低胺法干气净化过程中的能耗。

第二节 液化气净化

液化气主要是由 C_3、C_4及少量的 C_2、C_5组成，一般用作民用燃料或工业燃料，由于液化气中含有大量的丙烯、丙烷、丁烯和丁烷等，还可以用作重要的石油化工原料。通常，液化气中含有一定量的 H_2S、硫醇等硫化物，按照液化气的使用要求或下游加工装置的原料要求，对这些硫化物进行脱除。

一、液化气脱硫

液化气脱硫(脱 H_2S)的方法与干气净化中干气脱硫的方法相同。

1. 典型工艺流程

液化气脱硫采用胺法脱硫，典型的工艺流程示意图见图 3-2-2。

液化气进入液化气进料罐，经泵升压打入液化气脱硫塔下部，在塔内液化气和自塔上部进入的贫胺液逆流接触，液化气中的 H_2S 与胺液接触并发生反应，净化液化气自塔顶流出。吸收了 H_2S 的富胺液自塔底流出，去富液罐。

吸收了 H_2S 的富胺液，由泵升压，经升温后送至溶剂再生塔。在再生塔内，借助塔底重沸器供热解吸，溶液得以再生。再生后的贫胺液由泵升压，经换热和冷却后返回吸收塔作为吸收剂循环使用。从再生塔顶排出的酸性气通常作为原料去硫黄回收装置。

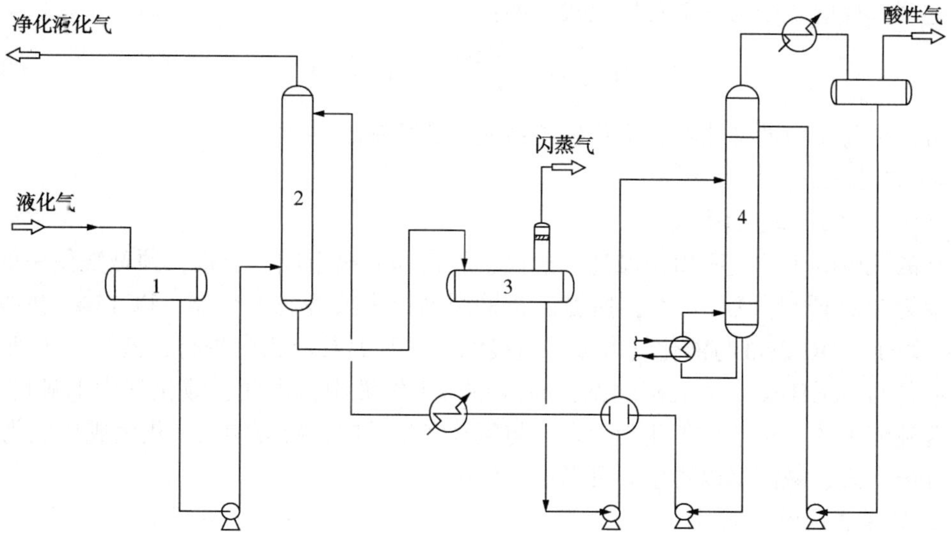

图 3-2-2 液化气脱硫胺法流程示意图

1—液化气进料罐；2—液化气脱硫塔；3—富液罐；4—溶剂再生塔

2. 主要操作条件

主要操作条件见表 3-2-5。

表 3-2-5　主要操作条件

项　目	指　标	项　目	指　标
液化气脱硫塔压/MPa(表)	1.65	塔底/MPa(表压)	0.11
溶剂再生塔压力		贫溶剂温度/℃	35~40
塔顶/MPa(表压)	0.07~0.09	贫溶剂浓度/%	25~50

3. 主要设备

主要设备为液化气脱硫塔、溶剂再生塔、富液罐以及冷换设备、机泵等。

4. 消耗和能耗分析

和胺法干气脱硫过程类似，胺法液化气脱硫过程的主要消耗是胺液再生用的加热蒸汽。通常，在炼厂中，液化气脱硫和干气脱硫共用溶剂再生系统。

二、液化气脱硫醇

(一) 基本原理

液化气脱硫醇通常采用的是带有催化氧化反应的液-液抽提的方法，即以化学处理方式脱除液化气中的硫醇，其中包含了下面两个反应，即：

$$RSH+NaOH \rightleftharpoons RSNa+H_2O \tag{3-2-1}$$

$$2RSNa+\frac{1}{2}O_2+H_2O \xrightarrow{\text{催化剂}} RSSR+2NaOH \tag{3-2-2}$$

反应式(3-2-1)表示了硫醇的碱液抽提过程，即硫醇(RSH)与氢氧化钠(NaOH)反应生成硫醇钠(RSNa)。反应式(3-2-2)表示了碱液的氧化再生过程，即在催化剂的作用下，硫醇钠(RSNa)氧化为二硫化物(RSSR)。

上述两个反应式合为一个总反应式，即：

$$2RSH+\frac{1}{2}O_2 \xrightarrow[\text{碱性}]{\text{催化剂}} RSSR+H_2O \tag{3-2-3}$$

通常，参与反应的催化剂为磺化钛菁钴或聚钛菁钴。

(二) 工艺过程

1. 常规脱硫醇工艺过程

常规的脱硫醇工艺过程由预碱洗、抽提、氧化和分离组成。通常，预碱洗使用的 NaOH 碱液浓度为 7%(质量分数)左右，抽提设备采用抽提塔或静态混合器，以 15%~20%(质量分数)浓度的 NaOH 碱液与液化气多级逆向接触，在常温及液相中进行，液化气中所含硫醇溶于碱液并与 NaOH 反应生成硫醇钠，硫醇钠溶于碱液中，由此，液化气中的硫醇得以脱除。而含硫醇钠的富碱液在催化剂存在下与氧气发生反应，硫醇钠被氧化生成二硫化物并从碱液中分离出去，碱液得以再生并可以循环使用。

2. 纤维膜脱硫醇工艺过程

纤维膜脱硫醇工艺的基本原理与常规脱硫醇工艺相同。该过程主要由碱抽提、氧化、分离和溶剂抽提组成。抽提设备采用纤维膜接触器，纤维膜接触器内装有金属纤维束。当 15%(质量分数)左右浓度的 NaOH 碱液进入纤维束时，在每根纤维上附着并在其表面形成一层薄膜，而在此液膜上，液化气与碱液接触，液化气中的硫醇溶于碱液并与 NaOH 反应生成硫醇钠，硫醇钠溶于碱液中，并从液化气中脱除。由于纤维膜接触器内的纤维直径小而数量大，形成的碱液液膜面积巨大，而且随着碱液的流动，碱液液膜沿着纤维由上往下移动，处于不断更新中，极大地提高了碱液和液化气的接触面积，提高了传质速率。含硫醇钠的富碱液在催化剂存在下与氧气发生反应，硫醇钠被氧化生成二硫化物。为了提高并保证二硫化物和碱液的分离效果，使用干净的石脑油作为溶剂，对碱液中的二硫化物再进行抽提。通常，溶剂抽提过程也采用纤维膜接触器作为抽提设备，二硫化物经过溶剂抽提，从碱液中分离出去，碱液得到再生并可以循环使用。

3. 深度脱硫醇工艺过程

深度脱硫醇工艺是对常规液化气脱硫醇工艺的强化和改进，由中国石化工程建设有限公司开发，该过程主要由预水洗精制、碱抽提、碱液氧化-溶剂抽提、分离组成。抽提设备采用纤维膜接触器、抽提塔或静态混合器等。碱液氧化过程采用固定床催化剂技术，将氧化催化剂固定在碱液氧化塔内。溶剂抽提可以与碱液氧化在碱液氧化塔内同时进行，也可以设置在碱液氧化塔的下游，碱液经过再生后循环使用。

4. 无苛性碱精制的脱硫醇工艺过程

无苛性碱精制的脱硫醇工艺是一类新开发的工艺，该类工艺的优势在于可以减少或消除废碱液的排放。

目前，吉林石化公司开发的液化气无苛性碱精制组合工艺技术已经通过了中国石油天然气股份有限公司的验收，并有一套处理量为100L/h 的液化石油气中型试验装置正在运行。

另外，中国石油大学(北京)开发的液化石油气无苛性碱精制组合工艺已经在哈尔滨石化分公司进行了工业应用，液化气的处理量为25~40t/h，运行情况良好。

(三) 常规脱硫醇工艺

1. 典型工艺流程

典型的液化气脱硫醇流程主要是由预碱洗、碱液抽提、碱液氧化再生和二硫化物分离组成。液化气先经过预碱洗罐洗去少量的 H_2S，再进入液化气抽提塔，在抽提塔内碱液与液化气逆流接触，在一定温度和压力下，硫醇被碱液从液化气中抽提出来，而带有硫醇钠盐的碱液再经过催化氧化，将其中的硫醇钠盐氧化为二硫化物，经碱液分离罐，碱液和二硫化物分离，再生后的碱液循环使用。炼油厂中常见的液化气脱硫醇流程见图 3-2-3 所示。

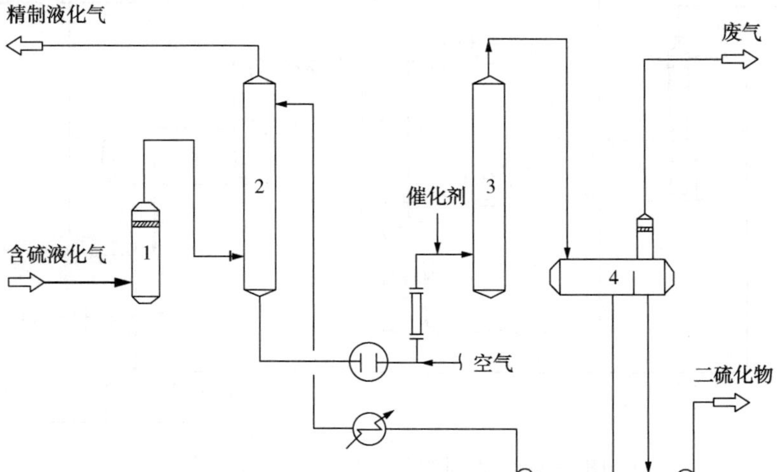

图 3-2-3　常规液化气脱硫醇流程示意图

1—预碱洗罐；2—液化气抽提塔；3—碱液再生塔；4—碱液分离罐

2. 主要操作条件

主要操作条件见表 3-2-6。

表 3-2-6　常规脱硫醇工艺主要操作条件

项　　目	指　　标	项　　目	指　　标
液化气脱硫醇塔压力/MPa(表压)	1.6~1.8	碱液氧化温度/℃	52
碱液氧化塔压力/MPa(表压)	0.2~0.4	碱液浓度/%	10~20

3. 主要设备

常规脱硫醇工艺主要设备为液化气脱硫醇塔、碱液氧化塔、碱液分离罐、碱液加热器和碱液冷却器以及机泵等。

(四) 纤维膜脱硫醇工艺

1. 典型工艺流程

炼油厂中常见的纤维膜脱硫醇流程见图 3-2-4 所示。

液化气经过滤器进入纤维膜脱硫醇接触器，在纤维膜表面液化气与来自碱液再生部分的循环碱液接触。液化气中的硫醇与 NaOH 反应进入碱相，液化气与碱液依靠重力在液化气脱硫醇罐中分开，精制液化气自罐顶流出。

液化气脱硫醇罐底部的碱液经碱液加热器加热至 52℃后，进入碱液氧化塔。在塔内，碱液中的硫醇钠被空气中的氧气氧化为二硫化物，硫化钠被氧化为硫代硫酸钠，碱液得到了再生，自压进入碱液冷却器冷却至 40℃，进入二硫化物抽提纤维膜接触器。抽提溶剂经过过滤器与循环抽提溶剂混合后进入二硫化物抽提纤维膜接触器，并与碱液在纤维膜表面接触。碱液中的二硫化物被抽提进入溶剂中，碱液与抽提溶剂在碱液分离罐内分开。再生后的碱液循环使用，部分碱液可间断外排，含硫溶剂外排。

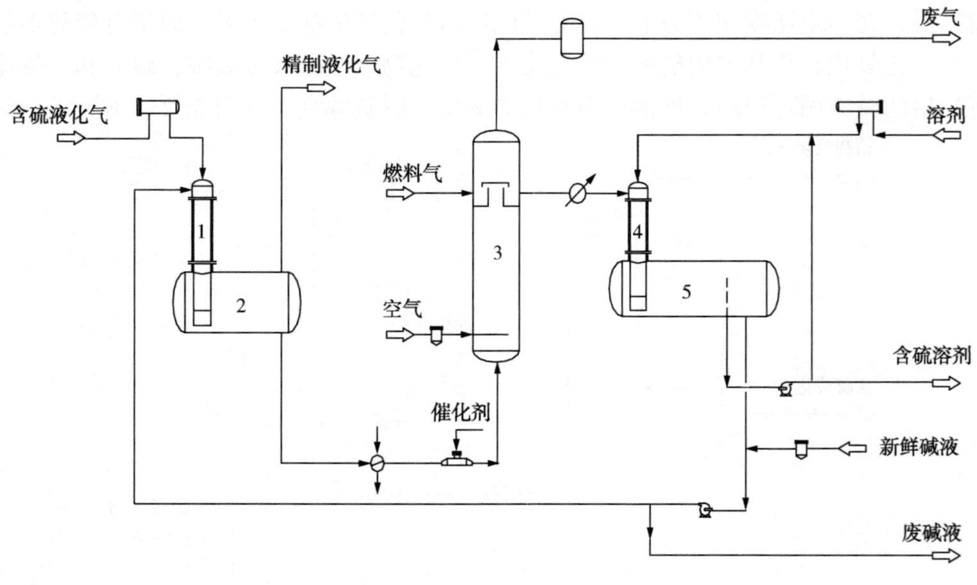

图 3-2-4　纤维膜脱硫醇工艺流程示意图

1—纤维膜脱硫醇接触器；2—液化气脱硫醇罐；3—碱液再生塔；

4—二硫化物抽提纤维膜接触器；5—碱液分离罐

2. 主要操作条件

纤维膜脱硫醇主要操作条件见表 3-2-7。

表 3-2-7 纤维膜脱硫醇工艺主要操作条件

项目	指标	项目	指标
液化气脱硫醇罐压力/MPa(表压)	1.6~1.8	碱液氧化温度/℃	52
碱液氧化塔压力/MPa(表压)	0.2~0.4	碱液浓度/%	~15

3. 主要设备

纤维膜脱硫醇工艺主要设备为纤维膜脱硫醇接触器、液化气脱硫醇罐、碱液氧化塔、二硫化物抽提纤维膜接触器、碱液分离罐、碱液加热器和碱液冷却器以及机泵等。

(五) 深度脱硫醇工艺

1. 典型工艺流程

深度脱硫醇流程见图 3-2-5 所示。

液化气进入预水洗精制罐脱除胺和少量 H_2S 等杂质后，经过滤器送入纤维膜脱硫醇接触器，液化气中的硫醇与 NaOH 反应进入碱相。随后，混合液体进入液化气脱硫醇罐，在罐内液化气与碱液依靠重力分开，精制液化气自罐顶流出。

液化气脱硫醇罐底部的碱液与抽提溶剂、空气经混合器混合后，进入碱液氧化塔。经过碱液氧化塔内载有氧化催化剂的固定床，碱液中的硫醇钠被空气中的氧气氧化为二硫化物，硫化钠被氧化为硫代硫酸钠，混合液自流进入碱液分离罐。在碱液分离罐内，碱液与含硫溶剂分开。再生后的碱液循环使用，部分碱液可间断外排，含硫溶剂外排。

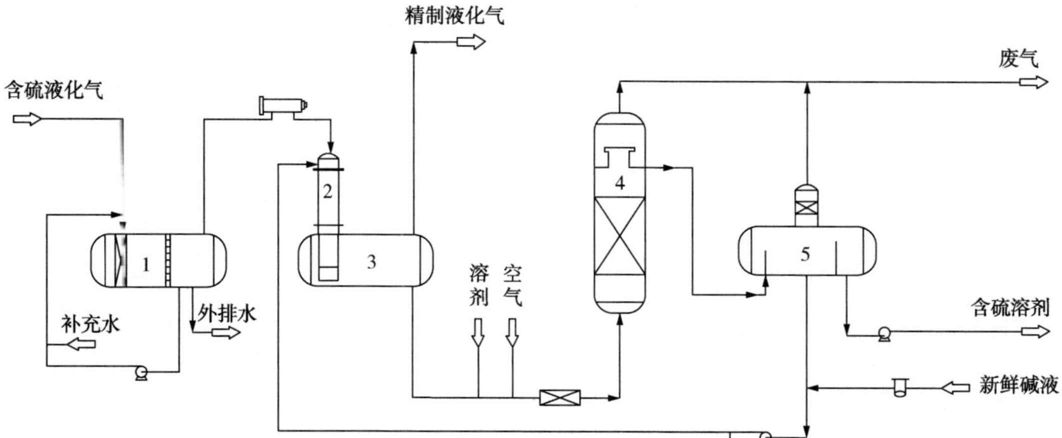

图 3-2-5 深度脱硫醇工艺流程示意图

1—预水洗精制罐；2—纤维膜脱硫醇接触器；3—液化气脱硫醇罐；4—碱液再生塔；5—碱液分离罐

2. 主要操作条件

深度脱硫醇主要操作条件见表 3-2-8。

表 3-2-8　深度脱硫醇工艺主要操作条件

项　目	指　标	项　目	指　标
液化气脱硫醇罐压力/MPa(表压)	1.6~1.8	碱液氧化温度/℃	40
碱液氧化塔压力/MPa(表压)	0.2~0.4	碱液浓度/%	10~15

3. 主要设备

深度脱硫醇工艺主要设备为预水洗精制罐、纤维膜脱硫醇接触器、液化气脱硫醇罐、碱液氧化塔、碱液分离罐以及机泵等。

(六) 消耗和能耗分析

液化气脱硫醇过程的消耗主要是机泵电消耗。在常规脱硫醇工艺和纤维膜脱硫醇工艺中，碱液的再生温度约为52℃，在碱液进入碱液氧化塔前，需要用蒸汽或者热水等加热介质来升高碱液的温度，因此，这两种工艺过程都有蒸汽或热水的消耗。而深度脱硫醇工艺中，碱液的再生温度约为40℃，不需要考虑碱液的加热，没有这部分的蒸汽或热水的消耗。

第三章　催化裂化气体分馏

第一节　气体分馏的作用与主要原理

一、气体分馏的作用

炼油厂气体分馏装置的主要原料是催化裂化装置生产的液化气，主要成分为 $C_3 \sim C_4$ 的烷烃和烯烃，并含有少量的 C_2 和 C_5，其中所含的丙烯和 C_4 烯烃是宝贵的化工原料。20 世纪 80 年代以来，随着催化裂化工艺的发展，各厂都配套新建、扩建了不同规模的气体分馏装置，分出的精丙烯、轻重 C_4 组分作为聚丙烯、丙烯腈、烷基化、MTBE 等装置的原料，使炼厂液化气的使用价值大大提高，取得了良好的经济效益。炼油厂生产的丙烯成为丙烯重要的来源之一。

二、气体分馏的主要原理

分馏是用来将混合物分离成单独产品的一种单元操作。

气体分馏是利用各组分之间相对挥发度的不同而将各组分分开的精密分馏过程。分离的难度直接与组分的挥发度和产品物流的要求纯度有关。

第二节　气体分馏的几种主要流程、操作参数与产品

把一个混合组分连续分馏为独立的组分需要一系列的塔串联进行，n 元系统需要 $n-1$ 个塔。分离流程可有多个方案，一般来说分馏流程的选择要根据原料性质、产品要求、能量消耗、设备投资等综合因素经过比较，在满足工艺要求的前提下，选择能耗低、投资少的流程。

对于催化裂化液化气，目前典型的流程组合是脱丙烷塔、脱乙烷塔、丙烯塔、脱戊烷塔四塔流程。对于 C_5 含量低，且 MTBE 进料对 C_5 要求不很高时也可省去脱戊烷塔，目的产品为精丙烯和作为 MTBE 原料的混合 C_4；有烷基化装置的增设 C_4 分离塔以调节烷烯比。这种流程设置的原则基本考虑是将难分离组分群作为一个馏分先分出，同时考虑使塔顶和塔底产品量接近，这对于减少能耗和优化塔的设计都是有利的。

在丙烯-丙烷分离过程中，国内外基本一样，即包括常规分离和热泵分离两种工艺。为了降低丙烯塔的能耗，只有两个途径：采用热泵工艺或常规工艺采用低温热作热源。

对大型气体分馏装置，当无低温热可用或低温热量不足以作为丙烯塔热源时，建议采用热泵流程；而当催化与气分装置同步建设，催化可提供足够低温热时，可优先考虑常规流程。

一、常规流程

（一）典型流程

通常炼厂中气分装置与催化装置为联合装置，如果催化能提供大量的低温热，此热量可作为本装置的热源，正常操作下取消了蒸汽的消耗，则气分装置按常规流程设计，既减少了装置投资又降低全厂能耗。图 3-3-1 是气分装置常规三塔流程图。

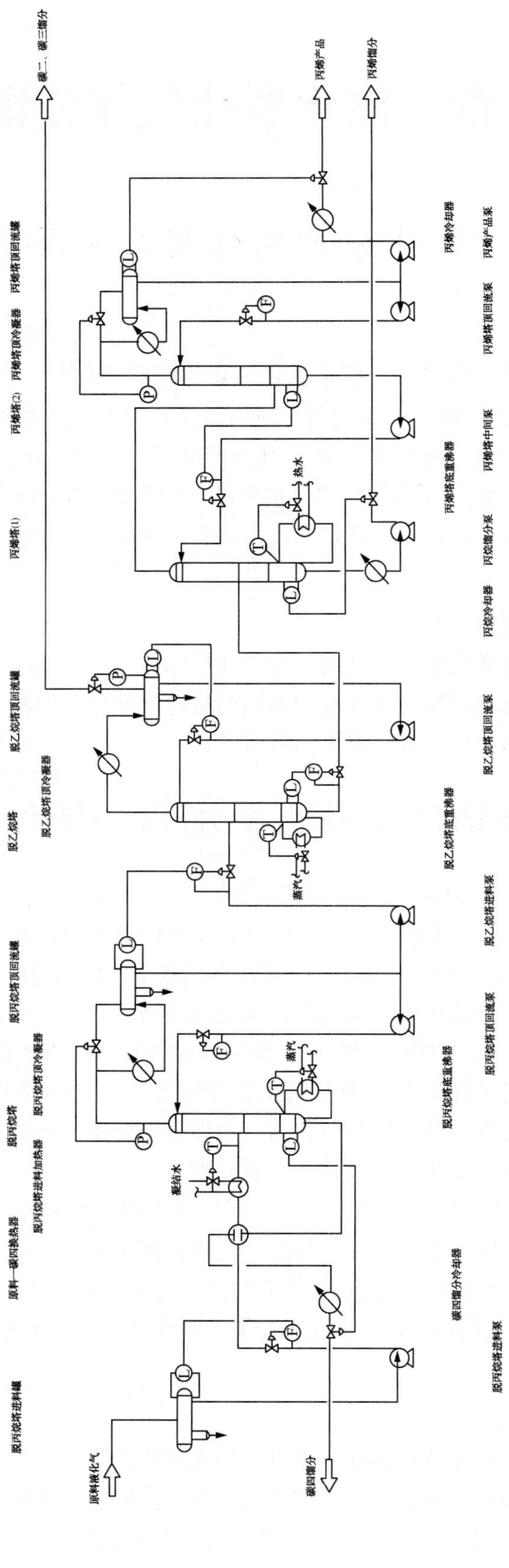

图3-3-1　典型常规三塔流程图

经脱除硫化氢和硫醇的催化液化气进入气体分馏装置的脱丙烷塔进料罐，液化气通过脱丙烷塔进料泵抽出，经与C_4馏分换热后，再经脱丙烷塔进料加热器加热，以泡点状态进入脱丙烷塔。

脱丙烷塔塔顶蒸出的C_2、C_3馏分经脱丙烷塔顶冷凝器冷凝冷却后进入脱丙烷塔顶回流罐，冷凝液自脱丙烷塔顶回流罐抽出，一部分用脱丙烷塔顶回流泵送入塔顶作为塔顶回流；另一部分用脱乙烷塔进料泵抽出，送入脱乙烷塔作为进料。塔底C_4、C_5馏分与原料换热后再经循环水冷却到40℃出装置作为MTBE装置的原料。

脱乙烷塔顶蒸出的C_2、C_3馏分经脱乙烷塔顶冷凝器部分冷凝冷却后进入脱乙烷塔回流罐，未冷凝的气体主要是乙烷和部分丙烯、丙烷，由回流罐上部经压控阀放至催化气压机出口回收丙烯，也可进入高压瓦斯管网。冷凝液从脱乙烷塔顶回流罐用脱乙烷塔回流泵抽出送入塔顶作回流。

脱乙烷塔底的丙烯-丙烷馏分自压进入丙烯塔(1)作为进料。由于丙烯塔的总塔板数为200层，故分为丙烯塔(1)和丙烯塔(2)，两塔串联操作。丙烯塔(1)顶部气体通过管线引至丙烯塔(2)底部最下层塔板下作为上升气相，丙烯塔(2)塔釜液相通过丙烯塔中间泵送入丙烯塔(1)顶部第一层塔板上作为液相内回流。

丙烯塔(2)塔顶蒸出的丙烯经丙烯塔顶冷凝器冷凝后进入丙烯塔顶回流罐，凝液为精丙烯产品，冷凝液一部分用丙烯塔顶回流泵抽出送入丙烯塔(2)作回流，另一部分用丙烯产品泵抽出，经丙烯产品冷却器冷却后送至丙烯产品罐区。丙烯塔(1)塔釜的丙烷馏分经丙烷馏分冷却器冷却后，用丙烷产品泵抽出送至罐区。

（二）主要操作参数

（1）脱丙烷塔

塔顶压力	1.90MPa(表压)
塔顶温度	48.9℃
塔底压力	1.95MPa(表压)
塔底温度	107.5℃
回流比	3.2

（2）脱乙烷塔

塔顶压力	2.90MPa(表压)
塔顶温度	50.4℃
塔底压力	2.95MPa(表压)
塔底温度	70.1℃
回流比	88

（3）丙烯塔(1)

塔顶压力	1.96MPa(表压)
塔顶温度	50.1℃
塔底压力	2.02MPa(表压)
塔底温度	59.2℃

（4）丙烯塔(2)

塔顶压力	1.90MPa(表压)
塔顶温度	48.3℃
塔底压力	1.96MPa(表压)

塔底温度	50.1℃
回流比	18.6

二、热泵流程

(一) 典型流程

热泵原理是早为人知晓的，热泵循环就是逆向卡诺循环，它将塔顶气相的低温热通过压缩机加压，使其温位升高，作为塔底热源使用，从而达到节能和节约操作费用的目的。

是否采用热泵流程，需要对具体条件作必要的技术经济比较来确定，一般情况下可按照下列几个条件考虑：

(1) 沸点相近组分的分离同时需要得到高纯度的产品，如丙烯-丙烷、乙烯-乙烷、1-丁烯-顺，反-2-丁烯等分离。这种分离过程往往回流比大，分离过程中需要输入大量的热能，而塔顶需要用大量的冷却水或空冷取走冷凝热，如采用热泵精馏可大幅降低能耗。

这种系统塔顶与塔底的温差 ΔT 都较小，ΔT 越小，压缩机的功耗就越低，其节能和经济效益便越显著。据文献报道 $\Delta T<36$℃就可以取得较好的节能效果。在丙烯-丙烷分离时，塔压在 1.5MPa 条件下，塔顶-塔底温差在 12℃左右。

(2) 工厂冷却水量不足或冷却水温偏高，要采用制冷技术或提高塔压来解决冷凝问题，而经济上又不尽合理。如西北某厂，虽然气分处理量只有 120kt/a，但当地缺水，常规流程塔顶可采用湿空冷，但当地多沙尘影响湿空冷的操作，最终采用热泵方案设计。

(3) 工厂蒸汽来源受限制，而蒸汽价格又偏高。

(4) 无低温热源可利用。

对大型气体分馏装置，当无低温热可用或低温热量不足以作为丙烯塔热源时，建议采用热泵流程。

热泵流程根据工质不同可分为开式热泵和闭式热泵，国内一般采用丙烯塔的丙烷作工质的开式热泵。丙烯塔的丙烯和丙烷均可作为工质。丙烯和丙烷潜热接近，从理论上，在同样塔压下，采用丙烯压缩式热泵比丙烷节流膨胀式热泵压缩机功耗略低，由于受冷换设备大型化的限制，采用丙烷节流膨胀开式热泵便于塔顶冷凝—蒸发器的布置。

丙烷节流膨胀开式流程，即把丙烯精馏塔底的丙烷经膨胀阀节流闪蒸降低温度后再去塔顶冷凝器使丙烯精馏塔顶丙烯得到冷凝，而丙烷则在冷凝器中汽化，再经压缩机加压升温送回丙烯精馏塔底作热源，形成一个开式循环。热泵系统流程示意见图 3-3-2。图 3-3-3 是气分装置热泵流程图。

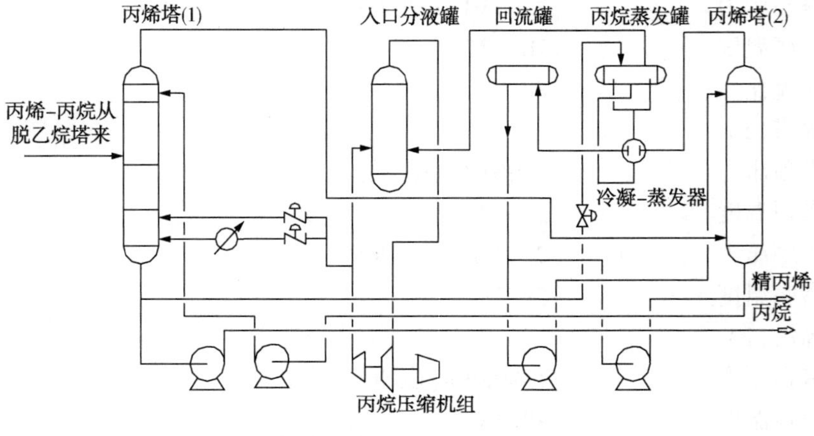

图 3-3-2　丙烯-丙烷分离系统热泵工艺流程示意图

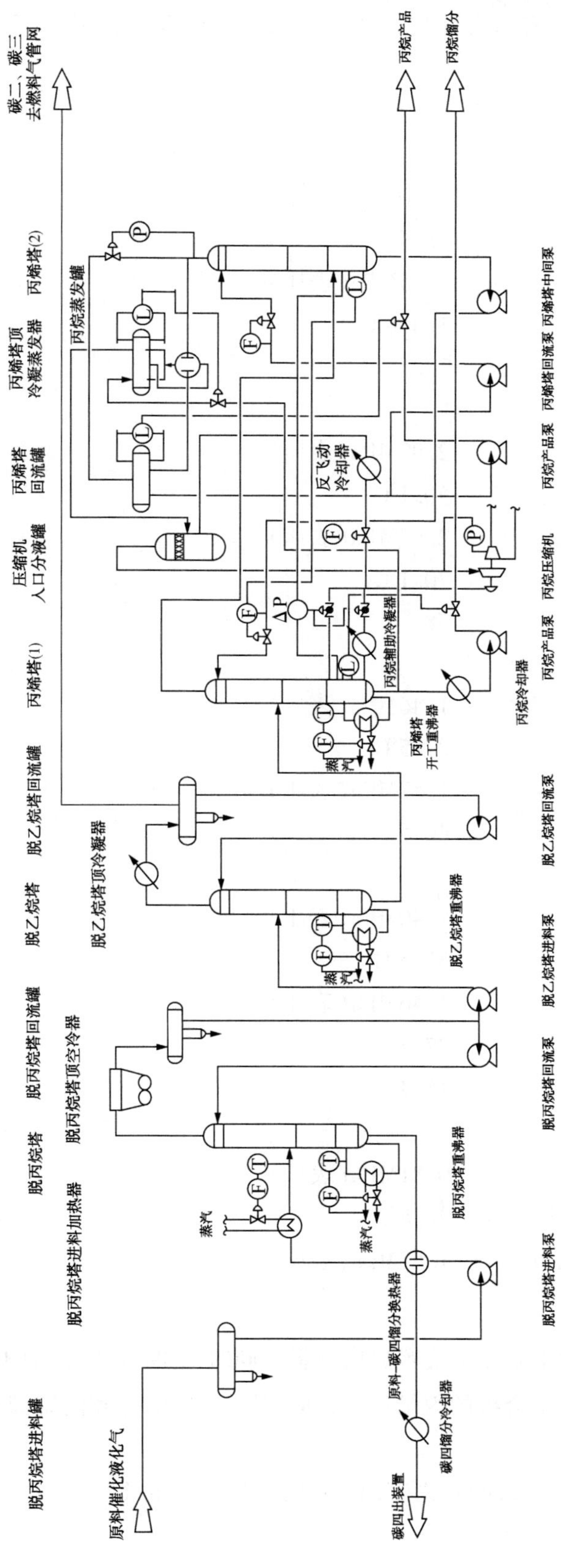

图3-3-3　典型热泵流程图

在丙烯–丙烷分离中采用了国内已成熟的以丙烷为工质的开式节流膨胀热泵工艺，以节约能耗和水耗。国内已有多套装置采用了热泵流程，并已相继投产，取得了很好的节能、节水效果。

（二）主要操作参数

（1）脱丙烷塔

塔顶压力	1.90MPa(表压)
塔顶温度	48.7℃
塔底压力	1.95MPa(表压)
塔底温度	108.8℃
回流比	3.2

（2）脱乙烷塔

塔顶压力	2.90MPa(表压)
塔顶温度	50.1℃
塔底压力	2.95MPa(表压)
塔底温度	70.1℃
回流比	58

（3）丙烯塔(1)

塔顶压力	1.46MPa(表压)
塔顶温度	37.5℃
塔底压力	1.52MPa(表压)
塔底温度	46.5℃

（4）丙烯塔(2)

塔顶压力	1.40MPa(表压)
塔顶温度	35.5℃
塔底压力	1.46MPa(表压)
塔底温度	37.5℃
回流比	15.4

（5）丙烷压缩机

压缩机入口压力	0.81MPa(表压)
压缩机入口温度	22.8℃
压缩机出口压力	1.57MPa(表压)

三、主要产品

气体分馏装置主要为下游化工装置提供原料，同时 C_4馏分作为 MTBE 装置的原料，因此本装置的产品按纯度为聚合级的丙烯产品，同时副产 C_4馏分和丙烷馏分。以下是典型气分装置的主要产品规格。

精丙烯：丙烯≥99.6%(mol)；丙烷馏分：丙烷≥97%(mol)。

第三节　主要设备

一、压缩机组

在热泵流程中，需要一台离心式压缩机组，它是整个热泵系统的核心设备。热泵压缩机流量大，压比小(设计压比为1.83)，一般均选用离心压缩机。热泵增加的投资主要在压缩机系统，因此选择高效的压缩机和驱动机能有效地降低装置能耗和节约投资。

驱动机方案有两个：

第一种方案是电机驱动。电机驱动比较简单，但主要问题是如何解决调速问题。可采用的方案有变频调速和液力耦合器调速，前者方便但投资大；后者主要是可靠性，一旦出现故障，无法摘开，影响装置操作，同时要增加部分电耗，但与变频调速比，价格便宜。荆门石化气分改造时采用液力耦合器方案，至今运转正常。对于处理量变化不大，正常在满负荷操作时，也可以不加调速，大庆600kt/a气分改造时将背压汽轮机改造为电机时就没有设计调速装置。

第二种方案是汽轮机驱动。汽轮机方案应根据全厂蒸汽平衡来选择背压汽轮机、凝气式或抽气式冷凝等方案。采用背压汽轮机方案可以使蒸汽逐级利用，是比较有利的，一般可采用3.5MPa蒸汽驱动，背压为1.1MPa蒸汽进入全厂蒸汽管网。根据需要，也可背压到0.45MPa压力作为加热蒸汽。如果全厂1.0MPa蒸汽富裕，可采用凝气式汽轮机，但复水器用水量较大。

汽轮机驱动的优点是可以调速，尤其在开工初期往往处理量达不到设计值，采用汽轮机驱动在一定范围内调速，可以不反飞动或少反飞动有利于节能；汽轮机驱动带来的问题是必须有弹性良好的全厂蒸汽平衡。如果蒸汽平衡不好，尤其夏天，往往低压蒸汽过剩，这时如将蒸汽放空，热泵的节能优势将荡然无存。实际上有的厂由于这个问题而不得不将汽轮机驱动改为电机驱动[1,2]。

热泵节能效益高低与热泵系统动力选择是密切相关的。有文献报道九江炼油厂汽动热泵精馏与电动热泵精馏相比，一次能源节约率为59.9%。整个系统对比说明实际消耗能量最小为汽动热泵精馏[3]。

二、塔内件

在同样的分离精度下，高效的塔内件可以有效地减小丙烯塔的回流比，从而降低压缩机的功耗，更好地发挥热泵的节能优势。

根据通量选择塔内件时，可通过比较流动参数来选择板式塔还是填料塔。

$$F_P=(L/V)(\rho_g/\rho_l)^{1/2} \tag{3-3-1}$$

式中　F_P——流动参数；

L——液相质量通量，$kg/(m^2 \cdot s)$；

V——气相质量通量，$kg/(m^2 \cdot s)$；

ρ_g——气相密度，kg/m^3；

ρ_l——液相密度，kg/m^3。

当F_P在0.01~0.1时宜首选规整填料；当F_P在0.1~0.2时宜选用规整填料；当F_P>0.2时宜首选塔板。

丙烯塔的条件 F_P 一般均大于 0.2，因此选板式塔是合理的。

塔板有两种类型：喷射型和鼓泡型。喷射型塔板通量大，但塔板效率偏低；鼓泡型正好相反。对于丙烯-丙烷这种精密分馏的物系，采用带导向作用的鼓泡型塔板是比较合理的。它既有比较好的效率，一般可比 F-1 型高 10%~20%，解决了 F-1 型由于旋转带来易脱落的缺点，导向的作用减少了液面落差，有利于鼓泡均匀，提高塔板效率和减少压降。

从实际操作中看，丙烯塔的塔板效率很高，均大于设计确定的效率，这从实际操作的丙烯-丙烷分离精度可以明显看出来。

当然在实际设计中采用什么塔板要看具体条件。丙烯塔压力较高，属于液气比大；而有的塔板如垂直筛板，通量大，但适用于气液比大的工况，如果用到丙烯-丙烷分离系统，效果就不一定理想。在装置扩能改造时，总希望在扩大处理量同时又不降低分离精度，因此谨慎地选择合适的塔板是很重要的。

三、塔顶冷凝-蒸发器

热泵系统节能主要是设法降低压缩机的功耗。

单位质量流体绝热压缩时压缩机理论功率按下式计算(单位：kW)：

$$N=\frac{RT_1}{M}\cdot\frac{K}{K-1}\left[\left(\frac{P_2}{P_1}\right)^{\frac{K-1}{K}}-1\right] \tag{3-3-2}$$

式中　R——气体常数，J/(mol·K)；

M——压缩工质摩尔质量，g/mol；

K——压缩工质绝热指数；

T_1——压缩机入口工质温度，K；

P_1，P_2——压缩机入口、出口工质压力，MPa。

在一定的工质下，压缩机理论功率取决于压缩机入口气体的温度和出入口压力，最终反映在 P_2/P_1 上。要降低压缩机功率，必须减小压比 P_2/P_1。采用低压降的塔内件，可以减小 P_2/P_1，但选用鼓泡型塔板，各类塔板的单板压降相差不大。所以另一个途径是采用高通量的冷凝—蒸发器代替光管的冷凝—蒸发器，这样可以缩小冷凝—蒸发器的温差，以降低压缩机的功耗和投资。

下面是某厂 120kt/a 气分热泵计算结果，采用光管冷凝-蒸发器，设计对数平均温差 $\Delta T=10.4$℃，这时管壁与沸腾侧温差为 7.3℃，计算沸腾侧传热系数 $\alpha=450.3$W/(m^2·K)，管内冷凝膜传热系数 $h=1768.0$W/(m^2·K)，总传热系数 $K=317.3$W/(m^2·K)，计算传热面积 $A=2072$m^2，选用 635m^{2}的冷凝-蒸发器 4 台并联。ΔT 减小可以明显降低压缩机功耗，将 ΔT 从 10.4℃降为 9.4℃，下降 1℃，计算功耗下降 81kW。但对于光管而言，ΔT 下降受到传热的限制，当 $\Delta T<5\sim8$℃时，K 值将大幅下降，是不合理的。

从计算可看出，当 $\Delta T=10.4$℃时，沸腾侧传热系数只有管内冷凝膜传热系数的四分之一，影响总传热系数的关键是提高沸腾侧传热系数。

将光管改为铝多孔表面管后，铝多孔管可以在很小的传热温差(0.6~1℃)下保持高效核沸腾传热，从而大大减少传热的不可逆损失。

铝多孔管是经特殊喷铝处理的管子，它改变了管子表面结构，在多孔层中存在大量互相连通的小孔穴，形成了很多汽核中心，这些孔穴能够稳定地藏留大量直径较大的气泡核心，因此大大降低了液体沸腾汽化的过热度，从而强化了沸腾传热过程。在孔隙率 35%~40%，平均孔径 20~150μm，平均厚度 0.5mm 下，沸腾传热系数比光管可提高 4~5 倍。因此将 4 台 $635m^2$的光管改为 2 台同样面积的铝多孔管冷凝—蒸发器，实际操作表明，管程丙烯出口温度达到 19.5~22℃，这低于 1.33MPa 冷凝压力下丙烯的饱和温度 30℃，说明面积富裕较多而使丙烯过冷。

铝多孔管加工费用较高，在试压后须在管内通蒸汽将管子烤干，如果积水使基材生锈将会引起喷涂层脱落。目前一种机加工多孔管已在重沸器上使用，加工费用较便宜，管子价格远低于铝多孔管，但其孔隙率小于铝多孔管；尚未应用于冷凝—蒸发器中。

四、其他换热器

为提高传热效率并减小设备尺寸，塔底重沸器可以采用 T 型槽管，也可以用铝多孔表面管(里面是光管)。多通量管更贵些，但可以少布置些，最多 4 台重沸器，否则分布不均。为保证重沸器的循环量，壳程入口的防冲板必须拆除。

塔顶冷凝器采用外螺纹管效果最好，因为内壁是光管，压降最小。

由于循环水水质问题，在冷换设备管程易形成软垢，影响传热效果。建议对冷换设备管程进行涂层处理，对抑制软垢形成的效果较好，可以保证传热效果。

五、空冷器

塔顶冷凝器用水冷占地大、耗水多。用表面蒸发空冷，用水量少，尤其是北方地区，冬季可以停水 3~4 个月。

为节约水资源，除脱乙烷塔顶采用水冷外，其他各塔塔顶空冷器可采用表面蒸发空冷器，空冷器电机通常采用变频调速器以利节能。

表面蒸发空冷器有管式表面蒸发空冷器和板式表面蒸发空冷器。管式空冷，占地比板式大些，约为水冷的一半，管子材质用铝复合管套管。板式蒸发空冷，蒸发空冷效率高，结构紧凑，海边应用时为防止盐雾腐蚀，板材采用 316L。板式蒸发空冷属于新型高效换热设备，结构紧凑，换热效率高，但使用经验较少，需在实际使用中总结完善，以利推广应用。

六、泵

泵选用高速泵或流程泵，密封采用串联密封，以防止液化气泄漏。大泵通常考虑采用变频技术。

第四节　装置消耗与能耗

气体分馏的基本过程是多组分精密分馏，精馏过程是最基本而应用最广泛的过程，然而也是能耗很高的过程。尤其丙烯-丙烷分离过程中，由于要求分出的丙烯纯度≥99.6%(mol)，回流比很大，对于四塔工艺流程，该系统的能耗往往占全装置的 40%~50%以上。节能成为气体分馏装置必须认真考虑的问题。

一、气分装置常规流程消耗与能耗

以某厂 700kt/a 气分装置为例。本装置按四塔常规流程设计，即脱丙烷塔、脱乙烷塔、丙烯塔和 C_4分馏塔，同时对丙烯进行脱水、脱硫处理。

表 3-3-1　某厂 700kt/a 气分装置四塔常规流程消耗与能耗

名　　称	规　　格	消　　耗
循环水	10℃温差	7. 14t/t 原料
除盐水		0. 69t/t 原料
低温热		72222kW
电		26. 19kWh/t 原料

注：设计原料量 700. 7kt/a；装置单位能耗 1944. 57MJ/t 原料。

从表 3-3-1 可以看出，低温热量的能耗占装置能耗的 80. 1%，电的能耗占装置能耗的 14. 7%，而本装置消耗的低温热是催化装置需要冷却的热量(空冷或水冷)，因此采用低温热作为本装置的热源，不但降低本装置的蒸汽消耗，对全厂节能也非常有利。

塔顶采用表面蒸发空冷后，循环水量减少约 6024t/h，虽然增加了除盐水和电用量，但总的能耗仍是降低的，且大大减少了水的消耗。

表 3-3-1 中所列数据为设计能耗，在操作中，可以根据实际生产的产物产率和所需产品的分割精度灵活调整，可以降低各塔的操作压力，从而降低回流比，装置能耗可进一步降低。

二、气分装置热泵流程消耗与能耗

以某厂 600kt/a 气分装置为例。本装置按四塔热泵流程设计，即脱丙烷塔、脱乙烷塔、丙烯塔和脱戊烷塔。

表 3-3-2　某厂 600kt/a 气分装置四塔热泵流程消耗与能耗

名　　称	规　　格	消　　耗
循环水	10℃温差	17. 67t/t 原料
蒸汽	3. 5MPa(g)	1. 14t/t 原料
蒸汽(外排)	1. 1MPa(g)	-0. 61t/t 原料
电		18. 24kWh/t 原料

注：实际原料量 552kt/a；装置单位能耗 2157. 08MJ/t 原料。

从表 3-3-2 可以看出，蒸汽的能耗(减掉外排蒸汽的能耗)占装置能耗的 96. 8%。丙烯-丙烷分离系统采用热泵流程大大降低了装置的能耗；压缩机采用蒸汽背压汽轮机驱动，可根据负荷变化在一定范围内调节汽轮机转速以节省蒸汽；塔顶采用表面蒸发空冷，节约大量循环水；装置能耗远低于常规四塔流程能耗。

参 考 文 献

[1] 石油化学工业部石油化工规划设计院 . 压缩机工艺计算[M]. 北京：石油化学工业出版社，1978：18-23.
[2] 刘阁飞 . 600kt/a 气体分馏装置采用热泵工艺的运行探讨[J]. 石油化工设计，2007，24(2)：14-17.
[3] 李德平 . 热泵动力对节能和经济效益影响分析[J]. 石油炼制，1993，24(3)：37-42.

第四章　轻烃整合回收

随着加工进口含硫轻质原油的增多，如何安全、经济、合理地加工这类原油，在满足油品供求、节约资源及环境友好条件下，开发了炼油厂轻烃的集中回收处理、相关部分的流程整合、公用工程及环保措施的优化等综合在一起的新型轻烃回收整合流程。

一、轻烃整合回收的基本理念及意义

（一）炼厂工艺整合设计概念

国内某大型炼油厂在制定全厂总流程加工方案的选择中，由壳牌全球解决方案国际公司（Shell Global Solution International，SGSI）在该大型炼厂的全厂总流程规划设计中，结合炼油厂的产品结构、产品质量指标、原料种类及产品价格等因素，对全厂总规划流程提出了工艺整合这一新的概念。

工艺整合的目标是完善加工流程、优化单元装置的配置及布置、合理配套公用工程设施，使全厂产品结构及产品质量合理，单元配置及布置最优化，公用工程经济实用，环保措施先进有效。全厂工艺整合具有以下的优点：①节约项目总投资；②减少单元及项目的总占地面积；③提高能量利用效率；④提高单元利用效率；⑤实现全厂高的经济效益；⑥减少污染物的排放，降低环境污染。

其工艺整合的范围有以下几个方面：①对全厂总流程进行优化，使全厂工艺生产的产品结构合理、产品质量具有好的竞争性，使全厂有较强的生产灵活性及市场的适应性；②对单元装置的设置和布置进行优化，通过单元装置之间的深度整合和合理布置，使系统及单元装置占地大大减少；③对全厂的公用工程进行优化，合理有效配置系统能力，优化系统流程走向，提高资源的利用率，降低能量消耗；④对全厂环保措施进行优化，制订合理的环保规划，使废气、废渣、废水和噪声的污染降到较低水平。

壳牌石油公司提出的整体原油蒸馏装置，即是将常压蒸馏、加氢脱硫、减压蒸馏和减黏装置作为一个整体蒸馏装置加以优化，整体原油蒸馏装置中的常压部分分离出石脑油、中间馏分油及常压渣油；加氢脱硫部分则将中间馏分油加氢脱硫并分离成煤油、柴油；减压蒸馏部分则将常压渣油分馏出蜡油和减压渣油；蜡油作为加氢裂化和催化裂化的原料；减黏部分则将减压渣油裂解成汽油、柴油和减黏渣油。这一整体原油蒸馏的概念实质也是工艺流程的整合。

工艺整合的技术关键是在工艺整合新设计概念的基础上，结合生产操作经验，提高设计质量，加强装置之间的协调与管理，将装置的规模定位成经济适用、具有较好的操作弹性，将全厂生产经营运行模式定位成效益高、具有竞争力，并确保工艺整合生产操作的可靠性。

（二）轻烃整合回收的基本理念及意义

在大型炼油厂的设计中，加工进口原油的原油蒸馏装置设置轻烃回收是必然选择，炼油厂的煤油加氢、柴油加氢、蜡油加氢、渣油加氢、重整预加氢及重整催化等相关装置产生的饱和塔顶气、液态烃及石脑油，如各自单独设置轻烃回收设置，必然会增加投资及生产操作费用，也不利于全厂的生产经营与管理，影响装置及全厂的经济效益，如对上述产生饱和类炼厂气的原油蒸馏装置、加氢装置、重整催化等装置所产生的轻烃集中统一处理，回收塔顶气、液态烃及石脑油中的轻烃，合理利用资源，提高全厂的总体经济效益并充分发挥原油蒸馏中轻烃回收的作用，提出轻烃回收整合流程理念。这一设计理念产生了轻烃整合回收的新流程，具有创新思维，同时，对今后炼厂的设计、生产和管理也提出较高的要求。

轻烃整合回收工艺流程在某种程度上是工艺整合设计概念在轻烃回收流程中的实际应用，工艺整合的概念为轻烃整合回收流程提供了有益的指导和启示。

二、轻烃整合回收工艺

(一) 轻烃整合装置的概况及需要整合的轻烃部分

国内某大型炼油厂以加工进口含硫原油为主，对全厂产生并需要回收的轻烃部分，进行集中统一处理，形成了轻烃整合回收工艺流程[1]。涉及轻烃整合回收相关的装置是原油蒸馏装置、催化重整装置、蜡油加氢裂化装置、柴油加氢精制装置、石脑油加氢装置、催化裂化装置及脱硫装置，各装置概况及需要整合轻烃部分：

(1) 原油蒸馏装置。原油蒸馏装置采用初馏-常压-减压的三级蒸馏流程，初馏塔采用提压无压缩机工艺，原油中的大部分轻烃溶解在初顶油中，初顶油需进脱丁烷塔进行稳压，由于原油中乙烷含量较高，因不设置单独的脱吸部分，脱丁烷塔顶的液化气产品中 C_2组分可能超标。原油蒸馏轻烃整合还包括了气体脱硫、石脑油加氢脱硫及液化气回收两个部分。

(2) 催化重整装置。催化重整装置其稳定部分的产品为液化气，液化气中还会有少量的 C_5组分，同时液化气中的乙烷含量会超过要求，为保证其产品质量，需对其液化气进行稳定并脱乙烷。催化重整部分轻烃整合包括了液化气的稳定及脱乙烷部分。

(3) 柴油加氢精制装置。其分馏系统设汽提塔及分馏塔的双塔流程，汽提塔顶气需脱硫并回收轻烃，分馏塔顶液需加氢并稳定，柴油加氢精制部分轻烃整合包括了气体脱硫、石脑油加氢及稳定部分。

(4) 蜡油加氢裂化装置。其分馏系统也为设置汽提塔及分馏塔的双塔流程，汽提塔顶气亦需脱硫并回收轻烃；汽提塔顶液需脱硫和脱乙烷；分馏塔顶液需加氢并稳定，蜡油加氢裂化部分轻烃整合包括了气体脱硫及回收部分、石脑油加氢及稳定部分、液化气的脱硫及脱乙烷部分。

(5) 催化裂化装置。其吸收稳定后的稳定塔底石脑油需加氢精制，催化裂化装置涉及轻烃整合仅有石脑油加氢。

(6) 石脑油加氢精制装置。该装置设有石脑油的加氢反应系统，带有氢气循环及冷高分流程，冷高分分离后的液体需进行稳定，石脑油加氢精制装置涉及轻烃整合为加氢精制后石脑油的稳定及脱硫。

(二) 轻烃整合回收工艺流程

轻烃整合回收工艺流程[2]包括：混合石脑油的加氢处理、混合塔顶气脱硫及混合液化气脱硫、石脑油吸收及柴油的再吸收、石脑油的脱丁烷及液化气的脱乙烷、轻重石脑油的分离等部分，轻烃整合工艺流程示意图见图 3-4-1 所示。

(1) 气相流程——塔顶气的脱硫、吸收及再吸收。柴油加氢精制装置来的汽提塔顶气、蜡油加氢裂化装置来的汽提塔顶气与脱乙烷塔顶气合并，先进入气体脱硫装置进行气体脱硫，可避免后续设备和管道腐蚀；脱硫后的气体进入石脑油吸收塔，由来自石脑油分离塔底

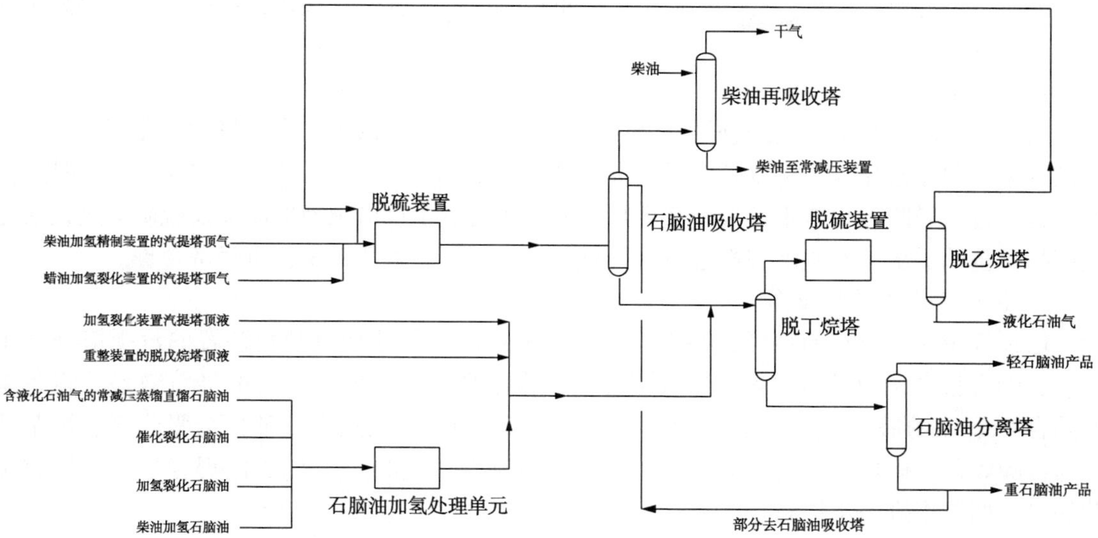

图 3-4-1 整合工艺流程示意图

并经冷却后的重石脑油作为吸收剂，打入石脑油吸收塔，进行气体吸收；石脑油吸收塔顶气再进入柴油再吸收塔，由来自原油蒸馏装置经冷却后的柴油作为再吸收剂，对进柴油再吸收塔的气体进行气体再吸收；再吸收塔顶气即干气进入炼厂燃料气管网，柴油再吸收塔底油返回原油蒸馏装置。

（2）液相流程——石脑油加氢处理、轻烃稳定与分馏。来自常减压装置的初顶油（初馏塔采用加压操作，原油中大部分轻烃溶解在初顶油中）、催化裂化装置石脑油（催化裂化装置稳定塔底汽油）、柴油加氢精制装置石脑油（柴油加氢精制装置分馏塔顶石脑油）、蜡油加氢裂化装置石脑油（蜡油加氢裂化装置分馏塔顶石脑油，采用此部分石脑油，可以稀释进石脑油加氢处理单元的烯烃含量，避免石脑油加氢反应床层过热）进入石脑油加氢处理单元，经换热后进入加氢反应器进行石脑油加氢精制反应，反应产物经换热后进冷高压分离器，含氢气体进入循环氢压缩系统，并与补充的新氢作为石脑油加氢处理系统的氢源；冷高压分离器分出的石脑油与来自蜡油加氢裂化液化气及催化重整液化气混合进入脱丁烷塔进行石脑油的稳定，脱丁烷塔顶液除部分回流外，其余则进入液化气脱硫部分，脱硫后液化气进入脱乙烷进行分馏，塔底为洁净的液化气产品送出装置，而塔顶的不凝气返回塔顶气的脱硫部分。

脱丁烷塔底液与部分蜡油加氢裂化分馏塔顶液一并进入石脑油分离塔，分出塔顶的轻石脑油及塔底的重石脑油，部分重石脑油经冷却后作为吸收剂打入石脑油吸收塔，另一部分重石脑油经换热后，直接作为下游重整装置的原料出装置。

（三）轻烃整合回收流程各部分的作用

1. 石脑油加氢处理单元

石脑油加氢处理单元以往设计都是紧靠催化重整装置布置，轻烃整合回收把石脑油加氢处理单元前移至石脑油脱丁烷前的位置，使石脑油加氢处理单元不仅可以处理来自其他装置的饱和石脑油，还可以处理催化裂化来的稳定柴油，通过在加氢反应器与氢气发生反应，除去石脑油中的杂质（硫、氮、氧等），得到符合质量要求的石脑油。对石脑油集中混合后进行加氢处理，可以方便地根据原油品种和市场需求，灵活安排生产操作，既可以将加氢后的石脑油送入下游重整装置多产汽油；也可以将加氢后的石脑油直接作为产品销售，提高了装置的灵活性。

2. 脱硫部分

由于加工原油含硫，使进轻烃整合回收的塔顶气、石脑油中含有大量的硫化氢，对气体先进行集中脱除硫化氢，可以减轻后续设备及管线的腐蚀，保证整合工艺能够长周期运行。气体集中进行脱除硫化氢不仅效率高而且经济，而对脱丁烷塔顶液的脱硫及脱硫醇则是液化气产品质量的要求，对脱乙烷塔进料先进行脱硫，不仅脱硫消耗少，也经济合理。

3. 脱硫气体的吸收与再吸收

塔顶气中含有丰富的轻烃，特别是柴油加氢精制和蜡油加氢裂化装置的汽提塔顶气中 C_3、C_4的含量高，如果不回收，造成资源的极大浪费。为了增大全厂的经济效益，将各单元的含 C_3、C_4的塔顶气集中统一经气体脱硫后进行回收，用重石脑油作为吸收剂、用柴油作为再吸收剂，确保干气的质量，最大限度地回收塔顶气的 C_3、C_4，使得轻烃整合回收工艺的轻烃回收率进一步提高。

4. 脱丁烷、脱乙烷及轻重石脑油的分离

脱丁烷塔对来自石脑油加氢处理反应后的石脑油、蜡油加氢裂化装置液化气、重整装置的液化气进行集中的脱丁烷，脱丁烷塔顶液经脱硫后进入脱乙烷塔，保证了脱乙烷塔底液化气的质量，脱乙烷塔顶不凝气返回气体吸收部分。由于液化气中含有 C_2等组分，导致液化气质量不合格，脱乙烷塔的作用从液化气中分离出 C_1、C_2等轻组分。脱乙烷塔的 C_2分离程度可以根据质量需要，灵活调整生产操作。

脱丁烷塔底的石脑油进入石脑油分离塔，在石脑油分离塔中，塔顶得到轻石脑油，可以作为化工原料或汽油调和组分；而塔底部分重石脑油经冷却后作为石脑油吸收塔的吸收剂，其余部分重石脑油作为重整装置的原料，满足下游加工流程的需要。

（四）轻烃整合回收流程的特点

1. 石脑油加氢处理单元

粗石脑油在进脱丁烷之前，先进行石脑油的加氢处理，这种把石脑油加氢处理单元安排在脱丁烷之前，而与常规脱丁烷后进重整预加氢，再进行石脑油加氢处理的优点是：先进行石脑油加氢处理后，再进行稳定，可以把重整预加氢部分中反应后的产品分馏部分省去，利用轻烃整合回收流程中的分馏部分，节省设备，简化流程。

2. 塔顶气集中脱硫后再吸收

塔顶气的集中统一脱除硫化氢安排在塔顶气进石脑油吸收塔之前，这样可以减轻石脑油吸收塔、柴油再吸收塔的设备和管线的腐蚀，有利于装置长周期的安全运行。但如果气体脱硫设置在柴油再吸收顶之后，可以减小气体脱硫的规模，因此塔顶气是先进行脱硫后吸收，还是进行吸收后再脱硫，需综合考虑。

3. 集中回收液化气

对液化气进行集中回收，不但可以减少加氢等装置脱丁烷及脱乙烷塔的重复设置，减少占地，节约投资，同时也能最大限度地回收液化气。此外由于轻烃整合回收，有利于对装置的换热进行优化，提高装置能量利用效率，大大降低操作费用，还便于集中操作与管理。

（五）轻烃整合回收工艺流程的效果及不足

轻烃整合回收工艺流程具有节约投资，减少占地面积，实现高的能量利用效率，得到高的投资回收率等优点，是一种新型、高效的轻烃回收工艺。轻烃整合回收工艺流程适合于大型或特大型新建炼油厂的轻烃回收，亦适合于大型炼油厂轻烃回收部分的改造。但对于中、小型炼油厂或装置的轻烃回收单元的改造，是否采用轻烃整合工艺需要进行充分论证后确定。

轻烃整合回收工艺流程的不足：轻烃整合回收工艺流程与全厂总加工流程的规划、产品结构、原油品种、装置的设置紧密相关，尤其是对加工含硫、轻烃含量较高的原油，轻烃整合工艺流程长、涉及的装置多、设备及管线布置复杂，项目建设周期长、投资大，尤其是整合流程中各装置单元的关联度高、操作复杂，如果全厂按轻烃整合工艺流程进行设计、施工和操作，就需要对影响轻烃整合回收的各种因素进行综合考虑，合理设计流股走向。装置单元设计既要有一定适应性又要具有可靠操作性，在设计和生产操作中解决影响轻烃整合回收流程中出现的问题，使轻烃整合回收工艺流程不断完善和发展。

三、轻烃整合回收工艺未来的应用前景

轻烃整合回收工艺流程是随着我国加工进口含硫轻质原油的增多，尤其是炼化一体化项目的不断深入和发展，密切联系炼油与化工的原料供应关系，最大限度地发挥炼化一体化的优势，充分提高资源利用的大背景下，是工艺整合理念下发展出的新的流程模式，轻烃整合回收工艺流程还在不断改进和完善。

国内某大型炼化一体化项目中，一期原油加工能力为12Mt/a，二期规划为原油加工能力扩大到15Mt/a，并配套1Mt/a乙烯工程，加工进口中东含硫原油，原油中的轻烃含量为1.2%。一期的液化气作为产品销售，二期规划液化气及轻石脑油作为乙烯原料提供给化工单元。

对全厂总流程的规划中，全厂涉及轻烃回收饱和气及饱和液化气的装置有常减压蒸馏装置、汽油醚化选择性加氢装置、煤油加氢装置、柴油加氢装置、渣油加氢装置、蜡油加氢裂化装置、石脑油异构化装置及催化重整装置。

需要进行轻烃回收的装置及流股如下：

(1) 常减压装置——常减压装置的初顶气、常顶气、初顶油、常顶油。

(2) 汽油选择性加氢装置——汽油加氢装置汽提塔顶气。

(3) 煤油加氢装置——煤油加氢装置精馏塔顶气。

(4) 柴油加氢装置——柴油加氢装置汽提塔顶气。

(5) 渣油加氢装置——渣油加氢装置汽提塔顶气、分馏塔顶石脑油。

(6) 异构化装置——异构化装置分馏塔塔顶气。

(7) 蜡油加氢裂化装置——蜡油加氢裂化装置汽提塔顶气、分馏塔顶液化气。

(8) 重整装置——重整预加氢分馏塔顶气、分馏塔顶液化气。

因全厂在催化装置内设置吸收稳定工艺流程，回收含有的不饱和轻烃，在常减压蒸馏装置区内设置全厂饱和类的轻烃回收，对以上装置产生的轻烃进行整合回收，回收的干气作为燃料气，液化气作为产品，一期稳定后的石脑油作为重整原料，二期的液化气及轻石脑油作为乙烯料，重石脑油作为重整原料。

考虑常减压蒸馏装置中石脑油轻烃含量高的特点，轻烃回收与常减压蒸馏装置进行热联合及平面联合布置，该大型炼厂的轻烃整合回收流程见图3-4-2。

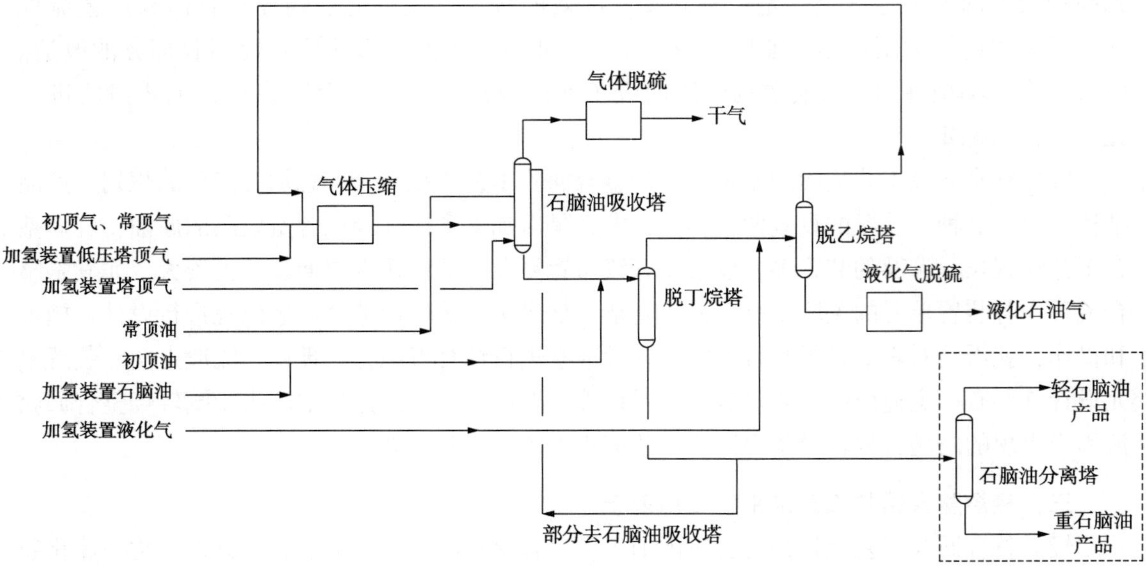

图 3-4-2　某大型炼厂轻烃整合回收工艺流程示意图

其中虚线框内为配套二期化工项目的轻烃回收改造部分。

1. 该轻烃整合流程的特点

(1) 塔顶气根据其压力，合理安排气体压缩流程。常减压装置的初顶气、常顶气、汽油加氢及煤油加氢塔顶气因其压力低，不能满足吸收的要求，需先经塔顶气压缩机升压，再与带压的加氢等装置塔顶气合并后进吸收塔，可减小压缩机的大小及负荷。

(2) 吸收塔吸收剂的优化处理。根据常顶油含轻烃组成比初顶油含轻烃少的特性，采用全部的常顶油作为吸收塔的中段吸收剂，可以大大降低吸收塔顶循环石脑油的冷吸收剂使用量，在满足干气的质量要求条件下，减少循环石脑油作为吸收剂的用量。

(3) 吸收塔采用冷吸收剂。利用全厂低温热制冷产生的冷媒水，对吸收塔顶循环石脑油、吸收塔的中段抽出油等进行冷却，使吸收塔内的吸收为低温吸收，保证吸收塔的吸收效果，也省去了常规吸收流程中再吸收塔部分的设备及管线，简化了吸收流程。

(4) 石脑油及液化气集中回收并合理选择流程走向。吸收塔底油与初顶油及渣油加氢石脑油集中后进行脱丁烷；脱丁烷塔顶液化气与蜡油加氢裂化液化气及重整液化气集中后进行脱乙烷，可以减少分离部分的负荷。

(5) 设置轻重石脑油分离流程。为满足炼化一体化原料需求，在脱丁烷塔后，再设置石脑油分离部分，根据液化气的目的用途，可合理选择流程。脱丁烷塔顶分出的液化气既可以进脱乙烷塔脱乙烷，得到液化气产品；也可以直接和石脑油分离塔顶的轻石脑油一起作为乙烯原料。

(6) 脱丁烷塔、脱乙烷塔及石脑油分离塔塔底重沸器合理选择热源。脱丁烷塔底重沸器采用 3.5MPa 蒸汽作为塔底重沸器的补充热源，提高了装置的适应性；脱乙烷塔底重沸器采用脱丁烷塔底油为热源；石脑油分离塔底重沸器采用 1.0MPa 蒸汽为热源，可根据生产需求，合理调整其操作。

(7) 干气及液化气集中脱硫。经吸收后的干气进行脱除硫化氢；脱乙烷后的液化气进行脱硫、脱硫醇，可以减少脱硫部分的负荷。

2. 该流程与整合工艺流程的对比

该大型炼厂的轻烃回收流程有吸收、石脑油分馏及脱硫部分，没有石脑油加氢处理单元；气体脱硫及液化气脱硫为后置气体脱硫及液化气脱硫；吸收剂采用循环石脑油及常顶油，而不采用整合工艺流程中的重石脑油，且冷吸收剂的使用可以省去整合工艺流程中的柴油再吸收部分；增加了低压塔顶气的压缩流程，提高了全厂的轻烃回收率；初顶油及渣油加氢石脑油去脱丁烷，加氢裂化液化气及重整液化气去脱乙烷，比整合工艺流程中的液态烃与混合石脑油先脱丁烷后脱乙烷的流程更为合理，并有效地降低脱丁烷塔的负荷。

该流程是整合工艺流程的实际应用，也是目前国内大型炼厂轻烃回收装置的一种典型设计模式。

在轻烃回收流程的设计中，是采用设置再吸收塔部分，还是采用低温吸收而不设置再吸收塔；采用吸收塔底油的脱吸，还是设置脱乙烷部分；是采用常顶油作为吸收剂还是采用循环石脑油作为吸收剂，需要根据全厂总流程要求、装置及系统具体条件，合理选择流程走向，达到优化轻烃整合回收工艺流程的目的。

随着轻烃整合回收工艺流程的不断发展和完善，轻烃整合回收流程现已成为大型炼厂全厂总流程规划中的一个重要环节，轻烃整合回收装置已经成为新建大型炼厂的重要装置，对轻烃整合回收装置认识的提高及对整合工艺理念的发展，石脑油加氢处理单元并入轻烃整合回收工艺更为合理。

未来石摘油预加氢前部分的预分馏流程完全可以用脱丁烷系统替代，在轻烃回收的石脑油稳定(脱丁烷)流程后增加石脑油加氢反应及后分馏部分，就可以使石脑油加氢反应单元与轻烃回收更好地整合在一起。

由于石摘油加氢反应单元对加氢精制反应催化剂的使用要求，限制了轻烃回收中在脱丁烷前设置加氢反应单元。随着石脑油加氢反应催化剂适应性的提高，在轻烃回收脱丁烷流程前设置石脑油加氢单元，将成为可能。

带有吸收、反应、分馏及脱硫为一体的新型轻烃整合回收工艺，使脱硫的干气直接作为燃料气，或作为炼厂气进行深加工的原料；脱硫液化气和轻石脑油作为产品或化工原料；重石脑油则可直接作为催化重整装置的原料，而实现全厂轻烃整合回收，使轻烃整合回收工艺流程的发展再上新台阶。

参　考　文　献

[1] 中国石油化工信息学会石油炼制分会 . 2005 年中国石油炼制技术大会论文集[G]. 北京：中国石化出版社，2005：45-52.

[2] 李宁 . 大型炼油厂轻烃回收流程整合的探讨[J]. 炼油技术与工程，2008，38(2)：11-14.

第四篇　炼厂干气的综合回收利用

炼厂干气主要来自原油的二次加工，如催化裂化、延迟焦化及各种加氢装置等，按照来源可分为催化干气、焦化干气、加氢干气、加氢低分气等。干气的收率和组成随原料性质、加工方案、工艺条件的不同而有所差异。

炼厂干气的利用，除了作为燃料气之外，还可以回收其中的乙烯等可生产高附加值的化工产品的组分，此外还有一个重要用途，就是作为获取氢气的原料。

第一章　干气中的氢气回收

第一节　炼厂干气中的氢气

炼厂干气可获取氢气，干气中的氢含量从5%~10%到80%~90%不等。不同氢含量的气体适用不同的工艺路线来获取氢气。

常用的获取氢气的方法主要包括两大类，即氢气回收和造气制氢。氢气回收是指通过分离/提纯等物理方法，直接回收物流中已有的氢气组分，常用的方法包括变压吸附、膜分离和深冷分离。造气制氢则需要通过化学或电化学反应制取氢气，常用的方法有水电解、甲醇裂解、烃类蒸汽转化和部分氧化。

一般来说，氢气含量较高的炼厂气适宜直接回收其中的氢气；而氢气含量较低的炼厂气可以用作造气制氢的原料。

一、催化裂化干气中的氢气

催化干气是炼厂中主要的副产气体，通常用作炼厂中的燃料气，其典型组成如下：

表4-1-1　催化干气典型组成

组　分	组成/%(mol)	组　分	组成/%(mol)
H_2	25~55	C_4H_8	<1
CH_4	15~30	C_5H_{12}及以上	<1
C_2H_6	5~15	C_5H_{10}及以上	<1
C_2H_4	5~20	N_2	<15
C_3H_8	<2	CO	<3
C_3H_6	<2	CO_2	<5
C_4H_{10}	<1		

从表4-1-1可以看出催化干气中除了轻质烃类外还含有相当数量的氢气。

二、延迟焦化干气中的氢气

焦化干气是炼厂中另一种主要的副产气体，通常用作炼厂中的燃料气，其典型组成如下：

表 4-1-2　焦化干气典型组成

组　分	组成/%(mol)	组　分	组成/%(mol)
H_2	10~30	C_4H_8	<5
CH_4	40~60	C_5H_{12}及以上	<1
C_2H_6	15~20	C_5H_{10}及以上	<1
C_2H_4	<5	N_2	<2
C_3H_8	2~15	CO	<2
C_3H_6	<5	CO_2	<2
C_4H_{10}	<5		

从表 4-1-2 可以看出焦化干气中除了轻质烃类外也含有一定量的氢气。

三、炼厂中的其他干气

近年来，随着对成品油质量要求的不断提高，炼油厂中加氢能力不断增加，加氢干气和低分气也成为炼厂干气中的重要组成部分。

表 4-1-3　加氢干气和低分气典型组成　%(mol)

组　分	加氢干气	加氢低分气
H_2	>40	75~85
CH_4	10~20	5~15
C_2H_6	<15	<5
C_3H_8	<10	<5
C_4H_{10}及以上	<10	<5

此外，还有氢含量高达 90%左右的重整氢。

表 4-1-4　重整氢典型组成

组　分	组成/%(mol)	组　分	组成/%(mol)
H_2	85~92	C_3H_8	<5
CH_4	<5	C_4H_{10}及以上	<5
C_2H_6	<5		

第二节　氢气回收与提纯工艺

炼油厂中通过提纯的方式回收炼厂气中的氢气的工艺主要有深冷分离、膜分离和变压吸附。不同的提纯工艺各有特点，选用时除了原料中氢气的含量，还要考虑杂质的种类和含量。

一、深冷分离提纯氢气

深冷分离是利用含氢气体中各组分的沸点和相对挥发度的不同，在低温下通过部分冷凝的方法，形成气液两相，液相中主要是沸点较高的烃组分，气相中则是沸点较低的氢和甲烷，经过多级分离后，得到高纯度的氢气产品。

深冷分离法是在工业上用于氢提浓最早的工艺方法，早在20世纪50年代已开发出用于炼厂气分离的深冷技术。

烃类混合物的低温冷凝大致分预冷段和深冷段。在预冷段采用外部制冷（大都用液氨或氟利昂常规制冷剂）。预冷温度在-60～-30℃之间，大部分沸点较高的烃类在此由凝液中分离出来，然后再进入深冷段，一般是自身制冷系统（温度为-160～-70℃）。冷量主要依靠低温时轻烃（主要是甲烷）凝液。减压节流闪蒸产生的焦耳-汤姆逊制冷效应提供冷量，因此要求原料气体中有一定含量的甲烷（一般要求 CH_4 含量在24%以上），就能达到自身制冷平衡。在节流膨胀过程中，还可利用膨胀机回收能量，起到节能与制冷兼收的效果。

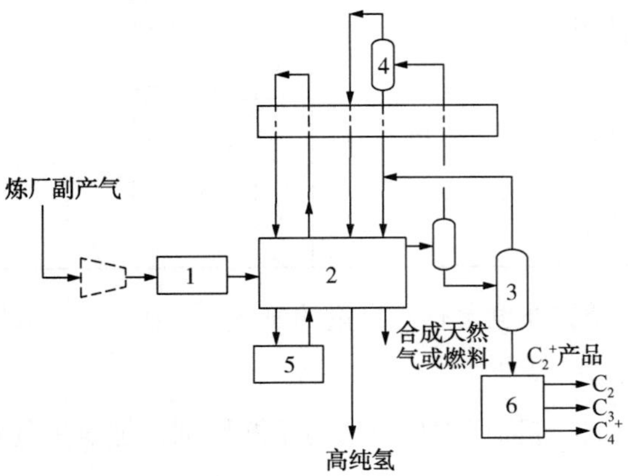

图 4-1-1　炼厂气深冷分离原理流程图

1—预处理单元；2—多程换热器系统；
3—脱甲烷塔；4—冷却器；
5—密闭系统；6—分馏塔

以下以美国空气和化学产品公司（AP&C）提供的装置为例说明如下，图4-1-1为其原理流程图。

用途：从炼厂副产气中回收高纯度氢气及 C_2^+ 液体产品，原料为含10%～80% H_2、15%～40%的烃类液体，如乙烯、乙烷丙烯、丙烷及丁烷。

流程：炼厂气先经压缩，然后进预处理单元（1）以去除硫、CO_2、H_2O 及其他微量杂质。处理后的气体在多程换热器系统（2）利用冷冻剂及返回的产品被部分冷凝。冷凝分离出来的液体送至脱甲烷塔（3）进行稳定，氢气则经进一步冷却（4）后再浓缩至纯度在90%～95%以上。甲烷及其他杂质和未回收的产品送往燃料系统，或可根据需要分成合成天然气（SNG）及低热值燃料。由密闭系统（5）提供制冷。由脱甲烷塔底分出的 C_2 以上烃类液体，可在分馏塔（6）中进一步分馏，得到最终石油化工进料及如乙烷、乙烯、丙烷、丙烯等产品。

操作条件：进料处理能力1180～177000 Nm^3/h，进料压力可低至1.05MPa（表压），乙烯回收率>95%，氢回收率>95%，氢纯度90%～95%以上。

经济性：深冷分离设施投资较高，且由于制冷能耗较大导致运行费用高，通常回收氢气与其他液体烃类联产时，特别是副产高价值的乙烯、丙烯时，经济性较好。

原料：原料包括催化裂化副产气，重整装置副产气，加氢精制排放气，焦化装置副产气及炼厂燃料气。表4-1-5为由催化裂化副产气经深冷分离后所得产品的物料平衡。

表 4-1-5　催化裂化副产气深冷分离法物料平衡表　　%（mol）

组　成	原　料	产品氢	$C_2/C_3^=$
H_2	21.0	80.1	
CH_4	33.6	6.8	19.8
$C_2^=/C_2$	30.0		62.0
$C_3^=/C_3$	6.0		13.5
$C_4^=/C_4$	0.6		1.3

续表

组　成	原　料	产品氢	$C_2/C_3^=$
C_5^+	1	0	2.4
N_2	5.7	11.6	0.9
CO	0.8	1.4	0.1
H_2S	痕迹	痕迹	痕迹
CO_2	痕迹	痕迹	痕迹
H_2O	饱和		
压力/MPa(表压)	0.90	2.24	0.27
流量/(Nm^3/h)	15239	3828	11411

深冷分离法特别合适于 H_2 含量在 30%~80%、CH_4 和 C_2H_6 含量在 40%左右的原料气的提纯，其氢回收率可高达 95%，但其缺点为氢纯度较低(90%~95%)。当原料气中 CH_4、C_2H_6 含量低于 20%、H_2>60%时，需外供冷源，能耗较大。此外操作负荷弹性较小，原料气中含 H_2O、CO_2、H_2S 等时仍需先进行预处理，并需要采用铝、锰合金等及板翅式换热设备，投资及维护费用较高。由于深冷分离法装置的流程、投资及操作费用与原料气的组成有很大关系，因此要综合考虑原料组成、流量、产品纯度及回收率等多方面因素进行综合经济评价。

二、膜分离提纯氢气

膜分离技术被认为是 20 世纪末至 21 世纪中期最有发展前途的高新技术之一。其发展经历了微孔过滤、渗析、电渗析、反渗透、超滤、气体分离、渗透汽化等，被广泛应用于化工、环保、电子、轻工、纺织、石油、食品、医药、生物技术、能源工程等行业。炼厂中氢气提纯应用的是气体膜分离技术，该技术由于工艺简单、易于操作、投资少、能耗低，因而获得广泛应用。

1. 分离原理

目前，常见的气体膜分离机理主要有两种：微孔扩散机理和溶解-扩散机理。微孔扩散机理基于多孔介质中气体传递机理，包括分子扩散、黏性流动、努森扩散及表面扩散等。由于多孔介质孔径及内孔表面性质的差异使得气体分子与多孔介质之间的相互作用程度有所不同，从而表现出不同的传递特征。而溶解-扩散机理：气体首先溶解于膜的一侧表面，然后沿着膜中浓度梯度扩散传递到膜的另一侧，最后在膜的另一侧表面解吸。一般来说，气体在膜表面的吸收和解吸过程都能较快地达到平衡，而气体在膜内的渗透扩散过程较慢，是气体透过膜的速率控制步骤，因此利用不同种类的气体在膜中所具有不同的渗透速率而实现分离。炼厂气提纯氢气主要利用的是溶解-扩散-解吸的分离机理。

2. 分离流程及应用

炼厂气回收氢气的流程通常由两部分组成：原料预处理和膜分离氢气。原料预处理的目的是除去原料中可能危害膜的液滴、固体等有害物。采取的主要措施包括分液、过滤、旋风分离、除雾、加热等，部分可能需要进行压缩，可根据具体的原料状况选用。膜分离器一般为多级多台设置，在线的数目可以根据进料和产品氢的纯度来调节，见图 4-1-2。

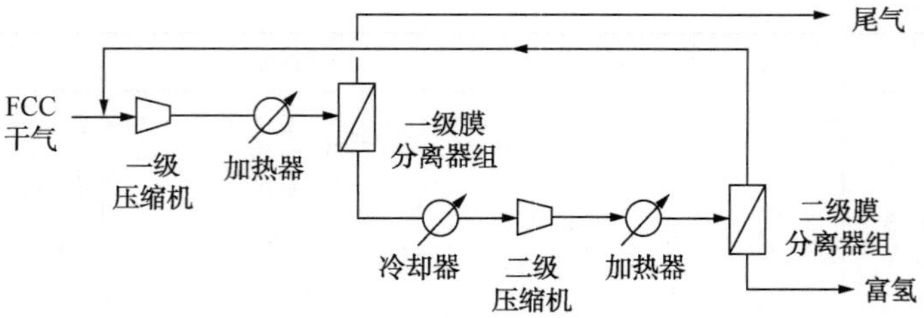

图 4-1-2　膜分离装置的流程

3. 分离设备及元件

膜分离技术的核心设备是膜分离器。膜分离器中的分离元件是由膜构成的膜组件，而膜的性能主要取决于膜材料。对膜材料的要求主要有：对气体分离的选择性；单位成本的分离能力；操作的可靠性；以及良好的成膜性、热稳定性、化学稳定性、耐蚀性和抗氧化性。

按照使用材料的不同，气体分离膜通常可分为有机高分子材料和无机材料两大类。气体分离高分子膜结构是非对称的或复合膜，其膜表皮层为致密高分子层。膜的渗透特性主要取决于膜皮层所用高分子材料的特性，膜的渗透量反比于渗透传递距离。气体分离无机膜分为非金属材料和金属材料，非金属材料分离膜为非对称结构的。其微观结构视膜的种类和制备方法的不同而不同。一般无机膜由颗粒有规则堆积而成，具有较窄孔径分布。与有机膜相比，它具有热稳定性好，化学稳定性好，能耐有机溶剂、氯化物、强酸强碱溶液，且不被微生物降解，机械稳定性好，寿命长，孔径分布均匀，操作简便等优点；但也存在膜脆易碎、加工成本高、装填面积小、高温密封困难等不足之处。金属膜材料主要是使用稀有金属，以钯及其合金为代表。对气体分离，目前应用最广泛的膜材料为纤维素类，聚砜及聚酰亚胺等高分子聚合物。

表 4-1-6　几种材料的渗透系数

固有渗透系数	聚　砜	醋酸纤维素	固有渗透系数	聚　砜	醋酸纤维素
H_2	13	12	CO	0.33	0.3
O_2	1	1	CO_2	6	6
N_2	0.17	0.18	CH_4	0.24	0.2

由表 4-1-6 可见，H_2、CO_2气体易于透过，而 O_2、N_2、CO、CH_4等气体不易透过。利用式(4-1-1)可定性计算气体组分的渗透量：

$$Q_i = (K_i) \cdot A \cdot (p_F X_i - pY_i) \tag{4-1-1}$$

式中　Q_i——气体组分 i 的渗透量；

K_i——气体组分 i 的渗透系数；

A——膜面积；

p_F——原料气压力；

p——渗透气压力；

X_i——气体组分 i 在原料气中的体积分数；

Y_i——气体组分 i 在渗透气中的体积分数。

气体分离膜在应用时需装配成各种膜组件。常见的膜组件有平板式、卷式和中空纤维式三种。

目前，中空纤维组件采用较为普遍，其结构形式见图4-1-3。中空纤维气体膜分离器是将复合中空纤维膜组合成纤维束，然后将它装在耐压钢制壳体内。膜分离器的结构类似于浮头管壳式换热器。纤维束的一端封死，另一端形成环氧树脂管板。膜分离器使用时立式安装。原料气由壳体下部口进入，在中空纤维膜的外壁流过，氢气和其他气体以不同渗透率传递通过膜壁，到达中空纤维膜的内腔。由于氢气的渗透率大于其他气体，因此在中空纤维内腔的氢气得到浓缩。所有中空纤维膜内腔的浓缩氢气集合于环氧树脂管板处，从下端法兰部分导出。未渗透的气体由壳体上部引出。

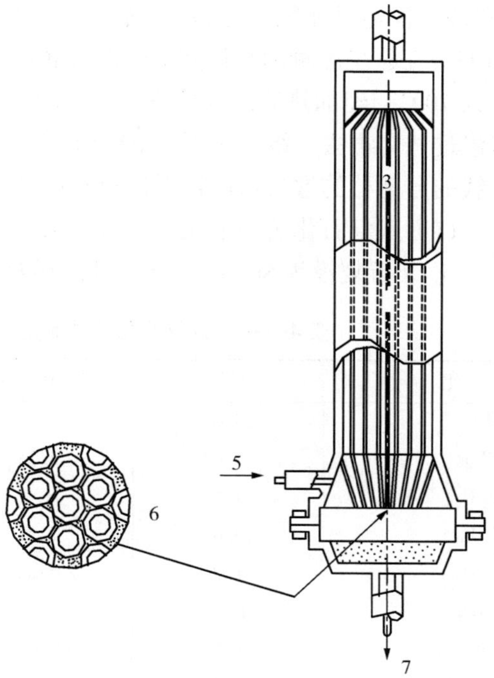

图4-1-3　中空纤维气体膜分离器

1—非渗透气；2—环氧树脂封头；3—中空纤维膜；4—钢壳；5—原料气；6—环氧树脂管板；7—渗透气

4. 膜分离在氢提纯工艺中的应用

在炼油厂，含氢炼厂副产气体经膜分离提取高纯氢气的装置已获得广泛应用，特别是加氢装置的副产气体。近年来，国内也有过以催化裂化干气提纯氢气的工业尝试，现分述如下：

（1）齐鲁石化公司胜利炼油厂重油加氢联合装置加氢尾气氢提纯

进料量：18600Nm^3/h；压力：15MPa；温度：55℃。

①体积组成（%）：	H_2	C_1	C_2	C_3	C_4	C_5^+	H_2S	H_2O
	91.4	5.3	1.6	1.0	0.5	0.1	0.1	<0.1

② 产品：

a. 14300Nm^3/h，H_2含量为97%，压力为7.0MPa的高压氢产品；

b. 1000Nm^3/h，H_2含量为93.5%，2.8MPa的富氢渗透气；

c. 3300Nm^3/h，H_2含量为46%的非渗透气，经减压去脱硫系统后并入燃料气管网。

③ 工艺流程及简述：Prism的工艺流程见图4-1-4。VRDS（减压渣油加氢脱硫）、SSOT

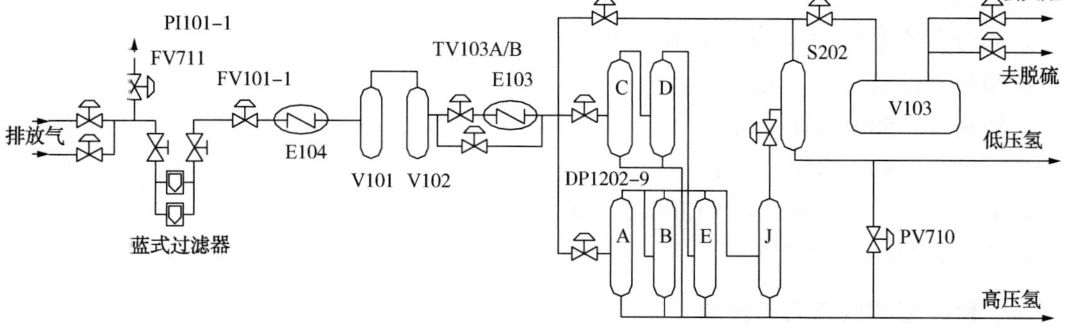

图4-1-4　Prism工艺流程（图中A~J均为S201）

(单段一次通过加氢裂化)反应系统来的排放气，经过冷凝后，进入分液罐 V101 和除雾器 V102，在这里冷凝的轻烃和夹带的雾滴被除去，然后进入进料加热器 E103，把进料气加热至约 70℃，经加热后的气体进入 Prism 一级分离器 S201(A~J)，经分离产出高压氢产品，未渗透气体再去二级分离器 S202 产出低压氢产品，最后非渗透气去脱硫系统生产脱硫瓦斯。在线的分离器的数目可以根据进料和产品氢的纯度来调节。

(2) 武汉石化公司催化干气氢提浓

① 装置规模为 $8000Nm^3/h$，其原料及产品组成见表 4-1-7。

表 4-1-7　武汉石化公司催化干气氢提浓装置原料及产品组成(设计值)　　%(v)

组　分	原料气	产品富氢气体	组　分	原料气	产品富氢气体
H_2	34.05	86.06	$t+c-C_4H_8$	0.78	0.12
CH_4	23.02	5.25	$i-C_4H_8$	0.82	0.13
C_2H_6	11.29	1.9	C_5^+	0.6	594μL/L
C_2H_4	14.63	2.21	CO	0.85	0.21
C_3H_8	0.26	235μL/L	CO_2	0.65	0.93
C_3H_6	1.46	0.13	H_2S	100μL/L	122μL/L
$i-C_4H_{10}$	0.78	640μL/L	N_2	10.22	2.61
$n-C_4H_{10}$	0.2	164μL/L	O_2	0.38	0.28

② 装置组成及简要流程：

装置由催化干气预处理(包括催化干气压缩和水洗)、催化干气提浓(包括催化干气加热和提浓)、尾气吸收(包括氢提浓尾气的汽、柴油吸收)三部分。

压力为 0.7MPa(表压)的催化干气经压缩机升压至 4.9MPa，进入原料水洗塔下部，用新鲜水除去气体中少量的 NH_3 和 H_2S，然后在蒸汽加热器加热至 80℃进入膜分离器。在此，以氢气为主的"快气"渗透穿过中空纤维膜，作为富氢气(渗透气)经冷却、升压至 1.65MPa，进入 PSA 装置进一步提纯。从膜分离器出来的尾气(非渗透气)经水冷及汽油吸收柴油再吸收后作为燃料气进入燃料气管网。

主要操作条件：

膜分离器进口压力　4.6MPa；

温度　80℃；

膜分离器渗透气压力　0.3MPa；

尾气压力　4.1MPa；

进膜分离器原料气量　6438.01kg/h；

出膜分离器富氢气　626.2kg/h；

非渗透气　5804.94kg/h；

氢回收率　80%~85%(v)；

膜分离管共 6 根，制造厂 PERMEA INC；

能耗　2199MJ/t 原料气。

三、PSA 氢提纯工艺与技术

利用变压吸附原理将低浓度的氢气提纯是更为通用的提纯方法。该法首先由联碳公司于 1964 年开发成功，并于 1966 年首先获得工业应用，以后该技术得到了迅猛的发展，在石化领域获得了极其广泛的应用。特别是联碳公司于 1976 年开发成功多床 PSA 工艺以来，该工艺在装置提高处理能力及氢回收率等方面取得了长足的发展。

1. 基本原理

变压吸附技术是以吸附剂(多孔固体物质)内部表面对气体分子的物理吸附为基础，利用吸附剂在相同压力下易吸附高沸点组分、不易吸附低沸点组分和高压下吸附量增加(吸附组分)、减压下吸附量减少(解吸组分)的特性。原料气在高压力下通过吸附剂床层，低沸点组分的氢不易吸附而通过吸附剂床层，原料气中的其他组分沸点高于氢而被选择性吸附，达到氢和杂质组分的分离。之后在低压下解吸被吸附的其他组分，使吸附剂得以再生，可以再次进行吸附分离杂质。这种高压力下吸附杂质提纯氢气、低压下解吸杂质使吸附剂再生的循环便是变压吸附过程。

如图 4-1-5 所示，变压吸附过程正是利用吸附剂在 *AB* 段的特性来实现吸附与解吸的。吸附剂在高压(即 *A* 点)下大量吸附原料气中除氢以外的某些杂质组分，然后降低杂质的分压(到 *B* 点)使杂质得以解吸。

在通常的工业变压吸附过程中，由于吸附-解吸循环的周期短(一般只有数分钟)，吸附热来不及散失，恰好可供解吸之用，所以吸附热和解吸热引起的吸附床温度变化一般不大，吸附过程可近似看作等温过程，其特性基本符合 Langmuir 吸附等温方程。

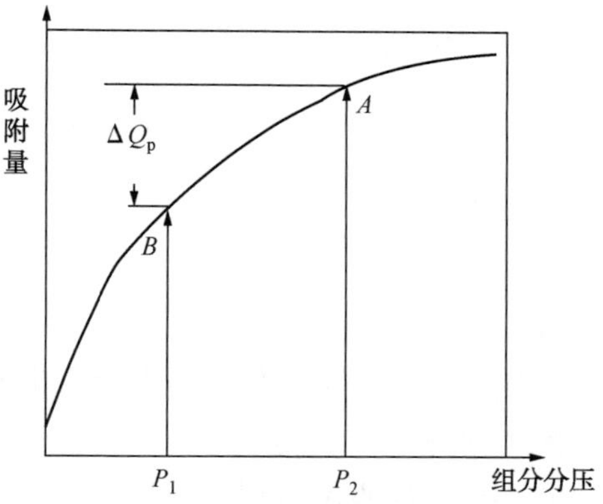

图 4-1-5　吸附剂不同压力下的吸附曲线

$$A_i = \frac{K_1 \cdot X_i \cdot P}{1 + K_2 \cdot X_i \cdot P} \tag{4-1-2}$$

式中　A_i——吸附质 i 的平衡吸附量；

K_1，K_2——吸附常数；

P——吸附压力；

X_i——吸附质 i 的摩尔组成)。

2. 吸附能力

炼厂气中不同组分的吸附强度顺序如下：

组成	吸附力
	弱
氦气	*
氢气 H_2	*
氧气 O_2	*
氩气 Ar	*
氮气 N_2	* * *
一氧化碳 CO	* * *
甲烷 CH_4	* * *

二氧化碳 CO_2　* * * *

乙烷 C_2^0　* * * *

乙烯 $C_2^=$　* * * * * *

丙烷 C_3^0　* * * * * *

异丁烷 C_4^0　* * * * * *

丙烯 $C_3^=$　* * * * * *

硫化氢 H_2S　* * * * * * *

硫醇　* * * * * * *

苯　* * * * * * * * *

甲苯　* * * * * * * * *

乙苯　* * * * * * * * * * *

苯乙烯　* * * * * * * * * * * * *

水　* * * * * * * * * * * * * * * * *

强

吸附时放出的吸附热，通常比汽化潜热稍大，约相当于升华热。

3. 吸附和再生过程

在实际变压吸附过程中，当多组分气体在一定压力下进入吸附床时，由于流体运动，各组分的浓度相互间会发生转变，但这种转变很快就会稳定下来并形成我们可以观测到的饱和区、传质区和波峰面。

实际上，混合气体有多少种除氢以外的组分就有多少个被恒态区隔开的波峰面，但对于具体工业应用而言，我们一般只需要关心其中需严格控制的某一种最难吸附的杂质组分的波峰面(吸附前沿)即可。图 4-1-6 简化地给出了吸附过程中波峰面(吸附前沿)的推移情况。

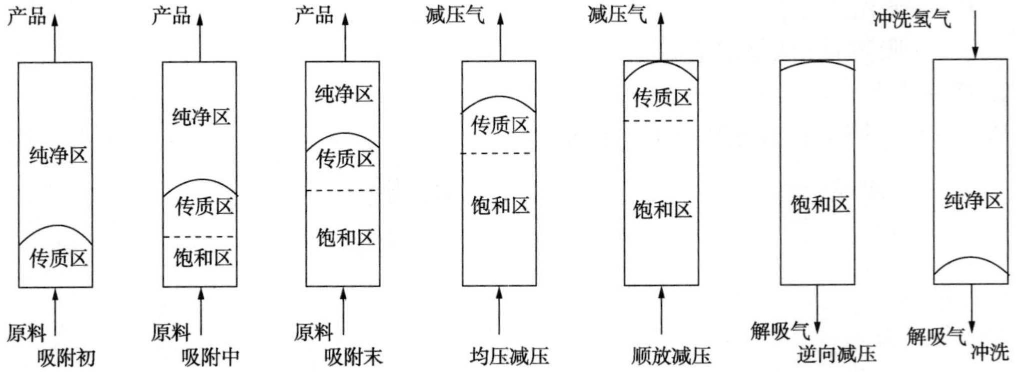

图 4-1-6　吸附过程示意图

可以看出，随着吸附的进行，吸附床进料端将逐步达到吸附平衡，而吸附传质区和吸附前沿将逐渐前移，当吸附前沿尚未达到床层出口时即结束了吸附过程，这时吸附床的出口端仍保留着一段基本未吸附杂质的纯净区。

在吸附结束后，随着均压减压和顺放减压的进行，由于压力的下降，饱和区内已达到吸附平衡的被吸附质开始解吸并向前移动，然后被再次吸附，同时吸附传质区和吸附前沿继续前移直到床层出口。

在顺放减压后床层进行逆向减压，这时随着压力的迅速下降，被吸附杂质开始大量解吸，同时使末层在低压下达到新的吸附平衡状态。最后用氢气逆向冲洗床层，降低床层杂质分压，使吸附平衡被打破，杂质组分得以彻底再生。

4. 吸附剂

不同的吸附剂由于有不同的孔隙大小分布、不同的比表面积和不同的表面性质，因而对混合气体中的各组分具有不同的吸附能力和吸附容量。正是吸附剂所具有的这种吸附杂质组分的能力远强于吸附氢气能力的特性，使我们可以将混合气体中的氢气提纯。

吸附剂的选用主要关注：

（1）优良的吸附性能和较大的吸附容量是实现吸附分离的基本条件。

（2）吸附剂对氢气和其他各杂质组分的分离系数应尽可能大。

（3）分离系数越大，分离越容易。分离系数是指：在达到吸附平衡时，(弱吸附组分在吸附床死空间中残余量/弱吸附组分在吸附床中的总量)与(强吸附组分在吸附床死空间中残余量/强吸附组分在吸附床中的总量)之比。

（4）吸附能力越强的吸附剂，解吸越困难。对于 C_5、C_6 等强吸附质，就应选择吸附能力相对较弱的吸附剂如硅胶等，以使吸附容量适当而解吸较容易；而对于 N_2、O_2、CO 等弱吸附质，就应选择吸附能力相对较强的吸附剂如分子筛等，以使吸附容量更大，分离系数更高。

（5）吸附剂还应有足够的强度和抗磨性。

工业 PSA-H_2 装置所选用的吸附剂都是具有较大比表面积的固体颗粒，主要有：活性氧化铝类、活性炭类、硅胶类和分子筛类。对于多种杂质成分的气源，在实际应用中常常需要多种吸附剂分层装填组成复合床。表 4-1-8 列出了几种常见气源提纯时常用的吸附剂。

表 4-1-8　不同气源常用的吸附剂

气　源	氧化铝	硅胶	活性炭	分子筛
变换气	○		○	○
加氢尾气	○		○	
重整氢	○	○	○	
催化干气	○	○	○	○

氢气提纯装置中的变压吸附，进料中含有难以解吸的重烃成分，吸附剂寿命与操作关系紧密，操作适当的装置吸附剂预期寿命可达 5~10 年。

进料气体的组成

5. 适宜的原料

富氢气体中的杂质含量高，吸附热大，氢气收率就降低。一般认为，进料气中 H_2 含量至少应在 30%以上，否则在经济上将不合理(见图 4-1-7)。

6. 工艺流程

变压吸附技术的研究与开发一直都围绕着如何提高吸附剂的性能和吸附床死空间(除吸附剂外的空间)气体的回收利用两大课题。

变压吸附技术最初是二床流程，两个吸附床中一个吸附，另一床再生，每隔一定时间互相交替。吸附结束后床内死空间气体随降压而损失了，吸附压力越高损失越大。

多床变压吸附工艺，它的主要实施方法是，根据吸附的状态特性将吸附操作在转效点之前一段相当长的时间结束。这样吸附床出口端就有一部分吸附剂尚未利用，然后将该吸附床与一个已完成解吸并等待升压的吸附床连通，两床压力平衡(称为均压)，这样既回收了吸附床死空间中的有用组分又利用了其中的能量。一般说来，均压次数增加，产品回收率上升，但吸附床数也要相应增多。

现以一个原料气压力为 2. 2MPa，采用 10-2-4 流程的变压吸附单元为例对吸附过程进行说明，参见图 4-1-8。该单元共有 10 台吸附罐，同一时间有 2 台吸附罐进行吸附，采用 4 次均压。对任意一台吸附罐，所经历的步骤：

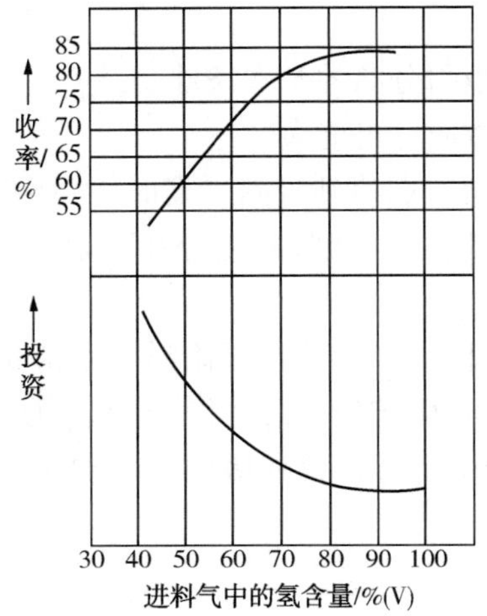

图 4-1-7　进料气中氢含量与收率和投资的关系

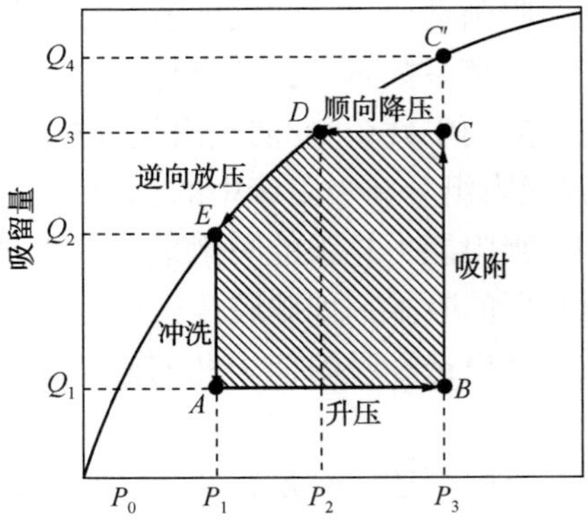

图 4-1-8　吸附塔中吸附过程图

吸附过程(*B*–*C*)：在恒定的吸附压力 p_3原料气不断进入吸附床，同时输出产品氢气，吸附床内杂质组分的吸留量逐步增加，当到达规定的吸留量 Q_3时(*C* 点)停止进入原料气，吸附终止。

顺放过程(*C*–*D*)：沿着进入原料气输出产品的方向降低压力，流出的气体仍为产品，用于其他吸附床的升压或冲洗。在此过程中，随床内压力不断下降，吸附剂上的杂质被不断解吸，解吸的杂质又继续被未充分吸附杂质的吸附剂吸附，因此杂质并未离开吸附床，床内杂质吸留量 Q_3不变。当吸附床降压到 *D* 点时，床内吸附剂全部被杂质占用，压力为 p_2。

逆放过程(*D*–*E*)：开始逆着进入原料气输出产品的方向降低压力，直到预定的变压吸附过程的最低压力 p_1，床内大部分吸留的杂质随气流排出器外，床内吸流量为 Q_2。

冲洗过程(*E*–*A*)：根据实验测定的吸附等温线，在压力 p_1下吸附床仍有一部分杂质吸留量，为使这部分杂质尽可能解吸，要求床内压力进一步降低。在此利用别的吸附床顺向降压过程排出的产品组分，在过程最低压力 p_1下进行逆向冲洗不断降低杂质分压，使杂质解吸并随冲洗气带出吸附床。经一定程度冲洗后，床内杂质吸留量降低到过程的最低量 Q_1时，再生终止。

升压过程(*A*–*B*)：经解吸再生后的吸附床处于过程的最低压力 p_1，床内杂质吸留量为 Q_1(*A* 点)。在此条件下用产品组分升压到吸附压力 p_3，床内杂质吸留量 Q_1不变(*B* 点)。

至此，吸附床完成了一个吸附再生循环过程。典型流程见图 4-1-9，吸附操作条件见表 4-1-9。

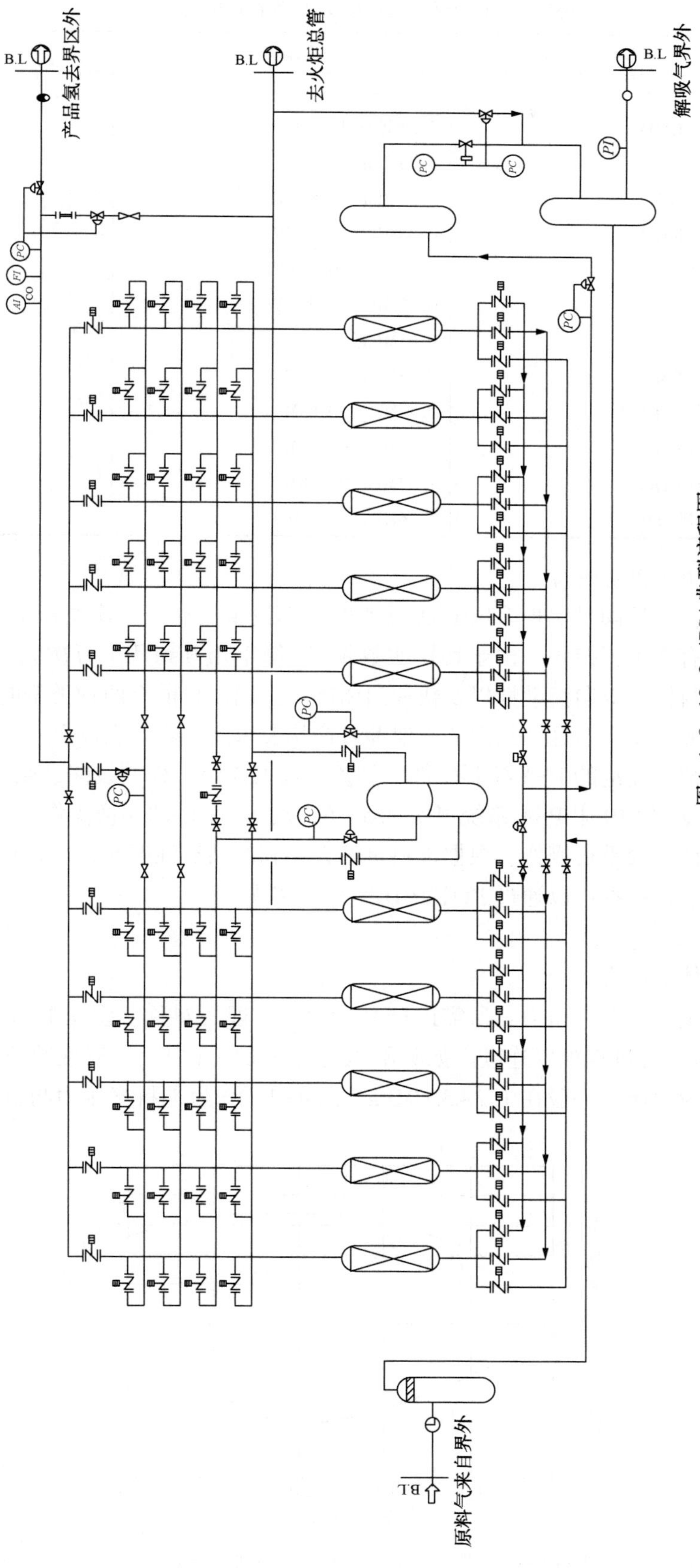

图4-1-9　10-2-4PSA典型流程图

表 4-1-9　吸附步序和操作条件

序号	步序	操作压力	温度
1	吸附(A)	2. 2MPa	常温
2	一均降压(E1D)	2. 2MPa →1. 76MPa	常温
3	二均降压(E2D)	1. 76MPa →1. 32Pa	常温
4	三均降压(E3D)	1. 32MPa →0. 88MPa	常温
5	四均降压(E4D)	0. 88MPa →0. 44MPa	常温
6	顺放(PP)	0. 44MPa →0. 25MPa	常温
7	逆放(D)	0. 25MPa →0. 03MPa	常温
8	冲洗(P)	0. 03MPa	常温
9	四均升压(E4R)	0. 05MPa →0. 44MPa	常温
10	三均升压(E3R)	0. 44MPa →0. 88MPa	常温
11	二均升压(E2R)	0. 88MPa →1. 32MPa	常温
12	一均升压(E1R)	1. 32MPa →1. 76MPa	常温
13	产品气升压(FR)	1. 76MPa →2. 2MPa	常温

7. PSA 操作中的关键设备

(1) 程控阀：程控阀是实现多床 PSA 操作的关键设备。对于 4 次均压的 PSA 装置每一台吸附罐一般都有 7 个程控阀。由于切换次数频繁(每年几万到几十万次)，故要求这些阀门具有很好的密封性、双向流动性以及快速启闭能力。国内目前有两种类型的程控阀，一为气动驱动，一为液压驱动。这些阀门的无泄漏寿命均要求在 100 万次以上。

(2) 控制系统：先进的 PSA 控制软件应具备：根据阀位、控制线路、杂质超标等问题，能自动切塔与恢复(如 10 床 PSA 系统可实现 5、6、7、8、9 塔的切换操作)，对均压和冲洗过程的精确程控调节及平稳操作、根据进料量的大小和产品氢纯度变化进行吸附时间参数的自动优化调整等。这些都可以通过 PLC 或 DCS 系统实现。

8. PSA 主要工艺参数

(1) 进料气体的压力

吸附压力决定于进料气压力和所需的产品压力。一般资料称，多床 PSA 吸附压力不能小于 1. 2MPa，否则各过程难以连续。如吸附压力在 3. 0MPa 以上，氢回收率不再提高，而投资增加，所以吸附压力一般在 1. 2~3. 0MPa。图 4-1-10 为进料气压力与氢气收率和投资的关系。

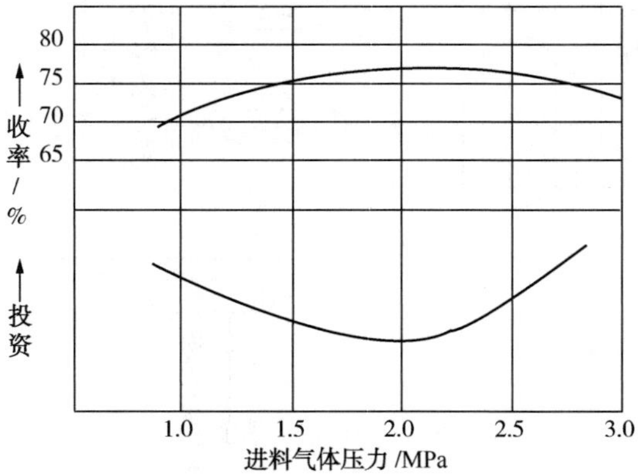

图 4-1-10　进料气压力与氢气收率和投资的关系

（2）排气压力

排气压力对收率影响较大，降低排气压力可提高收率，见图 4－1－11。有资料称，进料气体压力和排气压力之比最小为 4∶1。

（3）吸附时间

吸附时间过长将导致氢气纯度降低，过短则氢气回收率降低。适宜的吸附时间时吸附前沿正好到达床层顶部，产品氢质量刚好合格。吸附时间与原料气的流量和氢含量相关。

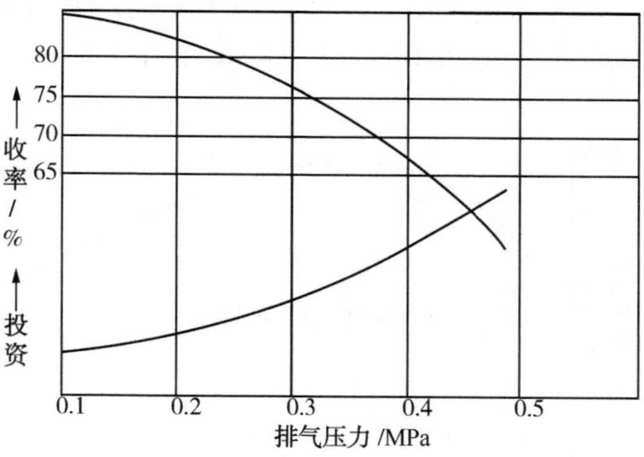

图 4－1－11　排气压力与氢气收率和投资的关系

9. PSA 在我国炼厂氢提纯中的应用

我国在炼油厂中，已有几十套由国内供应商负责兴建的各种炼厂副产气体提纯氢气的 PSA 装置，其规模最大（产氢量）为已超过 100000Nm^3/h。这些都标志着我国 PSA 技术已取得了令人满意的进步，基本上实现了该技术的完全国产化。

四、氢气提纯技术的应用

三种低浓度氢气回收方法的选用取决于各种气源的组成、压力、数量以及氢气产品质量（纯度）的要求。一般而言，深冷分离系统最适合回收原料气中的轻烃类物质，在提纯氢气的同时副产 C_2、C_3等产品，从而大大改善装置的经济效益。气体压力较高的副产气体更适合膜分离法，而如果对产品氢气纯度有较高的要求（>99%），PSA 法是唯一可以达到要求的工艺。总的来说，应根据不同的工况及要求对各种方案进行详细的技术经济评估。

三种氢气提纯工艺性能受不同因素的影响，产品各具特点：

（1）氢气回收率

由于膜分离提纯氢气的基础是通过氢气与其他气体对膜的不同渗透速率，推动力是膜两侧的压差。因此，氢回收率受原料与产品的压力比和氢气纯度要求的影响（图 4－1－12、图 4－1－13）。

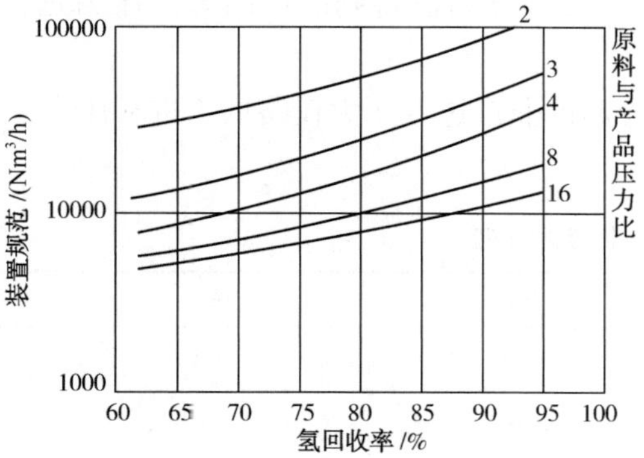

图 4－1－12　氢回收率、压力比和装置规模间的关系

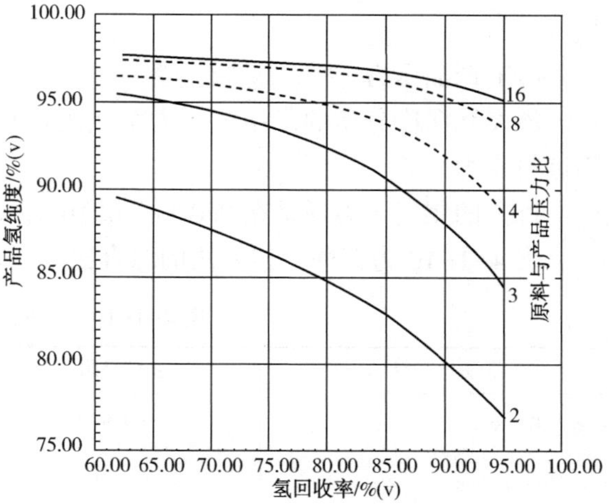

图 4－1－13　氢回收率、氢气纯度、操作压力比之间的关系

注：①原料气中的氢含量为 60%；②操作温度 80℃

PSA 氢提纯的氢气回收率主要受原料气和尾气压力的影响，氢气纯度对氢气回收率的影响不大，见图 4-1-14 至图 4-1-16。

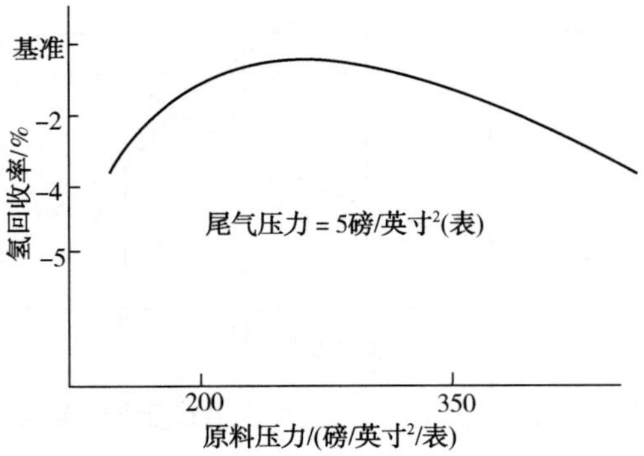

图 4-1-14　PSA 进料压力对氢回收率的影响

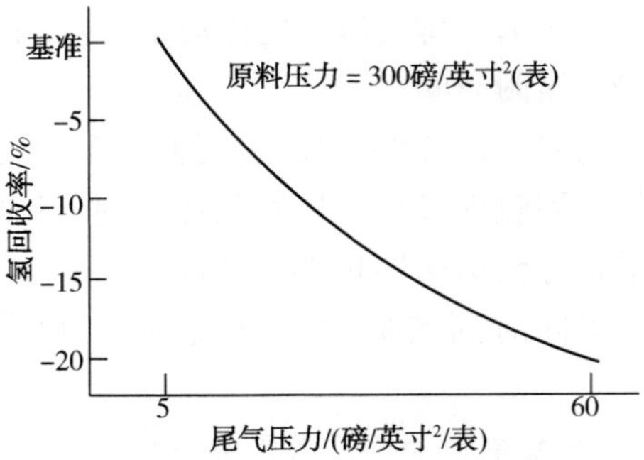

图 4-1-15　PSA 尾气压力对氢回收率的影响

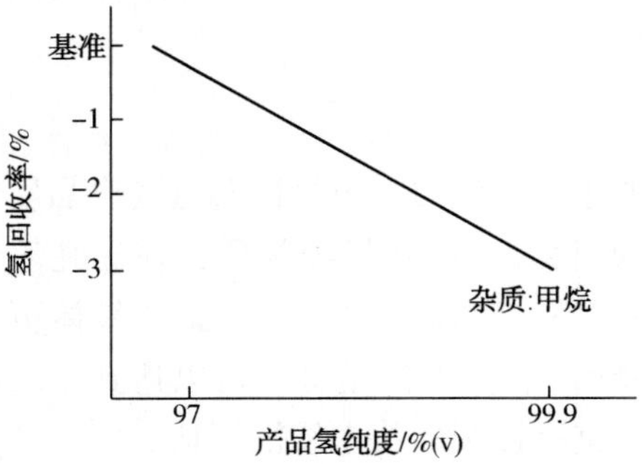

图 4-1-16　氢气纯度的要求对氢回收率的影响

(2) 原料气成分

深冷分离工艺希望原料气中有一定量的烃类成分，以满足工艺制冷要求，但需要预处理脱除 H_2O、CO_2、H_2S、C_5以上的重烃。膜分离也需要设置预处理，以避免在非渗透物浓缩条件下产生冷凝。深冷分离和膜分离工艺可以用于提纯氢气含量较低的炼厂气原料。PSA 通常用于提纯氢气含量在 40%(v)以上的原料气。

只有 PSA 可以将原料中的 CO、CO_2、N_2、H_2S 去除到几十至几 μL/L。

(3) 产品氢纯度

由于不能完全去除部分杂质，深冷和膜分离的产品氢气都不能达到很高的纯度。通常膜分离的产品氢气纯度在 90%左右。而 PSA 可以很容易获得纯度在 99.9%(v)甚至更高的氢气。

(4) 产品压力

PSA 和深冷分离的产品氢压力都接近进料压力，而膜分离法得到的产品氢气压力远低于进料压力。

PSA 的尾气压力通常在 0.03~0.05MPa；而膜分离的非渗透气压力仅略低于进料压力。

表 4-1-10 为三种工艺方法的综合比较。

表 4-1-10　氢气回收/净化技术比较

方　法	变压吸附	膜分离	深　冷
氢纯度/%	99.9	90~98	90~96
氢回收率/%	75~91	85~95	90~98
进料压力/MPa(表压)	1~6.5	2~16	1.0~8
产品氢气压力	略低于进料压力	较低	略低于进料压力

续表

方　法	变压吸附	膜分离	深　冷
预处理要求	—	很少	脱除 CO_2、H_2S、H_2O 等
有无多种产品	—	—	液态烃类
投资	中	低	较高
规模经济性	中等	按模数	良好
原料中最低氢含量/%(mol)	>30	>15	>15
易于扩建程度	中	高	低
操作可靠性	中	高	低
最低负荷/%	25	15	50
副产品	—	低	高

五、氢气提纯技术的应用

对炼厂氢源的优化组合及经过分离回收多联产高附加值的产品是现代炼厂管理的特点之一。为了提高资源的综合利用水平，挖潜增效，一种和/或多种提纯技术的组合工艺可以应用于炼厂气的分离回收中，用于提高产氢效能或生产多种产品。

(1) 膜分离与 PSA 组合流程(图 4-1-17)

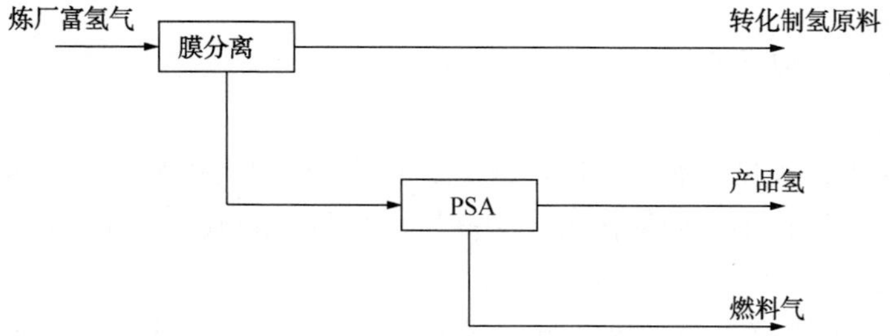

图 4-1-17

(2) 深冷与 PSA 组合流程(图 4-1-18)

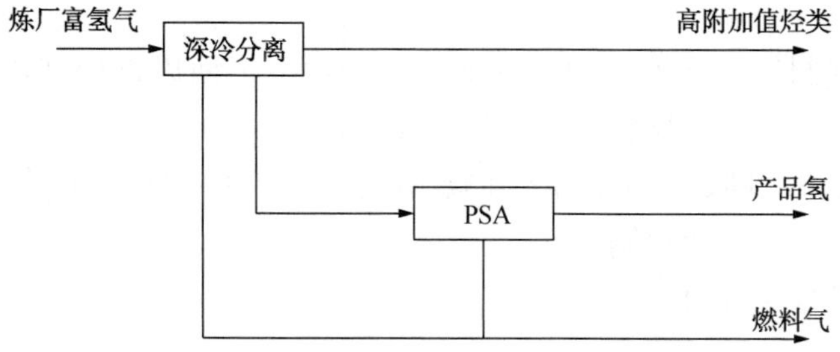

图 4-1-18

（3）PSA 与轻烃回收组合流程（图 4-1-19）

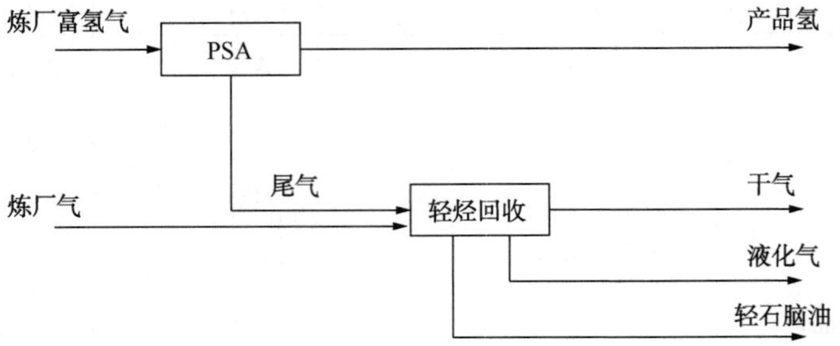

图 4-1-19

（4）PSA 与轻烃回收组合流程（图 4-1-20）

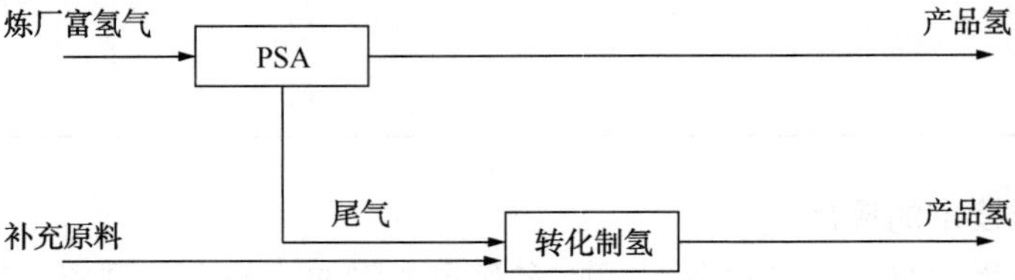

图 4-1-20

第三节　氢气回收的经济效益

炼厂中氢气主要有以下来源：

（1）副产氢气

以重整氢为代表，纯度较低（85%～92%），可以直接作为新氢用于压力较低的加氢装置，这种氢气的需求量较小。如果作为大型高压加氢装置的氢源，还需进一步提纯。

（2）氢气回收

以炼厂富氢气（如重整氢、加氢低分气等）为原料，通过气体分离的方法，得到高纯度的氢气。

（3）造气制氢

以炼厂气为原料，经蒸汽转化和变换，通过化学反应的方法获得氢气，之后再进一步提纯，得到产品氢气。

氢气回收和造气制氢是炼油厂中氢气的主要来源。下面以近期某炼厂同时建设的 PSA 氢提纯和蒸汽转化制氢为例，比较氢气来源的经济性。

该厂建设的氢气回收单元的产氢规模为 110000Nm^3/h，造气制氢为产氢规模 140000Nm^3/h 的烃类水蒸气转化制氢。

（1）投资比较见表 4-1-11。

表 4-1-11　氢气回收和造气制氢装置的投资

装　　置	工程费/万元	备　　注
PSA 氢提纯	5300	包括尾气到压缩燃料气压力 0.65MPa
蒸汽转化	58000	

(2) 消耗比较见表 4-1-12。

表 4-1-12 氢气回收和造气制氢装置的主要消耗

序号	项目	单位	氢提纯	造气制氢
1	炼厂气(原料)	$kg/1000Nm^3H_2$		223.3
2	天然气(原料)	$kg/1000Nm^3H_2$		42.0
3	燃料气	$kg/1000Nm^3H_2$		30
4	循环水	$t/1000Nm^3H_2$	4.8	4.7
5	电	$kWh/1000Nm^3H_2$	32.8	49.0
6	3.92MPa 蒸汽	$t/1000Nm^3H_2$		-0.37
7	1.0MPa 蒸汽	$t/1000Nm^3H_2$		0.013
8	凝结水	$t/1000Nm^3H_2$		-0.44
9	净化风	$Nm^3/1000Nm^3H_2$	2.7	4.3
10	锅炉给水	$t/1000Nm^3H_2$		1.39

表 4-1-12 中造气制氢计入原料消耗，因为原料经过化学反应，已全部变为氢气和 PSA 尾气(作为转化炉燃料消耗在装置内)；氢提纯不计入原料消耗，因为原料只是被分离成氢气和尾气后全部送出装置，并未损耗。

从投资和消耗的对比可以看出，氢气回收得到的氢气，成本远远低于造气制氢。因此，在氢气含量适宜的条件下，回收氢应为炼油厂氢源的首选。

第二章　干气制氢

第一节　对原料的要求及预处理

一、制氢装置对原料干气的要求

炼油厂中的干气主要有催化裂化干气、焦化干气、加氢干气和重整干气等。由于烃类蒸汽转化制氢是在催化剂作用下的化学反应，所采用的催化剂对原料有多方面的要求，如：干点、烯烃、总硫、重金属等。具体到炼厂气体作为制氢原料，主要有两方面的要求，烯烃和总硫。

按是否含有烯烃炼厂干气可分为饱和烃炼厂气，如常减压装置不凝气、重整干气和各加氢装置干气等；另一类是含大量不饱和烃的气体，如催化裂化干气和焦化干气。

饱和烃炼厂干气中加氢干气和重整干气基本不含有机硫，经过湿法脱硫后硫化氢的含量一般均小于20mg/Nm^3。原油蒸馏不凝气会含有一些有机硫，但硫的形态简单，总硫含量少，这几种气体都是制氢装置的良好原料。目前，随着成品油质量标准不断提高，炼厂的加氢规模不断增大，副产加氢气的量不断增多，很多新建炼厂将饱和炼厂气和不饱和炼厂气分别脱硫，从而创造了条件为制氢装置提供优质的饱和炼厂气原料。

催化裂化干气和焦化干气均是炼厂的主要副产干气，它们都是在重油轻质化过程中产生的，因而会有较高的烯烃和硫含量，并且更为重要的是硫的形态复杂、加氢难度较大。此外，它们中多少还会含有少量的氮气和氧气等空气成分。

焦化干气是原油经减压蒸馏后的渣油经常压高温热裂化、聚合、焦化反应的气体产物，所以烯烃和有机硫的含量较高。焦化装置排出的富气经压缩机升压后依次用柴油、汽油吸收，分别回收其中C_5以上的轻汽油以及C_3、C_4组分，未被吸收下来的气体组分被称作焦化干气。经过汽油和柴油两级吸附后，焦化干气中的烯烃含量大为减少，降至6%左右，有机硫的含量和形态均得到显著的改善。焦化干气经乙醇胺湿法脱硫后即可作为制氢装置的原料。

催化干气是另一种炼厂的主要副产气体。由于催化裂化是在催化剂作用下的裂解反应，与焦化气相比它含有更高的烯烃含量，经过汽油和柴油吸收稳定后，它的烯烃含量仍高达10%以上。同时与焦化气相比含有更多的氮气，还会含有少量氧气，这些都是作为制氢原料的不利因素。采用已成功工业化的等温+绝热两段加氢脱硫技术可以解决催化干气中高烯烃和有机硫的问题，但是由于列管式等温反应器设备结构相对复杂。投资较高，操作相对复杂，同时考虑到催化干气作为炼厂主要燃料气源的地位，除非确无其他可行的原料，一般不单独采用催化干气作为制氢原料，通常在其他原料不足时作为补充原料。

二、原料预处理及其催化剂

（一）概述

制氢原料预处理是指去除原料中危害转化催化剂的物质的工艺过程。具体到炼厂气原料，危害转化催化剂的组分是烯烃和硫、氯。烯烃的结炭速度是烷烃的上百倍，原料中烯烃含量高将导致转化催化剂结炭。炼厂气原料中的硫被吸附于催化剂活性中心上，使催化剂活性下降，严重时可导致催化剂失活。原料中的氯一方面给氧化锌脱硫剂带来不利的影响，与锌反应生成熔点只有285℃的氯化锌覆盖在氧化锌表面，导致脱硫剂硫容下降；另一方面危害转化催化剂，促使转化催化剂中的活性组分镍微晶的烧结及抗结炭助剂钾的流失。

炼厂气制氢装置中的原料预处理的过程为：首先通过加氢来完成烯烃饱和，同时将有机硫转化为硫化氢，有机氯转化为氯化氢，之后分别依次用脱氯剂、脱硫剂分别将其脱除。

经过预处理的原料控制烯烃含量小于1%(mol)，氯含量在0.2μL/L以下，硫含量小于0.2μL/L。如果制氢装置设置有预转化反应器，由于预转化催化剂对毒物更加敏感，原料中毒物的含量要控制得更加严格：硫含量在10~50nL/L。

(二) 原料预处理

1. 加氢

(1) 加氢反应

炼厂气原料在加氢反应器中发生的反应包括烯烃饱和、有机硫转化为硫化氢、有机氯(如果有)转化为氯化氢。

① 烯烃饱和

炼厂气中的烯烃组分在加氢催化剂的作用下与氢气发生加氢饱和反应，并放出热量：

$$C_nH_{2n}+H_2 = C_nH_{2n+2}+Q$$

理论计算表明，1%(mol)的烯烃加氢饱和放出的热量可使原料气的温度上升20~30℃。

② 有机硫转化

有机硫在加氢反应中转化为硫化氢的机理分为热分解和氢解两类。热分解是非催化反应，热分解温度随硫的形态的不同有较大差别。部分有机硫化物的分解温度见表4-2-1。有机硫热分解的产物通常是烯烃和硫化氢。而有机硫的氢解反应是原料中的有机硫在加氢催化剂的作用下与氢气反应，生成饱和烃和硫化氢。

表4-2-1 一些硫化物的热分解温度

硫化物	热分解温度/℃	硫化物	热分解温度/℃
伯、仲硫醇	200~250	$(C_6H_5)_2S$	450
叔硫醇	150~200	$(C_2H_5)_2S$	400
n-C_4H_9SH	150	$C_6H_5SC_6H_{11}$	450
i-C_4H_9SH	225-250	C_4H_4S	500
$C_6H_{11}SH$	200	$(CH_3)_2C_4H_2S$	475.00
C_6H_5SH	200		

有机硫氢解生成饱和烃和硫化氢的典型反应：

$$C_2H_5SH+H_2 = C_2H_6+H_2S$$

$$COS+H_2 = CO+H_2S$$

$$C_6H_5SH+H_2 = C_6H_6+H_2S$$

$$CH_3SC_2H_5+2H_2 = CH_4+C_2H_6+H_2S$$

$$C_2H_5SC_2H_5+2H_2 = 2C_2H_6+H_2S$$

$$C_4H_8S(\text{四氢噻吩})+2H_2 = C_4H_{10}+H_2S$$

$$C_4H_4S(噻吩)+4H_2 = C_4H_{10}+H_2S$$

有机硫加氢反应均为放热反应，但是由于通常原料中的硫含量很低，一般观察不到反应器有明显的温升。反应的平衡常数随温度升高而降低，由于平衡常数很大，因此，采用较高的操作温度仍可以达到满意的转化率。

③ 有机氯转化

炼厂气中一般不含有机氯化物，如果带有少量的有机氯，在加氢催化剂的作用下会转化为 HCl 和饱和烃，反应如下：

$$CH_3Cl+H_2 = CH_4+HCl$$

$$CCl_4+4H_2 = CH_4+4HCl$$

氢解反应开始时，加氢催化剂会暂时吸附部分氯化物，氯容高达 2%，随后会被解吸出来。

④加氢反应的副反应

在特定条件下，如进入加氢反应器的混合原料中含氧、一氧化碳、二氧化碳等组分时，可能发生的副反应有脱氧反应、甲烷化反应、羰基硫水解反应的逆反应：

$$O_2+2H_2 = 2H_2O$$

$$CO+3H_2 = CH_4+H_2O$$

$$CO_2+H_2S = COS+H_2O$$

在一氧化碳含量较高时，甚至可能发生歧化反应，生成的炭黑沉积在催化剂上，使催化剂的活性降低：

$$2CO = CO_2+C$$

以上这些副反应都是应该尽量避免发生的。

（2）加氢反应的平衡及影响因素

① 氢解反应的平衡和反应速度

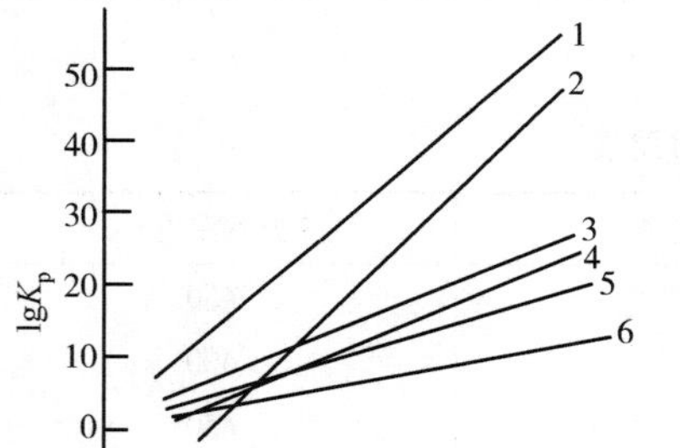

图 4-2-1　某些有机硫化合物氢解平衡常数与温度间的关系

1—二硫醚；2—噻吩；3—硫醚；4—四氢噻吩；5—硫醇；6—苯硫醇

有机硫氢解平衡常数随温度升高而下降，但其数值相当大，温度高达 500℃时仍为正值。对较难脱除的噻吩，因此可采用较高的操作温度，而不会因化学平衡限制而影响脱硫效果。图 4-2-1[1] 给出了某些有机硫化合物氢解平衡常数与温度间的关系。

纯有机硫化物加氢时从易到难依次为：苯硫醇、乙硫醇、二苯甲基硫醚、3-甲基 1-丁醇、烯丙硫醚、乙硫醚、丙硫醚、二异戊基硫醚、噻吩。

一般说来，硫化物氢解反应速度与硫化物的组成是一级反应，相对于氢分压，根据所存在的硫化物的性质不同其反应级数在零级和一级之间。加氢脱硫反应属内扩散控制，氢解反应的速度随着温度的升高而增加，在通常 350~400℃和氢气过剩的条件下，氢解反应是完全的。

② 加氢反应的影响因素

影响加氢反应的因素很多，不同的使用温度、压力、空速、氢含量会直接影响原料中有机硫的转化率。

a. 反应温度

有机硫加氢转化是放热反应，因此从热力学角度看，降低温度有利于转化反应，温度越低，有机硫的平衡浓度越低。但因为加氢转化反应的平衡常数较大，从提高反应速度考虑，反应应在较高温度下进行。温度对于加氢反应速度的影响并非直线关系，当低于350℃时，提高反应温度后，反应速度明显增大；但当高于370℃时，继续提高温度影响已不明显。况且在过高温度下如400℃，就有可能产生聚合结焦反应(尤其对 C_7 以上的高级烃)。当温度超过430℃时可能发生结炭反应，放出大量的热使催化剂床层飞温，损坏催化剂和设备。因此，通常选用的操作温度一般为340~390℃。对于含烯烃较多或碳氧化物含量较高的原料，加氢反应温升较大，为了获得更宽的操作温度范围，可采用启活温度低、低温活性好的钛/复合钛载体的加氢催化剂，采用较低的入口温度。

b. 操作压力

从反应方程式知，加氢反应所得产物，其总分子数稍有减少，因此，提高压力有利于反应向生成物方向进行。反应速度与压力的0.5~0.6次方成正比。同时，提高压力可以抑制结焦反应的发生，有利于保护催化剂的活性和延长催化剂的使用寿命。

c. 氢分压

从反应式知，氢分压对反应过程的影响很大，它既影响反应平衡又影响反应速度。在所有情况下，加氢反应速度随氢分压的增大而增大，因此在加氢过程中必须保持一定的氢分压。但由于硫等杂质在原料中含量较少，几乎都是几十至上百 μL/L，实际耗氢量很少，因此，虽然氢烃比高有利于加氢反应进行，但会使装置的能耗增加。

d. 空速

空速对加氢反应的影响也较大，由于反应是内扩散控制，如果采用的空速过高，导致原料气在催化剂床层中停留时间不足，原料中的硫化物未能扩散至催化剂的内表面就已穿过催化剂床层，使加氢反应不完全，同时也降低了催化剂的内表面利用率。

2. 脱氯

脱氯剂的脱氯机理可用以下反应表示：

$$Na_2O+2HCl \longrightarrow 2NaCl+H_2O$$

$$CaO+2HCl \longrightarrow CaCl_2+H_2O$$

$$CuO+2HCl \longrightarrow CuCl_2+H_2O$$

$$ZnO+2HCl \longrightarrow ZnCl_2+H_2O$$

$$CaCO_3+2HCl \longrightarrow CaCl_2+H_2O+CO_2$$

脱氯剂在使用时的放置位置对整个原料净化效果影响较大。由于原料气中的氯经加氢生成的氯化氢会与氧化锌反应生成氯化锌，并覆盖在氧化锌表面，阻止硫化氢进入脱硫剂内部，从而降低脱硫剂的性能。脱氯剂的位置通常设置在加氢反应器之后，脱硫反应器之前。

原料中不含或只含微量氯时，脱氯剂装填量较少，可以装在氧化锌脱硫剂上部原料进口处。如果原料中含有一定量的氯，则最好在脱硫反应器前单独设置脱氯反应器。

3. 脱硫

炼厂气作为制氢原料最常用的脱硫剂是氧化锌。氧化锌脱硫剂以氧化锌为主要组分，常含有一些 CuO、MnO_2 和 MnO 等促进剂，并用少量黏土水泥等黏结剂。严格地说它不是催化剂，而是一种转化吸附型的固体脱硫剂。

氧化锌与经过加氢生成的硫化氢反应生成十分稳定的硫化锌：

$$ZnO+H_2S \longrightarrow ZnS+H_2O$$

对其他一些简单的有机硫也有一定的吸附能力，如：

$$ZnO+COS \longrightarrow ZnS+CO$$

$$ZnO+C_2H_5SH \longrightarrow ZnS+C_2H_5OH$$

$$ZnO+C_2H_5SH \longrightarrow ZnS+C_2H_4+H_2O$$

$$2ZnO+CS_2 \longrightarrow 2ZnS+CO_2$$

当气体中有氢气存在时，一些有机硫化物在它们的热稳定温度下，由于氧化锌和硫化锌的催化作用，分解成硫化氢和烯烃，然后再被氧化锌所吸附，其反应式如下：

脱硫剂中的氧化锰、氧化铜也会发生类似反应：

$$MnO+H_2S \longrightarrow MnS+H_2O$$

$$CuO+H_2S \longrightarrow CuS+H_2O$$

金属或其氧化物与硫化氢的结合能力也代表了脱硫精度的顺序：

$$CuO>ZnO>NiO>CaO>MnO>Ni>Cu>MgO$$

氧化铜的脱硫能力优于氧化锌。因此，在一些对脱硫精度有更高要求的工况，如设有预转化的制氢装置，在氧化锌床层的下游装填添加了氧化铜的精脱硫催化剂。精脱硫催化剂在使用前需要还原。

氧化锌之所以可用作高效脱硫剂是因为它和电负性很强的硫原子有很强的亲和力。形成的硫化锌是一种共价型化合物，化学性质相当稳定。以上硫化物与氧化锌的反应均为放热反应，计算得到的热力学平衡常数一般都很大。以 ZnO 与 H_2S 的反应为例，$K_{P200℃}=2.08\times10^8$；$K_{P1300℃}=7.12\times10^6$；$K_{P400℃}=6.65\times10^5$。一般情况下反应平衡时 H_2S 可以小于 1μL/L，即使在 220℃，及汽/干气为 1 时，H_2S 的平衡浓度仍小于 0.1μL/L。

硫化氢与粉末状氧化锌反应动力学研究表明，反应对于 p_{H_2S} 而言系一级反应，反应速率常数可按式(4-2-1)计算：

$$K=9.46\times10^{-2}\exp(-7236/RT) \tag{4-2-1}$$

氧化锌脱硫过程可看作气体扩散和表面反应的总和。大致分为如下步骤：

(1) 原料气中的 H_2S 从气相扩散到脱硫剂颗粒表面；

(2) H_2S 在脱硫剂颗粒孔内扩散；

(3) 在脱硫剂内表面上 H_2S 与氧化锌反应；

(4) 生成的水在孔内扩散至脱硫剂表面；

(5) 水从颗粒表面扩散到原料气流中。

任何会影响以上步骤的因素均会影响氧化锌脱除硫化氢的总反应。脱硫反应不同于催化反应，氧化锌作为脱硫剂的主要化学组分，要达到脱硫的目的必须最大限度地与 H_2S 反应生成 ZnS。按理论计算，100%ZnO 组成的脱硫剂全部转化为 ZnS，其工作硫容可达 39%。实际生产中工作硫容随工艺条件、脱硫剂结构组成的不同由百分之几到百分之三十不等。在反应过程中气体在脱硫剂细孔中扩散会有阻力，而决定反应进行速度的更是在脱硫剂内表面上晶格中的离子扩散。H_2S 在 ZnO 颗粒表面开始反应，反应后生成物就覆盖在表面上。然后反应气体扩散透过生成的 ZnS 薄层依次向颗粒内部进行。

由于六方晶系的 ZnO 变成立方晶系的 ZnS，ZnS 的分子体积比 ZnO 要大 60%，反应生成的 ZnS 会阻塞脱硫剂孔道，影响气体扩散速度。而要想使整个结构从 ZnO 变成 ZnS，则必须经过硫离子渗入晶胞内部取代出氧离子这一步，这种晶格扩散成了关键步骤。因此，硫离子的扩散速度，在催化剂表明未形成 ZnS 覆盖膜，是孔扩散控制，之后是晶格扩散控制。所以，尽管氧化锌脱硫的化学平衡常数很大，可看成不可逆反应，但实际操作中又并非完全反应掉。这些反应机理已为大量实验所验证。

氧化锌吸附气体中 H_2S 的反应过程，包括在脱硫剂内的孔扩散和晶格扩散，反应速度并非均匀而处于一种非稳态过程。在反应过程中反应速率受表面化学反应和粒子扩散的控制。在反应初期，化学反应是过程的控制步骤；而在反应后期，粒子扩散是过程的控制步骤。反应中期，控制步骤决定于温度因素。高温下化学反应占主导地位，低温下扩散占主导地位。随着温度的变化和反应的进行，控制步骤发生相应的转化。粒子扩散不仅包括粒子内孔的扩散，而且在很大程度上也包括固体扩散在内，这是不同于气固相催化反应的。这些结论性看法得到实验验证，但由于控制过程的多变和复杂，很难用一个完整的动力学方程来描述各种条件下的脱硫过程。

氧化锌脱硫剂的使用性能主要受到操作条件、原料气组成和反应器设计情况的影响：

(1) 反应温度

氧化锌脱 H_2S 反应是一个放热反应，因此，从热力学的角度看，低温有利于吸附平衡，即温度低，H_2S 的残余浓度低。但由于 ZnO 吸附 H_2S 的平衡常数非常大，即使在 400℃ 的平衡温度下仍可满足对脱硫精度的要求。

反应温度对 ZnO 吸附速率有明显的影响，特别是在 200~400℃ 间硫容增加较明显。一般炼厂气作为制氢原料脱硫时，氧化锌床层温度控制在 350~400℃。

温度对氧化锌脱硫剂硫容有明显的影响，温度高硫容大，低温下尤其明显。在正常操作温度范围内，T305 可以发挥出更高的硫容量。工业应用证明，其饱和硫容已达 38%，与理论值(39.38%)十分接近。

(2) 压力

压力对氧化锌脱硫剂的性能影响较小，但是提高压力可以降低线速度，增加反应速度。

(3) 空速

氧化锌与硫化氢反应速度快、平衡常数大，可采用的空速范围较大，但仍然存在适宜空速。空速过高，部分硫化氢未及反应就被带出床层，致使脱硫剂穿透、硫容降低；空速过低，由于气膜效应使脱硫过程处于外扩散控制，反应速度降低，催化剂硫容降低。应在催化剂说明书推荐的空速范围 $1000 \sim 3000h^{-1}$ 中选取，并按要求采用适宜的高径比。

(4) 气体组分

当原料主要是甲烷和氢气时，吸附曲线较为尖锐；当原料是较大分子的烃类时，由于扩散阻碍增大，吸附曲线会相对平缓。

从脱硫反应化学平衡的角度，原料中水蒸气含量的增加不利于脱硫净化度的提高。从热力学角度，高温下，水蒸气含量对穿透硫容的影响更显著。

氢气对脱硫剂的影响主要是因为其还原性，氢气还原氧化锌的反应：

$$ZnO(s)+H_2(g) \longrightarrow Zn(s)+H_2O(g)$$

理论上，当原料气中水蒸气与氢气的分压比小于该温度下的还原反应平衡常数时，就会发生还原反应。但由于平衡常数很小，只要系统中有少量的水蒸气，还原反应就不会发生。

国内有学者研究表明，当原料气中氢浓度在 0%~10%时，氢对氧化锌脱硫几乎没有影响；氢浓度在10%~30%时，氢浓度越大，脱硫速度越快，对脱硫有正面效应；当氢浓度在30%~40%时，氢的存在会阻碍脱硫的进行，表现出负面效应。

4. 原料预处理的流程

不同的炼厂所含杂质的特征和量不同，因而选择的原料精制流程配置也不尽相同。目前常见的精制流程主要有绝热加氢流程和等温/变温+绝热的两段加氢流程。

目前普遍采用的绝热加氢流程中，一般是加氢反应器+脱硫反应器的配置。脱氯剂可根据原料中含氯的具体情况，按照经济性选择将催化剂置于脱硫反应器中脱硫剂的上游，也可以单独设置反应器置于加氢反应器之后、脱硫反应器之前。

绝热加氢流程是制氢装置最常用的原料精制流程，适用于饱和炼厂气原料和烯烃含量低于7%(v)的原料气(通常是焦化干气或饱和炼厂气和不饱和炼厂气的混合气)。烯烃含量小于7%(v)的要求是因为，烯烃饱和会释放出大量的热量。根据测算，当原料气中的烯烃含量达到6.5%(v)时，反应器出口物流温升可达140℃左右。因此原料气中的烯烃含量受加氢催化剂的启活温度(220~230℃)和应用温度(360~380℃)限制。

即使采用相同的配置，不同条件的炼厂气原料的加氢也有所不同。饱和炼厂干气原料可选用一般的加氢催化剂，没有明显的反应温升，进料温度为加氢、脱硫的正常操作温度，可以采用较高的空速。不饱和炼厂气需要采用低温活性好的加氢催化剂，进料温度控制在高于催化剂的起活温度且使原料气出加氢反应器的温度为脱氯、脱硫的操作温度。由于原料中含有不易加氢的复杂的有机硫，为了保证足够高的有机硫转化率，通常选用的空速较低。

如果原料中的烯烃含量较高，通常大于10%(v)，导致加氢反应器出口温度过高，且没有其他原料可以进行调和使得原料中的烯烃含量下降，不能采用一次通过式绝热流程，这时可以考虑采用两段加氢流程，在绝热加氢反应器前配置等温或变温加氢反应器，见图4-2-2。

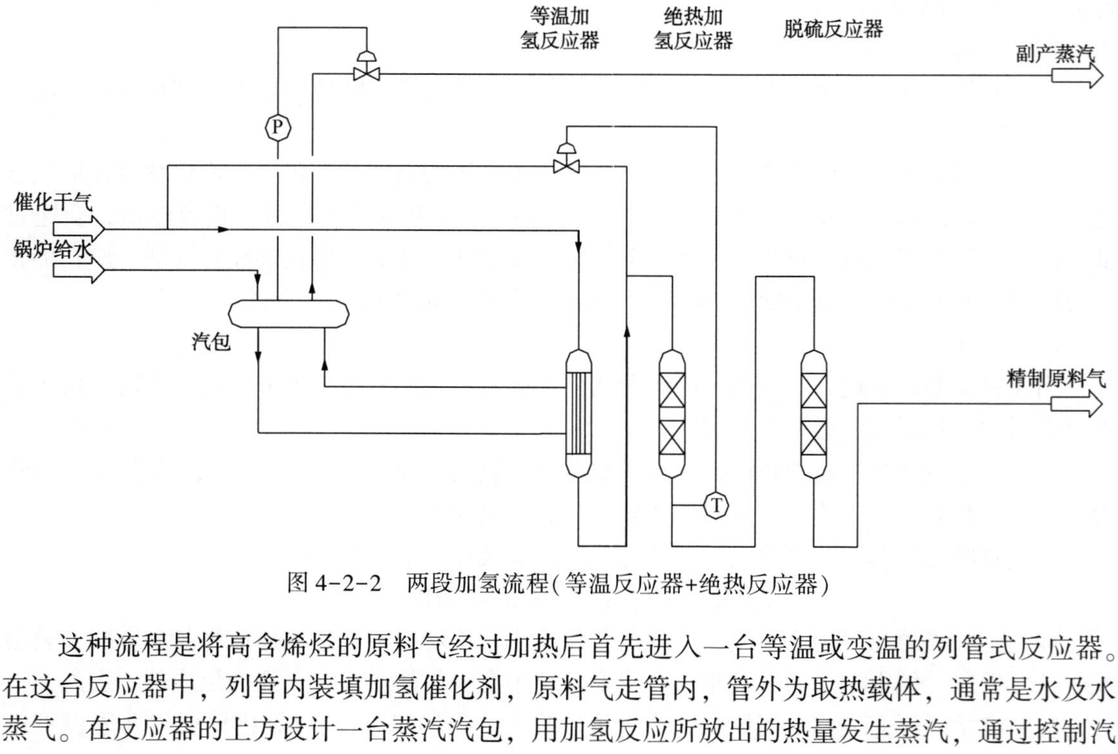

图4-2-2　两段加氢流程(等温反应器+绝热反应器)

这种流程是将高含烯烃的原料气经过加热后首先进入一台等温或变温的列管式反应器。在这台反应器中，列管内装填加氢催化剂，原料气走管内，管外为取热载体，通常是水及水蒸气。在反应器的上方设计一台蒸汽汽包，用加氢反应所放出的热量发生蒸汽，通过控制汽包的压力间接控制等温加氢反应所进行的温度和反应的苛刻度。在反应器的出口串联一台绝热反应器，等温反应后的原料气进入绝热反应器继续进行加氢反应。一般由于汽包的压力不是很高，故等温反应所进行的温度比较低，通常在250~270℃之间。在这种温度下，即便采用了低温活性好的加氢催化剂，烯烃也难以完全饱和，同样有机硫也难以完全加氢转化。因而要依靠第二段的绝热加氢反应器最终实现烯烃的完全饱和及有机硫的完全加氢转化。为实现绝热加氢催化剂的最佳使用活性，一般控制等温反应器出口的烯烃含量在3%~5%(v)，这样，绝热反应器中原料气里的烯烃饱和所释放的热量可使反应器床层的温度达到催化剂活性最佳的温度范围。

反应器中的取热介质不是产汽的水/蒸汽系统，而是导热油时，导热油不发生相变，进出口温度是变化的，加氢反应器床层温度也是逐渐升高的，因此称为变温反应器。

两段加氢流程所适用的原料范围宽，操作也很灵活。当原料中的烯烃含量不高时可以撇开等温反应器直接进入绝热反应器。这种两段加氢流程特别适合于烯烃含量很高的制氢原料，因为烯烃饱和所释放出的热量无论多大均可以通过等温反应器顶部上面的汽包通过发生蒸汽而取出。这种烯烃含量较高的炼厂气源较常见的如催化干气、催化干气提取氢气后的非渗透气等。

两段加氢工艺中的等温/变温反应器是立式列管式反应器，催化剂装于管内，管外侧为取热载体。为了将反应热尽可能快地从管内取出，也考虑尽可能减少管心到管壁间的温差，反应管一般均设计的较细。这样一来，在装入同样体积的催化剂时，列管式反应器的体积远大于固定床反应器的体积，投资较高，列管反应器开工时催化剂的硫化也比固定床反应器的硫化复杂。

(三) 原料预处理用催化剂

1. 加氢催化剂

按照不同的使用环境，加氢催化剂采用不同的活性组分，有不同的催化剂系列。如Co-Mo加氢脱硫催化剂，具有分解氮化物、抗金属沉积和脱砷能力的Ni-Mo催化剂，对有机硫转化、烯烃饱和、脱氧均有优良性能的Ni-Co-Mo催化剂，适用于一氧化碳含量高的加氢场合的Fe-Mo催化剂，二硫化碳转化率高的Cu-Mo催化剂等。

钴钼催化剂是炼厂制氢原料加氢使用最广泛的催化剂，通常使用高孔隙率的γ-Al_2O_3载体。为满足采用烯烃含量较高的不饱和干气原料预处理的需要，国内催化剂供应商开发出TiO_2和Al_2O_3-TiO_2复合载体，使催化剂具有低温活性高、易于硫化的特点。

氧化态的加氢催化剂的活性很低。催化剂的最佳活性态通常被认为是不可还原的钴所促进的MoS_2，因此，加氢催化剂在使用前需要对它们进行硫化，将活性组分由氧化态转变成硫化态。硫化态的加氢催化剂除加氢的活性提高外，还可抑制结炭、甲烷化等副反应。对于硫态简单的轻质原料如天然气、油田气、饱和炼厂气为原料的炼厂制氢装置，加氢催化剂可以不进行专门的预硫化，而是在装置运行过程中逐渐硫化。

硫化剂可采用易于分解的硫化物，也可以用硫化氢。硫化剂的选择主要是依据分解条件、安全、环保及经济性。常用的硫化剂有二硫化碳、二甲基硫醚、二甲基二硫醚，甚至有直接用硫化氢进行的。

在氢气气氛下以硫化氢为硫化剂，反应为：

$$MoO_3+2H_2S+H_2 = MoS_2+3H_2O$$

$$9CoO+8H_2S+H_2 = Co_9S_8+9H_2O$$

在氢气气氛下以二硫化碳为硫化剂，其反应为：

$$MoO_3+CS_2+5H_2 = MoS_2+CH_4+3H_2O$$

$$9CoO+4CS_2+17H_2 = Co_9S_8+4CH_4+9H_2O$$

表 4-2-2　常用硫化剂的分解温度和主硫化期温度　℃

硫化剂	分解温度	主硫化期温度
二硫化碳(CS_2)	175	230
二甲基硫醚(DMS)	250	275
二甲基二硫醚(DMDS)	200	250

预硫化过程也可以用氮气、甲烷或直接用原料气作为载体。目前大多使用氮气，一般是在预处理部分建立一个包含压缩、加热、冷却设施的循环回路。可以向循环回路中补充氮气，注入氢气和硫化剂。硫化前首先要进行升温脱水，脱除催化剂中所带的结晶水，当载气进入加氢反应器，温度接近硫化剂分解温度时，逐步配入氢气和硫化剂，使硫化剂吸附在催化剂表面，在达到分解温度时分解。

硫化介质中的硫化氢含量控制在 0.1%～0.5%(v)的范围内，随后边升温边硫化直至达到 230℃床层温度。在硫化氢穿透加氢催化剂床层前，应严格控制床层温度不超过 230℃，避免氧化态的活性组分被氢气还原为不易被硫化的低价金属氧化物或金属原子，从而导致催化剂硫化不完全、活性下降。当硫化氢穿透催化剂床层后，继续缓慢升温到主硫化期温度，并将循环气中硫化氢浓度提高到 0.5%～1.0%(v)，直到反应器进出口硫化氢浓度保持不变，催化剂吸硫量满足要求。继续将硫化氢浓度提高到 1.0%～2.0%(v)，并将床层温度逐步升到 310～370℃，使催化剂得到进一步的深度硫化。

加氢催化剂的硫化深度通常以硫化度衡量：

$$\alpha=\frac{W_o}{W_s}\times100\% \qquad (4-2-2)$$

式中　α——硫化度；

W_o——催化剂实际吸硫量；

W_s——催化剂理论吸硫量。

催化剂理论吸硫量可根据催化剂中活性组分的含量计算得到。研究表明，催化剂硫化度高时催化活性明显提高，积炭倾向大为降低，因此，应尽可能提高催化剂的硫化度。通常硫化结束时硫化度应大于 80%，催化剂吸硫量约为自身质量的 5%～7%。常用的加氢催化剂见表 4-2-3。

2. 脱氯剂

脱氯剂从机理上可分为物理吸附和化学吸收两类。物理吸附的脱氯剂一般采用比表面积较大的活性氧化铝、分子筛、活性炭等多孔物质。化学吸收型的脱氯剂的主要活性组分是碱性强的碱金属和碱土金属以及与氯有较强亲合力的铜、锌等元素的氧化物，它们被分散在氧化铝或活性炭等载体上。这些氧化物可以与 HCl 发生不可逆的化学反应生成水。作为产物的金属氯化物以离子键或共价键结合，是比较稳定的。脱氯净化度可达 99%以上。作为载体的氧化铝或活性炭对 HCl 也有化学吸附作用。

化学吸收型脱氯剂按活性组分可分为浸碱氧化铝脱氯剂、钙系脱氯剂、铜系脱氯剂、铁钾系脱氯剂等，使用于不同的原料和操作条件。

表 4-2-3　制氢装置常用的加氢催化剂

型　　号	T201	T203	T205	JT-1G	JT-4	41-6T/61-1T	TK-250	HDMax200，300
外形尺寸/mm	φ3×4~10 条	φ3×3~8 条	φ3×5~8 条	φ2~4 球	φ5×5-10 条	φ2.5 三叶	φ5/2.5 空心条	φ2.5 三叶
堆密度/(kg/L)	0.6~0.8	0.7~0.8	0.8~1.0	0.65~0.85	0.7~0.85	0.59/0.56		0.58
侧压强度/(N/cm)	>80		≥80	>50	>50			
使用压力/MPa	2.0~4.0	2.0~4.0	常压~3.0	1.0~5.0	0.1~4.0	2.5~4.0	2.5~3.5	
使用温度/℃	320~400	330~380	250~400	200~400	180~400	300~400	350~380	
空速/h^{-1}	1000~3000	1000~3000	1000	1000~1500	1000~3000			
入口有机硫/(μL/L)	100~200	<200	<200	<200	<100			
出口有机硫/(μL/L)	<0.1	<0.1	<0.02	<0.1	<0.1			
备注	天然气、饱和炼厂气(国产)	天然气、饱和炼厂气(国产)	天然气、炼厂气(国产)	焦化干气(国产)	催化干气(国产)	庄信万丰	丹麦 Topsøe	克莱恩①

①原南方化学催化剂公司。

活性氧化铝浸渍氧化钠制得的脱氯剂是炼厂气制氢装置最常用的。氧化铝载体为球形或挤条，希望有较大的孔容积以便浸渍的碱量尽可能多些。此类脱氯剂活性很高、反应速度快，允许使用空速 1000~3000h^{-1}，进口气中 HCl 含量小于 100ppm 时，出口 HCl 含量可小于 0.1ppm，使用温度为 100℃以上，随反应温度升高氯容量增加，为 10%~20%不等。脱除 HCl 的反应实质上是消耗脱氯剂中的氧化钠，因此氯容与这些活性组分含量是线性关系，并受载体孔容的限制。此外，在脱氯剂孔结构中的扩散阻力也会影响脱氯反应。

使用浸碱氧化铝时应注意工艺气中严禁带液体水，否则会造成作为活性组分的 Na_2O 和产物 NaCl 溶解流失带入下游系统。

目前国内制氢装置常用的脱氯剂型号见表 4-2-4。

表 4-2-4　制氢装置常用脱氯剂

型　　号	T404	T408	T409	KT406	NC-2303	KATALCO59-3	ActiSorb C12
外形尺寸/mm	φ4~6 球	φ4×4~10 条	φ4×4~15 条	φ5×5~12 条	φ3~6 球	φ2~4.75 球	
堆密度/(kg/L)	0.8~1.0	0.70~0.9	0.70~0.85	0.70~0.80	0.9~1.2	0.87	
侧压强度/(N/cm)	≥50	≥60	≥50	>80	>30		
使用压力/MPa	常压~4.0	常压~5.0	常压~4.0	0.1~5.0	0.1~3.0	2.5~5.0	
使用温度/℃	100~400	200~400	4~400	120~400	100~450	20~400	
气空速/h^{-1}	1000~3000	1000~3000	500~3000	1000~1500	500~1000	1000~3000	
入口氯/(μL/L)	≤100	<1000	<100	10~200		<1000	
出口氯/(μL/L)	<2.0	<0.2	<0.2	<0.1		<0.1	
穿透氯容/%	11~23	30~45	30~40	>30	30	~10	

3. 脱硫剂及使用条件

目前国内制氢装置使用的脱硫剂为高温型氧化锌，使用温度通常在 300~400℃。氧化锌是不可再生的脱硫剂，可脱除制氢原料气中的硫化氢，对一些有机硫也有一定的脱除作用，脱硫精度可达到 0.1μL/L，很适合于制氢精脱硫用。在 350℃以上 T305 穿透硫容≥30%，其饱和硫容大于 36%。

国内常用的氧化锌脱硫剂如表 4-2-5 所示。

表 4-2-5　制氢常用氧化锌脱硫剂

型　　号	T305	T306	KATALCO 32-5	HTG-1	ActiSorb C12
外形尺寸/mm	φ4×4~10 条	φ5×5~10 条	φ2.8~4.75 球		
堆密度/(kg/L)	1.1~1.3	1.0~1.3	1.35		
侧压强度/(N/cm)	>40	>50			
压力/MPa	0.1~4.0	常压-4.0	2.5~4.0		
温度/℃	200~400	180~400	300~400		
气空速/h^{-1}	1000~3000	1000~2000	1000~2000		
液空速/h^{-1}	1~6	—			
入口硫/(μL/L)		<100			
出口硫/(μL/L)	<0.1	<0.1			
穿透硫容/%	≥20(220℃) ≥30(350℃)	≥15(220℃) ≥28(350℃)			
饱和硫容/%	≥36	≥30	~32		

三、制氢干气的选用

制氢所用的原料有多种，总的来说，原料烃的 H/C 值愈大，其产氢率也愈高。而原料愈重，结炭的倾向愈大。从产氢率的角度来说，炼厂气是制氢的良好原料。炼厂里的各种副产气体从加氢干气、重整副产干气等饱和气体，到含有一定烯烃和有机硫的焦化干气，在经过加氢处理后都可作为制氢原料。即使是烯烃含量高达 20%，含有机硫和氧气的催化干气也已经成功地用作制氢原料。

在炼厂气原料中，不饱和炼厂气如焦化干气、催化干气，含有较多的烯烃及形态复杂的硫，相比于饱和干气做制氢原料，净化部分的流程、控制相对复杂，投资高，且对操作的要求相对高，转化催化剂中毒的风险大。

从制氢装置原料干气优选的角度，应优先选用烯烃含量低、所含硫元素的形态简单的饱和炼厂气，如各加氢装置的干气、重整干气、氢提纯尾气、轻烃回收尾气等，以降低原料精制部分的投资及操作风险。

第二节　干气制氢工艺的化学反应与催化剂

干气制氢通常分为造气和富氢气体的净化两部分。造气是指生成氢气的工艺过程，分烃类蒸汽转化和变换两个步骤。烃类蒸汽转化的平衡产品气的成分有氢气、一氧化碳、二氧化碳、残余甲烷、水蒸气及原料中的惰性成分，如氮气。变换反应是转化气中的一氧化碳继续与水蒸气反应，生成氢气和二氧化碳，进一步制取氢气。净化是去除造气部分生产出的富氢气体中除氢气之外的其他组分，生产出满足下游装置对纯度和净化度要求的工业氢气。

一、蒸汽转化[4]

(一) 转化反应

1. 蒸汽转化反应热力学

烃类蒸汽转化反应的目的是在催化剂作用下使水和烃类原料中所含的氧化态的氢生成单质氢气。炼厂气中主要成分是 CH_4、C_2H_6、C_3H_8、C_4H_{10}等烃类和少量的 CO、CO_2、N_2等组分。下面为炼厂气蒸汽转化反应的热力学。

甲烷在转化炉中进行的主要反应如下：

$$CH_4+H_2O \longrightarrow CO+3H_2 \qquad \Delta H_{298}=206.3\text{kJ} \tag{1}$$

$$CH_4+2H_2O \longrightarrow CO_2+4H_2 \qquad \Delta H_{298}=165.3\text{kJ} \tag{2}$$

$$CO+H_2O \longrightarrow CO_2+H_2 \qquad \Delta H_{298}=-41.2\text{kJ} \tag{3}$$

$$CO_2+CH_4 \longrightarrow 2CO+2H_2 \qquad \Delta H_{298}=247.3\text{kJ} \tag{4}$$

上述反应过程中，反应(1)、反应(3)是决定反应平衡的，表 4-2-6 列出了两者反应的平衡常数值。

表 4-2-6　甲烷蒸汽转化反应和一氧化碳变换反应的平衡常数

温度/℃	K_{P_1}			K_{P_2}		
	帝国化学工业公司	催化剂化学公司	Topsøe 公司	帝国化学工业公司	催化剂化学公司	Topsøe 公司
550	0.0774	0.0838	0.081	3.434	3.375	3.516
600	0.502	0.5436	0.53	2.527	2.492	2.593

续表

温度/℃	K_{P_1}			K_{P_2}		
	帝国化学工业公司	催化剂化学公司	Topsøe 公司	帝国化学工业公司	催化剂化学公司	Topsøe 公司
650	2.686		2.8	1.923	1.908	1.983
700	12.14	13.064	12.63	1.52	1.508	1.565
750	47.53	51.04	49.3	1.228	1.224	1.268
800	164.4	176.13	170	1.015	1.015	1.05
850	510.1	545.6	526.3	0.855	0.859	0.8875
900	1440	1537	148.2	0.732	0.739	0.7623
950	3736	3983.6	3836.5	0.637	0.645	0.6643
1000	9100	9588.4	9226.3	0.542	0.57	0.5864

甲烷转化的平衡常数值也可由式(4-2-3)计算：

$$\lg K_{P_1}=\frac{-9874}{T}+7.141gT-0.00188T+0.094\times10^{-6}T^2-8.64 \tag{4-2-3}$$

变换反应[反应(3)]的平衡常数值可由式(4-2-4)计算：

$$\lg K_{P_2}=\frac{4084}{T}-3.705 \tag{4-2-4}$$

当已知原料气组成、反应温度、加入的水蒸气量 C_{H_2O}及转化总压 p 时，可用方程式(4-2-5)和式(4-2-6)解得相应条件下的 X 和 Y 值，进而可求得该条件下的平衡组成。

$$K_{P_1}=\frac{p_{CO}\cdot p_{H_2}^3}{p_{CH_4}\cdot p_{H_2O}}=\frac{(C'_{CO}+X-Y)(C'_{H_2}+3X-Y)^3\cdot p^2}{(C'_{CH_4}-X)(C'_{H_2O}-X-Y)(\sum C'+2X)^2} \tag{4-2-5}$$

$$K_{P_2}=\frac{p_{CO_2}\cdot p_{H_2}}{p_{CO}\cdot p_{H_2O}}=\frac{(C'_{CO_2}+Y)(C'_{H_2}+3X+Y)}{(C'_{CO}+X-Y)(C'_{H_2O}-X-Y)} \tag{4-2-6}$$

式中　C'——原料气中所含各组分的物质的量；

X——按反应(1)进行转化的甲烷的物质的量，mol；

Y——按反应(3)进行变换的一氧化碳的物质的量，mol；

p——转化系统总压力，大气压。

表 4-2-7　气体反应后各组分的分压

组分	气体反应后的组成/mol	组分的分压(绝对大气压)
CH_4	$C'_{CH_4}-X$	$p_{CH_4}=\frac{(C'_{CH_4}-X)p}{\sum C'+2X}$
CO	$C'_{CO}+X-Y$	$p_{CO}=\frac{(C'_{CO}+X-Y)p}{\sum C'+2X}$
CO_2	$C'_{CO_2}+Y$	$p_{CO_2}=\frac{(C'_{CO_2}+Y)p}{\sum C'+2X}$
H_2O	$C'_{H_2O}-X-Y$	$p_{H_2O}=\frac{(C'_{H_2O}-X-Y)p}{\sum C'+2X}$

续表

组分	气体反应后的组成/mol	组分的分压(绝对大气压)
H_2	$C'_{H_2}+3X+Y$	$p_{H_2}=\dfrac{(C'_{H_2}+3X+Y)p}{\sum C'+2X}$
N_2	C'_{N_2}	
总计	$\sum C'+2X$	

当含碳较多的烃类蒸汽转化时，首先是进行较大分子烃类转化成甲烷的反应：

$$C_nH_{2n+2}+2nH_2O \longrightarrow nCO_2+(3n+1)H_2 \tag{5}$$

$$C_nH_{2n+2}+(n-1)H_2 \longrightarrow nCH_4 \tag{6}$$

然后，生成的甲烷再进行甲烷蒸汽转化反应。其平衡组成的计算方法与上列类似，不过在计算中应将较大分子烃的含碳数折算成相当的甲烷的物质的量进行计算，即根据原料中的H/C 比值(M 值)进行相应的修正。

由于炼厂气制氢采用的操作温度很高，此时压力对平衡的影响较小，通常假设平衡常数 Kp 只是温度的函数而与压力无关。

2. *蒸汽转化反应动力学*

(1) 甲烷蒸汽转化反应本征动力学

甲烷蒸汽转化的反应机理是很复杂的，从 30 年代起人们就开始研究，至今尚未获得一致认识。

① 许多学者的结论是：甲烷蒸汽反应中一氧化碳是初级产物，即先进行(1)的反应，然后进行变换反应(3)，生成二氧化碳。由此提出了热解机理、氧化还原机理等并得出相应的反应速度方程。

② D. W. Allen、James P 和李绍芬等提出，CO 和 CO_2 均为甲烷蒸汽转化反应的初级产物，但是生成 CO_2 的速度大于生成 CO 的速度，变换反应是由右向左趋于平衡的。在不同的催化剂上初级产物 CO、CO_2 之比不相同。

③ ВОДАРОВ 等认为在镍催化剂表面上，甲烷转化速率比甲烷分解速率快得多，中间产物不会生成碳。在转化反应中甲烷和水蒸气在催化剂表面离解为次甲基和原子氧等，然后再进行反应，最终生成 CO、CO_2 和 H_2。

(2) 甲烷蒸汽转化的反应速度

在无催化剂时，甲烷蒸汽转化反应的速率是很慢的，在 1300℃以上才有足够的反应速率。据介绍，此时的反应速度常数为

$$K_1=2.3\times10^9\times e^{-65000/RT}/\text{min}$$

当有转化催化剂存在时，转化反应的速率大大增加，在 700~800℃时已具有令人满意的反应速率，此时反应速度常数为

$$K_2=7.8\times10^9\times e^{-22700/RT}/\text{min}$$

不同的转化催化剂，其转化反应的速率不相同。

不同的研究者采用不同的催化剂和不同的试验条件，提出了不同的反应机理及各不相同的反应动力学方程。

表 4-2-8　甲烷蒸汽转化反应动力学方程节选

序号	反应动力学方程	备　注
1	$\gamma=Kp_{CH_4}$	
2	$\gamma=Kp_{CH_4}p_{H_2}^{0.5}$	
3	$\gamma=Kp_{CH_4}p_{H_2}^{-1}$	
4	$\gamma=Kp_{CH_4}p_{H_2}^{-0.5}$	
5	$\gamma=Kp_{CH_4}p_{H_2O}p_{H_2}^{-0.5}$	
6	$\gamma=Kp_{CH_4}\left(1-\dfrac{p_{CO}\cdot p_{H_2}^3}{K_{P1}\cdot p_{CH_4}\cdot p_{H_2O}}\right)$	K_{P_1}为反应(1)的平衡常数
7	$\gamma=Kp_{CH_4}\left(1-\dfrac{p_{CO_2}\cdot p_{H_2}^4}{K_{P_2}\cdot p_{CH_4}\cdot p_{H_2O}^2}\right)$	K_{P_2}为反应(2)的平衡常数
8	$\gamma=K_1p_{CH_4}^{0.8}+K_2p_{CH_4}^{0.8}+p_{H_2O}^{1.5}$	K_1、K_2分别为生成CO、CO_2的速度常数

这些动力学方程中，除转化反应对甲烷是一级反应这一点相同之外，氢气、水蒸气对反应速度的影响各不相同，其反应活化能也不一致。但尽管如此，仍可找到以下共同规律：

① 在没有催化剂时，即使在相当高的温度下，转化反应的速度也是很缓慢的。当有催化剂存在时，在600~800℃就可以获得很高的反应速度，达到较高的转化率。

② 甲烷蒸汽转化的反应速度随反应温度升高而加快。

③ 转化反应刚开始时反应速度很快，当生成氢气后，反应速度就逐渐缓慢下来。氢气对反应的这种阻碍作用，温度越低表现得越显著。

此外，在试验和工业运转中常常发现CO、CO_2的生成速度影响着总反应速度，即应当考虑变换反应速率的影响。不过，在工业转化炉的出口段，由于反应温度很高，变换反应的速率也很快，所以CO、CO_2的含量均基本达到该条件下变换反应的平衡。但在考虑沿转化管不同高度截面上的反应速率时，由于反应温度较低，甲烷转化率低，CO和CO_2的生成量较少，此时变换反应常常未能达到平衡。

（3）内外扩散对甲烷蒸汽转化反应的影响

① 外扩散

外扩散传质系数的经验式如下：

$$\frac{K_g\rho}{G}Pr^{2/3}=\frac{0.725}{Re^{0.41}-0.51} \tag{4-2-7}$$

式中　K_g——外扩散传质系数；

ρ——混合气密度；

G——质量流速；

Pr——普兰特传质准数，$Pr=\dfrac{\mu_g}{\rho\cdot D_{Am}}$；

μ_g——混合气黏度；

D_{Am}——组分A在混合气中的分子扩散系数；

Re——雷诺数。

上式的应用范围：Re 为 0.8～2136；Pr 为 0.6～13000。工业反应条件下，雷诺数远远大于 0.15，则式(4-2-7)可简化为

$$K_g = \frac{0.725G^{0.59}\mu_g}{d_p \rho Pr^{2/3}} \tag{4-2-8}$$

式中　d_p——催化剂颗粒当量直径。

简化后的公式表明，外扩散传质系数与反应介质的质量流速 $G^{0.59}$ 成正比。工业条件下，外扩散影响很小。

② 内扩散

研究结果和工厂实际运转结果都证实，在甲烷蒸汽转化过程中内扩散速度实际上是控制转化催化剂上转化反应总速度的关键步骤。

工业转化炉中使用的转化催化剂的尺寸相对是较大的，研究结果表明，它们的内表面利用率沿转化管的不同高度变化——管进口区段的反应温度较低(反应速度相对较低)，此时催化剂的表面利用率可以达到～30%；而转化管出口区段因反应温度高(反应速度已足够快)，内扩散速度的影响变得格外明显，这个区段的催化剂表面利用率仅有 1%。许多研究结果均证实，在转化炉的条件下转化催化剂的实际有效厚度仅约 0.04mm；加压蒸汽转化条件下转化催化剂的利用率有所提高，但是其有效厚度也远低于 1.0mm。由此可知，随催化剂颗粒尺寸减小其表观活性增加(表 4-2-9、图 4-2-3)，但是催化剂颗粒减小受到气流阻力随之急剧上升的限制。

表 4-2-9　催化剂粒度对反应速率的影响

催化剂粒度/mm	单位质量外表面积/(cm^2/g)	反应总速率/[L/(g·h)]
1.6	14.7	1.46
2.4	9.5	1.4
5.1	4.2	0.81
11.3	2.1	0.21

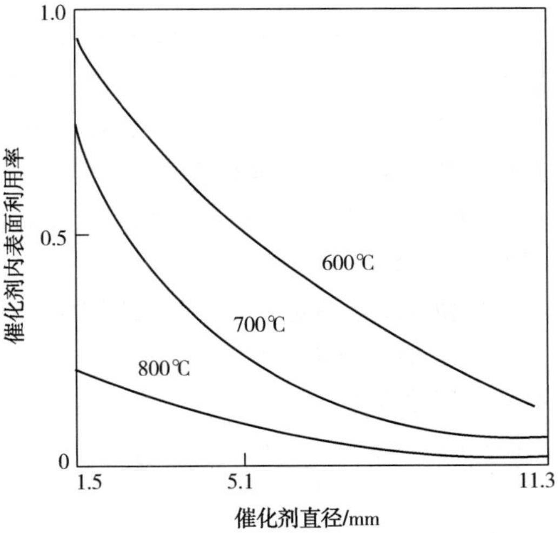

图 4-2-3　不同温度下催化剂粒径与内表面利用率的关系

彼特罗夫还给出了常压下、900℃甲烷蒸汽转化反应不同催化剂粒度时的内表面利用率数据，见表4-2-10。粒度为1.2mm的催化剂被利用的体积仅为20%，催化剂的有效工作厚度仅为0.04mm。另据报道，当粒度小于0.4mm时，已完全消除了内扩散影响。

表4-2-10　常压、900℃粒度与内表面利用率的关系

粒度/mm	外表面/(cm^2/g)	气体组成，摩尔分数					内表面利用率
		CO_2	CO	H_2	CH_4	H_2O	
ГИАП-3							
4.50	7.2	0.0244	0.164	0.582	0.0690	0.136	0.03
2.40	13.5	0.0423	0.116	0.511	0.0562	0.271	0.08
1.14	28.4	0.0411	0.117	0.513	0.0579	0.270	0.18
Ni/Al_2O_2							
5.40	7.8	0.0385	0.127	0.534	0.0487	0.247	0.07
2.85	14.5	0.0355	0.150	0.592	0.0268	0.192	0.16
1.20	34.5	0.0413	0.134	0.571	0.0243	0.224	0.29

当粒径在1.5~2.5mm之间时，可以认为反应基本上是在动力学区进行的。这些都说明工业反应管内转化反应是在内扩散的范围内进行的。减小催化剂的粒径和增加有效扩散系数(如选择高空速、制备具有合适微孔结构的催化剂)将会促进转化反应进行。在较高温度下(如700℃左右)将有更显著的效果。

3. *烃类蒸汽转化宏观动力学*

为了选择最佳的设计参数和操作条件，国内外为寻找转化率与转化温度、压力、水碳比、空速、催化剂特性等因素之间的相互关系做了大量的工作，并根据半工业和工业装置的研究结果，得到了把扩散因素和动力学因素结合在一起的半经验宏观动力学方程式，不过这些公式仍显粗糙和局限。但凭借对烃类蒸汽转化反应的认识，形成如下观点即：

烃类组分进行蒸汽转化反应时以甲烷最慢，按下式进行，必须计及逆反应对反应速率的影响：

$$CH_4+2H_2O \rightleftharpoons CO_2+4H_2$$

高级链烷烃转化时，逐级生成低级直链烷烃，按下式进行，速率极快，是不可逆反应：

$$C_nH_{2n+2}+2H_2O = CO_2+3H_2+C_{n-1}H_{2(n-1)+2} \qquad (n\geqslant 2)$$

烯烃转化时，按下式进行，速度极快，亦属不可逆反应。

$$C_nH_{2n}+2H_2O = CO_2+2H_2+C_{n-1}H_{2(n-1)+2} \qquad (n\geqslant 2)$$

环烷烃断环时，反应同上式，$n\geqslant 3$。

在进行转化反应的同时，变换反应平行进行，变换反应为可逆反应。

$$CO+H_2O \rightleftharpoons CO_2+H_2$$

在上述观点基础上，定义反应速率为

$$r_i=\frac{-dn_i}{dV_c} \qquad (4-2-9)$$

式中　r_i——第i组分反应速率，kmol/(m^3·h)；

n_i——反应物中第i组分流量，kmol/h；

V_c——催化剂体积，m^3。

由此计算出甲烷、乙烷及大分子烃转化的宏观反应速率。经过收集大量工厂数据，现已初步掌握了有关烃类蒸汽转化宏观动力学的特征量，有助于反应器的工程设计和进行过程分析。

4. 转化反应的影响因素

(1) 压力

转化反应是体积增大的反应，从热力学平衡的角度，操作压力愈低，就愈利于平衡向右方进行(见图 4-2-4)。就反应速率而言，在远离平衡时，压力增大转化速率增加；但当反应接近平衡时，压力增大，由于平衡的限制，速率减慢(见表 4-2-11)。

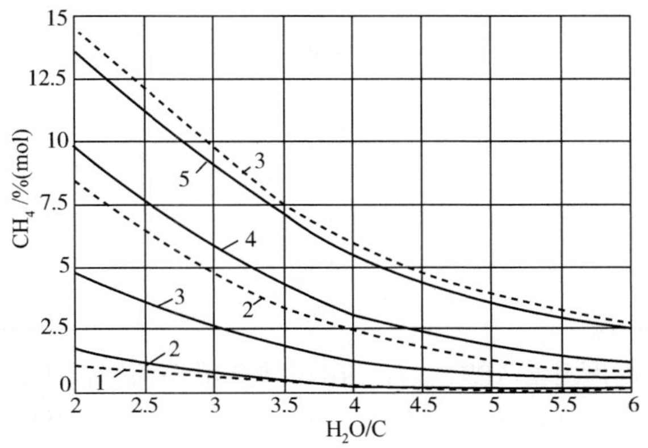

图 4-2-4　以甲烷为原料平衡转化气 CH_4 含量(干基)在不同压力下与水碳比的关系

虚线表示 1000K；实际表示 1100K

1—1.01×10^5Pa；2—5.5×10^5Pa；3—10.1×10^5Pa；4—20.3×10^5Pa；5—30.4×10^5Pa

反应压力还要考虑在一定的转化率要求下，与转化压力相对应的转化温度，该温度应在转化炉管材质所允许的操作温度范围内，例如，在约 871.1℃的出口温度下，某炉管材质允许的最高压力为 2.8MPa。

表 4-2-11　$H_2O/C=2$，空速 $1000h^{-1}$，甲烷转化率与温度、压力的关系

温度/℃	压力(表压)/kPa	干气成分/%(mol)					甲烷转化率/%
		CO_2	CO	H_2	CH_4	N_2	
830	101.3	7.8	14.5	73.5	3.7	0.5	85
	202.6	6.0	16.0	69.0	7.4	1.6	75
	405.3	7.6	12.0	63.5	15.0	1.9	56
930	101.3	5.1	19.0	7.6	0.8	1.5	97
	202.6	5.0	18.2	73.0	3.0	0.8	90
	405.3	5.5	16.6	71.3	5.5	1.1	80
1310	101.3	5.0	19.7	74.7	0.2	0.4	99
	202.6	6.0	17.0	75.5	0.7	0.8	97
	405.3	6.3	16.3	74.4	2.2	0.8	91

(2) 温度

转化炉出口温度是影响转化操作的最重要参数。由于转化反应是一个强吸热过程，反应平衡常数随着温度的提高而大大提高(见表4-2-12)。

表4-2-12　甲烷转化反应在不同温度下的平衡常数值

温度/K	$CH_4+H_2O = CO+3H_2$	$CH_4+2H_2O = CO_2+4H_2$
198.16	-24.920	-19.904
300	-24.699	-19.291
400	-15.632	-12.443
500	-10.082	-7.944
600	-6.318	-4.867
700	-3.592	-2.619
800	-1.525	-0.900
900	0.096	+0.457
1000	1.401	1.557
1100	2.475	2.467
1200	3.373	3.235
1300	4.134	3.886
1400	4.785	4.447

一般情况下，出口温度升高10℃左右，出口残余甲烷约降低1%。但另一方面，温度愈高，原料在转化管内的结焦倾向愈大。此外，炉管的寿命也随温度的提高而降低。常规制氢装置转化炉出口温度为750℃左右。PSA净化制氢装置，为了抵消压力提高对转化反应的不利影响，转化炉的出口温度为820℃，国外一些大的设计公司已将温度提高到880℃以上。

(3) H_2O/C 比

H_2O/C 比的定义为加入的水蒸气分子与进料烃类原料中碳原子的比：

$$\text{水碳比} = \frac{H_2O(\text{kmol/h})}{\sum_1^n C_nH_m(\text{kmol/h})} \tag{4-2-10}$$

式中　H_2O——水蒸气流量，kmol/h；

C_nH_m——烃流量，kmol/h；

n——烃分子中的碳原子数，例如 CH_4，C_2H_6，C_3H_8…的 n 值分别为1，2，3…

理论上，原料中一个碳原子转化为CO只需要一个分子的 H_2O，而完全转化为 CO_2 需要2个分子的 H_2O。H_2O/C 比过小，则会发生原料的积炭反应，因此必须有一个最小的 H_2O/C 比，这可通过计算和实验得到。H_2O/C 比过大，虽然对转化及后续的变换过程有利，但大量的过剩蒸汽使转化炉的热负荷增加，而且为使这些水蒸气冷凝下来，除一部分可用的低温热源外，其余必须采用空冷和水冷，从而使装置的能耗增加，见表4-2-13。

表4-2-13　40000Nm³/h制 H_2 装置的热利用情况　　kW

H_2O/C	>127℃的低温热	可利用的低温热	过剩低温热
4	12342	16626	-4284
4.5	18320	17921	399
5.0	22898	19628	3270
5.5	26648	20233	6415

图 4-2-5 为 H_2O/C 与装置能耗的关系。对常规制氢装置，选用的 H_2O/C 为 4~4.5；对 PSA 净化的制氢装置一般为 3.0~3.2，最高 4.0。国外公司的 H_2O/C 一般选用 3.0，这与操作及催化剂的水平有关。

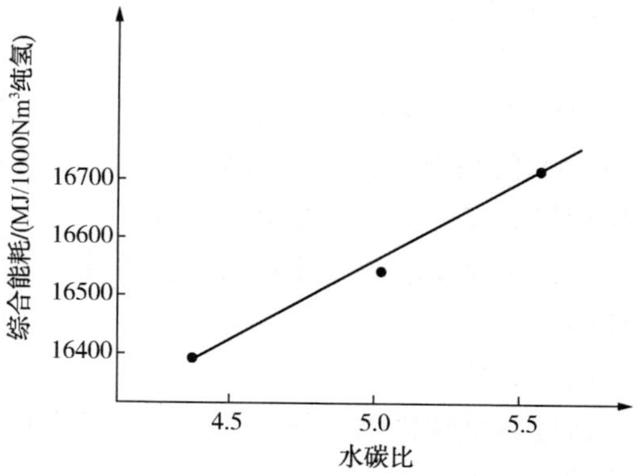

图 4-2-5　水碳比和能耗的关系

(4) 残余 CH_4

即转化炉出口转化气中的 CH_4 含量(以干基计)，这是转化炉转化反应转化率的标志。对一定的催化剂，残余 CH_4 是炉出口温度、压力及 H_2O/C 的函数。总的来说，温度和 H_2O/C 比愈高，压力愈低，残余 CH_4 量就愈低。对常规的制氢装置，由于这部分 CH_4 是工业氢的惰性组分，不能从后续的净化工艺中去除，因此残余 CH_4 不能超过 3%~3.5%，以保证工业氢的纯度不低于 95%。对 PSA 工艺，由于在 PSA 吸附过程中能将 CH_4 同时去除，因此残余 CH_4 可控制较高，一般为 6%~7%。当然残余 CH_4 愈高，原料的产氢率愈低，因此也有人建议对 PSA 工艺也可采用适当提高出口温度而将残余 CH_4 控制在 3%左右。

以上计算均可通过专用软件，详细计算包括在给定的进料压力、温度、给定的原料组成及 H_2O/C 下，沿转化炉的气体组成，温度、压力、热负荷、管壁温度的分布情况等。

(5) 空速

工业上常用空速来表示反应器或催化剂的生产能力，其定义为

$$V_{sp}=\frac{V}{V_c} \tag{4-2-11}$$

式中　V_{sp}——空速，h^{-1}；

V——反应物料的体积流量，m^3/h；

V_c——催化剂的体积，m^3。

空速是反应速率大小的一种度量形式。在烃类水蒸气转化反应中，最常用的度量是碳空速，其定义如下：

$$碳空速=\frac{\sum_{1}^{n} C_nH_m \times 22.4(Nm/h)}{催化剂量(m^3)} \tag{4-2-12}$$

式中　C_nH_m——烃流量，kmol/h；

n——烃分子中的碳原子数，例如 CH_4，C_2H_6，C_3H_8…的 n 值分别为 1，2，3…

液空速指对液态烃而言，以单位体积催化剂每小时通过液态烃的体积数计。

空速与温度、压力、气体组成、转化深度(残余 CH_4)、催化剂活性等因素有关。

(6) 转化炉入口温度

一般认为，转化反应在约 540℃以上开始较为明显，因此炉入口温度应至少与此接近。如果能将入炉温度提高到较高的温度，可以降低转化炉辐射段的有效热负荷，降低转化炉管数、燃料消耗及缩小炉膛尺寸。但转化炉入口温度与入炉的原料密切相关，对液态烃类原料，在没有催化剂的情况下，温度过高易引起裂解反应，一般认为不应超过 520℃；对于如天然气等一类的原料或者是经过预转化反应器的富甲烷气，入口炉温可达到 600~650℃。

（二）转化催化剂

1. 催化剂的工业要求

甲烷蒸汽转化反应是吸热可逆反应。反应温度愈高，反应速率愈快。但实践表明，即便在1000℃的高温下，反应速率仍很慢且有副反应发生，因此需采用催化转化法，即用催化剂来加快反应速度、降低反应温度。

符合工业要求的转化剂需具备活性、抗积炭性、低温还原性和强度这四个方面的良好综合性能。

（1）活性

活性高是转化催化剂满足工业要求应具备的首要条件，即应具有较低的反应活化能与较大的频率因子。

判断转化催化剂的活性采用平衡温距的概念。

由于受转化反应动力学的影响，转化出口气中的实际甲烷含量相应的那一点平衡温度 T_2 总是低于转化出口的实际温度 T_1，其差值即称为平衡温距 ΔT：

$$\Delta T = T_1 - T_2$$

平衡温距愈小，则催化剂的活性愈好。

a. 平衡温距的计算方法

由于转化炉出口处转化过程中的变换反应是基本达到平衡的，为消除对出口温度测温中的误差影响，常常用变换反应平衡相应的温度来代替实测的出口温度，则平衡温距的计算公式变换为：

$$\Delta T = T_{变换} - T_{计算} \qquad (4-2-13)$$

式中　$T_{变换}$——用转化炉出口气体组成计算的与其相应的变换反应的平衡温度，℃。

b. 出口转化气实际达到平衡的计算

$$K_{P_1} = \frac{p_{CO} \cdot p_{H_2}^3}{p_{CH_4} \cdot p_{H_2O}} \cdot \left(\frac{p-1}{湿气总计}\right)^2 = \frac{9.88 \times 70.12^3}{5.98 \times 60.81} \cdot \left(\frac{13.5-1}{160.81}\right)^2 = 56.60 \qquad (4-2-14)$$

由相应平衡常数表可查出与甲烷转化平衡常数56.60对应的温度为757℃（$T_{计算}$），则平衡温距 ΔT 为：

$$T_1 = 实测出口温度 - T_{计算} = 765 - 757 = 8℃$$

$$T_2 = T_{变换} - T_{计算} = 760 - 757 = 3℃$$

ΔT_1 与 ΔT_2 均可视为该厂运转条件的平衡温距，一般实测温度由于种种原因误差较大，所以多选用 ΔT_2。

同样，如不知道出口转化气中水蒸气流量而已知进口的水碳比，经过相应的反应计算出口水蒸气比值，进而也可计算出该条件下的平衡温距。

通常，转化系统设计和正常运转中的平衡温距 ΔT 一般为10～30℃。

（2）抗积炭性（选择性）

烃类蒸汽转化过程中危害最严重，而又必然发生的副反应就是积炭。因此要求转化催化剂必须具有尽可能高的抗积炭性能，即使消炭反应的速率大于结炭反应速率。

目前国内外所采用的抗积炭路线有两种，一种是尽量提高催化剂的低温活性，以降低转化反应进行的温度，从而限制具有较高活化能的热裂化反应速度。这样相对提高了转化反应的速度，也就减小了催化剂表面上的积炭。

选择分散性能良好的碱性载体如MgO，一方面提高了活性组分镍的分散性，提高了催化剂活性和稳定性，也减少了酸性中心引起的催化裂解。但这种催化剂如果含有较多游离MgO，就容易发生水合反应使强度降低，操作中须十分注意。要求在操作中保持炉管入口3m点的温度不高于630℃，以保证上部催化剂的转化反应速率，防止炉管积炭。

另一种路线是在催化剂中引入碱金属氧化物助剂和碱土金属氧化物载体，提高催化剂的抗积炭能力和消炭能力。但钾在高温下挥发，流失的钾在后工序的锅炉中析出，使传热阻力增大、压降升高，在操作中也需注意。

(3) 低温还原性(稳定性)

催化剂在操作中停车或水蒸气消炭再生后，在转化炉所能达到的温度范围内，尤其是转化管上部低温区能重新还原恢复活性的性能十分重要，要求催化剂经多次反复氧化还原之后活性组分镍仍保持好的分散度，以保证活性的稳定性。

(4) 强度

催化剂应具有良好的机械强度，以适应生产条件波动、炉管震动、高气流冲刷与磨蚀等因素，特别是炉管底部催化剂，需要承受炉管催化剂的自重和阻力降造成的压力差。此外催化剂还需承受催化剂床层和反应管热胀冷缩引起相对位移而引起的附加应力以及操作波动时的更大压降。考虑到以上诸因素，转化催化剂的侧压强度至少应大于10~13kg/颗。

2. 催化剂的组成

烃类蒸汽转化催化剂由活性组分、助剂及载体组成。

(1) 活性组分

作为转化催化剂的活性组分虽有贵金属Pt、Pd、Ir、Ph等元素周期表上第Ⅷ族过渡元素，但价格高。因此目前工业中实际采用的最有效的活性组分是镍。催化剂的活性状态为金属镍而不是氧化镍，使用时应将其还原。

目前工业转化催化剂中，镍含量一般在10%~25%的范围内。在镍含量低时，一般其活性随镍含量的增加而增高，但当镍含量高到一定限度(如50%)后，活性则显著下降，同时也影响催化剂的物理性质。

(2) 助剂

只含镍和载体的催化剂一般活性较低，也易衰退、结炭。为提高活性，延长寿命(稳定性)，增加抗硫、抗碳能力，需要加入少量助剂。转化催化剂有两种助剂类型，一种采用氧化镁助剂，另一种采用可以缓慢释放钾碱的硅酸钾的复合盐。

MgO与NiO可以形成分散性能很好的镍镁固熔体，由于氧化镁的分散和阻隔作用，镍晶粒小而且比较稳定。因此，催化剂的活性比表面积大，且具有良好的低温活性。也正因为这个原因，使催化剂还原变得非常困难，必须在800℃以上，一定的H_2O/H_2下才能还原完全。因此这种催化剂只能在制造厂还原，以还原态供货。且在开停工过程中必须有还原性气氛保护，一旦被氧化，无法在现场还原。另外，由于MgO的抗积炭能力不是很高，长期运行中原料中的微量硫很容易使其低温活性下降，导致较重的烃类向床层高温区穿透，造成积炭。

添加了缓慢释放钾碱的硅酸钾的复合盐的镍基转化催化剂的低温活性不如添加氧化镁的催化剂高。但钾的抗积炭能力很强，形成的“气相”钾碱，不仅可以维持催化剂活性表面的碱性，减少表面积炭，而且阻止了催化剂床层内几何空间发生的均相裂解积炭。这类催化剂的低温还原性较好，可以在转化炉操作条件下还原，因此，不仅催化剂的供货可以为氧化态，当操作异常导致催化剂积炭时，可以在现场烧炭后，控制一定的H_2O/H_2进行还原后重新投入生产。目前国内外制氢大多采用此类转化催化剂。

(3) 载体

转化催化剂中除活性组分外，基本上是载体。载体应具备以下性能：

① 分散活性组分以获得尽可能大的内表面积。

② 隔离作用，延缓活性组分的晶粒在高温下长大。

③ 骨架：载体应具有足够的机械强度，以适应条件波动、炉管震动、气流冲刷、磨蚀、外压等作用，要求载体在使用过程中无相变化或结构变化，否则会导致催化剂体积收缩或膨胀而粉化、破碎等现象。

④ 合适的孔径和孔容。

⑤ 惰性，即不与活性组分发生反应，也不受工艺介质的影响。

(4) 催化剂的几何尺寸

决定一个催化剂合理的形状及尺寸应综合考虑催化剂的活性、压降，工艺气体均匀分配等几个方面。工业生产中烃类转化反应一般处于内扩散控制。因此从有利于提高催化活性而言，希望催化剂具有较小的尺寸、较大外表面的形状。另外，根据转化管内介质反应的特点，有些工厂在反应管上半部装填小尺寸的圆环状催化剂，下半部装填尺寸较大的圆环状催化剂，这样可强化上半部管内的传热，提高炉管低温段催化剂的活性，同时对反应管内的压力降分配较为合理。

(5) 转化催化剂的装填要求

对天然气蒸汽转化，由于转化管上下部气体膨胀不同，从改善转化活性和减少床层阻力考虑，一般上段采用小颗粒催化剂，下段采用大颗粒催化剂，二者主要是几何形状的不同，其催化剂性能基本相同。对含有 C_2 以上烃类原料的转化催化剂，其转化是一个十分复杂的过程，床层温度不同，反应也不相同，而且这些复杂反应过程主要发生在催化剂床层的上半部分。为适应转化炉管上下部反应过程的不同，对上下段催化剂采用了不同的配方设计。转化炉管上部温度一般在 450~700℃，首先要求上段催化剂要有较好的低温还原性能。进入上部床层的大分子烃首先分解为小分子的烃类，因此要求上段催化剂要有一定的催化裂解活性。这种活性来自催化剂的活性组分金属镍和载体的酸性。催化裂解活性过高又会导致积炭反应增强，因此还必须在配方设计中引入碱性组分，以增加催化剂的抗积炭性能和对积炭的水蒸气汽化能力。大分子烃的初始分解产物要进一步转化、分解、聚合，经过脱氢、加氢、氧化、甲烷化、变换等一系列反应，产生以甲烷为主的气体产物进入下段催化剂床层。上述复杂的反应步骤均要在上段催化剂床层发生和完成。实际上一个综合性能良好的上段催化剂往往是一种兼有多种催化功能的复杂混合物体系。而蒸汽转化下段催化剂，由于反应物的组成主要含有以甲烷为主的气态烃，它所起的作用已和天然气蒸汽转化催化剂比较接近了。

(6) 转化催化剂的新进展

以镍作为活性组分的蒸汽转化催化剂在制氢装置中被广泛采用，其优势在于催化活性高、制备成本较低。不利因素是，在高碳烃转化过程中，易发生积炭而造成催化剂失活。因而，即使在添加了抗积炭助剂的情况下仍然要采用较高的水碳比，导致装置能耗较高。

多年来世界上的催化剂供应商一直致力于开发性能更加优越的转化催化剂。为了解决高碳烃转化时的积炭问题，把目光逐渐转向抗积炭性能优异的贵金属催化剂上。尝试开发出钌系催化剂、镍-金催化剂以及添加少量锇、铂、钯等金属的转化催化剂。在抗积炭助剂方面，目前常用的是添加钾作为助剂，也有公司添加镁。某些公司在努力减缓钾在使用过程中的流失，提高催化剂的活性，延长寿命；Topsøe 公司还研究了ⅣA 和ⅤA 金属作为助剂抑制积炭的功效，并得出其中较好的金属是锗、锡、铅、砷、锑、铋。

由于高温下烃类蒸汽转化催化剂上进行的反应速度很快，受内扩散控制，催化剂的活性随几何表面积的增加而提高。近年来国外催化剂供应商为达到节能降耗的目的，在拉西环的基础上纷纷开发出各种异形催化剂，如 UCI 公司的 7 筋车轮状催化剂、托普索公司的带 7 孔圆柱状催化剂、ICI 公司 4 孔圆柱状，之后又进一步优化为优化四叶型等异型催化剂，如图 4-2-6 所示。工业应用表明，这些异形催化剂均显示出优良性能，成为制氢装置扩能降耗的有效措施之一。

图 4-2-6　催化剂的新形状

某些催化剂供应商还为转化炉催化剂的装填提供新型的装填技术，使用专用工具可以完成均匀度很高的密相装填，以确保转化炉管的有效操作。此项技术装填催化剂简单迅速，不需要震动转化炉管。

3. 催化剂的还原

转化催化剂中的活性组分镍具有催化活性的状态，为金属镍。而催化剂出厂时通常为氧化态，因此，在催化剂投入使用前必须将其中的氧化镍还原成金属镍。

氧化镍的形态很多，其中镍的化合价可由 2 变到 8。一般情况下，氧化镍是 NiO 和 NiO_2 的固熔体。随催化剂制备时的煅烧温度不同，得到的氧化镍的性质、结构、化学组成也不同。在高于 1100℃ 煅烧得到的氧化镍中仅有 NiO；在低于 1100℃ 时，随煅烧温度下降其 NiO_2 含量增加。

NiO 按下面的反应进行还原：

$$NiO+H_2 \rightleftharpoons Ni+H_2O \quad (1)$$

$$NiO+CO \rightleftharpoons Ni+CO_2 \quad (2)$$

目前工业生产中还原条件的选择大都是按照图 4-2-7 曲线进行的，曲线反映出了温度对还原反应平衡的影响。

从图 4-2-7 看到，当水蒸气与氢气的比值在曲线以上时，反应向氧化方向进行，在曲线之下时，反应向还原方向进行。当采用甲烷-水蒸气进行还原时，也应考虑使产生的氢气量能满足相应曲线的要求。

一般认为，还原反应的反应速度的控制步骤是扩散。所以，升高还原温度会大大增加还原速度。一般在低于 700℃ 时还原速度较小，在 800℃ 左右还原反应的速度已令人满意。

制氢装置中常用氢或富氢气体加水蒸气来还

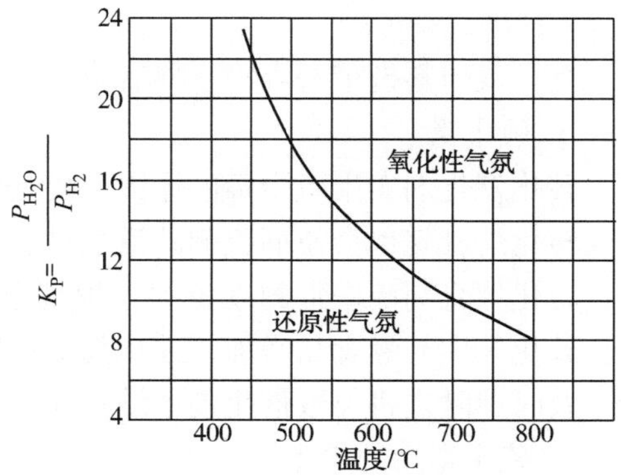

图 4-2-7　不同温度下的系统气氛界限

原催化剂。氢气是还原介质；加入水蒸气一方面能抑制烃类的裂解反应，而且可以提高炉内还原气流的流速，促使气流分布均匀。此外，可以防止通常与转化催化剂一同还原的中变催化剂被过度还原。

影响转化催化剂还原的因素有：

① 还原温度。对于以复合钾盐为助剂的转化催化剂，在还原过程中转化炉入口温度应控制在450~500℃甚至更高，转化炉出口温度应控制在800℃以上。以氧化镁为助剂的转化催化剂，制氢装置现场无法满足其还原条件，应采购预还原催化剂。

② 氢气浓度应大于70%。

③ 氢空速应大于$300h^{-1}$。

④ H_2O/H_2应小于7。

⑤ 还原时间为8~12h，自达到还原条件时计。

催化剂还原不充分或在开停工和操作过程中被氧化，如操作中发生烃类原料中断、单独通蒸汽、有计划地烧炭等，将造成催化剂的活性下降。转化管上部催化剂活性降低，导致重烃向温度较高的下部穿透，发生裂解、脱氢聚合等反应加剧，引起催化剂大量积炭。炉管发生花斑和红管现象，催化剂床层压降持续或迅速升高。积炭严重时转化气中残余甲烷量高，芳烃含量增加，直至造成催化剂粉碎。为避免这种情况的发生，转化催化应严格按还原条件进行以保证还原彻底，一旦发生氧化或发现还原不彻底，应配入还原气重新进行还原。还原温度应略高于氧化温度。

4. 停工时催化剂处理

正常停工时，以先降低原料量后降蒸汽量的方法逐步将负荷降低至30%~40%，同时将转化炉出口温度调整到750℃以上。切断原料，在水蒸气条件下以每小时50℃的速率降温。当催化剂床层温度接近露点时，引入氮气，切断蒸汽和氢气(如果有)，继续循环降温吹扫，至催化剂床层冷却到50℃以下时，可以封炉或卸剂。如果催化剂计划继续使用，有条件的话可在切断原料时配入氢气，在H_2O/H_2小于7的条件下降温。在蒸汽环境下降温的催化剂，再次开工时，应进行还原。

5. 常见事故及处理

(1) 催化剂中毒

镍催化剂对原料烃中含有的某些杂质，即使含量极少也十分敏感，引起催化活性下降。一般经常遇到的毒物有硫、卤素、砷、磷、铅等。有的毒物使催化剂永久中毒；有一些则使催化剂暂时中毒，当原料烃中除去有害毒物时，并经过一定再生步骤，催化剂的活性能恢复正常。

炼厂气原料携带的毒物主要有硫、氯。中毒的原因是净化工序不合格。

① 硫中毒

转化催化剂发生硫中毒的原因主要是原料预处理部分脱硫不合格。即使是微量的硫化物进入转化炉管就也会使催化剂的活性显著下降。

转化催化剂硫中毒的现象为，炉管上部温度升高，出口甲烷含量增加；转化出口温度高，转化气中芳烃含量增加。催化剂中毒后，会破坏转化管内结炭和消炭反应的动态平衡，若不及时消除，将导致催化剂层结炭并产生热带。

② 硫中毒后的再生

在制氢装置操作条件下硫中毒通常是可逆的。就是说通过适当的处理，催化剂表观活性可以恢复正常，即转化率可以恢复到中毒前水平。但是，催化剂吸附的硫并不能完全释出，一般仅能释出50%左右。这与实践中发现的中毒再生后的催化剂更易中毒失活的现象是一致的。因此，在操作中应重视净化工段的操作和监控，尽可能避免转化催化剂硫中毒。

轻微的硫中毒可改换干净的原料在高水碳比下运行使其恢复活性，也可切除原料改为还原操作条件，使催化剂逐渐放硫以恢复活性。

当中毒比较严重时，可采用氧化还原的办法使其再生，具体步骤为：

a. 在接近常压下用蒸汽氧化催化剂控制床层温度稍低于正常操作时的10%~20%，时间约6~8h。

b. 在蒸汽配入氢气，使 H_2O/H_2 逐渐降到3左右，维持2~4h，进行催化剂的重新还原。

c. 按上述a的方法再生蒸汽氧化4~6h。

d. 按上述b的方法操作。然后建立正常的还原条件，再恢复正常操作条件，在再生过程中定期分析出口 H_2S 含量以判断除硫效率。

当催化剂中毒很严重时，就会引起催化剂积炭，因此必须将积炭和硫同时去除，使催化剂再生，然后按重新开车的要求还原活化催化剂。

③ 氯中毒

氯元素也是镍催化剂的毒物，进入转化催化剂床层的氯会加速镍晶粒的熔结和长大，加速转化催化剂的老化失活。通常控制其含量不大于0.2μL/L。转化催化剂对氯和氯化物的轻微中毒基本是可逆的，再生后表观活性可恢复。再生的方法与硫中毒类似。但若大量带入可使转化催化剂由于烧结(生成低熔点的表面化合物)而永久失活。

(2) 水碳比失调

水碳比失调指的是在操作过程中水碳比降至正常操作范围以下，此时，会导致转化催化剂上发生积炭，出现红管、热带、花斑，转化催化剂床层阻力升高等现象。水碳比失调的原因主要有蒸汽压力波动甚至中断、烃类原料波动、仪表计量不准、误操作等。

(3) 原料突然中断

原料中断将导致催化剂在蒸汽条件下的氧化，一般催化剂在蒸汽气氛下15min以上，会引起较为严重的氧化或钝化，需要重新还原后再进料。

(4) 转化入口温度过低

转化入口温度过低将导致转化管内上部抗积炭催化剂不能充分发挥转化作用，引起重烃下移，导致下段催化剂积炭。开、停工时需格外注意。

(5) 积炭

结炭通常理解为一种热力学过程，指在烃类转化过程中生成炭的反应。消炭是在碱性催化剂作用下的炭的水煤气反应。在一定的反应温度、压力、空速、水碳比条件下，结炭和消炭的是一个动态的过程，两者的反应速度决定了催化剂上是否会发生积炭。当结炭速度大于消炭速度时，催化剂表面会发生动力学积炭。积炭是转化过程中最经常发生的事故，对转化催化剂是危害最大的。炭沉积覆盖在催化剂表面，堵塞微孔，致使转化过程恶化或出现局部过热、热带、热管等，不但会缩短转化管的寿命，导致催化剂破碎粉化而增加床层阻力，而且经常会使系统出现事故，导致严重损失。

当系统中结炭和消炭达到平衡时，对一定烃类组成(即氢碳比一定)、温度、压力所对应的水碳比，称为热力学最小水碳比。当操作水碳比大于热力学最小水碳比时理论上不会积炭。

表 4-2-14　理论最小水碳比

温度/℃	理论最小水碳比 H_2O/CH_4	温度/℃	理论最小水碳比 H_2O/CH_4
426	0.89	706	1.11
537	1.35	816	0.99
565	1.38	926	0.97
595	1.40	982	0.95

不同的原料烃，不同的转化条件下，防止积炭的最小水碳比也不同。图 4-2-8、图 4-2-9 为不同原料在几种典型条件下的最小水碳比。

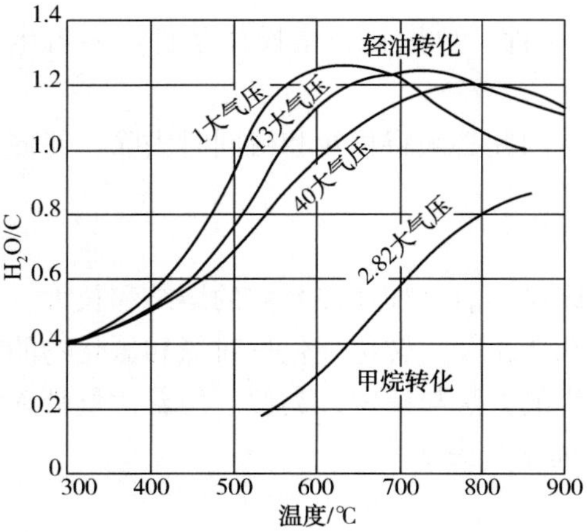

图 4-2-8　热力学最小水碳比

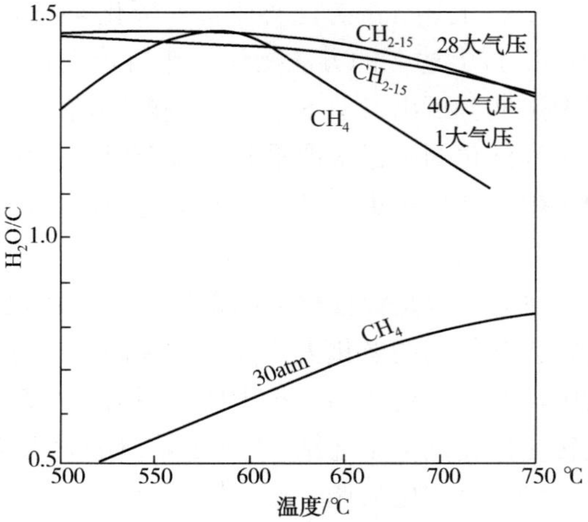

图 4-2-9　热力学最小水碳比

由图 4-2-8 和图 4-2-9 可见，甲烷蒸汽转化在温度相同时，低压下的热力学最小水碳比高于高压下的值。压力、温度相同时，石脑油蒸汽转化的热力学最小水碳比高于甲烷。

防止结炭的途径：

① 操作中始终保持足够的水碳比。

② 选用活性(特别是低温活性)好且稳定的催化剂。

③ 选用抗积炭性能好的催化剂。

④ 原料烃严格脱除有害毒物，保证转化催化剂活性不下降。

⑤ 从催化剂本身性能和工艺操作上，均确保转化催化剂在进口区段处于满意的还原状态。

转化催化剂积炭后的烧炭处理：

① 转化催化剂轻微积炭：表现为转化炉管上轻微的花斑。此时应采取的烧炭措施为：将负荷降到 50%~60%，水碳比提高到 5.0 以上，运行一段时间。

② 转化催化剂中度积炭：表现为转化炉管上出现大量的花斑及部分热带，转化催化剂床层阻力升高到正常时的~1.5 倍。此时应采用蒸汽烧炭：停止烃类进料，调整进入转化炉的蒸汽量为满负荷时的 30%~50%，保持转化炉的进/出口温度为 500/800℃，进行烧炭操作。烧炭结束后，应按转化催化剂的还原程序进行还原操作，之后可重新投料恢复生产。

③ 转化催化剂严重积炭：表现为转化炉管普遍红管，转化催化剂床层阻力升高到正常时的 2 倍以上，积炭已不限于催化剂的表面，还发生在催化剂的孔隙中。此时为了避免烧炭

过程造成催化剂破碎，应进行缓和烧炭：停止烃类进料，建立循环系统并引入氢气，调整进入转化炉的蒸汽量为满负荷时的30%~50%，水氢比~7，保持转化炉的进/出口温度为500/800℃，进行烧炭操作。烧炭过程中定时监测系统中CO_2和H_2的含量，及时补充H_2以满足水氢比的要求，当循环气中的CO_2不再增加时，表明烧炭结束。缓和烧炭一般需24~60h。烧炭结束后，应按转化催化剂的还原条件进行还原操作，之后可重新投料恢复生产。操作正常后，如果转化炉催化剂床层压降低于开工初期的150%，表明烧炭成功；否则，需考虑适时更换催化剂。

（三）预转化及其催化剂

1. 预转化工艺特点

预转化过程就是将脱硫后的原料及水蒸气混合物在进入转化管前先在转化炉对流段的适当部位预热至一定温度，然后进入一个绝热、固定床预转化反应器，在较低的H_2O/C比及中等温度以及催化剂的作用下将原料进行预转化，其中包括烃类裂解、水蒸气转化，而后进行裂解产物加氢、碳氧化物甲烷化等反应，其主要反应式如下：

$$
\begin{aligned}
C_nH_m &\longrightarrow C_{n-1}H_{m-x}+CH_x \\
&\longrightarrow C_{n-2}H_{m-2x}+2CH_x \\
&\longrightarrow C_{n-3}H_{m-3x}+3CH_x \\
&\cdots\cdots \\
&\longrightarrow CH_x+(n-1)CH_x \qquad (\text{吸热}) \\
CH_x+H_2O &\rightleftharpoons CO+(1+x/2)H_2 \qquad (\text{吸热}) \\
CH_x+(4-x)H &\rightleftharpoons CH_4 \qquad (\text{放热}) \\
CO+H_2O &\rightleftharpoons CO_2+H_2 \qquad (\text{放热}) \\
CO+3H_2 &\rightleftharpoons CH_4+H_2O \qquad (\text{放热}) \\
CO_2+4H_2 &\rightleftharpoons CH_4+2H_2O \qquad (\text{放热})
\end{aligned}
$$

所得预转化反应产物为包括CH_4、CO、CO_2和H_2的平衡混合物(称为富甲烷气体)。上述反应后气体再进入转化炉的辐射段，完成全部转化反应，这种工艺称为预转化工艺。预转化工艺有诸多优点：

① 将碳二及以上烃类转化为CO、CO_2及CH_4的碳一混合气体，拓展了制氢的原料范围。

② 由于预转化的操作温度较低，有利于硫的吸收，所有脱硫反应器未能脱除完全的微量硫可全部在此脱除，从而提高了下游转化及变换催化剂的寿命。当然，由于预转化催化剂价格昂贵，预转化催化剂进一步吸收微量硫只是一个客观存在的现实，而不是我们期望的结果。

③ 由于转化炉的催化剂顶部已不存在硫中毒问题，积炭的可能性也大幅度降低，因此转化炉管的受热比较均匀，炉管的操作条件大为缓和，相应可延长炉管的寿命，且使转化炉的操作更为简单，大大提高了装置操作的安全可靠性。

④ 转化催化剂可以采用抗积炭性能较低而活性更高的天然气转化催化剂，采用更高的碳空速，从而可缩小新建制氢装置转化炉的尺寸；或在改造时提高已有转化炉的处理能力。天然气转化催化剂的价格也更为低廉。

⑤ 由于采用预转化后可以利用对流段中烟气余热进行反应且大幅度提高转化炉工艺气的入炉温度，故可降低转化炉燃料消耗，相应减少了蒸汽的输出并缩小了装置内的锅炉给水系统，降低了装置的能耗。

⑥ 重要操作参数 H_2O/C 可以降低，也节省了工艺用蒸汽量，进一步降低了能耗。

预转化工艺也存在不利因素，预转化催化剂的活性成分与转化催化剂相同，且含量更高，因而催化剂的价格更为昂贵。在预转化反应相对低温的条件下，对毒物更为敏感，极易中毒，且中毒后基本不可再生。因此，采用预转化技术对原料净化的要求更高，需要采用铜基的深度脱硫催化剂。即便如此操作中的中毒失活的风险也更大。此外采用预转化工艺，流程相对复杂，对预转化催化剂及配套的深度脱硫催化剂的还原、停工时的要求也更高。

总的来说，采用预转化工艺对于以较重进料为原料的制氢装置具有明显的优点。对于以天然气等气体为原料的装置，增加预转化由于可降低燃料的消耗，一般也有明显的经济效益，特别是在水蒸气需求不大的情况下更具有优势。采用预转化工艺由于在降低燃料消耗的同时相应降低了水蒸气的输出，因此，在充分肯定预转化工艺对提高转化炉管寿命和操作的可靠性的前提下，对每种工况需要根据具体的原料、燃料及蒸汽价格以及投资进行经济评估，综合各种因素后，进行决策。

2. 预转化的流程配置

带有预转化反应器的制氢装置的常用的流程见图 4-2-10。

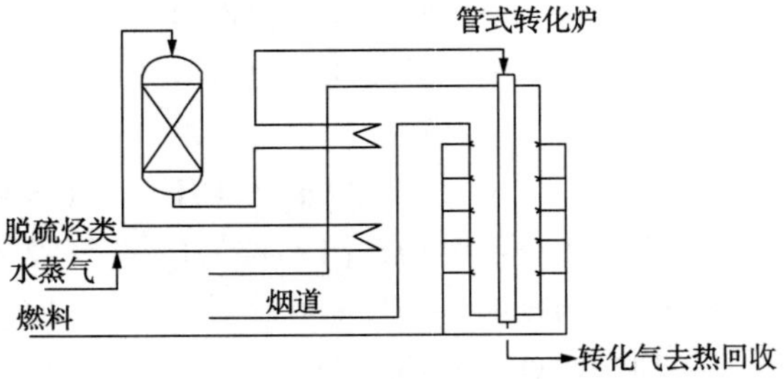

图 4-2-10　常用预转化流程

根据装置具体设计条件，也可采用图 4-2-11、图 4-2-12 两种流程。

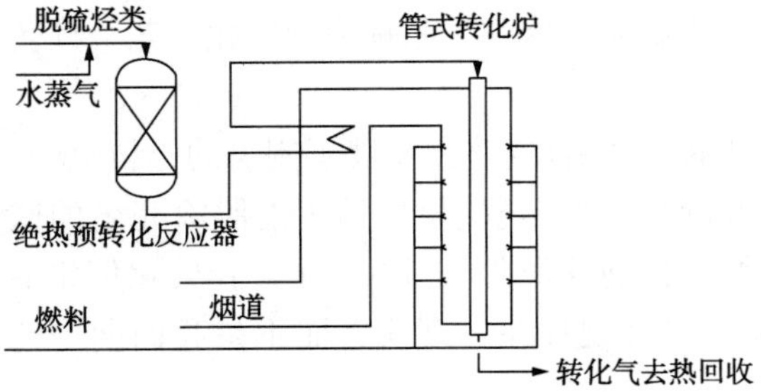

图 4-2-11　预转化可选流程

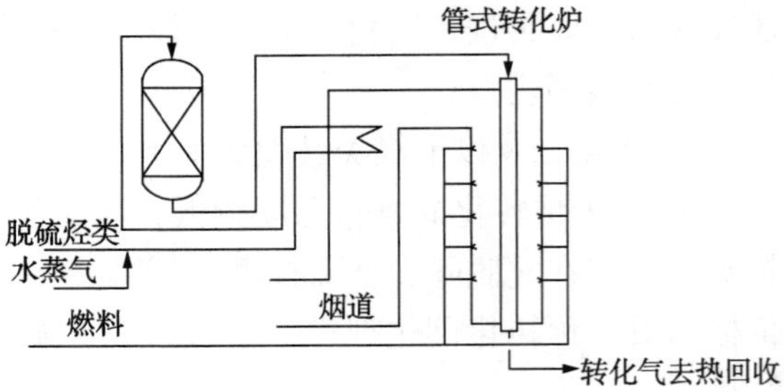

图 4-2-12　预转化可选流程

3. 预转化反应器的影响因素

预转化反应器的具体操作温度取决于所采用的原料。由于在预转化反应器中放热的裂解、甲烷化反应占优势，因而一般出口温度高于入口温度，而对气态原料(如天然气)则以吸热的转化反应占优势，一般出口温度低于入口温度。因此对气态原料，入口温度可取较高；而对重质原料，为防止结炭，操作温度不宜太高。

由于预转化反应是在一个绝热床内进行的，通过反应器出口温度是高于还是低于进口温度，可以判断其总反应是放热还是吸热，由此推断反应器中是放热的裂解、甲烷化反应占优势还是吸热的转化反应占优势。在一定的压力和水碳比下，预转化反应器的入口温度越高，越有利于吸热的转化反应进行。图4-2-13为五种不同原料在水碳比为3.0、压力3.0MPa时，预转化反应器操作温度的变化。这五种原料分别为天然气（H/C=3.98）、加氢干气（H/C=4.01）、加氢液化气（H/C=2.52）、石脑油（H/C=2.44）及拔头油（H/C=2.13）。由图4-2-13可见，氢碳比愈小，即原料愈重，反应放出的热量越多，其出口温度愈高，也即其总反应为放热反应的倾向愈大，对天然气类原料，其出口温度低于入口温度，也即其总反应为吸热反应。

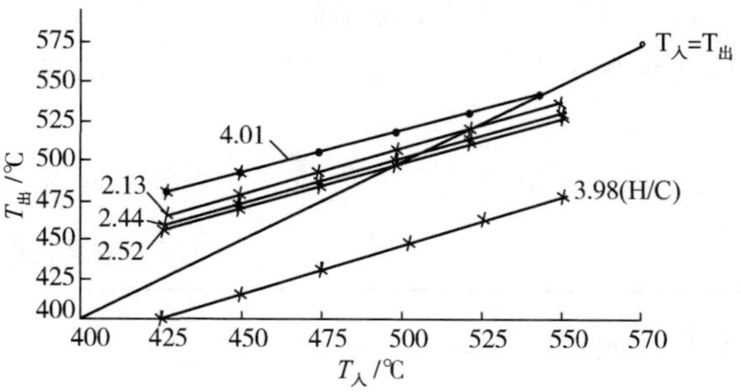

图4-2-13　原料氢碳比对预转化反应器反应温度的影响

预转化反应的压力愈低，愈有利于转化反应的进行，但压力的影响不明显。至于H_2O/C比，预转化催化剂不引起积炭所需的最小H_2O/C比对石脑油为1.5，对天然气可低至0.25。以上这些条件均取决于所选用的催化剂型号。

4. 预转化催化剂

目前制氢装置采用的预转化催化剂的活性组分为镍，且镍的含量要明显高于转化催化剂。

（1）预转化催化剂的性能要求

预转化是在低温下进行的转化反应，要求催化剂具有良好的低温活性。预转化通常在400~550℃下进行，远低于传统的烃类蒸汽转化温度，因此要求催化剂在低温下表现出卓越的活性，保证反应器出口气体中不含C_2以上高级烃类。

预转化反应在较低的温度下进行，此时催化剂对硫、氯的吸附性更强，因此，一方面原料预处理部分提高净化度，另一方面预转化催化剂应具备良好的抗毒能力，保证催化剂能够长时间稳定运行。

预转化催化剂还应该具有良好的抗积炭性能、良好的机械强度。

（2）预转化催化剂对原料的要求

相比于转化催化剂，预转化催化剂对毒物更加敏感，因此对原料的净化度要求更高。

国产预转化催化剂对原料的要求：

原料气中硫含量小于0.2ppm，氯含量小于0.2ppm；水蒸气中氯含量小于0.2ppm，硅含量小于20ppb，硫酸根小于0.2ppm。

国外预转化催化剂对原料的要求：

原料气中硫含量小于10~50ppb，氯含量小于10~50ppb。

（3）预转化催化剂开停工

预转化催化剂中活性组分镍的活性状态也是金属态，因此首次开工时需要用氢气还原。

$$NiO+H_2 = Ni+H_2O$$

不同的预转化催化剂还原过程采用的参数略有不同，大致过程相同。首先氮气升温，如果需要的话恒温脱水，继续升温到催化剂要求的温度配入氢气和水蒸气，最后达到操作条件，按催化剂的要求进行恒温。根据还原生成水的量达到理论还原水量的95%以上，确定还原完成。需要注意的是还原时的循环物流及进入还原系统的物料的净化度都应满足预转化催化剂的要求。

停车时应先切断烃类原料，随后切断蒸汽，用氢气或氮氢气吹扫降温。预转化停工过程中应避免烃类在没有蒸汽的条件下接触催化剂，同时避免水蒸气单独接触催化剂从而氧化催化剂。

5. 炼厂中制氢装置常用转化、预转化催化剂

表 4-2-15　制氢装置常用转化催化剂

序号	型号	外形	规格 外径/内径-长度/mm	堆密度/(kg/L)	侧压强度/(N/颗)	床层位置	适用原料
1	Z402	拉西环	Φ16/6×7~8	1.1~1.3	≥270	上部	炼厂气、石脑油
2	Z405G	拉西环	Φ16/6×16	1.05~1.15	≥500	下部	炼厂气、石脑油
3	Z417	四孔圆柱	Φ16/4×7~8	0.95~1.1	≥200	上部	炼厂气、石脑油
4	Z418	四孔圆柱	φ16/4×16	0.9~1.05	≥400	下部	炼厂气、石脑油
5	Z412Q	四孔凸面	φ16/4×8~9	0.9~1.0	≥200	上部	天然气
6	Z413Q	四孔凸面	φ16/6×7~8	0.9~1.0	≥400	下部	天然气
7	Z107	拉西环	φ16/6~8	1.14~1.24	≥250	上部	天然气
			φ16/6~16	1.0~1.2	≥350	下部	
8	Z11 系列	拉西环、5 筋车轮、7 孔柱状、4 孔柱状	Φ16	0.9~1.2	250~350		天然气
9	CN-16	多孔形	φ16/3(7 孔)~16 φ16/3(7 孔)~18	1.03~1.07 1.08~1.1			
10	KATALCO$_{JM}$ 25-4Q	Optimized QUADRALOBE	φ13/3.5~17	0.87		上部	
11	KATALCO$_{JM}$ 57-4GQ	Optimized QUADRALOBE	φ16/4.4~20	0.76		下部	
12	R-67-7H						

表 4-2-16　制氢装置常用预转化催化剂

序号	型号	外形	规格/mm	堆密度/(kg/L)	侧压强度/(N/颗)
1	Z501	圆柱状	φ5×4~5	0.95~1.05	≥150
2	Z502	环状	φ5×4~6	0.9~1.0	≥150
3	Z503	圆柱状	φ5×4~5	0.9~1.05	≥150
4	CN30	环状	φ10/4×5~6	1.1~1.3	≥200
5	CN31				
6	CRG LHR	片状	φ3.4×3.2~3.7	1.45	
7	AR-301-7H		11×6		

二、一氧化碳变换

(一) 变换反应

CO 变换的反应是一个放热反应，因此从热力学平衡的角度，反应温度愈低，愈有利于变换反应的进行。工业上根据反应温度和催化剂的不同，往往采用两段变换反应器的流程，即中(高)温变换和低温变换。

1. 中(高)温变换

(1) 反应热力学

CO 变换反应是一可逆放热反应：

$$CO+H_2O \rightleftharpoons CO_2+H_2,\ \Delta H=-41.4kJ/mol$$

① 反应热的计算

不同文献发表的反应热计算式略有差异，主要是所取等压热容数据不同所致。但差别很小，对工业计算并无显著影响。推荐式(4-2-15)，反应温度与反应热的关系见表 4-2-17。

$$-\Delta H=10681-1.44T-0.4\times10^{-4}T^2+0.084\times10^{-6}T^3 \quad (4-2-15)$$

表 4-2-17　反应温度与反应热的关系

温度/K	反应热/(kJ/mol)	温度/K	反应热/(kJ/mol)
300	41.31	700	38.01
400	40.78	800	36.96
500	39.90	900	35.70
600	38.64		

② 平衡常数的计算

变换反应的平衡常数 K_p 可表示为：

$$K_p=\frac{p_{CO_2}\cdot p_{H_2}}{p_{CO}\cdot p_{H_2O}} \quad (4-2-16)$$

推荐式(4-2-17)计算 K_p 值：

$$K_p=\exp[Z(Z(0.63508-0.29353Z)+4.1778)+0.31688] \quad (4-2-17)$$

式中　$Z=(1000/T)-1$，T 为热力学温度，K。

(2) 反应动力学

① 反应机理

目前对 CO 变换反应机理尚无一致看法，有研究者认为，反应是在表面吸附着的分子间进行的，即

反应物吸附：

$$CO+[K]\longrightarrow[K]\cdot CO$$

$$H_2O+[K]\longrightarrow[K]\cdot H_2O$$

表面反应：

$$[K]\cdot CO+[K]\cdot H_2O\longrightarrow[K]\cdot H_2+[K]\cdot CO_2$$

生成物脱附：

$$[K]\cdot H_2\longrightarrow[K]+H_2$$

$$[K]\cdot CO_2\longrightarrow[K]+CO_2$$

上述式中，[K]表示催化剂的活性中心。

另一些研究者认为，催化反应仅是 Fe^{2+} 和 Fe^{3+} 之间和反应物 H_2O、CO 的反复氧化还原，亦即：

$$H_2O+[\ ]\longrightarrow H_2+[O]$$

$$CO+[O]\longrightarrow CO_2+[\ ]$$

上述式中，[O]代表晶格氧原子，[ ]是移去氧原子的空位，即 Fe_3O_4 被 H_2O 和 CO 反复

氧化还原。

从已发表的多数动力学方程的形式看来，可能的反应机理是表面吸附的 CO 和 H_2O 之间进行，不太可能是氧化还原机理。

② 动力学方程和反应速率常数

关于 CO 变换反应的本征动力学方程，发表过很多，下式为经验动力学方程之一。

$$r_o=\frac{dY_{CO}}{d\tau}=\kappa_t p^{0.5}\left(Y_{CO}\cdot Y_{H_2O}-\frac{Y_{CO_2}Y_{H_2}}{K_P}\right) \tag{4-2-18}$$

$$\kappa_t=6.0\times10^8\exp\left(\frac{28000}{RT}\right)$$

式中 r_o——反应速率；

τ——虚拟接触时间，s；

p——反应条件下的总压力，10^5Pa；

Y_i——组分 i(相应于 CO、CO_2、H_2)的摩尔分数；

K_P——平衡常数；

κ_t——反应速率常数，B110 型催化剂的反应速率常数见表 4-2-18。

其他动力学方程见表 4-2-19。

表 4-2-18 B110 型催化剂的反应速率常数

温度/℃	κ_t/s^{-1}，10^{-5}Pa	温度/℃	κ_t/s^{-1}，10^{-5}Pa	温度/℃	κ_t/s^{-1}，10^{-5}Pa
280	0.0061	370	0.2100	460	3.0456
290	0.0096	380	0.2941	470	3.9473
300	0.0147	390	0.4054	480	5.0547
310	0.0224	400	0.5555	490	6.4516
320	0.0335	410	0.7518	500	8.1766
330	0.0496	420	1.0118	510	10.3092
340	0.0724	430	1.3483	520	12.9115
350	0.1045	440	1.7809	530	16.0857
360	0.1488	450	2.3373		

表 4-2-19 其他中变催化剂动力学方程

序号	动力学方程
1	$r_o=\frac{\kappa K_{CO}K_{H_2O}\{[CO][H_2O]-[CO_2][H_2]/K_p\}}{\{1+K_{co}[CO]+K_{H_2O}[H_2O]+K_{CO_2}[CO_2]+K_{H_2}[H_2]\}^2}$
2	$r_o=\frac{\kappa[H_2O]}{1+K_p[H_2O]/[H2]}$
3	$r_o=\frac{\kappa\{[CO][H_2O]-[CO_2][H_2]\}/K_p}{1+K_1[CO]+K_2[H_2O]+K_3[CO_2]+K_4[H_2]}$
4	$r_o=aK[CO]^m[H_2O]^n[CO_2]^P[H_2]^q$
	κ——反应速率常数；K——相应组分的吸附平衡常数； K_p——CO 变换反应平衡常数；m，n，p，q——通过实验求出的指数

2. 低温变换

(1) 反应热力学

工程上将操作温度低于250℃的CO变换反应称为低温变换。CO变换反应是一个可逆、放热的等分子反应：

$$CO+H_2O_{(气)} \rightleftharpoons CO_2+H_2 \qquad \Delta H^0_{298}=-41.16kJ/mol$$

反应热随温度升高而降低。计算CO变换反应热的经验公式有多种，例如下式：

$$\Delta H=(9420+3.16T-8.314\times10^{-3}T^2+5.17\times10^{-6}T^3)\times4.184kJ/mol \qquad (4-2-19)$$

由式(4-2-19)计算得到的低温变换反应热值列于表4-2-20中。

表4-2-20 某些温度下CO变换反应热值

T/℃	25	100	150	200	250	300
ΔH/(kJ/mol)	40.86	40.63	40.42	40.19	39.88	39.38

压力对反应热值的影响很小，可以忽略不计。

CO变换反应的平衡常数可用式(4-2-20)表示：

$$K_p=\frac{p_{CO_2}\cdot p_{H_2}}{p_{CO}\cdot p_{H_2O(气)}}=\frac{Y_{CO_2}\cdot Y_{H_2}}{Y_{CO}\cdot Y_{H_2O(气)}} \qquad (4-2-20)$$

式中 p_i，Y_i——各气体的分压值和摩尔分数值。

推荐用式(4-2-21)计算K_p值：

$$\lg\frac{1}{K_p}=\frac{-2059}{T}+1.5904\lg T-1.817\times10-3T+5.65\times10-7T^2-8.24\times10-11T^3-1.5313$$

(4-2-21)

(2) 低变反应动力学

在低变反应器设计上，最初是假定反应速率正比于CO实际浓度与平衡浓度的差值，而得最简单的宏观动力学方程：

$$r=\kappa([CO]-[CO]_e) \qquad (4-2-22)$$

式中 κ——反应速率常数；

[CO]，$[CO]_e$——CO的实际浓度与平衡浓度。

式(4-2-22)简单易算，但准确度不高。后来从大量实验数据求得反应速率常数，而得式(4-2-23)。

$$r=\kappa\left(p_{CO}\cdot p_{H_2O}-\frac{1}{K_p}p_{CO_2}\cdot p_{H_2}\right) \qquad (4-2-23)$$

考虑低变催化剂的内扩散的影响，从第一类反应机理又推导出适用于工程设计的宏观动力学方程：

$$r=513.15/T\cdot K_{P_{co}}\cdot p^{1/2}_{H_2O(气)}(1-\kappa/K_p)\Big/\left(\frac{1}{p}+K_{co}\cdot p_{CO}+K_{co_2}\cdot p_{CO_2}\right) \qquad (4-2-24)$$

式中 T——反应温度，K；

P——反应压力，10^5Pa；

κ——反应速率常数，$\kappa=\frac{[CO_2][H_2]}{[CO][H_2O_{(气)}]}$；

K_{CO}，K_{CO_2}——C，CO_2在催化剂上的吸附平衡常数。

林铎等提出 B204 型低变催化剂的本征动力学方程为：

$$\gamma=7.7\times10^{4}\exp(-5.7\times10^{4}/RT)Y_{co}\cdot Y_{H_2O(气)}^{0.4}\cdot Y_{co_2}^{-0.3}\cdot Y_{H_2}^{-0.3}\cdot(1-\beta) \quad (4-2-25)$$

B204 型低变催化剂的宏观动力学方程为：

$$r=684\exp(-4.03\times10^{4}/RT)Y_{co}\cdot Y_{H_2O(气)}^{0.4}\cdot Y_{co_2}^{-0.3}\cdot Y_{H_2}^{-0.3}\cdot(1-\beta) \quad (4-2-26)$$

B205 型低变催化剂的本征动力学方程为：

$$r=1.965\times10^{6}\exp(-16370/RT)Y_{co}\cdot Y_{H_2O(气)}^{0.4}\cdot Y_{co_2}^{-0.6}\cdot(1-\beta) \quad (4-2-27)$$

式中　$\beta=\frac{1}{K_p}(Y_{CO}\cdot Y_{H_2O(气)})/(Y_{CO_2}\cdot Y_{H_2})$

（二）变换催化剂

1. 中(高)温变换催化剂

（1）主要物化性质

中(高)温变换催化剂的主要活性组分为铁和铬的氧化物。研究工作表明，Fe_3O_4的表面是 CO 变换反应的活性表面，Cr_2O_3与 Fe_3O_4形成固溶体，起着结构性助剂的作用。Cr_2O_3不改变 Fe_3O_4表面的比活性，但可大幅度提高 Fe_3O_4的耐热稳定性，但 Cr^{3+}只能取代 Fe_3O_4中 Fe^{3+}的一定数量，即 Cr^{3+}在 Fe_3O_4中只有一定的“溶解度”，超过这一数量，就有单独的 Cr_2O_3相出现。因为 Cr_2O_3对 CO 变换反应几乎没有活性，如果覆盖在 Fe_3O_4表面上而不形成固溶体，就反而会降低催化剂的活性。常用的工业催化剂含 Cr_2O_3通常在 5%～13%之间。此外，绝大多数催化剂中还含少量 K_2O(低于 1%)，认为能提高活性和稳定性。

国内制氢装置应用较广的中变催化剂为 B113 和 B113-2，这两种催化剂是硝酸亚铁共沉淀法代替硫酸法生产的。Fe_2O_3主相为 γ 型，这比用硫酸法的 α 型 Fe_2O_3活性好，强度高，γ 型 Fe_2O_3在氧化和还原反应中晶粒不变大。B113-2 催化剂在 B113 的基础上添加了贵金属和助剂，低温活性好，活性温区宽，汽气比低。该催化剂本体硫含量小于 200μg/g，还原时间短，达到国际先进水平。常用催化剂见表 4-2-21。

表 4-2-21　制氢装置常用中(高)温变换催化剂

序号	型号	外形	规格/mm	堆密度/(kg/L)	侧压强度/(N/颗)
1	B110	片状	φ9×5～7	1.4-1.6	≥250
2	B113	片状	φ9×5～7	1.38-1.45	≥250
3	B113-2	片状	φ9×5～7 φ6×3～6	1.38-1.45	≥250
4	$CATALCO_{JM}$71-5	片状	φ8.5×4.9	1.22	
5	LK-811	片状	φ4.5×4.5		
6	LK-813	片状	φ4.5×3.4		
7	ShiftMax 120				

（2）催化剂的还原

中变催化剂通常以 Fe_2O_3的形态供货，使用前必须有水蒸气存在的条件下，用还原性气体 H_2或 CO 将形态为 Fe_2O_3的变换催化剂还原为具有变换活性的 Fe_3O_4。

主要反应式：

$$3Fe_2O_3+H_2\longrightarrow2Fe_3O_4+H_2O \qquad \Delta H_{298}^{0}=-9.6kJ/mol$$

$$3Fe_2O_3+CO\longrightarrow2Fe_3O_4+CO_2 \qquad \Delta H_{298}^{0}=-50.8kJ/mol$$

中变催化剂中的 CrO_3，Cr^{6+}还原为 Cr^{3+}放出很大热量：

$$2CrO_3+3H_2 \longrightarrow Cr_2O_3+3H_2O \qquad \Delta H^0_{298}=-648.7kJ/mol$$

$$2CrO_3+3CO \longrightarrow Cr_2O_3+3CO_2 \qquad \Delta H^0_{298}=-808.2kJ/mol$$

中变催化剂在达到还原温度以前，一定要先配入足够的蒸汽量，才能允许配入还原气体进行还原。否则会发生过度还原生成金属铁。

$$3Fe_3O_4+4H_2 \longrightarrow 3Fe+4H_2O \qquad \Delta H^0_{298}=150kJ/mol$$

$$Fe_3O_4+4CO \longrightarrow 3Fe+4CO_2 \qquad \Delta H^0_{298}=-14.8kJ/mol$$

Fe_3O_4生成金属铁的条件取决于系统 p_{H_2O}/p_{H_2}和 p_{CO_2}/p_{CO}，当比值大于表 4-2-22 的数值时，就不会有金属铁产生。一般保持 p_{H_2O}/p_{H_2}比值在 0.2 以上。

表 4-2-22　p_{H_2O}/p_{H_2}和 p_{CO_2}/p_{CO}在不同温度下的比值

温度/℃	p_{H_2O}/p_{H_2}	p_{CO_2}/p_{CO}
300	2.7	0.068
350	2.29	0.105
400	2.04	0.146

图 4-2-14 中没有 Fe_2O_3，是因为它极易还原，故在还原气氛下不存在。计算表明在 H_2O/H_2 比在大于 2×10^3、550℃时才可能有 Fe_2O_3存在。

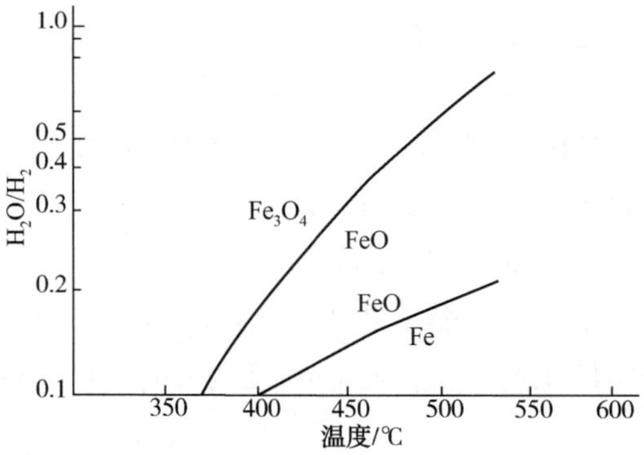

图 4-2-14　不同 H_2O/H_2比值下 Fe_3O_4、FeO 和 Fe 的平衡相图

（3）还原过程及注意事项

制氢装置中变催化剂的还原通常与转化串联进行，在中变 120℃恒温脱水以 30℃/h 升温至还原温度 190～200℃，系统压力在 0.6～1.0MPa 可同时引入蒸汽和氢气，进入转化中变系统，进行中变催化剂还原放硫。如果转化催化剂也是新装，需同时还原，应注意配氢量以中变还原为准。配氢量可从 0.5%开始并逐渐提升至 1%～2%，控制床层的温升不超过 30℃/h。如果临近 30℃/h，可减少配氢量，加大氮气循环量。在提高配氢量的同时，要提高蒸汽量，注意保持 H_2O/H_2比值在 7.5 以下和 0.2 以上。随着还原进行可适当提高中变入口温度，当入口及床层达到 260～325℃以上时可有 H_2S 放出。注意中变入口气 H_2S 浓度应低于出口 H_2S 浓度，否则会影响中变催化剂放硫。

当转化达到进料条件时，可向转化中变系统引进原料气，此时可加大空速，加快催化剂放硫，工艺气在中变出口放空，伴随着出口空速的加大，针对不同型号的催化剂要逐渐提高到其放硫的最高温度，再将进料量调至满负荷量的 70%，注意监测放硫高峰，如果放硫量从高峰降下来，连续出现三个小于 1μL/L H_2S 值时，认为还原放硫结束。

（4）高变催化剂的研究进展[2]

国内外的高变催化剂研究生产机构在传统铁铬系高变催化剂的基础上从以下几个方面进行改进和开发：

① 添加铜助剂

在铁铬系高变催化剂中添加铜助剂可抑制 F-T 反应，降低变换的汽气比要求从而使制氢装置的水碳比可以降至更低，提高变换催化剂的低温活性，有利于变换催化剂的寿命。

目前制氢装置中使用的高变催化剂大多添加了铜助剂。

② 开发低铬或无铬的铁基高变催化剂

铬是一种对人和环境有害且难以回收的重金属元素，为了减少或避免金属铬的使用，国内外相关机构均在积极研制低铬或无铬新型高变催化剂。

ICI 公司在 20 世纪 80 年代就研发出无铬铁基高变催化剂，试图用 Ca、Ce、Zr 代替 Cr。其中 CeO 为助剂的催化剂变换活性最高，但也仅为含 Cr 催化剂的 81%。还有研制出 Cu-Zn-Fe 变换催化剂的报道。福州大学开发出用过渡元素替代铬的高变催化剂，内蒙古工业大学研制出 Fe-Ce-Al-K 系催化剂，南化公司研究院则使用镍、铋替代铬作为助剂。

目前无铬铁基高变催化剂虽然有较大发展，但耐温性仍亟待提高。

③ 铜锰系宽温变换催化剂

为了从根本上避免 F-T 反应的发生，人们开发了无铁的高变催化剂。如 Topsøe 公司开发了 Cu-Zn-Cr 催化剂，内蒙古工业大学开发了铜锰系高变催化剂。这是一个较新的领域有待于进一步的发展。

2. 低温变换催化剂

1965 年我国研制生产了 B201 型铜锌铬系低变催化剂，随后，又研制成功铜锌铝系低变催化剂。生产方法也由硝酸法发展到络合法。

（1）低变催化剂的活性组分铜

金属铜微晶是低变催化剂的活性组分。催化剂制造厂通常只供应氧化态产品，用户必须先将催化剂还原，使 CuO 变为 Cu。Cu 对某些气体的化学吸附性质见表 4-2-23。

表 4-2-23　Cu 对某些气体的化学吸附活性

T/℃	N_2	H_2	CO_2	CO	C_2H_4	C_2H_2	O_2	说明
-183~0	-	-	-	+	+	+	+	+表示有吸附作用； -表示无吸附作用

可知，在变换气体中，Cu 对 N_2、H_2、CO_2没有化学吸附活性，Cu 对 CO 具有化学吸附作用。

低变催化剂中的铜微晶愈小，其比表面愈大，则活性中心愈多，其活性也愈高。催化剂的活性随铜微晶的变小而增加，两者大致呈线性关系。铜微晶大小和铜表面以及活性的关系见图 4-2-15、图 4-2-16。

铜晶粒愈小其表面能愈高，在操作温度下会迅速向表面能低的大晶粒转变，亦即通常所说催化剂向热稳定转移的“半熔”或“烧结”。将 5. 0~15. 0nm 铜微晶在 200℃左右的还原性气体中处理 6 个月，烧结后其最小微晶也成为大于 100nm 的晶粒；若在相同气体、相同时间将温度调为 300℃左右，其最小晶粒也大于 1000nm，可见温度愈高、愈易烧结。随着晶粒的迅速长大，铜的表面和活性中心锐减，催化剂很快失活，故不能采用单组分 Cu 作低变催化剂。

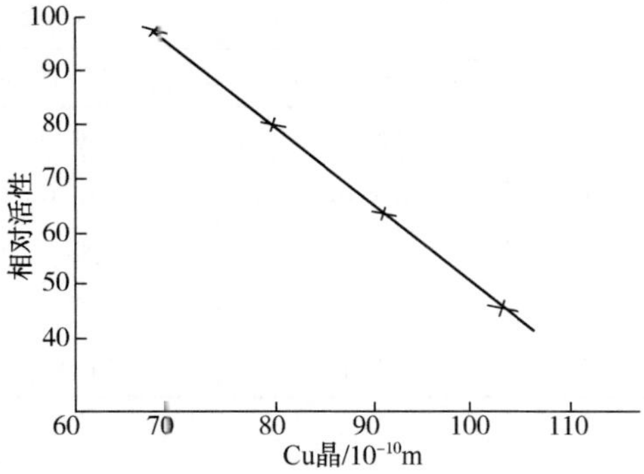

图 4-2-15　Cu 晶大小和活性的关系

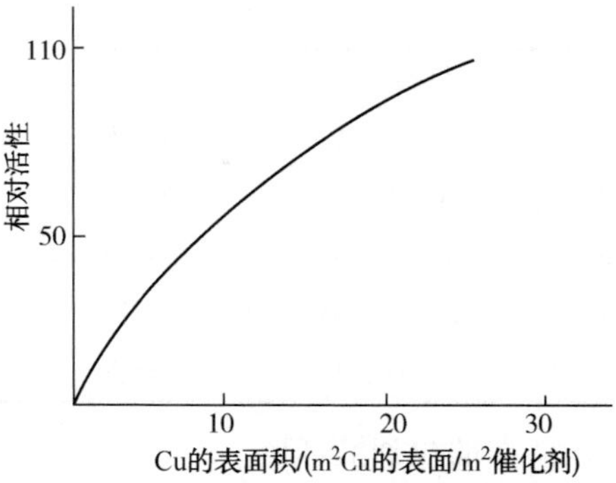

图 4-2-16　Cu 表面积大小和活性的关系

（2）助剂和载体 ZnO、Cr_2O_3、Al_2O_3的作用

为了提高表面积大的细小铜微晶的热稳定性，需要阻止分散的铜微晶相互接触，试验证明：ZnO、Cr_2O_3、Al_2O_3等载体最适宜作铜微晶在细分散状态的间隔稳定剂，这三种物质都可形成高分散度的微晶，其比表面均大，其熔点都显著高于铜的熔点。

物质	Cu	ZnO	Al_2O_3	Cr_2O_3
熔点(℃)	1083	1975	2045	2435

由于铜锌离子的半径相近、电荷相同，因而容易制得比较稳定的铜锌化合物的复晶或固溶体。ZnO 的晶粒通常为 100~200nm，催化剂被还原后，ZnO 晶粒均匀散布在铜微晶之间，起着间隔、稳定、承载铜微晶的作用。

工业生产证明，铜锌二元低变催化剂的耐毒性有所提高，但铜微晶仍容易被烧结，Al_2O_3和 Cr_2O_3不但熔点高，而且都可形成分散度很细的晶粒，比表面都很大，很适宜用作间隔、稳定 Cu、ZnO 微晶的载体。Al_2O_3与 ZnO 在催化剂制备过程中，可形成热稳定性很高的锌铝尖晶石。Cr_2O_3也有类似的热稳定作用。故工业上出现两种 3 组分低变催化剂，即 Cu-Zn-A1 系与 Cu-Zn-Cr 系。

Cu-Zn-Cr 系低变催化剂中常含有少量 Cr^{6+}，还原时间长而还原热效应大，如下式所示：

$$2CrO_3+3H_2 \rightleftharpoons Cr_2O_3+3H_2O \qquad \Delta H^0_{298}=-684.5\text{kJ/mol}$$

由于还原放热量大，故还原期易使床层超温，甚至造成催化剂烧毁事故。加之 Cr_2O_3价格比 Al_2O_3昂贵，且用 CrO_3为原料，Cr^{6+}有毒又易溶于水，对职工身体有害又污染环境。现在，国外已将 Cu-Zn-Cr 系低变催化剂淘汰，而仅向 Cu-Zn-A1 系一个系列发展。

Cu-Zn-A1 系低变催化剂的热稳定性较好，Al_2O_3既能阻抑 Cu 微晶烧结，也能抑制 ZnO 微晶烧结，从而稳定了催化剂的内部结构，使其能在少毒的正常工艺条件下高活性长期运转，故在世界各国广泛应用。我国迄今生产使用 Cu-Zn-A1 和 Cu-Zn-Cr 两种低变催化剂，建议采用两种催化剂混装，上层装少量 Cu-Zn-Cr 系 B203 型低变催化剂，下部全装 Cu-Zn-A1 系催化剂(B204、B205、B206 型)，取得了较好的经济效果。表 4-2-24 为目前常用的国产低变催化剂的主要性能。

表 4-2-24　国产低变催化剂的主要性能

型号	活性组分	制法	粒度/mm	堆密度/(kg/L)	比表面/(m^2/g)
B201	Cu、Zn、Cr	硝酸法	5×5	1.5~1.7	60
B202	Cu、Zn、A1	硝酸法	5×5±0.5	1.4~1.5	60~80

续表

型号	活性组分	制法	粒度/mm	堆密度/(kg/L)	比表面/(m^2/g)
B203	Cu、Zn、Cr	硝酸法	4.5×4.5	1.05~1.10	50~70
B204	Cu、Zn、Al	硝酸法	5×4.5±0.5	1.5±0.1	76±10
B205	Cu、Zn、Al	络合法	5.6×3.5~4.0	1.1~1.2	85
B205-1	Cu、Zn、Al	络合法	5.6×3.5~4.0	1.1~1.2	85
B206	Cu、Zn、Al	络合法	5×4.5±0.56×3.5±0.5	1.4~1.6	75±10

(3) 低变催化剂的还原

① 还原原理

低变催化剂以氧化态 CuO 供给，使用前应用 H_2或 CO 还原为铜微晶才有活性。

反应式：

$$CuO+H_2 \longrightarrow Cu+H_2O \qquad \Delta H^0_{298}=-86.6kJ/mol$$

$$CuO+CO \longrightarrow Cu+CO_2 \qquad \Delta H^0_{298}=-127.6kJ/mol$$

$$2CrO_3+3H_2 \longrightarrow Cr_2O_3+3H_2O \qquad \Delta H^0_{298}=-684.5kJ/mol$$

$$2CrO_3+3CO \longrightarrow Cr_2O_3+3CO_2 \qquad \Delta H^0_{298}=-807.9kJ/mol$$

如还原使用一氧化碳，还原含 CrO_3较多的催化剂会放出很大热量，温度升得很高。如果用天然气做载气时，还有碳二以上烃类裂解反应，放热也很高。因此在不得不用天然气时，应注意控制组分中碳四以上组分小于 0.2%。

$$3C_mH_n+2mCrO_3 \longrightarrow mCr_2O_3+3mCO+3n/2H_2$$

采用氮气做载气，用氢气还原，每反应 1%氢气可使催化剂床层温升 28℃。用水蒸气配氢还原可使床层温升 24℃。一般不用一氧化碳气做还原气。

② 还原过程的注意事项

制氢一般采用氢气作载气配入氢气进行催化剂还原。系统压力在 0.8~1.0MPa，还原分三个阶段。初期为诱导期，温度愈低，氢浓度愈低，诱导期愈长。此时要控制配氢量≯0.1%，防止氢积累，造成突然温升。B205 本体水含量和诱导期都比 B204 少。诱导期过后反应进入加速期，还原速度与浓度和温度成正比。故控制好配氢量是控制还原速度的关键，氢浓度可从 0.1%~0.5%(v)逐渐增高到 1%(v)。注意提高配氢量的同时不能提高入口温度，提高入口温度时，不能同时提高配氢量，提高氢浓度时，可视床层温升情况慢慢提升，每次 0.1%(v)。当入口氢浓度达到 0.8%~1%时，为还原主期，应控制床层温升不超过 30℃，床层最高温度不超过 220℃。对这一项工作一定要慎之又慎，否则催化剂在还原时超温，铜微晶变大，活性就会下降，不能达到预期目标。当低变出口氢浓度逐渐增加时，说明还原耗氢减少，反应进入减速期。此时，可交替提高床层温度(每次 3~5℃，至 190~200℃)和交替提高配氢浓度到 10%~20%。这一步骤仍应注意后部床层温升。当进出口氢浓度都达到 20%，床层已经不再耗 H_2，催化剂各层已经过温度高峰后回落到入口温度附近，认为催化剂还原基本结束。

③ 计算催化剂的还原度

判断催化剂还原是否完全的依据是耗氢量与理论耗氢量之比，一般大于 95%认为还原完全，否则还要继续进行一定时间的还原。

3. 中变及低变工艺的应用

变换反应为放热反应，反应温度愈高，反应平衡常数愈小。因此操作温度愈低愈有利于变换反应的进行，有利于提高原料的产氢率。一般而言，变换气中一氧化碳每降低 0.1%，产氢率可提高 1.1%~1.6%。对常规制氢装置，由于后续的净化流程采用甲烷化过程来除去变换气中的一氧化碳和脱碳过程剩余的二氧化碳，因此必须采用中—低变两段反应，尽量降低变换气中的一氧化碳含量(一般要求在 0.3%以下)，以防甲烷化反应器超温，并且降低一氧化碳甲烷化所消耗的氢气，提高产氢率和氢纯度。对 PSA 净化的制氢装置，变换气中的一氧化碳在后续的 PSA 吸附罐中被除去并在脱附过程中进入尾气。为使尾气保持一定的热值，一般采用一段(中变)即可，变换气中的一氧化碳含量为 3%左右。但对于原料价格明显高于燃料价格的制氢装置，为提高原料的产氢率，可考虑增设低变反应器(一般产氢率可提高约 4%)，但必须严格注意进入低变反应器的介质温度必须高于露点温度 30℃，以确保安全操作。

三、氢气净化

在制氢装置中，经过变换后的气体除了氢气还含有其他成分，如：甲烷、一氧化碳、二氧化碳、水等。为了得到高纯度的氢气，还需要进行进一步的净化。国内制氢装置中常用的富氢气体净化工艺主要有化学净化+甲烷化法和变压吸附法。

化学净化+甲烷化法通常被称为常规法，在变压吸附法出现前是制氢装置采用的氢气净化方法。首先通过化学吸收去除富氢气体中的二氧化碳，之后通过甲烷化将产品气中危害下游装置催化剂的一氧化碳和二氧化碳转化为无害的甲烷。化学吸收的溶剂通常采用苯菲尔溶液，利用二氧化碳的酸性特征，能与碱性吸收剂进行化学反应的特点，在较高的温度下吸收，因此被称为热碱法。

变压吸附法按照其英文的首字母也被简称为 PSA 法。采用变压吸收的气体净化工艺早在 60 年代初首先是由美国联合碳化物公司(UCC)发展起来的，利用不同的气体在不同压力下吸附能力不同的原理，进行气体分离，最早用于除去燃烧法制氮的燃烧气中的 CO_2 和 H_2O 提纯 N_2 气。该公司 1964 年研究成功用 PSA 提纯氢气，并于 1966 年向外出售了第一套 PSA 制氢装置并开车成功。

变压吸附法提纯氢气由于流程简单，产品氢气纯度、压力高，在国内炼厂选用廉价的制氢原料的背景下，PSA 法逐渐成为氢气净化的主要方法。

(一) 脱碳+甲烷化

实际上溶剂吸收法脱除二氧化碳的工艺和方法有很多。根据溶剂的性质可分为物理吸收、化学吸收和物理化学吸收。物理吸收常用的有低温甲醇洗法、碳酸丙烯酯法等；化学吸收常用热钾碱法、乙醇胺法、氨水法等；物理化学吸收常用环丁砜法。

1. 苯菲尔法脱碳

制氢装置中最常用的脱碳方法为苯菲尔法。苯菲尔是原始的热钾碱法的商业名称，是由本森(H. E. Benson)和菲尔德(J. H. Field)在 50 年代为美国矿务局发明的。最早是用碳酸钾溶液吸收二氧化碳，之后采取一些改进措施，通过添加活化剂加快吸收速度，添加缓蚀剂减轻溶液对设备的腐蚀。由于溶液的价格低，吸收容量大，便于操作管理和容易再生，特别在中压(2.0~3.0MPa)下吸收及有低压蒸汽可利用的情况下，经济上非常有竞争力，因此，一度在采用蒸汽转化法制氢的工厂中被广泛采用。

在之后几十年的应用中，苯菲尔法脱碳技术不断改进和进步，主要体现在两个方面：改进流程降低能耗；改进溶剂提高吸收效率同时防腐。经过不断优化改进，目前常用的苯菲尔溶液是以二乙醇胺为活化剂、五氧化二钒为缓蚀剂的碳酸钾溶液。

(1) 基本原理

采用碳酸溶液吸收二氧化碳的化学反应过程如下：

$$K_2CO_3+CO_2+H_2O \rightleftharpoons 2KHCO_3 \quad (1)$$

上式通常认为是按下列步骤进行的：

$$H_2O \rightleftharpoons H^++OH^- \quad (2)$$

$$K_2CO_3 \rightleftharpoons 2K^++CO_3^= \quad (3)$$

$$CO_2+OH^- \rightleftharpoons HCO_3^- \quad (4)$$

$$H^++CO_3^= \rightleftharpoons HCO_3^- \quad (5)$$

$$K^++HCO^-{}_3 \rightleftharpoons KHCO_3 \quad (6)$$

其中式(2)、式(3)、式(5)、式(6)的反应速度很快，而式(4)的反应速度较慢。式(4)的反应速度决定着整个反应的速度。为了加快其反应速度，最有效的方法是在碳酸钾溶液中加入液相催化剂，以改变其反应过程。

采用二乙醇胺作液相催化剂(通常称之为苯菲尔法)的反应机理如下：

$$CO_2+(C_2H_5O)_2NH \rightleftharpoons (C_2H_5O)_2NCOO^-+H^+ \quad (7)$$

$$(C_2H_5O)_2NCOO^-+H_2O \rightleftharpoons (C_2H_5O)_2NH+HCO_{3-} \quad (8)$$

式(7)所示的吸收 CO_2 的反应速度大大快于式(4)所示的吸收 CO_2 的速度。从平衡观点看，加入二乙醇胺作催化剂，降低了溶液面上的 CO_2 平衡分压，从而有利于净化度的提高。

(2) 影响 CO_2 吸收的主要因素

① 吸收温度

吸收温度高有利于加快反应速度，但吸收平衡不利于 CO_2 的吸收。因此，两段吸收的流程，通常控制塔顶进口溶液温度低一些，以提高气体的净化度；吸收碳中部进料的半贫液温度高一些，可以快速吸收大量的 CO_2。

② 吸收压力

吸收压力的提高增大吸收推动力。但吸收塔的操作压力取决于上下游工序。

③ 溶液循环量

必要的溶液循环量保证适宜的喷淋密度，使填料表面充分润湿，避免气体通过干填料，影响净化度。溶液循环量应根据溶液总碱度、再生度和气体负荷进行调整。

④ 贫液和半贫液的再生度

贫液和半贫液的再生度会影响吸收效果。应给再生塔提供足够的热量以保证溶液的再生度。

⑤ 吸收塔压差

吸收塔压差可反映塔内气液流动情况，预知拦液或液泛。

(3) 主要流程特点及工艺选择

对于用苯菲尔法脱除原料气中的二氧化碳，应综合净化度高(减少后续过程的麻烦)、溶液的吸收容量大(溶液循环量小，动力消耗低)、吸收和再生速度快(设备可小些)、能耗低、流程简单、投资省等几个方面作为流程选择的考虑因素。苯菲尔脱碳技术的发展经历了一段吸收、一段再生流程，二段吸收、一段再生流程，二段吸收、二段再生流程，直到苯菲尔节能流程。

苯菲尔节能流程(图 4-2-17)是二段吸收、二段再生流程的进一步改进。低变气一分为二，大部分先经蒸汽发生器产生 0.5MPa 的低压蒸汽，使低变气温度降至 170℃左右后进入再生塔的再沸器提供再生能量。离开再沸器的低变气的温度为133℃，与另一部分经锅炉给水加热器换热的低变气混合，进入冷凝液再沸器温度下降至121℃后进入吸收塔底部。该气体经上、下吸收塔脱除二氧化碳后离开系统，净化气的二氧化碳含量为0.1%，吸收塔底部出来的富液温度为120℃，再生度为0.82，经透平回收能量后进入再生塔闪蒸段。溶液经再生离开上塔的半贫液温度为118℃，再生度为0.42。该溶液一分为二，其中90%进入四级蒸汽喷射闪蒸槽，以蒸汽发生器产生的0.5MPa蒸汽为动力。由于闪蒸槽形成负压，半贫液中的水分被部分蒸发出来。溶液温度降至110℃，离开闪蒸槽后经加压再引入吸收塔下塔的上部。闪蒸槽中的动力蒸汽及半贫液中被抽吸出来的蒸汽一同进入再生塔上塔的底部作汽提蒸汽之用。另一部分10%的半贫液被引入再生塔下塔上部，进一步进行再生。离开再生塔底部的贫液温度为126℃，再生度为0.25，冷却至70℃，由贫液泵加压后送入吸收塔上塔顶部。再生塔顶部出来的气体温度为100℃，压力为0.165MPa，经冷凝器和分离器，二氧化碳气体送出。冷凝液部分排出系统，另一部分经再生塔洗涤段后作蒸汽发生器、冷凝液再沸器及下塔供水之用。苯菲尔节能流程的特点：

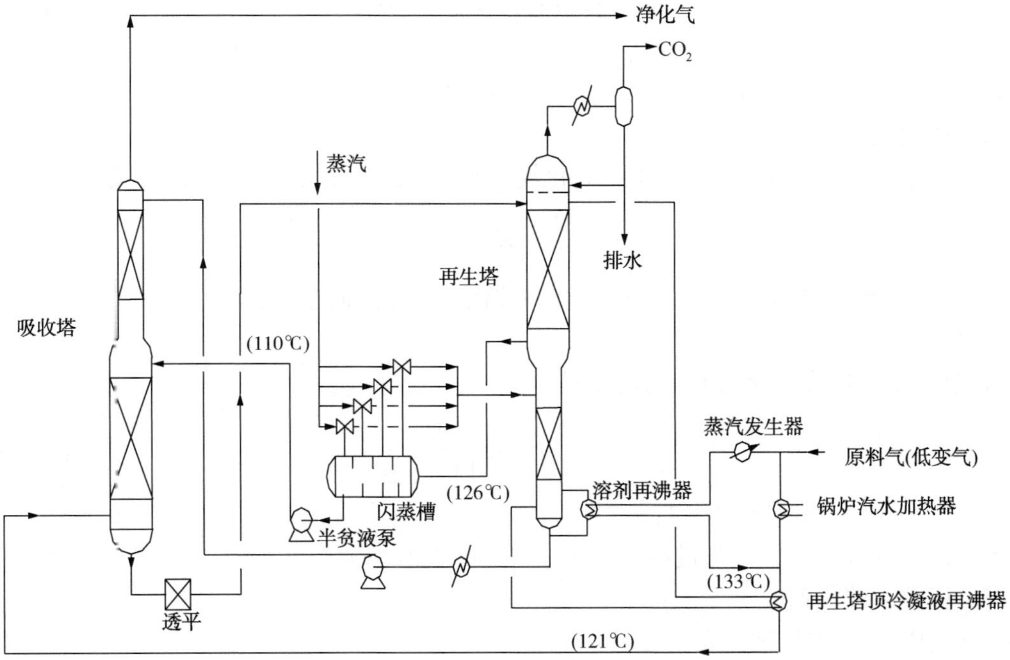

图4-2-17　苯菲尔节能流程示意图

① 首先是半贫闪蒸槽的应用。二氧化碳在吸收塔中的吸收及水蒸气的冷凝都是放热过程，设置闪蒸槽后，半贫液从118℃降至110℃，这一部分能量全部由半贫液蒸发出来的蒸汽来加以回收。而这部分蒸汽用作汽提蒸汽，减小了再生塔再沸器的负荷，从而达到节能的目的。如果将蒸汽喷射器改为机械压缩装置，那么可利用的蒸汽就会更多，当然也需要付出一定的动力消耗。

② 可使二段吸收、二段再生的贫液量由25%降为10%。降低贫液量也就降低了再生塔下塔的负荷，从而就降低了溶液的再生能耗。在不产生结晶及不致使黏度提高太多的情况下，适当提高溶液浓度可以增加溶液的吸收容量，降低溶液循环量，这样对能耗的降低是有利的。

③ 再生压力略有增加。压力对溶液再生有两个相反的作用，操作压力的提高使气相中

二氧化碳分压增加，导致再生推动力的降低；同时，由于操作温度是操作压力的函数，压力提高温度就相应提高，气相中二氧化碳平衡分压就提高，也就是再生推动力增加，有利于再生。在一般的再生操作压力情况下，适当增加压力是有利的。

④ 低变气能量的利用方面作了变动。由于采用了节能流程，能耗低，如果低变气的能量不能得到充分利用，则节能措施仍达不到节能的效果。因此，增加一个锅炉水加热器及一个冷凝再沸器，将多余的能量充分利用起来。

2. 甲烷化及其催化剂

(1) 甲烷化反应的热效应

甲烷化反应为强放热反应，其反应式如下：

$$CO+3H_2 \rightleftharpoons CH_4+H_2O \qquad \Delta H^0_{298}=-206.2kJ/mol$$

$$CO_2+4H_2 \rightleftharpoons CH_4+2H_2O \qquad \Delta H^0_{298}=-165.0kJ/mol$$

在典型的甲烷化反应器操作条件下，每1%CO转化的绝热温升为72℃，每1%CO_2转化的绝热温升为60℃，反应器的总温升可由式(4-2-28)计算。

$$\Delta T=72\times[CO]_{入}+60\times[CO_2]_{入} \tag{4-2-28}$$

式中 ΔT——反应器温升，℃；

$[CO]_{入}$，$[CO_2]_{入}$——分别为进口气中CO、CO_2的浓度，%(v)。

(2) 甲烷化反应动力学

在制氢条件下，对于CO或CO_2甲烷化均可按一级反应来处理，其反应速率可表示为：

$$\frac{-d[CO]}{dt}=K_{CO}\cdot[CO] \tag{4-2-29}$$

式中 K_{CO}——反应速率常数，随反应温度和催化剂的性能而改变；

$[CO]$——气体中CO的浓度。

由式(4-2-29)可推导出K_{CO}的简化式为：

$$K_{CO}=SV\cdot\lg\frac{[CO]_{入}}{[CO]_{出}} \tag{4-2-30}$$

式中 SV——空速，h^{-1}；

$[CO]_{入}$，$[CO]_{出}$——分别为进出口气体中CO浓度，%(v)。

(3) 甲烷化催化剂

① 常用甲烷化催化剂见表4-2-25。

表4-2-25 常用甲烷化催化剂

型号	外观	直径/mm	长度/mm	堆积密度/(kg/L)	比表面积/(m^2/g)
J101	灰黑色圆柱体	5	5.0±0.5	0.9~1.2	~250
J103	黑灰色条状物	6	5~10	0.8~1.0	170~200
J105	灰黑色圆柱体	5	4.5~5.0	1.0~1.2	~100

② 甲烷化主要操作条件：

a. 温度。甲烷化反应为强放热反应，从热力学考虑，提高反应温度不利于反应的进行，但甲烷化催化剂是在远离平衡状态的条件下操作，因此平衡的制约作用可以忽略；而从动力学的角度，提高反应温度可加快反应的进行。工业上一般入口介质温度为280~300℃，床层最高温度不超过500℃。

b. 压力。甲烷化反应为体积收缩反应，提高压力有利于反应的进行，提高压力也相应加快反应的进行。因而随反应压力的提高，有利于提高催化剂的活性。例如在3.0MPa的条件下使用空速可为常压下的两倍。工业上采用的压力可由常压至5.0MPa。

c. 空速。由于甲烷化催化剂具有很高的活性，因此工业上采用较高的空速，典型空速为$6000h^{-1}$。

（二）PSA法氢提纯

1. 制氢装置PSA单元的特点

变换气变压吸附提纯氢气的原理和设备与炼厂气氢提纯相同，只是需要分离的介质有所不同，因此采用的吸附剂有所不同。变换气的成分通常包括：氢气、二氧化碳、甲烷、一氧化碳以及氮气等。

变换气变压吸附常用的吸附剂的分离系数如表4-2-26。

表4-2-26 几种吸附剂对氢气和杂质的分离系数

吸附剂	CO_2	CO	CH_4	N_2
硅胶	19.2	2.1	2.9	3.8
活性炭	18.5	5.9	7.5	4.8
5A分子筛	54.5	18.3	9.8	7.2

在变换气变压吸附提纯的产品氢中CO的含量是一个重要的指标，首先CO是导致下游加氢装置催化剂中毒的物质，其次，CO是与氢气较难分离的物质。通常变换气PSA产品氢中$CO+CO_2$含量控制在20~50μL/L，此时，氢气纯度高于要求的99.9%(v)。

2. 制氢装置PSA的进步

变压吸附(PSA)技术是近30多年来发展起来的一项新型气体分离与净化技术，其技术核心由工艺流程、吸附剂、吸附塔、程控阀门、控制技术等方面组成，经过PSA供应商不断的努力，各方面的性能得到了很大的提高。

(1) 工艺流程

在充分优化吸附、冲洗时间等参数的基础上，开发出带顺放罐和带2个顺放罐的工艺流程，使床层的冲洗更加合理，同时缩短吸附时间，减少吸附剂用量和吸附塔规格，提高再生效果和氢气回收率。

(2) 吸附剂

持续改进使吸附剂的选择性更好、吸附容量更大、强度更高、使用寿命更长。研制开发出铜基或使用贵金属的CO专用吸附剂。

(3) 吸附砻

改进吸附砻内件，开发了气体分布效果更好、床层死空间更小的新型结构，提高了PSA的性能，有利于装置大型化。

(4) 程控阀门

PSA供应商根据PSA工艺对程控阀门特有的要求：寿命特别长、密封等级高、开关速度快(且可调)，从结构、密封、驱动等全方位改进提高专用程控阀门，目前经过多次更新换代，可满足PSA长周期平稳操作的要求。

(5) 控制系统

采用自适应优化控制，根据原料组成、流量、压力及产品气中杂质含量的变化，吸附时间自动调整，吸附时间的变化会自动改变终充及顺放调节阀的设定值，使终充及顺放调节阀在新的设定值下自动调整，使终充到位，冲洗再生彻底。可保证装置在原料工况变化时仍能优化、稳定运行。

采用计算机专家故障诊断系统，通过工艺步骤压力及阀检回讯信号联锁判断程控阀故障，提高诊断故障的准确性，实现多塔 PSA 装置任意塔故障时可及时切换，进行在线维修，保证装置长期连续稳定地运行。

尾气系统采用两级缓冲工艺，且缓冲罐及混合罐内件设计，使排出 PSA 装置的解吸气压力更平稳，组成更加均匀，热值更稳定。

3. 两段 PSA 的开发和发展

为了减少碳排放，同时降低作为转化炉燃料的 PSA 尾气中的 CO_2 含量，减少转化炉燃料消耗，进一步提高氢气回收率，二段变压吸附被开发出来，首先应用于化肥生产装置中，如合成氨、尿素等，近年来开始应用于制氢装置中。

如图 4-2-18 所示，变换气在一段变压吸附的床层中将 H_2 的体积分数浓缩至~90%后，送入二段变压吸附床层进一步将氢气提纯到要求的产品规格。第一段变压吸附再生过程中经均压降、顺放后，首先在相对高的压力下(一般≥0. 05MPa)解吸出除二氧化碳外的杂质送转化炉作为燃料，之后解吸出二氧化碳含量大于 90%的解吸气，可精制生产 CO_2 并进一步提纯氢气。二段变压吸附的解吸气全部返回一段回收。

在蒸汽转化制氢通常采用的变换气压力和产品规格下，氢气回收率可达到 98%以上。

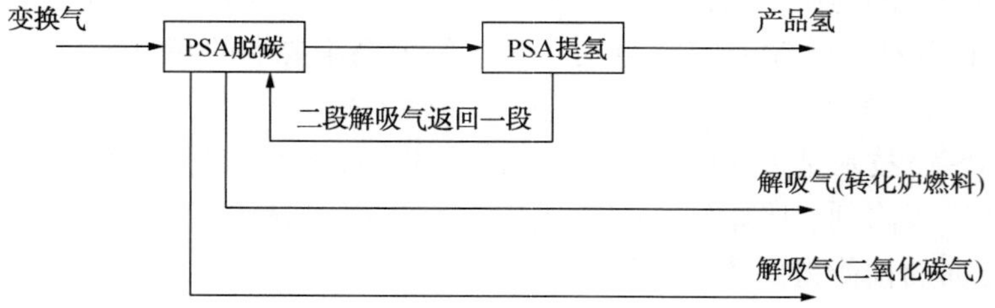

图 4-2-18　两段法 PSA

第三节　工艺流程、操作条件及产品

一、干气制氢的工艺流程

(一) 常用的干气制氢流程

1. 常规工艺和 PSA 工艺

以炼厂气为原料采用蒸汽转化制氢装置按造气获得的富氢气提纯方式的不同分为常规工艺和 PSA 工艺两种，流程见图 4-2-19、图 4-2-20。

两种工艺造气部分流程基本相同，都是原料在净化后经转化、变换通过化学反应生产出氢气，只是常规工艺的变换是中温+低温，而 PSA 法通常只采用中温变换。不同之处在于变换后的提纯，常规工艺采用苯菲尔溶液脱除变换气中的 CO_2，之后采用甲烷化将工艺气中的 CO 和 CO_2 转化为甲烷，此时得到的就是纯度在 95%~99%(v)的产品氢，经换热、冷却后送出装置；PSA 工艺则是变换气换热冷却后直接进入 PSA 单元，经过吸附分离得到纯度在 99. 9%(v)的产品氢。

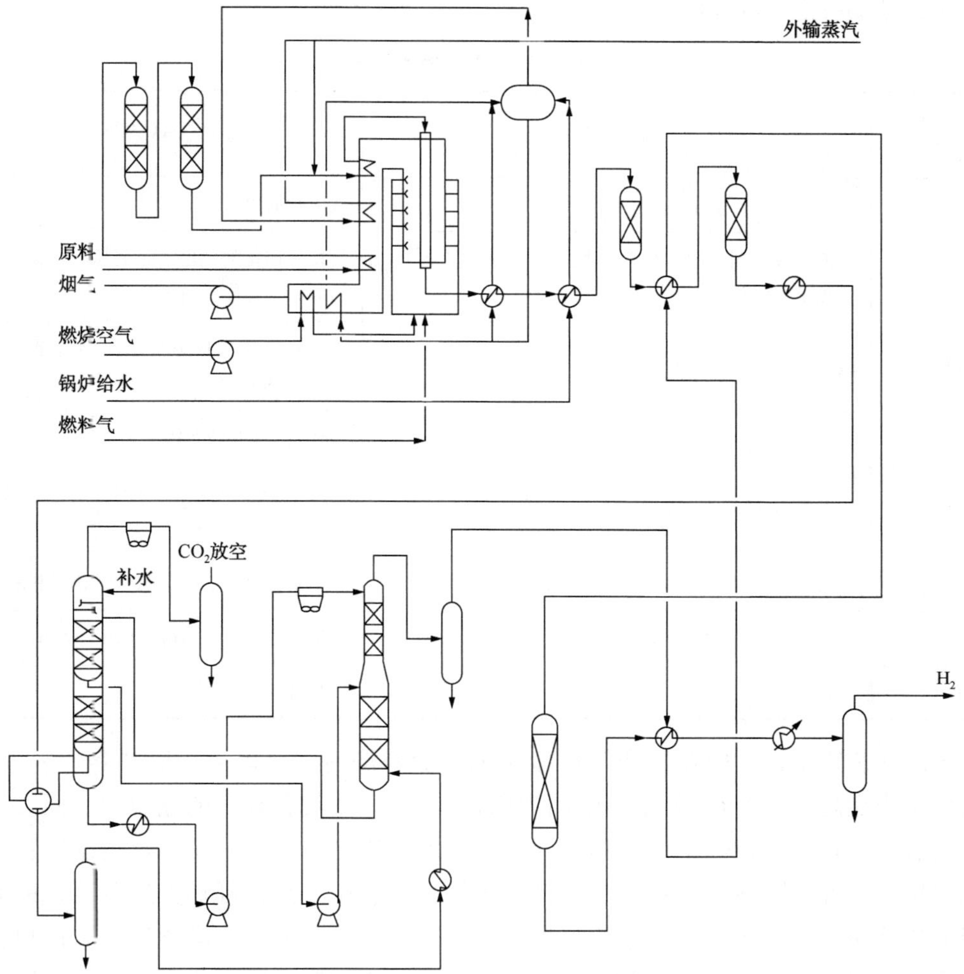

图 4-2-19　常规法制氢流程

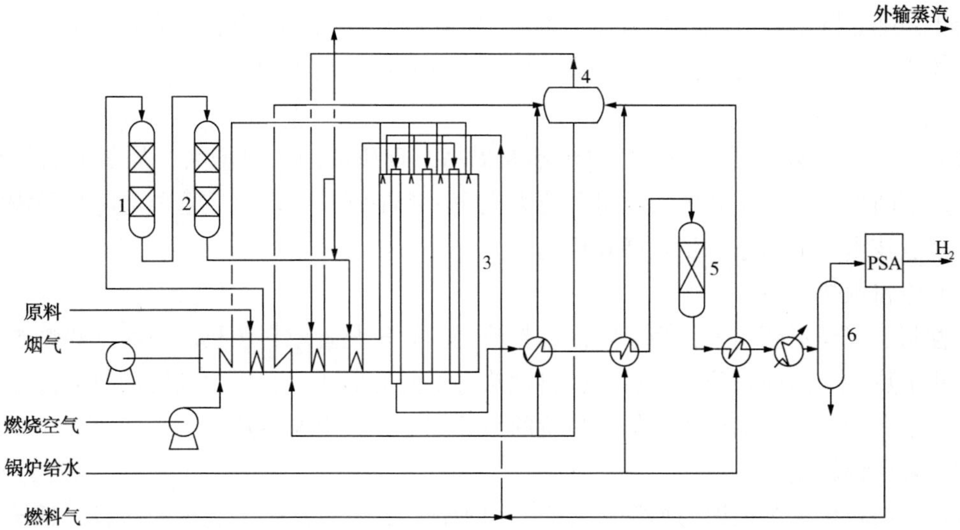

图 4-2-20　PSA 法制氢流程

两种工艺的特点比较见表 4-2-27。

表 4-2-27　工艺特点比较

项目＼类别	常规净化	PSA 净化
流程工序	流程复杂，工序多	流程简单，工序相对少
可操作性	使用催化剂，化学药剂种类多，开停工复杂，并增加了非正常停工的可能性	使用催化剂，化学药剂相对较少，操作灵活方便，开停工简单
产品纯度	较低，一般在 95%左右	较高，且可根据要求灵活调节，范围在 99.9%~99.999%
产品压力	较低，~1.2MPa	较高，2.0~2.5MPa
原料消耗	原料消耗较少	由于 PSA 只能回收 90%左右的氢气，原料消耗较大
燃料消耗	转化炉燃料全部外供，消耗较多	主要燃料是 PSA 尾气，外供燃料较少
技术可靠性	工艺成熟，技术可靠	工艺成熟，技术可靠均可国产化
投资	相近	相近

对于制氢装置来说，PSA 法和常规净化工艺的经济性主要取决于原料和燃料的差价，当原料价格明显高于燃料时(如采用轻油为原料)，常规法具有较大的竞争力。而对于炼厂干气作为制氢原料，原料燃料价格相当的情况，PSA 法更为经济。在实际技术选择时，还应考虑对用氢装置的影响，如 PSA 法生产的氢气纯度、压力高，可减少加氢装置的废氢排放，降低压缩功。除非当原料的价格高于燃料很多时，考虑到 PSA 净化法工艺简单，操作灵活可靠以及产品氢对加氢装置带来的诸多好处，一般仍选用 PSA 法。特别是对操作压力较高的加氢装置，由于对高纯氢的要求就只能选择 PSA 法。

近年来随着降低氢气成本的要求，越来越多的制氢装置采用炼厂气作为原料，PSA 技术不断地成熟、进步，PSA 法制氢已成为炼油厂新建制氢装置的主流工艺。

2. 制氢工艺的发展

21 世纪以来，随着成品油质量要求不断提高，重质油加工量增大，加氢能力在炼油厂中的比重不断增加，制氢装置的数量和能力也在不断地增长，制氢装置节能降耗的需求日益增大，制氢技术和流程进一步发展和优化。

(1) 原料预热

随着制氢规模不断增大，为了降低燃料消耗，制氢装置原料预热由原料预热炉改为利用装置内的余热。取消原料预热炉后，原料预热有不同的形式，有用中变气加热的，有用蒸汽加热的，也有用烟道气加热的，但是热量的来源都是装置内的余热。

(2) 采用预转化

随着对预转化工艺认识的加深，人们意识到预转化不仅拓宽了制氢的原料，延长了转化炉管和催化剂的寿命，相应调整操作参数后可节能降耗，而且极大地降低了转化炉操作的苛刻度，提高了装置操作的可靠性，因而，在新建大型制氢装置中得到了广泛的应用。

(3) 工艺参数的优化

随着预转化工艺的应用、催化剂的进步、炉管材料的改进，以节能降耗为目标，制氢装置的操作参数得到了较大幅度的优化：

① 提高转化入口温度到620~650℃；

② 提高转化催化剂碳空速到~1200h^{-1}；中变催化剂的气空速~2400h^{-1}；

③ 提高炉管热通量；

④ 提高转化出口温度到860~880℃；

⑤ 进一步降低总水碳比到~3.0；

⑥ 提高空气预热温度到500℃或更高。

上述所有改进，目的都是为了减少转化炉原料+燃料消耗、降低水碳比、减少设备规格，从而降低制氢装置的投资和能耗。

(4) 工艺冷凝水的回用

制氢装置中的工艺冷凝水与锅炉给水标准相比，一般铁离子和电导超标，并且含有微量的甲醇等有机物，为了避免危害用汽设备，不能直接作为产汽用水。但是作为凝结水或生产废水排放，从能量利用上不尽合理。目前，在装置内回用主要有两种流程，都是采用双蒸汽系统，工艺冷凝水产汽用作装置内工艺蒸汽。

汽提后回用——汽提后可使用碳钢材料；

直接产汽回用——汽水系统均采用不锈钢。

(5) 二氧化碳的脱除和利用

烃类蒸汽转化制取氢气的同时也副产大量的二氧化碳，通常，这些二氧化碳作为PSA尾气中的组分，一同送做转化炉的燃料，之后随烟气排往大气。为了降低碳排放，同时避免不可燃的二氧化碳随烟气排放时带走热量损失，近年来一些制氢装置开始脱除并回收二氧化碳。

中变气冷却后采用化学法脱碳，之后进入PSA提纯氢气。

设置两段PSA，先脱碳后提纯氢气，并进一步回收一段PSA尾气中的氢气。

上述方法脱除的二氧化碳在有市场的情况下，可经过进一步精制，作为产品送出装置。

(二) 其他制氢流程

近年来，随着对氢气需求的大量增加，国内外制氢技术也有了较大的发展。一些新的工艺被开发并逐步应用。

1. 采用气体加热转化炉

ICI Katalco公司LCH法制氢工艺采用换热式气体加热转化器(GHR)。GHR首先在合成氨工艺中得到应用，采用此工艺的第一套合成氨工业装置于1988年在英格兰Severnside工厂投产，以后该技术于1994年在澳大利亚Melbourne生产甲醇的工厂应用，LCH法制氢工艺正是在此基础上开发成功的。与常规制氢装置相比，LCH法制氢以二段炉通氧直接反应升温+一段炉利用与二段炉出口高温工艺气换热进行反应的方式取代了转化炉，见图4-2-21。LCH工艺的优点主要是：

① 占地面积与常规制氢装置相比减少了25%~30%。

② 减少燃料气耗量，减少了烟气排放，更加环保。

③ 用 GHR 转化炉和二段转化炉（图 4-2-22）可以使装置运转负荷低到满负荷时的 10%~20%，而常规蒸汽转化炉操作负荷的低限为 30%。

④ 装置内高温余热少，不产生过剩蒸汽。

⑤ 采用 GHR 转化炉和二段转化炉代替常用转化炉，可降低制氢装置的投资。

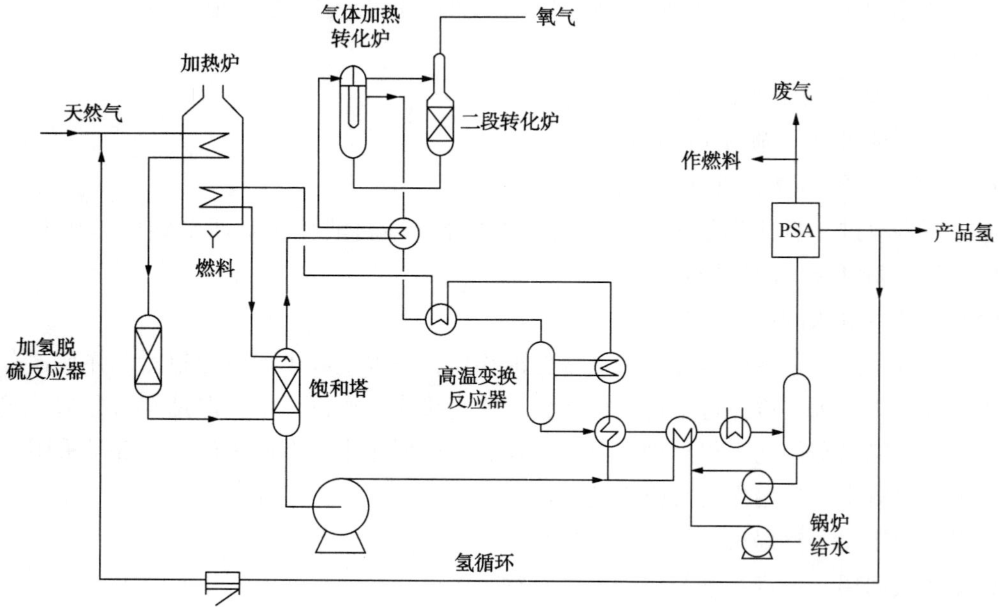

图 4-2-21　气体加热转化炉流程

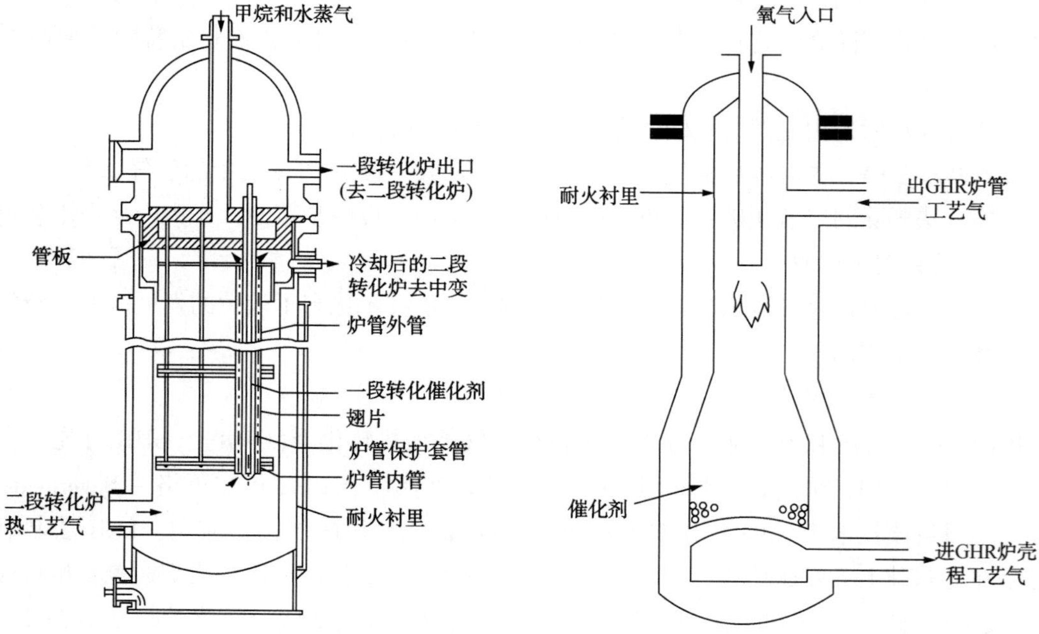

图 4-2-22　气体加热转化炉

2. 自热式转化技术

自热式转化技术是蒸汽转化制氢技术的创新，它的特点是：在一个反应器(图 4-2-23)中实现蒸汽转化和部分氧化。其基本流程(图 4-2-24)为：蒸汽和一部分一段进料首先进入反应器上部蒸汽转化段，在转化炉管中发生吸热反应。第一段排出的氢气、一氧化碳、二氧化碳、残余甲烷和蒸汽混合物被送入反应器下部的部分氧化段，与氧化及剩余部分原料(第二段进料)相混并进一步转化。第二段产品气的显热直接用作第一段转化部分的热源，因此无需燃料，也不排放烟气。

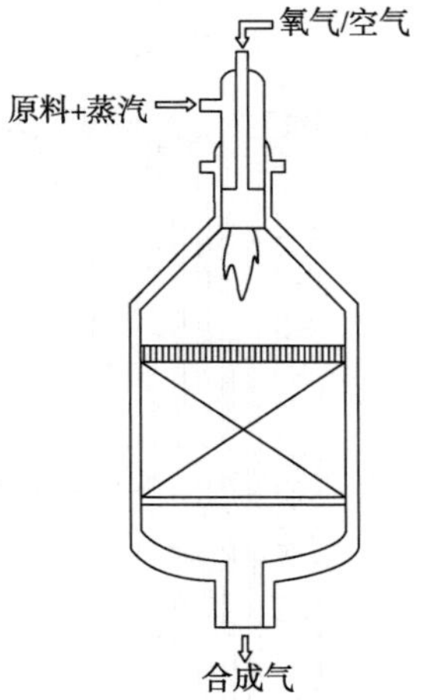

图 4-2-23　自热式反应器示意图

丹麦 Topsøe 公司的 ATR(Autothermal Reforming)和德国 UHDE 公司的 CAR(Combined Autothermal Reforming)工艺均属于自热式转化技术。Topsøe 公司的 ATR 于 1958 年实现工业化，迄今已推出几十套。UHDE 公司从 1982~1983 年开始开发出 CAR 工艺，1990 年斯洛伐克 Chemko S. P. 公司在其一炼厂建设 19 根炉管的示范工业装置，1991 年顺利完成试运转，用 CAR 反应取代了该厂原有两个部分氧化反应器中之一，从而耗氧量降低 35%，天然气用量节省 15%。迄今该示范装置仍在运转，该装置操作灵活，可在 30%~100%负荷下运转。

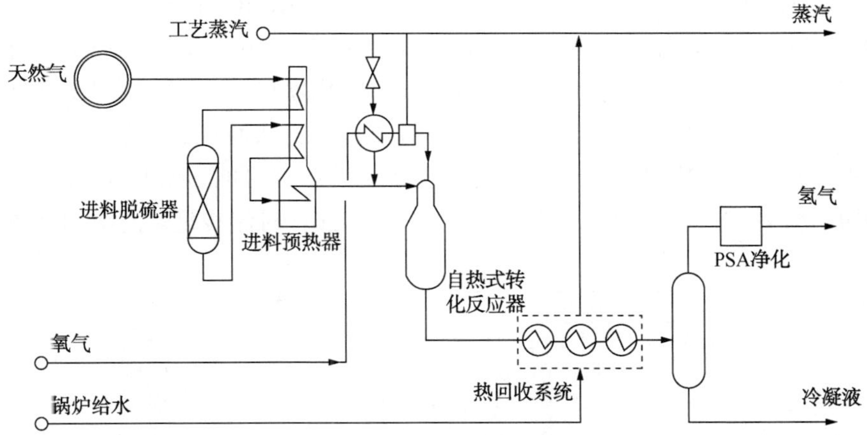

图 4-2-24　自热式转化流程

3. 对流转化工艺(HT Convective Reforming，HTCR)

Topsøe 公司于 1986 年首先开发的换热式转化制氢工艺。Topsøe 对流转化炉是在镶有耐火衬里的转化炉中安装许多插入式转化炉管，原料气通过炉顶集合管后进入装填催化剂的环形空间，流经催化剂层后，工艺气经过中心内管离开转化炉管，汇集在出口集合管中，见图 4-2-25。在转化炉管下方有一燃烧室，装有燃烧器，转化反应所需的反应热主要由转化炉管外部上行的烟气提供，同时炉管内部的转化气体也提供一些反应热。转化炉工艺气和烟道气通过换热后出口温度降到约 600℃，大约有 80%的热能通过管壁进行传递，而在常规的管式转化炉中相应的数字只有 50%。因为转化反应的一部分热能通过原料气与转化气和烟道气换热后提供，所以转化反应所需的燃料也较少。

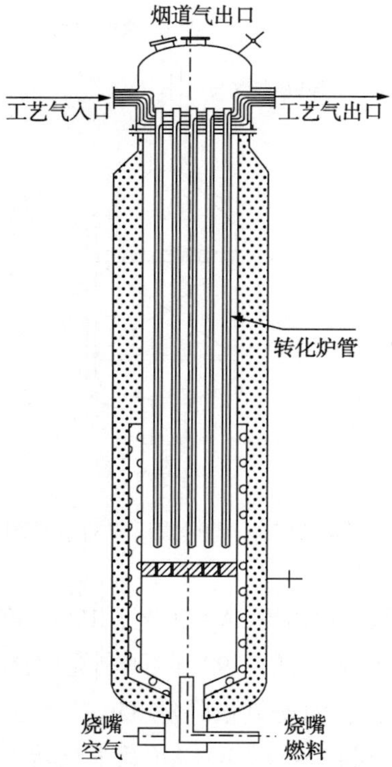

图 4-2-25　对流转化反应炉

对流转化同常规管式转化相比，具有以下几个主要特点：

① 对流转化炉是把相应于常规管式转化炉的带炉管和燃烧器的辐射室以及对流段高温部分合并在一个较小的设备中，利用对流传热提供转化反应所需的热量，因此其结构紧凑、占地小。

② 传热效率高。对流转化炉的传热效率比常规管式转化炉的辐射传热要高。

③ 燃料消耗很少，原则上可全部利用装置内自产的 PSA 尾气便可满足反应要求，不消耗另外的燃料，从而使含大量 CO_2 的低压低热值尾气得到有效利用。

④ 与其他转化工艺（如 ICI 公司的 LCH 工艺、其他国外公司的自热式或两段转化工艺等）相比，HTCR 工艺不需要提供高纯氧气或采用二段炉，流程及结构均较简单。

外输多余蒸汽较少。其实质是把原常规管式转化流程中用来副产蒸汽的热量用作工艺反应所需热能，从而避免了过多的副产蒸汽，同时减少了燃料的消耗。

4. HYCOR（Convective Reforming）技术

该技术的特点为采用列管式换热器型的对流转化器（Convective reformer），利用高温转化气的高温余热将一部分进料进行转化，即以对流转化器代替常规工艺中的转化气废热锅炉，转化反应的传热过程部分的辐射传热改为对流传热，从而提高传热效率并减少产汽量（常规工艺中，转化气废热锅炉的产汽量占转化系统总产汽量的 60%以上）。其代表性工艺为德国 UHDE 公司的 HYCOR 技术，其流程见图 4-2-26，对流转化器的结构见图 4-2-27。

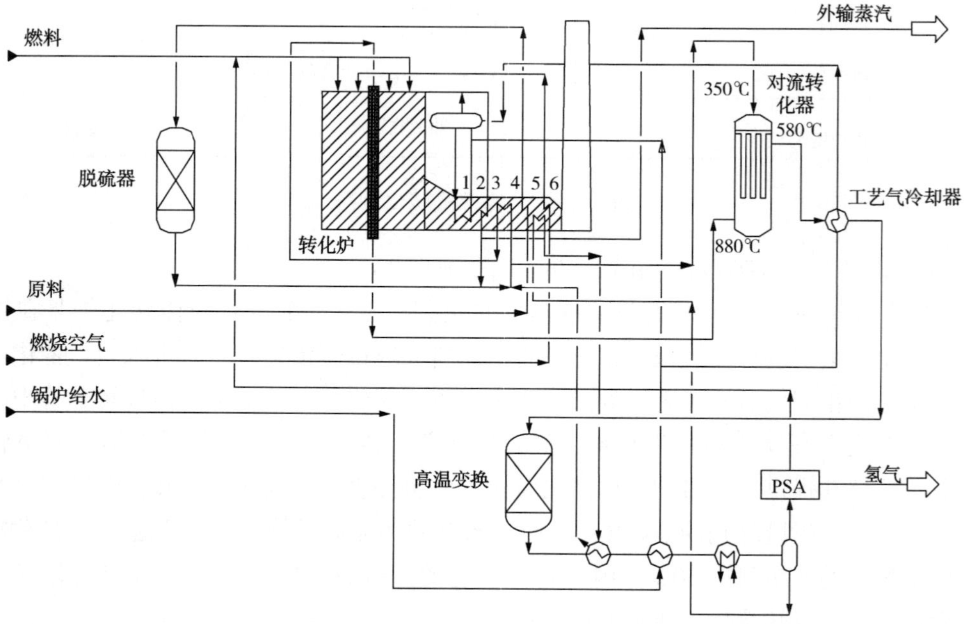

图 4-2-26　HYCOR 制氢流程图

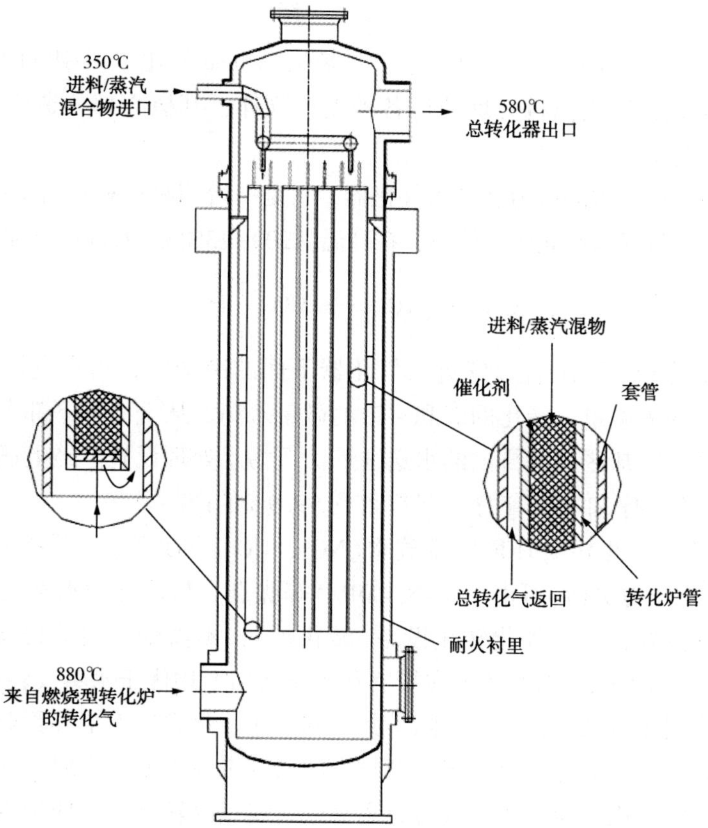

图 4-2-27 对流转化器

5. 二段转化

二段转化技术属丹麦 Topsøe 公司的专利，其特点是以氧气作为主风与一段炉来的已部分转化的原料一起燃烧，使原料中的烃类转化并为其转化反应提供热量。在该工艺中，一段炉的苛刻度可降低(只承担约 35%的转化负荷)，其余在二段炉中进行，不过可互为调节。采用这种技术最主要的是要有较廉价的高纯氧气。流程见图 4-2-28。

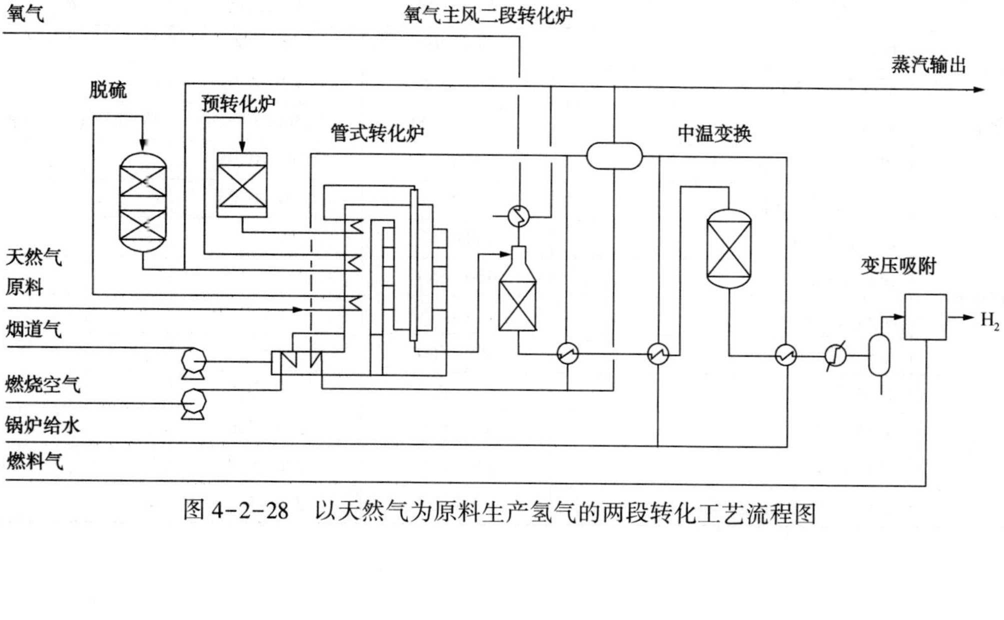

图 4-2-28 以天然气为原料生产氢气的两段转化工艺流程图

6. HYTEX 工艺

HYTEX 工艺是 Texaco 开发的制氢工艺，它是从 Texaco 气化法(TGP)衍生出来的部分氧化(POX)法制氢工艺，所用原料为炼油厂各种副产气体，其核心部分造气工段与部分氧化法相似。其流程简述如下：

原料气经压缩至所要求的压力后进入气化器，它是一台用耐火材料衬里的非催化反应器。反应器上部通入高纯氧气以补充所需的热，在高温(1200~1350℃)及高压下完成下列反应：

$$C_xH_y+\frac{1}{2}xO_2 \longrightarrow xCO+\frac{y}{2}H_2$$

从反应器出来的 CO 和 H_2合成气进入气化器下面的冷却区，用水直接冷却合成气，然后再送入洗涤器以除去微量未转化的碳和夹带的微量水滴。从洗涤器下部出来的水全部循环到气化器的冷却区，冷却区底部排出的水送往炼油厂污水处理设施。经上述净化后的合成气进入常规的 CO 变换工序和 PSA 工序，最终得到 99.9%的产品氢气。

HYTEX 法具有不产生污染环境的排放物(NO_x、CO_2、SO_x等)、原料适应性大(炼油厂各种废气)以及操作压力灵活(可由 1.4~8.4MPa)等优点。与传统的水蒸气转化法相比，不需设置原料预处理设施，不需催化转化设备(转化炉)，不需烟气对流设备(包括烟道、烟囱)，不需氢气产品压缩机，因而认为在投资和操作费用上均优于水蒸气转化法。

随着氢气的应用领域的日益广泛，除了传统的石化、化肥、冶金等行业，目前被视为高效、清洁、无污染的二次能源。对氢气生产技术的研究也在不断地发展、深入，如利用膜分离技术，使用透氢膜，边反应生成氢气边分离氢气，以提高转化率；使用透氧膜提供部分氧化反应需要的氧气。此外，还有微通道反应器、生物制氢、核能和太阳能利用制氢等。一旦实现工业化，将大大推动绿色氢能的利用。

二、干气制氢的操作条件及其优化

(一) 一般操作条件

目前炼油厂中大型干气制氢装置通常采用的操作条件见表 4-2-28。

表 4-2-28　炼厂制氢装置操作条件汇总表

操作工序		有预转化	无预转化	备注
加氢脱硫	操作温度/℃	350~400	350~400	
	操作压力/MPa(表压)	3.0~4.0	3.0~4.0	
	加氢空速/h^{-1}	2500/1000	2500/1000	饱和干气/不饱和干气
	出口硫含量/(μL/L)	≤0.2	0.01~0.05	
	出口氯含量/(μL/L)	≤0.2	0.01~0.05	
预转化	进口温度/℃	450~550		
	出口温度/℃	450~550		
	水碳比(mol)	1.5~2.5		
	C 空速/h^{-1}	4000~6000		
转化	总水碳比(mol)	2.5~3.2	3.0~3.5	
	进口温度/℃	620~650	500~580	
	出口温度/℃	820~880	820~880	
	出口压力/MPa(表压)	2.6~3.5	2.6~3.5	

续表

操作工序		有预转化	无预转化	备注
变换	进口温度/℃	330~360	330~360	
	CO 干基含量/%(mol)	3~5	3~5	
	干气空速/h^{-1}	1500~3000	1500~3000	
其他	燃烧空气预热温度/℃	300~550	300~550	
	转化炉排烟温度/℃	125~145	125~145	
	PSA H_2回收率/%	≥90	≥90	
	H_2产品纯度/%(mol)	>99.9	>99.9	
	H_2产品 $CO+CO_2$含量/(μL/L)	<10	<10	

（二）操作条件的优化

蒸汽转化制氢装置中，制取氢气的反应包括转化和变换。通常 87%的氢气由转化过程产生，其余 13%的氢气通过转化气中一氧化碳的变换过程得到。因此转化工艺条件的优化及其主要设备转化炉的设计是衡量制氢装置设计水平的主要标志。对制氢装置操作条件的优化主要体现在以下方面。

1. 转化炉入口温度

转化反应在约 540℃以上开始较为明显，因此转化炉入口温度与此接近。适当提高转化炉入口温度还可以降低转化炉有效热负荷，减少转化炉管数，降低燃料消耗和外输蒸汽量。以一套产氢能力为 40000Nm^3/h 制氢装置为例，入口温度对消耗的影响见表 4-2-29。

表 4-2-29 转化炉入口温度对消耗的影响

工 况	A	B	C
水碳比	3.5	3.5	3.5
预转化	无	有	有
转化炉进口温度/℃	500	550	615
转化炉出口温度/℃	880	880	880
原料消耗/(t/h)	9.967	9.967	9.967
燃料消耗/(t/h)	5.024	4.779	4.441
原料+燃料/(t/h)	14.991	14.746	14.408
外输蒸汽/(t/h)	37.83	34.204	30.546
转化炉热负荷/(GJ/h)	155.64	149.64	141.38

但转化炉入口温度与所用的原料性质密切相关，对液态烃类原料，该温度过高易引起裂解反应，一般认为不应超过 520℃；对于天然气原料或有预转化的制氢装置，入口温度可高达 600~650℃。

2. 转化炉出口温度

转化炉出口温度是影响转化操作的最重要参数。由于转化反应是一个强吸热过程，反应平衡常数随着温度的提高而大大提高。一般情况下，出口温度升高 10℃左右，出口残余甲烷约降低 1%。以一套产氢能力为 40000Nm^3/h 制氢装置为例，出口温度对消耗的影响见表 4-2-30。

表 4-2-30　转化炉出口温度对消耗的影响

项　目	条件 1	条件 2
水碳比	3.5	3.5
预转化	无	无
转化炉进口温度/℃	500	500
转化炉出口温度/℃	840	880
转化炉出口残余甲烷/%(v，干基)	4.98	2.88
原料消耗/(t/h)	10.821	9.967
燃料消耗/(t/h)	3.436	5.024
原料+燃料/(t/h)	14.257	14.991
外输蒸汽/(t/h)	28.706	37.83
转化炉热负荷/(GJ/h)	150.98	155.64

在同样的水碳比和转化炉入口温度下，提高转化炉出口温度可以有效地降低原料的耗量，当原料价格明显高于燃料时应采用高的转化炉出口温度。

3. H_2O/C 比

为了避免转化催化剂积炭，同时满足变换汽气比的要求，制氢装置采用的水碳比高于反应的需要。采用高水碳比可以降低转化炉出口残余甲烷的含量，提高原料的产氢率；但会使燃料的消耗有所增加。而低水碳比则与此相反，将消耗较多的原料而节省燃料。另外，水碳比的降低可减少工艺物流量，从而减小设备尺寸，降低装置投资。

表 4-2-31　40000Nm³/h 制氢装置转化炉在不同的水碳比下操作的计算结果

水碳比	3.5	2.75	3.5	2.75
预转化	无	无	有	有
转化炉进口温度/℃	500	500	615	615
转化炉出口温度/℃	840	840	880	880
原料消耗/(t/h)	10.821	12.003	9.967	10.839
燃料消耗/(t/h)	3.436	2.180	4.441	3.374
原料+燃料/(t/h)	14.257	14.183	14.408	14.213
外输蒸汽/(t/h)	28.706	30.837	30.546	32.992
转化炉热负荷/(GJ/h)	150.98	149.15	141.38	141.01

由表 4-2-31 数据可以看出，降低水碳比将增加原料耗量，但可减少原料+燃料的总耗量并降低转化炉热负荷，降低装置总的能耗。因此应在满足制氢催化剂允许的最小水碳比的安全运转条件下，尽量降低水碳比的值。

对常规制氢装置，选用的 H_2O/C 为 4~4.5；对 PSA 净化的制氢装置一般为 3~3.2，最高 4.0。国外公司的 H_2O/C 一般选用 2.5~3.0，这与操作及催化剂的水平有关。

4. 压力

制氢装置的压力选择是一个综合的结果：

① 对于转化反应来说，由于是体积增大的反应，从热力学平衡的角度，操作压力愈低，就愈利于氢气的生成。

② 对于炉管材料来说，有一定的温度、压力使用范围。

③ 对后续氢提纯系统的适宜操作压力在 2.2~3.0MPa。

④ 对下游用氢装置来说，一般用氢压力较高，为减小下游用氢装置的压缩功，产品氢压力应尽可能高。

综合以上因素，目前制氢装置产品氢的压力一般在2.1～2.6MPa。

5. 空速

工业上常用空速来表示反应器或催化剂的生产能力，其定义为

$$V_{sp}=\frac{V}{V_c}$$

式中　V_{sp}——空速，h^{-1}；

V——反应物料的体积流量，m^3/h；

V_c——催化剂的体积，m^3。

空速是反应速率大小的一种度量形式。空速与温度、压力、气体组成、转化深度(残余CH_4)、催化剂活性等因素有关。制氢装置的不同工序的催化剂对空速有不同的要求。

(1) 加氢催化剂

选用空速主要取决于原料中有机硫的形态。如果原料是炼厂饱和干气或者天然气、油田气，原料中的有机硫是非常容易加氢转化为硫化氢的甲硫醇等，可以选用较高的空速1200～2500h^{-1}；如果原料包括焦化干气或催化干气，原料中含有形态复杂、不易加氢转化为硫化氢的有机硫，则选用的空速通常较低700～1000h^{-1}。

(2) 脱氯/脱硫剂

在选用的催化剂推荐的空速范围内，根据杂质含量进行选取。

(3) 转化催化剂

转化催化剂最常使用的是碳空速，其定义为：先将原料中各种烃的碳都折算为甲烷，之后每立方米催化剂每小时通过甲烷的标准立方米数即为碳空速。随着国内外转化催化剂的活性不断提高，目前炉管热通量已取代碳空速，成为转化炉炉管数目的决定因素。

(4) 中变催化剂

中变催化剂采用的是干气空速，即扣除水分后的干气通过催化剂的空速。目前采用的空速范围在1500～3000h^{-1}。

三、干气制氢的产品和副产品

干气制氢的产品是工业氢。工业氢的纯度以满足用氢装置的要求为宜，主要目的是控制有害杂质如一氧化碳的含量在可以接受的范围内。盲目追求氢气纯度会导致投资的明显增加以及氢气回收率的下降，从而最终导致装置经济性的下降。

制氢装置的重要副产品为蒸汽。制氢转化炉的工艺侧和烟气侧都有高温位的余热，可以发生并过热10MPa等级的蒸汽。出于投资和经济性的考虑，通常大于产氢80000Nm^3/h的大型制氢装置可以结合全厂的蒸汽等级和管网的分布，综合考虑副产蒸汽的等级。

制氢装置在有销售渠道的情况下，可以生产副产品食品级二氧化碳或干冰。

第四节　主要设备与机械

一、制氢转化炉及余热回收

(一) 概述

转化炉是烃类蒸汽转化法制氢装置的关键设备。制氢转化炉实际上是一个多管并流的外

热式反应器。炉管内装填有催化剂，工艺介质(烃+水蒸气)在催化剂的作用下进行复杂的强吸热的转化反应，转化管外直接火焰加热，为炉管内的反应供热。工艺原料气进入转化炉管的温度一般是500~650℃，转化气出转化炉的温度高达800~880℃。辐射室炉膛温度可高至1400℃以上。

作为高温、高热通量的设备，转化炉的型式、转化管系统的选材、焊接及其热膨胀的补偿以及炉衬和结构等均成为设计中的关键问题。同时，高温余热的回收方案也是转化炉设计的重要方面。

(二) 转化炉辐射段

1. 炉型

烃类蒸汽转化过程是伴有传热、传质、动量传递和复杂化学反应的综合过程，炉管外燃烧供热要与管内反应相适应，同时要满足炉管材料对热通量的限制。因此，转化的炉型应与原料、催化剂和操作条件等作为一个整体来考虑。

制氢转化炉在中压、高温、临氢条件下操作，条件苛刻，除转化管系使用高铬镍合金材料外，在设计中应尽可能使炉管周向和轴向温度分布均匀，避免局部过热的同时提高炉管的利用率。因此通常采用单排管双面辐射的炉型。

从燃烧器所处的位置来分，转化炉的炉型有顶烧、侧烧(包括台梯式)、底烧(图4-2-29)。

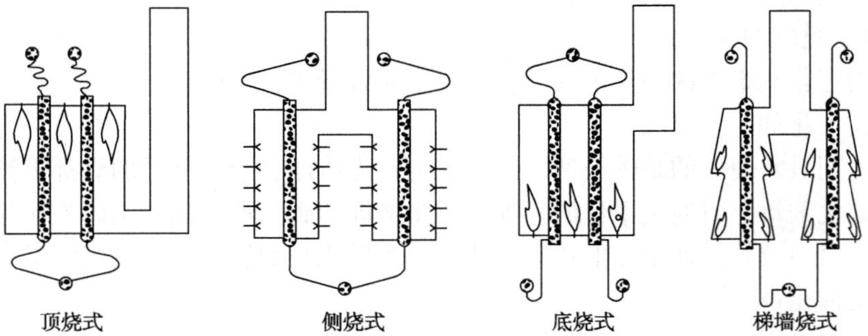

图4-2-29　转化炉型式

相对应于氢气提纯采用的工艺，常规法制氢可采用侧烧炉和顶烧炉；而PSA法制氢因为以PSA尾气为主要燃料，只能采用顶烧炉。伴随着PSA氢提纯技术的发展、成熟，以及随着炼厂对氢气的需求的不断增加，制氢规模不断加大。目前国内炼油厂中蒸汽转化制氢装置大多采用的是顶烧式转化炉，也有一些侧烧式转化炉。

顶烧炉的辐射室为箱式结构，炉膛内一排燃烧器、一排炉管顺序布置，管排数目增减灵活，非常利于单台炉的大型化。烟气与炉管内的工艺介质均下行流动。这种顺流操作使传热和反应基本适应，反应最剧烈的地方，也是供热最多的地方。顶烧炉的燃烧器全部位于炉顶，形成单排转化管双面辐射的结构，因此，炉管轴向温度分布较为理想，但是纵向温度不能自由调节，如图4-2-30所示。

侧烧炉内的转化管布置在辐射室的中间，两面侧墙的不同高度布置多排辐射侧壁燃烧器。侧烧炉的炉膛纵向温度可以分区控制，因此炉管纵向温度分布相对均匀。烟气的流动方向与炉管内工艺介质的流动方向相反。转化管采用双排管双面辐射，周向传热很不均匀。侧烧炉即使采用双辐射室，因管排数受限制，炉子较长，不利于单炉大型化。侧烧炉的燃烧器数量众多，是顶烧炉的4倍多，开、停工及维护的工作量相对较大，如图4-2-31所示。

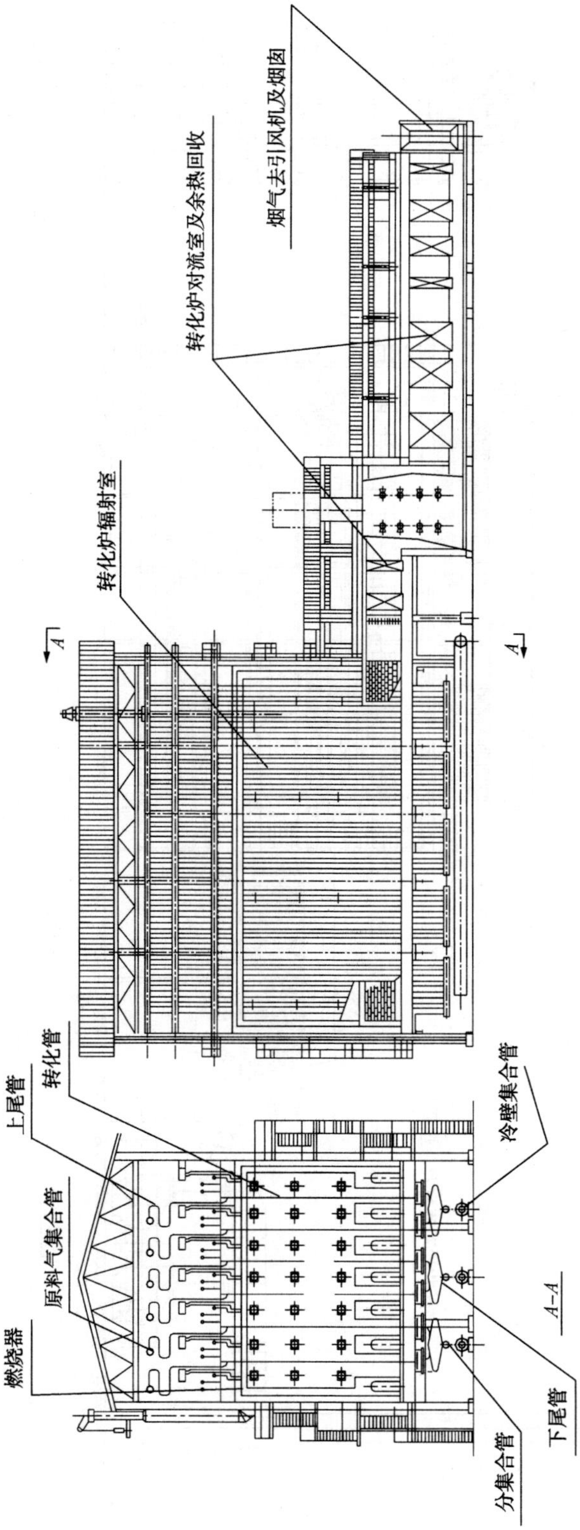

图4-2-30　顶烧式转化炉

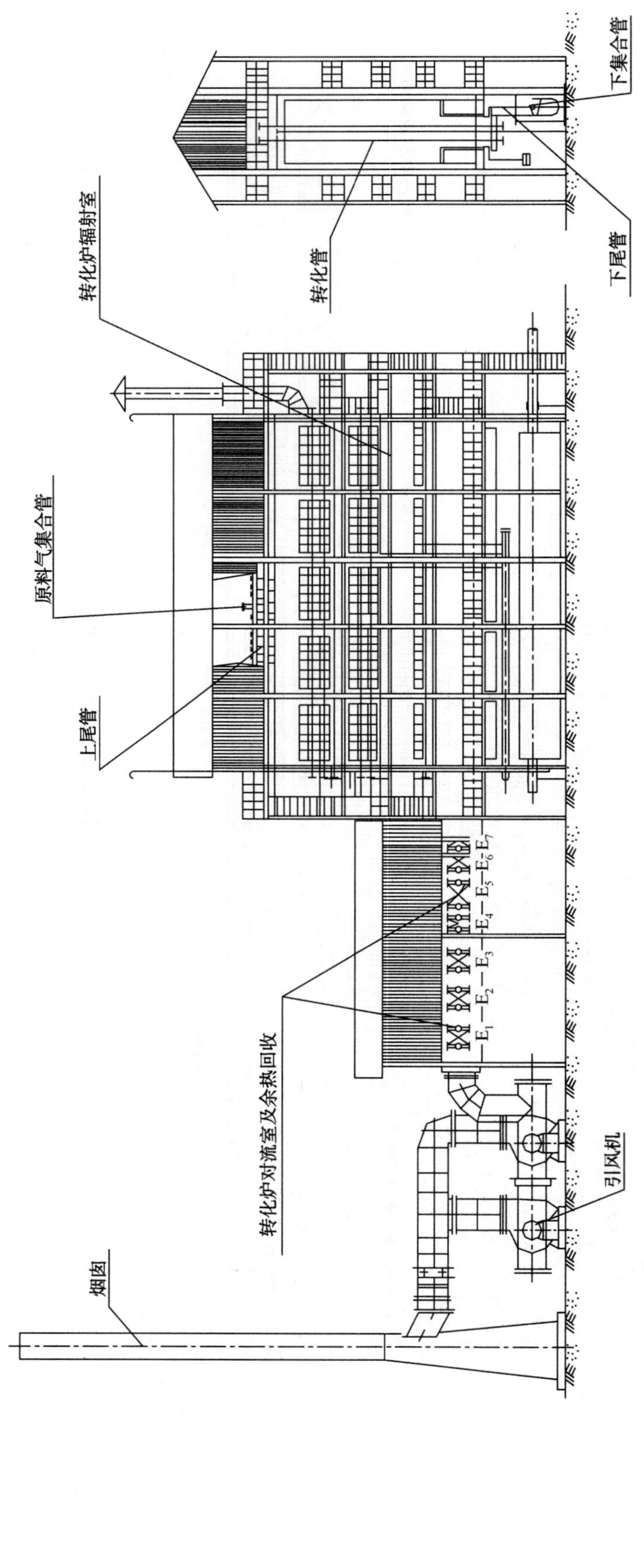

图4-2-31　侧烧式转化炉

2. 工艺参数和性能指标[3]

制氢炉辐射段的工艺计算比一般加热炉复杂得多，它需建立包括管外和管内的完整数学模型。管外数学模型是非线性方程组，管内数学模型是微分方程组，两者难以联立求解，因此，一般以管外壁温度分布为解剖点，将管内、外数学模型分开，然后迭代求解。管内数学模型主要是化学反应及其微分动力学方程组，另外还包括管壁导热、污垢导热和床层传热方程，以及管内热平衡计算和床层压降计算等。管外数学模型主要是按区域法，分区进行辐射传热、对流传热、热平衡及烟气进、出计算区的焓差等计算，并包括燃料燃烧模型和烟气流动模型的建立。制氢炉工艺计算软件(REFORM3)就是按上述模型编制的，应用这种软件不但能计算管内的组分、压力、温度及传热量随管长的分布，也能计算出管外壁温度、墙内表面温度等随管长的分布，如图 4-2-32 至图 4-2-34 所示。

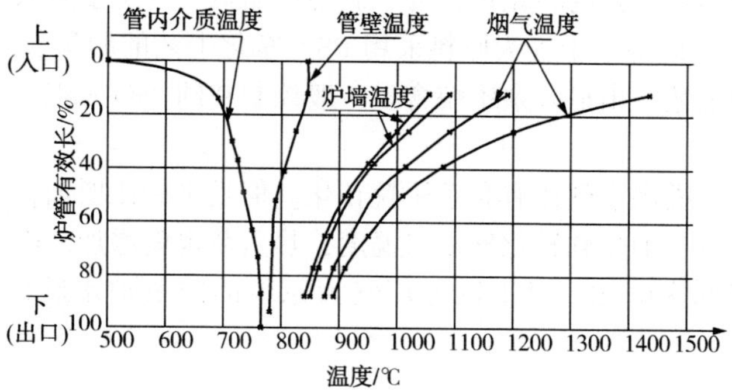

图 4-2-32　温度沿炉管长度的变化

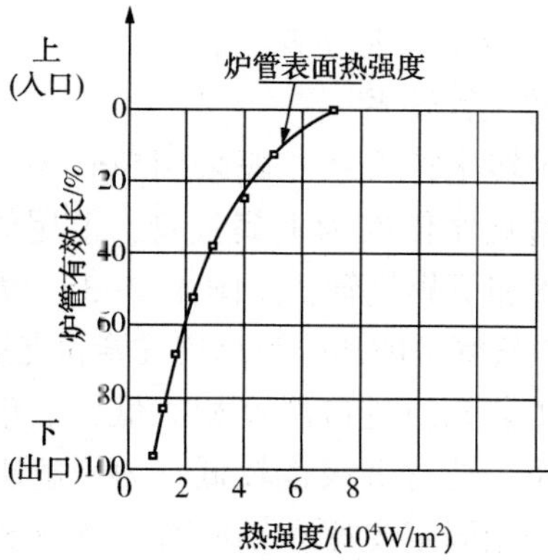

图 4-2-33　热强度沿炉管长度的变化

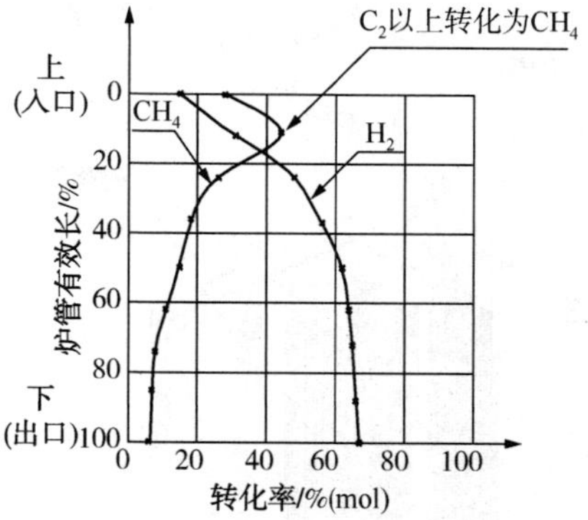

图 4-2-34　转化率沿炉管长度的变化

转化炉的主要工艺参数及技术性能指标包括：

① 温度

从工艺的角度，因为烃类蒸汽转化反应是吸热反应，因此，不论从化学反应的平衡还是从化学反应的速度来讲，升高温度对转化反应都是有利的。从设备的角度，温度升高的限制主要在于炉管材质的耐热性能，目前转化气的出炉温度一般是 800~880℃。国外转化气出炉温度有高达 900℃左右的。

提高原料气预热温度可降低辐射室热负荷，提高高温炉管的利用率。预热温度的提高要受原料中烃类热裂解温度的限制，以天然气和炼厂气为原料时，预热温度约为 500~580℃。

对于设置了预转化的制氢装置，原料预热温度可以提高到650℃。

② 压力

从工艺的角度，由于蒸汽转化反应是体积增大的反应，提高操作压力，对获得氢气的反应不利，表现为转化炉出口残余甲烷的增加。转化压力的选取要综合考虑全装置的影响：适当提高操作压力，有利于后续的富氢气体的提纯；可减小设备规格，强化生产；可以减少管内压降；使变换气中水蒸气的露点温度提高，有利于余热回收。制氢炉的入口压力一般是2.0~3.5MPa。而过高的压力，导致装置投资增加，氢气回收率下降，对转化炉管来说，由于壁厚增加使热阻增大，将导致壁温升高。

③ 残余甲烷含量

残余甲烷含量指的是转化管出口处转化气中甲烷的干基含量。它是衡量转化反应深度的重要指标。对于常规制氢工艺的转化炉，为了满足产品氢气的纯度要求，一般残余甲烷含量控制在3%(mol)以下；以炼厂干气为原料采用PSA净化工艺的制氢装置，由于原料和燃料的价格相当，转化炉工艺气出口残余甲烷含量一般控制在约7%(mol)。

④ 水碳比

从化学平衡来讲，提高水碳比有利于甲烷转化。但是水碳比增加，意味着水蒸气消耗增加，而多余的水蒸气也要加热到转化气出口温度，热负荷也就增加。因此，在满足转化反应的前提下，应力求降低水碳比。对于以炼厂气为原料的制氢炉水碳比一般在2.5~3.5范围内。

⑤ 空速

空速的选择必须从化学反应和传热两方面综合考虑。选择较高的碳空速，意味着生产强度的提高，炉管热通量的增加。

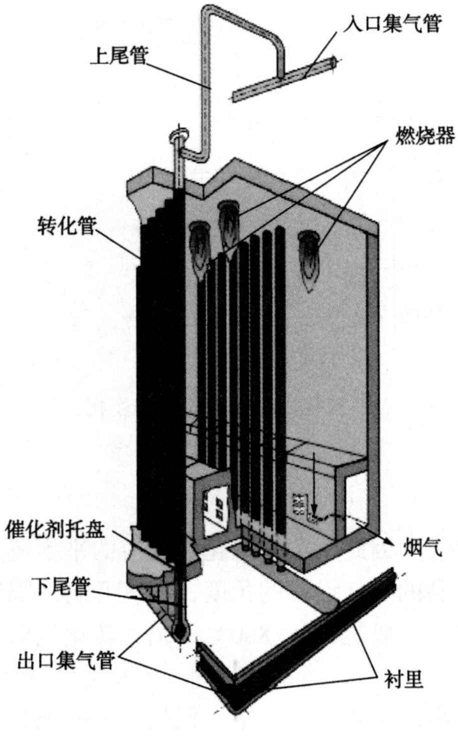

图4-2-35　转化炉管系

3. 转化管管系结构及材料

(1) 转化管管系

制氢炉转化管管系一般采用单管型，按照工艺气的流通顺序依次为上集气管、上尾管、转化管、下尾管和下集气管，见图4-2-35。大型制氢炉的上下集气管一般还分为总集气管和支集气管。

由于工艺介质进口温度相对低，上集气管直径一般较小，选材等级也较低。为了解决热补偿问题，常采用固定支座和轴向滑动支座相结合的支撑方式。当总集气管的膨胀可能引起支集气管三维位移时，支集气管宜采用恒力弹簧悬吊，并对支集气管采取适当的限位措施。

尾管的作用主要是补偿集气管与转化炉管之间的热膨胀量之差，因此在满足承压、耐温、阻力降的条件下，应尽可能减小尾管的刚度。为了增加挠性，尾管采用薄壁合金管。

转化管在炉膛内的为加热段，炉膛之外的为伸出段。管内加热段装有催化剂，通过管壁传热以满足制氢转化反应的需求。早期的转化管内径

在 $\phi100 \sim 120$。近年来，随着催化剂水平的提高、炉管材料的进步、装置大型化的需要，大炉管渐成趋势。目前已在国内使用的转化炉管的内径达到了 $\phi127$。

下集气管有全热壁、冷-热壁混合和全冷壁三种结构。全热壁结构指支集气管和总集气管均为热壁，外保温或置于保温箱内，因其造价昂贵和膨胀问题难以解决，目前已很少采用。现在使用较多的是冷-热壁混合和全冷壁两种结构。

冷-热壁混合集气管是指支集气管采用热壁结构，外保温或与下尾管一起置于保温箱内。总集气管采用带隔热内衬的冷壁结构，冷壁结构的最外层是碳钢或低合金钢管用以承压，中间是隔热层保持外壁温度满足设计要求，内部是承受高温的高合金 25-20 或lncoloy 800H 衬套以避免工艺气流对隔热层的冲刷。

全冷壁下集气管，转化管伸出炉底后直接与冷壁集气管焊接。下尾管位于转化管中心，直接插入集气管的内衬套里。转化管与下尾管之间设置保温层。冷壁集气管同样是带隔热内衬的结构。

(2) 转化管管系的材料

转化管管系各部分的材料是依据其各部位的金属工作温度、压力以及相应材料的高温力学性能选用的。

上集气管、上尾管根据原料气入炉温度一般选用低铬钼钢或奥氏体钢。

转化管大都选用 HP-40Nb。

下尾管和热壁的下集气管除要有较高的高温强度外，还应有良好的高温韧性。一般选用 ASTMB407 中的 UNSN08810(lncoloy-800H)。

冷壁集气管承压外壳采用碳钢或低合金钢，内衬套采用 Cr25Ni20 或 lncoloy-800H。

(二) 转化系统的余热回收

转化炉系统的余热具有温度高、热量大的特点。转化炉出口工艺气的温度高达 820～880℃，下游中(高)变反应器的入口温度为 330～360℃；转化炉烟气出辐射室的温度 900～1100℃。一套产氢规模为 80000Nm^3/h 转化炉 360℃以上中高温位的热量约 90MW。高温余热的合理回收利用，对降低整个制氢装置的能耗至关重要。

从制氢装置的角度理想的高温位的余热利用方式为，除了满足高温位的原料预热外，其余用于发生并过热 10MPa 等级的蒸汽，并在炼油厂的范围内逐级利用。但这个方案受制于整个炼厂的蒸汽管网配置，如果没有 10MPa 蒸汽管网，孤立的产汽设备不能满足炼厂对蒸汽可靠性的要求。

(1) 工艺气余热回收

转化炉出口工艺气被称为转化气，回收转化气高温余热的设备是转化气余热锅炉(图 4-2-36)。转化气余热锅炉通常采用卧式火管余热锅炉发生蒸汽。锅炉设置调节机构，调节出口转化气温度，保证下游变换反应器入口温度要求。余热锅炉入口采用冷壁结构，使用浇灌耐热混凝土内衬里隔热。

(2) 烟气余热回收

离开转化炉辐射室的烟气在转化炉对流段内回收余热(图 4-2-37)。对流段通常包括原料预热段、蒸汽过热段、蒸汽发生段、空气预热段等部分。顶烧炉的对流段位于炉侧，占地较大，但安装、维修方便。侧烧炉的对流段设置在炉顶，节省占地，但安装、维修不便。

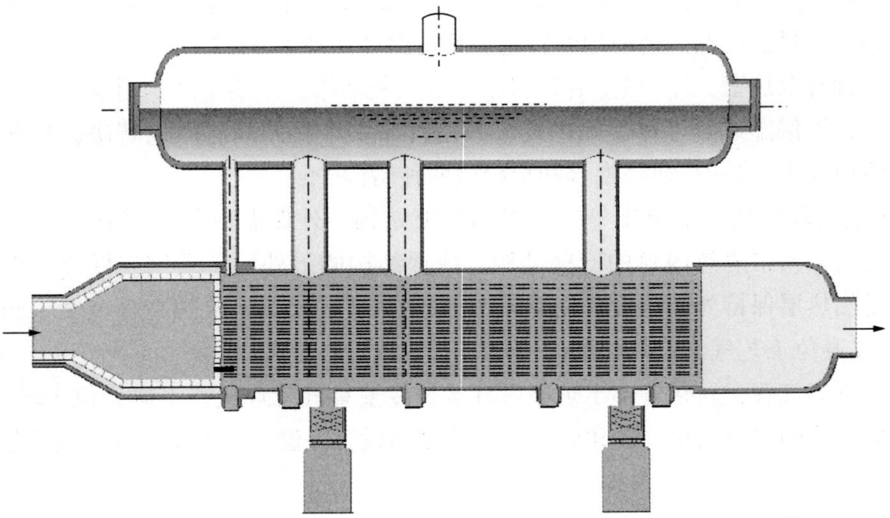

图 4-2-36　工艺气余热锅炉

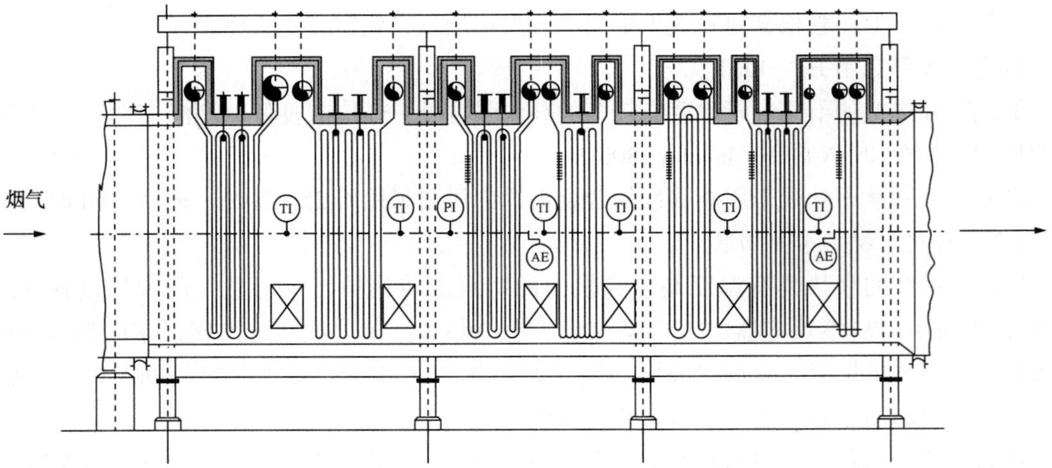

图 4-2-37　烟道气余热锅炉

二、转化炉风机

加热炉的通风方式包括自然通风、强制通风、引风式通风和平衡式通风。当代的制氢转化炉均采用平衡式通风。平衡式通风是用鼓风机为燃烧空气加压送风，同时用引风机将烟气排出的加热炉通风方式。

平衡式通风方式兼具强制通风和引风式通风的优点，由于燃烧空气和烟气的压降都由相应的风机提供，因此，在平衡式通风的条件下既允许燃烧空气通过燃烧器有较大的压降，也允许烟气在对流段采用较大的流速，这样对强化燃烧和传热都是非常有利的。平衡式通风的平稳运行依赖于鼓、引风机的可靠性。当炼厂对制氢装置的产氢依赖较大时，可考虑风机全部或部分的备用。

转化炉鼓风机和引风机的选型依据风量和压头，通常选用离心式鼓风机和引风机。鼓风机的风量由转化炉的热负荷和过剩空气系数确定。转化炉热负荷由转化反应所需热量计算，过剩空气系数通常取1.1~1.2。鼓风机的压头依据风道系统总压降设计。风道系统的总压降由空气预热器压降、燃烧器压降及燃烧空气管道系统压降组成。引风机的压头为烟气流动过程的总压降减去烟囱抽力，并留有适当的裕量。

第五节　装置消耗与能耗

一、装置消耗

1. 原材料和公用工程消耗

以炼厂干气为原料，采用常规法和PSA法工艺制取氢气的消耗如表4-2-32、表4-2-33。

表4-2-32　常规法和PSA法制氢消耗

	物料名称	消耗量/1000Nm³氢气	
		常规法	PSA法
1	原料气/kg	242	264.6
2	燃料气/MJ	6714	1324
3	蒸汽/t		
	3.5MPa		-0.57
	1.0MPa	-0.06	0.035
4	除盐水/t	2.3	1.51
5	电/kW	70	56.6
6	循环水/t	11	5.5
	综合能耗/GJ	17323	13350

注：表中正值为消耗，负值为输出。

表4-2-33　常规法和PSA法制氢催化剂和化学试剂消耗

	物料名称	催化剂装填量/(kg/1000Nm³氢气)	
		常规法	PSA法
1	加氢催化剂	430	315
2	脱硫催化剂	2135	1037
3	转化催化剂	571	517.5
4	中变催化剂	1575	1407
5	低变催化剂	1310	—
6	甲烷化催化剂	282	—
7	碳酸钾	2500	—

2. 两种工艺消耗的比较和分析

常规法制氢和PSA法在消耗方面，只有原料耗量较少，其他燃料、水、电、汽等公用工程消耗都大于PSA法；使用的催化剂、化学试剂种类多，操作及开停工相对复杂。再加上PSA法生产的氢气纯度、压力都高于常规法制氢，自PSA技术成熟以后，已逐步成为炼油厂制氢工艺的主流。

二、装置能耗

1. 装置能耗

表 4-2-34　采用 PSA 法制氢装置的某 40000Nm³/h 制氢装置的综合能耗

序号	项目	小时消耗量		燃料低热值或能耗指标		小时能耗
		单位	数量	单位	数量	GJ
1	炼厂气	kg	10584.4	kcal/kg	12060	534.44
2	燃料气	kg	1193.2	kcal/kg	10600	52.96
3	循环水	t	220.3	kcal/t	1000	0.92
4	电	kWh	2266.6	kcal/kWh	2600	24.67
5	3.82MPa 蒸汽	t	-22.8	kcal/t	880000	-84.00
6	1.0MPa 蒸汽	t	1.41	kcal/t	760000	4.49
7	凝结水	t	-19.9	kcal/t	76500	-6.37
8	净化风	Nm^3	600.0	$kcal/Nm^3$	400	1.00
9	除盐水	t	60.5	kcal/t	23000	5.83
	合计					533.93
	单位综合能耗		每 $1000Nm^3$ 工业氢			13.35
			每吨工业氢			147.15

2. 能耗分析

由上面的综合能耗计算可以看出，制氢装置的耗能主要是原料消耗、燃料消耗和电消耗。燃料气是转化炉的燃料消耗；装置用电主要消耗在原料压缩、鼓、引风机等关键转动设备上；装置产生并部分外送的 3.92MPa 蒸汽抵消了装置部分能耗并对总能耗有较大贡献。因此降低本装置的能耗主要从减少原料、燃料气、电的消耗以及增加产气量入手。

3. 节能措施

根据能耗分析，在炼厂气蒸汽转化装置的设计上可以采用以下节能措施：

强化转化炉操作条件(采用低水碳比、高转化出口温度)，提高原料转化率、减少燃料消耗。

按照温位合理利用高温工艺气、烟气余热：提高混合原料进入转化炉的温度，降低燃料消耗；副产高等级的过热蒸汽，降低能耗；同时完成预热空气、加热原料、预热脱氧水、除盐水等换热，从而在合理的范围内尽可能降低转化炉排烟温度和工艺气进入空冷器的温度。

采用低 NO_x 高效燃烧器，不但燃料充分燃烧，降低燃料消耗，而且能有效降低烟气中的 NO_x 含量，满足环保要求。

采用设计完善的看火门，不但能显著降低看火门外壁温度，减少热量损失，良好的密封性还能有效防止空气漏入炉膛。

充分利用 PSA 尾气作为转化炉的燃料，不足部分补充燃料气。

采用高效电气设备。同时为装置内较大的用电设备设置调速装置，降低电耗。

尽量做到一水多用，重复使用，多用循环水，少用直流水，树立节水意识。

第六节　干气制氢的意义

一、炼厂制氢的主要原料

炼油厂中可以用来造气制氢的原料很多，涵盖了气、液、固态的各种碳氢化合物。从气态的天然气、炼厂气、液化气，到液态的直馏石脑油、重整拔头油、抽余油、加氢裂化石脑油、重油、脱油沥青等，直至固态的煤和石油焦都可以作为造气制氢的原料。当然，不同的原料需要采用不同的工艺，炼油厂中大型制氢装置主要的造气工艺有：在催化剂作用下进行的烃类蒸汽转化法和非催化的部分氧化法。

蒸汽转化法制氢是通过烃类在催化剂的作用下与水蒸气发生的转化反应获取氢气和一氧化碳(一氧化碳经过变换可进一步生成氢气)，可采用各种气体原料和干点在210℃以下的液体原料。

部分氧化法是原料与氧气进行的非催化反应，大型装置采用气流床反应器，为了满足反应速度和熔渣的需要，反应温度通常高达1000~1450℃，大部分的原料与氧气发生不完全氧化反应，生成目的产物氢气和一氧化碳，少量的原料与氧气发生完全氧化反应，为反应系统提供热量使之达到所需的温度。采用部分氧化工艺的装置被称为气化装置，理论上从天然气到煤和石油焦的各种气、液、固碳氢化合物原料都可以作为气化装置的原料。实际应用中，气化装置的原料多是煤、石油焦、重油、沥青等。

两种制氢工艺相比，蒸汽转化法流程简单、投资低、可靠性高、公用工程消耗小、占地小，但是原料价格高；部分氧化法相反流程复杂、投资高、可靠性低、公用工程消耗大、占地大、操作和维护工作量大、三废排放量大，因此虽然有原料价格上的优势，仍然未能成为炼厂中造气制氢的主流工艺，而大多应用在化肥厂和电厂中。目前炼油厂中制氢的主流工艺仍然是蒸汽转化制氢。

二、各种原料制氢的比较

对于炼油厂中适用于蒸汽转化制氢的各种气、液态原料，从炼厂气制氢装置设计和操作的角度出发，选择原料时有如下因素需要考虑：

(1) 尽量提高原料产氢率

原料的氢碳比越高，单位原料所能产出的氢气量也越大。氢碳比与理论产氢量的关系如表4-2-35。

表4-2-35　氢碳比与理论产氢量的关系

H/C	2.0	2.4	2.8	3.0	3.4	3.8	4.0
理论产氢量/(m^3/kg)	4.8	4.98	5.15	5.23	5.38	5.53	5.6

(2) 选择较轻的原料

同族烃类在转化催化剂上积炭的倾向随相对分子质量增大而增大，同时氢碳比随相对分子质量增大而减小，因此，原料的选用优先顺序为气态烃优于液态烃，液态烃中组分越轻越好。

(3) 优先选用饱和原料

饱和原料一般来自加氢、重整等装置，不仅意味着不含烯烃，液体原料芳烃和环烷烃含量低，而且原料中的硫的形态简单，湿法脱硫后的含量低。使用饱和原料作为制氢原料不仅可以简化制氢装置内的原料预处理的配置，而且在生产中不易发生由于净化工段的操作失误导致转化催化剂中毒、积炭等事故，造成装置停工，影响全厂的操作。

(4) 慎用二次加工油

二次加工油是指重油经过裂化、焦化、减黏等过程产生的轻油。经过加氢后，虽然密度、馏程、烯烃含量与直馏轻油相近，但作为制氢原料存在以下问题：

① 带侧链的烷烃含量多；

② 环烷烃含量多；

③ 芳烃含量多；

④ 含有较多的胶质和重金属杂质；

⑤ 硫、氮等杂质脱除不彻底。

以上问题易导致转化催化剂积炭和中毒，从而失去活性。

只有经过高压加氢(16MPa 及以上)的二次加工油，以上问题得到较大程度的缓解，可考虑采用干点在 70℃以下的轻组分作为制氢原料。即便如此，在使用前最好请转化催化剂的供应商进行测试评估。

综上所述，天然气、炼厂气、液化气、轻油都可作为蒸汽转化制氢装置的原料。在可以选择的条件下，从制氢装置简化流程、降低投资、提高操作的可靠性出发，制氢原料首选天然气和饱和炼厂气，之后是不饱和炼厂气，液体原料的选用以尽可能轻的原料为宜。

三、干气制氢的经济性与重要意义

获取工业氢气的生产方法有很多，从通过炼厂富氢气体净化分离，到经化学反应造气的部分氧化法、烃类水蒸气转化法、甲醇蒸汽转化法以及电解水等。炼油厂中最经济的氢气来源于富氢气体净化分离，但是这部分的氢气量远远不能满足需求。造气制氢的经济性与规模、原料成本直接相关。

炼油厂中从经济性出发，不同规模的装置选用不同的工艺路线，一般产氢在 $1000Nm^3/h$ 以下的装置选用甲醇制氢，产氢在 1000~100，$000Nm^3/h$ 规模的装置选用烃类水蒸气转化法制氢，产氢规模达到~100，$000Nm^3/h$ 及以上的装置部分氧化法才能显现出经济性。

当制氢装置的规模足够大时，烃类蒸汽转化和部分氧化两种制氢工艺的经济性主要取决于原料成本。这是由采用这两种工艺的装置的特点决定的：采用烃类蒸汽转化工艺的制氢装置，一次投资明显低于采用部分氧化工艺的制氢装置，而操作中的原料费用则相反。因此，原料的差价越大，部分氧化工艺的经济性越好。据测算，当炼厂气为 2500 元/t，蒸汽转化制氢的氢气成本约为 1 万元/t；煤为 450 元/t，采用水煤浆部分氧化法制得的氢气，成本仅为 8200 元/t 左右。

而轻烃蒸汽转化法以其工艺成熟可靠、投资低廉、操作方便而占有主导地位。就全球范围而言，尤其对于炼油企业，除炼厂含氢副产气体的回收外，90%的制氢装置都采用烃类蒸汽转化法。其主要原因是：

① 炼油企业烃类原料来源有保证，尤其是可利用炼油厂大量富产的多种廉价炼厂气作为原料制氢，可大大降低制氢成本；

② 轻烃蒸汽转化法工艺成熟、投资少、占地小、对环境造成的污染少，并且操作方便；

③ 富氢气体净化回收的氢气量远远不能满足工业氢气的需求；

④ 相对电解水和甲醇制氢法的规模小、成本高而言，轻烃蒸汽转化法适宜建设大型化

装置，且成本较低。

而以渣油、煤或焦炭为原料的部分氧化制氢，由于一次性投资高(包括建立独立的空分装置)，只适合于制氢规模很大且氧气价格合理的场合，因而其在全世界所占份额仅为3%左右。因此，至少在一段时间内烃类蒸汽转化制氢仍将是国内外炼油企业普遍采用的制氢工艺。

四、制氢技术的未来

未来氢气生产的发展主要有以下显著特点：

① 氢气生产不再是一个不显眼的辅助装置，而是像其他供水、供电、供汽等公用工程一样，是一种对炼厂必不可少的公用工程项目。

② 随着加氢能力在炼厂中所占比重的不断增加，氢气在炼厂生产中也具有了不可缺少的地位，这就要求制氢装置具有高度的可靠性和在线率。

③ 制氢装置逐渐向大型化及超大型化发展，目前完全采用国内制氢技术的装置规模已达到8万Nm^3/h，局部引进的制氢装置的规模已达到14万Nm^3/h，国外单系列制氢装置的规模已达到30万Nm^3/h。

④ 管网供氢。国际上著名的氢气制造商如法国TECHNIP和AP&C公司、英国BOC与福斯特惠勒公司结盟向不同地区，多个炼厂提供不同规格产品的氢气，实现了氢气供应的管网化，从而可优化氢气生产，降低氢气成本。国内部分工业园区也开始进行尝试。

⑤ 制氢装置除生产产品氢气外，还可根据需要生产化工原料、联产甲醇、生产CO_2产品，可大大提高了氢气工厂的经济效益。

随着成品油清洁化、加工原油劣质化，加氢规模在炼厂中的比重不断加大的趋势，以及氢气本身被逐渐认为是一种重要的清洁能源，制氢技术和工艺必将有长足的发展。从已经工业化的以渣油、煤、石油焦为原料的部分氧化法制氢到正在研究中的生物制氢、太阳能制氢、核能制氢，氢气生产技术的发展将无可限量。

参　考　文　献

[1] 向德群，刘悫云．化肥催化剂实用手册[M]．北京：化学工业出版社，1992.

[2] 郭瑞，于元章，李世勤．国内外CO高温变换催化剂的研究进展[J]．天然气化工(C_1化学与化工)，2015，40(2)：78-81.

[3] 钱家麟．管式加热炉[M].2版．北京：中国石化出版社，2003.

[4] 李大东，聂红，孙丽丽．加氢处理工艺与工程[M].2版．北京：中国石化出版社，2016.

第三章　C_2资源的回收与利用

第一节　炼厂气中的C_2资源

炼厂干气是伴随炼油过程而产生的各种尾气，主要来源于催化裂化、延迟焦化、加氢裂化、重整等原油的二次加工过程，其中含有大量的乙烷、乙烯、丙烷和丙烯等轻质烃类，是重要的化工原料，目前大部分作了燃料气，影响全厂的经济效益。国外对炼厂气的回收利用率较高，其生产经验表明，回收炼厂干气中C_2以上的组分生产高附加值化工产品有较好的经济效益。

2018 年，中国石化加工原油 23847 万 t，催化裂化实际加工量 7489.21 万 t，生产催化干气约 266.6 万 t，其中含C_2以上的烃类约有 120.7 万 t、氢气约 8.3 万 t，若C_2以上的烃类能全部作乙烯装置原料，每年可直接增产乙烯 43.1 万 t、丙烯 5.5 万 t；若考虑乙烷、丙烷和丁烷循环裂解，每年可增产乙烯约 70 万 t。当年，中国石化延迟焦化实际加工量 4266.27 万 t，生产焦化干气约 228.7 万 t，其中含C_2以上的烃类有 89.5 万 t、氢气 2.4 万 t，若C_2以上的烃类能全部回收作乙烯裂解炉进料，每年可增产乙烯约 44 万 t。

干气作为石油炼制过程中的副产物，是一种重要的化工资源，在炼化一体化趋势下，干气的综合高效利用越来越受重视。由于我国重质原油加工比例较高，重油的二次加工以催化裂化及延迟焦化等为主，干气收率较高。加氢裂化工艺也产生一定量的干气，但收率相对较低(2%~3%)。干气中含有氢气、甲烷、乙烷、乙烯等组分，其组成与加工工艺有关，且不同的加工工艺其组成差别较大，典型数据见表 4-3-1。

表 4-3-1　不同重油加工工艺干气组成(脱硫后)

组分	组成/%(体)					备注
	催化 1	催化 2	催化裂解(DCC)	延迟焦化	加氢裂化	
H_2	28.80	28.2	15.57	1.4	63.19	
CO_2	3.59	1.82	2.5	—	—	
CO	2.05	0.0	1.0	—	—	
N_2	14.49	18.4	11.41	—	2.84	
CH_4	24.98	25.07	36.62	54.5	12.79	
C_2H_6	10.92	10.85	11.58	36.8	10.37	
C_2H_4	12.44	11.18	20.12	3.8	—	
C_3H_8	0.32	0.65	0.09	1.6	10.5	
C_3H_6	1.46	2.75	0.89	1.3	—	
C_{4+}	0.96	1.08	0.22	0.6	0.32	
合计	100	100	100	100	100	
干气收率/%(质)	3.63	4.77	7.56	4.5	2.38	

由表 4-3-1 可以看出，催化裂化干气收率及乙烯含量均较高，尤其是 DCC 工艺，干气收率更大，且乙烯含量更高；延迟焦化干气中甲烷含量最高，达 50%(体)，乙烷的含量较

高，且乙烷含量高于乙烯；加氢裂化干气收率较低，基本上为饱和烃，且氢气和甲烷含量较高，碳二组分的含量较低。由于催化干气收率较大、碳二含量较高，催化干气的综合利用也就成为关注的焦点。

干气中含有相当数量的乙烯和乙烷组分，同时还含有一定量的氢气。乙烯是有机化工的基础原料，乙烯产量作为一个国家石化产业发达的标志；乙烷是生产乙烯的优质原料，其循环裂解乙烯收率高达 80wt%，且裂解产物组成比较简单，后续的分离相对容易；氢气在炼厂更是宝贵的资源。然而长期以来，炼厂干气主要作为燃料气被消耗。随着我国乙烯产量迅速增长，乙烯原料与石油产品争原料的矛盾也日益突出，如果能够将干气中乙烯乙烷分离提纯和有效利用，将会给炼厂带来巨大的经济效益。

一、催化裂化干气

炼厂干气中催化裂化干气量最大，一般占催化裂化新鲜进料的 2%～6%，催化干气中含有 C_1～C_4的烃类，还含有少量 C_5以上的汽油组分、氢气和再生催化剂夹带到反应系统的烟气(如 CO_2、N_2、CO、O_2等)，以及硫化氢、有机硫化物、砷化物和氮氧化物等杂质。其中乙烯和乙烷的质量分数一般在 10%～20%，丙烷和丙烯的质量分数之和一般低于 5%。

催化裂化干气经 MDEA 溶剂脱硫后硫化氢含量≯50mg/m^3，一般作燃料气，还可作制乙苯的原料。若经提浓得到富乙烯产品气，通过深度净化处理，除去其中的硫化氢、砷化物、NO_x、O_2以及大部分 H_2、N_2和 CO_2等杂质，也可作生产乙烯的原料。

二、焦化干气和加氢处理干气

延迟焦化和加氢处理装置生产的干气含有的烃类，烯烃量少，饱和烃多。焦化干气中以甲烷和乙烷为主，其中甲烷体积含量一般大于 50%，比催化干气高 15～20 个百分点；所含氢气、惰性气(CO_2、N_2、CO_2等)含量低于催化干气；有机硫含量一般为 45～100mg/m^3，比催化干气高 10 倍。焦化干气经提浓后脱除惰性气及大部分甲烷和氢气，所得富乙烷产品气是很好的乙烯裂解原料。加氢处理干气中以乙烷、丙烷、甲烷和氢气为主，经提浓后脱除大部分甲烷和氢气后也是很好的乙烯裂解气体原料。

第二节　炼厂干气中 C_2 组分的回收与利用技术概述

到目前为止，乙烯和丙烯主要由蒸汽裂解得到，生产成本和能耗较高。众所周知，在催化裂化、延迟焦化等炼油过程中会产生大量的炼厂干气，其中含有较多的乙烷、乙烯、丙烯和丙烷等烃类，因缺少经济实用的回收技术，这些干气一般作燃料气烧掉，造成资源的极大浪费。为此，国外从 20 世纪 50 年代开始从炼厂干气中回收 C_2组分并开发将其作乙烯原料的技术，以提高石化企业的经济效益。至今为止，从催化裂化干气中分离乙烯且已实现工业化的技术主要有深冷分离、吸收分离和变压吸附分离工艺等。

一、深冷分离

20 世纪 50 年代开发的常规深冷分离技术早期主要用于裂解乙烯的分离提纯，从 80 年代末开始用于回收炼厂干气中的烯烃，但能耗很高。为了节能，美国 S&W 公司于 90 年代初和近年先后开发了以分凝分馏器为核心的 ARS(Advanced Recovery System)技术和以热集成精馏系统为核心设备的第二代 ARS 技术[1]。

ARS 技术主要用于从催化裂化和催化裂解干气中提纯乙烯，应用膨胀制冷过程，产生

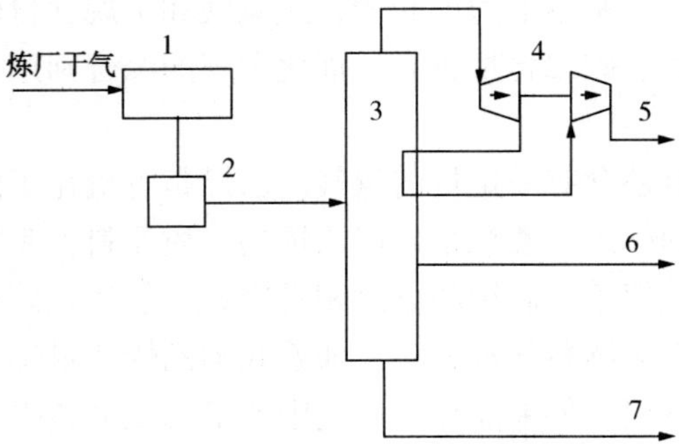

图 4-3-1　ARS 工艺的流程

1—干气净化器；2—压缩机；
3—分凝分馏塔；4—膨胀机；
5—不凝气；6—C_2组分；7—C_3^+ 组分

足够的冷量，在特殊结构的局部冷凝分馏器中进行冷量的间接传递，以形成局部冷凝，在分馏器的底部特殊通道中输入工艺蒸汽与逆向流动的冷液，分凝分馏器同时进行传热、传质，可达到多级分离的效果，实现干气中的烯烃与惰性气体的分离。

ARS 技术主要是由原料预处理、深冷回收和产品选择性分馏等单元组成(见图 4-3-1)。

炼厂干气经净化干燥、加压后自下而上进入冷凝冷却器，其中的高沸点烃类在冷凝冷却器内逐渐冷凝，与上升的气相逆流接触，进行传质传热，起到分凝分馏的作用。不凝气经膨胀机制冷、温度降到-100℃后返回分凝分馏器作冷剂。

该技术操作灵活，对原料适应性强，且适于分离较重的馏分；C_2以上烃类回收率高(可达 96%)；比常规深冷分离技术节能 15%~25%[2]。

Lummus 公司使用顺序分离低压脱甲烷技术回收炼厂干气中的 C_2组分[3,4]，示意流程图见图 4-3-2。升压到 1.2~1.4MPa 的净化干气进入乙炔转化器，利用干气中的氢气进行加氢精制，然后通过碱洗脱除 CO_2和 H_2S，再经水洗、分子筛干燥、吸附脱杂质后进入丙烯冷箱，冷却后进入低压脱乙烷塔，塔顶 C_2及轻组分经压缩、乙烯冷箱冷凝后进入低压脱甲烷塔。来自乙烯精馏塔并经丙烯和乙烯冷箱冷却的乙烷作回流淋洗剂进入低压脱甲烷塔塔釜，以回收甲烷尾气中的乙烯；脱甲烷塔顶的甲烷和氢气等轻组分作燃料，塔釜 C_2组分进入乙烯精馏塔，可得到聚合级纯度的乙烯。该技术省去了膨胀-压缩机，比高压操作工艺节能 15%；乙烯回收率大于 90%；生产较灵活，安全性提高。

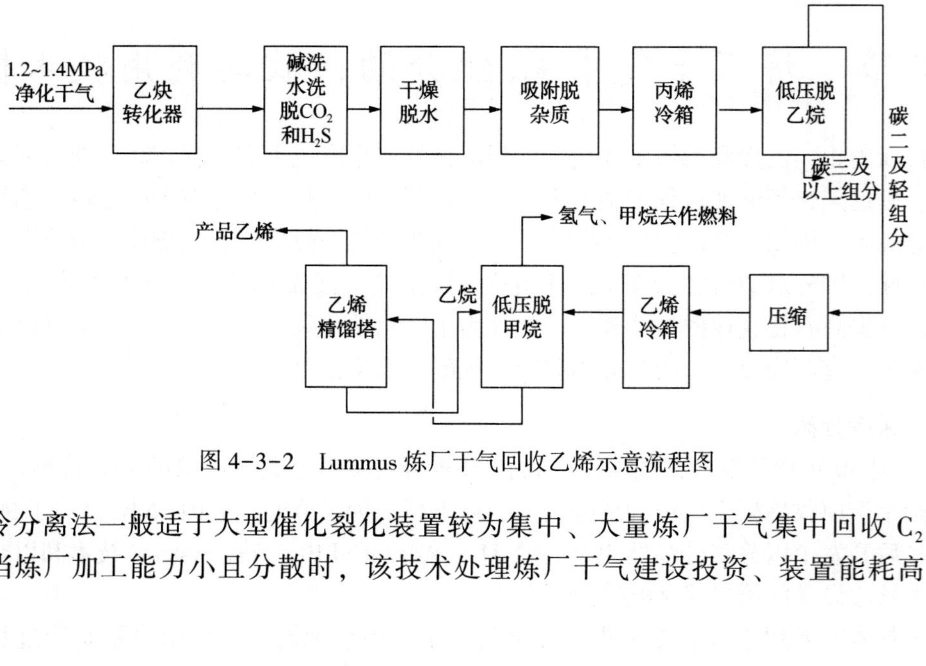

图 4-3-2　Lummus 炼厂干气回收乙烯示意流程图

深冷分离法一般适于大型催化裂化装置较为集中、大量炼厂干气集中回收 C_2组分的情况。当炼厂加工能力小且分散时，该技术处理炼厂干气建设投资、装置能耗高，很不经济。

二、油吸收分离

油吸收分离技术是利用吸收剂对干气中各组分溶解度不同来分离气体混合物的方法，常以 C_3、C_4和芳烃等烃类作吸收剂，首先脱除干气中的甲烷和 H_2，然后用精馏法将吸收的组分逐一进行分离。该技术所用吸收剂的沸点远高于乙烯，操作温度一般在-40~20℃，无需-100℃的深冷环境，故常被称为中冷油吸收法[5]。

20 世纪 90 年代，Brown & Root 公司与 KTI 公司合作，开发了 ALCET(先进的低投资乙烯技术)新工艺。该技术组合了 KTI 裂解技术、Brown & Root 分馏和加氢技术以及 AET 公司的吸收工艺[6]，吸收剂采用 C_3/C_4馏分，吸收温度约-40℃。与前脱丙烷、前加氢法结合，C_4以上组分不进吸收系统，工艺流程如图 4-3-3 所示。

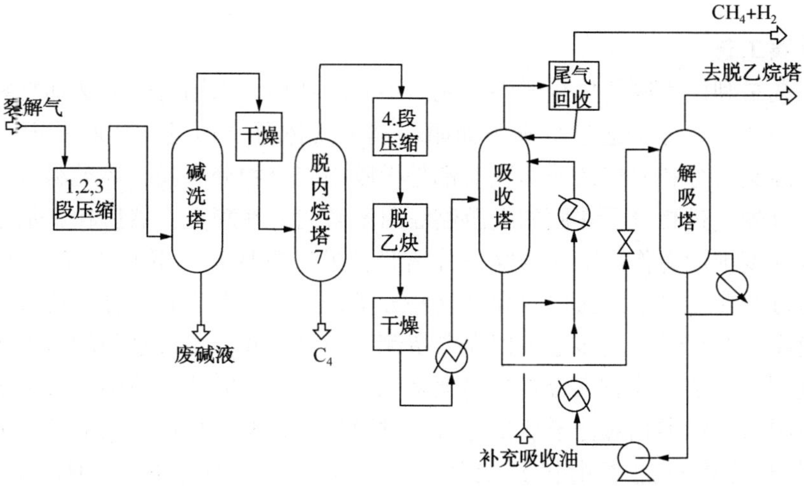

图 4-3-3　ALCET 油吸收法工艺流程

ALCET 工艺裂解气经三段压缩、碱洗脱除硫化氢，再经脱丙烷塔脱除 C_4组分；采用前加氢脱除乙炔技术，解决了乙炔后加氢工艺乙烯产品受 CO 污染及过度加氢造成乙烯损失、需回收氢气和脱除绿油等问题；用溶剂吸收技术取代了冷箱和深冷分离过程，脱甲烷系统以-40℃的丙烯作冷剂，不需要乙烯冷冻系统和甲烷冷冻系统，简化了乙烯生产流程，降低了装置能耗和建设投资。

ALCET 油吸收法也适于处理催化裂化干气，因催化裂化干气中含有较多的 CO_2及硫化物、砷化物等杂质，故在图 4-3-3 流程中还需增加脱除硫化氢、CO_2等杂质及干燥工序。

中冷油吸收法的优点是不受干气组成影响，不需耐低温材料，投资较低，进料不用全部进行深冷，且工艺简单，技术成熟。该技术经改进后乙烯回收率可达到 95%，采用膨胀机技术乙烯回收率可达到 99%[7]，适于催化裂化加工量较小的石化企业，但能耗高于 4187MJ/t 原料干气。

中国石化工程建设公司于近年开发了组合吸收法回收炼厂干气中 C_2的工艺技术，可在较缓和的工艺条件下实现碳二资源的高效回收与利用，详见本章第三节。

三、变压吸附分离及产品气净化技术

中国石油化工股份有限公司北京燕山分公司(简称燕山分公司)乙烯装置经过扩能改造，乙烯生产能力由最初的 30 万 t/a 逐步提高到 80 万 t/a。在 2007 年 6 月 1000 万 t/a 炼油扩能工程投产之前，乙烯原料以直馏石脑油、加氢裂化尾油和直馏柴油为主。直馏柴油乙烯收率低，以其作裂解料增大了乙烯装置能耗，还减少了成品油产量。此外，燕山分公司催化裂化装置实际加工量约3Mt/a，年产催化裂化干气约14万t，在2005年7月之前作燃料气。催化干气中C_2以上烃类体积含量约30%，为了将其回收作乙烯原料，燕山分公司与四川天一科技股份有限公司(简称四川天一)自2001年起，基于吸附剂筛选、脱氧催化剂研制和富乙烯气分离技术研究，开发了“回收炼厂气乙烯资源成套技术”。燕山分公司采用该技术建成的国内第一套30000Nm^3/h催化干气提浓乙烯工业装置(简称干气提浓装置)，于2005年8月2日正式投产，并将产品气并入现有乙烯系统；乙烯装置在增产乙烯和丙烯的同时，降低了能耗和物耗，取得了显著的经济效益和社会效益。关于变压吸附分离回收C_2技术的介绍详见本章第四节。

四、膜分离工艺

膜分离工艺是利用不同气体分子渗透能力不同的特性，采用特殊方法和材料制成的分离膜选择性地使一些气体分子透过分离膜而阻止其他气体分子透过，从而实现不同组分的分离。目前用于烃类组分和氮气的分离膜大都是橡胶态聚合物分离膜，烃类组分为透过相，氮气为滞留相。首先透过相分子在膜的上游侧吸附溶解附着在膜上，然后在施加于分离膜两侧的压差和浓度梯度推动力作用下渗透穿过分离膜，最后再从膜的下游侧解吸出来。实际上，所谓选择性透过并非是严格意义的只允许某些分子透过而不允许其他分子透过，只是某些分子透过膜的速度相对较慢而更多地被留在滞留侧，而另一些分子透过膜的速度相对较快而更多地进入透过侧。对于橡胶态聚合物分离膜来说，烃类分子的透过速度一般大于惰性气体分子；在一定范围内，烃类相对分子质量越大透过膜的速度相对越快。以下几种分子在橡胶态聚合物分离膜上的透过速度由慢到快依次为：N_2、CO、O_2、H_2、CH_4、C_2、CO_2、C_3、H_2S、C_4和H_2O。

膜分离获得的渗透气纯度不够高，通常难以达到工艺要求的纯度，因此，膜分离多会与压缩冷凝法或吸收法等工艺组合应用。为避免干气中的重质烃类和水对膜的污染，干气进膜之前应进行冷却、过滤除去其中的重质烃类和明水。聚烯烃尾气回收就是一种膜分离与压缩冷凝法的组合工艺，工艺流程如图4-3-4所示。

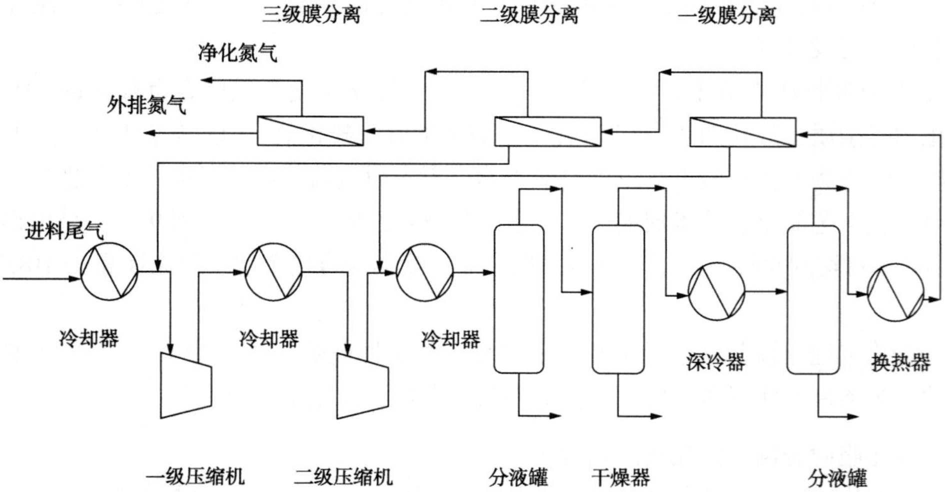

图4-3-4　回收聚烯烃尾气的膜分离装置流程示意

若采用膜分离与压缩冷凝组合工艺分离炼厂干气，按膜分离聚烯烃尾气技术预测，冷凝压力2.0~2.5MPa，冷凝温度约-10℃，并需对原料气进行干燥脱水，总体建设投资、装置能耗较高。

第三节 组合吸收法回收炼厂干气中碳二的工艺技术

在炼化一体化的趋势下，炼厂碳二可以作为化工原料，以扩大全厂乙烯原料来源，提高全厂的经济效益。如前所述，油吸收法主要是采用碳四和/或碳五作为吸收剂，在较缓和的操作条件下回收碳二，投资能耗较低。中国石化工程建设有限公司开发了组合吸收法回收炼厂干气中碳二的工艺技术，属于油吸收法技术领域，其工艺流程简单、操作条件缓和、碳二回收率高、回收碳二纯度较高、投资和能耗较低，具有较好的应用前景。

一、组合吸收法工艺流程的设置

催化裂化、延迟焦化、加氢裂化等均采用吸收稳定工艺来回收富气中的液化气，其工艺流程简单，主要特点是在一定的压力[1.3~1.6MPa(表压)]及常温下先将富气中大部分液化气组分及少量碳二吸收下来，然后在合适的条件下将碳二等轻组分解吸，解吸的碳二等轻组分及少部分液化气组分返回到吸收塔进行再次吸收。因此，借助吸收-脱吸的方法在较缓和的操作条件下实现碳二和碳三的分离，可避免在较苛刻的工艺条件下采用精馏的方法来分离碳二和碳三，以降低投资和能耗。但吸收稳定工艺会造成部分液化气组分和碳二等轻组分在吸收、解吸之间的循环，增加吸收稳定系统的能耗。

通过对吸收稳定系统干气和液化气分离的原理进行详细研究后，将其应用于炼厂干气中碳一和碳二的分离，即通过选择合适的吸收剂，在适宜的压力、温度和剂气比等条件下将大部分碳二及少量甲烷吸收下来，然后在适宜的条件下将甲烷等轻组分脱吸，再将碳二与吸收剂分离，吸收剂循环使用，再用精馏的方法将乙烯和乙烷分离，即所开发的组合吸收法工艺。根据以上思路，流程基本设置见图4-3-5，主要构成有：干气压缩、干气预处理、组合吸收、碳二/吸收剂分离、乙烯精馏及丙烯制冷部分等，涉及的主要设备有干气压缩机、碳二吸收塔、碳四回收塔、甲烷脱吸塔、脱碳二塔、乙烯精馏塔及丙烯制冷压缩机等[8]。

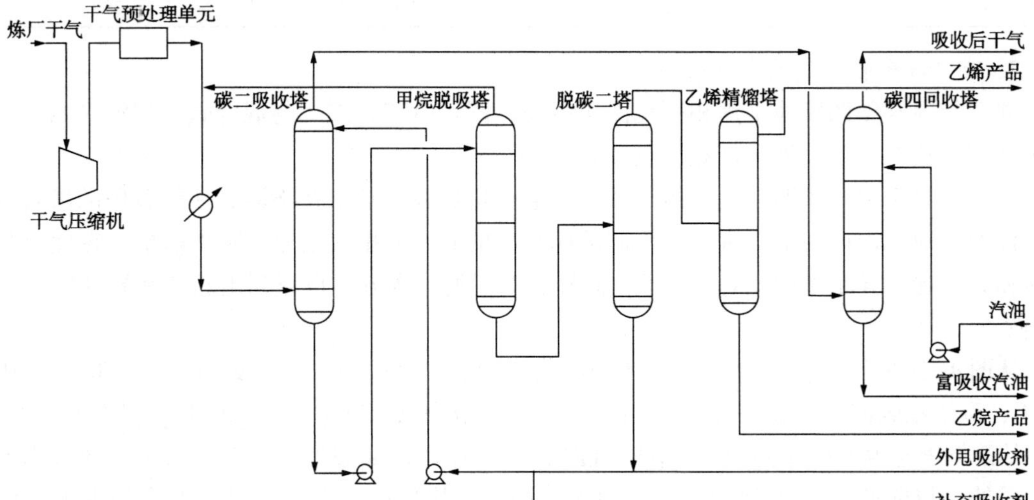

图4-3-5 组合吸收法回收炼厂干气中碳二工艺流程简图

吸收稳定和组合吸收法回收碳二的工艺对比见表 4-3-2。

表 4-3-2　吸收稳定和组合吸收工艺对比

序号	项　目	吸收稳定工艺	组合吸收工艺
1	吸收剂	汽油	混合碳四/混合碳五
2	被吸收组分	液化气及少量轻组分	碳二及少量轻组分
3	控制指标	吸收塔顶贫气中的 C_3、C_4及液化气中的 C_2	碳二吸收塔顶气中的 C_2及混合碳二中的甲烷
4	脱吸目标组分	全部碳二	全部甲烷
5	控制指标	脱吸塔底碳二	甲烷脱吸塔底甲烷

二、碳二吸收剂的选择

1. 碳二吸收剂的要求

碳二吸收剂的选择是整个工艺技术的关键，需满足以下要求：

(1) 碳二吸收选择性较高，剂气比(吸收剂/气体)较低，碳二回收率较高，能耗较低。

(2) 甲烷吸收选择性较低，甲烷脱吸较容易，回收乙烯纯度高。

(3) 碳二与吸收剂的相对挥发度较高，分离较容易；使吸收剂可以循环使用，吸收剂耗量低。

(4) 获取方便，价格较便宜。

结合干气中各组分的性质及炼厂的实际情况，初步选择混合碳四、混合碳五和苯三种常用物质作为吸收剂。

2. 碳二吸收剂性质

三种吸收剂的基本性质如表 4-3-3。

表 4-3-3　三种吸收剂的基本性质[9]

项　目	混合碳四	混合碳五	苯
常压沸点/℃	-10～10	20～40	80
饱和蒸汽压(40℃)/MPa	0.3～0.5	0.1～0.15	0.025
冰点/℃	<-100	<-100	5.5
临界温度/℃	130～150	150～200	289

3. 碳二与吸收剂气液平衡(t-x-y 相图)

碳二与混合碳四气液平衡相图见图 4-3-6、图 4-3-7，碳二与混合碳五气液平衡相图见图 4-3-8，碳二与苯气液平衡相图见图 4-3-9。

说明：对于混合碳四，其中组分较多，经分析比较，碳二在不同碳四组分中的溶解度都比较接近，即一定压力下，碳二与不同碳四组分的 t-x-y 相图相似。限于篇幅，在此只列出乙烯和异丁烯、异丁烷的 t-x-y 相图。同样，对于混合碳五，也只列出乙烯和异戊烷的 t-x-y 相图。

从图 4-3-6 至图 4-3-9 可知，在相同的压力、温度等条件下，如分压 0.6MPa(表压)、5℃下，碳二在碳四和碳五中的溶解度比苯高；且在溶解度较低[$x(C_2)<0.15$]范围内，碳二在苯中的溶解度与温度较敏感(t-x 曲线较陡)，当操作条件如温度波动时，对吸收效果影响较大。另外，与前两种吸收剂相比，苯的冰点高、价格较高、有毒，因此不作为本工艺的吸收剂。

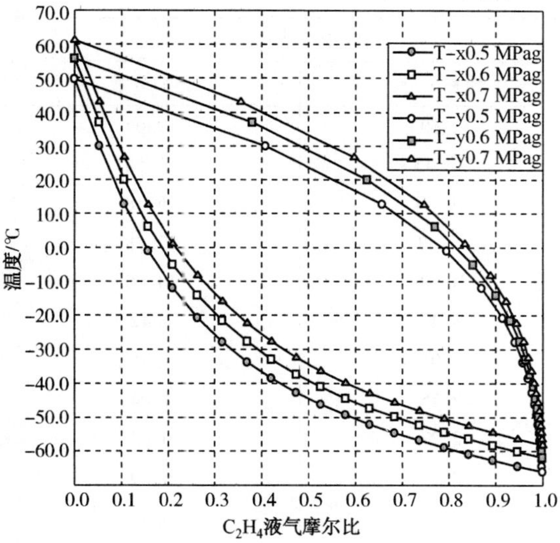

图 4-3-6　碳二与异丁烯 t-x-y 相图

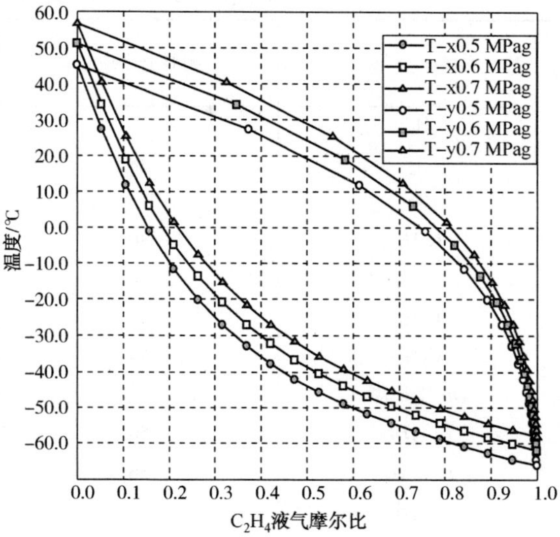

图 4-3-7　碳二与异丁烷 t-x-y 相图

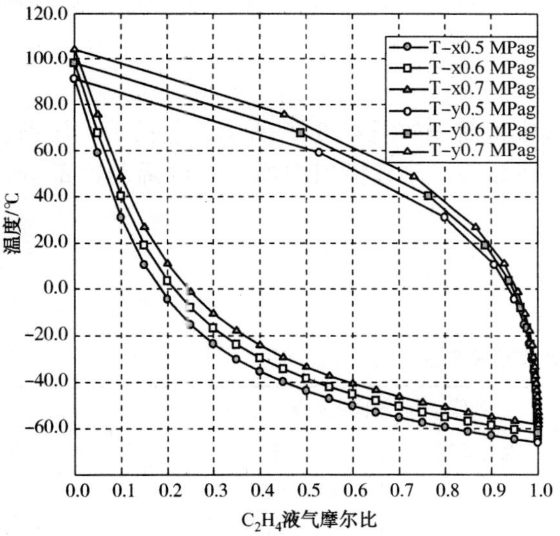

图 4-3-8　碳二与异戊烷 t-x-y 相图

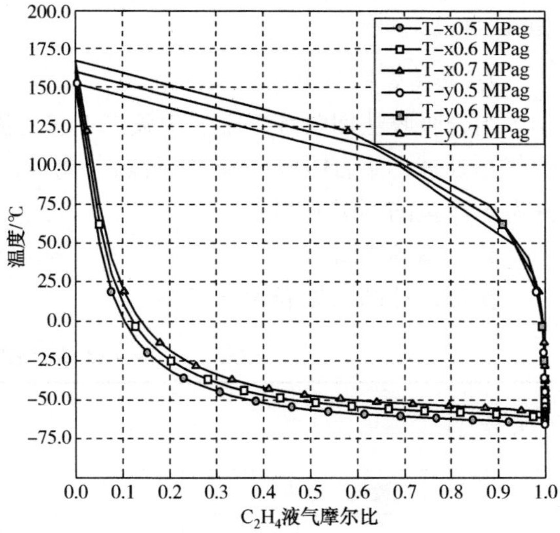

图 4-3-9　碳二与苯 t-x-y 相图

确定混合碳四或混合碳五两种吸收剂，结合其 t-x-y 图，从碳二吸收率、吸收剂循环量及经济性等方面综合考虑，初步确定吸收温度 5～10℃、吸收压力约 2.5～3.0MPa（表压）、碳二分压约 0.6MPa（表压），碳二在吸收剂中的溶解度约 0.13（摩尔分率）。由于混合碳四容易获取，优先采用混合碳四作为吸收剂，并通过详细计算来比较两种吸收剂的具体差别。如果没有特别说明，后面的分析和计算均为采用混合碳四作为碳二吸收剂的结果。

三、组合吸收法回收碳二工艺模拟计算及分析

1. 干气性质

以某厂 200 万吨/年催化裂化装置的干气为例，干气收率 4.7%，干气量 11750kg/h，干气组成见表 4-3-4。

表 4-3-4　模拟计算采用的干气组成

组　分①	相对分子质量	组　成/%	
		质量分数	体积分数
H_2	2	1.80	19.64
N_2	28	22.45	17.58
CH_4	16	19.14	26.18
C_2H_6	30	17.11	12.48
C_2H_4	28	18.66	14.60
C_3H_6	42	8.47	4.42
C_3H_8	44	2.91	1.45
n-C_4H_{10}	58	2.75	1.04
i-C_4H_8	56	2.27	0.89
n-C_4H_8	56	2.27	0.89
t-C_4H_8	56	1.33	0.52
c-C_4H_8	56	0.86	0.33
合计		100	100

①为了流程模拟计算方便，干气中的杂质如 H_2S、CO_2、O_2、H_2O 及炔烃等模拟时均不体现，干气预处理时将这些杂质逐一脱除。

2. 流程模拟简图

组合吸收法回收炼厂干气中碳二工艺的流程模拟简图如图 4-3-5 所示，包括干气压缩、干气预处理、组合吸收、碳二/碳四分离及乙烯精馏等，流程模拟中增设了丙烯制冷部分，并考虑冷量的逐级利用。

3. 主要模拟结果

模拟计算结果见表 4-3-5。

表 4-3-5　主要计算结果汇总①

序号	项　　目		数值(两种不同吸收剂)		备注
			混合碳四	混合碳五	
1	干气流量/(kg/h)		11750	11750	
2	乙烯产品	流量/(kg/h)	2157	2157	
		纯度/mol%	99.95	99.95	
		回收率/%	98.34	98.34	
3	乙烷产品	流量/(kg/h)	2002	2000	
		纯度/%(摩尔)	98.6	98.5	
		回收率/%	97.83	97.68	
4	吸收后	干气流量/(kg/h)	5209	5217	
		干气中 C_2^+ 含量/%(摩尔)	2.1	2.1	
		吸收剂量/(kg/h)	20000	20000	
		外排量/(kg/h)	22649	22097	
8	吸收剂	消耗量/(kg/h)	1500	500	碳二吸收
		外甩量/(kg/h)	1231	777	

①可以看出，采用混合碳四和混合碳五作为吸收剂，对主要工艺指标结果区别不大。

4. 模拟计算小结及讨论

(1) 吸收剂：在同样的乙烯回收率、乙烯产品纯度[99.95%(摩尔)]及主要操作条件(如压力)相同的情况下，采用混合碳四和混合碳五两种吸收剂对主要工艺指标影响不大，主要对甲烷脱吸塔和脱碳二塔工艺参数有一定差别。

(2) 该工艺乙烯及乙烷回收率均很高，且乙烯产品的纯度很高，直接可以作为聚合级乙烯；乙烷产品可以作为乙烷裂解炉原料。

(3) 本模拟中，干气中 C_3^+ 含量达 9.5%(摩尔)，C_3^+ 去向主要有：随外甩混合碳四送出；随汽油吸收剂送出；极少量随吸收后干气送出。实际催化干气中 C_3^+ 组分小于 1.5%(体)。

(4) 补充混合碳四：炼厂干气和碳二吸收塔顶干气中均有 C_3^+，为了保持平衡，需要补充部分碳四作为吸收剂，同时外甩部分碳四，可直接作为民用液化气。也如同催化吸收稳定工艺中，稳定塔底的汽油(吸收剂)带有一定浓度的碳四(被吸收组分)，其蒸汽压仍然是合格的。

(5) 能耗：能耗主要体现在冷量消耗上。甲烷脱吸塔和脱碳二塔塔底温度均不高，为 90~110℃，塔底重沸器可以采用热水或其他低温位热源。降低流程能耗主要是降低冷量消耗：一是降低脱碳二塔进料温度，减少塔顶低温位级别冷剂的消耗；二是回收乙烯精馏塔塔底重沸器的冷量。

四、相关问题及考虑

组合吸收法回收炼厂干气中碳二工艺涉及的问题较多，如炼厂干气的来源比较复杂，干气中杂质含量较高，碳四预处理及吸收后干气的利用等。

1. 干气来源

催化裂化和延迟焦化装置干气收率较高，是炼厂干气的主要来源。催化干气中乙烯含量较高，是该工艺的理想原料；焦化干气中乙烷含量较高，乙烯含量较低，单独回收焦化干气中碳二时需根据实际情况综合评估其经济效益；对于加氢裂化干气，碳二含量较低，但其中杂质含量也较低，可根据实际情况回收碳二或作为制氢原料。对于有些较早的炼厂，装置规模较小，装置数量较多，同时回收多套装置干气时，各装置干气收率和组成的波动可能会对碳二回收带来不利影响，需根据炼厂实际情况采取相应措施。另外，干气来源可能还会受全厂干气平衡的影响而波动。总之，干气来源及碳二回收的经济性需要根据各厂的实际情况综合评估。

2. 干气预处理

炼厂干气根据来源的不同，其中的杂质及含量亦有很大差别，杂质的脱除需要根据干气来源及回收碳二的去向来具体确定。通常，加氢类装置如加氢裂化干气，其中基本上只含有 H_2S 和 NH_3，重整等工艺出来的干气几乎不含相关杂质。催化裂化、延迟焦化装置的干气杂质种类和含量均较高，见表 4-3-6。

表 4-3-6 炼厂干气中主要杂质及含量

序号	组分	含量	预处理要求	本流程是否需要脱除
1	CO_2	~10000μg/g	<1μg/g	是
2	H_2S	3000~10000μg/g	<1μg/g	是
3	砷化物	~1μg/g	<5ng/g	是
4	磷化物	~1μg/g	<5ng/g	是
5	O_2	~3000μg/g	<1μg/g	是
6	炔烃及二烯烃	~500μg/g	<1μg/g	是

续表

序号	组分	含量	预处理要求	本流程是否需要脱除
7	NO_x	~100μg/g	<10ng/g	是
8	汞	~100ng/g	<1ng/g	是
9	COS	~100μg/g	<1μg/g	是
10	NH_3	~100μg/g	<1μg/g	是
11	H_2O	~600μg/g	<5μg/g	是
12	CO	~1000μg/g	—	否

对于催化或焦化干气，如果需要直接分离得到聚合级乙烯或者回收碳二送至乙烯装置的分离单元，产品纯度、后续加工及安全等要求，需要将以上杂质组分依次脱除。

杂质脱除的顺序：脱酸性气→压缩→脱砷/磷→脱 O_2/脱炔/二烯烃/NO_x→脱 H_2O/COS/NH_3→脱汞→，其中脱酸性气可置于压缩机段间或压缩机出口。

(1) CO_2和 H_2S

CO_2在低温下结成干冰，使设备和管道堵塞；H_2S 可能会对设备造成腐蚀，还会造成脱水分子筛及加氢脱炔催化剂中毒。且酸性气可能会影响产品质量，以及下游乙烯聚合时催化剂的活性。对于现有炼厂，干气通常已经设置胺法脱硫，胺洗后 H_2S 含量约 50~100μg/g，较高；胺洗时 CO_2只能被部分脱除(脱除率约 40%)，不能满足要求，需继续碱洗，将 CO_2和 H_2S 均降至 1μg/g 以下。碱洗时碱液不能循环使用，会产生大量废碱，当 CO_2含量较高时可视具体情况采用选择吸收性高的溶剂先脱除 CO_2再进行碱洗，以减少碱液消耗。碱洗后需设置水洗，以防止干气带碱。

(2) 砷化物、磷化物

砷化物、磷化物使加氢脱氧/脱炔等催化剂中毒，降低催化剂的使用寿命，采用固定床吸附的方法脱除。

(3) O_2、炔烃/二烯烃、NO_x

炔烃会影响乙烯产品的质量，且可能对下游的聚合过程带来安全问题。干气中炔烃以乙炔为主，且干气中碳三及以上组分较少，二烯烃含量很低。低温下，NO_x和 O_2可能反应生成爆炸性树脂，存在安全隐患。利用干气中自有氢气，采用固定床催化加氢法将 O_2、炔烃/二烯烃、NO_x等杂质脱除。要求催化剂的活性及 O_2、乙炔加氢选择性高，以减少乙烯损失。

(4) H_2O

水可能从炼厂干气带入，应及时进行脱水。带水可能带来以下两个问题：

① 低温下，水冻结结冰，堵塞设备和管道；

② 水易与轻质烃类形成水合物，低温下结晶。

采用 3A 分子筛进行吸附脱水，分子筛脱水的优点：对水的选择性吸附强；低浓度下水的吸附能力大；吸附量随温度变化敏感、容易再生等。分子筛低温吸附脱水，高温脱附实现再生，设置两台吸附脱水器相互切换操作。

(5) COS 及 NH_3

采用固定床吸附器来脱除干气中微量 COS、NH_3及 H_2S 等其他杂质，吸附剂可以再生，为保证连续运行，采用两台吸附器切换操作。

(6) 汞

脱汞是干气预处理的最后一步，采用吸附的方法脱除。

3. 混合碳四预处理

混合碳四可来自催化或加氢裂化装置的碳四，根据来源不同，其预处理工艺亦有差别。通常，加氢裂化碳四中只含有 H_2S，几乎不含其他杂质，预处理工艺简单。如果采用催化碳四，其含有 H_2S、CO_2及硫醇等杂质，预处理工艺相对复杂。考虑到碳四可以循环利用，且耗量不大，可考虑优先采用加氢裂化的碳四来作为吸收剂。

五、小结

通过借鉴现有催化吸收稳定工艺流程及详细研究，开发了组合吸收法回收炼厂干气碳二的工艺技术，通过选择合适的吸收剂及优化的工艺参数，可在较缓和的工艺条件下回收碳二。该工艺具有碳二回收率及乙烯产品纯度高等优点，且其适用性较强、能耗较低、吸收剂获取容易且可以循环利用。当然，具体应用此技术回收炼厂干气碳二时，需要与现有的外围可依托的条件相结合，包括回收乙烯和乙烷的用途、干气中杂质的类型和含量、获取吸收剂的难易程度以及外甩吸收剂的去向。总之，组合吸收法工艺技术对于炼厂干气碳二的回收和综合利用、提高炼厂的经济效益具有重要的意义。

六、展望

在当前炼化一体化的大趋势下，回收碳二作为化工原料可显著提高全厂的经济效益。根据各企业的实际情况，低成本、高效地回收碳二资源，是碳二回收技术发展的趋势。随着炼化融合的不断深入，炼油逐渐向化工转型，炼油化工之间的界面相应减少，炼厂碳二和轻烃(碳三及碳四)的回收将会进行统筹考虑。由于现有的轻烃回收常采用“吸收稳定+双脱+气体分馏+碳二回收”的技术路线，依次回收液化气和碳二组分，其流程较长，投资、占地、能耗均较高，定员较多，生产管理偏复杂。在组合吸收法回收炼厂干气中碳二工艺技术的基础上，中国石化工程建设有限公司通过对轻烃和碳二回收进行深入研究，开发了创新型轻烃回收一体化工艺技术[8]，将碳二和液化气组分回收相结合，可避免碳二和液化气组分的多次分离，大幅缩短流程，降低投资和能耗。随着炼化融合的不断深入，所开发的创新型轻烃回收一体化工艺技术将会受到重视，有望在更多的企业中获得工业应用。

第四节　变压吸附法回收炼厂干气碳二的工艺技术

如前所述，燕山分公司在 2005 年采用变压吸附技术建成的国内催化干气提浓，并取得了显著的经济效益和社会效益，下面对该技术的工艺原理、流程、吸附剂、主要设备和装置运行情况等方面进行详细介绍。

一、工艺原理

燕山分公司催化裂化干气中除 C_2以上烃类外，H_2和 CH_4约占 54%，N_2约 12%，还有少量的 CO_2、O_2和 H_2S 以及微量的 NO_x和砷化物。根据乙烯进料要求，干气提浓产品气中 CO_2、O_2、H_2S 和水的含量应低于 1μL/L，砷和 NO_x含量应低于 5nL/L。该公司干气提浓装置采用变压吸附工艺浓缩干气中 C_2以上烃类，再对产品气进行深度精制。

变压吸附(简称 PSA)是利用混合气体在恒定温度下不同组分在吸附剂上吸附容量或吸附速率的差异以及在不同压力下各组分在吸附剂上吸附容量的差异实现分离的，因采用了压力升降的循环操作，吸附组分在高分压下被吸附，从流出气中得到弱吸附相气体；强吸附相气体在低分压下脱附，在提浓 C_2组分的同时使吸附剂得到再生。

吸附器在完成吸附过程时，内部死区和吸附剂颗粒之间含有大量的 H_2、CH_4 以及影响乙烯系统安全运行的 NO_x 和 O_2 等杂质，若产品气直接解吸，虽可提高乙烯回收率，但会降低产品气纯度，增大产品气精制的难度。为此，燕山分公司干气提浓装置采用了两段 PSA 流程，在产品气逆放、抽空前用少量产品气置换一段 PSA 吸附器中的吸附废气，再用第二段 PSA 回收一段 PSA 置换废气中的乙烯资源。两段 PSA 乙烯回收率超过 87%，在产品气纯度相同时，比单段 PSA 加置换气流程提高 5~10 个百分点。

对 PSA 产品气深度精制，可采用氢氧化钠溶液碱洗和 MDEA 胺洗脱除 CO_2 和 H_2S。虽然 PSA 浓缩乙烯过程已脱除 90%以上的氧气，但产品气中仍含有 0.03%~0.08%的氧气。目前烃类气体净化脱氧方法主要有催化脱氧和化学吸收脱氧[10]。催化脱氧是在催化剂的作用下使气体中的 O_2 与 H_2、CO、CH_3OH 等具有还原性功能的组分反应而脱除 O_2。催化加氢脱氧是在临氢条件下，气体中的 O_2 在催化剂的作用下与 H_2 反应生成 H_2O。催化剂活性组分多采用 Pt、Pd 等贵金属，其反应机理是 O_2 和 H_2 在催化剂表面发生物理吸附，其中部分 H_2 在催化剂作用下离解成氢原子，O_2 与金属中心发生作用生成阴离子吸附态的 O^{2-}，氢原子与 O^{2-} 易反应生成水，可达到脱氧的目的。化学吸收脱氧一般是在没有 H_2 等还原性气体的条件下，气体中的 O_2 与以 Mn、Ag、Cu、Ni 等过渡金属元素作活性组分的脱氧剂发生化学反应(与过渡金属单质或其低价氧化物反应生成氧化物)而脱除 O_2。该工艺脱氧剂需在 175~300℃用氢气不断进行再生，且脱氧能力有限，故烃类气体脱氧多采用催化脱氧方法。

据文献报道，富乙烯气体加氢脱氧要求催化剂具有很高的脱氧反应选择性和活性，既要减少烯烃饱和，又要避免烯烃裂解、脱氧剂因表面积炭而快速失活。在乙烯气脱氧方面，国内在 2004 年之前尚无报道；Lummus 和 KB & R 公司采用硫化镍催化剂，S&W 公司采用硫化铜催化剂，对干气深冷分离得到的产品气进行脱氧，但脱氧剂用量大，脱氧温度和氢耗高；脱氧剂再生时需高纯氮气，脱氧过程能耗较高。为此，四川天一开发了活性和选择性高的贵金属脱氧催化剂。实验室研究结果表明，该脱氧剂在脱氧温度 150℃、空速 $5000h^{-1}$ 和 1.45MPa 的条件下，产品气氧含量低于 1μL/L。

燕山分公司干气提浓装置产品气脱水采用变温吸附干燥工艺，还增设了产品气预分馏系统，采用-75℃的乙烯冷剂，将乙烯、乙烷与 C_3/C_4 组分和甲烷气分开，分别引入不同的乙烯分离单元，以最大限度地减少乙烯装置动改。

二、干气提浓乙烯装置的组成和工艺流程

燕山分公司 30000Nm^3/h 干气提浓乙烯装置实际处理原料干气 18500Nm^3/h，产品气为 5200Nm^3/h，流程包括 PSA 单元、产品气压缩单元和产品气精制单元(见图 4-3-10)。

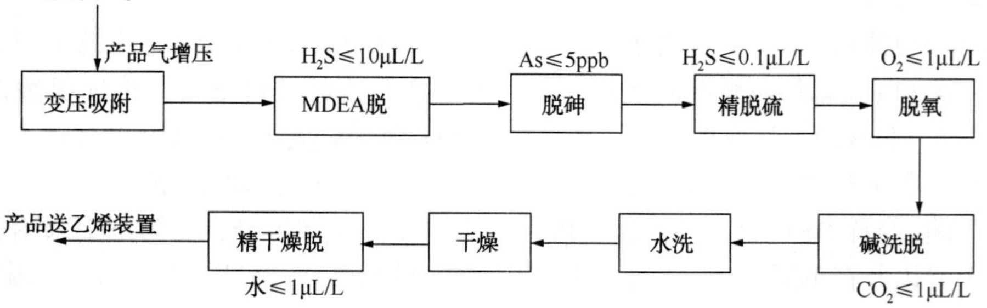

图 4-3-10　干气提浓乙烯装置工艺流程示意图

1. 变压吸附单元

该单元一段 PSA 有 10 个吸附器(规格：φ2400×11810×16)，二段 PSA 有 6 个吸附器(规格：φ1800×8835×12)。为避免原料气带液降低吸附剂的强度和吸附性能，催化裂化干气首先通过 3 台冷干机脱除其中的游离水和重质烃类，然后进入 4 个 PSA－Ⅰ吸附器；其余吸附器分别进行置换、均压降、逆放、抽空、均压升和终充操作，10 个吸附器交替切换实现连续操作。PSA－Ⅰ产品气用真空泵抽出后送至压缩单元。部分产品气加压后进入处于置换步骤的 PSA－Ⅰ吸附器，置换废气经稳压后作 PSA－Ⅱ的原料气。PSA－Ⅱ操作过程与 PSA－Ⅰ工艺相同。PSA－Ⅱ产品气用真空泵抽出后送至压缩单元。该单元抽真空系统由两台罗茨真空泵和多台往复泵组成。Ⅰ段抽真空气量大，由 1 台罗茨泵和 2 台往复泵联合完成；Ⅱ段抽气量小，由 2 台往复泵完成。

抽真空系统操作条件十分苛刻，真空泵入口真空度是周期性变化的(最高－80kPa)，出口压力约 20kPa(表压)。

2. 产品气压缩单元

该单元包括往复式的置换气压缩机(设计流量 12300Nm^3/h，出口压力 0.7MPa(表压)，功率 988kW)和半产品气压缩机[设计流量 13800Nm^3/h，出口压力 3.4MPa(表压)，功率 1743kW]，受投资限制产品气压缩机未设备机。来自 PSA 浓缩工序的产品气，一部分用置换气压缩机升压后作置换气，其余经产品气压缩机加压后送到产品气精制单元。该单元气体压缩冷凝下来的液态烃与冷干机出口的凝液均送到催化裂化进行回收。

3. 产品气精制单元

产品气首先通过 H_2S 吸收塔(规格：φ1200×35252×22)用 MDEA 脱除大部分硫化氢和部分 CO_2，然后经过精脱硫使 H_2S 含量低于 0.1μL/L、通过脱砷反应器(规格：φ1600×10308×86)使砷含量低于 5PPb，经与脱氧产品气换热、用电加热器加热后进入脱氧反应器(规格：φ1000×8420×14)，使氧含量低于 1μL/L。脱氧产品气经换热、冷却到约 40℃，再通过碱洗脱 CO_2、干燥脱水后送出界区。

三、吸附剂

采用 PSA 提浓干气中的乙烯资源，是在吸附器内分层装填性能不同的吸附剂，利用吸附剂的吸附性能使非烃类物质和甲烷与 C_2以上烃类高效分离，并使戊烷等沸点较高、分子动力学直径较大的烃类在短时间内达到吸附和解吸平衡，以保证被吸附的组分在吸附剂上不积累、PSA 装置能连续稳定运行。在吸附器充压时原料干气中 C_2以上烃类优先吸附在不同吸附层上，同时使含有大量 H_2、N_2、CO_2和 O_2组分的吸附废气进入瓦斯管网；吸附剂在吸附器降压、抽空、产品气解吸的同时得到再生。因催化裂化干气含有硫化物和砷化物等杂质，四川天一对 9 种吸附剂进行了改性研究，从中筛选出动态吸附容量大、使用寿命长的 4 种专用吸附剂，因不同的吸附剂对气体的选择性不同，吸附能力有差异，故吸附剂按顺序在吸附塔内依次排列。在本装置中，各种吸附剂对原料气中各组分的吸附顺序基本相同，这些吸附剂对炼厂干气中各组分的吸附顺序由弱到强依次为：H_2、O_2、N_2、CH_4、CO、CO_2、C_2、C_3、C_4、C_5、H_2S 和 H_2O。这些吸附剂对硫化物和砷化物无催化活性，避免了吸附剂因表面的硫化物和砷化物堵塞孔道而使其失去吸附性能。

干气提浓乙烯装置共装填 PSA 吸附剂约 350t、预净化剂 6.3t、脱氧剂 3t、精脱硫剂 18.5t、脱砷剂 15t。2004 年 7 月 14～21 日完成 PSA 吸附剂装填，2005 年 4 月 12～16 日完成精脱硫剂、脱氧剂和脱砷剂装填，各种吸附剂物化性质见表 4-3-7 和表 4-3-8。

表 4-3-7 PSA 吸附剂的物化性质

名称	吸附剂 1	吸附剂 2	吸附剂 3	吸附剂 4
外观	球状	球状	柱状	球状
颗粒直径/mm	3~5	2~5	1.5~4	3~5
颗粒长度/mm			3~6	
强度	≥100N/颗	≥40N/颗	≥90(按国标 GB 7702.3—87)	≥30N/颗
堆密度/(g/cm^3)	0.68~0.72	0.78~0.82	0.48~0.54	0.66~0.73
比表面积/(m^2/g)	250~300		800	200
孔体积/(cm^3/g)	0.4~0.5		0.6	0.4
含有元素	Al	Si, Na, K	Ca, K, Na	Al
乙烯吸附量/(mL/g)		≥24.53	≥53.38	≥62.5
乙烷吸附量/(mL/g)			≥57.28	≥51.0
丙烷吸附量/(mL/g)			≥51.9	
H_2吸附量/(mL/g)		≤0.27	≤0.19	≤0.5
N_2吸附量/(mL/g)		≤1.2	≤4.99	≤0.63
CH_4吸附量/(mL/g)		≤2.77	≤16.91	≤11.5

表 4-3-8 精脱硫剂、脱砷剂和脱氧剂的物化性质

催化剂种类	脱氧催化剂	精脱硫剂	预净化剂	脱砷剂
颗粒形状	球状	条状	条状	条状
颗粒直径/mm	2.5~4.5	3~5	1.5~4	3~5
颗粒长度/mm		3~6	3~6	5~15
强度	≥30N/颗	25N/cm		≥100N/cm
堆密度/(g/cm^3)	0.65~0.85	0.5~0.70	0.48~0.55	0.9~1.1
比表面积/(m^2/g)	150		800	130
孔体积/(cm^3/g)	0.2		0.6	0.25
穿透砷容/%				≥10
含有元素	Pd, Al 等	Ca, K, Na	Ca, K, Na	Al, Cu
使用寿命	2 年	1 年	1 年	2 年

注：上述指标根据四川天一专用吸附剂的质量验收指标，分析方法参照 Q/71606787-6.022~6.025—2008 及国标 GB 7702.1~7702.14—87 制定。

四、主要设备

燕山分公司干气提浓装置涉及的单元设备较多，包括塔、反应器、容器、电加热器、压缩机、泵、冷干机等，以下就装置特有设备以及程控阀门等设备的原理、结构、运行及常见故障处理进行介绍。

1. 主要静设备

(1) 吸附器(图 4-3-11)

吸附器Ⅰ和吸附器Ⅱ是变压吸附单元的主要设备，由于存在压力交变工况，采用分析设计方法进行设计。

吸附器Ⅰ(共10台)：操作条件为-0.08~0.75MPa、40℃，操作介质为干气。压力交变周期为20min，年操作时数8400h，设计使用年限15年，总循环次数为378000次。材料为Q345R(正火)，设备采用分析设计方法进行疲劳分析。

吸附器Ⅱ(共6台)：操作条件为-0.08~0.75MPa、40℃，操作介质为干气。压力交变周期为24min，年操作时数8400h，设计使用年限15年，总循环次数为315000次。材料为Q345R(正火)，设备采用分析设计方法进行疲劳分析。

吸附器顶部出口设置过滤篮，上部和底部各设置格栅，格栅上安装不锈钢丝网，不锈钢丝网应完整、无破损，保证丝网拼接处相互重叠，尺寸不小于300mm，注意检查压环固定螺栓把紧牢固。吸附剂装填时要避免吸附剂的跑损、破碎。

(2) 脱氧器(图4-3-12)

脱氧器上进下出，进口安装过滤篮，反应器下部设置格栅，用于支撑催化剂，容器从上至下设置三个测温热偶，监控反应温度。

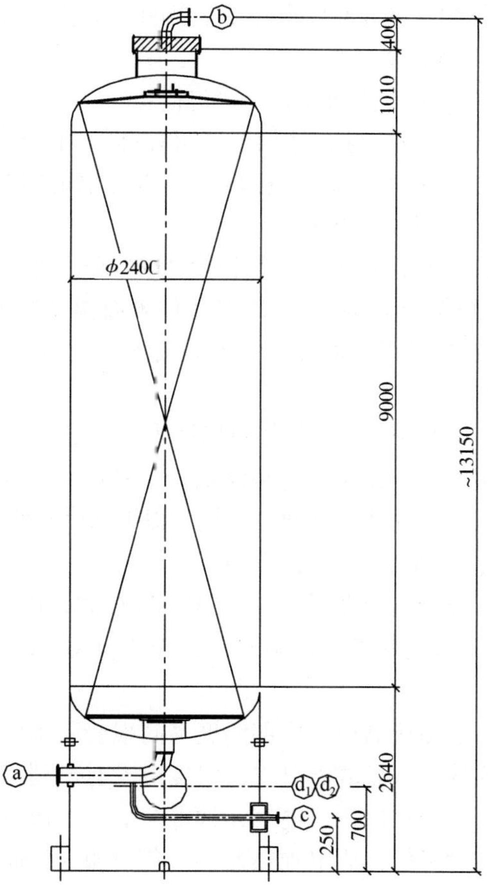

图4-3-11　吸附器Ⅰ示意图

a—气体进出口；b—气体进出口；c—排污口；

d_1—裙座检查孔；d_2—裙座检查孔

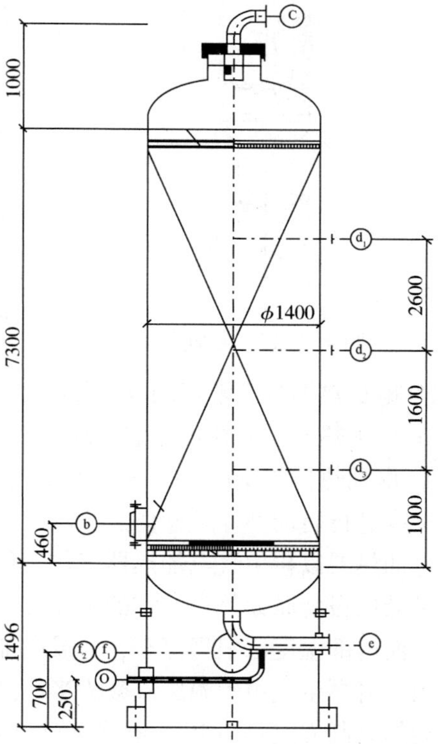

图4-3-12　脱氧器示意图

a—排污口；b—卸剂口；c—气体进口；

d_1—热电偶口；d_2—热电偶口；d_3—热电偶口；

e—气体出口；f_1—裙座检查孔；f_2—裙座检查孔

脱氧催化剂装填由下而上的顺序是：先在底部栅板上设一层5目的不锈钢丝网，再铺一层10目的不锈钢丝网，上面装填50mm厚的φ25mm耐火球，其上铺2层10目的不锈钢丝网，然后依次装填脱氧催化剂，最后铺 50mm 厚的 φ25mm 耐火球及不锈钢过滤丝网。脱氧器在投用时和运行后期要防止发生飞温。

（3）电加热器

电加热器一般包括两部分：现场加热设备和电气控制部分，电加热器的壳体属于压力容器，待加热的气体介质从电加热器的壳程入口进入，沿着电加热器内部换热流程，吸收电加热元件表面散发出的热量，在电加热器出口获得满足工艺要求的介质，如图 4-3-13 所示。其中的电加热元件是电加热器的关键部件，一般为管状金属壳，外部为 INCOLOY 不锈钢管，内部绝缘材料为高纯的结晶氧化镁粉，经过高温烧结，在 800℃的高温下仍能保持良好的绝缘性能和介电强度。

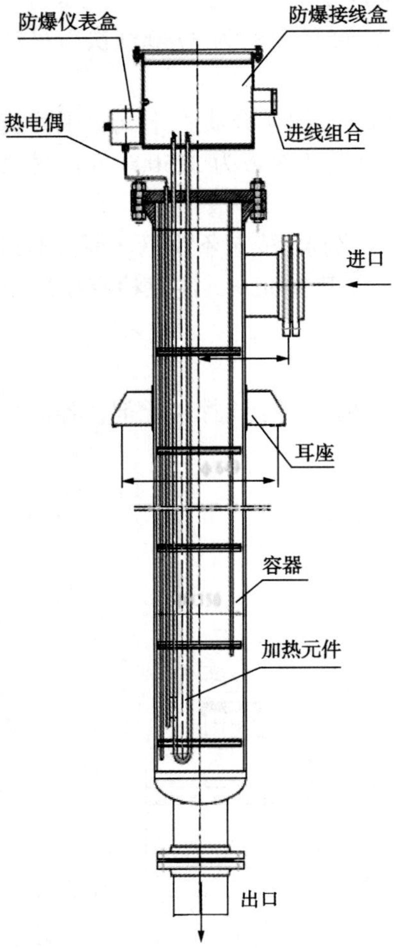

图 4-3-13　电加热器

电加热器电气控制部分一般包括：

① 出口温度控制采用 PLC 或可控硅控制，根据出口温度变化情况，调节电加热器热功率的输出，确保出口温度满足工艺要求。

② 内部温度监测，为保护电加热器电加热元件，在电加热器内部设置电加热元件表面温度监测，当超过设定温度时，电加热器自动停机，确保电加热器不干烧。

③ 气体流量监测，在电加热器入口管道上安装流量计，监测气体流量，一旦流量低于设定值，电加热器自动停机，防止电加热器干烧，保护加热元件。

④ 电加热器具有常规的电气保护如短路保护、过载保护、温度保护。

⑤ 电加热器安装在现场危险环境，控制系统安装在正压防爆柜中或配电间控制柜内。

⑥ 电加热器与室内 DCS 有信号联系，电加热器运行状态、故障停车在 DCS 上显示，也可在室内进行启动和停车操作。

电加热器以再生气电加热器工作条件最苛刻。电加热器设置内部温度高高报警联锁停车和流量低低报警联锁停车，它的工作方式是间歇式的，常见故障是出口温度还没有达到工艺要求，而内部温度已报警停车，造成电加热器频繁启动和停车，电气元件寿命缩短。通过分析认为，将再生气由吸附废气改为半产品气后，流量降低，原电加热器设计负荷偏大，而电加热器的控制方式是由 PLC 根据出口温度控制固态继电器，实现内部各组加热管的投用和停用，加热负荷不是连续的，具有相当大的热惯性，导致出口温度还没有达到工艺要求前内部温度超过报警值而停车。将电加热器的控制方式改为可控硅控制，实现连续调节，很好地解决了电加热器工作不稳定的问题。

电加热器其他常见故障是由于介质携带固体粉尘、液态烃等在加热元件上结焦结碳，造成加热元件局部超温失效，加热元件发生泄漏事故，电加热器应定期检查检修。

2. 程控阀门

程控阀是一种通过气动、液动等方式驱动的切断阀，程控阀与 DCS 或 PLC 相连，实现计算机程序的远程控制。变压吸附每一步工序的完成均是通过程控阀在一定时间的启闭来实现，程控阀是变压吸附装置保证变压吸附各工序顺利完成和系统可靠运转的关键控制设备。

PSA 工艺对程控阀的要求：

① 密封性能好，动作频繁而保持不泄漏。

② 阀门开关速度要快，开关时间一般应小于 3s。

③ 具备双向耐压性和抗高速气流冲刷性能。

④ 阀检状态需要现场指示及远传功能。

干气提浓乙烯装置所用程控阀有两类：程控蝶阀和程控截止阀，公称直径大于 300mm 以上的一般用程控蝶阀，小于 300mm 的用程控截止阀。驱动机构可以是气动，也可以是液动，液压控制需要专用液压系统，由集成液压泵站、蓄能器站和电磁换向阀构成。气动控制相对简单，但故障比较多。

（1）气动程控截止阀

气动程控截止阀结构简单可靠、密封良好、动作时间短、密封寿命长，见图 4-3-14，结构有如下特点：

① 阀杆与活塞杆合二为一，确保上下对中性，使阀门在线检修容易，提高检修效率。

② 采用低流阻阀体、流线型流道设计，精密细致的铸造表面，功能特别的导流片，使流阻大大减小。

③ 采用内平衡结构，抵消介质压力，使阀门的使用压差得到提高，具有良好的双向承压能力。阀门正、反向使用时，具有相同的密封效果，使密封片寿命提高，并减小了执行机构，使阀门整体体积缩小。

图 4-3-14 气动程控截止阀

④ 直观可靠的阀位状态现场指示，配阀位检测信号装置，可实现信号远程传输功能。

⑤ 可靠的外密封，采用空心 V 型填料，具有良好的自密封性能。填料采用碳纤维增强填充聚四氟乙烯材料，添加有减摩成分，提高耐磨性。填料组具有弹簧补偿结构，在填料磨损后能进行自动补偿。

⑥ 使用 PEEK 密封片，它是一种高分子材料，具有较高的硬度及机械强度，以及良好的回弹性，阀门寿命大大提高。

⑦ 独特的防冲刷结构。在工艺管道中的气体介质内，可能存在一定量的杂质，在高速气流的推动下，这些杂质会急剧冲刷密封片。一段时间后，一般结构的阀门密封片会出现一些坑洞，造成阀门内漏。该阀设计有密封片防冲刷装置，能使 95%以上的气体冲刷在防冲刷装置上，并使气体流向有一定的导向作用，保护密封片。用该防冲刷装置和密封片可有效地保证密封片的寿命达到开关 100 万次以上。

（2）气动程控蝶阀（图 4-3-15）

气动程控蝶阀 ZSVEB-16K，其中，ZS 为气动活塞式执行机构，VEB 为第二代偏心蝶阀，16 表示公称压力 1.6MPa，K 为气开式。

VEB 系列第二代偏心蝶阀，阀板与密封圈采用独特的偏心结构，具有结构紧凑、切断性能好、使用寿命长等特点。软密封型为 VI 级(气泡级)或零泄漏；流量特性为近似等百分比。

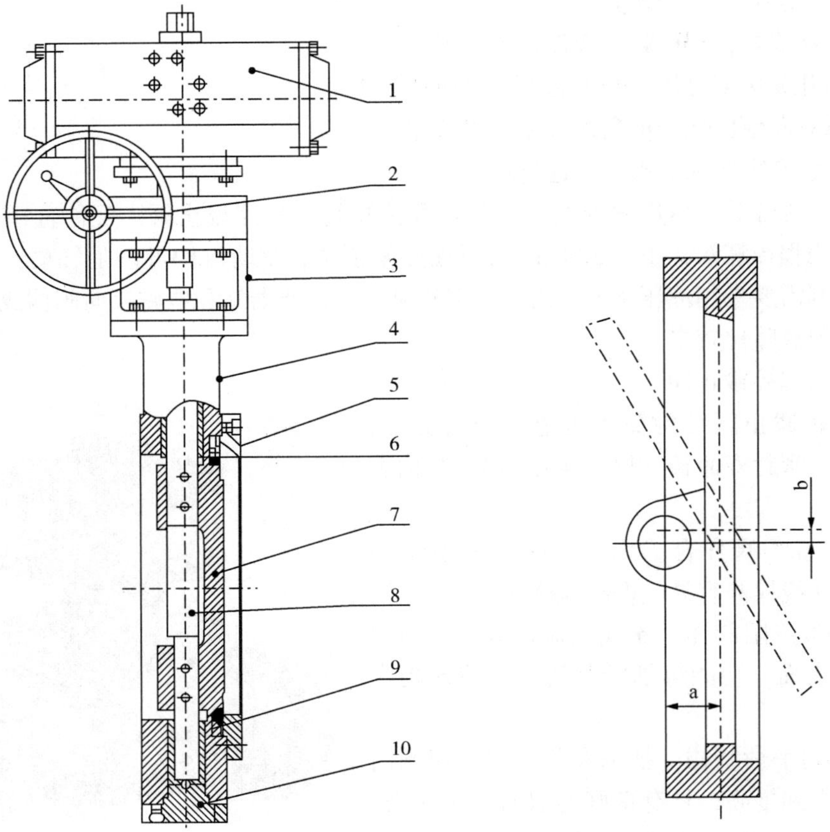

图 4-3-15　VEB 程控蝶阀

1—气动活塞式执行机构；2—手轮；3—支架；4—阀体；5—压圈；6—密封圈；7—阀板；8—阀轴；9—轴承；10—底盖

主要特点包括：

① 双向密封型，区别于一般单向密封，即使介质倒流或发生“气锤”现象时仍能可靠密封。

② 阀体采用整体铸造技术，结构紧凑、体积小、质量轻。

③ 采用双偏心结构，关闭时，阀板向外扩张，达到最佳周边密封状态；打开时，阀板与密封圈可减少磨损；这样，既减少了操作力矩，又延长了阀的工作寿命。

④ 密封圈设计，四氟密封采用“辰齿”形自密封结构；硬密封采用“U”形弹性密封。密封结构使用寿命长且可靠。

⑤ 流通直径大，流道基本无缩腔，便于管道清洗与自清洁。

VEB 型偏心蝶阀设计有两处偏心：阀板的旋转轴偏离阀板密封面的截面中心 a，旋转轴偏离管道中心 b。开启式阀板密封面上各点同时脱离密封圈，阀板转动和密封圈之间无挤压现象，提高密封圈的寿命。阀板关闭至终端，通过密封圈的弹性受压，使密封面保持一个自动调整的最佳密封效果。

程控阀在安装前要打压，管道系统要吹扫干净。使用过程中主要发生如下问题：

① 阀门内漏，经过更换密封垫、打压后满足生产要求。

② 阀门打不开或不能全开全关，气缸活塞板断裂，更换气缸。

③ 阀门开关慢，活塞胶圈磨损，漏气。

经过分析认为主要原因有如下几点：

① 阀体为两半式，连接螺钉正好分布在阀门密封面上，给安装带来困难。

② 密封胶圈既是阀板密封又要兼顾两半阀体的密封面，如果调整不好，压得太紧，开关阀阻力大，开关太慢；压的太松，阀体外漏，检修难度大。

③ 气动执行机构扭矩选择偏小。

④ 由于开关频繁，气缸密封胶圈和阀门密封胶圈易磨损老化。

⑤ PSA 程序故障。

程控阀常见故障见表 4-3-9。

表 4-3-9　程控阀故障及处理

故　障	原因分析	处理措施
阀门内漏	阀门未关到位； 阀板处密封垫片损坏； 密封面失效	检查执行机构是否正常； 检查更换密封垫片； 研磨密封面
阀门外漏	填料函泄漏； 填料失效； 阀盖连接法兰处泄漏； 阀体密封垫片失效	把紧螺栓； 更换填料； 把紧螺栓； 更换垫片
DCS 阀位反馈不正常	阀检故障； 反馈回路安全栅坏； 电磁阀失电或线圈烧坏； 气源压力不够，阀门动作不到位造成； 阀门卡涩	检查阀检； 更换安全栅； 检查更换电磁阀； 检查气路，排除漏点； 阀体解体检查
阀门打不开	管路介质压力太大； 执行机构故障； 阀门内部卡涩	调整操作参数； 检查执行机构； 阀体解体检查

3. 主要转动设备

(1) 压缩机

置换气压缩机(C201)采用四列两级对称平衡型往复式无油润滑压缩机，半产品气压缩机(C202)采用四列三级对称平衡型往复式无油润滑压缩机。两套压缩系统均设置进、排气缓冲罐、冷却器、分离器，经压缩后气体不需要再冷却直接送至后续单元。为了开、停车时的调节和避免正常操作时的超压，压缩机出口设置了调节回路，回流气体通过调节阀自动控制。置换气压缩机、半产品气压缩机的各级气液分离器的排污均通过管道密闭排放至污油罐后排入污油处理系统。

① 半产品气压缩机。来自变压吸附单元的 0.008~0.015MPa(表压)、40℃的半产品气，一部分进入半产品气压缩机，经压缩机三级压缩将压力提高到 2.9MPa(表压)后，送到 300# 脱硫脱碳单元。为调节压缩机操作负荷和控制压缩机出口气体的压力设置三回一回路。为保

护压缩机设置安全阀放空，压缩机放空气被送到燃料气管网。

② 置换气压缩机。来自变压吸附单元的0.008~0.015MPa(表压)、40℃的半产品气，一部分进入置换气压缩机，经压缩机两级压缩将压力提高到0.55MPa(表压)后返回100#置换气缓冲罐用于PSA吸附器系统置换。为调节压缩机操作负荷和控制压缩机出口气体的压力设置二回一回路。为保护压缩机设置安全阀放空，压缩机放空气被送到燃料气管网。

半产品气压缩机的主要故障：活塞环、支撑环易磨损；气阀容易被堵塞，发生泄漏、损坏；级间冷却器易堵塞、冷却效果差，管束腐蚀严重，压降高。

导致压缩机故障频繁发生的主要原因是气体中携带的固体颗粒以及带液。在装置运行后期，半产品气携带大量的吸附剂粉尘，如果气体中再含有重质烃，在加压过程中液化，附着在压缩机活塞环、气缸等活动部位，加剧这些部位的磨损；附着在气阀、冷却器管束上，造成这些部位堵塞。另外原料气体中的硫化氢加剧气阀垫片、冷却器管束的腐蚀。

针对上述问题，采取如下措施：

a. 停止向气缸内注入润滑油，少油润滑改为无油润滑。

b. 材质升级，各级气阀垫片材料由铜改为10号钢，冷却器管束由20号钢升级为09Cr2AlMoRE。使用高质量活塞环和支撑环。

c. 改进入口过滤系统，采用便于清理的高效过滤器。调整操作程序，摸索出合适吸附时间，平稳操作，减少吸附剂的破碎。

d. 解决介质带液问题，上游装置控好原料气质量，尽量减少原料带水、带液，原料进装置后要加强脱水脱液；控制原料气的硫含量。

通过上述措施的实施，压缩机运行状况得到明显改善，但是压缩机入口气体携带的固体颗粒没有得到彻底消除，尤其是装置运行末期，随着吸附剂的磨损，固体颗粒不可避免地被带到压缩机系统中，影响压缩机的运行。

气体带液对压缩机的危害很大，压缩机本身的切液功能也需要加强，重烃在压缩过程中逐渐被液化，这就需要在每一级的出口进行冷却和切液，使用高效的冷却、分离设施，确保液体不被带到下一级气缸内和后续单元中。

往复压缩机的故障见表4-3-10。

表4-3-10　往复压缩机故障

故　障	原因分析	处理措施
排气量不足	气阀泄漏； 填料、活塞环泄漏； 管路泄漏	检查气阀弹簧阀片，如损坏及时更换； 检查更换填料、活塞环； 检查法兰密封情况
功耗大	气阀阻力过大； 吸气压力过低； 气体内泄漏； 排气压力过高	检查气阀通道是否阻塞； 检查进气过滤器是否堵塞； 检查工艺系统； 检查各级吸排气压力、吸排气温度
压力高	进气压力高； 吸排气阀不良； 活塞环泄漏	检查工艺操作参数； 检查气阀，更换损坏部件； 更换活塞环
压力低	吸排气阀不良	检查气阀，更换损坏部件

续表

故　障	原因分析	处理措施
排气温度高	吸气温度过高； 排气阀泄漏	检查工艺流程，检查冷却水上水阀； 检查气阀，更换损坏部件
运动部件发出异常声音	连杆螺栓、轴承盖螺栓、十字头处螺母松动或断裂； 主轴承、连杆大小头、十字头、滑道间隙过大	紧固或更换损坏部件； 修理或更换薄壁瓦
气缸内发出异常声音	气阀损坏、弹簧或阀片有故障； 异物进入气缸； 活塞螺母松动	检查气阀，更换损坏部件； 打开气缸，清除异物； 紧固松动的螺母
气缸过热	冷却水量不足或中断； 异物进入气缸拉伤气缸	检查冷却水情况； 检查气缸
轴承或十字头滑道发热	配合间隙过小； 润滑油变质、油压低或断油	调整间隙； 检查油泵和油路，润滑油质量
气阀盖过热	气阀不严	修理或更换气阀

(2) 真空泵

真空泵是干气提浓乙烯装置的关键设备，作用是变压吸附过程中抽真空(工艺参数见表4-3-11)，真空泵Ⅰ(P101)、真空泵Ⅱ(P102)负责Ⅰ段变压吸附抽真空，真空泵Ⅲ(P103)负责Ⅱ段变压吸附抽真空。

表 4-3-11　真空泵工艺参数

设备名称	真空泵Ⅰ	真空泵Ⅱ	真空泵Ⅲ
设备台(套)数	2	7	3
设备类型	罗茨	往复，立式	往复，立式
额定气体流量/(m^3/h)	14500	4320	4320
吸气压力/MPa(表压)	0.02～-0.08	0.02～-0.08	0.02～-0.08
排气压力/MPa(表压)	0.02	0.02	0.02
吸气温度/℃	40	40	40
排气温度/℃	≤40	≤70	≤70
驱动电机功率/kW	355	110	110

① 罗茨真空泵

罗茨真空泵是一种旋转式容积真空泵，其结构形式是由罗茨鼓风机演变而来的。根据罗茨真空泵工作压力范围的不同，分为直排大气的低真空罗茨泵、中真空罗茨泵(机械增压泵)和高真空多级罗茨泵。

在泵腔内，有两个“8”字形的转子相互垂直地安装在一对平行轴上，由传动比为1的一对齿轮带动做彼此反向的同步旋转运动。在转子之间，转子与泵壳内壁之间，保持有一定的间隙。罗茨真空泵的工作原理既具有容积泵的工作原理，又有分子泵的抽气效应。见图4-3-16，被抽气体从泵进气口吸入到下

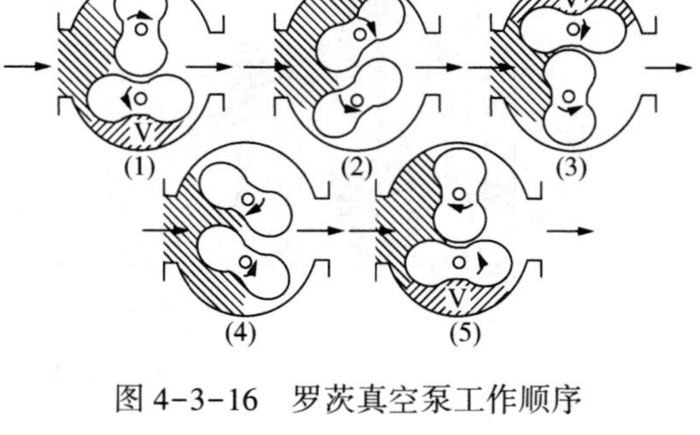

图 4-3-16　罗茨真空泵工作顺序

转子与泵壳之间的空间 V 内，吸气后 V 空间是全封闭状态。随着转子的转动，封闭的 V 空间与排气口相通，由于排气侧气体压力较高，引起一部分气体反冲过来，使 V 空间内的气体压力突然增高。当转子继续转动时，V 空间内原来封入的气体连同反冲的气体一起被排向泵外。这时，上转子又从泵入口封入 V 体积的气体。由于泵的连续运转，使两个转子不停地形成封闭空间 V 又不停地将封闭空间内的气体排出泵外，实现了抽气的目的。转子主轴旋转一周共排出四个 V 体积的气体。

罗茨真空泵具有如下特点：

(a) 在较宽的压力范围内有较大的抽速。

(b) 转子具有良好的几何对称性，震动小，运转平稳。转子间及转子和壳体间均有间隙，不用润滑，摩擦损失小，可大大降低驱动功率，从而可实现较高转速。

(c) 泵腔内无需用油密封和润滑，可减少油气对真空系统的污染。

(d) 泵腔内无压缩，无排气阀，结构简单、紧凑，对被抽气体中的灰尘和水蒸气不敏感。

(e) 压缩比较低。

(f) 转子表面为形状较为复杂的曲线柱面，加工和检查比较困难。

干气提浓装置所用罗茨真空泵为干式气冷罗茨泵组，由两台高负压罗茨真空泵主机串联而成，两级真空泵由同一台双轴伸电机直联，两级泵后分别设有气体冷却器，一级出口设旁通管路和止回阀与二级出口相连，以防止进口气体在正压和低真空时级间过负荷，两台真空泵出口设有逆流冷却通道，降低主机温升和排气温度，罗茨真空泵的流程见图 4-3-17，外形见图 4-3-18。

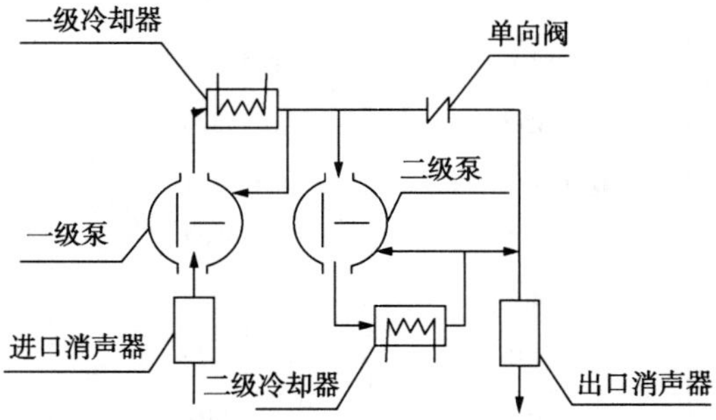

图 4-3-17　罗茨真空泵流程

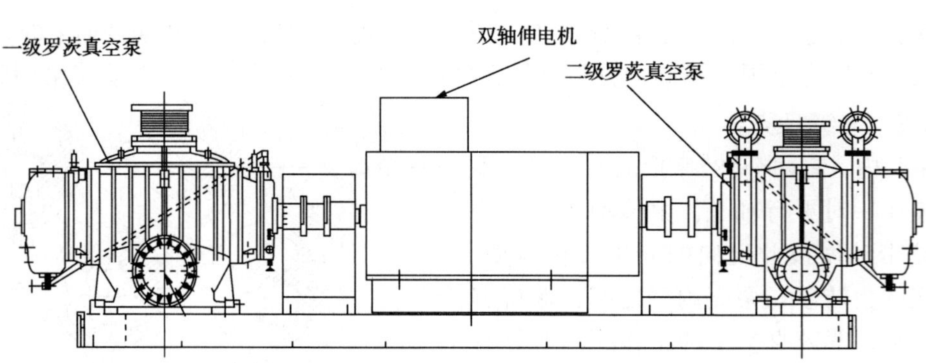

图 4-3-18　罗茨真空泵外形

a. 罗茨真空泵试车

(a) 罗茨真空泵的气密

由于罗茨真空泵输送的介质为易燃易爆的干气，一旦发生泄漏，无论是内漏还是外漏，都容易形成爆炸性气体，引起爆炸；而且当真空泵内漏时，还增加后续加工中脱氧工序的负担，所以真空泵在投用前必须进行严格的气密。罗茨真空泵的出口压力为0.02MPa(表压)，考虑到当真空运到-0.08MPa(表压)时，为防止真空泵内漏，吸入空气发生爆炸，将气密压力设定为0.04MPa，气密介质为氮气，使真空泵内与大气隔离。

(b) 罗茨真空泵试车

负荷试车介质采用氮气，泵的出口管线直排大气，在氮气试车过程中主要有如下问题：

- 由于用氮气介质试车，氮气密度高于干气，泵的负荷偏高，泵体温度以及一、二级出口温度偏高，所以负荷试车时间不宜过长，并且将真空度维持在-0.06MPa(表压)左右。
- 监控泵体温度。由于罗茨真空泵各部分设计间隙比较小，叶轮和壳体之间的间隙为0.32~0.8mm，叶轮与叶轮之间的间隙为0.5~0.6mm，叶轮与墙板之间的间隙为0.4~0.5mm，当真空泵在运转过程中，随着泵体温度的升高，由于转子与壳体的膨胀率不一样，这些间隙会进一步缩小，当温度达到一定极限值的时候，这些间隙就会消失，转子与转子以及转子与壳体、墙板之间可能发生碰触，发生事故。
- 罗茨真空泵气腔和油箱之间发生介质互串。对泵密封进行改进，一方面，在原来涨圈密封的基础上再增加一道涨圈，提高密封的可靠性。另一方面，采用氮封的方法，即在密封气腔开冲一个氮气口，向其中充入氮气，0.4MPa氮气通过一个减压阀和限流孔板减压到0.02MPa后分别引到密封气腔中，这样可以阻止气腔和油箱之间的介质互串。

b. 罗茨真空泵运行

(a) 负荷变化对真空泵的影响

由于吸附工艺的特点，抽真空的压力和流量并不是恒定的，而是随着工艺过程的进行周期变化，导致罗茨真空泵的负荷周期变化。负荷的周期变化体现在罗茨泵的入口压力、二级出口温度、电机电流等参数上，当开始抽一个塔时，此时流量最大，压差最小，电机电流最低，说明此时泵的负荷最小；而随着真空升高，随着压差越来越大、流量越来越小，电机电流基本没有变化，说明此时负荷变化不大。这种周期变化的负荷对泵的运行很不利，也对泵的设计、装配、安装以及运行维护提出更高要求。

(b) 级间止回阀对真空泵的影响

级间止回阀用来平衡一级和二级的负荷。根据设计，抽空初期，由于抽空压差低，流量较大，一部分流量通过级间止回阀直接排到出口，一部分流量进入二级泵。随着真空度越来越大，一级泵出口压力越来越低，二级泵的负荷逐渐增大，当压差达到一定值时，一级出口压力不足以使级间止回阀打开时，一级泵和二级泵完全串联。当入口压力达到最大真空度时，二级泵的负荷达到最大，如果止回阀阻力大，阀关闭的早，二级泵的负荷就大些；反之，二级泵的负荷就小些。另外，如果止回阀关不严，也会增加二级泵的负荷，所以级间止回阀的设计非常关键。

(c) 泵体温度偏高

在实际运行过程中，发现泵体温度尤其是二级泵体温度比较高，导致泵体温度偏高有以下几个因素：

- 入口温度的影响。二级入口温度较一级入口温度高10℃左右。

● 负荷的影响。负荷越大，泵体温度越高，当真空度升高时，二级泵出口温度和泵体温度明显上升，而一级泵泵体温度变化不大。

● 级间冷却器的影响。泵体冷却主要靠经过冷却器冷却后一部分回流气体，如果冷却器冷却面积不够或冷却效果不好，回流气温度高，直接将影响到泵体温度。

● 运行过程中回流量的影响。抽真空后期，由于吸入流量变小，回流量随着变小，泵体冷却效果变差，泵体温度上升。

● 泵在设计、制造、安装过程中的偏差。由于转子与转子之间以及转子和泵壳、墙板之间的间隙很小，如果这些间隙在设计、制造、安装等环节出现偏差，泵在运行过程中间隙变小，导致泵体温度上升，而且一旦这些间隙消失，局部温度将迅速上升。

(d) 震动和噪声问题

对于罗茨真空泵，震动和噪声问题都比较严重，震动主要集中在管道上。解决震动问题还在于在配管时做到科学合理。

噪声主要来自泵体内气流的声音，转子、轴承、齿轮运转的声音。

(e) 运行维护问题

● 启动泵以及泵运行过程中严禁出口超压。启动泵时如果出口压力超压，轻者电机跳闸，泵启动不起来，重者可能损坏设备。

● 要在真空度最小时启动或切换泵。即在两塔切换抽空时启动或切换泵，此时泵入口压力最高，接近泵出口压力，启动负荷最小，紧急情况下也应避免在高真空度时启动、切换泵。

● 根据泵体温度和出口温度判断泵的运转状态。由于泵运转时噪声较大，随着负荷的变化，泵运转时的声音时重时轻，巡检时很难从声音上判断出设备运行状况。判断设备运行状况主要依靠泵体温度以及一、二级出口温度的变化，尤其是泵体温度更重要，因为出口温度反映比泵体温度慢，一旦泵出口温度上升，泵体温度上升得更快，这时再去处理泵可能已经晚了。

c. 罗茨真空泵常见故障

罗茨真空泵的常见故障见表 4-3-12。

表 4-3-12　罗茨真空泵故障

故　障	原因分析	处理措施
流量不足	管道系统漏气； 间隙增大； 出口阻力大； 进口温度高	检查进气管路； 调校间隙或更换转子； 检查出口管网； 调整进口温度
电机超载	进口压力过大； 升压增大； 叶轮与气缸壁有摩擦	降低进口压力； 检查排气压力及负载情况； 调整间隙
泵体过热	压比增大； 转子与气缸壁有摩擦； 润滑油过多或过少； 油质不好	检查进、排气压力及负载情况； 调整间隙； 控制油标油位； 更换新油
异响	可调齿轮和转子的位置失调； 轴承磨损严重； 升压波动大； 齿轮损伤； 泵内进入异物	按规定位置校正，锁紧； 换轴承； 检查管路及负载； 换齿轮； 解体检查

续表

故 障	原因分析	处理措施
启动不了	电气故障； 进排气压力差过大； 机械故障	排除电气故障； 检查进排气管道及操作参数； 排除机械故障
震动大	基础不稳固； 轴承磨损； 电机、真空泵不对中	加固、紧牢； 换轴承； 找正

② 立式真空泵

P102、P103 为 WLW 型无油立式往复真空泵。WLW 系列为单缸单级双作用活塞泵，见图 4-3-19。主要包括如下部件：

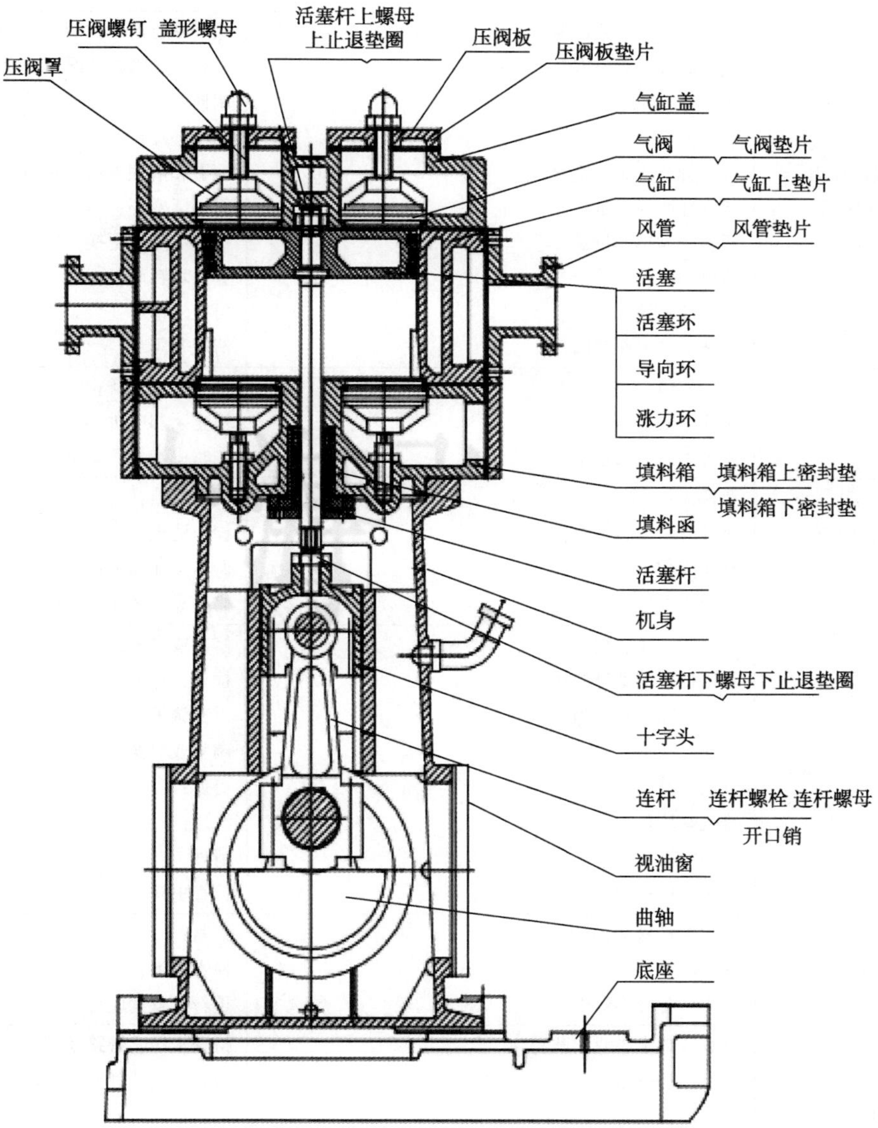

图 4-3-19 WLW 型无油立式往复真空泵

(a) 机械传动部件，由电机通过三角带传动，驱动曲柄滑块机构作往复运动，滑块(十字头)将往复运动通过活塞杆传递给活塞。

(b) 吸、排气部件，活塞在气缸内往复运动形成缸内气体的膨胀和压缩，并通过轴向布置的进、排气阀组完成吸、排气动作。

(c) 辅助功能部件，曲轴箱内的润滑油通过溅油或油泵润滑有关运动件，气缸内活塞环采用自润滑材料，无需另加油润滑。

(d) 填料密封部件，分为普通型和特殊型。普通型填料密封材料选用聚四氟乙烯或橡胶类骨架油封。为防止工艺气体泄漏到环境中，填料处引入氮封。

立式真空泵的常见故障见表4-3-13。

表4-3-13　立式真空泵常见故障

故　障	原因分析	处理措施
泵的极限压力达不到要求	系统密封不严或泄漏； 气阀阀片与阀座密封不严； 吸、排气阀错装； 垫片损坏； 进气管道或阀门堵塞； 活塞环磨损严重； 活塞环黏结或折断； 填料函失效； 支撑环失效； 有杂物黏附在气阀上	检查密封情况，消除泄漏； 检查气阀密封情况，更换； 调换； 更换垫片； 检查和清理管道或阀门； 更换活塞环； 检查清洗或更换； 更换填料函； 更换支撑环； 清理气阀
泵不能启动	电气故障； 泵或电机卡涩； 皮带太松或长短不一	检查电气设备； 检查泵和电机； 调整皮带
泵启动电流或工作电流过大	负荷大； 排气管路或阀堵塞； 轴瓦间隙小； 导向环太紧	调整负荷； 检查清理； 调整轴瓦间隙； 修整导向环间隙
泵转动时噪声大	大小头轴瓦磨损； 活塞杆上下螺母松动； 活塞间隙调整不当； 十字头磨损； 气阀弹簧磨损； 排气阀堵塞； 缸内污垢； 连杆螺栓松动	修复或更换； 检查，拧紧； 重新调整； 调整或更换； 更换； 清理； 清理； 检查更换
泵震动大	地脚螺栓松动； 轴瓦磨损； 出入口管线不对中	把紧； 检查更换； 重新检查消应力
泵温升太高	气缸冷却水小或中断； 油路不畅或堵塞； 润滑油变质； 排气阀堵塞； 压比增大	检查水压、管路及阀门； 检查油路使其畅通； 更换； 清理； 调整参数

(3) 冷干机

为保持吸附剂的特性，避免吸附剂失效，在原料进入吸附器吸附前用冷干机将原料中所含的机械水分离出去。

冷干机全称冷冻式干燥机，由三部分组成：工艺干气系统、制冷系统和控制系统，见图 4-3-20。

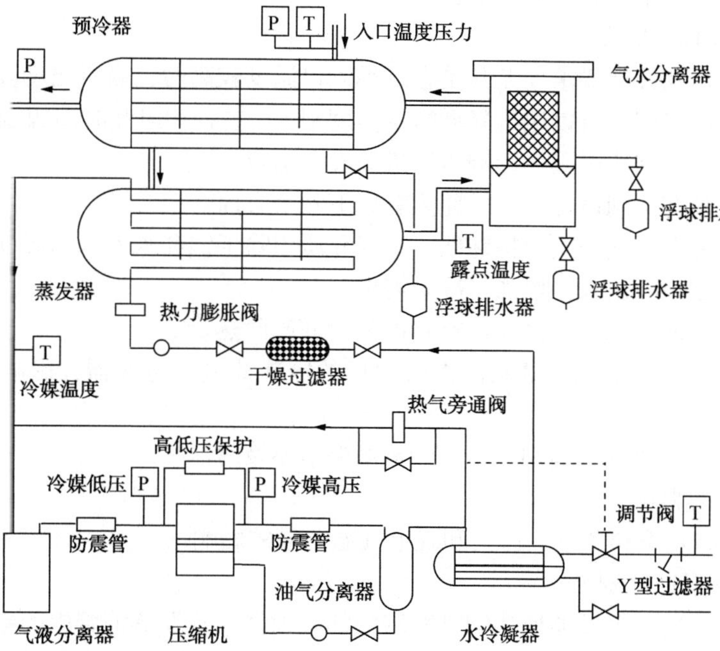

图 4-3-20　冷干机系统

(a) 干气系统。原料干气首先进入预冷器壳程，与管程中的已经过冷却的干气换热，预先冷却降温，目的是减少制冷系统的负荷。经过预冷后的干气进入蒸发器的壳程，与蒸发器中的冷媒换热冷却到一定的温度，多余的水蒸气凝结成液滴，然后经过汽水分离器，液体通过汽水分离器被分离出去。离开汽水分离器后，干气进入预冷器管程与原料干气换热，完成干燥后排出冷干机出口。

(b) 制冷系统。来自蒸发器的低温低压的气态冷媒(R22)被吸入压缩机的气缸内，经过压缩机压缩后使冷媒蒸汽的压力温度升高，在压缩过程中，冷媒中会混入冷冻机油，压缩后的高温高压冷媒经排气管进入油分离器，在这里冷媒蒸汽与冷冻机油分离，冷冻机油通过返回线回到压缩机内，分离出来的冷媒蒸汽经管线进入水冷却器，在冷却器内，高压、高温的冷媒蒸汽冷凝为液体，经过热力膨胀阀节流降压、降温后进入蒸发器。在蒸发器内，低压低温的冷媒液体吸收干气的热量而汽化，蒸发器中所产生的冷媒蒸汽进入气液分离器，气液分离器收集并储存液态冷媒，保证只有气体进入压缩机，防止液击，气态冷媒又被压缩机吸走，进行下一个循环。这样，冷媒在系统中要经过压缩、冷凝、节流、汽化四个过程，实现一个制冷循环。

(c) 控制系统。机组由 PLC 控制，负责电机的启停、压缩机高低压冷媒保护、超载保护以及正压防爆柜正压保护等。压力信号包括介质出入口压力指示、冷媒高低压压力指示，为保护压缩机的正常运行，设置高低压压力开关，当冷媒低压 <0.2MPa 时，或者高压 $>$

2.0MPa 时压缩机自动联锁停机，防止压缩机损坏。温度信号包括介质入口温度、露点温度、冷媒温度以及冷却水温度。压缩机由 PLC 控制 Y/Δ 延时启动，一旦机组故障停机或人为停机，都需要延时 180s 才能重新启动，保护机组的正常运行。机组有近程、远程控制选择，可以实现机组远程启停。

① 冷干机运行

冷干机在运行过程主要有如下问题：

a. 露点温度达不到要求。

露点温度没有达到设计要求。尤其是在夏季入口温度较高时，露点温度波动，通过调节热气旁通阀、水量调节阀，可以适当降低露点温度到 5℃左右，但此时冷媒温度太低，甚至达到零下，压缩机入口结冰严重，影响压缩机的安全运行。

分析露点温度没有达到设计要求的原因有以下几个方面：

(a) 没有充分考虑干气介质的特殊性。干气介质中除了饱和水外，当温度降低时，还有一定量的重烃液体被冷凝出来，增加了冷量需求。

(b) 蒸发器换热面积偏小，冷媒没有足够的时间吸收热量。

(c) 随着运转时间的增加，氟利昂携带大量的冷冻油进入蒸发器，影响蒸发器的换热效果。

(d) 热力膨胀阀、热气旁通阀、水量调节阀调节不及时。

(e) 负荷变化的影响。

(f) 环境温度如夏季和冬季，白天和晚上气温差异的影响。

b. 蒸发器管束腐蚀问题。

干气中含有硫，硫对蒸发器换热铜管有较强的腐蚀性。蒸发器铜管内的氟利昂压力约为 0.45MPa，而干气压力约为 0.7MPa，蒸发器铜管泄漏，导致干气窜入氟利昂系统。干气中含有水分以及 C_2~C_5类的烃类，压缩过程中液化，产生液击，对出口阀片产生冲击，导致阀片断裂。另外水等液态物质进入油气分离器内后，被带到压缩机的轴承箱内，破坏压缩机的油润滑，导致压缩机轴系的严重损坏。

c. 自动切液问题。

干气属于易燃易爆介质，一旦泄漏可能引起爆炸。由于在设计中没有充分考虑介质的这个特性，参照空气冷干机的模式，在每台冷干机的预冷器底部、汽水分离器过滤器前后各设置浮球排液器。干气经过冷干机冷却后，干气中除了水，一部分重烃液体也被冷却下来，和水一起被排了出来，这些液体直接排到大气中，汽化后形成可燃气体，给生产带来极大安全隐患。

d. 震动问题。

运行过程中压缩机、电机震动偏大，造成压缩机出口管线、弯头多次裂开，影响机组运行。

主要原因有以下几方面：

(a) 压缩机活塞做往复运动，容易激发较大的震动。

(b) 部分管线设计不合理，特别是压缩机出口直接用硬管连接，起到了强化传递震动的作用。

(c) 电机、压缩机的支撑台板结构比较简单，整个设备的构架没有设计地脚。

② 冷干机常见故障

冷干机常见故障见表 4-3-14。

表 4-3-14　冷干机常见故障

序号	故障现象	故障原因
1	压缩机马达线圈温度保护开关动作跳脱	(1)吸入口冷媒压力过低、温度过高。(冷媒不足或进气滤网阻塞)； (2)马达负载过大，冷却不足或未装置液冷媒喷射辅助冷却或失效； (3)线圈保护开关故障； (4)电气系统不良，温升过高； (5)马达线圈不良，温升过高； (6)吸气过热度过高，散热不良； (7)高压柜故障
2	压缩机无法加载	(1)环境温度过低、润滑油黏度过高； (2)毛细管阻塞； (3)容调电磁阀泄放孔异物卡住、无法关闭； (4)容调活塞卡住； (5)容调油路阻塞； (6)粗油过滤器或精油过滤器阻塞； (7)油泵故障，供油压力不够或无法供油； (8)无法建立压差供油
3	压缩机无法卸载	(1)容调电磁阀线圈故障； (2)容调活塞环磨损无法完全气密，冷媒大量进入容调油压缸中； (3)润滑油量不足(油位过低)； (4)排气端盖衬垫破损，气态冷媒进入油压缸中； (5)容调电磁阀线圈控制电压错误； (6)容调活塞卡住； (7)机组控制系统不良； (8)供油压力过高
4	电机温度过高	(1)冷却电磁阀故障； (2)冷却管路关闭或流量过低； (3)电机受损
5	电机绝缘不良	(1)压缩机电机电线接头潮湿或揭露； (2)压缩机电机不良； (3)压缩机电机接线柱不良或卡灰尘异物； (4)电磁接触器绝缘不良； (5)系统内部酸化，破坏绝缘； (6)长期线圈高温运转，绝缘劣化； (7)启动频繁，线圈劣化； (8)冷媒水含量太高
6	马达无法启动或 Y-Δ 无法切换	(1)全负载启动，容调阀未回复到起始状态； (2)电压过低或电压错误； (3)启动电压压降过大，致电磁阀接触器无法吸合； (4)马达故障； (5)欠相、逆相运转； (6)马达保护开关动作； (7)马达线圈接线错误； (8)Y-Δ 启动计时器不良； (9)排气关断阀未开(启动完毕后)； (10)距上次停机时间未达 3min，即行重新启动； (11)Y-Δ 接线之接点没锁紧

续表

序号	故障现象	故障原因
7	异常震动或噪声	(1)轴承损坏故障； (2)压缩机液态压缩； (3)转子过热相互摩擦或与机壳摩擦； (4)失油致机件润滑不良； (5)容调阀脉冲共振； (6)配管不良无挠性伸缩引起机台共振
8	排气温度过高	(1)吸入冷媒过热度过高(冷媒不足、膨胀阀异常)； (2)高压过高(液管阻塞、冷却不良、冷媒过多、空气侵入系统)； (3)失油或油位过低； (4)轴承损坏，转子摩擦； (5)压缩比过大，无辅助冷却(建设增加装液冷媒喷射或加油冷却器)； (6)干气进入氟利昂系统
9	吸气压力过低	(1)过滤器或液管阻塞； (2)压缩机进气滤网阻塞； (3)制冷剂泄漏； (4)膨胀阀故障
10	排气压力高	(1)干气进入氟利昂系统； (2)系统缺氟； (3)油位过低

五、干气提浓乙烯装置运行情况

燕山分公司干气提浓装置原料干气中乙烯体积含量13.4%~14.4%，平均为13.8%；甲烷体积含量25.44%~27.46%，平均为26.72%；N_2体积含量9.55%~10.18%，平均为9.9%；CO_2、O_2、H_2S体积含量平均为1.38%、0.2%、57.5μg/g。产品气中乙烯体积含量41.1%~44.8%，平均为42.8%；甲烷体积含量8.9%~12.29%，平均为10.29%；N_2体积含量0.64%~1.34%，平均为0.94%。产品气中CO_2、O_2、H_2S含量均低于1μL/L，满足乙烯装置进料要求。原料干气和产品气流量平均为18500Nm^3/h和5200Nm^3/h，按此计算，干气提浓乙烯装置乙烯回收率平均为87.2%。

2006年2月25~26日，干气提浓乙烯装置进行了48h工业标定，标定结果见表4-3-15至表4-3-17。

表4-3-15 主要工艺操作条件

项　目	数　据
原料干气压力/MPa(表压)	0.6~0.75
原料干气进装置流量/(Nm^3/h)	16000~20000
0压缩机入口压力/kPa(表压)	7~20
脱硫塔贫液入塔流量/(t/h)	8~15
产品气脱砷温度/℃	60~80
产品气脱氧温度/℃	150
产品气出装置压力/MPa(表压)	2.6~3.0

表 4-3-16　物料平衡

项　目	平均流量/(Nm^3/h)	流量/(t/h)
入方：		
原料干气	18500	15.3
出方：		
吸附废气	13300	8.3
产品气①	5200	7

①含液态烃。

表 4-3-16　装置能耗

项目	总消耗量/t	消耗量/(t/h)	单耗(t/t)	装置能耗/(MJ/t 原料气)
电	213733kWh	4452.8kWh/h	226.9kWh/t	2469.91
循环水	42640	888.3	45.3	189.67
低压蒸汽	60.49	1.26	0.064	203.49
除氧水	13.44	0.28	0.014	5.02
合计				2868.51

表 4-3-18 列出了该装置 2005~2012 年、2016 年的生产情况。

表 4-3-18　干气提浓乙烯装置生产情况一览表

年份	开工天数	进料/万 t	提浓乙烯气/万 t	装置能耗/(MJ/t 原料)	备注
2005 年	159	5.57	1.66	3293.0	
2006 年	343	13.18	3.70	2596.3	
2007 年	319	11.68	3.23	2601.8	装置检修
2008 年	322	10.56	2.81	2665.0	脱氧剂失效，更换
2009 年	349	11.89	3.17	2297.4	
2010 年	292	9.36	2.04	2358.1	FCC 装置检修
2011 年	314	11.76	2.66	1966.6	装置检修
2012 年	345	14.63	3.21	1676.9	
2005~2012 年	2443	88.63	22.48	2348.4	
2016 年		14.42	3.6	1667	

总的来看，工业运行结果表明，PSA 与产品气深度净化工艺经济实用，生产操作简单，产品质量易于控制，有效组分回收率较高，装置能耗和物耗低，具有投资少、见效快和经济效益显著的突出优点。

六、干气中微量氮氧化物分析方法的建立

在催化裂化反应过程中，原料中部分含氮杂环化合物沉积在待生催化剂上；催化剂再生时，焦炭中的氮化物大部分生成 N_2、少量转化成 NO_x 进入烟气中，少量烟气被再生催化剂带入反应器并最终进入干气中，故干气提浓乙烯装置原料气和产品气中每升含有几到几百纳升的 NO_x[11]。NO 与 O_2 在乙烯装置深冷分离系统低温区反应生成的 NO_2 和 N_2O_4 再与乙烯、丙烯及二烯烃反应生成易爆炸的硝酸树脂，一套 0.5Mt/a 的乙烯装置，若急冷序列进料中含

有 5nL/L 的 NO_x，在冷箱中一年能累积超过 5kg 的爆炸性物质。1990 年 2 月，壳牌化学品公司在法国的贝里烯烃联合工厂的催化裂化干气深冷装置曾发生爆炸，据调查极可能是 NO_x 所致[12]。因此，准确检测干气中 NO_x 含量对安全回收其中的烯烃非常重要。

目前，气相色谱-氮化学发光检测器（GC-NCD）和气相色谱-质谱（GC-MS）可直接测定 NO 含量大于 100nL/L 的样品；便携式 NO_x 分析仪可测定 nL/L 级的 NO_x，两者都达不到富乙烯气 NO_x 低于 5mL/L 的分析要求[13]。为此，中国石化石油化工科学研究院（简称石科院）开发了炼厂气微量 NO_x 分析方法（固体吸收管富集-离子色谱测定法），可同时测定 NO_x 浓度低于 600nL/L 的气体样品中的 NO 和 NO_2（该方法理论上也可测定 NO_x 含量更高的气体，但需降低采样流速，缩短富集时间）。石科院从 2006 年 10 月至 2008 年 11 月，多次对燕山分公司干气提浓乙烯装置和乙烯装置关键部位进行 NO_x 定量分析（NO_2 和 NO 最低检出浓度为 2nL/L 和 3nL/L）。干气提浓乙烯装置原料气中 NO 一般在 187～200nL/L，NO_2<2nL/L，经深度精制后产品气中 NO≤4nL/L，NO_2<2nL/L；乙烯装置裂解气碱洗后 NO 为 6～15nL/L，NO_2<2nL/L，乙烯气中 NO≤4nL/L，NO_2<2nL/L，由此推断提浓乙烯气并入乙烯装置后不会影响其安全运行。

七、生产不正常原因分析与处理

1. 产品气中氧含量超标原因及处理方法

（1）原因

① 床层温度不够。

② 变压吸附单元中有程控阀内漏现象，导致半产品气中氧含量偏高。

③ 置换气量不足，导致半产品气中氧含量偏高。

④ 化验采样分析有误。

（2）处理方法

① 提高电加热器的设定温度。

② 检查变压吸附程控阀，进行修理。

③ 提高置换气量。

④ 联系化验加样分析。

2. 脱氧器床层温度飞温的原因及处理方法

（1）原因

① 变压吸附单元中有程控阀内漏现象，导致半产品气中氧含量偏高。

② 床层温度过高。

③ 置换气量不足，导致半产品气中氧含量偏高。

（2）处理方法

① 检查变压吸附程控阀，进行修理。

② 降低电加热器的设定温度。

③ 提高置换气量。

3. 产品气中甲烷含量偏高原因及处理方法

（1）原因

① 变压吸附单元中有程控阀内漏现象，导致半产品气中甲烷含量偏高。

② 变压吸附时间周期较短。

③ 置换气量不足。

④ 原料气中甲烷含量高。

(2) 处理方法

① 检查变压吸附程控阀，进行修理。

② 适当延长吸附时间周期。

③ 提高置换气量。

4. 吸收塔往后出现带液

(1) 原因

① 气体量大幅波动。

② 半产品气温度过高。

③ 半产品气中液态烃浓度较大。

(2) 处理方法

① 降低气体量大幅波动。

② 降低半产品气温度。

③ 降低原料中重组分含量，加强压缩机分液罐脱液。

5. 精脱硫后气体中硫化氢不合格

(1) 原因

① 精脱硫剂失活。

② 半产品气中硫化氢浓度过高。

③ 吸收塔效果差。

(2) 处理方法

① 更换精脱硫剂。

② 降低原料中硫化氢含量。

③ 检查吸收塔贫液浓度以及各操作参数。

八、干气提浓产品气并入乙烯装置的流程及对乙烯系统的影响

干气提浓装置原料干气若以催化干气为主，所得产品气以乙烯、乙烷、丙烯为主；若以焦化干气、加氢处理等饱和干气为主，所得产品气以乙烷和丙烷为主。

硫化氢、砷、NO_x、氧气、CO_2等杂质含量合格的干气提浓产品气根据组成不同和乙烯装置的分离能力，进入乙烯装置的流程不同。

以焦化干气、加氢处理等饱和干气提浓所得富乙烷产品气，若烯烃体积含量低于5%、CO_2+H_2S含量低于500μL/L，可直接进乙烯装置裂解炉。该流程干气提浓装置产品气可不碱洗，不用精干燥脱水，外送压力约1MPa，装置能耗很低；要求产品气外送不带明水，北方装置与乙烯装置连通管线要做好保温，冬季不得结冰；因原料干气中甲烷含量高，C_2以上组分的体积回收率一般约85%。

以催化干气为主提浓所得富乙烯产品气，通常选择并入乙烯装置裂解气压缩机三段排出，与裂解气合流进行碱洗。该流程干气提浓装置产品气根据乙烯装置裂解气碱洗能力可不碱洗或浅度碱洗，不用精干燥脱水，外送压力约1.6MPa，装置能耗一般低于1674.8MJ/t原料气；北方装置产品气外送要注意管线防冻和低点脱水；原料干气中甲烷含量较低，乙烯回收率一般超过88%。

若乙烯装置分离系统有瓶颈，可增设产品气预分馏系统，将富乙烯中的 C_2、C_3和 C_4组分分离后分别送入相应的分离单元。该流程要求产品气中 H_2O 和 CO_2体积含量低于 1μL/L，CO_2和/或水含量高，会在预分馏系统和冷箱内形成冻堵；CO_2含量超标还会使乙烯精馏塔馏出口产品不合格，故产品气外送前需进行多段碱洗、水洗和精干燥脱水，输送压力一般约 2.6MPa，装置能耗较高。

干气提浓富乙烯产品气乙烯含量大于 35%，作乙烯装置原料可明显提高乙烯收率；其中乙烷加丙烷含量大于 30%，也是很好的裂解原料。根据模拟计算，乙烯装置加工干气提浓富乙烯产品气，乙烯总收率(包括乙烷和丙烷循环裂解生成的乙烯)超过 60%，再加上增产的氢气和丙烯，高附加值产品收率超过 70%；乙烯能耗一般为加工石脑油的 37%~40%。

干气提浓富乙烷产品气作乙烯装置气体裂解炉进料，乙烯收率大于 45%，乙烯能耗一般为加工石脑油的 63%~66%；与石脑油裂解相比，丙烯、丁二烯和苯的收率降低，甲烷收率升高。

九、技术推广应用情况

燕山分公司干气提浓乙烯装置成功采用两段变压吸附技术对催化裂化干气进行吸附分离，筛选的吸附剂选择性较好，动态吸附容量较大，乙烯回收率大于 87%，过程耗能低；采用的产品气精制工艺流程合理、脱氧剂选择性和活性高，产品气经过深度精制质量满足乙烯装置进料要求，并可消除 NO_x对乙烯系统安全生产的影响。该技术有利于增产乙烯和节能降耗，经济效益和社会效益显著。“回收炼厂干气乙烯资源成套工业化技术”获得 2007 年度中国石化集团公司科技进步一等奖和 2008 年度国家科技进步二等奖，知识产权为中国石化股份有限公司和四川天一共同拥有，申请的 3 项专利当中，“从炼厂干气中回收乙烯的专利技术”(发明专利 ZL200510129369.3)和“两段变压吸附工艺浓缩乙烯的专利技术”(发明专利 ZL2005101182417.0)已授权，覆盖了原料变压吸附和产品气深度精制的全过程。

自 2009 年以来，采用“回收炼厂乙烯资源成套技术”建成投产的装置已有 7 套。其中中国石化茂名分公司 30000Nm³/h 干气提浓乙烯装置于 2010 年 2 月正式投产，采用“两段 PSA 浓缩干气中 C_2以上组分+MDEA 脱硫化氢+贵金属脱氧+一段碱洗脱 CO_2”工艺流程，建设投资 1.33 亿元，原料气为催化裂化干气掺混部分焦化干气，同年 3 月通过茂名分公司组织的考核标定，各项指标均达到设计值，C_2以上有效组分回收率超过 84v%，产品气质量情况：$O_2 \leqslant 3$μL/L，$CO_2 \leqslant 10$μL/L，$H_2S \leqslant 1$μL/L，$NO_x \leqslant 5$nL/L；产品气出装置压力 1.6MPa，并入乙烯装置裂解气碱洗系统。该装置 2016 年处理催化裂化和焦化混合干气 22.22 万 t，生产合格富 C_2产品气 6.56 万 t，装置能耗 1150MJ/t 原料气。该装置连续运行周期、目的产品收率和综合能耗等主要经济技术指标处于同类装置的领先水平。

中国石化上海石化 18 万 t/aC_2回收装置采用“两段 PSA 浓缩干气中 C_2以上组分+MDEA 脱硫化氢+贵金属脱氧+三段碱洗脱 CO_2”工艺流程，建设投资 1.24 亿元，于 2012 年 12 月 28 日建成投产。2016 年该装置处理催化干气 8.84 万 t，生产合格富 C_2产品气 3.7 万 t。产品气质量情况：$O_2 \leqslant 1$μL/L，$CO_2 \leqslant 1$μL/L，$H_2S \leqslant 1$μL/L，As≤5ppb；产品气出装置压力 3.9MPa，并入乙烯装置冷箱出口。

中国石化武汉分公司 2 万 Nm³/h 干气提浓乙烯装置采用“两段 PSA 浓缩干气中 C_2以上组分+MDEA 脱硫化氢+产品气脱砷+贵金属脱氧”工艺流程，于 2013 年 6 月建成投产，2016 年加工催化干气和焦化干气等 8.3 万 t，生产合格富 C_2产品气 2.48 万 t，并入乙烯装置裂解气碱洗系统；装置能耗 2786MJ/t 原料气。

中国石化扬子石油化工有限公司 15 万 t/a 干气提浓乙烯装置采用“两段 PSA 浓缩干气中 C_2^+组分+MDEA 脱硫化氢+贵金属脱氧”工艺流程，2014 年月 6 日投产。2016 年加工催化干气和焦化干气 9.18 万 t，生产合格富 C_2产品气 3.1 万 t，并入乙烯装置裂解气碱洗系统；装置能耗 1465MJ/t 原料气。

天津分公司 32 万 t/aC_2回收装置，2014 年 10 月投产，Ⅰ套加工催化干气，进料量 5500Nm^3/h，采用“两段 PSA 浓缩干气中 C_2^+组分+MDEA 脱硫化氢+贵金属脱氧”工艺流程，产品气并入该公司乙烯装置碱洗系统，乙烯回收率约 90%；2016 年加工催化干气 2.59 万 t，生产合格富 C_2产品气 1.26 万 t；装置能耗 2577MJ/t 原料气。Ⅱ套加工焦化干气和加氢干气，处理量 41500Nm^3/h，采用“两段 PSA 浓缩干气中 C_2^+组分+产品气加氢脱杂质”工艺流程，产品气并入中沙合资公司乙烯装置裂解炉。2016 年加工催化干气和加氢干气 11.6 万 t，生产合格富 C_2产品气 5.9 万 t；装置能耗 2336MJ/t 原料气。

我国目前催化裂化加工能力 2.0 亿 t/a、延迟焦化加工能力 1.1 亿 t/a，干气总量超过 1100 万 t/a，若能根据石化企业需求采用“回收炼厂乙烯资源成套技术”，回收 C_2以上的烃类作乙烯装置原料，并考虑烷烃循环裂解，每年可增产乙烯约 270 万 t，可取得显著的经济效益和社会效益，有广阔的推广应用前景。

参　考　文　献

[1] 张礼昌，李东风，杨元一．炼厂干气中乙烯回收和利用技术进展[J]．石油化工，2012，41(1)：103-110.

[2] 王文英，张振亮．炼厂干气的回收利用[J]．化工技术经济，2000，18(2)：11-16.

[3] Margaret M Sheehan. Recovery of olefins from refinery offgases[J]. petroleum technology quarterly：refining gas processing petrochemicals，1998，Q4：1-9.

[4] Frank D McCarthy，Stephen J Stanley，David M Wadsworth. Low pressure recovery of olefins from refinery offgases：US5502971[P]. 1996.

[5] 王红光，王立国．炼厂干气回收轻烃技术评述[J]．炼油技术与工程，2009，39(12)：8-11.

[6] ALCET 乙烯新技术[J]．乙烯工业，1996(8)：56.

[7] 赵光辉，李景艳，李小军，等．炼厂干气中乙烯的分离技术及综合利用[J]．化工中间体，2008，3：25-29.

[8] 中国专利，申请号 201910387245.6.

[9] 北京石油设计院．石油化工工艺计算图表[M]．北京：烃加工出版社，1985.

[10] 刘华伟．气体净化脱氧剂研究进展[J]．天然气化工，2006，6(31)，56-59.

[11] 鲁维民．脱除再生催化剂携带烟气的研究[D]．北京：石油化工科学研究院，2000.

[12] Michael G Brahn. Olefin recovery from FCC off gas can pay off[J]. Oil & gas journal，1992，90(16)：94-98.

[13] Shell Belle steam cracker blast cause cited[J]. Oil & Gas Journal，1990，88(51)：24.

第四章　稀乙烯与苯烃化生产乙苯

第一节　稀乙烯与苯烃化生产乙苯技术的国内外现状

一、稀乙烯与苯烃化生产乙苯技术的国外现状

利用催化干气中的乙烯生产乙苯，国外在 20 世纪 50 年代末就已开始探索，70 年代进入工业化试验阶段。主要生产工艺有三种：

(1) 美国 Mobil/Badger 公司合作开发的，以 ZSM-5 高硅沸石为催化剂，生产乙苯的 Mobil/Badger 气相分子筛工艺；

(2) 美国 UOP 公司开发的，以 Al_2O_3-BF_3为催化剂生产乙苯的 Alkar 工艺及其以后开发的催化蒸馏技术；

(3) Monsanto 在其改良的纯乙烯制乙苯工艺的基础上开发的稀乙烯制乙苯工艺，催化剂仍为纯乙烯工艺的催化剂。

上述工艺中，只有 Mobil/Badger 气相分子筛工艺取得了工业化试验成功，1977 年建成 1.6 万 t/a 乙苯工业化试验装置，并于 1992 年在英国 Stanlow 建成投产了 16 万 t/a 的第一套大型工业化装置。Mobil/Badger 工艺适用于乙烯含量为 10%~100%的原料气，原料单耗相对较低，苯单耗 0.749t/tEB，乙烯单耗 0.268t/tEB。但该工艺对原料中的杂质要求十分严格，如丙烯、硫、水、氧等杂质含量要求控制在 ppm 级水平，因此从流程上必须设置脱氧、脱硫、干燥及脱碳三的深冷分离装置对干气原料进行预处理，其结果虽然催化剂单程寿命延长，但装置投资和能耗相对较高，这部分的建设投资约占乙苯装置总投资的 60%。这也是导致该技术一直没有再进行工业应用的原因。

近年来，国外公司在催化剂和工艺流程也有少量文献发表，主要有 ABB 路慕斯全球股份有限公司提出了一种液相+气相的反烃化方案，采用此方案能够进行液相反烃化的二乙苯等物料进入液相反烃化反应器，而在液相反烃化条件下基本不反应的正丙苯和异丙苯等物料进入气相反烃化反应器。此方案较一代、二代技术有一定改进，丙苯馏分单独反烃化可选择最佳的反应条件，在降低副反应的同时总体提高了乙苯的产率。

二、稀乙烯与苯烃化生产乙苯技术的国内现状

国内从 20 世纪 80 年代开始致力于稀乙烯制乙苯工艺技术的研发工作，形成了以大连化学物理研究所为代表的以新型稀土-ZSM-5/ZSM-11 共结晶分子筛 3884 催化剂为核心的气相法技术、以上海石化院为代表的以 ZSM-5 分子筛 SEB-08 催化剂为核心的气相法技术、以北京服装学院为代表的以改性 β 沸石 FX-02 催化剂为核心的液相法技术三大类干气制乙苯技术。

1. 以中国科学院大连化学物理研究所为代表的气相法技术

大连化学物理研究所利用催化裂化干气制取乙苯的研究开发工作始于 1985 年末，经过催化剂研制和小试、中试工艺研究，取得了比较明显的效果。在上述研究的基础上，1990

年在中国石化总公司发展部的组织下，成立了由抚顺石油二厂、大连化学物理研究所和洛阳石化工程公司组成的催化裂化干气与苯烃化制取乙苯工艺技术联合开发体，对该项工艺技术进行工程开发，并于1992年7月由洛阳石化工程公司完成了抚顺石油二厂3万t/a乙苯装置的工程设计。装置于1993年7月一次投产成功。装置平稳操作一段时间后进行了标定，标定结果为：苯单耗0.761t/tEB，乙烯单耗0.280t/tEB。1994年11月通过了中国石化总公司发展部和中国科学院数理局组织的催化裂化干气与苯烃化制取乙苯工艺成套技术鉴定，鉴定意见认为该工艺技术处于国际先进水平，经济指标已接近或达到国外先进水平，应积极推广。该项工艺适用于乙烯含量为10%～100%的原料气，苯单耗0.761t/tEB，乙烯单耗0.280t/tEB，但该工艺对原料气中其他杂质如丙烯、硫、水、氧等含量要求不严格，不需对原料气进行特殊精制，丙烯≯0.7%(v)，水为饱和水，总硫≤3000mg/Nm^3，即可满足要求。该工艺技术的主要特点为：

① 原料气不需特殊精制，其中水为饱和水，总硫≤3000mg/Nm^3，丙烯≯0.7%(v)，即可满足要求。

② 催化干气不需加压，直接进入反应器，反应压力、温度较低。

③ 乙苯产品收率较高。

④ 乙烯单耗、苯单耗较低。

⑤ 生产过程无特殊“三废”排放，环境污染少。

⑥ 反应器结构简单，操作方便。

在1993年采用第一代技术抚顺石油二厂3万t/a干气制乙苯装置投产后，联合开发体又成功地开发出第二代乙苯工艺技术。应用第二代技术的林源炼油厂3万t/a乙苯装置和大连石化公司10万t/a乙苯两套装置已分别于1996年12月和1999年11月一次开车成功，目前装置运行正常。第二代乙苯工艺技术和第一代乙苯工艺技术的主要区别是把烃化反应和反烃化反应分别放在两个反应器中进行，把反应产物两级吸收改为一级吸收，烃化反应苯烯比由5提高至7。采用第二代技术，乙苯产品中二甲苯的含量由一代技术的3000μg/g降为2000μg/g，可满足除食品级聚苯乙烯以外其他苯乙烯加工装置对原料的要求。

在第二代技术得以成功工业化以后，联合开发体继续对已有技术进行进一步研究开发工作，于1998年底开发了第三代技术的反应部分，将气相反烃化改为液相反烃化，目的是将乙苯产品中二甲苯的含量降低到1000μg/g以下，满足各种苯乙烯加工装置的要求。该项技术已在抚顺石化公司石油二厂3万t/a乙苯装置上进行了改造及工业试验，初步试验结果表明：乙苯产品中二甲苯含量低于1000μg/g。近几年，国内化工产品市场行情看好，乙苯装置的建设也进入了一个高潮期，联合开发体为了进一步增强干气制乙苯技术的竞争性，在已开发成功三代技术反应部分的基础上，进一步开发出了三代技术的分离部分，形成了一套完整的三代技术，该技术特点如下：

① 增加原料气脱丙烯部分，降低装置苯耗和能耗。

② 降低吸收塔吸收温度，减少烃化尾气中苯含量。

③ 烃化反应温度进一步降低，从而可进一步延长烃化催化剂的单程寿命，减少再生次数，减少高沸物等杂质的生成。

④ 增设了对于三代技术必须增设的丙苯塔。

⑤ 合理利用低温热，大大降低能耗。

⑥ 三代技术在大幅度降低苯耗、能耗的同时，投资小于原一代、二代的投资。

⑦ 产品乙苯中二甲苯含量约 1000μg/g。

2. 以上海石化院为代表的 SGEB 技术

上海石化院从 2004 年起开展了稀乙烯制乙苯催化剂的研制工作，并于 2009 年 3 月通过中国石化组织的技术评审。与会专家一致认为：SEB-08 催化剂的乙烯转化率、乙基选择性均高于同类参比催化剂，二甲苯含量明显减少，综合性能达到国际先进水平；SEB-08 催化剂具有较强的抗硫、抗水和抗干扰性能，稳定性好。2009 年 8 月，SEB-08 催化剂在海南炼化公司进行了工业应用。经过 2 个多月的运行，在催化剂装填量比原来减少 25%、原料干气未脱除丙烯的情况下，乙烯转化率高于 99.0%；产品乙苯中的二甲苯含量为 500～800μg/g；多乙苯塔底高沸物排放量少，苯的单耗下降了 20～30kg。在此基础上，中国石化组织上海石化院、石油化工科学研究院、洛阳石化工程公司形成新的联合体，形成中国石化 SGEB 技术，首套装置于 2010 年在青岛一次投产成功，应用此技术的长岭、安庆等多套装置已投产。

SGEB 技术与大连化学物理研究所为代表的第三代技术为同一类型技术，都采用气相烃化、液相反烃化技术。除了具备大连化学物理研究所为代表的三代技术的优点以外，还有以下几点特点：①催化剂单程寿命和总寿命长；②产品中二甲苯含量低；③脱丙烯系统采用具有选择性吸收的两塔流程，较以往的三塔流程简单；④采用合适的吸收剂，流程简单，吸收剂损失少。

3. 以北京服装学院为代表的以改性 β 沸石 FX-02 催化剂为核心的液相法技术

目前国内外许多机构正在研究第四代工艺即液相法工艺，其技术开发的主要目标为：改气相烃化为液相烃化，进一步降低烃化反应的温度，以提高催化剂寿命，降低二甲苯含量及装置能耗。

国内外很多科研机构进行过干气液相烃化技术的小试、中试研究，主要采用的工艺技术有鼓泡床和催化精馏工艺，但至今国内外尚未见干气稀乙烯液相烃化制乙苯工业化装置的建设报道。在国内研究单位中，以北京服装学院为代表的以改性 β 沸石 FX-02 催化剂为核心的液相法技术进展最为前沿。

北京服装学院的液相烃化技术于 1995～1999 年进行催化剂和实验室技术开发，1999 年 7 月～2000 年 1 月在金陵石化进行 φ50mm×7900mm 的单管真实气体的模试研究，接着在燕化公司进行了 600t/a 乙苯装置中试研究。中试烃化反应温度 150～170℃、压力 1.8～2.5MPa、进料苯烯比 5～7、烯烃空速 0.20～0.24h^{-1}等条件下，乙烯转化率≥95%，乙苯选择性≥92%，二甲苯含量<50μg/g。反烃化反应压力为 2.8～3.0MPa(表压)，反应温度为 240～260℃，其中试成果于 2002 年 12 月在北京通过中国石化股份有限公司科技开发部组织的鉴定。但该工艺需要对干气进行脱硫和干燥处理，再经压缩机升压进入烃化反应器进行液相烃化反应。此技术未工业化。

第二节　对原料、产品的要求

一、对稀乙烯的要求

乙烯含量：≥10%(v)

丙烯含量：≤0.7%(v)

总硫：≤50mg/Nm³
水：饱和水
脱硫剂：≤5μg/g
温度：常温
压力：≥0.7MPa(表压)

二、对原料苯的要求

原料苯(石油苯)质量指标必须符合 GB/T 3405—2011 优级品要求(见表 4-4-1)。

表 4-4-1　新鲜苯质量指标

项　　目	质量指标
外观	无色透明液体
颜色(Hazen)	不深于 20
密度(20℃)/(kg/m³)	878~881
酸洗比色	酸层颜色不深于 100mL 稀酸中含 0.1g 的重铬酸钾标准溶液
总硫/(mg/kg)	≯2
中性实验	中性
结晶点(干基)/℃	≮5.40
蒸发残余物/(mg/100mL)	≯5

三、产品质量

乙苯产品质量指标符合 SH/T 1140—2001 优级品要求(见表 4-4-2)。

表 4-2-2　乙苯产品质量指标

项　　目	质量指标	项　　目	质量指标
	优级品		优级品
外观	无色透明液体	异丙苯/%	≤0.05
密度(20℃)/(kg/m³)	866~870	二乙苯/%	≤0.01
水浸出物	6.0~8.0	硫/%	<0.0003
纯度/%	>99.6		

第三节　化学反应过程与催化剂

一、烃化反应

(一) 主反应

苯与乙烯烷基化反应生成乙苯：

$$\underset{\text{苯}}{C_6H_6}+\underset{\text{乙烯}}{C_2H_4}\longrightarrow\underset{\text{乙苯}}{C_6H_5C_2H_5}+25.2\text{cal/mol}$$

烷基化反应都是高度放热的，该反应是可逆反应，但在反应条件下，正向反应(烷基化)比逆反应(脱烷基)更为有利。

（二）副反应

乙苯可以进一步烷基化生成二乙苯和三乙苯等等。例如：

$$\underset{\text{乙苯}}{C_6H_5C_2H_5}+\underset{\text{乙烯}}{C_2H_4}\longrightarrow\underset{\text{二乙苯}}{C_6H_4(C_2H_5)_2}$$

$$\underset{\text{二乙苯}}{C_6H_4(C_2H_5)_2}+\underset{\text{乙烯}}{C_2H_4}\longrightarrow\underset{\text{三乙苯}}{C_6H_3(C_2H_5)_3}$$

由于在烷基化反应中苯是被过量加入的，这将有利于乙苯的生成和抑制多烷基化合物的生成。

烷基化催化剂是一种中孔择形沸石催化剂，它对乙苯的选择性很高。尽管如此，仍有少量副产物生成。轻组分一方面来自苯进料中非芳烃杂质以及乙烯进料中的杂质，另一方面是乙烯聚合以及接着发生裂解的生成物。例如：

$$\underset{\text{乙烯}}{2C_2H_4}\longrightarrow\underset{\text{丁烯}}{C_4H_8}$$

$$\underset{\text{乙烯}}{3C_2H_4}\longrightarrow\underset{\text{己烯}}{C_6H_{12}}$$

$$\underset{\text{己烯}}{C_6H_{12}}\longrightarrow\underset{\text{丙烯}}{2C_3H_6}$$

一些丙烯和丁烯还可以由苯进料中的非芳烃裂解产生：

非芳烃⟶丙烯、丁烯

由上述反应生成的丙烯和丁烯同苯反应生成丙苯和丁苯：

$$\underset{\text{苯}}{C_6H_6}+\underset{\text{丙烯}}{C_3H_6}\longrightarrow\underset{\text{丙苯}}{C_6H_5C_3H_7}$$

$$\underset{\text{苯}}{C_6H_6}+\underset{\text{丁烯}}{C_4H_8}\longrightarrow\underset{\text{丁苯}}{C_6H_5C_4H_8}$$

乙苯、丙苯和丁苯都能不同程度地产生少量的甲苯和二甲苯。

甲苯通过下列反应可以生成乙基甲苯。例如：

$$\underset{\text{甲苯}}{C_6H_5CH_3}+\underset{\text{乙烯}}{C_2H_4}\longrightarrow\underset{\text{乙基甲苯}}{C_6H_4CH_3C_2H_5}$$

$$\underset{\text{甲苯}}{C_6H_5CH_3}+\underset{\text{乙苯}}{C_6H_5C_2H_5}\longrightarrow\underset{\text{乙基甲苯}}{C_6H_4CH_3C_2H_5}+\underset{\text{苯}}{C_6H_6}$$

烷基苯在烷基反应器中会发生少量脱氢反应生成苯乙烯、丙烯基苯等。例如：

$$\underset{\text{乙苯}}{C_6H_5C_2H_5}\longrightarrow\underset{\text{苯乙烯}}{C_6H_5C_2H_3}+\underset{\text{氢气}}{H_2}$$

苯乙烯等是生成双环化合物的主要母体并且是引起催化剂失活的主要原因。

多环化合物主要包括二苯基乙烷和二苯基甲烷。二苯基甲烷主要是由较高级的烷基苯（丙苯、丁苯等）和它们相应的烷基苯所生成的。例如：

$$\underset{\text{丙苯}}{C_6H_5C_3H_7}+\underset{\text{苯}}{C_6H_6}\longrightarrow\underset{\text{二苯基甲烷}}{C_6H_5CH_2C_6H_5}+\underset{\text{乙烷}}{C_2H_6}$$

二苯基乙烷基本上是由苯乙烯与苯的烷基化所生成的：

$$\underset{\text{苯乙烯}}{C_6H_5C_2H_3}+\underset{\text{苯}}{C_6H_6}\longrightarrow\underset{\text{二苯基乙烷}}{C_6H_5C_2H_4C_6H_5}$$

如果多环化合物循环回反应器，在催化剂表面和孔中将产生焦炭而导致催化剂很快失活，所以它们将作为残油从系统中排出。

(三) 催化剂

1. 新型稀土-ZSM-5/ZSM-11 共结晶分子筛催化剂

大连化学物理研究所开发的新型稀土-ZSM-5/ZSM-11 共结晶分子筛催化剂，其中 ZSM-5 具有椭圆形十元环直孔道和正弦形孔道，ZSM-11 由椭圆形十元环二维直孔道相交而成。该分子筛具有很强的抗杂质(包含 H_2S、CO_2、CO)能力和水热稳定性。

2. 以 ZSM-5 为主要活性组分的 SEB-08 催化剂

上海石化院开发的 ZSM-5 为主要活性组分的 SEB-08 催化剂，通过 ZSM-5 合成条件的优化及一系列改性处理，具有高活性及高稳定性的特点，催化剂单程寿命长。

(四) 影响反应和催化剂的主要因素

1. 温度

反应温度必须保证反应物分子吸收足够热量达到活化状态。高的反应温度有下列影响：

① 增加烷基化反应速度，提高烷基化反应器中的乙烯转化率。

② 增加甲苯和二甲苯的生成。

③ 增加双环化合物的生成。

2. 压力

由于烷基化反应是分子减少的反应，故提高烷基化反应压力有利于提高乙烯转化率。随着压力的增加，乙烯转化率逐渐增加，而乙苯选择性稍有下降。一般干气制乙苯反应的反应压力为 0.7~0.8MPa。

3. 苯烯比

苯烯比是反应进料中苯与乙烯的分子比。苯烯比决定了催化剂床层的温升，也决定了在催化剂孔道内乙烯的浓度，并影响着主反应和副反应的热力学和动力学。高的苯/乙烯比有下列影响：

① 减少乙烯发生齐聚反应生成的副产物。

② 减少甲苯和二甲苯的生成。

③ 减少二乙苯和三乙苯等的生成。

由此可见，随着苯烯比的增加，乙苯选择性升高，但过高的苯烯比需要大量的苯循环，导致能耗增加，适宜的苯烯摩尔比为 6~7。

4. 乙烯空速

干气中乙烯进料量决定装置的生产能力。乙烯空速=kg 乙烯/(kg 催化剂×h)。

空速反映了反应物料在催化剂层中的停留时间，可用它来大致衡量停留时间的长短。空速越大，意味着反应物料流经催化剂床层的时间越短；空速越小，则意味着停留时间越长。随着乙烯质量空速的增加，乙烯转化率逐渐减少，而乙苯选择性增加。因此为了保证催化剂具有较高的乙烯单程转化率，干气制乙苯生产装置的乙烯空速一般在 0.2~0.5h^{-1}。

二、反烃化反应

(一) 主反应

多乙苯和苯烷基转移反应生成乙苯：

$$\underset{\text{二乙苯}}{C_6H_4(C_2H_5)_2}+\underset{\text{苯}}{C_6H_6}\longrightarrow \underset{\text{乙苯}}{2(C_6H_5C_2H_5)}$$

烷基转移反应进行的速率比烷基化反应慢，并且受化学平衡的限制。烷基转移反应的热效应接近于零[1]，$\Delta H_R^0=-1.3$kcal/mol。

(二) 催化剂

1. DL0802A 催化剂

大连化学物理研究所开发的 DL0802A 催化剂是一种气相反烃化催化剂，主要活性组分是新型稀土-ZSM-5/ZSM-11 共结晶分子筛，在较高温度下进行反烃化反应。

2. DL0801 催化剂

大连化学物理研究所开发的 DL0801 催化剂是一种液相反烃化催化剂，主要活性组分是 B 分子筛，在较低温度下进行反烃化反应。

3. AEB-1 催化剂

石油化工科学研究院开发的 AEB-1 催化剂是一种液相反烃化催化剂，主要活性组分是 B 分子筛，在较低温度下进行反烃化反应。

第四节　工艺流程、主要操作参数

一、大化所技术

1. 一代技术工艺流程图

一代技术工艺流程图见图 4-4-1。

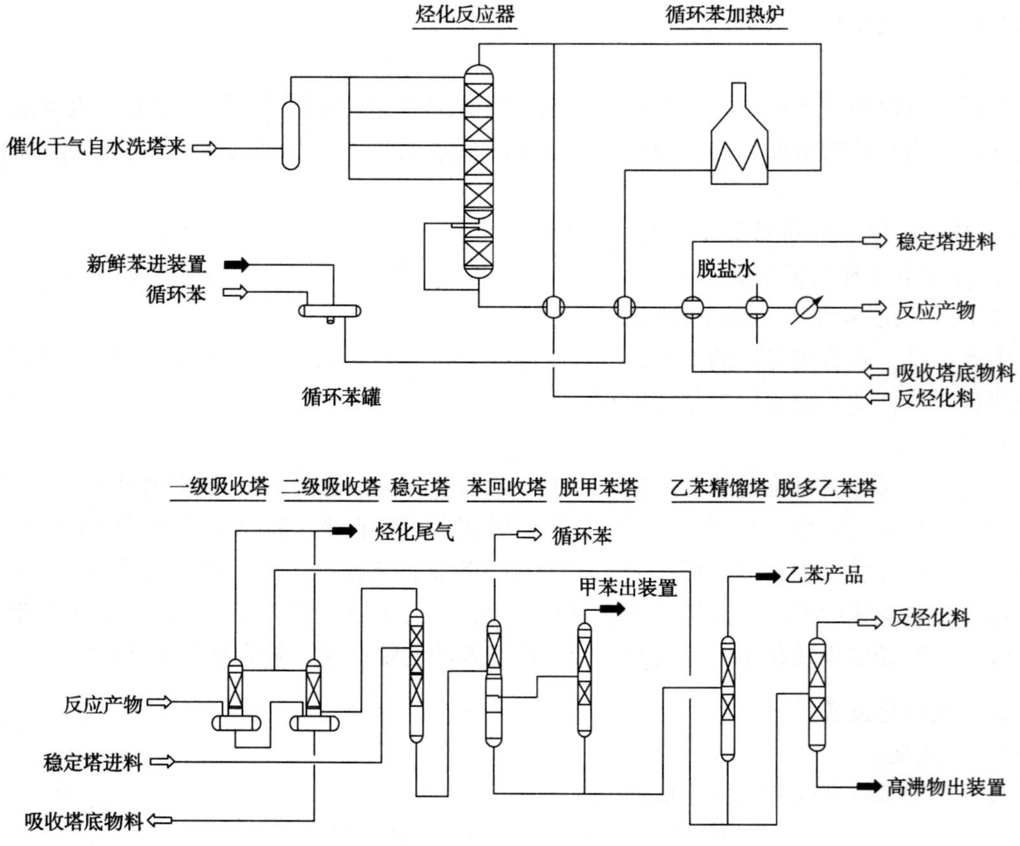

图 4-4-1　一代技术工艺流程图

2. 二代技术工艺流程图

二代技术工艺流程图见图 4-4-2。

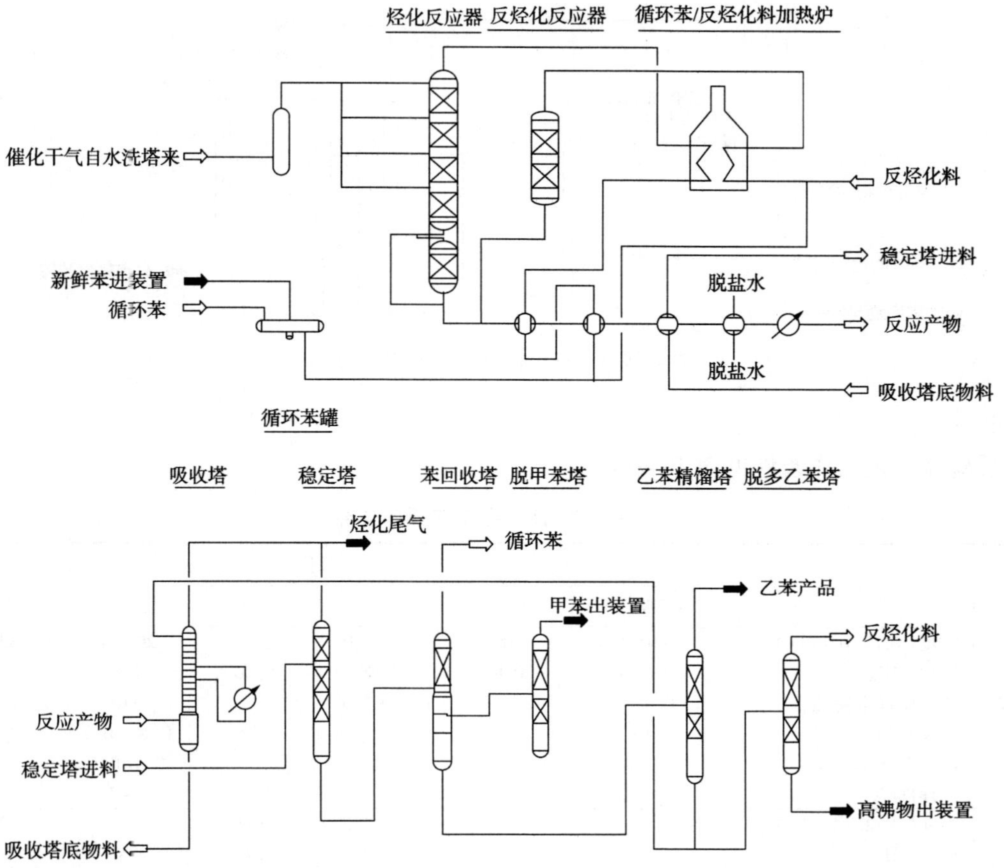

图 4-4-2　二代技术工艺流程图

3. 三代技术工艺流程图

三代技术工艺流程图见图 4-4-3。

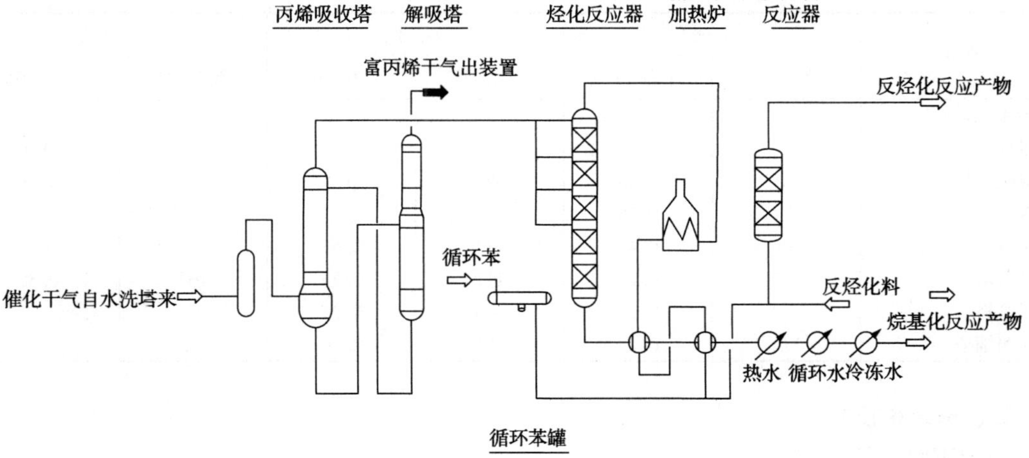

图 4-4-3　三代技术工艺流程图

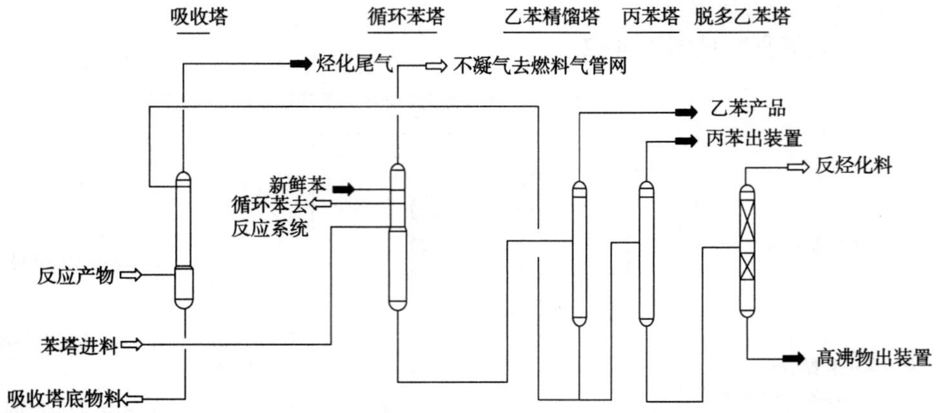

图 4-4-3　三代技术工艺流程图(续)

4. 一、二、三代主要操作参数

反应器工艺操作条件见表 4-4-3。

表 4-4-3　反应器工艺操作条件

	项目	一代		二代		三代	
		反应	再生	反应	再生	反应	活化
烃化反应	温度(入口/出口)/℃	340/440	500	340-360	530	320~415	420
	压力/MPa	0.6~1.0	0.8	0.85	0.80	1.0	0.1~0.2
	乙烯质量空速/h^{-1}	0.4~1.5		0.4~1.5		510	
	苯：乙烯(分子比)	4~7		7		0.10~0.2	
	乙烯转化率/%	≥95				0.4-0.5	
	选择性/%	≥95				6~7	
反烃化反应	温度(入口/出口)/℃			415~425	530	260	420
	压力/MPa			0.85	0.80	4.0	0.1~0.2
	苯质量空速/h^{-1}			8			
	反烃化料质量空速					1~1.5	
	苯：反烃化料(分子比)			2.5		6~8	

塔器工艺操作条件见表 4-4-4。

表 4-4-4　塔器工艺操作条件

塔器	第一代		第二代		第三代	
	温度/℃	压力/MPa	温度/℃	压力/MPa	温度/℃	压力/MPa
丙烯吸收塔					15	1.0
解吸塔					218	0.4
一级吸收塔	40	0.55	40	0.6	15	0.6
二级吸收塔	41	0.25				
稳定塔	86	0.45	113	0.65		
循环苯塔	112	0.25	112	0.25	167	0.85
脱甲苯塔	143	0.25	143	0.25		
乙苯精馏塔	172	0.25	181	0.30	172	0.25

二、SGEB 技术

1. SGEB 工艺流程图

SGEB 工艺流程图见图 4-4-4。

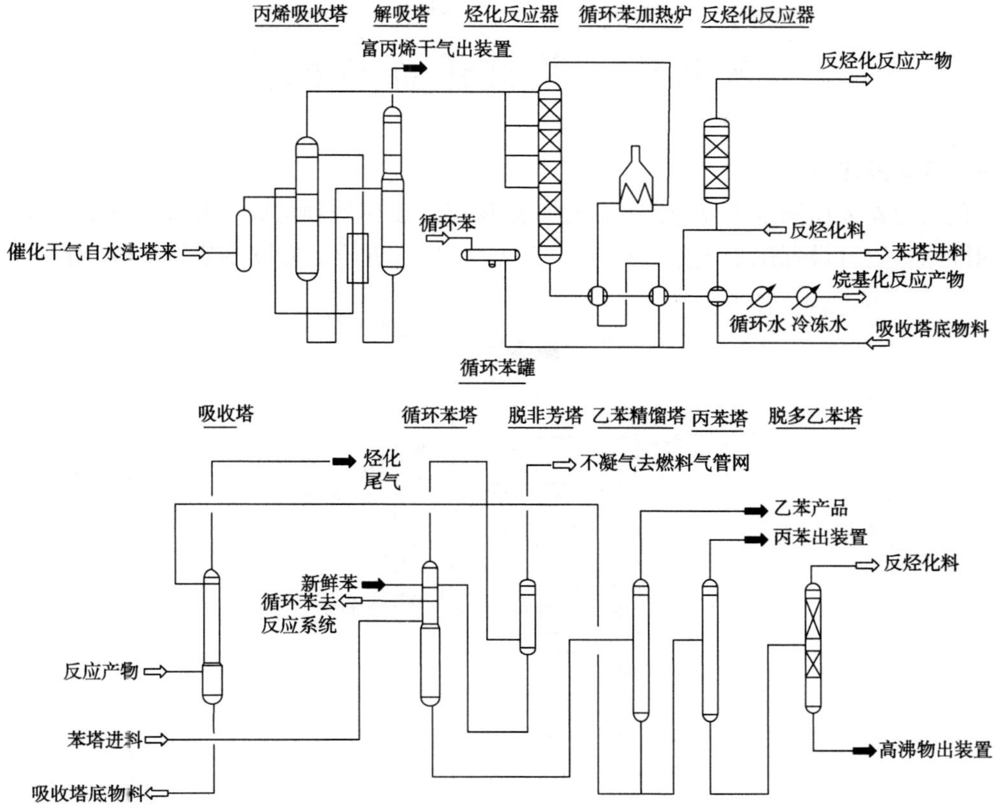

图 4-4-4　SGEB 工艺流程图

2. 主要操作参数

反应器工艺操作条件见表 4-4-5。

表 4-4-5　反应器工艺操作条件

项　目	烷基化反应		烷基转移反应
工况	操作	活化	操作
反应温度/℃	330~430	515	170~245
压力/MPa	0.8±0.1	0.38	2.9~3.3
空速/h^{-1}	乙烯质量空速 0.3~0.5		烷基转移料质量空速 1.5~2.0
苯：乙烯(分子比)	6~7		
苯：烷基转移料(质量比)			5~8
备注	允许压降≤0.1MPa	装置开工时催化剂活化	

塔器工艺操作条件见表 4-4-6。

表 4-4-6　塔器工艺操作条件

项　目	操作温度/℃	操作压力/MPa	项　目	操作温度/℃	操作压力/MPa
丙烯吸收塔	15	0.98	脱非芳塔	1148	0.45
解吸塔	212	0.7	乙苯精馏塔	172	0.25
尾气吸收塔	15	0.65	丙苯塔	194	0.25
循环苯塔	148	0.58	多乙苯塔	149	0.04

第五节　关键设备与机械

一、烃化反应器

烃化反应器采用固定床反应器，内设五段床层。反应器顶部设气相苯分布器和集灰器，上面四段床层上方设催化干气分布器。第二、三、四、五段上方设冷苯分布器(图 4-4-5)。

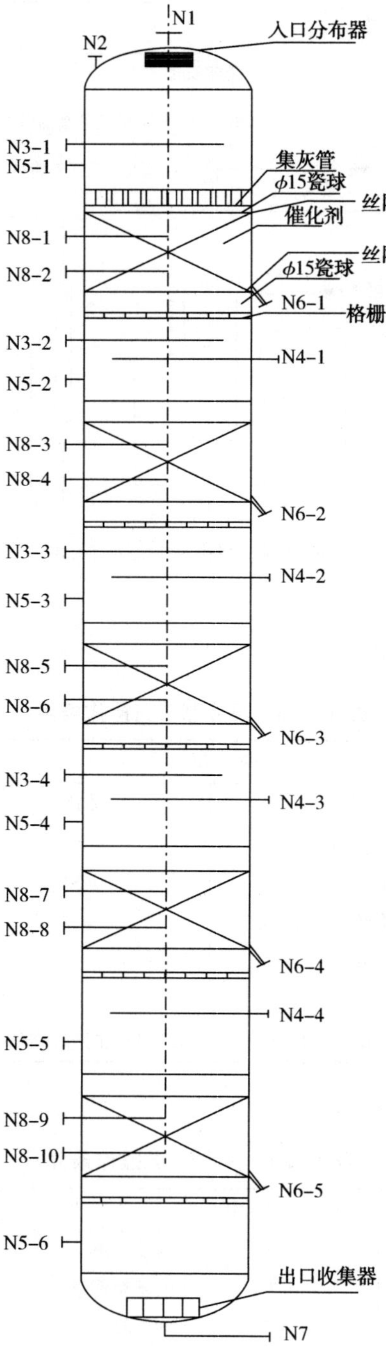

图 4-4-5　烃化反应器简图

二、反烃化反应器

反烃化采用固定床反应器，底部进料、顶部出料，内设三段床层(图 4-4-6)。

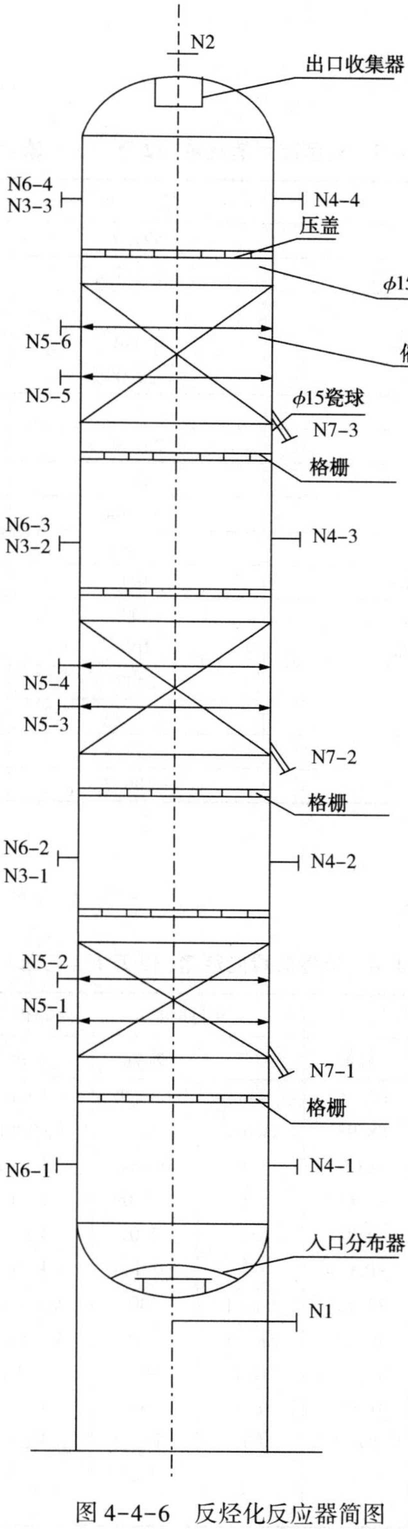

图 4-4-6　反烃化反应器简图

第六节　装置消耗、能耗与效益分析

一、典型装置消耗

典型装置消耗量见表 4-4-7。

表 4-4-7　典型装置消耗量(12 万 t/a 乙苯)

序号	项　　目	数　量	备　注
1	循环水/(t/h)	694.9	最大 1070t/h
2	电/(kWh/h)	942.7	
3	蒸汽/(t/h) 1.0MPa 蒸汽 0.25MPa 蒸汽	 0.144 -22.09	 最大 7t/h 外输
4	新鲜水/(t/h)	5	间断
5	除氧水/(t/h)	22.09	
6	除盐水/(t/h)	20	开工用、间断
7	凝结水/(t/h)　1.0MPa	-0.144	外输
8	净化压缩空气/(Nm^3/h)	400	
9	非净化压缩空气/(Nm^3/h)	400	间断
10	氮气/(Nm^3/h)　4.0MPa 0.65MPa	200 100	间断 最大量 3600Nm^3/h
11	燃料气/(kg/h)	2437	自产，8078kcal/kg
12	含油污水/(t/h)	4	
13	冷冻水/(t/h)	-113.3	温差 5℃
14	热水/(t/h)	-106.7	温差 35℃

二、典型装置能耗分析

典型装置能耗量见表 4-4-8。

表 4-4-8　典型装置能耗量(12 万 t/a 乙苯)

		单位耗量		小时耗量		能源折算值(kg 标准油)		单位能耗/(kg 标油/t 产品)
		单位	数量	单位	数量	单位	数量	
1	循环水	t/t	65.553	t/h	694.9	kg/t	0.1	6.555
2	电	kWh/t	88.933	kWh/h	942.7	kg/kWh	0.26	23.123
3	1.0MPa 蒸汽	t/t	0.014	t/h	0.144	kg/t	76	1.032
4	0.25MPa 蒸汽	t/t	-2.084	t/h	-22.09	kg/t	55	-114.625
5	除氧水(工艺凝液)	t/t	2.084	t/h	22.09	kg/t	9.2	19.174
6	1.0MPa 凝结水	t/t	-0.014	t/h	-0.144	kg/t	7.65	-0.104
7	净化风	Nm^3/t	25.157	Nm^3/h	400	kg/Nm^3	0.038	0.956
8	氮气	Nm^3/t	6.289	Nm^3/h	100	kg/Nm^3	0.15	0.9
9	燃料气	kg/t	185.723	kg/h	2437	kg/kg	1	185.723
10	含油污水	t/t	0.377	t/h	4	kg/t	1.1	0.42
11	冷冻水	t/t	-10.692	t/h	-113.3	kg/t	0.335	-0.17
12	热水	t/t			-16.7			-17.6
	合计							102.01

注：燃料气耗量为折合成标准燃料的量。

乙苯单元单位能耗为102.01kg标油/t产品，能耗主要集中在用于塔底重沸器供热的燃料气的消耗。

三、典型装置效益分析

主要技术经济指标汇总见表4-4-9。

表4-4-9　主要技术经济指标汇总表

序　号	项　目	增　量
一	基本数据	
1	总投资/万元	23421
1.1	建设投资/万元	21276
1.2	建设期利息/万元	825
1.3	流动资金/万元	1319
2	报批总投资/万元	22497
3	项目资本金/万元	6779
4	年均营业收入/万元	64048
5	年均总成本费用/万元	60997
6	年均增值税/万元	915
7	年均营业税金及附加/万元	87
8	年均利润总额/万元	2964
9	年均息税前利润(EBIT)/万元	3201
10	年均所得税/万元	741
11	年均净利润/万元	2223
二	经济评价指标	
1	税前财务内部收益率/%	17.84
2	税后财务内部收益率/%	14.64
3	税前财务净现值/万元	6720
4	税后财务净现值/万元	2894
5	税前投资回收期/a	6.88
6	税后投资回收期/a	7.69
7	资本金财务内部收益率/%	19.58
8	总投资收益率(ROI)/%	13.67
9	资本金净利率(ROE)/%	32.79
10	借款偿还期(含建设期2年)/a	6.68
11	利息备付率(ICR)	3.30
12	偿债备付率(DSCR)	1.09

第七节　未来发展前景展望

近年来，为满足我国国民经济的快速发展，我国石油行业发展势头迅速，炼油装置副产的稀乙烯气体量也大幅增加，这些气体中一般含有20%(质量分数)的乙烯，这些乙烯资源大部分作为燃料气白白烧掉，与此同时，我国乙烯产量的增速明显高于原油加工量的增速，乙烯装置将面临原料短缺的困局。苯乙烯是乙烯衍生物中仅次于聚乙烯、聚醋酸乙烯的第三大需求者，如果利用稀乙烯来替代纯乙烯制乙苯进而获得苯乙烯，将在一定程度上缓解乙烯装置原料石脑油资源短缺的矛盾。由于稀乙烯是副产品，这就使得稀乙烯气体生产的乙苯产品成本比纯乙烯的乙苯产品成本低 500~800 元。

虽然稀乙烯制乙苯装置发展前景很好，但仍有以下需要注意的事项：

(1) 稀乙烯资源分布分散，难以集中利用

稀乙烯资源分布分散，造成乙苯装置规模小。如果每套乙苯装置后直接接续脱氢装置，就会使得苯乙烯装置没有规模效益，因而造成整体收益降低。因此建议乙苯装置就稀乙烯资源分散建设，然后集中建设具有规模效益的苯乙烯装置。

(2) 稀乙烯资源作为乙苯原料和炼油全厂燃料之间的矛盾

稀乙烯资源基本上是炼油厂全厂主燃料，作为乙苯装置原料后，势必影响全厂燃料平衡。因此，在确定乙苯装置规模时，不仅要考虑乙烯资源量，同时应考虑全厂的燃料平衡。

(3) 气相法技术的改进

气相法技术虽然已经有了十几年工业化经验，但是仍然在以下方面存在发展空间：

① 催化剂。现有催化剂基本针对原料为炼油厂的催化裂化干气和石油苯进行研制，对其他稀乙烯原料(如催化裂解干气、焦化干气)、焦化苯等研究较少。如做此方向研究，可进一步扩展技术的应用空间。

② 稀乙烯中丙烯。稀乙烯中必然带有一定数量的丙烯，丙烯如何处理直接影响整个装置的效益。以大连化学物理研究所为主的一代、二代技术，丙烯直接和苯反应生产丙苯馏分(含正、异丙苯，异丙苯选择性不高)，然后丙苯馏分和二乙苯等一起进行气相反烃化生成乙苯，同时副产甲苯、二甲苯等副产物。由于丙苯馏分反烃化单程转化率较低，系统内丙苯馏分存在浓度相对较高，影响乙苯塔的分离，三代技术直接在反应前将大部分丙烯从原料气中除去，减少丙苯馏分的生成量，从而改善了后续分离状态。ABB 拉默斯环球有限公司的气相法工艺技术提出了一种液相+气相的反烃化方案，此方案较一代、二代技术有一定改进，丙苯馏分单独反烃化可选择最佳的反应条件，从而降低副反应。

以上解决方案仍然不是对稀乙烯中丙烯的最佳处理方法，如能研制一种新型催化剂，在采用气相法生成乙苯同时，提高丙烯生成异丙苯的选择性，使得乙苯装置同时联产异丙苯，将大大提高装置的效益；即使难以提高丙烯生成异丙苯的选择性，如能研制一种能将正丙苯异构为异丙苯的催化剂，仍能提高装置的效益。

③ 反应热的利用。现有技术的反应热利用率已达到 60%以上，可以进一步优化换热，提高反应热的利用率。

④ 苯热量的利用。气相法技术苯乙烯较高，装置内大量苯在气液两相间转换，可进一步优化流程，提高苯热量的利用率。

⑤ 单独建设乙苯装置热量的利用问题。乙烯与苯反应是强放热反应，乙苯脱氢是吸热反应，两个装置联合设计是热量匹配的最佳方式，但前面已经叙述在大多数情况下，稀乙烯制乙苯装置可能要单独建设，应进一步合理用能来解决单独建设乙苯装置热量的利用问题。

(4) 液相法技术的改进

近年来，多家研究单位在液相法技术研究方面取得了实质性进步，但是在工业化方面一直没有突破。一个好的工艺技术不仅要包含好的研究工作还同时需要针对性的工程开发，才能完成实验室到工业化的路程。液相法工艺目前最主要的工作应是进行针对性的工程开发。

第五章　稀乙烯氯化生产二氯乙烷

第一节　稀乙烯氯化技术的国内外现状

一、国外稀乙烯氯化技术发展现状

目前国内外生产二氯乙烷(EDC)比较成熟的工业化路线是利用聚合级纯乙烯和氯气发生加成反应合成。利用稀乙烯直接氯化合成 EDC 和聚合级乙烯氯化制 EDC 的主要区别在于，参与氯化反应的稀乙烯是一种混合气体，经净化富集后主要成分为乙烯，但还含有乙烷、甲烷等多种组分。因此，稀乙烯直接氯化制 EDC 需要解决的主要问题是，尽可能防止和降低稀乙烯气中其他成分对乙烯氯化过程的影响，抑制不利于合成 EDC 的其他副反应的发生，同时兼顾对稀乙烯气中其他成分的有效利用。

炼化干气是最常见的典型稀乙烯，干气是国内外稀乙烯综合利用的重点。国外利用干气稀乙烯制乙苯的技术十分成熟，干气稀乙烯直接氯化制 EDC 的技术研究和应用实例比较少见，但是针对其他类型稀乙烯氯化制 EDC 的技术研究已有少量文献报道。美国、欧洲、日本的一些有机氯化工企业一直在跟踪研究稀乙烯直接氯化制 EDC 的课题，部分研究部门也曾进行过稀乙烯直接氯化制二氯乙烷的生产工艺的研究，并且有小型工业化装置。巴斯夫公司和索维公司已有类似研究成果申请了相关专利。2005 年巴斯夫股份公司公开了专利(CN1599705A)“1,2-二氯乙烷的制备方法”，其采用的原料为乙烷脱氢混合气，主要组分为乙烯、乙烷，其中乙烯含量 71%左右。稀乙烯直接氯化在液相中进行，反应条件在 120~130℃，压力约 0.3MPa，乙烯转化率一般接近 99%，1,2-二氯乙烷的转化率接近 99%。但是，该研究成果的主要内容是针对乙烷脱氢技术，利用乙烷脱氢后稀乙烯混合气体直接氯化制 EDC，混合气主要成分是乙烷和乙烯，成分比较单一。国外至今尚未见到有关干气稀乙烯直接氯化制 EDC 的相关专利或者工业化报道。

从国外石化产业结构现状可以看出，国外大炼油和大乙烯工业已经得到大规模的发展，挤压了干气稀乙烯直接氯化制 EDC 的技术的发展空间，由于市场需求乏力基本处于停滞状态。

二、国内稀乙烯氯化技术发展概述

炼化干气的综合利用技术在国内也广受关注，在干气制氢、干气提取乙烯、干气制乙苯、干气回收制备环氧乙烷、干气制芳烃等分离提取利用有用组分和直接应用方面进行了深入的研究。20 世纪 80 年代开始，我国开始了利用干气中的乙烯制乙苯方面的研究，1993 年成功实现了工业化，年产乙苯 3 万 t，乙烯转化率大于 95%。到 2006 年已经成功开发了五代技术，成为干气综合利用技术创新的成功典范。我国对利用干气稀乙烯制 EDC 方面的研究最早开始于 90 年代。1996 年中国石油天然气总公司规划设计院提交了“催化裂化干气稀乙烯直接氯化生产二氯乙烷”的专利申请。2004 年中国石油化工股份有限公司北京化工研究院提交了“利用炼厂干气制氯乙烯的方法”的专利申请并获得授权。1998 年华东理工大学曾进行了氯化尾气制 EDC 的实验，与干气稀乙烯直接氯化制 EDC 的工艺过程十分相近。2002 年联合上海氯碱股份有限公司进行了 200t“尾气乙烯直接氯化制二氯乙烷工程开发研究”的工业化中试，取得了阶段性的技术成果，2005 年该课题的研究获上海市科技进步三等奖。2000 年中国石化齐鲁石油化工公司也曾对此课题进行了初步的实验室研究。以上研究有些仅仅是对干气稀乙烯直接氯化制二氯乙烷的一种概念设计和构想，缺乏深入的技术研究；聚氯乙烯(PVC)生产中的氯化尾气回收利用以及其他相关研究只是做了尝试性研究，虽然取得了一些成果，但是均未走向工程化。

2009 年山东海化集团有限公司联合几家科研单位对稀乙烯直接氯化制二氯乙烷技术开始了研究。经方案论证、小试和中试，建成了 5000t/a 炼化干气稀乙烯直接氯化制 EDC 中试装置并顺利运行，进行了 6 个月中试放大研究，解决了工业化放大过程中的各种工程技术问题，2013 年完成了炼化干气稀乙烯制 EDC 成套技术的开发，为工业化放大奠定了良好基础。该技术以炼化干气为原料，经干气净化和浓缩富集工艺、氯化加成反应工艺和尾气回收工艺，构建了完整的炼化干气稀乙烯直接氯化制二氯乙烷生产技术体系，实现了廉价炼化干气的增值，与同规模其他工艺相比，投资少、原料成本低、能耗较低，技术经济突出，符合我国节能减排和资源综合利用的产业政策，具有良好的发展前景。2013 年该技术通过山东省科技成果鉴定和中国石油和化学工业联合会组织的技术成果评估。

由于 EDC 及下游的氯乙烯(VCM)和 PVC 产业是基础化工产业，对世界经济和中国经济的影响较大，市场容量很大，而且仍有一定的市场开发潜力，特别是炼化干气稀乙烯直接氯化合成 EDC 的原料成本较低，生产技术的产业化推广难度较低，将会给炼化干气稀乙烯法 EDC 带来较强的市场竞争力，因此干气稀乙烯直接氯化制 EDC 技术的确具有良好的市场推广前景。

第二节　反应机理

稀乙烯氯化和纯乙烯氯化的过程相比主要是杂质成分含量较多引起的副反应的数量多、反应程度深、反应量比较大，因此产物中的杂质成分也比较多。

一、反应机理

稀乙烯氯化过程与纯乙烯氯化反应的机理接近，以 $FeCl_3$ 为催化剂，在 EDC 液相中进行加成反应生成二氯乙烷。

加成反应(主反应)：$C_2H_4 + Cl_2 \longrightarrow C_2H_4Cl_2 + 218kJ/mol$

乙烯的加成反应是离子型加成机理：

$$FeCl_3 + Cl_2 \longrightarrow FeCl_4^- \cdot Cl^+ \cdot$$

$$FeCl_4^- \cdot Cl^+ \cdot + H_2CCH_2 \longrightarrow H_2CCH_2Cl^+ + FeCl_4^-$$

$$H_2CCH_2Cl^+ + FeCl_4^- \longrightarrow H_2CCH_2Cl_2 + FeCl_3$$

氯化反应速率的方程式为：$R_1 = K_{R_1}[A][B]$　　(4-5-1)

式中　R_1——氯化反应速度；

K_{R_1}——氯化反应速度常数；

[A]——乙烯浓度；

[B]——氯的浓度。

乙烯直接氯化制二氯乙烷的反应即使不使用催化剂，在低温下也能进行。但是除二氯乙烷外，往往伴随各种氯化副反应，如在 0~40℃一般有 10%~20%的多氯代物。乙烯氯化反应在液相 EDC 介质中，也会发生氯气对 EDC 的取代反应。

$$C_2H_4Cl_2+Cl_2 \longrightarrow C_2H_3Cl_3+HCl$$

同时由于稀乙烯中的杂质成分较多，主要的杂质成分为甲烷和乙烷，因此在有甲烷和乙烷存在的条件下，也会发生以下的副反应：

$$CH_4+Cl_2 \longrightarrow CH_3Cl+HCl \qquad \Delta G=-101.95kJ/mol$$

$$CH_3Cl+Cl_2 \longrightarrow CH_2Cl_2+HCl \qquad \Delta G=-103.80kJ/mol$$

$$CH_2Cl_2+Cl_2 \longrightarrow CHCl_3+HCl \qquad \Delta G=-99.77kJ/mol$$

$$CHCl_3+Cl_2 \longrightarrow CCl_4+HCl \qquad \Delta G=-85.55kJ/mol$$

$$C_2H_6+Cl_2 \longrightarrow C_2H_5Cl+HCl \qquad \Delta G=-122.87kJ/mol$$

以上副反应都是自由基取代反应，这类反应需要紫外线或者高温(250~400℃)来使氯分子均裂分解成两个氯原子，从而引发反应，应尽量避免此类取代反应的产生，提高产品纯度。

$$Cl_2 \longrightarrow 2Cl\cdot$$

在液相的 EDC 介质中即使在避光的情况下也十分容易发生自由基取代，有研究提出，这是由于氯和乙烯之间可以相互影响引发自由基链式反应：

$$C_2H_4+Cl_2 \longrightarrow C_2H_4Cl+Cl\cdot$$

$$C_2H_4Cl_2+Cl\cdot \longrightarrow C_2H_3Cl_2\cdot+HCl$$

$$C_2H_3Cl_2\cdot+Cl_2 \longrightarrow C_2H_3Cl_3+Cl\cdot$$

上述自由基反应的引发在甲烷、乙烷的存在下也会发生：

$$CH_4+Cl\cdot \longrightarrow CH_3\cdot+HCl$$

$$CH_3\cdot+Cl_2 \longrightarrow CH_3Cl+Cl\cdot$$

……

二氯乙烷氯化生产三氯乙烷后往往会被进一步氯化，生产相对分子质量更大的氯化物，常被称为深度氯化。

$$C_2H_3Cl_3+Cl_2 \longrightarrow C_2H_2Cl_4+HCl$$

$$C_2H_2Cl_4+Cl_2 \longrightarrow C_2HCl_5+HCl$$

以上也是自由基取代反应。

自由基在遇见周围分子或者相互碰撞后失活而终止反应：

$$2Cl\cdot \longrightarrow Cl_2$$

$$CH_3\cdot+Cl\cdot \longrightarrow CH_3Cl$$

$$Cl\cdot+Mi \longrightarrow \text{失活(Mi 代表周围分子)}$$

研究表明，在液相 EDC 介质中，在 $FeCl_3$ 催化作用下，存在加成和取代两种反应的竞争。在稀乙烯氯化的过程中由于原料成分的复杂，副反应发生的概率大大增加。因此液相 EDC 中的副产品种类较多，原料中的主要杂质成分和副产物的物理性质见表 4-5-1。

表 4-5-1　EDC 原料中杂质成分和副产物物理性质表

物质名称	分子式	相对分子质量	沸点/℃
甲烷	CH_4	16.04	-161.5
乙烷	C_2H_6	30.07	-88.6
一氯甲烷	CH_3Cl	50.49	-24.2
二氯甲烷	CH_2Cl_2	84.94	40
三氯甲烷	$CHCl_3$	119.38	61~62
四氯化碳	CCl_4	153.84	76.8
氯乙烷	C_2H_5Cl	64.52	12.3
1,2-二氯乙烷	$C_2H_4Cl_2$	98.96	83~84
1,1,2-三氯乙烷	$C_2H_3Cl_3$	133.42	113~114

二、反应动力学和控制原理

在以 $FeCl_3$为催化剂时，加成反应和取代反应的竞争主要是动力学过程的竞争，以主反应和一个主要的副反应过程为例：

加成反应(主反应)：$C_2H_4+Cl_2 \longrightarrow C_2H_4Cl_2$

取代反应(副反应)：$C_2H_4+2Cl_2 \longrightarrow C_2H_3Cl_3+HCl$

根据文献，乙烯氯化过程一般遵循下面的动力学原理：

主反应的动力学：$(-r_1)=7.14\times10^5 e^{-25.4/RT}C_A C_B$　(4-5-2)

副反应的动力学：$(-r_2)=34.061e^{-108.2/RT}C_A C_B^2$　(4-5-3)

EDC 选择性：

$$\beta=\frac{(-r_1)}{(-r_1)+(-r_2)}=\frac{7.14\times10^5 e^{-25.4/RT}C_A C_B}{7.14\times10^5 e^{-25.4/RT}C_A C_B+34.061e^{-108.2/RT}C_A C_B^2}$$

$$=\frac{1}{1+4.77\times10^{-5}e^{-82.8/RT}C_B} \tag{4-5-4}$$

由式(4-5-4)可知，乙烯直接氯化制二氯乙烷反应过程有以下特征：

(1) 降低氯浓度，提高乙烯、氯气的进料比有利于选择性的提高。因此，日本三井东压的直接氯化技术进料乙烯氯气的配比为 1.25∶1，德国赫彻斯特专利技术的进料配比为 1.02∶1。

(2) 由于 $FeCl_3$是溶解在液相二氯乙烷中的，反应区是在气液接触表面，因此必须使乙烯和氯气快速溶解至液相，这样可以避免乙烯和氯气的副反应。

(3) 根据动力学表达式，副反应的活化能大于主反应的活化能，因此高温有利于副反应的发生，必须避免局部温度过高。

乙烯直接氯化是典型的气液两相反应，根据前面对乙烯直接氯化反应特性分析，必须使乙烯和氯气溶解于二氯乙烷母液中，随后进行液相反应。反应区域应在气液界面中液膜一侧。整个气液反应过程可以视为二个串联过程，即先有传质过程再有反应过程。宏观反应速率由传质速率决定。根据文献报道，乙烯的传质速率是控制步骤。

整个传质过程可以用双膜理论来描述，乙烯(A)和氯气(B)的气膜阻力和液膜阻力可表示为：

$$N_{AG}=(k_G a)_A(p_A-p_{Ai}) \tag{4-5-5}$$

$$N_{AL}=(k_La)_A(C_{Ai}-C_{AL}) \tag{4-5-6}$$

$$N_{BG}=(k_Ga)_B(p_B-p_{Bi}) \tag{4-5-7}$$

$$N_{BG}=(k_La)_B(C_{Bi}-C_{BL}) \tag{4-5-8}$$

在气液界面上，气液处于平衡状态。

$$p_{Ai}=H_AC_{Ai} \tag{4-5-9}$$

$$p_{Bi}=H_BC_{Bi} \tag{4-5-10}$$

由于乙烯氯化是快速反应，反应必须落在液膜内，反应动力学为：

$$(-r_A)=7.14\times10^5e^{-25900/RT}C_{AL}C_{BL} \tag{4-5-11}$$

式中　$(-r_A)$——反应速率；

C_{Ai}，C_{AL}——A 组分在气液界面的浓度和液相主体的浓度；

C_{Bi}，C_{BL}——B 组分在气液界面的浓度和液相主体的浓度；

p_A，p_{Ai}——A 组分在气相主体和气液界面上的分压；

p_B，p_{Bi}——B 组分在气相主体和气液界面上的分压；

H_A，H_B——A，B 二组分在二氯乙烷中的亨利常数；

k_Ga，k_La——气膜容积传质系数和液膜容积传质系数。

对定态分压过程有：$N_{AG}=N_{AL}=N_{BG}=N_{BL}=(-r_A)$ (4-5-12)

为了讨论方便，建立下面等式：

$$N_{AL}=N_{BL} \tag{4-5-13}$$

则：

$$(k_La)_A(C_{Ai}-C_{AL})=(k_La)_B(C_{Bi}-C_{BL}) \tag{4-5-14}$$

$$(k_La)_AC_{Ai}\left(1-\frac{C_{AL}}{C_{Ai}}\right)=(k_La)_BC_{Bi}\left(1-\frac{C_{BL}}{C_{Bi}}\right) \tag{4-5-15}$$

令：

$$N_{Alin}=(k_La)_AC_{Ai} \tag{4-5-16}$$

$$N_{Blin}=(k_La)_BC_{Bi} \tag{4-5-17}$$

它们的物理含义分别为：乙烯的极限传质速率，氯气的极限传质速率，式(4-5-15)可改写为：

$$N_{Alin}\left(1-\frac{C_{AL}}{C_{Ai}}\right)=N_{Blin}\left(1-\frac{C_{BL}}{C_{Bi}}\right) \tag{4-5-18}$$

由于乙烯比氯气更难溶解在二氯乙烷中，整个气液分压过程是由乙烯的传质速率控制。一般情况下，在分压区域必然是 $C_{AL}\approx0$，但氯气浓度存在：

$$\frac{C_{BL}}{C_{Bi}}=1-\frac{N_{Alin}}{N_{Blin}} \tag{4-5-19}$$

式(4-5-19)的物理意义是，当乙烯传质速率成为控制速率时，在反应区域乙烯的浓度趋于零，氯气的浓度取决于乙烯极限传质速率与氯气极限传质速率的比值。显然这样的结果与前面乙烯直接氯化反应特性分析有矛盾，此反应特性希望造成在反应区域氯气浓度趋于零，工程上必须满足反应特性要求才能得到满意的反应选择性。根据前面的分析，首先要造成氯气传质速率成为控制速率，才能使反应区域的氯气浓度趋于零。即：

$$N_{Alin}>N_{Blin} \tag{4-5-20}$$

即，

$$(k_La)_AC_{Ai}>(k_La)_BC_{Bi} \tag{4-5-21}$$

由式(4-5-9)、式(4-5-10)代入替换：

$$(k_La)_A \frac{p_{Ai}}{H_A} > (k_La)_B \frac{p_{Bi}}{H_B} \quad (4-5-22)$$

得：

$$\frac{p_{Ai}}{p_{Bi}} > \frac{(k_La)_B H_A}{(k_La)_A H_B} \quad (4-5-23)$$

由于乙烯是难溶物质，相对而言气膜阻力远小于液膜阻力，所以式(4-5-23)可改写为：

$$\frac{p_A}{p_B} > \frac{(k_La)_B H_A}{(k_La)_A H_B} \quad (4-5-24)$$

再由于乙烯和氯气均在同一反应条件下进行，$(k_La)_A \approx (k_La)_B$，所以：

$$\frac{p_A}{p_B} > \frac{H_A}{H_B} \quad (4-5-25)$$

只要满足式(4-5-25)条件，就能造成氯气传质速率成控制步骤，由于乙烯的亨利常数大于氯气的亨利常数，则要 $H_A > H_B$。因此，进料时乙烯与氯气配比必须大于1∶1。

三、催化剂

稀乙烯氯化和纯乙烯氯化过程相比乙烯的氯化加成机理是相同的，$FeCl_3$是常用的催化剂，但是在反应的过程中 $FeCl_3$不仅可以催化氯与乙烯的加成反应，同时也会促进氯的取代反应，导致产品纯度的下降。在干气稀乙烯中存在大量其他烷烃、烯烃类杂质的情况下，$FeCl_3$促进副反应的作用更加明显。因此催化剂的作用不只是加快乙烯的氯化反应，还要减缓或阻止副反应的发生。

在干气稀乙烯直接氯化的过程中经常添加助催化剂以提高对乙烯氯化加成反应的选择性，减少副反应的发生。NaCl 是一种常用的助催化剂，提高选择性、抑制副反应效果明显。

四、氯化尾气的净化回收原理

干气稀乙烯氯化过程中由于稀乙烯中携带部分乙烷及少量的甲烷、丙烷等轻烃组分，与氯气发生反应生成二氯乙烷的同时，会产生少量的一氯甲烷、二氯甲烷、三氯甲烷、一氯乙烷、三氯乙烷、氯化氢等氯化物，进入二氯乙烷的合成尾气中，同时由于乙烯的未完全转化，因此尾气中还含有大量未反应的乙烯，再加上未反应的乙烷、甲烷等轻烃类气体都可以作为化工原料或者燃料再次利用，如果焚烧处理会造成巨大浪费，而直接排放不但浪费严重，混合气中含有的各种氯化物还将产生触目惊心的排放污染，因此干气稀乙烯氯化尾气要净化和回收利用。

干气稀乙烯氯化过程中产生的有机氯化物和氯化氢的存在影响尾气中烃类气体的再次利用，比如作为乙烯裂解原料时由于氯化物的存在会对裂解炉带来腐蚀，为防止腐蚀裂解炉，一般进入裂解炉的尾气中氯化物控制在 $5mg/m^3$ 以内；作为燃料使用时会因为尾气中含有各种氯化物，燃烧时将产生二噁英类有毒物质，造成环境污染，因此，这类尾气必须经过精细脱除各种氯化物后才能再次利用，一般应将尾气中氯化物总含量控制在 $5mg/m^3$ 以内。

净化脱除混合气体中氯化物的方法主要有活性炭吸附、真空解吸或蒸汽正压解吸工艺、膜分离工艺、变压或变温吸附等，如果单纯脱除氯化氢，一般采用碱洗加水洗再干燥的方法。

变压吸附和变温吸附方法应用于氯化尾气的净化回收比较容易实现，净化系统包含数台装填有硅胶、活性炭、活性氧化铝或者碳分子筛吸附塔及一系列程控阀，对含氯工业混合气体进行吸附精脱，在程序控制阀作用下，尾气在各吸附塔中分别经过以下几个步骤：吸附、逆放、常温抽空或升温冲洗、充升，吸附塔按以上顺序循环且时序交错方式进行操作；吸附塔上端出口控制氯化物总含量达到<5mg/m^3，得到净化脱除氯化物后的净化气或其他目标产品气，通过吸附塔下端出口逆放、抽空，或通过加热升温将吸附剂上吸附的氯化物解吸下来，使吸附剂得以再生。解吸气中的氯化物含量较高可进一步回收利用，也可以直接高温焚烧回收盐酸。

采用变压吸附或者变温吸附主要取决于氯化尾气有机氯化物相对分子质量的大小，以及是否含有氯化氢等无机氯，在具体实施过程中根据氯化尾气中各种氯化物的组成确定吸附方式。

氯化尾气有机氯化物总量<4.5%，且三氯甲烷、二氯乙烷及其以上的氯化物含量<2%，且无机氯包括氯化氢、氯气含量<2%时，采用变压吸附的方式，包括如下步骤：

① 吸附：含氯工业混合气体自吸附塔底部进入吸附塔，在常温和吸附压力 0.05～0.5MPa 下，塔内的吸附剂对氯化物进行吸附，控制吸附塔出口净化气中氯化物总含量<5mg/m^3，从吸附塔顶部回收净化后的目标产品气。

② 逆放：吸附结束后，从吸附塔底部逆向降压到常压。

③ 抽空：逆放至常压后，通过与吸附塔底部连接的真空泵对吸附塔进行抽空解吸，抽空中后期，回流少量净化气或氮气或净化气和氮气的混合气，回流量为净化气总量的 8%～20%，对吸附塔进行冲洗抽空，抽空压力 0.075～0.085MPa，使吸附剂得以再生。

④ 充压：抽空结束后，以另一处于吸附步骤的吸附塔顶产品气对该吸附塔进行充压升压，准备进行下一次吸附。

氯化尾气中有机氯化物总量≥4.5%，或三氯甲烷、二氯乙烷及其以上的氯化物含量≥2%，或无机包括氯化氢、氯气含量≥2%时采用变温吸附分离工艺。使用至少 3 座吸附塔，包括如下步骤：

① 吸附：含氯工业混合气体自吸附塔底部进入吸附塔，在温度 20～40℃和压力 0.05～0.5MPa 条件下，塔内的吸附剂对氯化物进行吸附，控制吸附塔出口净化气中氯化物总含量<5mg/m^3，从吸附塔顶部回收净化后的目标产品气。

② 逆放：吸附结束后，从吸附塔底部逆向降压到常压。

③ 升温解吸：逆放至常压后，在吸附塔外部加热升温至设定的解吸温度 100～180℃，并保持此温度到解吸结束，回流少量的净化气或氮气或净化气和氮气混合气，回流量为净化气总量的 5%～30%，对吸附塔进行冲洗，使吸附剂得以再生。

④ 吸附塔冷吹：吸附塔升温解吸再生结束后，以再生气包括净化气或氮气或净化气和氮气混合气冷吹至温度低于 40℃。

⑤ 充压：吸附塔冷却到温度低于 40℃后，以另一台此时处于吸附步骤的吸附塔顶的净化气对该吸附塔进行充压至吸附压力，待进行下一次吸附。

经过净化可以脱除氯化尾气中的各种有机氯化物，包括一氯甲烷、二氯甲烷、三氯甲烷、一氯乙烷、二氯乙烷、三氯乙烷，以及氯化氢和氯气，使氯化尾气中的氯化物的总含量不超过 5mg/m^3，同时回收利用乙烯、乙烷和甲烷等成分。

变压吸附分离和变温吸附分离净化回收系统均由计算机按程序控制各程控阀开关，进行连续循环操作，完全实现自动控制。

第三节　稀乙烯氯化的原料要求

从目前国内外对稀乙烯利用的技术开发情况来看，由于将乙烯通过分离提纯再行利用的方法投资较大、经济性差，因此稀乙烯的利用倾向于将稀乙烯直接加工。

一、稀乙烯的质量控制

稀乙烯中乙烯组分含量常常较低，乙烯之外的烷烃和其他不饱和烃类大量存在，在乙烯氯化的过程中将发生多种副反应，不利于稀乙烯氯化反应的控制，需要对稀乙烯进行净化和富集，即对稀乙烯中乙烯组分进行适当提浓，对烷烃和其他不饱和烃组分进行有效分离。

以炼化干气稀乙烯为例，其典型组成如表 4-5-2 所示。

表 4-5-2　炼化干气稀乙烯的典型组成

组分	CO_2	H_2	O_2	N_2	CO	CH_4	C_2H_6	C_2H_4	C_3H_6
组成/%(v)	0.16	31.77	0.5	13.96	1.79	20.94	9.01	11.11	7.70
组分	C_3H_8	异丁烷	正丁烷	1-丁烯	异丁烯	反丁烯	顺丁烯	异戊烷	H_2S
组成/%(v)	0.29	1.32	0.22	0.29	0.40	0.25	0.17	0.11	3mg/L

炼化干气稀乙烯经净化、富集后得到精制干气，其规格如表 4-5-3 所示。

表 4-5-3　精制干气规格

序号	组成	%(v)	%(m)	kg/h
1	H_2	0.463	0.034	3.85
2	N_2	1.008	1.037	117.4
3	O_2	0.022	0.026	2.94
4	H_2S	—	≤1mg/L	—
5	CO_2	0.663	1.072	121.37
6	CH_4	10.475	6.159	697.29
7	C_2H_6	22.789	25.123	2844.28
8	C_2H_4	64.385	66.246	7500
9	C_3H_6	0.157	0.242	27.4
10	C_3	0.038	0.061	6.91
11	C_4	—	10mg/L	—
12	C_5	—	8mg/L	—
13	甲苯	—	2mg/L	—
14	H_2O	—	≤1mg/L	—
15	总计	100	100	—

（一）乙烯含量范围

从理论上讲，稀乙烯中的乙烯含量越高，则直接氯化过程中发生副反应的程度越低，而使乙烯达到较高的纯度需要增加更多的能耗，无法发挥稀乙烯直接氯化技术的优势。

在干气稀乙烯净化富集过程中，用到变压吸附(PSA)技术，该技术应用过程中乙烯的纯度和收率呈反比关系，即得到乙烯纯度越高，乙烯的收率越低。综合考虑各种因素，乙烯含量控制在40%~65%是经济合理的范围。

(二) 影响稀乙烯氯化的其他组分

1. 不饱和烃

干气稀乙烯氯化过程中，副反应主要为氯气与烷烃的取代反应以及与乙烯外的不饱和烃发生的加成反应，通过技术参数的调整可以控制取代反应，但加成反应的控制相对困难，需要在前处理过程中将乙烯外的其他不饱和烃分离。因此，乙烯外的其他不饱和烃是影响稀乙烯氯化的主要组分，根据实践经验，其总体积含量不能超过0.2%。

2. 水分

水分对稀乙烯氯化的危害极大。原料中带入水分是系统水分存在的主要原因，应对原料中的水分含量进行严格控制，一般需将稀乙烯中水分含量控制在10mg/L以内。

3. 硫化氢

硫化氢组分的存在，直接影响催化剂三氯化铁的催化效果，不利于氯化反应的进行，会造成产品EDC中副产物增多，产品纯度下降，因此需将硫化氢含量进行严格控制，一般需控制在1mg/L以内。

二、液氯的质量控制

液氯是稀乙烯氯化的主要原料之一，其能与水分发生反应生成氯化氢，进而形成盐酸。盐酸会对系统造成腐蚀，因此对原料进行水分控制是基本要求，系统中水分含量应控制在10mg/L以内。

液氯属于剧毒化学品，在使用过程中需格外小心，对于液氯产品质量要严加控制，确保安全生产，尤其是液氯在汽化过程中，更要严格执行安全操作规程。

液氯的压力一般控制在0.68MPa(表压)，温度为常温，液氯原料的具体规格如表4-5-4所示。

表4-5-4　液氯规格

序　号	项　目	指　标
1	氯的体积分数/%	≥99.9
2	水分的质量含量/(mg/L)	≤10
3	三氯化氮的质量分数/%	≤0.001
4	蒸发残渣的质量分数/%	≤0.1
5	等级	一等品

第四节　工艺流程、操作参数与产品

一、工艺流程

(一) 工艺流程简述

乙烯直接氯化合成二氯乙烷根据反应温度的不同分为低温(50℃)、中温(90℃)和高温(120℃)技术。三种乙烯氯化技术的基本原理是一样的，均以液态二氯乙烷为介质，以三氯化铁为催化剂，由乙烯和氯气鼓泡通过液层进行反应生成二氯乙烷。其中，高温氯化技术在能量回收、消除废水、改善环境方面有了进一步的发展[1]。

稀乙烯直接氯化制 EDC 的生产中也可以采用低温、中温与高温工艺。炼化干气稀乙烯直接氯化是稀乙烯直接氯化制 EDC 的典型实例，其生产过程主要包括以下单元：

(1) 油吸收单元

分离去除炼化干气中的重组分(C_3及 C_3以上组分)。

(2) 变压变温吸附单元

利用变压吸附工艺(PSA)实现 C_2H_4与 N_2、H_2、CH_4及其余杂质组分的分离，得到半产品气；半产品气通过干燥净化脱除大部分硫化物得到精制干气。

(3) 直接氯化单元

精制干气与氯气在催化剂的作用下直接氯化生产二氯乙烷。

常见的反应器形式可以采用鼓泡塔反应器、U 型反应器以及各种改进的组合反应器形式，如采用管道反应器+鼓泡塔。反应器的形式主要取决于原料的组成，以及低温、中温和高温工艺路线的选择。

(4) EDC 精馏单元

采用精馏塔分馏氯化单元生产的粗 EDC，提高二氯乙烷的纯度，得到合格的二氯乙烷产品。

(5) 氯化尾气回收单元

对氯化尾气进行吸附分离脱氯，净化气进入燃料气管网，废气进入焚烧单元。

(6) 焚烧单元

各装置含氯废气和废液进入焚烧炉焚烧，处理后的气体达标后排放，焚烧产物回收利用，副产盐酸。

(7) 储运

EDC 产品及中间产品罐区，包括产品 EDC、不合格 EDC、轻/重组分罐、装卸车装置。

工艺流程示意如图 4-5-1 所示。

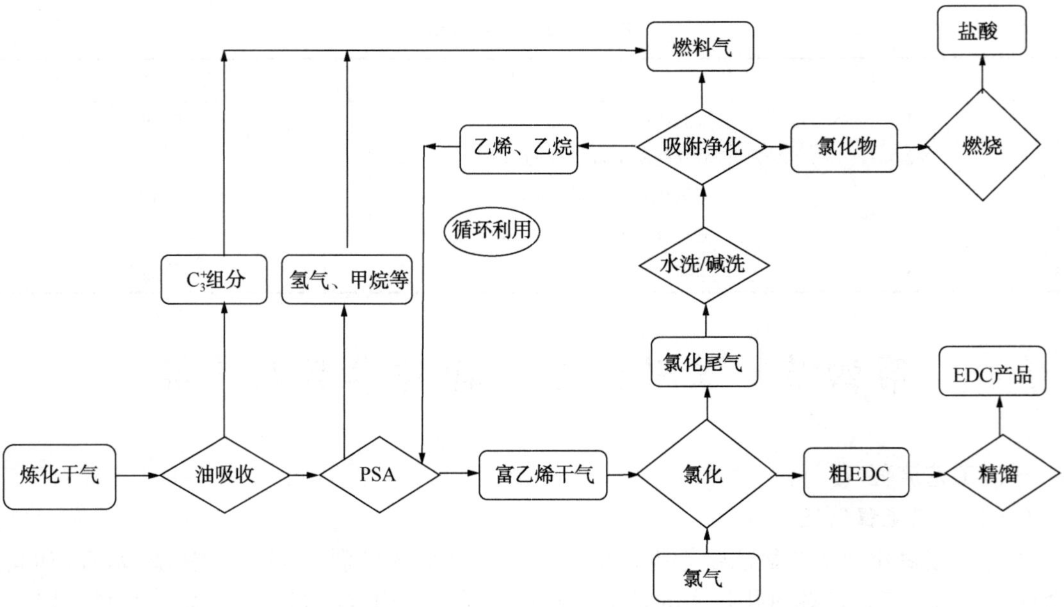

图 4-5-1　炼化干气稀乙烯氯化生产二氯乙烷工艺流程图

(二) 炼化干气稀乙烯氯化典型工艺流程描述

1. 油吸收单元

炼化干气进入重组分吸收塔，通过吸收剂(乙苯)吸收其中重组分(C_3及以上组分)，去除重组分的塔顶干气进入干气 PSA 吸附单元进一步精制，加压到0.6MPa(表压)后的精制干气进入精制干气缓冲罐储存。

吸收塔塔底富吸收剂经换热后(~117℃)进入解吸塔，解吸出 C_3及以上组分，解吸塔塔顶解吸尾气经深冷分离出吸收剂后进入燃料气管网。

解吸塔塔底贫吸收剂与吸收塔塔底富吸收剂在吸收剂换热器中进行热交换，再经吸收剂冷却器进行冷却和深冷到5℃后进入吸收塔循环使用。

2. 变压变温吸附单元

PSA 工艺利用吸附剂对不同组分的吸附容量随压力的不同呈现差异的特性，在吸附剂选择吸附的条件下，加压时吸附原料气中的 C_2H_4、C_2H_6，难吸附组分 H_2、O_2、N_2、CO、CH_4等(即吸附废气)由吸附塔顶部排出，部分送往干燥净化工序作为再生气，其余送至焚烧单元；减压时吸附的 C_2H_4脱吸附，作为半产品气送往干燥净化工序，同时吸附剂得到再生。

来自重组分吸收塔的脱 C_3^+ 后干气进入 PSA 系统。PSA 工序采用五塔三次置换真空解吸变压吸附工艺，每台吸附塔在不同的时间依次经历吸附(A)、三次置换(RP)、逆放(D)、抽真空(V)、升压(ER)等步骤，PSA 置换结束后进入逆放阶段，逆放初期压力较高的部分半产品气经逆放气缓冲罐后与逆放后期压力较低的部分半产品气及抽空得到的半产品气一起进入逆放气混合罐；混合后的半产品气经压缩机加压到0.7MPa，再经半产品气缓冲罐缓冲后进入干燥塔，将半产品气的水脱除至1mg/L以下。所得产品气一部分作为置换气返回吸附塔，其余部分作为产品气送入精制干气缓冲罐。由吸附废气和置换废气组成的混合气一部分去干燥器作再生气，其余部分直接排至燃料气管网。

3. 直接氯化单元

(1) 管道反应器+鼓泡塔的中温氯化工艺

精制干气与氯气按一定的流量比控制流量分别进入乙烯混合器、氯气混合器与循环 EDC 混合，溶有乙烯与氯气的循环 EDC 混合后进入管道反应器进行直接氯化反应，未完全反应的混合液再进入鼓泡塔进一步反应，反应完全的粗 EDC 经闪蒸出料，同时撤除反应放出的热量。

鼓泡塔顶部气相出料进入 EDC 冷凝器用循环水进行冷凝，冷凝温度40℃，冷凝后的出料进入气液分离器分离，液相部分(粗 EDC)进入 EDC 收集槽缓存，气相部分经过尾气压缩机压缩至0.3MPa(表压)后，经冷却和深冷进一步回收 EDC，冷凝温度10℃，冷凝的 EDC 进入 EDC 收集槽，回收 EDC 后的反应尾气送入尾气处理装置处理达标后排放，EDC 收集槽中的粗 EDC 送入 EDC 精馏单元进行精制。

(2) U 型反应器[2]的高温工艺

氯气与循环母液喷射混合后进入 U 型反应器混合段进行溶氯，精制干气与另一股循环母液喷射混合后进入 U 型反应器的反应段与溶氯的循环母液充分混合并进行反应。反应在静态混合反应器内进行，反应液利用热虹吸原理上升至卧式分离槽内进行气液分离，分离的反应尾气从分离槽顶部进入冷却系统，经冷凝后回收二氯乙烷，剩余尾气送入氯化尾气回收单元。

分离槽内的母液分股抽出，一股作为循环母液直接进入 U 型反应器；一股经空冷撤去反应热后，进入溶氯和溶乙烯系统；一股进入闪蒸槽，撤去部分反应热，闪蒸出的气相二氯乙烷直接送入 EDC 精馏单元，液相部分汇入空冷器后母液管道，一起进入溶氯和溶乙烯系统。氯气与精制干气按比例进入反应器，保持乙烯略微过量。

4. EDC 精馏单元

EDC 精馏单元采用四塔流程，分别由头塔、EDC 塔、EDC 汽提塔与真空塔构成。

(1) 头塔

粗 EDC 进入头塔后，水和低沸物去塔顶，EDC 与高沸物经塔底作为 EDC 塔进料，头塔塔压 0.075MPa，塔顶温度 78~85℃，塔底温度 104~109℃，全回流操作。水从塔顶除去是因为水与 EDC 及其他由碳氢氯化物组成的低沸物(主要为 CCl_4、$CHCl_3$、少量 C_2H_5Cl、1,1-二氯乙烯和 1,1-二氯乙烷)形成共沸物从而降低了沸点(67℃)。塔顶气经空冷和水冷降至约 50℃。在头塔塔顶系统中，为防止碳氢化合物的氯化物分解生成的 HCl 造成腐蚀，在头塔 II 冷凝器的冷凝液中加入碱，然后，此物流进入头塔回流罐中进行倾析。在头塔回流罐中，轻的水相由罐体排液管经中和罐送至废水汽提塔溶解除去有机物，主要的有机物相由回流泵作为回流送回至头塔。

(2) EDC 塔

一般情况下，EDC 塔有三股进料，一股来自头塔，一股来自直接氯化，一股来自氯化的循环 EDC。EDC 塔塔顶温度约 87℃，压力 0.01MPa，塔顶物料在空冷器和循环水冷凝器中冷却后汇集到 EDC 回流罐中。空冷器出口温度控制在 80℃。经 EDC 塔深冷器深冷的尾气，由尾气压缩机加压后送至氯化尾气回收系统。一部分冷凝下来的 EDC 通过回流罐由泵送至 EDC 汽提塔进一步净化，其余冷凝下来的 EDC 通过流量控制回流至 EDC 塔的顶层塔盘。塔底物料通过 EDC 塔底泵送真空塔，以获得所需的高沸物浓度，同时回收 EDC 塔物料中残留的多数 EDC。

(3) EDC 汽提塔

经 EDC 塔精馏的绝大多数物料作为汽提塔的进料进入 EDC 汽提塔顶层塔盘(温度约 76℃)，在汽提塔中除去 HCl 与低沸物，塔顶气在冷凝器中冷却并作为回流送至汽提塔，汽提尾气送至 EDC 塔空冷器。冷凝下来的 EDC 收集在回流罐中，通过 EDC 循环泵返回汽提塔，并定期排放低沸物。汽提塔塔底物料通过汽提塔底泵送至汽提塔冷却器。

(4) 真空塔

经验表明，在-0.074MPa、44.7℃的条件下精馏，EDC 塔塔底物料可通过回收 EDC 进一步浓缩至杂质含量 70%~90%。EDC 与低沸物在真空塔塔顶精馏(塔顶温度约 45℃)，在真空塔循环水冷凝器中冷凝，冷凝下来的 EDC 收集在回流罐中。回流罐的部分 EDC 由回流泵送至真空塔顶。精馏产品经液位控制送至产品 EDC 贮罐。尾气经真空塔冷冻水深冷器冷却后，经真空泵通过压力控制送至焚烧单元。真空泵用来维持塔系统所需要的真空度。真空塔物料(约 70%~90%高沸物和 10%~30%的 EDC)通过真空塔底过滤器由塔底泵送至高沸物罐。

5. 氯化尾气回收单元

氯化尾气首先经碱洗塔除去 HCl 后进入尾气缓冲罐，再经尾气压缩机增压后送往变温吸附净化脱氯单元，脱除氯化物(总氯≤5mg/L)的净化尾气送入燃料气管网，氯化物废气进入焚烧单元[3]。

变温吸附净化脱氯单元中，每个吸附塔在不同时间依次经历吸附(A)、逆放(D)、加热(H)、冷吹(C)、升压(R)等步骤，交替运行，保证系统的连续性，同时返回部分净化气作为再生气。

6. 焚烧单元

各单元排出的废气以及产生的高、低沸物废液，因含有对人体、环境有害的含氯有机物及其他有机物，不能直接排放。焚烧单元对以上有害物进行无害化处理，同时副产盐酸。

有机废物在焚烧炉内1200~1300℃的高温下分解、氧化，生成水、二氧化碳和氯化氢，焚烧气经冷却、吸收后排放。利用焚烧余热生产中压蒸汽。

7. 储运

生产系统设置中间罐区和成品罐区，用于化学品(液碱)、中间产品和产品的储存，包括：产品EDC储罐、不合格EDC储罐、轻/重组分罐、碱液罐、盐酸罐。同时设置装卸车设施，完成液碱的卸车和产品EDC、盐酸的装车外运。

二、干气稀乙烯直接氯化主要操作参数

(一) 油吸收单元

1. 重组分吸收塔

塔顶压力/温度：0.57MPa(表压)/7.8℃

塔底压力/温度：0.595MPa(表压)/17.8℃

E-101出液温度：5~8℃

E-102出液温度：≤40℃

2. 重组分解吸塔

塔顶压力/温度：0.201MPa(表压)/63.0℃

塔底压力/温度：0.22MPa(表压)/185.2℃

(二) 变压变温吸附单元

1. 变压吸附装置主要控制指标

吸附压力：0.57MPa

吸附温度：≤40℃

废气压力：~0.55MPa

废气温度：≤40℃

2. 半产品气压缩机主要控制指标

进口压力：0.02MPa

出口压力：0.70MPa

进口温度：≤40℃

出口温度：≤40℃

3. 精制干气缓冲罐

压力：0.6MPa(表压)

温度：≤40℃

4. 干燥净化工序主要控制指标

干燥压力：~0.65MPa

干燥温度：≤40℃

再生压力：-0.08~0.03MPa

再生温度：150℃

产品气压力：~0.60MPa

产品气温度：≤40℃

产品气硫含量：≤1mg/L

产品气水含量：≤1mg/L

(三) 氯化反应单元

1. 氯化反应器

中温工况：反应温度~86℃，压力 0.02MPa(表压)

高温工况：反应温度~115℃，压力 0.2MPa(表压)

2. EDC 冷凝器

反应气进口/出口温度：86~113℃/40℃

反应气压力：0.02~0.2MPa(表压)

(四) EDC 精馏单元

EDC 精馏单元控制参数见表 4-5-5。

表 4-5-5 EDC 精馏单元控制参数

序号	项　目	控制范围	序号	项　目	控制范围
1	头塔		3	EDC 汽提塔	
	塔顶压力/MPa	0.070~0.095		塔顶压力/MPa	0.020~0.035
	塔顶温度/℃	78~85		塔顶温度/℃	85~95
	塔底温度/℃	104~109		塔底温度/℃	90~100
2	EDC 塔		4	真空塔	
	塔顶压力/MPa	0~0.020		塔顶压力/MPa	-0.074~-0.01
	塔顶温度/℃	80~95		塔顶温度/℃	35~60
	塔底温度/℃	90~100		塔底温度/℃	88~95

(五) 尾气净化和焚烧单元

1. 尾气净化

氯化物净化度：ΣCl≤5mg/L

净化气压力：≥0.3MPa

2. 焚烧炉

焚烧炉控制指标见表 4-5-6。

表 4-5-6 焚烧炉控制指标

项　目	控制范围	项　目	控制范围
温度/℃	1000~1300	蒸汽压力/MPa	1.0~1.3

三、产品

(一) 中间粗产品的质量控制

粗 EDC 产品规格见表 4-5-7。

表 4-5-7 粗 EDC 产品规格表 %

组分	EDC	氯甲烷	氯乙烷	三氯乙烷	水分	含碳烃类	HCl
含量	93~98	0.1~0.6	0.7~4.2	0.1~0.6	10mg/L	≤0.5	0.06~1.6

（二）产品的质量控制

产品 EDC 规格见表 4-5-8。

表 4-5-8　产品 EDC 规格表

控制项目	控制指标	控制项目	控制指标
纯度/%	≥99.6	HCl/(mg/kg)	≤10
Fe/(mg/kg)	≤0.5	Cl_2/(mg/kg)	≤1
H_2O/(mg/kg)	≤10		

第五节　干气稀乙烯直接氯化的主要设备与机械

一、氯化反应塔

来自管道反应器的混合物料由鼓泡塔下部进入，未反应物料在鼓泡塔内经催化剂作用完成深度反应并进行气液分离，产物由顶部排出。物料入口处设有物料分布器，出口处设有除沫器，设备图见图 4-5-2。鼓泡塔设备参数见表 4-5-9。

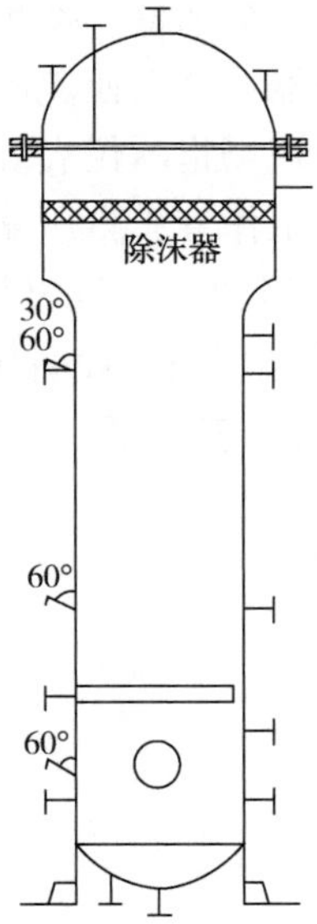

图 4-5-2　鼓泡塔设备图

表 4-5-9　鼓泡塔设备参数表

设计参数	设计温度/℃	150
	设计压力/MPa(G)	0.55
材质	筒体	Q345R
	封头	Q345R
隔热	材质	岩棉
	厚度/mm	50
型式		立式

二、变压吸附装置

变压吸附利用了吸附剂对不同组分的吸附容量随压力的不同而呈现差异的特性，加压时，吸附剂选择性吸附原料气中的 C_2H_4、C_2H_6，难吸附组分 H_2、O_2、N_2、CO、CH_4 等（即吸附废气）由吸附塔顶部排出，部分送往干燥净化工序作为再生气，其余送至焚烧单元；减压时吸附的 C_2H_4 脱吸附，作为半产品气送往干燥净化工序，同时吸附剂得到再生。装置图见图 4-5-3，塔设备参数见表 4-5-10。

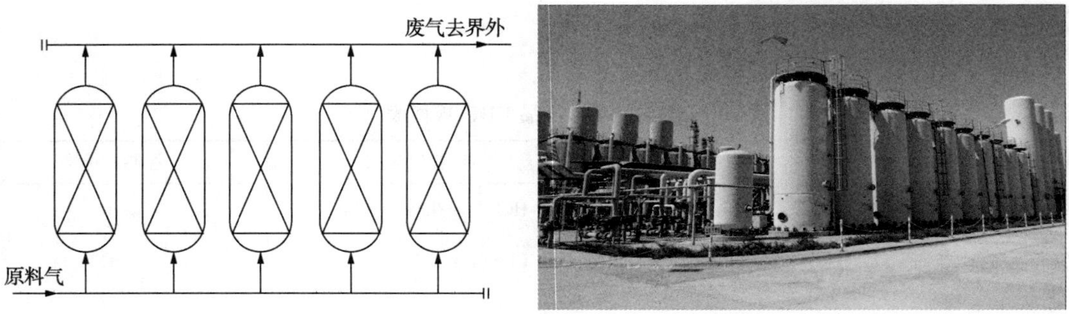

图 4-5-3　变压吸附装置图

表 4-5-10　塔设备参数表

设备名称	材质	隔热及隔声	
		型式代号	厚度/mm
吸附塔	Q345R，16MnⅣ	保温 H	50
干燥塔	Q345R，20Ⅱ	保温 H	50

三、尾气压缩机

尾气压缩机采用液环式压缩机组，主要包括压缩机、电机、分离器、换热器、底盘、内部管线、排口压力变送器、工作液温度变送器、排气温度变送器、气动回流压力调节阀、补液气动阀、排液气动阀、磁翻板液位计及变送器、手动阀门及现场指示仪表等。

尾气由进气口吸入，经过在泵腔内压缩后，尾气携带部分工作液，自压缩机通过排气管线排至分离器。在分离器内实现气液分离，尾气被压缩至排气压力，通过出气口排出系统。工作液用于形成压缩机的工作液环，经换热器吸收压缩热后循环使用。设备图见图 4-5-4，工作原理图见图 4-5-5。设备材质、常见故障处理见表 4-5-11、表 4-5-12。

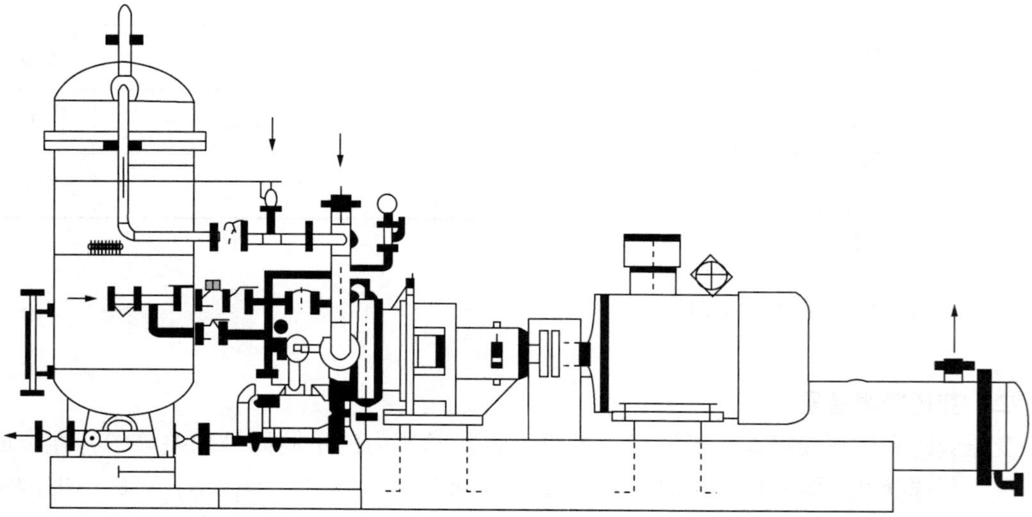

图 4-5-4　尾气压缩机设备图

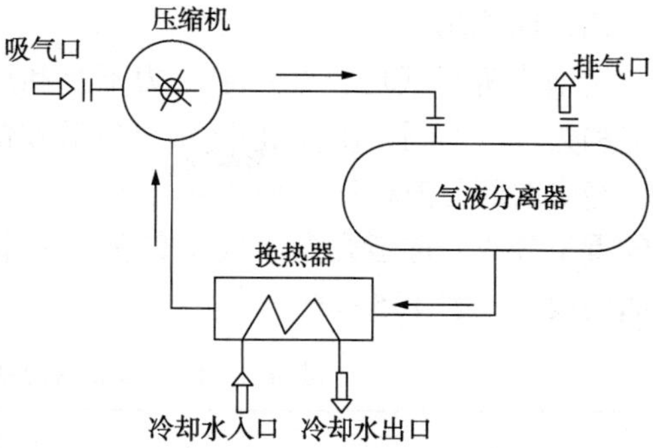

图 4-5-5　尾气压缩机工作原理图

表 4-5-11　压缩机设备材质表

设　　备	材　　质	设　　备	材　　质
泵体	316L	机械密封	SiC/C/316L/包覆聚四氟乙烯
泵盖	316L	分离器	316L
圆盘	316L	列管式换热器	管程材质：316L，壳程材质：316L，垫片材质：PTFE
叶轮	316L		
机封压盖	316L	管线	316L
轴	45	阀门	316L
轴套	316L	底盘	Q235B

表 4-5-12　常见故障及解决方法

故障	原　　因	主要解决方法
抽气性能降低	(1)由于水力冲刷，间隙增大； (2)液环温度高； (3)管路漏气； (4)进气管道流阻大	(1)缩小间隙(0.35~0.40mm)； (2)降低供液温度，一般15~20℃，最高不应超过25℃，并增加供水量； (3)寻找漏点，补漏； (4)减少弯头数量，更换粗管路
压缩机震动或声音异常	(1)地基不良； (2)地基螺栓松动； (3)轴承损坏； (4)叶轮损坏或进入异物	(1)重新夯实，浇注地基； (2)拧紧地脚螺栓； (3)更换轴承； (4)拆泵检查
轴承温升高	(1)注润滑油不足； (2)轴承损坏； (3)电泵联器不在同一轴心线	(1)检查润滑情况，添加润滑油； (2)更换轴承； (3)重新调水平
启动困难	(1)长期停车，泵内杂物塞到间隙中； (2)叶轮与圆盘偏磨	(1)用管钳或其他工具盘车数转或拆开清理； (2)拆开调整间隙重新装配
机械密封漏水	(1)机械密封损坏； (2)机封动、静环破裂； (3)“O”型密封圈损坏	(1)更换机械密封； (2)更换动、静环； (3)更换“O”型密封圈
闷车	(1)叶轮轴向窜动； (2)颗粒异物，使叶轮端面卡死	(1)重新调整间隙； (2)清理落入杂物

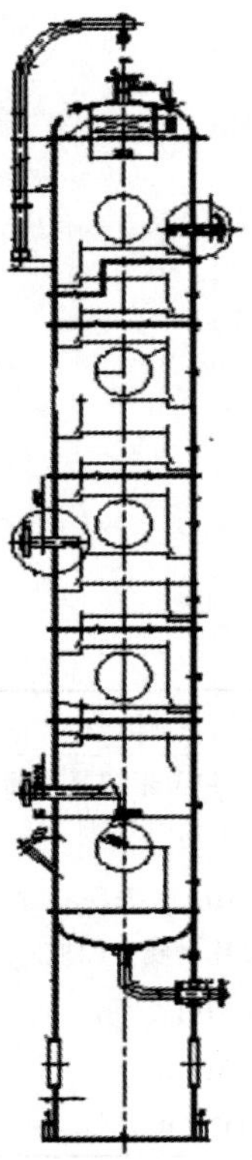
图 4-5-6　精馏塔

四、精馏塔

精馏塔为板式塔，在一定压力下，利用粗 EDC 中各组分的沸点或饱和蒸汽压不同，使轻组分(沸点较低或饱和蒸汽压较高的组分)汽化，经多次部分液相汽化和部分气相冷凝，使气相中的轻组分和液相中的重组分浓度逐渐升高，从而实现 EDC 精制，设备图见图 4-5-6，精馏塔设备见表 4-5-13。

表 4-5-13　精馏塔设备表

设备名称	型式	材质	设计参数		备注
			温度/℃	压力/MPa	
精馏塔	板式塔	CS/904L	170	0.6/-0.1	第一块塔盘为 904L

五、螺杆式冷水机组

螺杆式冷水机组由压缩机、冷凝器、膨胀阀、蒸发器、电控箱等部件组成。压缩机为半封闭式设计，零件数量少且电机与机体为可分离式。蒸发器为卧式壳管式干式蒸发，壳体为钢板卷制(或无缝管)，DAEⅡ型高效换热管直接胀接于管板上，管板与壳体焊缝连接，水侧(壳程)装有上下折流板以增强换热。冷凝器为水冷卧式壳管式，壳体为钢板卷制(或无缝管)，DAC 高效换热管直接胀接于管板上，管板与壳体焊缝连接。

每台机组设有：电机相序，缺相，过载，油加热，高低压，防冻，安全阀等保护装置。设备图见图 4-5-7，工作原理图见 4-5-8。设备常见故障处理见表 4-5-14。

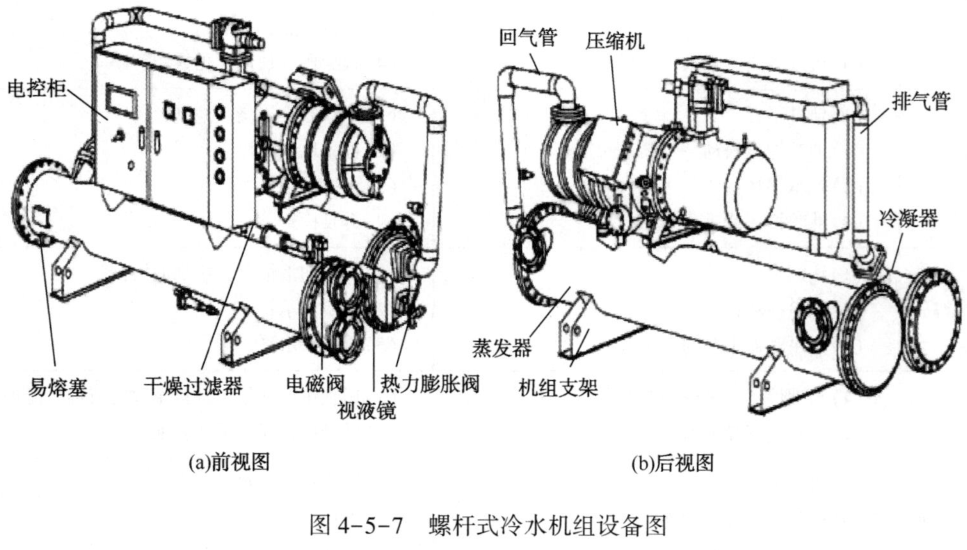

图 4-5-7　螺杆式冷水机组设备图

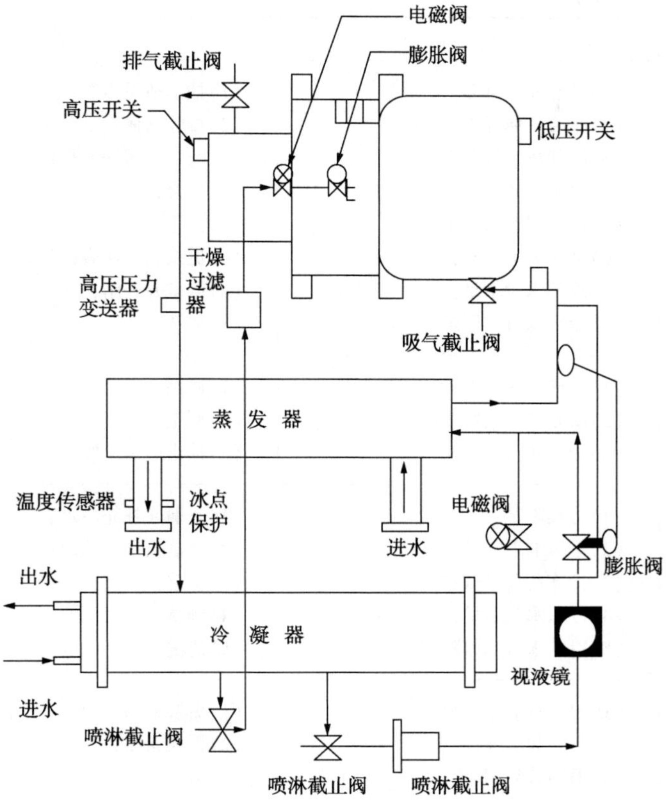

图 4-5-8 螺杆式冷水机组工作原理图

表 4-5-14 螺杆式冷水机组故障分析与处理

序号	现象	原　因	处　理
1	压缩机不能运转	(1)无电源(电源中断); (2)开关动作(电流超载); (3)启动开关故障; (4)控制回路电源保险丝烧毁; (5)连锁控制之部分未运转; (6)高低压开关动作	(1)检查后送电; (2)检查电流超载原因。如果是开关容量太小及时更换，如果是电压过低应设法改善; (3)检修或更换; (4)更换; (5)查明连锁控制之冷却塔风扇、各水泵是否运转，如没有则予以运转; (6)查明设定压力并调整
2	启动后不久即停机	高低压开关动作	(1)冷凝器内通过冷却水量不足，增加水量; (2)冷凝器内充有不凝气体，予以排除; (3)膨胀阀阻塞，清洁之，如损坏则更换; (4)冷却水过滤器堵塞予以清理
3	排气压力过低	(1)冷媒不足; (2)膨胀阀过热度大; (3)冷却水量过多或水温过低; (4)干燥过滤器阻塞	(1)查漏并补充冷媒; (2)调整; (3)调整水量; (4)换新并清洁滤网

续表

序号	现象	原　因	处　理
4	排气压力过高	(1)冷媒充填过多; (2)不凝气体混入; (3)冷却塔效果不良; (4)水泵损坏; (5)冷凝器冷却管脏; (6)高压表不精确; (7)冷却水量不足; (8)冷却水过滤器阻塞	(1)抽出适量冷媒; (2)排除气体; (3)查处原因并修理; (4)检修; (5)清洗; (6)更换新高压表; (7)调整并补给; (8)清洗
5	吸入压力过高	(1)冷冻负荷过大; (2)膨胀阀过热度小; (3)冷媒充填过多	(1)调整; (2)调整; (3)抽出适量冷媒
6	吸入压力过低	(1)冷媒不足; (2)干燥剂阻塞; (3)冷冻负荷过低; (4)冷冻水量不足; (5)冷冻水过滤器阻塞	(1)查漏并补充冷媒; (2)清洁或换新滤网; (3)调整; (4)调整; (5)清洗
7	自动容量调整装置失灵	(1)温度调节器故障; (2)电磁阀断线; (3)毛细管阻塞	(1)更换新品; (2)更换新品; (3)清洁
8	压缩机过热	(1)压缩机轴承不良; (2)高压侧压力过高; (3)低压侧冷媒压力温度太高; (4)电动机过热	(1)压缩机更新; (2)参考第"四"之情况; (3)调整低压侧压力及膨胀阀开度; (4)参考第"十"之情况
9	NFB 跳脱	(1)配线间的短路; (2)配线接地; (3)压缩机的电动机故障	(1)绝缘抵抗值测量; (2)同上; (3)测量压缩机用电动机的对地绝缘电阻及相间绝缘电阻值
10	压缩机用的电动机过载继电器动作	(1)NFB 跳脱而成单相运转; (2)电压太高或太低或电压不平衡; (3)电磁开关不良而造成单相运转; (4)电动机不良; (5)配电箱内温度过高; (6)运转压力过高; (7)压缩机启动频繁; (8)压缩机冷冻机油不足	(1)检查; (2)机器本身的配电状况检查; (3)修理或整个换新; (4)调整不良原因后，修理或更换；若烧毁，冷媒循环回路必须清洗; (5)保持 40℃以下，调查过热的原因并消除; (6)参考第四条和第五条; (7)查各自动调整机构; (8)清洁油过滤网

六、真空泵

真空泵在变压变温吸附单元吸附塔再生时使用，使吸附塔压力降至负压，吸附剂解吸，从而达到再生效果。真空泵设备图见图 4-5-9，真空泵设备参数见表 4-5-15。

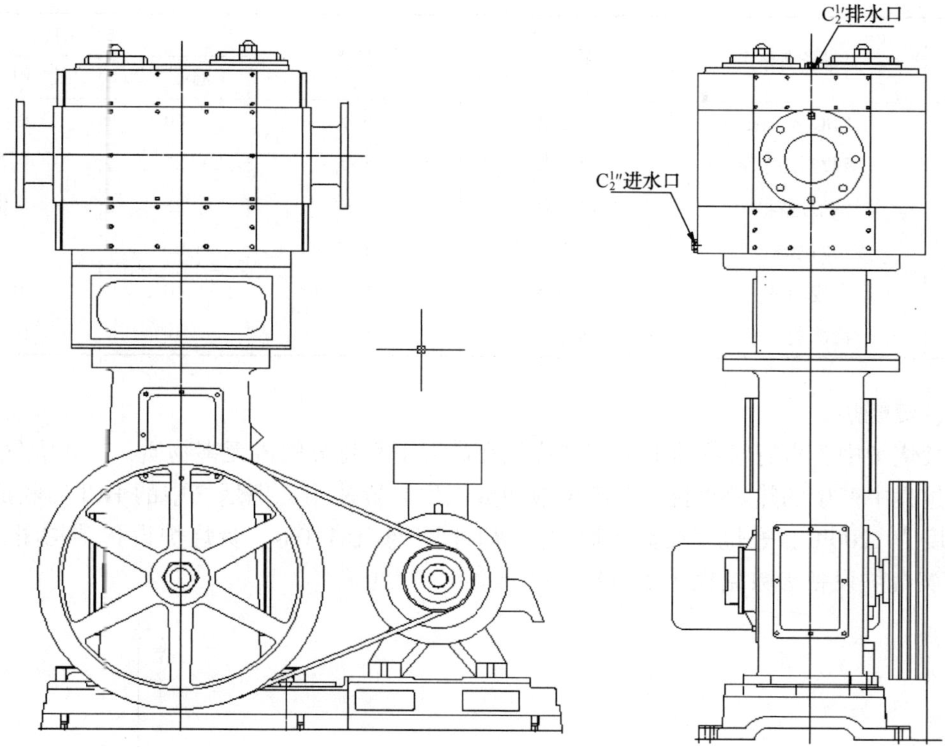

图 4-5-9　真空泵设备图

表 4-5-15　真空泵设备参数表

设备名称	型式规格	操作条件	
		温度/℃	压力/MPa(表压)
真空泵	透平式真空泵 极限真空：2000Pa	40	0.03

七、化工泵

化工泵数据见表 4-5-16。

表 4-5-16　化工泵数据表

序号	设备名称	泵型式	材质	操作条件	
				温度/℃	压力/MPa(表压)
1	吸收剂供料泵	离心泵	CS	25	1.1
2	吸收塔釜液泵	离心泵	S-5	17	1.1
3	解吸塔釜液泵	离心泵	S-5	185	1.1
4	解吸塔回流泵	离心泵	S-5	5	0.65
5	EDC 循环泵	离心泵	S-5	113	1
6	出料 EDC 循环泵	离心泵	304/CS	40	0.68
7	粗 EDC 输送泵	离心泵	304/CS	40	1.2
8	母液泵	离心泵	304/CS	40	0.55

续表

序号	设备名称	泵型式	材质	操作条件	
				温度/℃	压力/MPa(表压)
9	EDC 装车泵	离心泵	S-5	40	0.48
10	吸收剂卸车泵	离心泵	S-5	25	0.25
11	液氯进料泵	离心泵	CS	25	0.84
12	污水泵	气动隔膜泵	S-5		
13	废油泵	液下泵	S-5	40	0.4
14	冷冻盐水泵	离心泵	S-5	0	0.45

八、焚烧炉

在焚烧炉中含有有害物质的废液和废气在高温下氧化分解成无害物质，排入大气，同时把焚烧过程中产生的热量回收，以产生饱和蒸汽供装置使用，把烟气中的 HCl 回收成盐酸。焚烧温度为 1200℃，燃烧气在焚烧炉中停留时间不小于 1.06s。焚烧炉设备结构图见图 4-5-10，焚烧炉设备参数见表 4-5-17。

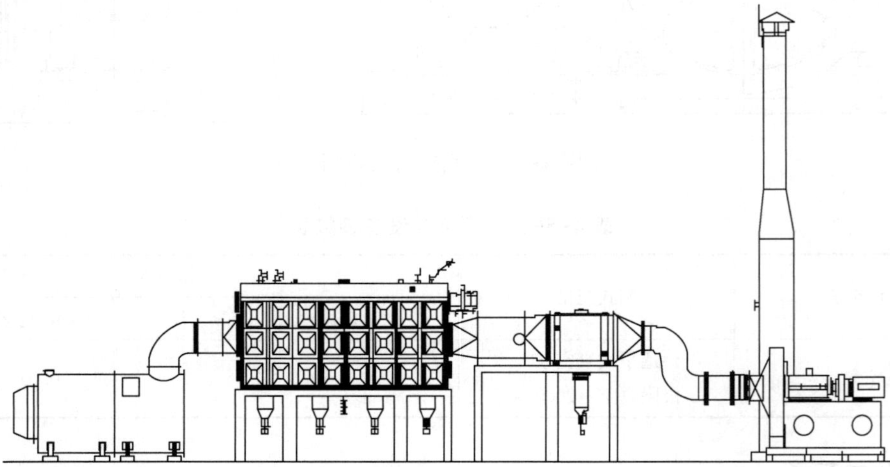

图 4-5-10　焚烧炉设备图

表 4-5-17　焚烧炉设备参数

设备名称	材质	设计参数	
		温度/℃	压力/MPa
焚烧炉	壳体：Q235-C； 隔热层：轻质高铝砖 LG-0.8； 耐火层：高铝耐火砖 LZ-65	1300	0.02

第六节　装置消耗与经济效益分析

以干气稀乙烯直接氯化制二氯乙烷进行了消耗和经济效益分析。按照 20 万 t/a 干气稀乙烯法二氯乙烷工业化规模进行了相关技术和经济数据核算。

一、装置消耗

(一) 原辅材料消耗

原辅材料消耗如表4-5-18所示。

表4-5-18　原辅材料消耗一览表

序号	类别	名称	消耗量	备注
1	原料	稀乙烯(乙烯≥16.04%)	3.534t/tEDC	
		液氯≥99.9%(v)	0.735t/tEDC	
2	辅助材料	催化剂	0.003kg/tEDC	
		吸附剂	0.41kg/tEDC	寿命15年
		干燥剂	0.16kg/tEDC	寿命3年
		液碱(32%)		碱池
		乙苯	16.29kg/tEDC	

(二) 动力和公用工程消耗

动力和公用工程消耗如表4-5-19所示。

表4-5-19　动力和公用工程消耗表

序号	项　目	消耗量		能耗指标		能耗/(MJ/tEDC)
		单位	数量	单位	数量	
1	电	kWh/tEDC	662.98	MJ/kWh	10.89	7219.85
2	循环水	t/tEDC	334.32	MJ/t	4.19	1400.80
3	脱盐水	t/tEDC	0.002	MJ/t	96.30	0.19
4	新鲜水(生活水)	t/tEDC	1.46	MJ/t	6.28	9.17
5	3.5MPa蒸汽	t/tEDC	2.77	MJ/t	3684	10204.68
6	1.2MPa蒸汽	t/tEDC	0.046	MJ/t	3182	146.37
7	1.0MPa蒸汽	t/tEDC	0.30	MJ/t	2763	828.90
8	仪表风	Nm^3/tEDC	360.65	MJ/Nm^3	1.59	573.43
9	氮气	Nm^3/tEDC	190.85	MJ/Nm^3	6.28	1198.54
10	3.5MPa冷凝液	t/tEDC	-2.77	MJ/t	320.29	-887.20
	合计					20694.73

由表4-5-19可以看出，本装置的主要消耗是蒸汽(3.5MPa)和电，对应的能耗分别为10204.68MJ/tEDC和7219.85MJ/tEDC，装置的总能耗为20694.73MJ/tEDC。

二、经济效益分析

(一) 干气稀乙烯直接氯化制EDC的经济性

在目前所有可以用于干气分离净化提纯乙烯的技术中，PSA是最为经济的手段。根据国内多家石化公司的工业试验比较，在相同工况下分别用PSA和低温油吸收两种方法提浓干气乙烯达到相同的浓度，PSA技术的成本是低温油吸收技术成本的1/3。

聚合级纯乙烯的生产较多采用深冷分离技术，其能耗更高。根据现有10万~40万t规模乙烯的成本构成来看，其中公用工程部分占到总成本的23%~25%，其中大部分是能耗。

对比可见，干气是炼化装置的废气，价值低廉，PSA 投资、能耗和运行成本较低，而生产聚合级纯乙烯一般需要高价值的裂解原料，深冷分离技术的投资大、能耗高。虽然 PSA 技术的运行费用和设备投资比其他技术小，但是由于 PSA 提纯得到的乙烯产品的纯度不高，收率较低，而且乙烯的纯度和收率呈反比关系，因此不能单独用于生产高纯度乙烯产品。而深冷分离一般适合处理大量裂解气或干气的情况，特别适合于炼厂集中地区，当炼厂规模较小时则不经济，牵扯相关专利费用较高。

目前国内外生产 EDC 均采用聚合级纯乙烯为原料，而本技术将干气经 PSA 处理，使乙烯得到富集和提浓，然后直接进行氯化反应，不需要高成本的聚合级纯乙烯，不需要深冷分离，因此不仅节约能源，还可综合利用干气中的有用成分，产生可观的经济效益和良好的社会效益。

按照干气稀乙烯氯化的工艺技术路线，原料干气经过油吸收及 PSA 净化富集得到富乙烯干气的工艺环节中能耗费用约为 400 元/t，加上设备折旧、人工费用和损耗，利用油吸收及 PSA 技术得到富乙烯干气成本的增加不超过 1000 元/t。参照石化产品 80 美元价格体系，乙烯价格为 7690 元/t，干气价格为 3730 元/t，这样经过净化富集得到 65%的富乙烯干气后每吨乙烯的成本约为(3730×0.65+1000)÷0.65=5268(元)，因此富乙烯干气中乙烯的折纯成本应该在 5300 元/t 左右，比聚合级纯乙烯的成本低 2400 元/t 左右。

纯乙烯直接氯化制备 EDC 工艺与稀乙烯法直接氯化制 EDC 的主要原材料消耗和公用工程消耗、设备折旧等差别不大，成本区别主要在于原料乙烯的成本和 EDC 产品纯度上，其中稀乙烯法原料乙烯比纯乙烯法低约 700 元/t EDC(2400×0.3)，但稀乙烯法得到的粗 EDC 纯度较纯乙烯法得到的粗 EDC 纯度低约 1%~2%，预计精馏成本高 100~200 元/t。综合计算，稀乙烯法比纯乙烯法每吨 EDC 成本低约 500~600 元。

炼化干气经油吸收和 PSA 净化富集得到富乙烯干气能耗情况：油吸收单元吨乙烯能耗约 240kg 标煤，PSA 富集单元吨乙烯能耗约 270kg 标煤，则富乙烯干气的吨乙烯能耗约为 510kg 标煤。

目前高温裂解制乙烯综合能耗约为 950g 标煤/t 乙烯，而利用干气稀乙烯直接氯化技术获得的富乙烯干气资源的综合能耗约为 510kg 标煤/t 乙烯，因此仅从原料方面采用该技术路线较纯乙烯法制 EDC 吨乙烯能耗降低 440kg 标煤。

(二) 工业化装置的经济技术指标

按照 20 万 t/a 干气稀乙烯法二氯乙烷工业化规模进行相关技术和经济数据核算，装置主要原辅材料、公用工程消耗如表 4-5-20 所示。

表 4-5-20　原辅材料、公用工程消耗表

序号	名称	操作	消耗量	备注
一	原材料			
1	精制干气	连续	9.51 万 t/a	折乙烯 6.3
2	氯气	连续	15.04 万 t/a	
二	辅助材料			
3	液碱		0.15 万 t/a	以 100%计

续表

序号	名称	操作	消耗量	备注
4	佳化剂		1.0t/a	
5	FSA 专用吸附剂		$108m^3$/3 年	使用周期 3 年
6	脱氯剂		$20m^3/a$	使用周期 1 年
三	燃料、动力			
7	电	连续	1653 万 kWh/a	6000V/380V
四	公用工程			
8	蒸汽	连续	4.92t/h	
9	循环水	连续	1135t/h	最大 1362t/h
10	氮气	连续	$380Nm^3/h$	最大 1000
11	仪表空气	连续	$550Nm^3/h$	
12	新鲜水	间断	8t/h	
13	生活水	间断	9t/h	
14	脱盐水	连续	5.66t/h	

主要产品、副产品如表 4-5-21 所示。

表 4-5-21 主要产品、副产品一览表

序号	名称	规格	产量/(万 t/a)
一	产品		
	二氯乙烷	≥99.6%	19.63
二	副产品		
	盐酸	工业级	6.13
	燃料气		1.99

污水排放量为 11t/h(最大)，主要为 EDC 装置碱洗废水、装置区和罐区的污染雨水以及生活污水；废气排放量为 20241.35kg/h，主要为焚烧单元的烟道气；废固排放增量约为 $128m^3/a$(最大)，主要为吸附剂、干燥剂、脱硫剂、脱氧剂、废瓷球等。

废液、废气焚烧设施，主要处理含氯废物，既回收了热能副产蒸汽和稀盐酸，又改善了环境质量。

产业化按年产 20 万 tEDC 规模进行经济分析，总投资约 3.8 亿元，预计年可新增销售收入 7.8 亿元，年利润 8300 万，与聚合级纯乙烯法相比，节能 2.77 万 t 标煤，投资收益率良好。

第七节 未来发展前景展望

一、稀乙烯氯化法生产二氯乙烷对 PVC 产业的影响

近几年中国氯碱工业发展举世瞩目，已成为全球最大的氯碱生产国和消费国。

国内 PVC 生产工艺以电石法为主，乙烯法为辅。截至 2017 年底，国内电石法产能在

1938.5 万 t，占全国总产能的 83%，乙烯法产能在 361 万 t，在全国产能中占 15.5%。

PVC 产能在 40 万 t 以上的企业中，采用电石法的供应商数量有 15 家，占比 75%；乙烯法供应商数量为 5 家，占比 25%。目前国内只有青海盐湖化工分公司采用天然气法，拥有 22 万 t 产能。虽然目前我国的 PVC 生产工艺路线仍以电石法为主，但在近年来的 PVC 扩能中，青海盐湖工业股份有限公司拥有了国内第 1 套天然气法 PVC 工艺路线的生产装置，而通过进口氯乙烯单体、乙烯、EDC 等原料生产 PVC 的装置也在沿海方便进出口的地区出现，煤制烯烃路线 PVC 也在国内开始试点，各种发展模式采取的技术路线都符合本区域特点的最优化道路。PVC 工艺路线、产能分布表如表 4-5-22 所示。

表 4-5-22　PVC 工艺路线、产能分布表　　万 t

省份	企业名称	工艺方法	电石	乙烯	天然气
河南	昊华宇航化工有限责任公司	外购电石	40		
山东	山东齐鲁石化氯碱厂	乙烯法		60	
山东	山东信发化工	自产电石	60		
河北	河北唐山三友	外购电石	40		
内蒙古	内蒙古君正化工	自产电石	68		
内蒙古	鸿达兴业集团(包括岛海化工)	自产电石	60		
内蒙古	内蒙古亿利化学	自产电石	50		
内蒙古	内蒙古兰泰盐化	自产电石	40		
内蒙古	包头海平面高分子	自产电石	40		
内蒙古	鄂尔多斯氯碱化工有限公司	自产电石	40		
天津	天津大沽化工	乙烯法	10	70	
天津	天津乐金大沽化学	外购电石	40		
陕西	陕西北元化工	外购电石	110		
宁夏	宁夏金星元氯碱	自产电石	45		
青海	盐湖镁业	自产电石	50	30	
新疆	新疆中泰化学	自产电石	220		
新疆	新疆天业股份公司	自产电石	120		
江苏	泰州联成化学工业有限公司	乙烯法		45	
浙江	台塑宁波有限公司	乙烯法		40	
安徽	安徽华塑	外购电石	46		
青海	青海盐湖化工分公司				22
总计			1079	245	22

尽管国内 PVC 的产能和消费量分别约占到世界的 40%和 38%，但是 EDC 的产能仅占世界的 7%左右，同时 EDC 的进口量约占总产能的 15%，产量的 21%。对比之下，尽管 PVC 的产能严重过剩，但是对 EDC 以及乙烯法 VCM 的进口仍然持续，说明我国 PVC 行业乙炔法 PVC 占主导的行业特点存在很大结构性缺陷，EDC 以及乙烯法 PVC 仍存在较大的发展空间。

乙烯法 PVC 路线是目前世界公认的先进、合理的 PVC 生产路线，在世界范围内得到了广泛的应用，但发展乙烯法 PVC 的前提是拥有充足且价格适当的乙烯。我国是石油乙烯资源相对稀缺的国家，同时由于目前乙烯资源基本由中国石化、中国石油、中国海油等企业垄断，属于地方的氯碱企业很难获得，因此目前国内氯碱企业采用乙烯法生产 PVC 的装置不多，仅有天津大沽、齐鲁石化、上海氯碱、青岛海晶等少数几家。一些东部沿海企业采用进口 VCM 或 EDC 单体生产 PVC。目前 PVC 陷入困境的主因是产能结构性过剩，但是从另外的角度发现，中国氯碱产业的扩能已经开始转变为多角度的模式，乙烯法在未来的扩能比重将增加。

另外，国内电石法 PVC 的汞污染问题也成为制约我国 PVC 行业健康发展的重要因素，在未来几年这个问题将日益凸显，给我国乙炔法 PVC 的发展带来更多限制，这将为乙烯法 PVC 创造更大的发展空间，同时带动 EDC 产业的发展。

一种以二氯乙烷和乙炔为原料无汞催化生产氯乙烯的姜钟法 PVC 的新工艺的开发成功，为 PVC 生产开辟了一条高效、洁净的无汞化生产全新途径，实现了乙炔和乙烯的联合，这对促进 PVC 行业健康和可持续发展具有重要意义。该工艺彻底解决了乙炔法氯乙烯生产过程中的汞问题，具有广阔的应用前景和推广价值。

以上分析可知，无论乙烯法 PVC 还是姜钟法 PVC 都将成为我国 PVC 产业结构调整中未来的发展方向，这两种方法 PVC 产能的增加都将极大刺激 EDC 的需求。因此，在 PVC 新结构产能增加的带动下，我国的 EDC 消费存在巨大的增量空间，如果以姜钟法 PVC 或乙烯法 PVC 替代现有 1800 万 t/a 电石法 PVC 产能中的 30%计算，每年将产生 470~870 万 t 的 EDC 消费量。

稀乙烯氯化法生产装置以稀乙烯为原料，采用直接氯化制二氯乙烷技术生产二氯乙烷，该技术原料廉价、来源广泛，该工艺具有环保、投资少、能耗低、易于实现工业化的优点，而且可以避免乙炔法氯乙烯生产过程中的汞问题，其产品也达到较高的质量指标，具有相当的质量优势。其产品在成本方面具有优势，按照市场价格测算，干气稀乙烯的成本比聚合级纯乙烯每吨至少降低 3000 元。该工艺与传统的氯乙烯生产工艺相比具有先进性和优越性，有广阔的应用前景和推广价值。

综合产业政策及未来能源价格增长趋势，鉴于稀乙烯直接氯化技术方法与纯乙烯法相比具有环保、节能、原料成本优势明显的特点，并且受原油价格波动影响小，抗风险能力强，稀乙烯直接氯化方法必将对二氯乙烷乃至 PVC 产业产生巨大的推动作用。

二、稀乙烯氯化技术的发展前景

利用稀乙烯氯化生产 EDC 在国内外均属于新技术，原料来源广泛，可通过净化富集单元获得纯度 40%~65%的稀乙烯干气，经稀乙烯直接氯化生产二氯乙烷。

目前，世界上 EDC 产品主要用于生产氯乙烯，进而生产聚氯乙烯产品，此外还可用于生产乙撑胺、氯化溶剂以及偏二氯乙烯等。2009 年，世界 EDC 的消费结构为：氯乙烯对 EDC 的消费量约占总消费量的 97.6%，氯化溶剂的消费量约占 0.9%，乙撑胺的消费量约占

1.0%；偏二氯乙烯等其他产品的消费量约占0.5%。氯乙烯主要用于生产聚氯乙烯，并能与醋酸乙烯酯、丙烯腈、丙烯酸酯、偏二氯乙烯(1,1-二氯乙烯)等共聚，制得各种性能的树脂，此外还可用于合成1,1,2-三氯乙烷及1,1-二氯乙烯等，其中90%以上用于生产聚氯乙烯。

（一）原料来源

1. 炼化干气

炼化干气是石油炼制过程中产生的废尾气，主要成分包括C_2H_4、C_2H_6、CH_4、H_2、C_3H_6、CO、CO_2、H_2O和H_2S等组分。到目前为止，这部分石油资源主要作为燃料使用，其中的主要组分如乙烯、乙烷和氢气等组分没有得到有效利用，造成资源浪费的同时还排放大量CO_2。随着我国石油工业的快速发展，炼化干气的年产量十分可观。粗略估计，2012年我国炼化干气的产量超过740万t，其中乙烯的含量超过140万t。因此，在能源日益短缺的今天，稀乙烯氯化技术将成为炼化干气综合利用的重要手段。

2. 其他乙烯来源

烯烃主要原料来源见图4-5-11。

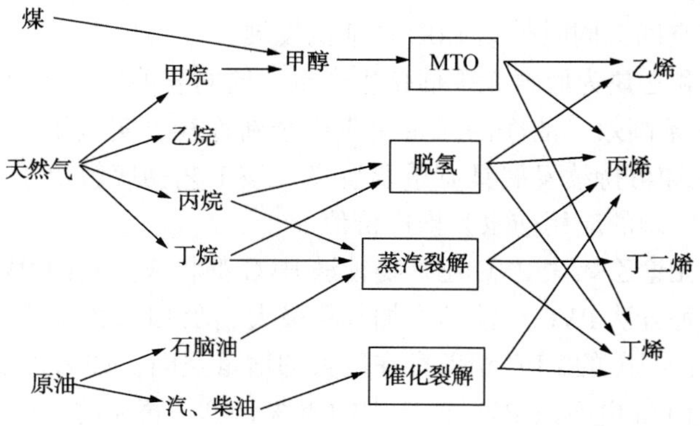

图4-5-11　烯烃主要原料来源图

目前国内低碳烯烃的制取原料可分为石油类和非石油类，石油类主要靠裂解法，原料有石脑油、柴油和轻烃(乙烷、丙烷、C_4~C_8烷烃)；非石油类主要为甲醇制取低碳烯烃，而生产甲醇的主要原料是煤和天然气。

甲醇制乙烯、丙烯(MTO)的工艺和甲醇制丙烯(MTP)的工艺是目前重要的化工技术。该技术以煤或天然气合成的甲醇为原料，生产低碳烯烃，是发展非石油资源生产乙烯、丙烯等产品的核心技术。

我国是一个富煤少油的国家，以煤为原料，走煤-甲醇-烯烃工艺路线符合国家能源政策需要，是非油基烯烃的主流路线。

（1）与MTO技术结合

MTO工艺由甲醇转化烯烃单元和轻烯烃回收单元组成，在甲醇转化单元中通过流化床反应器将甲醇转化为烯烃，再进入烯烃回收单元中将轻烯烃回收，得到主产品乙烯、丙烯，副产品为丁烯、C_5以上组分和燃料气。甲醇转化烯烃单元和轻烯烃回收单元流程见图4-5-12和图4-5-13。典型醇制烯烃(MTO)混合气组成见表4-5-23。

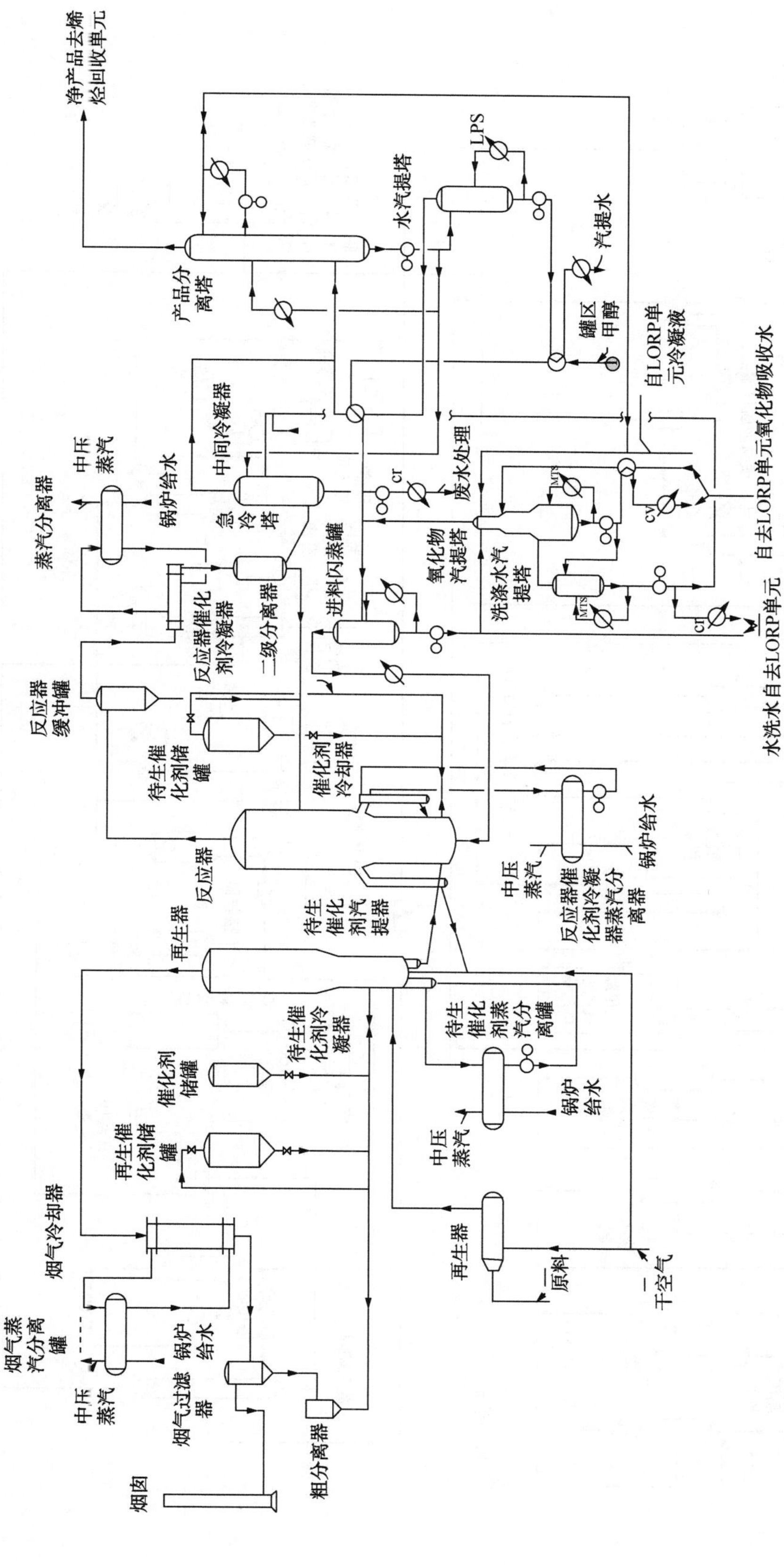

图4-5-12　某典型甲醇转化烯烃单元流程图

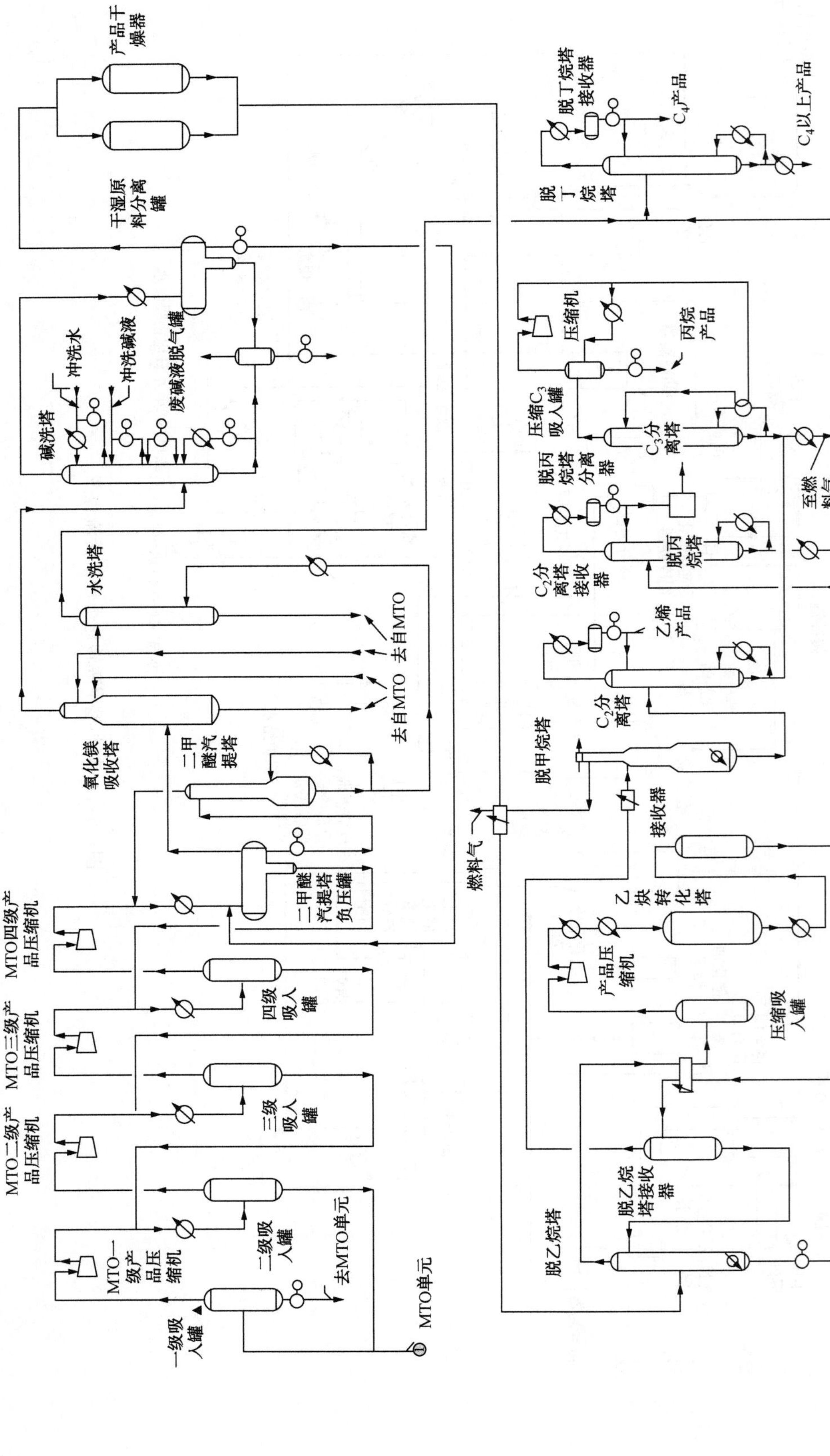

图4-5-13　某典型轻烯烃回收单元流程图

表 4-5-23 某典型醇制烯烃(MTO)混合气组成[4]

组 分	MTO 工艺反应气/%(mol)	组 分	MTO 工艺反应气/%(mol)
H_2	1.72	C_2H_6	1.64
N_2	0.72	C_2H_4	51.10
O_2	0.01	C_3H_8	2.06
CO	0.85	C_3H_6	20.91
CO_2	0.38	C_3H_4	0.00
H_2S	0.00	C_4	4.49
CH_4	8.09	C_5^+	8.03
C_2H_2	0.00		

MTO 工艺的轻烯烃回收单元是将来自反应单元的气相(乙烯、丙烯、丁烯、C_5以上组分和燃料气)通过压缩、冷凝、分离和净化得到聚合级乙烯和丙烯。目前 MTO 制烯烃的技术已比较成熟，与炼化干气稀乙烯直接氯化制二氯乙烷技术成果的嫁接关键在混合烯烃的分离技术上。可考虑将 MTO 工艺混合烯烃在脱乙烷塔的塔顶气进一步处理后应用炼化干气稀乙烯直接氯化制二氯乙烷技术成果。

与 MTO 的结合将极大扩展炼化干气稀乙烯直接氯化制二氯乙烷技术的原料来源，不仅使原料由单纯的炼化干气扩展到煤、天然气、甲醇等大宗原料，还可以摆脱地域和原油炼制限制。

(2) 与裂解制烯烃技术结合

石油烃裂解装置以生产乙烯为主，同时联产丙烯和碳四馏分。裂解副产的裂解汽油，切除碳五和碳九，剩下的碳六至碳八馏分经两段加氢可得到加氢裂解汽油。

生产乙烯所用的原料范围较宽，从最轻的乙烷一直到最重的减压柴油，包括如天然气凝析油(NGL)、液化石油气(LPG)、石脑油(NAP)和常压柴油(AGO)，甚至加氢的重柴油(VGO)等。随原料来源的变化，乙烯收率或三烯、三苯总收率各不相同，不同裂解原料的典型乙烯收率见表 4-5-24，富含烯烃 C_4及石脑油裂解混合气的典型组成见表 4-5-25。

表 4-5-24 不同裂解原料的典型乙烯收率

产 品	乙烷	丙烷	正丁烷	石脑油	常压柴油	减压柴油
氢气	8.82	2.27	1.57	1.56	0.94	0.78
甲烷	6.27	27.43	22.12	17.2	11.19	8.75
乙烯	77.73	42.01	40	33.62	25.92	20.49
丙烯	2.76	16.82	17.27	15.53	16.15	14.07
丁二烯	1.81	3.01	3.5	4.56	4.56	5.38
丁烷、丁烯	0.82	1.29	6.72	4.21	4.84	6.28
苯	0.87	2.47	3.02	6.74	6.03	3.73
甲苯	0.12	0.53	0.83	3.34	2.9	2.9
碳八芳烃	—	—	0.35	1.76	2.17	1.87
抽余油	0.8	3.62	2.92	6.75	7.3	10.77
重质油		0.55	1.7	4.7	18	25

表 4-5-25　某富含烯烃 C_4 及石脑油裂解混合气典型组成

富含烯烃 C_4 催化裂解产物		石脑油热裂解产物分布	
馏　分	质量分数/%	馏　分	质量分数/%
氢气+甲烷+焦炭	2.80	氢气	0.24
乙烯	10.76	甲烷	13.93
乙烷	2.29	乙烯	33.30
丙烯	22.68	丙烯	15.33
丙烷	3.57	乙炔	0.37
丁烯	14.60	C_4 馏分	9.48
丁烷	25.29	C_5 馏分	0.30
C_5 烯烃	5.82	加氢汽油（C_6～C_8）	13.87
C_5 烷烃	1.16	轻质燃料油	2.27
三苯	4.58	C_9 馏分	3.28
不含芳烃 C_6～C_{10}	6.45	急冷油	7.48
		损失	0.22

传统裂解气分离均采用深冷分离，并获得聚合级的乙烯、丙烯。

几种典型分离流程[5,6]见图 4-5-14 至图 4-5-16。

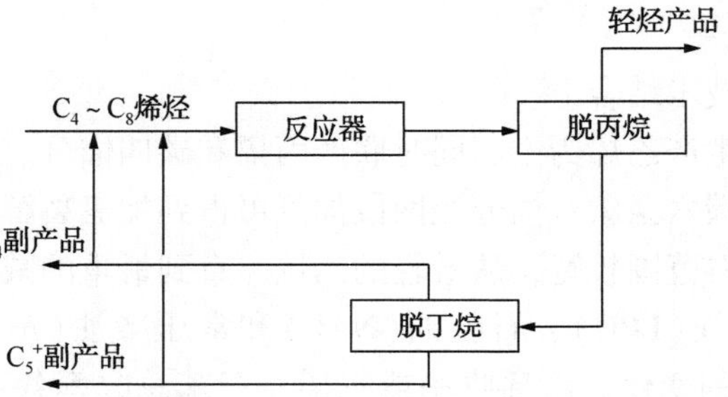

图 4-5-14　某典型烯烃分离流程

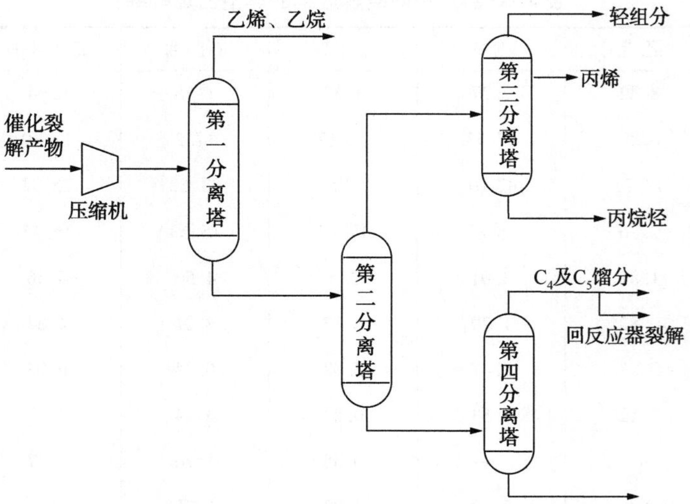

图 4-5-15　上海某科院烯烃裂解分离工艺

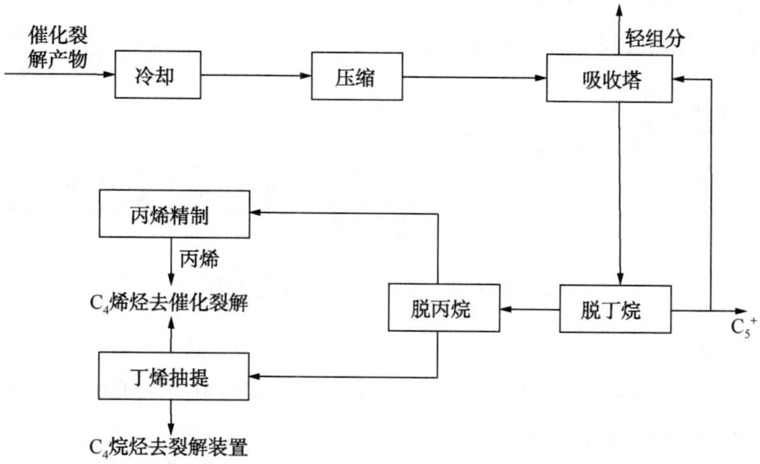

图 4-5-16　北京某研究院烯烃裂解分离工艺

稀乙烯直接氯化制二氯乙烷技术成果与烯烃裂解技术的嫁接关键也在于裂解气的分离技术上。

通过合理可行的分离流程设计，比如应用图 4-5-15 的分离烯烃裂解工艺，可以考虑将第一分离塔分离得到的乙烯和乙烷混合气直接用于氯化反应生产二氯乙烷。

烷烃裂解制稀乙烯作为原料应用炼化干气稀乙烯直接氯化制二氯乙烷技术具有良好的前景。

（二）产品下游推广应用

1. 耦合形成联合法 PVC 生产工艺

联合法是指二氯乙烷与乙炔为原料生产聚氯乙烯的工艺路线，即用二氯乙烷裂解出的氯化氢与乙炔加成制氯乙烯。该法回避了平衡乙烯法工艺的氧氯化单元的复杂装备，取得了一定的效果。但是，二氯乙烷裂解在 550℃下只有 50%~55%的单程转化率，总转化率约 92%。并且二氯乙烷裂解装置投资巨大，仍解决不了乙炔加成单元的汞污染问题。其工艺流程见图 4-5-17。

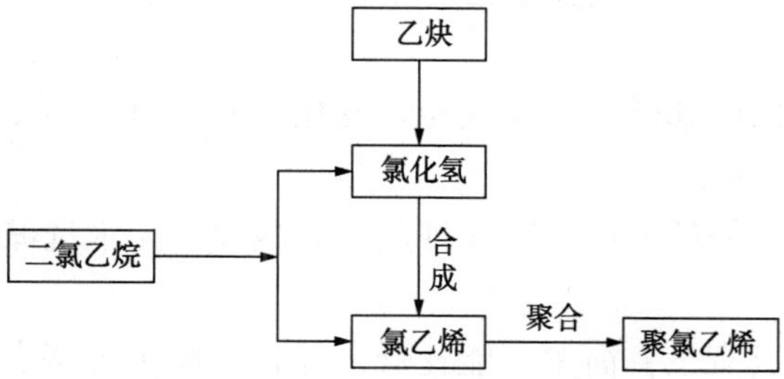

图 4-5-17　联合法 PVC 工艺流程

2. 姜钟法无汞催化生产 PVC

姜钟法 PVC 以乙炔和二氯乙烷为原料，在一种全新的非汞催化剂作用下，通过催化重整制得氯乙烯，为 PVC 生产提供了一条高效、洁净的全新途径。

（1）工艺介绍

姜钟法 PVC 实际上是乙炔法和乙烯法的联合，该工艺中乙炔、二氯乙烷的摩尔比为 1 :

1 合成氯乙烯，氯乙烯聚合后生成 PVC。

姜钟法 PVC 工艺流程见图 4-5-18。

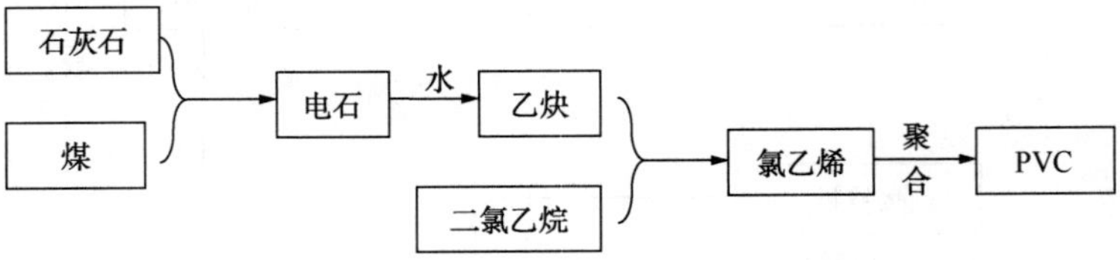

图 4-5-18　姜钟法 PVC 工艺流程

（2）工艺创新点

二氯乙烷的消除反应和乙炔的加成反应形成耦合，实现化学能的内部转换，大大降低了能耗，高效低能耗地完成分子重组。

开发出了替代汞触媒的新型催化剂，可彻底解决氯乙烯行业面临的汞污染问题。

新工艺保留了乙烯法三单元工艺中的最简单工艺，即乙烯氯化制二氯乙烷，而省去了高能耗的二氯乙烷裂解单元和装备复杂的氧氯化单元。因此与联合法相比具有如下特点：

① 节能。二氯乙烷裂解是高温吸热反应，裂解温度为 550℃，吨产品约耗天然气 108 立方。而新工艺的催化重整是微放热的自发的反应，基本无能耗。

② 高效。二氯乙烷高温裂解，在 500～550℃下只有 50%～55%的单程转化率，而新工艺中的催化重整在 230℃温度下即可达到 90%以上的单程转化率。

③ 高收率。由于二氯乙烷的裂解温度高达 550℃，副反应较为严重，氧氯化单元又引进氧气，易引起燃烧反应；以乙烯计，氯乙烯的综合收率只有 90%～92%左右。而二氯乙烷催化重整反应条件温和，催化剂选择性极高，氯乙烯的综合收率高达 98%以上。

④ 投资少。二氯乙烷裂解与乙烯氧氯化单元的设备投资巨大，是乙烯法工艺的重要制约因素之一。而姜钟法 PVC 只需简单的固定催化床即可。

（3）与乙炔法相比，新工艺优点

① 省去了氯化氢的合成与精制工艺，并节省了氢气资源；采用了非汞催化剂，彻底解决了汞污染问题。

② 用二氯乙烷的消除反应，消耗了乙炔加成反应放出的大量热能，大大减轻了换热量，简化了设备结构。

③ 由于实现了能量的内部转换，反应能量变化温和，可大幅度提高反应强度，提高单机能力，从而提高生产效率。

④ 三废少。不凝尾气循环使用，废气排放大为减少；无水洗碱洗，避免产生大量低浓度废盐酸。

总之，姜钟法 PVC 具有设备简单、能耗低，并且三废少等特点。因此，如果用该法替代目前 1600 万 t/a 电石法 PVC，全国 PVC 行业将有如下收益：年成本可节约 105 亿元，节约用水 7516 万 t，年节约用电 447634 万 kWh，年节约蒸汽 408 万 t，年节约标煤 4.4 亿 t，减少二氧化碳年排放 6032728t，减少二氧化硫排放 55687t，减少氮氧化物排放 16242t。

（4）姜钟法与传统工艺的优势对比

① 经济效益：与现行沧州化工和天津大沽化工的联合法相比，可减少二氯乙烷的裂解装置投资，单节能（包括燃气和电力）一项，即可节省成本 500 多元/t。另外，由于采用非汞催化剂，每吨产品的销售价格可比乙炔法产品（含汞）高出 100 元左右。两项合并，按目前

国内每年 2000 万 t 的产量计算，就可增加效益 120 亿元人民币。

② 社会效益：由于采用了非汞催化剂，彻底根除了汞污染，解决了我国 PVC 工业的心头大患。且 PVC 产品的无汞化，进一步扩大了其应用领域，同时为 PVC 产品进入欧美发达国家的市场开启了大门。

③ 降低了电石在国内 PVC 工业中的原料比重，大幅度降低了 PVC 行业的总能耗，为煤制烯烃（MTO）打开了发展空间。

利用稀乙烯直接氯化的技术成果生产的二氯乙烷与姜钟法无汞催化生产 PVC 技术耦合，可以极大地推动国内 PVC 行业的变革。

参考文献

[1] 邴涓林，黄志明[M]. 北京：化学工业出版社，2008.
[2] 刘建路，潘玉强，袁敬明，等. 直接氯化生产 1，2-二氯乙烷的装置：CN 204111619U[P]. 2015-01-21.
[3] 何加海，杨云，张剑锋. 净化脱除含氯工业混合气体中的氯化物并回收轻烃的方法：CN 103357242A[P]. 2013-10-23.
[4] 高晋生，张德祥. 甲醇制低碳烯烃的原理和技术进展[J]. 煤化工，2006(4)：7-12.
[5] 刘俊涛，谢在库，徐春明，等. C_4烯烃催化裂解增产丙烯技术进展[J]. 化工进展，2005，24(12)：1347-1351.
[6] 中国石油化工股份有限公司. 分离含碳烯烃催化裂解产物的方法：CN1927784A[P]. 2007-03-14.

第五篇 高辛烷值清洁汽油组分

第一章 异丁烷烷基化

第一节 反应原理及原料产品

异丁烷烷基化是以液化石油气中的 $C_3 \sim C_5$烯烃及异丁烷为原料，在催化剂的作用下烯烃与异丁烷反应，生成烷基化油的气体加工装置。

烷基化所使用的催化剂有两类：一类为固体酸（离子交换树脂和分子筛）催化剂，另一类为液体酸（硫酸和氢氟酸）催化剂。烷基化工艺的命名是根据装置所使用的酸的名称。如硫酸烷基化、氢氟酸烷基化或固体酸、离子液烷基化。

烷基化油辛烷值高，蒸气压低，硫含量极低，不含烯烃、芳烃，是理想的清洁汽油调和组分或作为优良的航空汽油。

一、反应原理

异丁烷和烯烃的催化烷基化反应过程可以用碳离子学说来解释。

链引发：在催化剂存在下（H_2SO_4或 HF），H^+加到烯烃双键上生成正碳离子。由于链的增长仅依靠叔丁基碳离子来完成，所以叔丁基碳离子的生成对烷基化反应至关重要。丙烯和正构烯烃生成叔丁基碳离子，与异丁烯比要多一步氢离子转移反应，反应式如下：

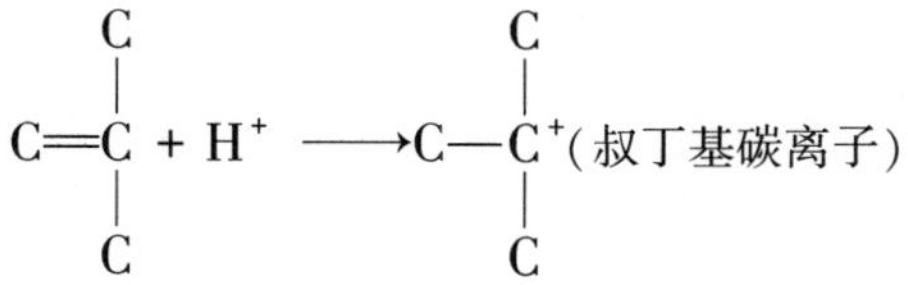

（5-1-1）

$$C=C-C-C+H^+ \longrightarrow C-\overset{+}{C}-C-C \quad (5\text{-}1\text{-}2)$$

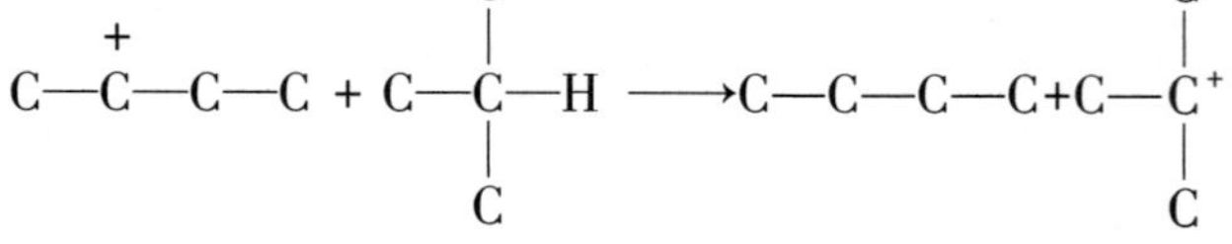

（5-1-2a）

$$C=C-C+H^+ \longrightarrow C-\overset{+}{C}-C \quad (5\text{-}1\text{-}3)$$

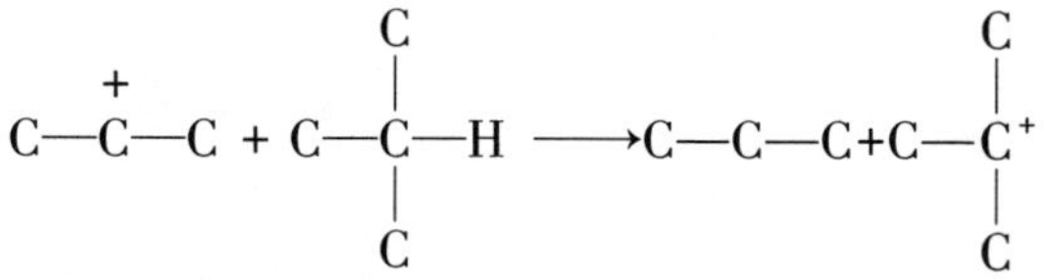

（5-1-3a）

链增长：叔丁基碳离子和烯烃分子结合，生成更大的碳离子。在正常情况下，$C_8H_{17}^+$与一个来自异丁烷分子的氢离子结合，生成 C_8H_{18} 和一个叔丁基碳离子。$C_8H_{17}^+$ 也可能异构化，再与来自异丁烷分子的氢离子结合，生成 C_8 的同分异构体并释放出一个叔丁基碳离子。$C_8H_{17}^+$ 还可能与烯烃分子结合而生成相对分子质量更大的聚合物。

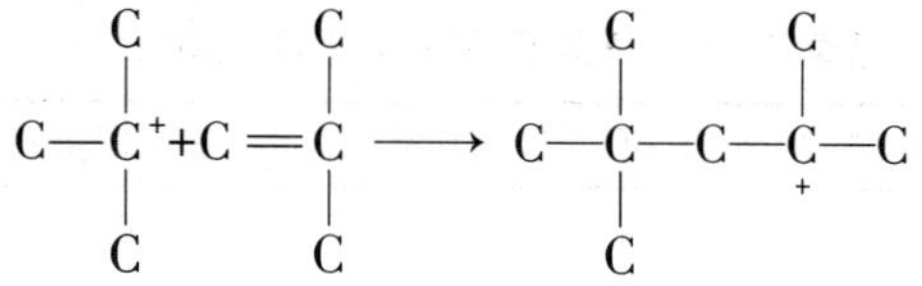

(5-1-4)

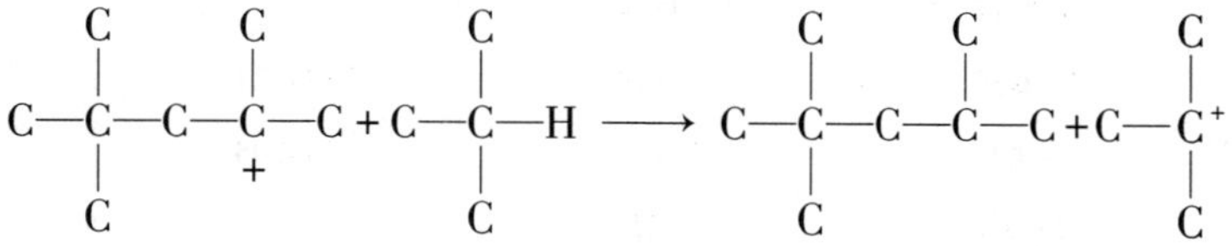

(5-1-4a)

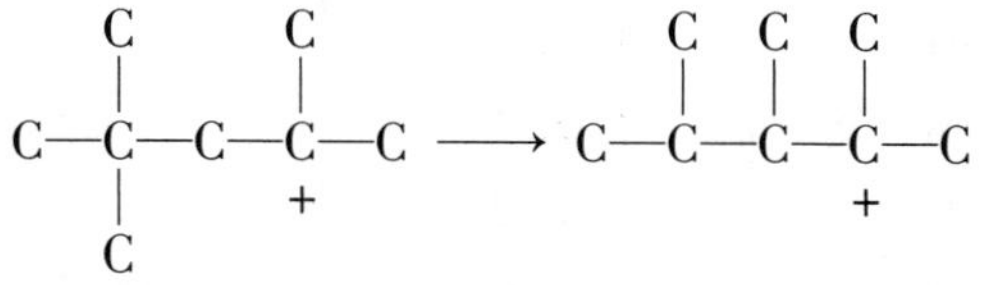

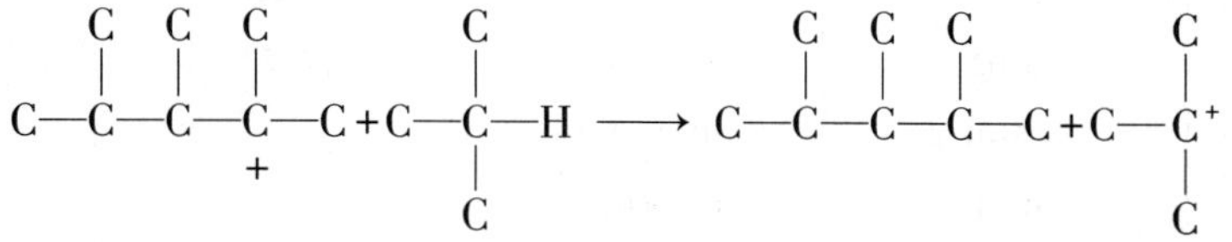

(5-1-4b)

链中止：链中止意味着反应的结束。具体来说，有两个叔丁基碳离子被消耗，仅有一个被再生，反应式如下：

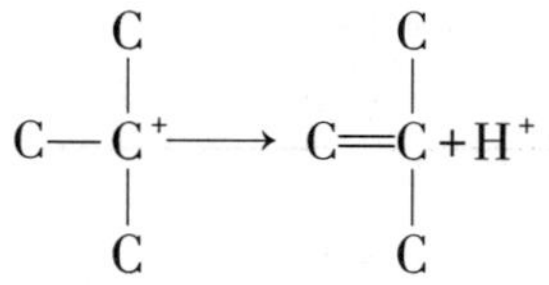

(5-1-5)

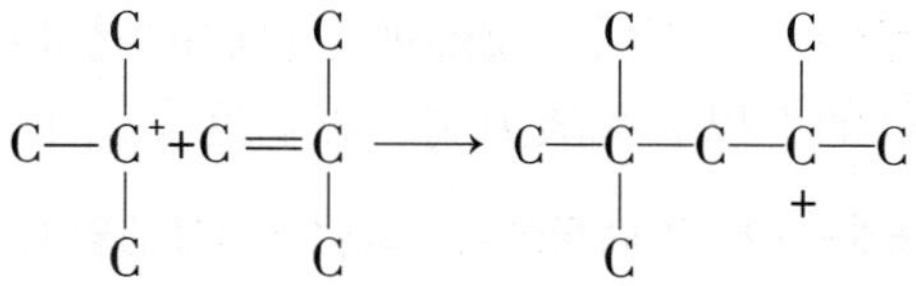

(5-1-5a)

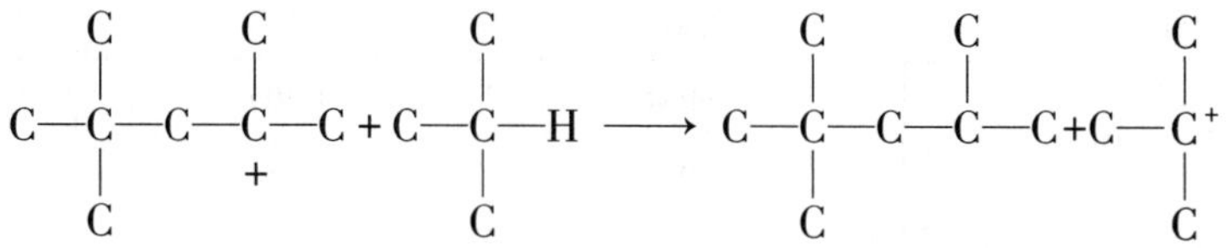

(5-1-5b)

研究者指出，对丁烯烷基化，链中止基本上生成 2,2,4-三甲基戊烷。2,2,4-三甲基戊烷一旦生成就非常稳定，不会发生异构化。烷基化油中的 2,3,3-三甲基戊烷和 2,3,4-三甲基戊烷是 C_8H_{17+} 异构化所为。烷基化油中的非理想组分，如二甲基己烷是由丁烯共聚所致，残渣油是由过度聚合所致，异戊烷、异已烷、异庚烷是由歧化反应所致。

二、烷基化原料

1. 原料组成

烷基化原料主要是催化裂化装置所产液化气经气体分馏装置回收丙烯后的碳四馏分或经 MTBE 装置的未反应碳四馏分，要求碳四馏分中的异丁烷与烯烃的比例不小于 1.05(mol)。当碳四馏分中异丁烷含量不足时，常以炼厂富含异丁烷的饱和烃进行补充，如加氢裂化或重整液化气。如果炼厂没有富含异丁烷的饱和液化气，可将催化碳四馏分进行分离，分出一部分重碳四，使轻碳四馏分满足烷烯比的要求。国外也有将正丁烷异构化为异丁烷，从而最大化利用碳四馏分生产烷基化油。某炼厂烷基化原料组成见表 5-1-1。

表 5-1-1　某炼厂烷基化原料组成

原料组成	气体分馏 C_4馏分	MTBE 未反应 C_4馏分	加氢裂化 LPG	重整 LPG
≤乙烷			0.76	5.5
丙烯	0.12	0.06		0.2
丙烷	0.39	0.08	24.87	32.8
异丁烷	48.92	42.43	43.08	32.3
异丁烯	17.88	0.57		2.3（异丁烯与1-丁烯合计）
1-丁烯	11.06	13.13		
反-2-丁烯	9.16	18.52		
顺-2-丁烯	5.22	16.03		
正丁烷	7.03	9.06	29.58	25.6
戊烷以上	0.02	0.03	1.67	1.3
丁二烯	0.05~0.1	0.2~0.3		
总硫	0.01	0.002		
水	饱和	饱和		
MTBE	上游无 MTBE 装置	0.01		
二甲醚		0.1~0.15		
甲醇		0.01		

2. 不同原料对烷基化油产率和质量的影响

烷基化装置的进料可以是丙烯、丁烯、戊烯或是它们的混合物。不同的烯烃进料，其烷基化油的收率和质量是不一样的，以氢氟酸为例，影响见表 5-1-2。

表 5-1-2　不同烯烃对烷基化油质量的影响

名　称		丙烯	丁烯	戊烯
相对密度(15.6℃)		0.6934	0.7057	0.7146
雷特蒸气压/kPa		40	35	15
ASTM 蒸馏/℃	初馏点	42	46	51
	10%	82	92	108
	50%	91	107	119.5
	90%	116	127	138
	终馏点	182	182	182
RON		89	95	90
收率，对烯烃/%(v)		170	165	172
异丁烷消耗，对烯烃/%(v)		125	105	110
酸耗(HF)/(kg/t 油)		1.4	0.4	0.8

在以碳四馏分为原料的烷基化中，由于丁烯有四个不同性质的同分异构体：异丁烯、1-丁烯、顺-2-丁烯、反-2-丁烯，它们与异丁烷反应所得到的烷基化油质量也是不同的，对氢氟酸烷基化的影响见表 5-1-3。

表 5-1-3　不同碳四烯烃对烷基化油组成的影响　%

烷基化油组成/%	1-丁烯	顺，反-2-丁烯	异丁烯
2,2,4-三甲基戊烷	39.7	49	56.8
其他三甲基戊烷	25.9	32.2	18.3
异戊烷	2.7	2.2	2.5
异己烷	1.7	1.8	1.7
异庚烷	2.7	2.8	3.7
二甲基己烷	20	9.2	10.6
C_9^+	7.3	2.8	6.4
RON	92	97^+	94

对硫酸烷基化来说，1-丁烯与 2-丁烯的反应结果是一样的，但异丁烯生成油的辛烷值比氢氟酸法要低，不同烯烃对不同催化剂烷基化油的辛烷值比较见表 5-1-4。

表 5-1-4　不同烯烃对不同催化剂烷基化油的辛烷值比较

	HF		H_2SO_4	
	RON	MON	RON	MON
1-丁烯	91~92	88~89	97~98	93~94
2-丁烯	96~97	92~93	97~98	93~94
异丁烯	94~95	91~92	90~91	88~89
丙烯	91~93	89~91	89~92	88~90
戊烯	90~92	88~89	89~92	88~90

3. 对原料中杂质含量的要求

液体酸烷基化装置操作好坏取决于原料中杂质含量。烷基化装置原料中主要杂质有：硫、水、丁二烯和轻烃。如果原料来自 MTBE 未反应碳四馏分，杂质还会包括甲醇(MEOH)、甲基叔丁基醚(MTBE)和二甲醚(DME)。

① 硫的影响。一方面硫可以生成酸溶性油，导致酸耗增加；另一方面，硫将加速氢原子在碳钢中扩散速度，因而会带来氢脆和裂纹，最终导致设备损坏。

装置进料中，硫应控制在 20μg/g 以下。

② 水的影响。对氢氟酸烷基化一方面水使酸的活性增加，从而有利于烷基化反应。循环酸中水含量由 0.5%增加到 1.5%~2.0%时，烷基化油辛烷值可增加 1.0~1.5 个单位；水含量在 3%时，烷基化油辛烷值最高。另一方面；水含量增加，设备腐蚀速度加快，大量氟化铁垢积聚于管道和设备中造成堵塞，严重时装置将被迫停工。一般来说，循环酸中水含量控制在 1.0%~2.0%是经济的。对硫酸烷基化，须保证硫酸的浓度，水含量增加，会降低酸

浓度而引起设备腐蚀的危险。另外，随着水在酸中的积累，异丁烷在酸中的溶解度降低，释放出氢离子的活性大大降低。

原料进装置要求不含游离水，在装置内干燥后，水含量控制在10μg/g。

③ 其他。在烷基化反应中，丁二烯会生成多支链的聚合物，这种聚合物大部分作为酸溶性油进入酸再生塔，酸溶性油越多消耗的酸和碱越大；少部分聚合物将进入烷基化油中，其结果造成烷基化油干点升高，有机氟化物增多。轻烃($\leqslant C_2$)的存在造成设备超压，导致酸损失。

MEOH、MTBE、DME等含氧化合物与酸反应生成水及酸溶性油，造成系统含水超高，酸耗增加。

④ 杂质含量限制值。为保证装置长周期安全生产，对原料中杂质含量限制如下：

$\leqslant C_2$	无
C_3	<1%
水	饱和水
丁二烯	≤100μg/g
总硫	<20μg/g
MEOH	≤50μg/g
MTBE	≤50μg/g
DME	≤100μg/g

4. 原料加氢处理

随着催化裂化装置反应温度的提高，液化气中的丁二烯含量增加，最高可达0.5%。为降低酸耗减少装置的腐蚀，一般对碳四原料进行选择性加氢处理，使丁二烯转化为单烯烃，同时使1-丁烯异构化为2-丁烯。通过加氢处理后，丁二烯转化率可达到99%以上，1-丁烯转化率可达40%以上，国内外都有此项技术。

(1) 工艺流程

我国开发的丁二烯选择性加氢技术采用固定床反应器，内充含钯催化剂，在适中的临氢缓和条件下使存在于混合 C_4 原料中的丁二烯选择性加氢为单烯烃(丁烯)，达到基本脱除丁二烯的目的。从加氢反应器出来的碳四馏分中含有氢气等轻组分，经脱轻烃塔将其脱除，同时脱轻烃塔还能将上游装置带过来的含氧化合物如二甲醚等脱掉。

烷基化原料经丁二烯选择性加氢处理后，C_4 原料中的丁二烯从0.5%降至100mg/kg左右，烷基化油干点降低5℃以上，酸耗相应减少。对氢氟酸烷基化油来说，辛烷值可提高约1个单位。

流程说明：来自上游装置的常温混合碳四馏分进装置反应进料罐，经沉降脱水后，由装置进料泵抽出并升压至略高于反应压力，使用蒸汽加热至反应温度，与来自催化重整装置(或制氢装置)的氢气静态混合后，从加氢反应器底部进入反应器床层。采用固定床，液相，绝热反应。加氢反应是放热反应，反应温升5~20℃。由混合碳四带进的硫化物和砷以及由重整氢气带进的一氧化碳是使催化剂失活的有害杂质。催化剂失活后可用热氢气吹扫使其活化。反应产物从加氢反应器顶部出来经压力控制进脱轻烃塔，塔顶分出碳一、碳二、碳三、二甲醚等轻组分及多余的异丁烷，符合烷烯比要求的烷基化原料从塔底抽出送往烷基化原料罐(详见图5-1-1)。

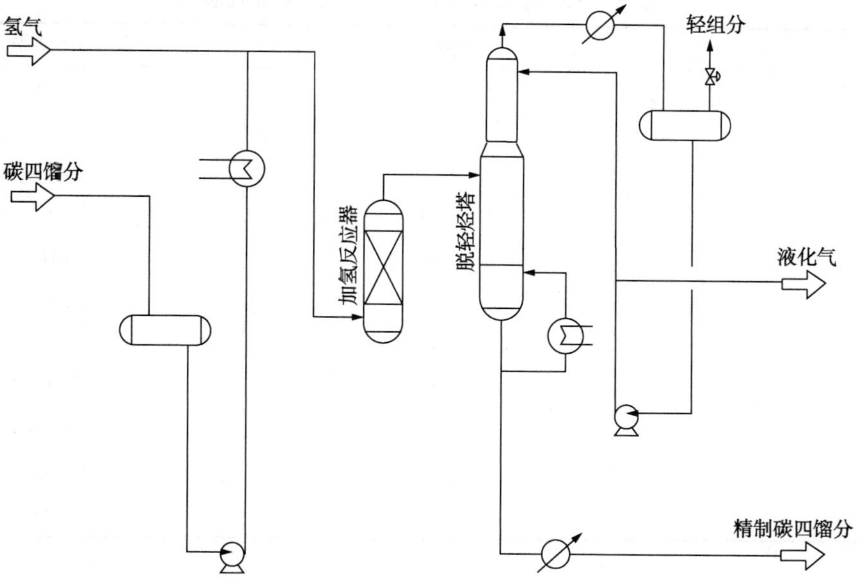

图 5-1-1　原料加氢处理流程图

（2）主要操作条件

① 加氢反应器

反应温度：60℃（初期）~80℃（末期）

反应压力：2.0MPa

反应空速：≤$5h^{-1}$

H_2/C_4H_6（分子）：2.0~4.0

② 脱轻烃塔

塔顶压力：1.70MPa（表压）

塔顶温度：55.5℃

塔底温度：102.3℃

（3）加氢催化剂规格

国内开发的烷基化原料选择性加氢催化剂的载体为氧化铝，活性组分为钯，规格如下：

型号	LST-02
外观	灰褐色条状
尺寸	ϕ(2.0mm~2.5mm)×(5mm~10mm)
堆密度	0.90±0.05g/mL
破碎强度	≥200N/cm
比表面	100~150m^2/g
比孔容	0.30±0.02mL/g
正常使用寿命	≥4a

三、产品

同样的原料组成对硫酸烷基化和氢氟酸烷基化来说，烷基化油的辛烷值及干点也有区别，烷基化装置生产的烷基化油性质见表 5-1-5（加氢后的碳四原料）。

表 5-1-5　烷基化装置生产的烷基化油性质

项　　目	硫酸烷基化油	氢氟酸烷基化油
相对密度(d_4^{20})	0.69	0.69
馏程/℃		
初馏点	34	49
10%	55	83
50%	107	104
90%	149	129
干点	202	193
蒸气压/kPa	42	42
RON	95~98	95~96
MON	92~93.5	92~93
收率/%	>202	>202

烷基化装置除生产烷基化油外，副产正丁烷，纯度 85%以上。

第二节　硫酸烷基化

一、硫酸烷基化工艺技术

硫酸烷基化的工艺流程大体分为原料脱水、反应及制冷、反应物酸洗碱洗、分馏等几部分，根据反应器形式不同硫酸烷基化可分为几种形式：

1. 阶梯式反应器

ExxonMobil 公司硫酸烷基化采用的阶梯式反应器是将烯烃进料分成若干平行的物流，分别进入带有搅拌器的反应器中的每个反应段(见图 5-1-2)，通过部分异丁烷的汽化来维持所需的低温。循环酸和循环异丁烷混合物料串联通过反应器，最后流至酸沉降罐。这种设计能产生异丁烷梯度，使整个反应器中异丁烷的效率较高。反应温度 2~8℃，操作压力第一段 0.15~0.2MPa，每一段的压力降约为 0.01~0.02MPa，反应器中维持的温度和压力要使得部分异丁烷能蒸发以取走反应热，从而进行自动调节。阶梯式反应系统因其通过能力大，常用

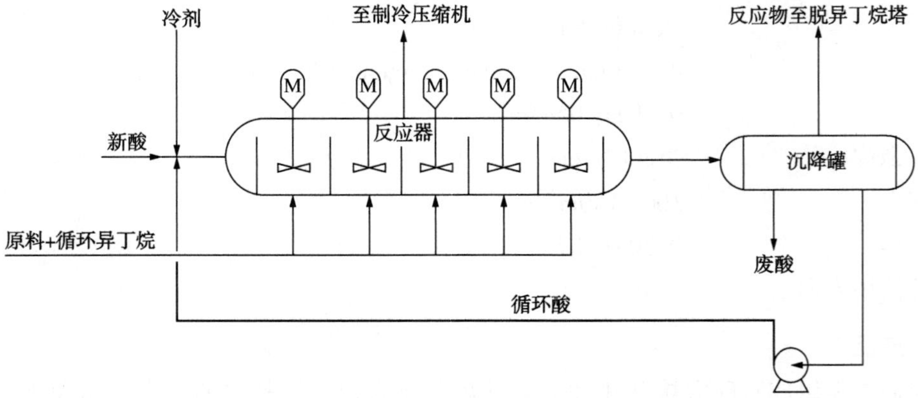

图 5-1-2　阶梯式反应器流程

于大型工业化装置，单台反应器处理能力可达到1110t/d烷基化油。优点是烯烃空速低，反应温度低，生成的酸酯少。缺点是各反应段之间相互影响，其中一个反应段的操作被破坏后，整个反应器的操作都受到影响。

2. STRATCO 卧式反应器

DUPONT 公司流出物制冷工艺是目前世界上硫酸烷基化装置采用最多的技术，采用的反应器形式是 STRATCO 卧式反应器。

(1) STRATCO 卧式反应器

STRATCO 卧式反应器是一台带有搅拌器、内循环夹套和取热管束的压力容器，反应在壳程进行，反应器中的硫酸是烷基化反应的催化剂。烃类物料和酸循环物料分别从循环套管内侧的搅拌叶轮吸入口导入反应器，在叶轮的强力搅拌下，烃类液滴迅速分散进入酸连续相形成乳化液，乳化液在反应器内高速流经循环套管循环。一部分乳化液从反应器抽出，经一上升管向上流入酸沉降器，进行酸烃分离。酸沉降至酸沉降罐底部再借助重力返回反应器。

从酸沉降器分出的烃相经压力控制阀降压后，流经反应器内的取热管束部分汽化，吸收热量脱除反应热。从反应器管程出来的汽-液混合物进入闪蒸罐进行分离，分出的气体经压缩、冷凝冷却后，经闪蒸得到的液体返回反应器作为冷剂，从闪蒸罐抽出的反应流出物进入后续的处理及分馏系统。单台 STRATCO 反应器的处理能力为70~100kt/a烷基化油。

(2) 酸沉降罐

酸沉降器是烷基化装置的重要设备之一。它的作用是使从反应器进入的酸烃乳化液得以良好分离；酸沉降至容器底部靠重力返回反应器循环使用，烃类浮升至顶部排出，流经压力控制阀后进入反应器内的换热管束。

DUPONT 公司酸沉降罐内采用凝聚元件辅助液滴的聚结，使小液滴在聚结材料上形成大的液滴，从而有助液滴沉降与烃相分离。在烃类出口设有聚结垫，在罐底部酸乳化液出口设有乳化液收集器。

DUPONT 公司流出物制冷反应部分的流程见图 5-1-3。

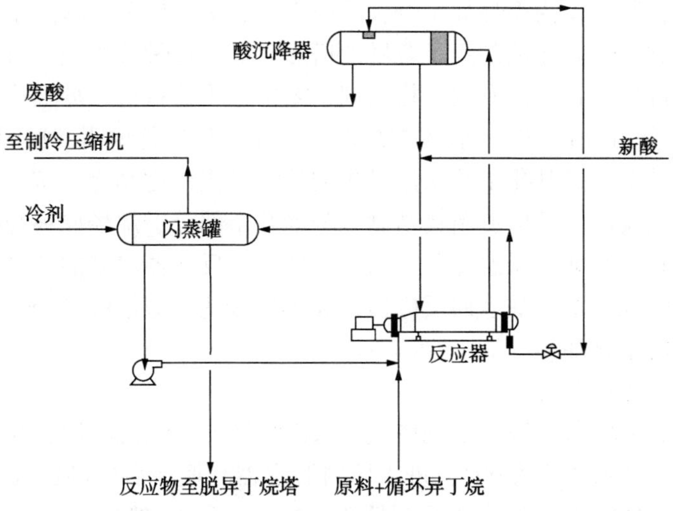

图 5-1-3　流出物制冷卧式反应器流程

3. 低温反应器

根据烷基化反应的原理，低温操作利于烷基化油质量的提高，减少副反应的发生，但由

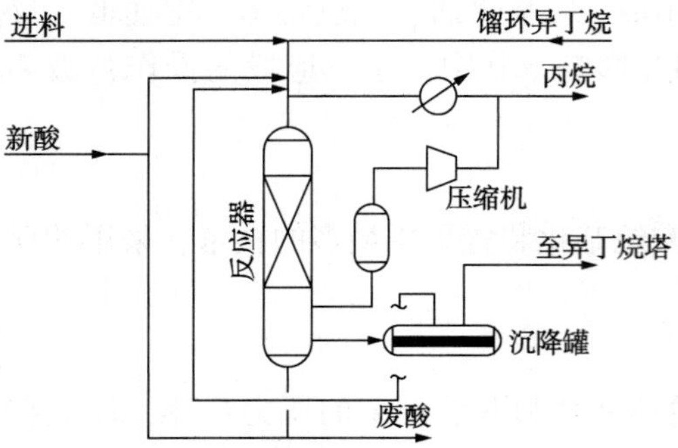

图 5-1-4　低温立式反应器流程

于低温下硫酸的黏度大，为实现酸烃之间的良好混合，搅拌机功率将大大提高，酸烃乳液将很难分离。基于此，CB&I 公司开发了低温硫酸烷基化工艺(CDAlky)，见图 5-1-4。此技术的立式反应器内采用一种静态内件以使烃类和酸充分接触，取消了传统硫酸烷基化反应器的搅拌器，反应器的尺寸可根据装置规模而设计，单台反应器的处理量可达到 350kt/a。反应热通过烃类汽化取出，效率高。搅拌器的取消减少了设备维护的工作量和停车维修的时间，而且可降低反应温度(<0℃)，抑制副反应从而使产品辛烷值增加且酸耗降低。另外，CDAlky 工艺使用高性能的聚结分离器使酸烃乳化液迅速而高效地从烃类产品中分离出来，从而取消了传统硫酸烷基化工艺中所设置的反应产物酸洗碱洗和水洗过程，简化流程且避免了下游设备的腐蚀。

二、工艺流程

硫酸烷基化因为不同的反应器类型而流程有所区别，但对产物分馏系统来说是一样的，主要是将反应流出物分离出异丁烷、正丁烷和烷基化油。

反应物分离部分有单塔分离和双塔分离二种分馏模式，炼厂可根据自己的要求选择。

1. 脱异丁烷单塔分离

异丁烷在脱异丁烷塔顶馏出，冷凝冷却后一部分作为塔顶回流，其余作为循环异丁烷去反应部分；正丁烷从塔的侧线抽出，冷凝冷却后作为产品出装置，塔底抽出的是烷基化油产品。这种分馏模式产出的正丁烷浓度难于控制。一般为降低分离能耗，还设置中间重沸器，采用低温热或 0.4MPa 低压蒸汽作为热源，单塔分离占地面积小，操作要求较高。

2. 脱异丁烷塔和脱正丁烷塔双塔分离

设置脱异丁烷塔和正丁烷塔双塔，异丁烷仍然在脱异丁烷塔顶馏出，冷凝冷却后一部分作为塔顶回流回塔，其余作为循环异丁烷去反应部分，塔底馏分进入正丁烷塔，正丁烷产品在正丁烷塔塔顶得到，烷基化油是正丁烷塔的塔底产品。这种分离模式可以严格控制正丁烷的质量规格。如果炼厂对正丁烷有较严格的规格要求，可选择这种分馏模式。

现以 DUPONT 公司流出物制冷技术对硫酸烷基化流程进行说明，见图 5-1-5。

至今为止国内外硫酸烷基化工艺采用最多的技术是流出物制冷反应器形式，流程一般包括原料脱水、烷基化反应、反应流出物精制和分馏几个部分。烯烃原料与循环异丁烷和酸在反应系统中进行接触，并通过低温冷冻来取走反应热。反应器出来的产物在沉降器中进行分离，利用重度差将酸烃分离，酸返回反应器，烃类经酸洗、碱水洗等处理后进行分馏，分出异丁烷、正丁烷及烷基化油。

(1) 原料脱水及反应部分

经加氢处理的碳四馏分与脱异丁烷塔顶过来的循环异丁烷混合后，与反应器净流出物在原料-流出物换热器中换冷至约 9℃，进入原料脱水器。换冷后的碳四馏分中的游离水在此被分离出去，从而使原料中的游离水含量降至 10ppm(重)。然后，该物流再与循环冷剂直接混合并使温度降低至约 6.0℃进入烷基化反应器。

在反应器操作条件下，进料中的烯烃和异丁烷在硫酸催化剂作用下反应，生成烷基化油。反应完全的酸-烃乳化液经一上升管直接进入酸沉降器，并在此进行酸和烃类的沉降分

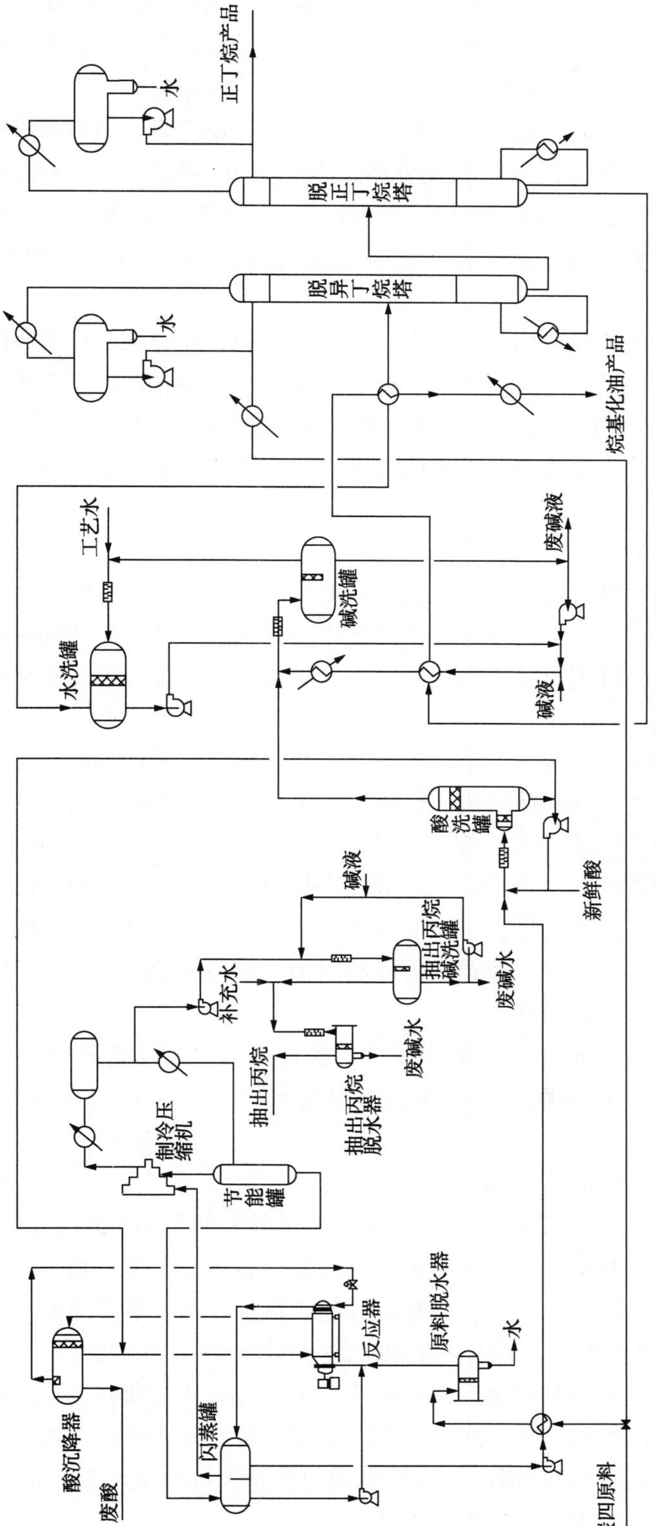

图5-1-5　流出物制冷硫酸烷基化工艺流程

离，分出的酸液循下降管返回反应器重新使用。反应-沉降系统中酸的循环是借助在上升管和下降管中物料的密度差自然循环的，90%浓度的废酸自酸沉降器排放至废酸脱烃罐。

从酸沉降器分出的烃相经压力控制阀降压后，流经反应器内的取热管束部分汽化，吸收热量脱除反应热。从反应器管束流出的气液混合物进入闪蒸罐。

闪蒸罐是一台带有中间隔板并有共同分离空间的卧式容器。隔板一侧供反应流出物进行气液分离，另一侧供循环冷剂进行气液分离。净反应流出物用流出物泵抽出与原料碳四换冷，加热至约29℃去流出物精制和产品分馏部分继续处理。冷剂则以循环冷剂泵抽出送至反应器进料管线与原料碳四直接混合。从闪蒸罐气相空间出来的烃类气体至压缩机入口分液罐。

闪蒸罐有一个分酸斗置于该容器下方，可借助分酸斗上的液面计观察酸烃界面。正常情况下，分酸斗的酸位很低。当反应器内的取热管束发生泄漏时，酸斗内将会发现大量硫酸。

98%~99.2%的新鲜浓硫酸先连续进入流出物精制和产品分馏部分的流出物酸洗罐洗涤反应流出物，然后再补入反应器。随浓硫酸进入反应器的酸酯，在反应器中参加反应，增加烷基化油的产率。

（2）制冷压缩部分

反应器的进料温度要求为3~6℃，这一温度是由在反应器进料中混入低温循环冷剂来实现的，为此，需有一套相应的制冷系统来满足这一要求。此外，为达到烷基化装置内的丙烷和异丁烷进出量平衡，特别是防止丙烷在装置内设备中的积聚，还需要从制冷部分引出一股抽出丙烷物流送出装置。

闪蒸罐气相空间的平衡蒸气，由挡板两侧汇集至出口管后进入制冷压缩机。

制冷压缩机为中间加气式两级离心压缩机，由电机或汽轮机驱动。

从闪蒸罐来的烃类气体进入压缩机一级入口，补充进入二级入口的气体来自节能罐顶部。上述气体经压缩机压缩后再经冷剂冷凝器冷凝冷却，冷凝的烃类液体进入冷剂罐。该液体的绝大部分冷却后进入节能罐，并在节能罐的压力下闪蒸，富含丙烷的气体返回压缩机二级入口，节能罐流出的液体去闪蒸罐，再降压闪蒸，使冷剂温度降低至-10~-5℃，用循环冷剂泵抽出送至反应器入口循环。

冷剂罐一小部分烃类液体作为抽出丙烷经抽出丙烷泵升压送至抽出丙烷碱洗罐进行碱洗，以中和可能残留的微量酸，从抽出丙烷碱洗罐流出的丙烷经丙烷脱水器脱水后送出装置。

（3）流出物精制和产品分馏部分

从反应部分来的反应流出物中含有少量的夹带酸和烯烃与硫酸反应所生成的中性硫酸酯。这些酯类如不加以脱除，将在下游异丁烷塔的高温条件下分解放出 SO_2，遇到水分，则会造成塔顶系统的严重腐蚀。此外，酸酯还可能导致脱异丁烷塔重沸器的结垢。装置一般采用酸洗及碱洗的方法进行脱除，即用98%~99.2%的硫酸洗后再用12%的NaOH脱除微量酸。

反应流出物经与碳四馏分换热后进入酸洗系统，与循环酸和补充新鲜酸在喷射混合器内进行混合后，进入流出物酸洗罐。99.2%的浓硫酸以新酸泵连续送入酸洗系统（补充新酸量要满足反应器的需要），它可以吸收反应流出物中的绝大部分硫酸酯。流出物烃类和酸在酸洗罐中分离，可使烃类流出物中酸含量降低至10μL/L。

酸洗后的流出物去碱洗系统进行碱洗，酸则连续送至反应器作为催化剂使用。

从流出物酸洗罐排出的烃类流出物，与脱异丁烷塔底产品换热、蒸汽加热后的热碱水在混合器中充分混合后进入流出物碱洗罐。含硫酸钠和亚硫酸盐的碱水，一部分作为废碱水排出，另一部分用碱洗循环泵抽出，送回静态混合器入口进行循环。

根据碱洗系统的操作情况，以注碱泵间断向系统中补充12%浓度的新鲜碱液，以维持循环碱水的pH值在8~10之间。

流出物碱洗温度以控制在49~65℃为宜。温度太低，不利于酸酯水解；温度太高，会使较多的饱和水随流出物烃类进入下游脱异丁烷塔，而对塔的操作和腐蚀带来不利影响。

碱洗后的流出物经水洗及脱水后进入脱异丁烷塔，塔顶馏出物经脱异丁烷塔顶冷凝器冷却后进入塔顶回流罐。冷凝液经回流泵升压后，一部分返回塔顶作为回流；另一部分经循环异丁烷冷却器冷却至40℃后作为循环异丁烷返回反应部分，以保证反应器总进料中适当的异丁烷和烯烃比例，多余部分送至罐区。塔底丁烷和烷基化油自压进入正丁烷塔。

正丁烷塔顶蒸出的正丁烷经塔顶冷凝器冷凝后进入塔顶回流罐。冷凝液经回流泵升压后，一部分返回塔顶作为回流，另一部分经冷却器冷却到40℃后出装置。

烷基化油由塔底产品泵抽出经与碱水、异丁烷塔进料换热后，再经烷基化油冷却器冷却至40℃送出装置。

脱异丁烷塔和正丁烷塔也可以合并为一个塔，塔顶为异丁烷，塔底抽出烷基化油，侧线抽出正丁烷馏分，这样可减少装置占地面积。

(4) 化学处理部分

装置设有新鲜酸(98%~99.2%H_2SO_4)贮罐、废酸罐和备用罐，用以接收装置外或废酸再生装置送来的新鲜硫酸及装置产生的废酸。罐内以氮气覆盖，防止空气中的水分进入罐内，造成酸的稀释和设备腐蚀。

装置还设有排酸罐，其有三种作用：正常操作时它接收自反应部分酸沉降罐送来的废酸，用作废酸缓冲及分离出所携带的烃类；事故状态时接收含酸系统容器安全阀的放空物流，并使酸和烃分离；停工时接收含酸系统容器的含酸排放物流。废酸在排酸罐中分离出烃类后，用废酸泵送至废酸贮罐。回收的含酸烃类则用含酸废油泵送至反应系统。

从排酸罐来的含酸油气进入含酸气碱洗塔进行碱洗中和，该塔内装6层塔板。自排酸罐来的酸性气，流经含酸气碱洗塔时被中和后排至火炬系统。

装置设有新鲜碱贮罐一台，供给各部分所需的12%NaOH溶液。停工检修而需进入含酸容器时，可利用公用碱泵向有关容器中注碱中和。

装置设有废水脱气罐，装置各部分脱出的含烃废水在此罐进行脱气，烃类气体排至火炬，废水排至废水中和池。

装置设置的废水中和池用以接收装置可能排放的自流酸性污水以及碱性污水。中和池中设有pH计在线控制新鲜碱液加入量和新酸加入量。池内还设有喷射器，以保证中和均匀。中和后的污水以浸没在池中的排水泵送出装置，污油则用废油泵排出装置。

三、主要操作参数

1. 工艺参数

① 水的影响：控制原料中水含量为10mg/kg。在反应过程中烯烃与硫酸的副反应也能生成水。当水量增加，硫酸浓度就相应降低，副反应增加。为维持反应段中所需的硫酸浓度，就要不断地排出一部分废酸，补充一部分新酸，排出废酸浓度控制在88%~90%。

② 反应时间：硫酸烷基化反应时间一般为10~30min。实际上烯烃在进入溶解有异丁烷的酸相中时，只需几秒钟的接触时间就会发生主要的烷基化反应，如果酸相中异丁烷较少

时，趋向于聚合反应或与酸生成酯。在工业反应器中，较长的停留时间一般是作为获得较高异丁烷与烯烃比的一种手段，通过降低烯烃空速而获得较长的停留时间。

③ 反应温度：硫酸烷基化对温度的变化很敏感。一般来说，降低反应温度会降低反应速度，但却能提高反应的选择性，使反应向着烷基化主反应方向进行，从而提高产品质量。但反应温度过低，将导致硫酸黏度增高，从而增大搅拌所需的功率及冷却所需的费用。温度过高，将导致产品质量变坏，酸耗增加，而且硫酸会产生氧化作用，产生二氧化硫。通常用于硫酸烷基化的反应温度为4.4~12.8℃。

④ 烷烯比：在反应器中，烷烯比高有利于生成理想的 C_8 烷基化油。在工业化生产中，进反应器的烷烯比约为(8~10)：1，但在反应器中，由于溶解度的关系，异丁烷与烯烃的内比常保持在(300~1000)：1 之间。增大烷烯比能迅速提高产品的辛烷值，但当外比超过10：1 时，其效果并不随之继续提高。

⑤ 酸烃比：一般为(1~1.35)：1(体积)，即反应器中酸的体积分数为50%~60%。

⑥ 酸浓度：对于不同的烯烃原料，生产高质量、高收率的烷基化油所对应的硫酸浓度也不一样。对丁烯原料，最佳的硫酸浓度在93%~95%和1%~2%的水及其余的有机物质，硫酸最低浓度可至88%；当含有一定量戊烯时，硫酸浓度可低至85%。另外硫酸的浓度对酯的生成量又有一定影响。丁烯进料时，硫酸浓度在90%~93%时，酯的生成量最少；硫酸浓度超高时，酯的生成量也高。酸的浓度高，活性也高，但随着浓度的提高，也会带来其他副反应；酸浓度低，活性也低，产品质量和收率也随之降低。

⑦ 烯烃加入的线速和位置：将烯烃进料入口位置设在搅拌器剪切速率较高的部位，在烯烃进入乳化液时，采用特殊设计的喷嘴，提供至少18m/s的进料速度，当烯烃接触乳化液时，处于充分的分散雾化状态。

⑧ 体积空速：烯烃空速是指单位时间进入反应器烯烃量除以酸体积量。一般来说，空速高，酸耗增加，辛烷值降低，而且高烯烃空速使反应热增加并很难及时取走，致使反应温度升高而使反应恶化。硫酸烷基化空速控制在0.2~0.5h^{-1}。

⑨ 搅拌混合：硫酸烷基化反应中酸为连续乳化液，烃为分散雾化状态。没有乳化的酸，实际上不能起烷基化反应的催化作用。在反应器增加搅拌，目的是在两相间提供理想的乳化。由于异丁烷在酸中的溶解度很差，通过搅拌作用就相应提高了入口处混合物中异丁烷的浓度，为烯烃进入酸相与异丁烷接触创造理想的反应环境，避免烯烃聚合或烯烃与硫酸的酯化反应，对减小酯类的生成起着重要作用。另外，搅拌能最大限度地降低反应器温度梯度，并产生较大的传热系数。

2. 影响酸耗的因素

原料中的杂质含量是影响酸耗的主要因素，不同的杂质对酸耗的影响如下(基于新酸浓度99.2%，废酸90%条件下的数值)：

杂质名称	酸耗/(kg 硫酸/kg 杂质)
水分	9.8
乙硫醇	15.7
乙基二硫化物	11.8
硫化氢	29.3
1,3-丁二烯	8.3
3-甲基-1,2-丁二烯	12.6

2-甲基-1,3-丁二烯	11.4
MTBE	9.2
甲醇	26.1
二甲醚	12.5
1,3-戊二烯	12.4
1,4-戊二烯	8.1
环戊二烯	18.5

除杂质对酸耗的影响外，不同的烯烃含量酸耗也不一样，丙烯烷基化反应的酸耗最高，约300kg/t油，戊烯反应约150kg/t油，丁烯约65kg/t油。另外，如反应条件不当，硫酸与烯烃反应生成溶解于烃的酸酯，也使酸耗增加。

3. 主要操作条件

原料脱水器温度：	9~11℃
反应温度：	7~12℃
反应压力：	0.3~0.5MPa(表压)
烯烃空速：	$0.3\sim0.5h^{-1}$
反应器进料烷烯比：	8~11∶1(体积)
闪蒸罐压力：	0.01~0.03MPa(表压)
节能罐压力：	0.18~0.21MPa(表压)
制冷压缩机出口压力：	0.5~0.7MPa(表压)
脱异丁烷塔顶压力：	0.5~0.65MPa(表压)
脱异丁烷塔顶温度：	49~54℃
正丁烷塔顶压力：	0.35~0.45MPa(表压)
正丁烷塔顶温度：	49~53℃

四、废酸处理

1. 废酸处理技术

硫酸烷基化装置的酸耗较大，所产生的废酸如不进行处理回收，将对环境造成污染而影响烷基化装置的开工运行，因此，无论国外还是国内，选用硫酸做催化剂的烷基化装置都配套建设废酸再生设施。

废酸再生工艺是将烷基化装置所产生的浓度88%~90%的硫酸和炼厂回收的含H_2S酸性气通过焚烧分解、氧化、吸收而转化为98%~99.2%的浓硫酸，此硫酸可返回烷基化装置作为催化剂重新使用。

目前废酸再生有两种技术可供选择，一是“干式”再生，专利商有DUPONT公司(收购了MECS技术)、南化集团研究院；另一种是“湿式”再生，专利商有Topsøe公司、奥地利的P&P公司。这四家专利商的技术都建有工业装置，所排放的尾气中SO_2、NO_x和酸雾都能达到《石油炼制工业污染物排放标准》GB 31570—2015特别排放限值的要求。

两种工艺技术的主要区别在于：“干式”再生工艺需将焚烧炉出来的裂解气进行净化除尘干燥，干燥后的SO_2气体在反应器转化为SO_3，然后用浓硫酸进行吸收而生产出99.2%的浓硫酸；“湿式”酸再生工艺是将焚烧炉出来的裂解气用静电沉降器或过滤器将灰尘等固体杂质除去，裂解气不经过干燥，在有水蒸气存在的条件下裂解气中的SO_2在反应器内转化为SO_3，然后SO_3和水蒸气冷凝生产出98%的硫酸。两种技术主要区别如下：

① “干法”再生工艺的裂解气需要洗涤冷却，然后再升温进入反应器，而“湿法”再生直接除尘净化，不需要冷却，所以装置能耗“湿法”比“干法”低。

② “干法”工艺产酸浓度为99.2%，“湿法”工艺酸浓度98%或98.5%。

③ “干法”工艺有稀酸产生，需中和处理后外排含盐污水。

④ “干法”工艺设备多，占地面积比“湿法”大。

2. 工艺流程

现以DUPONT公司的SAR“干式”技术和Topsøe公司的WSA“湿式”技术进行流程介绍。

DUPONT公司SAR工艺主要分为以下四个部分：①废酸焚烧生成二氧化硫；②富含二氧化硫的裂解气体的净化、冷却、干燥；③二氧化硫转化为三氧化硫；④吸收三氧化硫成酸(详见图5-1-6)。

(1) 废酸焚烧生成二氧化硫

烷基化废酸通过喷嘴注入焚烧炉，和燃料气、空气和酸性气一起燃烧。废酸降解为二氧化硫、氧气和水蒸气。

在废酸中存在的烃类有机物燃烧后形成二氧化碳和水蒸气，同时对废酸的降解和水的汽化提供了部分热量。

酸性气体的燃烧也向系统提供热量并生成二氧化硫和水蒸气。任何存在于酸性气体中的烃类也和存在于废酸中的烃类一样提供部分热量。酸性气通过焚烧炉中的一个喷嘴送入焚烧炉。酸性气的引入是为补充硫的损失。

为了保证焚烧温度在1066℃左右，焚烧炉需要补入燃料气燃烧以提供热量。

燃烧空气由燃烧空气风机压缩后并经四段和一段转化气加热后，进入焚烧炉参与燃烧。

(2) 富含二氧化硫的裂解气体的净化、冷却、干燥

自焚烧炉出口来的裂解气体在蓄热器中冷却后，含二氧化硫的气体通过气体净化设备，灰分和微量三氧化硫在裂解气体通过一级动力波洗涤器绝热饱和激冷过程中大部分被除去。微量三氧化硫和水反应生成气体净化系统中的稀硫酸，稀硫酸经过空气气提后可进入烷基化的中和池，中和后排出装置。

经过一级动力波洗涤后的裂解气进入冷却塔进一步冷却；然后进入二级动力波洗涤器，进一步去除裂解气中的杂质和酸雾。

稀释空气和裂解气混合后，进入干燥塔，通过93%的硫酸去除气体中的水分。稀释空气提供在转化系统中二氧化硫转化为三氧化硫所需要的氧气。为了保持干燥塔93%的酸浓度，自一吸塔酸冷器向干燥塔底掺入99.2%浓硫酸。干燥塔塔底的液位通过将93%的硫酸向一吸塔酸系统转移保持。

(3) 二氧化硫转化为三氧化硫

经过干燥后的裂解气由主压缩机压缩后通过蓄能器与焚烧炉出口裂解气换热后进入转化器的第一床层转化，转化反应为放热反应。经过第一床层转化的转化裂解气温度升高，通过燃烧空气冷却后，转化气进入转化器的第二床层进一步转化，然后与一吸塔吸收后的一吸气换热冷却后，进入转化器的第三床层再进一步转化；经过三个床层反应的富含三氧化硫的转化气与一吸气换冷后进入一吸塔吸收，吸收转化气中的三氧化硫。一吸塔吸收后的一吸气，与第三、第二床层出口的转化气体相继换热后，进入转化器第四床层转化，第四床层出来的转化气与燃烧空气风机出口的空气换热后，进入二吸塔吸收转化气中的三氧化硫，经二吸塔吸收后的转化气，达到环保指标排入烟囱。

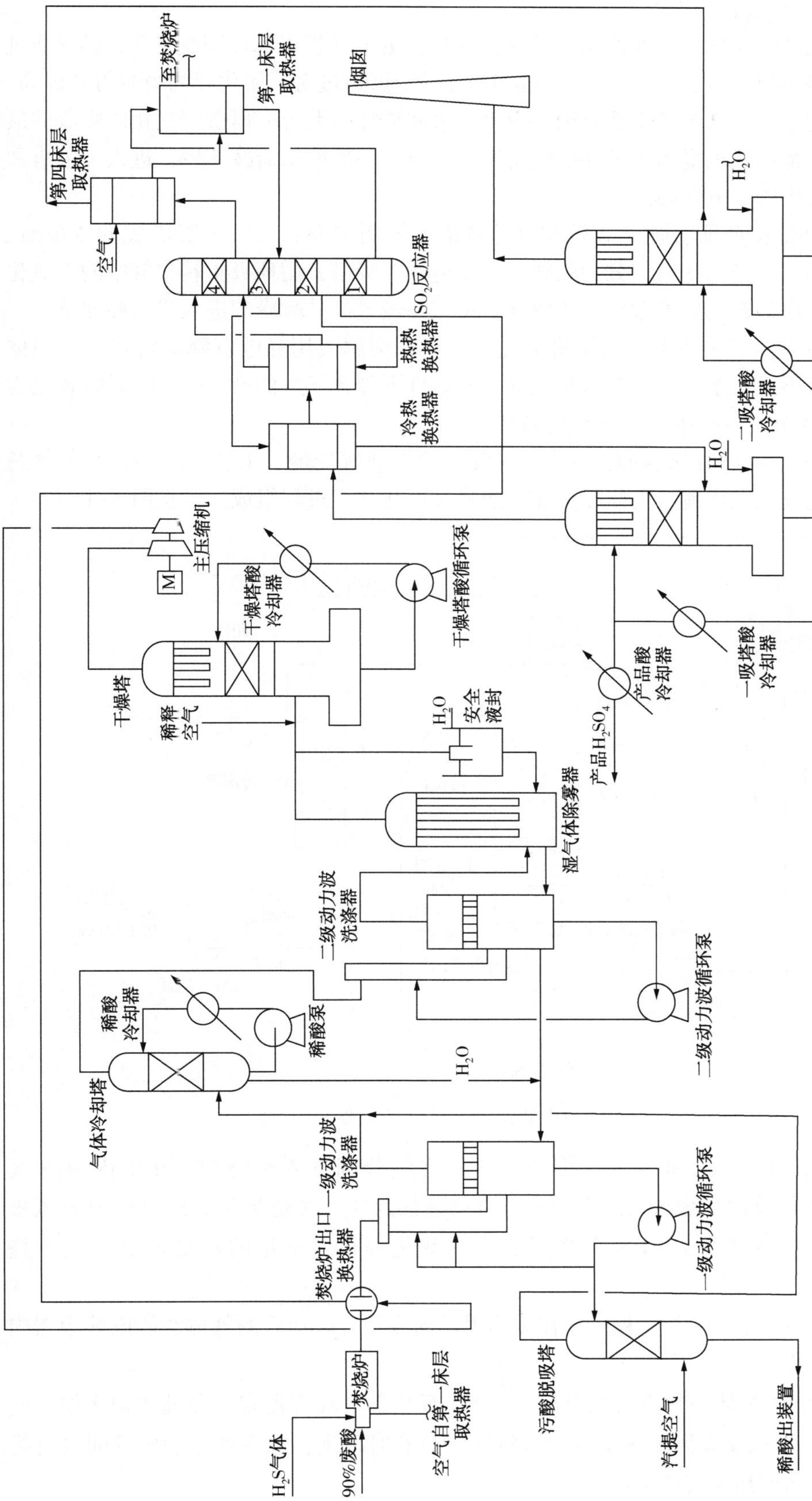

图5-1-6　DUPONT“干法”酸再生工艺流程

(4) 吸收三氧化硫成酸

转化器中生成的三氧化硫，即使是经过充分冷却，也不可能和水有效地结合，必须通过98.5%~99%的硫酸吸收。在一吸塔和二吸塔的循环酸浓度通过对三氧化硫的吸收得到提高，为了保持循环酸的浓度，系统中需要添加稀释水。水和循环酸混合以保持三氧化硫吸收的最佳酸浓；吸收热和稀释热也提高了循环酸的温度，通过循环酸冷却器冷却后，进入一吸塔和二吸塔吸收转化气中的三氧化硫。

一吸塔的循环酸浓度通过加入稀释水的量将浓度控制在99.2%。一吸塔底的浓硫酸，通过一吸塔底泵抽出，经冷却后，分为三路：一路返回一吸塔，循环吸收转化气中的三氧化硫；一路进入干燥塔补充干燥塔循环酸的浓度；第三路经过产品酸冷却进入成品酸储罐。

Topsøe 公司的“湿式”酸再生工艺是将焚烧炉出来的裂解气用静电沉降器将灰尘等固体杂质除去，裂解气不经过干燥，在有水蒸气存在的条件下裂解气中的 SO_2 在反应器内转化为 SO_3，然后 SO_3 和水蒸气冷凝生产出98%的硫酸。

此工艺由废酸及酸性气(富含硫化氢气)在焚烧炉内分解焚烧、工艺气冷却、工艺气脱尘、二氧化硫转化成三氧化硫、气体冷却和硫酸冷凝冷却几个过程组成。详见图5-1-7。

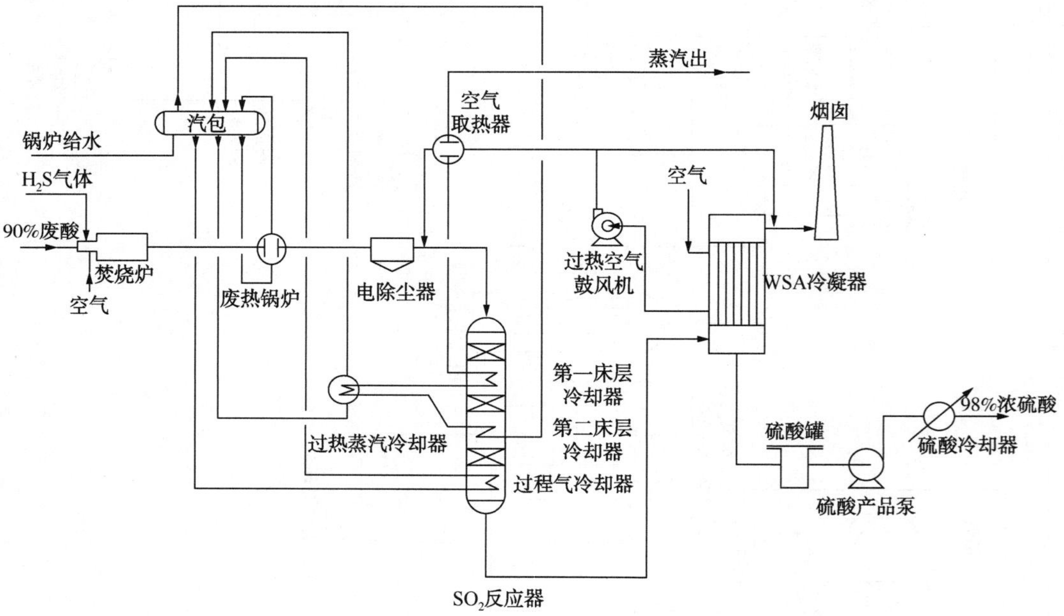

图5-1-7　D“湿法”酸再生工艺流程

烷基化产生的90%废酸和系统来的含 H_2S 酸性气分别进入焚烧炉，在炉内 H_2S 气与空气进行氧化放热反应生成 SO_2，废酸进行分解吸热反应，焚烧炉所需的空气由鼓风机补入。硫酸分解所需的热量由 H_2S 燃烧所放出的热量提供，不足的热量由燃料气燃烧补充。

焚烧炉内反应生成的 SO_2 等过程气体在废热锅炉内冷却，冷却后的气体在静电除尘器内除去携带的固体杂质。

除去杂质的含 SO_2 气体与热空气混合后进入 SO_2 反应器。反应器有三段催化剂床层，使 SO_2 转化为 SO_3。由于该反应为放热反应，需将反应热及时取走，故在催化剂床层间设有换热器，利用反应放出的热量发生蒸汽。

反应后的气体进入 WSA 冷凝器前，需在位于反应器底部的冷却器冷却到 290℃，在冷却过程中，SO_3气体与水结合成硫酸气，该气体在 WSA 冷凝器进一步冷凝冷却。WSA 冷凝器为 Topsøe 公司的专利设备，内有垂直的耐酸玻璃管束，管束内走酸性气，管束外为空气。在冷却过程中，所有 SO_3在 WSA 冷凝器内与水水合为硫酸，至冷凝器底部为 98%的硫酸。热的浓硫酸与 40℃的循环酸直接混合到 70℃后送入酸贮罐，再用酸循环泵抽出进一步冷却到 40℃后一部分送出装置，另一部分作为循环酸与热硫酸直接混合。

WSA 冷凝器壳程的热空气一部分经空气预热器加热到 400℃后，与静电除尘器出来的含 SO_2气混合进入反应器，补充反应所需的氧气；另一部分与出 WSA 管程的酸性气混合后经烟囱排入大气。排入大气的 SO_2含量符合国家环保标准的规定。

焚烧炉出来的高温 SO_2气体在废热锅炉内与除氧水换热，发生蒸汽。

第三节　氢氟酸法烷基化

一、工艺流程

自 1942 年国外第一套氢氟酸烷基化装置投产以来，氢氟酸烷基化工艺在 20 世纪得到了迅速发展，国外建成的装置近百套，我国在 80 年代中期，引进 Phillips 石油公司的专利技术，在全国建成 13 套氢氟酸烷基化装置。

最早的氢氟酸烷基化工艺流程有两种：环球油品（UOP）公司的流程和菲利普斯（Phillips）公司的流程。两种流程的主要区别在于反应系统（见图 5-1-8，图 5-1-9）。

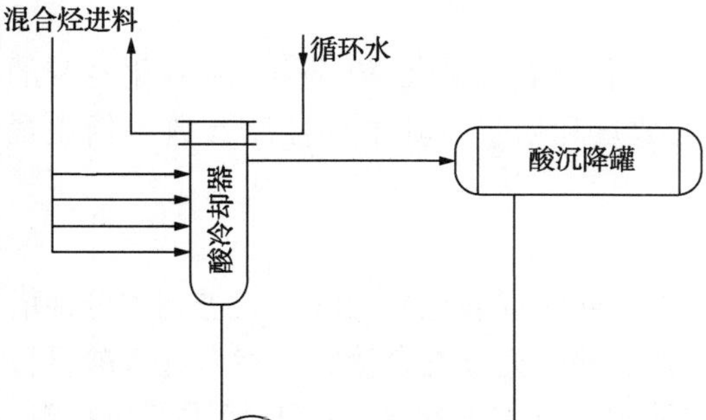

图 5-1-8　UOP 反应部分示意图

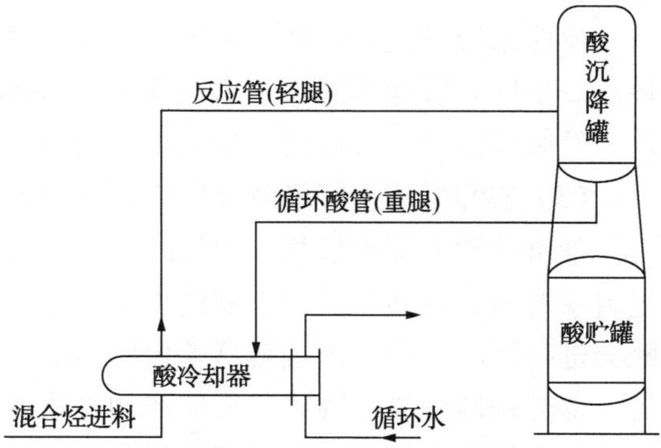

图 5-1-9　Phillips 反应部分示意图

UOP 公司采用的是用泵来循环 HF，酸冷却器采用立式换热器型式，烃类物料通过多点注入，可增加反应烷烯内比。利用酸循环泵可增加操作的灵活性，降低酸烃比。酸沉降罐可布置在低处，但泵的使用增加了动力消耗及泄漏的可能性，也增加了操作和维修的麻烦。

Phillips 公司的反应系统为反应管型式。酸借助于构成反应系统的“重腿”和“轻腿”之间的重度差进行循环，即烃类原料通过喷嘴注入酸中，在催化剂作用下发生反应并沿轻腿与酸一起进入酸沉降罐，沉降下来的酸沿重腿进入酸冷却器，用循环水将反应热取走。因为没有循环酸泵，节省了动力的输入，减少了泄漏的麻烦，但酸沉降罐需布置在高处。

20 世纪 80 年代末我国引进的氢氟酸烷基化装置采用的是菲利普斯工艺技术。菲利普斯氢氟酸烷基化流程一般包括烯烃原料干燥、反应与沉降分离、反应产物分馏、产品精制和氢氟酸再生。原料经干燥脱水后与循环异丁烷混合进入反应器，在氢氟酸催化剂作用下，烯烃与异丁烷发生反应。反应热通过冷却器中的冷却水取走，反应物经沉降分离后，酸进行循环，烃类进入分馏系统，分出丙烷、循环异丁烷、正丁烷和烷基化油。丙烷和正丁烷需进行脱氟处理。为保证氢氟酸的纯度，从循环酸中分出一股进入酸再生塔，通过酸再生塔可清除循环酸中多余的水分和酸溶性油，酸再生塔底排出的酸溶性油经碱洗处理后掺入炼厂渣油中或作为燃料油。工艺流程见图 5-1-10。

(1) 原料干燥与干燥剂再生

满足烷烯比要求的碳四馏分用装置进料泵升压后，到原料干燥器进行脱水，原料自干燥器下部进，利用活性氧化铝的吸附作用，把原料中的水含量降到 10～20mg/kg。脱水器两组，一组进行脱水，另一组再生。再生剂为进料烯烃，用干燥器再生介质循环泵升压后进入干燥器再生介质加热器，用热油加热到汽化后，从干燥器顶部进入床层，利用热脱附方法，把活性氧化铝吸附的水脱出，气相再生介质连同脱出的水蒸气，由干燥器下部出来，经干燥器再生介质冷凝器冷凝冷却，进入再生介质分水罐进行沉降分水，分出水后的再生介质再重新使用。干燥后的新鲜原料去反应部分。

(2) 反应与沉降分离

干燥后的新鲜原料与循环异丁烷混合并以一定的异丁烷与烯烃之比，进入混合三通，混合后进入酸冷却器。混合后的烃类在酸冷却器的端头进入高效混合喷嘴高速喷出，将烃分散到酸相中，同酸一起进入反应管。在氢氟酸催化剂存在下，异丁烷与烯烃迅速发生反应，使反应物温度升高，然后进入酸沉降罐。酸和反应产物在罐里靠密度差分为两相。下面的酸相自上而下流入酸冷却器，在酸冷却器中酸被水冷却，继续与烃类进料混合，这样周而复始地进行循环。

反应系统是烷基化装置的核心，也是美国菲利普斯公司(现为 UOP 公司)烷基化专利的核心。反应系统操作好坏，直接关系到烷基化油的数量和质量。其主要控制参数包括烷烯比、氢氟酸浓度、酸烃比、反应温度及反应时间。

(3) 酸和烃的再接触及反应产物的分馏

酸沉降罐上部的烃相，由管线引出，与主分馏塔顶回流罐酸包来的酸一起进到主分馏塔进料泵升压，到酸喷射混合器的主流管道，与次流管道的酸充分混合接触，然后进入酸再接触器进行沉降分离。再接触器酸包中的酸一部分被抽到混合器的次流管道与烃进行再接触，另一部分被压到酸沉降罐与反应产物进行液液接触。酸再接触器的作用是减少酸沉降罐流出物中的有机氟化物，使有机氟化物分解成烃和氢氟酸，既降低了酸耗，回收了氢氟酸，也减轻了产品精制部分的负荷，延长了脱氟剂的使用寿命。

再接触器上部出来的烃类物料经主分馏塔进料-循环异丁烷换热器、主分馏塔进料-烷基化油换热器换热后，升温到一定温度后进入主分馏塔进行多组分分馏。

主分馏塔是一个多侧线的复杂塔，内设固定阀塔板，塔顶操作压力控制在 2.0MPa(表压)，操作温度 63℃左右，塔顶含氢氟酸的气相丙烷，经主分馏塔-汽提塔顶冷凝器冷却后，进入主分馏塔顶回流罐。回流罐中的不凝气经排出气吸收器排入含酸气中和器。为防止不凝气排出时携带大量氢氟酸，用来自气体分馏装置的液态丙烯做冷冻剂。回流罐中的烃由主分馏塔顶回流泵抽出，大部分作为主分馏塔顶回流，小部分作为丙烷汽提塔的进料，回流罐酸包中的酸返回到酸沉降罐和主分馏塔进料泵。回流罐中酸和烃的界面高度，由界面控制器控制，并设有液位报警装置，防止酸液面超高流入丙烷汽提系统。

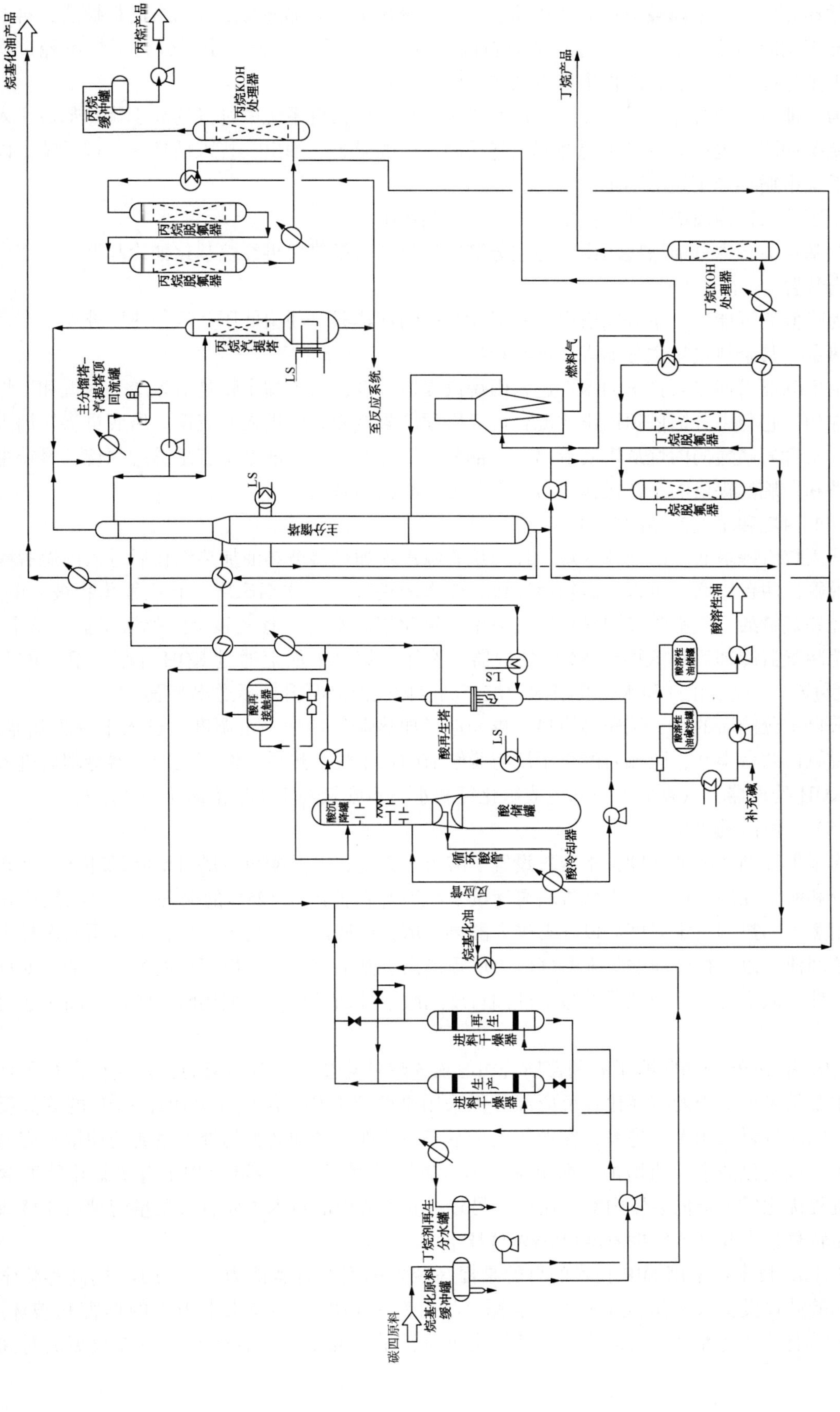

图5-1-10　氢氟酸烷基化工艺流程

循环异丁烷从精馏段塔板上液相抽出，靠自压流出，大部分与主分馏塔进料换热，再经循环异丁烷冷却器冷却，最后与新鲜原料混合进入反应系统，另一小部分异丁烷不经过换热，由主分馏塔压出后去酸再生塔塔底作为汽提物料。

为保证一定的烷烯比，装置一般设有异丁烷缓冲罐，将系统中过量的异丁烷冷却后压入异丁烷缓冲罐，也可通过异丁烷补充泵将缓冲罐中的异丁烷抽出，打入循环异丁烷系统，以补充系统中循环异丁烷的不足。

正丁烷从提馏段塔板气相抽出，去产品精制系统。

烷基化油自主分馏塔底压出，与主分馏塔进料物料换热后再经烷基化油冷却器冷却作为产品出装置。

为降低装置能耗，主分馏塔中部一般设有中间加热器，利用低压蒸汽加热以补充一定负荷的热量，其余热量靠主分馏塔底重沸炉提供。

由主分馏塔回流泵打来的丙烷进入丙烷汽提塔上部，塔顶馏出物是氢氟酸、丙烷和丁烷的共沸物。它与主分馏塔顶馏出物混合后经塔顶冷凝器冷却后进入回流罐。塔底重沸器插入塔釜，不含氢氟酸的丙烷从塔底流出，一部分去反应系统，保证系统有足够的丙烷，维持主分馏塔和丙烷汽提塔的正常操作；另一部分去产品精制系统。

（4）丙烷和丁烷产品的精制

从丙烷汽提塔底来的液体丙烷，经丙烷脱氟进料加热器被热油加热汽化后进入丙烷脱氟器。脱氟器两台串联，可以先后轮换操作。气态丙烷经过氧化铝床层，有机氟化物被分解，生成烃和氢氟酸，氢氟酸又同氧化铝反应生成氟化铝和水，水蒸气和烃由脱氟器下部出来，经丙烷冷凝器冷却后进入丙烷 KOH 处理器，液体丙烷自下而上通过 KOH 床层，氢氟酸和 KOH 反应，生成氟化钾和水，合格的丙烷产品经丙烷产品泵升压后送出装置。

来自主分馏塔的正丁烷先经换热，再经进料加热器加热到一定温度后进入丁烷脱氟器，丁烷脱氟器两台串联，脱氟后的正丁烷与脱氟前的正丁烷换热后，经丁烷冷凝器冷却后进入丁烷 KOH 处理器，氢氟酸被中和生成氟化钾和水，不含氟的正丁烷依靠压力送出装置。

（5）氢氟酸的再生

为了保证循环酸的纯度，本装置设置了酸再生系统，通过酸再生塔可清除循环酸中多余的水分和酸溶性油。用酸再生塔进料泵连续从酸冷却器抽出 0.125%的循环酸，泵入酸汽化器，用蒸汽加热到一定温度后以气态进入酸再生塔，塔底用异丁烷来汽提，塔顶用液态异丁烷作顶回流，以保持洁净的氢氟酸气体由塔顶馏出进到酸沉降罐，塔下部的酸溶性油定期排入酸溶性油碱洗罐，经碱洗后的酸溶性油自压到酸溶性油贮罐，定期用酸溶性油产品泵送出装置。

2007 年 UOP 公司收购了菲利普斯公司氢氟酸烷基化技术，对两家的工艺流程进行了优化，主要是采用适当的酸烃比；反应部分仍采用重度差循环，反应器采用原 UOP 的等温反应器，同时进料采用多点进料，在设备大小不变的条件下增加装置的处理量或处理量不变的条件下，烷基化油辛烷值增加；酸沉降罐内设置再接触板，减少流出物中有机氟化物的含量；流程优化后可降低装置内酸的储量。另外在安全方面的技术主要有酸藏量管理（IMP）即酸快速转移技术和降低酸挥发度（ReVAP）技术。

① IMP 技术：采用 IMP 技术的目的是提高装置的安全自救能力。因为 HF 属高毒化学品，如酸储存设备破裂造成 HF 大量泄漏，将会对人和周围环境带来极大的伤害和破坏。IMP 实际上是一套程序控制系统，一旦发生灾难性酸泄漏事故，启动 IMP 可在很短的时间

内(10min 之内)，将系统内的酸转移到一个安全的地方。Phillips 公司介绍，采用 IMP 技术后可将装置风险降低 90%。

② ReVAP 技术：采用 ReVAP 技术的目的是提高装置的安全性。该技术的核心是在循环酸中加入一种添加剂，使酸挥发度降低 60%~90%，就是说，加入了添加剂的循环酸，如果发生泄漏，大部分(60%~90%)的泄漏酸将以液态留在地面，只有少部分(10%~40%)的泄漏酸汽化进入大气，使抢修人员容易接近事故现场，缩短了事故处理时间，从而减少了损失。据资料介绍，所使用的添加剂是一种常用化学品，装置需要设置添加剂回收系统。

以上两种技术在工业装置上都有应用。

二、主要操作参数

1. 影响操作的主要参数

(1) 烷烯比

反应器进料中异丁烷与烯烃的液体体积比称为反应烷烯比，它是烷基化反应过程中重要的控制参数。提高反应器中异丁烷的浓度即加大反应烷烯比是抑制非理想反应发生行之有效的手段，使得烷基化油辛烷值增加而干点下降，酸溶性油和有机氟化物减少，酸耗降低。

氢氟酸烷基化反应烷烯比一般为(10~15)：1(体积比)

(2) 反应温度

烷基化反应是放热反应，随着温度的升高，反应速度加快，反应深度加深，反应产物中少侧链结构的物质含量增多，最后导致烷基化油干点上升。低温对烷基化反应是有利的，但温度过低又会导致异丁烷在酸中溶解度下降而造成有机氟化物生成量急剧增加。氢氟酸烷基化反应温度范围较宽，一般在 27~43℃之间。

(3) 酸强度

酸浓度下降，引起烷基化反应的活性减小，副反应增加。但高浓度酸是没有活性的(大于 94%)，因此酸中应有一定量的水。正常操作条件下，循环酸的浓度为 85%~92%，酸溶性油(ASO)为 2%~4%，烃类 3%~6%，水 1%~2%。

(4) 酸烃比

为保证酸烃充分接触，在烃类完全雾化的情况下必须维持酸为连续相。另外，酸还是一种稀释剂，由于酸的热容量大，可以大量吸收反应热，起到降低反应温度的作用，因此高酸烃比对反应是有利的。但酸烃比太大(大于 5：1)，对产品质量变化影响不大，而消耗却增加很多，因此酸烃比控制在(4~5)：1。

(5) 反应时间

烷基化反应在瞬间就能完成，反应时间长短对产品质量无明显影响，一般控制在 15s 到 15min。

(6) 酸烃混合

酸烃均匀混合是保证产品质量和收率的前提条件。由于异丁烷在氢氟酸中的溶解度较大，因此反应系统不需要搅拌器，而是通过高效雾化喷嘴将烃进料雾化成极小的液滴，分散在酸相中使酸烃密切接触。根据经验，只要喷嘴压降不小于 0.1MPa，就能保证烯烃分散均匀。

2. 主要操作条件

反应温度：　27~43℃

反应压力：　0.5~1.0MPa(表压)

烷烯比：	(10～15)：1(体积比)
氢氟酸浓度：	85%～92%
酸烃比：	(2.5～5)：1(体积比)
主分馏塔进料温度：	72℃
主分馏塔顶温度：	63℃
塔顶压力：	2.01MPa(表压)
塔底温度：	232℃
异丁烷抽出温度：	100℃
正丁烷抽出温度：	128℃
酸再生塔顶温度：	143℃
酸再生塔底温度：	149℃
酸再生塔顶压力：	0.94MPa(表压)

三、设备管线材料选用

1. 氢氟酸的腐蚀形态

(1) 化学腐蚀

氢氟酸十分活泼，在常温下就能和大多数金属反应生成金属氟化物并释放出氢原子。氢原子与碳钢、蒙乃尔合金反应分别生成氟化铁和氟化镍，氟化铁或氟化镍附着于金属表面形成致密的保护膜。但条件变化时，保护膜有可能被破坏，使腐蚀加剧：

① 温度的影响

温度每升高 10℃，腐蚀速度约增加 1～3 倍。在无水氢氟酸(酸浓度 85%～100%，酸中含水≯3%)中，碳钢的使用温度不高于 71℃，而蒙乃尔合金的使用温度可到 149℃。

② 介质流速的影响

流速过高时，保护膜受到冲刷而脱落，使腐蚀加剧。与氟化镍膜相比，冲蚀对氟化铁的影响更大。

(2) 氢鼓包

氢氟酸与金属反应释放出的原子氢具有很强的穿透能力。原子氢在穿透金属的过程中，如遇气孔或夹层，将积聚而生成氢分子，氢分子没有穿透能力，积聚在气孔或夹层中，使气孔或夹层胀大，形成氢鼓包，严重时器壁可完全破裂。介质中如果还有硫化氢，鼓包现象就更加突出。

(3) 应力腐蚀

以附加应力或残余应力形式存在于焊缝及其周围部位的应力，在氢氟酸的作用下将使金属产生细微裂纹，导致应力腐蚀。应力腐蚀随温度升高而加速。

金属硬度越高越易产生应力腐蚀。为了控制金属的硬度，首先要限制金属中碳元素和锰元素的含量，其次要选择正确的焊接工艺。

(4) 缝隙腐蚀

焊接不良而产生的裂纹或夹渣，易受滞留酸的作用，使金属遭受缝隙腐蚀。

2. 材料选用

(1) 蒙乃尔合金

蒙乃尔合金(含镍 66%～67%，铜 29%～31%)是仅次于贵金属的抗氢氟酸腐蚀的理想材料，它可抗一切浓度的氢氟酸腐蚀，长期使用温度可到 149℃，短期的最高使用温度可以到

649℃。蒙乃尔合金最怕含氧酸，在含氧酸中，蒙乃尔合金的腐蚀率急剧增加。

蒙乃尔合金在氢氟酸烷基化装置的关键部位得到广泛应用。如酸再生塔、酸蒸发器管束、酸溶性油混合器等均由蒙乃尔合金制成。另外适用于含酸介质中的阀门或阀门内件、个别仪表及仪表零件等都是蒙乃尔合金材料。

(2) 碳钢

碳素钢对低温的无水氢氟酸有较好的抗腐蚀性能。根据冶炼方法的不同，碳素钢分为沸腾钢、半镇静钢和镇静钢三种。沸腾钢内有较多的气孔和夹层，容易产生氢鼓包，所以只适用于不与含酸介质接触的设备外部构件，如设备的支座，或者不受力的设备内部构件，如冷换设备内部的折流板。半镇静钢性质介于沸腾钢和镇静钢之间，它仅适合于介质中含酸量较少、受压较小的容器内部构件。镇静钢是烷基化装置使用的主要金属材料，为了保证镇静钢的质量，国外有些钢厂采用真空脱气工艺和加入少量钙和铝元素，使气孔减少，从而减少氢鼓包发生。

(3) 铸铁、铜、镁、铝和不锈钢

① 因铸铁的碳、硫、磷、硅元素含量较高，性脆，不抗氢氟酸腐蚀；

② 铜能抗氢氟酸腐蚀，但不抗冲蚀；

③ 镁能抗氢氟酸腐蚀，但机械性能差，熔点低，易和氧及水起作用；

④ 铝不耐氢氟酸腐蚀；

⑤ 1Cr18Ni9Ti 等不锈钢在氢氟酸中不能生成保护膜，不抗氢氟酸腐蚀。

四、安全环保与职业卫生

氢氟酸系非燃体，但当受热后，氢氟酸迅速汽化释放出强腐蚀性的氟化氢气体，它与金属反应生成金属氟化物和氢气。氢气积聚在设备或管道内而导致着火和爆炸。

1. 三废治理

(1) 废气：分正常排放和事故排放两种。

正常排放的含酸废气来自酸溶性油贮罐和含酸烃放空总管。含酸废气在排往火炬之前用5%浓度的 NaOH 溶液中和以脱除废气夹带的氢氟酸。酸碱中和生成 NaF 和 H_2O。由于 NaF 溶解度小，因此碱液浓度不能超过5%，否则 NaF 结晶析出，造成设备和管道堵塞。碱液浓度降至0.5%~1.0%后作为废碱液排往废碱混合池。

(2) 废液：废液包括废碱液和含酸污水两种。

废碱液来自含酸气体中和器和酸溶性油碱洗罐。废碱液中含有一定量的氟化钠，在环境温度下，水中的氟化钠可以离解出氟离子造成环境污染，所以在废碱液排出装置前加入30%氯化钙溶液，利用置换反应将氟化钠转化为在水中不能离解的氟化钙。经过置换反应后，废碱液进入氟化钙沉淀池，氟化钙泥浆沉淀下来，上层为含油污水。含油污水主要组成：H_2O 92.7%、NaCl 5.9%、$CaCl_2$ 1.4%、F^-≤10mg/L，可排入全厂含油污水处理系统。

含酸污水来自酸区地面的初级雨水、人身安全淋浴水、中和池(设备中和池、工具中和池及人身中和池)废碱水、酸区地面冲洗水、来自 KOH 接收罐的废碱水，这些污水汇集至酸沟，最后排入废碱中和槽，用碳酸钠中和，中和后的污水排至全厂含油污水处理系统。

(3) 废渣：包括氟化钙泥浆和废氧化铝。

位于氟化钙沉淀池下部的氟化钙泥浆其组成大致为 CaF_2 30%、H_2O 64.9%、NaCl 4.1%、$CaCl_2$ 1%。氟化钙是一种十分稳定的化合物，环境温度下不能分解，目前是填埋处理。

废氧化铝(包括脱水氧化铝和脱氟氧化铝)一般2~3年更换一次，也是填埋处理。

氢氟酸烷基化装置设置的三废治理系统见图5-1-11。

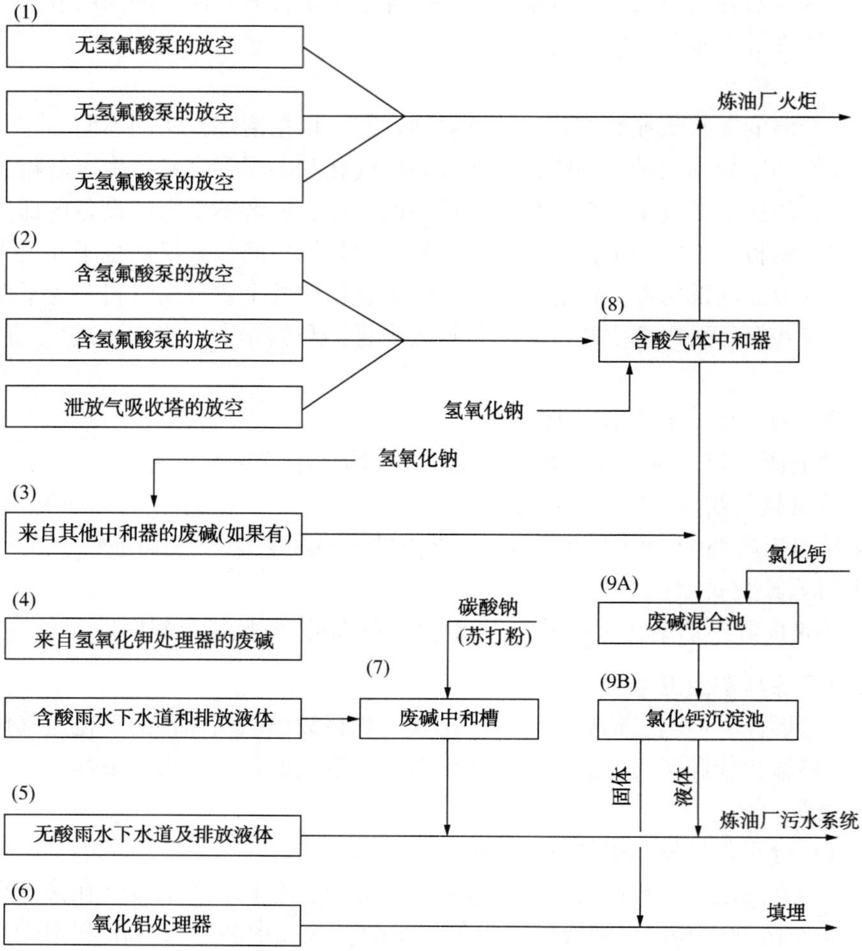

图5-1-11　氢氟酸烷基化装置设置的三废治理系统

2. 卫生数据与保护

(1) HF的危害

氢氟酸属高毒类物质，常压下沸点19.5℃，一旦从设备中泄漏出来会形成大量有毒的、使人窒息的烟雾，对呼吸道及皮肤有强烈的刺激和腐蚀作用；吸入高浓度的氟化氢可引起支气管炎和肺炎；吸收后可产生全身中毒作用，还可导致氟骨症。急性中毒：接触高浓度的氟化氢，可引起眼及呼吸道黏膜刺激症状，严重者可发生支气管炎、肺炎，甚至产生反射性窒息。慢性中毒：引起鼻、咽、喉慢性炎症，严重者可有鼻中隔膜穿孔。骨骼损害可引起氟骨病。氟化氢能穿透皮肤向深层渗透，形成坏死和溃疡，且不易治愈。按我国标准规定，车间空气中的容许浓度为不高于1mg/m^3，地面水中氟(无机化合物)的最高允许浓度为1mg/L，污水中氟的最高允许排放浓度为10mg/L。

(2) 防护措施

杜绝含酸物料泄漏是本质安全的，因此从设计、施工到装置的操作都应该严格执行有关规定。另外为尽快发现泄漏，装置也设置了相关措施：①凡含有氟化氢物料的设备均集中在标有黄色标记的围堰内，凡有可能泄漏氟化氢的部位，均刷有黄色变色漆；②装置内设 HF 浓度报警器，报警信号送入控制室，有氟化氢泄漏时可及时发现，及时处理；③设计工业电视监测器，探头可监视酸再生塔、酸沉降罐和酸储罐等含酸物料设备的状态，如发生泄漏事故可及时发现。装置内备有便携式氟化氢检测仪，携带便携式氟化氢检测仪进入酸区可随时检测氟化氢的浓度。

此外装置区内设置防护服、工具、设备中和池，被酸污染的防护服、工具、设备经中和处理后方可使用或带出装置。

更衣室内配备了防护帽、防护服、防护手套、防护靴、防护面罩、防护眼镜以及充气套服等，按工作需要使用相应级别的防护服装。氢氟酸污染衣物时，要尽快停止作业，进行中和、清洗或更换后，方可恢复工作。

如受到氢氟酸的伤害，装置内设如下急救措施：

① 装置内设置了专用的安全更衣间，更衣间内设有可调温度的淋浴设施、洗眼器以及部分急救药品。

② 装置的不同部位设置了空气呼吸站和带快速接头的空气软管，供事故处理和检修时使用。

③ 在有可能发生酸漏的阀门和泵集中点附近设置脚踏式洗眼淋浴器，如接触含氢氟酸的物料可立即冲洗。装置内还设置多个带呼吸管的防护服箱，可随时使用。

④ 控制室内设有应急柜，内设急救药品，供事故急救用。

⑤ 装置区内设有人身中和池，一旦身体被氢氟酸污染，可随时就地处理。

从事氢氟酸工作的操作、检修、维护、分析等有关人员上岗前要接受安全教育，了解氢氟酸的基本性质，熟练掌握安全操作规程、各级防护用品的使用方法，熟练掌握自救互救技能。

第四节　固体酸法烷基化

一、固定床反应器

为了克服液体强酸腐蚀性大和对人身有危害的缺点，国内外很多公司致力于开发以固体酸为催化剂的烷基化技术，如国外 UOP 公司的 Alkylene 技术、Lummus 公司 Alkyclean 技术、KBR 公司的 K-SAAT 技术，国内的 RIPP 也在进行固体酸催化剂的研究及推广应用。采用 Lummus 公司固体酸烷基化技术、规模为 100kt/a 烷基化油的装置已于 2015 年 8 月开工运行。

无论哪种固体酸烷基化技术，对原料中的杂质要求都很严格，原料需要进行加氢脱二烯烃、干燥、脱硫、脱氧、脱金属、脱砷处理。

Lummus 公司开发的固体酸烷基化流程采用的是固定床反应器，工艺流程包括原料预处理、反应及催化剂再生和产品分馏。反应再生采用的是反应器循环操作，即一台反应器进行反应、一台进行缓和再生，再生介质为溶解氢的异丁烷，一台进行高温再生，再生介质为高温氢气，从而彻底恢复催化剂的活性及选择性。三台反应器切换示意见图 5-1-12。

根据资料介绍，固体酸烷基化的主要操作参数如下：

操作温度：50~90℃

烷烯比：（15~25）：1

重时空速：1～1.2h^{-1}

高温 H_2再生温度：250～270℃

烷基化油质量：RON95，MON92

二、流化床反应器

UOP 公司开发的 Alkylene 技术采用的是流化床工艺，流程主要包括原料预处理、反应和产品分馏。原料预处理的目的是脱去二烯烃、氧及含氧化合物、含氮化合物和水。反应部分流程如图 5-1-13 所示：原料与分馏部分过来的循环异丁烷混合后进入提升管，再生催化剂也从提升管底部进入，与烃类一起沿着提升管向上流动，在提升的过程中发生烷基化反应。在提升管出口催化剂与反应物通过重力快速分离，反应流出物进入下游的分离部分，催化剂在沉降器用溶解氢的异丁烷进行缓和再生，脱出催化剂表面的低聚物，活化后的催化剂返回提升管底部循环使用。为防止催化剂彻底失活，还设置了再生罐，从沉降器抽出一部分催化剂进入再生罐，通入高温氢气将催化剂表面上的聚合物脱除，再生好的催化剂返回提升管底部。

对于流化床烷基化反应，重要的参数除烷烯比外，还有反应物与催化剂的接触时间。烷基化油质量(试验数据)为 RON96，MON94，干点 182℃。目前还没有工业化装置建成。

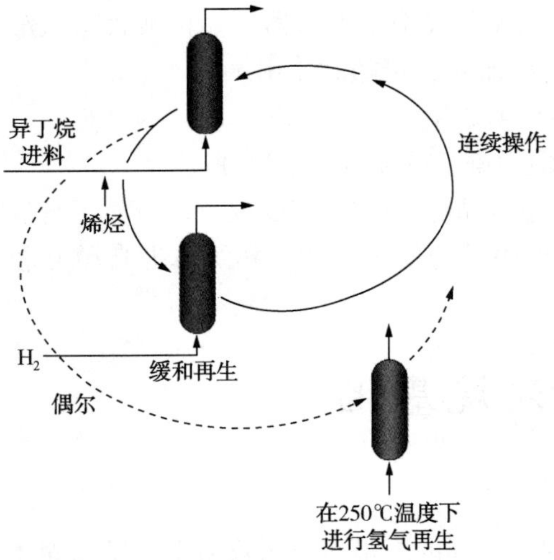

图 5-1-12　固定床反应器切换示意图

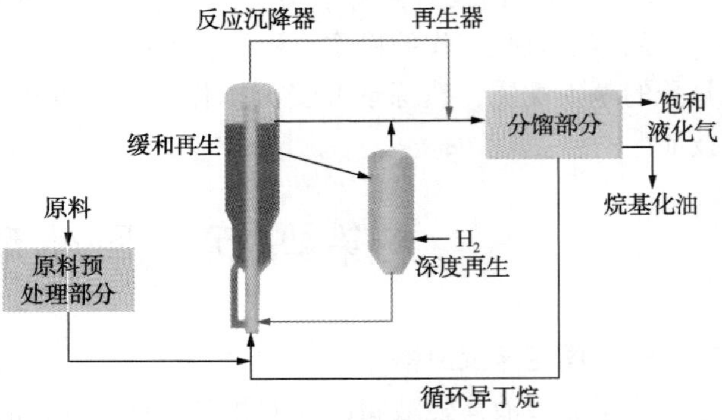

图 5-1-13　流化床反应部分示意图

第五节　离子液体法烷基化

一、离子液体催化剂及其失活与再生

1. 离子液体催化剂简介

离子液体是指在室温或接近室温下呈液态，完全由阴、阳离子所组成的盐。其中部分酸性离子液体具有几乎不挥发、腐蚀性低、环境友好、酸性可调等优点，使其符合绿色化学和绿色化工过程的要求。在催化领域，酸性离子液体作为一类新型环保的溶剂或催化剂受到越来越广泛的关注。

酸性离子液体的种类繁多，然而大多数酸性离子液体(包括有 Friedel-Crafts 烷基化活性的离子液体)都不足以高效催化碳四烷基化，甚至没有碳四烷基化的催化活性。一些酸性离子液体(如三氟甲磺酸离子液体)需要在一定的共轭酸或强酸存在的前提下才能显示较高的碳四烷基化催化活性，而共轭酸或强酸的使用仍然存在常规液体强酸(浓硫酸、氢氟酸)的腐蚀和安全环保等问题。目前发现只有酸性氯铝酸离子液体(其阴离子来自三氯化铝，酸性氯铝酸离子液体的阴离子为$[Al_2Cl_7]^-$)和氯镓酸离子液体具有高的碳四烷基化活性。

酸性氯铝酸离子液体是被广泛关注的碳四烷基化催化剂。氯铝酸离子液体在其$AlCl_3$/阳离子盐摩尔比大于1时由于$[Al_2Cl_7]^-$阴离子的存在，具有较强的Lewis酸性；而当反应体系中有HCl存在时，$[Al_2Cl_7]^-$阴离子还可以通过式(5-1-6)赋予离子液体超强的Brønsted酸性，式(5-1-6)中的B代表反应体系中存在的弱碱。酸性氯铝酸离子液体对烷基化表现出很高的催化活性，丁烯能够完全转化；但离子液体的强酸性同时导致了裂化和聚合等副反应的发生，进而降低了烷基化产品中C_8组分的选择性，特别是理想组分三甲基戊烷(TMP)的选择性。

$$[Al_2Cl_7]^- + B + HCl \rightleftharpoons BH^+ + 2[AlCl_4]^- \quad (5-1-6)$$

中国石油大学(北京)通过在常规氯铝酸离子液体中引入Lewis酸酸性较弱的过渡金属的卤化物如CuCl，设计合成了阴离子同时含有Al和Cu两种金属配位中心($[AlCuCl_5]^-$)的复合离子液体。烷基化过程中，复合阴离子$[AlCuCl_5]^-$中的空配位点首先与反应体系中的烯烃发生配位，起到稳定丁烯的作用，使其不易发生聚合副反应；同时叔碳正离子优先与$[AlCuCl_5]^-$配位，继而与原空配位点上配位的丁烯进行烷基化反应生成TMP。复合离子液体通过双金属或多金属配位中心自身以及与$[Al_2Cl_7]^-$阴离子的协同作用，抑制了聚合和分解副反应，实现了对烷基化选择性的精确调控，大幅度提升了烷基化产品的质量。以异丁烷和2-丁烯为原料，在优化的反应条件下，烷基化油中C_8组分的选择性可高达90%以上，其研究法辛烷值可高达100以上。

复合离子液体催化剂具有下述特性：①兼具催化碳四烷基化的高活性和高选择性。②相比浓硫酸和氢氟酸更加安全环保、腐蚀性更低。其在80℃时对碳钢的腐蚀速率小于0.01mm/a，40℃时对碳钢腐蚀速率小于0.001mm/a，说明复合离子液体碳四烷基化可以利用全碳钢设备，从而可以大大降低装置的投资。③复合离子液体性质稳定，在200℃以下不会受热分解；在氮气保护隔绝空气和水分的条件下，能够长期稳定储存。

2. 离子液体催化剂的失活与再生

复合离子液体的催化活性伴随烷基化的长周期进行会不断降低直至完全丧失。研究发现，复合离子液体存在两个失活阶段：首先出现的是Brønsted酸的失活；之后出现的是Lewis酸的失活。

Brønsted酸的失活：复合离子液体的Brønsted酸是通过式(5-1-6)产生的，这是生成碳正离子与引发烷基化反应的关键。式(5-1-6)中的B在本反应体系中主要是烯烃，但是烯烃如果不按照式(5-1-6)方式反应而与体系中的HCl加成生产卤代烃，那么就会不断消耗HCl从而使离子液体丧失Brønsted酸性。对Brønsted酸失活的复合离子液体进行质谱和核磁分析发现：其阴离子组成没有变化，$[Al_2Cl_7]^-$及$[AlCuCl_5]^-$依然存在，说明仍然存在Lewis酸性。通过连续补充HCl或氯代烃能够恢复复合离子液体的Brønsted酸性。

Lewis酸的失活：烷基化过程中不断补充HCl至复合离子液体再次出现失活，发现此时其阴离子结构发生了变化，即为Lewis酸失活。Lewis酸的失活是由于原料中含有微量的杂质(氧化物、硫化物等)及副反应生成的酸溶油，这些化合物中O和S原子的孤电子对或共轭烯烃可以与复合离子液体的Al或Cu形成配合物，从而破坏$[Al_2Cl_7]^-$和$[AlCuCl_5]^-$的结构。只有补充 Lewis 酸的活性组分才能恢复其 Lewis 酸性。复合离子液体需要同时具有 Brønsted 酸和 Lewis 酸活性才能催化碳四烷基化反应。

原料中的杂质(氧化物、硫化物等)以及烷基化过程的一些副产物(如酸溶油中的二烯烃)会与复合离子液体作用，造成其活性组分的流失并生成微量固渣，因此需要定期对复合离子液体的活性组分进行补充再生，以维持其稳定的催化活性，并间歇或连续脱除生成的固渣。

3. 离子液体催化剂的活性监控

复合离子液体是一种新型催化材料，需要开发出有效的活性表征方法，才能有效确定活性组分的添加量和添加时机，才能在连续烷基化生产过程中精确掌控离子液体的催化活性。通过对复合离子液体酸性的表征和活性来源的研究，发现一些含有 N、O、S 等元素的有机化合物能够与复合离子液体的酸性阴离子作用且存在红外特征峰，其特征峰的强度与酸性阴离子的浓度存在良好的定量关系。

基于此，开发了复合离子液体 Lewis 酸活性的定量表征方法：原位红外-配位滴定法。该方法以含有 N、O、S 等元素的有机化合物(如吡啶、硝基吡啶、丙酮、乙醚等)为滴定剂，用原位红外实时检测滴定剂的特征官能团与活性组分配位作用后红外特征吸收峰的强度变化，以红外特征峰强度出现最大值时为滴定终点(如图 5-1-14 所示)，并定义了复合离子液体的活性指数(AI_{IL})，其定义如式(5-1-7)所示。AI_{IL} 为待测离子液体的活性指数(mol_{IN}/kg_{IL})，m_{IN} 为到达滴定终点时消耗滴定剂的质量(g)，M_{IN} 为滴定剂的摩尔质量(g/mol)，m_{IL} 为待测离子液体的质量(g)。AI_{IL} 可以定量反映复合离子液体的 Lewis 酸活性。

$$AI_{IL}=\frac{1000 \cdot m_{IN}}{m_{IL} \cdot M_{IN}} \tag{5-1-7}$$

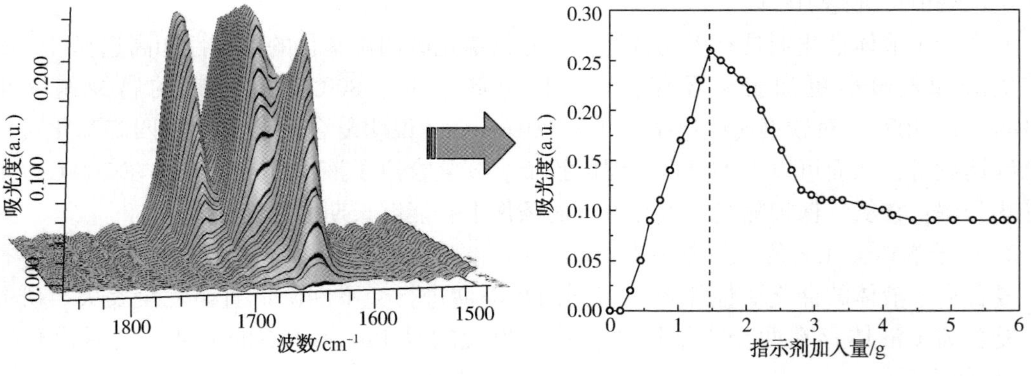

图 5-1-14　滴定离子液体时原位红外特征峰变化趋势图

二、工艺流程

复合离子液体烷基化工艺(CILA)的原理流程示意图如图 5-1-15 所示。该工艺包括四个重要系统：①原料预处理系统：包括脱甲醇、脱硫、选择性加氢异构和脱水干燥单元，既能充分增强装置对市场原料的适应性又保证为离子液体烷基化工艺提供优质原料。②反应系统：以静态混合器作为反应器并辅以多点进料以保证反应器内部较高的烷烯比，采用新型旋液分离器以保证反应后复合离子液体和烃相的快速高效分离。③再生系统：采用密封卧螺沉降离心机分离体系中的固渣，采用氯代烃或 HCl 气体补充和活性组分补充的方式恢复离子液体的催化性能。④分离系统：采用氯代烃吸附脱除或加氢脱除流程，保证烷基化油产品质量；采用异丁烷循环保证反应的选择性。

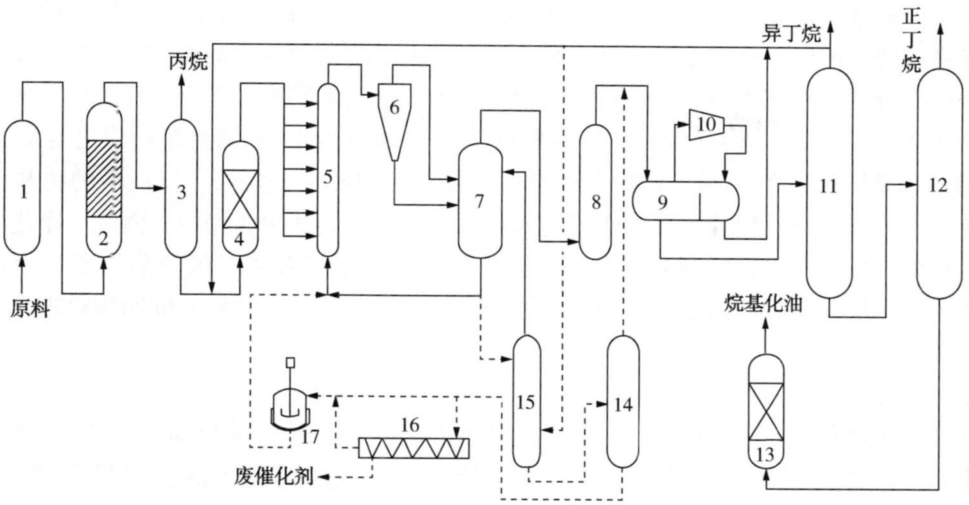

图 5-1-15　复合离子液体催化碳四烷基化工艺流程示意图

1—原料处理塔；2—加氢反应器；3—脱丙烷塔；4—干燥塔；5—烷基化反应器；
6—旋液分离器；7—沉降罐；8—碱洗水洗塔；9—气液分离器；10—压缩机；11—脱异丁烷塔；
12—脱正丁烷塔；13—脱氯塔；14—闪蒸罐；15—抽提塔；16—液固分离器；17—再生器

1. 原料预处理系统

研究发现，原料中的水和甲醇能够直接导致离子液体结构的破坏；二甲醚、甲基叔丁基醚和含硫化合物等分子中 O 和 S 原子的孤对电子易与复合离子液体的 Al 或 Cu 形成配位从而影响其催化活性和选择性。不同的丁烯组成对烷基化产品的质量有着很大的影响：当用 2-丁烯和异丁烯为原料时，烷基化产品的质量很高，但是当用 1-丁烯为原料时，烷基化产品的质量较差。为获得高质量的烷基化油，烷基化原料中 1-丁烯占总进料烯烃的比例不应超过 8%。原料中少量的丙烯、戊烯也会与异丁烷发生烷基化反应生成烷基化油。但是丙烷在反应过程中属于惰性组分，当其在原料中的含量过高时，需要在原料预处理过程中将过多的丙烷除去。

原料预处理系统包括脱甲醇、脱硫、选择性加氢异构、脱丙烷和脱水干燥等单元，既能充分增强装置对市场原料的适应性又保证为离子液体烷基化工艺提供优质原料。此部分的核心单元装置是“原料的选择性加氢异构”，主要是将原料中的丁二烯加氢为正丁烯，将 1-丁烯加氢异构为 2-丁烯，同时脱除二甲醚。对于大型炼厂来讲，通过调整 MTBE 装置的醇烯比、水洗和脱硫工艺，可以省却脱甲醇和脱硫单元。

原料预处理系统包括原料净化部分和加氢异构部分。原料净化部分通过碱洗和水洗，脱除原料中的水、硫、二甲醚、MTBE、甲醇等杂质。碳四原料经过净化后，杂质的控制指标见表 5-1-6。

表 5-1-6　离子液体烷基化原料杂质控制指标　　μg/g

水	甲醇	总硫	二甲醚	甲基叔丁基醚
<10	<10	<20	<100	<50

原料预处理系统的具体流程为：碳四原料首先进入水洗塔去除其中的甲醇，然后经过过滤器除去可能夹带的微量固体。过滤后的原料进入液膜脱硫醇反应器，在纤维膜上与碱液充分接触，进入脱硫醇碱洗罐。原料中的硫醇、无机硫等与碱反应，生成硫化钠和硫醇钠，随

碱液进入分离罐内。在分离罐内，原料与碱液分层，上层原料进入下游，下层碱液循环使用。来自碱洗罐的原料进入水洗接触器脱除原料中夹带的微量碱、钠离子等，原料和水进入水洗分离罐分层：上部为原料，由罐顶部排出进入下游，下层为水进行循环使用。来自水洗部分的原料进入加氢异构反应器，将原料的丁二烯加氢为 1-丁烯，然后将之与原料中的 1-丁烯一起异构化为 2-丁烯，同时有微量的丁烯加氢饱和生成烷烃，反应后的物料输送到下游单元。来自加氢反应器顶部的碳四进入脱丙烷塔，除去其中的轻烃和丙烷。净化后碳四物料由脱丙烷塔底排出，与脱异丁烷塔顶过来的循环异丁烷及来自闪蒸罐的循环冷剂混合后，送入干燥塔。原料中的微量水被塔中的分子筛吸附脱除，干燥后的碳四物料进入烷基化反应系统。

2. 反应系统

复合离子液体碳四烷基化属于液液非均相快速反应，过长的反应时间会促使副反应的发生从而降低烷基化油的品质。烷基化反应发生在烃相与离子液体相界面的薄层内，反应速率受烃相向离子液体相传质的影响，正比于两相的相界面积。反应系统采用静态混合反应器(静态混合器作为反应器)并辅以多点进料以保证反应的选择性，采用专有的新型旋液分离器以保证反应后复合离子液体和烃相的快速高效分离；工艺采用流出物制冷工艺。

静态混合器是将静态混合元件以一定的排列方式固定在管路中所形成的管道式混合器。静态混合器具有混合速率快、相界面积大、传质阻力小、停留时间均匀、安全性高等特点。静态混合反应器快速混合以及均匀较短的停留时间，与复合离子液体催化碳四烷基化反应时间短、混合强度要求高的特点相匹配。为减少烷基化产物与离子液体长时间接触导致过多的副反应发生，在烷基化反应完成后需要尽快将离子液体与烃相分开。离子液体与烃类的两相密度差较大，可采用旋液分离器来加速离子液体与烃相的快速分离。

(1) 反应部分

从预处理系统来的碳四原料经换热冷却后分成多股，分别进入多个反应器入口，与循环离子液体催化剂混合反应。反应后的物料进入一级旋液分离器，底部富含离子液体的物料进入一级沉降罐。一级旋液分离器顶部富含轻烃的物料和一级沉降罐顶部的物料共同进入二级旋液分离器继续分离，顶部分离出的物料进入二级沉降罐，由顶部分出经碱洗塔与水洗塔洗去溶解的痕量离子液体后经闪蒸阀进入闪蒸罐。

从一级沉降罐出来的离子液体进入三级旋液分离器，从三级旋液分离器顶部出来的离子液体物料返回一级沉降罐，底部的物料送去离子液体再生部分。从一级和二级沉降罐底部抽出的离子液体换冷后返回反应器入口。

闪蒸罐是一台带有中间隔板并有共同分离空间的卧式容器。隔板一侧供反应流出物进行气液分离，另一侧供循环冷剂进行气液分离。净反应流出物送去分离部分继续处理。循环冷剂则抽出后送至干燥塔与原料碳四直接混合。从闪蒸罐气相空间出来的烃类气体送至制冷压缩部分。

(2) 制冷压缩部分

压缩部分的作用是通过流出物汽化、压缩的开式制冷循环，降低反应温度。烷基化反应器的放热移除和进料温度的控制是由反应器进料混入低温循环冷剂来实现的，为此，需要一套相应的制冷系统来满足这一要求。此外，为达到烷基化装置内异丁烷和丙烷的平衡，特别是防止丙烷在装置中的聚集，还需从制冷部分抽出冷剂物流送出装置。

3. 再生系统

采用密封卧螺沉降离心机分离体系中的固渣，采用氯代烃或 HCl 气体补充和活性组分补充的方式恢复离子液体的催化性能。

由一级沉降罐底部出来的小部分复合离子液体催化剂从上部进入抽提塔，与塔下部进入的干燥异丁烷逆向接触，进行抽提，去除离子液体中溶解的烷基化油组分。抽提后的烃相进入二级沉降罐。抽提塔塔底的待生离子液体先经过换热器加热至60~65℃后进入闪蒸罐，待生离子液体溶解的异丁烷组分汽化并从罐顶部排出送至气液分离器，闪蒸罐底部物料大部分送至离子液体再生反应釜，当离子液体中的固含量大于5%时小部分送至密封卧螺沉降离心机进行液固分离，分出的清液送至离子液再生反应釜，高含渣液体送至废离子液处理部分。

进入再生反应釜的离子液与连续添加的离子液体催化剂活性组分加热搅拌反应，使其活性得以提升。注意控制再生反应釜内离子液体的温度为60~65℃。反应釜内的再生离子液体再送至离子液体清液罐，通过清液罐底部循环进一步强化再生反应后送回烷基化反应器入口。

离子液体的再生操作系统为连续操作，在保证再生温度60~65℃、活性组分添加量不大于再生离子液体流量5%的情况下，可保证再生充分完全。

离子液体在不补充活性剂的情况下可以维持一段时间的催化活性；首次开工新鲜离子液体活性较高，活性剂的补充在装置烯烃进料后一段时间内开始即可。活性剂的补充量根据原料处理量进行计算。在装置运行过程中需要注意监测离子液体的活性指数(AI_{IL})，将其控制在1.1~1.3的范围内。由于体系中的离子液体藏量较大，活性指数变化比较缓慢，因此在至少通过3次测定离子液体的活性指数发现其呈现上升或下降趋势后，可小幅调整活性组分添加量来控制其变化趋势。

4. 分离系统

采用氯代烃吸附脱除流程，保证烷基化油产品质量；采用异丁烷循环保证反应的选择性。由闪蒸罐出来的物料经换热后进入脱异丁烷塔，塔顶异丁烷循环回反应器，塔底馏分进入脱正丁烷塔。脱正丁烷塔塔顶为正丁烷馏分，正丁烷换热冷却后出装置；塔底烷基化油馏分经过吸附脱氯后出装置。

三、主要操作参数

1. 工艺参数

离子液体烷基化的工艺参数很多，包括反应温度、反应时间、烷烯比、酸烃比、催化剂活性、原料组成等众多方面。

(1) 反应温度：反应温度对烷基化反应及产物分布有着重大的影响，离子液体烷基化的理想反应温度控制在10~25℃。随着反应温度升高，烷基化油的辛烷值下降，C_9^+重组分含量增加，TMP含量降低。为得到理想的烷基化油，反应温度不应超过25℃。反应温度低于10℃将造成离子液体黏度增加，静态混合反应器内酸烃分散效果变差，导致副反应增加，酸耗及固渣量升高。

(2)反应时间：反应时间也对烷基化反应及产物分布有着重大的影响，离子液体烷基化的反应速率快，理想反应时间控制在6~30s。随着反应时间的延长，烷基化油的辛烷值下降，TMP/DMH降低，C_5~C_7轻组分与C_9^+重组分升高。反应时间高于60s之后烷基化油的辛烷值下降比较明显。反应时间过短会导致烯烃不能完全转化，同时烷基化油中有机氯含量增大。

(3) 烷烯比：离子液体烷基化的烷烯比(外比)需要控制在(8~12)：1。高的烷烯比对烷基化主反应有利，可以减少副反应及固渣的生成，有利于烷基化油的辛烷值与收率的提高，但是装置能耗会相应增加。低的烷烯比将加重烯烃自聚等副反应，烷基化油重组分、酸溶油及固渣含量升高，烷基化油收率降低，酸耗升高。

(4) 酸烃比：离子液体烷基化的酸烃比(体积比)需要控制不小于1：1。离子液体烷基化反应体系中酸相(离子液体相)需要是连续相，烃相分散到酸相中。只要酸烃比大于1：1维持离子液体为连续相即可。在离子液体循环量不变的情况下，过高的酸烃比会导致烷烯内比下降。低的酸烃比易导致C_9^+重组分含量升高，烷基化油的辛烷值与收率降低，酸溶油及固渣含量升高，酸耗升高。

(5) 离子液体的活性指数：活性指数需要控制在1.1~1.3的范围内。当离子液体活性指数偏高时，烷基化油中的C_5~C_7含量升高，辛烷值略减小。当离子液体活性指数偏低时，烷基化油中的C_9^+重组分含量升高，烷基化油氯含量(脱氯前)与干点升高，烷基化油的辛烷值与收率降低，同时酸溶油生成量增加。当活性指数过低(小于0.8)时易导致烯烃反应不完全，会对烷基化产品收率及装置的平稳运行带来影响。

(6) 丁烯原料的组成：1-丁烯含量占总烯烃含量的比例控制不超过8%。以离子液体为催化剂时，1-丁烯与异丁烷烷基化的主要产物是DMH，辛烷值不高。原料中控制1-丁烯含量不超过8%，烷基化油中理想组分TMP的含量高，非理想组分DMH的含量低，有利于保持烷基化油较高的辛烷值。

(7) 原料的杂质含量：与硫酸法和氢氟酸法类似，需要控制原料中的杂质含量，具体的控制指标见表5-1-6。原料中杂质含量高，离子液体酸耗会增加，固渣含量会升高。降低原料中的杂质含量可以降低酸耗与固渣生成量。

(8) 叔丁基氯加入量：失活离子液体的Brønsted酸酸性可以通过加入叔丁基氯的方式来恢复。叔丁基氯的加入量控制在每吨烷基化油加入300~500g。适当或稍过量对烷基化反应没有影响，但是过量较多将导致烷基化油中有机氯含量升高，烷基化油中C_5~C_7轻组分增多。叔丁基氯加入量过少将导致离子液体的Brønsted酸不能完全恢复，进而致使烷基化反应不完全，烯烃被带入下游系统，或发生自聚，使烷基化油的氯含量升高。

2. 影响酸耗的因素

原料中的杂质含量与烷基化过程中生成的酸溶油是影响酸耗与固渣生成量的主要因素，不同的杂质与酸溶油对酸耗和固渣生成量的影响如表5-1-7所示。

表5-1-7　原料杂质含量对酸耗与固渣生成量的影响

杂质种类	固渣生成量/g	酸耗/g	杂质种类	固渣生成量/g	酸耗/g
水 1g	9.93	19.23	二甲醚 1g	19.35	24.18
丁基硫醇 1g	—	10.00	MTBE 1g	7.67	12.50
甲醇 1g	13.09	23.25	ASO 1g	0.25	2.38

3. 主要操作条件

反应温度：　10~25℃

反应时间：　6~30s

烷烯外比：　(8~12)：1

酸烃体积比：	≮1∶1
离子液体活性指数：	1.1～1.3
反应压力：	1.0～1.5MPa(表压)
闪蒸罐压力：	0.04～0.06MPa(表压)
节能罐压力：	0.18～0.21MPa(表压)
制冷压缩机出口压力：	0.65～0.70MPa(表压)
脱异丁烷塔顶压力：	0.60～0.72MPa(表压)
脱异丁烷塔顶温度：	50～54℃
正丁烷塔顶压力：	0.40～0.45MPa(表压)
正丁烷塔顶温度：	49～53℃

四、三废处理

复合离子液体烷基化工艺的废水达到一般炼厂污水处理厂的进水指标，固体废渣资源回收或填埋，污油集中回收，消除了高含盐污水的排放。三废处理系统的工艺包由北京中石大澳达化工科技有限公司提供，采用撬装式专有设备。

工艺的全部点源含油、含盐废水进行集中预处理，主体工艺路线为“均质除油罐—气浮设备—上流式厌氧污泥床塔—生物接触氧化塔”。全部点源废水汇集进入均质除油罐，投加破乳剂并补充硫酸，进行中和与破乳反应，回收污油并去除泥渣；随后进入溶气气浮塔去除剩余乳化油与胶体悬浮物。物化出水在上流式厌氧污泥床塔先去除部分COD(化学需氧量)，同时提高可生化性；之后在生物接触氧化塔完成对剩余COD的降解。回收污油送至厂区污油脱水罐，脱水后回炼。沉降除油罐、气浮设备泥渣与上流式厌氧污泥床塔、生物接触氧化塔的剩余污泥送至厂区“三泥”装置处理。

废酸渣与碱液首先在快速消解反应塔内发生消解与中和反应，然后进入沉降除油罐完成金属残渣、油分与水体的分离；残渣经刮泥机送至稠厚器浓缩后再进入脱水装置减量化；这种金属残渣可以送至污水场“三泥”装置完成后续处理，或者作为一般固废外委处置；油分经浮式收油机收集后进入污油脱水罐，脱水后污油可以与原油掺炼。整套工艺为近似闭环的操作过程，污油与金属残渣是主要产品，无液态污染源排放。只在消解反应塔有微量含VOCs和NH_3的尾气生成，可以引入厂区的恶臭气体装置处理。

五、工业运行案例

中国石油大学(北京)与山东德阳化工有限公司于2011年签署合作协议，合作建设世界首套100kt/a复合离子液体碳四烷基化的工业装置。该工业装置于2013年建成并一次开车成功。

该工业装置对市场购得的碳四原料表现出优异的适应性，烯烃转化率达100%，主要操作参数与技术经济指标如下：

操作条件：反应器进料口烷烯比平均为10∶1，反应器内酸烃体积比不小于1∶1，碳四进料温度约11℃，循环离子液体温度约23℃，反应器出口温度约26℃。

烷基化油品质：初馏点介于24～40℃，终馏点介于187～198℃，研究法辛烷值可达98.0以上，密度平均为0.696kg/m^3，饱和蒸气压平均为41.6kPa，氯含量在5mg/L以下，铜片腐蚀1a。

第二章　烯烃醚化

第一节　异丁烯醚化生产甲基叔丁基醚(MTBE)

MTBE(甲基叔丁基醚)是清洁汽油的主要辛烷值改进剂，其具有很高的净辛烷值，能与汽油较好地互溶，对于汽油等有着很好的调和作用，不仅能增加汽油的氧含量，提高其辛烷值，还可以促进清洁燃烧，减少汽车尾气中 CO 含量，减少臭氧生成，显著改善大气质量。

一、MTBE 反应原理

(一) 合成 MTBE 主反应及其特性

C_4馏分中的异丁烯和工业甲醇，以大孔强酸性离子交换树脂为催化剂，在温度 35~80℃条件下合成 MTBE。

$$\begin{array}{c} CH_3 \\ | \\ C{=}CH_2 \\ | \\ CH_3 \end{array} + CH_3{-}OH \rightleftharpoons CH_3{-}\begin{array}{c} CH_3 \\ | \\ C \\ | \\ CH_3 \end{array}{-}O{-}CH_3$$

(MTBE)

这一反应发生于液相中，反应为可逆放热反应，反应温度是影响平衡转化率的关键因素。对放热反应而言，温度越低平衡转化率越高，温度越高平衡转化率越低。不同温度下异丁烯的平衡转化率如表 5-2-1 所示：

表 5-2-1　不同温度下的异丁烯平衡转化率

温度/℃	50	60	65	70	80	90
转化率/%	96.8	95.8	95.2	94.6	93.1	91.4

合成 MTBE 属中等放热反应，工业设计取反应热 37kJ/mol(约合 100kcal/kg)。

(二) 副反应及其控制

伴随合成 MTBE 主反应，会发生以下四种副反应：

即异丁烯水合、异丁烯自聚、甲醇缩合及正丁烯醚化等。

1. 异丁烯水合生成叔丁醇(TBA)

混合 C_4、工业甲醇及新装填的树脂催化剂均含有水分，在反应条件下，原料中的异丁烯会与这些水反应生成叔丁醇(TBA)。

$$\begin{array}{c} CH_3 \\ | \\ C{=}CH_2 \\ | \\ CH_3 \end{array} + H_2O \rightleftharpoons CH_3{-}\begin{array}{c} CH_3 \\ | \\ C \\ | \\ CH_3 \end{array}{-}O{-}H$$

(TBA)

叔丁醇虽然也是高辛烷值含氧化合物，但生成叔丁醇会降低合成 MTBE 的选择性，也会降低 MTBE 产品纯度。

2. 异丁烯自聚

在合成 MTBE 的反应条件下，特别是当反应进料醇/烯比小于 1，或原料异丁烯浓度较高而与甲醇混合不均匀时，在反应催化剂上会发生异丁烯的自聚（主要是二聚及少量三聚）。

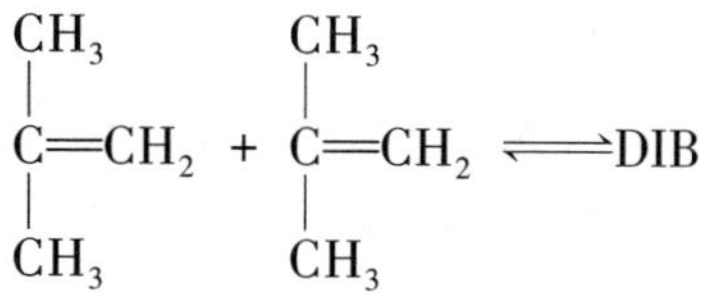

异丁烯自聚是强放热反应，对该副反应需严格控制。

3. 甲醇缩合生成二甲醚（DME）

在反应条件下的另一副反应是甲醇缩合生成二甲醚（DME）。

$$CH_3—OH+CH_3—OH \rightleftharpoons CH_3—O—CH_3+H_2O$$

（DME）

二甲醚生成后在装置内难以脱除，大部分溶于剩余 C_4 并随之流出装置。

影响二甲醚生成的主要因素为反应床层温度、醇烯比和空速。降低反应温度、降低醇烯比和提高催化剂空速都有助于减少二甲醚的生成。

4. 正丁烯醚化生成甲基仲丁基醚（MSBE）

甲基仲丁基醚（MSBE）是正丁烯和甲醇在反应条件及醚化催化剂存在下生成的。

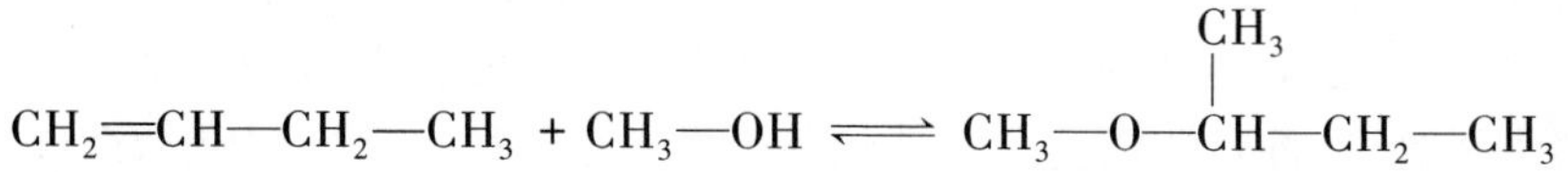

（MSBE）

MSBE 的相对分子质量与 MTBE 相同，同为 88.15。MSBE 的沸点为 58.84℃，与 MTBE 55.24℃仅相差 3 6℃。一般情况下，MSBE 是与 MTBE 产品在一起，不需要分离。

影响 MSBE 生成的因素主要是反应温度、空速、醇烯比等。从生产实践看，MSBE 主要是在催化蒸馏塔的条件下生成的，特别是醇烯比小于 1.1 时在催化蒸馏塔的反应段补充二次甲醇有助于抑制 MSBE 的生成。

通常 MTBE 是用作高辛烷值汽油的添加组分，<1% 的 MSBE 不会影响其功能。但当 MTBE 是用于裂解制造聚合级异丁烯时，应注意在设计中进行优化以抑制 MSBE 反应。

二、MTBE 反应技术类型

1. 列管式反应器

列管式反应器的结构类似管束式换热器，管内装填催化剂，管外通冷却水冷却，以控制反应温度。

2. 筒式外循环反应器

筒式外循环反应催化剂可分一段或多段填装，可根据需要设置外循环冷却设施。

筒式外循环反应的特点：一是反应为液相反应；二是依靠反应器外设置的外循环冷却器冷却外循环物料取走反应热；三是反应温度由外循环量来控制。反应压力通常依靠反应器下游出口物料管线上的压力控制阀来维持。

筒式外循环反应技术对原料混合 C_4异丁烯的含量适应性强，特别适用于异丁烯浓度高(30%~45%)的场合，反应温度靠调整外循环量来控制，简便易行；反应器结构简单，催化剂装卸方便。

3. 膨胀床反应器

膨胀床反应器也属于筒式反应器。它与固定床反应器的不同在于：膨胀床反应器是下进上出，而固定床反应器则是上进下出；此外，膨胀床反应器在操作中由于物料向上流动，对催化剂小球产生向上的浮力，流速越大，浮力也越大；当浮力达到一定时，催化剂床层就开始膨胀，床层变松变高，当物料流速达到一定时，床层的催化剂粒子就开始沸腾。

膨胀床反应技术的最大优点是床层径向温度分布较为均匀，不易形成热点。

4. 混相床反应器

混相床反应器与外循环反应器结构相同，只是取消了外循环冷却系统。与外循环反应技术相比，混相反应技术由于不需要循环物料来控制反应温度，因此可以节省外循环冷却及输送设备；其次，还有利于节省能量，反应热可得到有效利用。

混相反应技术的特点：一是反应有液相也有汽相，反应床层内反应物料处于混相状态，有一定汽化(汽化率通常在6%~20%，取决于反应原料中的异丁烯含量)；二是反应热依靠反应物料部分汽化取走；三是反应温度是依靠控制反应出口的压力间接得以控制。

根据国内已有经验，混相反应技术可用于原料 C_4中异丁烯浓度28%以下，若浓度超过28%，则需要用装置产生的剩余 C_4对新鲜原料 C_4加以稀释。

5. 催化蒸馏

催化蒸馏是在一台设备中边反应边分馏，集反应与蒸馏于一体的反应技术。在 MTBE 领域，应用这种技术较多的有美国 CDTECH(催化剂捆包)催化蒸馏技术和中国石化开发的 MP-Ⅲ型(催化剂散装)催化蒸馏技术。催化蒸馏塔由提馏段、反应段和精馏段三部分组成。反应段的形式一般有两种，一种是催化剂散装形式，催化剂不用任何特殊的包装，直接散装入反应段的催化剂床层中，从而使催化剂的装卸操作大为简化，节省投资。另一种是催化剂捆包形式，即将催化剂用玻璃丝布包裹，做成催化剂捆包，码放在塔内，结构复杂，催化剂的装卸不方便，且催化剂捆包费用很高。

催化蒸馏工艺一方面反应放出的热量用于产物的分离，具有明显的节能效果；另一方面由于反应的同时连续蒸出产品，可最大限度地减少逆向反应的生成。

催化蒸馏反应技术的优点是可以使合成 MTBE 反应突破平衡转化率的制约和限制，从而达到深度转化的目的。

6. 炼油型组合技术

该深度转化组合工艺同时应用了混相床及催化蒸馏两种反应技术，以催化碳四为原料生产 MTBE 产品，实现深度转化，总转化率可达 99%。

这一组合工艺于 1993 年在国内工业化后，20 年来在炼油厂 MTBE 装置上已被广泛采用。

7. 化工型组合技术

该深度转化组合工艺同时应用了固定床及催化蒸馏两种反应技术，多用于和乙烯裂解抽余 C_4为原料的 1-丁烯装置相配套的 MTBE 装置。生产聚合级 1-丁烯原料的 MTBE 装置，总转化率可达 99.8%。

三、原料及产品

（一）原料

MTBE 装置的原料为混合 C_4馏分和工业甲醇。

混合 C_4馏分原料按其上游来源又分为两种：在炼油厂该原料来自催化裂化所产 LPG 中的 C_4馏分；在石油化工厂该原料则为乙烯裂解的抽余 C_4。这两种原料虽均含有合成 MTBE 的关键组分异丁烯，但其含量及其他组分差别很大，对所采用的工艺有直接影响。原料组成见表 5-2-2。

催化 LPG 中的混合 C_4馏分在本装置上游经脱硫和脱硫醇处理时必然导致 C_4馏分含水及碱性物质夹带。水溶性金属离子如钠、钾、镁、铁等总含量应控制在 2mg/kg；乙烯裂解抽余 C_4中可能残留有乙腈或二甲基甲酰胺(DMF)等弱碱性物质。这些物质均是 MTBE 酸性催化剂的毒物。

表 5-2-2　典型混合碳四原料组成

项　　目	催化裂化碳四	乙烯裂解碳四	备注
1. 组分			
丙烯/%	0.05		
丙烷/%	0.05	0.03	
异丁烷/%	32.51	2.15	
异丁烯/%	22.17	45.53	
1-丁烯/%	10.35	31.38	
正丁烷/%	6.93	4.69	
反-2-丁烯/%	15.96	9.70	
顺-2-丁烯/%	11.91	5.29	
碳五/%	0.05		
1,3-丁二烯/(mg/kg)		40	
水/(mg/kg)	300	300	饱和水
合计	100.00	100.00	
2. 相对密度	0.556	0.569	
3. 金属阳离子/(mg/kg)	2		

工业甲醇是合成 MTBE 的必需原料，通常采用国标优等品甲醇(GB 338—2011)做原料，见表 5-2-3。

表 5-2-3　甲醇原料规格①

项　　目		指　　标		
		优等品	一等品	合格品
色度/Hazen 单位(铂-钴色号)	≤	5		10
密度(ρ_{20})/(g/cm³)		0.791~0.792	0.791~0.793	
沸程②(0℃，101.3kPa)/℃	≤	0.8	1.0	1.5
高锰酸钾试验/min	≥	50	30	20
水混溶性试验		通过实验(1+3)	通过实验(1+9)	—
水/%	≤	0.01	0.15	—

续表

项　目		指　标		
		优等品	一等品	合格品
酸(以 HCOOH 计)/%	≤	0.0015	0.0030	0.0050
或碱(以 NH_3计)/%	≤	0.0002	0.0008	0.0015
羰基化合物(以 HCHO 计)/%	≤	0.002	0.005	0.01
蒸发残渣/%	≤	0.001	0.003	0.005
硫酸洗涤试验/Hazen 单位(铂-钴色号)	≤	50		—
乙醇/%	≤	供需双方协商	—	

① 当需要计算甲醇的质量分数时，参见 GB 338—2011 附录 B。

② 包括 64.6±0.1℃。

(二) MTBE 产品

MTBE 即甲基叔丁基醚，是装置的主要目的产品，主要性质如下：

性状	无色透明液体
分子式	$C_5H_{12}O$
结构式	$(CH_3)_3COCH_3$
相对分子质量	88.15
相对密度	0.744(20℃)
沸点	55.2℃
辛烷值	RON 117
	MON 98
蒸气压	53.78 kPa
氧含量	18.79%(调和汽油时的最大加入量为 15%，相当于汽油含氧 2.7%)
水中溶解度	4.3%(20℃)

MTBE 具有优良的抗爆性能，调和辛烷值高，是车用汽油优良的高辛烷值调和组分。

MTBE 具有良好的安定性。

MTBE 蒸气压较低，调入汽油可减少其挥发损失。

MTBE 是一种含氧化合物，掺入汽油可使其燃烧完全，降低汽车尾气的环境污染。

MTBE 在水中有一定溶解度，还有某种气味，且不易降解，MTBE 一旦泄漏会污染地下水。

通常情况下，装置的 MTBE 产品预期组成如下：

MTBE	≥98%(扣除 C_5及 MSBE)
TBA(叔丁醇)	0.3%~0.6%
DIB(低聚物)	0.3%~0.6%
MeOH(甲醇)	<0.4%
C_4	<0.5%

MTBE 装置的副产品为剩余 C_4。

MTBE 的功能是利用异丁烯与甲醇在适当条件及催化剂存在下反应生成 MTBE，将其分离得到 MTBE 产品，从而使异丁烯从混合 C_4馏分中得以脱除。

炼油厂设置 MTBE-烷基化联合装置，是出于综合利用炼厂 LPG 的考虑，除得到 MTBE 产品外，尚可使由于基本除去异丁烯，有更多的顺-2-丁烯和反-2-丁烯可被利用作为生产烷基化油的原料。

少数炼油厂或石油化工厂设置 MTBE 装置，除生产 MTBE 产品外，还可依靠该工艺从混合 C_4中脱除异丁烯，使混合丁烯提浓，经进一步分馏后满足生产甲乙酮(MEK)的原料要求。

大型石油化工厂设置 MTBE 装置，一般是以乙烯裂解生产的抽余 C_4为原料，和甲醇反应实现异丁烯的深度转化(转化率>99.8%)，除生产 MTBE 产品外，剩余 C_4作为下游生产聚合级 1-丁烯的原料。

四、工艺过程

MTBE 装置一般由醚化反应、催化蒸馏及甲醇萃取和回收组成，见图 5-2-1。

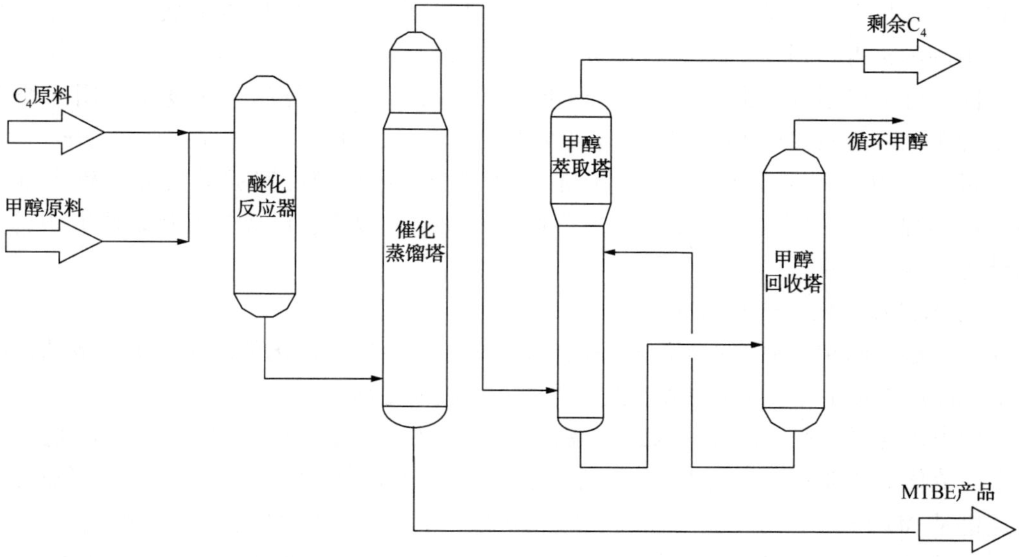

图 5-2-1　MTBE 工艺流程图

1. 醚化反应

碳四原料和甲醇按需要的醇烯比混合，混合物料进入醚化反应器。在反应器内，90%以上的异丁烯转化为 MTBE。反应器出料与催化蒸馏塔塔釜出料换热后进入催化蒸馏塔。

2. 催化蒸馏

反应物料在催化蒸馏塔实现深度转化和产品分离。催化蒸馏可使催化反应与蒸馏过程在同一设备中同时进行。反应器流出物中的残余异丁烯，在催化蒸馏塔的反应段和甲醇继续反应，生成的 MTBE 不断分离，从而使合成 MTBE 的反应持续进行，可达到异丁烯的深度转化。在塔内反应段所进行的合成 MTBE 反应是在物料沸点温度下进行的，因而，只要塔的压力控制稳定，反应温度也可保持稳定，不会造成催化剂的过热。为促进深度转化，反应段的适当部位可补入甲醇。

催化蒸馏塔还具有产品分离的作用。甲醇和剩余 C_4所形成的低沸点共沸物，从催化蒸馏塔顶馏出；基本不含甲醇、纯度>98%的 MTBE 从塔底自压排出，MTBE 产品经与塔进料换热，再经 MTBE 产品冷却器冷却后去装置外罐区。

3. 甲醇萃取和回收

由于甲醇在 C_4馏分和水中的溶解度差别很大，故采用水洗使萃取塔进料中所含甲醇为水所萃取，从萃取塔顶排出的剩余 C_4基本不含甲醇，进入剩余 C_4罐后用泵送出装置。萃取塔底排出的萃取液是含微量烃类的甲醇水溶液，作为甲醇回收塔进料。

甲醇回收塔借助蒸馏实现甲醇和水的分离。塔顶回收的甲醇经甲醇回收塔回流泵送回甲醇原料罐，塔底基本不含甲醇(<0.1%)的水则经与塔进料换热及冷却器冷却后作为萃取水返回甲醇萃取塔循环使用。

五、MTBE 深度脱硫技术

为了控制汽车尾气对大气环境的污染，改善环境质量，世界发达国家对车用汽油标准日趋严格。从欧盟、美国、日本以及世界燃油规范的汽油标准可以看出，车用汽油质量升级的趋势是不断降低汽油的硫含量。我国自 1999 年发布新的汽油质量标准以来，10 多年期间北京市的车用汽油质量标准进行了多次大幅度调整，2008 年开始执行与欧Ⅳ标准相近的京标Ⅳ车用汽油标准，2012 年 5 月 31 日北京率先实施相当于欧Ⅴ排放标准的京标Ⅴ车用汽油标准，对汽油硫含量、族组成等指标的要求更为严格。在 2011～2016 这几年中，国家标准已更新三版。国家标准 GB 17930—2016《车用汽油》中规定车用汽油中硫含量不大于 10mg/kg，MTBE 作为清洁汽油的调和组分，加入量一般在 10%～20%，如果将硫含量大于 10mg/kg 的 MTBE 作为汽油调和组分，将很难实现成品汽油的硫含量小于 10mg/kg。因此，如何将 MTBE 的硫含量降低到 10mg/kg 以下，已成为石化企业迫切需要解决的难题。

(一) MTBE 中硫含量的来源

MTBE 是由碳四原料中的异丁烯与甲醇在阳离子交换树脂催化剂的作用下合成的，所以 MTBE 中的硫含量分别来源于甲醇、混合碳四和树脂催化剂。

甲醇中硫含量一般小于 5mg/kg。个别企业甲醇的硫含量有时也会高达 50mg/kg，且含有较多的硫化氢和羰基硫。硫化氢和羰基硫在 MTBE 合成反应条件下与异丁烯会形成叔丁硫醇，这也是 MTBE 中叔丁硫醇含量的主要来源。不过，正常情况下甲醇的硫含量小于 5mg/kg，给 MTBE 硫含量的贡献小于 2mg/kg，所以其不是 MTBE 硫含量高的主要因素。

阳离子交换树脂催化剂由两个基本部分组成，可以用简式 R—SO_3H 表示，其中 R 为具有交联网状结构的聚合物母体，SO_3H 是具有催化作用的磺酸基团，磺酸基团在大于或等于 80℃会发生脱落。如将某树脂催化剂装入圆底烧瓶内，用异丙醇常压煮沸，温度为 82.5±2.5℃，500h 后取出样品测交换容量，结果测得的磺酸基团脱落速率为 0.00024mmol/(g · h)。如按催化剂质量空速 $1h^{-1}$计，磺酸基脱落造成 MTBE 产品中硫增加约 7.7 mg/kg。另外，在有水存在时，也会加快催化剂磺酸基的脱落。正常操作条件下磺酸基团脱落的速率远低于这个值，由磺酸基团脱落造成的硫含量增加一般不会超过 5 mg/kg，也不是造成 MTBE 硫含量高的主要因素。

炼油液化气中所含硫化物绝大部分是硫化氢和硫醇，是可以通过现有化学抽提方法有效脱除的。传统液化气脱硫醇后含硫化物主要是未脱干净的硫醇和二硫化物，精制前液化气中几乎不含有二硫化物，二硫化物是在脱硫醇过程中由硫醇氧化转化而成的；结合表 5-2-4 数据，有时还含有微量羰基硫和硫醚。

液化气经过气分后，精制过程中残留的含硫化合物除羰基硫外，其余硫化物均富集到碳四组分中。所以 MTBE 碳四原料中含有甲硫醇、乙硫醇、甲硫醚和二硫化物等硫化物；其中硫醇以甲硫醇为主，中性硫以二硫化物为主。

表 5-2-4　液化气双脱精制后硫化物形态分析数据 mg/m³

	总硫	甲硫醇	乙硫醇	甲硫醚	羰基硫	二硫化物	丙丁硫醇	噻吩
A 厂	65.07	17.51		1.51	1.78	44.27		
B 厂	16.29	6.46			3.99	5.84		
C 厂	186.62	53.08	4.27			129.26		
D 厂	134.91	52.5	1.56			80.84		
E 厂	41.38	1.01				36.99	3.38	4.24

按照硫化物主要来源于碳四的推断，MTBE 中应含有甲硫醇、乙硫醇、甲硫醚和二硫化物。实际分析发现除二硫化物外，甲硫醇、乙硫醇、甲硫醚很少出现；这是因为甲硫醇、乙硫醇较活泼，在 MTBE 合成环境中易与异丁烯反应形成沸点很高的甲基叔丁硫醚和乙基叔丁硫醚；没有反应转化的这三种硫化物，因沸点较低，在 MTBE 与醚后碳四蒸馏分离过程中，也比较倾向分离到醚后碳四中。此外 MTBE 中还发现有羰基硫、叔丁硫醇以及其他不明形态的硫化物。羰基硫和叔丁硫醇这两种硫化物主要来源于甲醇原料，叔丁硫醇主要是由甲醇中的硫化氢和羰基硫在 MTBE 合成反应条件下与异丁烯形成的。不明形态的硫化物中含有催化剂脱落的含磺酸基的产物。

碳四带给 MTBE 的硫化物主要以二硫化物、甲基叔丁基硫醚等中性硫为主，进一步从 MTBE 原料碳四或 MTBE 中脱除这些中性硫化物可能的技术有：选择性加氢脱硫、液液溶剂萃取抽提、固体吸附脱硫及萃取蒸馏等方法。鉴于烯烃及 MTBE 分子结构的不稳定性，选择性加氢脱硫技术困难较大且能耗投资较高；鉴于烯烃及 MTBE 与中性硫极性相差小，液液萃取抽提及固体吸附脱硫的推动力较小，能耗及损失较大；而所含主要硫化物(二硫化物、甲基叔丁基硫醚)与碳四及 MTBE 有较大的沸点差(见表 5-2-5)，所以碳四或 MTBE 蒸馏(或萃取蒸馏)是进一步降硫的最佳选择。

表 5-2-5　与 MTBE 生产相关物料中可能含有的硫化物及沸点

相关物料	沸点/℃	硫化物	沸点/℃	硫化物	沸点/℃
丙烯	-47.72	硫化氢	-60.4	噻吩	84
丙烷	-42.0	羰基硫	-50.3	异丁硫醇	88
异丁烷	-11.72	甲硫醇	5.9	乙硫醚	~93
异丁烯	-6.90	乙硫醇	35.0	正丁硫醇	98.4
1-丁烯	-6.25	甲硫醚	37.3	四氢噻吩	119
正丁烷	-0.50	二硫化碳	46.5	甲基叔丁硫醚	106
反丁烯	0.88	异丙硫醇	55.8	二甲基二硫醚	109.6
顺丁烯	3.72	叔丁硫醇	~64	甲基乙基硫醚	121
正戊烷	36.06	甲乙硫醚	~65	二乙基二硫醚	152
MTBE	55.3	正丙硫醇	~68	乙基叔丁硫醚	190.9

目前一般采用常规醇胺法来脱除原料 C_4 中的硫化氢，再用 Merox 抽提法或纤维膜碱洗法脱除其中的硫醇。精制后原料 C_4 中总硫的含量可降至 20mg/kg 以下，硫化氢则被完全脱除。但实际操作中很多炼油厂脱硫效果并不理想，炼厂碳四生产的 MTBE 硫含量一般在 100~200mg/kg，高的可达 2000~3000mg/kg。可见，MTBE 中的硫主要来源于混合碳四。

(二) 降低 MTBE 产品硫含量的不同路线

1. 降低原料液化气的硫含量

液化气是经过分馏切割得到的馏分，所以，其中所含硫化物的沸点必在该馏分的流程范围及附近。按照沸点推断，液化气精制前主要含有 H_2S、甲硫醇、乙硫醇和 COS、甲硫醚。由于催化和焦化过程是氢存在条件下的裂解环境，其中形成 COS 和甲硫醚的几率较低(见表 5-2-4)，所以，液化气中的硫化物实际上绝大部分是可以通过现有化学抽提方法脱除的硫化氢和硫醇，一般精制催化液化气的总硫可以降低到 10mg/kg 以下；焦化液化气的硫含量一般是催化液化气的 10 倍，精制后总硫也可降低到 100mg/kg 以下。

要生产总硫小于 10mg/kg 的 MTBE 产品，则要求精制后的 LPG 总硫小于 2mg/kg，最小应小于 1mg/kg。而工业上要实现如此高的脱硫要求，塔顶回流比和能耗将显著增加，难度很大，费用高。

2. 降低 MTBE 原料碳四的硫含量

气分后碳四中残留的硫化物主要是脱硫醇过程中没有脱除的硫醇和脱硫醇过程副反应生成的二硫化物。从进一步降低 MTBE 原料碳四的硫含量入手，目前有碳四蒸馏脱硫和固体吸附脱硫两种技术。

(1) 碳四蒸馏脱硫

利用二硫化物与碳四的沸点差很大的特点，通过碳四蒸馏降低 MTBE 进料硫含量。当脱硫醇操作不稳定，硫醇硫较高时，降硫效果不稳定。该方法虽有工业业绩，但目前采用碳四蒸馏的企业大部分 MTBE 产品的硫含量并没有降到 10mg/kg 以下。

(2) 固定床吸附脱硫

考虑到碳四中的硫含量已经很低，利用分子极性差异，部分研究单位对固定床吸附脱硫进行了研究。

齐鲁石化公司研究院对吸附法工艺进行了研究，目的是寻找出一种从液化气中选择性吸附 RSSR 并具有较大吸附容量的改性吸附剂，并设想将 Merox 法纤维膜脱硫醇后的液化气或混合碳四送入装有该改性吸附剂的吸附塔，以吸附其中的有机硫化物。两个吸附塔交替使用，当出口液化气或碳四中有机硫化物超标时，对吸附剂进行再生。北京三聚环保新材料股份有限公司也开发出用于 MTBE 原料脱硫的 JX-9B 和 JX-9E 两种催化剂。但目前，固体吸附脱硫除了精脱硫化氢之外，应用于吸附其他形态硫化物的技术尚缺乏工业化装置运行结果的报道。

3. 降低 MTBE 产品的硫含量

目前，直接从 MTBE 产品中脱硫也有许多厂家推广不同的技术，主要有以下几家。

(1) 山东迅达公司的吸附蒸馏+固体吸附技术

主要技术特点是：粗 MTBE 从蒸馏塔中部进料，MTBE 从塔顶馏出，其中蒸馏塔上段采用固体吸附剂床层进行吸附蒸馏，蒸馏塔顶出的 MTBE 再经固定床吸附，精脱硫塔吸附脱硫。该技术需定期更换填料，不但工艺复杂，固废处理难度大，而且投资较高。

(2) 北京安乃吉公司的液体吸附蒸馏技术

主要技术特点是：从 MTBE 催化蒸馏塔下蒸馏段中部开侧线，抽出低硫 MTBE，在抽出口下部注入液体吸附剂，包含吸附剂的塔底产物定期部分外送。该技术投资省，虽然有一定的降硫效果，但不能将 MTBE 的硫含量降低到 10mg/kg 以下，而且还造成 MTBE 产品纯度有所降低。

(3) 沧州凯瑞公司的液体吸附蒸馏

主要技术特点是：粗 MTBE 从蒸馏塔中部进料，液体吸附剂从蒸馏塔上部注入，蒸馏塔顶生产低硫 MTBE，包含吸附剂的蒸馏塔底物进入吸附剂再生塔再生，再生后的吸附剂返回蒸馏塔上部循环使用。

(4) 河北精致科技有限公司的 MTBE 萃取蒸馏脱硫技术

主要技术特点是：液化气经深度脱硫后，MTBE 产品中的硫化物主要以二硫化物、叔丁硫醇、叔丁硫醚为主，硫化物的沸点与 MTBE 的沸点相差较大。对 MTBE 实施一次简单萃取蒸馏，粗 MTBE 与萃取防胶剂混合后从蒸馏塔中部进料，硫含量小于 10mg/kg 的 MTBE 产品从塔顶蒸出，收率达到 99%以上，萃取防胶剂的用量很少，与高度富集硫化物的副产物一起从塔底抽出，可作为加氢装置原料。该技术已通过石家庄炼化和山东利华益工业考验，具有投资小、能耗低、产品收率高、脱硫效果可靠等特点。

综上所述，随着车用汽油硫含量限制越来越严格，MTBE 作为主要的汽油调和组分，如何对其进行深度脱硫使其硫含量低于 10mg/kg，是保证汽油满足排放要求的重要手段之一。采用蒸馏法对 MTBE 进行深度脱硫精制是研究最多，也是最容易实现的技术。如何根据现场实际，选择 MTBE 脱硫工艺，以获得较高的 MTBE 收率、好的脱硫效果以及低的能耗是进一步工业推广的关键所在。

六、应用案例

某石化厂 MTBE 装置是以催化碳四为原料，采用混相反应器和催化蒸馏塔相结合的工艺技术合成 MTBE，年产 MTBE 产品 120kt。

C_4原料和甲醇在混合器中充分混合后，进入醚化反应器，使 90%异丁烯转化为 MTBE 后，再进入催化蒸馏塔，使异丁烯总转化率达到 98%。

催化蒸馏塔中部反应段采用散装催化剂形式。MTBE 产品从塔底出去，未反应碳四与甲醇共沸物从塔顶出去，经冷凝冷却后送往甲醇萃取塔回收甲醇。主要操作条件见表 5-2-6，主要设备见表 5-2-7，消耗指标见表 5-2-8。

表 5-2-6　MTBE 装置主要操作条件

序号	项　目	指　标	序号	项　目	指　标
1	进料醇烯比(摩尔比)	1.05	8	萃取塔进料/萃取水温度/℃	40/38
2	反应器入口压力/MPa(表压)	0.75~0.8	9	油水比(质量比)	4
3	反应器温度/℃	40~70	10	甲醇回收塔顶压力/MPa(表压)	0.13
4	催化蒸馏塔顶压力/MPa(表压)	0.6	11	甲醇回收塔顶/底温度/℃	85.2/131
5	催化蒸馏塔顶/底温度/℃	57/131	12	甲醇回收塔回流比	6~9
6	催化蒸馏塔回流比	1.0	13	异丁烯总转化率/%	98
7	甲醇萃取塔顶压力/MPa(表压)	0.6			

表 5-2-7　MTBE 装置主要设备表

序号	设备名称	数量/台	规格(内径×切线)/mm
1	醚化反应器	1	ϕ3000×14200
2	催化蒸馏塔	1	ϕ2400/ϕ2800×49000
3	甲醇萃取塔	1	ϕ2400/ϕ2000×20200
4	甲醇回收塔	1	ϕ1400×35600

表 5-2-8　MTBE 装置消耗指标(每吨 MTBE 产品消耗)

序号	名　称	数　量	序号	名　称	数　量
1	循环水/t	72.25	4	仪表空气/Nm^3	6.32
2	1.0MPa 蒸汽/t	0.935	5	装置能耗/kg 标油	75.9
3	电/kW	15.45	6	催化剂/kg	0.29

第二节　轻汽油醚化生产醚化汽油

催化裂化汽油是汽油质量升级的关键和难点，主要是因为我国炼厂汽油池中催化裂化汽油占汽油调和总量的70%以上，催化汽油存在着硫含量高、烯烃含量高、辛烷值低的问题，而汽油产品要求低硫、低烯烃和日益增长的高标号汽油。与发达国家汽油池组成相比，我国汽油池中催化汽油比例是欧美和日本的2倍以上。因此，汽油质量升级的主要困难是在催化汽油深度脱硫并降低烯烃含量的同时，尽可能减少辛烷值损失。国内催化裂化汽油改质主要采用临氢处理技术，一方面深度加氢脱硫也存在技术难度，另一方面，在加氢脱硫过程中，烯烃被过度饱和而造成汽油辛烷值的损失，但大部分炼厂汽油池中高辛烷值汽油调和组分不足，从而加剧了汽油质量升级的难度。因此，研究开发催化汽油加氢精制脱硫技术并减少汽油辛烷值损失的组合技术具有较大的优势。目前，提高催化汽油辛烷值的技术途径主要有：链烷烃/烯烃的裂化或分离技术[1]、烷烃/烯烃的异构化技术、烯烃的芳构化和烯烃的醚化技术等，其中催化轻汽油醚化技术是将轻汽油中叔碳烯烃与甲醇反应生成醚类化合物，提高了汽油辛烷值又降低了汽油烯烃组分，同时将低价值的甲醇转化成汽油，增加了汽油产量，降低了汽油加工成本，是当今一项有效降低催化汽油烯烃并兼顾辛烷值的具有竞争力的技术，已在世界范围内的炼化企业普遍应用，成为催化汽油改质的主流技术。国外 CDtech 公司、UOP 公司、Neste 公司、ARCO 公司、IFP(Axens)、BP 公司等开发出催化轻汽油醚化工业技术，CDtech 公司已向我国炼化企业转让催化轻汽油醚化成套工艺技术，相继建成南充炼化总厂 80kt/a、格尔木炼厂 145kt/a、乌鲁木齐石化公司 400kt/a 及大连石化 1.0Mt/a 等催化轻汽油醚化工业装置，醚化装置生产运行良好，推动了汽油质量升级生产技术的进步。为适应国内汽油质量升级技术需求，中国石油石油化工研究院、抚顺石化、齐鲁石化、兰州石化等相继开展了催化轻汽油醚化技术研究。2012 年，兰州石化采用中国石油石油化工研究院开发的轻汽油醚化 LNE-1 技术，建成了当时世界上单套规模最大的 500kt/a 轻汽油醚化装置投产运行，2013 年，呼和浩特石化采用石油化工研究院开发的轻汽油醚化 LNE-2 技术，建成了 400kt/a 轻汽油醚化装置投产运行，标志着石油化工研究院开发的催化轻汽油醚化(LNE)技术成功实现工业应用，其装置生产的技术指标已达到世界同类工艺的先进水平，使国内催化轻汽油醚化不再依赖国外公司的技术。

一、催化轻汽油醚化反应

催化轻汽油中 C_5、C_6叔碳烯烃与甲醇的醚化反应是醇分子与叔碳分子之间的正碳离子反应，并生成相应的醚类化合物的过程。参与醚化反应的醇类可以是甲醇和乙醇，烯烃可以是异丁烯、异戊烯和异己烯，甚至异庚烯，但由于乙醇醚化物沸点超出汽油馏程，催化汽油中 C_5、C_6叔碳烯烃醚化反应只能选用甲醇，而催化汽油中异丁烯和异庚烯含量低、异庚烯醚化活性低，醚化转化率低以及反应生成的醚化物辛烷值增加幅度很小，因此，轻汽油醚化技术主要研究的是汽油中的C_5、C_6叔碳烯烃与甲醇的醚化反应。所以，在本节编写中对乙醇与C_5、C_6叔碳烯烃的醚化反应不予讨论。

催化汽油中的大部分烯烃是非叔碳烯烃，即伯碳烯烃和仲碳烯烃，基本上不参与醚化反应，只有通过异构化反应将非叔碳烯烃转化为叔碳烯烃，才能与甲醇进行醚化反应，从而提高可醚化反应物总量，进一步提高醚化反应效果，降低汽油烯烃和提高汽油辛烷值。

（一）叔碳烯烃的醚化反应

1. C_5叔碳烯烃的醚化反应

催化轻汽油中C_5叔碳烯烃是主要的可醚化烯烃，有两个同分异构体，即：2-甲基-1-丁烯(2M1B)和2-甲基-2-丁烯(2M2B)，二者醚化反应生成物同为甲基叔戊基醚(TAME)，醚化反应式为：

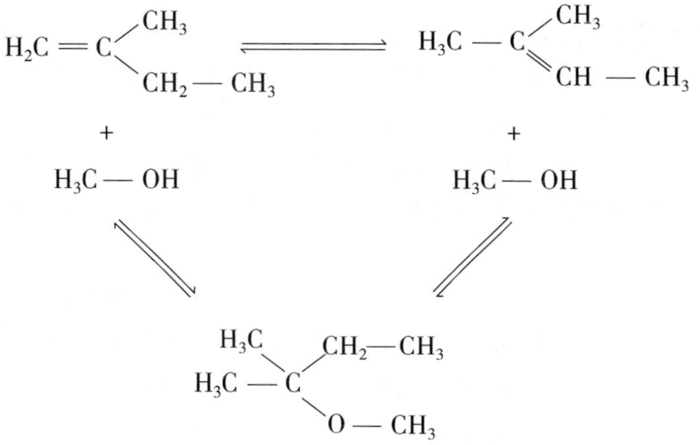

2. C_6叔碳烯烃的醚化反应

C_6叔碳烯烃有5个同分异构体，即：2-甲基-1-戊烯(2M1P)，2-甲基-2-戊烯(2M2P)，2,3-二甲基-2-丁烯(2M3M2B)，2-乙基-1-丁烯(2E1B)，2-乙基-2-丁烯(2E2B)。以2-甲基-1-戊烯为例，其醚化反应为：

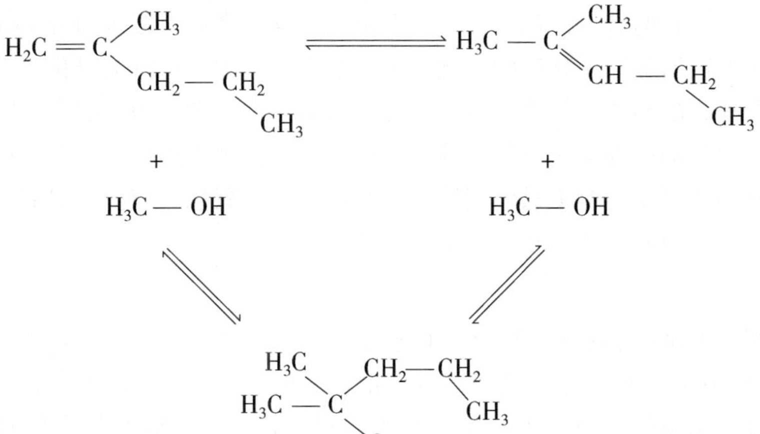

在C_6叔碳烯烃醚化反应中，2-甲基-1-戊烯的醚化平衡转化率为65%，异己烯的醚化平衡转化率为45%。叔碳烯烃的醚化是放热反应，因此，提高醚化转化率的途径一是分离生成的醚化物，克服热力学平衡，提高醚化反应转化率；二是从反应器中取走反应热，维持

较低的反应温度，有利于醚化反应的进行。

（二）非叔碳烯烃的异构化反应

为使催化汽油中的非活性戊烯转化为叔碳烯烃，在较高温度下，将戊烯在贵金属/沸石催化剂作用下转化为异戊烯，可使更多烯烃分子被醚化，醚化后汽油辛烷值提高和烯烃含量降低作用更加显著。在异构化条件下，较大分子的烯烃裂化会导致异构化催化剂积炭失活。

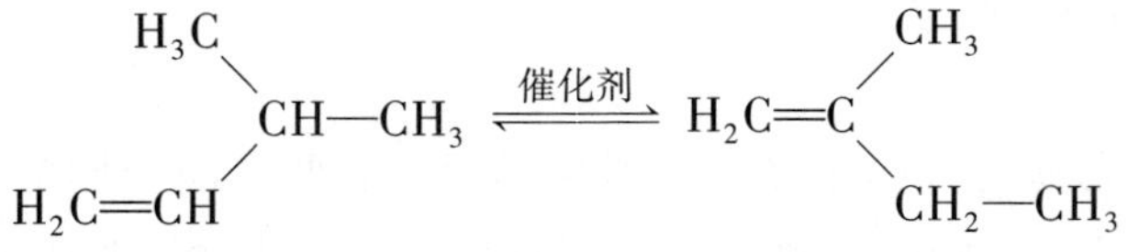

3-甲基-1-丁烯　　　　2-甲基-1-丁烯

（三）轻汽油醚化副反应

催化汽油醚化过程中主要的副反应有：

异戊烯+异戊烯——→二异戊烯（DIA）

异戊烯+水——→叔戊醇（TAA）

甲醇+甲醇——→甲醚（DME）+水

此外，由于轻汽油中存在少量碳四烯烃，且具有较高的活性，在合成 MTBE 过程中也会发生以下副反应：

甲醇+异丁烯——→甲基叔丁基醚（MTBE）

甲醇+1-丁烯——→甲基仲丁醚（MSBE）

异丁烯+异丁烯——→二异丁烯（DIB）

异丁烯+水——→叔丁醇（TBA）

较高的反应温度有利于 DIA、DIB 和 DME 的生成，增加水含量有助于 TAA 和 TBA 产生，较高的甲醇/活性烯比率会提高 DME、TAA 和 TBA 生成。

二、轻汽油醚化原料、产品及其作用

（一）醚化原料

催化汽油烯烃分布的特点是随着沸点的升高烯烃含量降低，较重馏分中烯烃含量低，而且随着烯烃分子碳数增加，醚化反应转化率显著下降。因此，轻汽油醚化工业技术一般根据催化汽油醚化要求目的不同，切割出适合醚化的较轻馏分，汽油切割点可以在 60～100℃之间选择，分离出轻汽油作为醚化原料。催化汽油醚化后作为汽油调和组分，由于醚化产物馏程限制，醚化所用醇类化合物中只能使用甲醇与叔碳烯烃醚化反应。一般而言，催化汽油醚化原料常用 C_5 或以 C_5 和 C_6 组分为主的混合物馏分。

1. C_5 馏分

叔戊烯是最好的醚化原料，醚化反应转化率可达 92%～95%，而且，TAME 辛烷值（RON）高达 112，因此，C_5 烯烃醚化反应的降烯烃效果好、辛烷值提高明显，使催化汽油的 C_5 馏分成为最普遍的醚化原料。当以 TAME 为原料通过脱水制取纯叔戊烯时，也可获得纯度更高的 TAME 产品。

2. C_5、C_6、C_7 混合馏分

在以改善汽油质量为目标的轻汽油醚化工艺中，一般并不以 C_5 作为原料，除非是生产

高纯度 TAME。大多数轻汽油醚化以 C_5 和 C_6 甚至 C_7 的混合物作为醚化原料，通过己烯和庚烯的醚化，可以提高降烯烃效果，转化更多的甲醇，从而获得更好的综合效益。

叔碳烯烃与甲醇的醚化反应转化率受到热力学平衡限制，工业应用中采用醚化产物分离塔或催化蒸馏塔提高醚化反应转化率。由于对醚化产物的连续分离，采用催化蒸馏技术叔戊烯的醚化率略高于其他反应形式。因为己烯沸点与醚化物接近，蒸馏段难以将未反应己烯与未反应戊烯一起循环，因此，催化蒸馏技术的 C_6 和 C_7 活性烯醚化率相对较低。

通常轻汽油原料中叔戊烯含量约 20%，这取决于催化裂化原料性质、操作条件和催化剂特性等，催化汽油中叔戊烯含量高，则醚化反应效果好。表 5-2-9 和表 5-2-10 列出了某石化公司催化裂化轻汽油族组成及其中碳五、碳六异构烯烃的含量，C_5 叔烯烃约 21%，C_6 叔烯烃约 8%。

表 5-2-9　某公司催化轻汽油(≤65℃)族组成　%

碳数	链烷烃	环烷烃	链烯烃	环烯烃	芳烃	合计
C_4	1.15		5.16			6.31
C_5	19.97	0.36	33.65	1.04		55.02
C_6	18.14	1.65	14.71	2.84	0.33	37.66
C_7	0.38		0.64			1.02
合计	39.64	2.00	54.16	3.88	0.33	100.00

表 5-2-10　催化轻汽油中烯烃和叔碳烯烃含量

催化汽油来源	A 厂	B 厂	C 厂	D 厂
密度(20℃)/(kg/m^3)	711.6	702.7	729.5	729.5
馏程范围/℃	31.2~188.8	31.0~170.1	32~194.1	40.0~183.5
烯烃含量/%	42.22	43.63	43.33	48.20
轻汽油分割温度/℃	70	70	65	65
轻汽油收率/%	41.00	46.12	28.51	33.37
轻汽油总单烯烃含量/%	48.13	58.46	58.04	60.10
轻汽油叔碳烯烃含量/%	18.51	25.21	29.60	27.78
轻汽油 C_5 叔碳烯烃含量/%	10.27	16.18	21.54	20.23
轻汽油 C_6 叔碳烯烃含量/%	8.24	9.03	8.06	7.57

3. 醚化原料预精制

随着催化轻汽油醚化技术的开发和醚化技术的应用，国内研究机构对醚化原料杂质影响催化剂活性和醚化反应结果进行了较多的研究[2~8]。醚化原料通过精制措施，除去了影响醚化反应的杂质，主要是二烯烃、碱性氮和金属离子。原料中的二烯烃容易聚合，污染催化剂和醚化塔再沸器，还会导致产生污垢和气味、醚化产品色度较差。故通过全馏分催化汽油选择性加氢将二烯烃转化为单烯烃和烷烃。

在轻汽油 C_5~C_7 原料中存在醚化催化剂的毒物主要是碱性氮化物如丙腈、乙腈和金属离子，腈类碱性氮化物对醚化反应的树脂催化剂寿命影响较大[9~10]，一般采用水洗塔水洗方式处理醚化原料，可以除去此类杂质。选择性加氢脱除二烯烃的过程也可脱除碱性氮化物。

经过原料预精制分别将二烯烃、腈化物、金属离子含量降至200μg/g、1μg/g、1μg/g以下，从而有效延长树脂催化剂使用寿命。

（二）醚化产品

催化轻汽油经过与甲醇的醚化反应，其中的叔烯烃转化为甲基叔戊基醚（TAME）、甲基叔己基醚（THxME）和甲基叔庚基醚（THpME）等，轻汽油中含有的少量异丁烯生成MTBE，但汽油醚化中异丁烯生成MTBE不再进行讨论。

轻汽油醚化后生成的醚类化合物作为高辛烷值汽油调和组分具有以下特点：

① 与汽油完全互溶和任意调和掺混。

② 较相应烯烃辛烷值高，提高了汽油辛烷值，且汽油敏感性较好。辛烷值数据列于表5-2-11。

③ 催化汽油中需要保留一定的烯烃，醚化使轻汽油烯烃含量大幅降低，避免了催化裂化装置过度降低汽油烯烃造成的损失。

④ 醚化合物可降低汽油的雷氏蒸气压。

⑤ C_6以上醚类化合物有更低的水溶性，降低了水污染风险。如TAME水中溶解度为0.6%，而MTBE为4.3%，ETBE为2.0%。

表5-2-11　C_4~C_6烯烃和MTBE、TAME的特性

烯烃	RON	MON	沸点/℃	RVP/kPa
i-$C_4^=$	101.5	82.8	-6.3	
i-$C_5^=$	97.3~102.5	81.9~84.7	31.1~38.6	96~110
异己烯	101.3	82.8	53.6~75.5	
MTBE	118	101	55.3	55.16
TAME	112	99~100	86.3	6.9
甲基叔己基醚（THxME）	100	90		
甲基叔庚基醚（THpME）	90	77		

（三）轻汽油醚化的工业意义

为应对世界清洁汽油标准要求，我国规定国ⅥA阶段汽油中烯烃含量（体积分数）不大于18%，但车用汽油要求有较高的辛烷值，这是生产企业面临的一种难以调和的矛盾，而且，大幅度提高汽油中的芳烃含量不论是从现有生产结构还是经济性，都是难以承受的。对于以催化裂化作为主要二次加工手段的国内炼油企业，生产新标准汽油普遍面临着深度脱硫以及由此造成的辛烷值缺失问题。近几年来，我国科研机构围绕催化汽油脱硫和提高辛烷值，开发了多种技术和解决方案，如MIP系列技术、OTA技术、汽油烃重组技术、GARDES技术、DSO技术、RIDOS技术、轻汽油醚化技术等，还引进了国外的加氢脱硫技术和汽油醚化技术。这些技术各有特点和优缺点，也各具有适用条件，其中汽油醚化技术反应条件温和，技术成熟，可改善汽油烯烃含量、辛烷值、抗爆指数、蒸气压等主要性质，经济性好，有利于炼厂汽油池的优化调和；而且，催化裂化装置不需要因为过度降低烯烃而苛刻操作，减少了轻质产品收率损失；催化轻汽油通过醚化将低价值甲醇转化为清洁汽油组分，经济效益显著，可在改善汽油质量的同时增加企业的经济效益，是提高炼厂汽油质量升级和企业增效的重要手段。

三、轻汽油醚化工艺技术

（一）国外醚化技术

催化轻汽油醚化作为一种催化汽油改质技术，其研发和应用受到世界各国的普遍重视，竞相开发出不同特点的轻汽油醚化新技术，已成为国内外炼化企业生产高辛烷值汽油的主要工业化技术。催化轻汽油醚化脱胎于 MTBE 技术，但由于原料分子较大、影响醚化的杂质多，在原料预精制和反应工程方面有所不同。美国 CDtech、UOP、BP、ARCO、芬兰 Neste、法国 Axens、意大利 SPA 等国外知名公司均开发出催化轻汽油醚化技术，已向国际市场上输出成套技术。

常规的醚化反应器有固定床、膨胀床、混相床等。醚化产品的分离可以采用普通的分馏塔，也可采用催化蒸馏塔，后者在分馏塔的内部装填有醚化催化剂。工业化汽油醚化工艺流程大致有三种：①多反应器串联工艺，前反应器的产物经冷却后进入后续反应器，通过取热提高转化率。其代表工艺有美国 UOP 公司的 Ethermax 工艺、法国 Axens 的 TAME 工艺及芬兰 Neste 公司的 Nex-TAME 工艺。②反应/分馏工艺，简称反应分馏工艺，通过对反应产物的分离，达到提高下一级反应物浓度并提高总转化率的目的。其代表工艺有意大利 SPA 公司的 DET 醚化工艺。③混相床+催化蒸馏组合工艺，简称催化蒸馏工艺，醚化反应器采用混相床形式，通过控制反应压力，使醚化反应放出的热量被部分物料的气化过程吸收，从而有效利用了反应热。醚化产物的分离采用催化蒸馏塔，实现反应和分离在同一设备内进行，醚化反应放出的热量被物料的分离过程吸收，降低了醚化全装置的能耗。典型工艺是 CDtech 公司的 CDEthers 技术。

1. CDtech 公司轻汽油醚化技术

美国 CDtech 公司开发出催化轻汽油醚化技术，是在 C_4 馏分醚化技术基础上发展起来的。与 C_4 馏分醚化技术相比，增加了催化蒸馏加氢技术对原料进行预处理，除去轻汽油原料中的二烯烃、巯醇，再经过水洗除去碱性氮等杂质，然后进入预醚化反应器，再经催化蒸馏反应，催化蒸馏塔底得到醚化汽油，塔顶未醚化汽油的甲醇混合物经过甲醇萃取、甲醇回收工序将甲醇回用，未醚化的以 C_5 为主的轻汽油进入异构化单元后返回醚化反应段，CDtech 公司醚化工艺流程如图 5-2-2 所示。

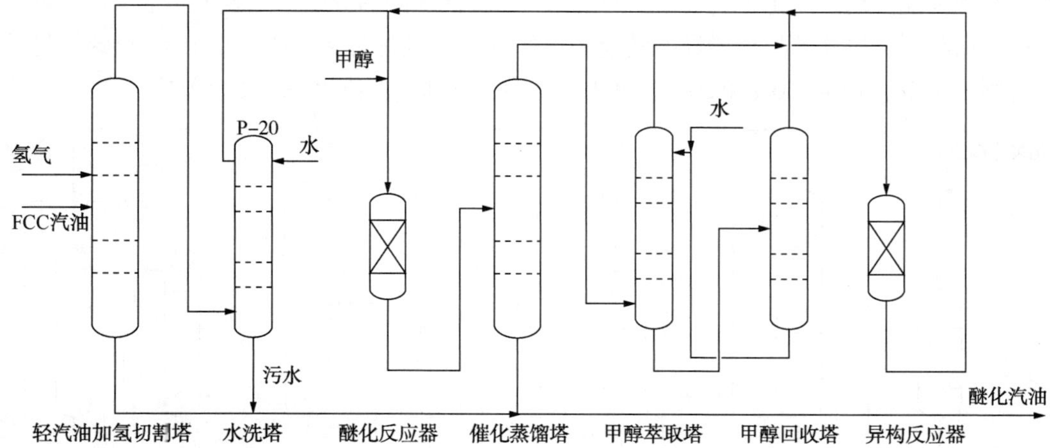

图 5-2-2　CDtech 公司轻汽油醚化工艺流程图

CDtech 公司的 CDEthers 工艺以沸点低于 100℃的 FCC 轻汽油为原料，采用含镍和钯的选择性加氢催化剂脱除二烯烃，采用阳离子交换树脂为醚化催化剂。该工艺把反应和精馏两个单元操作在一个塔器内进行，利用反应放热直接作为醚化物分馏塔的热源，以降低醚化物分馏能耗。催化精馏塔上部为精馏段，中部为催化反应段，下部为提馏段。未反应的轻烃和甲醇由塔顶蒸出，进行甲醇回收，醚类化合物由塔底不断分出，有效地抑制了醚化的逆向反应。

为了增加 C_5活性烯烃的含量，最大限度地降低 C_5烯烃，CDtech 公司在 CDEthers 工艺的基础上，采用了 Lyondell 公司碳五烯烃异构化技术，将催化精馏塔顶的反应后 C_5组分进入骨架异构化反应器中，使非活性戊烯异构为活性戊烯，增加了可醚化叔碳烯烃总量，醚化产物中烯烃含量大幅度降低。据介绍，含异构化的 CDtech 醚化技术 C_5叔碳烯烃转化率达到95%，C_6叔碳烯烃转化率达到35%，C_7叔碳烯烃转化率达到25%，使得醚化后全馏分汽油中烯烃含量降低 10~15 个百分点，辛烷值提高 1~1.2 个单位。自 1981 年 CDtech 公司第一套 MTBE 装置投用后，世界上已有 80 余套醚化生产项目获得专利转让许可，采用该催化蒸馏技术生产 MTBE 或 TAME，其中 20 多套 TAME 工业装置投入运行。

国内南充炼化总厂、格尔木炼油厂、山东滨州炼化公司、乌鲁木齐石化公司、大连石化公司全套引进美国 CDtech 醚化技术，其中南充、格尔木和乌鲁木齐醚化装置还包括催化汽油选择性加氢脱二烯烃/轻重汽油分馏单元、醚化后 C_5异构化单元。由于异构化单元投资较高、占地面积大、能耗高，对某些炼厂并不适用。南充炼化建成我国第一套完整的汽油醚化装置，原设计催化汽油总体辛烷值增加 2 个单位，但实际运行过程中由于催化加氢蒸馏塔对二烯烃脱除达不到设计要求，轻汽油中二烯烃含量过高，在醚化过程中发生聚合反应，从而影响到汽油颜色，因此，将加氢汽提塔停用，C_6、C_7组分未从侧线抽出，轻汽油中叔碳烯烃含量降低量较小，造成辛烷值增加只有 1 个单位，未达到设计要求。

2. UOP 公司轻汽油醚化技术

UOP 公司开发的 Ethermax 工艺以 FCC 轻汽油的 C_5~C_7馏分为原料，采用非贵金属选择性加氢催化剂对原料进行预加氢，醚化催化剂采用通用性强酸性阳离子交换树脂。Ethermax 工艺流程如图 5-2-3 所示。该工艺的关键技术是采用一种名为 Katamax 的含催化剂的塔式结构型规整填料，该填料在两层波纹网板之间夹一层树脂催化剂，既可传质又可作为催化反应段，这种双功能的传质催化反应体系，通过气体、液体及催化剂固体之间的高效传质传热，可使气、液相物料有规则地流动，强化了混合和上升气体与下降液体间的分配，克服了固定床反应器的化学反应平衡限制，提高了叔碳烯烃的转化率。经该工艺处理之后，C_5、C_6和 C_7叔碳烯烃的转化率分别为 91%、40%~50%和 20%，醚化后全馏分汽油辛烷值提高 1.2 个单位。

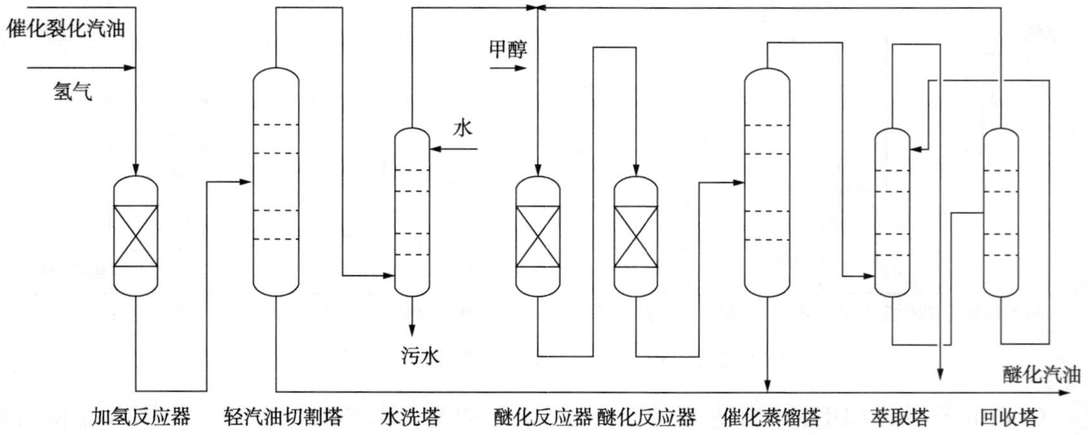

图 5-2-3 UOP 公司轻汽油醚化工艺流程图

1994 年以来，采用 Ethermax 工艺技术在国际市场上已建成 10 套装置投入运行，21 套装置获得专利技术转让权，但 UOP 已经淡出了醚化技术市场。

3. SPA 公司轻汽油醚化技术

意大利 Snamprogetti SPA 公司采用其独特的管式反应器开发出催化轻汽油醚化的 DET 工艺，DET 工艺包括轻汽油分离塔、选择加氢反应器、醚化反应器、脱戊烷塔、TAME 分离塔、MPP 吸附器和非叔碳烯烃骨架异构反应器。工艺流程如图 5-2-4 所示。

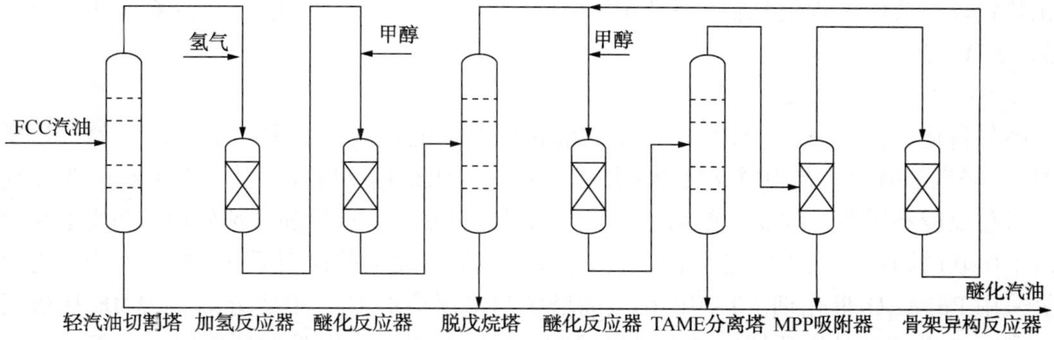

图 5-2-4　Snamprogetti SPA 的 C_5 馏分和轻汽油醚化工艺流程简图

DET 工艺以 100℃前的 FCC 轻汽油为原料，采用 Pd/Al_2O_3 加氢催化剂，对轻汽油原料中的二烯进行选择性加氢脱除，Pd/Al_2O_3 加氢催化剂可再生重复使用。醚化催化剂采用阳离子交换树脂催化剂和固定床反应器工艺。其特点是从脱戊烷塔塔顶分离出 C_5 与甲醇的共沸物，与一定量的甲醇混合后进入一个由 TAME 合成及分离、烷烃分离和骨架异构化组成的 TAME 合成系统。在该系统中，未反应的异戊烯和非叔碳烯烃戊烯进一步转化 TAME。经过 DET 工艺处理后，叔戊烯、叔己烯和叔庚烯醚化转化率分别为 88.8%、42.9% 和 23.2%。

4. Axens C_5 馏分醚化技术

法国 Axens 公司（隶属于 IFP）开发的 TAME 生产工艺流程见图 5-2-5。该工艺包括 C_5 馏分原料净化、醚化反应和甲醇回收 3 部分。所不同的是醚化反应采用了一个主反应器（膨胀床反应器）和一个终反应器（催化精馏塔）串联使用，然后进行醚化产物分馏。

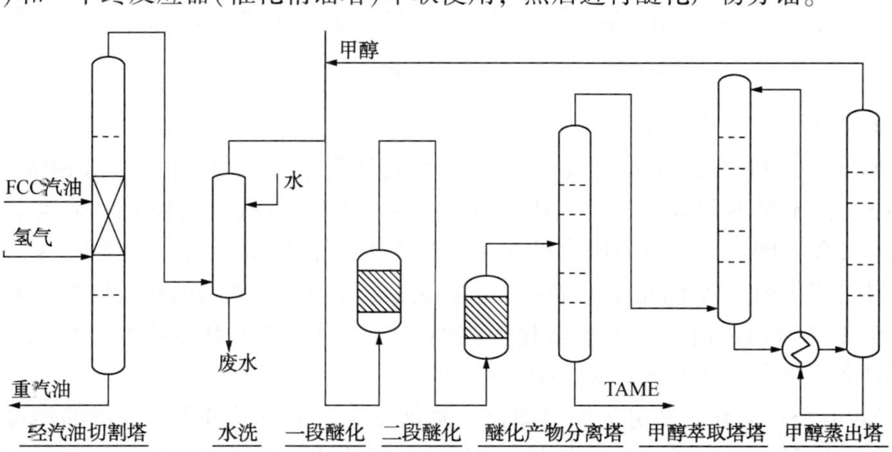

图 5-2-5　Axens(IFP) TAME 生产工艺流程图

TAME 生产工艺以催化汽油选择性加氢后分馏出 C_5 原料，经过水洗后与甲醇混合直接进入主反应器进行反应，反应混合物再进入终反应器，使未反应的叔戊烯和甲醇继续进行反应。然后反应物料再进入精馏塔，TAME 从塔底流出，剩余 C_5 和甲醇从塔顶流出进入甲醇回收系统，分离后的甲醇再循环使用。该装置操作简单，醚化过程中叔戊烯转化率达 60%~70%，轻汽油醚化采用两个串联的膨胀床反应器。Axens 开发的生产 TAME 的工艺有 3 种流程：①不设甲醇回收系统；②带有甲醇回收系统；③在反应段下游设 TAME 分馏塔。Axens 也开发了催化蒸馏技术，并申请了专利，但在轻汽油生产 TAME 领域并未形成优势。目前，国际上已有 50 多套装置采用 Axens 醚化工艺技术，其中 TAME 装置至少有 7 套。以 350kt/a 醚化装置计，公用工程消耗：电 80kW · h/h，低压蒸汽 1.0t/h，中压蒸汽 6.1t/h，冷却水(温升 10℃)200m³/h。

5. ARCO 公司轻汽油醚化技术

阿尔科化学技术公司(ARCO)开发的催化轻汽油醚化工艺，主要用于生产 MTBE 联产 TAME。轻汽油醚化工艺中醚化反应采用串联式固定床绝热反应器。其工艺流程分为原料净化、醚化反应和甲醇回收 3 个单元过程。C_5 原料经过水洗、选择加氢预处理后与甲醇混合进入两个串联的固定床绝热反应器中，在离子交换树脂催化剂的作用下进行醚化反应，选择性加氢采用 Pd/Al_2O_3 催化剂。TAME 在蒸馏塔中与未反应的 C_5、甲醇分离，TAME 从塔底流出，剩余 C_5 和甲醇从塔顶流出进入甲醇回收系统，分离后的甲醇循环使用。该固定床反应器的叔戊烯转化率达 70%。其工艺流程见图 5-2-6。

采用该技术已在美国建有 4 套 MTBE、ETBE 装置，在欧洲建有 2 套。另有 27 套转让技术，醚化总能力 57.4kt/a。

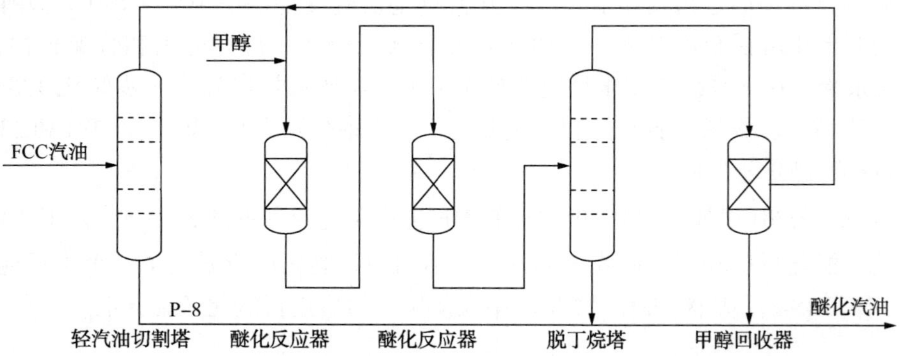

图 5-2-6 ARCO 公司轻汽油醚化工艺原则流程图

6. Neste 公司轻汽油醚化技术

芬兰 Neste 公司开发的 NexTAME 轻汽油醚化技术与意大利 Snamprogetti SPA、法国 IFP 的轻汽油醚化技术基本相似。该工艺技术以含 C_4~C_7 馏分轻汽油为原料，采用市售的无机载体负载的贵金属催化剂，作为催化轻汽油中二烯烃选择性加氢催化剂，醚化采用强酸性阳离子交换树脂催化剂。所不同的是增加了醚化轻汽油分馏塔及侧线醚化反应器，其工艺流程简图如图 5-2-7 所示。由于增加了醚化轻汽油分馏塔及侧线醚化反应器，提高了 C_5、C_6、C_7 叔烯烃醚化转化率，分别达 90%、68%和 25%。

芬兰 Neste 公司醚化工艺分为原料净化、醚化反应 2 个单元过程。轻汽油经过净化、加氢处理后和甲醇混合进入第一个固定床反应器，然后反应产物进入分馏塔，醚化产物由塔底排出，塔顶馏出不能参与反应的 C_4、C_5 组分，在分馏塔的中上部引出侧线，将甲醇和 C_5 组分引入第一醚化反应器中进行反应，从醚化反应器流出的产物再进精馏塔精馏。Neste 公司的改进技术实现了无需甲醇-水回收系统的新工艺，形成了催化轻汽油醚化新技术。

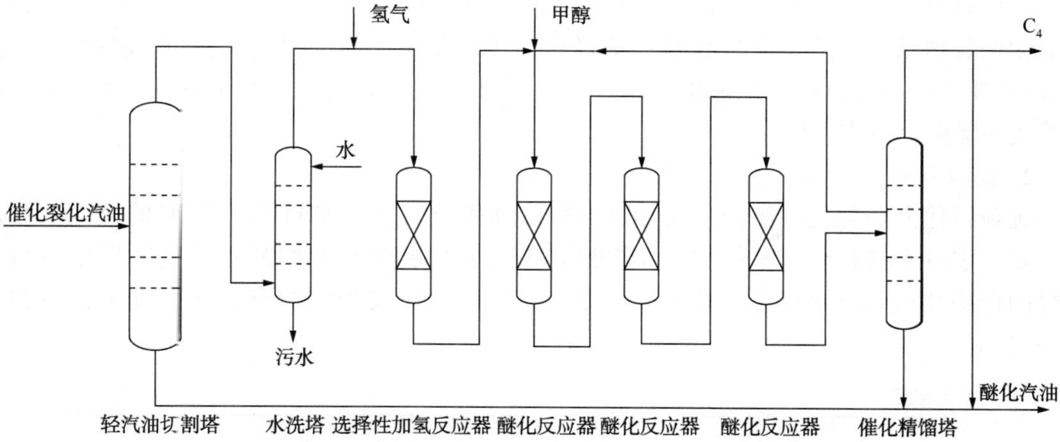

图 5-2-7　芬兰 Neste 公司轻汽油醚化工艺流程图

该工艺的技术关键是从催化精馏塔侧线抽出未反应的 C_5 和 C_6 烯烃与甲醇，然后再进入醚化反应器进行反应，来提高醚化原料的转化率。该工艺利用轻烃和甲醇形成的共沸物，C_4 和少量与 C_4 共沸的甲醇从精馏塔塔顶馏出，甲醇转化率达 99%，醚化轻汽油中的甲醇含量小于 0.2%，不需要甲醇回收装置。经该工艺处理之后，C_5、C_6 和 C_7 叔碳烯烃的转化率分别为 90% 以上、50% 以上和 20%～40%。

(二) 国内醚化技术

1. 齐鲁石化轻汽油醚化技术

中国石化齐鲁石化研究院开发出以 Pd/Al_2O_3 加氢催化剂脱除轻汽油中的二烯烃的轻汽油醚化技术，采用催化轻汽油中沸点低于 75℃ 馏分为原料，醚化催化剂采用 QRE202 大孔阳离子交换树脂催化剂。将轻汽油中的叔碳烯烃与甲醇进行醚化反应生成相应的醚化物。齐鲁研究院开发的催化轻汽油醚化技术特点是：醚化反应由固定床预醚化和催化蒸馏深度醚化两部分组成，催化轻汽油与甲醇先进入预醚化反应器进行反应生成相应的醚化物，将已接近化学平衡的预醚化产物再送入催化蒸馏塔中进行深度醚化和分离，并将所生成的醚类化合物不断从反应系统中分离出来，克服化学反应平衡，使醚化反应持续进行。其工艺流程见图 5-2-8，主要包括原料分离与净化、醚化反应和甲醇回收三部分。

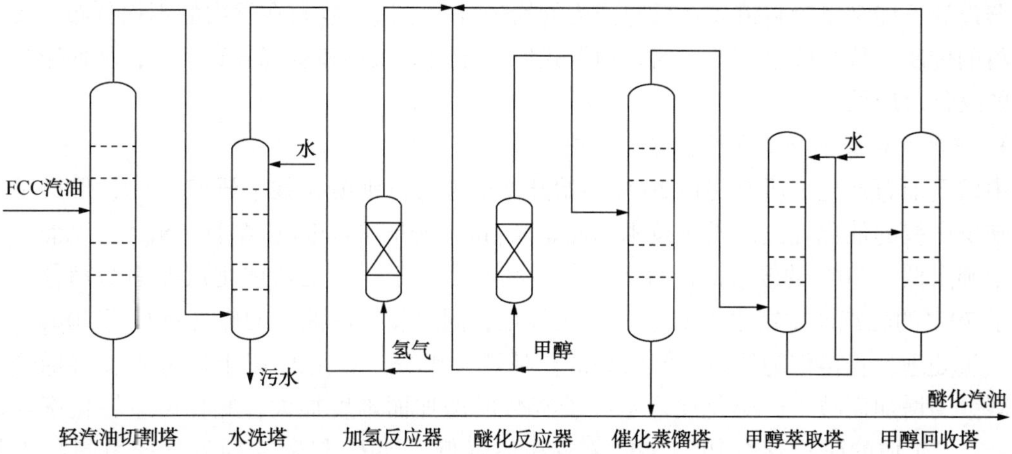

图 5-2-8　齐鲁石化公司 FCC 轻汽油醚化工艺流程

齐鲁石化研究院在直径100mm的催化蒸馏塔中开展了中试研究，催化蒸馏塔采用散装式催化剂装填结构。结果表明C_5叔碳烯烃醚化转化率在91%~95%，C_6叔碳烯烃转化率为41%~42%，汽油调和后可将总烯烃含量降低9个百分点，研究法辛烷值提高1个单位，汽油蒸气压降低29%[11]。

2. 抚顺石化FCC轻汽油醚化技术

抚顺石化公司与抚顺石油学院开发的轻汽油醚化工艺以沸点小于75℃的轻汽油为原料，在装填具有选择性加氢、加氢异构和醚化的三功能催化剂的列管式反应器中进行二烯烃的选择加氢和醚化反应，醚化反应器中装填阳离子交换树脂催化剂。其工艺流程见图5-2-9。

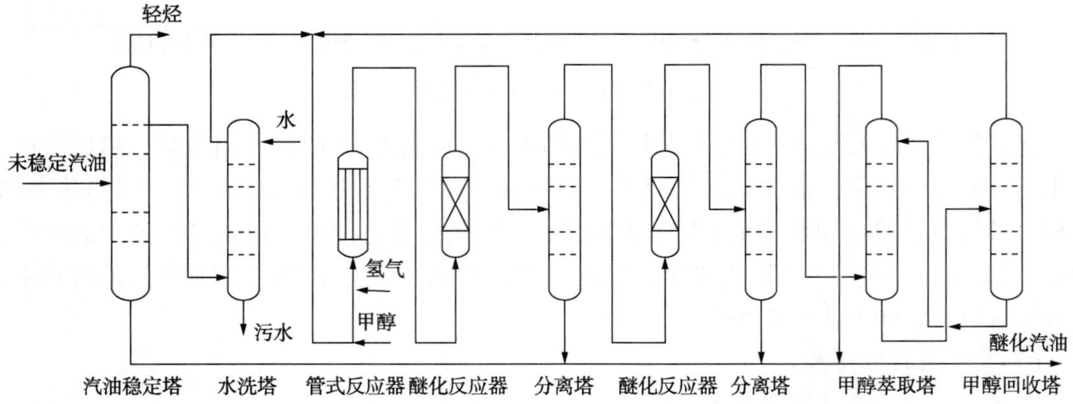

图5-2-9　抚顺石化FCC轻汽油醚化技术工艺流程图

抚顺石化公司与抚顺石油学院开发的轻汽油醚化技术，可使FCC轻汽油的烯烃含量降低9.6个百分点，混合汽油的研究法辛烷值提高1个单位。抚顺石化于1994年6月建成500kt/aFCC轻汽油醚化工业试验装置，并运行了90d，便停止生产[12]。造成装置停产的主要原因在于：一是采用三功能催化剂未能达到脱除二烯烃的预期的效果，二烯烃从7000μg/g降到4000μg/g，二烯烃脱除率只有40%，由于二烯烃极不稳定，影响到汽油质量，造成醚化汽油颜色深，气味难闻。二是没有原料预精制，二烯烃及金属离子含量较高，虽然碱性氮分析仅0.5μg/g，仍然可使H^+型S54树脂醚化催化剂失活。三是反应器进料的流体分布器设计不能满足物料流体在反应器内的均匀分布，造成物料在器内的不均分布，反应器内物料的传质与传热效果变差。四是列管式反应器内的取热和氢气分布不均，从而影响到轻汽油的醚化反应效果。

3. 中国石油石油化工研究院轻汽油醚化技术

中国石油石油化工研究院自2001年始开展催化轻汽油醚化技术研究[13,14]，形成了具有自主知识产权的催化轻汽油醚化技术(Light Naphtha Etherification，简称LNE)。以催化裂化汽油中沸点低于70℃的轻汽油馏分为原料，其原因在于：一是从催化汽油中切割分离出沸点低于70℃的轻汽油中富集了C_5、C_6叔碳烯烃，同时使轻汽油中的硫含量小于50μg/g，不再经加氢处理，直接作为低硫、低烯烃的汽油调和组分。二是C_7以上馏分中叔碳烯烃含量随着碳数的增加而减少，醚化反应也随着碳数的增加而难度加大，醚化反应转化率降低到20%左右，生成的醚类化合物的辛烷值也相应降低，如C_7叔碳烯烃醚化成甲基叔庚基醚(THpME)的辛烷值(RON)仅为90，醚化效果变差。在多年研究的基础上，中国石油石油化工研究院已开发出 LNE 系列技术，其中包括 LNE-1、LNE-2 和 LNE-3 三种工艺技术，并实现了工业应用。

LNE-1 工艺技术采用“一段一塔”流程，由膨胀床醚化反应、醚化产物分离及甲醇回收部分组成，不设二段醚化反应器，产品为醚化产品油和剩余碳五，叔戊烯适度转化(75%~80%)。该工艺可灵活调和生产乙醇汽油组分和非乙醇汽油，因此，适应地区较广。

LNE-2 工艺采用“两段一塔”流程，由一段膨胀床醚化反应、醚化产物分离、二段膨胀床醚化反应及甲醇回收部分组成，产品为醚化轻汽油，叔戊烯适转化率可达 91%~93%。该工艺生产含醚汽油，因此，不适合仅生产乙醇汽油组分的炼油企业。

LNE-3 工艺采用“膨胀床反应器+催化蒸馏深度醚化”组合工艺技术，由膨胀床醚化反应与催化蒸馏深度醚化部分、甲醇回收部分组成。LNE-3 工艺可分为两种路线，一种是催化蒸馏塔后不设二段膨胀床醚化反应器，产品为醚化产品油和剩余碳五，叔戊烯转化率可达 95%，该工艺可灵活调和生产乙醇汽油组分和非乙醇汽油，适应地区较广。另一种是在催化蒸馏塔后设二段膨胀床醚化反应器，叔戊烯转化率可达 95%以上，只能生产含醚汽油，适合生产非乙醇汽油的炼油企业。

LNE 系列轻汽油醚化成套技术，以 Ni 作为轻汽油脱二烯催化活性组分，与贵金属 Pd/Al_2O_3 加氢催化剂相比，不仅降低了轻汽油醚化投资，而且对硫化物、砷等催化剂的毒物有更强的耐受性，缓和的操作工艺条件，使得轻汽油加氢操作成本更低。催化轻汽油醚化“两器一塔”工艺技术，采用阳离子交换树脂醚化催化剂，醚化反应器为膨胀床。醚化中试结果表明，以兰州石化催化汽油为原料，轻汽油中二烯烃含量由 0.34%经选择性加氢降低到 100μg/g 以下，单烯烃饱和在 3 个百分点以下。催化轻汽油醚化 C_5 叔碳烯烃转化率在 88%~90%，C_6 叔碳烯烃转化率在 60%以上，醚化轻汽油中烯烃减少量 22~24 个百分点，研究法辛烷值增加 2~3 个单位。醚化汽油与未处理的重汽油调和后，烯烃减少量在 10 个百分点以上，研究法辛烷值增加 1 个单位以上。其工艺流程见图 5-2-10。

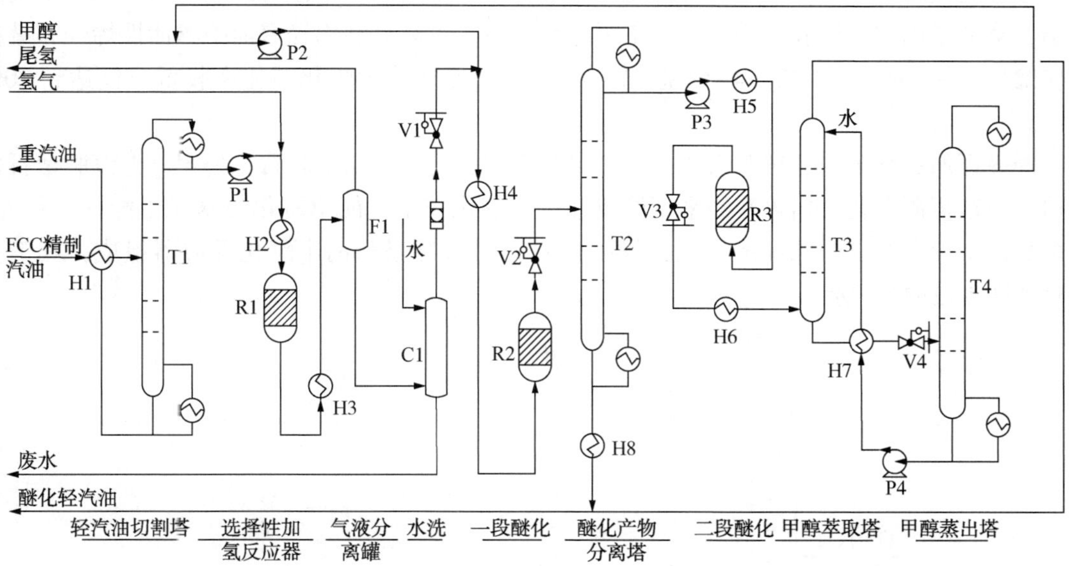

图 5-2-10　中国石油石油化工研究院催化轻汽油醚化成套技术工艺流程图

兰州石化公司以 PrimeG+选择性加氢后的轻汽油为原料，采用 LNE-1 轻汽油醚化成套技术建成了首套国内最大规模的 500kt/a 工业装置，于 2012 年 11 月投产，一次开车成功，已连续运行数年，运行情况良好。呼和浩特石化公司采用 LNE-2 轻汽油醚化成套技术建成了 400kt/a 催化轻汽油醚化装置，于 2013 年 11 月投产，装置一次开车成功，运行情况良好。

华北石化公司、吉林石化公司相继采用石油化工研究院开发的 LNE-3 轻汽油醚化成套技术，分别建成 300kt/a 轻汽油醚化工业装置，前者于 2015 年 8 月投产，后者于 2015 年 10 月投产，均一次开车成功，运行情况良好。

4. 简单轻汽油醚化技术

BP 公司最早开发轻汽油简单醚化技术，开发的 Etherol 工艺主要包括 1 台轻汽油分离塔、1 台选择加氢反应器、1 台醚化反应器、1 台甲醇萃取塔和 1 台蒸馏塔，其工艺流程见图 5-2-11。

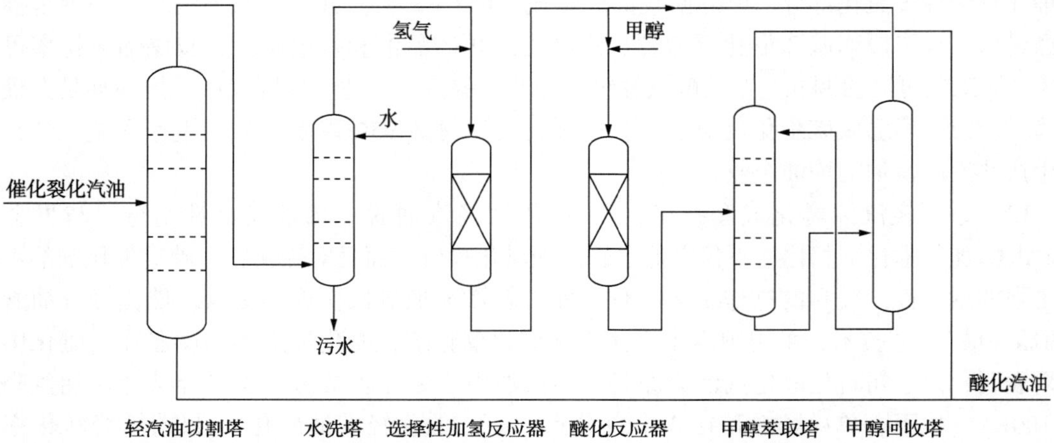

图 5-2-11　BP 公司轻汽油醚化工艺流程图

该工艺的原料为≤77℃的 FCC 轻汽油，关键技术是开发了将双键异构、选择性加氢除二烯烃和醚化过程相结合的三功能催化剂，该催化剂是浸有少量钯的强酸性大孔径离子交换树脂，降低了固定投资和操作费用，工艺过程简单，可充分利用轻汽油中的活性烯烃和潜在反应烯烃(3-甲基-1-丁烯、4-甲基-2-戊烯等)，但该技术醚化转化率较低，仅达到 70% 左右。

国内辽河石化公司、庆阳石化公司、华北石化公司、山东垦利石化公司、上海胜帮石化公司、山东恒源石化公司等曾经采用简单轻汽油醚化技术，简单醚化技术无甲醇回收单元，大多数甚至没有原料脱二烯烃单元，仅由 FCC 汽油分馏塔和两个醚化反应器组成，其工艺流程如图 5-2-12 所示。

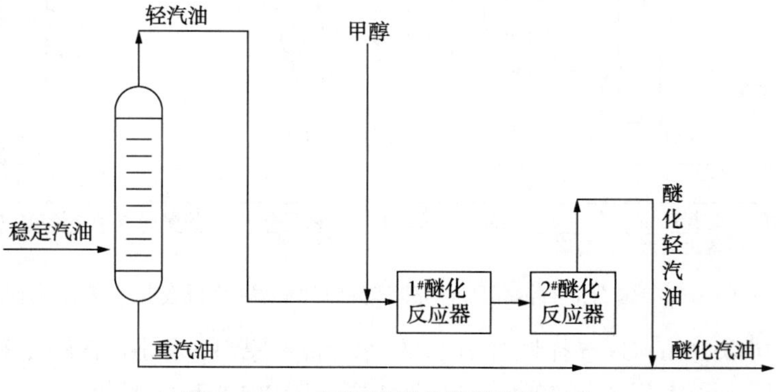

图 5-2-12　轻汽油馏分简单醚化工艺

FCC汽油经切割分馏出轻汽油馏分，进入反应温度较低的第一醚化反应器，其醚化产物再进入第二醚化反应，以提高醚化转化率。简单醚化工艺的 C_5 组分醚化转化率不高，一般在55%~65%之间，醚化轻汽油的研究法辛烷值提高0.5个单位，烯烃含量降低了5~6个百分点。与完整的醚化工艺相比，简单醚化工艺省却了原料净化、甲醇回收等系统。简单醚化工艺的特点是工艺流程短、装置投资少、能耗低，不产生废水，催化剂的使用寿命可以通过适当增加装填量来延长。但突出的问题是由于没有脱除易于聚胶的二烯烃，其结果带来了一系列问题：一是二烯烃易聚合而形成胶质，使汽油质量下降，醚化汽油气味大；二是胶质在醚化催化剂上沉积，加速催化剂的失活，使催化剂更换频繁；三是简单醚化工艺醚化剩余甲醇残留在汽油中，不能满足国内汽油标准对甲醇含量的要求。目前，采用轻汽油简单醚化技术建成的醚化装置均已经停产，部分采用中国石油石油化工研究院开发的轻汽油醚化LNE-1技术进行改造，形成技术先进的工业生产装置。

（三）工业化轻汽油醚化工艺操作条件

前述国内外 C_4~C_7 烯烃与甲醇醚化技术各自具有不同的特点，从采用的反应器类型可以分为泡点床、膨胀床和催化蒸馏3种，3种反应类型均有大量的丁烯醚化工业装置，应用于 C_5~C_7 汽油醚化的固定床工业化技术以中国石油石化研究院LNE技术为代表，在兰州石化、呼和浩特石化等公司应用；催化蒸馏以CDtech技术为代表，在南充炼化、格尔木炼油厂、乌鲁木齐石化、大连石化及一些国外炼油厂应用。

表5-2-12　醚化装置主要操作条件

工艺类型	工业装置	轻汽油干点/℃	反应温度/℃	反应压力/MPa	空速/h^{-1}	醇叔烯比(摩尔比)
固定床串联	兰州石化	65	40~85	0.8~1.0	1.5	1.1
	呼和浩特石化	65~70	42~69	0.8~1.0	1.5	1.1
催化蒸馏	南充炼化	100	50~100	0.3~0.5	—	1.1~1.3
	乌鲁木齐石化	70	50~100	~0.5	—	

四、醚化催化剂

1. 叔碳烯烃醚化反应催化剂

醚化催化剂应该具有酸碱催化活性，能提供B酸中心，理论上硫酸、磷酸、氢氟酸、杂多酸、苯磺酸、烷基苯磺酸、H^+ 分子筛、氯化铝等都具有催化作用。工业催化剂不仅要考虑催化剂的活性、选择性，还需兼顾催化剂的腐蚀性、安全性、分离难易、环境是否友好等，因此，工业装置常用离子交换树脂作为醚化催化剂[15~17]。南充炼化轻汽油醚化装置对比了进口剂和国产的丹东明珠树脂催化剂，国产剂价格大约是进口剂的40%，醚化反应转化率、寿命等性能低于进口的CDtech剂[18]。原则上MTBE工艺所用的催化剂均可作为轻汽油醚化催化剂应用，主要操作条件见表5-2-13。

表5-2-13　某公司汽油醚化装置离子型树脂催化剂性质

性　质	数　值	性　质	数　值
质量交换容量[H^+]/(mmol/g)	≥5.2	湿视密度/(g/mL)	0.75~0.85
含水质量分数/%	50~58	筛分质量分数(0.355~1.250mm)/%	≥95
湿真密度/(g/mL)	1.18~1.28		

有人研究负载型杂多酸作为醚化催化剂[19~21]以及分子筛醚化催化剂[22,23]，但尚未见到工业化应用的报道，阳离子交换树脂催化剂之外的催化剂还需进一步研究开发。

2. 非活性烯烃的异构化催化剂

碳五烯烃异构化技术使正构烯烃骨架异构，产生部分叔碳烯烃，与碳五醚化装置配套应用，可提高汽油醚化的烯烃总转化率。Lyondell 公司异构化技术现由 CDtech 公司专利授权，UOP 开发了异构化 Pentesom 技术。

烯烃骨架异构化催化剂活性组分有贵金属或非贵金属，其载体材料可用氧化铝或分子筛，贵金属催化剂对杂质砷等要求苛刻。以 C_5 馏分为原料的正构烯烃骨架异构化将顺、反 2-戊烯、1-戊烯异构化为 2M1B（2-甲基-1-丁烯）、2M2B（2-甲基-2-丁烯）、3M1B（3-甲基-1-丁烯），反应为可逆反应，同时伴随少量裂解、聚合等副反应。骨架异构化反应在热力学上不利于 3M1B 产生，反应产物主要为具有反应活性的 2M1B 和 2M2B。以 Criterion 公司的 ZEOLYST870 沸石催化剂为例，正构戊烯平均单程转化率约为 80%，选择性为 85% 左右[24]。异构化催化剂的连续运转周期为约 3 周，之后需要再生恢复活性。温度、压力和空速是烯烃骨架异构化反应的最重要参数，温度升高，催化剂的反应活性提高，但是异戊烯转化率下降，C_5 烯烃二聚及 C_5 二聚物裂解产物增加，最佳反应温度一般控制在 400℃左右；压力越低，烯烃二聚物等副反应产物越少；提高空速，副反应产物减少，但是催化剂再生频繁，导致催化剂总寿命缩短。

五、反应器类型及特点

目前，催化轻汽油醚化工业装置采用的醚化反应器主要有固定床、膨胀床、催化蒸馏塔等型式，根据炼厂实际需求所采用的工艺不同，会有不同的反应器组合。

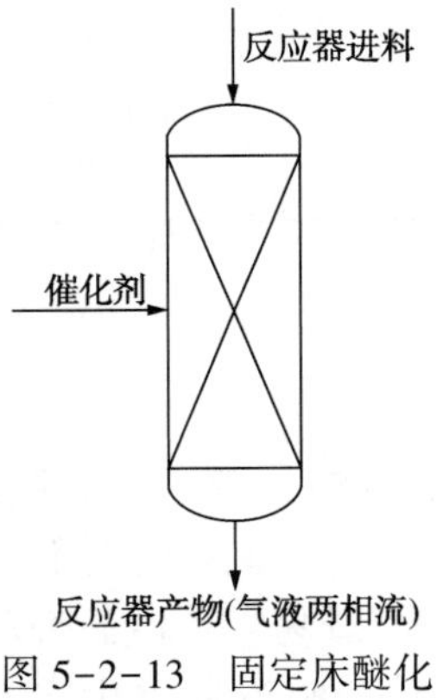

图 5-2-13　固定床醚化反应器示意图

1. 固定床反应器

固定床又称泡点床反应器，装填有固体催化剂或固体反应物用以实现多相反应过程的一种反应器（图 5-2-13）。轻汽油醚化过程中，常用的醚化树脂催化剂通常呈颗粒状，堆积成一定高度（或厚度）的床层。床层静止不动，催化轻汽油与甲醇混合物通过床层进行反应。它与流化床反应器及移动床反应器的区别在于固体颗粒处于静止状态。滴流床反应器也可归属于固定床反应器，气、液相并流向下通过床层呈气液固相接触。

固定床反应器有三种基本形式：

① 轴向绝热式固定床反应器。流体沿轴向自上而下流经床层，床层同外界无热交换。

② 径向绝热式固定床反应器。流体沿径向流过床层，可采用离心流动或向心流动，床层同外界无热交换。径向反应器与轴向反应器相比，流体流动的距离较短，流道截面积较大，流体的压力降较小。但径向反应器的结构较轴向反应器复杂。以上两种形式都属绝热反应器，适用于反应热效应不大，或反应系统能承受绝热条件下由反应热效应引起的温度变化的场合。

③ 列管式固定床反应器。由多根反应管并联构成。管内或管间置催化剂，载热体流经管间或管内进行加热或冷却，管径通常在 25~50mm 之间，管数可多达上万根。列管式固定床反应器适用于反应热效应较大的反应。此外，尚有由上述基本形式串联组合而成的反应器，称为多级固定床反应器。例如：当反应热效应大或需分段控制温度时，可将多个绝热反

应器串联成多级绝热式固定床反应器，反应器之间设换热器或补充物料以调节温度，以便在接近于最佳温度条件下操作。轻汽油醚化工业装置反应器普遍采用轴向绝热式固定床反应器。

固定床反应器的优点是：①返混小，流体同催化剂可进行有效接触，当反应伴有串联副反应时可得较高选择性；②催化剂机械损耗小；③结构简单。

固定床反应器的缺点是：①传热差，反应放热量很大时，即使是列管式反应器也可能出现飞温(反应温度失去控制，急剧上升，超过允许范围)；②操作过程中催化剂不能更换，催化剂需要频繁再生的反应一般不宜使用，常代之以流化床反应器或移动床反应器。

固定床反应器中的催化剂不限于颗粒状，网状催化剂早已应用于工业装置，目前，蜂窝状、纤维状催化剂也已被广泛使用。

2. 膨胀床反应器

国内由抚顺石化、抚顺石油学院、洛阳石化工程公司联合自主开发了膨胀床醚化反应器技术，1988 年在镇海石化建成了 20kt/aMTBE 装置。膨胀床属于液固散式流化床，其优点是：床层顶部具有一定的膨胀空间，反应原料从反应器底部进入，经分配器分布均匀后自下而上通过催化剂床层，使催化剂床层处于膨胀状态；催化剂不规则的自转使得整个床层的压降小而且恒定，与固定床反应器比较床层径向温度分布均匀，因此不存在局部热点，有利于控制反应器超温和抑制副反应的发生。反应器结构见图 5-2-14。

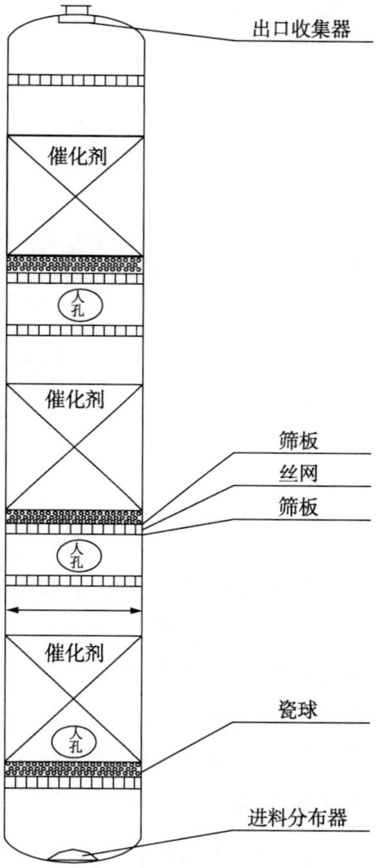

图 5-2-14　膨胀床醚化反应器结构示意图

基于上述优点，目前醚化工业装置优先选用膨胀床型式的醚化反应器。在膨胀床型式的反应器内件设计中，每个催化剂床层设置了约翰逊网支撑格栅，格栅上面铺设不锈钢孔板和 3 层不锈钢丝网，然后用不锈钢扁条沿周边压实，并用螺丝钉紧固，周边多余的不锈钢丝网压入筒体与支撑格栅的边缝中，支撑板与筒体的间隙要用石棉绳充填并用扁铲捣实，以防止催化剂泄漏。支撑格栅处的自由流通面积应不小于反应器横截面积的 20%。

3. 催化蒸馏反应塔

催化蒸馏是将催化反应与蒸馏过程在同一设备中同时进行的工艺技术。在混相反应后，残余的活性烯烃在催化蒸馏塔的反应段继续反应，生成的醚化物随时不断被分离，从而使合成醚化物的反应持续向深度进行。因此，催化蒸馏可以实现活性烯烃的深度转化。

催化蒸馏反应塔作为催化蒸馏醚化技术专用反应器，将反应和分馏两个过程结合在一个装置内完成。在获得便捷性和经济性的同时得到异构烯烃的高转化率(超过固定床平衡极限)，其主要优点包括：

① 高转化率(超过固定床平衡限制)。

② 低成本。

③ 低公用工程消耗。

④ 催化剂长寿命和持续的高转化率。

催化蒸馏反应塔与传统的精馏塔类似，它也是通过外部再沸器和顶部冷凝器进行操作；同时设备的结构也类似，在进料入口下有塔盘，进料入口上部有催化精馏组件系统和塔盘。催化精馏组件系统不仅从碳五烃中精馏出醚化合物，并且催化反应生成醚化合物。

甲醇和 C_5烃从进料点精馏至催化精馏组件系统，在那里生成更多的甲基叔戊基醚，并和其他组分分离。甲醇在系统中是一种高沸点组分，但它和 C_5烃形成了低沸点共沸物，这个共沸物携带甲醇进入催化精馏组件系统。产物甲基叔戊基醚通过精馏在反应区脱除，这使得反应能够远远超出传统反应器系统化学平衡所设置的极限值而顺利进行。甲基叔戊基醚同主反应器中产生的 C_6醚化合物以及少量反应副产品、进料中比 C_5重的组分一起从塔底脱出。未反应的 C_5烃、过量甲醇和原料中的轻杂质从塔顶脱出。催化精馏塔组件系统见图 5-2-15。

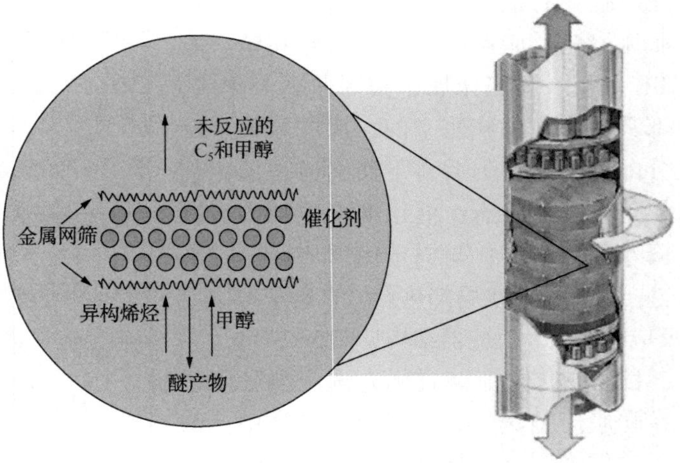

图 5-2-15　CDtech 公司催化蒸馏塔组件系统示意图

但也有观点认为催化蒸馏技术用于生产 MTBE 时优势明显，用于催化轻汽油醚化时，与传统固定床工艺相比，存在以下缺点：①转化率提高不明显；②催化蒸馏塔结构复杂、催化剂装卸困难；③投资较高；④塔釜中的 2-甲基-2-丁烯不易被蒸发到反应区；⑤催化剂与工艺捆绑，不能灵活选择催化剂。与催化蒸馏技术不同的是，NexTAME 工艺、DET 工艺均采用传统的轴向反应器流程。法国 Axens 公司虽然拥有成熟的催化蒸馏技术，但只有在生产高纯度 MTBE、TAME 产品等特殊情况下，才考虑向用户推荐应用轻汽油催化蒸馏技术。

六、轻汽油醚化技术的工业应用

1. 工业化装置的应用情况

国外的醚化研究和生产起步较早，CDtech 公司、UOP 公司、Neste 公司、ARCO 公司、IFP、BP 公司等开发出催化轻汽油醚化工业技术，已向国际市场上输出技术，世界第一套轻汽油醚化工业装置于 1986 年在德国沃堡石油二厂投产。

国内在 20 世纪 90 年代后期开始汽油醚化技术研究，主要目的是满足汽油含量控制的需要。一些小型炼厂采用简单醚化技术建设了汽油醚化装置，虽然醚化效率较低，但也使汽油烯烃降低、辛烷值提高。但是简单醚化技术没有配套的原料预加氢技术和甲醇回收等，致使汽油胶质升高甚至变色，而且汽油中甲醇含量可能超标，因为甲醇含量限制而被迫降低醚化转化率，使醚化降烯烃和提高辛烷值的效果明显降低。因此，简单醚化装置逐渐被淘汰。

2005年，中国石油南充炼油厂引进CDtech公司技术建成80kt/a轻汽油醚化装置，是国内第一套完整的汽油醚化工艺装置。随着国内汽油质量标准的提高，炼厂对汽油降烯烃和提高辛烷值的技术需求越来越迫切，近年来格尔木炼厂145kt/a、山东滨州石化150kt/a、乌鲁木齐石化400kt/a、兰州石化500kt/a、呼和浩特炼厂400kt/a、大连石化1.0Mt/a、华北石化公司和吉林石化公司300kt/a等催化轻汽油醚化工业装置相继建成投产。

轻汽油醚化技术适用于全部或部分生产非乙醇汽油调和油的炼厂，特别是已经具有催化汽油二烯烃选择性加氢和轻重汽油切割塔的企业，新建醚化装置不需要考虑原料预精制措施。正是由于轻汽油醚化在降烯烃、提高辛烷值方面的显著效果，近年来工业应用不仅装置数量快速增加，而且单套装置规模从80kt/a发展到1.0Mt/a，见表5-2-14。生产国Ⅳ标准汽油时，醚化原料可以是C_5～C_7馏分，以获得较多的叔碳烯烃转化，但是，国Ⅴ汽油硫含量要求不大于10μg/g，必须降低轻汽油干点，因此，为满足国Ⅴ汽油标准，醚化原料将以C_5为主，允许少量C_6馏分。

表5-2-14　国内炼厂催化轻汽油醚化装置

单　位	醚化能力/(kt/a)	技术来源	工艺特点	建成时间
南充炼化	80	CDtech	沸点反应器+催化蒸馏+C_5异构化	2005
山东恒源	100	简单流程	膨胀床反应器+催化蒸馏	2005
格尔木	145	CDtech	沸点反应器+催化蒸馏+C_5异构化	2009
乌鲁木齐	400	CDtech	沸点反应器+催化蒸馏+C_5异构化	2011
宁夏宝塔	100	凯瑞公司	固定床反应器+催化蒸馏+后反应器	2014
兰州石化	500	中国石油	串联膨胀床反应器+分馏	2012
滨州石化	150	Axens	固定床反应器	2013
呼和浩特	400	中国石油	串联膨胀床反应器+分馏+后反应	2013
大连石化	1000	CDtech	沸点反应器+催化蒸馏	2013
中化泉州		Cdtech	固定床反应器+催化蒸馏	2014
山东BH	300		固定床串联简单流程	投产
山东JC	200		固定床串联简单流程	2015
山东TH	150	Axens	串联膨胀床反应器+分馏+后反应器	2015
大连西太	600	中国石油	膨胀床反应器+催化蒸馏+后反应器	2016
华北石化	300	中国石油	膨胀床反应器+催化蒸馏+后反应器	2015
吉林石化	300	中国石油	膨胀床反应器+催化蒸馏+后反应器	2015
广西石化	500	凯瑞公司	膨胀床反应器+催化蒸馏+后反应器	2015
大庆炼化	400	中国石油	串联膨胀床反应器+分馏+后反应器	2016
玉门炼化	150	中国石油	串联膨胀床反应器+分馏+后反应器	2016
锦州石化	400	中国石油	膨胀床反应器+催化蒸馏+后反应器	2017
云南石化	500	中国石油	串联膨胀床反应器+分馏+后反应器	2017
辽河石化	150	中国石油	膨胀床反应器+催化蒸馏+后反应器	2017
大港石化	300	中国石油	膨胀床反应器+催化蒸馏+后反应器	2018
辽阳石化	350	中国石油	膨胀床反应器+催化蒸馏+后反应器	2018
克拉玛依石化	150	中国石油	膨胀床反应器+催化蒸馏+后反应器	2018

2. 装置消耗和能耗

(1) 催化蒸馏醚化工艺装置消耗和能耗

国内采用 CDtech 催化蒸馏醚化技术的工艺装置已有 5 套，南充炼厂醚化装置设计能耗 4831MJ/t 催化汽油，经改造优化，能耗将低到 1866 MJ/t 催化汽油(44.62kg 标油/t 催化汽油)[25]。但是，乌鲁木齐石化公司采用 CDtech 完整工艺的醚化装置，包括催化汽油催化蒸馏选择性加氢脱双烯烃/分馏、轻汽油(≯70℃)醚化及醚后 C_5异构化，设计采用了导热油代替蒸汽作为热媒，降低了能耗，设计消耗列于表 5-2-15[26]，表中装置消耗包括原料预加氢/分馏、醚化及异构化单元，装置总能耗合 24.2kg 标油/t 催化汽油。

表 5-2-15 乌鲁木齐石化催化蒸馏工艺醚化装置的公用工程消耗和能耗

序号	项目	单耗		耗能指标		单位能耗/(MJ/t)
		单位	数量	单位	数量	
1	循环水	t/t	3.487	MJ/t	4.19	14.612
2	除盐水	t/t	0.1	MJ/t	96.3	9.64
3	电	kWh/t	13.38	MJ/kWh	10.89	145.71
4	净化风	Nm^3/t	4.200	MJ/Nm^3	1.59	6.678
5	燃料气	kg/t	25.19	MJ/t	32.043	807.16
6	含油污水	t/t	0.107	MJ/t	46.05	4.932
7	氮气	Nm^3/t	0.126	MJ/Nm^3	6.28	0.791
8	热进料	MJ/t	47.88			23.94
	合计					1013.46

(2) 固定床串联工艺装置消耗和能耗

某固定床串联工艺醚化装置设计能耗见表 5-2-16，以分馏后低于 65℃轻汽油馏分作为原料计算能耗(不含选择性加氢脱二烯烃及分馏)。装置总能耗合 34.14kg 标油/t 醚化进料。

表 5-2-16 某公司国定床串联工艺醚化装置的公用工程消耗和能耗

序号	项目	单耗		耗能指标		单位能耗/(MJ/t)
		单位	数量	单位	数量	
1	循环水	t/t	7.612	MJ/t	4.19	31.893
2	电	kWh/t	9.088	MJ/kWh	10.89	98.972
3	净化风	Nm^3/t	2.500	MJ/Nm^3	1.59	3.975
4	蒸汽	t/t	0.480	MJ/t	3014	1445.213
5	凝结水	t/t	0.480	MJ/t	-320.3	-153.584
6	含油污水	t/t	0.017	MJ/t	46.05	0.768
	合计					1427.236

(三) 经济效益分析

轻汽油醚化的经济效益主要有三个方面：降低烯烃含量、提高辛烷值和甲醇转化，以 1.00Mt/a 催化汽油(对应的催化裂化约 2.20Mt/a，炼油能力约 5.00Mt/a)产量进行效益估算。

1. 降低汽油烯烃含量的效益估算

轻汽油醚化降烯烃效果显著，烯烃分子直接转化为醚类化合物，其中 C_5 叔碳烯烃转化率可达 92%以上，C_6 叔碳烯烃转化率约 40%，而且，甲醇转化为醚化物，对汽油中的烃分子具有稀释作用，按照质量计算，对轻汽油和全馏分汽油分别稀释约 10%和 3%，汽油醚化使全馏分催化汽油烯烃含量至少降低 5 个百分点。

催化裂化装置采用降低汽油烯烃的催化剂是最直接有效的降烯烃技术措施，由于催化裂化反应特性决定了汽油烯烃分子的饱和或二次裂化，必然伴随着生焦和干气的增加。根据使用降烯烃催化剂的经验，催化裂化少降低 5 个百分点的烯烃含量，将使生焦和干气减少，汽油辛烷值略有提高，但要严格对比并进行效益定量估算比较困难。

2. 提高辛烷值的经济效益

根据 2013 年某厂 93#和 97#汽油出厂价差和辛烷值差计算，每吨汽油单位辛烷值价差约 70 元。轻汽油醚化使全馏分催化汽油辛烷值 RON 提高 0.6～1 个单位，对于 1.00Mt/a 催化汽油，年增加收入约 5600 万元。

3. 甲醇转化为汽油的效益

醚化装置甲醇消耗量接近轻汽油的 10%(视轻汽油切割干点高低而有所不同)，相当于全馏分催化汽油增加产量约 3%，即 1.00Mt/a 催化汽油经醚化后将增量到 1.03Mt/a。以 2013 年为例，93#汽油比甲醇价格高约 5000 元/t，汽油产量增加 30kt/a 使收入增加 1.5 亿元/a。

醚化装置投资约 1 亿元，年均折旧约 700 万元，公用工程和辅料消耗成本约 4000 万元/a，人工成本约 600 万元/a，合计加工成本约 5300 万元/a。

因此，对 1.00Mt/a 的催化汽油进行醚化处理，销售收入增加约 20600 万元/a，扣除加工成本后利税总额增加 15300 万元/a，扣除多交的消费税等税费约 4000 万元/a，净增利润约 11300 万元/a。

参 考 文 献

[1] 申建华，王勇，李若岩，等. FCC 汽油烃重组生产高辛烷值汽油并联产乙烯裂解料[J]. 石化技术与应用，2012，30(4)：319-322.

[2] 王海彦，魏民，陈文艺，等. 二烯烃对轻汽油醚化过程的影响[J]. 抚顺石油学院学报，2001，21(03)：14-17.

[3] 高步良，王迎春. 催化裂化 C_4、C_5 馏分中双烯烃的选择加氢[J]. 石油炼制与化工，1997，28(10)：8-11.

[4] 王海彦，马骏，张少华，等. 催化裂化轻汽油醚化催化剂失活原因考察[J]. 抚顺石油学院学报，1997，17(02)：7-10.

[5] 孙方宪，张星，张艳霞，等. 原料中杂质对催化裂化轻汽油醚化反应的影响[J]. 炼油技术与工程，2010，40(04)：16-18.

[6] 兰骏萍，张星. FCC 轻汽油醚化装置催化剂失活原因分析[J]. 石油与天然气化工，2010，39(03)：218-220.

[7] 马骏，王海彦，张少华，等. 萃取法脱除醚化原料中碱性氮化物[J]. 抚顺石油学院学报，2001，21(01)：20-22.

[8] 马骏，王海彦，张少华，等. 吸附法脱除催化轻汽油中碱性氮化物[J]. 石油化工高等学校学报，2001，2(02)：11-14.

[9] 刘成军. 催化轻汽油醚化工艺的技术探讨[J]. 山东化工，2002，31(3)：18-21.
[10] 刘成军，温世昌，尹恩杰，等. 500kt/a 催化轻汽油醚化装置的设计与开工[J]. 石化技术，2013，20(2)：34-38.
[11] 王迎春，王伟等. 轻汽油醚化技术在 FCC 汽油改质中的作用[J]. 石油炼制与化工：2001，32(08)：64-66.
[12] 佟殊晖，房景仲. 催化裂化轻汽油醚化工业试生产[J]. 催化裂化：1996，15(3)：51-53.
[13] 李吉春，胡劲松，黄星亮，等. FCC 轻汽油临氢醚化催化剂反应特性的研究[J]. 石油炼制与化工，2003，34(05)：23-28.
[14] 李长明，李吉春，黄星亮，等. FCC 轻汽油醚化催化精馏工艺的研究[J]. 石油炼制与化工，2004，35(01)：5-9.
[15] 李林，陈小龙. D005-ⅡS 催化剂在轻汽油醚化装置上的应用[J]. 石化技术与应用：2013，31(06)：503-505.
[16] 吕兰涛，袁彦国，朱立宾，等. 催化裂化汽油醚化工艺的应用开发[J]. 炼油技术与工程，2003，33(4)：19-21.
[17] 缪希平. 轻汽油醚化装置应用 S 型树脂催化剂的分析研究[J]. 中外能源，2007，12(4)：81-84.
[18] 高明. 国产醚化催化剂在引进装置上的工业应用[J]. 中外能源，2013，18(5)：79-84.
[19] 王海彦，魏民，陈文艺，等. 采用负载型磷钨酸催化剂的轻汽油醚化[J]. 石油化工高等学校学报，2002，15(01)：21-24.
[20] 徐海升，何佳玮，李谦定. 固载杂多酸催化剂的轻汽油醚化反应性能研究[J]. 西安石油大学学报：自然科学版，2009，24(01)：71-73.
[21] 郭娟，高俊斌，赵如松，等. 新型负载磷钨杂多酸的轻汽油醚化性能[J]. 工业催化，2009(10)：35-39.
[22] 刘淑芝，董群，崔宝臣. 改性 Hβ-分子筛催化 FCC 轻汽油醚化反应性能的研究[J]. 分子催化，2002，16(04)：303-306.
[23] 胡廷芳，王海彦，陈金鹏，等. 扩孔剂对 β 沸石催化剂 FCC 轻汽油醚化性能的影响[J]. 工业催化，2005，13(06)：6-9.
[24] 李胜山，刘成军. 对催化轻汽油醚化工艺技术的思考[J]. 石油规划设计：2002，13(3)：16-18.
[25] 段启彬，兰洪平. 引进汽油醚化装置的节能措施及效果[J]. 石油炼制与化工，2005，35(9)：53-55.
[26] 徐俊，邵春宇，蔡海军. 乌鲁木齐石化公司轻汽油醚化装置的试生产[J]. 石化技术与应用，2014，32(01)：32-38.

第三章　C_3、C_4催化叠合

催化叠合始于20世纪30年代，是石油催化加工较早应用的工艺之一。由于其工艺流程简单，原料易得，产品辛烷值高，在过去被炼厂广泛采用。

根据原料组成和目的产品的不同，烯烃叠合分为非选择性及选择性叠合两种类型。非选择性叠合通常采用磷酸(硅藻土作载体)催化剂，通过叠合反应将液化气中的烯烃变成二聚、三聚、四聚等齐聚物。选择性叠合是以液化气中某一单一烯烃在硅酸铝催化剂作用下生产汽油或化工产品。

第一节　选择性叠合

用组成比较单一的丙烯或丁烯馏分作原料，选择适宜的操作条件，进行特定的叠合反应，生产某种特定的产品或高辛烷值汽油组分，如丙烯叠合生产四聚丙烯做洗涤剂或选择性生产壬烯和十二烯，异丁烯选择性叠合生产高辛烷值汽油组分或做化工原料。

用于生产高辛烷值汽油组分的选择性叠合工艺主要是法国IFP研究开发的异丁烯选择性叠合，我国在20世纪80年代引进一套装置，原料为催化碳四馏分，使用国产无定形硅酸铝小球催化剂，可使碳四馏分中的异丁烯几乎全部转化为二聚物或三聚物，而正丁烯的转化率较小。这一工艺还可用来生产高纯度的1-丁烯。通过选择性叠合工艺来生产高纯度1-丁烯对原料中的杂质含量要求严格，一般裂解抽余碳四馏分能满足杂质含量的要求，而炼厂碳四馏分杂质含量高，如果生产高纯度1-丁烯，需要对杂质进行脱除。

(一)原料及产品

1. 原料

原料一般为炼油厂催化裂化液化气中碳四馏分，典型组成见表5-3-1。

表5-3-1　原料的典型组成

名　　称	C_4馏分/%(mol)	名　　称	C_4馏分/%(mol)
C_3	0.50	t-C_4H_8	15.82
i-C_4H_{10}	34.31	c-C_4H_8	10.54
i-C_4H_8	15.80	C_5H_{12}	2.73
1-C_4H_8	12.40	C_4H_6	0.1
n-C_4H_{10}	7.80	合计	100.00

用于生产高纯度1-丁烯，对原料中杂质含量要求见表5-3-2。

表5-3-2　原料中杂质含量要求

名　　称	数　　值	名　　称	数　　值
总硫/(μg/g)	≯5	胺化合物/(μg/g)	≯1
乙腈/(μg/g)	≯1	氧化合物/(μg/g)	≯30
氨/(μg/g)	≯0.3	水/(μg/g)	≯10
碱及碱性化合物/(μg/g)	≯0.5	丁二烯/%	≯0.2

2. 产品

重叠合物从再蒸馏塔底分出，可作为柴油馏分，如果对干点没有要求，可不进行分馏。

叠合油性质如下：

相对密度(d_4^{20})	0.75
雷德蒸气压	0.45kg/cm^2
RON	97
MON	82
干点	≯205℃

3. 催化剂

硅酸铝小球催化剂具有活性高、选择性好、强度大、叠合反应条件缓和、寿命长和价格便宜等优点。开工初期需要除去催化剂所含的水分，因此需要进行干燥活化。当运行到一定时间后，催化剂会被某些极性物质污染使催化剂失活，为了恢复催化剂活性也需要进行活化。一般用200℃热氮气对催化剂进行干燥活化。催化剂寿命一般1~2年。

国产催化剂规格如下：

三氧化二铝	10.5%
氧化钠	≯0.1%
三氧化二铁	≯0.13%
燃烧减量	≯2.5%
堆积密度	≯0.7g/mL
完整率	≮88%
机械磨损率	≯10%
活性指数	≮26%
蒸汽稳定性指数	≯19%

(二) 工艺流程及操作条件

1. 工艺流程

选择性叠合主要由原料干燥、反应、产品分离和催化剂干燥活化等部分组成，工艺流程见图5-3-1。

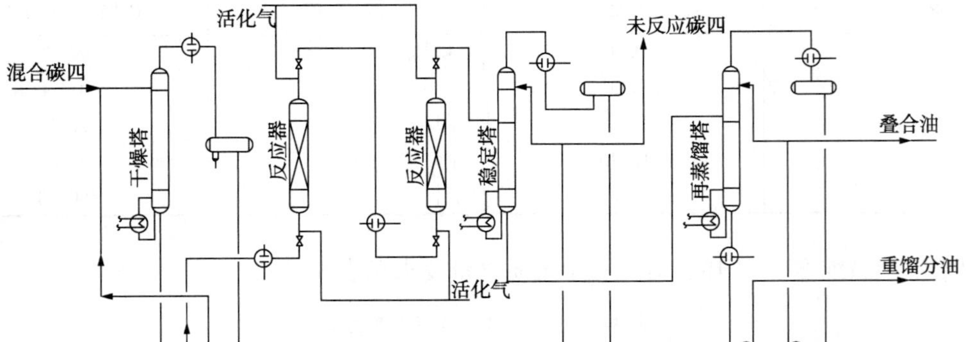

图5-3-1　选择性叠合工艺流程图

原料干燥采用脱水塔共沸蒸馏脱水，然后进入反应器。一般装置设有两个筒式固定床反应器，一般炼厂碳四中异丁烯含量不高，反应器温升不大，不需要采取器内冷却措施，只在两个反应器之间设一冷却器来调节反应温度。从反应器出来的反应物料进入稳定塔，脱出未反应碳四，塔底馏分油进再蒸馏塔，再蒸馏塔塔顶为满足干点要求的叠合油，塔底重馏分油可作柴油组分。

2. 主要操作条件

（1）干燥塔

塔顶压力	0.45MPa(表压)
塔顶温度	46℃
塔底温度	50℃

（2）反应器

反应压力	3.9MPa(表压)
第一反应器入口温度	82℃
出口温度	130℃
第二反应器入口温度	124℃
出口温度	130℃
反应总空速	$0.65h^{-1}$

（3）稳定塔

塔顶压力	0.32MPa(表压)
塔顶温度	43℃
塔底温度	106℃

（4）催化剂活化温度　200℃

第二节　非选择性叠合

以全馏分液化气(未经气体分馏装置分离，主要组分 $C_3 \sim C_4$)或碳三馏分、或碳四馏分为原料，目的产品为高辛烷值汽油调和组分。国外UOP非选择性叠合已有70多年历史，是世界上应用最广泛的叠合技术，采用固体磷酸-硅藻土作为催化剂，反应器已经过三代的发展：第一代为绝热筒式反应器，第二代为取热管式反应器，第三代为多床层急冷筒式反应器。我国20世纪五六十年代建成的一批叠合装置，采用的是石油科学研究院工艺技术，相当于UOP第二代管式反应器技术，由于国产催化剂活性低、强度差、寿命短，装卸催化剂困难，已建的大部分装置已停产。

（一）原料及产品

1. 原料

经脱硫脱硫醇后的全馏分催化液化气组成见表5-3-3，要求总硫含量≯20μg/g。

表5-3-3　经脱硫脱硫醇后的全馏分催化液化气组成

名　称	$C_3 \sim C_4$馏分/%	名　称	$C_3 \sim C_4$馏分/%
C_2H_6	1.33	n-C_4H_{10}	3.25
C_3H_6	33.45	t-C_4H_8	8.87
C_3H_8	8.89	c-C_4H_8	6.35
i-C_4H_{10}	17.27	C_5H_{12}	1.20
i-C_4H_8	10.52	合计	100.00
n-C_4H_8	8.87	总烯烃	68.06

2. 产品

非选择性叠合油具有较高的辛烷值且具有很好的调和性能。叠合汽油与其他组分调和时，其辛烷值增值较为明显。如54%催化汽油(RON 92.6)、36%重整汽油(RON 92.9)与10%叠合汽油(RON 96)相调和时，所得调和汽油的RON为94，相当于叠合汽油的调和辛烷值为103。

叠合汽油性质如下：

相对密度(d_4^{20})：0.725±0.005

平均相对分子质量：110

	C_3~C_4馏分	C_4馏分
RON	93.5	97
MON	80	82
干点	≯220℃	

3. 催化剂

非选择性叠合催化剂一直采用磷酸催化剂，制备方法是将硅藻土用磷酸溶液浸渍，成型后在300~400℃下焙烧而成。根据磷酸中磷酸酐(P_2O_5)与水的比例不同，磷酸有三种化学状态，即正磷酸(H_3PO_4)、焦磷酸($H_4P_2O_7$)和偏磷酸(HPO_3)，这三种状态在一定条件下相互转化。磷酸催化剂的活性主要靠正磷酸和焦磷酸，偏磷酸是没有活性的，因此在反应操作中必须防止催化剂失水。

主要规格：

型号	进口	国产
外观	白灰	白灰
尺寸	ϕ6mm×9mm	ϕ7mm±0.5mm
堆密度	0.865g/mL	0.87g/mL
游离酸含量	21.24%	21.72%
总磷量	66.87%	65.65%
寿命	4~6个月	

(二) 工艺流程及操作条件

1. 工艺流程

非选择性叠合主要由原料预处理、反应和产品分离等组成，流程见图5-3-2。

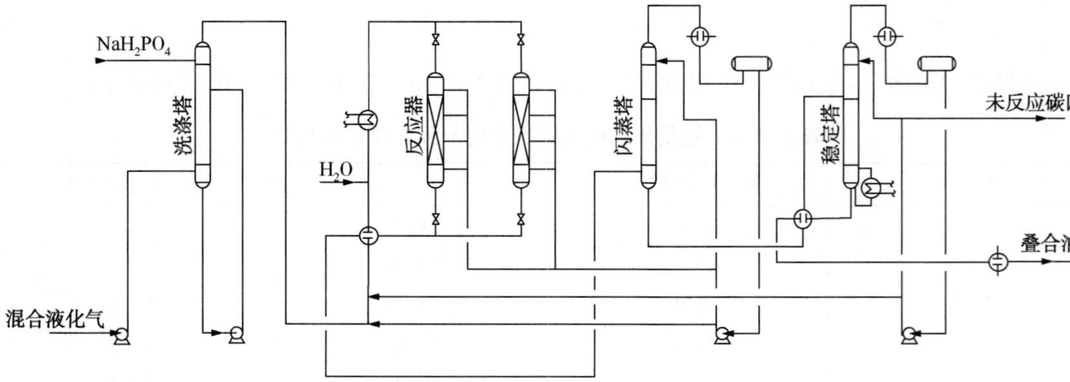

图5-3-2　非选择性叠合工艺流程图

经脱硫脱硫醇后的催化液化气送至酸化水洗涤塔底部，从配制罐来的NaH_2PO_4溶液进入洗涤塔上部，新鲜的NaH_2PO_4溶液自上而下与塔底部进入的液化气逆向接触。为保证稳定的相比，洗涤水从塔底部抽出返回中上部。NaH_2PO_4废溶液通过塔顶液化气与水界面控制，从塔底连续排出。经洗涤脱出了碱性氮的液化气与洗涤水在塔上部分层，液化气自塔顶进入沉降分水罐分水后与稳定塔顶及闪蒸塔顶来的未反应液化气混合。混合后的液化气中烯烃浓度保持在25%(m)左右，经原料换热器与反应出口产物换热后再经加热器加热后进入反应器。原料中的烯烃在固体磷酸硅藻土催化剂作用下，发生烯烃齐聚或多聚，叠合成为汽油。叠合反应为放热反应，因此必须在催化剂床层间送入从闪蒸塔顶冷凝冷却后的未反应液化气-急冷油将反应热带走，使各段催化剂床层温升保持相近，反应器总温升为30℃。反应后的流出物经过滤器去除催化剂粉末后与进料换热器换热，然后进入闪蒸塔底部，未反应液化气从塔顶流出经冷凝冷却后，一部分作为塔顶回流，一部分与原料混合，大部分返回反应器作为急冷油。塔底为叠合油和未反应液化气，经与稳定塔底油换热后进入稳定塔。稳定塔顶液化气经冷凝冷却后一部分作为塔顶回流，一部分作为稀释剂与原料混合，多余的送出装置，稳定塔底叠合油经换热冷却后作为产品送出装置。

2. 主要操作参数

(1) 反应温度

温度低于130℃，叠合反应速度很慢，丙烯甚至不进行叠合反应而生成磷酸酯；高温则强化了氢离子转移反应，增大了不饱和生胶物质的产率，导致催化剂活性下降。因此工业上一般采用190~220℃。

(2) 反应压力

在较低的反应压力下，催化剂上液相物料很少，不能很好洗去催化剂表面上的生胶产物，因此相对地使催化剂迅速失活。反应压力一般控制在3~5MPa，使反应产物相当一部分处于液相。

(3) 空速

空速的确定与反应温度、反应压力、催化剂活性、原料中烯烃浓度有关，国内叠合装置采用的液相空速一般为$1\sim3h^{-1}$。

(4) 反应器进料的烯烃浓度

叠合是放热反应，如反应器进料中烯烃浓度过高，则反应过于剧烈，会使反应温度难以控制，导致催化剂活性下降，因此常用反应后分出的丙烷、丁烷来稀释反应器进料中的烯烃浓度。对于筒式反应器，一般控制烯烃浓度不大于30%。

(5) 原料中的杂质

碱性氮化物会使催化剂的酸性中心永久失活，因此必须从反应进料中除去，使其含量小于0.6μg/g。为保证产品合格，进料中的硫化物也应除去。

(6) 注水

为保证催化剂的活性和寿命，对进料中的水含量必须严格控制。要维持反应进料中的水汽分压不低于焦磷酸和正磷酸的饱和蒸气压，但水分太多催化剂易泥化结块，使反应器压降急剧增加，迫使装置停工，因此注水量是非选择性叠合的关键参数。

3. 主要操作条件

(1) 酸化水洗涤塔

塔顶压力	1.2 MPa(表压)
塔顶温度	40℃

(2) 反应器

反应压力	3. 4 MPa(表压)
入口温度	190℃
出口温度	220℃
急冷油温度	50℃
液时空速	$1h^{-1}$

(3) 闪蒸塔

塔顶压力	1. 7 MPa(表压)
塔顶温度	70. 5℃
进料温度	131℃
塔底温度	102℃

(4)稳定塔

塔顶压力	1. 1 MPa(表压)
塔顶温度	60. 9℃
塔底温度	213℃
回流比	0. 95

第四章 异 构 化

第一节 C_5/C_6烷烃异构化

一、异构化汽油工业现状及其作用

C_5/C_6烷烃异构化技术是生产不含烯烃、芳烃和硫的环保型汽油调和组分的重要措施；是汽油产品改质、调节汽油组成的一种灵活手段；是成熟的工艺技术。

C_5/C_6烷烃异构化装置多以直馏轻石脑油、芳烃抽提装置抽余油、加氢裂化轻石脑油、重整装置C_5馏分等轻石脑油为原料；这些原料中通常直链烷烃的含量较多，辛烷值RON较低，约在60~70之间，直接调和汽油对成品汽油的辛烷值影响较大；通过异构化反应将低辛烷值的正构烷烃转化成高辛烷值的异构烷烃，其反应产物不仅辛烷值和抗爆指数较高，更是不含烯烃、苯、芳烃和硫；作为汽油调和组分，可以有效地"稀释"成品汽油中的烯烃、苯、芳烃和硫含量，还可以调整成品汽油的前端性质，如蒸气压、10%点温度等。根据所选的催化剂和工艺流程的不同，C_5/C_6烷烃异构化产物辛烷值RON通常在80~93之间。

根据资料显示，2010年底世界主要国家各类汽油生产装置总能力与常压蒸馏总能力的比例详见表5-4-1。

表5-4-1 2010年底世界主要国家各类汽油生产装置总能力和常压蒸馏总能力的比例(%)

国家	催化裂化	催化重整	烷基化	异构化	叠合	异丙苯	含氧化合物
美国	34.4	17.6	5.5	3	0.4	0.3	0.9
德国	16.6	14	1.1	3.2	0.4	0.5	0.7
法国	20.3	13.4	1.2	2.2	0.3	0	0.9
英国	27.7	16.8	4.4	3.3	0.7	0	0.2
日本	24.9	16.2	2.9	0.8	0.2	0.1	0.2
韩国	11.4	8.8	0.9	0	0	0	0.4
中国	27.6	9.9	0.4	0.4	0	0	0.7

从表5-4-1可以看出，在我国的炼厂中，异构化装置的生产能力与常压蒸馏总能力相比，仅为0.4%，而在欧美发达国家，这个比例在3%左右。因此，C_5/C_6烷烃异构化工艺技术在我国会有较大的发展空间。

二、C_5/C_6正构烷烃异构化反应的理论基础

炼油厂中用于调和汽油组分的轻质石脑油主要成分是C_5、C_6组分，其中直链烷烃占了较大的部分。直链烷烃辛烷值较低，而带支链的异构烷烃辛烷值较高。表5-4-2列出了与异构化反应有关的烃类的理化性质。

表 5-4-2　与异构化反应有关的烃类理化性质[1~3]

	沸点/℃	MONC	RON(纯)	RON(调和)
正丁烷	-0.5	89.6	93.8	113 *
2-甲基丙烷(异丁烷)	-11.7	97.6	>100 *	122 *
正戊烷	36.1	62.6	61.7	62 *
2-甲基丁烷(异戊烷)	27.8	90.3	92.3	100 *
环戊烷	49.3	84.9	101.3 * *	141 *
正己烷	68.7	26.0	24.8	19 *
2-甲基戊烷	60.3	73.5	73.4	82 *
3-甲基戊烷	63.3	75.3 *	74.5	
2,2-二甲基丁烷	49.7	93.4	91.8	89 *
2,3-二甲基丁烷	58.0	94.3 * *	104.0 * *	
甲基环戊烷	71.8	80.0	91.3	107 *
环己烷	80.7	77.2	83.0	110 *
苯	80.1	>100 * *	>100 * *	98 *

注：未标注 * 的数据来自参考文献[1]，标有 * 的数据来自参考文献[2]，标有 * * 的数据来自参考文献[3]。

C_5、C_6正构烷烃的异构化反应是在临氢条件下与催化剂接触所发生的结构异构化反应。其反应产物异构体的平衡浓度与反应温度有关，受热力学平衡控制。异构化反应为弱放热反应，其热力学平衡值随反应温度的升高而降低。因此，低温有利于异构化反应，产物辛烷值高。

（一）主要反应

1. C_5烷烃异构化反应

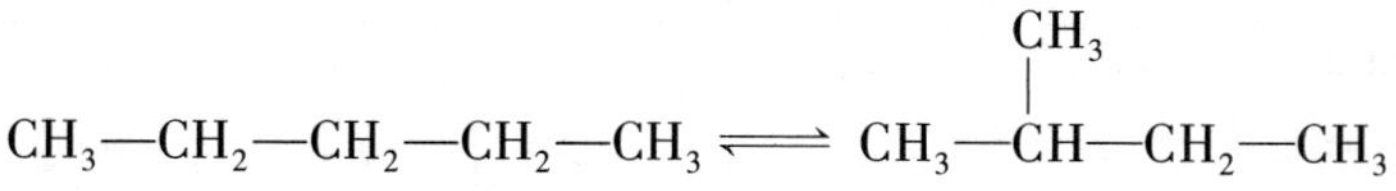

正戊烷　　异戊烷

2. C_6烷烃异构化反应

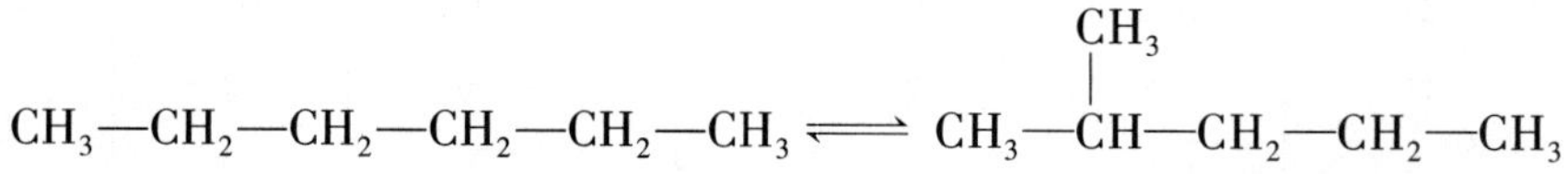

正己烷　　2-甲基戊烷

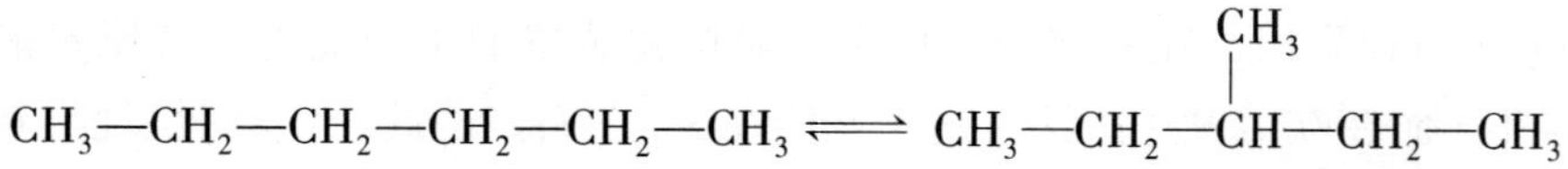

正己烷　　3-甲基戊烷

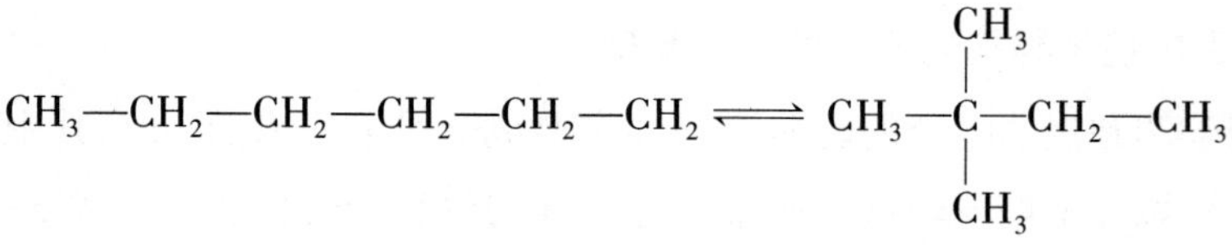

正己烷　　2,2-甲基丁烷

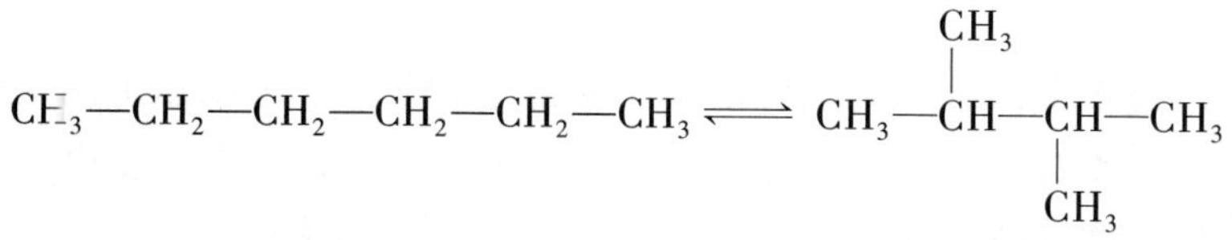

正己烷　　　　　　　　2,3-甲基丁烷

(二) 其他反应

1. 环烷烃加氢开环反应

作为异构化装置的进料，以 C_5/C_6烷烃为主的轻石脑油中通常会含有三种环烷烃，即环戊烷、甲基环戊烷和环己烷，这些环烷烃经过加氢开环反应生成烷烃。该反应为耗氢的放热反应，在催化剂的作用下，随着反应温度的升高而增加。环烷烃的存在会影响烷烃的异构化反应，同时这部分环烷烃送往催化重整装置更有利于转化成芳烃，因此，理论上，异构化装置的进料中应该尽量减少环烷烃的含量。但是它们是轻石脑油中的一部分，将他们与 C_5/C_6 烷烃完全分开是非常困难的。

环戊烷、甲基环戊烷和环己烷加氢开环反应生成烷烃的反应如下：

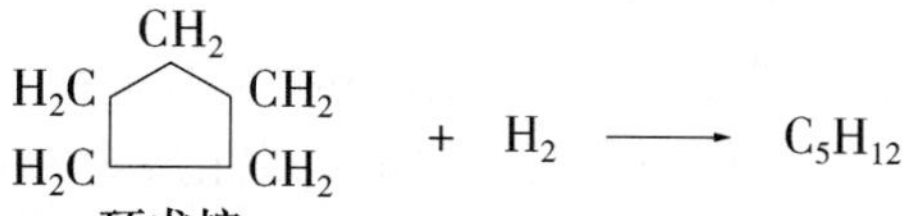

环戊烷

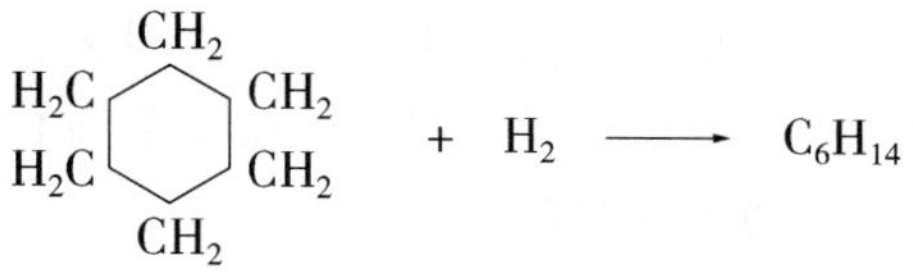

环己烷

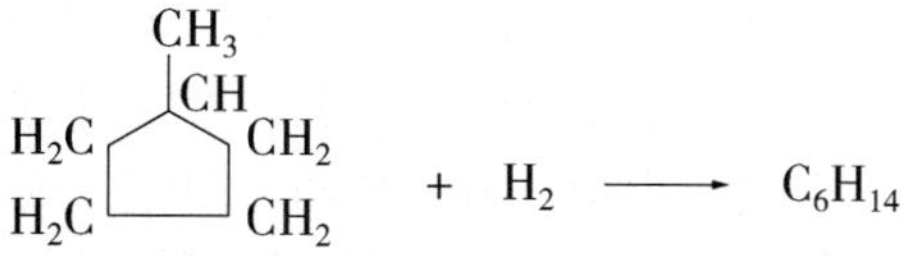

甲基环戊烷

2. 环烷烃异构化反应

环烷烃异构化反应发生在甲基环戊烷与环己烷之间。反应温度的升高更有利于与甲基环戊烷的转化。

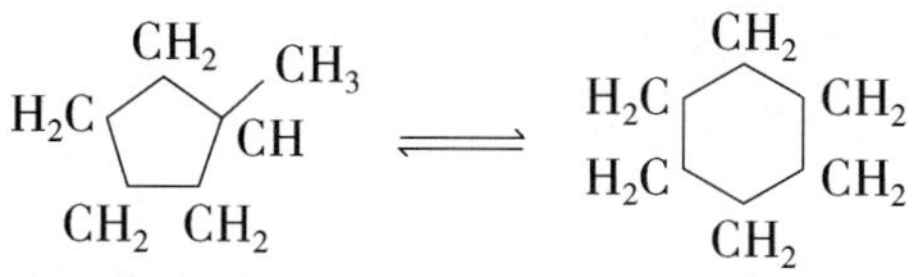

甲基环戊烷　　　　　环己烷

3. 苯加氢反应

在异构化装置的进料中通常会含有少量的苯。在异构化催化剂的作用下，苯加氢后生成环己烷。该反应容易进行，在较低温度下就可以完成，为放热反应。

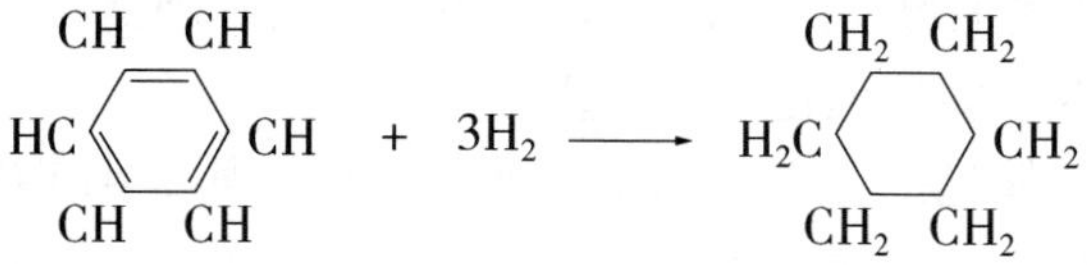

苯　　　　　　　环己烷

4. 裂化反应

在异构化反应过程中，C_5和C_6烷烃很少发生裂化反应，但是C_7以上的大分子烷烃容易发生裂化反应，产生甲烷、乙烷、丙烷和丁烷等。例如：C_7烷烃发生裂化反应生成丙烷和丁烷。通常，反应温度越高，越容易发生裂化反应。该反应是耗氢反应，会导致液体收率下降，因此，在异构化反应进料中应严格控制C_7以上组分。

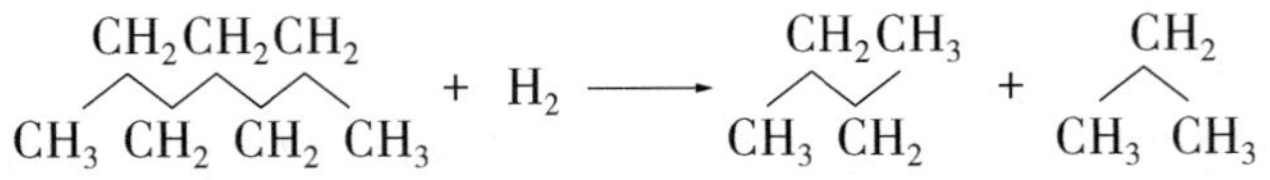

C_7H_{16}　　C_4H_{10}　　C_3H_8

三、异构化反应的催化剂

C_5/C_6烷烃异构化技术的发展离不开异构化催化剂发展。经过科学家们数十年的研究，美国 UOP 公司、Shell 公司、Engelhard 公司、英国 BP 公司、法国 Axens 公司、中国 Sinopec 等相继成功开发了各具特色的异构化催化剂。

（一）费瑞德-克拉弗兹（Friedel-Crafts）型催化剂[3,8]

早在第二次世界大战时，费瑞德-克拉弗兹（Friedel-Crafts）型催化剂（以下简称费-克型催化剂）即在C_4烷烃异构化装置中得到应用。催化剂的组成为$AlBr_3$-HBr 或$AlCl_3$-$SbCl_3$，反应在气相或液相中进行。这种催化剂的优点是活性高，在常温至 90℃的温度范围内，轻质烷烃的异构化能达到或接近平衡转化率；但是催化剂选择性差、结构稳定性差、腐蚀性强，特别是在液相反应时催化剂耗量大，设备腐蚀严重；在应用到C_5/C_6烷烃异构化时，副反应明显增加，因此，这类催化剂的使用逐渐被淘汰。

（二）双功能型催化剂[3~8]

为解决费-克型催化剂的技术问题，后来逐步开发了双功能型催化剂。这类催化剂是将贵金属（Pt 或 Pd）载于非腐蚀性、高比表面积固体上，其选择性比费-克型催化剂高，但活性较低；由于正构烷烃发生异构化反应受热力学平衡的限制，为微放热反应，因此需在较低温度下操作，而且为提高异构化烃的产率，需要在高循环比条件下操作。这类催化剂根据工艺操作温度的不同通常分为三类，即：高温、中温、低温双功能型催化剂。

1. 高温双功能型催化剂

早期开发的高温双功能型催化剂如 Pt/SiO_2-Al_2O_3等，操作温度约 320~510℃。这类催化剂具有较强的抗杂质能力，但原料异构化率低，加氢裂解反应强烈，产品液体收率低、辛烷值低，因此这类催化剂目前已很少应用。

2. 中温双功能型催化剂

中温双功能型催化剂是将镍（Ni）、铂（Pt）、钯（Pd）等贵金属负载于酸性分子筛上的一种催化剂。这类催化剂对正构C_5/C_6烷烃异构化具有较高的活性和选择性，副反应少，对原料精制的要求低，不须注入活化剂氯化物，耐水、抗硫、抗杂质性能好，反应温度在 210~300℃之间，反应压力在 2.0MPa 左右。该催化剂比较适用于半再生重整装置及加氢精制装置改造成C_5/C_6异构化装置工况。由于反应温度相对较高，因此该类催化剂在产物辛烷值、液体收率等方面比低温双功能型催化剂要差些。

目前，中温双功能型催化剂在国外已得到普遍应用，如美国 UOP 公司的 I-7、Shell 公司的 HS-10 催化剂、Axens 公司的 IP632 催化剂等。我国有关研究起步较晚，但进步较快。

中国石化石油化工科学研究院研制的RISO载Pt中温双功能型催化剂于2001年2月在湛江东兴石油企业有限公司成功用于180kt/a的工业化装置上；中国石化金陵分公司、华东理工大学联合开发的NNI-1载Pd中温双功能型催化剂于2002年9月在中国石化金陵分公司成功用于100kt/a的工业化装置上。

3. 低温双功能型催化剂

低温型异构化催化剂是将铂(Pt)负载于$AlCl_3$处理过的$\gamma-Al_2O_3$或$\eta-Al_2O_3$载体上形成$Pt/Cl-Al_2O_3$的一类催化剂。美国UOP公司的Ⅰ-8、Ⅰ-80、Ⅰ-82催化剂，Engelhard公司的RD-291催化剂，英国BP公司的IS-62Q催化剂，法国Axens公司的IS614A催化剂等属于这类催化剂。这类催化剂的活性组分是氯化铂，可以在较低的温度(100~180℃)下操作，具有较高的反应活性，和较好的稳定性。低温反应在热力学上对异构化反应有利，产物辛烷值比中温型催化剂要高2~4个单位，产品液体收率亦高，其反应压力在3.0~3.5MPa(表压)之间。这类催化剂是卤素型催化剂，操作时要求循环气中卤素含量保持在很高的水平上，对装置有较明显的腐蚀性，对设备材料及管材均有较高的要求。此类催化剂对原料及含氢气体中杂质的限制非常严格，水是永久性毒物，原料和氢气中最大允许量分别为0.1μg/g和0.5μg/g；原料和氢气中硫的最大允许量分别是0.5μg/g和1μg/g；原料中氮的最大允许量是0.1μg/g。这么严格的要求使原料和氢气的预处理流程复杂化，增加了投资和操作费用。表5-4-3中列出了中温、低温双功能型催化剂主要特性及技术要求。

表5-4-3　中温、低温双功能型催化剂主要特性及典型的技术要求

项　目		中温型催化剂	低温型催化剂
催化剂	活性组分	铂或钯	铂
	载体	分子筛	氯化铝
	贵金含量	高	低
	再生性能	可再生	不可再生
	总寿命	相当(8~10a)	相当(8~10a)
原料中允许杂质含量	硫/(μg/g)	≯150	≯0.5
	氮/(μg/g)	≯2	≯0.1
	水/(μg/g)	≯50	≯0.1
补充氢杂质指标	水/(μg/g)	≯50	≯0.5
	硫/(μg/g)	≯10	≯1
	$CO+CO_2$/(μg/g)	≯50	≯10
反应条件	温度/℃	210~300	100~180
	压力/MPa(表压)	~2.0	3.0~3.5
	液时空速/h^{-1}	高	低
	氢烃分子比	高	低
工艺流程要求	加氢预处理	视原料杂质定	需要
	原料油干燥	不要	需要
	氢气干燥	不要	需要
	注氯化物	不要	需要
	干气脱氯	不要	需要

续表

项　目		中温型催化剂	低温型催化剂
工艺流程要求	反应器供热	用蒸汽或加热炉加热	用蒸汽加热
	循环氢压缩机	需要	不要
	反应产物冷却和分离	需要	不要
	投资	—	较高
产品	单程，C_5^+液收/%(v)	>98	>99
	RON	基准	基准+(2~3)

(三)超强酸型催化剂[3,4,6,8,9]

酸强度大于100% H_2SO_4的液体或固体被定义为超强酸。

在20世纪70年代，人们对超强酸催化剂就进行了广泛研究。由于液体超强酸催化剂存在催化剂回收困难、设备腐蚀严重等问题，科学家们针对固体超强酸进行了大量的研究，开发了几种固体超强酸型催化剂，如：无机盐类(如 $CuSO_4/Al_2O_3$)、硫酸化金属氧化物(如 ZrO_2、Fe_2O_3、TiO_2等)、金属作助剂的超强酸、树脂超强酸及强酸沸石(如脱铝丝光沸石)等。这类催化剂活性接近低温双功能型催化剂，可以再生，不需要在原料中补充氯化物，因而可以避免设备的腐蚀，是理想的中温双功能型催化剂的替代品。

美国UOP公司开发的LPI-100催化剂是唯一工业应用的 C_5/C_6超强酸异构化催化剂。该催化剂的酸性组分是一种硫化的金属氧化物，反应温度比中温双功能型催化剂低，约为160~220℃，辛烷值RON高出2~3个单位，可用简单的氧化方法再生。

目前，我国的超强酸型催化剂的研究也在不断进步。中国石化石油化工科学研究院研制开发的GCS-1催化剂采用的是金属氧化物型固体超强酸。该催化剂在反应温度180~190℃、反应压力1.4~1.6MPa、质量空速2.0~3.0h^{-1}、氢油摩尔比2.0~3.0的条件下，C_5异构化率保持在72%以上，C_6异构化率保持在85%以上，表明该催化剂具有较高的反应活性；1000h的寿命试验结果表明该催化剂稳定性良好；与中温双功能型催化剂相比，空速可提高1倍，产品辛烷值RON提高2~3个单位，接近低温双功能型催化剂的产品辛烷值。石油大学(北京)研究的 SO_4^{2-}/ZrO_2型催化剂，在总压2.2MPa、质量空速2.5h^{-1}、反应温度215~220℃、氢油摩尔比4.0的条件下，催化正戊烷，连续运转130h，反应活性未见明显变化，异构化转化率在68%，裂化产率<3%。

四、国内外典型的异构化工艺技术[3,4,7,8,10,11]

C_5/C_6烷烃异构化工艺技术经过多年的发展，已经日趋成熟。美国UOP公司、Shell公司、Engelhard公司、英国BP公司、法国Axens公司等都拥有该技术。国内开发的异构化技术有中国石化石油化工科学研究院开发的RISO异构化技术和中国石化金陵分公司、华东理工大学、中国石化工程建设有限公司联合开发的全异构化工艺技术。

通常，C_5/C_6烷烃异构化工艺流程与常规的带氢气循环的加氢精制流程类似，可分为两大类，即一次通过流程和产物循环流程。一次通过流程即异构化原料经过异构化反应后在稳定塔将少量反应轻组分、燃料气等从塔顶分出，塔底产物异构化油作为汽油调和组分送出装置；产物循环流程包括正构 C_5循环、非理想 C_6组分循环、正构 C_5/C_6及甲基戊烷循环等，即异构化原料经过异构化反应后在稳定塔将少量反应轻组分、燃料气等从塔顶分出，塔底产物经脱异己烷塔或吸附分离等分离设施将正构 C_5 或非理想 C_6 馏分分离出来循环至反应进料。

（一）法国 Axens 公司的异构化工艺技术

目前，法国 Axens 公司的异构化工艺技术大致有 5 种组合流程，最复杂的流程可以获取比原料辛烷值高 20 个单位的产物，各种组合流程根据需要均可以作为获取高辛烷值 C_5/C_6 组分的手段。

1. 简单一次通过流程

如图 5-4-1 所示，采用中温型异构化催化剂配合一次通过流程的异构化流程最为简单，投资最省。反应部分可以设置两个串联反应器，通过隔断阀控制，改变两个反应器的在线顺序，即每个反应器都可被用作前反应器或后反应器，使催化剂得以充分利用。当一个反应器进行催化剂更换或再生时，另一反应器可单独操作。

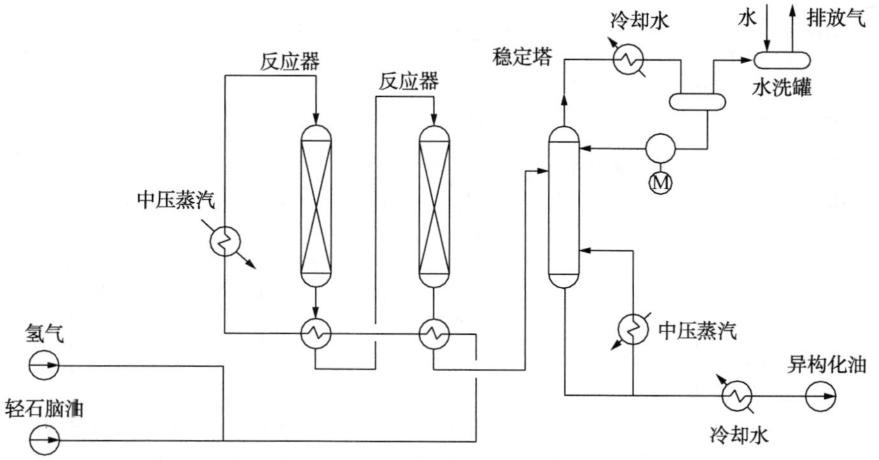

图 5-4-1　中温型异构化催化剂+一次通过流程示意图

相对而言，采用低温型异构化催化剂，正构烷烃转化为异构烷烃的平衡转化率较高，C_6 异构体可更多地集中于理想的二甲基丁烷，而甲基戊烷相对较少。但采用低温型异构化催化剂，原料和补充氢气都要进行预处理，如原料加氢处理、原料和补充氢干燥等；装置产生的燃料气需要进行碱洗后排至管网，如图 5-4-2 所示。

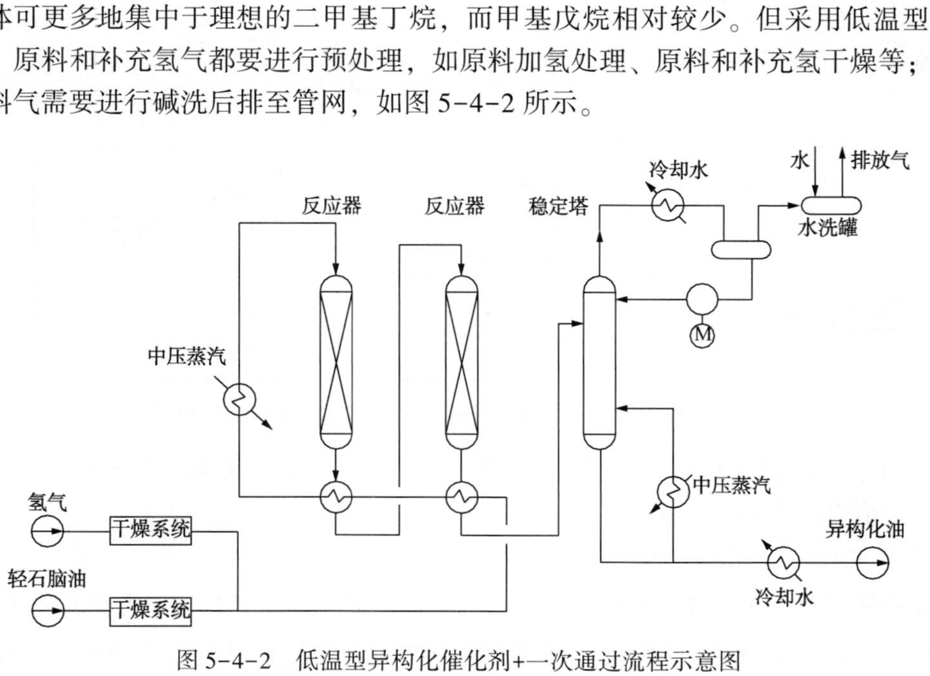

图 5-4-2　低温型异构化催化剂+一次通过流程示意图

以 C_5/C_6比例为 1∶1、辛烷值为 RON70 的典型原料为例，采用中温型异构化催化剂和简单一次通过流程，辛烷值 RON 约可提高至 80；采用低温型异构化催化剂和简单一次通过流程，辛烷值 RON 约可提高至 82。

2. 前脱异戊烷一次通过工艺

前脱异戊烷+一次通过流程是在一次通过流程的基础上在反应器前增加脱异戊烷塔，将原料中辛烷值较高的部分异戊烷分离出来，其余原料一次通过异构化反应器，异构化产物再与之前分离出的异戊烷混合作为异构化产品，如图 5-4-3、图 5-4-4 所示。采用这种前脱异戊烷一次通过流程，由于先分离出了异戊烷，既避免了高辛烷值组分过度反应，又有利于提高正构物的平衡转化率，并可减少反应器体积，节省投资。该流程适用于含有较多异戊烷组分的原料。

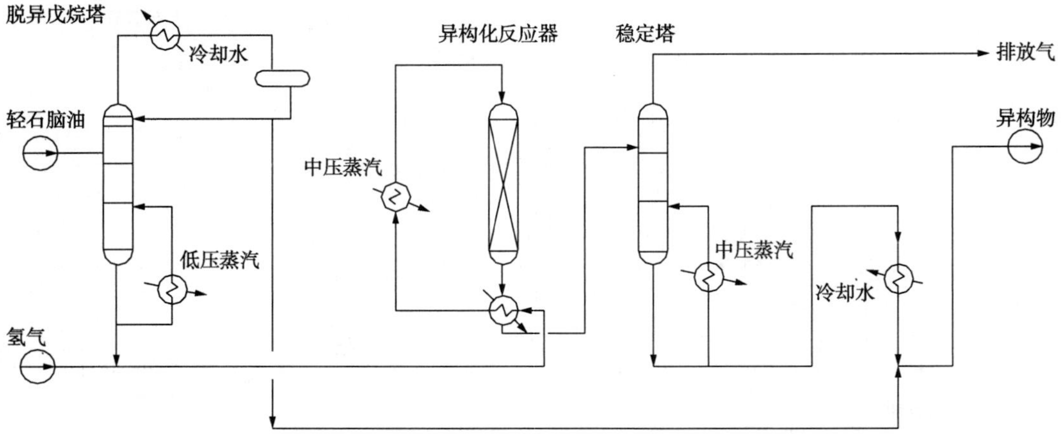

图 5-4-3　中温型异构化催化剂+前脱异戊烷一次通过流程示意图

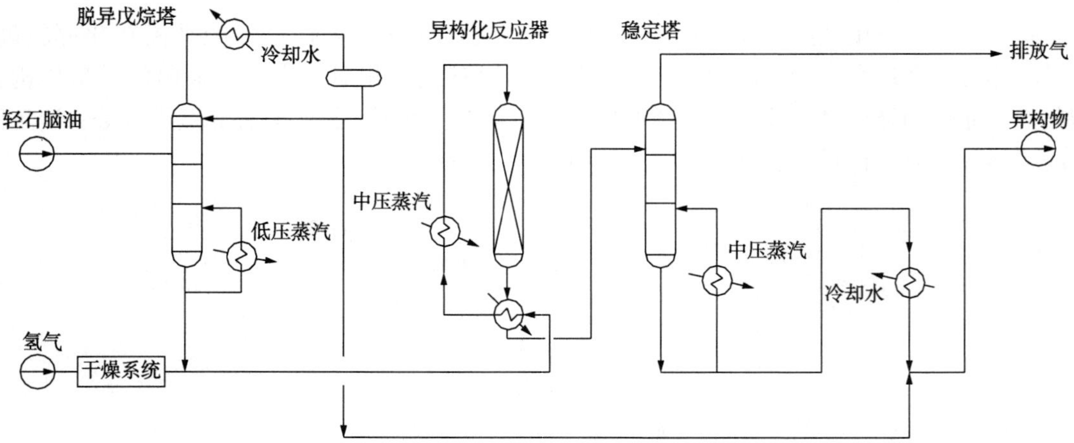

图 5-4-4　低温型异构化催化剂+前脱异戊烷一次通过流程示意图

以 C_5/C_6比例为 1∶1、辛烷值为 RON70 的典型原料为例，采用前脱异戊烷一次通过流程可将辛烷值再提高 1～2 个单位。

3. 非理想 C_6组分循环工艺

在前脱异戊烷一次通过流程的基础上，若进一步提高产品辛烷值，尤其是对 C_6组分占主导的原料，最简单的方法是将反应产物中的辛烷值较低的非理想 C_6组分循环回反应器进一步转化，即将反应产物进行脱异己烷分离，塔顶产物为异己烷、异戊烷和未反应正戊烷的混合物，与不返回反应器的少量塔底流出物混合作为产品送出装置，而侧线抽出物，主要组成为低辛烷值的甲基戊烷和未反应的正己烷等非理想 C_6组分，则循环回反应器，进一步转化，如图 5-4-5 所示。

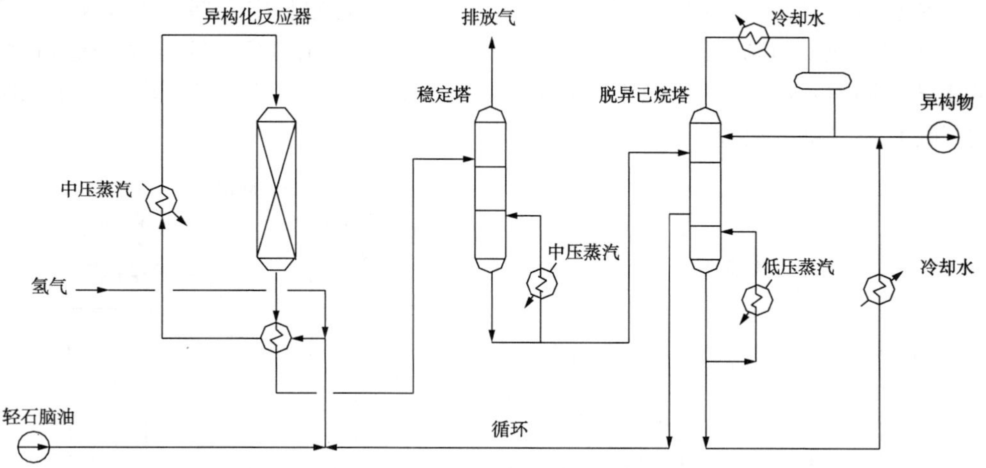

图 5-4-5　非理想 C_6组分循环工艺流程示意图

以 C_5/C_6比例为 1∶1、辛烷值为 RON70 的典型原料为例，采用该工艺的产品辛烷值与采用一次通过流程相比，可提高辛烷值 5~6 个单位，但装置规模比一次通过流程大 60%~80%。

4. 正构物循环 Ipsorb 工艺

如图 5-4-6 所示，正构物循环工艺由脱异戊烷塔、异构化反应器、稳定塔、分子筛吸附分离等几部分组成。稳定塔下游的分子筛吸附分离单元是用异戊烷作解吸剂周期性地解吸吸附在分子筛上的正构烷烃，并将其循环回上游的脱异戊烷塔。脱异戊烷塔为常规的分离塔，无需追求精确分离，塔顶馏出物主要用作解吸剂脱除吸附分离部分分子筛上的正构物。该塔同时也用于异构化流程中从新鲜原料中分离出异戊烷，可减少反应进料负荷，提高正戊烷转化为异戊烷的单程转化率，进而减少正戊烷循环率，直至其完全转化。

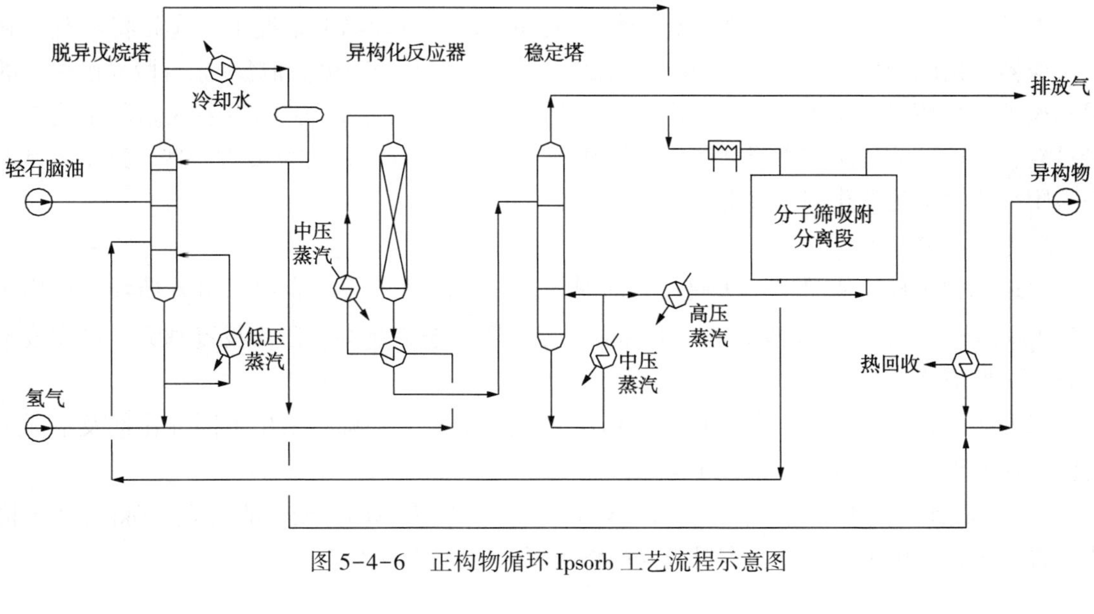

图 5-4-6　正构物循环 Ipsorb 工艺流程示意图

以 C_5/C_6 比例为 1∶1、辛烷值为 RON70 的典型原料为例，采用该工艺的产品辛烷值与一次通过工艺相比，可提高辛烷值约 8 个单位；若采用低温型异构化催化剂，则该工艺的产品辛烷值可达到 RON90。

5. 正构物+甲基戊烷循环 Hexorb 工艺

如果要求最终异构化产物辛烷值 RON 超过 90，只有将原料中大部分甲基戊烷转化成二甲基丁烷才能实现。为满足这种要求，需采用分子筛变压吸附分离系统与后置脱异己烷塔相结合的工艺，即 Hexorb 工艺，如图 5-4-7 所示，由异构化反应器、稳定塔、分子筛吸附分离、脱异己烷塔等部分组成。

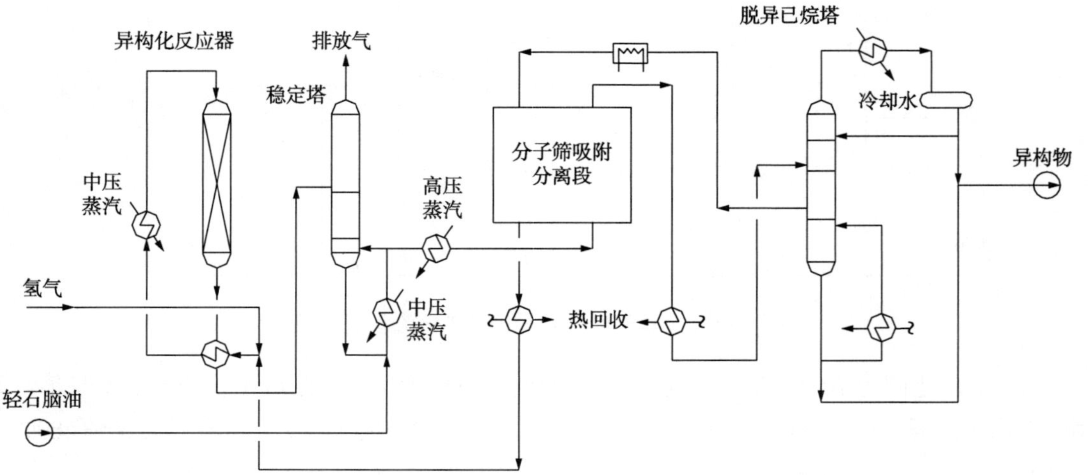

图 5-4-7　正构物+甲基戊烷循环 Hexorb 工艺流程示意图

脱异己烷塔把来自分子筛吸附分离段的异构物分成富二甲基丁烷的塔顶馏出物和基本上是由甲基戊烷和未被吸附的高沸点组分构成的塔底侧线抽出物。后者作为解吸剂，与被脱附的正构物一起循环回反应系统进一步转化。通常情况下，塔底 C_7 以上组分含量超出理想值时，需抽出部分塔底物与异构产品混合后送出装置，以避免这些重组分返回反应系统而深度裂化。

尤其是在原料已经加氢脱苯、C_6 异构物或环己烷含量较高的情况下，应先将新鲜原料与反应器流出的异构物一起送至吸附分离部分。这样，只有正构饱和烃和来自脱异己烷塔的甲基戊烷被循环回反应段，单程转化率大大提高。相比之下，因为所需吸/脱附的正构饱和烃量较大，这种流程所需吸附剂体积比新鲜原料直接进反应器的方案要大一些。这主要是考虑吸附剂比异构化催化剂便宜得多。

6. 技术经济评价

上述几种流程，从简单一次通过、前脱异戊烷一次通过、C_6 非理想组分循环、正构物循环 Ipsorb 至正构物+甲基戊烷循环 Hexorb，复杂程度越来越高，所需投资越大，操作成本上升，辛烷值增幅越大。

以 C_5/C_6 比例为 1∶1、辛烷值为 RON70 的典型原料为基础，采用不同催化剂及不同工艺流程对辛烷值的影响对比见表 5-4-4。

以 C_5/C_6 比例为 1∶1、辛烷值为 RON70 的典型原料为基础，处理能力为 180kt/a 的异构化装置为例，采用不同工艺所需投资及操作费用对比见表 5-4-5。

表 5-4-4　不同催化剂及不同工艺流程对辛烷值的影响

流程	采用低温型催化剂	采用中温型催化剂
	RON	RON
(1) 简单一次通过式工艺	82.4	80.0
(2) 前脱异戊烷一次通过式工艺	83.6	82.4
(3) 非理想 C_6组分循环工艺	88.3	86.5
(4) 正构物循环工艺	90.4	88.0
(5) 正构物+甲基戊烷循环工艺	92.5	90.5

注：以 C_5/C_6比例为 1∶1、辛烷值为 RON70 的典型原料为例。

表 5-4-5　不同工艺流程投资及操作费用的比较

流程	界区内投资	操作费用	辛烷值/桶操作费用
(1) 简单一次通过	B(基准)	B(基准)	B(基准)
(2) 前脱异戊烷一次通过	1.3B	1.6B	1.4B
(3) 非理想 C_6组分循环	2.4B	2.9B	1.9B
(4) 正构物循环	2.4B	2.4B	1.5B
(5) 正构物+甲基戊烷循环	2.7B	3.2B	1.8B

这五种工艺给用户提供了选择的灵活性：①可适用于不同的原料，满足不同的产品辛烷值要求；②可根据用户资金投入情况选用相适应的流程；③整个项目可一次设计分期投资。

一般情况下，采用低温催化剂和分子筛吸附分离并循环正构物时，循环率不会高于新鲜进料的20%~30%。因此，采用前置脱异戊烷塔后，不增加反应器体积及其他设备，即可接受这股循环物料。这一特点使新建装置分期实施成为可能，也适用于对采用一次通过工艺的现有装置进行改造。前置脱异戊烷塔的另一优点是可起到原料脱水的作用，采用低温催化剂时，需采用的分子筛脱水系统可整套省去。

非理想 C_6组分循环工艺流程短、投资少、效果显著、简单实用，但它只强化了 C_6组分的异构化反应，未反应的正戊烷辛烷值 RON 仅有 62.6 即作为脱异己烷塔顶产物的一部分直接进入产品，失去了进一步转化的机会。因此，该工艺最适合于处理以 C_6组分占主导的原料。

若把一次通过工艺改造为正构物+甲基戊烷循环，由于新鲜原料直接送至吸附分离部分，绝大部分异构物都将直接分离出来进入异构物产品，而不需通过反应器，大大节省所需反应器体积。这样也不用增加反应器体积即可接受从脱异己烷塔返回的甲基戊烷及其所脱附的未反应正构物。当然，这种情况下，分子筛吸附部分要相应增大，使之满足新鲜原料直接带入的和反应器流出物中未反应的正构饱和烃的吸附。吸附分离部分可以考虑一次设计到位，也可在改造时增加第 3 个甚至第 4 个吸附器来实现，不影响吸附分离的周期性操作。

（二）美国 UOP 公司的异构化工艺技术

美国 UOP 公司的异构化工艺技术主要有三类：Penex 异构化工艺、分子筛异构化工艺和 Par-Isom 异构化工艺。结合不同种类的异构化催化剂的应用及各种分离设施形成各种异构化工艺的组合。

1. 中温型异构化催化剂+一次通过工艺流程(Par-Isom)

中温型异构化催化剂配以一次通过工艺流程(Par-Isom)如图 5-4-8 所示。异构化原料与氢气混合后与异构化产物换热，经加热炉加热至反应温度后进入异构化反应器；异构化反应产物与反应器进料换热后送至气液分离罐，罐顶的气体与补充氢混合并经循环氢压缩机增压后循环使用，罐底液体进入稳定塔；稳定塔塔底液相产品为异构化油，塔顶物流经冷却后，从塔顶回流罐排放不凝气，回流罐的液体作为塔顶回流送回稳定塔。

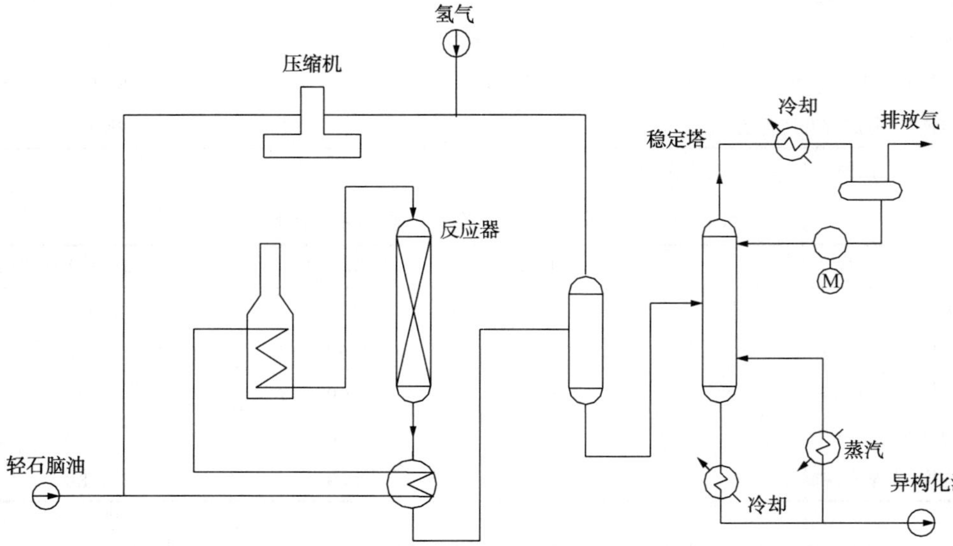

图 5-4-8　中温型异构化催化剂+一次通过工艺流程(Par-Isom)示意图

该工艺技术不需要对异构化原料和氢气进行干燥，不需要注入氯化物；但需要加热炉和循环氢系统；另外，由于采用中温型异构化催化剂，C_5/C_6的平衡转化率不高，产品辛烷值较低。

以辛烷值为 RON70 的轻石脑油为例，采用该工艺的产品辛烷值可达 79~80。

2. 超强酸型异构化化剂+一次通过工艺流程(Par-Isom)

超强酸型异构催化剂配以一次通过工艺流程(Par-Isom)如图 5-4-9 所示。异构化原料与氢气混合后与异构化产物换热，经蒸汽加热器或导热油加热至反应温度后进入异构化反应器；异构化反应产物与反应器进料换热，并经冷凝冷却后送至气液分离罐，罐顶的气体经循环氢压缩机增压后与补充氢混合循环使用，罐底液体与稳定塔底液相产品换热后进入稳定塔；稳定塔塔底液相产品与塔进料换热并冷却后作为异构化产品送出装置，塔顶物流经冷却后，从塔顶回流罐排放不凝气，该不凝气需经碱洗出去 HCl 后送入燃料气管网，回流罐的液体作为塔顶回流送回稳定塔。根据工厂的具体情况和需要，反应器可以用一个，也可以用两个串联。用两个反应器得到的产品性能更佳，但增加了装置的投资。第一个反应器在较高温度(200~220℃)下操作以提高反应速率，降低催化剂用量；第二个反应器在较低温度(80℃)下操作，以获得在低温下有利于高辛烷值异构烷烃的平衡分布。

该工艺技术采用的超强酸型异构催化剂 LPI-100 是由 UOP、科英索研究院(CRI)和日本三菱重工(MHI)联合开发成功的，属于硫酸化金属氧化物催化剂。该催化剂所需要的异构化反应温度低于中温型异构化催化剂，因而，在流程中不需要采用加热炉对反应原料进行加热。

以辛烷值为 RON70 的轻石脑油为例，采用该工艺的产品辛烷值可达 82~84。

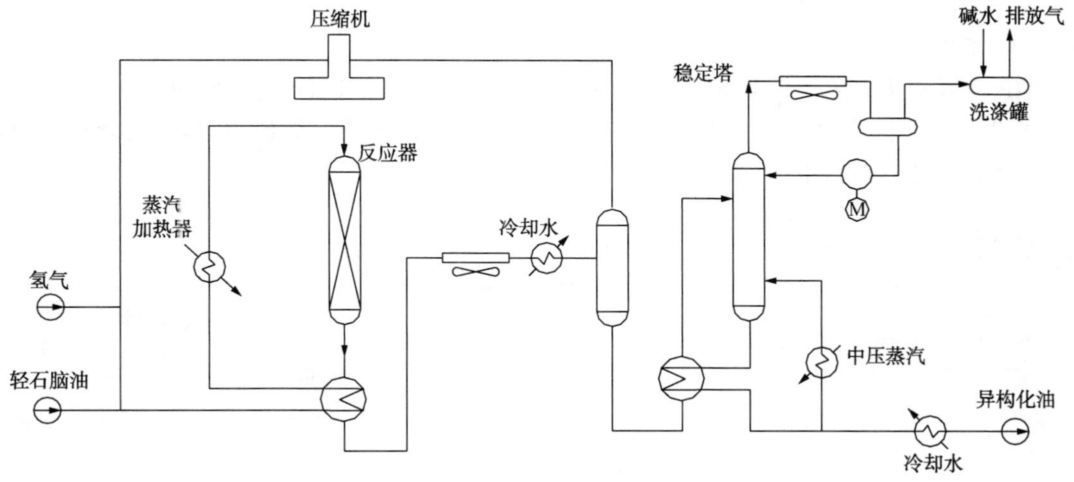

图 5-4-9　超强酸型异构催化剂+一次通过工艺流程(Par-Isom)示意图

3. 低温型异构化催化剂+一次通过工艺流程(Penex)

Penex 异构化工艺流程如图 5-4-10 所示。原料和氢气分别经过干燥系统干燥后混合，与异构化反应产物换热并经加热器加热至异构化反应温度后进入异构化反应器。为了获得加工过程的最佳性能，一般情况下采用两个反应器串联，第一反应器在较高温度(173℃)下操作以提高反应速度；第二反应器在较低温度(135℃)下操作以更合理地获得高辛烷值异构烃。反应器流出物进入稳定塔，塔底得到稳定的异构化产品，塔顶液体产品作为塔顶回流，气体产品经碱洗出去 HCl 后送入燃料气管网。

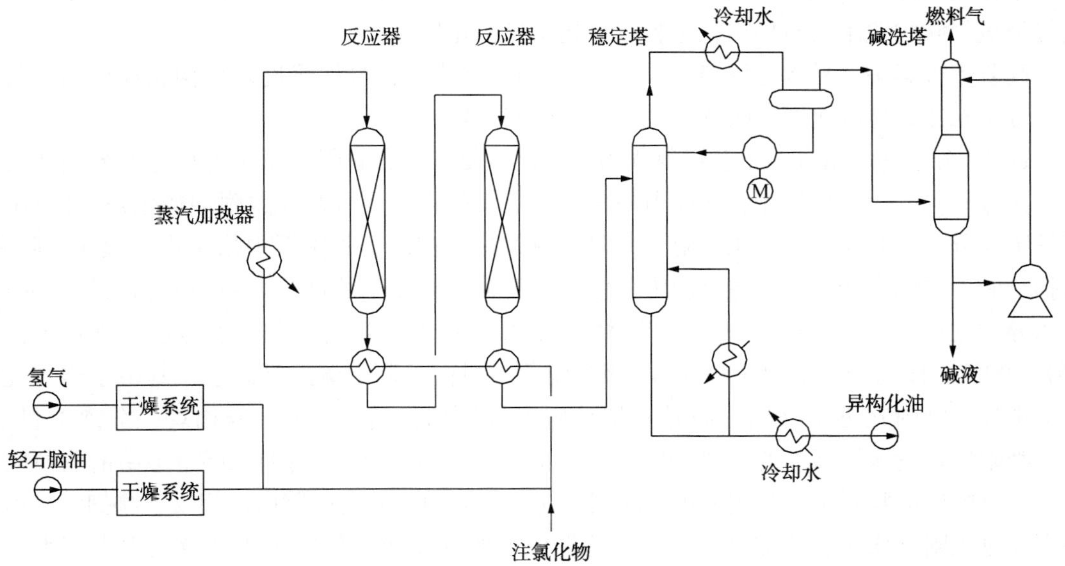

图 5-4-10　低温型异构化催化剂+一次通过工艺流程(Penex)示意图

由于反应温度低，可以用蒸汽加热，不需要加热炉；由于氢油比低，氢气可以一次通过，不需要进行循环，省去了高压油气分离器和循环氢压缩机。上述特点简化了流程，降低了设备投资和操作费用。

以辛烷值为 RON70 的轻石脑油为例，采用该工艺的产品辛烷值可达 82~84。

4. 带循环的异构化工艺

(1) TIP 全异构化工艺

TIP 全异构化工艺是由 UOP 一次通过工艺和用于分离正构和异构烷烃的 IsoSiv 工艺组合而成的联合工艺，流程如图 5-4-11 所示。采用该工艺，可将辛烷值 RON68 的异构化原料转化成辛烷值 RON88 的产品。

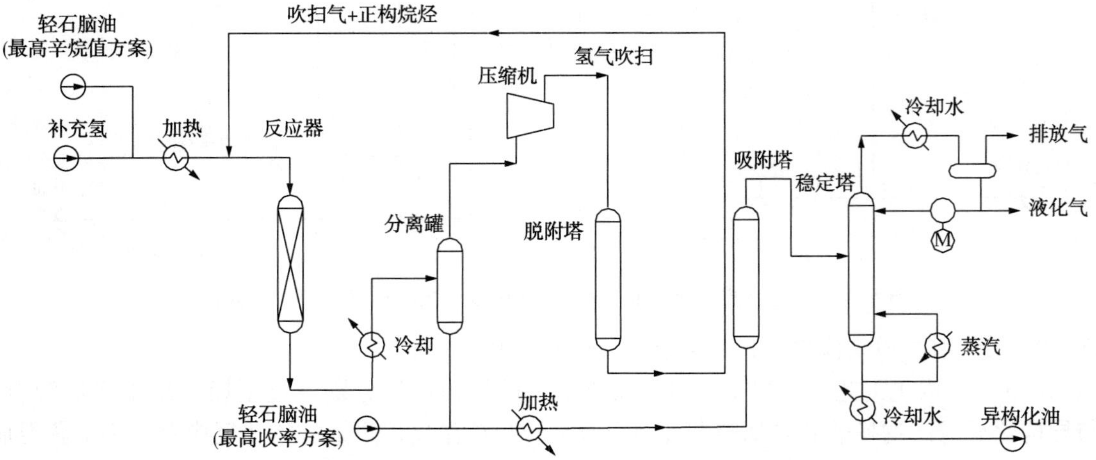

图 5-4-11　TIP 全异构化工艺流程示意图

TIP 流程有两种方案，即高辛烷值方案和高收率方案。高辛烷值方案中，异构化原料以气相进入异构化反应器，反应产物进行气液分离后，液体加热至气相送入吸附塔吸附正构烷烃，未被吸附的异构烷烃送入稳定塔，塔顶分离出轻烃、燃料气，塔底得到异构化油；正构烷烃经氢气吹扫脱附后与异构化原料混合送至异构化反应器。

高收率方案中，异构化原料先经过吸附塔(脱附塔)，再加热进入异构化反应器。与前一个方案相比，异构化油的收率高，但辛烷值相对较低。

IsoSiv 分子筛吸附分离工艺以氢气为脱附剂，使氢气和脱附的正构烷烃返回异构化反应器，该分离单元为气相操作；在脱附塔内由于氢气的存在，可避免脱附剂的生焦。IsoSiv 分子筛吸附分离工艺原理为变压吸附。吸附氢脱附过程在四个吸附器中依次进行填充、吸附、吹扫、脱附等四个步骤：①在氢脱附完毕时，吸附剂床侧空隙部分主要由吹扫氢气所充填，通入异构化反应产品，将吹扫气从吸附床层排出，而使异构化产品充塞床层。进料条件为 200~390℃，压力为 1.2~4.0MPa。②吸附阶段进料由下而上流经吸附层，其中正构烷烃组分被选择性吸附在分子筛内，而异构烷烃则直接流出，达到正构、异构烷烃分离的目的。③当吸附层达到床层高度的 85%~97%后，用吹扫氢气逆向将吸附剂床层空隙中的物料吹扫除去，空隙中的物料组成与进料组成相当。④烷烃脱附阶段与吸附阶段相反，吹扫氢气由上而下经过吸附剂床层，使被吸附烷烃随之脱除，脱附完成后使整个床层及空隙中充满吹扫氢气。

20 世纪 90 年代初，TIP 全异构化工艺流程中并入了 UOP 公司的 Safecat 进料净化系统，在氢气系统中配置了提纯氢气的多床层变压吸附。Safecat 系统能加工含硫高达 400μg/g 的进料，还能脱去原料中的水和氮，因而可省去单独的原料加氢精制设施。

(2) Penex/DIH 工艺

如图 5-4-12 所示，Penex/DIH 工艺采用脱异己烷塔分离异构化烷烃与正构烷烃，将正构烷烃循环回反应器。这是成本最低的循环工艺，生产的异构化油辛烷值较高，特别适用于含 C_6馏分较多的原料。

(3) Penex/Molex 工艺

如图 5-4-13 所示，Penex/Molex 工艺采用 Molex 分子筛分离异构烷烃和正构烷烃，将正构 C_5、C_6烷烃循环回反应器。该工艺生产的异构化油辛烷值比 TIP 全异构化工艺的高，主要是因为全部的正构 C_5、C_6在 Penex 工艺中进行了异构化反应。

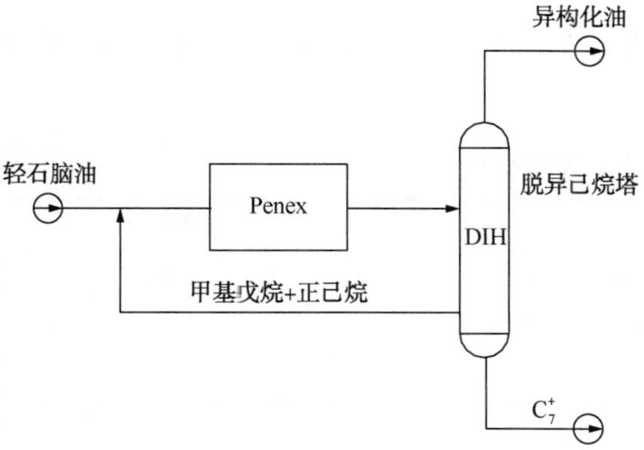

图 5-4-12 Penex/DIH 工艺流程示意图

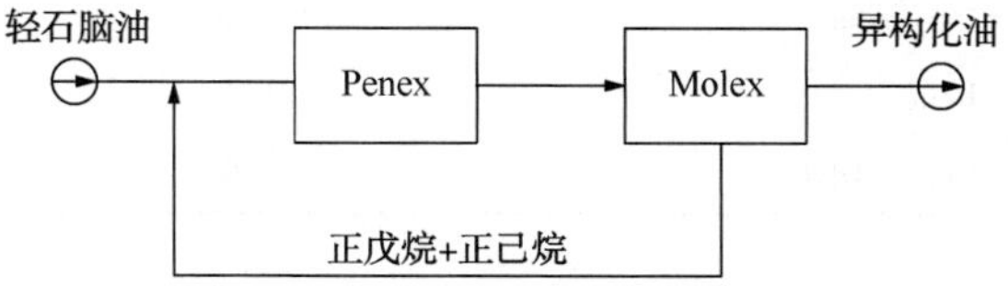

图 5-4-13 Penex/Molex 工艺流程示意图

(4) DIP/Penex/DIH 工艺

DIP/Penex/DIH 工艺生产的异构化油辛烷值最高。该工艺首先将原料中的异构 C_5烷烃通过脱异戊烷塔分离出来，正构 C_5烷烃循环进行异构化反应；C_6烷烃进行异构化反应，在脱异己烷塔将非理想的组分如甲基戊烷、正构 C_6烷烃分离出来循环进行异构化反应；异构的 C_5烷烃和 C_6烷烃混合作为异构化油送出装置。工艺流程见图 5-4-14。

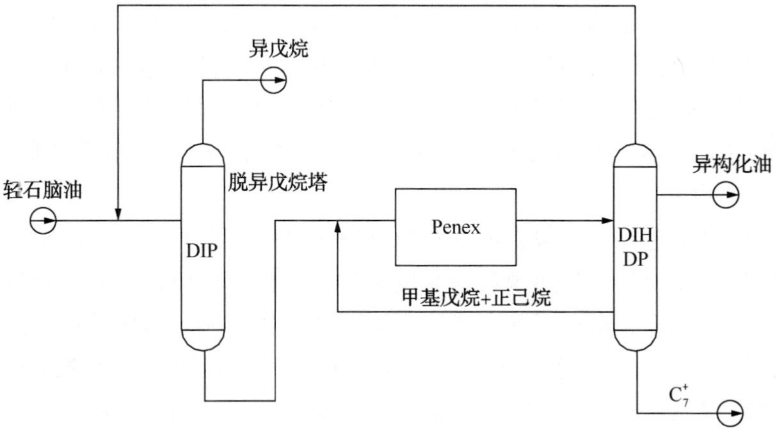

图 5-4-14 DIP/Penex/DIH 工艺流程示意图

5. 技术经济评价

上述几种流程，从 Par-Isom、Penex、Penex/DIH、Penex/Molex 至 DIP/Penex/DIH，复杂程度越来越高，所需投资越大，操作成本上升，辛烷值增幅越大。

以原料辛烷值为 RON70 的轻石脑油为基础，采用不同催化剂及不同工艺流程对辛烷值的影响对比见表 5-4-6。

表 5-4-6　不同催化剂及不同工艺流程对辛烷值、原料、异构化反应的影响

流　　程	采用中温型催化剂		采用低温型催化剂		采超强酸型催化剂	
	一次通过	循环	一次通过	循环	一次通过	循环
RON	79~80	86~88	82~84	93	82~84	—
反应温度/℃	>260		173、135		200~220、80	
对水和含氧化物敏感程度	不敏感		敏感		不敏感	

以 1998 年第二季度美国墨西哥湾沿岸价格为基准，建设一套 1 万桶/d、采用 UOP 工艺的异构化装置投资比较见表 5-4-7。

表 5-4-7　不同工艺流程的投资

流　　程	装置投资	流　　程	装置投资
Par-Isom	B(基准)	Penex/Molex	2.9B
Penex	1.1B	DIP/Penex/DIH	3.2B
Penex/DIH	1.9B		

这几种流程的选择取决于原料组成及所需产品的辛烷值。Par-Isom、Penex 工艺成熟、先进、可靠，在建和使用中的装置较多；Penex/DIH 工艺最适用于富含 C_6 烷烃的原料；Penex/Molex 或 DIP/Penex/DIH 工艺流程将低辛烷值的 C_5/C_6 馏分循环进行异构化反应，可以进一步提高产品异构化油的辛烷值，RON 达到 87~93。

（三）中国石化金陵分公司等开发的异构化工艺技术

1989 年，在中国石化金陵分公司(简称金陵分公司)建设了国内自行开发、设计的第一套异构化中试装置(1kt/a)。该中试装置共分两部分，并分两期建成：第一部分为异构化反应一次通过流程，其异构化油的辛烷值 RON 达到 80~81；第二部分为正构、异构烃类分子筛吸附分离；两段流程打通后称为全异构化工艺，其异构化油的辛烷值 RON 可达 90。该全异构化工艺技术由金陵分公司、华东理工大学及中国石化工程建设有限公司共同开发，采用 NNI-1 载钯(Pd)中温型异构化催化剂，吸附剂为无黏结剂 5A 分子筛吸附剂。

1. 一次通过异构化工艺

一次通过异构化工艺比较简单，流程示意如图 5-4-15 所示。异构化原料与氢气混合后与异构化产物换热，经加热炉加热至反应温度后进入异构化反应器；异构化反应产物与反应器进料换热后经冷凝冷却后送至气液分离罐，罐顶的气体经循环氢压缩机增压后与补充氢混合并循环使用，罐底液体进入稳定塔；稳定塔塔底液相产品为异构化油，塔顶物流经冷却后，从塔顶回流罐排放不凝气，回流罐的液体作为塔顶回流送回稳定塔。

2. 带循环全异构化工艺

带循环全异构化工艺流程示意如图 5-4-16 所示。轻石脑油在预分馏塔内切除 C_7^+ 馏分，经加热炉加热至吸附温度后进入四塔组成的分子筛吸附分离部分，进行正构、异构烷烃的吸附分离，由吸附分离部分出来的脱附油进入异构化反应器，异构化反应产物再返回到吸附分离部分，进行正构、异构烷烃的吸附分离，从而得到全异构化油。

在中试装置基础上，金陵分公司采用 NNI-1 载钯(Pd)中温型异构化催化剂及一次通过工艺流程，于 2002 年 9 月建成 100kt/a 异构化工业试验装置，该装置运转良好，催化剂性能优异，C_5异构化率62%，C_6异构化率82%，裂解率小于3%，一次通过异构化油的辛烷值RON提高了6~10个单位；海南炼化公司采用NNI-1载钯(Pd)中温型异构化催化剂及一次通过流程，于2006年9月建成200kt/aC_5/C_6烷烃异构化工业装置，一次开车成功并通过装置标定。

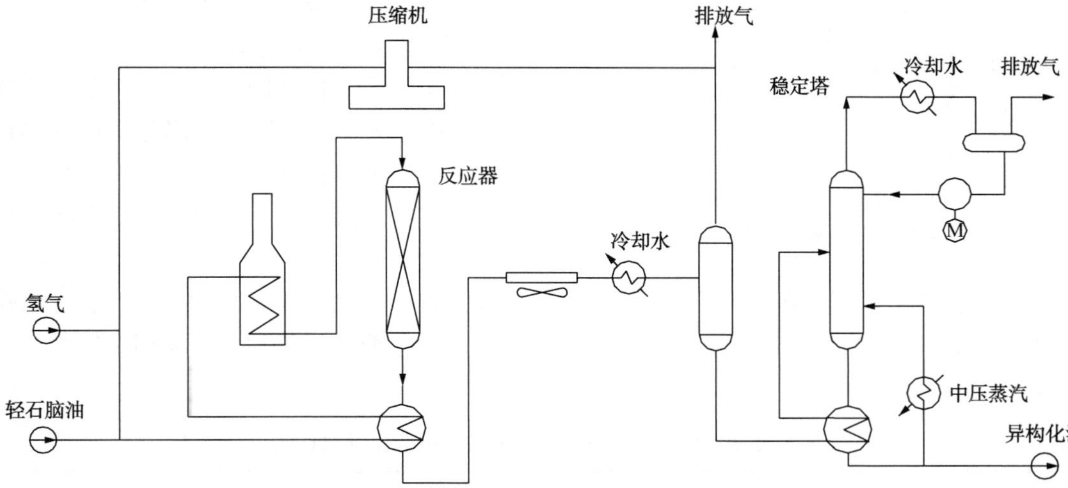

图5-4-15　金陵分公司一次通过异构化工艺流程示意图

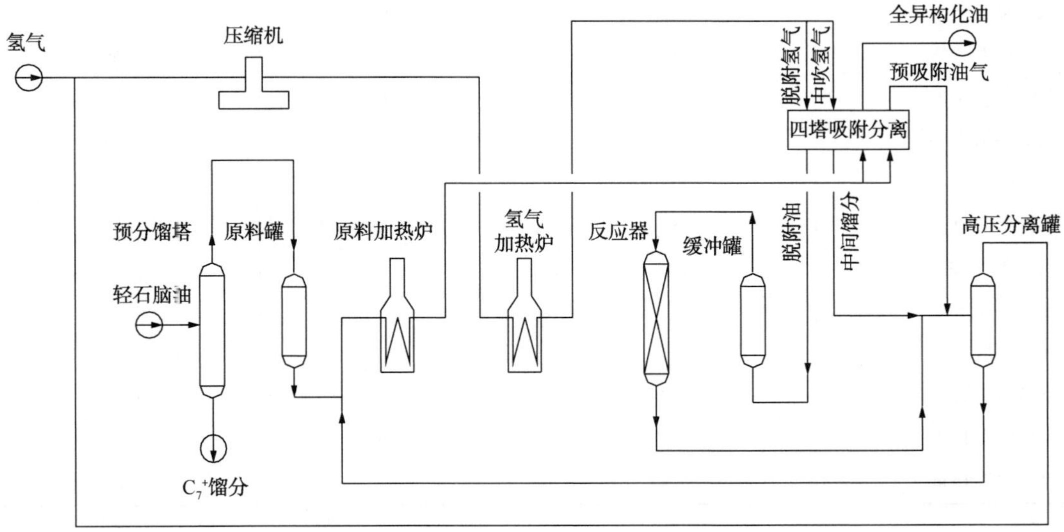

图5-4-16　全异构化工艺流程示意图

(四) 中国石化石油化工科学研究院开发的RISO异构化技术

石油化工科学研究院开发的RISO异构化技术，采用RISO载铂(Pt)中温型异构化催化剂及脱异戊烷+一次通过工艺流程，于2001年2月成功应用于湛江东兴石油企业有限公司180kt/a异构化工业试验装置上，该装置运转良好，催化剂性能优异，C_5异构化率65.5%，C_6异构化率82%，原料辛烷值RON为75，异构化产物辛烷值为81，提高了6个单位。

石油化工科学研究院开发的RISO载铂(Pt)中温型异构化催化剂及正构烷烃部分循环型异构化工艺技术，于2005年4月成功应用于中国石油塔里木油田分公司30kt/a轻烃异构化装置上。该装置运转良好，原料辛烷值RON为62，异构化产物辛烷值为82.6，提高了20.6

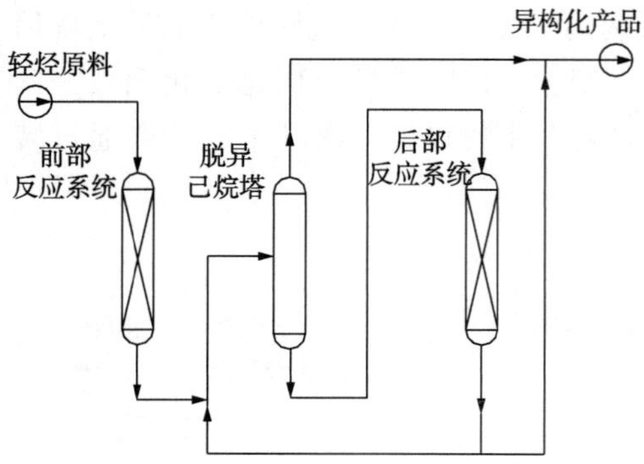

图 5-4-17　正构烷烃部分循环型异构化工艺流程示意图

个单位。该工艺流程示意如图 5-4-17。异构化反应系统分前后两部分，以 C_5和 C_6馏分为主要组分的轻烃混合原料在前部反应器内进行异构化反应后，反应产物经过脱异己烷塔分离，塔顶物流以 C_5和二甲基丁烷为主要组分，作为异构化产品，塔底物流以甲基戊烷及正己烷为主要组分，作为后部异构化反应系统的原料，引入到后部反应系统中；后部异构化反应产物的大部分返回脱异己烷塔进行分离，只有小部分与脱异己烷塔顶产品混合作为异构化产品，使 C_6烷烃尽可能地异构转化。

表 5-4-8 列出了在相同原料下采用正构烷烃部分循环工艺、一次通过工艺、脱异己烷工艺的模拟计算结果。表 5-4-9 列出了采用正构烷烃部分循环工艺的工业应用装置的运行结果。

表 5-4-8　相同原料下采用不同工艺的模拟计算比较

项　　目	正构烷烃部分循环工艺	一次通过工艺	脱异己烷工艺
前部反应条件			
入口温度/℃	255	255	255
入口压力/MPa	1.95	1.95	1.95
重时空速/h^{-1}	1.0	1.0	1.0
氢油摩尔比	2.6	2.6	2.6
后部反应条件			
入口温度/℃	250		
入口压力/MPa	1.85		
重时空速/h^{-1}	1.0		
氢油摩尔比	2.6		
产物循环比例/%	61.6		61.6
原料辛烷值 RON	59.4		
产物辛烷值 RON	82.4	77.5	80.5

表 5-4-9　采用正构烷烃部分循环工艺的工业应用装置运行结果

项　　目	前部反应系统	后部反应系统
反应条件		
加权平均床层温度/℃	268	260
平均反应压力/MPa	1.7	1.7
重时空速/h^{-1}	0.72	0.68
氢油体积比	638	1124
运行结果		
C_5异构化率/%	62.8	62.1

续表

项　　目	前部反应系统	后部反应系统
C_6异构化率/%	82.3	82.5
原料辛烷值 RON	62.0	
异构化产物辛烷值 RON	82.6	
液体收率/%	98.95	

五、原料、产品及操作参数

（一）原料[3,4,7,8,10]

1. 原料来源

可以作为C_5/C_6烷烃异构化装置的原料通常有直馏轻石脑油、芳烃抽提装置的抽余油，加氢裂化轻石脑油、C_5馏分等。他们都有一个共同的特点是组成中直链烷烃较多，辛烷值 RON 较低，约在 60~70 之间，直接调和汽油时对成品汽油的辛烷值影响较大。

2. 原料中的主要杂质

（1）毒物

异构化装置原料经过预处理后不太可能存在这些毒物。但是，当上游装置操作不稳或误操作时，毒物就可能出现在原料中，对装置的操作不利。

① 硫

原料中硫化物的出现会降低催化剂的活性，使催化剂暂时失活。

由于上游装置操作不稳定或误操作时，会导致异构化原料中出现含量较高的硫化物，这些硫化物会与催化剂上负载的金属发生反应，形成金属硫化物，从而降低了催化剂的活性。该活性的降低是暂时的，一旦原料中的硫被脱除，催化剂活性可以快速恢复；适当增加反应温度有助于脱除催化剂上的硫；适当增加反应温度可以部分补偿催化剂活性的降低；如果升高反应温度后仍不能得到满意的催化剂性能时，可以考虑采取热氢脱硫的办法脱除催化剂上的硫。

② 水或其他氧化物

原料中的水或氧化物会导致催化剂永久失去活性。

水或氧化物会与催化剂上的活性氯化铝组分发生化学反应，生成 HCl，并在催化剂上形成羟基氧化铝结构，使得催化剂永久失活，因此，在催化剂装填和装置操作过程中避免水的存在。

通常，低温型异构化催化剂对原料中的水或其他氧化物含量要求严格，因此采用低温型异构化催化剂的装置通常设有专门的原料干燥系统；中温型异构化催化剂对原料中的水或其他氧化物含量要求相对缓和，不需要设置专门的原料干燥系统。

③ 氮化物

原料中的氮化物会导致催化剂永久失去活性。氮化物通常与催化剂上的活性氯化铝组分或 HCl 发生化学反应，形成铵盐。铵盐会覆盖在催化剂的活性中心上，导致催化剂永久失去活性。

④ 氟化物

原料中的氟化物会导致催化剂永久失去活性。氟化物通常与催化剂上的活性氯化铝组分发生化学反应，导致催化剂永久失去活性。

(2) 非理想烃类

虽然异构化工艺允许异构化装置的进料中含有某些非理想烃类组分，但是为了确保装置的最佳操作性能，需要尽可能降低原料中这些组分的含量。

① 烯烃

在异构化反应条件下，异构化装置进料中的烯烃会导致催化剂床层的飞温，而且烯烃在异构化反应器中会发生聚合反应，生成焦炭沉积在催化剂上，导致催化剂失活。因此，在异构化装置的进料中应严格控制烯烃含量。

② 环烷烃

异构化装置的进料中通常会含有环烷烃，如环戊烷、甲基环戊烷或环己烷，这些环烷烃在异构化反应器中会发生开环反应，生成烷烃。环烷烃的存在会影响烷烃的异构化反应，同时这部分环烷烃送往催化重整装置更有利于转化成芳烃，因此，理论上应该尽量减少环烷烃在异构化装置进料中的含量，但是将他们与 C_5/C_6 烷烃完全分开是非常困难的。

③ C_7^+ 烃类

异构化装置的原料中通常会含有部分 C_7^+ 烃类。这部分烃类在异构化反应器中会发生裂化反应，生成甲烷、乙烷、丙烷和丁烷等小分子烃类。反应温度越高，越容易发生裂化反应，同时这类反应会导致液体收率下降，催化剂积炭严重。因此，在异构化装置的进料中应控制 C_7^+ 烃类。

④ 丁烷

异构化装置的原料对丁烷含量没有特别的限制。通常，丁烷组分太多，容易造成异构化油 RVP(雷德蒸汽压)偏高，调和汽油时受限。

3. 采用中温型异构化催化剂对原料杂质的典型要求

表 5-4-10　采用中温型异构化催化剂 NNI-1 对原料杂质的典型要求

组　分	含量要求	组　分	含量要求
硫	<35μg/g	苯+C_7^+	<3%
H_2O	<50μg/g	溴指数	<50

表 5-4-11　采用中温型异构化催化剂 RISO 对原料杂质的典型要求

组　分	含量要求	组　分	含量要求
烯烃	<0.12%	砷	<2μg/kg
硫	<10μg/g	铅	<20μg/kg
水	无游离水	铜	<20μg/kg
氮	<1μg/g	苯	<3%
氯	<1μg/g	C_7^+	<2.5%

4. 采用低温型异构化催化剂工艺对原料的典型要求

从表 5-4-10、表 5-4-11 和表 5-4-12 可以看出，低温型异构化催化剂对原料的杂质含量要求严格，因此在选用这类催化剂的时候，原料需要进行脱硫、脱水、脱氮、脱重金属等预处理工序，其中原料脱硫、脱氮、脱重金属等工序通常可以与连续重整装置原料共同进行原料预处理后进行轻重石脑油分离，轻石脑油送至异构化装置，重石脑油送至连续重整装置；但是异构化原料脱水工序则需要有单独的干燥设施，将原料中的水控制在 0.1mg/L 以下。

表 5-4-12　采用低温型异构化催化剂 IS614A 对原料杂质的典型要求

项　　目	指　　标	项　　目	指　　标
硫/(mg/L)	≤0.5	砷/(mg/L)	≤5
水/(mg/L)	≤0.1	铅/(mg/L)	≤20
氧化物/(mg/L)	≤0.1	铜/(mg/L)	≤20
氮/(mg/L)	≤0.1		

(二) 产品

C_5/C_6烷烃异构化技术是生产环保型汽油调和组分的重要措施；是汽油产品改质、调节汽油组成的一种灵活手段。它通过将低辛烷值的饱和烷烃异构化来生产高辛烷值的汽油调和组分——异构化油。异构化油不仅具有较高的辛烷值和抗爆指数，更因其无烯烃、无芳烃、无硫等特点，可以有效地“稀释”成品汽油中的烯烃、苯、芳烃和硫含量。根据所选的催化剂和工艺流程的不同，C_5/C_6烷烃异构化油的辛烷值 RON 通常在 78~93 之间。

(三) 操作参数[3,9]

异构化装置三要的操作参数有：反应温度、反应压力、空速、氢烃比等。这些工艺参数的改变对装置的产品质量、产率和催化剂活性有直接的影响，同时还与装置的工程投资及操作费用密切相关，反映了技术水平的高低。

1. 反应温度

通常，反应温度是主要的操作参数。在异构化装置的实际运行过程中，反应压力、空速、氢烃比一旦确定后，任意改变的可能性很小，但反应温度可以根据原料组成、催化剂活性、产品辛烷值的要求确定不同的反应温度。

(1) 异构化反应热

C_5/C_6烷烃异构化反应热见表 5-4-13。

表 5-4-13　不同反应温度下异构化反应热 ΔH^0　　kJ/mol

反应	300K	500K	700K
正戊烷→2-甲基丁烷	-8.0	-8.1	-7.8
正戊烷→2,2-二甲基丙烷	-19.5	-18.7	-17.4
正己烷→2-甲基戊烷	-7.1	-6.6	-6.1
正己烷→3-甲基戊烷	-4.4	-4.3	-4.4
正己烷→2,2-二甲基丁烷	-18.3	-18.2	-17.4
正己烷→2,3-二甲基丁烷	-10.6	-10.7	-10.5

从表 5-4-13 可以看出，正构烷烃异构化反应是弱放热反应；反应热的大小与烷烃异构化程度有关。

(2) 异构化反应热力学趋势及反应平衡常数

在一定温度和压力下，化学趋势采用吉布斯函数(Gibbs)来衡量，以 $\Delta_r G_m$ 表示。标准平衡常数公式为：

$$-\Delta_r G_m = \frac{RT}{nK_p} \qquad (5-4-1)$$

式中　$\Delta_r G_m$——吉布斯函数；

K_p——反应平衡常数；

R——气体常数；

T——反应温度；

n——气体摩尔数。

通过公式推导和理论计算，可以得出在不同反应温度下 C_5/C_6烷烃异构化反应的 $\Delta_r G_m$ 和 K_p，详见表 5-4-14、表 5-4-15。

表 5-4-14　不同温度下 C_5/C_6烷烃异构化反应的 $\Delta_r G_m$ 值

反应	$\Delta_r G_m$				
	100℃	180℃	240℃	300℃	350℃
正戊烷→2-甲基丁烷	-4399	-3907	-3537	-3171	-2869
正戊烷→2,2-二甲基丙烷	-4897	-1428	-1153	+3711	+5826
正己烷→2-甲基戊烷	-4768	-4076	-3567	-3077	-2687
正己烷→3-甲基戊烷	-2887	-2417	-2094	-1801	-1583
正己烷→2,2-二甲基丁烷	-5628	-3251	-1539	+103	+1416
正己烷→2,3-二甲基丁烷	-341	+1537	+2925	+4285	+5393

从表 5-4-14 可以看出，C_5/C_6烷烃异构化反应 $\Delta_r G_m$ 值随反应温度的升高而增大，说明异构化反应温度的升高会降低异构化反应产物的生成趋势。正戊烷→2,2-二甲基丙烷、正己烷→2,2-二甲基丁烷和正己烷→2,3-二甲基丁烷的反应在较高的反应温度下 $\Delta_r G_m$ 为较大的正值，说明在较高的反应温度下，这类反应无法自发进行。也就是说，在较低的反应温度下，正己烷才有可能反应生成较多的辛烷值相对较高的 2,2-二甲基丁烷或 2,3-二甲基丁烷。

表 5-4-15　不同温度下 C_5/C_6烷烃异构化反应的平衡常数 K_p

反应	K_p				
	100℃	150℃	200℃	250℃	300℃
正戊烷→2-甲基丁烷	4. 13	3. 20	2. 62	2. 22	1. 94
正戊烷→2,2-二甲基丙烷	4. 84	2. 16	1. 15	0. 69	0. 46
正己烷→2-甲基戊烷	4. 65	3. 43	2. 70	2. 23	1. 91
正己烷→3-甲基戊烷	2. 54	2. 09	1. 80	1. 60	1. 46
正己烷→2,2-二甲基丁烷	6. 13	3. 23	1. 97	1. 33	0. 98
正己烷→2,3-二甲基丁烷	1. 35	0. 79	0. 60	0. 48	0. 41

从表 5-4-15 可以看出：所有 C_5/C_6烷烃异构化反应的平衡常数都是随着反应温度的升高而降低，即低温有利于提高异构化反应的转化率。

(3) C_5/C_6烷烃各组分平衡浓度计算

通过公式推导和理论计算，可以得出在不同反应温度下，正戊烷和正己烷发生异构化反应的平衡组成和转化率，详见表 5-4-16、表 5-4-17。

表 5-4-16　在不同温度下正戊烷异构化反应的平衡组成和转化率

温度/℃	平衡组成(摩尔分数)			平衡转化率/%
	正戊烷	2-甲基丁烷(异戊烷)	2,2-二甲基丙烷(新戊烷)	
150	0.157	0.503	0.340	84.3
180	0.189	0.534	0.276	81.1
200	0.210	0.549	0.242	79.0
220	0.229	0.559	0.212	77.1
250	0.255	0.568	0.177	74.5
280	0.279	0.571	0.149	72.1
300	0.294	0.572	0.134	70.6

表 5-4-17　在不同温度下正己烷异构化反应的平衡组成和转化率

温度/℃	平衡组成(摩尔分数)					平衡转化率/%
	正己烷	2-甲基戊烷	3-甲基戊烷	2,2-二甲基丁烷	2,3-二甲基丁烷	
150	0.095	0.325	0.198	0.301	0.075	90.5
180	0.113	0.332	0.214	0.267	0.075	88.7
200	0.124	0.334	0.223	0.244	0.074	87.6
220	0.135	0.336	0.231	0.225	0.074	86.5
250	0.151	0.335	0.241	0.201	0.073	84.9
280	0.165	0.333	0.249	0.181	0.072	83.5
300	0.174	0.332	0.254	0.170	0.071	82.6

从表 5-4-16 中可以看出，随着温度的升高，正戊烷与异戊烷的平衡组成增加，新戊烷的平衡组成下降；反应的平衡转化率随着温度的升高逐渐降低。从表 5-4-17 中可以看出，随着温度的升高，正己烷的平衡组成增加、平衡转化率降低，2,2-二甲基丁烷和 2,3-二甲基丁烷的平衡组成下降，2-甲基戊烷和 3-甲基戊烷的平衡组成增加；在高辛烷值组分中，随着温度的升高，2,2-二甲基丁烷的平衡组成明显降低，而 2,3-二甲基丁烷的平衡组成变化不大。

综上所述，反应温度是异构化反应的敏感参数；反应温度越低异构化产物的辛烷值越高。

(4) 反应温度的控制

通常异构化反应器会设置两台，串联操作。在第一个反应器中，环烷烃加氢开环、苯加氢、C_7^+烷烃加氢裂化反应都会发生，它们都是放热反应，会使第一个反应器的平均床层温度升高，因此，第一个反应器会在一个相对较高的反应温度下操作，同时正构烷烃也开始发生异构化反应且反应速度较快；第二个反应器在较低的反应温度下操作，更有利于反应产物中异构烷烃的生成；第一个反应器的反应产物经反应进料冷却至第二个反应器入口温度后进入第二个反应器反应。

实际操作时，操作人员可以根据原料组成、催化剂活性、反应产物异构化程度、产品辛烷值的要求等因素分别设定两个反应器的反应温度。

2. 空速

空速是异构化反应的一个重要参数。它一般用每小时通过催化剂的异构化原料量来计量，可以用体积空速（*LHSV*）和质量空速（*WHSV*）来表示。它反映了装置的处理能力和催化剂的性能。

$$体积空速(LHSV)=\frac{异构化原料的体积流量(m^3/h)}{反应器中催化剂的体积(m^3)}$$

$$质量空速(WHSV)=\frac{异构化原料的质量流量(kg/h)}{反应器中催化剂的质量(kg)}$$

对于异构化装置而言，允许空速越高，装置处理能力越大。

对于一定量的催化剂而言，增加原料量意味着提高空速，减少了物料在反应器中的停留时间，反应深度变浅，产物辛烷值会降低；相反，减少进料量意味着降低空速，反应时间变长，在一定的反应温度下，有利于异构化反应趋向平衡，产品异构化率高，但反应器内的温升增加，裂解等副反应有所增加。

空速高低决定了反应器的大小。较低的空速意味着在处理相同原料量的情况下需要的催化剂数量较多，反应器体积较大；由于异构化催化剂含有贵金属，因此，价格昂贵，对工程投资影响较大，在经济上不一定合理；所以，在确定空速时需要根据装置的投资、催化剂的活性、原料性质、产品要求等各方面因素综合考虑。

在正常生产时，反应器的大小已经确定，催化剂装量并不随便改变，因此，空速的高低取决于进料量的多少，实际操作中一般不调整。

目前，常规的工业化装置采用的空速（*LHSV*）多在 1~2 之间。

3. 反应压力

如果只是考虑异构化反应中 C_5/C_6烷烃异构化等主反应的起始和终了状态，不考虑中间反应过程和副反应，那么异构化反应前后分子数目没有变化，从热力学角度来讲，压力对其没有影响。但是，环烷烃加氢开环反应、苯加氢反应、裂化反应等副反应都是耗氢反应，反应压力升高有利于这类反应的进行，因此在保证催化剂寿命的前提下应尽量采用较低的反应压力，这样也可以降低装置的投资。

通常采用中温型异构化催化剂的装置典型的操作压力约 1.5~2.5MPa（表压）；采用低温型异构化催化剂的装置典型的操作压力约 3.0~3.5MPa（表压）。

4. 氢烃比

由于 C_5/C_6烷烃异构化反应是在临氢条件下由异构化催化剂主导的反应，因此，确定适宜的氢烃比对保持催化剂的活性和选择性，延长催化剂寿命具有重要意义。

氢烃比表示氢气量与异构化原料量的比值，通常采用摩尔流率计算。

$$氢烃比=\frac{氢气的摩尔流率(kmol/h)}{异构化原料的摩尔流率(kmol/h)}$$

氢烃比的大小直接影响氢分压的高低，对反应的影响不是很大，但影响催化剂的积炭速度和催化剂的寿命。氢烃比大，即氢分压大，虽然会增加裂化反应，但催化剂积炭速率减慢，操作周期增长；氢烃比小，即氢分压小，可减少裂化反应，但会增加催化剂上的积炭速率，降低催化剂的稳定性。

通常采用中温型异构化催化剂的装置，氢烃比较大，需设置循环氢压缩机，氢气循环使用，氢烃比约为 2~3；采用低温型异构化催化剂的装置，氢烃比较小，氢气一次通过，氢烃比约为 0.05~2。

5. 其他

(1) 原料组成

原料组成的变化是异构化装置的间接变量。由于工厂加工原油的改变或上游装置分离精度的调整都会造成异构化装置原料组成的波动，这就需要操作人员及时调整异构化装置各个工艺参数来满足装置的产品性能。例如：当原料中环烷烃含量增加时，可以适当提高异构化第一个反应器的入口温度，促进环烷烃在第一个反应器内进行开环反应，减少环烷烃在第二个反应器中对烷烃异构化反应的不利影响。

(2) 氯化物的注入

对于采用低温型异构化催化剂的装置，催化剂上的氯化物通常会随着反应产物不断地流失。为保持催化剂活性，这类装置必须不间断地注入氯化物。一般不允许在没有氯化物注入的情况下装置连续操作超过6h。由于没有注入氯化物而导致催化剂活性降低后，通过重新注入氯化物来恢复催化剂活性非常困难。因此，对于采用低温型异构化催化剂的装置来讲，在操作过程中保持氯化物的连续注入是至关重要的，通常氯化物选用四氯乙烯。

对于采用中温型异构化催化剂的装置，催化剂不需要连续注入氯化物。

综上所述，各工艺参数对异构化反应的方向性影响详见表5-4-18。

表5-4-18 各工艺参数对异构化反应的方向性影响

操作参数	产品辛烷值	产品收率	催化剂积炭速率
反应压力，升高	—	减少	降低
反应温度，升高	降低	减少	增加
空速，增加	降低	增加	降低
氢烃比，增加	—	—	降低

六、主要设备与机械

(一) 原料预处理部分

1. 原料预分馏塔

异构化装置的原料预分馏塔主要是将异构化进料中的苯及C_7^+馏分脱出，属精密分馏塔，碳钢设备，内含40~50层塔盘，操作压力0.2~0.3MPa(表压)，操作温度100~160℃。

2. 原料干燥系统

低温型异构化催化剂对原料中水含量的要求非常严格，需控制在0.1mg/L以下。因此，在采用低温型异构化催化剂的装置中需设置单独的原料干燥设施脱除原料中的水。同时，还需配套干燥剂再生系统以满足异构化装置的长周期运行，干燥剂的再生介质通常为异构化油。

(二) 异构化反应部分

1. 反应器

异构化反应器为轴向固定床热壁反应器。在采用中温型异构化催化剂的装置中，该反应器为铬钼钢反应器，操作压力约2.0MPa(表压)，操作温度210~300℃；在采用低温型异构化催化剂的装置中，该反应器为碳钢反应器，操作压力约3.0MPa(表压)，操作温度100~180℃。

2. 加热炉

在采用中温型异构化催化剂的装置中，由于异构化反应温度较高，在210~300℃之间，因此需要通过蒸汽或加热炉加热异构化反应进料。若采用加热炉加热，则该加热炉为常规的圆筒加热炉，与重整预加氢反应炉类似。

3. 压缩机

异构化反应是在临氢条件下进行的，需要消耗氢气，但是需求量不大；因此，在采用低温型异构化催化剂的装置中，氢气多为一次通过；在采用中温型异构化催化剂的装置中，氢气可以一次通过也可以通过循环氢压缩机增压后循环使用；在有的异构化装置中还会设置补充氢压缩机；这些压缩机的选择主要取决于异构化反应的操作条件及工厂的氢气条件。

(三) 异构化产物分离部分

1. 稳定塔

异构化反应会产生一些小分子烃类，因此，异构化反应产物需在稳定塔中将燃料气及液化气组分从塔顶分出，塔底产物可作为异构化装置的产物。该塔属精密分馏塔，碳钢设备，内含 30~40 层塔盘，操作压力~1.5MPa(表压)，操作温度 80~180℃。

2. 燃料气碱洗塔

在采用低温型异构化催化剂的装置中，为维持催化剂的活性，需要连续在反应系统中注入氯化物。因此，在异构化反应产物中会有 HCl 生成。在异构化反应产物经过稳定塔分离后，塔顶气体需要在燃料气碱洗塔进行碱洗和水洗，确保除去其中的氯化氢，以减少对下游管线及设备的腐蚀危害。

该碱洗塔与连续重整装置中的再生气碱洗塔类似，即异构化稳定塔顶外排气在燃料气碱洗塔中与碱液充分接触，HCl 与碱液发生反应，生成易溶于水的盐类，再经水洗进一步吸收气体中的盐类，然后排放出装置。

该塔通常为带有填料的碳钢设备，操作压力 0.7~1.2MPa(表压)，操作温度 40℃。

七、装置消耗、能耗

表 5-4-19 中列出了几个采用不同异构化催化剂及工艺流程的设计案例，公用工程消耗及能耗指标。

表 5-4-19　采用不同异构化工艺技术的设计案例比较

序号	项目	一次通过	一次通过稳定塔	脱异戊烷一次通过稳定塔	非理想 C_6 组分循环稳定塔
1	装置规模/(kt/a)	200	600	400	1200
2	工艺技术	国产	Axens	UOP	UOP
3	催化剂的选用	中温型异构化催化剂 NNI-1	低温型异构化催化剂 ATIS-2L	低温型异构化催化剂 I-84	低温型异构化催化剂 I-82
4	原料组成/%				
	C_4 正构/异构	0.4/	0.2/0.1	1.8/0.2	0.3/0.2
	C_5 正构/异构	35.7/25.1	28.0/25.5	47.1/34.8	28.8/24.0
	C_5 环烷烃	2.4			5.9
	C_5 烯烃		0.2	0.3	

续表

序号	项目	一次通过	一次通过稳定塔	脱异戊烷一次通过稳定塔	非理想 C_6 组分循环稳定塔
	C_6 正构/异构	11.7/21.3	12.7/23.3	6.3/9.5	11.6/17.4
	C_6 环烷烃	1.3	0.9		7.0
	C_6 烯烃		4.9		
	C_6 芳烃				2.8
	C_7^+	2.1	4.2		2.0
	合计	100.0	100.0	100.0	100.0
5	原料辛烷值(RON)	70	71	73	74
6	产品辛烷值(RON)	78	84	85	88
7	物料平衡/%				
	进料 精制轻石脑油	100.00	100.00	100.00	100.00
	补充氢	1.47	1.15	0.12	0.68
	合计	101.47	101.15	100.12	100.68
	出料 异构化油	99.35	97.27	98.33	96.18
	燃料气	2.12	3.88	1.79	2.53
	LPG	—	—	—	1.97
	合计	101.47	101.15	100.12	100.68
8	公用工程消耗				数量
	循环水/(t/h)	63.1	193	124	569
	电/kW	352.7	487	513	4321.5
	净化风/(Nm^3/h)	30	180	120	450
	氮气/(Nm^3/h)	2	60		20
	除氧水/(t/h)		0.7	0.6	14
	3.5MPa 蒸汽/(t/h)			3	35
	1.0MPa 蒸汽/(t/h)		10.9	7.2	106
	0.4MPa 蒸汽/(t/h)		-0.4	25.9	
	加热设备凝结水/(t/h)		-11.2	-36.7	-155
	燃料气/(kg/h)	237	—	—	—
9	装置能耗/(kg 标油/t 进料)	13.2	15.5	45.3	79.0

第二节 C_4 异构化

一、C_4 异构化的基本原理、概况及意义

1. C_4 异构化的基本原理

异构化是改变化合物的结构，而不改变其组成和相对分子质量的过程，一般指有机化合

物分子中原子或基团的位置改变。

C_4异构化通常指正、异丁烷异构和丁烯之间的异构。由于正、异丁烷的分子结构较为简单，异构化仅一种型式：

$$正丁烷 \underset{T、P}{\overset{催化剂}{\rightleftharpoons}} 异丁烷$$

其结构式为：

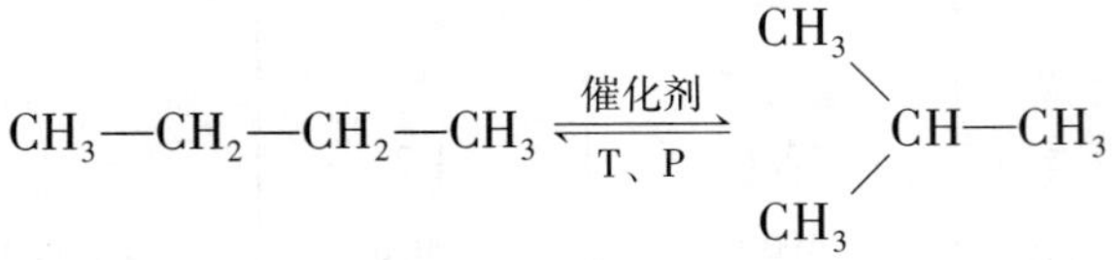

而丁烯之间的异构化相对复杂。丁烯有四种异构体，即1-丁烯、顺-2-丁烯、反-2-丁烯及异丁烯，这4种丁烯的结构式如下：

$CH_3—CH_2—CH═CH_2$　　1-丁烯

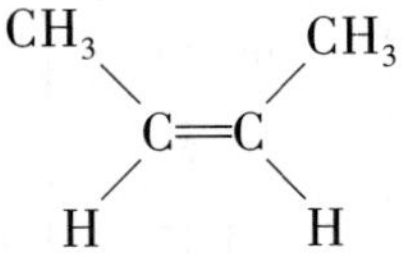

顺-2-丁烯

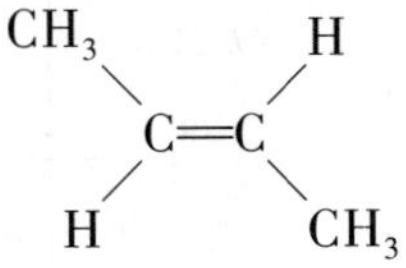

反-2-丁烯

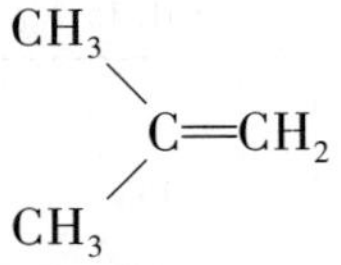

异丁烯

由于丁烯有4种结构，异构化的种类相对较多，目前实际工业应用的有如下两种形式：非骨架异构和骨架异构。

(1) $1-丁烯 \overset{异构化}{\rightleftharpoons} 顺、反-2-丁烯$　　(非骨架结构)

(2) $1-丁烯和顺、反-2-丁烯 \overset{异构化}{\rightleftharpoons} 异丁烯$　　(骨架结构)

2. C_4异构化的概况及意义

异构化的目的，随时代和技术的限制，有不同的需求。如20世纪80年代，丁二烯供应不足，丁烯氧化脱氢制丁二烯技术较为流行，此时1-丁烯用途相对较小，故需要把1-丁烯异构为2-丁烯进而氧化脱氢生成丁二烯[12]。进入90年代以后，蒸汽裂解制乙烯的装置渐多，裂解副产丁二烯增多，而丁烯氧化脱氢制丁二烯其生产成本远高于乙烯装置副产的丁二烯，因此丁烯氧化脱氢制丁二烯技术渐趋冷落。此时，由于聚乙烯产量增长迅速，对聚乙烯的共聚单体(1-丁烯)需求增长较快，促使2-丁烯异构为1-丁烯的技术发展，相应建设了2-丁烯异构为1-丁烯的装置[13]。

20世纪90年代后，车用汽油对高辛烷值的调和组分MTBE(甲基叔丁基醚)的需求大增，促进了正丁烯(1-丁烯和2-丁烯)异构为异丁烯的需求[14]。

C_4烷烃仅正丁烷和异丁烷二种。正丁烷的工业用途相对较少，主要用作蒸汽裂解制乙烯和丁烷液相氧化制甲乙酮[15]；异丁烷的用途相对较多，尤其是异丁烷与丁烯烷基化增产高辛烷值汽油，由于汽油耗量大，对异丁烷的需求也大，而实际炼厂的C_4和蒸汽裂解制乙烯副产的C_4中，虽异丁烷含量大于正丁烷，但仍不能满足烷基化的要求，尤其是美国，在2008年禁用MTBE后导致汽油调和对烷基化和异构化等工艺的倚重[16]，正丁烷异构化为异丁烷的装置迅速大增。

除上述原因外，近10多年来，某些技术的进展，促使异构化的需求增加。如中国石化开发的S-OMT技术：乙烯和丁烯歧化生产丙烯，此处的丁烯需求是2-丁烯，因此，在该技术中就有1-丁烯转化为2-丁烯的单元。又如生产环氧丙烷(PO)联产甲基叔丁基醚(MTBE)装置，其原料为异丁烷，因PO/MTBE的产能大，一套240kt/aPO，联产740kt/aMTBE装置需要600kt/a异丁烷；如此大量的异丁烷，一个千万吨级的炼厂或一个百万吨级的乙烯装置是无法凑足600kt/a异丁烷的，需配套一个烯烃加氢单元(使含烯烃的混合C_4全部饱和)再配以正丁烷异构为异丁烷单元，就可满足PO/MTBE装置对异丁烷的需求。

综上所述，C_4烯烃间的异构化和烷烃间的异构化是各有所需，是炼厂混合C_4和乙烯装置副产C_4化工利用的必然需求，据报道就美国环球油品公司(UOP)的Butamer工艺(正丁烷异构化为异丁烷)至2012年已建成75套以上的装置[16]。

3. 未来C_4异构化技术的发展与应用前景

迄今，C_4异构化的技术已较为成熟，今后研究的方向主要在催化剂的改进，如2-丁烯异构化为1-丁烯，其单程收率仅为16%～21%[13]；若催化剂得以改进，单程收率高一倍，达30%～40%，则能耗将降低约60%，效益可观。

C_4异构化的应用前景，随时代的不同而不同。如前所述的，20世纪80年代，因丁二烯供不应求，故催生1-丁烯异构为2-丁烯。90年代，聚乙烯对共聚单体1-丁烯需求旺盛，则2-丁烯异构为1-丁烯的装置应运而生。进入21世纪，我国汽车工业的高速发展，对烷基化的需求增加，使得正丁烷异构为异丁烷快速发展。预计正丁烷异构为异丁烷，正丁烯异构为异丁烯，这种趋势仍将继续一段时间。

二、C_4的主要来源和物理性质

1. C_4的主要来源

目前，C_4的主要来源为炼厂和石脑油蒸汽裂解制乙烯装置的副产C_4馏分，其次为甲醇制烯烃装置，其他的C_4来源为油田伴生气、凝析油和21世纪发展起来的页岩气中的C_4组分。其中，炼厂C_4主要来源为催化裂化、重整、各种加氢裂化装置和焦化、常减压装置。炼厂C_4的特点是基本不含二烯烃，烯烃含量较少，主要为正异烷烃，而石脑油蒸汽裂解制乙烯装置副产的C_4馏分，含有40%～50%的丁二烯，其次为烯烃，烷烃较少(不足10%)。甲醇制烯烃的副产C_4，二烯烃含量较少，烯烃含量高达80%～90%，其余为烷烃。

一个10.0Mt的炼厂及其配套装置副产的C_4馏分约在300～450kt/a，而一个1000kt/a石脑油裂解制乙烯装置副产的C_4馏分约有250～350kt/a。一套1800kt/a甲醇制烯烃装置约可副产80～100kt/a C_4馏分。

2. 主要C_4的物理性质

由于本节叙述的C_4异构化，主要论及正丁烷、异丁烷、正1-丁烯、异丁烯、顺-2-丁烯、反-2-丁烯，故物理性质也仅列出这6个组分，见表5-4-20。

表 5-4-20　常见 C_4 组分的物理性质[17]

项　　目	正丁烷	异丁烷	正 1-丁烯	异丁烯	顺-2-丁烯	反-2-丁烯
熔点(常压)/℃	-138.35	-159.60	-185.35	-140.34	-138.92	-105.53
沸点(常压)/℃	-0.50	-11.73	-6.25	-6.90	3.72	0.88
临界温度/℃	152.01	134.98	146.4	144.7	162.4	155.4
临界压力/MPa	3.747	3.600	3.97	3.948	4.15	4.05
临界密度/(g/cm^3)	0.228	0.221	0.234	0.235	0.240	0.236
液体相对密度(15.6/15.6℃饱和压)	0.5803	0.5632	0.6011	0.6002	0.6272	0.6100
气体相对密度(空气 1.0)	2.05	2.01	2.00	2.00	2.01	2.01
蒸发热(表压 0.1MPa 沸点)/(J/g)	384.39	364.41	389.91	393.55	415.41	409.05
气体比热容(15.6℃)/[J/(g·℃)]	1.6971	1.6862	1.5345	1.6122	1.4216	1.5683
液体比热容(15.6℃)/[J/(g·℃)]	2.3738	2.4248	2.3596	2.4048	2.1606	2.3918

从表 5-4-20 各组分常压沸点和工业经验，可知：

(1) 用普通精馏方式，无法把正 1-丁烯和异丁烯进行分开，若要获得较纯的聚乙烯共聚单体 1-丁烯，常用的方法是混合 C_4 先进行异丁烯醚化，即把异丁烯与甲醇反应，生成甲基叔丁基醚(MTBE)。在除去 99%以上的异丁烯后，进行精密精馏，即再脱重组分，约需 170 块实际板，再脱轻组分，约需 140 块实际板，才能获得聚合级 1-丁烯产品。

当 C_4 馏分经过加氢处理，烯烃全部饱和且脱除轻组分后，正、异丁烷的分离需 130 块实际塔板，在回流比约为 7 的情况下，能获得 99.9%的异丁烷产品。

三、典型的 C_4 异构化工艺技术

在实际生产中 C_4 异构化应用的技术有如下几种：

① 顺、反-2-丁烯异构为 1-丁烯(双键移动的异构化)；

② 1-丁烯异构为顺、反-2-丁烯(双键移动的异构化)；

③ 正丁烯异构为异丁烯(骨架异构化)；

④ 正丁烷异构为异丁烷(骨架异构化)。

下面分别对上述四种异构化工艺技术进行介绍。

(一) 顺、反-2-丁烯异构为 1-丁烯

1. 概况

线形低密度聚乙烯——LLDPE 的共聚单体有 1-丁烯和 1-己烯。在近 20 年间由于 LLDPE 发展较快，且 1-丁烯价廉易得，故 1-丁烯的需求增长很快。

1-丁烯的来源主要是石脑油蒸汽裂解制乙烯的副产 C_4 馏分，其 1-丁烯的含量较高(约占副产 C_4 量的 15%)，经过丁二烯抽提和醚化装置，脱除丁二烯和异丁烯后，再经精密精馏可获得聚合级 1-丁烯。而炼厂 C_4 中，1-丁烯含量较低，且杂质(例如硫和异丁烷)含量高，预处理工艺复杂，经济性差，故不是生产 1-丁烯的理想原料。

即使石脑油蒸汽裂解制乙烯副产的 C_4，1-丁烯含量高达 15%，但在某些情况下，仍不能满足 LLDPE 共聚单体的需求，故需配套顺、反-2-丁烯异构为 1-丁烯的装置。中原乙烯装置就是一个例子[13]。

2. 异构化的原料组成

以石脑油为原料，蒸汽裂解制乙烯副产的 C_4 馏分，其组成大致如表 5-4-21 所示。

表 5-4-21　以石脑油为原料蒸汽裂解制乙烯副产 C_4 的原料组成

组分名称	含量/%	组分名称	含量/%
C_3 及轻组分	0.14	顺-2-丁烯	4.21
1,2-丁二烯	0.29	反-2-丁烯	5.18
1,3-丁二烯	49.00	异丁烯	21.74
甲基乙炔	0.08	正丁烷	2.66
乙基乙炔	0.18	异丁烷	0.79
乙烯基乙炔	1.13	C_5 及重组分	0.39
1-丁烯	14.21	合计	100.00

表 5-4-21 原料经丁二烯抽提装置后，二烯烃的含量小于 40μg/g，再去醚化（MTBE）装置，该醚化装置中，还设有 1-丁烯单元，经醚化和分离 1-丁烯后的 C_4 组成见表 5-4-22。

表 5-4-22　醚化和分离 1-丁烯后的 C_4 组成

组分名称	含量/%	组分名称	含量/%
反-2-丁烯	45.43	异丁烷	0.15
顺-2-丁烯	36.92	合计	100.00
正丁烷	17.50		

3. 异构化单元

（1）异构化作为 MTBE/1-丁烯装置的一个单元

顺、反-2-丁烯异构为 1-丁烯工艺，作为 MTBE/1-丁烯装置的一个单元。用 MTBE/1-丁烯装置副产物（见表 5-4-22）作为原料，异构化后，返回 MTBE/1-丁烯装置中的 1-丁烯单元，分离出 LLDPE 所需的共需单体 1-丁烯，其纯度大于 98%（实际可达 99.0%以上）。因此，异构化单元，常常不是独立装置，而是依附于其他装置。

（2）异构化工艺简介

中原顺、反-2-丁烯异构化单元的设计规模为反应器处理量 30kt/a，共分三个部分，第一部分为异构化反应系统，第二部分为 1-丁烯提浓系统，第三部分为再生系统。异构化单元的工艺流程示意见图 5-4-18。

异构化反应系统包括进料汽化、进/出料换热、反应器等设备。来自 1-丁烯单元的混合 C_4 和本单元 1-丁烯提浓塔返回的循环 C_4 液相进入进料缓冲罐，由进料泵升压送至进料蒸发器汽化，汽化后的混合 C_4 与反应产物在进/出料换热器中换热，并最终在电加热器中被加热到反应所需温度后进入反应器发生异构化反应。异构化反应器设计为立式轴向单段反应器。为改善反应器内气体分布，反应器进出口采用弯管结构。反应器采用一台，间歇操作。

1-丁烯提浓系统主要设备为 1-丁烯提浓塔。与进料换热后的反应产物进入 1-丁烯提浓塔，为气相进料；塔顶馏出物为提浓后的粗 1-丁烯，作为本装置的产品送往 1-丁烯单元精制得到高纯度的 1-丁烯产品；塔釜混合 C_4 馏分大部分返回到进料缓冲罐循环利用，为防止 C_5^+ 馏分在系统内累积，少量釜液送往 MTBE 装置的 2-丁烯罐。

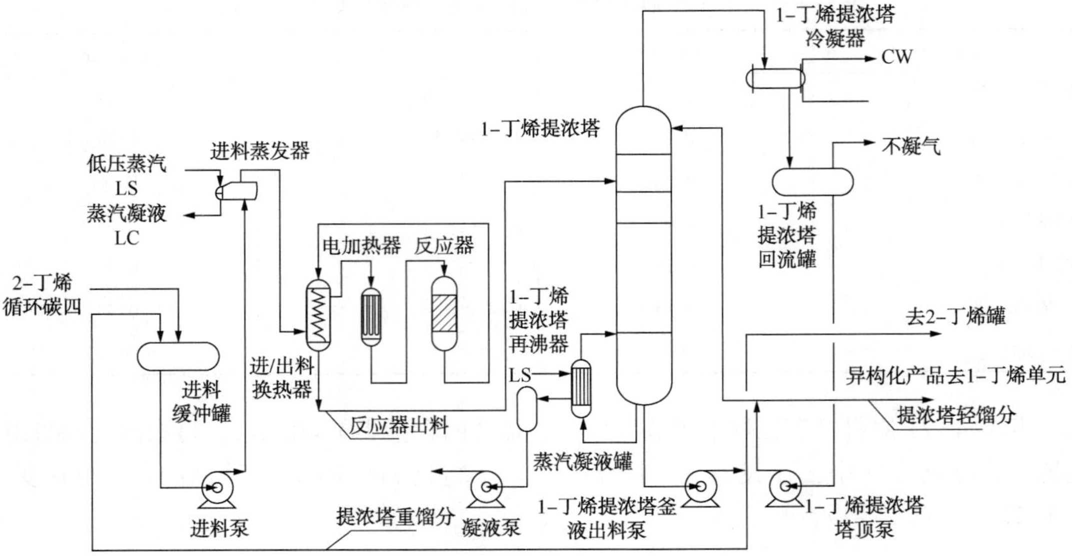

图 5-4-18 异构化单元工艺流程图

再生系统采用与反应系统共用进/出料换热器、加热器及相应管道的方式。采用氮气和空气作为再生气体，通过控制再生气体中的氧含量，以防止反应器催化剂床层再生时飞温，破坏催化剂。为回收再生尾气热量，再生气体先与再生尾气在进/出料换热器中换热，然后通过加热器加热至再生所需温度。再生结束后，继续通氮气以把反应器中残留的氧气置换完全。

由于仅一台反应器，所以异构化生产和催化剂再生交替进行。

（3）主要工艺操作条件

① 固定床反应器

操作压力为：0.65MPa 左右(表压)

操作温度为：330℃

质量空速：4.6h^{-1}

催化剂：固体硅铝酸盐

② 1-丁烯提浓塔

塔顶压力为：0.37MPa(表压)

塔顶温度为：46.3℃

塔釜压力为：0.42MPa(表压)

塔釜温度为：55.2

回流比为：11

（4）异构化效果

在上述工艺条件下，1-丁烯选择性大于95%，单程收率为16%~21%。由于未反应的顺、反-2-丁烯循环利用，因此，1-丁烯的循环收率可达40%以上。

（5）催化剂使用效果

该装置顺、反-2-丁烯，异构为1-丁烯的催化剂为固体硅铝酸盐，稳定性好。再生后，催化剂的转化率和选择性与新催化剂相当，再生性能良好。

该催化剂异构化初活性诱导期短，抗杂质、抗干扰能力强。反应活性和稳定性良好，能在较高负荷下长期工作，且反应空速高，生产周期长。

(二) 1-丁烯异构为顺、反-2-丁烯

1. 概况

1-丁烯异构为顺、反-2-丁烯的目的有如下几方面：

由于正、异丁烯的沸点仅差0.6℃，几乎无法用精馏将二者分开[18]，若能将1-丁烯异构为2-丁烯，则异丁烯与顺、反-2-丁烯的沸点差大于7℃，可以用精密精馏进行分离。

用溶剂萃取C_4烯烃时，2-丁烯的收率可达98%，而1-丁烯的收率仅为80%~85%，为提高正构烯烃的回收率[19]，因此需要异构化。

某些工艺路线的需要，如丁烯氧化脱氢制丁二烯工艺，乙烯和2-丁烯叠合、歧化制丙烯工艺，这两种工艺路线都需要2-丁烯参加反应，而不是1-丁烯，因此需将1-丁烯异构为2-丁烯。

2. 原料组成

1-丁烯异构为2-丁烯的原料，可以是炼厂C_4，也可以是蒸汽裂解制乙烯的副产C_4，或煤(甲醇)制烯烃(MTO)的副产C_4。三处来源的C_4原料见表5-4-23。

表5-4-23　三处来源的C_4原料组成和量

序号	组分	某12.0Mt/a炼油C_4组成/%	某1.00Mt/a乙烯MTBE装置剩余C_4组成/%	2×1.80Mt/a MTO C_4组成/%
1	丙烯	0.0295	0	
2	丙烷	0.0464	0.0897	
3	异丁烷	36.2067	7.2319	0.22
4	异丁烯	20.097	0.0787	4.86
5	1-丁烯	9.0402	7.3795	25.51
6	反-丁烯	14.4309	43.5354	35.4
7	正丁烷	5.513	19.2431	4.79
8	顺-丁烯	13.7128	22.0402	27.07
9	戊烷	0.8349	0.0000	0.29
10	H_2O	0.0886	0.0140	
11	丁二烯			
12	甲醇		0.0101	1.86
13	MTBE		0.0005	
14	二甲醚		0.3748	
15	丁炔		0.0021	
合计		100	100	100
质量流量		45500kg/h 364kt/a	5457.4kg/h 43.66kt/a	21366kg/h 171kt/a

从表5-4-23中可以看出，炼厂C_4，烯烃含量较少，烷烃含量高；相反，MTO的C_4，烷烃含量仅5%~6%，绝大部分是烯烃，且1-丁烯含量很高；而蒸汽裂解制乙烯副产的C_4馏分，烯烃和烷烃含量介于上述二者之间。

3. 异构化单元

下面以中国石化开发的2-丁烯与乙烯叠合，裂解制丙烯的烯烃歧化(S-OMT)[20]装置为例，说明1-丁烯异构为2-丁烯的工艺流程。

（1）S-OMT 装置简介

S-OMT 装置的主反应是：

$$\underset{\text{2-丁烯}}{CH_3—CH═CH—CH_3}+\underset{\text{乙烯}}{CH_2═CH_2}\rightleftharpoons\underset{\text{丙烯}}{2CH_2=CH—CH_3}$$

其主要原料是2-丁烯和乙烯。从炼油、乙烯、MTO 来的 C_4为增加 2-丁烯的含量，在 S-OMT装置中，设置了一个丁烯临氢异构化单元，将 1-丁烯在临氢条件下，异构化为 2-丁烯，以充分利用 C_4烯烃资源。

S-OMT 装置主要有如下几个单元：丁烯临氢异构化、烯烃歧化、切割和萃取分离三部分。C_4原料先进行预处理，脱除对歧化和异构化催化剂有害的杂质，然后进异构化单元，将 1-丁烯异构为 2-丁烯，再进歧化单元，生成丙烯。经切割，分为 C_2、C_3、C_4各馏分。此时，在 C_4馏分中烷烃会增加。故 C_4馏分需经萃取单元，以脱除大部分烷烃，提浓的丁烯再进歧化单元，如此循环利用。S-OMT 工艺流程示意框图见图 5-4-19。

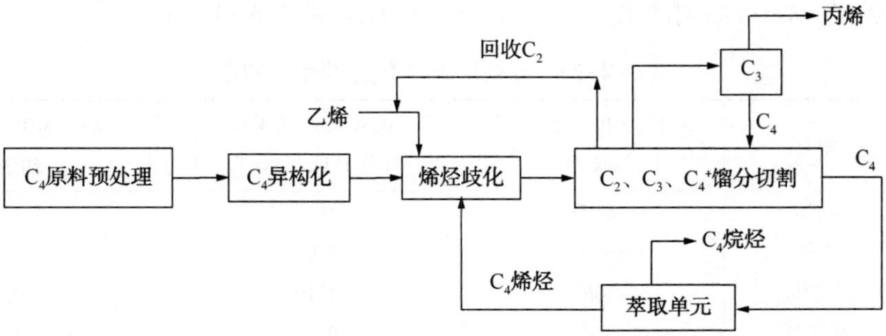

图 5-4-19　S-OMT 工艺流程示意框图

（2）异构化单元

① 丁烯临氢异构化反应原理

1-丁烯临氢异构为 2-丁烯的反应，在 Ni/Al_2O_3的催化剂条件下进行，采用固定床(下进式的鼓泡床)反应器。异构化反应以加成-消除机理进行。1-丁烯优先吸附在催化剂表面，与催化剂上的解离氢原子发生反应，生成半氢化态的吸附物，然后，再经过邻位氢原子的脱除，生成热力学上更稳定的 2-丁烯。正丁烯临氢异构化反应是可逆反应，可接近平衡转化率。由正丁烯热力学平衡组成可知，温度越高越有利于 2-丁烯向 1-丁烯转化；温度越低越有利于 1-丁烯向 2-丁烯转化。

原料中常含有少量二烯烃及炔烃，尤其是乙烯装置副产的 C_4。C_4馏分临氢条件下发生的主要反应见方程式(5-4-1)~式(5-4-4)，副反应为各种烃加氢生成烷烃的反应，详见方程式(5-4-5)~式(5-4-7)。

（a）主反应：

$$CH_2═CH—CH_2—CH_3\longrightarrow CH_3—CH═CH—CH_3 \quad (5\text{-}4\text{-}1)$$

$$CH_2═C═CH—CH_3+H_2\longrightarrow CH_2═CH—CH_2—CH_3 \quad (5\text{-}4\text{-}2)$$

$$CH_2═CH—CH═CH_2+H_2\longrightarrow CH_2═CH—CH_2—CH_3 \quad (5\text{-}4\text{-}3)$$

$$CH_2═C═CH_2+H_2\longrightarrow CH_3—CH=CH_2 \quad (5\text{-}4\text{-}4)$$

（b）副反应：

$$CH_2═CH—CH_2—CH_3+H_2\longrightarrow CH_3—CH_2—CH_2—CH_3 \quad (5\text{-}4\text{-}5)$$

$$CH_3—CH═CH—CH_3+H_2\longrightarrow CH_3—CH_2—CH_2—CH_3 \quad (5\text{-}4\text{-}6)$$

$$CH_3—C(CH_3)=CH_2+H_2 \longrightarrow CH_3—CH(CH_3)—CH_3 \tag{5-4-7}$$

② 异构化单元流程叙述

异构化单元主要有 C_4原料预处理、异构化反应器和脱除异丁烷等三部分。工艺流程示意见图 5-4-20。

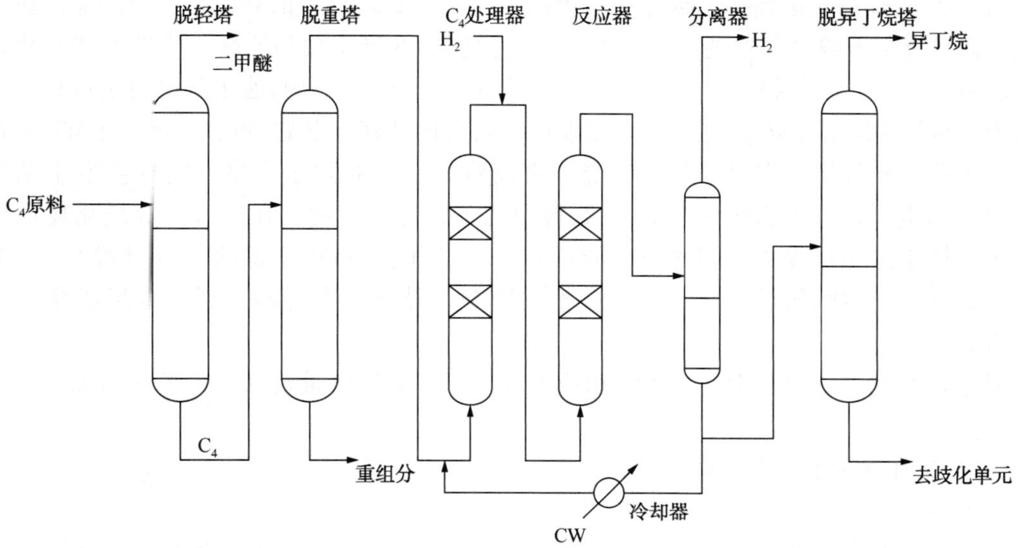

图 5-4-20　1-丁烯异构化工艺流程示意图

(a) C_4原料预处理

C_4原料预处理部分的主要目的是去除新鲜 C_4原料中对后续反应部分的催化剂造成失活影响的杂质，主要包括二甲醚、甲醇、叔丁醇(TBA)、叔丁基邻苯二酚(TBC)等含氧化合物，还包括水、硫等微量杂质。预处理部分的主要工艺设备有脱轻塔、脱重塔和 C_4处理器。

来自界外的新鲜 C_4首先被送至脱轻塔，大部分轻组分(如二甲醚等)随异丁烷从塔顶蒸出后被送至液化气罐。脱轻塔塔底馏出的 C_4经脱轻塔釜液泵在液位和流量的串级控制下被送至脱重塔。脱重塔底的重组分包含甲醇、TBA、TBC 及部分硫化物被送至液化气罐。脱重塔塔顶得到的 C_4馏分经合格 C_4冷却器冷却后送往新鲜 C_4处理器，脱除微量杂质后进入 C_4过滤器，过滤掉其中可能含有的吸附剂固体颗粒后被送往丁烯临氢异构化反应部分。

(b) 异构化反应器

经过脱除杂质处理后的 C_4原料在 C_4加热器中被加热到丁烯临氢异构化反应所需温度后，与来自界区的氢气一起从异构化反应器的底部进入反应器；在 40~60℃条件下，在丁烯临氢异构化催化剂上发生异构化反应，1-丁烯转化为 2-丁烯，同时绝大部分的丁二烯加氢转化为丁烯，少量的丁烯加氢饱和转化为丁烷。异构化反应产物先进入异构化反应产物分离器，未反应的氢气及微量轻烃在压力控制下从顶部排往火炬系统；分离器底部出料分为两股，一股送往脱异丁烷塔，另一股经异构化反应循环泵增压并经异构化反应循环液冷却器冷却后返回异构化反应器，其主要目的是控制反应温升在催化剂允许的范围内。

(c) 脱异丁烷塔

经异构化处理后的 C_4原料在脱异丁烷塔中实现异丁烷与正丁烯的分离，该塔的操作控制在 0.65MPa(表压)。塔顶采出的富含异丁烷馏分送至液化气罐，塔底液为富含正丁烯的 C_4馏分，经脱异丁烷塔釜液冷却器冷却后进入烯烃歧化单元。

③ 对原料 C_4的要求

对 S-OMT 技术来说，只要 C_4中正丁烯(1-丁烯和 2-丁烯，尤其是 2-丁烯)的含量较高、杂质含量较低，就适合作为装置原料。

C_4原料的组成对反应有较大的影响。本工艺的有效反应为乙烯和 2-丁烯反应生成丙烯，C_4原料中 2-丁烯的含量越高，越有利于提高催化剂对有效反应的利用率，对反应的进行越有利，而且有利于减少装置的负荷。另外，C_4原料中的异丁烯与乙烯发生非产物歧化反应(即反应产物仍为异丁烯和乙烯)，同时异丁烯易聚合结焦，影响催化剂的再生周期，因此原料中应尽量去除异丁烯，使异丁烯在丁烯中所占的比例不超过 5%。不然，OMT 装置内需要设置脱异丁烯塔，在进入歧化反应器之前将异丁烯脱除至合格。同样会发生结焦且对催化剂再生周期产生影响的还有 C_4原料中的丁二烯，因此，在进入烯烃歧化反应单元前，丁二烯也应予以除去，其含量应低于 0.3%(以 C_4原料中丁烯为计算基准)。二烯烃和炔烃的存在还对临氢异构化反应造成不利影响，导致温升过高，影响烯烃收率和反应平衡常数。

因此应该关注 C_4原料中的二烯烃和炔烃的含量，如果含量较高，需考虑增加选择加氢设备。

(三) 2-丁烯异构为异丁烯

1. 概况

异丁烯的用途十分广泛，它主要用于生产汽油辛烷值的改进剂甲基叔丁基醚(MTBE)、丁基橡胶、异戊橡胶、聚异丁烯等大吨位产品[15]。尤其是自 20 世纪 90 年代后生产 MTBE 的技术进步和汽车工业的快速发展，以及我国对汽油辛烷值的提高，极大地促进了对 MTBE 的需求，对异丁烯的需求量增加较快，造成炼厂副产 C_4和蒸汽裂解制乙烯副产 C_4中的异丁烯供不应求，促进了 2-丁烯异构为异丁烯技术的发展。MTBE 的汽油辛烷值为 117(研究法)或 101(马达法)，是重要的汽油辛烷值调节剂，一般在汽油中的添加量为 10%左右，最大添加量可达 20%。我国 2017 年的汽油产量为 132.76Mt，若按 10%的添加量，则为 13.276Mt。而 2017 年 MTBE 的产量约为 11.0Mt，因此，MTBE 尚有增长的余地。

若 MTBE 装置不联产 1-丁烯，则图 5-4-21、图 5-4-22 中可删去 1-丁烯单元，即 MTBE 单元后直接连接异构化单元。

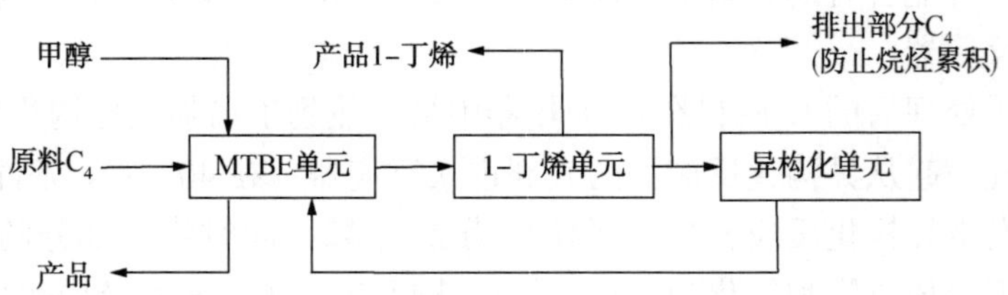

图 5-4-21　配异构化的 MTBE/1-丁烯装置工艺流程示意图

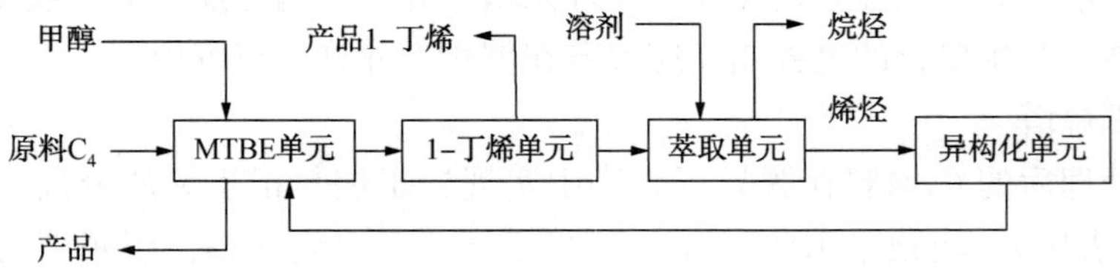

图 5-4-22　配萃取和异构化的 MTBE/1-丁烯装置工艺流程示意图

2. MTBE 单元简介

(1) MTBE 的生产原理

MTBE 是以甲醇和混合 C_4 馏分中异丁烯为原料，在大孔强酸性阳离子交换树脂作用下反应而生成的。该反应是一放热反应，同时伴有副反应发生，反应方程式如下：

主反应：

$$\underset{\text{甲醇}}{CH_3OH} + \underset{\text{异丁烯}}{CH_3—C(CH_3)═CH_2} \longrightarrow \underset{\text{MTBE}}{CH_3—O—C(CH_3)_2—CH_3} + 36.52kJ/mol$$

副反应：

$$\underset{\text{异丁烯}}{2CH_2—C(CH_3)═CH_2} \longrightarrow \underset{\text{二聚体}}{CH_3—CH(CH_3)—CH═CH—CH(CH_3)—CH_3} + 69.34kJ/mol$$

$$\underset{\text{异丁烯}}{CH_3—C(CH_3)═CH_2} + H_2O \longrightarrow \underset{\text{叔丁醇}}{CH_3—C(CH_3)_2—OH} + 35.03kJ/mol$$

$$\underset{\text{甲醇}}{2CH_3OH} \longrightarrow \underset{\text{二甲醚}}{CH_3—O—CH_3} + H_2O$$

生产 MTBE 的混合 C_4，可以是炼厂含异丁烯的 C_4 馏分和生产乙烯副产的 C_4 经丁二烯抽提后的 C_4 馏分。而甲醇制烯烃的副产 C_4，由于异丁烯含量很低，不宜作生产 MTBE 的原料。除非甲醇制烯烃的副产 C_4，为获得聚乙烯的共聚单体 1-丁烯，必须先进行醚化，才选用简化的 MTBE 流程，再去制高纯 1-丁烯。

(2) MTBE 单元的工艺流程

MTBE 单元的工艺示意流程见图 5-4-23。

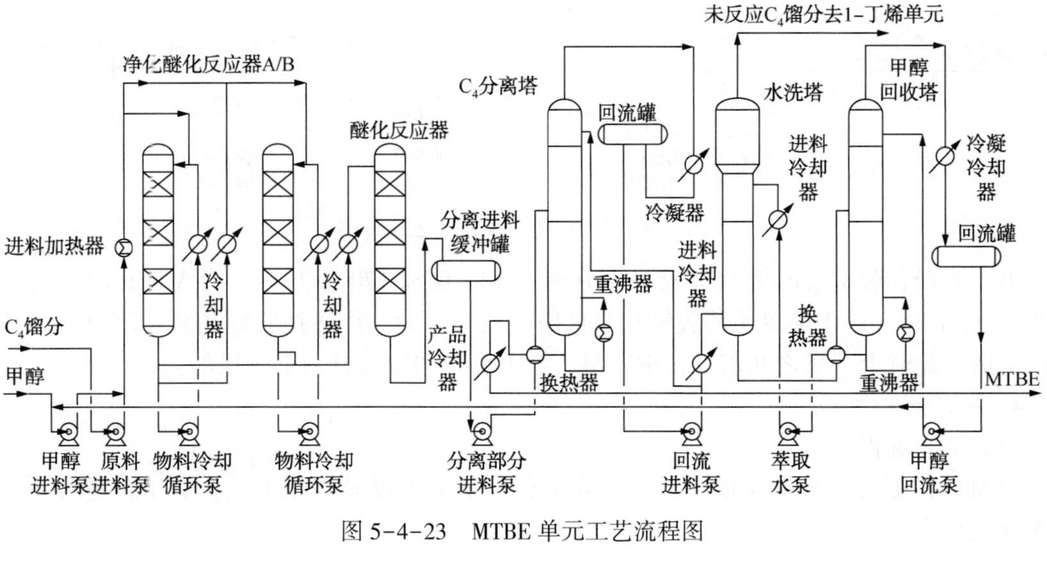

图 5-4-23　MTBE 单元工艺流程图

从图 5-4-23 可知，从界外送来的 C_4原料和甲醇，用泵送入净化醚化反应器 A/B，在催化剂作用下，原料 C_4中的异丁烯与甲醇反应，生成 MTBE。在净化醚化反应器中约有 90%~94%的异丁烯转化为 MTBE。为获得聚乙烯共聚单体 1-丁烯(高纯 1-丁烯，纯度达 99%以上)产品，经净化醚化反应器后的产物再进入醚化反应器；醚化反应器采用反应精馏；经醚化反应器后，原料中异丁烯的转化率超过 99%以上，然后进入 C_4分离塔，塔釜采出 MTBE，塔顶为未反应的 C_4和甲醇，再进入水洗塔，水洗塔顶为醚化后的 C_4馏分，送去 1-丁烯单元。水洗塔釜为含水甲醇，进入甲醇回收塔，塔顶得到甲醇，返回净化醚化反应器，塔釜水相再进水洗塔。

3. 1-丁烯单元简介

1-丁烯单元较为简单，主要为脱轻和脱重两个塔系。由 MTBE 单元来的醚后 C_4，其典型组成见表 5-4-24。

表 5-4-24　由 MTBE 单元来的醚后 C_4的典型组成

组分	C_3	异丁烷	异丁烯	1-丁烯	正丁烷	反-2-丁烯	顺-2-丁烯	其他杂质	合计
组成/%	0.12	1.11	0.12	72.98	2.71	13.25	9.61	0.1	100.00
沸点/℃	~-40	-11.73	-6.9	-6.25	-0.5	-0.88	3.72		

1-丁烯单元工艺流程示意见图 5-4-24。

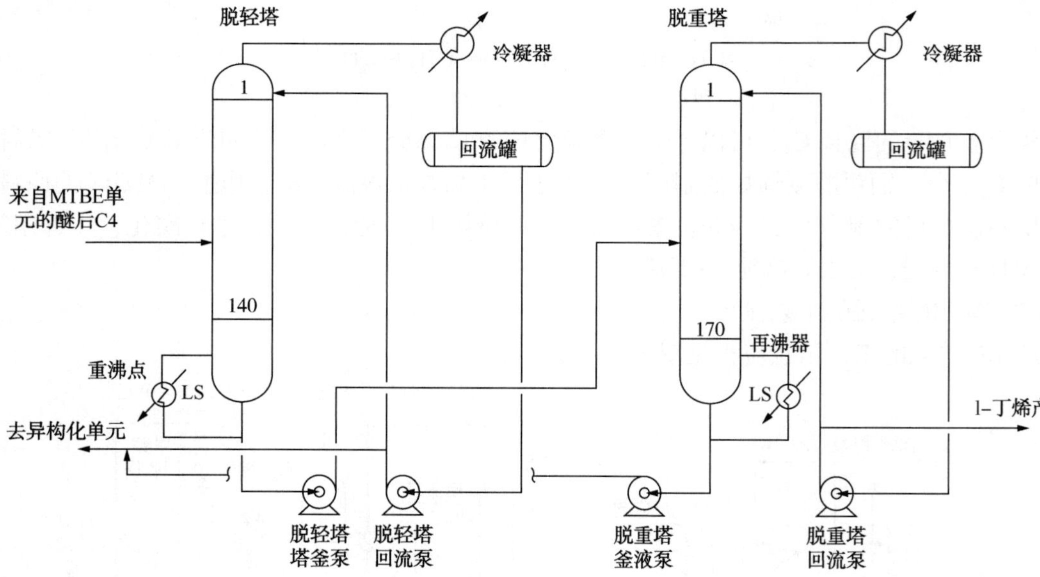

图 5-4-24　1-丁烯单元工艺流程图

由于脱轻和脱重塔的板数都较多，分别为 140 板和 170 板左右，当 MTBE 单元能力在 100kt/a 以下时，1-丁烯单元的脱轻和脱重塔直径不够大，往往把脱轻和脱重塔分别做成上下两个塔，此时上下塔之间需设置中间泵，把上塔釜的液体打到下塔顶部去。

4. 异构化单元

(1) 工艺流程

与 MTBE 配套的异构化单元，只需在醚化装置下增设异构化单元。其工艺流程示意见图 5-4-25[14]。

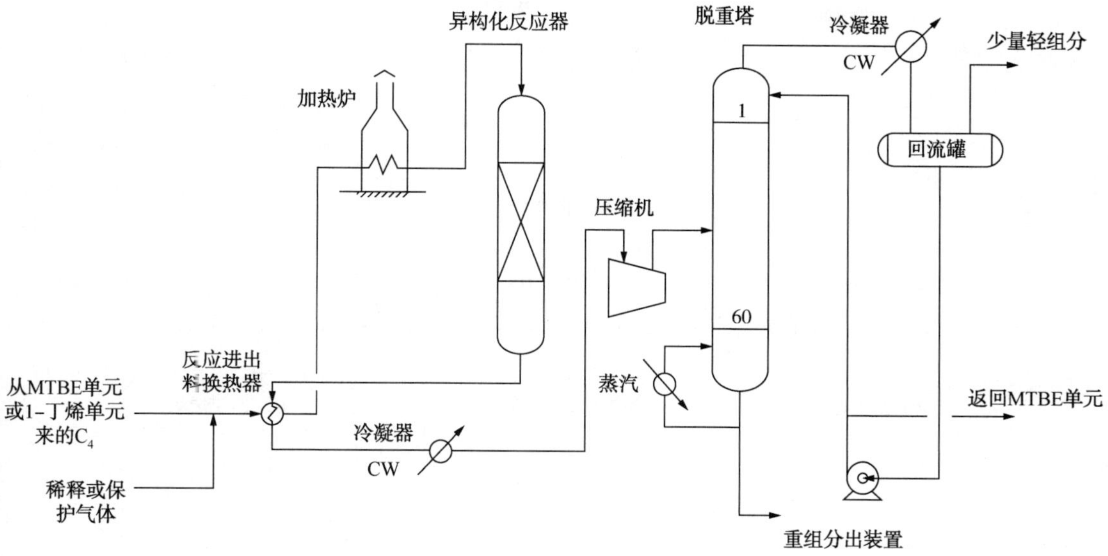

图 5-4-25　异构化单元工艺流程示意图

从 MTBE 或 1-丁烯单元排出的 C_4馏分，与稀释剂(如水蒸气)或保护剂(如氢气)混合后进入反应进出料换热器与异构化反应器出料进行换热，再进入加热炉，使 C_4物料加热到异构化所需温度(如 300~400℃)，进入到异构化反应器。在异构化反应器中，由于催化剂的存在，正构丁烯(1-丁烯，2-丁烯)，骨架异构为异丁烯；异构化反应器的出料进入反应进/出料换热器，再进冷却器冷却到 45℃左右进入压缩机，气体被压缩到 1.6~1.8MPa(表压)后进入脱重塔，脱重塔顶物料除部分回流外，其余返回 MTBE 单元进行醚化，脱重塔底的重组分排出装置。

异构化反应器的产物较为复杂。除主反应正构 C_4烯烃异构为异丁烯外，副产物还会有甲烷、乙烷、乙烯、丙烯以及 C_5以上的重组分。在脱重塔顶回流罐有少量轻组分，尤其是有保护剂(氢气)的流程，这些轻组分会在回流罐上排出。

若全装置有 1-丁烯单元，则异构化单元的脱重塔顶采出物，可全部返回 MTBE 单元，部分轻组分如 C_2、C_3和异丁烷可在 1-丁烯单元的脱轻塔顶排出。否则，异构化单元的脱重塔顶应部分外排 C_4馏分，以达到轻组分不累积的目的。当然，也可在脱重塔前设置一台脱轻塔，从脱轻塔顶除去异构化产生的 C_1、C_2、C_3及 C_4原料中带入的异丁烷等轻组分。

(2) 异构化反应条件

(a) 反应机理

正构丁烯异构化反应机理[14]见图 5-4-26 和图 5-4-27。

从图 5-4-26 和图 5-4-27 中可知，在适合的温度和压力，有催化剂存在的条件下，丁烯之间进行质子转移，先形成仲丁基阳碳离子，再经重新排列，反应成为伯丁基阳碳离子后转化成异丁烯。图 5-4-26 为单分子结构，图 5-4-27 为双分子结构。另外还有假分子机理，在此，不再赘述。

(b) 反应条件

丁烯的四种异构体，在 400~800K 温度下的热力学平衡组成见表 5-4-25[21]。

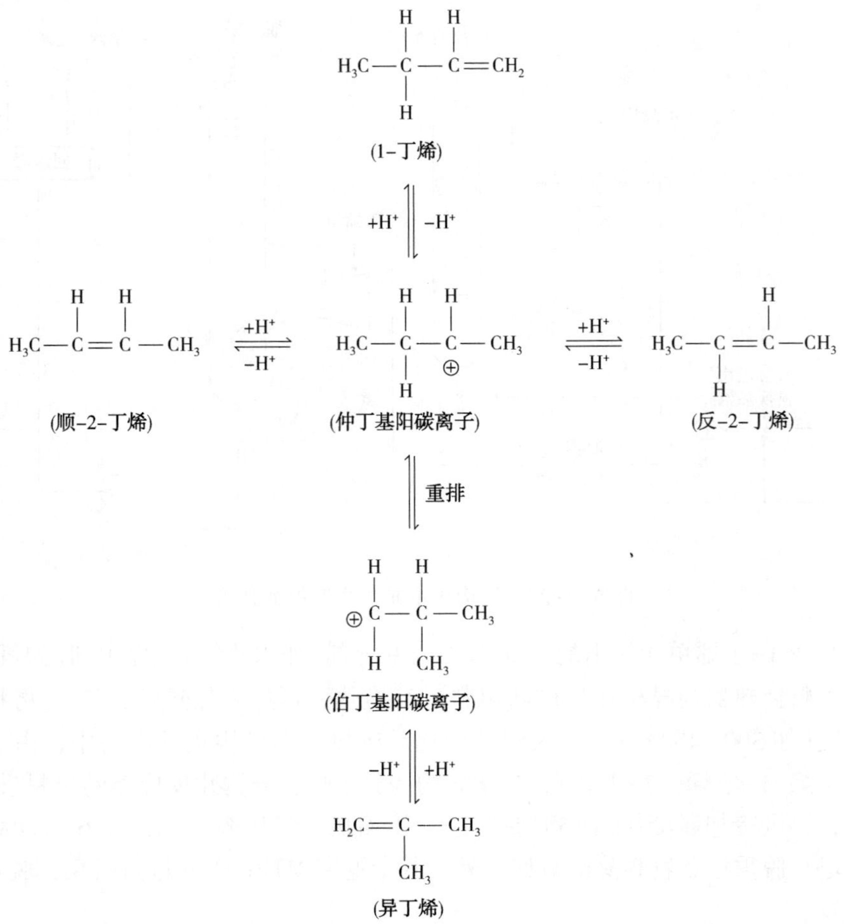

图 5-4-26　正构丁烯异构化反应机理

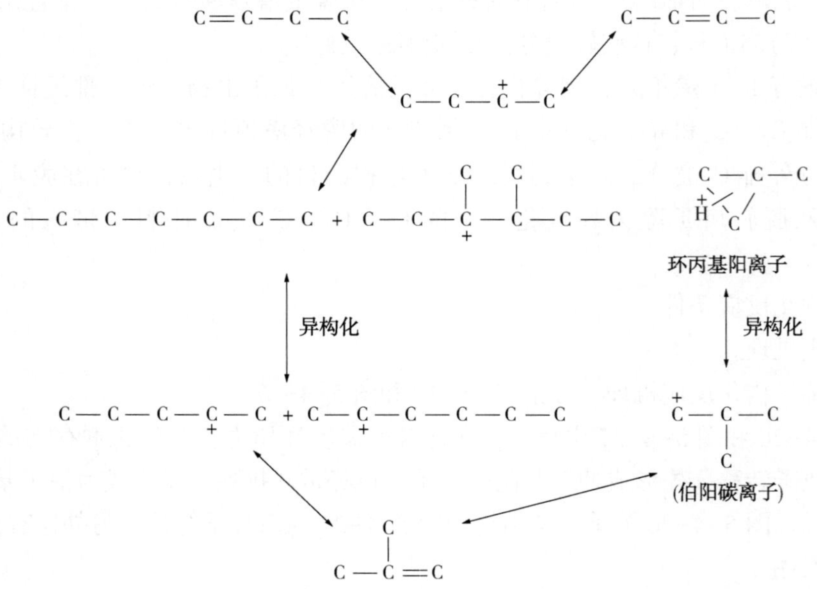

图 5-4-27　FER 沸石催化剂催化的丁烯异构化反应机理

表 5-4-25　丁烯的热力学平衡组成　　%(mol)

温度/K	400	500	600	700	800
1-丁烯	1.94	4.49	7.55	10.80	14.01
顺-2-丁烯	8.35	11.91	14.40	15.81	16.60
反-2-丁烯	17.98	21.56	23.42	24.16	24.52
异丁烯	71.73	62.04	54.63	49.23	44.87

从表 5-4-25 中可知，低温有利于异丁烯的生成，但从动力学研究得知，低温导致所需反应条件异常苛刻，因此，必须把热力学和动力学综合进行考虑。不同的催化剂异构化反应条件有较大的差异，下面以文献 10 为例，进行反应条件的说明。

异构化的反应条件为：反应温度 320~380℃；反应压力常压；质量空速 1.0h^{-1}。

在上述反应条件下，原料的转化率在 35%~50%，选择性在 70%~80%，收率在 25%~35%。

(四) 正丁烷异构为异丁烷

1. 概况

总体而论，正丁烷的用途，不如异丁烷。正丁烷的主要用途是氧化法生产甲乙酮和做蒸汽裂解的原料。甲乙酮是一种涂料溶剂，其生产方法为以正丁烯为原料的两步法和一步法，及正丁烷液相氧化法，其中以正丁烯为原料生产甲乙酮占 80%以上。而以正丁烷法生产的甲乙酮不足 20%，在中国仅为 5%~10%[15]。国内甲乙酮的生产能力仅年产数吨。而正丁烷做乙烯的原料，虽容量很大，但希望原料中异丁烷的含量要低。一般炼厂 C_4 和乙烯副产 C_4 中，正丁烷的含量少，异丁烷含量大，故混合 C_4 烷烃不是生产乙烯的好原料。若再分离出正丁烷，则成本增加，已不宜做乙烯原料。

异丁烷的用途，主要是烷基化做汽油，由于汽油产量大，对异丁烷的需求也大。进入 21 世纪后，开发并工业化了环氧丙烷(PO)联产甲基叔丁基醚(MTBE)—简称 PO/MTBE 技术。一套 240/740kt/a 的 PO/MTBE 装置，需异丁烷 600kt/a。一套能力为 18.0Mt/a 炼油和 1.0Mt/a 乙烯装置的全部副产 C_4，集中起来，才够一套 240/740kt/a 的 PO/MTBE 装置的原料异丁烷，也相当于把一个地区，如南京地区，沿(长)江地区的所有 C_4 资源集中起来，再分离出异丁烷，才够一套 PO/MTBE 装置的原料。要把一个地区的 C_4 原料集中起来是比较困难的。另外，为了充分利用 C_4 资源，也有必要把正丁烷异构为异丁烷。

2. PO/MTBE 装置简介

(1) PO/MTBE 生产原理

PO/MTBE 装置的基本原料为异丁烷和纯氧。首先，异丁烷与纯氧在适宜的温度和压力条件下，生成叔丁基过氧化氢(TBHP)，再将 TBHP 与丙烯在催化剂作用下液相反应生成环氧丙烷(PO)和叔丁醇(TBA)，TBA 脱水生成异丁烯，异丁烯与甲醇反应生成甲基叔丁基醚(MTBE)，上述反应的主反应式如下：

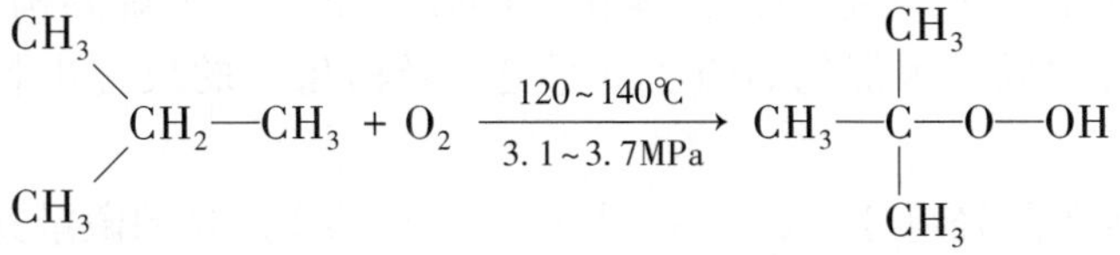

异丁烷　　叔丁基过氧化氢(TBHP)

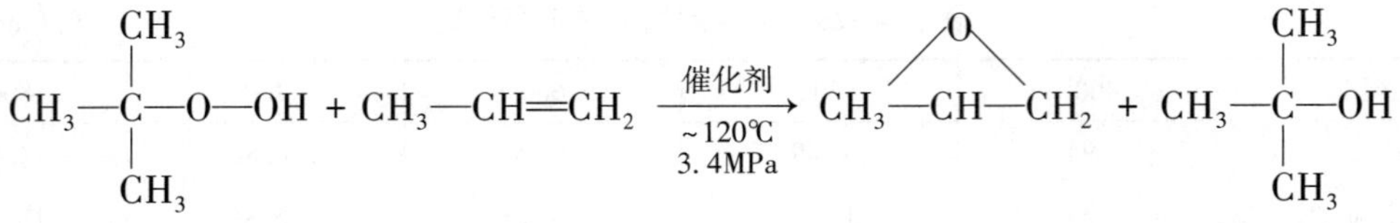

TBHP　　丙烯　　环氧丙烷(PO)　　叔丁醇(TBA)

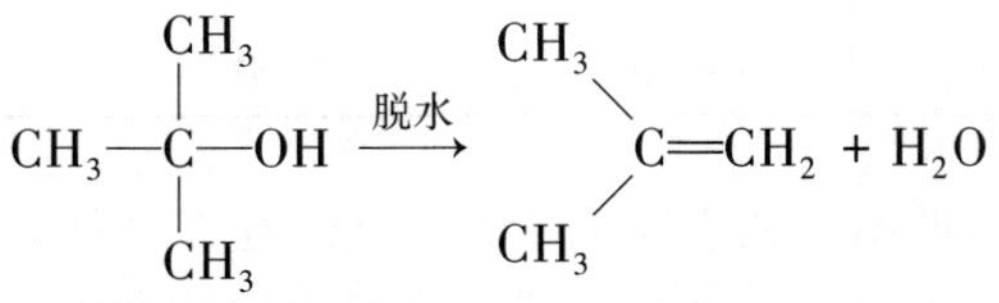

TBA　　异丁烯　　水

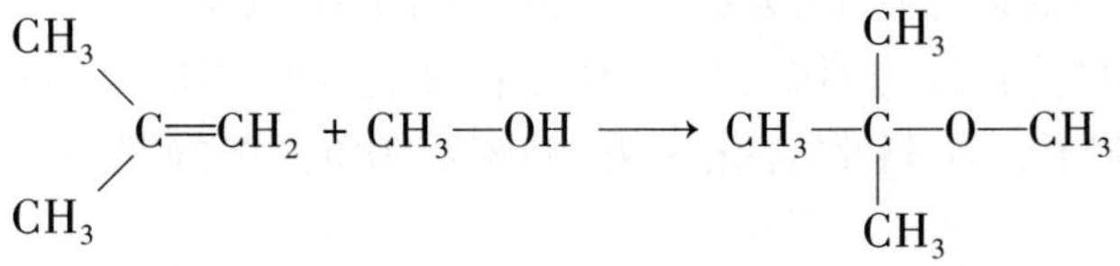

异丁烯　　甲醇　　甲基叔丁基醚(MTBE)

(2) PO/MTBE 装置工艺流程

PO/MTBE 装置工艺流程示意框图见图 5-4-28。

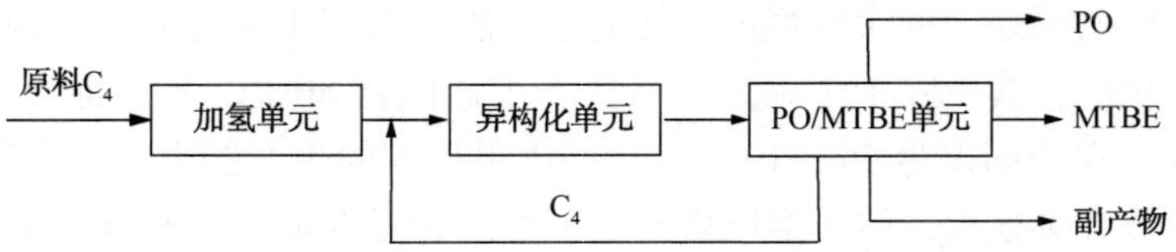

图 5-4-28　PO/MTBE 装置工艺流程示意图

通常，乙烯装置副产的 C_4经丁二烯抽提和 MTBE 装置后或炼厂的 C_4经 MTBE 装置后的 C_4，二者的主要成分为烷烃和顺、反-2-丁烯，经过加氢单元，把烯烃加氢饱和为烷烃，同时要脱除 C_4中少量硫和氮，使 C_4中的硫小于 0.5μg/g、烯烃含量小于 50μL/L。

经过加氢单元后的 C_4为饱和 C_4，进入异构化单元，把正丁烷异构为异丁烷，并分离出纯度大于 99.87%(v)的异丁烷，高纯异丁烷送 PO/MTBE 装置生产 PO 和 MTBE。

3. 异构化单元

异构化单元的工艺流程示意见图 5-4-29。界外(或从加氢单元)送来的氢气，需经除杂质处理器，以脱除氢气中可能含有对异构化反应催化剂有害的杂质，如水、硫、一氧化碳、重金属等。脱除有害物后的氢气，送往异构化反应器进出料换热器的 C_4原料入口。

从加氢单元送来的 C_4馏分，先进脱杂质反应器，脱除对异构化催化剂有害的杂质，如水、微量的硫。除去杂质的 C_4原料，进入缓冲罐，用反应进料泵从缓冲罐抽取 C_4，加压后打往异构化反应器。在进异构化反应器前，与脱除杂质的氢气混合，先在反应进出料换热器中和异构化反应器的出料进行换热，再经加热器加热到异构化所需温度，送入异构化反应器。在异构化反应器中，在催化剂的作用下，正丁烷异构为异丁烷，异丁烷的收率在 50%~65%之间，视催化剂的性质而定。异构化后的反应出料经进出料换热后，送入稳定塔。

在稳定塔，塔顶脱除轻组分，如氢气、甲烷和反应器中产生的微量其他杂质，轻组分的量随催化剂的性质不同有所差异。稳定塔塔顶外排的轻组分，送燃料气管网，若杂质中含有

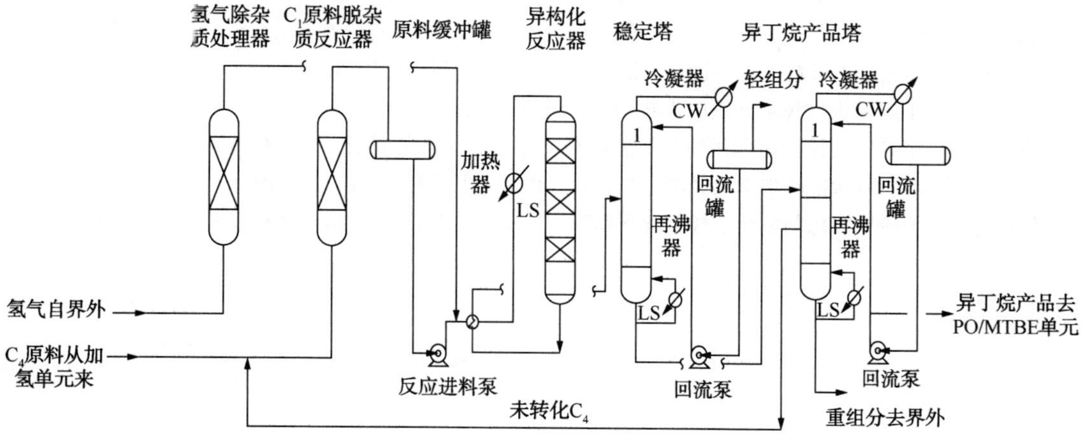

图 5-4-29　异构化单元的工艺流程示意图

氯化氢之类对设备有腐蚀性的物质，则要用氢氧化钠溶液洗涤，除去酸性物质再排入燃料气管网。稳定塔塔釜物料，靠自身压力，送往异丁烷成品塔。

异丁烷成品塔塔顶获得纯度为99.9%的异丁烷产品，送去PO/MTBE单元。在塔的提馏段下部，侧线抽出正丁烷，返回异构化单元，C_4原料脱杂质反应器，以防止在加工过程中可能混入的杂质，如换热器泄漏进入的水分。稳定塔塔釜为重组分，即C_4原料中带入的C_5以上馏分，及异构化反应器中，可能产生的C_5以上组分，重组分送出界外。

参 考 文 献

[1] 刘家明. 石油炼制工艺基础数据和图表：石油炼制工程师手册(第三卷)[M]. 北京：中国石化出版社，2014.

[2] 徐承恩. 催化重整工艺与工程[M]. 北京：中国石化出版社，2006.

[3] 高步良. 高辛烷值汽油组分生产技术[M]. 北京：中国石化出版社，2014.

[4] 马爱增，于中伟，张秋平，等. 从石脑油和轻烃资源增产汽油的技术及措施[J]. 石油炼制与化工，2009，40(11)：1-7.

[5] 胡云峰. 利用轻石脑油异构化技术生产优质汽油调和组分[J]. 中外能源，2013，18(6)：61-64.

[6] 李庆龙，王志伟，华炜，等. 轻质烷烃异构化研究进展[C]//第十届全国工业催化技术及应用年会论文集，2013：77-81.

[7] 张秋平，濮仲英，于春年，等. RISO型C_5/C_6烷烃异构化催化剂的工业生产及应用[J]. 石油炼制与化工，2005，36(8)：1-4.

[8] 韩松. 载钯C_5/C_6烷烃异构化催化剂研究及工业应用[D]. 南京：南京工业大学，2003.

[9] 于中伟，孙义兰，任坚强，等. 固体超强酸催化C_5/C_6烷烃异构化反应[J]. 石油学报：石油加工，2010，增刊(10)：88-92.

[10] 张士瑞，薛敦松. 一种先进的轻烃异构化技术[J]. 石油规划设计，2002，13(4)：17-19.

[11] 赵志海，金欣，杨克勇. 轻烃异构化新工艺的开发与工业应用[J]. 炼油技术与工程，2007，37(8)：6-9.

[12] 吴蕴琛. 碳四抽余液及炼厂碳四馏分液相加氢异构化研究[J]. 合成橡胶工业，1984，7(2)：104-107.

[13] 王家纯. 2-丁烯催化异构化制备1-丁烯的研究[J]. 精细石油化工，2011，28(2)：38.

[14] 焦宁宁，郝爱. 正丁烯异构化生产异丁烯[J]. 石油化工动态，1995(6)：35.

[15] 张旭之. 碳四碳五烯烃工学[M]. 北京：化学工业出版社，1998.

[16] 刘娜娜，张励，张晓光. 正丁烷异构化与烷基化联合对汽油调和的积极作用[J]. 炼油技术与工程，2013，43(9)：1-4.
[17] 卢焕章. 石油化工基础数据手册[M]. 北京：化学工业出版社，1984.
[18] 邬晓风. 1-丁烯异构化技术开发的现状[J]. 齐鲁石油化工，1980(03).
[19] 曹汉中. 1-丁烯临氢异构化催化剂及工艺技术开发[J]. 齐鲁石油化工，2005，33(1)：5-7.
[20] 王子宗. 乙烯、丙烯生产技术及经济分析[M]. 北京：中国石化出版社，2015.
[21] 任行涛. 正丁烯异构化制备异丁烯催化剂研究[G]//燕山石化公司 2009 年度科技论文，2010.

第六篇　石油化工基础原料及相关精细化学品

第一章　丙烷脱氢生产丙烯

第一节　国内外现状

丙烷脱氢(Propane Dehydrogenation，简称 PDH)是一种利用铂系或铬系催化剂将丙烷转化为丙烯和氢气的催化工艺，专门用于生产丙烯，丙烷脱氢生产的丙烯已经成为丙烯的一个重要来源。

丙烷是液化石油气(Liquefied Petroleum Gas，简称 LPG)的主要成分，是一种饱和烃。丙烷主要来自炼油装置副产和天然气加工。炼油厂的原油蒸馏、催化裂化、催化重整和加氢裂化装置副产物中都含有丙烷，液化气中 40%~60%(v)是丙烷，丙烷是炼油厂副产的重要轻烃资源。天然气(包括油田伴生气)的主要成分是甲烷，但也含有一定量的乙烷、丙烷、丁烷等 C_2^+烃类，天然气加工装置把 C_2^+烃类分离为天然气液(Natural Gas Liquids，简称 NGL)，天然气液可进一步分离出丙烷。据 IHS 的有关资料统计，2016 年全球丙烷产量约 158.7Mt，其中的 69.5%产自天然气加工，30.5%产自炼油副产。2016 年全球丙烷总消费量为 158.3Mt，其中 74.80Mt 或 47.3%用作民用和商用取暖燃料，53.20Mt 或 33.6%作为蒸汽裂解和丙烯脱氢的原料用于生产乙烯和丙烯，8%用作工业燃料，7.8%用作发动机燃料，其他用途占 3.3%。

近些年随着美国页岩气产量的激增，产自页岩气的丙烷产量大幅增加。根据 IHS 有关统计资料，2005 年时产自页岩气的丙烷仅占丙烷产量的 2%，2012 年占到了 9%，自 2012 年起美国成为丙烷净出口国，2016 年美国丙烷产量达到 50.57Mt，其中产自天然气的丙烷达到 34.00Mt，当年丙烷净出口 16.54Mt。北美页岩气丙烷产量的大幅增长，保证了全球丙烷脱氢装置的丙烷原料供应。

丙烯是一种用量仅次于乙烯的重要基本有机化工原料。丙烯衍生物种类繁多，用途广泛。2014 年全球丙烯生产能力为 116Mt，消费总量约 92.06Mt[1]，大约 67%的丙烯用于生产聚丙烯，用于丙烯腈、环氧丙烷、羰基醇类、丙烯酸、异丙苯/苯酚等各类丙烯衍生物的丙烯只占到 33%。聚丙烯是丙烯需求增长的主要驱动力，约 85%~90%的新增丙烯产能与新增聚丙烯产能直接相关。随着聚丙烯等丙烯衍生物需求的迅猛增长，对丙烯的需求量逐年递增。根据 IHS 统计数据和预测，过去 20 年中丙烯消费量年平均增长 4.5%，预测今后 10 年丙烯需求量的年均增长率仍将达到 4%，这个增长率高于乙烯，2021 年全球丙烯需求量将达到 120Mt，如图 6-1-1 所示。

丙烯可分为三个级别：炼厂级丙烯(丙烯体积分数 50%~70%)、化学级丙烯(丙烯体积

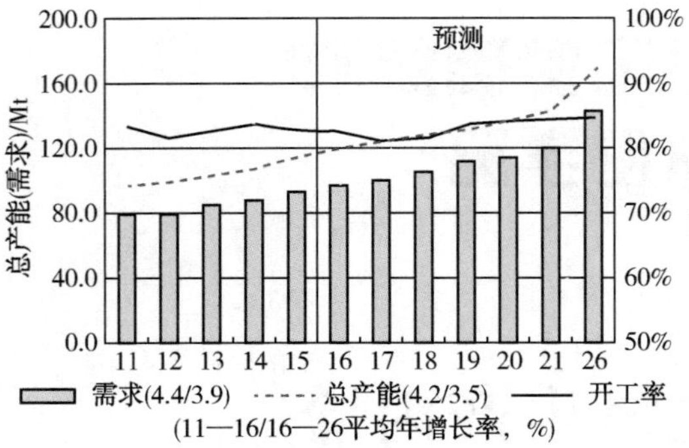

图 6-1-1　世界丙烯供给和消费

分数92%～96%）和聚合级丙烯（丙烯体积分数>99.5%）。丙烯的生产方法主要有蒸汽裂解生产乙烯时联产丙烯、炼油厂催化裂化（FCC）生产汽油时副产丙烯和专产丙烯技术三类[2]。就全球范围来讲，超过一半的丙烯产自蒸汽裂解装置，但蒸汽裂解生产的丙烯受裂解炉操作负荷、裂解原料类型及裂解深度影响较大，裂解深度越高，乙烯收率越高，而丙烯收率越低；石脑油裂解可大量副产丙烯，而乙烷裂解的主要产品是乙烯，副产的丙烯量很少。炼油厂的催化裂化装置是丙烯的另一个主要来源，FCC装置生产汽油和馏分油时副产丙烯，但这种炼油副产的丙烯受汽油市场影响较大，预计今后FCC副产的丙烯量增长较少。

基于上述情况，由于蒸汽裂解和炼油厂副产的丙烯产量的增长受乙烯和汽油市场的影响，包括丙烷脱氢、甲醇制烯烃（MTO）为主的专产或称新型丙烯生产技术正在成为全球丙烯供应的一个重要来源，今后几年这些以丙烯为目标产品的装置会大批投产。2016年，专门生产丙烯的装置生产的丙烯产量占丙烯供应总量的20%，并很快将占到25%，追平炼油厂副产丙烯产量，这在丙烯市场是很大的变化，见图6-1-2。

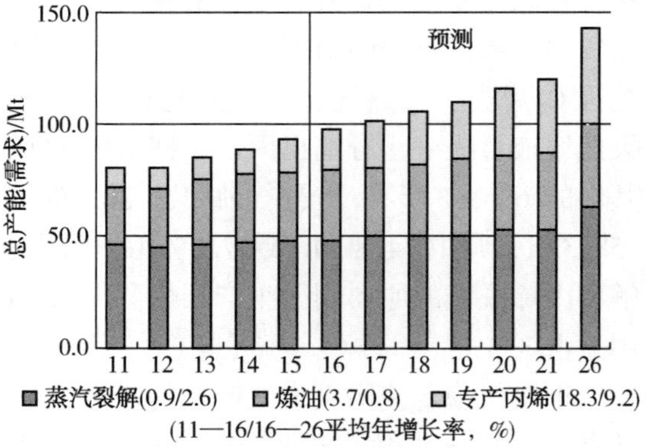

图 6-1-2　世界丙烯产量
按生产方法的统计及预测

专产丙烯生产技术包括丙烷脱氢（PDH）、甲醇制烯烃（MTO）、甲醇制丙烯（MTP）以及烯烃转换（OCT）等，近些年最火热的就是PDH和MTO，MTO的主产品是乙烯和丙烯，而丙烷脱氢是以丙烷为单一原料制取单一产品丙烯。随着北美页岩气革命带来的充足丙烷供应以及丙烯供应的短缺，丙烷脱氢装置迅速成为近几年的全球投资热点，美国、中东、中国新建了大批丙烷脱氢装置，形成一股丙烷脱氢装置建设热潮，新建的丙烷脱氢装置生产的丙烯正在填补乙烯裂解原料轻质化导致的丙烯供应不足。据报道，北美在建设的丙烷脱氢装置有7套[4]，这些装置于2015年至2017年间陆续投产。中国也已建成8套丙烷脱氢装置。2017年全球丙烷脱氢装置丙烯总产能达到18.00Mt，而在2007年这个数字只是1.95Mt，10年增长了9倍多。目前全球在设计建设中的PDH装置更是多达近30套。

与其他丙烯生产技术相比，丙烷脱氢技术具有三大优势：首先是原料和产品单一，丙烷是唯一原料，丙烯是唯一产品，氢气可以作为副产品产出也可以作装置自用的燃料烧掉；其次是生产成本只与丙烷价格密切相关，而丙烷价格与石脑油价格、丙烯市场没有直接的关联，这可以帮助丙烯衍生物生产商改进原料的成本结构，规避一些市场风险；第三，是对于丙烯供应不足的衍生物生产厂，可购进成本较低的丙烷生产丙烯，免除运输与储存丙烯的高成本支出。此外，丙烷脱氢装置的丙烯收率高，丙烯收率可达85%左右，比烃类蒸汽裂解能产出更多的丙烯，而且丙烷脱氢装置的投资比烃类蒸汽裂解低，丙烷原料也能有充足的供应。

丙烷脱氢制丙烯技术问世迄今已有近30年历史，第一套丙烷脱氢装置于1990年在泰国建成，采用UOP公司的Oleflex工艺，规模为105kt/a。至2000年，全球总计建成4套丙烷脱氢装置，总丙烯产能850kt/a。至2010年累计建成有10套装置，总丙烯产能3.615Mt/a。目前，工业化的丙烷脱氢制丙烯生产工艺有Honeywell UOP公司的Oleflex工艺、美国Lummus公司的Catofin工艺、蒂森克虏伯(TyssenKrupp)Uhde公司的STAR工艺。在上述三种工业化的丙烷脱氢技术中，UOP的Oleflex工艺采用氧化铝负载的铂金催化剂，在微正压下通过四台串联径向流移动床反应器脱氢，丙烷脱氢和催化剂再生过程都是连续的。Catofin工艺采用氧化铬-氧化铝催化剂和多台并联的卧式固定床反应器，负压操作，每台反应器顺序控制周期性操作，经历脱氢、蒸汽吹扫、空气再热、抽空、还原等步骤，约20~30min一个操作周期。Star工艺采用基于铝酸锌钙载体且蕴含多种金属的铂金脱氢催化剂，采用至少两台伍德公司的蒸汽转化炉进行脱氢反应，转化炉后再串联一台氧化脱氢反应器以提高反应转化率。此外，Linde公司的PDH工艺处于半工业化阶段，在德国建有一套10kt/a的半工业化装置，Linde的PDH工艺采用铬系催化剂。陶氏化学(Dow Chemical)基于FCC技术开发了流化催化脱氢工艺FCDh(Fluidized Catalytic Dehydrogenation)，采用负载在氧化铝上经二氧化硅修饰的氧化镓和铂金催化剂，FCDh工艺尚无工业化业绩。

各种丙烷脱氢技术的主要特点见表6-1-1。

表6-1-1　丙烷脱氢技术汇总表[5~7]

专利商	Honeywell-UOP	Lummus	TyssenKrupp-Uhde	Linde/BASF	Dow
工艺名称	Oleflex™	Catofin^{R}	STAR^{R}	PDH	FCDh
催化剂	Pt-Sn/Al_2O_3	氧化铬-氧化铝	Pt-Sn/铝酸锌钙	氧化铬-氧化铝	Ga_2O_3，Pt/Al_2O_3
反应压力/MPa(a)	0.14	~0.05	0.5~0.6	0.12~0.15	0.13~0.17
反应温度/℃	600~650	600	550~590	650	600~650
分压控制	氢/烃比	真空(无氢气或蒸汽稀释)	蒸汽	N/A	N/A
反应器型式	移动床	固定床	固定床转化炉	固定床	流化床
加热方式	U型管式加热炉	周期性空气加热、烧焦	多管式加热炉	多管式加热炉	换热器预热反应气，再生器内烧焦+补充燃料
催化剂再生方式	连续(CCR)	周期性器内再生	周期性器内再生	周期性器内再生	流化床
丙烷单程转化率/%	30~40	45	30~40	—	43~48
丙烯选择性/%	85~88	87^{+}	80~90	—	88~92
工业化业绩(截至2018年底)	建成16套，产能6.44Mt/a；在建20余套，产能逾12.00Mt/a	建成9套，产能4.77Mt/a；在建7套，产能4.50Mt/a	建成2套，产能900kt/a	无	无

中国第一套丙烷脱氢装置是天津渤化石化有限公司600kt/a丙烷脱氢装置，于2013年10月建成投产，采用Lummus的Catofin工艺。2014年下半年至2016年又有7套规模在450kt/a至750kt/a的丙烷脱氢装置陆续投产。截至2018年底我国共建成8套丙烷脱氢装置，这些装置全部依托进口的丙烷资源，总丙烯产能达到4.55Mt/a，成为我国丙烯的一个主要来源。这8套装置中有3套采用Catofin工艺，除天津渤化外，还有宁波海越600kt/a丙烷脱

氢装置和河北海伟集团 500kt/a 丙烷脱氢装置。卫星能源 450kt/a 丙烷脱氢、绍兴三锦石化 450kt/a 丙烷脱氢、烟台万华 750kt/a 丙烷脱氢、张家港扬子江石化 600kt/a 丙烷脱氢、宁波福基石化 600kt/a 丙烷脱氢等 5 套丙烷脱氢装置采用 UOP 的 Oleflex 工艺。这批装置除引进专利商的工艺包外，工程设计全部国产化，反应器、冷箱、压缩机等绝大部分设备也都国产化设计制造。近些年来国内多所大学、研究院所、工程公司大力开展丙烷脱氢催化剂和工艺技术的研究开发，2010 年以来就铬系、铂系及少量其他种类的丙烷脱氢催化剂已申请了很多中国专利[8]，工业化应用也有重大进展，已有工业装置更换使用了国产丙烷脱氢催化剂，性能良好。中国石化开发完成了 200kt/a 丙烷脱氢制丙烯(MPDH)成套技术工艺包，累计申请并获得授权几十项国家发明专利[46]。

丙烷无氧催化脱氢有热力学平衡的限制，但丙烷氧化脱氢由于氧化剂能消耗氢气从而克服了热力学平衡的限制促进脱氢的进行。丙烷氧化脱氢是一个前沿研究领域，但距离商业化尚且遥远。主要是因为丙烷氧化脱氢有一些安全、工艺及催化剂等方面难以逾越的限制，其中一个难题是丙烯比丙烷更容易被氧化，丙烷脱氢的选择性会随转化率升高而迅速降低，很难获得同时满足丙烷高转化率和丙烯高选择性的催化剂，同时烃和氧化剂的混合物也具有很高的危险性[7]。

第二节　原料要求及产品规格

一、原料要求

丙烷脱氢的唯一原料是丙烷，工业化的丙烷脱氢工艺有使用 Pt 系催化剂的 Oleflex 工艺、STAR 工艺，使用 Cr 系催化剂的 Catofin 工艺，Pt 系催化剂和 Cr 系催化剂对原料丙烷中的杂质含量有不同的要求。

Pt 系催化剂对丙烷规格尤其是其中的杂质含量有严格的要求，工业装置要求的典型丙烷规格见表 6-1-2。

表 6-1-2　Pt 系催化剂移动床 PDH 装置要求的典型丙烷原料规格

组　分	规　格	组　分	规　格
丙烷	≥95.0%	总氧化物	<100mg/kg
乙烷	≤2.0%	甲醇	<30mg/kg
丁烷	≤3.0%	氨和胺(氮化物)	<10mg/kg
戊烷及重组分	忽略	总硫(H_2S、COS 和硫醇)	<50mg/kg
水	无游离水	H_2S	<5mg/kg
总烯烃	<1000mg/kg	总金属	<20μg/kg
二烯烃及炔烃	<50mg/kg	汞	<1μg/kg
CO_2	<10mg/kg	总卤化物	<1mg/kg

丙烷脱氢装置对丙烷原料的质量要求和催化剂及工艺过程有关。Pt 系脱氢催化剂通常是直径 1/16 英寸的球状，铂金负载在氧化铝载体上。催化剂还含有已特殊处理过的氯化物，可适当降低催化剂活性，但氯在催化剂再生过程中起着重要作用。丙烷中的一些杂质对催化剂和工艺过程的影响介绍如下：

（1）硫

烷烃进料中过量的硫会降低催化剂的活性。这就需要提高反应器的进口温度以保持期望的烷烃转化率，但同时还要防止过度结焦，因而硫含量必须维持在适当水平。此外，如硫含量过高，将影响反应器下游一些单元的正常操作，导致工艺和设备问题。

（2）氮

烷烃进料中的含氮化合物在脱氢反应工段与氢气反应生成氨，氨然后与催化剂表面上的氯离子反应生产氯化铵盐。更重要的是，生成的氯化铵盐会在反应器和/或下游的产品回路中温度较低部位析出，可能会堵塞滤网、影响换热器的性能、堵塞分馏塔塔盘、堵塞燃烧器烧嘴、加速管道腐蚀等。丙烷进料中的总氮含量最大为0.1mg/kg。

（3）含氧化合物

烷烃进料中较重的含氧化合物可与烯烃在反应器回路反应生成胶状物。胶状物会增加催化剂上的积炭。较轻的含氧化合物，如甲醇，将在脱氢反应器回路的氢气氛围中生成水，反应工段存在过量的水会影响催化剂和装置性能，按氧计的含氧化合物最高容许含量是10mg/kg。

（4）水

新鲜丙烷进料干燥器将液体进料的水分降到<1mg/kg。如果冷箱进料中含水过高，就会在冷箱中结冰冻结堵塞冷箱，从而降低低温分离工段性能，这会导致循环气纯度变低，并在Oleflex单元引起结垢和重组分问题。

脱氢反应工段进料中的水和生成的水也会与甲烷发生反应产生一氧化碳(CO)，反应工段中过量的一氧化碳会减弱催化剂活性并降低装置性能。此外，过量的一氧化碳可使变压吸附(PSA)单元过载，PSA产出CO超标的H_2，进而使Oleflex催化剂产生严重永久性失活。

（5）卤化物

烷烃进料中潜在的酸性毒物如氯化物和氟化物，必须限制到最低可检测含量。这些化合物在催化剂上分解后，氯离子和氟离子沉积在催化剂上，出现的酸性点会促进裂解反应、轻组分生成和异构化等副反应的发生，从而降低了单烯烃的选择性。

（6）金属

丙烷进料中的重金属如汞、铅或砷会永久性沉积在催化剂上，最终导致催化剂活性和选择性的永久性降低。汞还会导致低温分离系统中冷箱铝材料焊缝的开裂。除汞外允许的重金属总含量最大为20μg/kg，而汞在液体进料中最大含量为0.1μg/kg。

（7）催化剂毒物汇总

表6-1-3汇总了丙烷脱氢装置反应器进料中的催化剂毒物容许含量。

表6-1-3　移动床丙烷脱氢装置反应器进料的容许杂质含量

杂　质	含　量	杂　质	含　量
总氮	<0.1mg/kg(以氮计)	重金属(不含汞)	<20μg/kg
含氧化合物	<10mg/kg(以氧计)	汞	<0.1μg/kg
水	<1.0mg/kg	二氧化碳	<10mg/kg
卤化物	<1.0mg/kg		

对于一套典型的采用铂金催化剂的丙烷脱氢装置，新鲜丙烷进入装置后要采用多种吸附剂脱除氮化物和重金属、脱水干燥、脱汞之后与循环丙烷混合后进入脱丙烷塔，将丙烷中的丁烷及重组分脱除，脱丙烷塔顶的精丙烷才能作为丙烷脱氢的原料加入脱氢反应器。

相比之下，Cr 系催化剂对原料丙烷中杂质含量的要求比较低，基本上没有特殊要求。使用 Cr 系催化剂的固定床工艺可接受的典型丙烷规格见表 6-1-4。

表 6-1-4　固定床丙烷脱氢装置的典型丙烷原料规格

组　　分	规　　格	组　　分	规　　格
丙烷	95%~97%(v)	水	<10mg/kg
乙烷	1.0%~3.0%(v)	硫	<30mg/kg
丁烷	1.0%~3.0%(v)	金属	<5mg/kg
戊烷及重组分	无		

Catofin 丙烷脱氢工艺具有接受比较宽范围的丙烷规格的能力，并且不需任何丙烷预处理，可直接用于脱氢反应器进料，通常可很容易地加工丙烷含量为 95%~97%(v)的原料(如表 6-1-4 所示)，含烯烃 3%(v)、C_4组分 7%这样的低纯度丙烷原料都可以不经原料预处理而直接在丙烷脱氢工业装置中使用。然而，原料中主要杂质含量的增加，会增加排空气及其他副产物的数量，会影响到公用工程消耗等[30]。

二、产品规格

丙烷脱氢装置可设计生产高纯度聚合级丙烯产品，直接用于聚丙烯生产。典型丙烯规格如表 6-1-5 所示。

表 6-1-5　典型丙烯产品规格

组　　分	规　　格	组　　分	规　　格
丙烯	≥99.6%(v)	CO_2	≤1μL/L
丙烷	≤0.4%(v)	COS	≤0.03μL/L
甲烷+乙烷	≤75μL/L	O_2	≤1μL/L
乙烯	≤20μL/L	总硫	≤1μL/L
乙炔	≤1μL/L	水	≤1μL/L
甲基乙炔+丙二烯	≤4μL/L	氯	≤1μL/L
CO	≤0.02μL/L		

氢气用途很多，丙烷脱氢装置可通过设置变压吸附(PSA)氢气纯化系统生产出高纯度氢气作为装置的副产品，典型的氢气产品规格见表 6-1-6。

表 6-1-6　氢气产品规格

组　　分	规　　格	组　　分	规　　格
氢气	≥99.99%(v)	CO	≤1μL/L
甲烷	≤10μL/L	烯烃	≤100μL/L

第三节　原理、催化剂与反应过程

一、丙烷脱氢反应机理

(一) 丙烷脱氢的化学反应及热力学

丙烷催化脱氢制丙烯的主反应如下：

$$C_3H_8 \rightleftharpoons C_3H_6 + H_2 \qquad \Delta H_{R,25℃} = 29.7kcal/(g \cdot mol)$$

这个反应在热力学上是强吸热、分子数增加的可逆反应，需要外供大量的反应热。丙烷脱氢反应为平衡反应，受热力学限制，反应器出口的烯烃含量受反应器出口条件限制。提高反应温度和降低压力有利于反应向脱氢方向进行。商业化丙烷脱氢反应的温度在500～680℃范围内，压力在负压和微正压之间。丙烷转化率取决于热力学平衡，通常情况下平衡常数随温度升高而增大，但是丙烷脱氢反应即使在高温情况下其平衡常数也很小。由 $\ln(K_p) = -\Delta G/RT$，计算 K_p 的值见表6-1-7[9]。

表 6-1-7　丙烷脱氢的热力学性质

温度/K	600	700	800	900	1000
ΔH(kcal/mol)	30.64	30.79	30.91	31.01	31.13
ΔH(kcal/mol)	10.99	7.70	4.39	1.07	−2.27
K_p	1.01×10^{-4}	3.97×10^{-3}	6.34×10^{-2}	0.55	3.12

丙烷在0.1MPa和0.01MPa的平衡转化率及丙烷和丙烯的平衡物质的量分数计算，结果见图6-1-3。在0.1MPa下，当丙烷转化率为50%时，反应温度至少要达600℃。在这种条件下，丙烷易裂解成小分子使丙烯选择性下降，同时积炭使催化剂极易失活。500℃时，当压力为0.1MPa，丙烯的物质的量分数仅为14%；当压力为0.01MPa，丙烯的物质的量分数上升到33%。降低反应总压，可以增加丙烷的转化率和丙烯的平衡物质的量分数[10]。

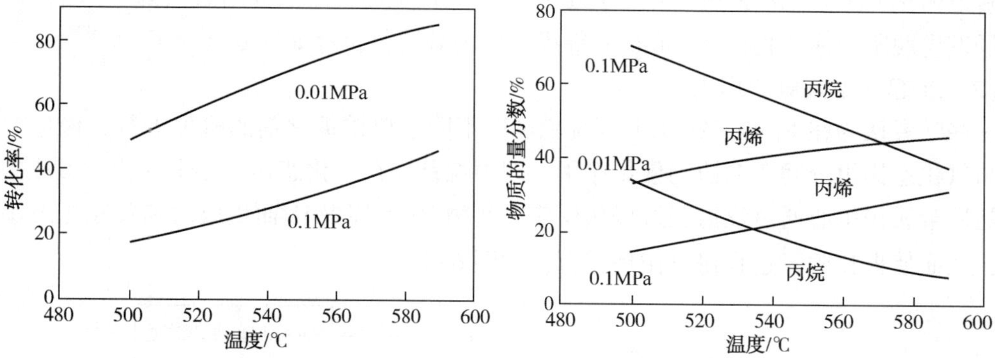

图 6-1-3　在0.1MPa和0.01MPa时丙烷的平衡转化率及丙烷和丙烯的平衡物质的量分数

丙烷催化脱氢过程还会有如下副反应发生[11]：

$$C_3H_8 \rightleftharpoons C_2H_4 + CH_4$$
$$C_3H_8 + H_2 \rightleftharpoons C_2H_6 + CH_4$$
$$C_3H_6 + H_2 \rightleftharpoons C_2H_4 + CH_4$$
$$C_3H_6 + H_2 \rightleftharpoons 2CH_4 + C$$
$$C_2H_4 + H_2 \rightleftharpoons C_2H_6$$
$$C_2H_4 \rightleftharpoons 2C + 2H_2$$
$$2C_3H_6 \rightleftharpoons C_6H_6 + 3H_2$$
$$C_3H_6 \rightleftharpoons C_3H_4 + H_2$$

高温虽然有利于脱氢反应的进行，但高温也有利于丙烷热裂解、丙烯深度脱氢等副反应的发生，副反应的增多导致丙烯的选择性降低，副反应会生成一些轻和重的烃类如甲烷、乙烷、乙烯、苯等并导致分解而在催化剂上少量结焦，从而降低反应活性，并且高温将加速碳在催化剂表面的沉积，导致催化剂迅速失活。

（二）丙烷脱氢反应机理

丙烷脱氢反应属于化工过程中的气-固多相催化反应，远比均相反应复杂，国内外关于其反应机理和动力学的相关研究很多。丙烷脱氢反应机理的研究主要集中在以下方面：①丙烷在催化剂表面是发生单位吸附还是多位吸附。有人认为，丙烷分子只与催化剂表面的活性中心发生多位吸附，然后脱出氢生成丙烯。②速率控制步骤是脱附还是表面反应。绝大多数学者认为表面化学反应为速率控制步骤，认为丙烷断裂 C-H 键生成丙烯的过程是主要反应[12]。脱氢反应的动力学行为与催化剂表面积、孔结构、活性位数目和载体酸碱度都有很大关系。

1. Pt 系催化剂上的丙烷脱氢机理

根据研究者对 Pt 所起作用的不同认识，可将脱氢机理大致分为两类。

（1）Pt 为烷烃脱氢的活性中心，其他添加剂仅起助剂作用。

铂催化剂上的活性结构可分为两类，即多铂源自组成的铂簇团和孤立的单金属原子中心。后者可能是位于晶粒边、角和棱上的孤立原子，也可能是被非活性金属如 Sn、In 等分割包围的孤立原子。Biloen 等人在研究 Pt 及其合金脱氢反应催化剂时，认为丙烷脱氢的活性位是单个的铂原子，脱氢反应的控制步骤是 β-H 的解离，认为脱氢反应可能存在以下三个主要步骤：①在吸附阶段，吸附态丙烷分子中的 C—H 键断裂，形成吸附态丙基 $C_3H_7^*$；②吸附态丙基 $C_3H_7^*$ 再断裂一个 C—H 键，产生一个 π 键，形成吸附态丙烯 $C_3H_6^*$；③最后是烯烃发生脱附形成产物丙烯。Biloen 等提出的丙烷脱氢机理如图 6-1-4 所示[13]。

（2）Pt 起反溢流氢的作用。

一些学者认为在 Pt-Sn/Al_2O_3上丙烷脱氢以不同于单铂催化剂的机理进行，催化剂中金属铂与氧化态锡组分间存在协同催化作用。即丙烷首先在氧化态锡中心上活化，形成中间物 RI，随后金属铂中心通过反溢流过程从反应中间物 RI 上移去 H_2而生成丙烯及氧化态锡中心复原，从而使催化脱氢过程得以循环进行，如图 6-1-5 所示[14]。

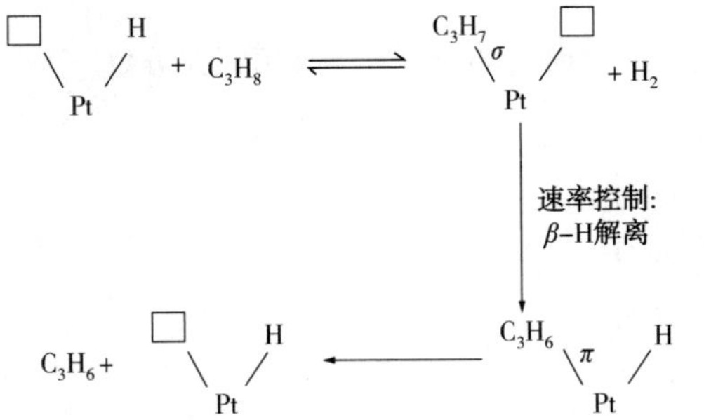

图 6-1-4　丙烷在铂催化剂上的脱氢反应机理
□—活性中心

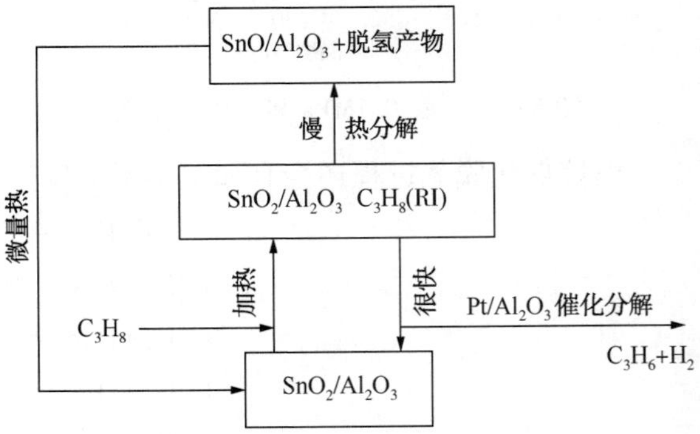

图 6-1-5　Pt-Sn/Al_2O_3催化剂中铂组分和氧化态锡组分的协同催化作用

中国科学院大连化学物理研究所陈光文、浙江大学阳永荣等针对 Pt-Sn/Al_2O_3催化剂上的丙烷脱氢反应，在上述 Biloen 机理的基础上简化为吸附、脱氢与解析等步骤，提出了以下机理[15]：

$$C_3H_8 + * \rightleftharpoons C_3H_8* \quad (6-1-1)$$

$$C_3H_8* + * \rightleftharpoons C_3H_6* + H_2* \quad (6-1-2)$$

$$C_3H_6* \rightleftharpoons C_3H_6 + * \quad (6-1-3)$$

$$H_2* \rightleftharpoons H_2 + * \quad (6-1-4)$$

他们认为反应式(6-1-2)为控制步骤。

2. Cr 系催化剂上的丙烷脱氢机理

Cr_2O_3/Al_2O_3催化剂的研究主要集中在丙烷脱氢的活性位点上，因为 Cr 在 Al_2O_3表面能以多种价态和多种相态存在。Cr^{3+}、Cr^{5+}和 Cr^{6+}可以形成多种化合物，它们具有不同的还原性和催化行为[16,17]。Cr^{5+}物种和催化剂的初活性相关，Cr^{2+}物种是主活性中心，而 Cr^{3+}物种决定丙烯选择性。而且添加碱金属能够减少裂化反应的发生和积炭的生成，有助于提高催化剂选择性[18]。也有研究者认为 Cr^{2+}和 Cr^{3+}都是活性中心[19]，但对不同价态和状态的 Cr 在脱氢反应中的作用存在争议，不同学者有不同看法[20]。

目前普遍认为，在 Cr 系催化剂上丙烷脱氢制丙烯的反应主要分 3 个步骤完成，如图 6-1-6所示[20,21]。首先，丙烷在不饱和的 Cr^{n+}中心吸附，Cr^{n+}可以是孤立的，也可以是 Cr^{n+}簇团；然后，丙烷中的 C—H 键断裂，O—H 键和 Cr—C 键形成；最后在催化剂表面形成丙烯。丙烯脱附后，在催化剂表面形成 H_2，催化剂活性复原。

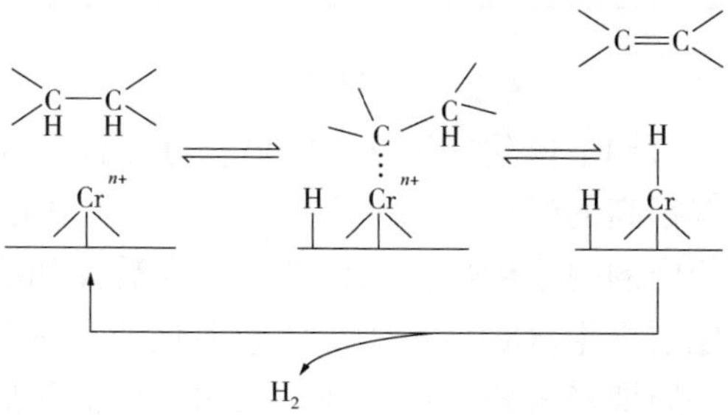

图 6-1-6　Cr_2O_3/Al_2O_3催化剂丙烷脱氢反应机理

二、丙烷脱氢催化剂

工业上使用的丙烷脱氢催化剂有 Pt 系催化剂和 Cr 系催化剂两种。Oleflex 工艺和 STAR 工艺使用 Pt 系催化剂；Catofin 工艺和 FBD-3 及 PDH 工艺使用 Cr 系催化剂。Pt 系催化剂的主要优点在于活性高、选择性较好、热稳定性好、低污染、低磨损率且可在高苛刻条件下操作，但是负载型催化剂的传统制备方法很难控制金属粒子的分散度、粒径分布以及表面形貌等微观结构，因而催化剂性能不够稳定，对丙烷原料中的杂质有很高的要求。Cr 系催化剂对丙烷脱氢具有良好的活性，在低碳烷烃脱氢的氧化物催化剂中，Cr 系催化剂的活性最高，该催化剂对原料中杂质的要求比较低，价格便宜，但是此类催化剂容易积炭失活，而且由于催化剂中的重金属 Cr 污染环境，使用受到限制。近年来以 ZSM-5 分子筛为载体的催化剂用于丙烷脱氢的研究也很广泛[12]。常见的丙烷脱氢催化剂的催化性能见表 6-1-8。

表 6-1-8　常见丙烷脱氢催化剂的反应性能[12]

催化剂	反应温度/℃	GHSV/LHSV/h^{-1}	转化率/%	丙烯选择性/%	丙烯收率/%	制备方法
Cr_2O_3/Al_2O_3	600	511(G)	50.0	90.0	45.0	浸渍法
$K_{1.0}Cr_2O_3/Al_2O_3$	620	750(G)	45.1	75.3	30.9	浸渍法
$La_{0.5}K_{1.0}Cr_2O_3/Al_2O_3$	620	750(G)	39.0	85.0	33.2	浸渍法
Pt/Al_2O_3	620	2000(G)	34.4	62.9	21.6	浸渍法
$PtSn/Al_2O_3$	620	2000(G)	30.1	90.6	27.2	络合浸渍
$PtSnK/Al_2O_3$	620	1500(G)	32.0	84.0	26.9	多次浸渍

续表

催化剂	反应温度/℃	GHSV/LHSV/h^{-1}	转化率/%	丙烯选择性/%	丙烯收率/%	制备方法
$PtSnNa/Al_2O_3$	620	4000(G)	34.6	95.4	32.1	共浸法
$PtSnLi/Al_2O_3$	620	4000(G)	33.0	94.5	31.4	共浸法
$PtSnNa_{0.3}/Al_2O_3$	590	2000(G)	29.7	95.1	28.2	浸渍法
$PtSnNa_{0.3}/La_{0.7}/Al_2O_3$	590	2000(G)	33.4	97.1	32.4	浸渍法
$Pt_{0.3}Sn_{0.9}/Al_2O_3$	580	3700(G)	34.2	95.8	32.8	浸渍法
$Pt_{0.3}Sn_{0.9}Cr_{0.4}/Al_2O_3$	580	3700(G)	39.2	96.9	38.2	浸渍法
PtSn/ZSM-5	590	3.0(L)	18.6	76.8	14.3	分步浸渍
PtSnNa/ZSM-5	590	3.0(L)	36.4	99.3	36.1	分步浸渍

(一) 铂系催化剂

铂金催化剂早在20世纪40年代就开始用于催化重整，表明铂系催化剂对于链烷烃脱氢有很高的活性。60年代，Bloch等人进一步将铂系催化剂用于长链线性链烷烃选择性脱氢为相应的内单烯烃，催化剂具有高活性和稳定性并且很少裂解。70年代，UOP开发了连续催化剂再生(CCR)技术，铂金催化剂在高苛刻度下操作并结合CCR技术，使得设计、建设并长周期经济地运行大型丙烷和丁烷催化脱氢装置成为可能。90年代初，Oleflex丙烷脱氢工艺成功工业化。但是未经改性的铂金催化剂催化轻链烷烃脱氢反应的选择性很差，各种可能的反应见图6-1-7所示。除了需要的转化为单烯烃的主反应外，其他都是副反应，需要通过动力学或催化剂改性加以抑制。

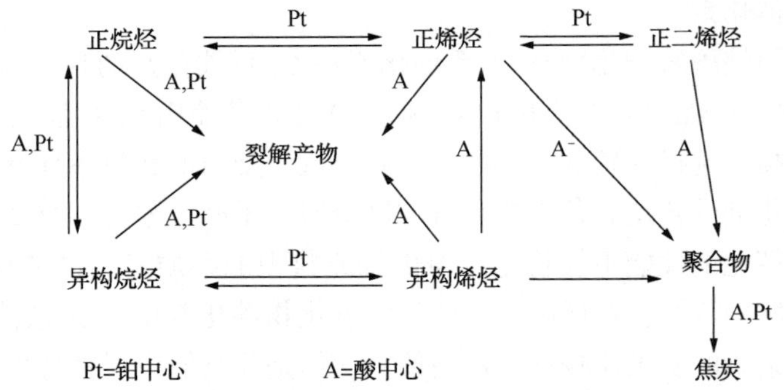

图6-1-7　未经改性的铂系催化剂上轻链烷烃的脱氢反应[7]

1. 催化剂和载体的作用[7]

脱氢催化剂的核心作用要能加速主反应同时控制其他副反应。未改性的氧化铝载体铂金催化剂活性很高但对脱氢没有选择性，会发生各种副反应，并且催化剂因沉积了高碳物质而快速失活。所以铂金和氧化铝载体必须加以改性来抑制副反应和提高催化剂稳定性。

由于烯烃与铂金的相互作用比烷烃与铂金的相互作用强很多，使得烯烃在铂金上的反应比烷烃快。铂金改性剂的作用就是选择性地弱化Pt-烯烃的相互作用而不影响Pt-烷烃的相互作用。As、Sn、Ge、Pb、Bi是几种常见的铂金活性改性剂，通过添加这些金属改性剂降低了单烯烃和二烯烃的脱氢速率但没有显著降低烷烃的脱氢速率，改性剂通过防止高碳物质的沉积也提高了催化剂的稳定性。

铂金具有很高的活性，当铂金分散在高比表面积的载体上时不需要很大的量来催化反应。相对于不需要的副反应如裂解，高分散性对于实现高选择性脱氢也是必需的。

通常使用的高比表面积氧化铝载体有酸性基，会加速烯烃的异构化、裂解、齐聚和聚合反应，进而形成结焦。碱或碱土金属有助于控制酸性，也可以使用没有酸性的α-氧化铝载体；但在这种很低比表面积的载体上获得铂金的高分散度是很难的，因而必须通过适当的改性剂来消除酸性。

改性的催化剂对单烯烃具有高活性和高选择性，主要的副产品是二烯烃，可以通过动力学加以控制。结焦也得到抑制，因而催化剂的稳定性显著提高。通过改性的催化剂，轻链烷烃脱氢的主反应路径得到简化，见图 6-1-8。

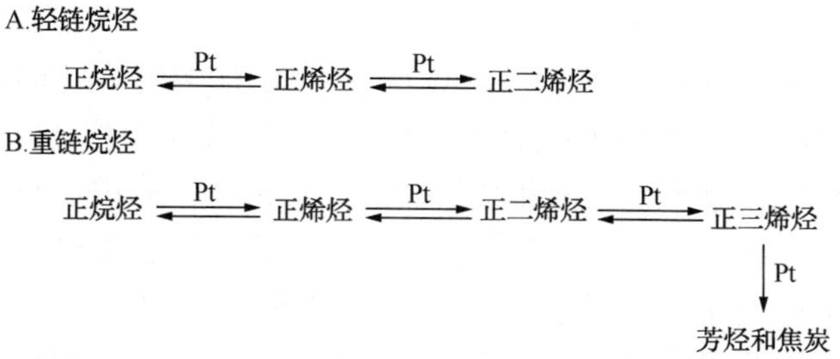

图 6-1-8 改性的 Pt 催化剂上链烷烃脱氢反应

氧化铝在脱氢反应、催化剂输送和再生条件下具有极好的热稳定性和机械强度。但选择氧化铝作为载体的最重要原因是其保持铂金高分散度的超强能力，这是实现高脱氢活性和选择性所必需的。

催化反应速率受颗粒内传质速率限制。如果传质速率相对低，活性和选择性都会降低，因而，载体必须具有低的孔隙扩散阻力(高有效系数)。对于给定的孔体积，载体的表面积和强度随孔径减小而提高，孔隙扩散阻力随孔径增加而减小。因而，必须确定载体适当的孔结构来获得优化的催化剂性能。

2. 影响 Pt 系催化剂性能的因素[11,22,24]

Pt 系催化剂具有高活性、高选择性、热稳定性好、低污染、低磨损率且可在苛刻条件下操作等优点。为满足工业生产的需要，要对 Pt 催化剂进行改性以提高其选择性和稳定性，改性的方法主要有加入助剂、改进催化剂载体和催化剂的制备方法等，控制铂金粒子的分散度、粒径分布和表面形貌等微观结构等来提高催化剂性能。

(1) 催化剂粒径的影响

催化剂上具有反应活性的是其表面上的 Pt 原子。催化剂表面 Pt 原子的比例和催化剂粒径密切相关。一般用分散度(D)定义催化剂 Pt 原子在催化剂所有原子中所占比例。

D=催化剂表面 Pt 原子数目/催化剂中总的原子数目

催化剂分散度的提高有利于提高丙烯的选择性。催化剂粒径越小，Pt 原子分散度越高。在制备 Pt 系催化剂时，为提高 Pt 利用率，催化剂的粒径一般要控制在 10nm 以内。有研究认为，Pt 系催化剂的粒径对丙烷脱氢反应过程至关重要。主要表现在：①脱氢反应对催化剂粒径十分敏感；②催化剂粒径对丙烯的选择性影响非常大。在小颗粒催化剂上，丙烷脱氢反应活性非常高，但催化剂上很容易生成积炭，致使丙烯选择性降低；对于大颗粒催化剂，虽丙烷转化率较低，但丙烯选择性却很高，且催化剂表面结焦量非常少。其原因是：小颗粒催化剂对 C—C 键断裂反应的选择性较好；大颗粒催化剂对 C—H 键断裂反应的选择性较好。丙烯的选择性取决于这两种键反应的活性。

（2）助剂

通过添加一种或多种助剂，可以明显改善 Pt 系催化剂脱氢反应的稳定性和选择性。其中，Sn 助剂具有独特的作用，加入 Sn 助剂可较大幅度地优化 Pt 系催化剂的脱氢性能。研究发现，只有 Sn^{2+}对 Pt 催化剂的性能起促进作用，Sn^0能与 Pt 形成 Pt-Sn 合金，使 Pt 表面中毒而导致不可逆失活。在 Pt-Sn 负载型催化剂基础上添加第二甚至第三种助剂可进一步改善催化剂的稳定性和选择性。在 Pt 系催化剂中适量添加助剂，对催化剂活性组分的分散度以及催化剂的酸碱度、活性、稳定性和选择性均有明显的促进作用；此外，还可抑制副反应的发生、提高催化剂的抗积炭性能。

（3）载体

丙烷脱氢 Pt 系催化剂的载体主要是 $\gamma-Al_2O_3$。$\gamma-Al_2O_3$具有发达的孔隙结构、大的比表面积、适宜的表面性质、优异的热稳定性及机械强度而被广泛用作金属和金属氧化物催化剂的载体。对其他种类的氧化物及分子筛也有研究，如 SiO_2、SAPO-34、SBA-15、ZSM-5、MCM-41、尖晶石 $MgAl_2O_4$和 $ZnAl_2O_4$等，这些载体由于热稳定性和机械强度高、表面酸性低，适合低碳烷烃在苛刻条件下脱氢，也可作为丙烷脱氢催化剂的载体。有研究表明，550℃下丙烷脱氢活性高低的顺序为：$Pt/Al_2O_3>Pt/ZnAl_2O_4>Pt/MgAl_2O_4$，丙烯选择性高低的顺序为：$Pt/ZnAl_2O_4>Pt/Al_2O_3>Pt/MgAl_2O_4$。催化剂性能的差异主要取决于：①Pt 与载体之间相互作用的不同；②不同载体具有不同的表面性质。

（4）催化剂的制备方法

传统的催化剂制备方法有机械混合法、沉淀法、浸渍法、溶液蒸干法、热熔融法、浸溶法（沥滤法）和离子交换法。研究发现制备方法对活性组分在催化剂表面的分散状态及 Sn 组分的存在状态有重要影响。也有研究表明，通过原子簇制备 PtSn 催化剂是提高 PtSn 催化剂性能的有效途径。

3. 催化剂的失活及再生

Pt 系催化剂的失活主要由积炭和 Pt 粒子烧结引起。积炭是烷烃分子在负载型金属催化剂表面深度脱氢和在载体酸性表面聚合、环化过程形成的含碳沉积物。催化剂表面积炭包括金属表面积炭和载体表面积炭，二者的差异在于前者的 H/C 比高，而后者的 H/C 比低，且后者对催化剂活性的影响较小。Pt 粒子烧结主要是高温下活性组分小晶粒 Pt 具有较大的自由能，表面晶格质点热振动产生位移，逐渐由小晶粒 Pt 聚集为大晶粒 Pt，导致 Pt 的活性表面减小，从而降低催化剂的活性和选择性。

催化剂表面积炭失活由多种因素引起，有研究认为催化剂的组成、结构和性质是影响积炭的首要因素。经对 $PtSn/Al_2O_3$催化剂表面的积炭行为研究，认为积炭是动态过程，烷烃分子在金属表面经深度脱氢形成积炭前体沉积在金属表面或从金属表面迁移至载体上，Sn 组分的加入可降低积炭前体深度脱氢程度，促进积炭前体由金属表面迁移至载体，增强催化剂的抗积炭能力，使之具有更高的活性剂稳定性。

Pt 晶粒烧结是导致催化剂失活的另一个重要原因。有人研究负载型催化剂失活时发现，在 550℃以下，Pt 晶粒表面部分 Pt 原子被氧化成 PtO_2，而 PtO_2在载体表面迁移时被载体表面高能位置捕获的机会大于其团聚的机会，故氧化使 Pt 再分散；当温度超过 550℃时，迁移物种相互聚集形成大的晶粒，即 Pt 晶粒烧结造成催化剂失活。李庆[23]在研究 Pt 催化剂上丙烷脱氢反应与结焦动力学时提出了一种 Pt 催化剂上的结焦机理（见图 6-1-9）。研究发现反应后的催化剂上存在金属上的焦和载体上的焦，认为丙烷首先在金属上发生解离生产丙烯以及焦的前体，焦的前体在金属上发生聚合等反应生成金属上的焦。同时焦的前体还可以迁移至载体，在酸性位上发生聚合、齐聚、环化、缩聚等反应，生成载体上的焦；同时丙烯也直接吸附于载体，在酸性位上发生聚合、齐聚、环化、缩聚等反应，生成载体上的焦。

也有人认为 $PtSn/Al_2O_3$ 催化剂催化丙烷脱氢过程中生成的副产物乙烯是积炭的前体。

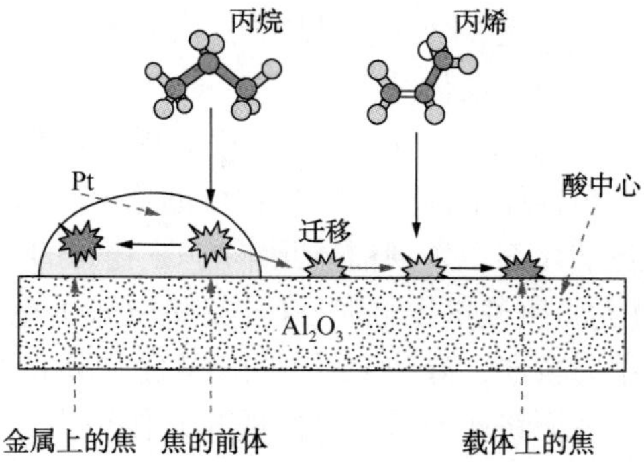

图 6-1-9　Pt 催化剂上结焦机理

在丙烷脱氢反应过程中，$\gamma-Al_2O_3$ 载体表面积炭后，其比表面积、孔径和孔容都呈下降趋势，随着积炭量的增加，其下降幅度更明显，导致催化剂的活性下降，催化剂的使用寿命受影响。

很多人研究了氢气对抑制积炭的作用。氢气的存在可以有效抑制积炭和防止催化剂失活，但是不能除去已经形成的积炭。张海娟等人研究了反应条件对丙烷脱氢 Pt 系催化剂积炭行为的影响[26]，研究结果表明，温度、氢烃比和反应压力对催化剂的积炭量及丙烷转化率和丙烯选择性都有影响。温度是影响催化剂失活的主要因素，对焦的芳香性质和石墨化影响很大，氢烃比次之，而压力对焦的芳香性质影响不大，但对焦的石墨化程度有一定影响。温度越高，芳香性质焦的生成量越高，同时石墨化程度也越高。氢气的存在使焦的链烃性质增强，抑制了芳香焦的生成。随着氢烃比的增加，催化剂积炭的石墨化程度降低，说明氢气的存在抑制了焦的石墨化程度。反应压力升高，焦的石墨化程度略有降低。吴睿[45]等的研究表明 Pt/Al_2O_3 催化剂结焦量最高，Sn 和 K 的加入可以降低催化剂结焦量，反应初期结焦量快速增加，而后期结焦速率基本不变；结焦的主要成分是芳香类物质，具有二维片层结构，Sn 和 K 等助剂的添加不会影响结焦结构。

催化剂表面的积炭是一种非永久性失活，可以通过氧化再生将积炭除去，从而恢复催化剂的活性。Pt 系催化剂在丙烷脱氢的反应条件下加速失活，需要及时频繁再生以恢复催化剂活性。不同工艺的反应器-再生系统设计不同，Oleflex 工艺采用多个串联移动床反应器，催化剂采用 CCR 技术连续再生，STAR 工艺需要至少两台转化炉反应器，反应器正常操作 7h，切出再生 1h[24]。再生时需严格控制好条件，防止由于金属组分的烧结而引起永久性失活[25]。Oleflelx 和 STAR 工艺的 Pt 系催化剂使用寿命都达到至少 3 年。

第二节介绍的原料丙烷中需要严格控制的微量毒物组分会导致的 Pt 催化剂中毒，这是一种永久性失活，不可再生。

（二）Cr 系催化剂

氧化铬/氧化铝催化剂早在二战时期就用于丁烷催化脱氢制丁烯，丁烯再二聚为辛烯，再加氢为辛烷得到高辛烷航空燃料，分别在德国和由 UOP/ICI 公司在英国用于工业化装置。随后 Houdry 公司用氧化铬/氧化铝催化剂开发出在低于大气压下反应的制取丁烯和丁二烯的工艺，负压反应提高了单程转化率，制丁二烯的工艺命名为 Catadiene 工艺。在 20 世纪 80 年代后期，Houdry 公司将氧化铬/氧化铝催化剂用于丙烷脱氢制丙烯和异丁烷脱氢制异丁烯，命名为 Catofin 工艺，与 Catadiene 工艺类似[7]。与 Pt 系催化剂相比，国内外对 $Cr_2O_3/\gamma-Al_2O_3$ 催化剂用于丙烷脱氢反应的文献报道较少。

1. 影响 Cr 系催化剂性能的因素[20]

(1) 前体

在 $Cr_2O_3/\gamma-Al_2O_3$催化剂制备过程中，使用不同的 Cr 前体，制得的丙烷脱氢催化剂的催化性能不同。分别用柠檬酸铬、二水合乙酸亚铬、乙酰丙酮铬、乙酸铬、铬酸作为前体制备催化剂，发现前体是影响 Cr 物种的一个重要因素。Cr 的羧化物制备的催化剂中，即使使用 Cr 负载量很低时，Cr^{3+}和 $\alpha-Cr_2O_3$也会出现。与铬酸前体相比，羧化物与载体之间相互作用力较弱，导致 Cr 物种的聚合，形成了多核 Cr 物种，这些聚合体在催化反应中会再次聚合。而铬酸与载体之间的相互作用力较强，使得 Cr 主要稳定在 Cr^{6+}价态。相似的离子半径和电荷数使得部分 Cr^{3+}易取代 Al^{3+}进入载体表面尖晶石结构的八面体空位中，这使得 Cr^{3+}的催化活性严重降低。铬酸与载体之间较强的相互作用会导致这种现象发生。一些羧化物浸渍的催化剂中 Cr^{3+}被载体封留的现象较少，所以稳定性较好。$Cr_2O_3/\gamma-Al_2O_3$催化剂在反应过程中将涉及反应物与催化剂之间的电子转移，催化剂的活性与选择性与 $Cr_2O_3/\gamma-Al_2O_3$中 Cr 离子的价态变化密切相关。

(2) 负载量

在低负载量和中负载量的范围内，催化剂的活性随着负载量的增加而升高，而负载量进一步提高时，活性不再增加，甚至会降低，其原因涉及 Cr_2O_3晶粒的存在及晶粒尺寸的适宜程度。由于 $\gamma-Al_2O_3$的晶体内有氧形成的八面体空位，负载在 $\gamma-Al_2O_3$表面的 $\gamma-Cr_2O_3$，其部分 Cr^{3+}进入 $\gamma-Al_2O_3$的氧八面体空位，形成对 Cr_2O_3小晶体起隔离作用的固溶体，阻止Cr_2O_3小晶体长大。随着 Cr_2O_3量的增加，固溶体的阻止作用减弱，Cr_2O_3晶粒逐渐长大。对于负载型催化剂，其最大活性和选择性与金属或金属氧化物在载体上的分布状态及晶粒大小密切相关。以 H_2作为丙烷脱氢载气时，随着 Cr 负载量增加，负载在 $\gamma-Al_2O_3$载体上的Cr_2O_3晶粒逐渐变大，当接近丙烷脱氢的适宜晶粒尺寸时催化剂活性最好。Cr 负载量过高时，Cr_2O_3晶粒成长过大而不再适宜丙烷脱氢，同时 Cr 负载量增加也不利于Cr_2O_3均匀分布，进而造成 Cr 负载量由低到高变化时，催化剂脱氢反应性能出现一相对最佳区域。

(3) 助剂

在 Cr 系催化剂中添加少量的某些成分，能够使催化剂的化学组成、晶体与表面结构、离子价态及分布、酸碱性等发生改变，从而使催化剂的性能(如选择性、活性、热稳定性、抗毒性和使用寿命等)得到改善。

Cr 系催化剂是把 Cr 负载在 $\gamma-Al_2O_3$上。$\gamma-Al_2O_3$具有高熔点和高比表面积，但是它的酸性等性质会引起反应裂解和结焦，从而使催化剂失活。研究表明，丙烷脱氢催化剂的初始活性和选择性很大程度上取决于催化剂的酸性。如果酸性太低，初始活性也会很低；另一方面，如果酸性位点的含量太高，选择性则会下降。在催化剂中添加碱金属可以改良催化剂的酸性。碱金属可以减少催化剂表面酸度，增加活性中心，稳定载体结构，而且可以防止Cr_2O_3重结晶为 α 相，从而改进催化剂的活性和选择性。但碱金属对活性也会有抑制作用，取决于碱金属和 Cr 的负载量。研究表明，添加 K 会影响催化剂酸度，也会改变 Cr^{6+}/Cr^{3+}值，影响催化剂的活性，因为活性的最大值取决于 Cr^{6+}/Cr^{3+}值：Cr^{6+}/Cr^{3+}值越高，活性最大值越大。加入 Sn 也能改变 $Cr_2O_3/\gamma-Al_2O_3$催化剂的活性、选择性和稳定性。添加 K 可以提高催化剂的选择性和稳定性，继续添加 La，又能改善 $Cr_2O_3-K_2O/\gamma-Al_2O_3$催化剂的选择性。一些助剂还能提高抗积炭性能。在 $Cr_2O_3/\gamma-Al_2O_3$催化剂中添加碱金属、稀土元素，具有分散活性组分，调节催化剂酸碱性，提高催化剂活性、稳定性和选择性的作用，还有抑制脱氢反应中丙烷裂解和芳构化副反应、抑制催化剂积炭等作用。

（4）载体

载体的结构与性质，载体与金属组分的相互作用以及由此引起的催化剂体相结构、组成、颗粒大小、分散度的变化对反应的活性、选择性和抗积炭性能具有重要影响。在 Cr 系催化剂中，载体不仅会影响 Cr 的分散程度、配位不饱和程度和氧化状态，它还可以通过参与一些重要的动力学反应基元步骤直接进入活性中心的结构中。在 Cr 负载量相同的情况下，载体是决定 Cr_2O_3物种低聚程度的关键因素。用于 Cr 系丙烷脱氢催化剂的载体主要是Al_2O_3，Al_2O_3在加工、运输和催化剂再生环境下具有良好的热稳定性和机械强度。Al_2O_3被广泛用作载体最主要的原因是它能赋予负载金属良好的分散度，这对维持高的脱氢活性和选择性都是十分重要的。

（5）积炭

催化剂的积炭机理比较复杂，烷烃分子在负载型金属催化剂表面形成含碳沉积物，一般都经过金属表面的深度脱氢和在载体表面的聚合、环化过程。有人研究了 Cr 负载量为 13%的 Cr_2O_3/Al_2O_3催化剂，认为(聚)芳香族烃类的沉积发生在 550℃。积炭的形成是由于丙烯，而不是由于丙烷。拉曼图谱证明积炭是聚芳香类物质，且随着时间更加石墨化。微量的积炭可能通过改进丙烷的吸附提高催化剂活性，但是积炭超过一定值时，催化剂活性开始下降。有人研究了 Cr 负载量为 13.5%的 Cr_2O_3/Al_2O_3催化剂丙烷脱氢反应中形成的含碳类物质，发现了乙酸盐/羧化物和烃类(脂肪族烃、不饱和烃类/芳香族和类石墨物质)的存在。乙酸盐/羧化物的形成可能是催化剂中残留的铬酸盐被丙烷还原所导致。积炭的性质是随着脱氢反应的进行而发生变化的。羧化物和脂肪族烃形成于反应的开始阶段；随着反应的进行，不饱和烃和芳香烃开始形成。增加催化剂表面的弱酸位、减少强酸位，提高活性组分在表面上分散度能有效提高催化剂的抗积炭性能。在催化剂失活中，烃类物质的沉积是逐步的，H_2对 Cr_2O_3/Al_2O_3催化剂的预还原可以减缓乙酸盐/羧化物的形成，但对烃类的沉积可能没有效果。J. Gascon[29]等人研究了 Cr_2O_3/Al_2O_3催化剂上的丙烷脱氢反应动力学及催化剂的积炭反应速率对催化剂失活的影响，发现 L-H 机理模型能很好地解释丙烷脱氢反应动力学，并提出单层-多层碳生长模型解释催化剂积炭形成的动态过程，在大量实验基础上得出了脱氢反应、结焦和活性-结焦关系的动力学参数，模型得到了很好的验证。

2. Cr 系催化剂的再生

因积炭失活的 Cr 系催化剂可通过烧焦而恢复活性。工业上使用 Cr 系催化剂的 Catofin 工艺在 600℃左右脱氢反应，催化剂会很快积炭失活，反应几分钟后就需要隔离反应器进行催化剂烧焦再生，通过向反应器中通入热空气及少量燃料气来烧焦催化剂，使之恢复活性，详见第四节有关内容。

3. Cr 系催化剂的永久失活

工业上使用的 Cr_2O_3/Al_2O_3催化剂周期性地处于还原或氧化状态，这极大地影响了催化剂的物理化学结构，最终导致催化剂失活。首先，随着反应时间的增加、反应温度的升高和还原-脱氢-再生循环次数的增加，催化剂的比表面积减少。此外，表面 Cr^{6+}的数量也会减少。Cr_2O_3/Al_2O_3催化剂的可再生失活可能是由于以下原因[27]：①在丙烷气体中，活性的 Cr 中心烧结；②高活性中心被形成的积炭覆盖，阻碍了脱氢反应的进行，而载体的酸性会促进积炭的形成。不具有催化活性的、与 Al_2O_3结合的 Cr^{3+}物种的形成是催化剂永久失活的主要

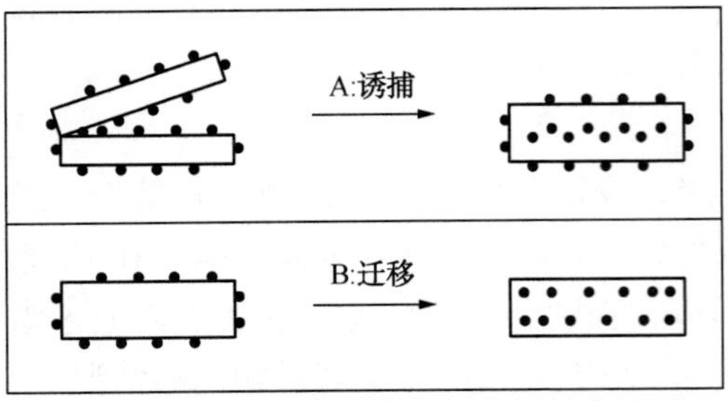

图 6-1-10　Cr^{3+}物种与氧化铝结合过程

原因。由于 Cr^{3+} 和 Al^{3+} 具有相似的离子半径和电荷数，使得 Cr^{3+} 易与 Al_2O_3 的 Al^{3+} 空位结合，形成一种新的稳定的 $Cr_2O_3-Al_2O_3$ 型尖晶石结构[28]，它的形成包括两个过程：①Al_2O_3载体的烧结诱捕 Cr^{3+} 离子进入载体中；②Cr^{3+} 离子迁移进入 Al_2O_3载体中，如图 6-1-10 所示。迁移进入载体中的 Cr^{3+}不能再次迁移至表面，从而丧失了催化剂活性。

三、反应过程及影响反应的工艺参数

不同的商业化丙烷脱氢工艺所用的催化剂和反应器设计各不相同，反应过程也不相同。如前文所述，Oleflex 工艺采用氧化铝为载体的 Pt 系催化剂和四台串联移动床反应器，微正压下连续脱氢，催化剂用 CCR 技术连续再生。STAR 工艺采用铝酸锌钙为载体的 Pt 系催化剂和两台或以上的蒸汽转化炉反应器并联脱氢，每台反应器正常脱氢 7h，之后进行催化剂再生 1h。蒸汽转化炉后可以配置加入少量氧气的氧化脱氢反应器，以提高丙烷转化率。Catofin工艺采用氧化铝载体的 Cr 系催化剂和负压操作的卧式固定床反应器，反应器程序顺序控制周期性切换脱氢、再生等步骤。这三种丙烷脱氢技术的工艺流程等详见第四节。

丙烷转化率和丙烯选择性是表征丙烷脱氢反应情况的两个重要参数，其定义如下：

丙烷转化率=转化的丙烷质量/进料丙烷质量

丙烯选择性=生成的丙烯质量/转化的丙烷质量

丙烷转化率和丙烯选择性受多个工艺参数影响，这些参数又和催化剂寿命相关。催化剂寿命可以用以下三种方式表示：①催化剂在线天数；②催化剂再生的次数；③累计丙烷进料量/总催化剂装填量。

温度、压力、液时空速、氢烃比等是影响丙烷脱氢反应的主要工艺参数。

1. 温度

丙烷催化脱氢反应在热力学上是吸热、分子数增加的可逆反应，提高反应温度和降低反应压力能促进反应向脱氢方向进行，提高丙烷转化率。但过高温度会加剧丙烷裂解反应及丙烷深度脱氢反应，导致丙烯选择性降低，而且高温下 C—C 键断裂的裂解反应在热力学上比 C—H 键断裂的脱氢反应有利，将加剧催化剂表面积炭，导致催化剂迅速失活，因而需要控制适宜的最佳反应温度。

不同的丙烷脱氢工艺控制的反应温度不同。Oleflex 工艺的各反应器入口温度大概保持在 600~650℃范围内。温度是调节反应器内丙烷转化率的唯一参数，实际操作温度取决于原料、期望的转化率和装置总体操作情况。提高反应温度可提高丙烷转化率，减少循环丙烷量，但同时也降低了总的丙烯选择性。

STAR 工艺和 Catofin 工艺的反应温度都不超过 600℃，较低的反应温度可减少副反应的发生。

2. 压力

压力对丙烷转化率和丙烯选择性影响较大。降低压力有利于平衡向脱氢反应方向移动，提高压力不仅影响了丙烷转化率，也因加剧了丙烷的氢解反应而降低了丙烯的选择性，但随

着压力升高，催化剂积炭量会降低[26]。工业上 Oleflex 工艺和 STAR 工艺都是正压操作，Catofin 工艺是负压操作。

3. 液时空速

液时空速(*LHSV*)是指反应器活性区内单位体积催化剂每小时所处理的液体进料体积，反映了反应气在反应器内的停留时间。降低 *LHSV*，反应气的停留时间延长，会使丙烷转化率上升，但同时会增加丙烷的热转化，从而降低丙烯选择性。所以如果调低 *LHSV*，要保持相同的转化率，就需要调低反应器入口温度。

4. 氢烃比(H_2/HC)

氢气是丙烷脱氢的副产物之一，反应原料中氢气含量的增加会抑制反应的进行，导致丙烷转化率下降，加剧丙烷的氢解反应。但研究表明，对于 Oleflex 工艺的 Pt 系催化剂，氢气的存在可以有效抑制反应过程中催化剂的积炭，有利于提高脱氢催化剂的稳定性，氢烃比越高，相同时间内催化剂积炭量越少[26]。

工业上只有 Oleflex 工艺的反应器进料中需要配氢并控制一定的氢烃比(指循环气中氢气的摩尔数与混合进料中烃类摩尔数的比值)，以降低催化剂结焦量。恒压下降低氢烃比会降低氢气分压，有利于提高恒定转化率下丙烯的选择性。但低氢烃比将使催化剂上的结焦增加，可能缩短催化剂寿命，需要提高催化剂再生速率。优化的氢烃比需要在催化剂寿命和丙烯选择性及压缩机能耗之间综合平衡。

第四节　典型工艺流程及主要操作参数

工业化的丙烷脱氢工艺有 Honeywell UOP 公司的 Oleflex 工艺、Lummus 公司的 Catofin 工艺、蒂森克虏伯(TyssenKrupp)Uhde 公司的 STAR 工艺，其主要区别在于所用催化剂、反应器设计和催化剂再生方法不同。Oleflex 工艺是应用最多的丙烷脱氢工艺技术，其次是 Catofin 工艺和 Uhde 的 STAR 工艺。各工艺的典型工艺流程及主要操作参数介绍如下。

一、Oleflex 工艺

(一) 典型工艺流程[30]

图 6-1-11 是采用 Oleflex 工艺的丙烷脱氢装置典型流程，包括脱丙烷塔、Oleflex 丙烷脱氢、选择性加氢(SHP)、脱乙烷塔、丙烯-丙烷分馏塔等。由于铂金催化剂对丙烷有严格的质量要求，含 95% 丙烷的新鲜丙烷进料要脱除氮化物和金属并脱水干燥，之后与循环丙烷混合后进入脱丙烷塔，将丙烷中的丁烷及重组分脱除。脱丙烷塔顶馏分直接送往 Oleflex 单元。在丙烷脱氢的 Oleflex 单元产生两种产品：含氢气 90%(v)的气相产品和富含丙烯、丙烷的液相产品。

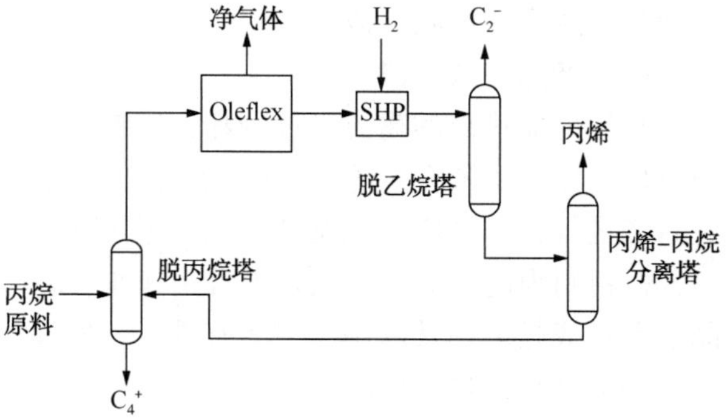

图 6-1-11　Oleflex 丙烷脱氢装置流程

通过选择性加氢从 Oleflex 液体产品中将脱氢反应副产的微量炔烃和丙二烯转化为相应的烯烃。二烯烃和乙炔选择性加氢过程在 Huels SHP 单元完成，将二烯烃和乙炔选择性加氢生成单烯烃，而丙烯不会进行加氢反应。该过程在一个单级液相反应器中完成，出料丙烯中二烯烃和乙炔的总量小于 5mg/kg。

新鲜原料中的乙烷和轻组分会随原料丙烷一起从脱丙烷塔顶进入丙烷脱氢装置，同时在 Oleflex 装置内部，他们也会发生非选择性反应。在脱乙烷塔顶除去这些轻组分，脱乙烷塔底物流直接送入丙烯-丙烷分馏塔，该塔塔顶产品为纯度 99.5%(v)的高纯度聚合级丙烯，塔底的未反应的丙烷返回脱丙烷塔以循环回 Oleflex 装置。

图 6-1-11 中的 UOP Oleflex 工艺又可分为三个工段：反应工段、产品回收工段、催化剂再生工段，见图 6-1-12。

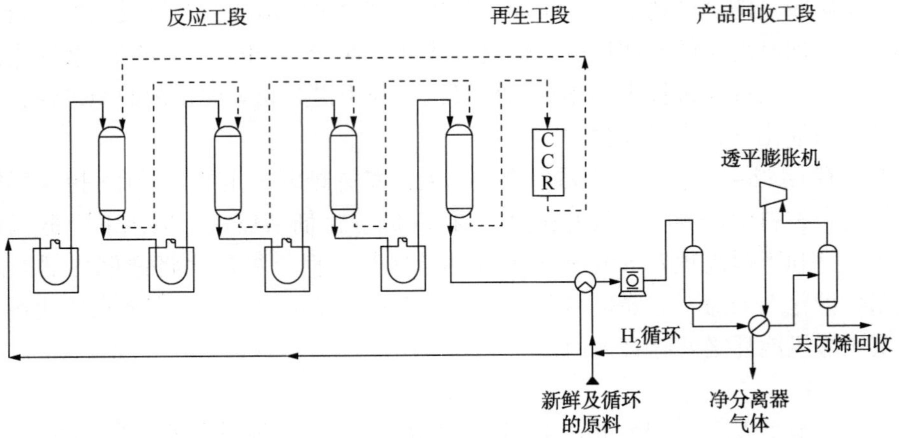

图 6-1-12　Oleflex 工艺流程简图

(1) 反应工段

处理后的丙烷原料与富氢循环气混合，与反应器流出物换热，经加热炉加热到反应器入口温度后进入反应器，高选择性地转化为丙烯。

反应工段主要由四台径向流移动床反应器、进料和中间加热炉及反应器进出料换热器组成，参见图 6-1-12。由于脱氢反应吸热，上一个反应器的出料温度降低，需要用加热炉加热到下一个反应器进料温度，故四台反应器设置了四台加热炉。第四反应器的出料物流与进料换热后送产品回收工段。

(2) 产品回收工段

从反应器排出的物流经过冷却、压缩，在干燥器和氯处理器中脱去催化剂再生时形成的微量水、H_2S 及氯后，送入深冷分离单元分离成循环气、净气及液体产品。循环气含 90%(v)左右的氢气，与原料丙烷配成混合反应进料。净气是含氢气 90%(v)的干气，经变压吸附(PSA)精制为高纯氢气，供装置自用和作为副产品出售，多余的净气作为燃料使用。液体产品主要组成是丙烯及丙烷，送下游进一步处理。

(3) 催化剂再生(CCR)工段

催化剂再生工段的流程见图 6-1-13 所示。

以上催化剂再生流程与 UOP 铂重整工艺的 CCR 类似。CCR 有四个作用：

① 烧掉催化剂上的积炭；

② 铂金的再分布均匀；

③ 除去过量水分；

④ 在催化剂返回反应器之前，对其进行还原。

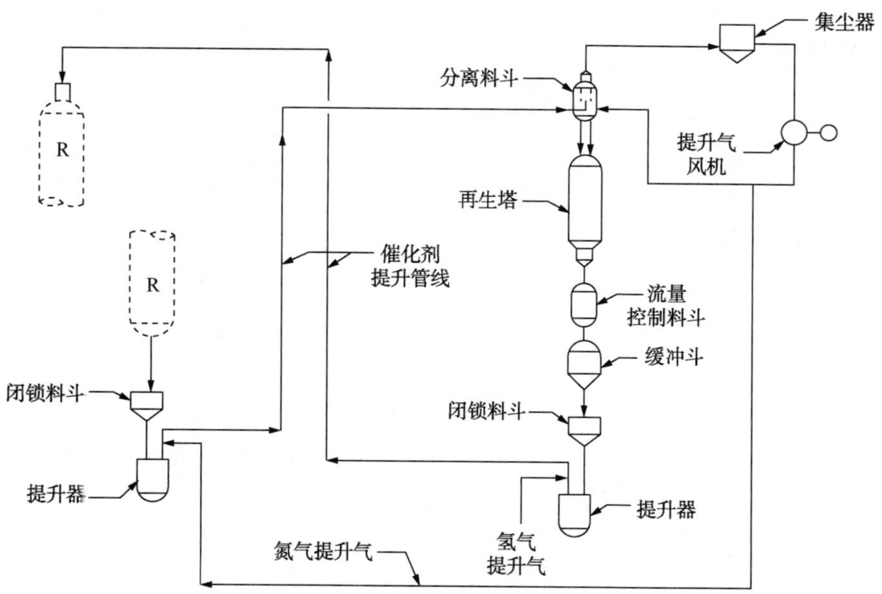

图 6-1-13　Oleflex 催化剂再生流程

采用慢速移动床使催化剂在反应器和再生器之间的回路循环。催化剂循环一周的时间通常为 5~10 天，可以调节，取决于 Oleflex 装置的操作参数和催化剂再生情况。

（二）主要操作参数

工艺主要操作参数见表 6-1-9。

表 6-1-9　Oleflex 工艺主要工艺参数

序号	项　　目	数　　值	备　　注
1	加热炉出口温度	620~650℃	进料加热炉出口温度低于中间加热炉出口温度
2	第一反应器入口压力 第四反应器出口压力	0.26MPa(g) 0.04MPa(g)	
3	液时空速(*LHSV*)	2~3/h	
4	氢烃比(摩尔比)	0.5~0.6	
5	催化剂循环速率	1200~1500kg/h	

二、Catofin 工艺

（一）典型工艺流程[30,31]

Catofin 工艺可分为 4 个单元：丙烷脱氢制丙烯、反应器流出物压缩、丙烯产品回收和净化精制，见图 6-1-14。

1. 反应工段

Catofin 丙烷脱氢工艺的反应工段一般由 5 个或 8 个或 10 个并联固定床反应器和催化剂再生用空气系统组成，反应器个数取决于单个反应器规格和装置规模。这些反应器都是循环操作的，在任一时刻，某些反应器处于脱氢状态，某些反应器处于再热/再生状态，而某些反应器处于吹扫/抽气/还原状态。一个完整的循环周期大约 20 多分钟，在此期间反应器进行原料丙烷脱氢反应，然后吹入吹扫蒸汽和空气，使反应器再热并除去催化剂上的积炭，然后将空气排空，进行催化剂还原，每一个反应器都按照这样的顺序自动完成循环。

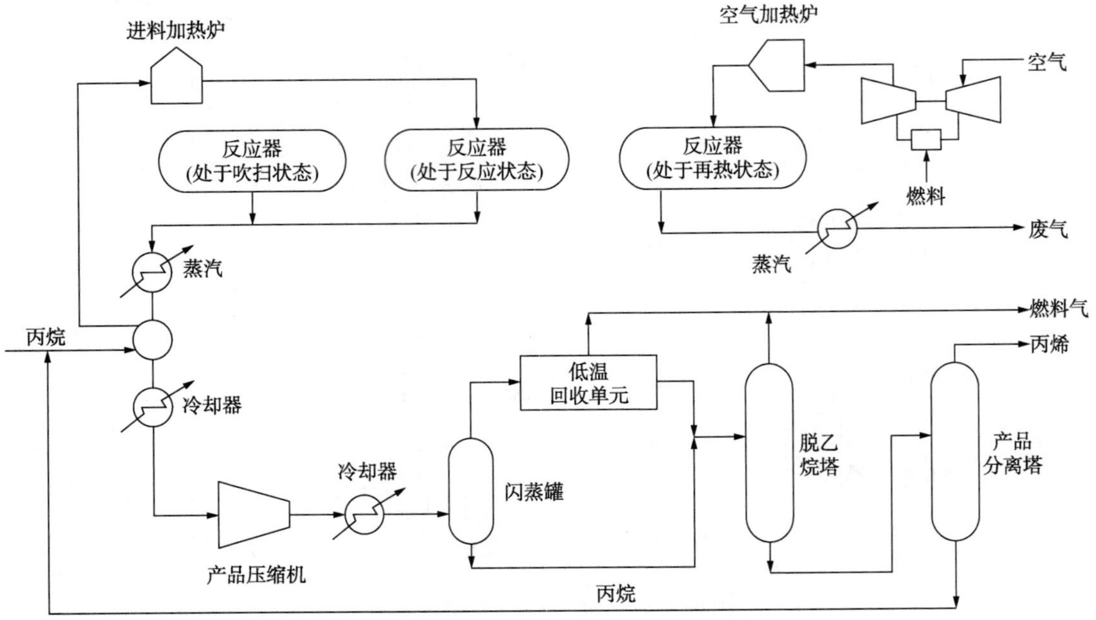

图 6-1-14　CATOFIN 丙烷脱氢工艺流程简图

按以上顺控操作，虽然每台反应器是半批量间歇操作，但烃和空气在整个装置中的流动是连续的。进入每一个反应器的物流由液压切断阀控制，液压阀的开关由统一的循环定时器控制。采用电动联锁阀来防止空气与烃物流混合。

新鲜丙烷与从产品分离塔塔底循环回来的原料混合后，在换热器中与压缩工段的工艺物流换热而汽化，随后在反应器出口物料换热器中全部汽化的混合原料与反应器出口物流换热而被加热，再通过进料加热炉将混合原料的温度加热到反应温度后进入反应器。反应器流出物在蒸汽发生器中产生蒸汽而被冷却，再进一步与反应器进料换热后送往压缩工段。

反应器在负压下发生脱氢反应，反应结束时，系统仍是负压的，然后用蒸汽吹扫反应器，把催化剂上和反应器中的残余烃送至回收系统。

再热或再生空气通常由再生气透平压缩机供给，通过再生空气加热炉加热后送入反应器，烧掉催化剂上的积炭而使催化剂再生，并将床层温度恢复到丙烷脱氢反应温度，需要补充加入一些燃料气以补足所需的热量。

当再热/再生完成后，将反应器排空以准备下一轮的生产。在下一批丙烷进入反应器之前，往反应器中通一会儿富氢燃料气，以除去催化剂床层中吸附态的氧，同时补充热量，在生产过程中这个还原步骤也减少了原料烃因燃烧而导致的损失。

反应器排出的再生空气进入焚烧炉。经过热焚烧或催化焚烧，空气流中含有的少量 CO 和烃转化为 CO_2 和水。增加一个 SCR（选择性还原）催化剂床层，可降低氮氧化物的含量。烟道气在进入烟囱之前经废热锅炉产生过热高压蒸汽以回收热量。

2. 压缩工段

反应器流出物经冷却后被压缩到回收工段需要的压力。压缩机级间冷凝水在级间分离罐中分离出来，用蒸汽汽提出其中的烃后送往界区外。压缩机出口气相冷却后所得气液混合物在低温回收闪蒸槽中分离，分别送往回收工段。

3. 回收工段

压缩工段的反应器流出物冷凝液经干燥后送往脱乙烷塔，塔顶是轻烃组分(甲烷、乙烷、乙烯和惰气)，塔底液体送往产品净化工段。反应器流出物中未冷凝下来的气相送往低温回收工段，冷凝并回收余下的 C_3 和重组分送往脱乙烷塔，低温回收工段排出的气体主要是氢气，可作燃料气或送变压吸附(PSA)装置分离出纯氢气。

4. 产品净化工段

在产品净化工段分离聚合级丙烯产品和未反应的丙烷。来自回收工段的脱乙烷塔底馏分在进入产品分离塔前，先用泵送入一个脱硫装置中脱硫。用一个开环热泵压缩机给再沸器供热。产品分离塔塔顶产生 99.5%的高纯度丙烯，产品分离塔塔底馏分为丙烷，将其作为原料循环回 CATOFIN 反应工段。

(二) 主要工艺参数

主要工艺参数见表 6-1-10。

表 6-1-10　Catofin 工艺主要工艺参数

序号	项　目	数　值	序号	项　目	数　值
1	反应温度	约 600℃	3	再生空气温度	670℃
2	反应压力	0.05MPa(a)	4	再生空气压力	0.07MPa(g)

三、蒂森克虏伯-伍德(Uhde)的 STAR 工艺[25]

(一) 典型工艺流程

SATR 工艺的流程简图见图 6-1-15。

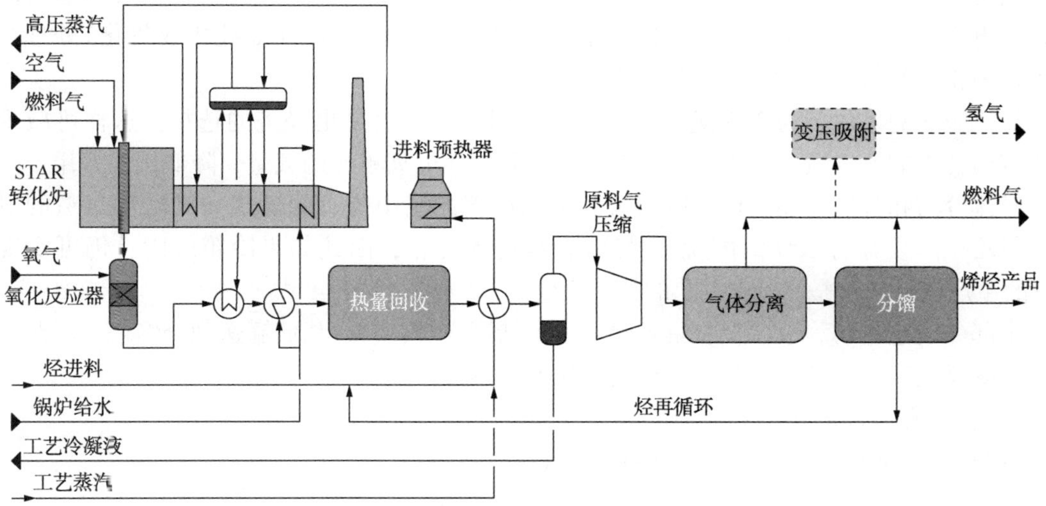

图 6-1-15　STAR 工艺丙烷氧化脱氢流程框图

1999 年底，伍德公司购买了美国飞利浦石油公司(Phillips Petroleum Company) STAR (Steam Active Reforming)丙烷脱氢生产专利技术。该技术与其他工艺最大的不同在于反应器中加入了稀释蒸汽，以抑制催化剂结焦，并降低烃分压，促进丙烷向生成丙烯的反应方向进行。由于蒸汽的存在，催化剂表面的积炭会与蒸汽反应生成二氧化碳和氢气。与 UOP 的技术不同，该工艺不需要通过循环氢来保持催化剂的活性。

2000~2004 年间，Uhde 公司利用氧化脱氢的原理，依托 1-丁烯氧化脱氢为丁二烯

(Oxo-D工艺)的工业化经验，在常规脱氢(即STAR转化炉)后面串联了一台氧化脱氢反应器，进一步提高了丙烷脱氢反应的转化率，这是唯一一种利用氧化脱氢优点的丙烷脱氢工艺技术。从丙烷脱氢反应器出来的反应产物，进入到氧化脱氢反应器中，在该绝热反应器中，氢气与氧气发生反应生成水，破坏了丙烷脱氢反应的热力学平衡，促使更多的丙烷发生脱氢反应生成丙烯，提高了丙烷转化率，见图6-1-16。氢气和氧气生成水是放热反应，而丙烷脱氢反应是吸热反应，因此，氧化脱氢可以减少丙烷脱氢所需热量。

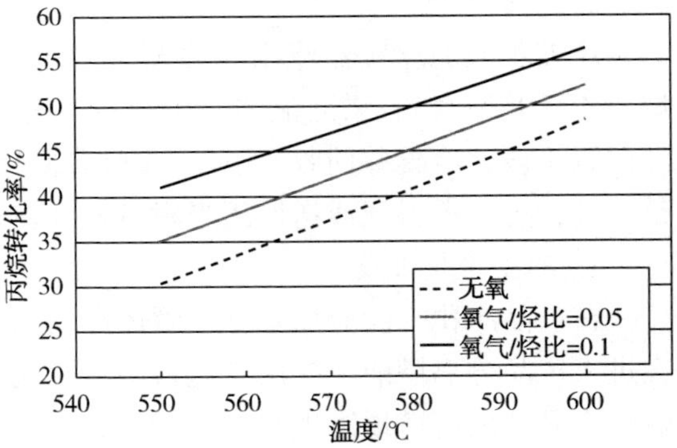

图6-1-16　丙烷有氧/无氧脱氢热力平衡图

(分压0.1MPa，氧/烃是物质的量比)

STAR工艺所用脱氢催化剂是基于铝酸锌钙载体的铂金催化剂，蕴含各种金属，在高温有蒸汽和氧气的情况下非常稳定，脱氢性能和丙烯选择性都很好。工业应用已经证实，这种催化剂稳定性很好，使用寿命在5年以上，因而催化剂消耗的成本低。

STAR工艺反应工段有至少两台并联的外部加热的转化炉反应器和串联的一台绝热氧化反应器。在有蒸汽时发生反应，可降低反应物的分压，烷烃-烯烃的吸热脱氢反应随着烃分压的降低而增加。STAR工艺的反应器出口压力约为0.5MPa(g)，这就有了足够的压降来有效利用反应器流出物的热量，降低压缩机的压缩比，节省投资和操作费用。

正常操作期间，少量焦炭沉积在催化剂上，需要频繁再生催化剂。系统中存在的蒸汽可将多数沉积的焦炭转化为CO_2。氧化再生期间几乎没有多少焦炭被烧掉，因而使得运行周期更长，再生既迅速又简单，不需要进行熄碳处理或催化剂再活化(如硫化或氯化)处理。运行周期为正常脱氢7h再加1h催化剂再生。

氧化脱氢的氧化剂为空气或富氧空气。使用90%氧气是更经济的选择，这样可减少反应器流出物中的氮气量，减少流入原料气压缩和气体分离单元的气量，降低操作费用。

气体分离和分馏连续操作。冷箱可脱除反应器产品中所有的氢气和氮气及70%的甲烷和少量乙烷。只有约10%的丙烷/丙烯混合物进入冷箱，因此如果冷箱故障，仍可实现约90%的生产能力，这是STAR工艺的独特之处。

全部分馏原料均为液体，收集到中间产品储罐内缓存，再从储罐送到分馏塔，因此分馏工段不受反应工段正常操作和再生模式变化的影响。

(二) 主要工艺参数

STAR工艺的反应条件如表6-1-11所示。

表6-1-11　STAR工艺主要操作参数

序号	项　目	数　值	序号	项　目	数　值
1	转化炉入口温度/℃	510	5	总蒸汽/烃比(St/HC)	4.2
2	转化炉出口温度/℃	580	6	转化炉液时空速(*LHSV*)/h^{-1}	4h
3	氧化反应器出口温度/℃	580	7	氧化反应器液时空速(*LHSV*)/h^{-1}	6h
4	氧化反应器出口压力/MPa(g)	0.53			

第五节　主要设备与机械

一、脱氢反应器

脱氢反应器是丙烷脱氢装置的核心设备，工业化的丙烷脱氢技术使用的反应器有移动床反应器、卧式固定床反应器、蒸汽转化炉(固定床管式)三种，简介如下。

(一) 移动床反应器

1. 工作原理与主要结构

(1) 移动床反应器的工作原理

移动床丙烷脱氢反应器的最主要特点是：在操作过程中催化剂始终处于流动状态。反应器内部的工艺介质主要由丙烷、丙烯和氢气组成，工艺介质在操作中也处于稳定的流动状态。在脱氢反应过程中，会有少量焦炭生成并沉积在催化剂上，使催化剂逐渐失去活性，因此在反应一段时间后催化剂必须进入到一个专门的再生器中实现再生。催化剂在再生器中也处于流动状态，催化剂上的结焦在受控状态下与循环的氮气和氧气混合气接触而被烧掉；恢复活性后的催化剂将再返回反应器，重复脱氢反应过程。这个连续的过程保证了反应器里的催化剂始终处于活性状态。为了保证比较高的反应转化率，移动床丙烷脱氢反应器的操作及设计温度一般较高，设计温度高达650~670℃。

典型的移动床连续脱氢反应一般需要4台立式的反应器，各级反应器之间并列布置。由于丙烷脱氢属于吸热反应，为了保持反应所需要的理想温度，反应物料在离开一级反应器后必须经过加热炉进行升温，加热到反应器入口所需的温度(约600~650℃)后进入下一级反应器。从第四反应器出来的流出物在热混换热器中与混合进料进行换热来回收热量。

(2) 移动床反应器的主要结构

移动床脱氢反应器主要由上部和下部反应器两大部分构成。上部反应器的操作和设计温度稍低于下部反应器。两部分靠中间封头来实现形式上的分割。上部反应器也可称为反应器缓冲罐，主要目的是实现催化剂的缓冲，如图6-1-17。催化剂的进料管口法兰的内缘应加工出斜坡，以防止内缘的尖角划伤催化剂。催化剂依靠重力自反应器的顶部进入并堆积到一定高度。催化剂的料位高度依靠核料位计来测量，核料位计支架焊接到反应器筒体上。从反应器顶部插入一根多点式热电偶来精确测量催化剂堆积层内部的不同料位高度处的温度。在上部反应器的下段设有热氢气入口。高温氢气在第一反应器内会起到还原作用，即催化剂上的铂与热氢气发生还原反应，从其氧化态转变为还原态，以实现优良的脱氢性能。对于第二~第四反应器，高温氢气的作用是加热催化剂。反应器中间封头上连接有若干根催化剂输送管，催化剂依靠自身势能从上部反应器流动到下部反应器。下部反应器结构如图6-1-18。

输送管路的内壁需要光滑，避免对催化剂造成损伤；为了不阻碍催化剂的流动，输送管的形状变化需比较平缓、有较大的转弯半径。为了方便现场安装，催化剂输送管需要分成几段，各段连接处可以采用特殊设计的法兰(配对法兰之间的间隙应尽量小)，并优先选用快拆活接头，如图6-1-19所示。催化剂输送管与特殊活接头或其他内件焊接后，须将对接焊缝的内壁打磨光滑，接口处须平整，不允许有错边。输送管的法兰或特殊活接头所用连接垫片需能耐受高温，适宜使用石墨不锈钢复合垫。

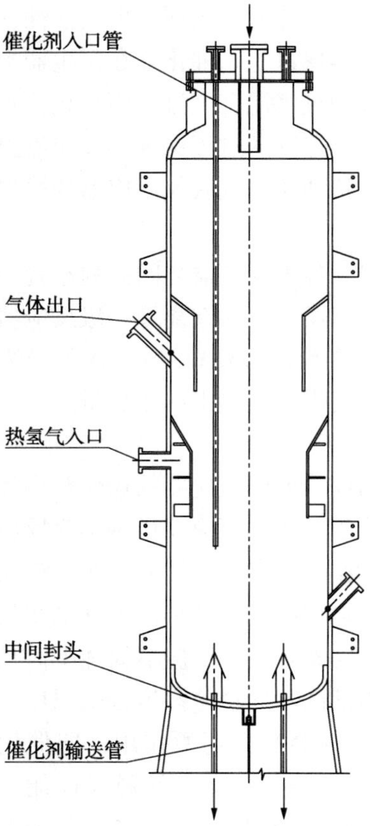

图 6-1-17　移动床脱氢反应器(上部)

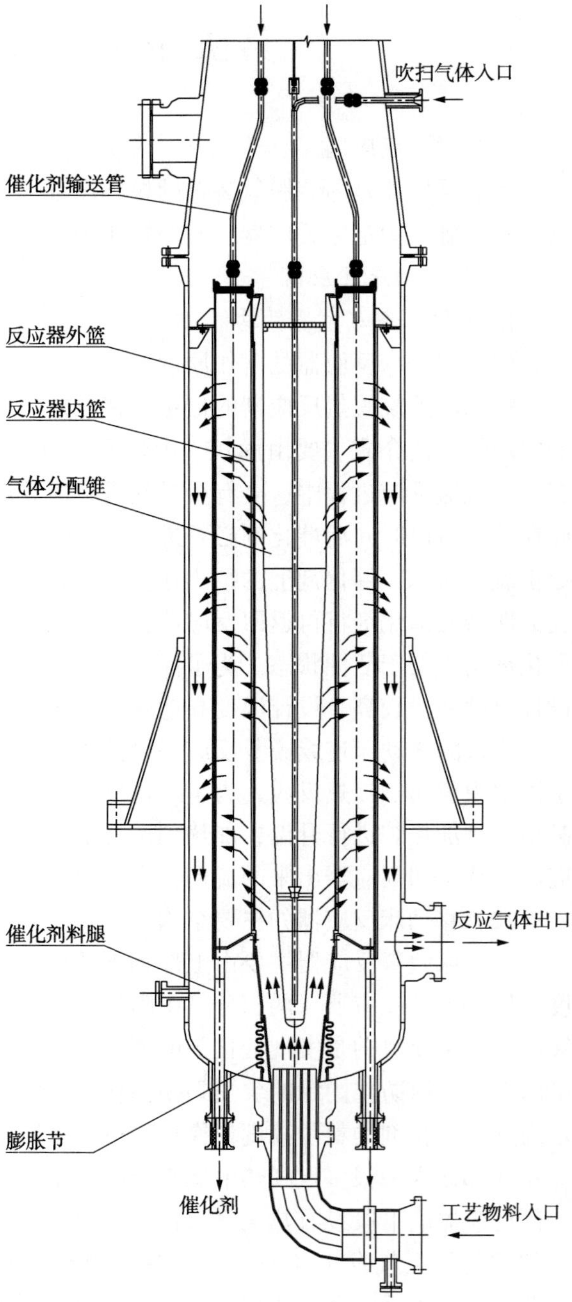

图 6-1-18　移动床脱氢反应器(下部)

反应器的内件主要由内篮、外篮、盖板、分配锥构成。外篮通过顶部的刚性环悬挂在反应器筒体内部的支座上。内篮底部的延伸筒节与反应器的底封头焊接。由于在高温操作时反应器壳体的金属壁温会低于内篮，所以二者的轴向膨胀量差异很大；为了吸收此膨胀差，需要在内篮底部的延伸筒节上设置一个膨胀节。内篮与外篮之间形成环形间隙，构成了催化剂的流动空间。环形空间的顶部是由若干块扇形板拼装而成的盖板；底部是若干根催化剂出口管，或称为催化剂料腿。催化剂料腿穿过底封头上的接管并将催化剂输送到反应器外部。催化剂的流动路径如图 6-1-20 所示，图中阴影部分代表催化剂的存在区域。

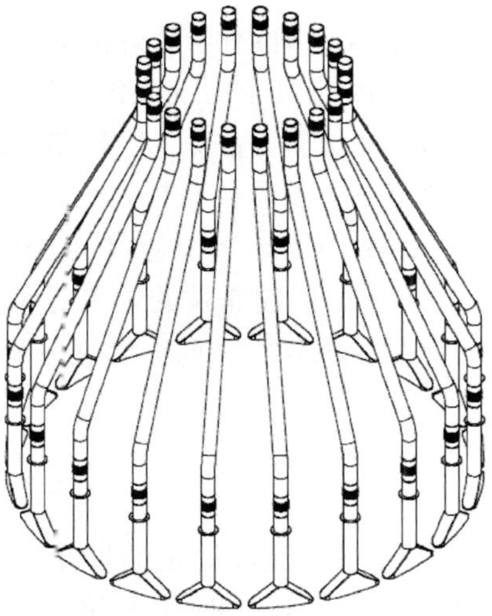

图 6-1-19　催化剂输送管

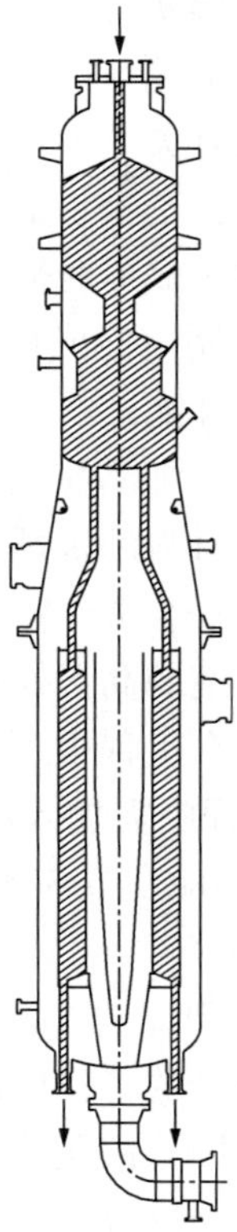

图 6-1-20　催化剂的流动路径

工艺物料从反应器的底部进入，依靠入口内部的导流叶片实现气流的均匀分布。工艺物料进入反应器后将向上、向外流动，穿透内外篮中流动的催化剂床层，完成脱氢反应。由于工艺气体主要沿径向通过催化剂床层，因此这种反应器也被称为径向反应器。反应器中心有一根分配锥，主要作用是使反应气体的流动更均匀；分配锥的底部封闭、上部敞开，自底而上分配锥筒的直径逐渐增加。反应后的工艺气体从反应器筒体下部引出(下进下出)。

丙烷脱氢反应器的密封接头的使用工况比较苛刻，在设备从冷态升温到工作状态，以及在设备降压或降温过程中，法兰接头容易产生泄漏。适宜采用欧盟标准 EN 11591 Part1&Part2《法兰及其接头-垫片圆形法兰连接的设计规则》[32]或 EN 13445-3《非直接火压力容器》[33]附录 G《法兰和带垫片的法兰连接的另一设计方法》进行法兰设计和计算。

2. 设备选材

针对移动床丙烷脱氢反应器的操作特点，反应器各元件的选材需要重点考虑三个方面：材料需耐热，保证高温下的强度；高温下的蠕变；耐受介质的腐蚀。

考虑到操作条件及经济性，移动床丙烷脱氢反应器的壳体材料宜采用 GB/T 24511 标准中的 S30409 或美标材料 SA-240 Type 304H，以固溶状态并酸洗钝化后交货。为了保持高温下的持久强度，需要控制奥氏体不锈钢材料的碳含量下限；对于承压元件的熔炼化学成分分析，须保证碳含量(质量分数)不小于 0.04%；各元件之间焊接所需用的焊材，也须有同样的碳含量要求。

从稳定程度讲，奥氏体不锈钢可分为稳态不锈钢(如 ANSI310)的和亚稳态的奥氏体不锈钢(如 ANSI301、304 和 321)。亚稳态型奥氏体不锈钢在室温时是奥氏体，但在冷加工时部分奥氏体就会转变成形变马氏体[34]。对于奥氏体不锈钢而言，形变马氏体的形成比率随着元件的变形率的增大而增加，并与元件的化学成分、冷加工形式、冷加工时温度、加工速度、加工次数等因素有关。由于丙烷脱氢反应器工艺介质中的氢气含量较高，而且马氏体对溶解氢的敏感性更强，更容易造成材料腐蚀，因此需要注意形变马氏体的形成及其对抗氢损伤能力的影响。在封头成形时需控制冲压速度，尽量降低加工硬化程度。在工程中，变形率超过10%的奥氏体不锈钢冷成形受压元件(如凸形封头)应该在成形后进行固溶处理，以恢复材料的组织及力学性能。

在中低温工况下，细晶粒奥氏体不锈钢(ASTM No5 或更细)有着较好的韧性和耐腐蚀性能。然而高温工况对材料的抗蠕变断裂强度要求更高。因此对于丙烷脱氢反应器所用 304H 材料的晶粒度，要求符合 ASTM No7 或者更粗(按照 E112 检验方法)，对于 S30409 也须有类似的要求。由于在长期的高温操作条件下，金属材料组织中的晶粒会长大，因此需要对材料的晶粒度设定上限，在工程中可控制在最粗不超过 ASTM No4。对于通常的 S30408 或 Type 304 材料，在冶炼过程中需加入适当的氮气以细化晶粒，但是细晶粒的效果对于高温工况下并不适合，因此在 S30409 或 304H 的冶炼过程中宜采用氩气保护，防止氮气进入。

(二) 固定床反应器

1. 工作原理与主要结构

(1) 固定床反应器的工作原理

Catofin 工艺采用卧式固定床反应器，丙烷原料在高温下流经固定的催化剂床层，被催化脱氢为丙烯和氢气。反应器内装填脱氢反应需要的 Cr_2O_3/Al_2O_3 催化剂和大量蓄热用惰性瓷球，在催化剂烧焦时，催化剂和惰性瓷球蓄藏的热量提供了丙烷脱氢反应需要的反应热。

由于脱氢催化剂因积炭结焦而很快失活，需要及时烧焦再生恢复活性，因此这种固定床反应器只能周期性顺序切换脱氢、再生等操作步骤，为保证反应器上下游操作的连续性，Catofin 工艺采用多个固定床反应器并联，程序控制周期性顺序切换各操作步骤，以保持整个装置的连续生产。典型的操作步骤包括：丙烷气体进行脱氢反应；之后向反应器内通入蒸汽以吹扫烃类；再通入高温空气加热催化剂床层并进行再生，烧掉堆积在催化剂表面的少量焦炭；接下来进行抽真空操作将空气排出；最后通入还原气体进行催化剂床层的还原活化，见图 6-1-21 所示。工业上 8 台并联反应器的装置，在同一时间内有 3 台反应器进行脱氢反应，3 台反应器进行烧焦(空气加热)，2 台反应器进行蒸汽吹扫、抽真空和还原。

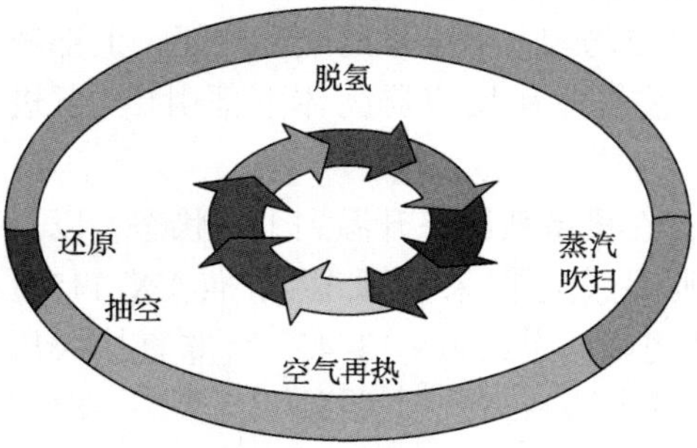

图 6-1-21　典型的固定床反应器操作循环周期

(2) 固定床反应器的主要结构

固定床反应器采用卧式放置，目的是使催化剂床层较浅，以实现介质流动的均匀性和较低的压力降。由于反应器内部交替进入高温烃类与空气，金属难以承受氧化与还原气氛交替所导致的高腐蚀速率，因此反应器内部需要衬隔热材料及耐火砖，其余内件也多由非金属材料制成，或者被耐火砖、高温纤维包覆。固定床反应器的典型结构如图 6-1-22 所示。

反应器的顶部有三个入口管，分别为烃类入口、空气入口、吹扫蒸汽/还原气入口。三个入口管可以在根部合并为一个总管，形成类似仙人掌的型式。入口管下方设置有分布挡板，使

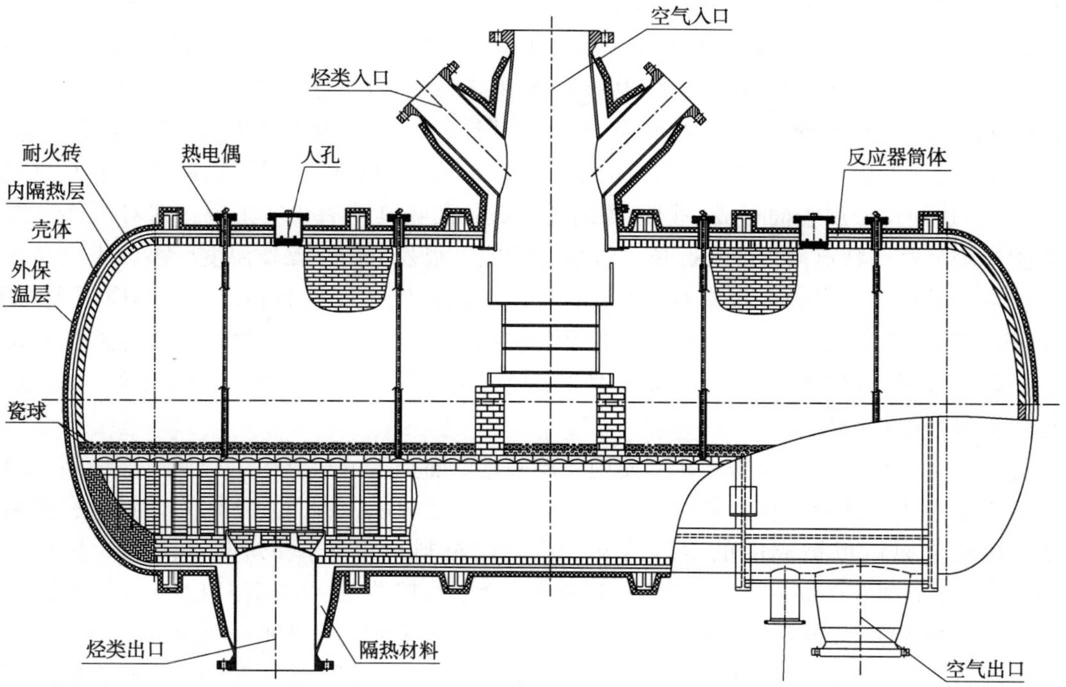

图 6-1-22　固定床反应器结构示意图

介质在进入反应器后得到均匀分布。入口管的分布挡板的性能对于反应器而言至关重要，在完成初步结构设计后，应进行流场模拟，整个催化剂床层表面的温度不均度不宜超过 50℃。

在反应器顶部装有若干个热电偶管口，热电偶竖直插入到催化剂床层中；热电偶套管内部设置有多个测量点，测量床层内不同深度处的温度。催化剂床层被一层多孔的陶瓷片(多孔板)支撑。催化剂床层与多孔板之间通常会铺两层瓷球，催化剂顶部也需要覆盖一层大直径的瓷球。整层多孔板边缘与耐火砖的连接处用陶瓷纤维塞紧，同时也起到了克服各元件之间热膨胀差的作用。多孔板下方是交错排列的支撑块，支撑块被耐火砖组成的空间结构支撑起来。

在反应器底部有三个管口，分别为烃类、空气出口以及抽真空口。抽真空口也可以从空气出口管的侧部引出。为了能将气体顺利地从反应器的底部引出，催化剂床层下方的耐火砖可以砌成拱形，该结构也有利于承载催化剂床层的重量。整个反应器内部的最低温度点位于反应气体出口位置，与反应物料进口处约有 40~50℃的温差。卧式反应器底部的烃类、空气出口管上方还需要再设置一层金属支撑，防止耐火材料落入管口内。在与拱形耐火砖接触的壳体部位，承受着较大的重量载荷，因此需要采取加强措施，如增设纵向加强筋等。

2. 设备选材

为了抵御高温介质的侵蚀，固定床反应器的壳体一般被陶瓷纤维材料以及耐火砖所覆盖。耐火砖的主要成分是 SiO_2和 Al_2O_3。受到内部耐火砖及隔热材料的保护，反应器的壳体温度可以控制在较低范围内，因此也被称为冷壁反应器。为了降低造价壳体通常使用碳钢材料，如 Q345R 或 SA-519 GR. 70。为保证安全性，反应壳体温度在任何情况下均不允许超过碳钢材料的许用使用温度上限，在工程中通常控制在 370℃以下。在部分接管或内件与壳体的连接部位，温度会超过 370℃，此时可以使用铬钼钢，如 1.25Cr-0.5Mo。采用 Cr-Mo 钢的部件在焊接后需要进行消除应力热处理，然后再与壳体组焊。

出于结构设计的需要，反应器内部仍有部分与介质直接接触的金属材料，操作温度会超过铬钼钢的使用温度上限，比如热电偶的保护套管、耐火材料的紧固件、进口及出口管的衬筒等。这些部位的金属材料需要有耐高温、抗氧化和耐腐蚀性能，需要拥有较高的蠕变强度，在高温下可以持续作业。工程中通常采用奥氏体不锈钢 25Cr-20Ni，相当于国标 GB/T 24511中 S31008 或 ASME 规范[35]中的 TYPE 310SS。310SS 不锈钢中铬含量比较高(24%~26%)，在铬元素局部氧化的过程中，可以形成一种非常稳定的氧化物，主要为氧化铬 Cr_2O_3；这使得金属表面形成一层连续的钝化膜，防止其他氧化物生成，并对内部金属起到保护作用。这一特点使得 310SS 抗高温氧化的能力很强。由于操作温度较高，为提高热强度，要求不锈钢金属中的碳含量不小于 0.04%，材料需保持较粗的晶粒度，不应细于 6 级；为充分发挥 Cr 元素的耐高温性能，在工程中常稍稍提高 Cr 含量。310SS 的热膨胀系数较高、导热性较低，焊接时在固化的金属中会出现少量的铁素体，可能导致热裂纹。这一点需要在焊接过程中加以控制。

管口法兰的材料需要根据具体的使用条件确定。热空气入口管内的介质温度最高，因此适合采用奥氏体不锈钢材料。其他管口内部的介质温度较低，并且由于法兰附近没有保温层覆盖，因此金属可以被周围的空气冷却，法兰的材料可以选择 1.25Cr-0.5Mo 材料，如 14Cr1Mo 或 SA-382 Grade F11。但是出于抵抗与介质直接接触侧的高温以及出于防腐蚀的考虑，法兰密封面需要堆焊 25Cr-20Ni 不锈钢，法兰的内表面需设置不锈钢衬筒，衬筒与法兰之间需维持一定的间隙，以利于隔热；为了保证衬筒连接强度，在衬筒与法兰存在间隙的部位需适当设置塞焊点。法兰与接管之间一般通过锥管连接，实现扩径；接管与衬筒之间形成的空间内需填充隔热材料，如陶瓷纤维，以形成有效隔热，保护接管和壳体。

虽然反应器壳体的外部整体被保温层覆盖，但是管口法兰及其临近的接管筒节上不得覆盖保温层。该做法有利于接管法兰的散热，实现较低的金属温度，并提高改善接管法兰的密封条件。

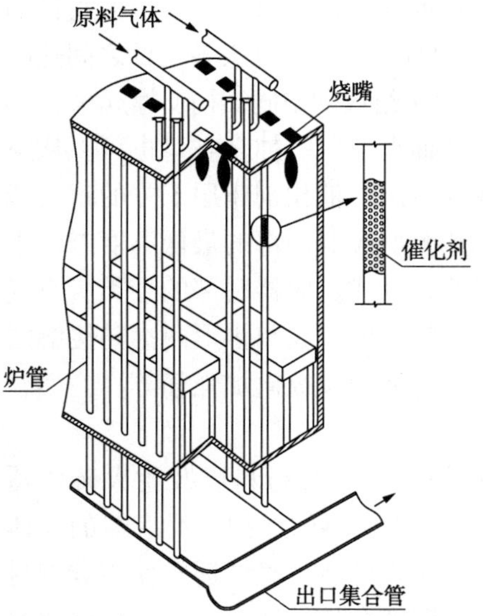

图 6-1-23　管式固定床反应器

(三) STAR 工艺的蒸汽转化炉反应器

Star 工艺的反应器采用顶烧式蒸汽转化炉，是一种固定床反应器，如图 6-1-23 所示[25]。转化炉的主要特征如下：①顶烧，可达到管子表面温度分布的最佳均匀度。②需要的烧嘴数量少。③内部隔热冷出口集管系统由碳钢制成，外设在转化炉的底部。④内部隔热转化炉管和集管的连接在中温下进行。⑤每一排管子分别连接到冷出口集管上。

这种反应器的催化剂装填在竖直的炉管内，烃类原料气和一定比例的水蒸气混合后从反应器顶部进入，流经催化剂床层后自底部引出。炉管常采用奥氏体耐热钢铸造材料，如 HK40。脱氢反应温度在 570~590℃，操作压力 0.5~0.6MPa(g)。反应器的顶部装有燃烧喷嘴，燃料气在燃烧后提供丙烷脱氢反应所需的热量；反应器的四壁装有耐火砖以隔绝高温介质。该种工艺的反应条件比较温和，催化剂生焦的量比较少，在操作一段时间后(约 7h)反应器需要切换到再生状态，烧焦以除去催化剂的结焦。工程中需要两台或多台反应器并列，各自独立操作、依次再生。

为了提高转化率，管式反应器出口气体可以再经过一个相对独立的氧化脱氢反应器，如图 6-1-24 所示。氧化脱氢反应器亦属于固定床反应器，壳体使用绝热材料作为衬里。管式转化炉的反应流出物在底部进入氧化脱氢反应器，流经中心安装的一根管子后到达氧化脱氢反应器顶部，然后反向向下流动。氧化脱氢反应器中的氧化剂是用蒸汽稀释的富氧空气，氧气进入氧化反应器可改变反应平衡并为进一步脱氢提供反应热。富氧空气从顶部进入氧化反应器，通过专用氧气分布系统直接分布到催化剂床层上表面。氧气与工艺气体迅速混合，在催化剂的作用下实现高选择性氢-氧反应。氧化脱氢反应器的反应条件温和，反应温度不超过 600℃，操作压力不超过 0.5MPa(g)。

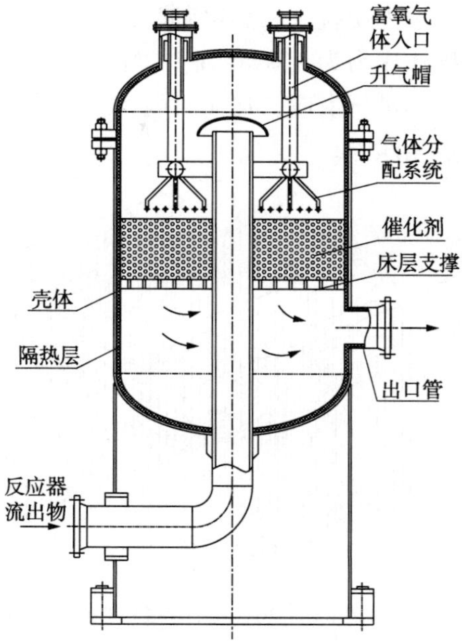

图 6-1-24　氧化脱氢反应器

二、加热炉

丙烷脱氢是强吸热反应，加热炉是丙烷脱氢装置的重要设备，本书简介 Oleflex 工艺的加热炉。Oleflex 丙烷脱氢工艺中设置了四台加热炉，置于每台反应器前，用于将每台反应器的反应进料加热至所需反应进料温度。

（一）炉型选择

Oleflex 工艺加热炉采用 U 形管立式炉，工艺物料所需热量全部由辐射室加热提供，对流室设置余热锅炉发生蒸汽回收烟气余热，烟气经烟囱直接排放。其炉型与连续重整炉相似，见图 6-1-25 丙烷脱氢加热炉图。

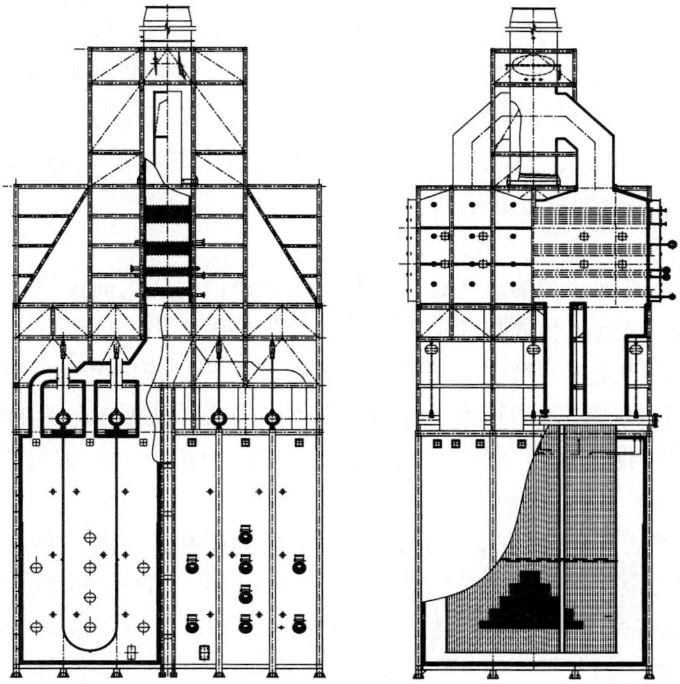

图 6-1-25　丙烷脱氢加热炉图

丙烷脱氢加热炉工艺物料是以丙烷与氢气为主的气态混合物，操作温度为625~655℃，操作压力为0.098~0.338MPa(g)。由于装置的操作压力低，而工艺物料要连续通过多台反应器进行反应，从而对丙烷脱氢装置加热炉的压降提出了严格要求，炉型选择必须和工艺特点相匹配。

1. 多管程并联U型管

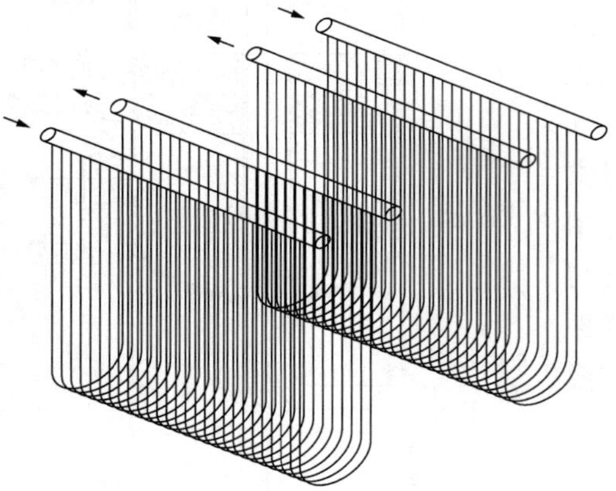

图6-1-26　多管程并联U型管图

每台加热炉设置两个独立的辐射炉膛，炉管对称布置，确保两炉膛内流量分配均匀，辐射炉管为多管程并联U型管，每管程炉管通过大直径弯管连接，在辐射炉顶通过进、出口集合管与工艺管线相连。多管程并联U型管图见图6-1-26。工艺物料采用较高流速以提高流动状态和传热效果，降低管壁温度，减少局部热点的发生。辐射炉管任一管程水力学长度短，工艺物料进出加热炉压降(含出入口集合管)在30~80kPa以内。

多管程发生偏流时，各管程内工艺物料流量不均匀，由于各管程的吸热量基本上相等，流量低的管程内容易发生局部过热，造成工艺物料开始裂解甚至结焦；结焦的炉管内阻力增加，流量进一步减少，管壁温度超温加剧，裂解和结焦加速。偏流和炉管壁温超温之间的恶性循环，使炉管金属在高温下蠕变膨胀，严重时炉管破裂，工艺物料泄漏，在炉膛内着火酿成事故。

因此加热炉炉管设计要求“多管程加热炉设计应使各管程水力学对称”，以保证各管程阻力相等，从而保证各管程流量均匀。多管程并联U型管无法通过设置分支流控或分支温控保证流量均匀，只能依靠集合管与分支管路自然分配。在自然分配的情况下，分支管路流量由各管程的阻力决定，阻力大的管程流量小，阻力小的管程流量大。

保证自然分配的各分支管路流量均匀，取决于集合管流通截面积与各分支管路流通截面积之和的比例。集合管与支管流通面积之比在0.9以上，即可获得较为满意的压降和较均匀的流量分布。为了减小分支管路流量和传热量的偏差，集合管与支管截面积之比的范围0.9~1.5，作为确定集合管直径的依据[36]。

2. 表面热强度

炉管表面热强度是加热炉的重要设计参数，表示单位时间内通过炉管外表面单位面积传递的热量。表面热强度高，相同热负荷所需的炉管传热面积小，可节省投资，但过高的表面热强度可能导致管内物流热裂解引起结焦，不但破坏工艺物流的品质，甚至造成炉管破裂，酿成火灾。因此要根据不同管内物流的性质选用不同的表面热强度。影响炉管表面热强度的因素有管内物流的特性、操作条件、炉管材料的最高使用温度、炉管布置方式以及经济性等。

炉管的壁温由于表面热强度的不均匀性，沿炉管周向和长度方向都是不均匀的。根据辐射传热理论，在管心距为炉管外径两倍情况下，一面辐射一面反射的炉管周向热强度的不均匀系数(即周向最高热强度与平均热强度比值)约为1.78，而双面辐射炉管约为1.2。因此在周向最高热强度相等的前提下，双面辐射炉管的平均热强度设计值可以取单面辐射炉管平均热强度的1.5倍[37]，因此双面辐射炉管面积可以比单面辐射减少1/3，即单程炉管总长度减少 1/3。在相同的管内流速条件下，双面辐射排管不仅减小了管内压降，并且缩短了工艺物流在炉管内的停留时间，从而可以延缓管内结焦，延长加热炉的操作周期。

丙烷脱氢加热炉工艺物流入口 520~600℃，出口 625~655℃，辐射炉管采用单排管双面辐射，位于炉膛中间，接受布置在其两侧燃烧器产生的火焰及炉墙的高温辐射。进料加热炉平均热强度约为 25000W/m^2，中间加热炉由于操作温度更高，平均热强度仅为 16000~20000W/m^2[38]。

（二）辐射炉管材质

炉管的最高管壁温度大约为 690℃，API530 中规定温度裕量为 15℃，辐射炉管设计温度 705℃，设计压力 0.75MPa，集合管和分支炉管选材为 TP347H。

TP347H 为奥氏体不锈钢系“300 系列”，名义组成为 18%铬和 8%镍(18Cr-8Ni)。由于其固有的高温强度性能和耐腐蚀性能，适合用于丙烷脱氢装置，对于加热炉辐射炉管来说是安全且经济的合理选择。

1. 氢腐蚀

丙烷脱氢工艺物流进入第一台进料加热炉时氢气摩尔含量约占 1/3，随着脱氢反应的逐步进行，与反应器串联的加热炉炉管内氢气摩尔含量逐渐增加至 40%左右。

高温高压下，气相中氢以氢原子形式渗入钢中，与钢材中的碳结合生成甲烷，造成钢材表层脱碳，强度、塑性降低，严重时导致表面鼓泡或开裂。根据 API581 对氢腐蚀的判据，须同时满足炉管材料为碳钢或低合金铬钼钢，操作温度大于 204℃且氢分压大于 0.552MPa 时，根据 Nelson 曲线[39]进行材料选择。丙烷脱氢装置加热炉虽然操作温度高，由于操作压力较低，因此氢分压低于标准要求，且炉管选用 18Cr8Ni 系列奥氏体不锈钢 TP347H，其辐射炉管选材基本不需要考虑发生氢腐蚀[40]。

2. 高温氧化

极限设计金属温度是断裂强度数据可靠值的上限。铁素体钢的临界温度下限见表 6-1-12，铬-镍奥氏体不锈钢无临界温度下限，其极限设计金属温度为 815℃。在选择炉管材质时，从其他方面考虑如氧化、石墨化、渗碳和氢侵蚀等，均可要求较低的操作温度限制。

表 6-1-12 常用炉管材料蠕变-断裂温度范围下限值

炉管材质	最高使用温度/℃	极限设计金属温度/℃	临界下限温度/℃	抗氧化极限温度/℃	ASTM 钢号
碳钢	450	540	720	565	Gr. B
1.25Cr-0.5Mo	550	595	775	590	T11，P11
2.25Cr-1Mo	600	650	805	635	T22，P22
5Cr-0.5Mo	600	650	820	650	T5，P5
9Cr-1Mo	650	705	825	705	T9，P9
18Cr-8Ni	815	815	—	850~900	TP304
16Cr-12Ni-2Mo	815	815	—	850~900	TP316
18Cr-10Ni-Ti	815	815	—	850~900	TP321/TP321H
18Cr-10Ni-Nb	815	815	—	850~900	TP347/TP347H
25Cr-20Ni	1000	—	—	1050~1100	TP310
Ni-Fe-Cr	985	985	—		Alloy800H
25Cr-20Ni	1000	1010	—		HK-40
25Cr-35Ni-Nb	1050				HP-40Nb

在几万小时的高温和压力的作用下，金属中的碳化铁将分解成铁和碳(石墨)，析出石墨的现象称为“石墨化”。金属石墨化后常温和高温强度和塑性均下降，冲击韧性下降得尤为严重。碳钢约在450℃出现石墨化，是碳钢在长期使用的最高使用温度限制。考虑金属在长期高温运行中组织性能的变化，如石墨化的影响，碳钢和铬钼钢的最高使用温度远低于极限设计金属温度。奥氏体不锈钢的最高使用温度与极限设计金属温度相等。因此碳钢和铬钼钢在最高使用温度下的许用应力尚有相当高的数值，而奥氏体不锈钢在最高使用温度下的许用应力数值却很小。表6-1-12列出了各种常用炉管材料的抗氧化极限温度，即金属氧化速率急剧上升开始时的温度。

3. 连多硫酸腐蚀

装置中工艺物流在循环，尽管原料中硫含量低，奥氏体不锈钢设备和管道产生一层金属硫化物膜。虽然金属硫化物膜厚度很薄，但对钢材仍然存在潜在危险。硫化物在水和氧的作用下生成弱硫酸，即连多硫酸，腐蚀奥氏体不锈钢导致晶间腐蚀和开裂。

停车期间炉管在常温状态下，直接暴露在空气中和潮湿的环境中，残余应力和外加应力等产生的拉伸应力，在连多硫酸和拉伸应力的共同作用下，奥氏体钢可能产生连多硫酸应力腐蚀开裂。

347型奥氏体不锈钢添加稳定化元素铌Nb，生成稳定的碳铌化合物，以避免碳铬化合物的产生和析出，抵抗连多硫酸的腐蚀。由于稳定化元素并不能完全避免腐蚀开裂，同时应对炉管进行固溶热处理加稳定化热处理，其中焊缝需进行稳定化热处理，以保护并充分发挥稳定化元素的稳定化作用。

除对炉管材料进行选择和处理之外，停车期间还应建立避免连多硫酸的生成的环境。可以用氮气吹扫并氮封，使炉管处于隔绝空气的干燥状态，避免连多硫酸的生成。

三、压缩机

压缩机是丙烷脱氢装置的关键设备。其中，Oleflex工艺的反应器流出物压缩机和Catofin工艺的产品气压缩机都用于将丙烷脱氢反应器排出的低压物流压缩至下游产品分离操作需要的工作压力，大多采用多级离心式压缩机。丙烯精馏塔的热泵压缩机及Catofin工艺冷箱制冷用的丙烯机、乙烯机和再生空气压缩机也都是离心式压缩机。以下简单介绍反应器出料压缩机和热泵压缩机。

(一) Oleflex工艺反应器流出物压缩机和热泵压缩机

Oleflex工艺的脱氢反应器正压操作，反应器流出物压缩机将最后一个反应器排出的微正压物流压缩至下游冷箱分离需要的1.3~1.5MPa(g)操作压力，压缩比约15，压缩机多选用单轴两段离心式压缩机。由于工艺气体中含有大量氢气，平均相对分子质量小(约24)，体积流量很大，对于规模较大的装置，低压缸入口状态下的体积流量高达40万m^3/h以上，一段压缩机的吸气量已接近离心压缩机的设计上限，低压缸采用“单缸双吸”或并联两个低压缸机壳的方案，也有采用轴流+离心的组合机型，即一段压缩机采用吸气量大的轴流式压缩机，再串联二段的离心式压缩机。压缩机布置方案如图6-1-27所示，低压缸为双吸气缸，四级叶轮，串联的高压缸为6级叶轮，驱动机采用超高压蒸汽轮机，抽出高压和低压蒸汽。

而热泵压缩机体积流量大但压比相对低，采用单缸布置。如图6-1-28所示。

两台压缩机的主要结构见表6-1-13。

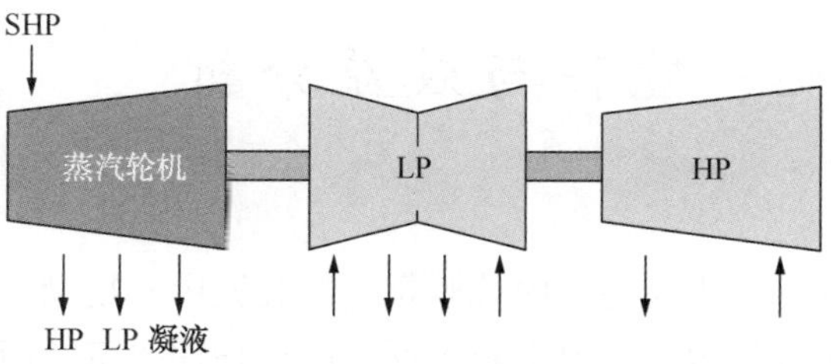

图 6-1-27　反应器流出物压缩机布置方案

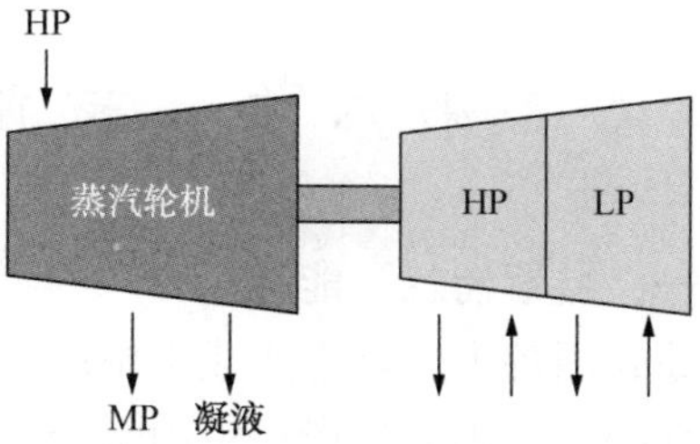

图 6-1-28　热泵压缩机布置方案

表 6-1-13　离心压缩机结构

结构	反应器流出物压缩机	热泵压缩机
机壳	水平剖分	水平剖分
轴承	液力动压轴承	液力动压轴承
叶轮	轮盘整体锻件铣切成形，与端盖焊接成闭式叶轮	轮盘整体锻件铣切成形，与端盖焊接成闭式叶轮
轴	整体主轴(每个缸)	整体主轴
轴封	干气密封，按照 API614 配置有压密封系统	干气密封，按照 API 614 配置无压密封系统
主要部件材质	镇静钢、合金钢、不锈钢	镇静钢、合金钢、不锈钢

压缩机控制：

(1) 流量控制及防喘振系统

这两台压缩机组采用转速调节和旁通回流两种方式组合控制流量，主要以转速调节为主，转速控制范围为额定工况转速的 70%～105%，以满足所有操作点的流量输出要求。旁通回流控制主要用于转速调节的补偿和防喘振控制，以确保压缩机在低流量点操作时的安全。

(2) 机组状态监控

两台压缩机组的运行状态和联锁控制各由一个独立的压缩机控制系统(CCS)控制。压缩机和驱动机的运行状态如轴承温度、振动、轴位移、润滑油和控制油的压力及温度均反馈到这个系统中并通过这个系统实现机组的控制和联锁；压缩机的转速调节、防喘振控制等也是通过这个系统实现。CCS 所有信号均与装置的 DCS 通讯共享。

(二) Catofin 工艺的产品气压缩机

Catofin 工艺反应器负压操作，出口压力约 0.05MPa(a)，产品气压缩机将反应器排出气体从 0.03MPa(a)压缩到 1.2MPa(g)，压缩比达到 43，需要三级压缩，通常采用三个缸体的离心压缩机。由于第一级压力很低，体积流量很大，采用两个低压缸并联的方案，第二级、第三级做成一个高压缸，典型设计方案见图 6-1-29。

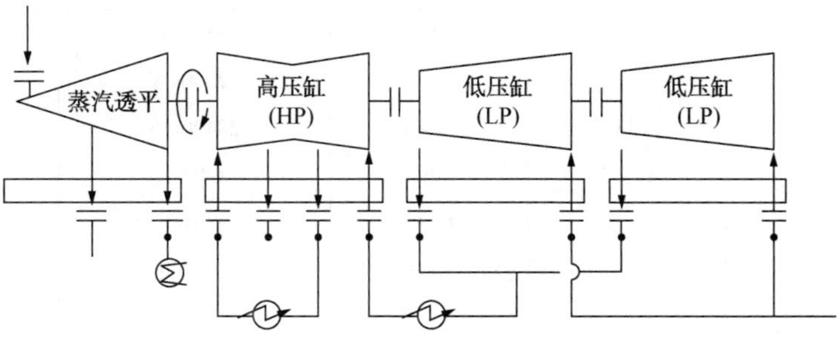

图 6-1-29　Catofin 工艺产品气压缩机典型方案

第六节　装置消耗、能耗与效益分析

一、装置消耗、能耗

原料丙烷占丙烯生产成本中的最大部分。由于在整个丙烷脱氢生产装置中，精馏工段物料损耗很少，因此生产单位丙烯产品消耗丙烷的数量主要由脱氢反应的选择性决定。商业化丙烷脱氢装置的丙烯选择性约85%，生产1t丙烯大约需1.18t纯丙烷，不同工艺技术略有差别。由于丙烷脱氢是强吸热反应，装置能耗较高，约85%以上的能耗是燃料消耗，同时反应条件对能耗也有影响。

(一) Oleflex工艺装置的消耗、能耗

以采用Oleflex工艺的750kt/a丙烷脱氢装置为例，副产高纯度氢气，典型的装置物料平衡见表6-1-14。

表6-1-14　750kt/a丙烷脱氢装置的典型物料平衡

序　号	名　　称	数　量	备　　注
1	原料：丙烷/(kt/a)	926.6	丙烷纯度95.0%(v)
2	产品：丙烯/(kt/a)	750	丙烯纯度99.6%(v)
3	副产品：氢气/(kt/a)	27.8	氢气纯度≥99.9%(v)
4	副产品：燃料/(kt/a)	57.7	送界区外锅炉作燃料
5	产品、副产品合计/(kt/a)	835.5	装置消耗副产燃料91.1kt/a

原料丙烷中的C_4^+在脱丙烷塔底脱除，丙烷中的C_2以及脱氢反应副产的C_2、C_1在脱乙烷塔顶脱除，这些气体都用作四台加热炉的燃料，剩余的燃料送出装置。如丙烷脱氢装置附近有氢气用户，装置可联产高纯度氢气，会提高项目的经济性；如果不能出售氢气，氢气可作为燃料烧掉。

丙烷脱氢装置的主要公用工程消耗是燃料、锅炉给水或蒸汽、电和冷却水。以750kt/a Olefelx工艺的丙烷脱氢装置为例，联产高纯度氢气产品，假设采用从装置外送入的超高压蒸汽驱动反应器流出物压缩机透平，抽出高压蒸汽驱动热泵压缩机透平，富余的蒸汽送出装置外，装置的主要公用工程消耗量见表6-1-15。

表6-1-15　750kt/a丙烷脱氢装置主要公用工程消耗量

项　目	规格		小时消耗量	吨丙烯产品消耗量
	温度/℃	压力/MPa(g)		
超高压蒸汽	510	11	350t/h	3.73t/t丙烯
电			22000kW	234kWh/t丙烯
循环冷却水	33	0.45	28400t/h	303t/t丙烯
高压锅炉给水	133.5	6	68t/h	0.73/t丙烯
中压蒸汽(出装置)	210	0.35	-67t/h	-0.71/t丙烯
高压蒸汽(出装置)	245	1.0	-58t/h	-0.62/t丙烯
蒸汽凝液(出装置)			-282t/h	-3.01/t丙烯
燃料(自产)			589125MJ/h	6284MJ/t丙烯

如果锅炉布置在丙烷脱氢界区内，则需要增加锅炉给水的消耗量，燃料气由送出变为外供燃料。

根据上述主要公用工程消耗量，按石油化工设计能耗计算标准(GB/T 50441—2016)计算，每吨丙烯产品的能耗约470kg标油，其中加热炉的燃料消耗和压缩机透平及分馏单元蒸汽消耗是最主要的能耗。

需要指出的是，不同项目由于技术方案不同，比如采用空冷而不是循环冷却水，采用变频电机驱动离心压缩机或燃气透平驱动而不是蒸汽透平驱动，装置的能耗构成会很不相同。至于采用什么样的动力源，一方面取决于能源的可得性，即当地是否有此能源供应，另一方面，能源供应的价格、用能设备的效率、技术可靠性也都是需要考虑的重要因素，对项目的一次投资、运营成本都有重要影响，直接影响到项目建成后的经济效益。

(二) Catofin工艺装置的消耗、能耗

以600kt/a丙烷脱氢装置为例，产品为99.5%(v)的聚合级丙烯，不包括氢气纯化的PSA单元，典型物耗及公用工程单耗列于表6-1-16和表6-1-17。

表6-1-16 Catofin工艺600kt/a装置的原料消耗[30]

序号	名 称	数 量	备 注
1	原料丙烷/(kt/a)	745.3	丙烷纯度95.0%(v)
2	聚合级丙烯产品/(kt/a)	600	丙烯纯度99.6%(v)

表6-1-17 Catofin工艺600kt/a装置的公用工程消耗

项 目	吨丙烯产品消耗量	备 注
蒸汽	0	装置不需外供蒸汽
电	47kWh/t丙烯	
循环冷却水	296t/t丙烯	装置以水冷为主，冷却水温差7℃
锅炉给水	0.62t/t丙烯	净锅炉给水量
氮气	17.4Nm^3/t丙烯	
燃料气	20GJ/t丙烯	包括自产燃料和净输入燃料

根据上述主要公用工程单耗量，按石油化工设计能耗计算标准(GB/T 50441—2016)计算，每吨丙烯产品的能耗约512kg标油。Catofin工艺装置的能耗主要是燃料气消耗。燃料气用于原料丙烷和再生空气的加热及催化剂再生，提供丙烷脱氢反应及催化剂再生所需的热量，也用于驱动再生空气压缩机的燃气透平。丙烷脱氢装置自产一部分燃料，包括脱乙烷塔塔顶尾气、脱油塔塔底重组分等，但副产的燃料不足，装置还需要净输入燃料，输入燃料约占总燃料消耗的一半以上。Catofin装置没有蒸汽的输入输出，再生废空气、加热炉烟气、燃气透平废气等通过废热锅炉产生高压蒸汽能满足装置自用，实现装置内蒸汽的自平衡。

二、装置投资及效益分析

(一) 装置投资和生产成本

丙烷脱氢装置投资较高。公开报道的天津渤化600kt/a丙烷脱氢装置的投资达到34.8亿元，包括配套的丙烷低温罐区等辅助工程的项目总投资达42.6亿元。一个丙烷脱氢项目的投资主要包括主体装置、脱氢催化剂、配套丙烷和丙烯产品罐区及公用工程。

不同国家的丙烷脱氢项目投资和生产成本有所不同。以采用 Oleflex 工艺、年产 550kt 丙烯的丙烷脱氢装置为例，图 6-1-30 和图 6-1-31 显示了在不同地区建设同一项目的主体装置的投资情况和生产成本的区别，为 2012 年第二季度的数据[41]。

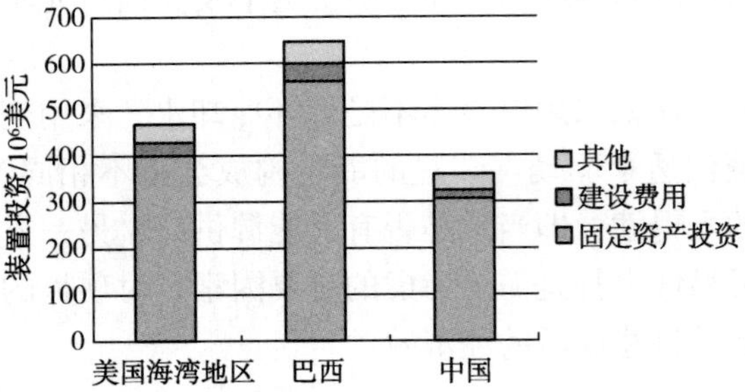

图 6-1-30　不同地区丙烷脱氢装置的投资

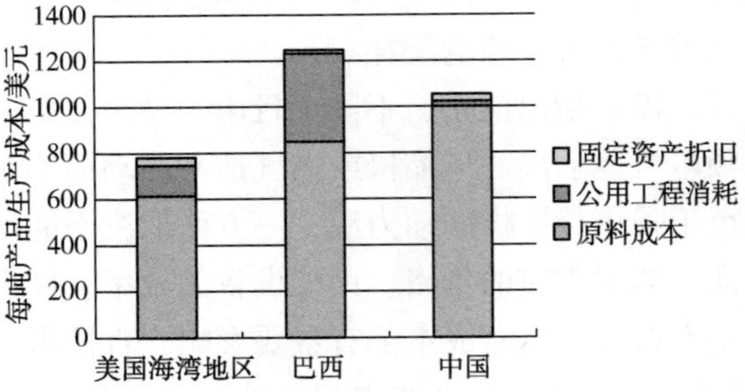

图 6-1-31　不同地区丙烷脱氢装置的生产成本

由图 6-1-30 可见，中国建设的丙烷脱氢装置投资较低，一套 550kt/a 的丙烷脱氢装置投资约 3.5 亿美元(约 21 亿元)。而从图 6-1-31 可见，美国是三个地区中原料成本最低的，每吨丙烯的丙烷成本仅为 600 美元。而中国由于远离丙烷生产地，丙烷原料需要进口，原料成本是最高的，每吨丙烯的丙烷成本达到 1000 美元。虽然图中显示中国丙烷脱氢项目的公用工程费用很低，但需注意这是 2012 年国外公司的评估数据，实际上中国的天然气价格很高，而燃料是丙烷脱氢的最主要公用工程消耗，故中国丙烷脱氢装置的公用工程费用不会低。无论如何，原料丙烷的成本占了丙烷脱氢装置生产成本的绝大部分，因此，对丙烷脱氢装置来说，获得长期稳定供应、价格低廉的丙烷原料是建设和运行丙烷脱氢项目的关键。

(二) 效益分析

丙烷脱氢装置和其他化工装置一样，效益取决于很多因素，包括建设投资、原料成本、生产成本、管理费用、产品价格等等。丙烷脱氢装置由于原料单一、产品单一，丙烷成本对装置效益的影响就更大，丙烷成本占了丙烷脱氢装置生产成本的 70%~90%。

以采用 UOP Oleflex 技术的 750kt/a 丙烷脱氢装置为例，表 6-1-18 列出了不同因素的变化对内部收益率的影响。

表 6-1-18　内部收益率的影响因素

序号	不确定因素	变化率/%	内部收益率/%	敏感度系数
基本方案			25.06	
1	建设投资	-10.00	27.53	-0.9871
		-5.00	26.25	-0.9496
		5.00	23.95	-0.8836
		10.00	22.92	-0.8543
2	产品价格	-10.00	—	—
		-5.00	5.29	15.7778
		5.00	39.37	11.4276
		10.00	51.69	10.6293

续表

序号	不确定因素	变化率/%	内部收益率/%	敏感度系数
3	原料价格	-10.00	43.78	-7.4707
		-5.00	35.35	-8.2136
		5.00	11.13	-11.1130
		10.00	—	—
4	生产负荷	-10.00	22.62	0.9718
		-5.00	23.86	0.9584
		5.00	26.23	0.9339
		10.00	27.37	0.9226

由表6-1-18可知，产品价格和原料价格对项目效益的影响最大，是最敏感的因素，建设投资和生产负荷的变化对项目效益的影响相对较小。原料与产品的价差决定了项目未来的经济效益水平。图6-1-32进一步分析了丙烯、丙烷的价差(美元)与项目全部投资内部收益率(IRR)的关系。

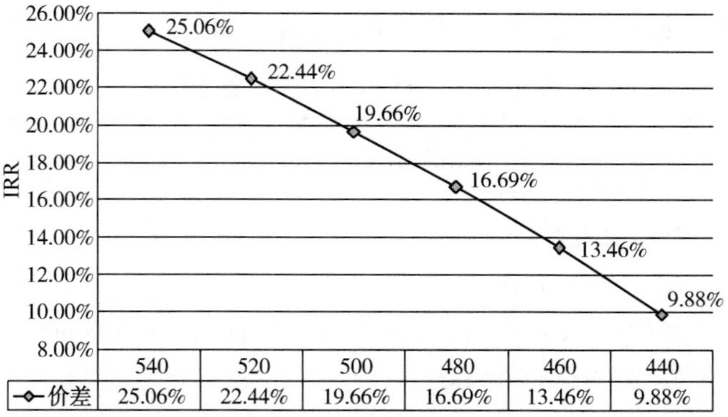

图6-1-32　丙烯、丙烷的价差(美元)与IRR的关系

从图6-1-32可以看出，丙烯与丙烷的价差越大，丙烷脱氢装置的效益就越好，内部收益率就越高，丙烯和丙烷的价差对丙烷脱氢装置的效益有决定性的影响，是决定装置经济性的核心因素。通常认为，丙烯和丙烷的价差达到300~500美元时，丙烷脱氢装置可以达到盈亏平衡点，但不同的项目建设地点、投资水平，盈亏平衡点是不一样的。北美、中东地区由于丙烷资源丰富，在原料成本上有很大优势，其盈亏平衡点和亚洲及远东地区相比有所差别。

第七节　最新技术进展

低碳烷烃催化转化制烯烃一直是石油化工领域的研究热点，尤其是丙烷和丁烷的脱氢研究。近十年来美国页岩气产量的快速增加使低成本的天然气液的供应大大增加，推动蒸汽裂解装置的原料由石脑油向乙烷转变，在丙烯市场供应减少的同时给丙烷脱氢生产丙烯技术的发展和工业应用带来了机遇，促进了丙烷脱氢技术的发展。近几年丙烷脱氢技术一直在不断改进中，2010年以来国内外申请的丙烷脱氢相关的专利达上千件，最新技术进展主要体现在催化剂性能的提升改进及与之相伴的脱氢工艺和辅助工艺的改进、节能降耗、设备改进和装置大型化技术等方面。

一、Oleflex 工艺进展

1990 年建成采用 UOP 公司 Oleflex 工艺的第一套 PDH 装置，规模是 105kt/a。1997 年在韩国建成 250kt/a 的第二代 PDH 装置，2015 年在中国建成 750kt/a 的 PDH 装置。迄今包括丙烷、丁烷混合脱氢在内的 Oleflex 工艺装置已有几十套之多，总许可产能逾 20.00Mt/a，约占丙烷脱氢市场的 2/3，到 2013 年 UOP 就已向中国的 19 家生产商许可了 Oleflex 技术[4]。

表 6-1-19 汇总了 Oleflex 技术的发展历程，20 多年间单套装置规模提高了 10 倍，催化剂历经七代改进，大批工业装置的建设促进了新型催化剂的开发及技术改进，可以说是市场和用户不断提高的技术和经济需求推动了该技术的持续进步。早期的丙烷脱氢催化剂含铂金 0.7%~0.75%，2007 年推出第六代催化剂 DeH-16，Pt 金含量降低了一半多仅为 0.3%，寿命可达 3~3.5 年，脱氢反应的选择性更高，催化剂寿命更长。新型催化剂的使用、新装置的设计建设也促进了工艺技术方面的改进和优化。新型催化剂具有更高的活性和稳定性，加热炉的最大出口温度得以降低，催化剂的操作空速不断提高，减小了反应器尺寸和催化剂装填量，减小了再生塔的尺寸，从而降低了装置投资和生产成本。这些改进使得 Oleflex 工艺在投资、生产成本等方面有相当大的优势，提高了竞争力。

表 6-1-19 Oleflex 工艺发展历程

年份	技术进步
2015	PDH 工艺升级改进
2014	第七代催化剂
2013	设计 1.00Mt/a 装置
2011	完成 750kt/a 装置设计，第 25 套装置，累计产能大于 11.00Mt/a
2007	第六代催化剂(DeH-16)
2004	460kt/a 装置设计完成，第 15 套装置，累计产能大于 5.00Mt/a
2001	第五代催化剂(DeH-14)
1998	完成 300 和 350kt/a 装置设计，第 10 套装置，累计产能大于 3.00Mt/a
1996	第四代催化剂(DeH-12)
1995	完成 250kt/a 装置设计
1992~1993	第二代催化剂(DeH-8)、第三代催化剂(DeH-10)
1990~1992	第一套工业化装置，第一代催化剂(DeH-6)

在硬件和工艺改进方面，最新的 Oleflex 装置由于装置规模和设备尺寸巨大，需要采用高效塔盘、高通量换热管等以期降低投资。此外，还有一些工艺及工程设计方面的改进使得装置能耗降低、操作更加简单灵活、操作稳定性提高、运转周期延长，这些改进包括：加强热量的回收利用、改进第一反应器内件设计防止内网堵塞、增设硫汽提罐降低进入 CCR 的催化剂硫含量、改进 CCR 设计提高烧硬焦的能力等。美国和中国的一些新建装置的反应器流出物压缩机和热泵压缩机采用了特大型同步变频电机驱动，这在以往的石化装置上鲜有先例，但由于压缩机消耗的电费相比透平驱动蒸汽的费用低很多，使得装置的操作费用将有很大的降低。以上这些技术改进使得最新的 Oleflex 装置投资大大降低，操作费用大幅节省，

最近几年在中国建设的丙烷脱氢装置大量采用国产化设备，也使中国的丙烷脱氢装置的投资更具竞争力。

UOP 公司在张家港新建了脱氢催化剂和吸附剂生产基地，以满足中国和亚洲地区 Oleflex 装置的催化剂需求，尤其是中国陆续投产的大批 Oleflex 丙烷脱氢装置的催化剂需求。

Oleflex 工艺采用 Pt 系催化剂，在 Pt 系催化剂领域包括脱氢反应和催化剂体系还有许多理论问题亟待解决或需要深入研究，如反应机理、反应动力学、助剂的作用、载体的改进、如何提高催化剂的稳定性等。这些问题的深入研究或进展将对进一步改进催化剂性能及优化操作条件提供重要指导。Pt 系催化剂对丙烷脱氢反应的选择性和稳定性还有较大的提升空间，加入助剂、改变催化剂载体和催化剂的制备方法等是对 Pt 系催化剂进行改性的主要途径[11]，Pt 系催化剂的研究和改进是丙烷脱氢领域里的一个研发热点。

二、Catofin 工艺进展[43,44]

Catofin 工艺 20 世纪 80 年代开始用于异丁烷脱氢生产甲基叔丁基醚(MTBE)，90 年代初开始用于丙烷脱氢生产丙烯。Lummus 公司在 20 多年前购得该技术，德国南方化学(2011 年南方化学被科莱恩公司收购)与 Lummus 公司合作，负责催化剂的研发和生产。Catofin 的催化剂和工艺的持续改进使得该技术的竞争力和可靠性在最近几年都有较大提高。

1. 工业化新进展

约 1/3 的丙烷脱氢项目采用 Catofin 技术。天津渤化和浙江海越的 600kt/a 丙烷脱氢装置于 2013~2014 年投产，韩国 SK 气体公司的 600kt/a 丙烷脱氢装置、河北海伟集团的 500kt/a 丙烷脱氢装置和美国 Enterprise 公司建在休斯敦的 750kt/a 丙烷脱氢装置于 2016~2017 年投产。截至 2018 年，中国在建的丙烷脱氢项目中有六个采用 Cataofin 工艺。

2. 催化剂开发进展

高活性、高选择性和长寿命的催化剂是低成本生产丙烯的关键，而第一代氧化铬/氧化铝丙烷脱氢催化剂的寿命只有 6 个月。大量的研究工作表明，催化剂失活的主要原因是活性氧化铬相转化为没有活性的 α-氧化铬和 α-氧化铝或 α-$(Cr, Al)_2O_3$相的固溶体，据此开发了能阻止铬转移到氧化铝晶格中稳定性好的新催化剂，这种新开发的催化剂除了性能好以外，寿命长达 3~4 年。2012 年南方化学称其 CATOFIN 丙烷脱氢催化剂取得突破性进展，丙烯选择性明显提高，同时还可降低能耗。这种新催化剂的丙烯选择性提高了 2%~3%，能耗降低 5%~10%，与常规催化剂相比经济性明显改善。

3. 发热材料

供给催化剂末层的热量是脱氢工艺制约烷烃转化和烯烃产率的主要限制因素，这主要是由于通过催化剂末层的压力降和再生时间短限制空气流速所致。为解决这个问题，必须开发传热到催化剂床层的新方法，可以利用的方案只能是工艺循环操作时的还原和氧化步骤。经过几年研究，成功开发了一种称为“发热材料”(heat generation material，简称 HGM)的新材料，这种新材料能满足几个关键性能要求，包括有发热能力但对原料和产品没有活性，对催化剂的活性、选择性或寿命没有负面影响。这种发热材料是一种负载在特殊载体上的金属氧化物，能够在原位产生化学热。在反应器运转周期的还原阶段，金属氧化物被还原而放出热量($MeO_x+H_2 \longrightarrow Me+H_2O$，$\Delta H<0$)，在反应器运转期间的再生阶段，被还原的金属转化为金属氧化物而又放出一股热量($Me+O_2 \longrightarrow MeO_x$，$\Delta H<0$)。装填催化剂床层时发热材料与催化剂直接接触，这样就强化了传热效率，并使进行吸热脱氢反应的催化剂床层的温度分布得到优化，这种方法大大缓解了原工艺的热量限制。发热材料用在绝热中型装置中的第一次试

验结果非常满意，试验结果表明，在催化剂床层中添加发热材料，在烷烃转化率相同时可使进入的空气温度降低 30~40℃，或在空气温度相同时烷烃转化率可以明显提高。在较低空气温度下的反应可以降低催化剂失活速度，延长催化剂寿命，还发现使丙烯选择性提高约 2%~3%，这是由于装填的发热材料可以优化脱氢催化剂床层温度分布，避免烯烃产品接触到容易发生副反应的较高温度，减少了副产品的生成；此外，发热材料能够优化烷烃原料在催化床层中转化的分布，使烯烃产品滞留时间减到最短，这些优点使丙烯的选择性和丙烯收率得以提高。大量试验表明，应用 HGM 技术可以：①通过提高收率或在更高液空速(*LHSV*)下操作可以显著提高烯烃产量；②通过优化催化剂床层温度分布可以显著提高烯烃选择性，降低丙烷单耗；③降低再生阶段的空气用量但保持产量不变从而降低能耗；④进一步降低反应进料温度来进一步提高烯烃选择性；⑤降低空气进气温度来提高催化剂寿命；⑥增加同一时间内处于脱氢工况的反应器个数。上述大多数技术已用于最新的 Catofin 工艺装置的设计。工业装置实际应用结果表明，在催化剂装填量和操作苛刻度相同时，丙烷转化率相当，丙烯选择性提高 2%~3%。

4. 设备可靠性的改进

Catofin 工艺最近几年的改进包括：设备集成化设计以优化热平衡，最大量利用排出物流的热量以更好地节能，这种低能耗流程设计使得装置能耗进一步降低；改进关键阀门的制造进一步提高可靠性等。这些改进设计已用于近几年 Catofin 工艺的工程放大设计，设计中的装置单线达到 900kt/a 规模。

三、STAR 工艺进展[42,25]

ThyssenKurpp Uhde 的 STAR 工艺采用的反应器是固定床蒸汽转化炉反应器，ThyssenKrupp Uhde 公司设计类似的转化反应器在 70 台以上、二次转化或氧化反应器在 40 台以上，经验丰富。

与其他技术相比，STAR 工艺在低于 600℃的温度下操作。在 600℃以上操作时结焦较严重，造成催化剂失活速度加快，还生成一些不希望有的副产品，并需要在下游产品分离部分进一步处理，STAR 工艺能使这个问题减至最少。STAR 工艺的技术改进主要在催化剂和工艺方面，包括改进丙烯回收系统的设计，使投资和操作费用进一步降低，经济效益进一步提高。

采用 STAR 工艺的丙烷脱氢装置共有两套，埃及于 2010 年建成一套 350kt/a 的装置，2016 年在伊朗建成一套 450kt/a 的装置。

参 考 文 献

[1] 2014 年石油化工市场年度分析报告[R]. 中国石化咨询公司：177.

[2] 洪定一. 聚丙烯-工艺、原理与技术[M]. 北京：中国石化出版社，2012：512-514.

[3] Scott Jenkins. Shale gas ushers in ethylene feed shifts[J], Chemical Engineering, 2012(10)：17-19.

[4] Worldwide Refining Business Digest Weekly[N], 2013-02-04.

[5] 王红秋. 丙烷脱氢生产丙烯技术进展[J]. 石化技术，2011，12(2)：63-66.

[6] 杨英. 丙烷脱氢制丙烯工艺及其经济性分析[J]，石油化工技术与经济，2014(6)：6-9.

[7] Bhasin M M. Dehydrogenation and oxydehydrogenation of paraffins to olefins[J]. Applied Catalysis A：General, 2001(221)：397-419.

[8] 张艳惠. 丙烷脱氢制丙烯催化剂中国专利技术进展[J]. 应用化工，2014(6)：1133-1135.

[9] 董文生. 丙烷脱氢制丙烯研究进展[J]. 合成化学，1997，5(3)：246.

[10] 余长林. 丙烷脱氢制丙烯研究进展[J]. 化工进展，2006，25(9)：978.

[11] 刘乔. 丙烷无氧脱氢制丙烯工艺和催化剂的研究进展[J]. 石油化工，2014，43(6)：714.

[12] 刘淑鹤. 丙烷脱氢催化反应机理及动力学研究进展[J]. 化工进展，2009，28：262-265.

[13] Biloen P. Catalytic Dehydrogenation of Propane over Platinum-Gold Alloys[J]. J Catal，1977，50(1)：77-86.

[14] 杨维慎，林励吾. 负载型铂催化剂的研究进展[J]. 石油化工，1993，22(5)：347-351.

[15] 陈光文，阳永荣. 在 Pt-Sn/Al_2O_3催化剂上丙烷脱氢反应动力学[J]. 化学反应工程与工艺，1998，14(14)：132-137.

[16] Grunert W，Saffert W，Feldhaus R，et al. Reduction and aromatization activity of chromia-alumina catalysts：I. Reduction and break-in behavior of a potassium-promoted chromia-alumina catalyst[J]. J Catal，1986，99：149-158.

[17] Franklin D，Hardcastle I E，Wachs R. Raman spectroscopy of chromium oxide supported on Al_2O_3，TiO_2 and SiO_2：A comparative study[J]. J Mole Catal，1988，46：173-186.

[18] Gorriz O F，Cadu L E. Supported chromium oxide catalysts using matal carboxylate complexes：Dehydrogenation of propane[J]. Appl Catal A：General，1999，180：247-260.

[19] Cavani F. Chemical and physical characterization of alumina-supported chromia-based catalysts and their activity in dehydrogenation of isobutane[J]. J Catal，1996，158：236-250.

[20] 谭晓林. Cr 系丙烷脱氢催化剂研究进展[J]. 化工进展，2010，29(1)：51-57.

[21] Weckhuysen B M，Schoonheydt R A. Alkane dehydrogenation over supported chromium oxide catalysts[J]. Catal，1996，158：236-250.

[22] 马占华. 铂系丙烷脱氢催化剂助剂研究进展[J]，现代化工，2011(10)：20-23.

[23] 李庆. Pt 催化剂上丙烷脱氢反应与结焦动力学[D]，华东理工大学，2012.

[24] 张一卫. 丙烷临氢催化剂的研究进展[J]，化工进展，2005，24：729-731.

[25] 伍德 STAR 工艺——轻质烷烃制烯烃的氧化脱氢，伍德有限公司.

[26] 张海娟. 反应条件对丙烷脱氢催化剂积炭行为的影响[J]. 天然气化工，2014，39：38-42.

[27] Puurunen R L. Weckhuysen B M. Spectroscopic study on the irreversible deactivation of chromia/alumina dehydrogenation catalyst[J]. J Catal，2002，210：418-430.

[28] Weckhuysen B M，Verberckmoes A A，Buttiens A L，et al. A diffuse reflectance spectroscopy study of the thermal genesis and molecular structure of chromium supported catalysts[J]. Phys chem，1994，98：579-584.

[29] J Gascon C Tellez，J Herguido，M Menendez. Propane dehydrogenation over Cr_2O_3/Al_2O_3 catalyst：transient kinetic modeling of propene and coke formation[J]. Appl Catal A：General，2003，248：105-116.

[30] Robert A Meyers. 石油化工产品生产工艺手册[M]. 北京：中国石化出版社，2010.

[31] www. mcdermott. com/what-we-do/technology/lummus

[32] BS EN 1591-1-2001(A1-2009) Flanges and their joints——Design rules for gasketed circular flange connections Part 1：Calculation method.

[33] EN 13445，Unfired Pressure Vessels Part 3 Design[S]，2009.

[34] Cigada A，Mazza B，Pedeferri P，et al. Stress corrosion cracking of cold-working austenitic stainless steels[J]. Corrosion Science，1982，22(6)：558-578.

[35] ASME Boiler & Pressure Vessel Code，Section Ⅱ，Materials. Edition 2010. BS EN 1591-2-2008 Part 2：Gasket parameters.

[36] 闫广豪，张海燕，杨利然. 集合管端部结构对重整加热炉管系流量分布影响[J]. 炼油技术与工程，2013，43(2)：45-48.

[37] API STANDARD 530, SEPTEMBER 2008. Calculation of Heater-tube Thickness in Petroleum Refineries [S].
[38] 李文辉. 丙烷脱氢炉设计要点[J]. 石油化工设备技术. 2013, 34(6): 30-32.
[39] API RECOMMENDED PRACTICE 941. SEVENTH EDITION. SEPTEMBER 2008. Steels for Hydrogen Service at Elevated Temperatures and Pressures in Petroleum Refineries and Petrochemical Plants[S].
[40] API RECOMMENDED PRACTICE 581. SEPTEMBER 2008. RISK-BASED INSPECTION TECHNOLOGY [S].
[41] Propylene Production via Propane Dehydrogenation by Intrater Solutions[J]. Chemical Engineering, 2013 (2): 33.
[42] Gerald Ondrey Making propylene "on-purpose"[J]. Chemical Engineering, 2014, 1 : 13.
[43] Lorena Oviol, Mind the gap, Hydrocarbon Engineering, 2012, 9: 70-76.
[44] PDH catalyst delivers significant savings, Hydrocarbon Processing, 2012, 8: 22.
[45] 吴睿. Pt 系催化剂丙烷脱氢结焦性质比较[J]天然气化工(C_1化学与化工), 2017, 42: 46-51.
[46] 中国石化丙烷脱氢制丙烯工艺包通过审查[J]. 石油化工, 2015, 44: 428.

第二章　C_3、C_4、C_5烯烃芳构化

第一节　对原料的要求

轻烃芳构化是以改性分子筛为催化剂，将轻烃转化为芳烃或富含芳烃的高辛烷值汽油调和组分的石油化工技术。轻烃芳构化的原料适应性很广，因此来源广泛，油田轻烃以及来自炼油厂的C_2至C_7组分都是潜在的芳构化原料。典型的轻烃芳构化原料有含烯烃干气、液化石油气和轻石脑油。

一、含烯烃干气

催化裂化、延迟焦化等炼油装置所产的干气产物中富含乙烯等轻烯烃资源，常规催化裂化干气中乙烯含量通常为10%~20%，而多产低碳烯烃的催化裂解工艺的干气中乙烯含量可高达50%，但许多炼油厂主要仍将其作为燃气或放火炬烧掉，没有很好加以利用，造成资源的浪费[1]。典型催化裂化干气组成见表6-2-1。

表6-2-1　催化裂化典型干气产率及组成

组　分	摩尔分数/%	质量分数/%	组　分	摩尔分数/%	质量分数/%
氢气	33.0	3.67	异丁烷	0.28	0.90
二氧化碳	1.61	3.94	1-丁烯/异丁烯	0.22	0.69
一氧化碳	3.29	5.13	正丁烷	0.14	0.45
甲烷	24.87	22.15	反丁烯	0.13	0.41
乙烯	11.10	17.30	顺丁烯	0.10	0.31
乙烷	8.38	13.99	异戊烷	0.24	0.96
丙烯	0.70	1.64	空气	15.79	28.12
丙烷	0.14	0.34	合计	100.00	100.00

二、液化石油气(LPG)

我国炼油厂生产LPG的过程主要有常减压、催化裂化、延迟焦化、催化重整、加氢裂化等。各装置所产LPG的产率与组成，随原料、生产方案及工艺条件的不同而变化，通常各装置的平均LPG产率见表6-2-2。

表6-2-2　炼油厂LPG主要来源

装置名称	装置LPG平均产率/%	装置名称	装置LPG平均产率/%
催化裂化	18.2	连续重整	2.6
延迟焦化	2.5	加氢裂化	3.0
常减压蒸馏	0.5		

从表6-2-2中的数据可以看出，催化裂化装置的LPG产率最高，是目前主要的LPG生产来源。催化裂化(以MIP工艺为例)、延迟焦化、常减压、催化重整和加氢裂化工艺过程

所产 LPG 的典型组成见表 6-2-3。

表 6-2-3　各工艺过程所产 LPG 的体积组成　　%

组分	催化裂化	延迟焦化	常减压	连续重整	加氢裂化
C_2^0			2.91		
C_3^0	9.33	35.67	33.81	37.08	20.13
$C_3^=$	33.77	21.23			
i-C_4^0	23.13	13.70	23.83	31.18	46.22
n-C_4^0	4.97	12.83	36.83	26.19	27.55
$C_4^=$	28.80	14.21			
$\geqslant C_5$	0.00	2.36	2.62	5.55	6.10
合计	100.00	100.00	100.00	100.00	100.00

从表 6-2-3 中数据可以看出，催化裂化和延迟焦化装置的液化气中含有部分丙烯和丁烯，而产自常减压、催化重整以及加氢裂化装置的液化气以烷烃为主，基本不含烯烃。

三、轻石脑油

重整拔头油和抽余油等轻石脑油资源也是重要的轻烃芳构化原料。

重整拔头油的典型组成列于表 6-2-4。从表中可以看到，重整拔头油的各组分都为饱和的轻质烷烃，是较好的轻烃芳构化原料。

表 6-2-4　典型的重整拔头油组成

组　分	含量/%	组　分	含量/%
丙烷	0.57	异戊烷	33.05
异丁烷	7.86	正戊烷	41.14
正丁烷	13.61	碳六	1.94
环戊烷	1.83	合计	100.00

芳烃抽提装置副产的抽余油产品(非芳烃)性质因抽提原料不同而存在较大差异。目前工业上主要的芳烃抽提原料为重整生成油和裂解加氢汽油，相应的抽余油产品分别为重整抽余油和裂解抽余油，典型的抽余油组成列于表 6-2-5。两种抽余油中芳烃含量均较低，但环烷烃和链烷烃含量差别迥异。重整抽余油中链烷烃含量高于 80%，是优质的乙烯裂解原料；裂解抽余油中环烷烃含量在 70%以上，是优质的芳构化原料。

表 6-2-5　典型的芳烃抽余油组成

组　分	重整抽余油/%	裂解抽余油/%	组　分	重整抽余油/%	裂解抽余油/%
烷烃			C_7	4.6	13.5
C_5	5.4	0.0	C_8^+	5.2	6.0
C_6	46.3	6.2	芳烃		
C_7	23.2	11.0	B	0.2	0.1
C_8^+	6.2	4.5	T	0.1	0.2
环烷烃			C_8^+A	0	0.5
C_5	0.0	1.6	合计	100.0	100.0
C_6	8.1	55.9			

第二节　原理、催化剂与反应过程

一、反应原理

(一) 轻烃芳构化反应机理

轻烃芳构化反应的原料包括低碳烷烃和烯烃，其中烷烃芳构化反应机理研究的核心问题之一是其如何活化。已有研究结果表明，低碳烷烃芳构化反应主要有两个步骤，第一步是烷烃转化为低碳烯烃，第二步是低碳烯烃的芳构化。在第一步中，低碳烷烃既可以在催化剂的质子酸中心上活化，通过正碳离子机理离解为低碳烯烃，并副产更低碳数的烷烃或氢气，也可以在脱氢活性中心上通过直接脱氢转化为烯烃和氢气。

关于低碳烯烃在酸性催化剂上芳构化的反应机理，一般认为烯烃通过聚合、裂解、环化、氢转移芳构化或脱氢芳构化，最后转化为芳烃。相关研究近年来仍不断在国内外见诸报道。

王殿中等[2]根据稀乙烯在 HZSM-5 上的转化结果，提出了低碳烯烃生成芳烃的步骤，即烯烃经叠合转化为非饱和低聚物，非饱和低聚物经环化转化为非饱和环化物，最后转化为芳烃。所提出的乙烯芳构化机理模型如图 6-2-1 所示。

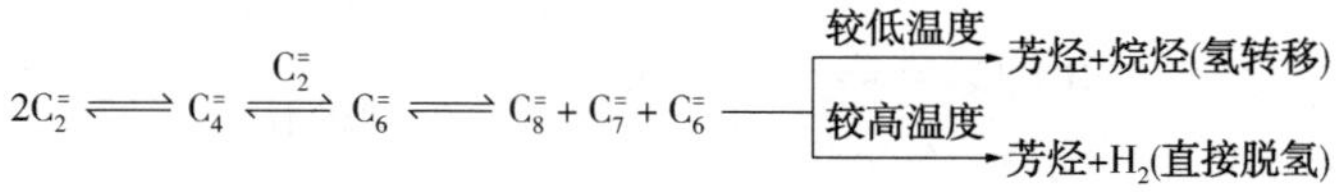

图 6-2-1　王殿中等提出的乙烯芳构化反应机理模型

曹亮等[3]通过理论计算，对 HZSM-5 分子筛上乙烯芳构化过程中 C_4 至 C_6 中间体的反应历程进行了研究，并探讨了分子筛的酸催化机理和择形催化作用。罗坚等[4]考察了不同温度下丙烯在 ZSM-5 和 Ga-ZSM-5 上的芳构化反应，发现温度较低时丙烯在两种分子筛上的反应结果相似，均表现为在酸性催化剂上的齐聚-裂解反应，随着反应温度的升高，Ga-ZSM-5 上的低聚物易脱氢环化生成芳烃，使丙烯转化率和芳烃收率显著提高，而在 ZSM-5 上的低聚物通过与小分子烯烃发生氢转移反应生成芳烃，芳烃产率较低。

Vedrine 等[5]利用紫外可见光谱对丙烯的芳构化过程进行了研究，发现随着反应温度的升高，先出现五元环和六元环的碳正离子，继续升高温度，会出现多烷基芳烃，并由此提出了如图 6-2-2 所示的丙烯芳构化反应历程。

Ono 等[6]研究了 1-丁烯在 HZSM-5 和 Zn-ZSM-5 上的芳构化反应，把烯烃的芳构化过程简化为如图 6-2-3 所示的机理，即烯烃的二聚物可以在 B 酸中心上发生氢转移芳构化生成芳烃和烷烃，也可以在脱氢组元上发生脱氢芳构化反应生成芳烃和氢气。

Isaguliants 等[7]对 $C_4 \sim C_8$ 单烯烃和二烯烃在高硅 ZSM-5 上的转化反应进行了研究，并根据 ^{14}C 放射性同位素实验结果提出了烯烃芳构化反应机理，认为芳烃的前驱体不是由低聚物中间体形成，而是由裂解产生的小分子烯烃及二烯烃作为基本单元组合形成，作者利用该机理较好地解释了反应产物的芳烃分布。

从以上研究结果可以看出，对于烯烃在酸性催化剂上芳构化反应机理，虽然存在不同看法，但对基本过程的认识是一致的。

(二) 轻烃芳构化反应热力学

轻烃芳构化反应原料来源广泛，芳构化过程中涉及的反应多，产物复杂，且反应途径会

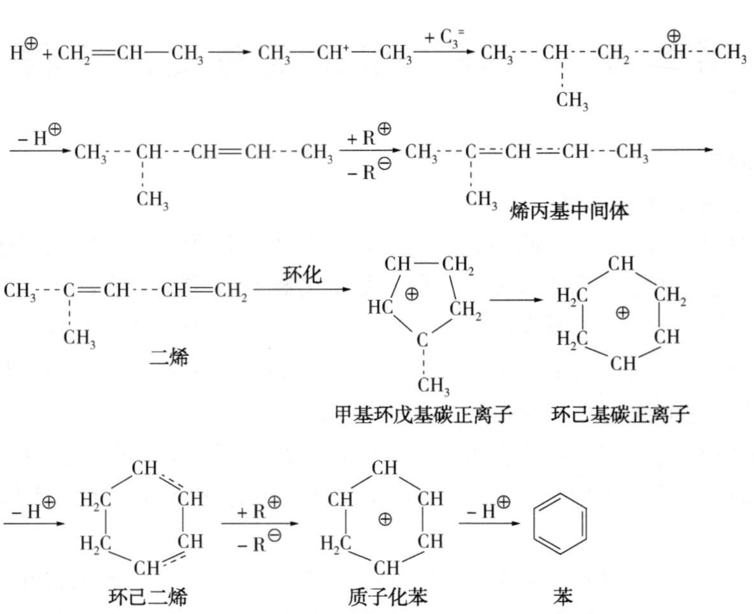

图 6-2-2　Vedrine 等提出的丙烯芳构化反应历程

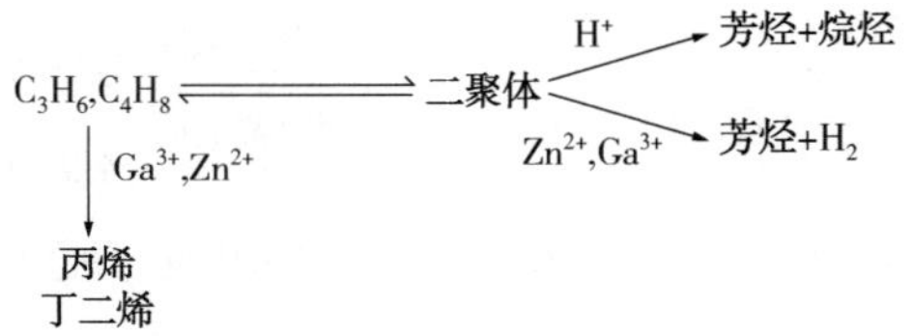

图 6-2-3　Ono 等提出的烯烃芳构化机理

随反应条件而变。鉴于轻烃芳构化反应本身和反应产物的复杂性，准确计算反应的热力学非常困难，相关的研究报道较少。

于海卫等[8]以 1-己烯为模型化合物建立了异构化和芳构化偶合反应的化学平衡模型，该模型涉及 18 个组分和 16 个独立化学方程式。热力学计算结果表明高压和低温对异构化有利，而低压和高温对芳构化有利。异构化为放热反应，而芳构化为吸热过程，通过该偶合反应可使反应的绝热温度变化幅度减小，使反应容易控制和操作。

姚本镇等[9]进行了低碳烷烃无氧芳构化的热力学研究，选择涉及 C_1~C_4烷烃转化的 12 个主要物种和 30 个反应进行计算，结果表明：①温度是影响低碳烷烃各反应的重要因素，在温度较低时各反应平衡转化率均较低，高温有利于低碳烷烃的转化和芳烃的生成，但温度过高将有较多的积炭生成；②与烷烃脱氢生成烯烃相比，低碳烷烃的芳构化反应更容易进行；③相对于甲烷芳构化，乙烷、丙烷和正丁烷更容易发生芳构化反应。

黎小辉等[10]对液化气芳构化反应体系进行了热力学分析，并考察了反应温度、压力及原料中丁烷、丁烯和丙烯含量对产物中芳烃平衡组成的影响，发现：①液化气芳构化芳烃产物以轻质芳烃为主，甲苯最多；②相同碳数的烯烃比烷烃更易转化，相同类型的烃类中，高碳数烃比低碳数烃更容易芳构化；③温度及反应体系中原料组成，特别是丁烯组成是影响液化气芳构化制芳烃的主要因素。此外，他们还分析了液化气芳构化过程的热效应[11]。袁本旺等以碳四芳构化烷基化工艺研究为基础，对碳四烃芳构化烷基化反应过程进行了热力学分析，并根据碳四芳构化反应结果对反应放热量和绝热温升进行了计算[12]。

二、轻烃芳构化催化剂

轻烃芳构化催化剂主要有两类，分别是酸性氧化铝负载脱氢组元的双功能催化剂和以ZSM-5为代表的分子筛催化剂。

（一）酸性氧化铝双功能催化剂

早在20世纪40年代，国外就对轻烃芳构化工艺进行了探索研究。Csicsery[13]在1970年把低碳烃在双功能催化剂（如 Pt/Al_2O_3）上的反应称为“Dehydrocyclodimerization”过程，认为芳烃是通过低碳烃脱氢环化二聚反应制得。该过程需要临氢，使用的催化剂通常是同时含有酸性功能（酸性 Al_2O_3）和脱氢功能（Pt、Pd、Cr、Mn）的双功能催化剂。但该过程有明显的缺点：①反应温度高（约550℃）；②反应产生大量的甲烷和乙烷，且芳烃选择性较低（约30%）；③催化剂结焦快，单程反应周期的运行时间短。这些缺点限制了此类催化剂在轻烃芳构化领域的应用。

（二）分子筛催化剂

目前，大量的研究工作表明，在众多的沸石分子筛中，ZSM-5的轻烃芳构化综合性能最优，是最常用的轻烃芳构化分子筛材料。

ZSM-5分子筛由Mobil公司于1972年研制成功，由于ZSM-5热稳定性和水热稳定性高，特别是有独特的择形催化性能，且抗积炭能力强，很快被用作轻烃芳构化催化剂[14]。相对于非分子筛芳构化催化剂，HZSM-5的芳构化活性与稳定性要高很多，然而仍存在高温下积炭失活快、芳烃选择性偏低的问题。为了进一步提高ZSM-5催化剂的芳构化性能，几十年来人们开展了大量的研究工作，主要集中在两个方面，一方面是对ZSM-5分子筛进行改性，主要包括金属改性、水热处理改性和非金属改性；另一方面是合成具有特殊结构和组成的ZSM-5分子筛，主要包括纳米（或称小晶粒）ZSM-5分子筛和含杂原子的ZSM-5分子筛。为了研制性能优异的轻烃芳构化催化剂，通常需要采用以上多种方法，并对这些方法进行优化组合。

1. 金属改性ZSM-5催化剂

金属改性可以消除催化剂上的强酸中心[15]，这是通过表面覆盖途径实现的，由于金属氧化物本身属于L酸，因此通过金属改性可以提高L酸中心与B酸中心的比例。

金属改性的常用方法包括固态反应法、浸渍法和离子交换法[16]。英国BP公司的Davies[17]发现浸渍或离子交换了 Ga^{3+} 的HZSM-5可明显提高轻烃芳构化的转化率和选择性。随后BP公司和美国的UOP公司利用该催化剂联合开发出了液化气移动床芳构化技术—Cyclar工艺[18]。自从Cyclar工艺出现以来，在研制金属改性的ZSM-5芳构化催化剂方面人们进行了大量的研究工作，其中以Pt、Zn、Ga的改性研究最为集中。

Kwak[19]和Inui[20]的研究工作表明，仅由Pt改性的ZSM-5催化剂的芳构化性能不如Zn或Ga改性的催化剂，且Zn的改性作用比Ga更明显，而Ono等[21]的丙烷芳构化研究结果表明，Ga改性的HZSM-5分子筛催化剂无论是催化活性还是芳烃选择性都优于Zn改性的催化剂。熊兴国等[22]考察了在ZSM-5分子筛上引入Zn、Ga物种对乙烷芳构化的影响，发现Zn和Ga物种在芳构化过程中的脱氢步骤（如乙烷脱氢及聚合环化物脱氢生成芳烃）发挥至关重要的作用。虽然其他研究也表明Zn、Ga等金属的存在主要起脱氢作用，但单独的 Ga_2O_3 和ZnO却不具有芳构化活性，只有当Zn或Ga与分子筛的质子酸中心相互协同才能提高芳构化反应的选择性[23]。因此，这种金属改性的ZSM-5催化剂实际上也是同时具有酸性功能和脱氢功能的双功能催化剂。

2. 水热处理改性 ZSM-5 催化剂

H-ZSM-5 改性的重要目的之一是调变分子筛的表面酸性和孔道结构，而水热处理通常是最常用的方法[24,25]。

Campbell 等[26]采用固体 NMR(Al-27 和 Si-29)、Xe-129NMR、XRD、XPS 等手段研究了水热处理对 HZSM-5 分子筛的影响，发现水热处理会导致分子筛骨架脱铝，形成低对称性的非骨架铝物种，并存在于分子筛孔道之中，此外还发现分子筛硅铝比越低，水热处理时骨架脱铝作用越不显著。

尉东光等[27]以氨和吡啶为 FTIR 探针研究了水热处理对分子筛结构及酸性的影响，发现水热处理温度对分子筛中铝的状态有很大影响，随着水热处理温度的升高，骨架铝不断从分子筛的骨架中脱除出来，B 酸位也随之减少，B 酸位与骨架铝表现出很好的对应关系。脱出来的铝在孔道中沉积形成非骨架铝物种，其结构十分复杂，部分形成了 L 酸位，从而使 L 酸位随着水热处理温度的升高而有所增加。

解红娟等[28]考察了水蒸气处理对 HZSM-5 酸性及其丙烷芳构化性能的影响。结果表明，在水蒸气处理温度低于 300℃时，B 酸中心数随水蒸气处理温度的提高逐渐增加，而 L 酸中心数则不断减少；水蒸气处理温度超过 300℃时，HZSM-5 脱铝趋于严重，B 酸中心数随水蒸气处理温度升高呈加速下降趋势，而 L 酸中心数则不断提高；500℃时，B 酸中心数最多，L 酸中心数最少，此时 HZSM-5 的芳构化活性和芳烃选择性也达到最高值。

赵晓东等[29]发现水热处理后的 Pt-H-ZSM-5 催化剂的总酸量明显降低，且水热处理温度越高，催化剂总酸量越低，水热处理温度达到 700℃时，催化剂基本无强酸中心。作者认为催化剂芳构化活性与强酸量密切相关，高活性的催化剂需要适宜的酸强度分布，而水热处理后，强酸量过少，催化剂芳构化性能不佳。

吕仁庆等[30]采用多种表征手段系统研究了不同温度下用 100%水蒸气处理对 HZSM-5 的孔结构及活性的影响，研究结果表明，随着水热处理温度的升高，HZSM-5 分子筛的结晶度虽呈下降趋势，但变化不显著、水热处理温度对正己烷吸附量的影响也不大，说明水热处理后 HZSM-5 分子筛的结构没有发生明显的变化；随着水热处理温度的升高，HZSM-5 分子筛的比表面积减小，二次孔或中孔呈增大趋势，酸中心数目减少，活性降低，但其活性稳定性却较高。作者在研究碱性水蒸气(含 10%NH_3的水蒸气)处理对 ZSM-5 沸石酸性质及孔结构的影响时，也得出了相似的结论[31]。

罗立文等[32]通过 XRD、NH_3-TPD、IR、比表面与孔结构测定等方法研究了 HZSM-5 分子筛在不同温度下进行水热处理时的酸性与孔结构。结果表明，随着水热处理温度的提高，HZSM 5 分子筛的结晶度稍有增大；酸性明显减弱，弱酸位增多，强酸位相对减少；比表面与微孔体积减小，介孔体积增大。

3. 非金属改性 ZSM-5 催化剂

向 ZSM-5 中引入 P、Si 等非金属元素，通常也会引起分子筛酸量、酸强度、酸分布、孔道尺寸等的变化，进而影响催化剂的性能。

矫庆泽等[33]用 $Si(CH_3)_3Cl$ 对 HZSM-5 进行化学气相沉积(CVD)处理，考察 Si 改性对分子筛酸性及芳构化性能的影响，发现 Si 改性后分子筛骨架结构未破坏，但随着 Si 沉积量的增加，分子筛结晶度、强酸中心数目及 B/L 酸量比例均不断下降。此外，硅改性虽然使催化剂的芳构化活性下降，但却使二甲苯中对二甲苯的选择性提高，作者认为这是由于硅的沉积造成催化剂的孔道压缩，改变了孔口的大小，从而使催化剂的择形效应发生变化。

王心葵等[34]研究了磷对 HZSM-5 的改性及这种改性对丙烷芳构化反应的影响，结果表明把适量的磷添加到 HZSM-5 上可有效地抑制反应的裂解活性，明显提高芳烃的选择性，并抑制积炭。

通常来说，磷的含量要适中，含量过低时，催化剂不能有效地发挥其抗积炭性能；磷含量过高时，可能会堵塞分子筛的孔道，同时可能覆盖部分酸中心，减少分子筛的表面酸性，使催化剂比表面积下降，对芳构化反应不利[35]。

4. 纳米(或小晶粒)ZSM-5 催化剂

轻烃芳构化目标反应主要发生在 ZSM-5 分子筛的内表面，反应物分子必须首先扩散到分子筛的晶体内，产物分子又必须从晶体内扩散出去，分子在晶体内的停留时间较长，就容易导致二次反应发生，生成积炭前躯体和副产物，从而导致催化剂积炭失活较快。而小晶粒 ZSM-5 分子筛或纳米 ZSM-5 分子筛具有外表面积大、表面能高、外表面酸中心数量多、吸附能力强和扩散限制小等特点[36]，可以有效缓解上述问题，因此，研发纳米 ZSM-5 芳构化催化剂成为近年来的研究热点。

杨付等[37]对比了晶粒尺寸为 0.2～0.5μm 的超细 HZSM-5 与晶粒尺寸为 2μm 的微米 HZSM-5 的芳构化性能，发现两种晶粒度的 HZSM-5 上生成的芳烃分布大致相同，但前者的活性、芳构化选择性及活性稳定性均明显高于后者，并且在相同反应条件下超细 HZSM-5 的积炭量低于微米 HZSM-5。

张培青等[38]采用 XRF、TEM 和 NH_3-TPD 等技术对所制备的粒径为 20～50nm 的纳米 HZSM-5 催化剂进行了表征，以正辛烷和 1-辛烯的芳构化和异构化为探针反应研究了纳米 HZSM-5 催化剂的催化性能，并与微米 HZSM-5 催化剂(4～6μm)进行比较。结果表明，纳米 HZSM-5 沸石具有晶粒小、微孔短、孔口多以及位于孔口和外表面的酸中心数量多、对大分子的烷基芳烃和异构烷烃等的扩散阻力小等特点，减小了积炭对纳米 HZSM-5 沸石上芳构化、烷基化和异构化反应的影响，比微米 HZSM-5 沸石具有更好的芳构化、异构化活性和稳定性。

5. 含杂原子的 ZSM-5 催化剂

自从 1980 年与 ZSM-5 具有相同骨架结构的硼硅分子筛见诸报道以来，迄今已有数十种元素的 ZSM-5 型杂原子分子筛被合成出来，并且其性质和应用方面的研究更加广泛[39]。在轻烃芳构化领域，含 Ga 的 ZSM-5 杂原子分子筛是最受关注的轻烃芳构化催化剂之一。

罗坚等[40]考察了丙烯在 ZSM-5 和 ZSM-5 型镓硅分子筛(记为 Ga-ZSM-5)上的反应，发现温度较低时两者均使丙烯发生齐聚-裂解反应，自 175℃起均开始产生芳烃，且芳烃产率均随温度升高而增加；在 ZSM-5 上丙烯低聚物通过与小分子烯烃的氢转移反应生成芳烃，而在 Ga-ZSM-5 上则主要是丙烯低聚物直接脱氢环化实现芳构化，因此 Ga-ZSM-5 上芳烃产率比在 ZSM-5 上高得多，且随 Ga 含量增加，Ga-ZSM-5 芳构化能力增强。

Choudhary 等[41]对比了 H-Gallosilicate(MFI)、H-Galloaluminosilicate(MFI)和 Ga/H-ZSM-5的低碳烷烃芳构化性能，结果表明，三者的芳构化性能依次为：H-Galloaluminosilicate(MFI)>>H-Gallosilicate(MFI)>Ga/H-ZSM-5。作者认为非骨架 Ga 物种与分子筛酸性位的协同作用对提高催化剂的烷烃芳构化活性和选择性至关重要，而经过热处理的 H-Galloaluminosilicate(MFI)不但具有较强的酸性，并且从骨架脱出的 Ga 物种在分子筛孔道内高度分散，实现了脱氢功能和酸功能的优化匹配，从而具有优异的芳构化性能。

（三）中国石化轻烃芳构化催化剂

根据目标产品的不同，轻烃芳构化技术可以分为汽油型和芳烃型两类。根据工艺形式的不同，又可将轻烃芳构化技术分为固定床工艺技术和移动床工艺技术两类。中国石化自1994年开展轻烃芳构化方面的研究工作以来，针对不同目标产物和工艺形式开发了具有自主知识产权的轻烃芳构化系列催化剂。

1. 汽油型固定床芳构化催化剂

开发了适用于固定床芳构化工，以高辛烷值汽油调和组分为目的产品的 RGW 系列催化剂。

RGW 系列催化剂采用专门开发的细晶粒分子筛材料，并运用独特的改性手段，使催化剂具有优异的芳构化活性和稳定性，RGW-1 催化剂的单程运转周期一般在 2~4 个月，多次再生总运转周期可以达到 4 年以上。RGW-1 催化剂其物化性质见表 6-2-6。

表 6-2-6　RGW-1 轻烃芳构化催化剂的物性

项　目	数　值	项　目	数　值
外形	条形，直径 1.8~2.0mm	孔体积/(mL/g)	~0.3
强度/(N/cm)	≥90	堆密度/(g/cm^3)	0.67~0.80
比表面积/(m^2/g)	300~330		

通过引入新的改性组元，开发出了新一代催化剂 RGW-2，与 RGW-1 相比，RGW-2 催化剂活性更高，且抗积炭能力更强。

2. 汽油型移动床芳构化催化剂

移动床工艺对催化剂有着特殊的要求，尤其对机械强度、耐磨性能、粒度分布、堆密度、水热稳定性等物化性质要求严格。在连续重整催化剂技术和移动床工艺技术研究开发的基础上，开发了新型分子筛滴球成型工艺，建立了球形催化剂物化性质分析和催化性能评价方法，研制成功适用于移动床芳构化工艺，主要生产高辛烷值汽油调和组分的 LCA 催化剂，其物化性质见表 6-2-7。

表 6-2-7　LCA 移动床球形芳构化催化剂的物性

项　目	数　值	项　目	数　值
外形	直径 1.6mm 球	比表面/(m^2/g)	330~350
磨损率/%	0.40	孔体积/(mL/g)	0.50
强度/(N/颗)	96	堆密度(g/cm^3)	0.70

LCA 型移动床轻烃芳构化催化剂的单程运转周期为 4~7 天，可以承受 200 次以上再生，催化剂总使用寿命大于 3 年。

3. 芳烃型固定床芳构化催化剂

开发了适用于固定床芳构化工艺，主要目的产品为芳烃的 RF 系列催化剂。

RF 系列轻烃芳构化催化剂不含贵金属铂和镓，呈条形，以 RF-1 催化剂为例，其物化性质见表 6-2-8。该系列由于使用改性的小晶粒 ZSM-5 分子筛材料，因而具有很好的芳构化活性和稳定性。

表 6-2-8　RF-1 轻烃芳构化催化剂的物性

外　形	直径 1.5~2.0mm 条	外　形	直径 1.5~2.0mm 条
强度/(N/cm)	≥90	孔体积/(mL/g)	0.3
比表面积/(m^2/g)	300~330	堆密度/(g/cm^3)	0.67~0.80

例如，以含正丁烯 44%的混合碳四为原料时，在保持反应条件不变、芳烃产率大于 46%的前提下，中型试验装置上 RF-1 催化剂的单程运转周期为 330h。单程运行失活后的催化剂可以进行反复再生以恢复活性。表 6-2-9 给出了新鲜剂及再生 2 次和 4 次后，催化剂在碳四芳构化 300h 连续反应期间氢气、干气及芳烃产率的平均值。从表 6-2-9 中可以看到，催化剂经过数次再生后，芳构化活性未发生明显变化。对经过第四次再生的催化剂进行物性和组成分析，结果见表 6-2-10，可以看出其比表面积和孔体积没有明显变化，且未发现改性金属组分流失。可见，RF-1 型芳构化催化剂具有良好的再生性能。

表 6-2-9　再生前后催化剂的单程寿命及平均产率

催化剂	单程寿命/h	平均产率/%		
		H_2	C_1+C_2	芳烃
新鲜剂	300	2.3	19.4	43.8
第 2 次再生后	300	2.3	19.6	43.9
第 4 次再生后	300	2.3	19.5	43.5

注：反应温度 530℃，压力 0.1MPa，空速 0.67h^{-1}。

表 6-2-10　四次再生后催化剂与新鲜剂物性比较

催化剂	比表面积/(m^2/g)	孔体积/(mL/g)
新鲜剂	307	0.274
再生剂	306	0.295

在 RF-1 催化剂的基础上，通过引入新的助剂并改进催化剂制备工艺，相继开发了 RF-2 和 RF-3 催化剂，进一步改善了催化剂的稳定性和选择性。在相同的反应条件下，RF-2 催化剂的单程运转周期可延长至 450h 以上，同时减少了干气的生成，RF-3 催化剂的芳烃产率可提高 4%~6%。二者也同样具有良好的再生性能。

4. 芳烃型移动床芳构化催化剂

在汽油型移动床芳构化催化剂的基础上，开发出了适用于移动床芳构化工艺，用于生产芳烃的球形 RF-4 催化剂，RF-4 催化剂的物化性质与 LCA 型催化剂相似。以含丁烯 40%的醚后碳四为原料，对比了 RF-1 条形和 RF-4 球形催化剂的芳构化性能，结果见表 6-2-11。从表中可以看到，RF-4 球形催化剂的芳构化性能与 RF-1 催化剂相当。

进一步考察了 RF-4 球形芳构化催化剂的再生性能。实验结果显示，与新鲜剂相比，经过 100 次再生的催化剂芳烃收率下降了不到 5%。以催化剂的单程运转周期为 7 天计算，200 次再生催化剂的累计运转时间可以达到 4 年，表明 RF-4 催化剂具有优异的再生性能，可以满足移动床工艺工业应用的要求。

表 6-2-11　RF-4 催化剂和 RF-1 催化剂的芳构化性能对比

催化剂	RF-4		RF-1	
反应温度/℃	520	540	520	540
产品分布/%				
$H_2+C_1+C_2$	22.27	27.34	21.52	25.52
液化气	27.22	21.12	29.47	21.39
C_5+非芳烃	0.57	0.50	0.78	0.25
BTX	41.93	43.12	41.58	45.86
C_9+A	8.01	7.92	6.66	6.98
总芳烃	49.94	51.04	48.24	52.84

第三节　典型工艺流程、操作参数及产品

一、主要工艺条件

汽油型芳构化和芳烃型芳构化的工艺条件有较大差别。汽油型芳构化工艺的典型操作条件为：反应温度为350~380℃，压力0.2~0.5MPa，空速0.3~0.7h^{-1}。芳烃型芳构化工艺的典型操作条件为：反应温度为480~550℃，压力0.1~0.2MPa，空速0.5~1.0h^{-1}。

二、典型工艺流程

(一) 汽油型固定床芳构化工艺

汽油型固定床芳构化工艺流程见图6-2-4。工艺通常采用两列固定床反应器，一列反应一列再生，周期性切换。原料经换热器换热、加热炉加热到反应温度后进入反应器A，反应后经过换热器、水冷器、气液分离罐分离成富气和粗汽油。富气经过压缩机增压，进入吸收解吸塔中部，粗汽油用泵输送到吸收解吸塔上部作为吸收剂使用。吸收解吸塔顶出干气，塔底物料送入稳定塔中部，分离成液化气和稳定汽油。

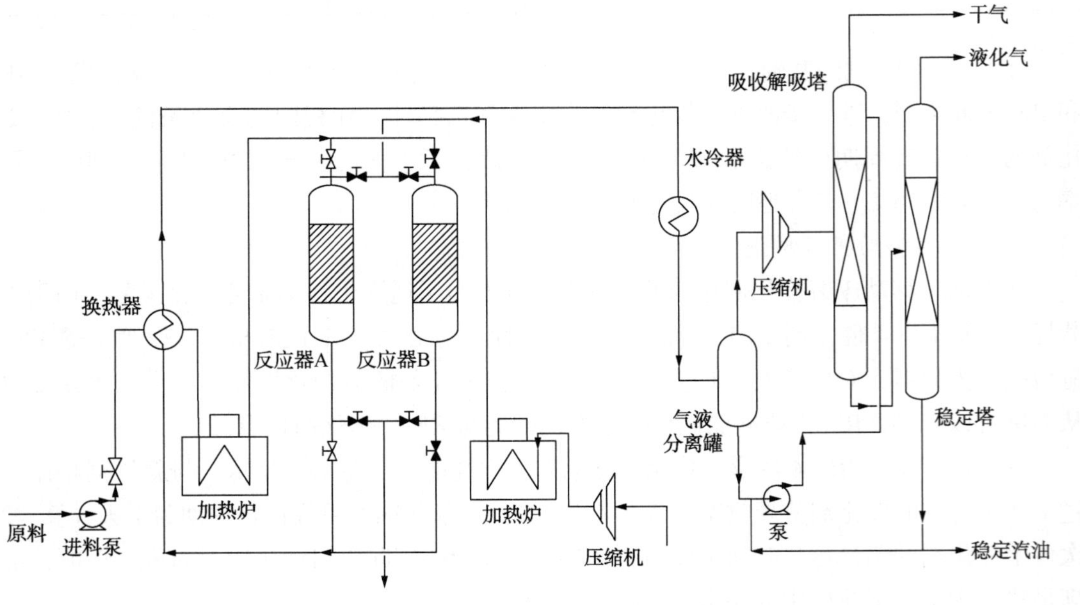

图 6-2-4　汽油型固定床芳构化工艺流程

（二）汽油型移动床芳构化工艺

汽油型移动床芳构化工艺流程如图 6-2-5 所示。轻烃原料经泵升压并由加热炉升温后进入反应器，反应产物经换热器、气液分离罐分离为气相组分和液相组分，气相组分用压缩机送入吸收稳定系统，液相组分用泵送入吸收稳定系统，最后分离为干气、液化气和稳定汽油。反应过程中球形芳构化催化剂由反应器上端进入反应器，在重力作用下自上而下移动，反应器底部的催化剂积炭量较高，由提升器提升至再生器进行烧炭再生，再生后的催化剂再提升返回至反应器的顶端，从而实现催化剂的循环。

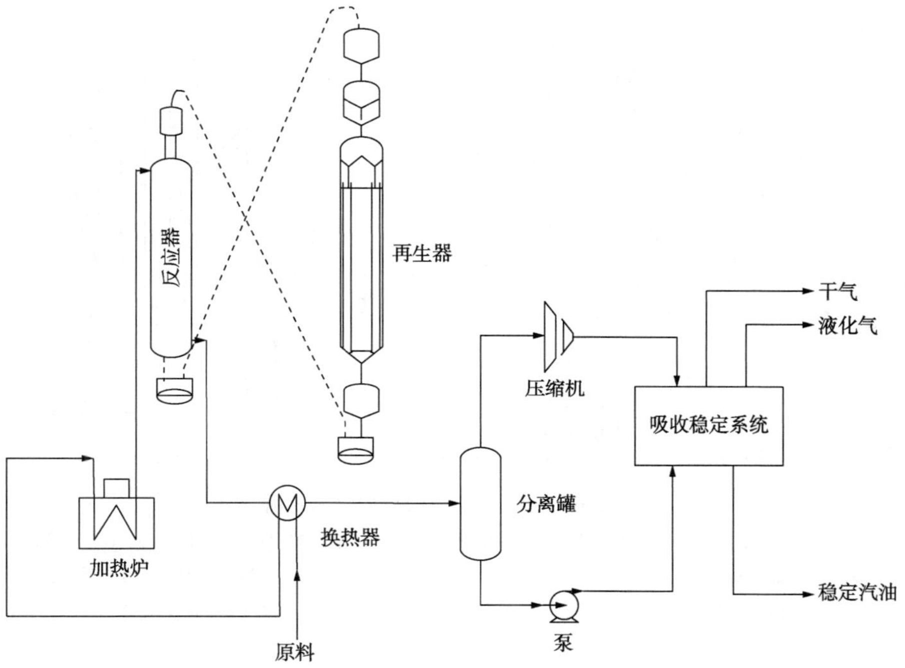

图 6-2-5　汽油型移动床芳构化工艺流程

移动床芳构化技术采用移动床反应-再生工艺流程，整个催化剂循环过程采用无阀操作，装置连续运行，没有固定床工艺的停工吹扫步骤，运行平稳可靠，自动化程度高。

（三）芳烃型固定床芳构化工艺

芳烃型固定床芳构化工艺流程见图 6-2-6。工艺采用两列固定床反应器，一列反应一列再生，周期性切换。每列由两个串联的反应器组成，原料经换热、加热炉加热后进入第一个反应器，反应流出物经加热炉再加热后进入第二个反应器。反应产物经换热后进入气液分离罐，气液分离罐将反应产物分离为气相和液相两部分。气相部分经压缩机增压后进入吸收解吸塔，塔顶分离出富含氢气的干气，吸收解吸塔底馏分与气液分离罐分离出的液相部分进入稳定塔，塔顶分离出液化气，塔底是非芳烃含量很低的芳烃馏分。将干气通过进一步的分离可以得到高纯度的氢气和以 C_1、C_2为主要组分的干气。

（四）芳烃型移动床芳构化工艺

芳烃型移动床芳构化工艺流程见图 6-2-7。反应部分由多台串联的移动床反应器组成，反应器采用并列排布形式。原料经换热后进入加热炉一加热至目标温度，然后进入反应器一进行芳构化反应。由于生产芳烃的芳构化反应过程吸热量较大，因此反应器一的流出物需要进入加热炉二补充加热后，再进入反应器二进行反应，依次进行，直至达到所需的反应深度。反应器台数需要根据原料组成情况进行设置，通常芳烃型移动床芳构化需设置3~4台串联的反应器。反应后的产品经过装置的产品分离系统，可以分离为干气、液化气和混合芳烃。在反应过程中球形芳构化催化剂由反应器上端进入反应器，在重力作用下自上而下移动，在反应器底部由提升器提升至下一个反应器的顶端，依次进行直至最后一个反应器出口。此时催化剂积炭量较高，由提升器提升至再生器进行烧炭再生，再生后的催化剂再提升返回至反应器一的顶端，从而实现催化剂的循环。

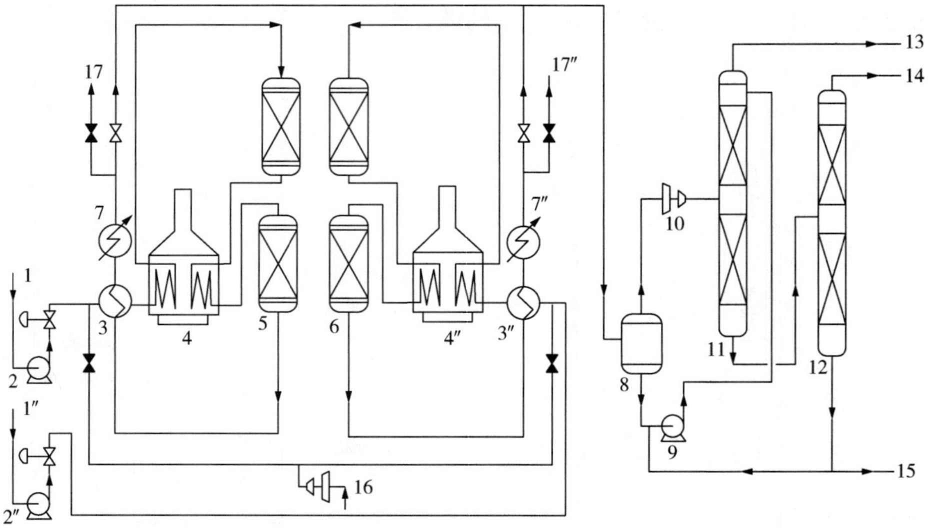

图 6-2-6　芳烃型固定床芳构化工艺流程

1,1″—原料；2,2″—原料输送泵；3,3″，7—换热器；4,4″—加热炉(反应/再生)；5，6—反应器；8—分离罐；9—粗汽油泵；10—富气压缩机；11—吸收解吸塔；12—稳定塔；13—干气；14—液化气；15—混合芳烃；16—再生循环气压缩机；17,17″—再生气体

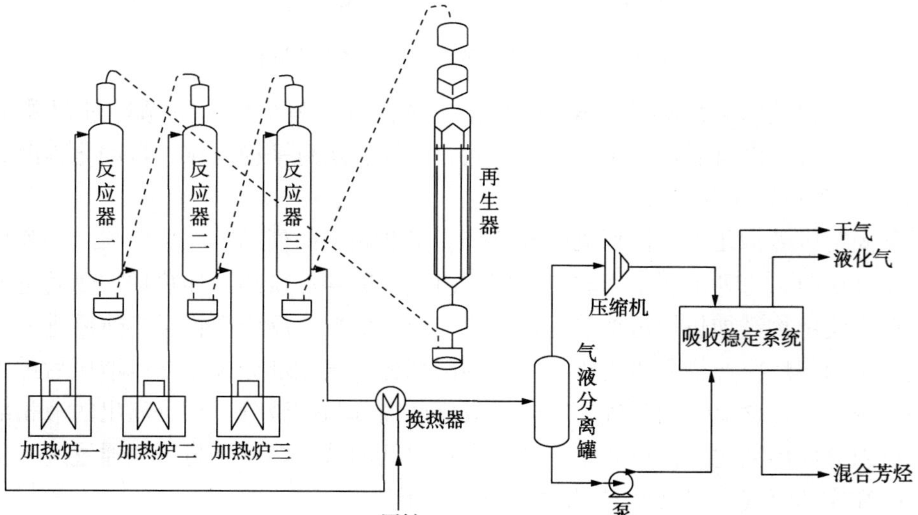

图 6-2-7　芳烃型移动床芳构化工艺流程

三、主要产品

当主要目的产品为高辛烷值汽油调和组分时，如果采用催化裂化干气为原料，汽油收率一般为12%~18%，汽油辛烷值RON 92~94；如果采用醚后碳四为原料，汽油收率一般为

30%~40%，干气收率小于2%，汽油辛烷值RON 92~94；如果采用轻石脑油为原料，汽油收率一般为60%~70%，干气收率小于2%，汽油辛烷值RON 83~87。

当主要目的产品为芳烃时，芳烃产品收率可以达到50%~60%，饱和液化气(可作为乙烯裂解原料)收率在20%~30%。芳烃产品的组成较为固定，受反应条件和原料组成的影响较小，以质量分数计，芳烃产品的典型组成为：苯20%~25%、甲苯40%~45%、二甲苯20%~25%、重芳烃5%~15%。

第四节　主要设备与机械

芳构化技术目前主要有固定床和移动床两种工艺形式，因为流程有所差异，主要设备和机械也不尽相同，因此下面分别给予介绍。

一、固定床芳构化技术

以一套150kt/a汽油型固定床芳构化装置为例，所需非标设备共23台，其中塔器2台，反应器2台，容器17台，另有加热炉2座，具体设备情况见表6-2-12。

表6-2-12　汽油型固定床芳构化装置设备情况表

项　目	台	项　目	台
塔类	2	空冷	2
反应器	2	加热炉	2
容器	17	机泵	17
冷换设备	14	压缩机	3

塔器主体材料选用16MnR，按GB 150—1998《钢制压力容器》和JB 4710—2000《钢制塔式容器》规定，塔器由于压力不高，介质腐蚀性不强，塔壳体采用16MnR。塔盘选用Q235-A即可，塔盘支撑件全部选用Q235-A。裙座采用20R钢板。

容器壳体材料选Q235-B、20R，压力容器按GB 150—1998《钢制压力容器》和SH 3074《石油化工钢制压力容器》设计，常压容器壳体材料选用Q235-A，常压容器按JB/T 4735—97《钢制焊接常压容器》设计。

反应器二台，为轴向热壁式反应器，反应器内配有入口分配器。反应器上部摆放积垢篮，反应器内设有2~3段催化剂床层。由于反应温度较高，因此设备材质选用15CrMoR。

加热炉二台，为圆筒炉，加热炉炉管选用材质为Cr5Mo。

操作温度低于200℃需保温的设备采用泡沫石棉保温，外包镀锌铁皮；操作温度高于200℃需保温的设备采用硅酸铝镁保温，外包镀锌铁皮。

富气压缩机采用对称平衡式压缩机，双缸单级压缩，一开一备。主电机为增安型高压同步电动机。再生气循环压缩机采用对称平衡型往复式压缩机，组合形式，双缸单级压缩，不设备机，主电机为增安型异步电机。

二、移动床芳构化技术主要设备选型

以一套500kt/a芳烃型移动床芳构化装置为例，介绍移动床芳构化装置的设备情况。

(一) 机械设备

1. 富气压缩机

采用对称平衡式压缩机，双缸、两段压缩，一开一备。主电机为增安型高压同步电动机。其压缩机轴封采用氮气密封，润滑系统分别向压缩机提供润滑油，润滑油站主辅泵由电机驱动。

2. 再生气循环压缩机

采用对称平衡型往复式压缩机，组合形式，双缸单级压缩，一开一备，主电机为增安型异步电机。

3. 氮气循环压缩机

采用对称平衡型往复式压缩机，组合形式，双缸单级压缩，一开一备，主电机为增安型异步电机。

(二) 加热炉

反应加热炉为四合一加热炉，炉管材质为TP347H。

加热炉设置余热回收系统，副产蒸汽，以提高加热炉的热效率，加热炉综合热效率达到90%。

(三) 静设备

1. 选材原则

由于装置设备是在高温高压和含氢介质中操作，因此选用的材质除了符合相应标准规定外，还应遵循以下原则：

(1) 临氢设备应按API RP941—2016《炼油厂和石油化工厂高温和高压临氢作业用钢》中抗氢腐蚀曲线(Nelson曲线)的要求选用材料。

(2) 凡选用的材料，在使用中可能发生各种类型脆性破坏的部位，均应给出相应的控制指标。

(3) 选用国产钢材料制造压力容器时，材料的质量和规格必须符合《压力容器安全技术监察规程》的规定，并且应是上述标准中列出的材料牌号和标准。

(4) 选用国外钢材制造压力容器时，应是国外相应压力容器最新标准所允许使用的钢材，其使用范围不应超出该标准的规定。

(5) 一般内构件的钢材使用温度范围可以按钢材抗氧化极限温度确定。

(6) 与容器壳体直接相焊的内外构件材料应选用与壳体相焊部分同类的材料。

2. 主要设备结构特点

(1) 反应器

反应器介质为高温氢气和油气，按API RP941—2016《炼油厂和石油化工厂高温和高压临氢作业用钢》中抗氢腐蚀曲线(Nelson曲线)的要求选用材料，壳体选用14Cr1MoR材质，采用径向反应形式，反应器内装有约翰逊网中心管及约翰逊网扇形筒。

(2) 再生器

再生器选用不锈钢0Cr17Ni12Mo2(316)，器内装有约翰逊网中心管及约翰逊网外套筒。

(3) 换热器

为了提高传热效率，进料换热器采用双壳层换热器，对于管程介质为循环水的碳钢换热器，换热管采用涂刷TH901防腐涂料的措施进行防腐。装置中的高温换热器为U型管式换热器。根据操作温度的不同选用不同的合金材质，U型管式换热器要求整根材料制造，不允许拼接。

(四) 主要设备汇总

500kt/a移动床芳构化装置，主要设备汇总见表6-2-13。

表 6-2-13 芳烃型移动床芳构化装置设备情况表

项目	台	项目	台
塔类	7	干燥器	1
反应器	4	机泵	48
再生器	1	压缩机	6
容器	45	粉尘收集器	1
换热器	24	其他	54
空冷	12	合计	208
加热炉	4		

第五节 装置消耗、能耗与效益分析

一、固定床芳构化装置的消耗和能耗

以一套 150kt/a 汽油型固定床芳构化装置为例说明固定床芳构化装置的消耗情况。

(一) 催化剂消耗

催化剂及瓷球消耗见表 6-2-14。

表 6-2-14 催化剂及瓷球消耗

项目	初装量/t	正常消耗/(t/a)	项目	初装量/t	正常消耗/(t/a)
催化剂①	54.0	18	ϕ6 瓷球②	1.58m^3	
ϕ3 瓷球②	0.62m^3		ϕ13 瓷球②	3.20m^3	

① 催化剂总寿命三年;

② 瓷球为一次装入量，可重复使用。

(二) 公用工程消耗

装置循环水消耗见表 6-2-15，蒸汽消耗见表 6-2-16，电力消耗见表 6-2-17，燃料气消耗见表 6-2-18，公用工程消耗消耗汇总见表 6-2-19。

表 6-2-15 循环水消耗

名称	工作方式	流量/(t/h)	名称	工作方式	流量/(t/h)
反应产物水冷器	连续	20.1	稳定汽油冷却器	连续	52.3
压缩机出口冷却器	连续	47.6	泵及压缩机冷却	连续	3.0②
稳定塔顶水冷器	连续	223.4	合计		343.4①

① 不包括间歇用量;

② 估算值。

表 6-2-16 1.00MPa(g)低压蒸汽消耗

名称	工作方式	流量/(t/h)	名称	工作方式	流量/(t/h)
吸收解吸塔底再沸器	连续	0.701	蒸塔	间歇	3①②
稳定塔底再沸器	连续	6.455	合计		7.156①
停工用汽	间歇				

① 不包括间歇用量;

② 估算值。

表 6-2-17　泵和空冷器的电力消耗①

名　称	效率/%	轴功率/kW	名　称	效率/%	轴功率/kW
液化气进料泵	40	2.75	富吸收液泵	40	6.33④
石脑油进料泵	40	7.70	反应产物空冷器		10.0②
稳定塔进料泵	40	17.38	富气压缩机		124
压缩机出口凝液泵	30	2.17	再生循环气压缩机		340③
吸收油泵	40	10.09	合计		254.16
稳定塔顶回流泵	40	19.10			

① 最终轴功率和效率数据应由工程承包商根据工艺要求和泵特性确定；除非特别指明，电源为380V，3相，50Hz；

② 电机功率；

③ K2002 耗电量按 15%计入总量；

④ 只在开工时用，未计入总电量。

表 6-2-18　燃料气消耗①

名　称	效率/%	流量/(kg/h)
反应进料加热炉	65	154
反应进料加热炉	65	154
合计		308

① 每台加热炉燃料气的最大耗量约为 260kg/h。

表 6-2-19　公用工程消耗汇总

项　目	消耗指标		备注
	每小时	每吨进料①	
循环水/t	343.4	18.30	
1.00MPa(g)低压蒸汽/t	7.156	0.382	
电/kWh	254.16	13.56	
燃料气/(kg/h)	308	16.43	
仪表风/Nm^3	40②		
工业风/Nm^3	700③		
氮气/Nm^3	700③④		
新鲜水/t	3②		间歇

① 以正常操作时原料总进料 18.75t/h 计，吨消耗只计正常生产时的使用量；

② 估算值；

③ 催化剂干燥及再生时的最大使用量；

④ 催化剂再生/开工一次约需要氮气 4200Nm^3。

二、移动床芳构化装置的消耗和能耗

以一套 500kt/a 芳烃型移动床芳构化装置为例，说明移动床床芳构化装置的消耗情况。

(一) 催化剂消耗

催化剂消耗见表 6-2-20，催化剂总寿命三年。

表 6-2-20 催化剂消耗

项 目	初装量/t	补充量/(t/a)
催化剂	130	5

（二）公用工程消耗

500kt/a 移动床芳构化装置公用工程消耗汇总见表 6-2-21。

表 6-2-21 500kt/a 移动床芳构化装置公用工程消耗

项 目	小时耗量		能耗指标		总能耗	
	单位	数量	单位	数量	$\times 10^4$MJ/a	MJ/t
燃料气	kg/h	2491.2	MJ/kg	41.87	83445.24	1335.12
电	kW	3185	MJ/kWh	10.89	27747.72	443.96
3.5MPa 蒸汽	t	92.08	MJ/t	3684.4	271407.60	4342.52
1.0MPa 蒸汽	t	-74.54	MJ/t	3182	-189749	-3035.98
凝结水	t	-17.35	MJ/t	320.3	-4445.76	-71.13
循环水	t	1573.3	MJ/t	4.19	5273.702	84.38
除氧水	t	9.54	MJ/t	385.19	2939.77	47.04
净化压缩空气	m^3	958.3	MJ/m^3	1.59	1218.958	19.50
氮气	m^3	125	MJ/m^3	6.28	628.00	10.05
合计					198466.2	3175.46

全装置能耗为 3175.46MJ/t 原料，即 75.84kg 标油/t 原料。

第六节 技术发展与应用前景展望

目前绝大多数轻烃芳构化技术还是采用固定床反应器。由于轻烃芳构化反应条件比较苛刻，反应温度高，压力低，一般不临氢操作，催化剂积炭失活较快，单程运转周期只有一个月左右，催化剂需要频繁再生，操作比较烦琐。同时受催化剂运转周期较短的限制，反应苛刻度无法提高。从发展趋势来看，采用移动床技术将是未来轻烃芳构化技术的发展方向。以UOP 公司开发的移动床芳构化 Cyclar 工艺为例，在加工丙烷和丁烷原料时，芳烃收率均能达到 60%以上[42]，而采用固定床芳构化工艺的芳烃产率一般只有 50%～55%，相比移动床工艺还有较大差距。

虽然国内外很多公司都已经开发出了多种轻烃芳构化工艺技术，但这些工艺仍存在很多不足，还有一些亟待改进发展的地方。目前芳构化技术的最大难点在于：如何在保证最大化生产芳烃或富含芳烃的高辛烷值汽油调和组分的同时，尽可能降低干气等低价值副产品的收率，而降低干气产率是未来轻烃芳构化技术研发工作的重点。以目前国际上水平较高的UOP 公司移动床芳构化 Cyclar 工艺为例，采用 C_3/C_4烷烃为原料，芳烃收率最高可以达到66%，是目前现有技术中的最高水平，但该工艺的干气产率也非常高，当丙烷全循环时干气产率可以达到 30%左右，这就严重影响了该技术的经济性。

近来俄罗斯科学院西伯利亚分院的科学家们发现了一种有趣的现象[43]，即在 C_3、C_4烷烃芳构化的同时如果引入部分甲烷，甲烷可以与 C_3、C_4烷烃发生“共芳构化反应”，也就是说甲烷也可以发生芳构化反应生成芳烃，这一现象对降低芳构化干气产率有重要意义，因为芳构化产生的干气主要是甲烷和乙烷，如果甲烷也可以参与到芳构化反应中去，芳构化的干气产率就有希望得到大幅降低。但目前这种共芳构化技术的研究还停留在实验室研究阶段，未见工业应用报道。

由于热力学平衡的限制，轻烃芳构化生产的芳烃产品的分布基本维持在一个较为固定的比例，即苯：甲苯：二甲苯=1：2：1，芳构化的芳烃产物中经济价值较高的 C_8 芳烃比例明显偏低，而苯和甲苯产率较高，也限制了该技术的应用。近年来，苯/甲苯和甲醇的烷基化反应研究得到了人们的广泛关注，苯/甲苯和甲醇反应可以生成甲苯、二甲苯和 C_9 芳烃的混合物，通过该技术可以有效地将苯、甲苯转化为二甲苯和 C_9 芳烃，C_9 芳烃还可以再通过歧化反应得到二甲苯。因此对于目前轻烃芳构化技术苯/甲苯产率较高的问题，借助苯/甲苯和甲醇的烷基化技术可以很好地解决苯/甲苯的出路问题，对芳构化技术的发展有重要意义。目前国内很多单位都在积极开发苯和甲醇的烷基化技术，也取得了很好的进展，有望很快实现工业化。

参 考 文 献

[1] 杨丽娜，由宏君. 浅析干气的综合利用[J]. 当代化工，2003，32(3)：156-157.

[2] 王殿中，何鸣元. 稀乙烯在 ZSM-5 沸石上转化为异丁烯与汽油的反应[J]. 石油炼制与化工，1995，26(8)：59-63.

[3] 曹亮，周丹红，邢双英. HZSM-5 分子筛上乙烯芳构化过程中 C_4 至 C_6 中间体的反应机理[J]. 催化学报，2010，31(6)：645-650.

[4] 罗坚，谭长瑜，董庆年. 丙烯在杂原子分子筛 Ga-ZSM-5 上的芳构化[J]. 石油化工，1990，19(9)：587-592.

[5] Vedrine J C，Dejaifve P. Aromatics formation from methanol and light olefins conversions on H-ZSM-5 zeolite：mechanism and intermediate species[J]. Stud Surf Sci Catal，1980，5：29-37.

[6] Ono Y，Kitagawa H，Sendoda Y. Transformation of butene into aromatic hydrocarbons over ZSM-5 zeolites[J]. J Chem Soc Faraday Trans，1987，83(9)：2913-2923.

[7] Isaguliants G V，Gitis K M，Kondratjev D A，et al. On the formation of hydrocarbon chains in the aromatization of aliphatic olefins and dienes over high-silica zeolites[J]. Studies in Surface Science and Catalysis，1984，18：225-232.

[8] 于海卫，刘盛林，刘伟成. 汽油中烯烃异构和芳构化偶合热力学分析[J]. 石油学报：石油加工，2007，23(2)：51-56.

[9] 姚本镇，陈 瑾，刘殿华. 低碳烷烃无氧芳构化的热力学研究[J]. 天然气化工，2007，33(1)：24-28，46.

[10] 黎小辉，朱建华，郝代军. 液化石油气芳构化反应体系的热力学分析[J]. 石油与天然气化工，2010，39(6)：465-469.

[11] 黎小辉，朱建华，郝代军. 液化石油气芳构化反应体系的热效应分析[J]. 炼油技术与工程，2010，40(11)：10-15.

[12] 袁本旺，丁晓伟，李吉春. C_4 烃芳构化烷基化反应工艺过程热力学分析[J]. 石油炼制与化工，2008，39(1)：34-38.

[13] Csicsery S M I. Dehydrocyclodimerization of butanes over supported platinum catalysts[J]. Journal of Catalysis，1970，17(2)：207-215.

[14] Cattanach J. Catalytic the production of aromatic compounds：美国，3756942[P]. 1973-09-04.

[15] 解红娟，王军威，冯月兰，等. 水热处理 Zn/HZSM-5 催化剂对丙烷芳构化反应的影响[J]. 分子催化，2000，14(4)：289-293.

[16] 闵恩泽. 工业催化剂的研制与开发[M]. 北京：中国石化出版社，1997.

[17] Davies E E，Kolombos A J. Process for converting C_3—C_{12} hydrocarbons to aromatics over gallia-activated zeolite：美国，4180689[P]. 1979-12-25.

[18] Doolan P C，Pujado P R. Make aromatics from LPG[J]. Hydrocarbon Processing International Edition，1989，68(9)：72-74，76.

[19] Kwak B S，Sachtler W M H. Aromatization of propane over Zn/HZSM-5 catalysts prepared by chemical vapor deposition[J]. Korean Journal of Chemical Engineering，1996，13(4)：356-363.

[20] Inui T，Makino Y，Okazumi F，et al. Selective aromatization of light paraffins on platinum-ion-exchanged gallium silicate bifunctional catalysts[J]. Industrial & Engineering Chemistry Research，1987，26(4)：647-653.

[21] Ono Y. Transformation of lower alkanes into aromatics hydrocarbons over ZSM-5 zeolites[J]. Catalysis Reviews-Science and Engineering，1992，34(3)：179-226.

[22] 熊国兴，邵春岩，崔巍，等. 在 ZSM-5 分子筛上引入 Zn、Ga 物种对乙烷芳构化的影响[J]. 石油化工，1994，23(1)：1-6.

[23] Montes A，Giannetto G. A new way to obtain acid or bifunctional catalysts V. Considerations on bifunctionality of the propane aromatization reaction over[Ga，Al]-ZSM-5 catalysts[J]. Applied Catalysis A：General，2000，197(1)：31-39.

[24] Loeffler E，Lohse U，Peuker C，et al. Study of different states of nonframework aluminum in hydrothermally dealuminated HZSM-5 zeolites using diffuse reflectance IR spectroscopy[J]. Zeolites，1990，10(4)：266-271.

[25] Zholobenko V L，Kustov L M，Kazansky V B，et al. On the possible nature of sites responsible for the enhancement of cracking activity of HZSM-5 zeolites dealuminated under mild steaming conditions[J]. Zeolites，1990，10(4)：304-306.

[26] Campbell S M，Bibby D M，Coddington J M，et al. Dealumination of HZSM-5 zeolites：I. Calcination and hydrothermal treatment[J]. Journal of Catalysis，1996，161(1)：338-349.

[27] 尉东光，周敬来，张碧江. HZSM-5 分子筛的水热脱铝研究：I. 氨-FTIR 与吡啶-FTIR 考察[J]. 燃料化学学报，1996，24(2)：103-107.

[28] 解红娟，王心葵. HZSM-5 的水蒸气处理及其对丙烷芳构化反应的影响[J]. 合成化学，1996，4(3)：242-244.

[29] 赵晓东，方向晨，贾立明，等. 改性 HZSM-5 分子筛催化剂芳构化性能研究[J]. 工业催化，2012，20(3)：48-52.

[30] 吕仁庆，罗立文，项寿鹤. 水热处理的 HZSM-5 分子筛的孔结构及活性研究[J]. 石油大学学报：自然科学版，2002，26(3)：97-100.

[31] 吕仁庆，王秋英，项寿鹤. 碱性水蒸气处理对 ZSM-5 沸石酸性质及孔结构的影响[J]. 催化学报，2002，23(5)：421-424.

[32] 罗立文，吕仁庆. 水蒸气处理对 HZSM-5 分子筛催化剂的酸性及孔结构的影响(英文)[J]. 燃料化学学报，2004，32(5)：606-610.

[33] 矫庆泽，蒋大振，郑伟民. Si(CH3)3Cl 修饰的 HZSM-5 酸性及正己烷芳构化的催化性能研究[J]. 高等学校化学学报，1992，13(12)：1603-1605.

[34] 王心葵，解红娟，程爱华，等. 丙烷在磷改性的 HZSM-5 上的芳构化反应[J]. 燃料化学学报，1991，19(4)：298-303.

[35] 高媛，白英芝，施岩，等. 改性对 ZSM-5 分子筛芳构化性能的影响[J]. 化学与黏合，2009，31(2)：54-58.

[36] 叶娜. 纳米 ZSM-5 沸石上 C_4 液化气低温芳构化反应研究[D]. 大连：大连理工大学，2006.
[37] 杨付，王祥生，郭洪臣. 超细 HZSM-5 沸石催化烃类芳构化反应的研究[J]. 分子催化，2004，18(1)：30-35.
[38] 张培青，徐金光，王祥生，等. 纳米 HZSM-5 催化剂催化 C_8 直链烃转化的性能[J]. 催化学报. 2005，26(3)：216-222.
[39] 罗坚，谭长瑜，董庆年. ZSM-5 型杂原子分子筛的合成与催化性能研究概况[J]. 石油化工，1989，18(3)：202-208.
[40] 罗坚，谭长瑜，董庆年. 丙烯在杂原子分子筛 Ga-ZSM-5 上的芳构化[J]. 石油化工，1990，19(9)：587-592.
[41] Choudhary V R，Kinage A K，Choudhary T V. Direct aromatization of natural gas over H-gallosilicate (MFI)，H-galloaluminosilicate(MFI) and Ga/H-ZSM-5 zeolites[J]. Applied Catalysis A：General，1997，162(1-2)：239-248.
[42] Doolan P C，Pujado P R. Make aromatics from LPG[J]. Hydrocarbon Process，1989，68(9)：72-76.
[43] Echevsky G V，Kodenev E G，Kikhtyanin O V. Direct insertion of methane into $C_3 \sim C_4$ parafins over zeolite catalysts[J]. Appl Catal A，2004，258(2)：159-171.

第三章　正丁烯水合脱氢生产甲乙酮

第一节　国内外现状

一、概述

甲乙酮(简称 MEK)又名甲基乙基酮、2-丁酮，是一种优良的有机溶剂，具有优异的溶解性和干燥特性，其溶解能力与丙酮相当，但甲乙酮具有沸点较高，蒸气压较低的优点。

甲乙酮对纤维素酯类(如硝化纤维素、乙基纤维素、醋酸纤维素)、合成树脂(如醇酸树脂、酚醛树脂、聚醋酸乙烯、氯乙烯-醋酸乙烯共聚物、氯乙烯-偏氯乙烯共聚物、香兰酮-茚树脂、对氯基苯磺酰胺树脂、丙烯酸树脂、聚苯乙烯树脂、氯化橡胶、聚氨酯树脂等)具有良好的溶解性能。另外，甲乙酮可与多种烃类溶剂互溶，在磁带、合成革、涂料、胶粘剂和油墨等行业广泛应用。此外，甲乙酮还可用作精制润滑油脱蜡和石蜡脱油的溶剂，用于生产过氧化甲乙酮、甲基戊基酮、甲乙酮肟、丁二酮、甲基假紫罗兰酮等化工产品。在香料、催化剂、抗脱皮剂、抗氧剂以及阻蚀剂等领域，也有较广泛的应用[1]。

工业上生产甲乙酮主要采用正丁烯水合制仲丁醇和仲丁醇催化脱氢制甲乙酮的两步法工艺。传统正丁烯水合过程采用硫酸为催化剂的间接水合法工艺，于 20 世纪 30 年代开始用于工业生产。由于间接水合法存在能耗高、硫酸对设备的腐蚀严重，以及废酸难以回收等问题，自 20 世纪 80 年代以来，采用以非硫酸为催化剂的正丁烯直接水合工艺成为技术主流。直接水合工艺因采用的催化剂不同而有所差异，其中德国 Deutsche Texaco 和中国石化抚顺石油化工研究院采用强酸性离子交换树脂为催化剂，日本出光石化采用杂多酸催化剂，且都已用于工业生产。绝大多数仲丁醇催化脱氢工业装置采用气相法工艺，1955 年法国开发出了液相脱氢工艺，在西班牙建成了 5kt/a 的装置。日本出光石化的 40kt/a 装置也采用液相脱氢工艺。

甲乙酮还可采用正丁烷氧化制醋酸联产法制得，甲乙酮产量约为醋酸产量的 15%～40%。自 UCC 公司 39000t/a 的装置于 90 年代关闭以后，目前世界上仅剩一到两套装置采用该工艺。

60 年代曾出现过正丁烯液相氧化制甲乙酮的工业化生产方法，采用以 $PdCl_2-CuCl_2$ 为催化剂的均相催化体系。由于此方法使用的催化剂中含有氯离子，会造成设备腐蚀，需用耐腐蚀的钛钢材料，且甲乙酮选择性相对较低(86%)，氯化衍生物及正丁醛等副产物过多，分离过程复杂，导致该工艺的经济竞争性较差。但由于正丁烯液相氧化法可以一步生成甲乙酮，工艺相对简单，因此具有一定吸引力。Shell 公司开发的“Spam”苯酚/甲乙酮/丙酮联产工艺，以苯和 C_4 烯烃为原料，也可获得甲乙酮产品。由于该工艺可根据市场情况灵活调整产品产量，因此具有一定的市场竞争性。

甲乙酮自 20 世纪 60 年代实现工业化生产以来，其产量以年均 5%～10%的速度递增[2]。

截至 2016 年底，全球甲乙酮(包括中国大陆)总生产能力为 1.546Mt/a，产能主要集中在东北亚和西欧地区。2015 年全球甲乙酮的表观消费量为 1.11Mt。预计 2020 年全球甲乙酮表观消费量将达 1.25Mt[3]。

我国现有甲乙酮生产企业十余家，除泰州石化和黑龙江石化公司的两套装置为20世纪90年代引进德国DeutcheTexaco公司技术之外，其他装置均采用中国石化抚顺石油化工研究院自主开发的甲乙酮生产成套技术。2016年国内甲乙酮装置生产能力约687kt/a。

预计2020年世界甲乙酮需求量将达到1.25Mt，2015~2020年间年均需求增长率为2.4%。其中，美国需求量将达到155kt，同期年均增长率为0.9%；西欧需求量将达到160kt，同期年均需求增长率0.7%；亚洲地区需求量将达到792kt，年均需求增长率3.1%，高于世界同期的平均增长速度。2015~2020年，在涂料溶剂、黏合剂以及印刷油墨领域的消费，仍将是未来拉动甲乙酮需求增长的主要拉动力。

二、国内外生产状况

(一) 国外基本生产状况

1. 世界生产能力

2016年世界甲乙酮的生产能力为1.545Mt/a，生产装置主要集中在东北亚地区的中国、日本以及韩国等国家以及西欧地区的英国、德国和荷兰。东北亚地区的生产能力占世界甲乙酮总生产能力的74.3%，西欧占18.4%。表6-3-1列出世界主要甲乙酮生产厂商及产能。

表6-3-1　2016年世界甲乙酮主要生产企业和生产能力　　kt/a

产能排序	公司名称	产能	产能排序	公司名称	产能
1	日本丸善	170	9	泰州东联	80
2	山东齐翔腾达	160	10	英国英力士	65
3	中国石油	155	11	南非沙索	55
4	埃克森美孚	135	12	韩国SK	50
5	台湾合成化学	120	13	巴西Oxiteno Nordeste公司	42
6	湖南中创	100	14	其他	232
7	日本东然	97	合计		1546
8	荷兰壳牌	85			

2. 新建装置情况

未来几年，全球无大型甲乙酮装置新建计划。

3. 产量及市场需求与预测

预计今后几年，全球对甲乙酮的需求将呈缓慢增长的态势，各大厂商都已经排除了在欧洲新建甲乙酮生产装置的可能性。而亚洲和独联体地区未来几年对甲乙酮的需求量还将持续稳步增长。

由于甲乙酮有些领域应用，还无法被其他化学品所代替，因此随着市场需求的不断增长，以及近期美国壳牌化学公司关闭了其在路易斯安那州诺科地区的一套136kt/a甲乙酮生产装置，使得北美地区甲乙酮的生产能力减少了约43%，产能过剩状况得到了一定的缓和。预计2015~2020年全球甲乙酮需求的年均增长率约为2.4%，这种需求增长大于产能增长的态势将逐渐缓解全球甲乙酮市场产能过剩的局面。预计2020年全球甲乙酮消费量将达1.25Mt(以年均2.4%计)。

4. 用途及分布

在2015年全球1.11Mt甲乙酮消费量中，涂料溶剂占44.27%，胶粘剂占17.73%，油墨占 9.00%，化学中间体占 2.36%，润滑油脱蜡占 3.73%，磁带占 0.55%，其他占 22.36%。表 6-3-2 为 2015 年美国、西欧、日本及全球的甲乙酮用途分布。其在各领域的应用与预测为：

（1）涂料：在涂料方面，甲乙酮主要用作高档涂料的溶剂，如聚氨酯涂料、环氧树脂涂料、丙烯酸酯涂料以及乙烯基涂料等。此外，环氧树脂类、丙烯酸酯类、乙烯基等涂料在甲乙酮消费中也占一定份额。2015～2020 年美国、西欧和日本在该领域的消费增速分别为 0.8%、0.52%和 0.66%。

（2）润滑油脱蜡：在炼油厂传统的润滑油生产过程中，采用的脱蜡溶剂主要有极性溶剂和非极性溶剂。极性溶剂(如酮类、二氯乙烷等)对蜡具有较好的选择性，但对脱蜡油的溶解能力则欠佳；而非极性溶剂(如苯类、丙烷类)多对脱蜡油具有较好的溶解能力，但对蜡的选择性欠佳。为此，国内外大多数溶剂脱蜡装置一般是根据需要将极性溶剂和非极性溶剂以一定比例混合后再加以使用。如今工业上广泛使用的脱蜡溶剂主要是各种酮和苯类的混合溶剂。

（3）黏合剂：在黏合剂的生产过程中，甲乙酮主要用于溶剂型黏合剂，尤其是聚氨酯类黏合剂。如今欧美等发达国家 80%～90%的鞋用胶都采用聚氨酯胶粘剂，另外，聚氨酯胶粘剂在建筑、高速公路、飞机跑道嵌缝材料、高层建筑玻璃密封材料等方面的应用也在不断增加。美国在该领域的消费增速最快，2015～2020 年达 3.1%。

（4）油墨：甲乙酮在油墨中也是作为溶剂使用。首先，颜料、树脂等溶于溶剂中(此时为稠料，固含量较高)，然后研磨。当颜料达到一定的细度之后，再加入溶剂，使之达到适当的浓度。用作低档油墨的溶剂主要为甲苯、酯类，较高档的油墨使用甲乙酮作为溶剂，中高档的产品必将逐步代替低档产品，甲乙酮在油墨方面的需求量也将不断扩大。日本和西欧在该领域的消费增速最快，2015～2020 年分别为 4.43%和 1.34%。

（5）聚氨酯合成革：溶剂在聚氨酯革的生产中主要在两个过程中使用，即聚氨酯浆料的生产、聚氨酯革的制造。聚氨酯革的制造主要分为干法和湿法，干法使用的浆料主要以甲乙酮或 DMF 为溶剂，湿法使用的浆料主要以 DMF 为溶剂，革的制造过程也基本使用与浆料同样的溶剂。预计今后 PU 革的消费增长会使甲乙酮的需求量显著增多。

（6）其他方面：甲乙酮还可用作磁带生产中的优良溶剂，也可用于制备过氧化物、甲基戊炔醇等。

表 6-3-2　2015 年美国、西欧、日本及全球甲乙酮用途分布

用　途	美国		西欧		日本		全球	
	数量/kt	比例/%	数量/kt	比例/%	数量/kt	比例/%	数量/kt	比例/%
涂料溶剂	78.0	52.70	96.0	62.01	54.5	47.77	491.4	44.27
黏合剂	24.0	16.22	24.5	15.83	—	—	196.8	17.73
磁带	8.0	5.41	—	—	3.4	2.98	6.1	0.55
润滑油脱蜡	9.0	6.08	—	—	—	—	41.4	3.73
化学中间体	11.0	7.43	8.1	5.23	5.9	5.17	26.2	2.36
油墨	7.0	4.73	10.2	6.59	28.9	25.32	99.9	9.00
其他	11.0	7.43	16.0	10.34	21.4	18.76	248.2	22.36
合计	148.0	100.00	154.8	100.00	114.1	100.00	1110	100.00

(二) 国内基本生产状况

1. 国内生产能力

我国早在20世纪60年代就开始生产甲乙酮。1966年抚顺石油化工公司石油二厂建成我国首套甲乙酮生产装置，生产能力为1700t/a。该装置采用正丁烯硫酸间接水合制仲丁醇，再进一步脱氢工艺，由于催化剂活性低，生产过程中产生大量的废酸，处理困难，加上设备腐蚀严重、所得产品质量较差，产量只有200~300t。进入20世纪90年代以后，我国甲乙酮生产开始有较大发展，相继建成了几套生产装置。江苏泰州石油化工总厂从西德爱德安尼努(EDE LEA Nu)公司引进技术，利用扬子石化公司提供的裂解抽余C_4馏分为原料，采用酸性离子交换树脂为催化剂，直接水合制得仲丁醇，再经气相脱氢生产甲乙酮。1991年建成投产一套7300t/a甲乙酮生产装置，1999年扩能至10kt/a；1992年江苏正丹集团公司建成投产一套1500t/a甲乙酮生产装置；1995年黑龙江石油化工厂从德国引进正丁烯直接水合气相脱氢生产甲乙酮技术，建成一套12kt/a生产装置。目前该装置运转良好，产品质量和产量以及主要原材料消耗等指标均已达到或超过国外同类型技术水平。

中国石化抚顺石油化工研究院开发了具有我国自主知识产权的甲乙酮成套技术。2001年11月，山东淄博市齐翔腾达化工有限公司采用抚顺石油化工研究院研制开发的甲乙酮成套技术，建成并投产了生产规模为20kt/a的甲乙酮生产装置，生产出优质的仲丁醇和甲乙酮产品，结束了我国大型甲乙酮成套技术长期以来依靠引进的历史。此后，中国石油抚顺石化公司石油化工二厂、新疆独山子天利高新技术有限公司、延边龙铁石化有限责任公司、哈尔滨石化分公司、兰州炼油化工总厂、河北中捷石化公司、宁波海越新材料股份有限公司等均采用抚顺石油化工研究院技术相继建成了多套甲乙酮生产装置。

2005年国内甲乙酮生产能力217kt/a，到2008年产能增加到294kt/a，2012年达到470kt/a，截至2016年底，我国甲乙酮的总生产能力达到687kt/a。除黑龙江石油化工厂和江苏泰州石油化工厂为引进德国技术外，其余均为国产技术[4]。目前国内主要生产厂家和生产能力见表6-3-3。

表6-3-3　目前国内甲乙酮主要生产厂家及其生产能力[5,6]

生产厂家名称	地址	生产能力/(kt/a)	采用技术
中国石油抚顺石油化工厂	辽宁抚顺	55	树脂法制仲丁醇，气相法脱氢，国内技术
泰州石化总厂	江苏泰州	30	树脂法制仲丁醇，气相法脱氢，国内技术
黑龙江化工厂	黑龙江大庆	12	树脂法制仲丁醇，气相法脱氢，引进德国技术
山东齐翔腾达化工有限公司	山东淄博	160	树脂法制仲丁醇，气相法脱氢，国内技术
新疆天利高新技术股份有限公司	新疆独山子	40	树脂法制仲丁醇，气相法脱氢，国内技术
中国蓝星哈尔滨石油化工公司	黑龙江哈尔滨	40	树脂法制仲丁醇，气相法脱氢，国内技术
河北中捷石化集团公司	河北沧州	30	树脂法制仲丁醇，气相法脱氢，国内技术
中国石油兰州石油化工公司	甘肃兰州	60	树脂法制仲丁醇，气相法脱氢，国内技术
泰州东联化工有限公司	江苏泰州	80	树脂法制仲丁醇，气相法脱氢，国内技术
山东东明梨树化学有限公司	山东菏泽	40	树脂法制仲丁醇，气相法脱氢，国内技术
宁波海越新材料有限公司	浙江宁波	40	树脂法制仲丁醇，气相法脱氢，国内技术
湖南中创化工股份有限公司	湖南岳阳	100	树脂法制仲丁醇，气相法脱氢，国内技术

2. 生产及消费情况

2010 年开始，我国已经从一个甲乙酮净进口国成为净出口国，2012 年出口量 102kt，同比增长 9.53%，是近年来出口最大的年份。我国甲乙酮产品主要出口到韩国、印度、美国、印度尼西亚和日本等国家和地区。表 6-3-4 为 2005~2016 年我国甲乙酮的供需平衡状况。

表 6-3-4 2005~2016 年我国甲乙酮供需平衡状况 kt

年份	产量	进口量	出口量	表观消费量	自给率/%
2005	145	121	33	232	62.2
2006	158	95	28	224	70.4
2007	220	88	19	289	76.2
2008	270	50	18	302	89.6
2009	290	43	29	304	95.4
2010	352	30	42	340	103.5
2011	353	22	93	282	125.2
2012	361	6	102	265	136.2
2013	366	3	64	305	120.0
2014	425	2	93	334	127.2
2015	450	2	91	361	124.7
2016	490	1	93	393	124.7

3. 消费领域

从消费领域看，我国甲乙酮主要消费在涂料和黏结剂两大领域，消费量占总量的 80% 以上。此外甲乙酮在润滑油脱蜡、磁带、油墨、合成革以及化工产品的生产方面也有一定的应用。2016 年我国甲乙酮的消费结构如表 6-3-5 所示。

近年来，随着我国建筑、建材、住宅家具、广告装饰、汽车、电子电器等行业的飞速发展，对高档涂料等的需求量日益增加，使得我国甲乙酮的表观消费量不断增加。

表 6-3-5 我国甲乙酮的用途分布

用途	2016 年		用途	2016 年	
	用量/kt	比例/%		用量/kt	比例/%
涂料	202	51.5	油墨	20	5.1
黏结剂	118	30.0	其他	21	5.3
润滑油脱蜡	32	8.1	合计	393	100.0

三、国内外生产技术

(一) 国外生产技术

甲乙酮生产方法有正丁烯法、正丁烷液相氧化法、丁二烯催化水解法、丁烯液相氧化法、异丁苯法、异丁醛异构化法和发酵法等十余种，但已经工业化的生产方法只有正丁烯法、正丁烷液相氧化法和异丁苯法三种。其中正丁烯两步法是目前国内外甲乙酮工业化生产过程普遍采用的方法。

1. 正丁烯法

正丁烯法[7]生产甲乙酮有一步法和两步法之分。一步法是正丁烯在含有催化剂的溶液中直接与氧气发生反应生成甲乙酮。该法因反应选择性低，目前并没有用于工业化生产。正丁烯两步法是先将正丁烯水合生成仲丁醇，然后脱氢生成甲乙酮。该法是目前世界上生产甲乙酮最主要的方法，其产量约占世界甲乙酮总产量的80%。

(1) 正丁烯水合制仲丁醇

目前，工业上正丁烯水合制仲丁醇的方法主要有以硫酸为催化剂的间接水合法和以离子交换树脂或杂多酸为催化剂的直接水合法两种工艺。

① 硫酸法间接水合工艺。

硫酸法正丁烯间接水合工艺是生产仲丁醇的传统方法。工业装置始建于20世纪30年代，目前已经有ExxonMobil、Shell、日本丸善石油化学等公司拥有各自的专利生产技术。用浓度为80%左右的硫酸吸收经预处理的混合C_4馏分中的正丁烯，反应生成丁基硫酸酯，丁基硫酸酯再经水解得到仲丁醇水溶液，再经精馏制得仲丁醇。反应压力为0.5MPa，反应温度为26~27℃，硫酸与正丁烯比为1.2∶1(摩尔比)，正丁烯转化率为92%~93%，仲丁醇选择性为85%。该法技术成熟，对原料正丁烯纯度要求不苛刻，反应条件比较温和，工艺简单，操作容易控制，不足之处是生产过程中产生大量的稀酸，设备腐蚀严重，三废较多，装置投资较大。图6-3-1为德国Deutsche Texaco硫酸法间接水合工艺的流程图。

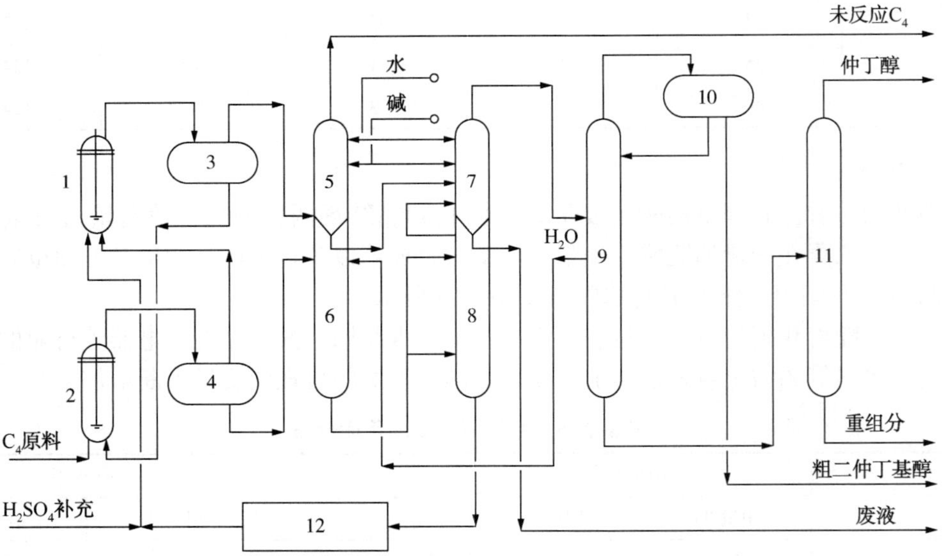

图6-3-1　德国Deutsche Texaco硫酸法间接水合工艺流程图

1，2—酯化反应器；3，4—液-液分离器；5—未反应C_4洗涤塔；6—预水解塔；7—仲丁醇中和塔；8—主水解塔；9—仲丁醇脱轻组分塔；10—液-液分离器；11—仲丁醇脱重组分塔；12—硫酸提浓工序

② 树脂法直接水合工艺。

该法由德国RWE-DEA公司于1984年开发成功，是目前国内外生产仲丁醇最主要的方法。以树脂为催化剂，正丁烯通过酸催化生成仲丁醇，反应在三相条件下进行，反应温度为150~170℃，反应压力为5.0~7.0MPa，水与正丁烯配比约为1∶1(摩尔比)，树脂多选用耐热性好的强酸性阳离子交换树脂。该法工艺流程简单，产品回收精制容易，三废少，对设备腐蚀性小，仲丁醇选择性高，不足之处是对原材料正丁烯要求较高，一般要求C_4馏分中正丁烯含量要高于90%。另外，树脂催化剂耐高温性能较差，寿命短，易失活，正丁烯单程转化率较低(不高于10%)。工艺流程参见图6-3-2。

③ 杂多酸法直接水合工艺。

该技术由日本出光兴产公司于1985年开发成功，正丁烯在杂多酸催化作用下直接水合制得仲丁醇。杂多酸催化剂的主要成分是磷钼酸，同时加入有机金属化合物添加剂。反应温度为200~230℃，反应压力为19.0MPa左右，仲丁醇选择性大于99%。在该反应中，正丁烯既是反应物，同时也对产物仲丁醇起着超临界萃取作用。该工艺流程简单，催化剂性能稳定，寿命长，反应为气-液相反应，反应器效率较高，高沸点副产物不在反应器内积存。不足之处是正丁烯单程转化率低，反应需要在高压和较高温度下进行。工艺流程见图6-3-3。

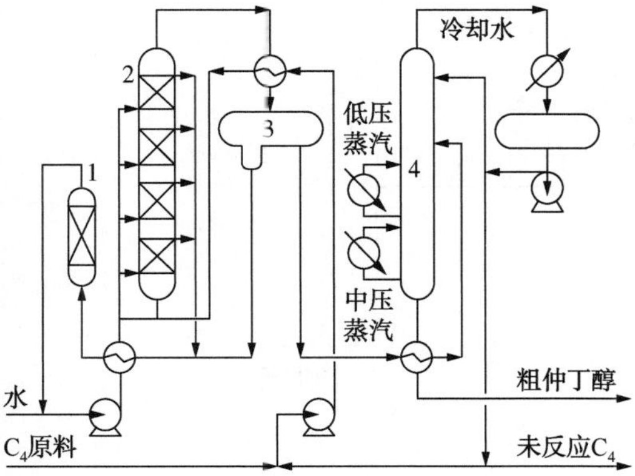

图6-3-2　树脂法正丁烯直接水合工艺流程

1—阴离子交换柱；2—水合反应器；

3—液-液分离器；4—脱C_4塔

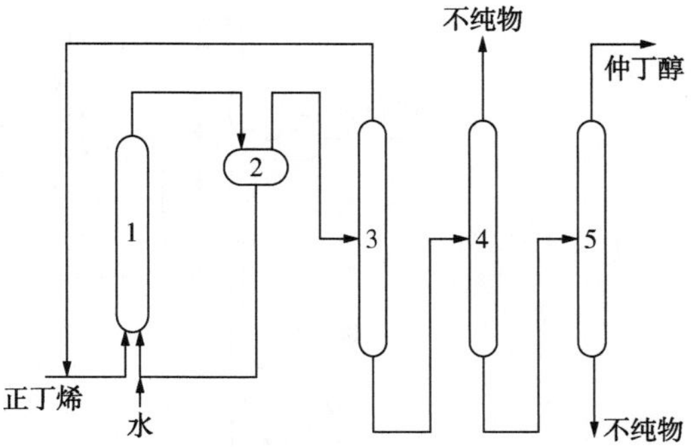

图6-3-3　以杂多酸为催化剂的

正丁烯直接水合工艺流程

1—水合反应器；2—液-液分离器；

3—脱丁烯塔；4—脱长塔；5—仲丁醇精馏塔

④ 不同工艺的比较见表6-3-6。

表6-3-6　正丁烯水合生成仲丁醇不同生产工艺的比较

项目名称	树脂法直接水合工艺	杂多酸法直接水合工艺	硫酸法间接水合工艺
原料纯度要求	必须提浓	必须提浓	无须提浓
单程转化率/%	10	5	单程90
总转化率/%	85	85	95
催化剂	固相强酸性磺酸型阳离子交换树脂	液相杂多酸加入添加剂改善选择性	硫酸
反应压力/MPa	5.0~7.0	19.0	0.5
反应温度/℃	150~170	200~230	26~27
控制要求	高	高	低
三废情况	冲洗水	冲洗水	酸性废水
能耗	低	较高	高
设备腐蚀	很小	很小	较严重
维修费用	低	低	高
投资费用	较低	较低	较高

(2) 仲丁醇脱氢制甲乙酮

仲丁醇脱氢制甲乙酮的方法可分为气相脱氢和液相脱氢两种工艺。

① 仲丁醇气相脱氢。

这是目前工业上生产甲乙酮普遍采用的方法。采用氧化锌或锌铜合金为催化剂，将仲丁醇加热汽化，在反应温度 355~375℃、反应压力 0.34MPa 下，于脱氢反应器中进行脱氢反应，反应产物经冷凝分离得到甲乙酮，仲丁醇的转化率及甲乙酮的选择性均在 90%以上。不足之处是产品纯度较低，催化剂寿命较短。流程参见图 6-3-4。

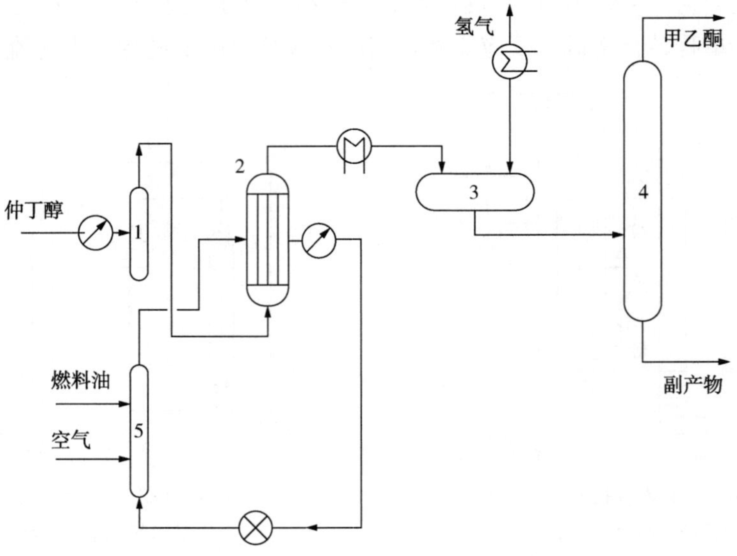

图 6-3-4　德国 Deutsche Texaco 公司的仲丁醇气相脱氢流程

1—仲丁醇气化器；2—反应器；3—气-液分离器；4—精馏塔；5—导热油加热

② 仲丁醇液相脱氢。

以骨架镍或亚铬酸铜作催化剂，反应温度控制在 150~200℃常压操作，仲丁醇的单程转化率低，但甲乙酮的选择性在 99%以上。该法具有工艺流程简单，催化剂寿命长，产品分离简单，能耗低，产率高等优点，不足之处是仲丁醇的单程转化率低于气相法。

液相脱氢法为法国石油研究院 60 年代开发成功的技术，早期只有西班牙一个小厂使用此技术，1985 年日本出光兴产公司也采用此工艺，其工艺流程如图 6-3-5 所示。

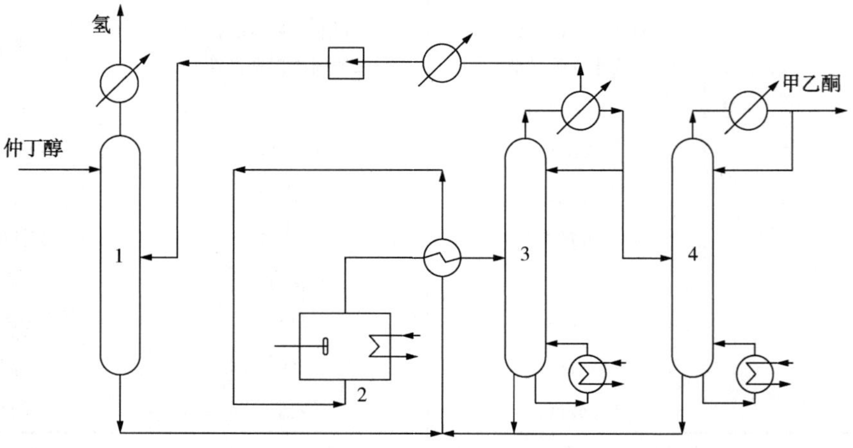

图 6-3-5　仲丁醇液相脱氢的流程图

1—吸收塔；2—反应器；3—第一精馏塔；4—第二精馏塔

③ 两种工艺的比较见表6-3-7。

表6-3-7　仲丁醇脱氢工艺比较

项目名称	气相脱氢工艺	液相脱氢工艺
催化剂	氧化锌	悬浮于聚异丁烯溶液中的骨架镍
反应温度/℃	355~375	150~200
反应压力/MPa	0.34	常压
反应器	列管式，较小	釜式，较大
加热介质	直接火	蒸汽
单程转化率/%	约85	25~30
选择性/%	100	99.5
催化剂再生周期	无须再生	
催化剂寿命/a	3	

2. 丁烷液相氧化法

丁烷液相氧化法的主要产品是醋酸，甲乙酮是该工艺的副产品（约为醋酸产量的16%）。美国联合碳化物公司以及塞拉尼斯公司均采用此法生产甲乙酮。目前美国约20%的甲乙酮通过该法得到。该工艺为气-液相反应，催化剂为醋酸钴-醋酸钠，溶剂为醋酸，反应温度为160~165℃，压力为5.6MPa，甲乙酮和醋酸的质量比约为0.4∶1，副产物主要为醋酸乙酯、丙酸、乙醛等。该法的缺点是产物回收分离系统复杂，投资高，能耗大，目前正逐步被淘汰。

3. Shell公司"Spam"苯酚/甲乙酮/丙酮联产工艺

Shell公司成功开发了共氧化制苯酚联产甲乙酮和丙酮的工艺，采用苯和C_4烯烃为原料，先生成仲丁基苯（SBB），然后SBB再与异丙苯共氧化生成苯酚，并联产甲乙酮和丙酮。2005年新加坡某公司采用该新工艺建成一套苯酚产能为300kt/a的工业装置，同时副产138kt/a甲乙酮和74kt/a丙酮。甲乙酮作为副产品，可提升该工艺的总体经济性。

4. 其他方法

制得甲乙酮还有许多方法，如异丁烯氧化法、异丁醛异构化法、混合C_4氧化法等。在资源日益短缺、原油价格大幅振荡时期，生物发酵法制备甲乙酮工艺也是一种有发展前景的生产路线。

（二）国内生产技术

1. 生产技术现状

为了解决长期以来我国甲乙酮的生产技术都是从国外引进的被动局面，从20世纪90年代初期开始，抚顺石油化工研究院（FRIPP）开始自主研发甲乙酮成套生产技术。1991年，甲乙酮成套生产技术列入中国石化攻关项目；1992年，正丁烯水合制仲丁醇和仲丁醇脱氢制甲乙酮技术通过了中国石化总公司组织的技术鉴定；1994年，正丁烯水合制仲丁醇多段反应器工艺及催化剂研究通过了中国石化总公司组织的技术鉴定。FRIPP先后完成了丁烯水合中试放大试验、降低水合反应器床层阻力降试验、耐温树脂催化剂新工艺的研究、研制开发高效脱氢催化剂等，为该技术实现工业化奠定了基础。该院在甲乙酮催化剂研究中坚持技术创新，开发的合成甲乙酮催化剂的强度、活性及选择性均达到国外同类催化剂先进水平，获得了多项中国专利和外国专利授权，形成了具有自主知识产权的甲乙酮成套技术，使FRIPP成为世界上第二家拥有甲乙酮成套技术的专利商。国内多家企业采用该院研制开发的甲乙酮成套技术建成多套甲乙酮生产装置，单套装置生产能力逐渐从20kt/a提高到40kt/a。

2. 国内生产装置[8]

2001年11月，山东淄博市齐翔腾达化工有限公司采用FRIPP研制开发的甲乙酮成套技术，建成并投产20kt/a的甲乙酮生产装置，该技术与世界先进技术的对比见表6-3-8。

表6-3-8 FRIPP的甲乙酮技术与世界参比技术的对比

项　　目	FRIPP技术	国外参比技术
水合工段		
原料丁烯浓度/%	97	97
反应温度/℃	150~155	160
反应压力/MPa	6.0~7.0	6.0
进料空速/h^{-1}	1.0~1.3	1.5
水烯分子比	1.6~2.0	1.0
正丁烯单程转化率/%(mol)	8.0~11.0	6.0
正丁烯总转化率/%(mol)	90	90
仲丁醇选择性(对正丁烯)/%(mol)	≥96	≥95
丁烯循环比	10.2	14
仲丁醇产率/(g/hL)	80	73
催化剂体积/m^3	23.3	22
脱氢工段		
反应温度/℃	260	260
反应压力/MPa	0.1	0.2
进料空速/h^{-1}	3.6~4.0	4.0
仲丁醇转化率/%(mol)	>80	>80
甲乙酮选择性/%(mol)	>96	>95
催化剂运转周期	>3500h	6~8周
丁烯单耗/(t/t甲乙酮)	0.970	0.998
综合能耗/(GJ/t甲乙酮)	37.00	37.13

从表6-3-8可以看出，采用FRIPP技术，尽管催化剂的体积略有增加，但由于起始的反应温度低，达到的反应转化率高，这样可以延长催化剂的使用周期；丁烯的循环比低，可以降低丁烯循环量。

中国石油兰州石油化工公司2004年采用FRIPP技术建成一套30kt/a甲乙酮装置，其产品质量指标与国外产品对比结果见表6-3-9。由表6-3-9可见，甲乙酮产品的纯度、杂质水及醇含量均优于国内典型水平，杂质仲丁醚含量、色度及酸度均与国内同类装置保持一致；除酸度外，其余指标均达到或超过国外同类产品典型水平。

表 6-3-9 甲乙酮成品的质量标定结果

项目	指标	典型值		标定结果
		国内	国外	
纯度/%	≥99.5	99.8	99.8	99.9
醇类/%	≤0.40	0.05	0.02	0.02
水分/%	≤0.20	0.02	0.01	0.01
仲丁醚/%	≤0.20	0.02	0.05	0.02
色度/号	<10	7	7	7
酸度/%	≤0.003	0.002	0.001	0.002

FRIPP 开发的甲乙酮生产技术，除了使用自主开发的不同于引进技术的水合催化剂和脱氢催化剂外，在工艺方面，还做了如下改进：

（1）水合反应采用低空速、高水烯比的操作条件，循环烯烃少，能耗低；

（2）加入循环水共沸塔；

（3）回收反应后水溶液中的仲丁醇，提高仲丁醇收率；

（4）降低循环水中的仲丁醇浓度，提高反应转化率；

（5）降低循环水处理过程中排放的有机物含量，降低污染程度；

（6）脱氢催化剂的运转周期更长。

第二节 原料要求

以抚顺石油化工研究院开发甲乙酮成套生产技术为例，简述甲乙酮工艺对原料的要求。

一、水合工段

（一）碳四原料中正丁烯含量

C_4原料中正丁烯的浓度对转化率的影响几乎呈线性关系，正丁烯浓度越高，转化率越高。水合反应的单程转化率较低，大量未反应的丁烯需循环使用。丁烯的循环比定义为：

$$\text{循环比}=\frac{\text{循环 }C_4\text{烃量}}{\text{新鲜 }C_4\text{烃量}}=\left(\frac{\text{丁烯总转化率}}{\text{丁烯单程转化率}}-1\right)\times\frac{\text{新鲜丁烯浓度}}{\text{循环丁烯浓度}}$$

为了维持反应器入口正丁烯的浓度不变以及较高的总转化率，需要高浓度的新鲜原料。新鲜原料正丁烯浓度的变化对反应器入口丁烯浓度影响很大，如新鲜原料丁烯浓度从97%增加到99%，反应器入口丁烯浓度可由79%提高到89%。因此，要求新鲜原料中正丁烯浓度大于97%并尽可能保持稳定。若新鲜原料中正丁烯含量较低，反应器入口处正丁烯浓度会随着总转化率的提高而迅速下降，从而造成单程转化率的降低和循环比的突增，使能耗增加，催化剂的时空产率降低。

（二）碳四原料和水中杂质含量

进料中含有铁离子、氧、腈类、二烯类、炔烃和硫化氢等杂质均会对催化剂的失活产生影响，有些会影响产品质量，应严格控制。

1. 铁离子及氧含量

铁离子及其他阳离子可置换出树脂催化剂上的氢离子，降低催化剂酸性中心数量。铁单质在氧存在下，可生成过氧化物，该过氧化物与苯乙烯–二乙烯基苯共聚物发生反应，将芳香环从聚合物主链中分离出来，损坏树脂的交联结构。所以，进料丁烯和水中的氧含量要控制到最低程度。

除此之外，氧还是烯烃聚合的良好引发剂，导致链式反应。过多的氧还会引起爆炸，因此，开车前要置换出系统中的氧气。

2. 腈类

进料中应不含有腈类物质。因为腈在酸性催化剂存在下生成铵，遍布催化剂床层，影响催化剂的扩散性能。

3. 二烯类

二烯类具有很强的生成胶质倾向，胶质会堵塞催化剂孔道，也使产品带有难闻的臭味和很深的颜色。

4. 炔烃

炔烃可以与水反应生成醛，更易发生自身聚合。在不同的反应条件下，可生成不同深度的聚炔酯。聚炔酯是一种松散而质轻的棕色粉末，在水合反应器前的管道及设备中大量生成的聚炔酯会造成管道堵塞，并被带入水合反应器，造成催化剂被覆盖，致使催化剂活性迅速下降。聚炔酯较轻且易燃烧，当设备打开时，聚炔酯粉末易在空气中飘浮飞扬，一旦有火种存在，便会引起爆炸。

5. 硫化氢

硫化氢易与烯烃加成生成硫醇、硫醚等化合物，使产品产生异味。

(三) 工艺水中仲丁醇含量

由于水合反应为可逆反应，其平衡转化率较低，进料水中含有反应产物仲丁醇将会使反应平衡向左移动，导致丁烯的转化率降低。为此，应严格控制循环工艺水中的仲丁醇含量，要求控制在0.5%以下。

二、脱氢工段

(一) 仲丁醇的纯度

在FDH型催化剂上进行的仲丁醇脱氢反应要求所用的仲丁醇原料纯度越高越好。但实际进入脱氢反应器的仲丁醇中往往含有5%~10%的甲乙酮。实验证明仲丁醇中含有7%的甲乙酮对脱氢反应无明显影响。

(二) 杂质含量

(1) 重质物含量越低越好。因为重质物含量高，容易在催化剂表面富集，导致催化剂失活加快。一般要求仲丁醇中的重质物含量不要超过0.05%。

(2) 水含量尽量低。过多的水含量会增加甲乙酮的分离精制的难度，同时，又可能导致催化剂的长周期运转后容易粉化。

(3) 硫、卤素等具有氧化性元素和硫酸根等阴离子含量也要严格控制。这些组分的存在将使催化剂永久中毒，失活催化剂无法再生，所以要严格控制它们的含量，一般要求控制在2mg/kg以下。

第三节　化学反应机理与催化剂

以抚顺石油化工研究院开发甲乙酮成套生产技术为例，简述甲乙酮工艺中水合工段和脱氢工段涉及的化学反应机理和催化剂。

一、水合反应机理及催化剂

（一）水合反应机理

n-丁烯水合反应如下：

$$n\text{-}C_4H_8+H_2O=\!=\!=CH_3CH(OH)CH_2CH_3+Q$$

该反应为放热反应：1-丁烯，$Q=43\text{kJ/mol}$；顺-2-丁烯，$Q=38.6\text{kJ/mol}$；反-2-丁烯，$Q=36.5\text{kJ/mol}$。

主要副反应：

$$C_4H_9OH+n\text{-}C_4H_8=\!=\!=CH_3CH_2(CH_3)CHOCH(CH_3)CH_2CH_3$$

$$2C_4H_9OH=\!=\!=CH_3CH_2(CH_3)CHOCH(CH_3)CH_2CH_3+H_2O$$

二仲丁基醚(SBE)

丁烯水合反应遵循碳正离子反应机理，三种直链丁烯质子化后形成相同的仲丁基碳正离子：

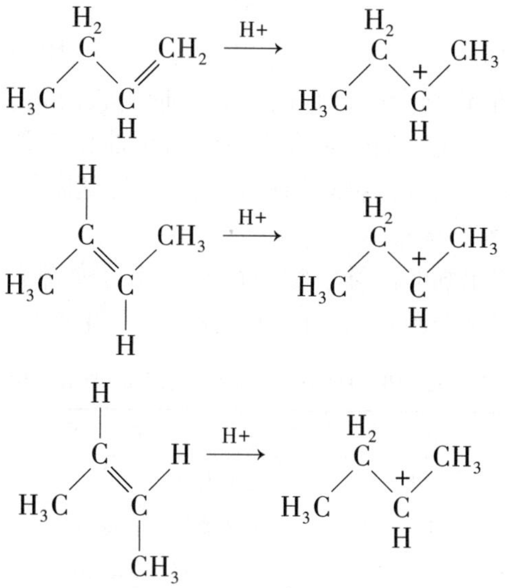

以上反应均为可逆反应，仲丁基碳正离子与水反应生成仲丁醇。

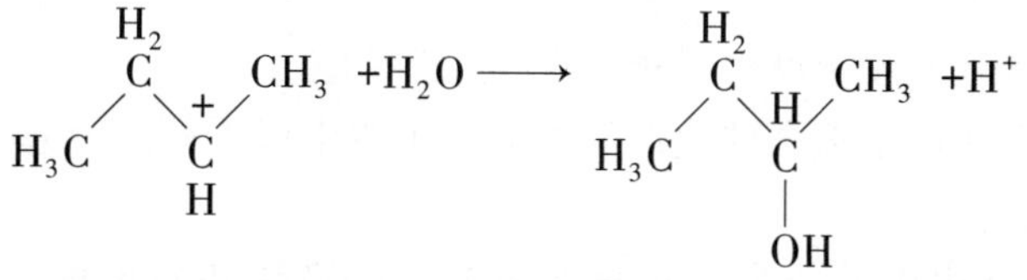

热力学数据计算结果表明，丁烯的三种异构体水合生成仲丁醇的平衡常数相差不多，以1-丁烯为初始原料，其平衡常数略高一些。

在丁烯水合反应的温度、压力条件下，仲丁醇在丁烯相中的浓度，通常要大大高于通过气液平衡关系推测的数据。从仲丁醇-水-C_4三元系统液-液平衡相图可以看出，仲丁醇在水相中的浓度很低，相应在丁烯相中仲丁醇的浓度却很高。即在反应的同时，产物仲丁醇从水相向丁烯相移动。

利用C_4烃萃取仲丁醇，尽可能多地将仲丁醇萃取到烃相中，从而使难分离的仲丁醇和水转变为易分离的仲丁醇和C_4烃，以此可简化产品分离流程。

（二）水合催化剂

1. 水合催化剂的结构及合成

水合反应所用的催化剂是以苯乙烯和二乙烯苯交联聚合物经溴化、磺化制得的 DNW 型阳离子交换树脂催化剂。其结构示意如下：

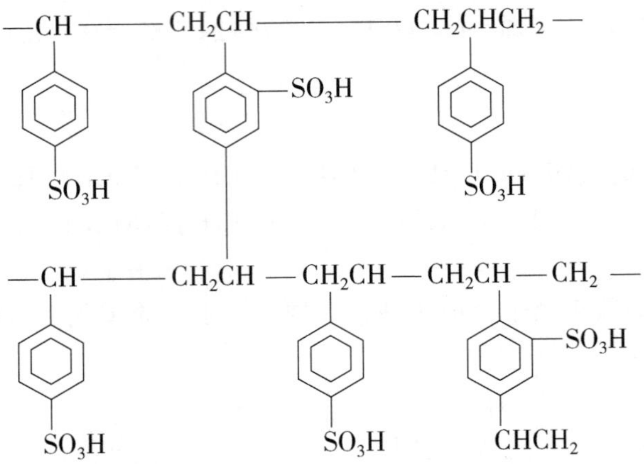

DNW 阳离子交换树脂催化剂合成过程由聚合、抽提、溴化、磺化及活性基团稳定化五步过程组成。其中，聚合、溴化、磺化是合成耐温树脂催化剂骨架及引入功能基团的过程，抽提和活性基团稳定化是调整聚合物物理结构和优化活性基团的过程。

2. DNW 型水合催化剂的规格指标

催化剂的物理结构对催化剂的活性、稳定性和使用寿命都有明显影响。DNW 型水合催化剂采用抚顺石油化工研究院专利技术，由丹东化工三厂生产，其规格指标见表 6-3-10。

表 6-3-10　DNW 型水合催化剂的规格指标

项　目	指　标	项　目	指　标
表面积/(m^2/g)	10～20	粒径/mm	0.3～1.2
孔容/(mL/g)	0.02～0.10	湿密度/(g/mL)	0.8～0.9
平均孔径/nm	8～12	交换容量/(mol/L)	1.05～1.30
水含量/%	44～50		

3. DNW 型水合催化剂失活原因分析

DNW 型阳离子交换树脂水合催化剂的失活，主要由以下原因引起：

（1）磺酸基的水解

阳离子交换树脂在水中的热失活过程最主要的是磺酸基的水解，磺酸基水解后生成硫酸。其反应式为：

$$R—SO_3+H_2O \longrightarrow RH+H_2SO_4$$

式中，R 为树脂主体。

另外，树脂骨架上还有少量的(<3%)以硫酸形式存在的磺酸基团，更易水解流失。其反应式为：

$$R—O—SO_3H+H_2O \longrightarrow ROH+H_2SO_4$$

式中：R 为树脂主体。

树脂上活性基团的分解速度不尽相同，以硫酸形式存在的磺酸基团是流失最快的部分，约占总磺酸基团的5%~15%。

磺酸基的脱落速度与水中的H^+浓度和树脂上磺酸基的浓度成正比关系。

（2）阳离子交换树脂上的氢离子会被金属离子、胺等碱性物质所置换而使催化剂失活。

$$R—O—SO_3H+M^+ \longrightarrow ROSO_3M+H^+$$

（3）阳离子交换树脂上的微孔被覆盖或堵塞。

4. 防止催化剂失活的注意事项

（1）避免反应器超温运行。

（2）烃水分布要均匀。

（3）循环水处理要达标。

（4）严格控制进料烃和水中的杂质含量。

5. 催化剂贮运注意事项

（1）DNW—1树脂催化剂在使用和贮存过程中要保持水分，防止风干、脱水。

（2）树脂贮存的适宜温度为0~40℃。

（3）树脂在贮存过程中要防止铁锈、油污、强氧化剂、有机物、细菌等污染。

（4）树脂长期不用已风干，应运回生产厂处理后再使用。

二、仲丁醇脱氢反应机理及催化剂

（一）仲丁醇脱氢反应机理

主反应方程式：

$$CH_3CHOHCH_2CH_3 \rightleftharpoons CH_3COCH_2CH_3+H_2+Q \quad Q=-51kJ/mol$$

同时存在如下副反应：

（1）$CH_3CHOHCH_2CH_3 \longrightarrow CH_3CH_2CH=CH_2+H_2O$

（2）$2CH_3COCH_2CH_3+H_2 \longrightarrow CH_3CH_2CH(CH_3)CH_2COCH_2CH_3+H_2O$

本过程主反应是一体积增大的吸热反应。副反应中除仲丁醇脱水是一体积增大的吸热反应外，其他都是体积缩小的放热反应。

催化剂运行一段时间后，由于其表面积炭的影响，催化剂的活性会降低，待活性降低至一定水平后，须对其进行再生。本工艺过程采取氮氧混合气烧炭再生，再生时控制温度及再生气中氧气的含量，防止温度过高影响催化剂的活性及强度。

（二）脱氢催化剂

1. 脱氢催化剂的规格指标

抚顺石油化工研究院研制的FDH型脱氢催化剂，主要活性组分为Cu、ZnO，由Al_2O_3作为黏结剂，加入K_2O改性。其规格指标见表6-3-11。

表6-3-11　脱氢催化剂的规格指标

项　目	指　标	项　目	指　标
形状	圆柱体	堆积密度/(g/mL)	1.36
大小/mm	φ5×4~5	平均孔径/nm	10.0~12.0
组分	$CuO-ZnO-Al_2O_3-K_2O$	轴向压碎强度/MPa	≥19.0
孔容/(mL/g)	0.15~0.20	径向压碎强度/MPa	≥14.0
比表面积/(m^2/g)	58~65		

2. 催化剂的性能对反应的影响

(1) 铜含量

铜含量过低则催化剂活性低，铜含量过高催化剂的寿命短。

(2) 酸性

催化剂的酸性越低越好。酸性高易引起甲乙酮选择性的降低。

(3) 比表面积

催化剂比表面积大，则催化剂的活性高。

(4) 机械强度

催化剂的机械强度高，催化剂在装填、使用过程中不易被压碎或粉化，使用寿命长。

3. 催化剂的还原

新鲜脱氢催化剂在装入反应器后须将 CuO 还原为 Cu，才能对仲丁醇脱氢起催化作用。其反应式为：

$$CuO+H_2 \longrightarrow Cu+H_2O \quad \Delta H_{298}=-89.45kJ/mol$$

该催化剂还原时产生大量热。如果还原反应进行过快，又没有适当措施带走热量，很易使催化剂局部超温，破坏催化剂的晶体结构，从而影响催化剂的脱氢性能和效果。

(1) 混氢还原法

采用氮气与氢气的混合气对催化剂进行还原，通过控制氢气的浓度和升温速度来控制还原反应的进行。

(2) 仲丁醇直接还原法

直接采用仲丁醇对催化剂进行还原。由于本催化剂具有一定的初期脱氢活性，新鲜催化剂在一定温度下与仲丁醇接触后发生少量的脱氢，产生的氢气对催化剂进行还原，还原产生的热量被脱氢反应吸收，或被仲丁醇及甲乙酮蒸气带走，很好地防止了催化剂的温升。

4. 催化剂的失活和再生

催化剂的失活有两种，一是可再生的失活，二是不可再生的失活。可再生的失活是反应过程中催化剂表面的积炭所致，不可再生的失活是原料中硫、卤素、硫酸根等离子造成的催化剂中毒。

(1) 可再生的失活

催化剂在运转一段时间后，催化剂表面会逐渐积炭，炭覆盖在催化剂的活性中心上，当积累到一定程度时，反应的转化率降至一定值。这时须停工，对其进行再生。再生是采用氮氧混合气将催化剂表面的积炭烧掉。在烧炭时，通过控制混合气中氧浓度和升温速度来控制再生的速度，防止催化剂温度过高。

(2) 不可再生的失活(中毒)

本催化剂起催化作用的主要为还原态的铜，原料中的硫、卤素、硫酸根等离子都会使其永久失活，不能再生，所以要控制原料仲丁醇中的硫、卤素以及某些阴离子的含量。

5. 催化剂的贮运注意事项

FDH 型催化剂为 φ5mm×4~5mm 的圆柱体，易吸水潮解，并易受酸碱的侵蚀，当接触到水、油、溶剂等液体物质时催化剂容易粉化掉渣。所以该催化剂要求严密包装，防止破漏，不可露天存放。在保管和使用过程中要特别注意不能与酸碱、水、油、溶剂等液体物质接触。

该产品采用塑料袋衬里的圆桶包装，每桶净重 60kg，密封较好，但不耐雨淋和水泡。在运输过程中不仅要注意不要碰撞和挤压造成催化剂破碎，还要严防雨雪浇淋和泡水。

第四节 典型工艺流程

一、概述

工业上甲乙酮的生产主要包括正丁烯水合生成仲丁醇(SBA)，然后将SBA脱氢生成MEK，其中正丁烯水合生成SBA有硫酸间接水合法和正丁烯直接水合法两种工艺路线。下面主要介绍的是正丁烯直接水合生产甲乙酮的主要工艺流程(见图6-3-6)、操作参数及产品，其中主要包括丁烯提浓工段、SBA水合工段、SBA精制工段、MEK合成与精制工段。

二、丁烯提浓

从原料罐区来的新鲜C_4原料经原料预热器E-012送入原料罐V-007，通过原料泵P-009A/B送入原料换热器E-011，原料与萃取剂换热后进入萃取精馏塔C-001/A。在萃取精馏塔中，丁烷气体从塔顶蒸发出来，经萃取塔空冷器E-005A、萃取塔水冷器E-005B，冷凝流入萃取塔回流罐V-001，通过萃取塔回流泵P-002A/B部分返回C-001A塔顶作为回流液，其余作为液化气副产品送出界区。C-001A塔釜液通过萃取塔中间泵(P-013A/B)送往精馏塔提馏段(C-001B塔顶)进行进一步的分离。C-001A/B所需热量通过萃取塔再沸器Ⅰ(E-001)的低压蒸汽和其他萃取塔再沸器[包括萃取塔再沸器Ⅱ(E-002)和萃取塔中间再沸器(E-003)]中热萃取剂的热量回收来提供。萃取精馏塔(C-001/B)塔釜液(约140℃)通过萃取塔塔釜泵(P-001A/B)送往萃取塔再沸器Ⅲ(E-022)物料降温至120℃后进入汽提塔(C-002)，进行进一步的分离。

丁烯和萃取剂在C-002中通过精馏，丁烯从C-002塔顶蒸发出来，经汽提塔空冷器(E-008/A)和汽提塔水冷器(E-008/B)冷凝后流入汽提塔回流罐V-002，通过汽提塔回流泵(P-004A/B)部分打回C-002塔顶作为回流液，其余被送往水洗塔(C-004)以洗去丁烯中可能残存的萃取剂。

C-002塔釜液为萃取剂，温度约158℃，由汽提塔塔釜泵(P-003A/B)送出，分别流经汽提塔再沸器E-007、E-002、E-003、E-011，热萃取剂的热量绝大部分被回收后，再经萃取剂冷却器E-004冷却至50℃左右进入C-001A循环使用。C-002所需热量通过E-007中的热萃取剂和汽提塔再沸器E-006中的中压蒸汽提供。含有微量萃取剂的丁烯由下部进入水洗塔C-004，经与除盐水逆流接触后，丁烯中微量萃取剂被洗去，丁烯则送往仲丁醇合成工段。当丁烯中萃取剂含量超标，C-004应换萃取水。在循环使用过程中，原料中含有的各种杂质及部分聚合物产生的杂质在系统中不断积累，当杂质浓度过高时，不仅会增加能耗，同时也影响萃取剂的萃取效果，需要定期对萃取剂进行再生处理。

从E-003出口来的循环萃取剂进入再生塔C-006。在C-006中，通过精馏，大部分MEK轻组分从C-006塔顶流出，经再生塔塔顶冷凝器E-060冷凝后流入再生塔回流罐V-060，通过再生塔回流泵P-060部分打回C-006塔顶作为回流液，其余被送往混合罐V-010。C-006所需热量由再生塔再沸器E-061中的中压蒸汽提供。再生塔C-006塔釜液通过再生塔塔釜泵P-061送往脱SBA塔C-003，进行进一步分离。在C-003中，通过精馏，轻组分杂质等从C-003塔顶流出，经脱SBA塔顶冷凝器E-010冷凝后流入SBA回流罐V-030，通过SBA回流泵P-030部分打回C-003塔顶作为回流液，其余被送往界区外重质物罐，再生时，脱SBA操作系统为负压操作，再生泵P-007抽取脱SBA塔顶冷凝器E-010

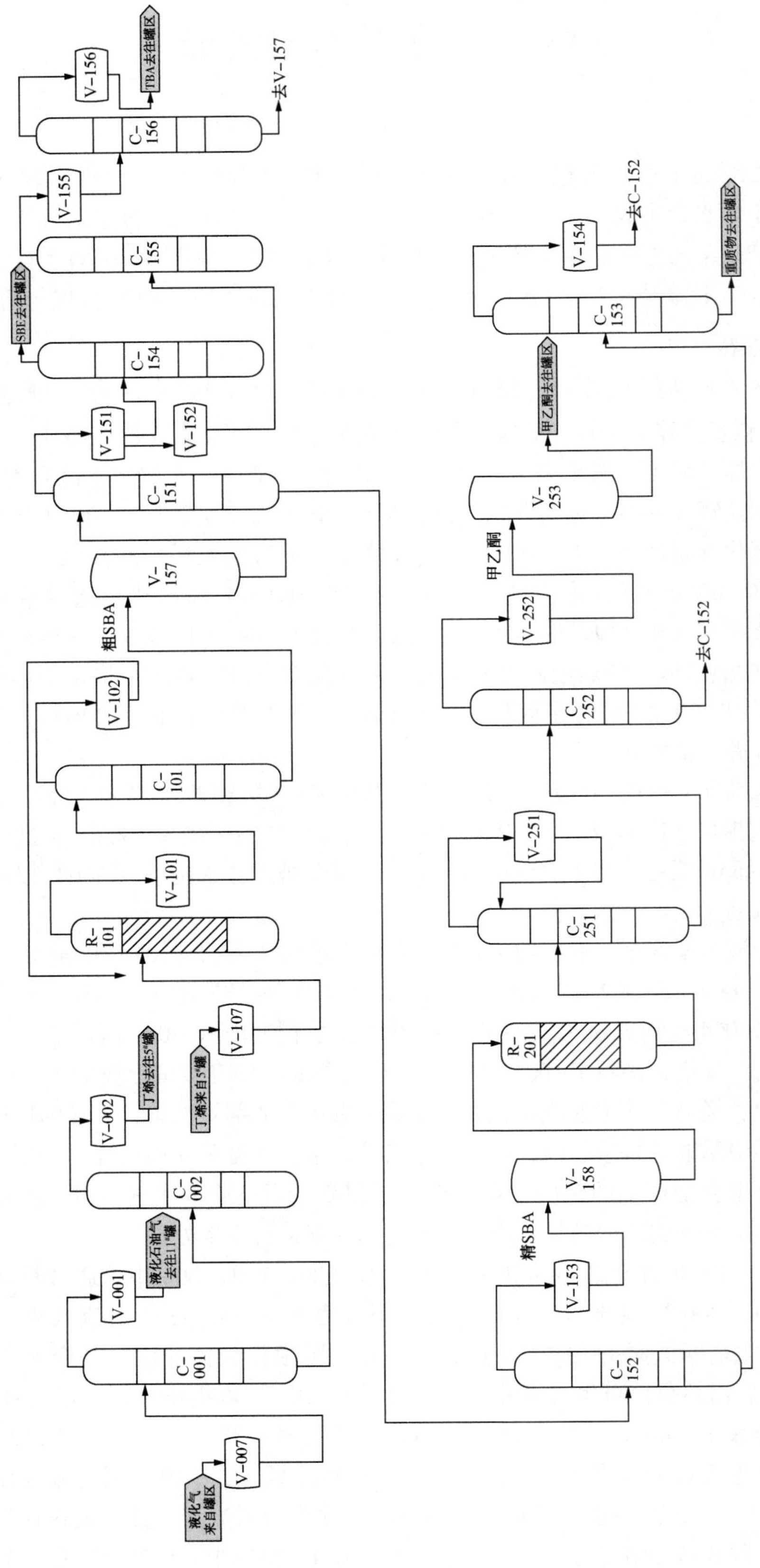

图6-3-6　正丁烯直接水合生产甲乙酮的主要工艺流程

气包上的气体形成一定的真空度，真空泵的气液混合物出料流进 SBA 回流罐 V-030 进行气液分离。C-003 所需热量通过脱 SBA 塔釜罐 V-003 中加热盘管 E-009 内的中压蒸汽提供。C-003 塔釜液收集在 SBA 塔釜罐 V-003 中，塔釜液自流到混合罐 V-010，MEK、NFM 在混合罐作为再生后的萃取剂通过混合泵 P-010 打入 C-002 塔。

本工段使用的萃取剂贮存在萃取剂贮罐 V-005A/B 中，新鲜萃取剂泵 P-012 抽入 V-005A/B系统。需要补充的萃取剂由萃取剂泵 P-006 送入 C-001A。萃取剂需要不定期进行除沫消泡处理。

三、SBA 水合

来自丁烯提浓工段的新鲜丁烯，与来自脱丁烯塔回流罐 V-102 的循环丁烯混合后去反应器进料泵 P-101A/B/C。反应器进料泵送出的物料经反应器进料换热器 E-101A/B 与 SBA 反应器顶部出料换热后，进入反应器进料加热器 E-102 加热至反应温度(约 140℃)进入 SBA 反应器 R-101。

反应器进料温度通过去 E-102 的蒸汽流量控制，调节至 140～160℃(操作前期-操作后期)。反应器 R-101 有 4 个催化剂床，每个床充有 16m^3 催化剂。进料丁烯通过下部催化剂支撑床上的过滤喷嘴，在催化剂中获得均匀分布。

另一股反应物料工艺水由循环水罐 V-104 经水进料泵 P-102A/B 加压至 8.0MPa 后，送入循环水换热器 E-103，与反应器的出水换热升温至 143℃后分成两股，一股与进料丁烯汇合，使丁烯部分饱和，以控制反应器底部温度；另一股则去循环水加热器 E-107，通过蒸汽加热到反应温度(约 140℃)后分四段分别从反应器各催化剂床层的下部进入。

两股物料在各床层中混合并进行水合反应，原料丁烯和工艺水向上流过催化剂床，在催化剂酸性基团上，正丁烯和水发生反应，生成 SBA。混合物通过上部催化剂支撑床的过滤喷嘴离开催化剂床。在催化剂床之间的空间，水和有机相分离，水通过液位调节器到循环水换热器 E-103，而有机相则向上进入另一催化剂床。

为了了解等温分布情况，每个催化剂床都设有两个温度指示器。为了检查通过催化剂床的压力降，每个床都设有一个压差记录仪。为了减少两种反应物的界面张力，从而减小催化剂床层的阻力降，需在工艺水中加入专用的添加剂。添加剂由计量泵定量加入添加剂稀释罐 V-105 中，通过加入脱盐水和来自 SBA 精制工段的精 SBA 稀释，经过滤器过滤后，进入添加剂进料罐 V-106，然后由添加剂泵 P-108A/B/C/D 分四股送到工艺水进料管中。

反应后，水相含 SO_4^{2-}、Cl^-由各催化剂层上部流出减压汇集，经循环水换热器(E-103)换热后，送去脱丁烯塔进料汽化器 E-109 与脱丁塔进料换热器换热至 90℃，通过循环水闪蒸罐 V-103 分离后，液相(水和 SBA)去循环水共沸塔 C-102 分离。循环水共沸塔再沸器 E-113 用低压蒸汽加热，流量由塔温和流量计串级调节。塔顶气相(SBA 和水的共沸物)经共沸塔塔顶冷凝器(E-114)冷却为液相，去共沸塔回流罐 V-108。V-108 液相经共沸塔回流泵 P-110A/B 大部分作为 C-102 回流液，其余作为粗 SBA 去 995 工段的粗 SBA 中间罐 V-157A/B。C-102 塔底水相用水输送泵 P-105A/B 送到脱丁烯塔进料汽化器 E-109 与脱丁塔进料换热器换热至 90℃，冷却至 80℃后，去工艺水处理工段(222 工号)处理。处理后的工艺水送入工艺水罐 V-104，并在补充新鲜脱盐水后，再送入 SBA 合成反应系统。由 V-103 中分离出的气相送去脱丁烯塔 C-101，进一步分离以回收其中的丁烯。

反应后的烃相(含 SBA 及丁烯的有机物)则由 SBA 反应器(R-101)顶部出料，经换热器 E-101 冷凝后减压至 1.3MPa，然后进入反应器流出物分层器 V-101。在此有机相内携带的一部分水被分离出并经循环水分离罐 V-103，送去 C-102 进一步分离后，去工艺水处理工段(222 工号)处理。V-101 的压力是分程调节的，当 V-101 压力低时，部分反应进料丁烯由 E-101 的旁路阀从旁路去 E-102，则 E-101 热侧的出口温度提高，因而 V-101 的压力也提高；当 V-101 压力升高时，另一分程阀打开，气体由 V-101 闪蒸到 E-108。V-101 来的有机相首先经过脱丁烯塔进料换热器 E-108 与来自脱丁烯塔塔釜的粗 SBA 换热，然后送入脱丁烯塔进料汽化器 E-109 与来自循环水共沸塔 C-102 塔釜的工艺水换热，换热后的物料再送入 SBA/脱丁烯塔进料换热器 E-110 与来自 SBA 精制工段的 SBA 换热，然后经脱丁烯塔进料加热器Ⅰ(E-115)和脱丁烯塔进料加热器Ⅱ(E-116)加热部分汽化，最后由脱丁烯塔进料加热器Ⅲ(E-104)进一步汽化后，进入脱丁烯塔 C-101 分离。脱丁烯塔再沸器 E-105 由中压蒸汽加热，蒸汽流量根据塔温调节，塔顶馏出物为丁烯(在正常情况下 C-101 的回流比设定在 0.3)。塔顶馏出的丁烯经脱丁烯塔冷却器 E-106 冷凝后，流入脱丁烯塔回流罐 V-102。V-102 的压力用空冷器 E-106 附近的热旁路来控制。冷凝后的液相丁烯一部分循环回 R-101 反应，一部分通过脱丁烯塔回流泵 P-104A/B 送到 C-101 顶部做回流用，另一部分通过剩余丁烯冷却器 E-111 冷却至 40℃后送去丁烯提浓工段循环使用或送出界区。

脱丁烯塔 C-101 底部的粗 SBA 经脱丁烯塔进料换热器 E-108 换热至 80℃后送 SBA 精制工段进一步精制。

四、SBA 精制

在 SBA 合成(991)工段，正丁烯与水合成 SBA 反应中，还同时发生副反应生成少量的仲丁醚(SBE)、叔丁醇(TBA)及重质物等。为了得到合格的 SBA 作为合成 MEK 的原料，必须在本工段将粗 SBA 精制以除去杂质。

来自 SBA 合成(991)工段的粗 SBA 送入粗 SBA 槽 V-157A/B，由粗 SBA 泵 P-151A/B 送至 SBE 塔 C-151。

在 SBE 塔 C-151 中，以水为共沸剂，馏出 SBE 杂质。SBE 塔顶馏出物送至 SBE 塔塔顶冷凝器(空冷器)E-152 冷凝冷却后，送至 SBE 塔塔顶罐 V-151 分层。V-151 下层水相(含水的 TBA、SBA)进入冲洗水贮罐 V-152，上层有机相经粗 SBE 泵 P-153A/B 送醇萃取塔 C-154进一步回收其中的 SBA 及 TBA。从 V-151 分层界面上取出的水相和有机相的混合物经 SBE 塔回流泵 P-152A/B 回流至 SBE 塔 C-151。粗 SBA 由 SBE 塔 C-151 塔釜经过塔底泵 P-154A/B 送入 SBA 塔 C-152。

在 SBA 塔 C-152 塔中，塔顶馏出的精 SBA 经 SBA/脱丁烯进料换热器 E-110 换热，再经 SBA 塔塔顶冷凝器(空冷器)E-154 冷凝后送入 SBA 塔塔顶罐 V-153。此处的 SBA 经 SBA 泵 P-157A/B 一部分回流，其余送 SBA 检验槽 V-158A/B，检验合格后，再用 SBA 输送泵 P-160A/B 送往甲乙酮合成与精制(992)工段。SBA 塔 C-152 的塔釜产品为含部分 SBA 的重质物，经 SBA 塔塔底泵 P-156 A/B 送入重质物塔 C-153，以回收其中的 SBA。重质物塔釜得到的重质物经重质物冷却器 E-159 冷却后，由重质物泵 P-159 A/B 送界区外重质物贮罐作为副产品。富含 SBA 的塔顶馏出物经重质物塔塔顶冷凝器 E-156 冷凝后，去重质物塔塔顶罐 V-154，经重质物塔回流泵 P-158 A/B，部分作回流，其余返回 SBA 塔C-152塔釜，以回收 SBA。如前所述，SBE 塔 C-151 塔顶馏出物的有机相为一组低沸点共沸物的混合物，其主要组分有 SBE、SBA、TBA 及水。为了回收其中的 SBA，首先将其送入醇萃取塔(C-154)处理。在醇萃取塔 C-154 中，绝大部分 SBA、TBA 溶于水自塔釜流出，而非水溶性的 SBE 则由塔顶溢出，送至界区外 SBE 贮罐作为副产品。醇萃取塔 C-154 塔釜流出物经冲洗水贮槽 V-152 汇同 SBE 塔塔顶罐 V-151 的水相后，经 SBA/水循环泵 P-155 A/B 送萃取塔塔底换热器 E-157 加热至 80℃，进入共沸物塔 C-155。

共沸物塔 C-155 的作用是将水和 TBA、SBA 分开。共沸物塔塔底的水经萃取水泵P-161 A/B，经萃取塔塔底换热器 E-157 和萃取塔水冷却器 E-158 降温至 45℃后加入醇萃取塔 C-154 顶部作为连续水相。而共沸物塔 C-155 顶部气相经共沸物塔塔顶冷凝器 E-161 冷凝后，至共沸物塔塔顶罐 V-155，经泵 P-162 A/B 一部分回流，一部分去 TBA 塔 C-156 进一步处理。

TBA 塔 C-156 的作用是将 TBA 和 SBA 分开。从 TBA 塔 C-156 塔釜获得的粗 SBA 经循环 SBA 泵 P-163 A/B 送粗 SBA 槽 V-157 A/B 继续利用。TBA 塔 C-156 塔顶馏出物经 TBA 塔塔顶冷凝器 E-163 至 TBA 塔塔顶罐 V-156 并由 TBA 塔回流泵 P-164 A/B 一部分回流，一部分经粗 TBA 冷却器 E-164 冷却后，送至界区外 TBA 贮罐作为副产品。

五、MEK 合成与精制

来自精 SBA 检验槽 V-158 A/B 的 SBA 经 SBA 进料泵 P-160 A/B 送至反应器进料预热器 E-203 预热后，在 SBA 闪蒸槽 V-201 内用蒸汽加热汽化。汽化后的 SBA 再经反应进料/出料换热器 E-202 和 SBA 进料加热器 E-210 加热至 260℃，进入 MEK 反应器 R-201 A/B。SBA 汽相脱氢反应在 MEK 反应器 R-201 A/B 内，反应温度 260℃、反应压力 0.28MPa 及铜催化剂存在下进行。脱氢反应是吸热反应，反应所需热量由高温热油(290~275℃)供给。

反应中有少量副产物如重质物、丁烯、水等生成，SBA 的单程转化率为 65%，选择性约为 96%，反应后的物料由 MEK 反应器底部流出，经反应器进料/出料换热器(E-202)及反应器进料预热器(E-203)与 MEK 反应器进料换热后，再经 MEK 冷凝器Ⅰ(E-204)冷凝。除氢气组分外，其余组分几乎全部冷凝成液体，进入粗 MEK 贮罐 V-202。未冷凝的气相(被 MEK 饱和了的氢气)先进入 MEK 吸收器 C-201，用来自 MEK 塔 C-252 塔底的 SBA 物流洗涤回收其中的 MEK。经洗涤的氢气组分在 MEK 冷凝器ⅡE-205 中用冷冻液冷却，进一步回收 MEK，最后氢气被送往界外。液相经粗 MEK 泵 P-202 A/B 送 MEK 干燥塔 C-251 进行精馏处理。汽提段的热量由 MEK 干燥塔再沸器 E-251 提供。蒸汽量由塔温与蒸汽流量串级调节控制。进入 MEK 干燥塔 C-251 的物料中含有 SBA/水/重质物，为了进一步精制 MEK，必需在此塔中将水脱去。由于 MEK 与 SBA、水共沸物的沸点相近，故采用加入己烷，形成三元共沸物的方法将其脱去。新鲜的己烷通过己烷泵 P-231 打入己烷贮槽 V-231 中，定量地将其加入 MEK 干燥塔回流槽 V-251 中，与初步分离的 MEK 水溶液混合，通过 MEK 干燥塔回流泵 P-252 A/B 回流至 C-251 塔顶。MEK 干燥塔回流槽 V-251 分离出的水溶液通过自身下部的水包外排至污水处理。经过 C-251 分离后，塔釜中主要是 MEK、SBA、重质物，由 MEK 干燥塔底泵 P-251A/B 送入 MEK 塔 C-252。塔顶的馏出物经 MEK 塔空冷器 E-254 冷凝进入 MEK 塔回流泵 P-253 A/B 送入 MEK 检验槽 V-253 A/B，检验合格后由 MEK 输送泵 P-255 A/B 送界区外 MEK 储罐。C-252 汽提段的热量由 MEK 塔再沸器(E-252)提供。蒸汽量由塔温与蒸汽流量串级调节控制。C-252 塔釜部分产物，由 MEK 塔底泵 P-254 A/B 送入 C-201 供洗涤之用。另一部分则送回 SBA 精制工段的 C-152 塔。脱氢反应的催化剂每经过 4~6 周，表面会积炭，将使 MEK 收率明显降低，因而需要对其进行再生，再生时间约 40 小时。再生时先用空气烧积炭，然后再用氢气活化。当一台反应器再生时，另一台反应器运行并供给再生反应器催化剂活化时所需要的氢气。

第五节　主要设备与机械

甲乙酮装置共有设备约 272 台(套)，其中反应器 3 台，热煤炉 1 座，塔器 16 台，容器 59 台，换热器 60 台，空冷器 21 台，泵 114 台，过滤器 2 套，其他小型设备 3 台。

一、关键静设备

(一) 反应器

1. 水合反应器(R-101)

(1) 水合反应器结构介绍

水合反应器设计材料为 317L，保证承受住 60kg 以上的压力且不易被腐蚀。采用工艺水净化设备，将反应后的工艺水进行加工，降低其中的电导率，减小对设备的腐蚀。反应器分为四个床层，每个床层填装 $16m^3$ 活性催化剂，每个床层的上下都安装水帽，可以通过水及循环丁烯，但能阻止催化剂的流失。由于此类催化剂同属于酸性催化剂，在反应过程中会有酸根离子脱落，遇水生成酸性水易腐蚀水帽等内构件，为了减缓酸性水的腐蚀，在反应器每个床层催化剂上部都装填了 $0.5m^3$ 的惰性树脂。

(2) 水合反应器内主要的反应产物

正丁烯在磺酸树脂催化剂存在下，与水直接水合生成仲丁醇。水合条件为温度 130～170℃，压力为 6.0MPa，生成的仲丁醇经过一系列精制过程得到 99wt%纯度的仲丁醇中间产品。反应过程中伴有少量的仲丁醚和叔丁醇及 C_8 烃等副产物。未反应的丁烯返回，重新参加反应，制得的粗仲丁醇在精制单元脱除杂质得到精仲丁醇，再送往脱氢工段。

由于丁烯原料的不同，除生成主产品 SBA 外，还生成各种副产品，最主要的副产品如下：

① 仲丁醚(SBE)，它由二个 SBA 分子缩合而成，结构式：

$$CH_3—CH_2—CH(CH_3)—O—CH(CH_3)—CH_2—CH_3$$

SBE 不干扰 MEK 的合成，但它将积累在 MEK 中，因它形成共沸物不能从 SBA 蒸馏中除去。

② 重质物，主要由异丁烯的二聚作用生成，还有高级不饱和烃，如丁二烯聚合，其他聚合物是正丁烯的副反应物，主要是 C_8烃(辛烃)。

③ 叔丁醇(TBA)，由异丁烯的水合反应生成，结构式：$(CH_3)_3C—OH$。

TBA 在 MEK 工艺中产生乙醛，乙醛由于有刺激性气味，影响 MEK 质量。

④ 正丁醇(NBA)，在 SBA 生成的同时，生成微量的 NBA。结构式：$CH_3—CH_2—CH_2—CH_2—OH$。

SBA 在 MEK 工艺中也形成醛类，其中丁醛有严重刺激性。水合反应所需的水为工业二级脱盐水质量，为了减少外排，保护环境，采用闭路循环工艺，即反应器出水经过阴浮床脱除杂质后，返回反应器进口。

(3) 水合反应器操作要点

① 压差对水合工段的影响。

该反应器分为四个床层，每个床层压差不得超 0.5MPa，一旦达到这个压差时会自保切断进料。同时压差过大会造成反应器内构件损坏，致使催化剂跑损。另外，压差过大可使内部呈悬浮状的树脂波动较大，使上层的惰性树脂与磺化树脂产生碰撞而磨损，造成树脂表面的硫酸根离子脱落加剧。因此必须保证压差低于 0.5MPa。

在反应器的调节上，在非事故状态下各阀调节幅度要尽量的小，各床层的界位过高时，易造成工艺水腐蚀水帽。

跑剂造成的后果：树脂一旦跑损（进入工艺管线）将造成床层压差增大。进入管线后可造成水路泵过滤器堵塞、抽空。进入工艺水系统可造成工艺水再生系统压差增大，水帽堵塞。

解决方法为一旦发现床层压差增大，首先想到的是加注添加剂。添加剂的加注量不可过大，只要保证压差不再上涨即可。另一方面可将水合工段停工后对催化剂进行冲洗。

② 关于丁烯进料和水进料温度与反应器温度的差值。

丁烯和水进料温度与反应器温度的差值一般在1.5℃左右。这个温度差值从侧面反映了水合反应的好坏，因为水合反应是一个放热反应。所以反应器内温度要略比进料温度高。如果发现反应器的温度与进料温度相差过小，则说明反应弱。但温差只是判断反应器是否需要提温的一个标准，主要还是以转化率为参照。另外用水饱和丁烯，对水合反应的影响也是很大。如果不用水饱和丁烯就会发现，进料温度与反应器的温度相差过小。饱和丁烯的主要目的是防止丁烯自聚。

③ 水合的转化率。

对于水合工段的转化率是重中之重。保证水合转化率的参数为：循环丁烯的纯度、循环量、水烯比、反应器温度。反应器温度的提高会增加转化率，但过度的提高会减少催化剂的寿命，因此催化剂的温度一般为每月提高一度。丁烯的循环量是一个设定的值，过大会增加水合工段的负荷，造成安全隐患。循环丁烯的纯度是一个可以调整的值，纯度高，转化率高。为保证转化率又不至于浪费丁烯，一般维持在90%左右。

2. 脱氢反应器（R-201A/B）

（1）反应机理

仲丁醇中间产品经过加热汽化进入脱氢反应器，MEK反应部分有两台反应器并联操作，使用一台备用一台。在ZnO-CuO催化剂作用下，脱除分子氢气，生成甲乙酮。再经过一系列精制工艺得到99.9wt%纯度的成品甲乙酮。

反应方程式如下：

$$CH_3CH_2—CH(OH)—CH_3 \xrightarrow[260℃,\ 0.28MPa]{\text{铜催化剂}} CH_3CH_2—CO—CH_3+H_2$$

该反应是一个吸热反应，被加热后形成气态的仲丁醇从反应器顶部进入，被从底部进入的导热油加热，然后脱除氢原子后成为甲乙酮。为密切监控温度的变化，在反应器中分布四个热电偶，通过温度的变化判断反应状况。

（2）影响反应转化率的因素

① 催化剂的活性。

催化剂一般使用期为1年，前期活性高、选择性强，因此，前期反应后的转化率高。但在后期，随着反应温度的提高，催化剂的活性越来越低，同时，选择性变差。当转化率降至60%以下且反应温度280℃时，催化剂就需要再生。但目前所使用的催化剂一般不用再生，因为再生后的催化剂起不到预期的效果。

② 温度的影响。

可以这样认为，温度越高，转化率越高。但是，这并不意味着一开始就选择一个很高的反应温度。一般如果开始转化率能在尽可能低的反应温度下较为理想，就没有必要再提高反应温度。只有当固定在一个温度下，转化率下降时，才会采取提温的方式来再次提高转化率。但是，反应温度的提高，会降低催化剂的选择性，致使非目的产品的收率增加。

③ 压力和流速。

压力是指反应器的操作压力，流速是指气相物料流经反应器的速度。一般压力较高转化率就会高，但是效果不会很明显。利用改变流速的方法提高转化率，流速越快，气相物料在反应器中的停留时间越短，相对转化率就会降低。反之，转化率升高，但是流速变慢生成的副产物会增多。通常是同时控制压力与流速来实现转化率的。控制一个合适的转化率既保证目的产品的产量，又保证非目的产品的尽量少。

(二) 塔器

塔设备是化工、炼油生产中最重要的设备之一。塔是化工生产过程中可使气液或液液两相之间进行紧密接触，达到相际传质及传热目的的设备，甲乙酮装置共有塔设备 16 台，其中板式塔 8 台，填料塔 8 台。

第六节　装置消耗、能耗与效益分析

一、装置的能耗分析

装置能耗：340kg(标油)，其中，

新鲜水	0t/a(间断)
循环水	8.96Mt/a
除盐水	113kt/a
电	13.1×10^{6}kWh
蒸汽 3.5MPa	145kt/a
蒸汽 1.0MPa	192kt/a
蒸汽凝结水	383kt/a
净化风	810000Nm^{3}/a
氮气	730000Nm^{3}/a
水合催化剂	68t(一次装入量)
脱氢催化剂	3.6t(一次装入量)
工艺水树脂	10.6t(一次装入量)

装置的消耗中主要是蒸汽和电，分别占到 59.28%，28.36%。

二、装置的节能减排

(1) 新工艺

工艺改进，可以达到能量、物料的更有效的利用。再者选用新型催化剂，提高催化剂的活性，在相同工况、相同转化率下从而使操作温度相应地降低，可以降低蒸汽的消耗量。

(2) 新设备

耗电量占甲乙酮装置总能耗的 28.36%。选用高效节能电机，有可观的经济效益。选用适合工况的耗电设备，也能节省很多电量。

(3) 平稳操作

从能耗分析可以看出，甲乙酮装置主要的能耗以蒸汽为主，占总能耗的 59.28%。降低蒸汽的用量也就成了节能的主要措施。节省蒸汽的最主要措施就是平稳操作，避免温度压力等剧烈波动，节省蒸汽用量，能降低设备损害的风险。

三、产品的效益分析

由于发达国家环保法规的日益严格，美国、欧洲、日本等工业发达国家和地区的甲乙酮需求渐缓，但是在亚洲，特别是我国，由于国民经济的持续高速增长，我国石油化工、精细化工、建筑装饰、汽车等行业的飞速发展，甲乙酮的需求量也持续增加，由此导致世界甲乙酮的需求量整体呈现增长趋势，但是增长幅度逐渐减小，因此我国在甲乙酮的生产方面应该密切关注技术以及国际市场供需的变化。

纵观我国甲乙酮行业的发展，我国已经从一个甲乙酮净进口国逐渐转变为净出口国，国内甲乙酮的供需已进入相对平稳期。因此，拟扩建甲乙酮的生产厂家应密切关注其他厂家的建设进度，慎重选择符合自身情况的生产路线，实行适时的技术结构调整，积极发展工艺合成技术，分析自己的核心竞争力，明确目标市场。除满足国内市场需求外，还应积极拓展途径，扩大出口，以确保甲乙酮行业健康稳定发展。

甲乙酮的应用前景十分广阔，尤其在涂料、油漆、黏合剂、油墨等领域。总的来说，我国甲乙酮的消费领域相对较窄，主要用于涂料和黏合剂方面，随着我国甲乙酮产能和产量的不断提高，加上我国精细化工领域的快速发展，我国应该将甲乙酮的应用重点放在树脂溶剂、润滑油脱蜡以及其他高附加值精细化工产品的开发上，使其消费结构比例更加合理，应用范围更加广泛。同时，应关注国家环保政策对甲乙酮市场的影响，提高甲乙酮装置的整体经济效益。[9]

第七节　技术进展与应用前景展望

一、技术进展

(一) 国外技术进展

在各种尚未工业化的甲乙酮生产工艺当中，丁烯一步氧化法一直深受重视，许多公司及研究机构都对丁烯氧化法做了深入研究。

1. 丁烯氧化法制甲乙酮工艺

20 世纪 60 年代，人们就研究开发出正丁烯一步氧化法生产甲乙酮的工艺，采用氯化钯-氯化铜的氧化-还原均相催化剂体系，生产工艺简单，但反应过程腐蚀性强，需要昂贵的钛材料设备，另外副产物氯化物较多，分离过程复杂，因此一直未得到工业化应用。针对该法存在的不足，现已经开发出使用复合催化剂的均相工艺和多相固定床工艺。

1986 年 Catalytic Associates 公司宣称其开发出一种新的非腐蚀性、清洁的烯烃一步氧化成酮的 OK(Olefin to Ketone)法工艺，该杂多酸均相催化氧化新工艺采用了一种新的不含氯的催化体系，其中含 Pd^{2+}、Cu^{2+} 以及杂多酸氧阴离子，并添加腈化物配体，以提高选择性和转化率，反应在 85℃、0.7MPa 条件下进行，甲乙酮的选择性可以达到 90.3%，生产成本低于仲丁醇脱氢法。

据日本 Babcock-Hitachi 的研究报道，他们采用了一种包含铜络合物、钯络合物、氧络合物和正丁烯络合物的均相催化剂系统：①CuCl 与三(二甲胺基)膦氧化物 $[(CH_3)_2N]_3PO$ (HMPA)络合。这种络合物从空气中吸收氧气形成一种稳定的氧络合物，这样，当无游离氧存在时，爆炸危险便大大降低；②$PdCl_2$与乙腈和 HMPA 络合，然后再与正丁烯络合。Cu/HMPA/氧气络合物与 Pd/HMPA/乙腈/正丁烯络合物反应生成甲乙酮。系统中水不参与反应，但能提高选择性及产率。由于络合物在甲乙酮沸点(79.6℃)温度下较稳定，甲乙酮可以通过加热溶液而实现分离。反应在 80℃进行 2 小时，甲乙酮收率可高达 98%。

SRI 的一份报告对丁烯氧化法制甲乙酮作了详细综述。报告中以一套 31750t/a 的甲乙酮装置为评价对象，并将此装置分为四个工序，即原料纯化工序(分离导致催化剂中毒的杂质)、反应工序(将正丁烯转化为甲乙酮)、产物回收和提纯工序(分离副产物和未反应原料)和催化剂处理工序(制备和再生均相催化剂络合物)。在原料纯化工序，纯化后混合 C_4原料中含有 85.8%(mol)的正丁烯。反应在三个串联塔式反应器中进行。催化剂是由 Pd/Cu 和杂多酸 $Li_9PMo_6V_6O_{40}$的聚氧阴离子以及一种乙腈络合物组成的均相催化剂。反应溶剂为水和乙腈的混合物。反应条件是 85℃，0.805MPa。反应溶液中加入硫酸以调节 pH 值至 1.5。反应氧化剂为氧气，与反应原料一起进入反应器。氧气用量比计量值过量 10%，未反应的氧气从最后一个反应器的顶端排出。液相反应物被加热，闪蒸至 0.315MPa，以蒸发未反应的丁烯、丁烷以及 9.3%甲乙酮产品与水的共沸物。绝大部分的甲乙酮产品、水、乙腈溶剂和催化剂循环回第一个反应器，并在催化剂处理工序进行净化处理。产物蒸汽经气相分离器分离出轻组分，经过一个两段液相处理器分离出丁醛副产物。采用碱液水洗，进一步除去丁醛，并将甲乙酮中水分从 10%降至 4%。甲乙酮以蒸馏法精制，得到含有 11.3%水分的甲乙酮-水共沸物，再经脱水处理后，回收甲乙酮。干甲乙酮经精馏后从精馏塔塔顶采出。

以丁烯直接氧化法生产的甲乙酮成本价格估计为 57.9 美分/kg；而现有的仲丁醇脱氢法制得的甲乙酮为 68.2 美分/kg。据估计，即使投资费用比预计的上涨 50%，甲乙酮的成本也只有 67.3 美分/kg，依然低于仲丁醇脱氢法。

报告因此得出结论：无氯的丁烯直接氧化法与现存的甲乙酮生产工艺相比具有潜在的优势，值得继续深入研究。但是，如何使催化剂在连续的循环中保持长期的活性与稳定性，如何使其增加抵御原料中杂质毒性的能力依然需要引起人们的重视。

其他还有一些较新的专利也涉及了新的丁烯氧化工艺。

从以上研究结果可以推测，在不久的将来，随着研究的不断深入，丁烯直接氧化法有可能成为新一代的甲乙酮工业生产工艺。但是迄今为止，仍然没有任何有关新的甲乙酮生产工艺的工业中试报道，而且近年来有关此方面的研究文献报道也很少。

2. 其他工艺研究进展

Black[10]提出了一种由仲丁苯或仲丁苯-异丙苯混合物制备甲乙酮的工艺。该工艺大体分为过氧化和裂解两步。

Omori[11]提供了一种在相对温和条件下生产甲乙酮和 2-丁醇的工艺。该工艺采用比丁烯更廉价的丁烷为原料，用分子氧(如空气)将原料氧化，采用含有过渡金属原子的磷酸铝催化剂，并加入了一种改善选择性的试剂。在该专利所举例子中，最高的正丁醇转化率为 7.9%(mol)，甲乙酮和 2-丁醇的总选择性为 52.3%(mol)。

Keshavaraja[12]提出采用溶胶法制备的一种非晶态 Cu-SiO_2催化剂，进行仲丁醇的氧化脱氢，仲丁醇转化率大于 96%，甲乙酮选择性可达 99%。与之相比，使用当时已知的商业催化剂活性仅为 90%，甲乙酮选择性为 95%。

Kleine-Homann[13]提出利用羧酸混合物制备非对称脂肪酮，采用了氧化铝负载氧化铈作催化剂。在专利指定条件下，通过控制反应温度可实现羧酸混合物 98%~100%的转化率。

采用乙酸和丙酸混合物作为原料，可获得51%的甲乙酮选择性，通过提纯，可获得纯度接近99%的甲乙酮产品。

(二) 国内技术进展

国内关于甲乙酮技术研究多集中于对已工业化技术的改进，未见有关新工艺中试的报道，仅有少许实验室小试规模的研究报道。生物发酵制甲乙酮技术，实际上是先通过发酵得到2,3-丁二醇发酵液，经硫酸催化脱水得到甲乙酮。该方法工艺简单，反应迅速，底物转化率和产品收率都很高。但硫酸腐蚀设备、“三废”污染等问题不容忽视[14]。针对发酵法存在的不足，近年来，研究者用固体酸作为催化剂，以催化2,3-丁二醇脱水制甲乙酮。南京工业大学的黄和等[15]采用ZSM-5或NaY分子筛作为催化剂，研究其催化2,3-丁二醇脱水制甲乙酮反应性能；清华大学的张建安等[16]以改性的ZSM-5分子筛为催化剂，研究其催化2,3-丁二醇脱水制甲乙酮反应性能。宁波海越新材料有限公司赵文英等[17]以SAPO-34分子筛为载体，Zn作为活性组分，开发出一种2,3-丁二醇脱水制甲乙酮催化剂。华东理工大学方云进等[18]以改性超稳分子筛(USY)为催化剂，在固定床反应器中进行2,3-丁二醇气相脱水反应制备甲乙酮。这些研究表明，研发高效的固体酸催化剂是开发2,3-丁二醇脱水制甲乙酮技术的关键。虽然该方法在产品成本上还无法与石油化工路线竞争，但可作为利用生物法生产燃料及化工原料的一种补充。上海华谊(集团)公司里永刚等[19]开发出一种联产甲乙酮和乙醇的方法。中国石化上海石油化工股份有限公司朱志庆等[20]开发出一种以2-丁炔为原料制备甲乙酮的方法。山东科技大学王志亮[21]等开发出一种正丁烷氧化制备甲乙酮的方法。

二、应用前景展望

虽然美国、欧洲、日本等工业发达国家和地区的甲乙酮需求渐缓，但在亚洲，特别是我国，由于国民经济的持续高速增长，我国石油化工、精细化工、建筑装饰、汽车等行业的飞速发展，甲乙酮的需求量也持续增加，由此导致世界甲乙酮的需求量整体呈现增长趋势，但是增长幅度逐渐减小，因此我国在甲乙酮的生产方面应该密切关注国际市场供需的变化。

纵观我国甲乙酮行业的发展，我国已经从一个甲乙酮净进口国逐渐转变为净出口国，国内甲乙酮的供需已进入相对平稳期，而生产能力已经出现相对过剩，因此，有关拟建或扩建甲乙酮的生产厂家，应密切关注其他生产厂家的建设进度，分析自己的竞争优势和核心竞争力，明确自己的目标市场，慎重行事，以避免出现被动局面。甲乙酮生产对原料有一定的要求，工艺路线较多，应在工业基础好、原材料供应充足、离下游产品装置较近的地区选择生产地址，另外要综合评价国内外的各种先进工艺，因地制宜慎重选择符合国情和厂情的生产路线。建议采用国内FRIPP自行开发的成套甲乙酮生产技术，同时实行技术结构调整，关停工艺落后、环境污染严重、经济效益差的小规模生产装置。另外还要努力提高产品质量，降低生产成本，以增强企业在国际市场上的竞争能力。

要拓宽甲乙酮应用领域。国外甲乙酮应用领域很广，特别是用于涂料、黏合剂、润滑油脱蜡以及树脂等方面的比重较大。而我国甲乙酮消费领域相对较窄，且主要用于涂料和黏合剂方面。随着我国甲乙酮生产能力和产量的不断提高，甲乙酮除在涂料和黏合剂方面保持较高的消费外，还应加强在树脂、润滑油脱蜡以及其他高附加值精细化学品上的开发应用，使其消费比例结构更加趋于合理，应用范围更加广泛。

随着生产能力的不断增加，我国甲乙酮产能过剩的趋势更加明显，因此，除满足国内市场需求外，还应积极拓展途径，扩大出口，以保证甲乙酮行业健康稳步发展。

参考文献

[1] 郑宝山. 国内甲乙酮需求强劲，新建装置亦应谨慎[J]. 化工中间体，2002，2：3-6.

[2] 崔小明. 甲乙酮的生产技术及国内外市场分析[J]. 化工技术经济，2006，24(3)：27-34.

[3] 崔小明. 国内外甲乙酮的供需现状及发展前景分析[J]. 石油化工技术与经济，2017，33(3)：13-16.

[4] 李玉芳，伍小明. 我国甲乙酮的开发和利用前景分析[J]. 中国石油和化工，2005，9：43-48.

[5] 刘延伟. 我国甲乙酮市场与技术[J]. 化工技术经济，2003，21(8)：17-20.

[6] 刘明，李涛. 国内甲乙酮工艺、市场及设计探讨[J]. 广东化工，2013，16：131.

[7] 崔小明. 国内外甲乙酮生产应用及市场分析[J]. 石油化工技术经济，2003，19(1)：36-42.

[8] 甲乙酮成套技术开发及工业应用成果鉴定证书，中国石化鉴字[2002]第162号.

[9] 雷丽晶，孟桂萍. 甲乙酮市场分析[J]. 化学工业，2013，31(10).

[10] Black，et al. Process for Producing Phenol and Methyl Ethyl Ketone：US 7282613[P]. 2007-10-16.

[11] Hideki Omori Ichihara，Kazuhiko Haba Ichihara. Process for producing 2-butanine and 2-butanol：USP 6479707[P]，2002-11-12.

[12] Alive Keshavaraja Mangalore，James Violet Samuel，Arumugamangalam Venkataraman Ramaswamy，et al. USP 5723679[P]，1998-5-3.

[13] Walter Kleine-Homann. Method for Prepring Asymmetric Aliphatic Ketones：US 5001273[P]. 1991-03-19.

[14] 王迪，王凡强，王建华. 发酵法制备甲乙酮[J]. 精细与专用化学品，2000，9：19-20.

[15] 黄和，闫婕，纪晓俊，等. 一种甲乙酮的制备方法：中国，200810122489[P]. 2008-10-29.

[16] 张建安，谢杨，程可可，等. 一种2,3-丁二醇高效脱水制甲乙酮的方法：中国，200910083730[P]. 2009-11-18.

[17] 赵文英，钱进. 一种2,3-丁二醇脱水制甲乙酮催化剂及其制备方法：中国，CN105080601A[P]. 2015-11-25.

[18] 方云进，殷俊，徐瑞峰，等. 2,3-丁二醇气相脱水制备甲乙酮的方法：中国，CN102826980B[P]. 2014-10-15.

[19] 李永刚，付朋，向浩，等. 联产甲乙酮和乙醇的方法：中国，CN105130770A[P]. 2015-12-19.

[20] 朱志庆，孙荣华，孙春水. 一种以2-丁炔为原料制备甲乙酮的方法：中国，CN105367401A[P]. 2016-03-02.

[21] 王志亮高文斌，张效龙. 一种正丁烷氧化制备甲乙酮的方法：中国，CN102807481B[P]. 2015-05-06.

第四章　正丁烷氧化生产顺酐

第一节　顺酐的用途

一、顺酐的性质

顺酐(英文简称 MA)是顺丁烯二酸酐(*cis*-butenedioic anhydride)的简称，又名马来酸酐(Maleic Anhydride)，是一种常用的重要有机化工原料。

1. 物理性质

顺酐分子式为 $C_4H_2O_3$，结构式为 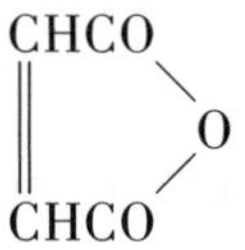 ，相对分子质量为98.06，为无色针状晶体，有刺激性气味与酸味，易燃，易升华。顺酐易溶于水、酮和酯，微溶于四氯化碳和煤油。顺酐溶于水时生成顺丁烯二酸。

顺酐的一般物理性质见表6-4-1。

表6-4-1　顺丁烯二酸酐物理性质[1]

项　　目	数　　值	项　　目	数　　值
相对分子质量	98.06	爆炸极限/%(v)	
熔点/℃	52.85	下限	1.4
沸点/℃	202	上限	7.1
相对密度(水=1)	1.48	晶体结构	斜方晶系，无色针状结晶
蒸气相对密度(空气=1)	3.38	溶解度(25℃)/(g/100g 溶剂)	
饱和蒸气压(20℃)/kPa	0.02	苯	50
生成热/(kJ/mol)	-470.41kJ/mol	甲苯	23.4
闪点/℃		邻二甲苯	19.4
开杯	110	氯仿	52.5
闭杯	102	乙酸乙酯	112
自燃温度/℃	447	四氯化碳	0.6

2. 化学性质

顺丁烯二酸酐含有共轭马来酰基，根据其结构式，1个乙烯键连接了2个羰基，其化学性质非常活泼，能发生 Diels-Alder 反应、光化反应、加成反应、酯化反应、氧化反应、磺化反应等多种化学反应。

顺酐和烯烃或炔烃较易进行 Diels-Alder 反应，这种反应被广泛用于制取环状化合物，特别是带有桥键的环状化合物。

顺酐和1,3-丁二烯的 Diels-Alder 反应如式(1)所示，反应生成四氢化苯酐，进一步加氢可得到六氢化苯酐。

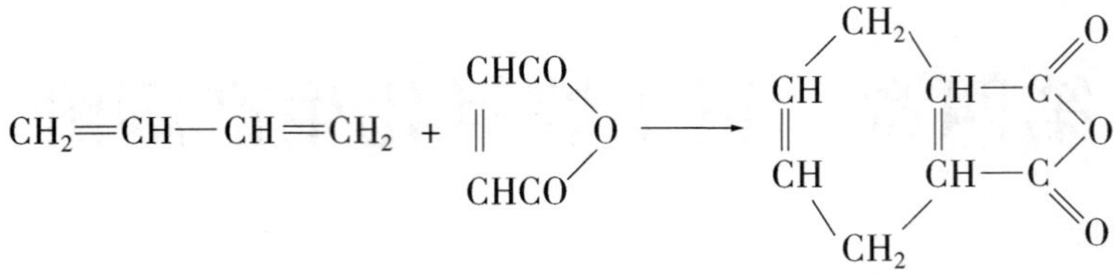

（6-4-1）

顺酐加氢反应可生成丁二酸酐、γ-丁内酯、1,4-丁二醇(BDO)和四氢呋喃(THF)。其系列反应如式(6-4-2)~式(6-4-5)。

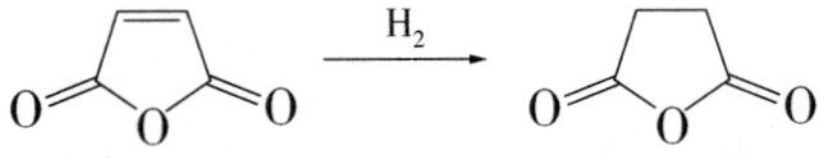

丁二酸酐

（6-4-2）

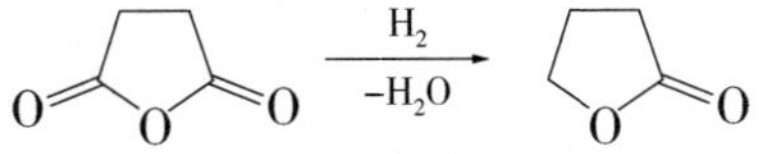

γ-丁内酯

（6-4-3）

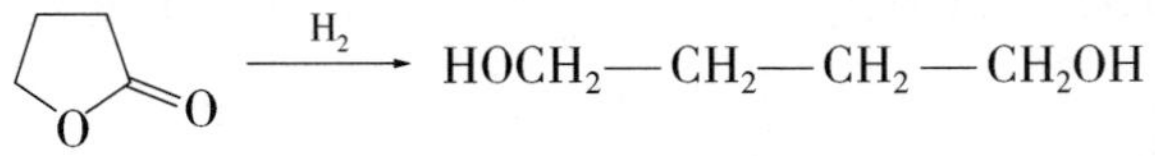

（6-4-4）

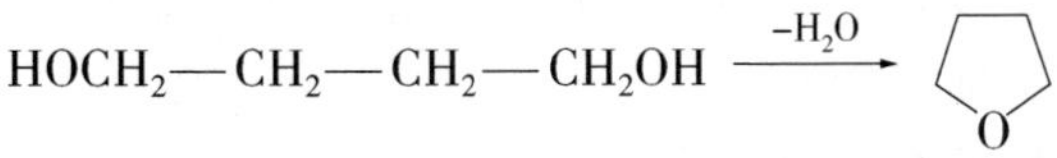

1,4-丁二醇　　四氢呋喃

（6-4-5）

顺酐与氯气发生氯化反应，氯原子取代其中的氢，可生成氯代顺丁烯二酸酐和氯化氢气体。

顺酐还可与醇类产生酯化反应。工业上常用顺酐和二甘醇或环氧化物聚合生产线性不饱和聚酯。顺酐与乙二醇反应，常用来生产二元醇顺丁烯二酸酐树脂，酯化时加入邻苯二甲酸酐以改变其脆性。

顺酐的活泼化学性质使其应用非常广泛，在合成树脂、涂料、农药、医药、轻工、食品等工业均有应用，是非常重要的有机化工原料。

3. 毒性、安全、贮存和运输

顺酐的粉尘和蒸气均易燃易爆，遇热或火焰会燃烧，与氧化剂接触会剧烈反应，与水或蒸汽会发生放热反应，还具有腐蚀性、刺激性，可致人体灼伤，具有致敏性，在生产、贮存、运输过程中需要安全处置。

顺酐毒性较强，其车间空气有害物质接触限值较为严格，最高容许浓度(MAC)为 $1mg/m^3$，美国政府工业卫生学家会议(ACGIH)和职业安全与健康标准(OSHA)均采用此值，其车间阈限值则为 $0.25mg/m^3$。

其大鼠经口半数致死量 LD50 为 400mg/kg，兔经皮 LD50 为 2620mg/kg。

顺酐的主要健康危害为：其粉尘和蒸气具有刺激性，吸入后可引起咽炎、喉炎和支气管炎，可伴有腹痛；眼和皮肤直接接触有明显刺激作用，并引起灼伤；其慢性影响表现为慢性结膜炎、鼻黏膜溃疡和炎症；顺酐还有致敏性，可引起皮疹和哮喘。

顺酐对人体各部位危害所致的症状如下：

眼：引起结膜、角膜红肿，严重时导致视力减退或失明。

气管：会引起鼻充血、溃疡、支气管炎和肺气肿。

皮肤：引起皮肤红肿、生水泡，接触到液态顺酐时会引起烧伤。

顺酐装置或贮运操作人员必须经过专门培训，严格遵守操作规程。建议操作人员佩戴自吸过滤式防尘口罩，戴化学安全防护眼镜，穿橡胶耐酸碱服，戴橡胶耐酸碱手套。发生与顺酐的皮肤接触时，应立即脱去污染的衣着，用大量流动清水冲洗至少15min，然后就医；发生眼睛接触时，应立即提起眼睑，用大量流动清水或生理盐水彻底冲洗至少15min，然后就医；发生吸入时，应迅速脱离现场至空气新鲜处，保持呼吸道通畅并就医。如发生误食，应立即用水漱口，给饮牛奶或蛋清，迅速就医。

顺酐粉体与空气可形成爆炸性混合物，当达到一定浓度时，遇火星会发生爆炸。其有害燃烧产物主要为一氧化碳和二氧化碳，其主要灭火剂为：雾状水、泡沫、干粉、二氧化碳、砂土。

因为顺酐化学性质活泼，所以必须储存于阴凉、干燥、通风良好的库房，远离火种、热源，保持容器密封。应与氧化剂、还原剂、酸类、食用化学品分开存放，切忌混储。配备相应品种和数量的消防器材。储区应备有合适的材料收容泄漏物。少量泄漏时，应急处理人员戴防尘面具(全面罩)，穿防酸碱工作服。用洁净的铲子将其收集于干燥、洁净、有盖的容器中，转移至安全场所。若大量泄漏，收集回收或运至废物处理场所处置。顺酐运输时包装要完整，装载应稳妥。运输过程中要确保容器不泄漏、不倒塌、不坠落、不损坏。严禁与氧化剂、还原剂、酸类、食用化学品等混装混运。运输途中应防曝晒、雨淋，防高温。

二、顺酐的用途

顺酐是重要的有机化工原料，广泛应用于不饱和聚酯树脂、涂料、食品工业、润滑油添加剂、农业用化学品等领域。

顺酐产品在中国市场的消费分布见表6-4-2所示。

表6-4-2　中国顺酐消费分布[2]　kt

行　业	2006年	2008年	2010年
不饱和聚酯树脂	235	241	246
涂料	19	20	29
酒石酸	18	24	39
BDO、THF等加氢产品	16	25	30
琥珀酸及酐	6	8	7
农用化学品	5	5	5
润滑油添加剂	5	5	6
其他	34	35	32
合计	338	363	394

由表6-4-2可见，生产不饱和聚酯树脂占顺酐消费的65%以上，是其最主要的消费领域。

1. 不饱和聚酯树脂

不饱和聚酯树脂是热固型树脂的主要品种之一，由于其具有优良的机械性能、电性能和耐化学腐蚀性能，并且加工工艺简单，因此具有广泛的用途。顺酐与苯酐和多元醇缩聚，再加入苯乙烯为交联剂制得不饱和树脂，顺酐含量约为15%~17%，是一种热固性树脂，可分为玻璃纤维增强塑料和非增强塑料两大类。增强塑料主要用于建材业中的波形瓦、平板整体房屋、水池、卫生间等；非增强塑料主要用于聚酯混凝土、聚酯黏结剂、人造大理石等。

顺酐还能与二元醇形成聚酯，再加入其他烯烃、二烯烃类单体加成改性。如顺酐与丁二烯加成，生成四氢邻苯二甲酸酐，其生成的改性聚酯色泽浅、耐气候性良好，常用于制备高级光稳定性聚酯；顺酐与环戊二烯加成，生成2,6-内次甲基四氢邻苯二甲酸酐，其生成的改性聚酯的耐热性与耐化学性高，其聚酯玻璃钢的马丁耐热可达250℃以上。顺酐还能与蒽醌、β-萘酚等加成，生成的改性聚酯树脂均具有良好的耐热性和耐化学性。

2. 涂料

顺酐用于合成涂料的成膜物质，主要是用于生产醇酸树脂涂料和氨基树脂涂料。醇酸树脂涂料是涂料中消费量最大的一类，产量和消费量约占涂料总量的三分之一。

3. BDO、THF等加氢产品

根据本节反应式(2)~式(5)，顺酐加氢反应可生成丁二酸酐、γ-丁内酯、1,4-丁二醇(BDO)和四氢呋喃(THF)一系列产品。γ-丁内酯被广泛用作溶剂，还用于生产*N*-甲基吡咯烷酮，用于制造维生素B_{12}的中间体；BDO是一种用途广泛的化工原料，主要用于生产聚对苯二甲酸二丁酯(PBT)、四氢呋喃、聚氨酯热塑性弹性体等，此外，BDO还可用作溶剂及制药中间体原料；丁二酸与1,4-丁二醇(BDO)合成的聚丁二酸丁二醇酯(PBS)是一种可降解塑料，它易被自然界的多种微生物或动植物体内的酶分解、代谢，最终分解为二氧化碳和水，得到世界各国的大力推广和应用，以降低白色污染。THF是一种高极性、低沸点溶剂，广泛用作聚氯乙烯表面涂料、防腐涂料的溶剂，它也是生产聚氨酯弹性纤维的原料，还是医药工业的重要原料和合成皮革处理剂等。

4. 酒石酸

顺酐溶于水生成顺丁烯二酸，顺丁烯二酸与过氧化氢溶液在钨酸存在时反应，然后再水解生成酒石酸。酒石酸被广泛用作食品的酸味调节剂，也用于纺织工业和照相业，还用于金属清洗和修饰，此外还可用在制革和电讯器材行业中。

5. 润滑油添加剂

由顺丁烯二酸酯、反丁烯二酸酯合成的润滑油降凝剂，可加入各种润滑油和石油制品中，改善油品的低温流动性。

6. 农用化学品

在农药方面，顺酐主要用于生产杀虫剂，包括有机磷杀虫剂，如马拉硫磷和达净松以及除虫菊酯杀虫剂胺菊酯等。顺酐和P_2O_5等合成的马拉硫磷是一种低毒高效农药、非内吸的杀虫剂，对哺乳动物毒性低，被广泛用于农业和园艺。顺酐还可用于生产敌菌丹和草藻灭等优质农药和除草剂。

7. 琥珀酸及其酐

由顺酐加氢制得的琥珀酸酐是涂料、医药、合成树脂和染料的原料，由其制造的涂料具有优良的耐曲挠性和抗水性，在医药上可用于生产维生素A和磺胺药等。琥珀酸主要用于生产涂料、染料、黏合剂和医药中间体，由琥珀酸生产的醇酸树脂具有良好的耐曲挠性、弹性和抗水性；琥珀酸和氨基蒽醌反应可以生产蒽醌染料；在医药工业中，琥珀酸还可用于生产磺胺药、维生素A、维生素B和止血药等。另外，它还可用作润滑剂、照相化学品和表面活性剂的原料。

8. 其他方面

顺酐还可用于生产四氢苯酐、改性松香以及化学助剂等产品。由顺酐与十八醇合成的复合型柔软整理剂，用于棉、真丝等的整理；顺酐还用于制造荧光增白剂及染料分散剂，用于纺织行业；聚顺丁烯二酸酐作为耐高温的高效水质稳定剂，可用作机车锅炉、海水淡化等的防垢剂；用顺酐改性的邻苯二甲酸树脂可用作纸张处理剂，顺酐和环状二烯合成的树脂用作纸张清漆和印刷油墨；顺酐还在医药、饮料、光学塑料等多个领域有应用。

第二节　顺酐工业的现状

顺酐是目前世界上仅次于苯酐和醋酐的第三大酸酐，在化工和制药领域具有广泛的应用，是重要的有机化工原料。

顺酐的生产技术路线主要有苯氧化法、碳四烯烃氧化法、苯酐副产法和正丁烷氧化法四种，碳四烯烃氧化法、苯酐副产法未得到大规模发展，当前世界上顺酐的主要生产方法为苯氧化法和正丁烷氢化法，全球70%以上的顺酐装置采用正丁烷氧化工艺路线。

正丁烷氧化工艺是以正丁烷为原料，在 V_2O_5/P_2O_5 系催化剂作用下发生气相氧化反应生成顺酐。该工艺自1974年由美国孟山都公司实现工业化以来，由于原料价廉、对环境污染小以及欧美等国家正丁烷资源丰富等原因而得到迅速的发展，代表了顺酐生产工艺的发展趋势。正丁烷氧化制顺酐是近年来发展很快的正丁烷利用途径，占顺酐总生产能力的70%以上。

正丁烷法顺酐装置的生产工艺按反应器分为固定床工艺和流化床工艺，其后处理工段所采用的工艺有两种技术方法，即水吸收法和溶剂吸收法。

顺酐的工业化生产始于1933年。1919年Barrett公司的Weiss和Downs初次发表了顺酐的合成专利。1933年，美国National Aniline and Chemical公司首次实现了苯气相氧化制马来酸酐技术的工业化生产，催化剂用 V_2O_5，采用固定床反应器。在其后的30年间，苯氧化工艺占据顺酐生产的统治地位，其反应器和催化剂技术日趋成熟。虽然苯氧化的选择性较高，但因为苯原料比顺酐产品多两个碳原子，苯氧化法吨产品的原料消耗值较高；以苯为原料，其毒性强、环境污染较重；随着原料价格的上升，再加上环保要求的限制，从70年代初开始苯法顺酐制造工艺逐步让位于工艺上更为先进、原料价格上低廉的正丁烷氧化法工艺。

1962年，美国Petro-Tex开发了正丁烯氧化制顺酐的工艺，接着德国BASF和Bayer公司实现了以混合 C_4 馏分为原料制取顺酐的工艺。C_4 烯烃氧化法利用石脑油裂解切割的粗馏分(有效组分1-丁烯、2-丁烯和丁二烯共占70%)氧化生产马来酐，由于 C_4 烯烃价格高且氧化收率低，使该法缺乏竞争力。

1974年，美国Monsanto公司率先实现了以正丁烷为原料的马来酐工业化生产。但早期的正丁烷氧化法采用水吸收流程，其反应选择性低，产率相对较低，这一定程度上抵消了原料价格低廉带来的优势。随后的多年，人们一直致力于提高正丁烷氧化法的催化剂性能、优化流程以提高产品收率。在80年代早期，迫于经济和环保要求减少苯排放的双重压力，美国所有苯法顺酐装置或改造为正丁烷法或彻底关闭，这也大力促进了正丁烷法顺酐工艺的发展。正丁烷氧化法工艺经过80年代的技术开发，其催化剂效率和流化床反应器设计的水平取得了极大进步。该工艺具有原料价廉易得，污染相对较少，顺酐收率高等优点，使该工艺成为顺酐工业化生产的主流工艺。目前全球70%以上的顺酐装置采用正丁烷氧化工艺路线，美国全部采用正丁烷氧化工艺路线，在亚洲有较多苯氧化法顺酐装置，特别是在中国。欧洲以正丁烷氧化工艺路线为主，尚有小部分苯氧化法顺酐装置。2013 年，全球顺酐总产能超过 2.60Mt，但大约有近一半过剩产能。部分顺酐生产企业产能统计见表 6-4-3。

表 6-4-3 2013 年全球部分顺酐生产企业及产能统计 kt/a

序号	生产厂家	装置所在地	生产能力
1	常州亚邦化学有限公司	中国	125
2	亨斯迈	美国	110
3	萨索尔-亨斯迈	德国	105
4	沙特阿拉伯海湾先进化学工业	沙特阿拉伯	100
5	太原市侨友石化总公司	中国	100
6	天津渤化中河化工有限公司	中国	100
7	齐翔腾达化工股份有限公司	中国	100
8	浙江江山化工股份有限公司	中国	80
9	朗盛	美国	73
10	Polynt SpA	意大利	65
11	南亚塑胶公司	中国台湾	60
12	阿施兰德化学公司	美国	54.5

数据来源：化工在线(www.chemsino.com)

国内马来酐的工业生产，始于 1964 年，最初只有上海华亨和天津中河各建成了 100t/a 的顺酐装置，采用苯氧化工艺路线。60 年代末期，由于农业生产对新型高效、低毒农药马拉硫磷需求迅速增长，作为生产马拉硫磷原料的顺酐被大力发展，因此到 70 年代末期全国顺酐和顺丁烯二酸的生产装置蓬勃发展。可惜受限于当时的技术条件，我国顺酐工业装置技术单一(基本为苯氧化法工艺)，装置规模偏小(最大装置能力 20kt/a，还有不少千吨级装置)，装置竞争能力普遍较差。近年来，中国顺酐工业开始与世界顺酐生产技术发展趋势相同，新增了一部分正丁烷氧化法工艺装置，但我国以苯氧化法为主的格局还没有根本性的改变。未来，由于苯原料价格因素，部分规模较小且无上下游的苯氧化法顺酐企业可能会逐步退出市场，苯氧化法顺酐产量比重将逐步下降。近年来，由于顺酐产能的快速扩张，国内顺酐产能过剩问题日益突显，据统计，2017 年国内顺酐总产能约 2.00Mt，其中苯法约占 65% 的产能，正丁烷法约 35%的产能。由于各地环保要求严格及苯价格上涨，苯法的开工率仅约 40%，正丁烷法得开工率则大于 70%。

表 6-4-4 列出了 2017 年中国主要顺酐生产企业名称及产能。

根据中国海关总署数据，2004~2012 年中国顺酐进出口及表观消费量见表 6-4-5。根据表 6-4-4 和表 6-4-5 的统计，2013 年底中国顺酐总产能为 1.45Mt/a，而产量则为 886kt，装置的产能利用率仅有 61.1%，顺酐工业处于产能过剩的阶段。因为缺乏竞争力，未来规模较小的苯氧化法顺酐装置将逐步淘汰。我国顺酐工业装置多分布在长江以北，而顺酐的下游不饱和聚酯树脂装置主要在华东和华南，未来顺酐装置的建设将偏向华东和华南地区。

表 6-4-4　2017 年中国主要顺酐生产企业及产能统计

序号	生产厂家	产能/(kt/a)	序号	生产厂家	产能/(kt/a)
1	常州亚邦化学公司	125	10	云南云维集团有限公司	50
2	太原市侨友石化总公司	100	11	江阴顺飞精细化工厂	50
3	天津渤化中河化工有限公司	120	12	山西高义煤化有限公司	50
4	齐翔腾达化工股份有限公司	200	13	南京蓝星新材料	50
5	浙江江山化工股份有限公司	100	14	山东元利科技股份有限公司	60
6	山西洪洞豪信化工有限公司	60	15	濮阳市盛源能源科技股份有限公司	50
7	山东宏信化工股份有限公司	60	16	仪征化纤	120
8	淄博嘉周化工有限公司	60	17	河北唐山宝铁	60
9	淄博市华夏化工有限公司	60	18	山东汇丰石化	50

数据来源：卓创资讯

表 6-4-5　2004~2012 年顺酐进出口表观消费量　kt

年份	产量	进口量	出口量	表观消费量
2004	250	5	11	244
2005	270	3	26	247
2006	270	4	59	315
2007	520	4	88	436
2008	480	1	74	405
2009	550	1	43	508
2010	630	1	44	587
2011	711	1	62	650
2012	848	0	48	800
2013	886	0	27	859

我国顺酐工业还存在严重依赖不饱和聚酯树脂工业的问题。目前全球顺酐消费结构情况如图 6-4-1 所示。

全球仅有 41%的顺酐用于不饱和聚酯树脂工业，根据表 6-4-2，我国顺酐用于生产不饱和聚酯树脂占顺酐消费的 65%以上。我国应加大顺酐下游产品的开发应用力度，特别是 1,4-丁二醇的下游产品聚对苯二甲酸二丁酯(PBT)、聚丁二酸丁二醇酯(PBS)等。顺酐的许多下游产品 γ-丁内酯、四氢呋喃、酒石酸、琥珀酸、四氢苯酐等，都是具有很好开发利用前景的精细化工产品，可以拉长增粗顺酐产业链，做到产品系列化、精细化，增强生产装置的经济效益和抵御市场风险的能力。

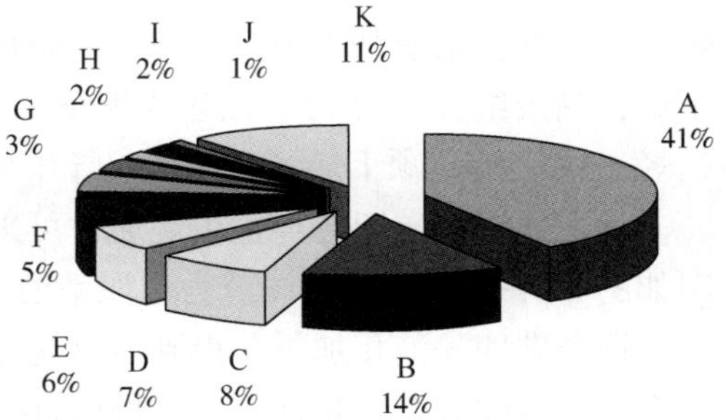

图 6-4-1　全球顺酐消费结构分布图

A—不饱和聚酯树脂 41%；B—1,4-丁二醇 14%；C—共聚物 8%；D—四氢呋喃 7%；E—富马酸 6%；F—润滑油添加剂 5%；G—烯基琥珀酸(酐)3%；H—醇酸树脂 2%；I—苹果酸 2%；J—农用化学品 1%；K—其他 11%

第三节　原料及产品规格

正丁烷氧化生产顺酐工艺的主要原料为正丁烷，一般从混合碳四中分离得到，该混合碳四可以是液化石油气(LPG)，也可以是醚后混合碳四。

一、正丁烷分离

石油化工装置的混合碳四主要来自炼厂副产碳四和乙烯装置副产碳四，炼厂碳四的典型规格见表6-4-6，乙烯装置副产碳四的典型规格见表6-4-7。

表6-4-6　炼厂碳四的典型组成　%

项　目	数值范围	项　目	数值范围
C_3烃及以下	≤0.3	正丁烷	5~11
1-丁烯	8~13	异丁烷	20~37
顺丁烯	9~14	丁二烯	≤0.4
反丁烯	10~18	C_5烃及以上	≤0.2
异丁烯	13~25		

表6-4-7　乙烯装置副产碳四的典型组成　%

项　目	数值范围	项　目	数值范围
C_3烃及以下	≤0.5	正丁烷	5~10
1-丁烯	8~15	异丁烷	4~10
顺丁烯	3~9	丁二烯	32~55
反丁烯	3~10	碳四炔烃	0.5~1.5
异丁烯	15~25	C_5烃及以上	≤0.4

一般情况下，炼厂碳四需要先经过MTBE装置处理，将其中的异丁烯消耗掉，剩余组分作为LPG出售。乙烯装置副产混合碳四需要先经过丁二烯抽提装置处理，分离出高纯丁二烯，副产的抽余液基本不含二烯烃及炔烃，该抽余液再经MTBE装置处理，消耗掉其中的异丁烯，剩余组分作为LPG出售或继续生产1-丁烯。因此用于分离正丁烷的LPG主要成分为C_3烃、1-丁烯、顺丁烯、反丁烯、异丁烷、正丁烷及C_5烃。

从上述混合碳四分离正丁烷通常可采用两种路线，路线一为加氢后分离路线，其流程框图如图6-4-2所示；路线二为萃取精馏分离路线，其流程框图如图6-4-3所示。

混合碳四先液相加氢，得到混合烷烃，再经丁烷塔分离，从塔顶得到异丁烷，塔釜得到正丁烷。若碳五含量超标，正丁烷可进一步脱重处理除去碳五。

混合碳四进丁烷萃取塔，在塔的上部加入溶剂，利用烷烃与烯烃在溶剂中溶解度的不同将丁烷与丁烯分离。塔顶得到丁烷，经丁烷塔精馏处理，从丁烷塔顶得到异丁烷，塔釜得到正丁烷。丁烷萃取塔釜得到富含丁烯的富溶剂，经汽提塔处理后，从塔顶得到丁烯混合物(1-丁烯、顺丁烯、反丁烯)，塔釜得到溶剂循环使用。

若混合碳四中碳三烃及以下含量高，可在上述分离流程中增加前置脱轻塔，利用普通精馏脱除轻组分。若混合碳四中碳五烃及以上含量高，可在上述分离流程的末端增加脱重塔，从塔釜脱除重组分。

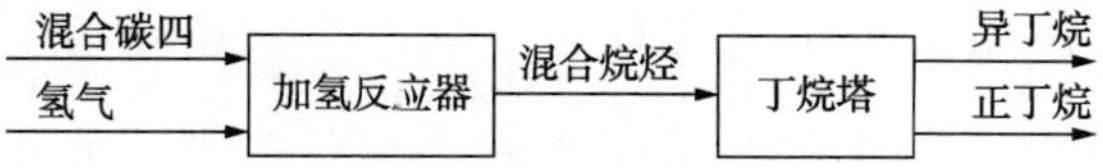

图 6-4-2　加氢分离路线流程框图

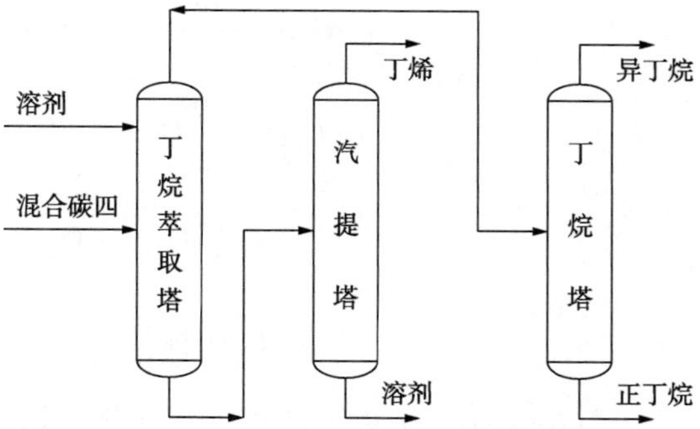

图 6-4-3　萃取分离路线流程框图

二、正丁烷规格

通过上述流程得到的正丁烷规格如表 6-4-8 所示。

表 6-4-8　正丁烷规格　%

项　目	数　值	项　目	数　值
正丁烷	≥97.0	烯烃	≤0.5
异丁烷	≤2.0	C_5烃及以上	≤1.0
C_3烃及以下	≤0.1		

三、顺酐产品规格

顺酐的产品质量应当满足国家标准 GB/T 3676-2008《工业用顺丁烯二酸酐》，其具体技术要求见表 6-4-9。

表 6-4-9　工业用顺丁烯二酸酐规格

项　目	优等品	合格品
含量(以顺丁烯二酸酐质量计)/%	≥99.5	≥99.0
熔融色度(铂-钴色号)	25	50
结晶点/℃	≥52.5	≥52
灼烧残渣/%	≤0.005	≤0.005
铁含量(以 Fe 计)/(μg/g)	≤3	—
加热后的熔融色度	按供需双方协商确定	—

第四节　正丁烷氧化反应机理

正丁烷氧化制顺酐是一个复杂的反应过程，除了主反应生成顺丁烯二酸酐外，副产物还有水、乙酸、丙烯酸、丁烯酸、醛类、丁烯等，深度氧化还会产生二氧化碳、一氧化碳等。正丁烷和空气混合后通过催化剂气相催化氧化反应的主、副反应式如下[1]。

$$n\text{-}C_4H_{10}+\frac{7}{2}O_2 \longrightarrow C_4H_2O_3+4H_2O \quad \Delta H=-1236\text{kJ/mol} \qquad (6\text{-}4\text{-}6)$$

$$n\text{-}C_4H_{10}+\frac{13}{2}O_2 \longrightarrow 4CO_2+5H_2O \quad \Delta H=-2656\text{kJ/mol} \tag{6-4-7}$$

$$n\text{-}C_4H_{10}+\frac{9}{2}O_2 \longrightarrow 4CO+5H_2O \quad \Delta H=-1521\text{kJ/mol} \tag{6-4-8}$$

$$n\text{-}C_4H_{10}+\frac{5}{2}O_2 \longrightarrow 2CH_3COOH+2H_2O \tag{6-4-9}$$

$$n\text{-}C_4H_{10}+\frac{5}{2}O_2 \longrightarrow \frac{4}{3}CH_2CHCOOH+\frac{7}{3}H_2O \tag{6-4-10}$$

式(6-4-6)为主反应式，生成顺丁烯二酸酐；副反应会生成乙酸、丙烯酸等，如式(6-4-9)、式(6-4-10)所示。过度氧化的副反应则生成一氧化碳和二氧化碳，如式(6-4-7)、式(6-4-8)所示。

正丁烷选择性氧化制顺酐的催化剂为钒磷氧化物催化剂(简称为 VPO 催化剂)，其主要成分为 V_2O_5-P_2O_5，添加 ZnO、Mo_2O_3、Fe_2O_3、Ni_2O_5、Bi_2O_3等助催化剂，其反应按照氧化还原机理进行，但具体的反应路径存在分歧，没有统一的认识[3~5]。VPO 催化剂是一种具有复杂微观结构的复合氧化物催化剂，商业上使用的 VPO 催化剂主要物相为$(VO)_2P_2O_7$和少量 $VOPO_4$，$(VO)_2P_2O_7$晶相被许多学者确认为 VPO 催化剂的活性相[6]。VPO 催化剂的活性与$(VO)_2P_2O_7$晶体的八面体结构密切相关，其活性氧排列在具有 4 组双 V=O 键的区域上，它们完全被焦磷酸盐基团隔开，阻止了不同区域中表面活性氧的相互交换[7]。多种原因，如助剂金属离子的引入、$(VO)_2P_2O_7$晶体层间残留的有机醇分子在活化过程中分解等，会引起$(VO)_2P_2O_7$晶体变形，导致$(VO)_2P_2O_7$晶体表面产生晶格氧缺陷，表面晶格氧缺陷处会产生松弛效应，从而影响临近的 V 阳离子的相对位置，这种改变有利于 VPO 催化剂活化正丁烷分子。

Andrea 等[8]则认为$(VO)_2P_2O_7$是 P 型半导体，在稳态反应条件下，VPO 催化剂表面阳离子 V^{4+}/V^{5+}发生了氧化-还原循环，并在晶格氧和分子氧参与的情况下共同作用，活化了正丁烷分子。VPO 催化剂含有少量的 $VOPO_4$，姜浩锡等[9]对 VPO 催化剂活性相的研究表明，在只有$(VO)_2P_2O_7$相存在的情况下，正丁烷的转化率和顺酐收率都不高，远远小于有适量的 β-$VOPO_4$相存在的情况，但当 β-$VOPO_4$相的含量超过一定限度时，会导致相当数量的正丁烷在 V^{5+}位上深度氧化为一氧化碳或二氧化碳，使正丁烷转化率提高，但顺酐收率却大幅度降低。

正丁烷选择性氧化制顺酐是一个复杂的串行反应，涉及 14 个电子的转移，其中还有 8 个氢原子的脱去和 3 个氧原子的插入。关于其反应具体路径，至今未有定论。Guliants 等[10]认为，在 VPO 催化剂选择氧化正丁烷制顺酐的反应过程中，V^{4+}首先被分子氧氧化为 V^{5+}。正丁烷分子被活化的第一步是 VPO 催化剂 V^{5+}位上的 O—O 键参与脱去正丁烷分子 2，3 碳位上的氢原子。Shimizu 等[11]提出正丁烷单电子氧化制顺酐的反应机理，认为 VPO 催化剂表面的 V^{5+}物种的活性氧化程度更高，而 V^{4+}物种的晶格氧在反应初期活化分子氧的过程中起了重要作用。

部分人认为，由正丁烷制顺酐，反应过程中正丁烷先脱氢生成丁烯，再脱氢生成丁二烯，然后氧化为 2,5-二氢呋喃，再进一步氧化为呋喃，最后氧化形成顺酐，其反应过程如图 6-4-4 所示。

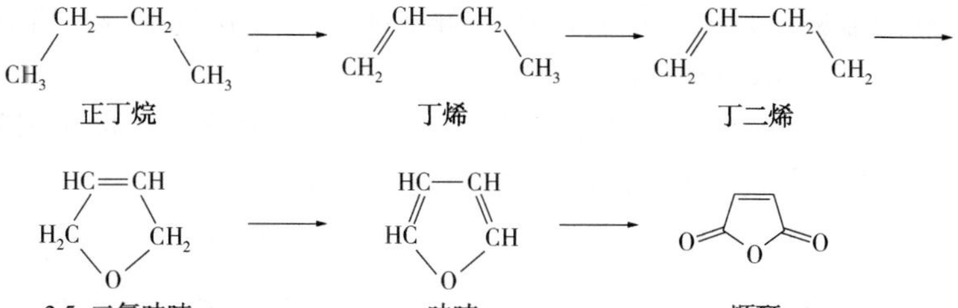

图 6-4-4　顺酐生成路线图

第五节　典型工艺流程

顺酐的生产技术按原料路线主要有苯氧化法、碳四烯烃氧化法、苯酐副产法和正丁烷氧化法四种，以正丁烷氧化法为主。按反应器的型式主要分为固定床、流化床和移动床。正丁烷氧化法制顺酐以固定床技术和流化床技术为主。世界上主要的顺酐生产技术所有方和许可商如表 6-4-10 所示。

表 6-4-10　主要顺酐生产技术所有方和许可商

公司名称	技术路线	备　注
Huntsman	固定床	生产商及最大的许可商(大型装置)
Scientific Design	固定床	技术所有方及许可商(主要小型装置)
Technobell	固定床	技术所有方及许可商(主要在俄罗斯)
Conser	固定床	技术所有方及许可商(主要做改造)
Lummus/Polynt	流化床	技术所有方及许可商(主要小型装置)
INEOS	流化床	技术所有方及许可商
Mitsubishi/BOC	流化床	技术所有方
Dupont	移动床	不转让
PA Consulting Group	苯酐副产法	技术所有方

一、正丁烷氧化制顺酐总流程

无论采用何种工艺技术路线，装置的总流程基本相同，如图 6-4-5 所示。

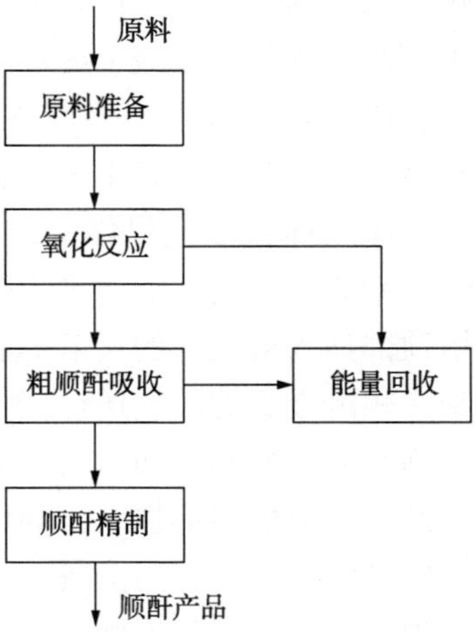

图 6-4-5　正丁烷氧化制顺酐总流程框图

原料准备部分主要是将正丁烷汽化，将空气压缩，再将两者混合或分别送入氧化反应器，有的工艺还需要与助催化剂混合后送入氧化反应工序。如果原料不是正丁烷，而是混合碳四，则原料准备部分还应当包含正丁烷分离流程，其具体内容详见本章第三节描述。

氧化反应部分以反应器为核心，主要实现正丁烷氧化反应生成顺酐，同时移除反应产生的大量热。根据不同的反应器，移除热量可用熔盐或锅炉给水，用于产生高压蒸汽。流化床或移动床的催化剂回收与再生各不相同。

粗顺酐吸收部分是利用溶剂或水吸收反应器出口气中的顺酐，并经汽提处理，得到粗顺酐。

顺酐精制部分则是利用减压精馏脱除粗顺酐中的轻组分和重组分，得到合格的精制顺酐，再通过成型处理，得到颗粒状顺酐产品。

能量回收对顺酐装置极为重要，是提高装置经济性的关键之一。反应部分放出的反应热以及各种尾气统一焚烧时产生的热均用于产生超高压蒸汽。

二、典型工艺流程[1,12~24,29,31,34,35]

顺酐生产工艺总流程大致相同，根据反应器形式不同分为固定床、流化床和移动床工艺流程，这三种流程各有特点，以固定床和流化床为主。流化床反应器中，正丁烷和空气分别进入反应器混合，避免了其混合时产生爆炸的可能，因此原料气中正丁烷的摩尔分率可以提高到4%，反应所需空气约为固定床的一半，减少了空气压缩机的投资和操作费用。流化床的能耗低于固定床，反应器易于大型化，但丁烷的单耗要比固定床高约8%，特别是流化床催化剂的磨损比较大，催化剂性能没有固定床稳定。近年来，固定床反应器也得到了大力研究与发展，国外正丁烷法固定床反应器单台生产能力达到40~45kt/a。

根据顺酐吸收方式的不同，分为水吸收和溶剂吸收两种流程。水吸收具有流程短、投资省、操作简单的优点，但顺酐的收率比溶剂吸收低约5%。溶剂吸收可连续操作，能耗低，顺酐的收率比水吸收高，但其流程较长，投资较大。

工业生产以固定床和流化床反应，溶剂吸收工艺流程为主，下面介绍主要的工艺流程。

（一）Huntsman 工艺流程

Huntsman 工艺流程为固定床反应、溶剂吸收工艺路线。其主工艺流程如图6-4-6所示。

空气先经过滤，然后由空气压缩机加压，再用蒸汽加热至合适温度。正丁烷液体用泵送入正丁烷蒸发罐，利用蒸汽加热蒸发，丁烷气再经过正丁烷过热器加热至合适温度。热空气和热丁烷气经过进料混合器充分混合后进入反应器底部，助催化剂可在进料混合器之前加入。原料气中正丁烷摩尔浓度一般采用1.5%~2.0%，控制在正丁烷的爆炸界限1.5%(v)之外，因混合气浓度低，故固定床的空气消耗量大，生产能力不如流化床。混合气在反应器与催化剂接触，在高温下发生选择性催化氧化反应，部分正丁烷被氧化生成顺丁烯二酸酐，反应热用壳程的熔盐移除，熔盐一般为硝酸钾与亚硝酸钠的混合盐。反应器出口高温熔盐与锅炉给水换热，用于生产超高压蒸汽。反应器出口的生成气含有氮气、氧气、水蒸气、未反应正丁烷、顺酐、乙酸、丙烯酸等，先要经过两级冷却回收热量产生蒸汽，第二气体冷却器出口生成气温度降至130℃左右。由于生成气易在第二气体冷却器产生堵塞，因此第二气体冷却器一般设两台，其中一台备用切换操作。

Huntsman 工艺以邻苯二甲酸二正丁酯(简称DBP)作吸收剂来吸收反应生成气中的顺酐。经冷却的生成气从塔底进入吸收塔，沿着塔体上升，从塔的中部加入冷却的塔釜循环液，从塔顶部加入解吸后的贫溶剂和少量新鲜溶剂，生成气中的顺酐逐级被溶剂吸收，吸收塔顶得到含顺酐极少的废气送至焚烧炉焚烧，焚烧产生的热量用于生产超高压蒸汽。吸收塔釜的富溶剂经吸收循环泵加压后，部分经冷却送至吸收塔中部，部分送至富溶剂罐和解吸塔中。富溶剂自解吸塔中部加入，利用塔釜加热逐级解吸，塔釜得到贫溶剂，该贫溶剂经解吸塔底加热器升温后送入后闪蒸塔。顺酐自解吸塔顶部填料段侧线采出，送至粗顺酐贮罐等待处理。解吸塔在高真空度下操作，顶部不凝气送至尾气洗涤塔回收其中顺酐。贫溶剂在后闪蒸塔中进一步闪蒸，塔釜贫溶剂经换热回收热量并冷却后送入贫溶剂罐，进行溶剂的进一步提纯工作。塔顶不凝气送至尾气洗涤塔处理。自尾气洗涤塔顶部加入贫溶剂，吸收自解吸塔和后闪蒸塔顶来的不凝气中顺酐，尾气洗涤塔顶气送焚烧炉处理，塔釜吸收液送吸收塔再次处理。

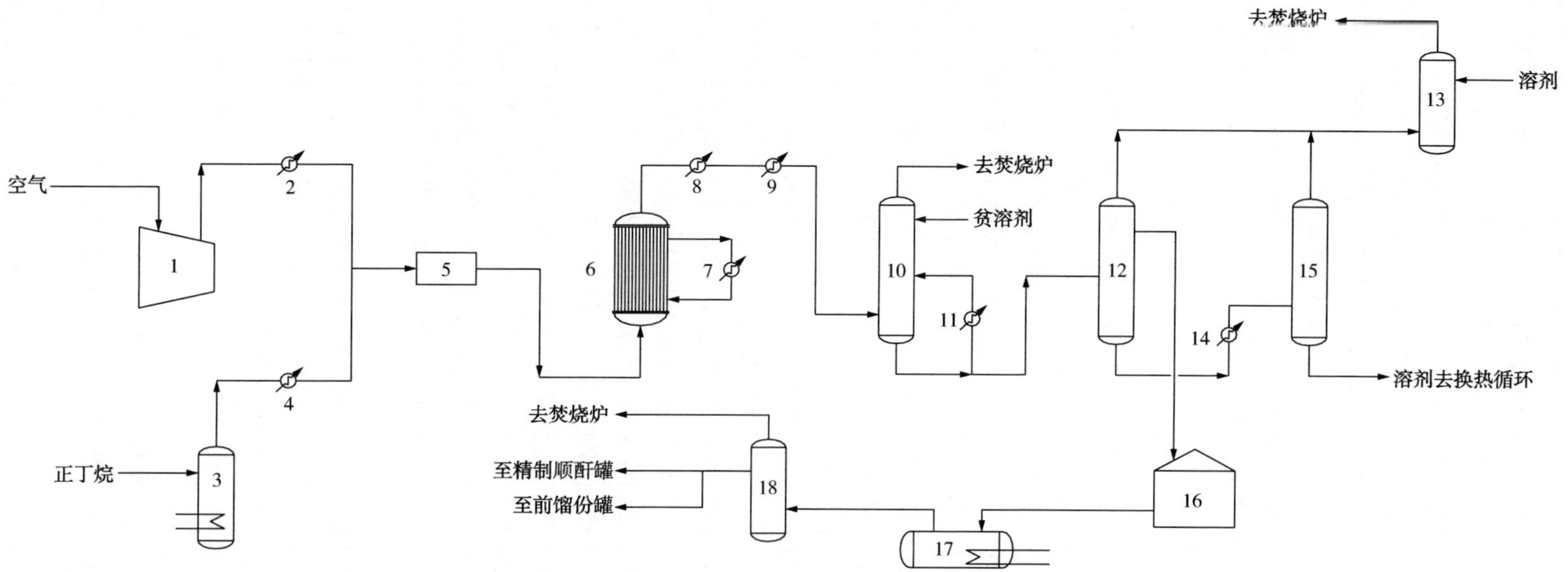

图6-4-6　Huntsman正丁烷氧化制顺酐主工艺流程

1—空气压缩机；2—空气加热器；3—正丁烷蒸发罐；4—正丁烷过热器；5—进料混合器；6—反应器；7—熔盐冷却器；8—第一气体冷却器；9—第二气体冷却器；10—吸收塔；11—吸收塔循环冷却器；12—解吸塔；13—尾气洗涤塔；14—解吸塔底加热器；15—后闪蒸塔；16—粗顺酐贮罐；17—精制塔塔釜罐；18—精制塔

Huntsman 工艺采用间歇真空精馏法将顺酐中的轻组分和重组分除去。向精制塔塔釜中加入粗顺酐，启动蒸汽加热，将前馏分收集至前馏分收集罐，然后送至解吸塔循环处理。当回流系统操作条件显示精制塔内没有轻组分时，将馏出物送至精制顺酐罐，当精制塔塔釜中液位降至最低允许值时结束本批次精馏。每次批量精馏会在塔釜中留下少量重组分，需要定期从精制塔塔釜中排出部分重组分，该重组分可送至废气处理系统焚烧。

精制顺酐最后用成品输送泵送至成品冷却器，冷却至 57℃ 后送入结片机。液态顺酐在水冷式滚筒结片机中冷却、结晶、成型，转变为无规则鳞片状固态顺酐。固体片状顺酐送入挤球机中，进一步造粒，粒状顺酐经计量、包装后获得顺酐成品。

Huntsman 工艺从解吸塔侧线采出的粗酐纯度高，达到 99.8%，可直接用作 BDO 装置的原料。若自建顺酐装置用于为 BDO 装置提供原料，采用 Huntsman 工艺可省去顺酐精制过程，有利于节能降耗、节省投资。

（二）ALMA 工艺流程

ALMA 工艺流程是美国 ABB Lummus 公司和意大利 Lonza 公司联合开发的工艺技术，为流化床反应、溶剂吸收工艺路线。其主工艺流程如图 6-4-7 所示。

空气先经过滤，然后由空气压缩机加压，送入流化床反应器底部。正丁烷液体用泵送入正丁烷蒸发罐，利用蒸汽加热蒸发，丁烷气再经过正丁烷过热器加热至合适温度，正丁烷气通过分布板进入流化床反应器。原料气中正丁烷摩尔浓度一般采用 4.0%~4.3%，因混合气浓度高，故流化床的空气消耗量不到固定床的一半，节能明显，反应器生产能力远大于固定床。混合气在反应器内与流化催化剂接触，在高温下发生选择性催化氧化反应，部分正丁烷被氧化生成顺丁烯二酸酐，反应热用内盘管移除，用于产生超高压蒸汽。反应器出口的生成气为高温，先要经过冷却回收热量产生蒸汽，ALMA 工艺控制冷却后生成气约为 170℃，比 Conser 和 Huntsman 工艺高 30℃ 以上，这样避免了产生凝液堵塞冷却器，因此该冷却器不需要备台。冷却后的生成气利用过滤器将其中夹带的催化剂截留，该催化剂用气流输送回流化床循环使用。

ALMA 工艺以六氢邻苯二甲酸二异丁酯（简称 DIBE）作吸收剂来吸收反应生成气中的顺酐。经冷却的生成气与冷却的塔釜循环液混合后从塔底进入吸收塔，沿着塔体上升，从塔的中部加入冷却的塔釜循环液，从塔顶部加入解吸后的贫溶剂，生成气中的顺酐逐级被溶剂吸收，吸收塔顶得到含顺酐极少的废气送至焚烧炉焚烧，焚烧产生的热量用于产生超高压蒸汽。吸收塔釜的富溶剂经吸收循环泵加压后，部分经冷却送至吸收塔中部，部分送去与生成气混合，部分送至解吸塔中。富溶剂自解吸塔中部加入，利用塔釜加热逐级解吸，塔釜得到贫溶剂，该贫溶剂经换热回收热量并冷却后送入贫溶剂罐，进行溶剂的进一步提纯工作。解吸塔顶得到粗顺酐。

ALMA 工艺采用连续真空精馏法将顺酐中的轻组分和重组分除去。粗顺酐先加入脱轻塔中，塔顶不凝气送废气处理系统焚烧，塔釜物料送至顺酐精制塔。精制塔釜得到重组分，送至解吸塔处理，塔顶得到精制顺酐，送至精制顺酐罐。

精制顺酐的结片、造粒等过程见 Huntsman 工艺部分描述。粒状顺酐经计量、包装后获得顺酐成品。

ALMA 工艺采用的 DIBE 是受专利保护的溶剂，只有意大利 Lonza 公司生产，价格相对较高。由于 DBP 生产厂家众多，价格较低，工业上采用 DBP 为吸收溶剂的工艺较多。

（三）CONSER 工艺流程

CONSER 工艺流程为固定床反应、溶剂吸收工艺路线，为了降低装置的正丁烷单耗，其开发了独有的尾气循环工艺。其主工艺流程如图 6-4-8 所示。

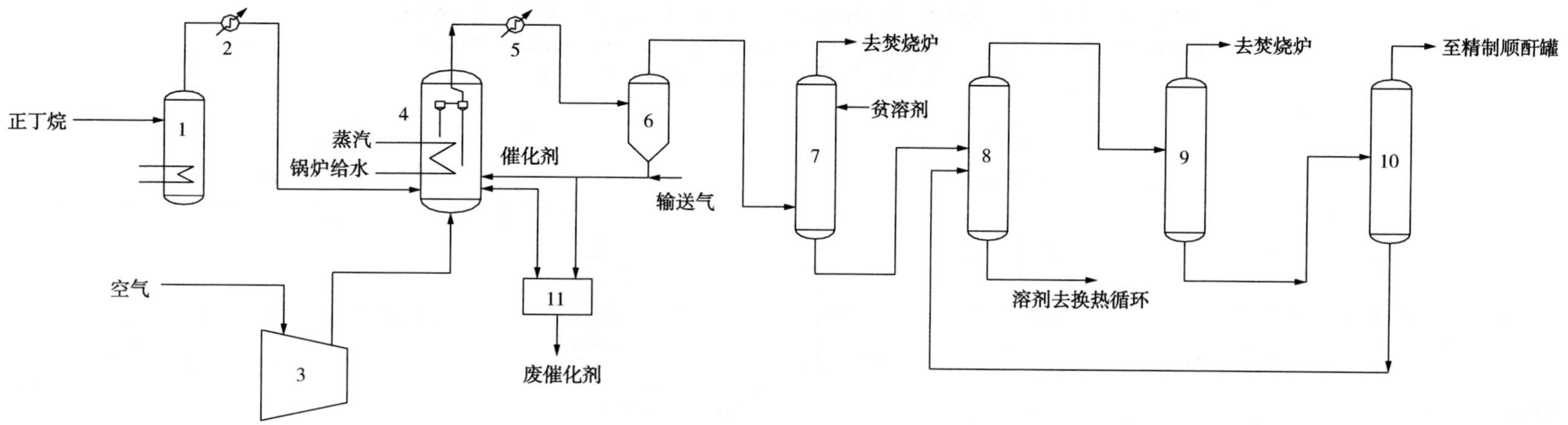

图6-4-7　ALMA正丁烷氧化制顺酐主工艺流程

1—正丁烷蒸发罐；2—正丁烷过热器；3—空气压缩机；4—流化床反应器；5—再生气冷却器；6—过滤器；7—吸收塔；8—解吸塔；9—脱轻塔；10—顺酐精制塔；11—催化剂装卸系统

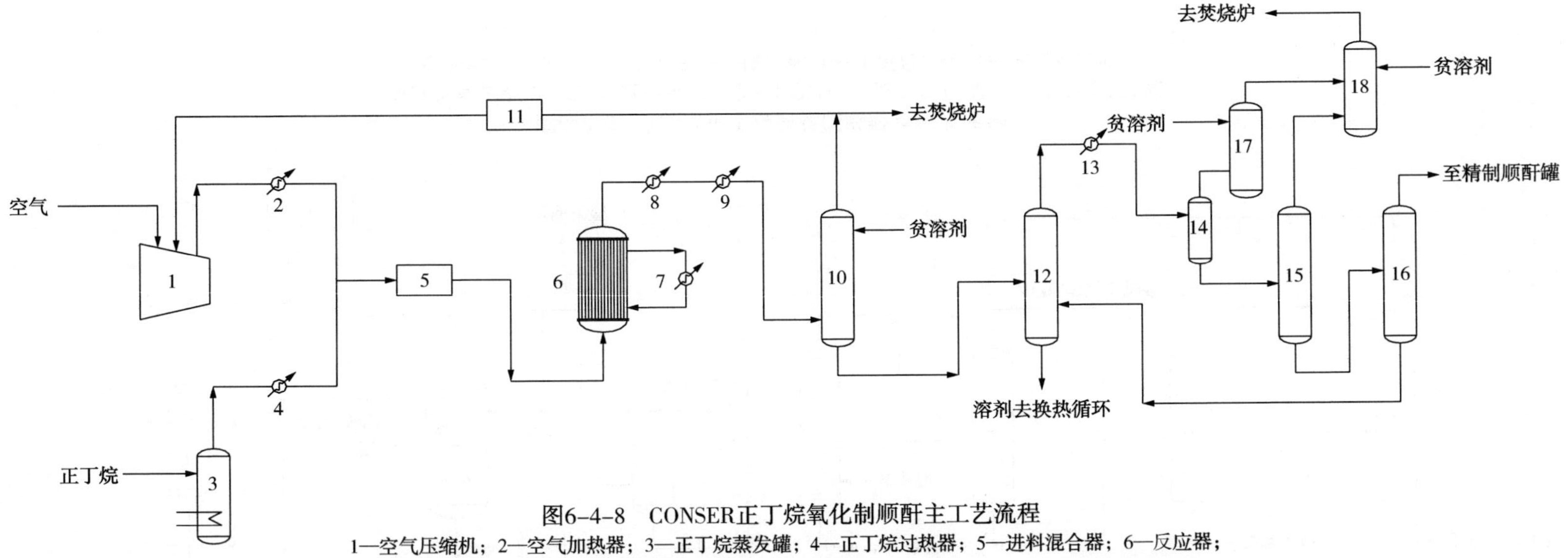

图6-4-8 CONSER正丁烷氧化制顺酐主工艺流程

1—空气压缩机；2—空气加热器；3—正丁烷蒸发罐；4—正丁烷过热器；5—进料混合器；6—反应器；7—熔盐冷却器；8—第一气体冷却器；9—第二气体冷却器；10—吸收塔；11—循环尾气处理单元；12—解吸塔；13—解吸塔冷凝器；14—解吸塔回流罐；15—脱轻塔；16—顺酐精制塔；17—二次吸收塔；18—洗涤塔

空气先经过滤，然后由空气压缩机加压，循环尾气进空气压缩机二段入口，出口压缩气用蒸汽加热至合适温度。正丁烷液体用泵送入正丁烷蒸发罐，利用蒸汽加热蒸发，丁烷气再经过正丁烷过热器加热至合适温度。热空气和热丁烷气经过进料混合器充分混合后进入反应器底部。混合气在反应器与催化剂接触，反应生成顺丁烯二酸酐，反应热用壳程的熔盐移除，用于生产超高压蒸汽。反应器出口的生成气经过两级冷却回收热量产生蒸汽，第二气体冷却器出口生成气温度降至 130℃左右。

CONSER 工艺以 DBP 作吸收剂来吸收反应生成气中的顺酐。经冷却的生成气从塔底进入吸收塔，从塔顶加入解吸后的贫溶剂，塔釜加入部分压缩空气进行气提，吸收塔顶得到含顺酐极少的废气。该废气一部分送至焚烧炉处理，焚烧产生的热量用于产生超高压蒸汽；另一部分，40%左右送循环尾气处理单元，尾气先被冷却至 50℃左右，然后通过分离罐将其中的凝液除去，再送入洗涤塔，用脱盐水将尾气中的丙烯酸和乙酸洗除，再经气液分离后送至空气压缩机二段入口。

吸收塔釜的富溶剂经泵加压后，送至解吸塔中。富溶剂自解吸塔中部加入，利用塔釜加热逐级解吸，塔釜得到贫溶剂，该贫溶剂经换热回收热量并冷却后送入贫溶剂罐，进行溶剂的进一步提纯工作。解吸塔顶得到粗顺酐，塔顶不凝气送二次吸收塔回收其中的顺酐，吸收液送回解吸塔处理，二次吸收塔顶的不凝气送洗涤塔处理。

CONSER 工艺采用连续真空精馏法将顺酐中的轻组分和重组分除去。粗顺酐先加入脱轻塔中，塔顶不凝气送洗涤塔处理，塔釜物料送至顺酐精制塔。精制塔釜得到重组分，送至解吸塔处理，塔顶得到精制顺酐，送至精制顺酐罐。

精制顺酐的结片、造粒等过程见 Huntsman 工艺部分描述。粒状顺酐经计量、包装后获得顺酐成品。

二次吸收塔顶不凝气和脱轻塔顶不凝气在洗涤塔中用贫溶剂再次吸收，吸收液送解吸塔处理，尾气送废气处理系统焚烧。焚烧炉产生的热量用于生产超高压蒸汽。

CONSER 工艺采用部分尾气循环技术，能有效降低正丁烷消耗，减少废气，达到节能降耗的目的。

(四) 移动床工艺简述

移动床工艺是一种再循环的流化床反应器，与流化床的区别在于，反应器分为反应段和再生段两部分，正丁烷进料至反应段，而空气则进料至再生段。在反应段，VPO 催化剂在没有气相氧的情况下，利用晶格氧将正丁烷氧化为顺酐，被还原的催化剂经过分离解吸器分离出来，生成气自反应器顶部离开。被还原的催化剂与空气混合进入再生段，催化剂吸氧再生后返回反应段，如此反应和再生不断循环。移动床提高了反应的选择性，使顺酐收率达到 72%(mol)，比流化床工艺提高了 30%~40%，成本降低约 15%~20%[1]。

(五) 水吸收工艺流程

水吸收工艺是正丁烷氧化制顺酐最初采用的后处理工艺，主要原因是最初推广正丁烷法顺酐生产技术时，通常是将苯法制顺酐装置的路线改造为正丁烷法，而苯法通常采用水吸收工艺。水吸收工艺简单、设备数量少，操作也简单，但其用于正丁烷法制顺酐装置有致命的缺点，其顺酐收率比溶剂吸收法低 5%以上。而且正丁烷法氧化生成的水比苯法多 1 倍多，为了避免水分冷凝，生成气温水冷却器的控制温度高，粗顺酐的生成比例小，致使水吸收时顺丁烯二酸比例增加，设备腐蚀、堵塞严重，能耗高。所以一般不采用水吸收工艺流程。

水吸收法工艺流程如图 6-4-9 所示。

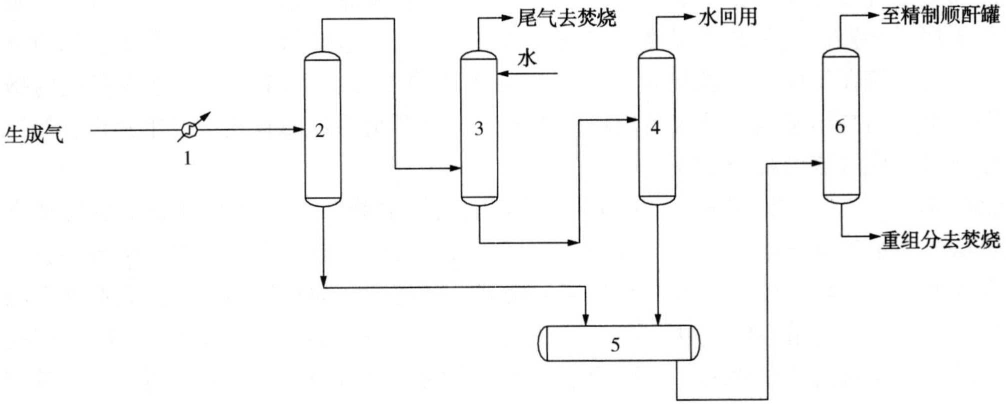

图 6-4-9　水吸收法工艺流程

1—温水冷却器；2—粗酐分离器；3—水洗塔；4—脱水塔；5—粗顺酐贮槽；6—蒸馏塔

自反应器来的生成气先经冷却器回收热量用于产生高压蒸汽，然后用温水冷却器将生成气温度冷至 57℃左右，生成气中部分顺酐冷凝为液体，然后生成气进入粗酐分离器，其中的粗酐液体送至粗顺酐贮槽，分离器顶的生成气自塔釜进入水洗塔。生成气自下而上，水洗塔顶加入水，生成气中的顺酐与水反应生成顺丁烯二酸水溶液，不被水吸收的未反应丁烷、一氧化碳等自塔顶排出，送至尾气焚烧装置焚烧处理，焚烧产生的热量用于生产超高压蒸汽。

水吸收法工艺的脱水和精馏均采用间歇操作。批量的顺丁烯二酸水溶液送入脱水塔釜，将二甲苯加入脱水塔中，利用水与二甲苯共沸蒸馏来完成脱水。塔顶冷凝下来的二甲苯与水互不相溶，水在下层，被分走循环使用，二甲苯在上层回流入塔。脱完水的粗酐送入粗顺酐贮槽。

批量的粗酐送入蒸馏塔，通过控制蒸馏塔压及温度的方式，次序蒸出二甲苯馏分、前馏分、精制顺酐馏分和后馏分。

精制顺酐的结片、造粒等过程见 Huntsman 工艺部分描述。粒状顺酐经计量、包装后获得顺酐成品。

（六）溶剂处理流程

溶剂在使用过程中会累积各种杂质需要净化处理。DIBE 在使用过程中会与顺酐、水反应生成六氢苯酐、异丁醇、富马酸等副产物；DBP 则会生成正丁醇、邻苯二甲酸、顺丁烯二酸、富马酸等副产物。

DIBE 的处理流程为碱洗（NaOH 溶液）和水洗。由于顺酐在高温下遇 Na^+离子会发生过氧化反应，可能发生爆炸，因此要严格控制溶剂处理后 Na^+离子的浓度小于 5.0μg/g，在水洗时不仅要除去贫溶剂中的有机酸，还要除去 Na^+离子，需要多次洗涤，因此 DIBE 净化产生的污水量较大。

DBP 的一般处理流程为水洗，溶剂和水先在混合罐中充分混合均匀，利用碟式离心机将酸性水、溶剂和固不溶物分离开来，离心分离的溶剂脱水干燥后返回系统使用。罗志海[14]、田贇[17]、董海军[20]、李勇[18]等人研究表明，碟式离心机相界面不易掌握，操作不稳定，容易导致溶剂净化不彻底，杂质累积过多，导致装置频繁停车。其研究表明，通过碱洗能减少溶剂中的富马酸，还可消除溶剂分解现象。为了避免碱液在系统中引起副反应，碱洗后溶剂需多次水洗以去除 Na^+ 离子。

（七）尾气处理

顺酐装置的尾气主要来源于吸收塔尾气、各塔顶抽空不凝气、粗酐贮罐排放气、溶剂贮罐排放气等，这些尾气中含有毒害物质，在装置中收集在一起送入尾气处理装置统一焚烧。装置中产生的重组分废液也间歇送入焚烧炉焚烧。尾气含有大量的未反应烃、一氧化碳等，焚烧过程中释放大量的燃烧热，这部分热量一般用于产生超高压蒸汽。

第六节　主要操作参数

本节介绍典型固定床正丁烷氧化制顺酐工艺的主要操作参数[12,16,21,25~27,30,32,33,35]。

1. 原料准备部分

表 6-4-11　原料准备部分主要工艺参数

序号	项目	内容	序号	项目	内容
1	压缩空气			汽化温度/℃	40~44
	压缩机出口操作压力/MPa(g)	0.15~0.2		正丁烷过热器出口操作温度/℃	140~160
	空气加热器出口操作温度/℃	150~160	3	反应配料	
2	正丁烷			正丁烷含量/%(mol)	1.5~2.0
	汽化压力/MPa(g)	0.3~0.32		配湿蒸汽/%(mol)	1.8~2.2

2. 反应部分

表 6-4-12　反应部分主要工艺参数

序号	项目	内容	序号	项目	内容
1	反应器			第二气体冷却器出口压力/MPa(g)	0.15~0.17
	反应器操作压力/MPa(g)	0.16~0.18	3	超高压蒸汽发生	
	反应温度/℃	430~470		操作压力/MPa(g)	4.1~4.3
	熔盐入口温度/℃	390~410		操作温度/℃	253~256
2	生成气				
	第二气体冷却器出口温度/℃	130~140			

3. 吸收与解吸部分

表 6-4-13　吸收与解吸部分主要工艺参数

序号	项目	内容	序号	项目	内容
1	吸收塔			吸收塔塔釜温度/℃	105~125
	生成气进塔温度/℃	130~140	2	解吸塔	
	吸收塔板数/块	25~30		解吸塔操作压力/kPa(a)	<10
	吸收塔操作压力/MPa	0.13~0.15		解吸塔釜温度/℃	205~220
	吸收塔塔顶温度/℃	69~72		解吸塔冷凝温度/℃	65~69

4. 精制部分

表 6-4-14　精制部分主要工艺参数

序　号	项　目	内　容	序　号	项　目	内　容
1	脱轻塔		2	顺酐精制塔	
	脱轻塔板数/块	15~25		顺酐精制塔操作压力/kPa(a)	<10
	脱轻塔操作压力/kPa(a)	<40		塔釜温度/℃	150~175
	脱轻塔塔釜温度/℃	150~175		塔顶冷凝温度/℃	>65

5. 成型部分

表 6-4-15 成型部分主要工艺参数

序　号	项　目	内　容	序　号	项　目	内　容
1	精制顺酐贮罐		2	结片机	
	操作压力	常压		精制顺酐进料温度/℃	57
	操作温度/℃	57~65		结片机转鼓温度/℃	5~25

第七节　主要设备

一、氧化反应器[1,2,13,16,19,21]

氧化反应器是正丁烷氧化制顺酐的核心，氧化反应的转化率和收率决定着装置经济性的高低。如前面所述，正丁烷氧化制顺酐反应器主要分为固定床反应器、流化床反应器和移动床反应器三类。前两类反应器应用较多，移动床反应器未大规模应用。

固定床反应器一般为固定列管式反应器，列管内装有催化剂，混合物料通过列管时产生选择性氧化生成顺酐，壳侧一般利用熔盐来移除反应热。正丁烷氧化反应是强放热反应，因此必须迅速有效地移出反应热。若反应热无法及时移出，将会使反应温度迅速上升，导致反应温度失控，甚至发生爆炸。正丁烷的氧化过程是气态物料通过固体催化剂所构成的床层进行氧化反应，其反应过程包括扩散、吸附、表面反应、脱附和扩散五个步骤。催化剂的活性表面、流体的流动特征和分子扩散速度等对顺酐的生成速度、放热及移热速率都有影响，一般工业反应器采用高线速以消除外扩散的影响，提高传质和传热效率；为了提高传热效率，换热的熔盐在反应器的管际间循环速度要高；VPO 催化剂的硬度较小且易碎，虽然采用固定床反应器，但也会有细小的催化剂颗粒随生成气被吹送到吸收塔，随后吸收塔中的有机溶剂在 VPO 存在的情况下会发生一系列化学反应，最终生成焦油状大分子物质而堵塞管道，导致装置频繁停车。为了有效阻止催化剂被吹出，近年来研究在固定床反应的两头装备过滤网，拦截破碎催化剂。也可以考虑在冷却器后吸收塔前增加干式过滤器，除去带至管线中的催化剂粉尘，延长装置操作周期。

随着顺酐生产工艺与技术的发展与进步，生产规模逐步扩大，固定床反应器的大型化日益重要，是装置提高经济效益、提升竞争优势的关键。反应器大型化设计需要解决以下难点：混合进料分布均匀的问题可以通过反应器外混合器和反应器内分布器来共同解决；在反应器内部构件上特殊设计折流板位置和数量以及流通面积，提高流速，解决反应热及时移出、温度分布均匀、减少流动死区等问题；通过优化设计进料气分布、反应器壳侧构件，缩小反应器的轴向温差和径向温差，减少因热点而产生的副反应。国外在固定床反应器大型化方面走在前列，其单台反应器的生产能力已经达到45kt/a顺酐。我国上海华谊公司已经研发出20kt/a级顺酐反应器[28]。

正丁烷流化床反应器的特点是：反应物料中正丁烷浓度高，可以进入爆炸限1.5%~8.41%(v)内操作，降低了空气压缩的操作动力费用，反应生成气中顺酐浓度较高，单台反应器的生产能力大，适合大型化装置；正丁烷气和空气分别进入流化床，分布均匀，流化催化剂的床层温度分布均匀，轴向温度基本为恒定温度，减少了副反应的发生，反应温度比固定床反应器温度高，提高了反应的选择性；反应器采用几组内盘管撤热，可利用锅炉给水直接产生超高压蒸汽，不需要熔盐系统作为中间传热介质，节省了投资费用，提高了传热效率；流化床反应器的弱点是催化剂磨损较高，VPO催化剂的硬度较小且易碎，在流态化的情况下VPO催化剂磨损较高，导致催化剂费用高。要提高流化床的优势，需要在催化剂研究方面多下功夫，提高其耐磨性。

移动床反应器的实质是一种再循环的流化床反应器，与流化床的区别在于，反应器分为反应段和再生段两部分。在反应段，VPO催化剂在没有气相氧的情况下，利用晶格氧将正丁烷氧化为顺酐，被还原的催化剂经过分离解吸器分离出来，生成气自反应器顶部离开。被还原的催化剂与空气混合进入再生段，催化剂吸氧再生后返回反应段，如此反应和再生不断循环。移动床提高了反应的选择性，使顺酐收率达到72%(mol)，比流化床工艺提高了30%~40%，成本降低约15%~20%[1]。移动床反应条件可具体根据情况进行调节，催化剂在反应段中的滞留时间取决于催化剂的活性；催化剂颗粒浓度分布取决于原料气体的流速、催化剂颗粒大小、密度等；所需催化剂的数量和循环速度取决于再生段中催化剂的氧化反应速度[1]。通过这些参数调节可实现对反应条件的精确控制，相比于固定床有更大的灵活性。

二、离心分离机[14,17,18,20]

离心分离机主要用在溶剂净化系统，是溶剂净化的关键设备。DBP溶剂净化的流程如下：等量的溶剂和脱盐水混合后在搅拌器作用下充分混合萃取，富马酸等杂质溶于水中，萃取完成的混合物自流到离心分离机中，在离心机高速旋转的情况下，利用溶剂相与水相两相密度差进行分离，轻相为水相，作为污水处理，重相为溶剂相，送气提塔脱水后重新进入溶剂循环系统。

顺酐装置使用的离心分离机属于碟式高速固体排放离心机，专用于密度差较小的不同相混合物料的分离。其分离原理为：在高速旋转(实际转速约2000r/min)的转鼓中存在强大的离心力场，进入转鼓并随着转鼓高速旋转的轻重相物料，由于存在密度差，在同一离心力场中受到的离心力并不完全相等，由此产生“离心压差”，并导致轻重相分别流向碟片的内外缘，直至最终完全分离。

在实际生产过程中，离心机工作状况与溶剂质量状况常形成相互影响的恶性循环，导致装置的频繁停车。当贫溶剂质量差，其中顺酐含量较高时，离心机中水相和油相密度接近，分离出的废水会夹带过多的溶剂，因此溶剂损失大。若溶剂中焦油、胶质含量高时，离心机无法分离这类杂质，导致这些杂质残留在溶剂系统中，越积越多，到一定程度，离心机塔盘会被堵塞，离心机振动值超高，需要频繁清洗，而现有工艺中离心机配备一台，清洗期间溶剂不净化，会导致杂质越积越多，装置无法稳定生产。

离心分离机的正常运行需要多方面去保证。首先，脱气塔的工艺指标需要保证，溶剂的顺酐含量要满足工艺指标。若溶剂中顺酐含量高，部分顺酐在水洗过程中将会与水发生反应生成富马酸等副产物，导致水相与溶剂相密度接近，离心机将不能正常识别溶剂相和水相，使得离心机倒相，无法正常分离，引起洗涤系统停车，进而全装置停车；另外需要控制溶剂中水含量，溶剂水解生成邻苯二甲酸，顺酐水解为顺酸和富马酸，过多的这类杂质将改变水相密度，使离心机无法正常分离；其次要控制好溶剂洗涤流程参数，使混合适度，既不产生乳化，又能将酸溶解充分，保证净化效果。过度的搅拌会产生乳化现象，离心机无法分离乳化液；过低的搅拌会使混合不充分，溶剂净化不彻底；再者，要精心操作离心机，维持好轻重相分离界面的稳定，确保两相达到最佳分离效果。要严格控制离心机排渣时间和速度，不能让排渣破坏轻重两相背压；要控制好离心机的油水比，保证分离效果；转鼓泄漏、碟片和转鼓也是影响离心机分离效果的重要因素，转鼓泄漏会导致部分未完全分离的混合液由漏点进入轻相或重相，造成分离不净。碟片和转鼓会影响两相分离界面的形成，进而影响分离效果。所以离心机需要定期精心保养，方能保证正常运行。由于离心机工作不够稳定，装置应根据情况适量备用离心机，以保证溶剂净化过程的连续性。

第八节　装置消耗

如前所述，装置的消耗指标与反应器类型、吸收精制工艺、尾气部分循环等相关，表6-4-16列出了固定床溶剂吸收尾气不循环工艺装置的主要消耗指标。

表 6-4-16　固定床溶剂吸收工艺吨产品主要消耗指标

序　号	项　　目	指　　标	序　号	项　　目	指　　标
1	正丁烷/t	1.1	6	燃料气(以天然气计)/Nm^3	110~130
2	溶剂/kg	5~15	7	氮气/Nm^3	10~15
3	锅炉给水/t	11~12	8	工业水/t	0.8~1
4	循环冷却水/t	210~225	9	3.0MPa(g)高压蒸汽/t	-7~-8
5	电/kWh	1300~1500			

若采用尾气部分循环技术，正丁烷的消耗可降至 1.0t/t 产品，电消耗大幅下降至1150kWh/t 产品。

表 6-4-17　固定床水吸收工艺吨产品主要消耗指标

序　号	项　　目	指　　标	序　号	项　　目	指　　标
1	正丁烷/t	1.15	6	燃料气(以天然气计)/Nm^3	110~130
2	二甲苯/kg	3~5	7	氮气/Nm^3	10~15
3	锅炉给水/t	6~8	8	工业水/t	0.8~1
4	循环冷却水/t	210~225	9	3.0MPa(g)高压蒸汽/t	-6~-7
5	电/kWh	1400~1600			

从表 6-4-16 和表 6-4-17 的对比看，水吸收工艺比溶剂吸收工艺正丁烷消耗高，电消耗高，副产高压蒸汽少，竞争处于劣势地位。

第九节　装置能耗

根据表 6-4-16 的消耗指标，计算装置的综合能耗如表 6-4-18 所示。

表 6-4-18　固定床溶剂吸收工艺吨产品能耗计算

序　号	项　　目	消耗指标	折算值/kg 标油
1	锅炉给水	11~12t	101.2~110.4
2	循环冷却水	210~225t	21~22.5
3	电	1300~1500kWh	364~420
4	燃料气(以天然气计)	110~130Nm^3	102.3~120.9
5	氮气	10~15Nm^3	1.5~2.25
6	工业水	0.8~1t	0.136~0.17
7	3.0MPa(g)高压蒸汽	-7~-8t	-616~-704
总计			-25.86~-27.78

根据计算结果，正丁烷氧化制顺酐装置综合能耗为负值，装置因为正丁烷氧化放热及燃料气和尾气焚烧放热，装置需要向外输出能量，其综合能耗为-25.86~-27.78kg 标油/t 产品。根据 DB12/046.34-2011，天津市规定苯法顺酐装置综合能耗最高为 97kg 标煤/t 产品，正丁烷法顺酐装置比苯法顺酐装置节能。

第十节　效益分析

顺酐是最近几年少有的价格走势坚挺的化工原料品种，受 2008 年世界金融危机影响，顺酐价格短期从 12000 元/t 顺酐的高位快速跌落至 4700 元/t 顺酐的低位后，顺酐价格开始了长达 5 年的震荡上升牛市。到 2013 年初达到 12650 元/t 顺酐的历史高位，经过一年多维持高位盘整，2014 年下半年价格跌落至 6000 元/t 的低位。2016 年初到 2018 年价格回升到 9000 元/t 顺酐的位置，见图 6-4-10。

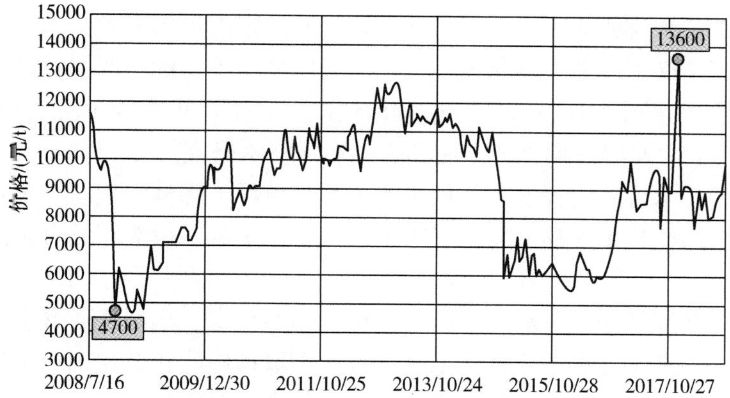

图 6-4-10　顺酐价格走势

国内目前正丁烷价格约为 4000 元/t，按照表 6-4-16 的消耗指标计算，顺酐装置的总成本约为 6800 元/t，按照目前的价格，采用正丁烷氧化制顺酐装置有较好的经济效益。

苯法顺酐装置近年来则是举步维艰，如图 6-4-11 所示，其原料苯价格自 2009 年持续上涨，2015 年价格虽有回落，但目前仍然维持在 6000~7000 元/t。业内人士认为，由于原料价格因素，部分规模较小且无上下游的苯氧化法顺酐企业很有可能会退出市场，特别是在环保要求日益严格的形势下。未来 3~5 年，是正丁烷法顺酐的快速发展期，苯氧化法顺酐产量比重将逐步下降。

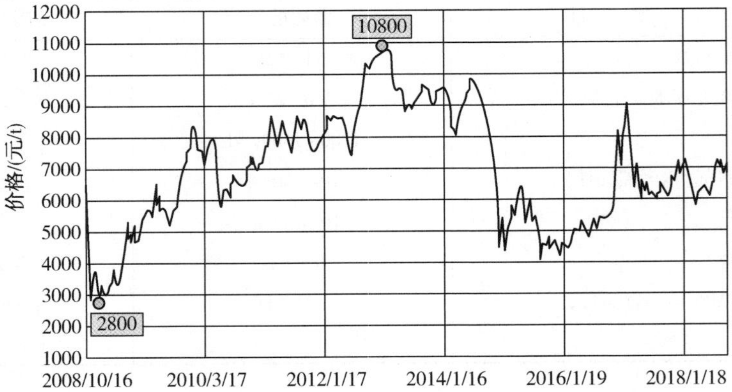

图 6-4-11　纯苯价格走势

第十一节　技术发展展望

自 1933 年顺酐首次在美国实现工业化生产以来，顺酐工业经历了 80 年的发展，已经成为成熟的工业品种。顺酐的生产技术路线也由最初的苯氧化法过渡到了正丁烷氧化法为主的时代，全球 70%以上的顺酐装置采用正丁烷氧化工艺路线。由于苯法毒性大、污染高，碳原子利用率不高，顺酐收率不高，而且原料粗苯价格高，未来新建顺酐装置应采用正丁烷氧化法工艺路线。特别是在中国，有不少小型苯法顺酐装置，这些装置经济、能效差，宜关停，逐渐减少苯法在顺酐装置中的比重。

由于水吸收法顺酐收率比溶剂吸收法低 5%以上，能耗高，除苯法制顺酐装置原料路线改造为正丁烷法沿用老装置水吸收法外，未来新建装置应采用溶剂吸收法。

目前固定床工艺和流化床工艺各有千秋，均占有一定的市场容量。大型化装置，采用流化床较好，避免固定床反应器大型化后轴、径向温度分布不均的问题。移动床提高了反应的选择性，使顺酐收率达到 72%(mol)，比流化床工艺提高了 30%~40%，成本降低约 15%~20%，在未来应当大力发展，世界各国应加强移动床技术研究。

尾气部分循环技术可一定程度上降低装置正丁烷单耗、降低空气压缩单耗，可以研究在新建装置中结合采用此技术。移动床由于再生段不含正丁烷，一般不结合采用尾气部分循环技术。

溶剂吸收法存在溶剂净化不够、离心分离机操作不稳定、溶剂杂质含量高、溶剂损失大的实际生产问题，未来需要进一步优化工艺设计，采取措施防止催化剂粉末进入吸收塔，防止造成严重问题；未来需要优化溶剂洗涤过程，增加离心分离机备台，保证溶剂净化连续进行，保证离心分离效果。

未来宜加强溶剂吸收与顺酐精制部分工艺的优化，综合回收利用能量，进一步降低装置的能耗，提升装置的经济竞争力。BDO 的应用在未来会得到较大发展，新建 BDO 装置宜考虑与顺酐装置整合，减少中间流程，进一步提升BDO装置的能耗水平。

现有固定床选择氧化制顺酐催化剂的摩尔收率在60%左右，仍有大量的提升空间。未来宜结合先进的现代表征手段，加大对其机理的研究，获得更多的理论认识，从而开发出性能更佳的催化剂体系。未来还应加强VPO催化剂生产工艺，改善催化剂成型技术，增强VPO催化剂的耐磨性，减少催化剂的消耗。

参考文献

[1] 魏文德等. 有机化工原料大全中卷[M]. 2版. 北京：化学工业出版社，1999：381-401.

[2] 卢暄，米多，等. 顺酐市场现状及技术发展趋势[J]. 化学工业，2010，28(4)：36-39.

[3] 冯景隆，李春福，等. 正丁烷选择氧化制顺酐钒磷氧化物催化剂的研究进展[J]. 石油化工，2008，37(9)：967-972.

[4] 薛冬，吕振辉，等. 顺酐用VPO催化剂的研究进展[J]. 当代化工，2012，41(7)：691-694.

[5] 刘先明，李春福，等. 正丁烷选择氧化制顺酐VPO催化剂的研究进展[J]. 材料导报，2008，22(4)：57-61.

[6] Christopher J K，Burrows A，et al. Characterisation of Variation in Vanadium Phosphate Catalyst Microstructure with PreparationRoute[J]. J Catal，1996，162(1)：31-47.

[7] 汪洋，陈丰秋，等. 多相选择氧化/氨氧化催化中活性位分离和相间协同作用[J]. 化学进展，2006，18(1)：7-18.

[8] Andrea M，Wilma de A，et al. Vanadium Phosphorus Oxide Catalyst Modified by Niobium Doping for Mild Oxidation of*n*-Butane to Maleic Anhydride[J]. J Catal，2002，208(1)：238-246.

[9] 姜浩锡，李永辉，等. 丁烷氧化制顺丁烯二酸酐催化剂活性相的研究[J]. 化学工业与工程，2004，21(1)：29-32.

[10] Guliants V V，Holmes S A. Probing Polyfunctional Nature of Vanadyl Pyrophosphate Catalysts：Oxidation of 16 C_4 Molecules[J]. J Mol Catal A：Chem，2001，175(1-2)：227-239.

[11] Shimizu Rie，Fuchikami Takamasa. Theoretical Study of Vanadium-Catalyzed ButaneOxidation[J]. J Catal Today，2001，71(1-2)：137-143.

[12] 韩刚，杨伯伦. 正丁烷氧化制顺丁烯二酸酐吸收精制工艺分析[J]. 现代化工，2006，26(2)：353-356.

[13] 王斌. 顺酐生产工艺与反应器研究进展[J]. 兰州石化职业技术学院学报，2013，13(2)：4-6.

[14] 罗志海. 顺酐溶剂吸收装置中影响离心机分离效果的因素分析[J]. 化学工程与装备，2009，11：67-69.

[15] 姚杰，席宗敏，等. 尾气循环技术在国内顺酐装置的应用[J]. 油气田环境保护，2009，19(3)：39-40.

[16] 畅志坚. 正丁烷法顺酐生产工艺现状[J]. 天津化工，2011，25(5)：11-13.

[17] 田赟，董海军. 顺酐装置溶剂系统故障分析及改造建议[J]. 化工机械，2011，38(5)：639-642.

[18] 李勇，杨帆. 有机溶剂回收顺酐工艺中溶剂精制方法的改进[J]. 化工中间体，2010(07)：55-58.

[19] 陈真真，张立芬，等. 正丁烷氧化制顺酐的Huntsman工艺技术进展[J]. 化学工程，2011，39(11)：92-98.

[20] 董海军，田赟. 顺酐装置离心机油水比的选择[J]. 化工机械，2012，39(2)：154-156.

[21] 马首骥，孙凯. 兰州石化公司20kt/a正丁烷氧化制顺丁烯二酸酐装置工艺流程及特点[J]. 石化技术及应用，2008，26(4)：381-384.

[22] 田赟. 溶剂吸收法顺酐装置工艺介绍[J]. 甘肃科技，2010，26(19)：33-34.

[23] 赵攀，王宇. 顺丁烯二酸酐正丁烷法生产技术讨论[J]. 甘肃科技，2009，25(6)：28-29.

[24] 刘艳，颜千红，等. 正丁烷法顺酐装置后处理技术比较[J]. 天津化工，2005，19(5)：42-44.
[25] 张文彪，屈一新. ASPEN PLUS 在顺酐回收工艺模拟中的应用[J]. 化学工业与工程技术，2011(1)：4-8.
[26] 张伏生，柳卫忠. 顺酐装置溶剂吸收塔方案的模拟及分析[J]. 化工设计，2008(1)；10-13.
[27] 李江，刘家祺. 顺酐装置非水溶剂吸收工艺模拟及分析[J]. 石油化工；2003，32(4)：305-309.
[28] 孙可华. 上海华谊公司研发的 20kt 级顺酐反应器通过验收[J]. 国内外石油化工快报，2008(6).
[29] 赵攀，王宇. 顺丁烯二酸酐正丁烷法生产技术讨论[J]. 甘肃科技，2009，25(6)：28-29.
[30] 冯惠生，魏月娥，等. 真空精馏提纯顺酐的研究[J]. 精细石油化工，2007，24(2)：50-52.
[31] 刘军. 正丁烷制顺酐的 ALMA 工艺评述[J]. 辽宁化工，1994(1)：5-11.
[32] 李江. 30kt/a 顺酐装置非水溶剂吸收工艺的模拟及分析[D]. 天津：天津大学，2002.
[33] 孙怀起，戴文惠，等. 顺酐生产中余热综合利用[C]. 全国化工热工设计技术中心站 2006 年年会论文集，2006：23-24.
[34] 张庆红. 正丁烷氧化生产顺酐尾气处理技术[J]. 化学工业与工程，2006，23(4)：374-377.
[35] 邱吉祥. 顺酐溶剂吸收工艺技术的改造应用[J]. 中国石油和化工标准与质量，2012，(9)：52-54.

第五章　丙烯羰基合成生产丁辛醇

第一节　概　　述

一、国内外市场分析

烯烃羰基合成反应，是指烯烃与合成气在催化剂的作用下生成醛的反应，是工业上合成醛进而加氢生成醇的重要方法。丙烯羰基合成丁辛醇是最具代表性的羰基合成技术[1]。丙烯羰基合成法，又称氢甲酰化法，首套工业装置于1944年建成投产。该工艺过程是丙烯与合成气进行氢甲酰化反应生成正丁醛，并副产少量异丁醛，丁醛催化加氢得到正丁醇和异丁醇；正丁醛经缩合脱水生成2-乙基己烯醛，然后催化加氢得到辛醇。羰基合成法又有高压钴法、中压法(改良钴法、改良铑法)、低压法(低压铑法)。低压法于1976年工业化，目前新建装置均采用低压羰基合成工艺，且已有多套高压钴法生产装置改为低压铑法。[2]

丁醇(NBO)和辛醇(2-乙基己醇，2-EH)是重要的有机化工原料，广泛用于化工、医药和涂料等方面，它们是在丙烯衍生物中仅次于聚丙烯、丙烯腈的第三大衍生物，在我国丙烯消费结构中，大约有12%丙烯用于生产丁辛醇。

正丁醇可用作生产邻苯二甲酸二丁酯(DBP)、邻苯二甲酸丁苄酯(BBP)等增塑剂，还可用于生产醋酸丁酯、甲基丙烯酸酯等酯类，这些酯类可用于胶乳建筑涂料。其他用途包括纺织品制造和硬PVC的抗冲改性剂、氨基树脂和丁胺等。

辛醇主要用于生产邻苯二甲酸二辛酯(DOP)、己二酸二辛酯(DOA)等增塑剂及丙烯酸辛酯(2-乙基己基丙烯酸酯)、表面活性剂等。DOP的最大用途是用作PVC的增塑剂。辛醇生产丙烯酸辛酯可用于胶黏剂和表面涂料材料。辛醇的其他用途包括硝酸酯、石油添加剂、表面活性剂、合成润滑剂、抗氧剂、消泡剂、溶剂以及纸张上浆、照相、胶乳、印染等[3]。

工业上正丁醇有5种生产工艺，分别为发酵法、乙醛缩合法(Aldol法)、丙烯羰基合成法(Oxo法)、雷珀法(Reppe法)、乙烯齐聚制高级脂肪醇副产正丁醇。辛醇生产工艺主要有羰基合成法、乙醛缩合法两种。其中羰基合成技术1938年在德国首先发现，并已成为当今最主要的丁辛醇生产技术。

(一) 国际市场分析

2017年世界丁醇生产能力5.94Mt/a，实际产量4.277Mt/a，开工率72%。世界99.2%的丁醇产能以丙烯为原料采用羰基合成法生产，装置分布在20多个国家/地区，但主要集中在东北亚、北美和西欧地区，这三个地区分别占世界生产能力的48.8%、20.6%和14.8%。亚洲是最主要的正丁醇生产和消费地区，2017年产能2.97Mt/a，消费2.58Mt/a，占世界生产能力的50%，消费总量的55%。

2017年世界辛醇生产能力6.357Mt/a，实际产量4.577Mt/a，开工率72%。辛醇装置分布在20个国家/地区。亚洲是世界最大的辛醇生产、消费和净进口地区。世界主要丁辛醇生产商(中国除外)见表6-5-1。[4]

表 6-5-1　世界主要丁辛醇装置生产商

公司名称	生产能力/(kt/a)		公司名称	生产能力/(kt/a)	
	正丁醇	辛醇		正丁醇	辛醇
巴斯夫	841	218	马来西亚石油公司	189	—
陶氏化学	526	—	南非沙索集团	173	—
阿曼石油公司	350	320	LG 集团	—	265
伊士曼化工公司	237	275			

从全球整体角度看，丁醇、辛醇近年来消费结构无明显变化。丁醇消费依然呈现集中的特点，美国、西欧和日本的丁醇消费量占世界丁醇总消费量的 81%。化工行业发展水平的地区差异及产品结构不同使丁醇的消费结构也不尽一致。美国消费丁醇最多的行业是丙烯酸酯，占总消费量的 41.6%；其次是乙二醇醚，占 25.2%；醋酸酯排第三位，占 15.8%。欧洲的丁醇消费主要集中在丙烯酸酯及溶剂方面，分别占总消费量的 25.3%和 32.8%。日本丁醇消费相对分散，其中丙烯酸酯占 39.2，溶剂占 18%，醋酸酯占 17.1%，乙二醇醚占 14.7%。

世界辛醇消费呈现分散的特点，美国、西欧和日本消费量分别占总消费量的 10.8%、20.6%和 11.3%。这三个国家和地区的辛醇产能过剩，西欧是辛醇的主要出口地。亚洲(主要是我国)的辛醇消费量较大，是主要的进口地。

（二）国内市场分析

我国从 20 世纪 50 年代中期开始用粮食发酵法生产丁辛醇。60 年代中期吉化公司电石厂从法国麦尔引进以乙醛为原料的丁辛醇生产装置，采用的生产方法为乙醛缩合法，装置规模为 7.0kt/a 辛醇。1976 年，吉化公司从德国 BASF 公司引进 50kt/a 高压钴法丁辛醇装置，于 1982 年建成投产，这是国内第一套以丙烯羰基合成丁辛醇的生产装置。80 年代，大庆石化总厂、齐鲁石化公司分别引进英国 DAVY 公司低压铑气相循环法丁辛醇装置，生产能力均为 77kt/a，并在 1986 年、1987 年相继投产。1992 年北京化工四厂从日本三菱化学公司引进低压铑液相循环法装置，生产能力 70kt/a，于 1996 年投产。

2000 年后，随着我国经济稳步发展，丙烯酸酯类及增塑剂工业主要原料丁辛醇市场需求潜力巨大。丁辛醇工业经过十几年的发展，国内大型丁辛醇生产装置已经实现了全部羰基合成法生产。吉化公司因高压钴法工艺比较落后，规模小，消耗高，对市场适应性差，于 2000 年对该装置进行改造，采用 DAVY/DOW 第二代丙烯铑法低压羰基合成技术——液相循环工艺技术，生产规模扩建到辛醇 50kt/a 和丁醇 70kt/a 或切换生产辛醇 110kt/a[5]。齐鲁石化总厂也进行改造，于 1999 年 11 月改造完成并投产，其能力为年产 70kt/a 辛醇、15kt/a 异丁醇、50kt/a 丁醇，2004 年齐鲁石化新增 170kt/a 辛醇生产线并开车。随后扬巴、山东利华益、天津碱厂、惠生南京、安庆曙光等陆续引进 DAVY/DOW 技术建设丁辛醇装置。国内目前丁辛醇装置见表 6-5-2。

由表 6-5-2 可见 2017 年国内丁醇产能 2.946Mt/a，辛醇产能达到 2.649Mt/a。“十二五”期间我国增塑剂行业将保持平稳发展趋势，特别是随着环保增塑剂应用量的增长，当前主流品种 DOP 的消费量将逐步减少，而对苯甲酸二辛酯(DOTP)的消费量将会增长。随着新建及改造的几套装置投入使用，国内辛醇市场将由短缺变为过剩，由此带来的行业开工率低、市场竞争激烈、企业经营困难等弊端将逐步显现。

表 6-5-2 国内丁辛醇装置

厂 家	地 址	正丁醇/(kt/a)	辛醇/(kt/a)
扬巴石化	江苏南京	260	135
天津蓝星	天津	150	
天津渤化永利	天津	170	28
华兴石化	山东东营	100	110
吉林石化一线	吉林吉林	70	60
吉林石化二线	吉林吉林	120	50
利华益集团	山东东营	85	140
大庆石化一线	黑龙江大庆	80	
大庆石化二线	黑龙江大庆		130
齐鲁石化一线	山东淄博	50	85
齐鲁石化二线	山东淄博		171
齐鲁增塑剂	山东淄博		150
陕西延长	陕西延安	50	50
山东建兰	山东淄博	70	210
四川石化	四川成都	200	80
巴陵石化	湖南岳阳	100	130
惠生南京	江苏南京	100	125
江苏华昌	江苏张家港	100	80
江苏善俊	江苏连云港	180	
天津碱厂	天津	85	140
山东鲁西化工	山东聊城	230	260
山东华鲁恒升	山东德州	100	100
山东蓝矾	山东淄博		140
烟台万华	山东烟台	260	
兖矿国泰	山东滕州	136	
东明东方	山东菏泽	35	9.5
江苏善俊	江苏连云港	100	80
安庆曙光	安徽安庆	115	100
总和		2946	2649

二、丁醇、辛醇物理化学性质

丁醇是含有四个碳原子的饱和醇类，包含四种异构体：正丁醇，异丁醇，仲丁醇，叔丁醇。各异构体的熔点及沸点等性质也稍有差异。本书所述丁醇指正丁醇和异丁醇。

正丁醇常温、常压下为无色透明液体，具有特殊气味，微溶于水，溶于乙醇、醚等多数有机溶剂。正丁醇的主要物理性质见表 6-5-3。

表 6-5-3　正丁醇的主要物理性质

性　质	数　值	性　质	数　值
相对分子质量	74.12	闪点/℃	35℃(闭口)，40℃(开口)
沸点(101.325kPa)/℃	117.25	爆炸界限(空气中)/%(v)	
熔点(101.325kPa)/℃	-88.9	下限	11.3
熔化热/(kJ/mol)	9.28	上限	1.4
汽化热/(kJ/mol)	43.3	气体比热容(27℃)/[J/(mol·K)]	109.8
燃烧热(气相，25℃，101.325kPa)/(kJ/mol)	2673.2	液体比热容(20℃)/[kJ/(kg·K)]	2.33
生成焓/(kJ/mol)		燃点温度/℃	
气相，25℃，101.325kPa		临界温度/℃	289.9
液相，25℃，101.325kPa		临界压力/MPa	4.414
生成自由能(气相，25℃)/(kJ/mol)		密度/(kg/m^3)	
折射率 n(-25℃)	1.3993	20℃	825.2
饱和蒸气压(25℃)/kPa	0.82	30℃	815.7
黏度(20℃)/(mPa·s)	2.95	50℃	793.6

异丁醇常温常压下为无色透明液体，有特殊刺激性气味，易溶于水、乙醇和乙醚。异丁醇的主要物理性质见表 6-5-4。

表 6-5-4　异丁醇的主要物理性质

性　质	数　值	性　质	数　值
相对分子质量	74.12	闪点/℃	27.5
沸点(101.325kPa)/℃	107.8	爆炸界限(空气中)/%(v)	
熔点(101.325kPa)/℃	-108	下限	1.7
熔化热/(kJ/mol)	6.32	上限	
汽化热/(kJ/mol)	41.8	气体比热容(27℃)/[J/(mol·K)]	109
燃烧热(气相，25℃，101.325kPa)/(kJ/mol)	2667.7	液体比热容(20℃)/[kJ/(kg·K)]	174.7
生成焓/(kJ/mol)		燃点温度/℃	
气相，25℃，101.325kPa	-283.9	临界温度/℃	265
液相，25℃，101.325kPa	-334.7	临界压力/MPa	4.86
生成自由能(气相，25℃)/(kJ/mol)	-167.35	密度/(kg/m^3)	
折射率 n(-25℃)	1.3976	20℃	799.4
饱和蒸气压(21.7℃)/kPa	1.33	30℃	790.2
黏度(20℃)/(mPa·s)	3.95	50℃	771.3

辛醇常温常压下是无色有特殊气味的可燃性液体。溶于约 720 倍的水，与多数有机溶剂互溶。辛醇的主要物理性质见表 6-5-5。

丁醇、辛醇更详细物理化学性质见表 6-5-6 至表 6-5-11。

表 6-5-5　辛醇的主要物理性质

性　质	数　值	性　质	数　值
相对分子质量	130.23	闪点/℃	81.1
沸点(101.325kPa)/℃	184	爆炸界限(空气中)/%(v)	
熔点(101.325kPa)/℃	-70	下限	
熔化热/(J/g)		上限	
汽化热/(kJ/mol)	45.2	气体比热容(27℃)/[J/(mol·K)]	200.58
燃烧热(气相，25℃，101.325kPa)/(kJ/mol)		液体比热容(20℃)/[J/(mol·K)]	291.2
生成焓/(kJ/mol)		燃点温度/℃	
气相，25℃，101.325kPa		临界温度/℃	94.35
液相，25℃，101.325kPa	-432.8	临界压力/MPa	2.76
生成自由能(气相，25℃)/(kJ/mol)		密度/(kg/m³)	
折射率 *n*(20/D)	1.431	20℃	834.8
饱和蒸气压(20℃)/kPa	41.487	30℃	826.9
黏度(20℃)/(mPa·s)	9.8	50℃	810.9

表 6-5-6　气体正丁醇的比定压热容、黏度、热导率[6]

温度/K	比定压热容/[J/(mol·K)]	黏度/(mPa·s)	导热系数/[W/(m·K)]	温度/K	比定压热容/[J/(mol·K)]	黏度/(mPa·s)	导热系数/[W/(m·K)]
200	18.70	0.0048	0.0062	650	46.13	0.0152	0.0498
250	22.57	0.0060	0.0090	700	48.27	0.0163	0.0569
300	26.22	0.0072	0.0123	750	50.20	0.0173	0.0649
350	29.65	0.0083	0.0161	800	52.12	0.0183	0.0733
400	32.87	0.0096	0.0205	850	53.83	0.0193	0.0825
450	35.89	0.0107	0.0253	900	55.43	0.0203	0.0917
500	38.71	0.0119	0.0306	950	56.90	0.0212	0.1017
550	41.36	0.0130	0.0365	1000	58.27	0.0221	0.1122
600	43.83	0.0141	0.0427				

表 6-5-7　液体正丁醇的蒸气压、汽化热、比热容、密度、表面张力、黏度、热导率

温度/℃	蒸气压/kPa	汽化热/(kJ/mol)	密度/(kg/m³)	比热容/[J/(mol·℃)]	表面张力/(mN/m)	黏度/(mPa·s)	导热系数/[mW/(m·K)]
-100	—	57.003	899.1	128.1	32.48		0.1972
-90	—	56.426	891.4	129.7	31.69		0.1943
-80	—	55.839	883.7	131.7	30.89	526	0.1913
-70	—	55.245	875.8	133.9	30.10	260	0.1884
-60	—	54.638	867.8	136.4	29.30	138	0.1855
-50	—	54.018	859.7	139.3	28.51	77.0	0.1821
-40	—	53.390	851.5	142.6	27.71	45.3	0.1792
-30	—	52.745	843.1	146.5	26.92	27.8	0.1758

续表

温度/℃	蒸气压/kPa	汽化热/(kJ/mol)	密度/(kg/m^3)	比热容/[J/(mol·℃)]	表面张力/(mN/m)	黏度/(mPa·s)	导热系数/[mW/(m·K)]
-20	—	52.092	834.7	146.9	26.12	17.8	0.1729
-10	—	51.418	826.1	156.4	25.33	11.7	0.1696
0	—	50.736	817.4	162.4	24.53	7.99	0.1662
10	—	50.032	808.5	169.4	23.74	5.59	0.1633
20	0.95	49.316	799.4	174.7	22.94	4.01	0.1599
30	1.98	48.579	790.2	185.4	22.15	2.94	0.1566
40	3.86	47.826	780.9	194.5	21.35	2.20	0.1528
50	7.07	47.051	771.3	203.7	20.56	1.67	0.1495
60	12.31	46.252	761.5	213.7	19.76	1.29	0.1461
70	20.46	45.435	751.5	223.2	18.97	1.02	0.1424
80	32.68	44.585	741.3	—	18.17	0.809	0.1599
90	50.37	43.714	730.8	—	17.38	0.653	0.1352
100	75.21	42.810	720	—	16.58	0.532	0.1315
110	109.16	41.872	708.9	—	15.79	0.439	0.1277

表 6-5-8 气体辛醇的比定压热容、黏度、热导率[7]

温度/K	比定压热容/[J/(mol·K)]	黏度/(mPa·s)	导热系数/[W/(m·K)]	温度/K	比定压热容/[J/(mol·K)]	黏度/(mPa·s)	导热系数/[W/(m·K)]
200	138.00	0.0401	0.52	650	359.73	0.1246	4.71
250	170.37	0.0488	0.78	700	376.15	0.1337	5.44
300	200.58	0.0580	1.09	750	391.27	0.1426	6.21
350	228.73	0.0675	1.45	800	405.20	0.1513	7.04
400	254.91	0.0772	1.86	850	418.04	0.1598	7.92
450	279.23	0.0868	2.33	900	429.87	0.1681	8.86
500	301.77	0.0965	2.85	950	440.79	0.1763	9.84
550	322.64	0.1060	3.42	1000	450.91	0.1843	10.88
600	341.93	0.1154	4.04				

表 6-5-9 液体辛醇的蒸气压、汽化热、比热容、密度、表面张力、黏度、热导率

温度/℃	蒸气压/Pa	汽化热/(kJ/mol)	密度/(kg/m^3)	比热容/[J/(mol·℃)]	表面张力/(mN/m)	黏度/(mPa·s)	导热系数/[W/(m·K)]
-30	0.2584	60.37	873.00	273.0	34.21	45.70	0.154
-20	0.8606	59.74	865.50	276.3	33.35	29.90	0.152
-10	2.5812	59.10	857.90	279.9	32.49	20.20	0.149
0	7.0555	58.46	850.30	283.5	31.63	14.10	0.147
10	17.754	57.80	842.60	287.3	30.77	10.10	0.144
20	41.487	57.13	834.80	291.2	29.91	7.36	0.142

续表

温度/℃	蒸气压/Pa	汽化热/(kJ/mol)	密度/(kg/m³)	比热容/[J/(mol·℃)]	表面张力/(mN/m)	黏度/(mPa·s)	导热系数/[W/(m·K)]
30	90.716	56.45	826.90	295.2	29.05	5.49	0.140
40	186.84	55.76	819.00	299.2	28.19	4.17	0.137
50	364.61	55.05	810.90	303.3	27.33	3.23	0.135
60	677.58	54.33	802.70	307.4	26.46	2.53	0.133
70	1204.6	53.60	794.40	311.6	25.60	2.02	0.130
80	2057.0	52.86	786.00	315.8	24.74	1.63	0.128
90	3386.0	52.09	777.50	320.0	23.88	1.33	0.126
100	4845.3	51.31	768.90	324.3	23.02	1.10	0.124
110	7645.9	50.52	760.10	328.6	22.16	0.91	0.121

表 6-5-10　气体异丁醇的比定压热容、黏度、热导率[8]

温度/K	比定压热容/[J/(mol·K)]	黏度/(mPa·s)	导热系数/[W/(m·K)]	温度/K	比定压热容/[J/(mol·K)]	黏度/(mPa·s)	导热系数/[W/(m·K)]
200	17.94	0.0050	0.0064	650	46.6	0.0157	0.0528
250	22.12	0.0062	0.0095	700	48.73	0.0168	0.0599
300	26.03	0.0075	0.0132	750	50.70	0.0179	0.0678
350	29.66	0.0087	0.0174	800	52.52	0.0189	0.0762
400	33.04	0.0099	0.0221	850	54.20	0.0199	0.0850
450	36.18	0.0111	0.0273	900	55.76	0.0209	0.0942
500	39.10	0.0123	0.0329	950	57.20	0.0218	0.1034
550	41.80	0.0135	0.0390	1000	58.55	0.0228	0.1135
600	44.29	0.0146	0.0456				

表 6-5-11　液体异丁醇的蒸气压、汽化热、比热容、密度、表面张力、黏度、热导率

温度/℃	蒸气压/Pa	汽化热/(kJ/mol)	密度/(kg/m³)	比热容/[J/(mol·℃)]	表面张力/(mN/m)	黏度/(mPa·s)	导热系数/[W/(m·K)]
-100	—	57.003	899.1	128.1	32.48		0.1972
-90	—	56.426	891.4	129.7	31.69		0.1943
-80	—	55.839	883.7	131.7	30.89	526	0.1913
-70	—	55.245	875.8	133.9	30.10	260	0.1884
-60	—	54.638	867.8	136.4	29.30	138	0.1855
-50	—	54.018	859.7	139.3	28.51	77.0	0.1821
-40	—	53.390	851.5	142.6	27.71	45.3	0.1792
-30	—	52.745	843.1	146.5	26.92	27.8	0.1758
-20	—	52.092	834.7	146.9	26.12	17.8	0.1729
-10	—	51.418	826.1	156.4	25.33	11.7	0.1696
0	—	50.736	817.4	162.4	24.53	7.99	0.1662

续表

温度/℃	蒸气压/Pa	汽化热/(kJ/mol)	密度/(kg/m^3)	比热容/[J/(mol·℃)]	表面张力/(mN/m)	黏度/(mPa·s)	导热系数/[W/(m·K)]
10	—	50.032	808.5	169.4	23.74	5.59	0.1633
20	0.95	49.316	799.4	174.7	22.94	4.01	0.1599
30	1.98	48.579	790.2	185.4	22.15	2.94	0.1566
40	3.86	47.826	780.9	194.5	21.35	2.20	0.1528
50	7.07	47.051	771.3	203.7	20.56	1.67	0.1495
60	12.31	46.252	761.5	213.7	19.76	1.29	0.1461
70	20.46	45.435	751.5	223.2	18.97	1.02	0.1424
80	32.68	44.585	741.3	—	18.17	0.809	0.1599
90	50.37	43.714	730.8	—	17.38	0.653	0.1352
100	75.21	42.810	720	—	16.58	0.532	0.1315
110	109.16	41.872	708.9	—	15.79	0.439	0.1277

三、丁醇/辛醇的用途

(一) 世界丁辛醇应用情况

1. 正丁醇

2012年世界丁醇需求量3.646Mt，世界丁醇消费主要包括化学应用和直接用作溶剂。在化学应用中，丙烯酸丁酯是正丁醇的最大应用领域，占世界正丁醇总消费量的47%，其次为醋酸丁酯，占总消费量的26%；乙二醇醚领域消费占15%；直接用于溶剂的正丁醇占总消费量的8%；还有4%用于其他用途。

2. 辛醇

2012年世界辛醇需求量3.10t，主要消费区域为亚洲、北美及西欧。其中亚洲消费量占世界总消费量约65%，北美占11%，西欧占10%。世界辛醇消费领域主要集中在增塑剂邻苯二甲酸二辛酯(DOP)，约占世界总消费量78%；其次为丙烯酸异辛酯，约占总消费量14%；其他8%用于润滑油添加剂、柴油添加剂、表面活性剂、溶剂及矿业应用等方面。

(二) 我国丁辛醇应用情况

1. 正丁醇

我国丁辛醇主要用于合成丙烯酸丁酯、醋酸丁酯、邻苯二甲酸二丁酯(DBP)等，2012年总消费量1.19Mt。

(1) 丙烯酸丁酯

丙烯酸丁酯是正丁醇的最大消费领域，丙烯酸丁酯主要用于胶黏剂、涂料、皮革等领域，是丙烯酸酯类中用量最大的品种。以丙烯酸丁酯制得丙烯酸聚合物、聚丙烯酸酯、丙烯酸(酯)乳液等具有优良的耐候、耐紫外光、耐热和耐水等独特的性能，可广泛应用于涂料、胶黏剂、纺织、皮革、造纸、塑料助剂等。此外，丙烯酸丁酯还可用于纸品涂料中的基料、用丙烯酸酯乳液作底漆处理皮革及合成丙烯酸酯橡胶等。近几年，中国丙烯酸丁酯企业经过几轮扩能改造后，产量快速增长。未来随着丙烯酸酯下游如涂料、胶黏剂、纺织、皮革、造纸、塑料助剂等行业快速稳定的发展，国内丙烯酸丁酯生产能力将持续增长。

（2）醋酸丁酯

醋酸丁酯是我国正丁醇的第二大消费领域。醋酸丁酯是一种良好的有机溶剂，在硝化纤维、涂料、油墨、人造革、医药、塑料及香料等工业中应用较广泛。作为溶剂，醋酸丁酯是樟脑、矿物油、合成树脂、天然及合成橡胶、油漆、沥青、香料、己烯系制品、苯乙烯系制品、硝化纤维及其衍生物的良好溶剂；作为稀释剂，醋酸丁酯是硝基漆、过氯乙烯漆和日光灯管荧光粉的稀释剂；在医药工业，醋酸丁酯还可以用于生产聚氨基甲酸酯、印花薄膜、香料和化妆品等，同时也是工业上的良好萃取剂和脱水剂。目前中国醋酸丁酯产能主要集中在江苏、上海一带。未来涂料行业的需求将带动醋酸丁酯行业的发展。

（3）邻苯二甲酸二丁酯(DBP)

邻苯二甲酸二丁酯(DBP)是聚氯乙烯常用的增塑剂之一，可使制品具有良好的柔软性，但挥发性和水抽出性较大，因而耐久性差。DBP是硝基纤维素的优良增塑剂，凝胶化能力强，用于硝基纤维素涂料，有良好的软化作用。DBP稳定性、耐挠曲性、黏结性和防水性均优于其他增塑剂。DBP也可用作聚醋酸乙烯、醇酸树脂、硝基纤维素、乙基纤维素及氯丁橡胶、丁腈橡胶的增塑剂。DBP作为塑料加工助剂，目前主要用于制鞋业和农业灌溉塑料制品的加工过程。但由于DBP物化性质上的一些弱点，使得其应用范围受到局限，有被邻苯二甲酸二辛酯(DOP)替代的趋势，中国用量逐渐缩小。未来受国外法规影响，DBP等增塑剂的发展减速，预计该领域所占消费比例会略有减少。

（4）其他

正丁醇还可用于生产邻苯二甲酸丁苄酯(BBP)、丁醛、丁酸、丁胺、癸二酸二丁酯及丁醇醚化三聚氰胺甲醛树脂等。此外，正丁醇还可直接用作溶剂，在化工、医药、石油等工业部门中具有广泛用途。

2. 辛醇

中国辛醇主要用于生产邻苯二甲酸二辛酯(DOP)及丙烯酸辛酯等，其他下游应用包括硝酸酯、石油添加剂、表面活性剂及溶剂等。

（1）邻苯二甲酸二辛酯(DOP)

邻苯二甲酸二辛酯(DOP)是重要的通用型增塑剂，主要用于聚氯乙烯(PVC)树脂的加工，其用量占到中国增塑剂总用量的80%。中国PVC树脂的消费主要分为软制品和硬制品两大部分，DOP主要应用于PVC软制品的加工中。近年来，随着中国建筑业和基础设施产业的快速发展，软制品占PVC制品的比例逐年下降，而硬制品所占比例逐年上升。由于DOP对人体有危害，国外在20世纪90年代中期就开始对DOP等邻苯二甲酸酯类在医用材料、食品包装等方面进行限制。美国、欧盟、日本等国家和地区对于邻苯类增塑剂在塑料制品中的应用也进行了限制。中国也在《食品容器、包装材料用添加剂使用卫生标准》(GB 9685—2008)中规定了DOP仅用于接触非脂肪性食品的容器。综合上述两方面的因素，未来若干年内中国DOP将一直以较低的速度发展，市场增长潜力有限。

（2）对苯二甲酸二辛酯(DOTP)

由于DOP使用的受限，对苯二甲酸二辛酯(DOTP)迎来了发展的机遇，国内不少企业新建或扩建DOTP装置，还有部分企业直接将DOP生产装置改装成DOTP生产装置。自2005年以来，国际上对邻苯二甲酸类增塑剂需求增速下降，对苯二甲酸类等非邻苯类增塑剂需求增长较快，未来这一趋势将继续保持。

（3）丙烯酸异辛酯

我国丙烯酸异辛酯主要用于生产有机玻璃，另外也可用于制造其他树脂、塑料、涂料、粘合剂、润滑剂、木材和软木的浸润剂、电机线圈的浸透剂、纸张上光剂、印染助剂和绝缘灌注材料等产品。我国丙烯酸异辛酯多数由丙烯酸酯联产装置生产，生产企业可在丙烯酸丁酯及丙烯酸异辛酯等产品之间切换生产，生产较为灵活。

（4）其他

辛醇还用于生产其他产品，如己二酸二辛酯（DOA）等增塑剂、硝酸酯、石油添加剂、表面活性剂和溶剂等。

丁辛醇的规格要求见表6-5-12至表6-5-14。

表6-5-12　丁醇产品质量指标

项　　目		指标（GB/T　6027—1998）		
		优等品	一等品	合格品
色度（铂-钴号），Hazen单位	≤	10	15	
密度（20℃）/（g/cm^3）		0.809～0.811		0.808～0.812
沸程（0℃，101.325kPa）（包括117.7℃）/℃	≤	1.0	2.0	3.0
正丁醇含量/%	≥	99.5	99.0	98.0
硫酸显色试验（铂-钴号）	≤	20	40	—
酸度（以乙酸计）/%	≤	0.003	0.005	0.01
水分/%	≤	0.1		0.2
蒸发残渣/%	≤	0.003	0.005	0.01

表6-5-13　辛醇产品质量指标

项　　目		指标（GB/T 6818—2019）		
		Ⅰ型	Ⅱ型	Ⅲ型
色度（铂-钴色号）	≤	10	10	15
密度（20℃）/（g/cm^3）		0.831～0.833	0.831～0.834	
2-乙基己醇含量/%	≥	99.6	99.3	99.0
酸含量（以乙酸计）/%	≤	0.01		0.02
羰基化合物含量（以2-乙基己醛计）/%	≤	0.05	0.10	0.20
硫酸显色试验（铂-钴色号）	≤	25	35	50
水分/%	≤	0.10	0.20	
2-乙基-4-甲基戊醇/%	≤	0.4	—	

表6-5-14　异丁醇产品质量指标

项　　目		指标（HG/T 3270—2002）	
		优等品	合格品
色度（铂-钴号），Hazen单位	≤	10	20
密度（20℃）/（g/cm^3）		0.801～0.803	
异丁醇含量/%	≥	99.3	99.0
酸度（以乙酸计）/%	≤	0.003	0.005
蒸发残渣/%	≤	0.004	0.008
水分/%	≤	0.15	0.30

第二节　羰基合成生产丁辛醇方法

自1938年德国首先发现羰基合成技术到现在，丁辛醇生产的工艺技术已有60多年的历史，是当今最主要的丁辛醇生产技术。丙烯羰基合成生产丁辛醇工艺过程为：

① 丙烯氢甲酰化反应，粗醛精制得到正丁醛和异丁醛；

② 正丁醛和异丁醛加氢得到正丁醇和异丁醇；

③ 正丁醛经缩合、加氢得到产品丁辛醇。

根据反应的压力和催化剂的不同，羰基合成工艺可分为高压钴法、改性钴法、高压铑法、改性铑法等工艺，其中改性铑法具有温度低、压力低、速率高、正异构比高、副反应少、铑催化剂用量少、寿命长、催化剂可回收再用以及设备少、投资省、丁醇和辛醇可切换生产等优点，成为羰基合成技术的主流[9]。

一、高压钴法

（一）Ruhrchemie 公司工艺[10]

德国 Ruhrchemie 公司1944年建立的第一座羰基化制醇装置，采用的氢甲酰化催化剂是以硅藻土为载体的费托合成钴催化剂，催化剂悬浮在原料烯烃中呈油糊状。氢甲酰化反应器和醛加氢反应器均采用两台串联，第一台氢甲酰化反应器的反应温度为150℃，压力为22.3~24.3MPa，第二台氢甲酰化反应器的温度为170℃，第一台反应器中的转化率为70%，经第二台后大约有95%的烯烃转化率。该工艺中，氢甲酰化和醛加氢采用同一催化剂。第一加氢反应器在180℃、20.3~22.3MPa下操作，将粗氢甲酰化反应产物中含有的羰基钴加氢分解成金属钴，而且悬浮在油糊中，此金属钴即作为加氢催化剂进行醛的加氢。第二加氢反应器的温度为200℃，以使醛加氢进行得更加完全。工艺流程见图6-5-1。

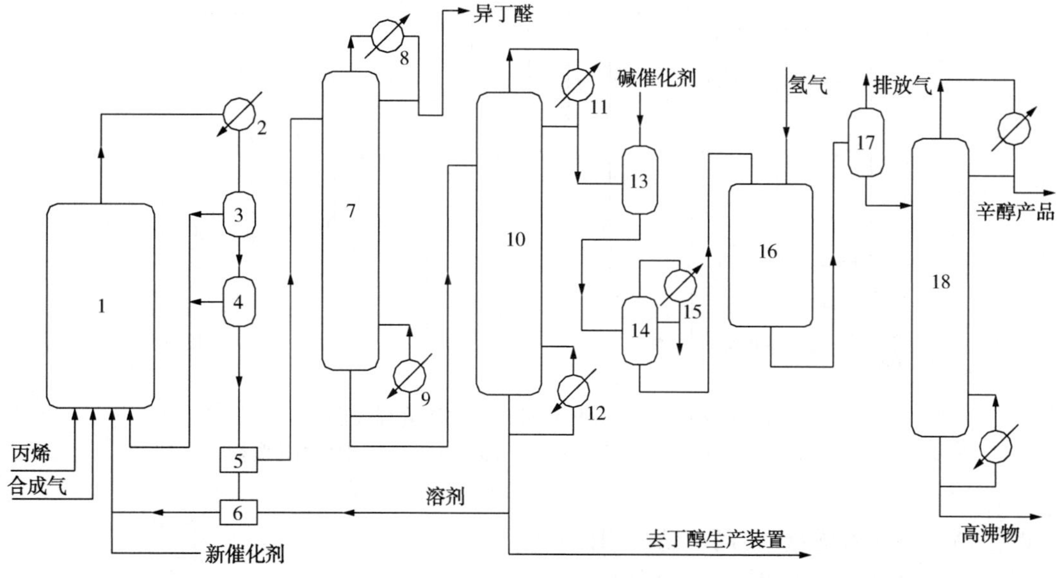

图6-5-1　Ruhrchemie 公司丁辛醇工艺流程简图

1—氢甲酰化化反应器；2—冷却器；3—高压分离器；4—低压分离器；5—脱钴系统；6—催化剂再生装置；7—异丁醛塔；8，11—冷凝器；9，12—再沸器；10—正丁醛塔；13—醛醇缩合反应器；14—脱水塔；15—冷凝器；16—加氢反应器；17—加氢产物受槽；18—辛醇精馏塔

该工艺的主要缺点是反应器的结构相当复杂，反应系统的磨损问题很严重，而且催化剂在循环使用过程中产生的细粉很难过滤掉，这种工艺已被淘汰。目前工业上广泛采用的 Ruhrchemie 公司的工艺是几经改进的工艺。

(二) BASF 工艺及其他工艺

高压钴法羰基合成丁辛醇工艺除了 Ruhrchemie 公司工艺外，其余的技术如 BASF、法国的库尔曼及日本的三菱化成公司等，均是由 Ruhrchcmie 工艺衍生出来的，除氢甲酰化反应过程中采用不同的钴盐及催化剂回收方式不同外，工艺流程极为相似。

虽然高压钴技术比较成熟，而且目前在羰基合成醇生产能力中仍然占有相当重要的位置，但现有装置采用的钴法主要以生产高碳醇为主，只有少数装置用来生产丁辛醇。从目前技术发展角度来看，这种技术目前已被淘汰，不会再建新装置。

二、Shell 公司改性钴法

Shell 公司的改性钴法以烷基膦改性的钴为催化剂[$Co_2(CO)_6(Bu_3P)$ 或 $HCo(CO)_3PBu_3$]，开发了中压羰基合成正丁醇工艺，使反应压力降至 7.85～9.81MPa。这类催化剂的热稳定性较未改性的氢羰基钴高，但催化剂的活性却显著降低，在同样的浓度下，采用该催化剂在 180℃时得到的反应速率仅为氢羰基钴催化剂在 145℃时反应速率的 1/5～1/6。但从另一个方面考虑，由于三正丁基膦[PBu_3]配位体的引入，导致催化剂的空间位阻增大，使催化剂只易同烯烃末端的碳原子作用，因而有利于提高正异构体的比例，而且在较高的反应温度下，$HCo(CO)_3PBu_3$催化剂的加氢活性明显提高，这就导致 Shell 公司的改性钴催化剂工艺中氢甲酰化反应和醛加氢反应在同一个反应器中进行，得到是正丁醇而不是正丁醛。同时，由于 Shell 催化剂的热稳定性较好，允许生成的醇在一定的压力下采用闪蒸的方法与催化剂和重组分分离，得到的催化剂和重组分返回反应器重复使用。工艺流程见图 6-5-2。

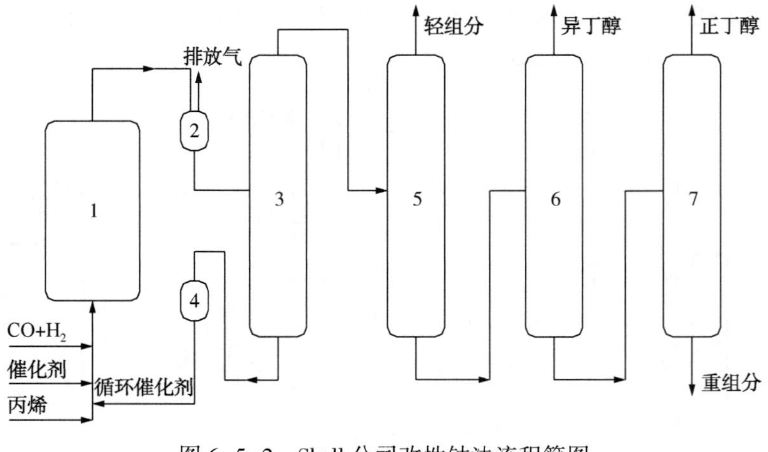

图 6-5-2　Shell 公司改性钴法流程简图

1—反应器；2—气体分离器；3—催化剂分离塔；4—催化剂处理器；
5—轻组分脱除塔；6—异丁醇塔；7—正丁醇塔

改性钴法的显著优点(与高压钴法相比)如下：

① 反应压力有较大降低，设备设计、制造较容易。

② 氧甲酰化反应和醛加氢反应在同一反应器中进行，省去了传统工艺中的醛加氢和醛精制流程，整个流程大幅缩短。

③ 催化剂采用活性型循环，省去了传统工艺中的脱钴、活化再生等部分。

④ 产物的正异构比较高。

主要缺点如下：

① 由于催化剂活性低，物料停留时间长，故反应器的体积较大。

② 由于催化剂的加氢活性大(在反应条件下)，故在醛加氢成醇的同时，大约10%~15%的丙烯加氢成丙烷，而在传统钴法中，只有2%~3%的丙烯加氢成丙烷。

③ 由于改性的催化剂要用过量的三正丁基膦(PBu_3 : Co=2)，因此，催化剂的成本较高。

④ 该工艺只能生产正丁醇，不能生产正丁醛。

三、三菱化成公司的高压铑法

日本三菱化成公司以$Rh_4(CO)_{12}$或Rh_2O_3为催化剂前体，在氢甲酰化条件下形成以$HRh(CO)_4$为活性组分的氢甲酰化催化剂，开发了高压铑法制羰基合成醇的工艺路线。反应的条件为温度130℃以下，压力24.7~29.6MPa。

$HRh(CO)_4$催化剂的活性为$HCo(CO)_4$性的100~1000倍，故不仅氢甲酰化反应可以在较低温度下进行，而且可以使采用$HCo(CO)_4$能发生氢甲酰化反应的烯烃(如苯乙烯、肉挂酸酯、丙烯酸酯等)发生氢甲酰化反应。在催化剂浓度小于10mg/kg(烯烃)条件下，烯烃转化率为99%，从此方面讲，高压铑法比传统钴法优越。不过该工艺未用于生产丁辛醇。

但是，由于$HRh(CO)_4$的异构化活性较$HCo(CO)_4$高，故采用此法生产醛的正异构比较低，约为1∶1。此外，铑比钴昂贵的多，就高压铑法而言，由于铑催化剂不能百分之百地回收，而其工艺本身生产出来的低价值的异构醛的比例高达50%，故其经济效益并没有因为转化率和选择性的提高而提高。

所以，高压铑法自问世以来，仅三菱化成公司利用该技术建设了一套23kt/a的增塑剂和洗涤剂醇装置。

四、UCC-DAVY-Johnson Matthey改性铑法

(一) 气相循环法

UCC-DAVY-Johnson Matthey三公司联合开发的低压改性铑羰基合成丁辛醇技术(以下简称U. D. J. 法)是目前最广泛应用的工业方法，该工艺以含大量过剩的三苯基膦(TPP)的三苯基膦乙酰丙酮羰基铑(ROPAC)为催化剂体系(油溶性)，该催化剂在氢甲酰化反应条件下，与一氧化碳和氢气作用，生成催化剂活性组分$HRh(CO)-(TPP)_3$。

该反应系统的特点是有一个气体循环回路，即反应产物丁醛等以气体方式自反应器上部出来，经物沫分离器、冷凝器后，未反应的气体大部分经循环压缩机返回氢甲酰化反应器，少部分气体排放用作燃料，以避免副产物丙烷等惰性气体在循环系统中积累。

该反应在液相中进行，反应温度为100~110℃，系统压力为1.76MPa，反应体系内，铑浓度为250~400mg/kg，三苯基膦(TPP)浓度为5%~15%。大部分反应热由反应器中的冷却盘管带走，少部分由反应器夹套带走。从汽提塔塔釜出来的液体物流进入异丁醛塔，从塔顶采出异丁醛、塔釜采出的正丁醛，经精馏塔精制合格后，进行加氢生成正丁醇，粗正丁醇经提纯分离即得产品正丁醇。工艺流程见图6-5-3。

该工艺具有以下特点：

① 由于使用了过量的TPP稳定的催化剂体系和高沸物溶剂(丁醛三聚物)，在确保一定单程转化率的前提下，用过量的未反应的气体将反应生成物带出，而催化剂仍留在氢甲酰化反应器中(与固定床反应器相似)，只有极少量的铑催化剂经雾沫分离器后被出料气体夹带

而损失掉。

② 由于反应压力大幅度降低，故合成气从发生炉出来后不需要经压缩机即可进入氢甲酰化反应器，节省了合成气压缩机，从而使设备费用、维修费用和操作费用大大节省。

③ 由于采用了改性铑催化剂，且反应温度较低，所以该工艺的正异构比很高，约为10~13∶1，同时，新催化剂抑制了丙烯加氢成丙烷、丁醛加氢成丁醇及其他高沸物的生成，故副产物少，原料利用率高。

④ 氢甲酰化过程中使用的溶剂为过程副产物的丁醛三聚物，而且催化剂在此溶剂中的溶解度很好，因此装置正常操作时不需要外购其他溶剂。

⑤ 本工艺的缺点是铑催化剂对毒物反应敏感，对合成气和丙烯原料的净化要求较高。另外，该方法只能用于丙醛、丁醛的生产，其他高碳烯烃的氢甲酰化产物因沸点较高，很难保证气相出料。

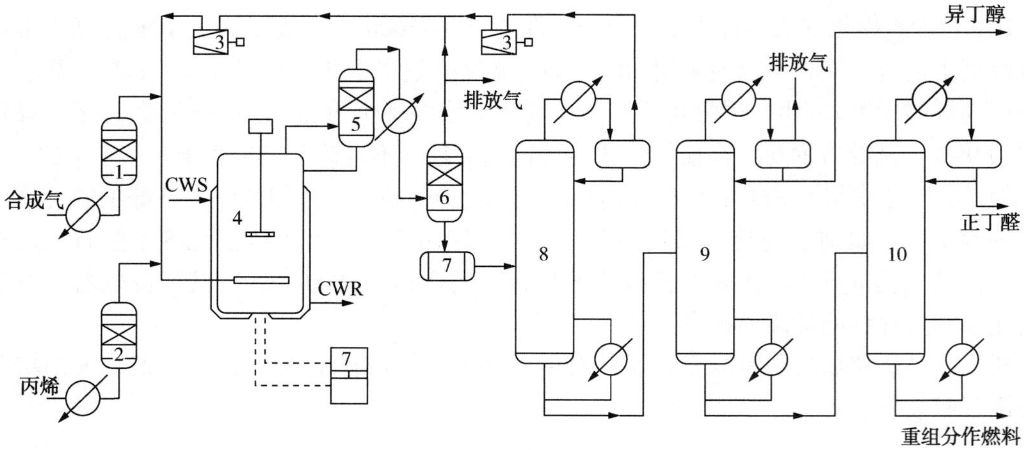

图 6-5-3　U. D. J. 法正丁醛工艺流程图(气相循环)

1，2—净化塔；3—压缩机；4—反应器；5—分离器；6—气液分离器；7—缓冲槽；8—汽提塔；9—异构物塔；10—正丁醛塔

（二）液相循环法

U. D. J. 联合开发的液相循环法(即第二代低压铑法)于 1984 年投入工业化应用，特别适用于气相循环旧装置的改造。

所谓的液相循环工艺就是将氢甲酰化反应器的反应产物的出料方式由气相循环改为液相循环，反应器由两台并联操作改为两台串联操作，不仅增大了反应器的容积利用率，而且加快了反应速率，可使同样大小的反应器的生产能力提高 50%~80%。工艺流程见图 6-5-4。

气相循环工艺中的氢甲酰化反应器的作用有两个：一是发生氢甲酰化反应生成醛；其二是将醛从催化剂中分离出来，也就是生成物丁醛依靠部分反应热将其蒸发，再用足够大的未反应气体将其带出，故反应的单程转化率较低。由于两个作用的工艺条件是不一样的，在提高单程转化率和保证生成物气相出料之间有一定的矛盾，使生产能力的提高受到限制。

改为液相循环后，反应器只进行生成醛的反应，而醛的分离在反应器外进行，即反应混合物以液相方式离开反应器，经闪蒸和蒸发后，产物丁醛与催化剂分离，催化剂则循环回反应器，这种系统不仅使反应器容易控制，提高反应速率约 16%~17%，而且可以使反应器的液位由原来的 50%提高到 90%，丙烯的转化率可提高约 5%。

液相循环工艺具有以下特点：

① 所采用的催化剂体系与气相循环工艺完全相同(均为油溶性铑催化剂)，反应条件也基本相近。

② 原料丙烯、合成气的规格要求及醛的稳定、异构物分离系统与气相循环工艺相同。

③ 反应器的容积利用率大幅度增加，例如对于70kt/a丁辛醇装置来讲，氢甲酰化反应器可利用的容积由原来的$75m^3$增加到$112.5m^3$，相应的催化剂用量增加，因而生产能力可大幅度提高。

④ 由于氢甲酰化反应过程与产物分离过程分开进行，可按反应要求将工艺条件控制在最佳状态，既可提高反应速率，又可提高转化率。

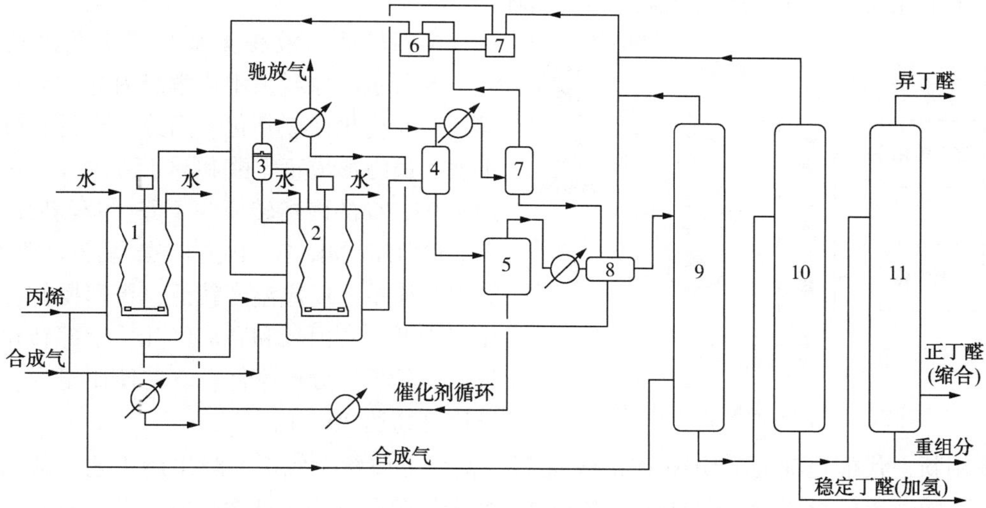

图6-5-4　U. D. J. 法正丁醛工艺流程图(液相循环)

1，2—反应器；3—除沫器；4—闪蒸器；5—蒸发器；6—压缩机；7—分离器；
8—缓冲槽；9—汽提塔；10—稳定塔；11—异构物塔

U. D. J公司的气相法和液相法丁辛醇的技术经济指标见表6-5-15[11]。

表6-5-15　U. D. J公司的气相法和液相法丁辛醇的技术经济指标

项　目	气相法		液相法	
产品质量	≥99.5%		99.50%	
	丁醇	辛醇	丁醇	辛醇
原料单耗				
纯丙烯/t	789	846	685	789
合成气/(m^3/t)	752	885	727	837
氢气/(m^3/t)	530	516	393	444
催化剂	三苯基膦羰基铑		三苯基膦羰基铑	
温度/℃	100~110		100~110	
压力/MPa	1.6~1.8		1.6~1.8	
正/异比	10∶1		10∶1	
循环水/(t/t)	397	348	186	273
电/(kWh/t)	84	106	83(平均)	
3.5MPa蒸汽/(t/t)	2.88	3.42	2.88	3.86

由表 6-5-15 可见，除中压蒸汽外，液相法的各项技术经济指标均优于气相法，因此，国内外原先的气相法均改为液相法，通过对原装置的改造，大大提高丙烯利用率，同等规模的反应器，生产能力提高 80%左右。

（三）第四代低压液相羰基合成工艺

90 年代，联碳与戴维公司又开发了第四代液相羰基合成工艺—“UCC/DAVY MK-IV”工艺，也称为“LP Oxo MK IV”工艺。该工艺与原液相循环法的主要区别在于使用铑/异-44 双亚磷酸盐催化体系，其活性比第二代工艺所使用的铑/三苯基膦（TPP）催化体系活性高，铑浓度大幅降低，在相近的反应温度下该工艺的反应压力更低。由于原料转化率极高，故可使烯烃氢甲酰化反应实现一次性转化，不需循环。

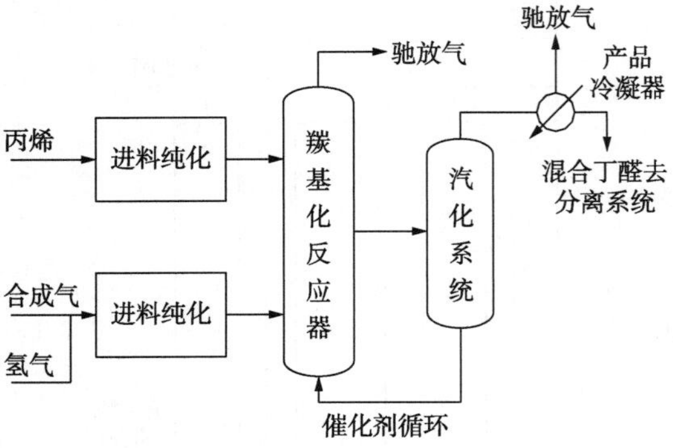

图 6-5-5　LP Oxo MK IV 工艺流程

第四代低压液相羰基合成工艺流程见图 6-5-5 所示。原料采用化学级丙烯（95%）和合成气，经纯化、羰基化、闪蒸、冷凝和分馏等步骤，最终形成正丁醛和异丁醛组分。过程中约有 98.7%的丙烯转换为丁醛（单程转化）[12]。

LP Oxo MK IV 工艺特点是：①投资少；②工艺简单，反应温度较低，单程操作；③操作费用低；④丙烯和合成气几乎全部转化，损失少，醛重组分产率低；⑤铑使用量少；⑥正异比可高达 30∶1。

采用新一代催化剂的 LP Oxo MK IV 是目前世界上最新一代丁辛醇生产工艺。其同等规模的丁辛醇装置的投资费用和总固定成本明显低于传统双反应釜油溶铑膦工艺，具有良好的发展前景[13]。

五、三菱化成公司的改性铑法

日本三菱化成公司开发的油溶性铑催化剂体系也采用三苯基膦为络合物的配位体，不同的是催化剂的溶剂为甲苯，而 U. D. J. 工艺中采用丁醛的三聚物。氢甲酰化的反应温度为 90~110℃，压力小于 2.0MPa。采用单台反应器，冷却方式为反应器内设置冷却盘管。虽然催化剂和生成醛同样以液相方式从反应器出料，但循环方式与 U. D. J. 工艺的液相循环并不十分相同。

该工艺省去了闪蒸和蒸发过程，但设置了醛塔专门分离催化剂，而且其催化剂的处理系统较为复杂，以回收溶剂甲苯。

三菱化成技术，1981 年在巴西建成 54kt/a 辛醇，1984 年投产至今。1992 年在日本水岛工厂建成 130kt/a 丁醛装置，并投入生产。我国北京东方化工四厂也于 1992 年引进了三菱化成技术，稳定运行至 2014 年因产业调整停车，其示意流程见图 6-5-6[13]。

六、巴斯夫公司的改性铑法

BASF 公司的低压羰基合成工艺采用铑的络合物为催化剂，催化剂液相采用循环工艺，每年抽出约 10%~15%催化剂送有关工厂再生，同时补充新鲜催化剂。其基本流程如图 6-5-7 所示。

羰基合成反应过程是：铑催化剂、溶剂、丙烯、合成气送入鼓泡塔式反应器，在约 100℃，2.0MPa 条件下反应，反应器温度由外部液体循环冷却控制。产物正异构比为 9~8。

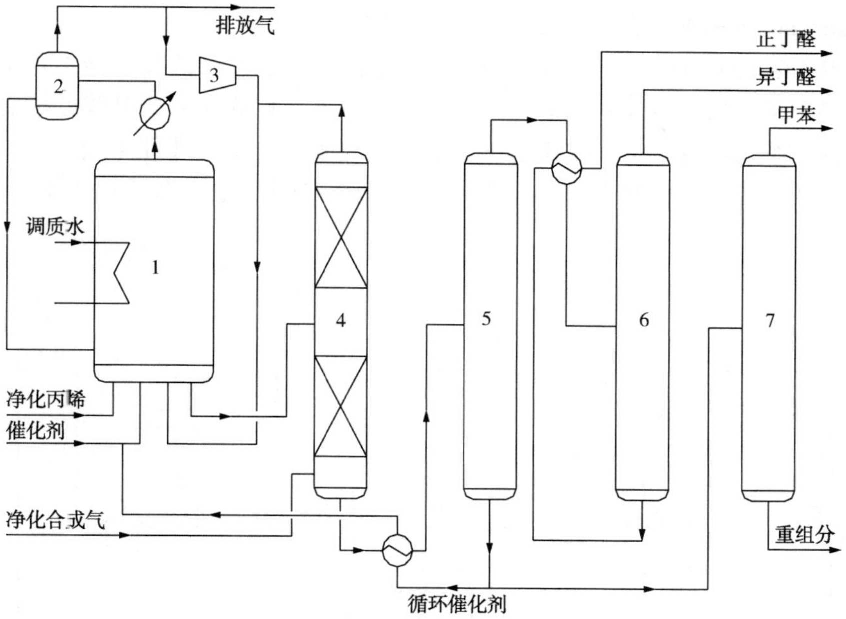

图 6-5-6　三菱化成公司的改性铑正丁醛工艺示意流程图

1—反应器；2—气液分离器；3—压缩机；4—丙烯汽提塔；5—醛塔；6—异构物塔；7—甲苯塔

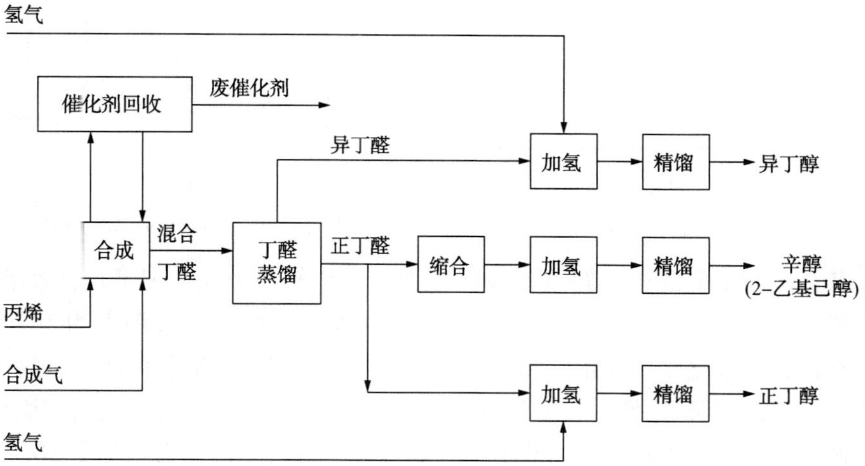

图 6-5-7　BASF 的低压羰基合成工艺流程示意图

催化剂回收循环过程：采用液相循环工艺，催化剂随产物一起离开反应器，进入丁醛闪蒸汽提塔，将丁醛及丙烯、丙烷分出，含催化剂、高沸物及部分丁醛的反应液用泵打回反应器，每年抽出约 10%~15%催化剂送有关工厂再生，同时补充新鲜催化剂。

丁醛缩合及加氢过程：正丁醛与 NaOH 水溶液在串联的两台反应器内缩合成辛烯醛，反应条件为 100℃，0.2~0.5MPa。辛烯醛采用液相加氢工艺，采用 Cu/Ni 催化剂，反应条件为 110~160℃，3.6MPa。正丁醛和异丁醛采用相同的液相加氢工艺。

BASF 低压羰基合成工艺具有原料和公用工程消耗低，正异构比例较高且有变化弹性，反应压力低，采用 1 台鼓泡塔型反应器及液相加氢工艺后，使流程简单，操作方便，物料对设备无腐蚀，投资低等优点。它是目前羰基合成最先进的技术之一[14]。

七、Ruhrchemic-R-P 改性铑法

由德国 Ruhrchemic 公司和法国 Rhone-Poulenc 公司联合开发的改性铑工艺于 1984 年投入工业生产。该工艺采用$[Rh(C_8H_{12})Cl]_2$为催化剂母体，以磺化三苯基膦的钠盐为配位体，得到的催化剂体系因含有亲水基的磺化三苯基膦钠，故称为水溶性催化剂。与 DAVY/DOW 的改性铑工艺相比由于催化剂不同，这导致了产物醛的分离工艺有较大的不同。其示意流程见图 6-5-8。

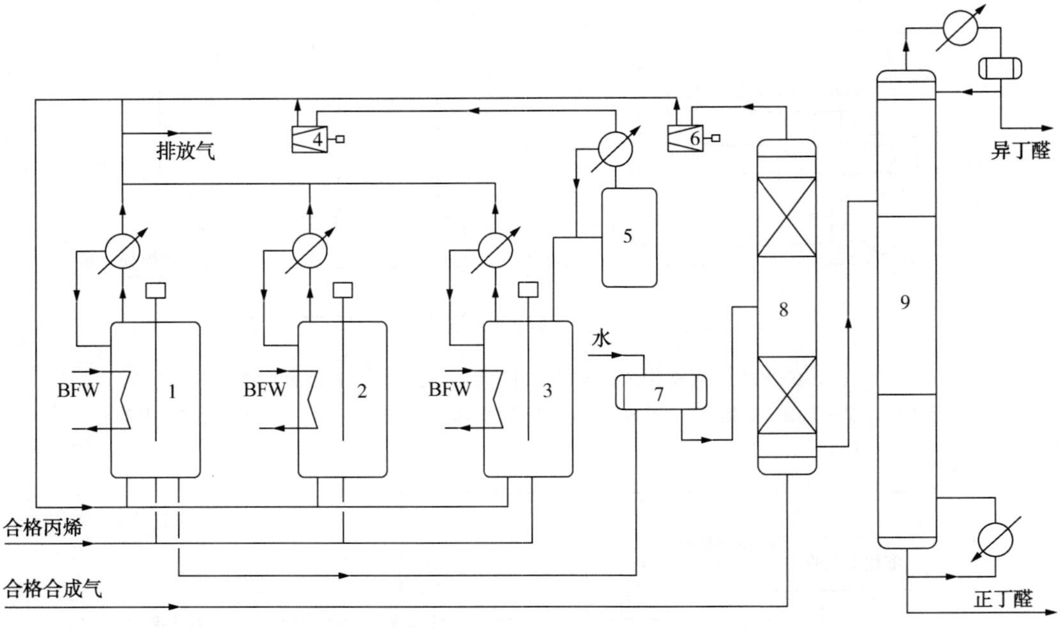

图 6-5-8 Ruhrchemie-R-P 改性铑正丁醛流程图

1，2，3—反应器；4，6—压缩机；5—分离器；7—层析器；8—汽提塔；9—异构物塔

丙烯羰基合成制丁醛的生产路线：操作压力由高压转向低压，但低压法适宜生产低碳醇，其反应器的生产能力比高压法减少了 5~6 倍，因而至今高压法仍占相当重要的位置。催化剂由羰基钴、羰基铑改性为钴膦和铑膦催化剂体系。用改性钴催化剂，达到了降低操作压力的目的，但反应器体积庞大，并有约 10%~15%丙烯被加氢成丙烷，而用改性铑催化剂，其液相循环工艺采用了水溶性的铑膦催化剂，反应器的生产能力增加了 50%~80%，丙烯的转化率提高约 5%，而且较好地解决了产物与催化剂的分离。

由于铑资源的稀少，选用其他的金属作为羰基合成催化剂成为一项重要的研究课题，现在已经发现铂-锡络合物具有高活性、正异构物比例高的优点。

正丁醛经缩合生成缩丁醛，再经脱水生成辛烯醛(2-乙基己烯醛)，简称 EPA，EPA 经加氢生成辛醇。

缩合/脱水反应是在 20%的烧碱水溶液存在下进行的，反应的温度为 120~105℃。

EPA 加氢反应所采用的催化剂与正丁醛/异丁醛加氢催化剂相同，只是在微小结构上稍有差异，系催化剂生产厂商的专利，所以两种催化剂有时可以互相替换。在 U. D. J. 工艺中，丁醛加氢和 EPA 加氢有时采用同一反应器切换操作。此外，将 50%的丁醛加氢催化剂和 50%的 EPA 加氢催化剂混装，即可顺利地进行 EPA 的加氢生成辛醇。

EPA 加氢在工业过程中的加氢条件与丁醛加氢条件基本相同，反应器同样分液相加氢

反应器和气相列管式固定床两种。其示意流程见图 6-5-9。

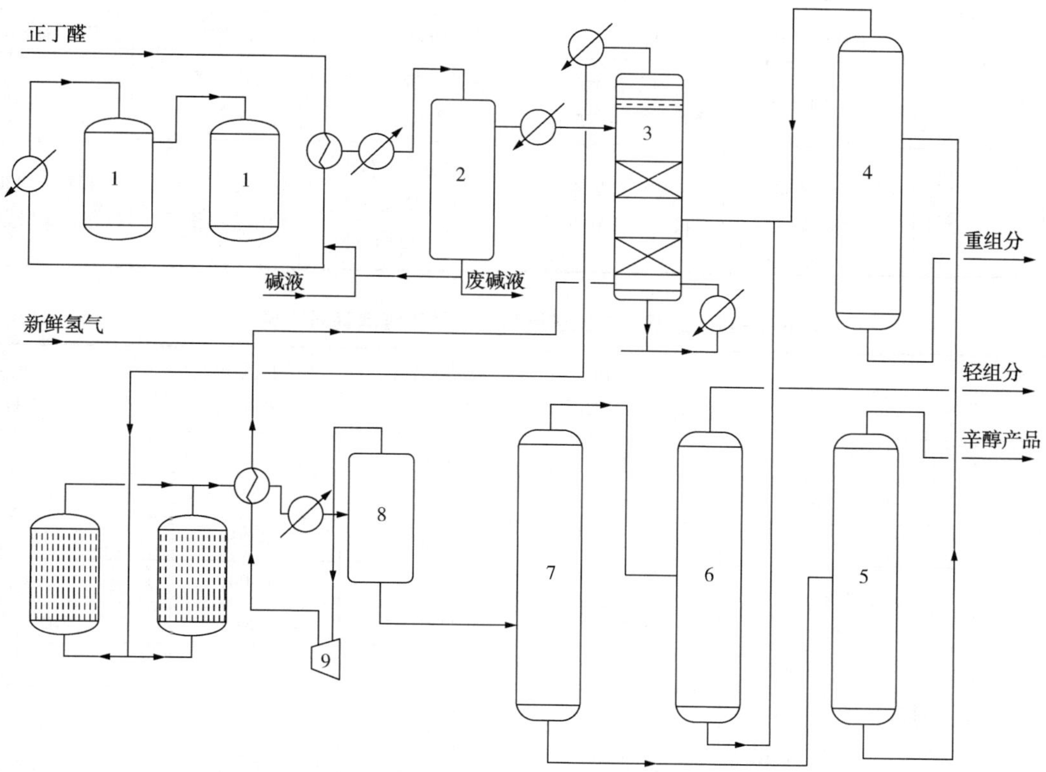

图 6-5-9 辛醇生产工艺流程图

1—缩合反应器；2—层析器；3—蒸发器；4—重组分塔；5—产品精制塔；6—轻组分塔；7—预馏塔；8—汽液分离器；9—压缩机；10—加氢反应器

八、几种生产方法比较

羰基合成工艺技术特点及能耗指标对比分别见表 6-5-16 和表 6-5-17。

表 6-5-16　羰基合成工艺技术特点对比表

项　目	高压钴法	中压铑法	低压铑法		
	BASF 技术	鲁尔工艺	Davy-DOW 技术	三菱化成技术	BASF 技术
催化剂	醋酸钴	醋酸铑、三苯基铑、膦三磺酸钠盐	铑、三苯基膦	铑、三苯基膦	铑、三苯基膦
溶剂	正异构丁醛	水	正异构丁醛	甲苯	正异构丁醛
反应压力/MPa	27~30	5.0~7.0	1.6~1.8	1.7(最低)	~2
反应温度/℃	155~160	110~130	100~110	100~120	~100
转化率/%	95~97		91~93	95	~96
正异构比	(3~4)：1	19：1	(7~10)：1	(8~10)：1	(8~9)：1
催化剂特征	活性低、选择性差、消耗定额高	活性高、选择性好、消耗定额低	活性高、选择性好、消耗定额低	活性高、消耗定额较高	活性高、消耗定额低
催化剂循环方式	液相循环	水相循环	液相循环	液相循环	液相循环

续表

项　目	高压钴法	中压铑法	低压铑法		
	BASF 技术	鲁尔工艺	Davy-DOW 技术	三菱化成技术	BASF 技术
反应器	塔式(1 台)	内装若干个降膜蒸发器的搅拌釜	槽式、带搅拌器，2 台串联	槽式、塔式，串联	塔式(1 台)
其他	操作、维修量大，技术落后	流程较长、设备较多，操作、维修方便	流程短、设备少，不需要特殊材质，操作、维修方便	流程长、设备多，操作、维修量大	流程短、设少，操作、维修方便

表 6-5-17　羰基合成工艺原料、公用工程消耗对比表[14]

	项　目		Davy-DOW 低压铑法 210kt/a	BASF 高压钴法 75kt/a	BASF 低压钴法 250kt/a	三菱化成 低压铑法 70kt/a
原材料	丙烯/t		0.646	0.816	0.61	0.623
	合成气/Nm^3		698	977.6	719	710
	H/t		0.032	0.013	0.036	0.036
	Rh/g		0.022		0.001	0.018
公用工程	冷却水/t		180	223	51	710
	蒸汽/t	高压			0.3	
		中压	1.1	1.4	0.2	2.8
		低压	0.4	2.5	1	
	电/kW		43	325	102	150
	工艺水/t				0.2	

注：原材料及公用工程以每吨丁醛不变基准的丁、辛醇全流程消耗指标，如以产品丁辛醇为基准，则由于产品中丁辛醇比例不同，使比较基准不一致。

第三节　生产原理与催化剂

一、化学反应和反应机理

为指导羰基合成反应工艺及反应器的开发设计，需要对羰基合成的反应机理有更加深入的了解和认识。

1. 主反应

羰基合成的主反应是生成正丁醛。

$$CH_3CH{=}CH_2+H_2+CO \xrightarrow{Rh\text{催化剂}} CH_3CH_2CH_2CHO$$

2. 副反应

羰基合成的平行副反应是异丁醛的生成和原料烃加氢生成丙烷。

$$CH_3CH{=}CH_2+H_2+CO \xrightarrow{\text{催化剂}} CH_3\underset{}{\overset{CH_3}{\overset{|}{C}}}HCHO$$

$$CH_3CH{=}CH_2+H_2 \xrightarrow{\text{催化剂}} CH_3CH_2CH_3$$

3. 丁醛三聚物的生成

如下图仅以正丁醛的聚合为例来说明三聚物生成的过程，还有可能正异丁醛的聚合及异丁醛的自聚得到各种三聚物及同素异构体[15]。

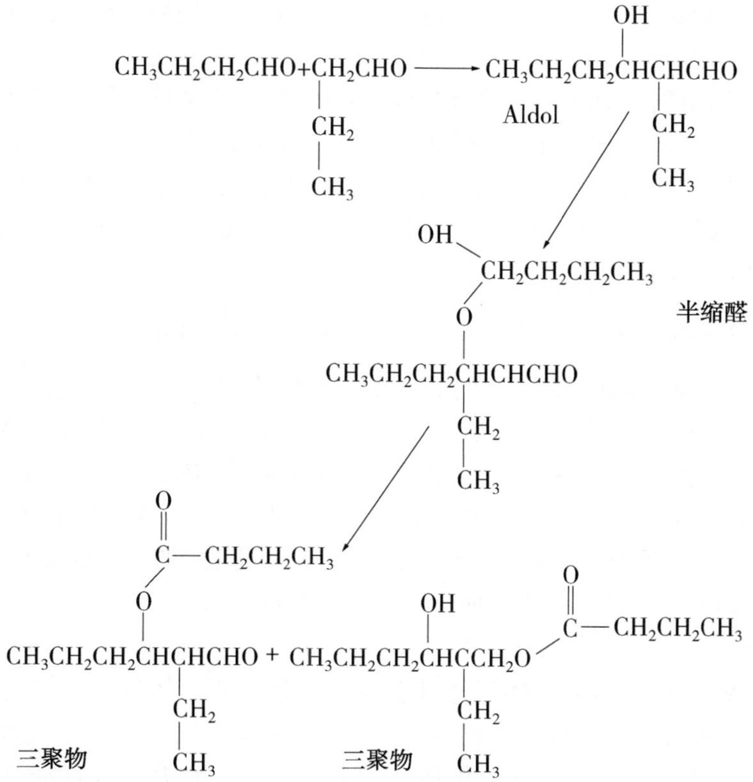

羰基合成的主要连串副反应是醛加氢生成醇和醛进一步加氢生成酯[16]。

$$CH_3CH_2CH_2CHO+H_2 \xrightarrow{\text{催化剂}} CH_3CH_2CH_2CH_2OH$$

醇的生成是影响醛产率的重要副反应，若羰基合成的目的产物是丁醇，则此副反应并不影响产物醇的收率。

$$CH_3CH_2CH_2CHO+H_2+CO \xrightarrow{\text{催化剂}} HCOOC_4H_9 \text{ 甲酸丁酯}$$

其他连串副反应还有醛醛缩合生成烯醛，烯醛加氢生成饱和醛。

$$2CH_3CH_2CH_2CHO \xrightarrow{\text{催化剂}} CH_3CH_2CH_2CH{=}CHCHO + H_2O$$

$$CH_3CH_2CH_2CH{=}C(C_2H_5)CHOH \xrightarrow{\text{催化剂}} CH_3(CH_2)_6CHO$$

正构醛和异构醛之间，异构醛之间也能发生类似反应。

另外，醛醇缩合可生成缩醛。

$$CH_3CH_2CH_2CHO+2CH_3CH_2CH_2CH_2OH \xrightarrow{\text{催化剂}} CH_3CH_2CH_2CH(OCH_2CH_2CH_2CH_3)_2 + H_2O$$

正构醛和异构醇之间，异构醛和异构醇之间都能发生类似反应。

二、低压羰基合成反应应用的铑催化剂

铑催化剂是以铑(Rh)原子为中心，三苯基膦和一氧化碳作为配位体的络合物，为淡黄色结晶体。它的主要特点为：异构化能力弱，加氢活性低，选择性高，反应速度快，几乎为钴催化剂的 102~103 倍[17]。

在反应过程中起活性作用的是一组催化剂的复合物，这是催化母体(ROPAC)在含有过量的三苯基膦(TPP)的溶剂中，在反应条件下，与一氧化碳及氢接触时形成的一组复合物，它的组成是 TPP 浓度及 CO 分压的函数，TPP 浓度增大下面反应向左移，生成更多的 $HRh(CO)(TPP)_3$；CO 分压增大反应向右移，生成更多的 $HRh(CO)_3(TPP)$，但下面三种复合物都以不同的量同时平衡存在。

$$HRh(CO)(TPP)_3 \underset{P}{\overset{CO}{\rightleftharpoons}} KRh(CO)_2(TPP)_2 \underset{P}{\overset{CO}{\rightleftharpoons}} HRh(CO)_3(TPP)$$

TPP 具有保护铑的功能，反应中 TPP 主要起立体化学作用，因为它的分子体积较大，有利于正构醛的生成，从而提高正异比(n/i)。催化剂复合物中如果主要是 $HRh(CO)_2(TPP)_2$，那么反应主要生成正构醛；如果复合物中主要是 $HRh(CO)_3(TPP)$则反应主要生成异构醛。当 CO 分压增高，n/i 会下降，但反应速度加大，如果 TPP 浓度增高，则 n/i 会增大，但这对反应速度有抑制作用。一般保持 TPP 大量过量，TPP/Rh(mol)比在 200 以上，使复合物中 $HRh(CO)_2(TPP)_2$为主要成分，以保持高的 n/i 比[18]。

1. 均相催化羰基合成反应机理的研究

Adkins[19]、Wender[20]等曾对烯烃羰基合成反应机理进行了推测，提出了四步反应机理、自由基机理等假设，但是对大量的实验事实难以解释。自从 1966 年威肯逊首先将 $HRh(CO)(PPh_3)_3$作为羰基合成反应的催化剂[21]之后，大多数羰基合成反应机理的研究是以这种络合物为催化剂进行的，其研究结果与 Heck[22]提出的机理基本相符。此后一些光谱研究[21,22]也进一步证实了这一机理。工业上常用 $Rh(C_5H_7O_2)(CO)(TPP)_3$(ROPAC)作为催化剂母体，在羰基合成条件下，当有游离的 TPP 存在时，催化剂母体迅速脱掉乙酰丙酮配位体，转变为三苯基膦羰基氢铑的形式—$HRh(CO)_x(TPP)_y$，当烯烃攻击时形成烯烃基络合物，烯烃基与催化剂中的氢结合生成烷基络合物，催化剂中的—CO—插入烷基与 Rh 之间，然后加氢发生还原，通过消去反应得到产品醛和配位不饱和单羰基物，后者与 CO 配位形成 $HRh(CO)_2(TPP)_2$，最终完成催化剂循环。生成醛的流程如图 6-5-10 所示。

在催化剂与烯烃生成烯烃复合物时，Rh 与端头的碳原子结合得到正构醛，若与中间碳原子结合则得异构醛。由于 TPP 分子很大，立体化学的作用使得生成正构醛的反应优先，因此，反应中要有过量的 TPP 以获得高的正异构比；若得到的烷基复合物在插入 CO 之前先加氢，则得到副产物烷烃，因此 CO 的分压不能太低，反应要求 H_2与 CO 的摩尔比要控制在一定范围内。

2. 多相催化羰基合成反应机理的研究

多相催化法应用于羰基合成反应之后，关于多相催化羰基合成反应机理的研究也日益增多。Chuang S. S. C. 等[23~25]提出了如下的乙烯反应机理：

$H_2 + * = 2 * H$	氢解离吸附
$CO + * = * CO$	一氧化碳吸附
$C_2H_4 + * = * C_2H_4$	乙烯吸附
$* C_2H_4 + * H = * C_2H_5 + *$	部分乙烯氢化
$* C_2H_5 + * CO = * C_2H_5CO + *$	CO 插入
$* C_2H_5CO + * H = * C_2H_5CHO + *$	酰基氢化
$* C_2H_5 + * H = C_2H_6 + *$	烷基氢化

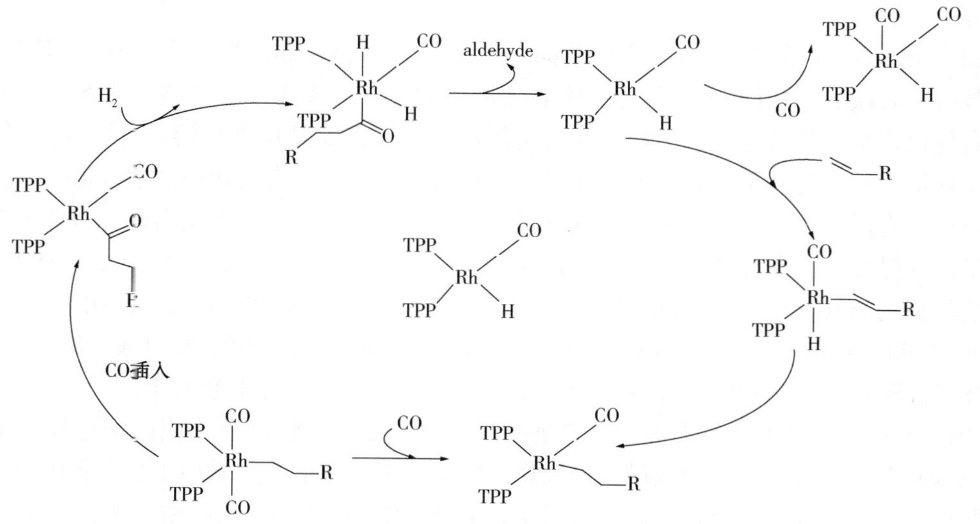

图 6-5-10　羰基合成醛的反应机理

Mark A. Brundage[26]和 Steven S. C. Chuang[27]用同位素示踪技术研究了以 $Rh-Mn/SiO_2$ 为催化剂的乙烯羰基合成反应。他们在反应物中加入 D_2 和 ^{13}CO 作为示踪物，在产物中发现有 CH_3CH_2CHO 生成，为 CO 插入这一反应步骤提供了证据。他们还根据研究结果提出了动力学模型，并指出在 $Rh-Mn/SiO_2$ 上进行的乙烯羰基合成反应，其速控步为酰基氢化这一步骤。

三、催化剂

（一）国外催化剂的开发

1. 羰基合成催化剂

国外羰基合成催化剂的开发经历了大致四代演变过程。第一代为 1940 年德国鲁尔化学公司（现塞拉尼斯公司）采用的羰基钴或氢羰基钴催化剂；第二代为 20 世纪 60 年代壳牌公司开发的改良催化剂，即以亚磷酸盐或膦做配位体的钴催化剂；第三代为 70 年代联碳（UCC，现陶氏化学公司）、戴维-麦吉（Davy Mckee，现 KPT-Kvaerner 过程技术公司）和庄信万丰（Johnson Matthey）三家公司共同开发的三苯基膦（TPP）为配位体的改性铑催化剂和 80 年代罗纳-普朗克/鲁尔化学（Rhone-Poulenc/Ruhrchemie）公司共同开发的两相工艺，以三苯基膦三间磺酸钠盐为配位体的水溶性铑催化剂；第四代是联碳/KPT 开发的高活性亚磷酸盐为配位体的改性铑催化剂。

70 年代 UCC、Davy Mckee 和 Johnson Matthey 共同开发的改性铑法，即“低压羰基合成工艺(LPO)”采用油溶性三苯基膦(TPP)配体改性的铑为催化剂，产物丁醛靠大量未反应的合成气和丙烯从反应釜中带出，从而实现产物和催化剂的分离，称为气相循环工艺。为减少大量气体循环而带来的能量消耗，80年代初成功开发了低压羰基合成液相循环工艺，即反应产物丁醛和催化剂溶液一起自反应釜中排出，然后对产物丁醛和催化剂溶液进行汽化分离。该工艺为双釜串联工艺，采用铑/TPP为催化剂。以三苯基膦为配位体的铑催化剂具有一定的局限性：①铑催化剂高温性能差，用于高级烯烃羰化有一定的困难；②与大部分均相反应一样，催化剂和产物分离也较困难，即铑催化剂的后处理较复杂；③铑资源稀少，价格昂贵。因此，近年来羰化技术发展集中在改进现有铑基催化剂性能和消耗，以及开发新型催化剂两方面。

80年代罗纳-普朗克/鲁尔化学(Rhone-Poulenc/Ruhrchemie)开发了一种两相工艺，以三苯基膦三间磺酸钠盐(TPPS)作配位体对铑催化剂改性，成为水溶性铑催化剂。这种催化剂具有催化剂与产物易分离、产物正异构比例高的特点，而且用水作溶剂，既便宜又安全，且利于环境保护。但不足之处是由于烯烃原料在水介质中比在有机相中溶解性低，所以催化剂反应速率有所降低；同时由于这一反应是多相的，所以催化剂活性相当低，因此水溶性催化剂工艺的操作压力和温度(≥7.76MPa、≥125℃)比油溶性工艺(≥1.36MPa、≥90℃)高，还需要较高的铑浓度(300~700mg/kg)，而油溶性工艺为200~400mg/kg。首次采用Rhone-Poulenc/Ruhrchemie正丁醛工艺的是1984年在Ruhr-Chemie公司投产的1套100kt/a装置。其丙烯最高转化率可达99%，生成的粗醛中，正丁醛占95%，异丁醛占5%。

1995年联碳公司成功完成新一代的铑基催化剂系统，即将铑催化剂的配位体三苯基膦用双三苯基亚磷酸盐替代，形成最新铑催化剂的低压羰基合成液相循环工艺。新配位体催化剂活性提高1倍，选择性更好，使生成醛类的正异构比达到30，铑的浓度可降低6倍，在相近的反应温度下该工艺的反应压力更低。由于原料单程转化率由90%提高到99%以上，故不需循环，可以生产高碳醛、醇。该工艺特点：①投资少；②工艺简单，反应温度压力较低，单程操作；③操作费用低；④丙烯和合成气几乎全部转化，损失少，醛重组分产率低；⑤铑用量少。采用最新一代低压羰基合成技术建成136kt/a丁醇装置已于1995年在美国路易斯安那州Taft投产。但由于新催化剂的制备比较复杂，亚磷酸盐配体不稳定，亚磷酸盐配体降解生成的烷基烃基酸易凝胶化，易堵塞管道设备[14]。2007年Davy-UCC向沙特阿拉伯Dammam 7石化有限公司转让了最新的LP Oxo SELECTOR30技术和NORMAX催化剂，规模为80kt/a正丁醇。

随着世界经济全球化及规模生产经济最大化，丁辛醇工业发展的重点将集中在催化剂的研究和开发上，其技术发展趋势是：

① 铑催化剂技术是当前丁醛衍生醇领域的主流技术。今后，其发展方向为研究开发单程不循环工艺以及开发新型高效配位体改性铑催化剂。UCC/KPT的以双亚磷酸盐为配位体的铑催化剂体系的羰基合成技术是当今世界最先进的羰基合成生产技术，但尚需进一步完善。

② 由于铑金属资源贫乏，价格昂贵，还将进一步开发使用高效非铑催化剂的羰基合成技术。据报道，日本工业技术研究所开发出在$SnCl_2$存在下，以环烷基联结的双磷配位体的铂系催化剂；Shell公司开发出铂系络合物催化剂；UCC公司开发出非金属钼系催化剂；Hoechst公司开发了一种水溶性钴族化合物催化剂，可使烯烃在聚乙二醇作极性相的两相溶剂体系中有效地进行氢甲酰化。高碳烯烃对聚乙二醇的亲和力比水好，因此可提高反应速率[28]。但均未见到重大进展和工业化应用的报道。

2. 加氢催化剂

加氢反应十分重要，关键是要选择合适的醛加氢催化剂来提高加氢的活性和选择性，减少副产物的生成。用于醛加氢制醇的催化剂可分为四类：铜铬催化剂，铜锌催化剂，镍为活性组分的催化剂，钯、钌、钴、铂等贵金属为活性组分的催化剂。

（1）贵金属催化剂

贵金属催化剂是最早用于醛类加氢的催化剂，自 1977 年德国 BASF 公司[29]开发了第一种 Ru 催化剂作为醛类加氢催化剂开始，在此后的 20 年间先后有 Pd、Ru、Co、Pt 等系列的催化剂用于醛加氢。Pd、Ru、Rh、Co 和 Pt 等贵金属催化剂用于醛加氢，虽然加氢活性高，但价格昂贵，因而贵金属催化剂用于丁醛加氢的工艺已基本淘汰，贵金属催化加氢现阶段更多的是用于不饱和醛的选择加氢以及两步法醛加氢中的加氢精制。

（2）铜铬催化剂

20 世纪 70 年代末丙烯羰基化制丁辛醇工艺得到广泛应用，醛类加氢催化剂的需求量增大，自 80 年代末至 90 年代初，各国化工企业先后开发了以 Cu-Cr 为活性组分的新型醛类加氢催化剂，直到今天许多装置上还在使用此类催化剂。其中有代表性的有以下几种催化剂：

德国 Huels 公司专利[30]是在碱性铜催化剂和酸性镍催化剂上气相醛加氢制备饱和醇，所用碱性铜催化剂是负载于二氧化硅载体上的 Cu-Cr 催化剂。

美国 Harshaw/Filtro 公司[31]合作专利中介绍了挤条成型 $CuCr_2O_4$-CuO/Al_2O_3催化剂。

俄罗斯 Gurevich G S[32]介绍了两步法加氢制丁辛醇工艺，即气相加氢和液相加氢精制，其中用于气相醛加氢的是 Cu-Cr_2O_3催化剂，该催化剂对辛烯醛的加氢率可达到 99.5%。

罗马尼亚帝米什瓦拉石化(Rafinaria Vega)溶剂公司两篇专利[33,34]中，向用于辛烯醛加氢制备辛醇的 Cu-Cr 催化剂中加入第三组分 Ni 作为助剂，采用硅载体，即 Cu-Cr-Ni/SiO_2醛加氢催化剂。

日本三菱化学公司专利[35]中，向用于醛加氢生产相应醇的 Cu-Cr 催化剂中加入了多种组分作为助剂，即 Mn、Ba 以及第Ⅷ族或第ⅣB 族的过渡金属如 Zr 或 Ti，催化剂中的 Cr 也可以是 Zn，或者是 Cr-Zn。

Cu-Cr 醛加氢催化剂的最大一个缺点就是重铬酸盐、铬酸盐、铬化合物所带来的污染问题。

（3）镍系催化剂

镍系催化剂以其加氢活性温度低、操作能耗少的特点，在醛加氢领域也得到了广泛的应用。早期的高压法制备丁辛醇的工艺中 Ni 系催化剂多用于液相加氢，其操作压力较高，国外一些化工企业在 1990 年前后先后开发了一系列以 Ni 为主要活性组分的醛类加氢催化剂。德国 Hoechst 公司专利[36]介绍的 Ni 系 Ni-ZrO_2/SiO_2醛加氢催化剂，该公司另外一专利中介绍[37]的 Ni 系醛加氢催化剂，是采用碱土金属 Mg 作为助剂。德国 BASF 专利[38]中介绍的 Ni 系醛加氢催化剂，除加入了 Cu 之外，还加入了第三组分 Zr 和第四组分 Mo。

德国 Huels 公司专利[39]中提到的 Ni 系醛加氢催化剂，除加入了 Cu 作为第一助剂，又加入了 Cr 作为第二助剂。

俄罗斯 Gurevich G S[40]介绍了两步法生产丁辛醇工艺及催化剂，其 Ni 系液相加氢精制催化剂中加入 Cr 作为助剂。

日本三菱化学公司专利[41]中提到的 Ni 系高级醛加氢催化剂同样采用 Cr 作为助剂。

捷克化学石油公司 Bednar Z[23]介绍的负载型 Ni-Cr 催化剂用于相应醛加氢制备正丁醇、异丁醇和辛醇。

(4) 铜锌催化剂

随着环保要求的日益提高，自90年代中期起，以铜锌为活性组分的催化剂开始逐步替代铜铬催化剂和镍系催化剂，相对铜铬催化剂而言，铜锌催化剂具有污染小、寿命长、机械强度高的特点，相对镍系催化剂，铜锌催化剂中铜作为活性组分，氧化锌起载体和助剂作用，反应可在较低的压力(0.4~0.6MPa)下进行，通常采用气固相反应，操作简单，因此铜锌醛加氢催化剂应用更为广泛。在铜锌催化剂中，与铜铬催化剂一样，起主要醛加氢活性的是铜。要想使催化剂获得良好的加氢活性和选择性，就要使铜具有一定的还原率。通常铜系催化剂的还原温度为150~350℃，最好是180~260℃，具体的最佳还原温度还要看每种催化剂的具体情况和要求。

铜系催化剂的加氢活性温度高，通常在180℃以上，而反应温度的提高，虽然提高了反应的速率，却容易引起聚合、缩合等的一些副反应，生成一些副产的重组分，降低了产物醇的质量和收率。因此，可在铜系催化剂中加入一些合适的助剂来抑制副反应的发生。

自1986年英国Davy公司[42]开发了第一种铜锌醛类加氢催化剂以来，先后有十余项涉及该类催化剂的专利文献。英国Davy公司专利[43]介绍了多级醛加氢工艺，也是将预还原的CuO-ZnO催化剂用于醛加氢制丁辛醇。

德国Huels公司Ludwig G H[44]介绍了用于饱和醛或(和)不饱和醛一步法气相加氢的Cu-ZnO催化剂，通过该催化剂上的加氢反应可以获得高收率和高纯度的醇。

德国Hoechst公司在专利[37]中介绍了Cu-Zn-Al加氢催化剂，其中加入了Al作为助剂。该系列催化剂适用于饱和(不饱和)醛、酮、羧酸或酯等含氧有、机化合物的加氢反应。该公司另外一篇专利[45]中提出，为了提高Cu-ZnO-Al_2O_3催化剂的加氢选择性以及产品醇的质量和收率，可在催化剂中再加入Mn、Mo、V、Zr以及碱土金属等组分作为助剂。

另外，美国Engelhard公司专利[46]介绍了用于醛、酮、羧酸、酯加氢CuO-ZnO催化剂，加入Mn、Ni、Co、Fe金属组分中的一种或几种作为催化剂的助剂，并且采用硅酸钙和黏土材料作为载体。

美国UCC公司Lodsdon在专利[47,48]介绍了醛加氢CuO-ZnO催化剂，加入碱金属、过渡金属或者碱金属与过渡金属的混合物作为助剂。其中碱金属可以是Na、K、Li、Ce中的一种或几种，过渡金属如Ni、Co或其混合物。

俄罗斯Khvorov[49]介绍了醛加氢制丁辛醇的铜锌混合氧化物催化剂，以MnO、CaO和Al_2O_3等混合氧化物作为助剂，以活性炭为载体。

(二) 国内催化剂的开发

国内丁辛醇技术研究重点在于催化剂的研究开发。

① 北京化工研究院研制成功丙烯低压羰基合成铑膦络合物催化剂、合成气净化催化剂和丙烯净化催化剂，均在大庆和齐鲁装置上使用多年，达到了国外同类催化剂水平。2001年该研究院“低压羰基合成铑-双膦催化体系研究”项目通过国家验收。其铑-双膦配体的催化体系与铑-单膦催化体系相比，铑含量由200mg/kg降到80mg/kg，配体质量分数由12%降到1%~2%，正/异构比由10∶1提高到21.5∶1[50]。

② 北京化工大学开发的“负载型水相催化剂”，其膦/铑质量比由工业上的250~300下降到25，正/异比由10提高到28.7，有机相中铑仅为1.2μg/kg，有效控制了铑的流失问题[3]。此外，北京化工大学还提供了一种采用铑催化剂母体和水溶性配体，在超临界条件

下进行均相烯烃-氢甲酰化反应的技术。该技术以超临界二氧化碳和水(或反应底物和水)为溶剂，替代污染性溶剂，从而实现了绿色催化[51]。

③ 中国科学院大连化学物理研究所用负载金属催化剂(多相催化剂)中的金属颗粒替代均相络合物催化剂中的过渡金属离子，组成催化剂体系。催化剂由主活性组分、助剂、载体和有机均相催化剂配体4部分组成，活性组分为Rh、Pt、Ru或Pd，助剂是来自第ⅤB族、ⅣB族或ⅣB族的金属元素，如V、Ti、Mn等，载体选用二氧化硅、活性炭或三氧化二铝等，有机均相催化剂配体选用三苯基膦、三苯基膦三磺酸钠、氧化三苯基膦、三环己烷基膦或三酚基膦等。其中，助剂的加入可有效改善催化剂的反应与稳定性[52]。

④ 厦门大学发明了一种烯烃氢甲酰化制醛的负载型催化剂，该催化剂是以磺化三苯基膦-铑络合物为主的烯烃氢甲酰化负载型催化剂。包括固体氧化物、磺化三苯基膦-铑络合物、磺化三苯基膦配体和离子液体。固体氧化物为介孔分子筛、SiO_2、TiO_2、γ-Al_2O_3中的一种；磺化三苯基膦-铑络合物为一磺化三苯基膦-铑络合物、二磺化三苯基膦-铑络合物、三磺化三苯基膦-铑络合物；离子液体为1，1，3，3-四甲基胍乳酸盐、1-丁基-3-甲基咪唑六氟磷酸盐。催化剂各组分配比为固体氧化物50%～90%、离子液体8%～9%、铑0.05%～2%，膦/铑(原子比)为(3～200)：1。该催化剂在丙烯氢甲酰化反应中有较高的转化率和区位选择性，产物正、异构醛的比值较高[53]。

⑤ 在加氢催化剂方面，中国石化南化研究院开发成功了丁醛和辛烯醛气相加氢催化剂(包括NCH6-1型丁醛加氢催化剂和NCH6-2型辛烯醛加氢催化剂)。其中正丁醛气相加氢制正丁醇催化剂的主要组成为氧化铜、氧化锌、氧化铝，活性助剂为Na、K、Ca、Ba等金属元素的化合物中的1种或2种。催化剂采用共沉淀法制备。该催化剂具有较高的低温活性、正丁醇选择性和催化稳定性。2003年在中石化齐鲁分公司丁辛醇装置上完成了1000h的工业侧线试验。结果表明，该催化剂的醛转化率、醇选择性及硫酸色度等指标均达到进口催化剂水平，具有较大的操作弹性，产品质量能够满足工业使用要求，可替代进口产品[54,55]。2006年，齐鲁分公司研究院研制开发出一种新型镍系液相加氢催化剂QAH-01，并进行了工业放大生产及1200h工业侧线试验。试验结果表明，经催化剂液相加氢后，粗辛醇中不饱和物含量大大减少，辛醇的收率提高。硫酸色度分析值达到20#以下。QAH-01液相加氢催化剂的综合性能达到进口催化剂的水平，完全满足工业使用的要求[15]。

⑥ 大庆石化公司对醛加氢生产辛醇催化剂进行了研究。催化剂VAH-5-1的组成为(CuO+ZnO)90.88%，Al_2O_3 1%，Na_2O 0.075%，石墨余量。该催化剂具有良好的活性稳定性，强度较高，制备重复性好，具备工业放大水平。

⑦ 吉林石化公司研究院于2001年成功开发了国内首创的辛烯醛高压液相加氢制辛醇催化剂，经在吉化化肥厂丁辛醇装置上两年的应用证明，可以完全取代进口。

由此可见，深入开展催化剂的研发工作，实现催化剂的国产化，降低催化剂成本，延长催化剂使用寿命，是目前研究低压羰基法合成丁辛醇技术的关键所在。

四、影响反应的主要因素

造成羰基合成速率降低的原因主要是催化剂活性下降。在羰基合成过程中选用的铑催化剂，是均相络合物催化剂，是以铑原子为活性中心，三苯基磷和一氧化碳作为配位体的络合物。该催化剂选用的是贵金属催化剂，在制备过程中比较复杂，但是在生产过程中起着至关重要的作用[56,9]。

（一）制约丁辛醇羰基合成催化剂的因素

影响烯烃羰基合成的因素较多，下面以 DAVY/DOW 的低压丙烯羰基合成技术为例介绍主要的影响因素。

1. 合成气中的氢碳比的影响

羰基合成的原料之一合成气是 H_2和 CO 的混合气体，H_2 和 CO 含量的比值即为氢碳比，在丁辛醇羰基合成中对合成气中的 H_2/CO 比值要求在 1.0~1.3 之间。H_2/CO 比值增大时，催化剂对烯烃氢甲酰化催化活性增强，产物正异构比提高，但丙烯生成丙烷和丁醛变成丁醇的反应会增加；H_2/CO 比值降低时，反应速率会降低，产物中正异构比也降低。在上游进行合成气配比时可能出现波动造成合成气中的 CO 过量，当 H_2/CO 小于 1 时，尾气中的 CO 浓度就会随之增加。这时 CO 对反应就有了明显抑制作用，CO 取代三苯基膦（TPP）而与铑结合，降低配位体 TPP 的保护作用，丁醛正异比就迅速减小，反应速率也会相应减小。而反应速率的减小又进一步降低了 CO 的消耗，加速了尾气中的 CO 浓度的增长，两种作用相互促进，导致反应配比的不好控制，出现反应的剧烈波动。研究发现，为使丙烯的转化率达到最佳值，需控制氢碳比为 1.02~1.04 之间[57~59]。

2. 溶剂及催化剂的影响

羰基合成的溶剂选择原则[57]：①对催化剂，反应物和产物有很好的溶解性；②挥发性低；③化学惰性；④相对分子质量大，如取代苯、嘧啶、酮、醇、缩聚醛等。羰基合成丁醛一般选择丁醛缩聚物作反应介质，反应前在反应器中加入一定的丁醛三聚物。

丙烯羰基化反应过程中，催化剂铑的浓度控制在 250~450mg/kg，随着反应的进行，铑会部分钝化，还有少量的铑被反应物带走，故应定期补加新鲜的催化剂络合物（ROPAC），以保证催化剂的活性和浓度。

在反应过程中一般保持三苯基膦（TPP）大量过量，TPP：Rh（mol）在 200 以上，因为反应中起活性作用的是一组催化剂的复合物，这是催化剂母体（ROPAC）在含有过量的 TPP 溶剂中，在反应条件下，与一氧化碳和氢气接触时形成的一组复合物，它的组成是 TPP 浓度和 CO 分压的函数，在溶液中存在平衡：

$$HRh(CO)(TPP)_3 \underset{TPP}{\overset{CO}{\rightleftharpoons}} HRh(CO)_2(TPP)2 \underset{TPP}{\overset{CO}{\rightleftharpoons}} HRh(CO)_3(TPP)$$

TPP 浓度增大上述平衡向左移动，生成更多的 $HRh(CO)(TPP)_3$；CO 分压增大平衡向右移，生成更多的 $HRh(CO)(TPP)_3$，但三种复合物都以不同的量同时存在。TPP 具有保护铑的功能，反应中 TPP 主要起立体化学作用，因为它的分子体积较大，有利于正构醛的生成，从而提高正异构比。但由于 TPP 同时对催化剂有着抑制作用，故 TPP 浓度越高，反应速率就越慢。催化剂复合物中若主要是 $HRh(CO)_2(TPP)_2$，则反应主要生成正构醛；复合物中若主要是 $HRh(CO)_3(TPP)$，则反应主要生成异构醛。所以，当 CO 分压增高，正异构比会下降，但反应速率加大；如果 TPP 浓度增高，则正异构比会增大，但对反应速度有抑制作用，TPP：Rh 增加还有利于催化剂稳定[60]，这样使复合物中 $HRh(CO)_2(TPP)_2$为主要成分，以保持高的正异构比。

3. 毒剂的影响

当催化剂中的毒剂与铑催化剂的活性中心铑离子直接配位占据络合中心，破坏了催化剂的活性的结构，影响羰基化反应速率。导致催化剂永久性失活的毒剂有：有机硫、无机硫、氯化氢、有机氯化物、氰化氢、砷等。由于铑催化剂的浓度仅为 100~1000μg/g，故催化剂对这些物质极其敏感，即使毒剂量仅有几毫克/千克，在一段时间后就会使反应速率降低明显。

4. 催化剂中的搭桥现象的影响

羰基合成反应过程中，催化剂分子在氢甲酰化的转化过程中，发生 Rh_3、Rh_4簇化现象的发生，使得部分单原子铑的络合物缓慢地聚合在一起；在缺乏丙烯和 TPP 的保护下，较高的 CO 分压或 H_2分压，更有利于此种现象的发生；随着时间的累积，造成反应速率逐渐降低。

在生产中，造成催化剂的搭桥现象的影响原因有：

（1）催化剂中 TPP 的含量太低；

（2）反应器的温度过高；

（3）反应器中铑浓度过高；

（4）高低压蒸发器的温度控制过高；

（5）铑催化剂在合成气存在下进行升温。

（二）其他因素对羰基合成反应的影响

1. 丙烯和合成气中的杂质对羰基合成反应的影响

在羰基合成反应器中，如果大量的存在 CH_4、CO_2、N_2、C_3H_8、C_4、H_2O 等，就会在反应器中逐渐积累，造成反应器中的惰性气体成分增多，为保证丙烯分压，放空气体的排放量加大；丙烯的反应效率会降低，丁醛的产出率就会减小。

2. 温度对羰基合成反应速率的影响

羰基合成反应为放热反应，温度对羰基合成反应速率有明显影响，随着温度的提高，反应速率提高明显。在生产过程中，由于反应不佳或者操作原因导致温度偏低时，反应也会相应变慢，反应放热变少，调节不及时会使得温度下降得更加明显。温度偏高时，反应速率较快，但较长的运行时间，会使得催化剂的失活加快。

（三）保证羰基合成反应的措施

1. 提高合成气中的 H_2/CO 的配比

首先是保证合成气中的 H_2/CO 的配比稳定，当 H_2/CO 的配比小于 1.05 的情况下，降低合成气中的进料，提高丙烯的分压；调整尾气排放量，降低消耗；在必要的情况下可以考虑给合成气中补入一定量的氢气，保证反应的稳定。当羰基合成出现大的波动时首先降低负荷，降低反应器中催化剂溶液中的丙烯含量。尽量不要提高反应器的温度，如果提高操作温度容易造成催化剂活性的降低。

2. 调整催化剂溶液中的铑膦比

根据羰基反应情况及 TPP 的含量，适当补加催化剂溶液中的新鲜铑催化剂和 TPP。这样可以提供铑催化剂溶液的活性，降低催化剂溶液中的抑制剂和毒剂。还能降低催化剂失活的速率，延长催化剂的寿命。

3. 提高原料的纯度，降低放空量

尽量采用聚合级丙烯，降低由于丙烯原料中杂质对反应的影响。提高合成气中有效合成气体浓度，降低氮气等惰性气体含量。当丙烯和合成气纯度增加后就能降低反应器中的惰性气体的累积，减小排空量；保证反应器中的压力的稳定；减少由于放空带走的丁醛和丙烯，提高丙烯的转化率和醛的产量；有利于催化剂的活性的保护。

4. 合理控制温度

在生产控制中，对于温度的变化趋势做出合理预判，提高温度控制的稳定性。在前期催化剂活性较高时或新补加铑催化剂之后，在满足生产负荷的条件下，控制较低的温度，降低催化剂的失活速率。随着催化剂逐渐失活，视反应情况缓慢地提高反应温度，实现催化剂的充分利用。

5. 提高反应物的滞留时间

如果反应波动较大时，提高羰基合成反应器的液位，可以提高催化剂溶液中的丙烯的溶解量，同时也加长了反应物在反应器中的滞留时间，减少了丙烯从催化剂溶液中的析出及放空量。

第四节　主要设备

丁辛醇装置设备包括反应器、换热器、机泵(包括搅拌器)、压缩机、容器、过滤器等，关键设备包括羰基合成反应器、循环氢压缩机、烛式过滤器等。

一、反应器

1. 概述

由于反应介质有腐蚀性，工业上羰基合成过程是在不锈钢制的连续釜式反应器或管式反应器中进行，反应热通常由内部冷却管用热载体移出，或者将一部分物料在反应器外冷却后，再循环至釜式反应器中。

2. 结构

羰基合成反应器结构见图 6-5-11、图 6-5-12。

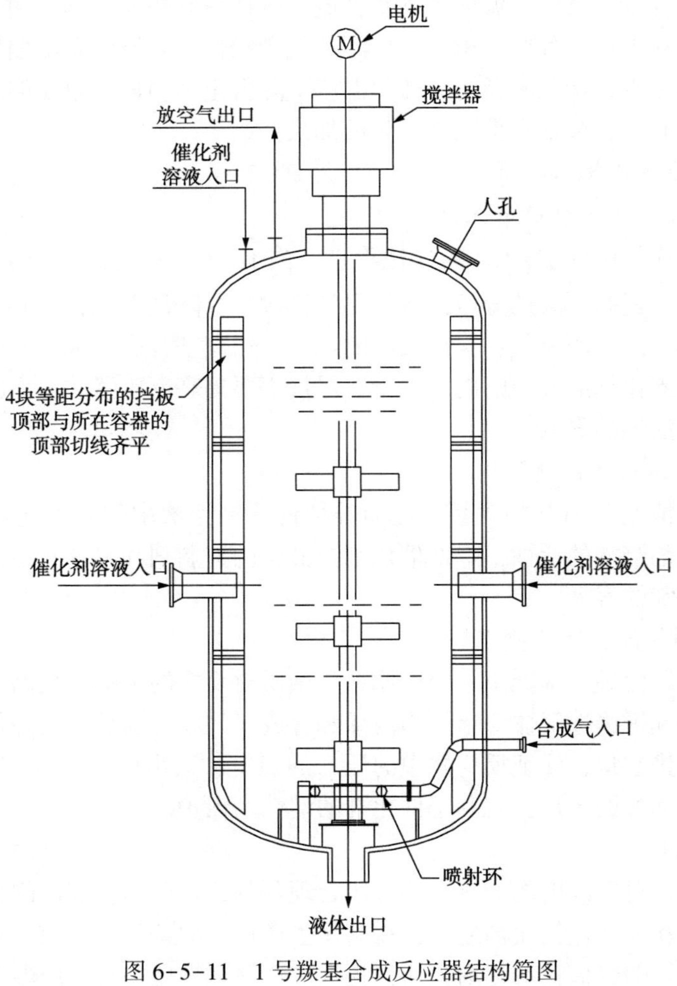

图 6-5-11　1 号羰基合成反应器结构简图

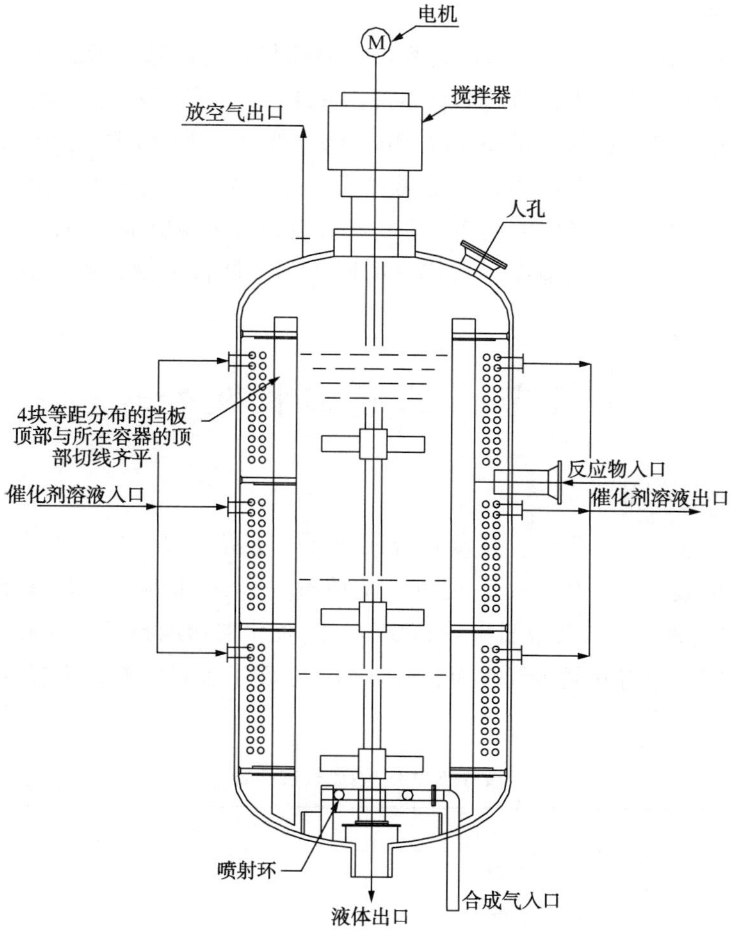

图 6-5-12　2 号羰基合成反应器结构简图

二、泵和压缩机

1. 关键泵

(1) 1 号反应器循环泵

该泵输送介质主要为丁醛与催化剂溶液，输送流量较大，一般选用双吸叶轮与双蜗壳壳体结构。由于输送介质特性，泵体与叶轮材料采用不锈钢，轴封根据介质特性采用双端面机械密封。

(2) 低压蒸发器尾泵、液相加氢原料泵

该泵一般流量小但扬程高，国内多采用高速泵。

2. 关键压缩机

丁醛单元与辛醇单元各有一台循环氢压缩机组，分别是丁醛气相加氢压缩机与辛烯醛气相加氢压缩机。该离心压缩机主要用于丁醇与辛醇单元中，将收集槽中的混合氢气返回加氢反应器中继续反应，一般采用高效(轴向进气、最佳转速)、紧凑(撬装)、可操作性强、节省投资的离心压缩机组。

该离心压缩机应有可靠的气量调节系统，叶轮采用三元叶轮。压缩机的轴封为带有迷宫的串联式干气密封，机组需配备完整可靠的防喘振系统及检测系统。

三、材质选择

容器材料一般选用原则：对于非压力容器，壳体材料一般选用 Q235B；对于压力容器，壳体材料选用 Q345R。不锈钢设备壳体材料选用 304LSS。不锈钢复合板的材料选用 Q345R+304LSS。丙烯净化设备的材料选用 09MnNiDR。塔内件材料选用不锈钢 304SS。

在丁醛单元，由于工艺介质中存在非常昂贵的催化剂铑，羰催化剂遇铁离子会失去活性，为了防止催化剂中毒，确保催化剂活性，部分设备有干净要求，与该工艺介质接触材质要求为 304SS 系列不锈钢。其他设备主体材料以碳钢和低合金钢为主，极个别设备需要低温钢。

第五节　三废回收及处理

一、驰放气轻烃回收

丁辛醇装置正常生产过程中，从羰基合成单元、丁醛分离、加氢单元等汇总排出驰放气，其典型组成见表 6-5-18。由表可见，驰放气中丙烯和丙烷含量在 50%左右，一套 120kt/a 的丁辛醇装置驰放气排放量大约 500Nm^3/h（催化器初期 SOR）~800Nm^3/h（催化剂末期 EOR）[61]，国内一般将此股尾气作为燃料烧掉，浪费了宝贵资源，为提高装置经济效益，对其分离回收就至关重要。

表 6-5-18　驰放气规格表　　%（v）

项　目	数　值	项　目	数　值
H_2	30.56	C_3H_6	13.97
N_2	6.28	C_3H_8	38.16
CH_4	5.23	总和	100
CO	1.08	温度	40~45
CO_2	4.72	压力	1.55

齐鲁石化化肥厂[62]提出采用制冷液化技术回收尾气，即通过采用氨循环制冷等，使此 C_3以上组分液化，然后进行精馏，从而得到纯度大于 95%的精制丙烯产品，同时副产丙烷和丁醛产品，丙烯回收率为 80%。经计算验证，该项目在技术、经济两方面可行，效益可观，投资回收期 1.6 年，但尚未用于工业化装置。

吉林石化化肥厂[63]提出通过采用以丁醛为吸收剂，吸收羰基合成反应尾气中的 C_3，并在较低压力下将丁醛和 C_3分离，再通过精馏将丙烯和丙烷进一步分离，从而得到纯度均在 95%以上的丙烯和丙烷产品，丙烯和丙烷回收率均为 80%，从而可以降低丁辛醇产品的生产成本。

神华包头煤化工公司[61]提出压缩/冷凝/有机蒸汽膜（CCM）技术回收尾气。即将丁辛醇装置的驰放气与循环不凝气进入有机蒸汽膜膜分离装置，经膜分离后富含丙烯、丙烷的膜渗透气进入驰放气压缩机，膜顶部分离出来的放空尾气进入燃料气管网。富含丙烯和丙烷的渗透气经压缩后，经冷凝成液相从而得到富含丙烯丙烷，且规格符合液化气的产品，未冷凝下的不凝气返回有机蒸汽膜装置。目前该驰放气回收装置已开车成功。

二、装置废液回收处理

丁辛醇装置反应和精制提纯过程中均有部分副产物排出，排出的混合液称为丁辛醇残液。此部分残液的排出量一般为丁、辛醇产品总量的5%~6%，其中含有有价值的C_4组分主要为丁醛、丁醇；C_5~C_7组分主要为$C_{5\sim7}$的醛、醇混合物；C_8组分主要为辛烯醛、辛醛、辛醇；重组分主要为C_{12}、C_{16}醛类缩聚物等。此部分残液由于组成复杂，C_4含量较低，长期没有得到合理的回收和利用，通常经过简单分离后，作为燃料和低档溶剂销售[64]，由于其含有许多有价值的化工原料，因此其分离利用值得关注。

美国 Esso Research and Engineering Company[65]提出将来自羰基化合成系统的粗产品，首先蒸馏去除未反应的烃类物质，然后蒸馏分出需要的产品醛。残留的物质及反应器内反应产物，不经过中间加氢过程，直接进一步蒸馏以去除杂醇和甲酸酯。经过这种去除之后，杂醇与甲酸酯馏分被脱氢处理，产品返回到系统的氢甲酰化反应器出口处，然后对残留的重组分在压力 0. 1MPa、温度 250~400℃和质量比为 1∶1 的蒸汽比例下，水解形成由醇、醛和重组分构成的混合物。该混合物经去除残余重组分之后被循环回羰基化反应出口处。

美国 Standard Oil Development Company[66]提出将来自羰基合成的重组分，在高压釜中加入同样体积的水溶液，175℃的水蒸气和 10%的盐酸进行水解反应，使缩醛转化成醇和醛，这样总的丁辛醇量又提高 2%~3%。

天津大学研制开发了一套丁辛醇残液回收利用技术，即物料首先经过原料预分离，得到混合C_4馏分、C_5~C_7馏分、混合C_8馏分和C_{12}以上重组分。随后采用与丁辛醇装置同样催化剂和工艺对C_4和C_8馏分进行加氢，得到丁醇和辛醇，对C_{12}以上重组分进行加氢裂解，得到C_4、C_8醇、C_5~C_7组分和重组分，最后通过精制提纯，得到丁醇、辛醇，C_5~C_7组分和C_{12}重组分混合作为副产物外售。该技术已经依托齐鲁石化丁辛醇装置建成投产，为企业创造了较好的经济利益。

三、废水处理

丁辛醇装置在辛醇生产过程中，正丁醛缩合制辛烯醛，产生缩合废水，如表 6-5-19 所示。该废水为碱性，有机物含量较高，化学耗氧量 COD 一般为 4×10^4~8×10^4mg/L，高时可多达 10×10^4mg/L，而这些有机物中部分组分微生物难以降解，给环保带来困难。

表 6-5-19　国内丁辛醇装置废水典型组成

装　置	NaOH/%	COD/(mg/L)	丁醛/(mg/L)	丁醇/(mg/L)	辛烯醛/(mg/L)	辛醇/(mg/L)
齐鲁石化[67]	1. 95	44434	224	1805	2474	3130
大庆石化[68]	0. 95	46500	300	1980	2541	3297
吉林石化[69]	1. 49	42936	27600(总残渣)			

目前国内外丁辛醇缩合废水处理方法有水蒸气汽提法、酸化-萃取法、空气催化氧化法、厌氧-好氧生化-炭黑吸附法、焚烧法、气浮法、吸附沉降法、减压蒸发浓缩法等。

1. 水蒸气汽提法

大庆某厂采用水蒸气汽提法处理丁辛醇缩合废水。装置产生的废碱液首先收集在一个废水罐里，然后由泵打入水蒸气汽提塔，用 0. 5MPa 蒸汽进行汽提。汽提出去的有机物经冷却后回收，汽提后的废水经冷却、加酸中和处理后排放。为保障废水汽提效果，除加强操作，保证塔底温度外，还要定期、及时回收废水罐内上层的有机物。正常情况下水蒸气汽提塔运行状况良好，排水 COD 平均小于 2.7g/L，但当废水罐内有机物较多时，废水汽提塔排水也有超标现象，处理措施就是及时、定期地将废水罐内上层有机物进行回收。该处理工艺流程简单、操作容易，适合于工业化生产的需要。水蒸气汽提法处理废碱液的工艺流程见图 6-5-13。

2. 酸化-萃取法

徐金球、贾金平等采用酸化-萃取法处理山东某厂的丁辛醇缩合废水[70]。先用硫酸调节废碱液的 pH 值，用异辛醇为萃取剂对废水进行二级错流萃取，以萃取废水中的有机组分(丁醛、丁醇、辛烯醛和异辛醇等)，萃余相用碱中和至中性，加水稀释至 COD 小于 3g/L，再进入生化系统进行处理，使最终出水达到排放标准。萃取相经精馏装置进行精馏，分离出萃取剂和废水中的有机组分。

通过实验得出采用酸化-萃取法处理丁辛醇废碱液的较佳工艺条件：用硫酸调节废碱液的 pH 值为 2.5，废碱液与萃取剂(异辛醇)的体积比为 4，废碱液的温度为 10℃，废碱液与萃取剂混合时的振摇时间为 60s，萃取相和萃余相的静置分离时间为 10min。在该条件下对 COD 为 42.2g/L 的废碱液进行二级错流萃取，COD 去除率为 86%。酸化-萃取法处理废碱液的工艺流程见图 6-5-14。

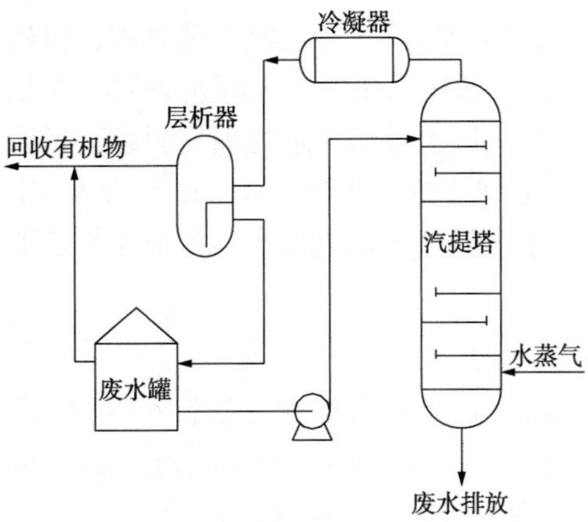

图 6-5-13　水蒸气汽提法处理废碱液工艺流程图

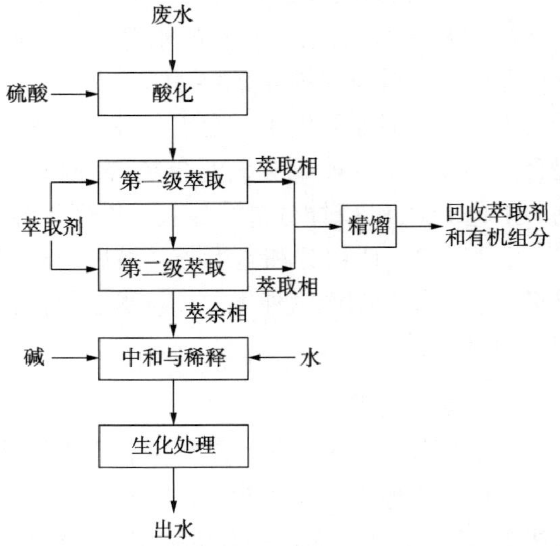

图 6-5-14　酸化-萃取法处理废碱液的工艺流程图

3. 厌氧生化-好氧生化-炭黑吸附法

王凤翔等研究了厌氧生化-好氧生化-炭黑吸附联合处理技术处理丁辛醇废水[71]。先用上流式厌氧污泥床进行一级处理，然后通过加压曝气生物流化床进行二级处理，最后用炭黑吸附，可使最终 COD 去除率达 98%。采用厌氧-好氧-炭黑吸附联合处理技术处理废水，流程运行稳定、处理效率高。

4. 空气催化氧化法

姜力夫等采用空气催化氧化法处理山东某厂的丁辛醇废水[67]。该法是在加助氧化剂的条件下，用空气中的 O_2 将废液中的醛、醇氧化成羧酸，再用 Ca^{2+}、Pb^{2+} 使其转变成难溶羧酸盐沉淀分离除去。实验中每次取定量废液，加入自制催化氧化催化剂，分别进行固定床、沸腾床和加助氧化剂的催化氧化实验研究。结果表明，用固定床空气催化氧化法，在每立方米废碱液加 5kg 氯气作助氧化剂、80℃下通空气氧化 2h，再进行处理后，可使废水 COD 去除率达75%，并可回收利用有机酸钙。此方法需外加药剂，运行成本较高，氧化产物有机酸钙的综合利用还没有成熟的工艺，有待于进一步开发。该工艺虽具有工艺简单、操作方便的优点，但距实现产业化还有一定的距离。

5. 气浮法

吕后鲁研究应用气浮法处理丁辛醇废水[72]。该法是将空气通往污水中，以在污水中产生大量的微小气泡作为载体，使废水中微细的疏水性悬浮颗粒固态颗粒或液态颗粒黏附在气泡上，随气泡浮升到水面，形成泡沫层——气、水、颗粒三相混合体，然后用机械方法去除，从而使污染物得以从废水中分离的一种处理方法。

加压溶气气浮工艺是目前国内外最常采用的气浮法，具有运行平稳、可以根据污染物含量和处理深度的不同而调节各项参数的特点。气浮法对悬浮性、粗分散型物质处理效果较好，而对溶解性、细分散型有机物去除率较低，气浮法处理丁辛醇废水时，去除率很低，而且停留时间在几个小时以上。

6. 焚烧法

国外处理辛醇废醇液大多采用焚烧法，美国门顿炼油厂就利用流化床焚烧炉同时处理废碱液和含油污泥，用此种方法将有机物含量高的碱性废水在高温下进行氧化分解，使其中有机物生成水及二氧化碳、氮气等无害物质而排入大气，排气几乎无臭味，COD的去除率可达99%，实现了污染物的零排放[73]。但缺点是能耗大、操作成本高。另外，焚烧用烧嘴往往因聚合物或碱的结晶而堵塞。

大庆某厂也曾用焚烧方法处理废碱液，但由于设备材质和运行成本等原因，焚烧装置始终不能长周期地稳定运行，最后利用其他方法来处理废碱液。

7. 减压蒸发浓缩法

我国某研究院提出采用减压蒸发浓缩法治理辛醇生产废水，浓缩后碱性废水返回缩合系统，重新参与反应。实验证明，该法用于辛醇废水治理是行不通的。浓缩后的废水中含丁酸钠，该废水在缩合系统内不断循环，系统内的钠盐越来越多，对缩合系统的反应效率、反应液的黏度有较大影响，钠盐达到一定含量后会结晶堵塞管路，严重时可导致缩合反应系统不能正常运行。

8. 吸附沉降法

韩兆新采用吸附沉降法对丁辛醇装置产生的废水处理进行了实验研究[74]。采用化肥厂造气装置合成气第一文丘里洗涤器排出的炭黑水中的炭黑作吸附剂，以聚丙烯酰胺作絮凝剂。吸附沉降时可以不加酸调pH值，将絮凝剂调成质量分数为0.25%的水溶液，加入废水中(加入量为2.5mg/L)，吸附和絮凝后静置沉降1.5h，将上部清液排放。沉淀后的炭黑压滤后可做燃料用，COD去除率为53%~56%，但废水量会相应增加。吸附沉降法治理辛醇废水简单易行，且是以废治废，但COD去除率不高，废水尚需进一步处理。

第六节　存在问题及发展方向

(1) 随着2013~2016年新一轮丁辛醇产能集中释放，国内丁辛醇市场实现自给自足；相对于下游需求缓慢增长，上游产能急剧扩张，客观上造成了丁辛醇产业链失衡，尤其是欧盟对DOP的限制使用，影响辛醇的出口，“头重脚轻”的格局明显，未来丁辛醇供应过剩风险加大。

(2) 深入开展工艺技术开发、设备方面，天津碱厂丁辛醇项目(2010 年建成投产)两台超大型加氢反应器采用国产化设备；催化剂方面，北京化工研究院开发的羰基合成催化剂、合成气净化催化剂和丙烯净化催化剂，在大庆和齐鲁使用多年。中石化南化公司和齐鲁分公司研究院开发的加氢催化剂也经过装置验证，综合性能达到进口催化剂水平，完全满足工业需求。我国丁辛醇生产工艺综合水平已达到国际先进水平，但国内目前丁辛醇装置生产、技术改造始终依托于国外技术，因此必须开发自主化的丁辛醇技术。

(3) 深入开展催化体系研究开发，重点研究高效铑催化剂、非铑催化剂或高效新型配位体和加氢催化剂是未来的发展方向。

参 考 文 献

[1] 李晨，蒋凌云，于海滨. 丁辛醇工业装置废铑催化剂回收技术综述[J]. 广州化工，2013，14(11)：63-64.

[2] 刘媛. 国内外丁辛醇供需分析及技术发展动态[J]. 当代石油石化，2007，15(8)：33-39.

[3] 伯文. 丁辛醇的技术进展与市场分析[J]. 精细化工原料及中间体，2006(9)：26.

[4] 刘海涛，吕海洋. 丁/辛醇市场分析及预测[J]. 化学工业，2016，34(11)：34-37.

[5] 岳淳，郝继红. 丁辛醇装置辛烯醛液相加氢精制国产化应用[J]. 化工科技，2012，20(5)：40-42.

[6] 卢焕章. 石油化工基础数据手册[J]. 北京：化学工业出版社，1982：502-503.

[7] 马沛生. 石油化工基础数据手册续编[J]. 北京：化学工业出版社，1982：784-785.

[8] 卢焕章. 石油化工基础数据手册[J]. 北京：化学工业出版社，1982：508-509.

[9] 许易真，秦伟. 丁辛醇生产技术进展与市场分析[J]. 化学工程师，2004，107(8)：37-39.

[10] 张伏生. 低压羰基合成法生产丁辛醇装置的模拟[D]. 北京：北京化工大学，2005.

[11] 张婧. 低压羰基合成丁辛醇工艺技术述评[J]. 黑龙江石油化工，1998，9(1)：1-3.

[12] 张建广. 丁辛醇生产与技术开发新进展[J]. 石油化工，2003，32(增刊)：162-164.

[13] 李仕超，孔艳. 丁辛醇工艺技术进展及选择[J]. 四川化工，2009，12(3)：20-24.

[14] 薛宏庆. 丁辛醇装置工艺技术评价[J]. 化工设计，2005，15(3)：3-7.

[15] 杨霞，程玉春，尹长学，等. 丁辛醇装置液相加氢催化剂的工业侧线试验[J]. 齐鲁石油化工，2006，34(3)：270-273.

[16] 朱传芳，房鼎业，季绍卿. 丁辛醉生产工艺[M]. 上海：华东理工大学出版社，1995.

[17] 王锦惠，王蕴林. 羰基合成[M]. 北京：化学工业出版社，1985.

[18] 孟素凤. 羰基合成 RoPe 催化剂再生技术[J]. 河北化工，2003(5)：14-15.

[19] Adkins H, Kresk G J. Preparation of Aldehydes from Alkenes by the Addition of Carbon Monoxide and Hydrogen with Cobalt Carbonyls as Intermediates. Am Chem Soc, 1948.

[20] Wender J, Orchin M. U. S. Burean of Mines, Repr, In Vest, 1948, 26: 4270-4272.

[21] Yang Chao, Mao Zai-Sha, et al, Kinetics of hydroformylation of propylene using RhCl(CO)(TPPTS)$_2$/TPPTS complex catalyst in aqueous system[J]. Catalysis Today, 2002, 74: 111-119.

[22] Richaard F Heck, David S Breslow. Reactions of Alkyl and Acyl-Cobalt Carbonyls with Triphenylphosphine [J]. J Am Chem Soc, 1960, 82(16): 4438-4439.

[23] Steven S C Chuang, Shyh Ing Pien. Infrared study of the CO insertion reaction on reduced, oxidized and sulfide Rh/SiO_2 catalysts[J]. Catal, 1992, 2(135): 618-622.

[24] Chuang S C, Goodwin J G, Wender L. Investigation by ethylene addit of alkali promotion of CO hydrogenation on Rh/TiO_2[J]. Catal, 1985, 2(92): 416-418.

[25] Balakos M W, Chuang S C. Dynamic and LHHW Kinetic Analysis of Heterogeneous Catalytic Hydroformylation [J]. Catal, 1995, 2(151): 266-268.

[26] Mark A Bruncage, Steven S C Chuang. Dynamic Multiple Tracing with D_2 C_2D_4 in Ethylene Hydroformaylation over Mn-Rh/SiO$_2$[J]. Journal of Catalysis, 1998, 2(174): 164-167.

[27] Mark A Brundage, Steven S C Chuang, et al. Dynamic and kinetic modeling of isotopic transient responses for CO insertion on Rh and Mn-Rh catalysts[J]. Catal today, 1998(44): 151-156.

[28] Water-solube cobalt cluster catalyst hydroformylation reaction in two-phase solventsystem[J]. CHEMTECH, 1999, 29(3): 32.

[29] Rujl T, Breitscheidel B, Henklmann J, et al. Supported ruthenium catalyst and conversion of organic compounds in its presence: EP, 913906 A2[P]. 1997-12-29.

[30] Gerhard L, Lothar F, Dirter H, et al. Process for the preparation of saturated alcohols by gas-phase hydrogenation of aldehydes over alkaline copper catalysts and acidic nickel catalysts: EP, 470344 A2[P]. 1992-02-12.

[31] Kell D G, Nebesh E. Extruded copper chromite-alumina hydrogenation catalyst: US 4666879 A[P]. 1987-05-19.

[32] Gurevich G S. Khim Prom, 1987, 10: 581-583.

[33] Florea D, Georgescu L, Vasilescu F, et al. Manufacture of copper-chromium-nickel catalysts for hydrogenation of 2-ethylhex-2-enal to 2-ethylhexanol: RO, 94520 B1[P]. 1988-06-30.

[34] Florea D D, Georgescu L, Vasilescu F, et al. Silica supports for aldehyde hydrogenation catalysts: RO, 94237 B1[P]. 1988-03-30.

[35] Moil T Fujita K, Hinoishi H. Vapor-phase hydrogenation process and catalysts for the preparation of saturated alcohols from unsaturated aldehydes: JP, 1994-53532[P]. 1994-03-24.

[36] Horn G, Fronning C D. Preparation of alcohols by hydrogena-tion of carhonyl compounds over nickel and aluminum oxide and zirconium dioxide-containing catalyst: EP, 421196 A1[P]. 1991-01-10.

[37] Horn G, Deckers G. Copper-zinc-aluminum hydrogenation catalyst: DE, 4244273 A1[P]. 1994-06-30.

[38] Deckers G, Diekhaus G, Dorsch B, et al. Hydrogenation catalyst, a process for its preparation and use thereof: 43100538[P]. 1993-03-27.

[39] Toussaint H, Schossig J, Oraefje H, et al. Catalyst for the hydrogenation of unsaturated aliphatic compounds: EP, 394842A1[P]. 1990-03-27.

[40] Lueken H G, Tanger U, Droste W, et al. Process for the preparation of2-ethylhexanol by liquid phase hydrogenation of 2-ethylhexenal and catalyst for this preparation: EP, 326674 A2[P]. 1989-08-09.

[41] Akiyama T, Sugiyama H, Kameo H, et al. Hydrogenation of higher aldehydes: JP, 61172838 A2[P]. 1986-08-04.

[42] Hiles A O, Logsdon J E. Multistage hydrogenation of aldehydes: US, 4626604 A[P]. 1986-12-02.

[43] Khvorov A P. Manufacture of 2-ethylhexanol by hydrogenation of 2-ethylhexanal using manganese oxide and chromium trioxide-activates charcoal-promoted catalyst containing graphite and copper, zinc, calcium, and aluminum oxides: Ru, 2052445 CI[P]. 1996-01-20.

[44] Ludwig G H. Industrial hydrogenation of aldehydes: a new catalyst improves conversion, selectivity and alcohol purity[J]. Hydrocarbon Processing, 1993, 72(3): 67-70, 72-74.

[45] Horn G, Rohning C D. Copper-zinc oxide-aluminum oxide-Containing catalysts, their prepartion and their use: DE, 4127318 A1[P]. 1993-02-18.

[46] Rcherts B D, Carrick W J, Thakur D S. Shaped hydrogenation Catalysts containing metals, calcium silicate and clay, their Preparation and use: WO, 9700131 A1[P]. 1997-01-03.

[47] Logsdon J E, Loke R A, Merriam J S, et al. Aldehyde hydro-Genstion catalyst: US, 4762817[P]. 1988-08-09.

[48] Logsdon J E, Loke R A, Merriam J S, et al. Improved aldehyde Hydrogenation process: US, 4876402[P].

1989-10-24.
[49] Khvorov A P. Manufacture of 2-ethylhexanol by hydrogenation of-ethylhexanal usingmanganese oxide and chromium trioxide-activates charcoal-promoted atalyst containing graphite and copper, zinc, calcium, and aluminum oxides: Ru, 2052445 CI[P]. 1996-01-20.
[50] 朱燕. 丁辛醇加氢催化技术进展[J]. 上海化工, 2008, 33(1): 25-30.
[51] 曹维良. 超临界流体中的烯烃甲酰化反应: 中国, CN1556079[P]. 2004.
[52] 丁云杰. 一种由烯烃氢甲酰化制取各类有机醛的催化剂及其制备方法: 中国, CN1422695[P]. 2004.
[53] 袁友珠, 杨勇. 一种用于烯烃氢甲酰化制醛的负载型催化剂: 中国, CN1736602A[P]. 2005.
[54] 殷玉圣, 姜淑霞, NCH6-1 型气相加氢制丁醇催化剂工业测流试验[J]. 化学工业与工程技术, 2005, 26(1): 22-24.
[55] 刘军. 丁辛醇生产技术现状及其发展趋势[J]. 川化, 2007(3): 9-11.
[56] 邓德胜. 丁辛醇生产技术及发展[J]. 化工科技市场, 2003, 26(1)10-14.
[57] Hoechst Celanese Somerville N J. Coupled secondary oxo reaction system: US53677106[P]. 1994-11-22.
[58] 赵敏. 浅析低压液相循环羰基合成生产工艺中的几个主要影响因素[J]化工之友, 2006, (6): 11-12.
[59] 张本玲. 羰基合成丁醛、丙醛工艺的模拟与研究[D]. 天津: 天津大学, 2008.
[60] Bryant, Ernst, et al. Hydroformylation process: US4277627[P]. 1981-07-07.
[61] 张善全. 回收丁辛醇装置驰放气中丙烯和丙烷的工艺设计[J]. 内蒙古石油化工, 2006(10): 60-61.
[62] 孙永胜. 丁辛醇驰放气中丙烯回收的可行性[J]. 齐鲁石油化工, 1999, 27(4): 281-283.
[63] 岳淳, 曹瑞勋. 丁辛醇羰基合成反应尾气回收利用[J]. 化工质量, 2007(4): 46-48.
[64] 李春兰. 丁辛醇生产中重组分的利用途径[J]. 现代化工, 2000, 20(12): 30-32.
[65] Esso Research and Engineering Company: US 2757503[P]. 1955.
[66] Standard Oil Development Company: US 2595096[P]. 1952.
[67] 姜力夫, 刘英. 齐鲁二化肥丁辛醇废碱液治理可行性探索试验[J]. 曲阜师范大学学报, 2001, 27(1): 53-55.
[68] 许春华, 齐晓麟, 高晓宇. 丁辛醇装置正丁醛缩合系统废水处理现状[J]. 安全与环保, 2010(1): 46-48.
[69] 蒲文晶, 郑勃. 丁辛醇缩合废水处理技术研究[J]. 化工科技, 2012, 20(4): 27-30.
[70] 徐金球, 贾金平, 王景伟, 等. 酸化-萃取法处理丁辛醇废水[J]. 化工环保, 2006, 26(5): 413-416.
[71] 王凤翔, 黄江丽, 赵安仁. 丁辛醇废水处理的研究[J]. 吉化科技, 1994(3): 22-27.
[72] 吕后鲁. 辛醇有机废碱液处理方法探讨[J]. 江苏化工, 2003(6): 42-44.
[73] 吕玉臣. 废碱液工业化处理技术评价[J]. 广东化工, 1997(5): 66-68.
[74] 韩兆新. 吸附沉降法降低丁辛醇 K-902 塔废水中 COD 含量试验[J]. 吉林石油化工, 1993(4): 1-3.

第七篇　合成树脂与合成橡胶

第一章　聚丙烯

第一节　利用炼厂气生产聚丙烯的意义

一、原料来源丰富

（一）催化裂化

催化裂化除生产汽、柴油组分外，还副产大量气体烃类，特别是氢气、干气、液化气等。其中液化气的主要成分为 C_3、C_4，含有少量 C_5，其产率一般为 8%～15%（对进料）；C_3 约占 30%～40%（对液化气），而 C_3 中丙烯约占 60%～80%；C_4 约占 55%～60%（对液化气），其中异丁烯占 50%～65%，异丁烷占 30%～40%。

截至 2012 年底，我国催化裂化能力已达 150Mt/a 左右，按负荷率 86%估算，我国催化裂化装置 2012 年可提供丙烯原料为 9. 31Mt/a，为后续加工利用提供了坚实可靠的物质基础。

（二）丙烷脱氢

近年来，中东地区 LPG 供应连续增长，是全球 LPG 供应增长的主要贡献力量。我国海关统计数据显示，国内进口丙烷主要来自伊朗、沙特、阿联酋、科威特、卡塔尔等国家。目前国内拟在建的丙烷脱氢项目总产能在 6. 0Mt/a。

截至 2012 年底，我国催化裂化装置 2012 年可提供丙烷原料为 2. 74Mt/a，目前主要是作为蒸汽裂解装置的原料，还有一部分是作为液化气直接出售。

二、聚丙烯的广泛用途

聚丙烯（PP）是一种通用的热塑性塑料，具有透明度高、无毒性、密度低、易加工、抗冲击强度高、耐化学腐蚀、抗挠曲性、电绝缘性好等优良性能，并易于通过共聚、共混、填充、增强等工艺措施进行改性，综合性能优良，价格合理，其应用领域不断扩大，广泛用于化工、化纤、建筑、轻工、家电、汽车、包装等诸多工业领域。在聚烯烃树脂中，成为仅次于聚乙烯、聚氯乙烯的第三大塑料，占有越来越重要的地位。我国聚丙烯的消费量增长也相当迅速，是近年来消费增长最快的通用树脂，预计未来将保持继续增长的势头，具有广阔的前景。

（一）均聚物产品典型用途（表 7-1-1）

表 7-1-1　均聚物典型用途

序号	类型	MFR[①]	用　途
1	注射成型	0.7	机械零件
		1.8	玩具、家用物品
		3	玩具、家用物品、汽车零件
		3	玩具、家用物品、汽车零件
		6	包装盒、玩具、座椅、医疗元件
		8	包装盒、玩具、医疗元件
		16	包装盒、玩具、家用物品
		25	家用物品、玩具和包装
		25	注射器、医院用物品
2	挤压成型	0.3	管材、挤压型材、热成型吹膜瓶子
		0.3	承压管、管件、挤压型材、胶带
		0.7	薄板、小直径管、胶带、挤压型材
		1.8	纤维、胶带、热成型吹膜瓶子
		1.8	片材、吹膜
3	BOPP[②]	1.8	食品包装、纤维
4	薄膜	8	小直径管、一般包装
		9	高质量包装
5	纤维	1.8	纺纱、细绳、挤压网织品
		3	纺织薄膜丝、地毯衬垫
		6	撕裂薄膜丝做绳索和细绳、单丝
		11	毛型短纤、绳索用长丝
		12	无纺布短纤、滤芯、面料纤维
		16	单丝、人造纤维
		25	带、高韧性运动服、无纺布、安全带
		25	高速纺：地毯、运动装、包带
		35	高速纺：地毯长丝、运动装、包
		35	高速纺、无纺布

① MFR：熔融指数。

② BOPP：双向拉伸膜。

（二）无规共聚物产品典型用途（表 7-1-2）

表 7-1-2　无规共聚物典型用途

序号	类型	MFR	用　途
1	注射成型	8	家具物品外壳
2	挤压成型	1.8	挤压板、吹塑盒
3	BOPP 薄膜	1.8	食品等热收缩包装薄膜

续表

序号	类型	MFR	用　途
4	流延膜	6	食品、文具、衬衫包装
		8	高质量包装膜
		8	食品、书籍、文具、衬衫包装
		8	高质量包装涂层、复合膜

（三）抗冲共聚物典型用途(表7-1-3)

表7-1-3　抗冲共聚物典型用途

序号	类型	MFR	用　途
1	注射成型	1.5	油漆桶、重载包装箱
		1.5	行李袋、载重箱
		2.8	家具、板条箱、玩具、行李袋
		3.5	家用物品外壳、玩具、家具
		3.5	家具、玩具、容器、汽车部件
		3.5	汽车零件、洗衣机部件、冰箱部件
		6	家用物品外壳、家具
		7	家用物品盒、玩具、容器、汽车部件
		7	汽车部件
		13	包装外壳、家用物品
		40	薄壁包装箱
		18~24	洗衣机部件
		18~24	洗衣机内缸
		3.5	汽车缓冲部件、保险杠
		4	汽车缓冲部件、保险杠
		8	汽车缓冲部件、保险杠
2	挤压成型	0.8	汽车部件、超重波纹板、吹塑瓶
		0.8	波纹管、吹塑瓶

第二节　原料要求

一、丙烯

（一）丙烯规格(表7-1-4)

表7-1-4　丙烯规格

组　分	含量(来自气分装置)	聚合级丙烯要求
丙烯/%	≥99.6	≥99.6
丙烷	平衡	平衡
水/(μg/g)	≤400	≤2

续表

组　分	含量(来自气分装置)	聚合级丙烯要求
乙炔/(μL/L)	≤1	≤1
甲基乙炔+丙二烯/(μL/L)	≤5	≤5
丁二烯/(μL/L)	≤1	≤1
氧/(μL/L)	≤5	≤2
一氧化碳/(μL/L)	≤0.03	≤0.03
二氧化碳/(μL/L)	≤5	≤5
总硫(H_2S 计)/(μg/g)	≤5	≤1
甲醇/(μL/L)	≤5	≤5
异丙醇/(μL/L)	≤15	≤15
胂/(μg/g)	≤0.03	≤0.03
膦/(μg/g)	≤0.03	≤0.03
氨/(μg/g)	≤5	≤5

(二) 主要丙烯精制

催化剂中所含的钛化合物和 $MgCl_2$ 及助催化剂三乙基铝化学性质都非常活泼，遇到水或氧时，会发生反应，容易失去活性。因此丙烯中的杂质超标会破坏催化剂体系的活性。

硫和胂是丙烯中极其有害的物质，特别是羰基硫(COS)、二硫化碳(CS_2)、胂(AsH_3)能使催化剂中毒，聚合反应发生链终止。微量的炔烃与二烯烃对反应转化率、产品的等规度也都有明显的影响，使之下降。

丙烯中的一氧化碳将影响催化剂的定向能力。一氧化碳、二氧化碳能使聚合反应发生链终止，降低催化剂的活性。

因此，工艺中要对丙烯进行脱一氧化碳、脱水、脱硫、脱胂等精制措施。有多种工艺技术可以脱除丙烯中的微量杂质。一般用吸附法(分子筛、活性氧化铝、硅胶)脱除水分，用氧化锌、氧化铜等催化剂脱除羰基硫、硫化氢等。氧、一氧化碳、二氧化碳等多用精馏方式脱除。通过精制，炼厂丙烯可以达到高纯度聚合级，从而满足使用高效催化剂的要求。

二、乙烯

(一) 乙烯规格(表 7-1-5)

表 7-1-5　乙烯规格

组　分	聚合级乙烯要求	组　分	聚合级乙烯要求
乙烯/%(v)	≥99.95	总化合态氮(按 NH_3 计)/(μL/L)	≤5
乙炔/(μL/L)	≤5	硫(按 H_2S 计)/(μg/g)	≤1
氧/(μL/L)	≤1	水/(μL/L)	≤1
一氧化碳/(μL/L)	≤1	甲醇/(μL/L)	≤5
二氧化碳/(μL/L)	≤5	氯(按 Cl^- 计)/(μg/g)	≤1

(二) 主要乙烯精制

为保证聚合反应的正常进行，乙烯原料也要进行相应的精制，主要是脱除其中的水和一氧化碳。

三、氢气

(一) 氢气规格(表 7-1-6)

表 7-1-6 氢气规格

组 分	规格要求	组 分	规格要求
氢/%	99.9	$CO+CO_2$/(μL/L)	≤10
CO/(μL/L)	≤0.5	水/℃	露点<-40

(二) 主要氢气精制

为保证聚合反应的正常进行，氢气原料也要进行相应的精制，主要是脱除其中的水和一氧化碳及二氧化碳。

第三节 聚合机理、催化剂及聚合动力学[1]

一、聚合机理

(一) 烯烃配位聚合

1. 丙烯分子与过渡金属间的配位作用

从文献报道看，虽然对活性中心性质有不同的观点，但是有一点是确定的，即 Z-N 催化剂催化丙烯聚合时，丙烯单体逐步插入到活性中心金属-碳键之间，反应式如下：

$$Mt—R+nC=C \longrightarrow Mt—(C—C)_n—R$$

普遍认为烯烃单体在 Mt—C 键间进行插入反应前，首先烯烃单体要与活性中心金属原子进行配位。

2. α-烯烃在金属-碳键上的插入反应

在 α-烯烃的聚合反应中，α-烯烃单体在活性中心的 Mt—C 键间的插入方式有两种：1，2 插入和 2，1 插入，如下所示：

$$Mt—P+CH_2=CH—CH_3 \begin{cases} \longrightarrow Mt—CH_2—CH(CH_3)—P\ (1,2\text{ 插入}) \\ \longrightarrow Mt—CH(CH_3)—CH_2—P\ (2,1\text{ 插入}) \end{cases}$$

1，2 插入发生在烯烃的等规聚合中。用含有内外给电子体的氯化镁负载型催化剂催化丙烯聚合，在链转移剂氢气存在的条件下，在聚丙烯分子链中可以观察到正丁基的链端[2]。生成含有正丁基链端聚丙烯的主要原因是由 H_2 链转移产生的终止反应发生在 2，1 插入之后。其反应如下所示：

$$Ti—CH(CH_3)—CH_2—CH_2—CH(CH_3)—P+H_2 \longrightarrow Ti—H+CH_3(CH_2)_3—CH(CH_3)—P$$

$$Ti—CH_2—CH(CH_3)—CH_2—CH(CH_3)—P+H_2 \longrightarrow Ti—H+CH_3—CH(CH_3)—CH_2—CH(CH_3)—P$$

具有正丁基链端的等规聚丙烯的含量随使用的外给电子体(烷氧基硅烷)的不同而不同，可在 12%~28%之间变化。在二甲苯抽提可溶物中，聚丙烯链中的首-首相连的不规则单元约占 1%，与用 δ-$TiCl_3$-Et_2AlCl 催化剂合成的聚丙烯链中的含量相近。

3. 插入反应的立体选择性

在聚合物链增长过程中，通过对活性金属原子与链的末端碳原子同步加成到新的单体双键上的研究，可以进一步揭示立体定向聚合机理。通过对各种复相和均相催化剂催化 α-烯烃等规聚合以及 VCl_4 催化剂催化间规聚合的研究[3,4]，发现单体都以顺式插入。实际上，顺式氘代丙烯单体的等规聚合生成的是赤型双全同立构聚合物，而反式氘代丙烯单体的等规聚合生成的是苏型双全同立构聚合物。其形成结构示意见图 7-1-1。

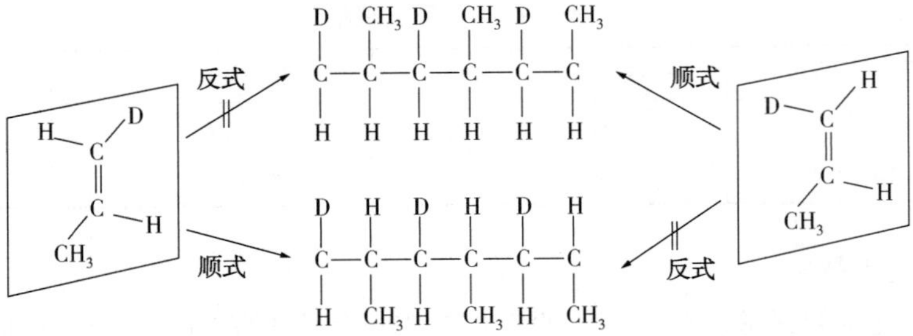

图 7-1-1　α-烯烃单体双键在 Mt-P 间的立体加成方式

4. 单体插入的立体控制

由于 α-烯烃单体的两侧是不同的(R，S 对映的两个面)，如图 7-1-2 所示，即 α-烯烃单体是具有前手性的化合物。在聚合反应后，生成聚合物的链中叔碳原子的构型(R 或 S 构型)取决于单体 R、S 两个对映面的作用方式、单体的插入方式和单体的立体加成方式(顺式或反式)[5]。如果催化剂具有很高的立体选择性，单体的插入是顺式立体加成，且单体用同一对映面进行多次插入，则聚合物链增长手性活性中心具有相同构型，生成等规聚合物；当单体用交叉的对映面进行多次插入，则聚合物链增长手性活性中心的两种构型互相转换，生成间规聚合物；当单体以随机的对映面进行多次插入，则聚合物链增长手性活性中心的构型没有规律性，生成无规聚合物。

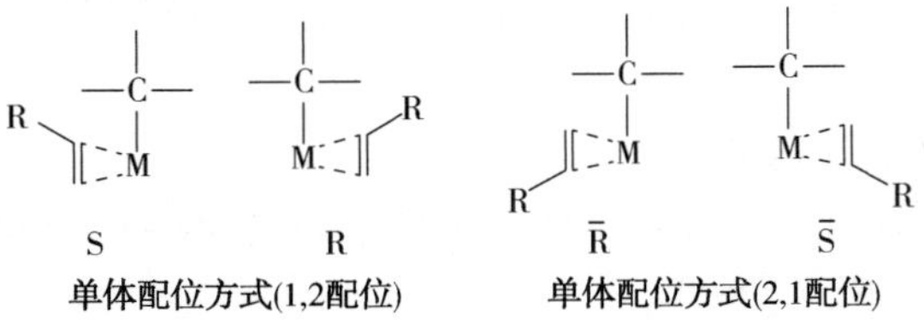

图 7-1-2　可能的对映面立体选择性

(二) 催化活化中心

对 $MgCl_2$ 载体催化剂，虽然二价和四价 Ti 存在于负载型催化剂中，但对丙烯单体有聚合活性的是三价 Ti[6]。采用 $MgCl_2$ 与 $TiCl_4$ 作用后进行乙烯聚合的实验结果发现，具有 Cl 空位的 Mg 离子呈现路易斯酸性[7]，$TiCl_4$ 与配位不饱和的 Mg 离子发生作用。根据单金属活性中心模型，Corra-dini 等[8]认为等规活性中心是在 $MgCl_2$ 晶体面上，由 Ti_2Cl_6 二聚体所形成；非立体定向活性中心在 $MgCl_2$ 晶体面上由 $TiCl_3$ 二聚体所形成。

二、催化剂

(一)催化剂发展历史

1. 概述

为了纪念发明聚乙烯、聚丙烯的两位科学家 Ziegler 和 Natta，人们将合成聚烯烃的催化剂称为 Ziegler-Natta(Z-N)催化剂。

Z-N 催化剂由主催化剂和助催化剂两部分组成。其中主催化剂是一种过渡金属的盐类，多数情况下是一种卤化物。由于ⅣB 族过渡金属具有合适的原子半径，外层都有价电子和空闲的电子轨道，容易和配位形成稳定的配合物，因此，到目前为止ⅣB族过渡金属盐类仍是最主要的聚烯烃催化剂。对于其他如VB族、ⅥB族、Ⅷ族和ⅠB族元素也都在进行聚烯烃催化剂的开发研究，而且有的如茂金属催化剂等已开始进入工业应用，目前新催化剂的开发研究仍在不断的进行之中。

我国从20世纪60年代初开始进行聚丙烯催化剂的研究和开发。最早是由北京化工研究院(BRICI)从1961年起开始进行探索试验。1962年开展聚丙烯三氯化钛催化剂的研究。50多年以来，我国的聚丙烯催化剂开发研究工作从未间断，相继开发成功了各个聚丙烯发展阶段的代表性催化剂并实现工业应用，有的催化剂还实现了技术出口。

2. 催化剂的发展历史及分代

考虑到原Montell公司对聚丙烯催化剂的研究历史最悠久，对催化剂划代的技术依据较为充分，因此本书按照原Montell公司的划代方法，将到目前为止聚丙烯催化剂的发展阶段确定为六代[1]。

(1) 第一代催化剂

Natta的研究组和Esso公司等通过研究发现[9]，如果将三氯化钛与三氯化铝的固体溶液来代替三氯化钛作为主催化剂，所得到的催化剂的活性要比单纯使用三氯化钛高得多。研究还发现，将铝还原的三氯化钛进行长时间的研磨，或者，将三氯化钛与三氯化铝的混合物进行共研磨，可以在三氯化钛中产生共结晶的三氯化铝。这种含有1/3三氯化铝的三氯化钛称为AA-三氯化钛催化剂。1959年，Stauffer化学公司采用这种催化剂进行了工业化。这就是第一代的聚丙烯Z-N催化剂。

(2) 第二代催化剂

Solvay公司的研究人员为了增加可接触的钛原子中心，引入了路易斯碱，由此开发出了新的三氯化钛催化剂，其比表面积由原来AA-三氯化钛催化剂的30~40m^2/g，提高到了150 m^2/g以上，活性增加了5倍，等规指数提高到约为95%，采用一氯二乙基铝(DEAC)为助催化剂于1975年投入工业生产。这种催化剂是第二代聚丙烯催化剂的代表。

(3) 第三代催化剂

通过将氯化镁、四氯化钛及一种给电子体(通常称为内给电子体ID或路易斯碱)共研磨，就可以得到活性高、立构规整性好的聚丙烯催化剂。聚合时，该催化剂与助催化剂三烷基铝与第二种给电子体(通常称为外给电子体ED或路易斯碱)联合使用。20世纪70年代末，Montedison和三井油化分别将此体系的催化剂用于工业生产。该催化剂就是第三代催化剂，也是第一种载体催化剂。

(4) 第四代催化剂

在给电子体方面研究工作的进展，促使80年代初超高活性第三代催化剂的开发成功。特别是发现了采用邻苯二酸酯作为内给电子体，用烷氧基硅烷(或硅烷)为外给电子体的催化剂体系后，可以得到很高活性和立构规整度的聚丙烯[10]。Montell根据此催化体系使用的给电子体由单酯改变为双酯，并且聚合性能有显著提高，因此将其定义为第四代聚丙烯催化剂。

我国从80年代初开始的第六个五年计划，将聚丙烯、聚乙烯催化剂的开发研究列入了国家科技攻关任务，组织多家科研生产单位联合攻关，开发出了多个聚丙烯第四代催化剂，如BRICI的N催化剂[11]、H催化剂、球形催化剂[12]、高结晶催化剂[13]，中国科学院化学研究所(SARCI)的CS-1催化剂、CS-2催化剂和中山大学的STP催化剂等。其中BRICI研究开发的聚丙烯 N 催化剂以其超前的构思、优良的性能，不仅获得了中国和世界主要工业国家的专利，并且实现了向美国技术出口，称为我国和世界上聚丙烯生产装置优选的催化剂之一，使中国的聚丙烯催化剂技术在世界上占有了一席之地。

(5) 第五代催化剂

20 世纪 80 年代的后半期，Montell 公司发现了一种新的给电子体 1，3-二醚类化合物。在催化剂合成中采用这种给电子体化合物，不仅可以得到具有极高活性和立构规整性的催化剂，而且最特别的是此类催化剂可以在不加入任何外给电子体化合物[14]的情况下达到同样的效果。

另外，还开发了一种琥珀酸酯类催化剂，它也具有类似的性能，不仅在不加入任何外给电子体化合物的情况下可以达到同样的效果，而且还可以得到相对分子质量分布比较宽的聚丙烯，从而有效地改进了树脂的加工性能。

国内由 BRICI 开发的二醇酯类给电子体催化剂也属于此类，其性能达到二醚类催化剂和琥珀酸酯类催化剂同等水平，是具有我国自主知识产权并正在应用于工业生产的最新一代催化剂。

由于使用此类给电子体化合物的催化剂突破了前两代催化剂必须有内、外给电子体协同的限制，仅仅使用内给电子体即可保持催化剂的高活性和高定向能力，因此被列为第五代催化剂。

(6) 第六代催化剂

Kaminsky、Sinn 两位科学家发现，一定种类的茂金属化合物如果用甲基铝氧烷(MAO)作助催化剂，该催化体系不但具有极高的聚合活性，而且可以合成出具有各种立构规整度的等规或者间规聚丙烯[15~17]，这一发现不仅具有很高的科学价值，而且还有可能合成出现有的聚丙烯所不具备的特性的新材料。因此类似茂金属催化剂类型的单活性中心催化剂体系可以被认为是第六代的聚丙烯催化剂。

在单活性中心催化剂中，除了茂金属催化剂已经有了工业化应用以外，新的类型的单活性中心催化剂也在不断地被开发出来，如 DuPont 公司的 Ni、Pd 系列催化剂，BP 公司的 Fe、Co 系列催化剂，以及非茂前过渡金属系列催化剂等。这些催化剂目前还处在研究开发的过程之中，会否发展成为更新一代的催化剂还有待研究开发工作的进一步进展。

(二)催化剂的化学及结构[1]

研究开发钛镁催化剂的基本思想是，由于在三氯化钛催化剂中，只有那些在固体催化剂表面、边缘或结晶缺陷部位的钛原子才有可能成为聚合活性中心，所占总钛的比例很低，而大部分的三氯化钛都只是起载体的作用，因此如果能将活性三氯化钛化合物负载在高比表面积的某种载体上，使钛活性中心的数量和比例大大增加，那么催化剂的活性就有可能大幅度地提高。

对于钛镁催化剂来说，从化学方面看，主要是研究钛、镁和给电子体等组分之间的组成和相互作用问题。而从结构方面看，此类催化剂的结构主要取决于载体的结构。由于氯化镁在晶型、晶体结构及结晶参数等方面与 δ-三氯化钛十分相似(如 Mg 离子半径为 0.065nm，Ti 离子半径为 0.068nm)，因而三氯化钛容易和氯化镁形成混晶或在其上载负，这样就确定了氯化镁是 Z-N 催化剂最合适的分散介质或载体。

钛镁体系催化剂有两类，一类是载负或载体型钛镁催化剂，另一类是共沉淀或溶解析出型钛镁催化剂。但是人们并没有明确提出这两种类型的催化剂在结构和形式上的区别。所以用氯化镁制备的催化剂的总称应以钛镁体系催化剂或钛镁催化剂较为准确。

对于钛镁体系催化剂的研究来说，主要有三方面：

① 氯化镁，包括各种镁的化合物经过反应转化成氯化镁，以及氯化镁的活化、形态控制等；

② 钛镁催化剂，包括钛镁催化剂的结构、组成和化学等方面的问题，以及与助催化剂和给电子体的选择和相互作用问题等；

③ 给电子体，包括所使用的内、外给电子体的种类、作用以及对催化剂性能的影响等。

1. 氯化镁的结构及活化

氯化镁($MgCl_2$)是一种结晶化合物，其中镁有六个配位，而氯有三个配位。

用于合成丙烯聚合催化剂的氯化镁需要进行活化。活化的方法有两种，一种是物理的方法，而另一种是化学的方法。物理的方法是在氯化镁中加入给电子体等其他物质进行研磨，随研磨过程的进行，氯化镁的结构层虽然始终能保持氯离子紧密堆积，但是它的体积越来越小，其厚度甚至可以接近一个结构层的尺寸，这是使钛镁体系催化剂具有极高活性的一个基本条件。另外，在研磨过程中可以加入给电子体化合物，它具有间接提高催化剂性能的作用。

化学方法是，将氯化镁与各种路易斯碱作用，如醇、酯、醚等，使形成可溶于烃类溶剂的醇合物，然后再在此溶剂醇合物中加入酸性析出剂如四氯化钛等，通过四氯化钛与氯化镁醇合物进行的反应，生成固体状的钛镁配合物析出。

2. 钛镁催化剂的结构

有关钛镁催化剂结构的讨论，主要包括物理结构(催化剂的颗粒形态、大小尺寸和微观结构等)和化学结构(催化剂活性中心结构等)两部分。

物理结构方面，高度活化的氯化镁具有极小的晶体尺寸，它在催化剂中的尺寸也极为细小。因此在钛镁催化剂中无论是共沉淀型还是载体型都具有极高的比表面积和孔体积。一般钛镁催化剂比表面积约为100~350m^2/g，孔体积约为0.15~0.4cm^3/g。而由化学方法得到的催化剂，其比表面积约为250~300m^2/g，孔体积约为0.3~0.4cm^3/g，平均孔径约为2~8nm。而用共研磨法或研磨浸渍法得到的催化剂则通常要稍低于上述数值。

在化学结构方面，主要是研究催化剂活性中心的结构问题。通常钛镁催化剂的活性中心可分为两类：一类是等规活性中心，另一类是无规活性中心。而在等规活性中心方面 Chien 认为，钛/镁催化剂中存在两种等规活性中心，一种的立构规整能力较低，而另一种的立构规整能力较强。其特征和空间立体结构见表7-1-7。

表7-1-7 钛镁催化剂的活性中心分类

分类	分子结构	位置	L 酸性	立体定向性
等规活性中心	A1，A2	晶格中	较弱	好
无规活性中心	B	晶格、边角及表面缺陷	较强	差

3. 钛镁催化剂的组成

对于大多数钛镁催化剂来说，其催化剂组成大致如表7-1-8所示。

表7-1-8 钛镁催化剂的组成

四氯化钛/%	内给电子体/%	氯化镁/%	四氯化钛/氯化镁(摩尔比)	内给电子体/氯化镁(摩尔比)	内给电子体/四氯化钛(摩尔比)
4~20	5~20	55~80	0.02~0.16	0.04~0.22	0.30~1.60

从表7-1-8中数据可以看出，钛镁催化剂的组成特点是，氯化镁的含量总是大大超过四氯化钛和内给电子体。并且往往是钛与内给电子体Di含量之间可以观察到相互成倒数的关系。但是当$n(DIBP)/n(Mg)>0.1$时，再增加Di的加入量催化剂的载钛量就不再减少。研究表明，只要将任何未反应的四氯化钛的内给电子体或四氯化钛、内给电子体和氯化镁反应生成的副产配合物洗干净，催化剂中真正的钛和内给电子体的总量通常即使不是恒定的，变化也不会太大。

另外，如果对钛镁催化剂进行分析检测，可以发现真正存在于催化剂中的各种组分均已失去了它们原来的检测特征，这表明这些组分已经形成了具有较强结合力的新配合物。

4. 内给电子体

给电子体化合物按作用通常分为两类，即内给电子体(Di)和外给电子体(De)。内给电子体一般是指在催化剂合成时使用的给电子体化合物，而外给电子体则是指在聚合时使用的给电子体化合物。

目前正在进行开发研究的内给电子体化合物的种类很多，主要包括酯类、醚类、酮类和胺类等化合物，其中已实现工业应用的有芳香单酯(如苯甲酸乙酯)、芳香二酯(如邻苯二甲酸酯)、二醚(如取代的1，3-二醚)、琥珀酸酯(如2，3-二异丙基琥珀酸二乙酯)和BRICI新近开发的二醇酸酯等。

5. 助催化剂化学

在钛镁催化剂体系中，钛镁催化剂必须与助催化剂配合使用。而配合钛镁催化剂使用的助催化剂主要有活化剂(烷基铝)和外给电子体(或称路易斯碱)两类。

(1) 活化剂(烷基铝)

钛镁催化剂体系使用的活化剂主要是烷基铝，它在烯烃聚合中起的作用是，将$TiCl_4$中的Ti^{4+}还原变成Ti^{3+}甚至Ti^{2+}，并且使Ti烷基化生成Ti-C键，而所形成的Ti-C键即是聚合活性中心。

另外，烷基铝还有一个相当重要的作用是清除反应系统中的有害杂质，如水、氧等。丙烯聚合所用的活化剂一般是三烷基铝。目前为止效果最好的三烷基铝是三乙基铝和三异丁基铝，而其他的氯化烷基铝因为性能较差，因此通常都是与三烷基铝配合使用。

(2) 外给电子体

外给电子体是指在聚合反应时加入的给电子体化合物。它的主要作用是在聚合过程中起到毒化无规活性中心，与内给电子体协调作用，影响催化剂活性中心的结构和性能。它对高等规活性中心没有影响，但可将无规活性中心转为中等规活性中心，并将中等规活性中心转变为高等规活性中心和增加等规活性位的反应活性。

常用的外给电子体化合物包括羧酸酯类、烷氧基硅烷类和胺类等化合物，其中羧酸酯类是比较常使用的外给电子体化合物，如甲基苯甲酸乙酯、乙基苯甲酸乙酯、乙氧基苯甲酸乙酯等化合物。使用这些外给电子体化合物得到的聚合物等规度可以达到95%~99%，它们已在第三代催化剂中实现工业应用。

目前在第四代催化剂中使用最多的是烷氧基硅烷类外给电子体化合物，主要作用是提高催化剂活性中心的定向能力，而且随着其中烷基基团的加大，所得聚丙烯的相对分子质量和等规度随之增加。三井化学公司和蒙埃公司推出的第四代聚丙烯催化剂中使用的就是这种外给电子体，也是目前世界上使用最广泛的外给电子体化合物。

三、聚合动力学

（一）聚合动力学历程

聚合反应包含链引发、链增长、链转移和链终止等基本历程。Natta 等[15]提出下列动力学历程：

(1)链引发:

①

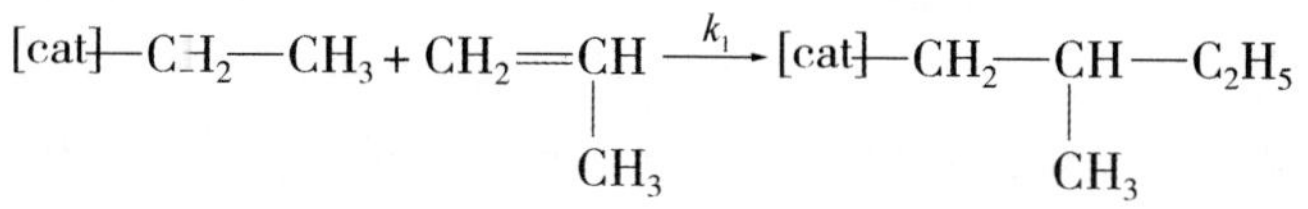

(端基为乙基)

②

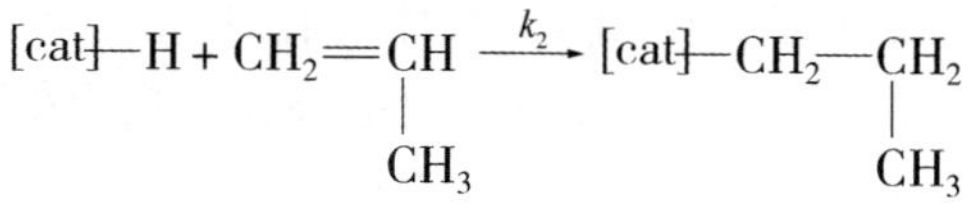

(端基为正丙基)

(2)链增长:

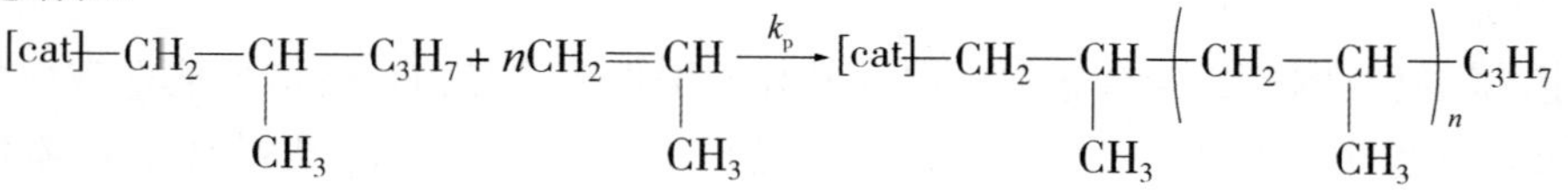

(3)自动终止:

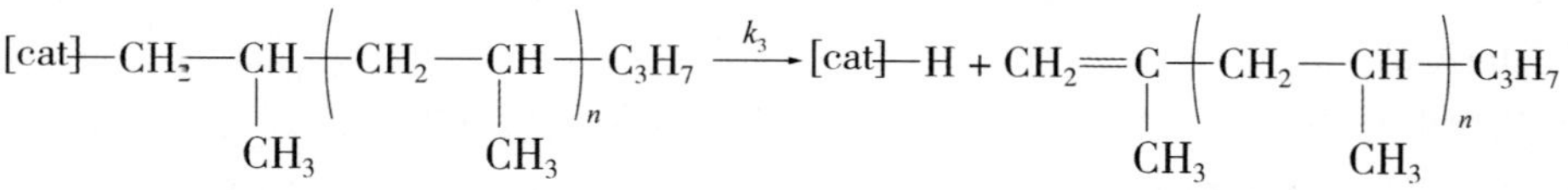

(端基为乙烯基)

(4)烷基铝转移:

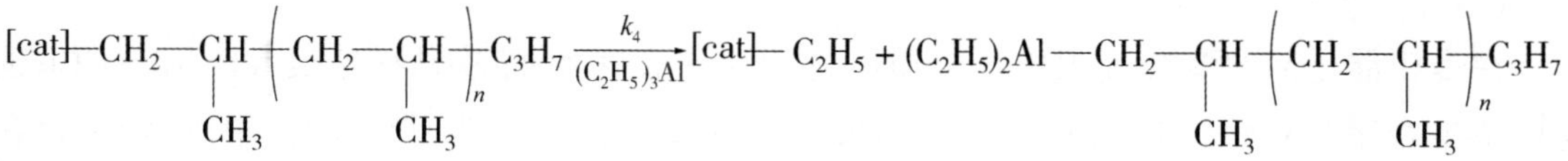

(5)氢转移:

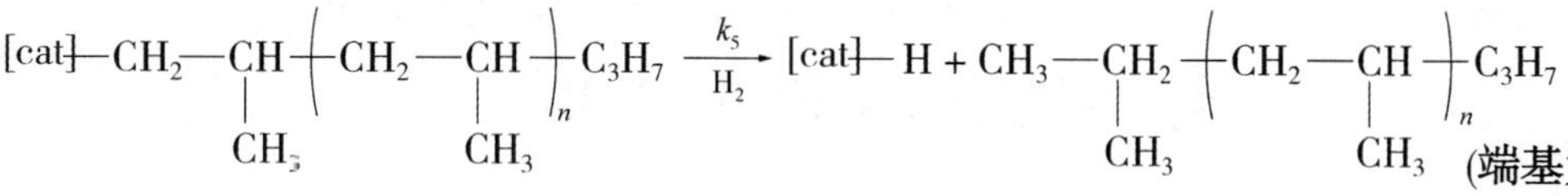

(端基为异丙基)

(6)单体转移:

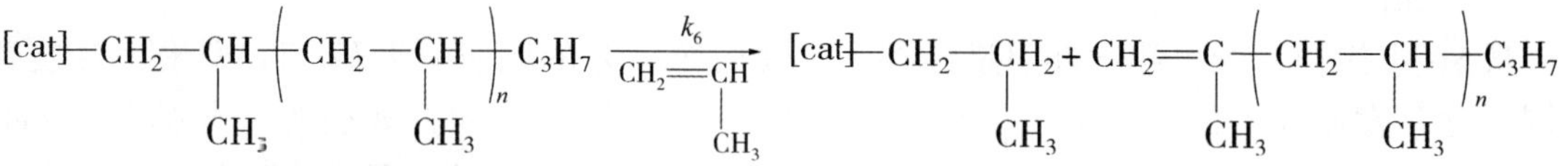

（二）催化剂和助催化剂浓度的影响

Natta 和 Pasquon[15]发现，在其他参数保持恒定及不存在单体扩散控制的前提下，丙烯聚合速率与过渡金属催化剂的浓度成正比。

聚合速率也取决于烷基金属化合物的种类及浓度。这不仅是由于其烷基化反应是形成催化剂活性中心的必要前提，同时过渡金属主催化剂与烷基金属化合物催化剂之间的相互作用是导致催化体系活性改变的重要原因。

烷基金属化合物在聚合体系中担当“清道夫”的作用，它与体系中杂质的作用也会造成一定的消耗。

(三) 聚合单体浓度和氢调的影响

Natta 和 Pasquon[16] 最早报道，采用 α-$TiCl_3$-$AlEt_3$催化剂在稳态条件下聚合速率与单体浓度成正比。其后有许多研究者证实，采用 $TiCl_3$催化剂或 $MgCl_2$催化剂负载的多相催化剂，在很宽的单体浓度范围内聚合速率和丙烯浓度均呈一级关系[17]，只有在某些情况下单体浓度很低时曾发现偏离一级关系[18]。

氢气常用作链转移试剂，调节聚丙烯的相对分子质量，同时也对聚合速率发生影响，这种影响因催化剂体系而不同。许多学者报道，在 $MgCl_2$载体催化体系[19~21]，加氢对提高丙烯聚合速率有促进作用，甚至最高可以提高三倍。加氢主要提高初始聚合效率，有时也可以延缓催化剂的活性衰减。

(四) 聚合温度和时间的影响

在一定的温度范围内，聚合速率随温度升高而增加，这是由于链增长速率常数和增长活性中心数均随温度升高而增大，因此聚合温度是很重要的因素。$MgCl_2$载体催化体系的聚合速率常在 60~70℃呈现最大值，而后随温度衰减。在这种情况下活性的衰变可能是由于在较高的温度下 Ti 的价态还原至非活性的低价或者是活性物种与路易斯碱之间发生化学反应，造成不可逆的失活。

$MgCl_2$载体催化剂属于衰减型动力学曲线，即在短短的诱导期之后聚合速率随时间衰减。衰减的速率因催化剂体系和聚合温度而异。许多研究已经证明，在丙烯聚合中在 $MgCl_2$载体催化剂颗粒周围形成的聚合物包附层并非是引起速率衰减的原因，因此速率衰减还是由于链增长活性中心的失活所致。

(五) 聚合介质的影响

在多相催化剂的聚合过程中，介质的选用对聚合速率的影响不是很大。AA-$TiCl_3$催化丙烯聚合用芳香烃类比脂肪烃类溶剂聚合活性要高，这可能是与 $TiCl_3$中的 $AlCl_3$存在有关。

第四节　典型的聚丙烯加工工艺流程、主要操作参数及产品

一、主要的聚丙烯工艺技术

(一) 国产化环管工艺

从 80 年代初开始，我国在引进国外先进聚丙烯工艺的同时就开始了大型聚丙烯装置的国产化开发设计工作。在扬子石化公司采用“一买三合作”的方式引进三井油化 Hypol 工艺聚丙烯生产装置的过程中，北京石化工程公司(原 BPEC)的工程技术人员就全面参与了装置的工艺设计、工程设计、采购、建设、开车等全过程工作，比较深入地掌握了该技术。从 80 年代中期就开始了大连石化公司有机合成厂 40 kt/a 聚丙烯生产装置的工艺开发设计工作，1989 年完成全部工程设计。该装置采用独特的三釜流程(两台液相釜、一台气相釜)，以炼厂气丙烯为原料生产聚丙烯均聚物，同时开发完成了炼厂气丙烯的精制技术。该装置于 1991 年底建成投产，这是我国石油化工装置国产化的起步项目，除一些关

键设备从国外引进外，其余均由国内加工制造。90 年代，采用该技术又建成投产了 4 套同规模的装置。

1995 年以后，国内多个炼油厂扩建，相应地副产大量的炼厂气丙烯，因而有多个炼油厂都规划建设 70kt/a 的聚丙烯装置。在技术选择的时候，中国石化总公司果断决策采用国产化工艺技术。原北京石化工程公司(现称中国石化工程建设有限公司 SEI)全面参与了上述各种规模和工艺技术聚丙烯装置的技术引进和设计建设工作，同时根据技术引进合同的相关条款，在开发设计国产化聚丙烯技术的基础上，依托其丰富的聚丙烯装置设计经验和人才、技术优势，从 1995 年开始环管法聚丙烯工艺的国产化开发设计工作，随后几年全面解决了环管法聚丙烯工艺的国产化设计和工程化问题。从 1996 年至 1999 年，利用该技术建成投产了 7 套以炼厂气丙烯为原料的 70 kt/a 的聚丙烯装置和 1 套 100kt/a 的聚丙烯装置，所有这些装置的设计水平均达到了国外同类装置的同时期技术水平，而且装置投资大幅度降低，极大地缓解了国内聚丙烯产品的供需矛盾，取得了较好的经济和社会效益，在国内的石油化工技术领域产生了比较大的影响。

国产化环管法聚丙烯工艺技术是在消化、吸收引进的 Spheripol 工艺技术基础上，使用自有专利的催化剂基础上的液相环管反应器本体聚合的国产化工艺。国产第一代环管技术是中国石油化工集团公司“九五”十条龙攻关项目之一，于 2000 年获得国家级科学技术进步一等奖，是自主开发的专有技术，有国产化工艺技术和国产化专有催化剂技术。

1999 年 SEI 在原有环管聚丙烯成套技术(第一代)的基础上，开发出了“国产化第二代环管法聚丙烯成套工艺技术”(简称 ST-II 技术)，2002 年已成功地用于上海石化 200kt/a 聚丙烯装置、镇海炼化 200kt/a 聚丙烯装置。2004 年通过集团公司和科技部鉴定。茂名 300kt/a 聚丙烯装置工艺技术已于 2006 年 6 月建成投产，2008 年获得集团公司科技进步二等奖。2010 年 1 月，第一套带气相反应器的 300kt/a 装置在中国石化镇海分公司建成投产。2008 年，规模为 400kt/a 装置的成套技术工艺包通过中国石化内部审核，2013 年，第一套 400kt/a 装置建成投产。目前正在进行 500kt/ a 装置的成套技术工艺包的开发。

截至 2017 年底，采用中国石化环管法聚丙烯成套技术建成和在建累计超过 30 套装置、6000kt/a 的产能，占我国现有和在建聚丙烯装置数量和产能的 30% 以上，成为中国市场上最主要的聚丙烯工艺技术。

近几年来，中国石化依托自有专利的催化剂技术和环管中试装置，开发出拥有自主知识产权的非对称外给电子体技术，以调整催化剂的立构定向性、氢调敏感性、共聚性能等，结合聚合工艺条件的调整，实现高性能聚丙烯产品的生产。已经开发出耐酸碱的高性能管材料、均聚高速 BOPP 专用料、高熔体强度及高熔指抗冲聚丙烯等商业化产品，投入批量工业化生产。此外还开发出丙烯/丁烯无规共聚技术，生产高透明、低热封温度的丙/丁二元无规共聚物。目前集成上述技术的中国石化第三代环管工艺已通过总部技术鉴定并成功应用。中国石化环管法聚丙烯成套技术的开发、改进和在国内的广泛应用，使我国的聚丙烯技术跃升为国际先进水平，可以为国内不同规模的聚丙烯装置建设提供具有国际一流水平的成套技术包。

1. 主要工艺特点

中国石化第二代环管聚丙烯成套工艺技术，以自有专利的催化剂体系为主，采用串联双环管反应器生产聚丙烯均聚物和无规共聚物产品，双环管反应器与气相反应器组合可生产抗冲共聚物产品。工艺特点如下：

（1）催化剂体系：使用中国石化自有专利的催化剂体系。

（2）双环管串联操作。

（3）液相环管反应器与气相反应器组合工艺：环管反应器用于生产均聚物和无规共聚物产品；气相反应器用于生产抗冲共聚物产品的橡胶相。

（4）中间粉末料仓有利于聚合单元稳定操作和牌号转换。

（5）纯添加剂或复配添加剂加料系统使牌号转换简单快捷。

（6）环管反应器的优点：

① 反应器时、空产率高[>400 kg PP/(h·m^3)]；

② 环管反应器内高速循环、聚合物浆液浓度高、液相丙烯单体和聚合物颗粒间传热效率高；

③ 催化剂体系分布均匀，单体易冷凝回收；

④ 产品切换快，过渡料少；

⑤ 反应器内无汽化空间；

⑥ 管径小，高压下管壁也较薄。

（7）特殊设计的气相反应器有利于发挥国产DQC催化剂颗粒流动性好，不粘壁的优点，流化床温度易控制，聚合物混合均匀，流动性好以及窄的相对分子质量分布。

采用环管反应器并组合立式气相流化床反应器的聚丙烯工艺技术，是30年来最成功、最广泛应用的聚丙烯生产技术。该类技术具有高度的可靠性、很好的工艺灵活性、极好的安全性等优点。其核心是催化剂技术和工艺设计技术。由于国产化聚丙烯催化剂开发成功，使得环管工艺开发形成了先进的国产化聚丙烯成套技术。

2. 工艺过程(见图7-1-3)

（1）助催化剂和固体催化剂的配制和进料

将桶装的液体助催化剂-1(给电子体：DONOR C或DONOR D)，转移至给电子体进料罐中，为了便于计量，用烃油将其稀释，然后用给电子体计量泵将此给电子体溶液送到催化剂预接触罐中。

助催化剂-2为高浓度的三乙基铝，将钢瓶装的三乙基铝送至三乙基铝贮罐。然后再转移至三乙基铝进料罐，从这里用三乙基铝计量泵将三乙基铝送至催化剂预接触罐。

将烃油和经油脂加热器加热的烃脂分别加到被加热的油/脂混合罐中，再先后送至催化剂分散罐中。用催化剂桶吊车，将固体催化剂倒入。固体催化剂在预定的温度并连续搅拌下分散在油中，然后加入脂，连续搅拌最终冷却为稳定的催化剂膏。催化剂膏在低温下输送，经计量后进入催化剂预接触罐与两种助催化剂混合。

（2）催化剂活化

首先，催化剂膏在催化剂预接触罐中与两种助催化剂混合。然后，从预接触罐溢流出来的活性催化剂混合物在管线上与冷却的液体丙烯混合后，进入预聚反应器，在短暂的停留时间内与补充的新鲜丙烯在低温下进行预聚合。这种在温和条件下进行初步聚合反应的目的是控制聚合物的形态。

（3）本体聚合

本体聚合反应是在两个串联的液相环管反应器中进行的。

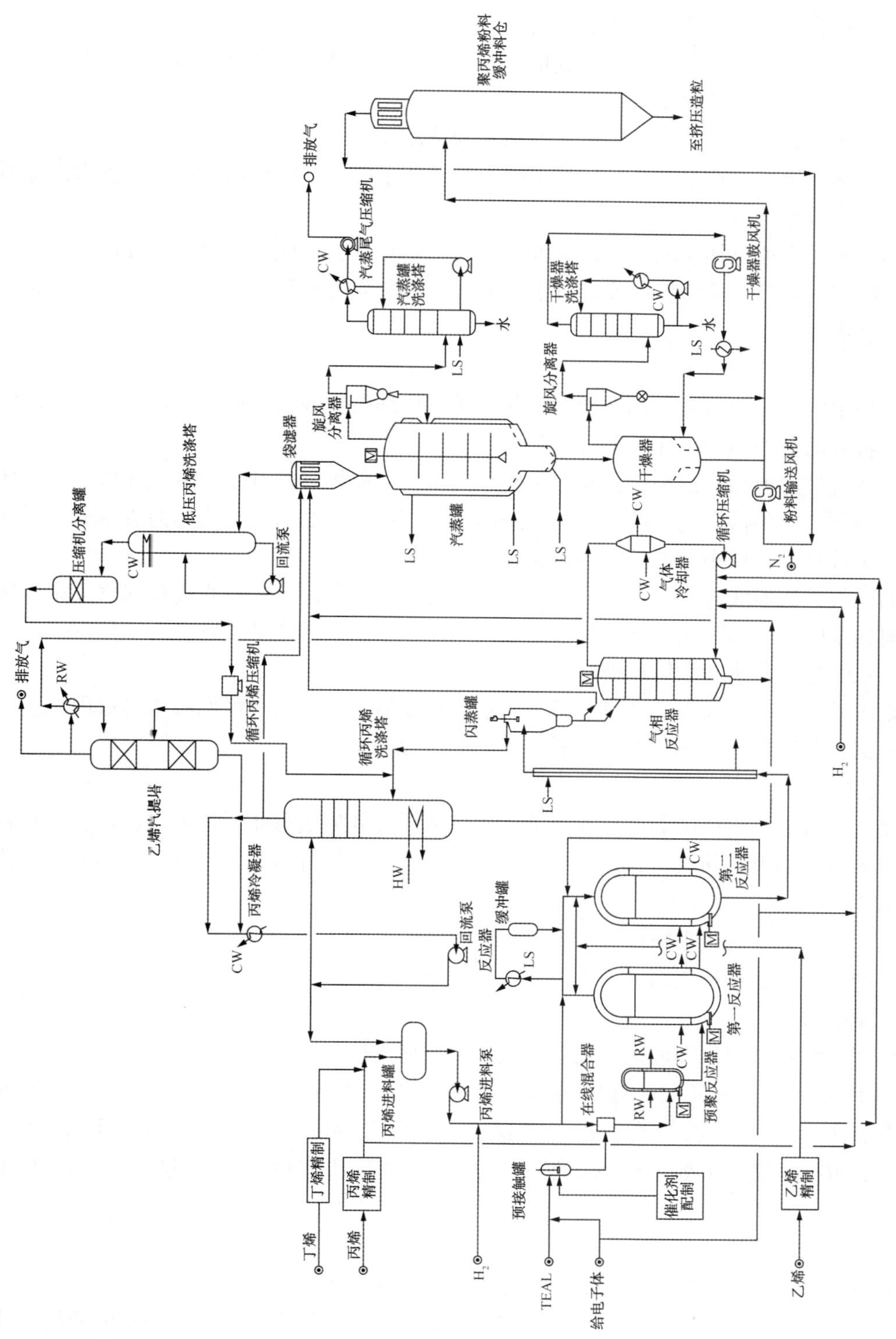

图7-1-3　中国石化第二代环管法聚丙烯工艺流程简图

来自预聚反应器的预聚合催化剂浆液同新鲜丙烯、用于相对分子质量控制的氢气一起进入第一环管反应器。其中一部分丙烯聚合，另一部分液态丙烯作为固体聚合物的悬浮剂。循环泵高速运转，保证反应器内物料混合均匀。

从第一反应器出来的聚合物浆液直接进入第二反应器进一步聚合。第二反应器与第一反应器的体积相同，反应条件相同。

在生产无规共聚物时，反应器中还要加入少量乙烯。

两个环管的反应热通过环管反应器上的夹套循环水撤出，夹套水分别在夹套水冷却器中冷却后经夹套水循环泵循环回夹套。

反应器的压力通过加压的反应器缓冲罐自动稳定控制，以保证需要的浆液过冷。

聚合物浆液从第二反应器中连续排出，通过一个蒸汽夹套管道，以使单体完全汽化，然后进入闪蒸罐。

(4) 聚合物脱气和汽蒸

生产均聚物时，闪蒸罐底部的聚合物粉料送至循环气过滤器。循环气过滤器在接近常压下操作，将未反应的残余单体与聚合物分开。

从循环气过滤器顶部出来的相对数量较少的未反应单体进入低压丙烯洗涤塔，将气体中夹带的聚合物粉末除掉。洗涤后的丙烯气经循环气压缩机压缩后送至丙烯回收单元。循环气压缩机停车维修时，该小股未反应的烃类可排至火炬。

从循环气过滤器底部出来的聚合物粉料靠重力进入汽蒸罐。蒸汽直接加入汽蒸罐以完全脱除任何残余的单体和丙烷，并去除催化剂残余活性，以改进产品质量。

蒸汽在经过汽蒸罐洗涤塔后被冷凝，并排至下水道。

剩余未反应的单体和丙烷经汽蒸废气压缩机压缩后，可送出界区回收以排放丙烷。

(5) 抗冲共聚物的聚合、聚合物脱气和乙烯汽提

① 共聚反应器

流化气体通过共聚反应器循环气压缩机使气体循环并通过分布板进入反应器，使粉料流化。从反应器顶部出来的气体，经气体冷却器冷却及压缩机升压后，回到反应器底部，使粉料层流态化。

共聚反应器为一立式带搅拌气相反应器。

聚合物在反应器料位控制下排入循环气过滤器。

② 乙烯汽提

循环气过滤器底部的聚丙烯粉末排入汽蒸和干燥工段。

袋滤器顶部出来的气体经低压丙烯洗涤塔洗涤、循环气压缩机压缩及乙烯汽提塔进料冷却器冷却后，进入乙烯汽提塔。在这里，富含乙烯的塔顶气被重新送回共聚反应器中，以丙烯/丙烷为主要成分的塔底物流与从闪蒸罐出来的气体一起进入循环丙烯洗涤塔。

(6) 聚合物的干燥

汽蒸后的聚合物粉料排至干燥器，用热氮气除掉粉料表面的水分。

湿氮气经旋风分离器分离除去细粉后进入洗涤塔，在洗涤塔中分离掉夹带的粉料，并将水冷凝，然后经干燥器鼓风机循环回干燥器。

干燥的聚合物由闭路氮气输送系统粉料气流输送单元送至聚丙烯粉料缓冲料仓或聚丙烯粉料中间料仓。

（7）丙烯的洗涤和贮存

从闪蒸罐回收的未反应的丙烯和丙烷与循环气压缩机出口气体合并进入循环丙烯洗涤塔，在此将气体中可能夹带的微量粉末除去。

洗涤塔顶部的气体在丙烯冷凝器中冷凝。

冷凝的循环丙烯进入丙烯进料罐，该罐也接收补充的新鲜丙烯。丙烯进料泵将液体丙烯/丙烷送至本体聚合单元。

为了避免进料泵汽蚀，通过丙烯蒸发器使进料罐保持恒定的较高压力；可控制通过丙烯进料泵冷却器的回流量，使泵的流量保持在设计值。

从丙烯冷凝器顶部排出一股丙烯以排放系统中累积的丙烷。

（8）工艺辅助设施（见图 7-1-4）

① 反应器排放系统

两个用于紧急排放时收集聚合物的容器，以防止聚合物进入火炬总管。

用于带压排放的高压排放罐和常压排放的第一低压排放罐分别收集来自环管反应器的浆液，脱气后排放至火炬。

排放安全旋风分离器和第二低压排放罐用于收集所有排至火炬的尾气中的聚合物，这些被收集的聚合物，经氮气和蒸汽处理后排出，通常可作为等外品出售。

② 冷冻单元

冷冻机为整个装置制备冷冻水，冷冻水贮存在冷冻水罐中，用冷冻水泵送至用户。

③ 废水处理

工艺废水（来自汽蒸罐洗涤塔、干燥器洗涤塔）经水池预分离细粉后和聚合区铺砌地面的雨水直接收集到废水池中。

设置废水池的目的是清污分流并分离漂浮物，因此池内有一块挡板，以分离在聚合区散落的聚合物粉料、润滑油等。

（9）添加剂进料和挤压造粒（见图 7-1-5）

来自干燥器的 PP 聚合物用闭路氮气气流输送系统输送至挤压单元聚丙烯粉料缓冲料仓，挤压机停车期间将干燥器的聚合物用闭路氮气气流输送系统输送至聚丙烯粉料中间料仓。

聚合物粉料从缓冲料仓连续排出，经粉料计量单元计量后进入挤压机进料料斗。

按照需要的稳定剂配方，添加剂连续按比例地通过添加剂计量单元计量后，连续进入连续输送混合器，部分聚丙烯粉料计量后进料至连续输送混合器。

液体过氧化物添加剂用计量泵加入挤压造粒机。

在挤压机中，聚合物粉料和添加剂经均化、熔融、挤压后在水下切粒。切粒后的聚丙烯颗粒进入颗粒干燥器，与水分离后，进入颗粒筛。

经筛分除去粗细粒子后的聚丙烯粒料，用颗粒气流输送单元送入聚丙烯均化料仓。切粒水收集到切粒水箱，用切粒水泵，经切粒水过滤器过滤并经切粒水冷却器冷却后进入挤压机模头。

（10）颗粒掺混和贮存、产品包装

产品通过气流输送系统掺混合格后，送入产品贮存料仓，经包装单元进行包装和码垛，再把成品垛送到成品仓库中贮存。

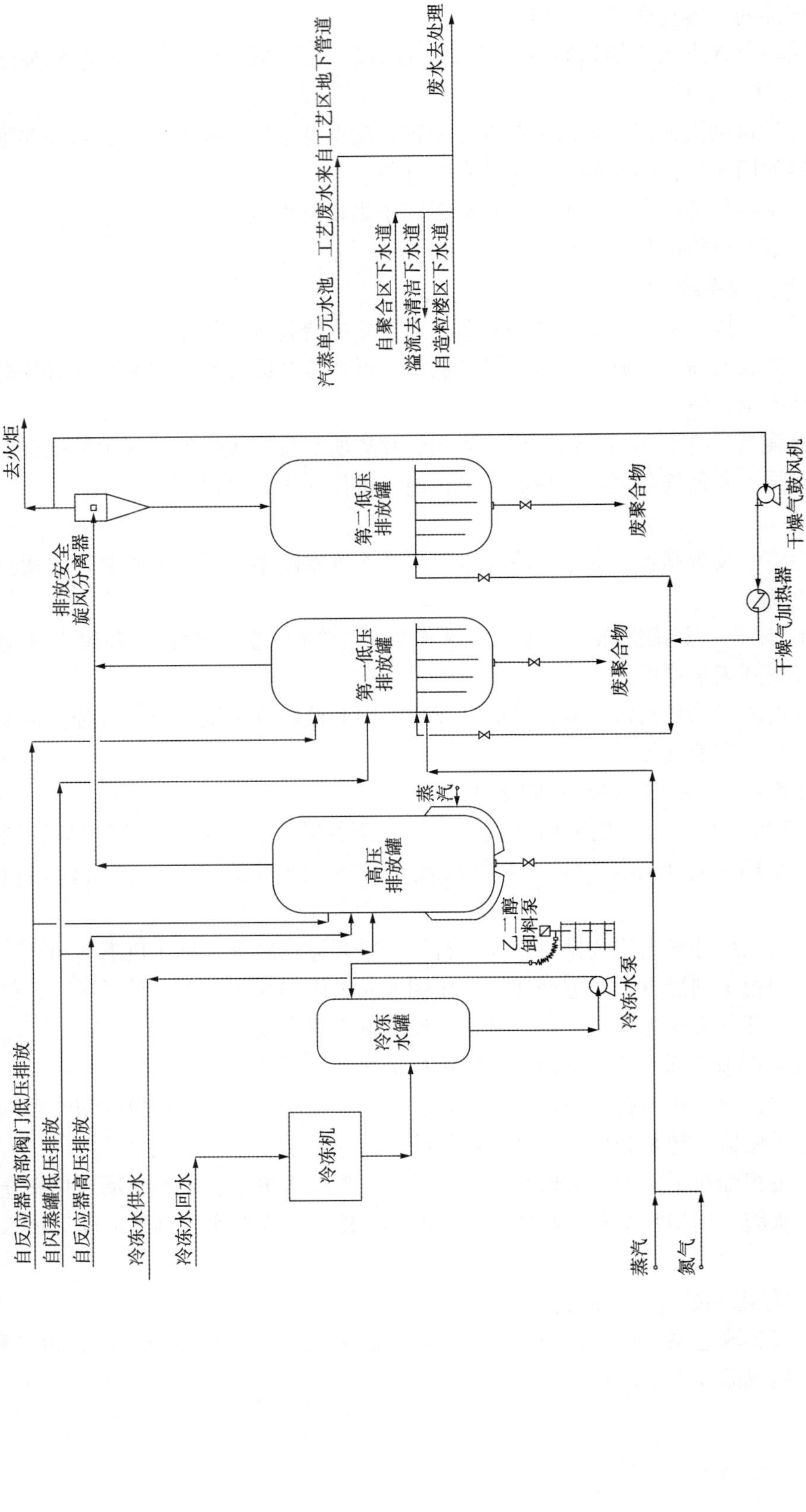

图7-1-4　中国石化第二代环管法聚丙烯工艺辅助设施流程简图

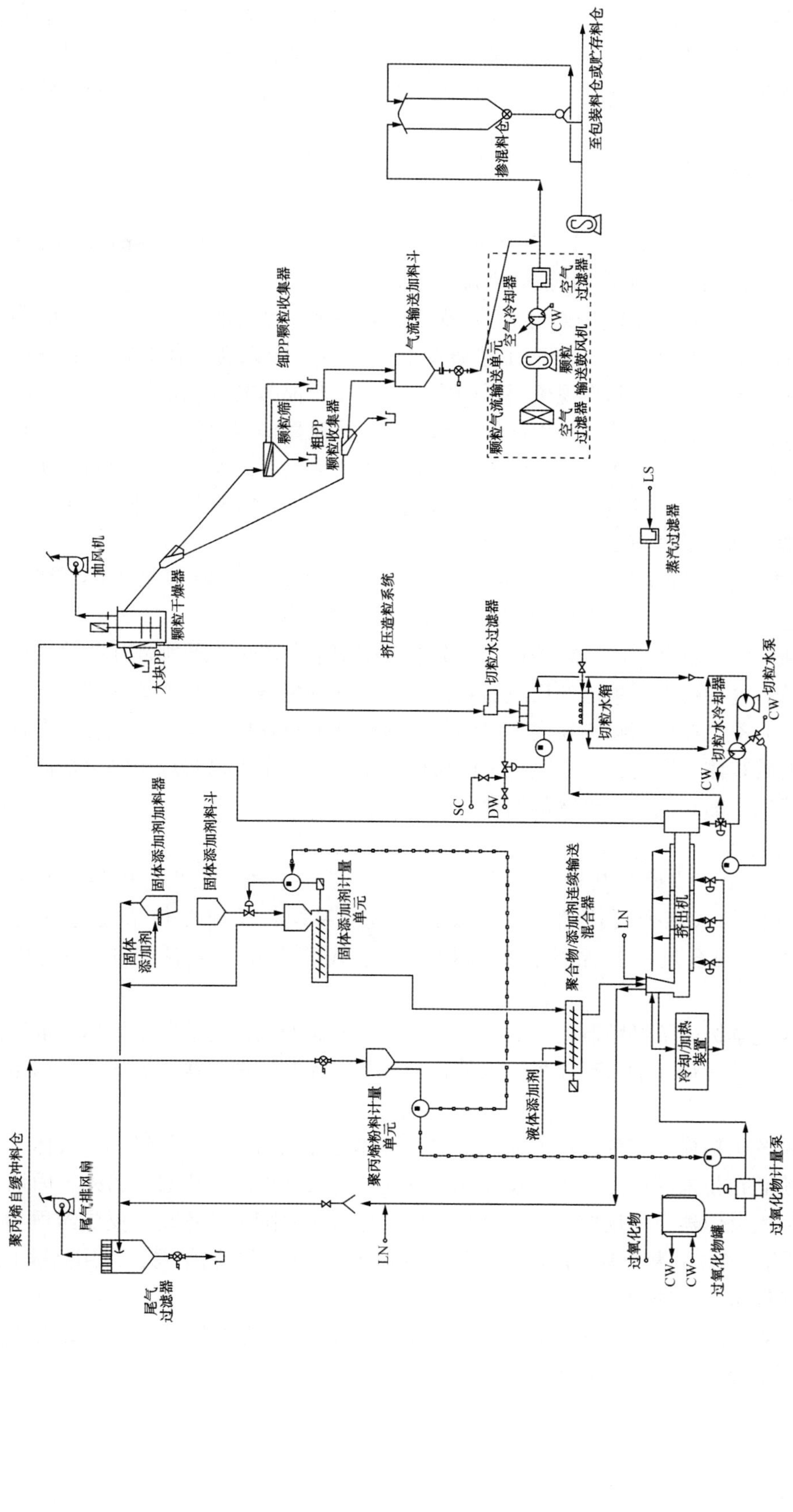

图7-1-5　挤压造粒流程简图

(11) 丙烯精制

根据提供的原料规格，设置丙烯保安精制单元。

原料丙烯在 CO 汽提塔内脱除 CO。塔底的丙烯在液位控制下送往脱硫塔脱除硫化氢和羰基硫、丙烯干燥塔吸收水分、丙烯脱胂塔脱除有害物质胂，然后送往丙烯进料罐。

原料乙烯直接送入气相反应器。当生产无规共聚物时，需经乙烯压缩机升压后送入环管反应器。

(二) Innovene 工艺

1. 工艺特点

Innovene 工艺现属 Ineos 公司所有。Innovene 工艺即 1999 年以前的 Amoco 气相法工艺，1999~2001 年又称 BP-Amoco 气相法聚丙烯工艺。

Innovene 气相法聚丙烯工艺技术的主要特点是采用独特的气相卧式搅拌床反应器和高效 CD 催化剂。CD 催化剂是专为气相法工艺研制的高效载体催化剂，有很好的形态控制，有很高的活性和选择性；能控制无规聚丙烯的生成，产品有很高的等规指数；聚合产品粒度分布窄、灰分含量低、色泽好等。采用该催化剂，使工艺流程得到简化。另外，其气相聚丙烯反应器设计独特，该反应器接近活塞流式反应器。由于活塞流式反应器，产品切换比全混釜式或流化床式反应器快，过渡料少。工艺流程较短，投资和操作费用较低。2012 年又开发了 CDI 高效催化剂，活性更高，性能更好。

截至 2017 年底，世界上使用 innovene 气相法聚丙烯工艺已有 21 套装置(4 套在建)，总生产能力超过 5.0Mt/a。国内最大单线生产能力达到 450kt/a。

用这种独特的反应器，因颗粒停留时间分布范围很窄，可以生产刚性和抗冲击性非常好的共聚物产品。这种接近平推流的反应器可以避免催化剂短路。当有乙烯存在时，可生成大颗粒共聚物，而不是在均聚物颗粒内生成细粉，这些细粉将降低共聚物的低温冲击强度，并形成不必要的胶状体。因此，该工艺很窄的反应停留时间分布可以实现用多个全混反应釜均聚反应器才能生产的高抗冲共聚物的要求。

2. 工艺过程[1]

气相法工艺生产均聚及共聚产品的流程示意见图 7-1-6。工艺过程包括 CD 催化剂和助催化剂计量加入聚合反应器；第一聚合反应器系统；反应器粉末输送系统；用于抗冲共聚的第二聚合反应器系统；聚合物粉料中残存催化剂脱活及下游挤压造粒系统等。

聚合级或化学级丙烯经精制处理后加入反应器。外购的用矿物油配制好催化剂浆液倒入催化剂加料罐，用计量泵加入反应器。助催化剂烷基铝和改性剂直接从装运容器内用计量泵加入反应器。

反应器系统包括搅拌床气相反应器和气体及液体循环回路。液体丙烯作为液体冷却剂从反应器顶部喷洒在粉末床层上，吸收反应热后汽化，有效地撤除反应热。另外，丙烯气体从反应器底部加入反应器，使反应器内聚合物床层部分流化并随搅拌移动。反应器顶部有两个(共聚反应器有一个)很大的穹顶用以分离汽化丙烯中夹带的聚合物细粉，采用高效 CD 催化剂，聚合反应停留时间约 1h。

反应器在 65~85℃、2.0~2.3MPa(g)下操作，在循环气流中各组分分压决定了其聚合速率，氢气用于控制相对分子质量。

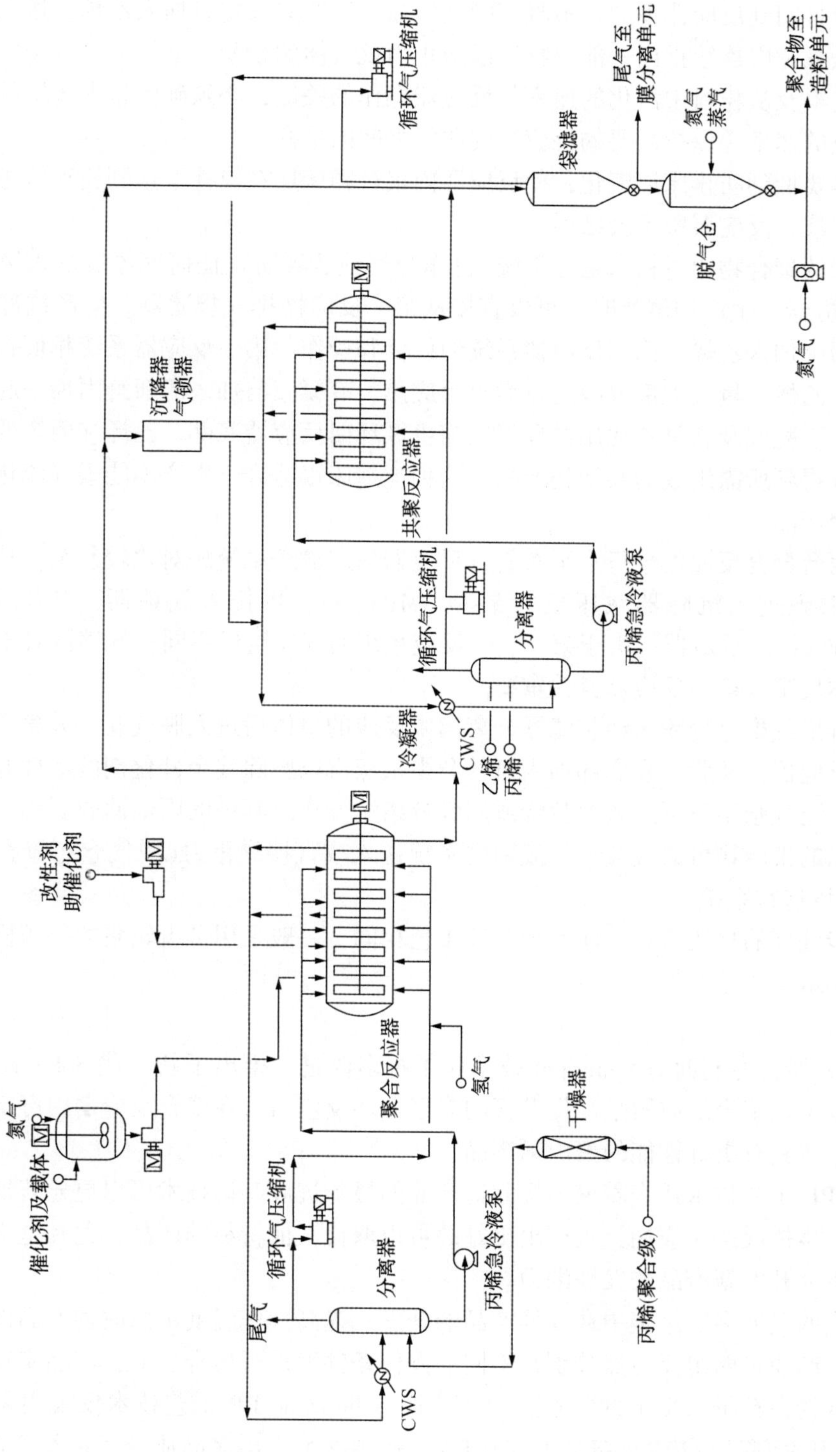

图7-1-6　Innovene工艺流程简图

在反应器中，急冷丙烯液体被喷洒到搅拌床，因为急冷丙烯分压低于露点，这样可使床层保持干燥。喷洒量要高到足以带走反应热。离开反应器的气体部分冷凝后送到分离器，与新鲜丙烯混合后打回到反应器顶部。不凝气则被压缩，生产共聚物时加入乙烯，送入反应器底部。同时，从系统中连续排出一部分物流以防止丙烷气体的累积。

液相单体进料及从粉料中汽化的速率是反应器操作的关键，必须确保粉末床层的松动状态和撤出反应热的速率并保持需要的反应温度曲线之间的平衡。

气流的速率要低到防止床层流化，使反应器内聚合物床层在搅拌下达到松动状态。因为反应器中没有浆液，反应器壁不会结垢。

第一反应器的聚合物通过粉末输送系统(也作为气锁装置防止任何气体反窜入第一反应器)加入第二反应器，生产均聚物时也可以直接从第一反应器排入袋滤器。生产抗冲共聚物时，第二反应器中加入乙烯。第二反应器系统的设计和操作与第一反应器系统相似，从反应器排出的丙烯、乙烯、氢气大部分冷凝以撤出反应热，冷凝液与加入的新鲜丙烯一起用泵加入反应器顶部。不凝气及新鲜乙烯用循环气压缩机循环回反应器底部。乙烯和丙烯的比例必须准确控制，以得到所需组成的共聚物产品。这种搅拌床很适合于生产不能很好流化的高乙烯含量嵌段共聚产品。

该工艺的两台聚合反应器平行水平布置，反应器粉末输送系统相对比较复杂。从第一反应器排出的粉末先进入沉降器减压至 0.5～0.7MPa(g)，再排入气锁器，升压至 2.0～2.3MPa(g)后进入第二反应器。由于第一、二反应系统的气体组成不同，气锁器对于防止第二反应器的气体反窜入第一反应器至关重要。

从反应器排出的聚合物粉末经袋滤器分离出未反应的单体后进入脱气仓，分离出的单体压缩后循环回反应器。从脱气仓底部加入氮气和少量蒸汽以脱除残余催化剂的活性并去除夹带的少量单体。脱气仓尾气可送火炬焚烧或用膜分离法分离出其中的丙烯回收利用。

脱气仓排出的聚合物可通过氮气气流输送系统送入或直接靠重力(脱气仓布置在挤压造粒楼顶)进入挤压造粒系统。

作为进一步处理的挤压造粒工序，与其他工艺相同，一般采用带齿轮泵的挤压机。

(三) Spherizone 工艺

1. 工艺特点

从 1995 年开始，专利商对 Spheripol 技术作了很多改进，推出了新一代 Spherizone 聚丙烯工艺技术。该工艺聚合反应器采用提升管的多区循环反应器，在聚合反应器内可实现多区循环聚合。可生产具有更好性能的聚丙烯产品。

Spherizone PP 工艺技术代表着聚烯烃制造产业的最新进展，该技术可以更显著地改进产品性能，更进一步拓展产品应用，生产出更好的可以取代其他材料的产品，尤其是它能提供一种更广阔的研究开发新产品的发展潜力。

聚丙烯工艺的发展多年来集中在双峰产品的开发、提高操作温度用以改善产品性能。传统双峰产品的生产通过两组反应器分别在不同的操作条件下进行聚合反应，产品实现了两种不同质量的聚合物在粒子水平上的“混合”双峰。而 Spherizone PP 工艺技术仅采用一个多区循环操作的“提升-沉降”反应器(缩写为 MZCR)，就能够生产出多品质分子内结合的“大分子”双峰产品。产品结构从本质上得到改善，均匀性更好。

Spherizone PP 工艺技术 1999 年放大到中试(500kg/h)，2002 年建成了年产 160kt PP (20000kg/h)的装置，从而顺利实现了该技术的工业化进程。2003 年第四季度 Basell 开始对外许可 Spherizone PP 工艺技术，目前已许可 11 套共超过 3.0Mt/a 的生产能力。中国石化天津分公司 1.0Mt/a 乙烯项目的 450kt/a 聚丙烯装置采用该技术，已于 2010 年 2 月建成投产。此外，国内还陆续引进该技术应用于大庆、中海油惠州、中科湛江等装置。

Spherizone PP 工艺技术的主要特点是：

（1）该工艺聚合反应器采用提升管的多区循环反应器，在聚合反应器内可实现多区循环聚合。

（2）气相反应器与多区循环反应器串联用于生产抗冲共聚物的橡胶相，它相对较小，易于操作。

Spherizone 工艺采用组合工艺，每一个单元相对独立操作，使得稳定操作时易于控制，产品过渡平稳。

（3）产品范围广，性能好。商品化的产品中造粒产品 MFR 最大达到 100g/10min，粉料产品的 MFR 达到 800g/10min。相对分子质量分布、等规度、共聚物组成等高度可控，能够生产高刚性/高结晶性产品和抗冲击性/刚性很好的抗冲共聚物产品。

2. 工艺过程[1]

工艺流程简图见图 7-1-7。Spherizone 工艺采用了 Basell 高收率、高选择性的催化剂，可以在反应器内直接生产球状聚合物粉末。同某些其他技术所生产出的小且形状不规则的粒状粉末产品相比，稳定可靠的 Spherizone 所生产的球状聚丙烯粉末的性能拥有明显优势。

Spherizone 工艺跟 Spheripol 工艺一样都采用模块化流程设计，生产抗冲共聚物需要在多区循环反应器(MZCR)下游安装和 Spheripol 工艺一样的气相流化床反应器。

Spherizone 工艺除了 MZCR 外，其他工段和 Spheripol 基本相同。

催化剂经预接触、预聚合进入多区循环反应器的提升段。新鲜丙烯、乙烯及用于相对分子质量控制的氢气也一起加入多区循环反应器。多区循环反应器由两段反应区组成，聚合物由反应气携带在高速流化床的提升段由下向上气力输送，然后经过内部的一个旋风分离器分离后，分离的粉料进入反应器的下降段。旋风分离后的反应气通过反应器外部的一个离心压缩机从反应器下降段进入反应器用以携带聚合物进入提升段并保持反应物料循环。反应热通过循环气回路上的一个立式管壳式换热器撤除。聚合物产品由多区循环反应器下降段的底部排放阀排出，进入中压袋滤器。

反应器的两个区域可以根据氢气(作为链转移剂)及共聚单体的浓度要求在不同条件下操作，因此可以在大分子阶段形成聚合物宽相对分子质量分布结构(例如 MFR 、共聚单体浓度、类型)。不同反应条件的划分是通过向提升段与下降段间的过渡区域(阻隔段)注入阻隔液丙烯来实现的。MZCR 的两个区域也可以在同样操作条件下进行反应，从而生产均聚物或无规共聚物，这时不需要加入阻隔液丙烯，两个反应区域成为一个反应区域。

产物连续从反应器中排出进入中压袋滤器，在压力下将固体聚合物与未反应的气相单体进行分离。分离出的气体循环返回多区反应器。分离出的聚合物在生产抗冲共聚物时进入气相反应器，否则进入低压袋滤器进一步分离出夹带的单体。

通过向气相流化床反应器中引入乙烯与第一反应器生产的均聚物在聚合矩阵间聚合生成橡胶态(乙/丙橡胶)。而聚合物颗粒内的细小孔隙可以避免橡胶态因为其自身黏性而结块。在生产均聚物或无规共聚物时则可将该反应器旁路操作。

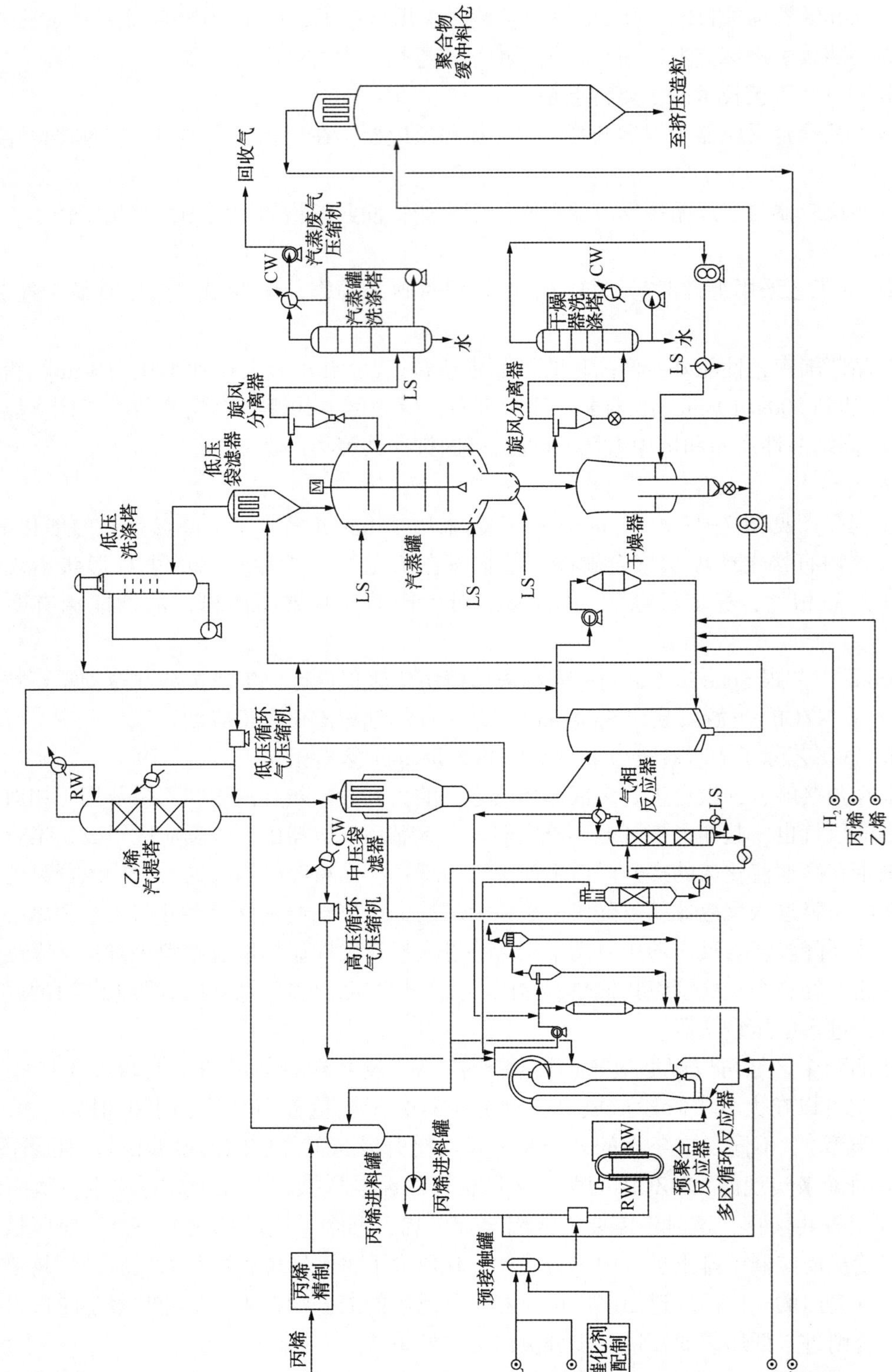

图7-1-7 Spherizone工艺流程简图

中压袋滤器或气相反应器的出料送往低压袋滤器；未反应的气相单体压缩后循环回反应，聚合物被送往汽蒸罐通过蒸汽汽提进行单体脱除并使残留催化剂脱活。所脱除的残存烃类可回反应单元或送出装置回收。同时聚合物将在流化床干燥器内通过闭路氮气吹扫得以干燥。

(四) Spheripol 工艺

Spheripol 工艺现属莱昂德尔巴塞尔工业公司(LyondellBasell Industries)。巴塞尔公司(Basell)和莱昂德尔化学公司(Lyondell)于 2008 年初完成并购交易，双方新成立的莱昂德尔巴塞尔工业公司(LyondellBasell Industries)成为目前全球第三大独立的化学公司。

该技术自 1982 年首次工业化以来，是最成功的聚丙烯工艺技术。经原 Himont 公司、原 Montell 公司、原 Basell 公司的推广，截至目前，采用 Spheripol 工艺的聚丙烯装置已超过 150 套。

Spheripol 主要工艺过程与中国石化第二代环管法聚丙烯工艺类似。

(五) Lummus Novolen 工艺

1. 工艺特点

Novolen Technology Holdings(简称 NTH)的 Novolen 气相法聚丙烯工艺技术即原 Basf 气相法聚丙烯工艺。Basf 公司 1962 年开发了 Novolen 气相搅拌床技术，有超过 35 年的聚丙烯工业经验。2000 年 ABB 和等星公司收购了该技术，后来该技术又先后被 CBI 公司和 Lummus 公司收购。Novolen 气相法聚丙烯工艺是世界上先进的聚丙烯生产工艺之一。目前我国有 7 个装置采用 Novolen 工艺，总产能超过 2000kt/a。

Novolen 工艺使用同一种催化剂可以生产全范围的聚丙烯产品，不需要预聚；没有大量液态丙烯，装置操作安全。其主要特点是采用立式螺带式搅拌器的气相粉末床反应器，能够控制粉末混合均匀，以防止结块和器壁结垢。Novolen 工艺不使用溶剂，固体主催化剂通过特殊设计的设备用液体丙烯加入反应器。

2. 工艺过程[1]

Novolen 工艺包括催化剂配制、聚合反应、挤压造粒等工序，见图 7-1-8。

高效主催化剂与丙烯配制成浆液，用泵计量加入反应器。两种纯的助催化剂也分别用泵计量加入反应器。

在聚合单元，根据原料聚合级丙烯的规格，经过必要的精制后，加入反应器。

聚合反应器为立式，采用螺带式搅拌器，以防止产生大块、鼠洞和床层骤降。聚合反应在气相下连续进行，所以反应温度和压力都应与气态丙烯的条件相一致。为此，均聚反应的温度范围是 60~90℃，压力范围是 1.8~3.0MPa(表压)，共聚反应在较低的温度、压力下进行，温度为 50~70℃，压力范围是 1.0~2.5MPa(表压)，具体的反应条件要根据最终生产产品的性能决定。反应器材质为低温碳钢。

聚合热通过加入反应器的液态丙烯汽化撤出，通过冷凝器将丙烯冷凝，循环回反应器。

聚合物粉料及其夹带的丙烯气体，从反应器内部的插底管靠压差排出而进入带有搅拌器的产品接收罐。在此出料管上装有出料阀门，随反应器料位的高低而开启或关闭。反应器排出物在产品接收罐内降到接近常压，聚合物与夹带的大部分丙烯分离，粉料与夹带的气体分开。分离出的气体经循环气压缩机压缩、冷凝(如果含有乙烯，还要经过精馏)，循环回反应器。

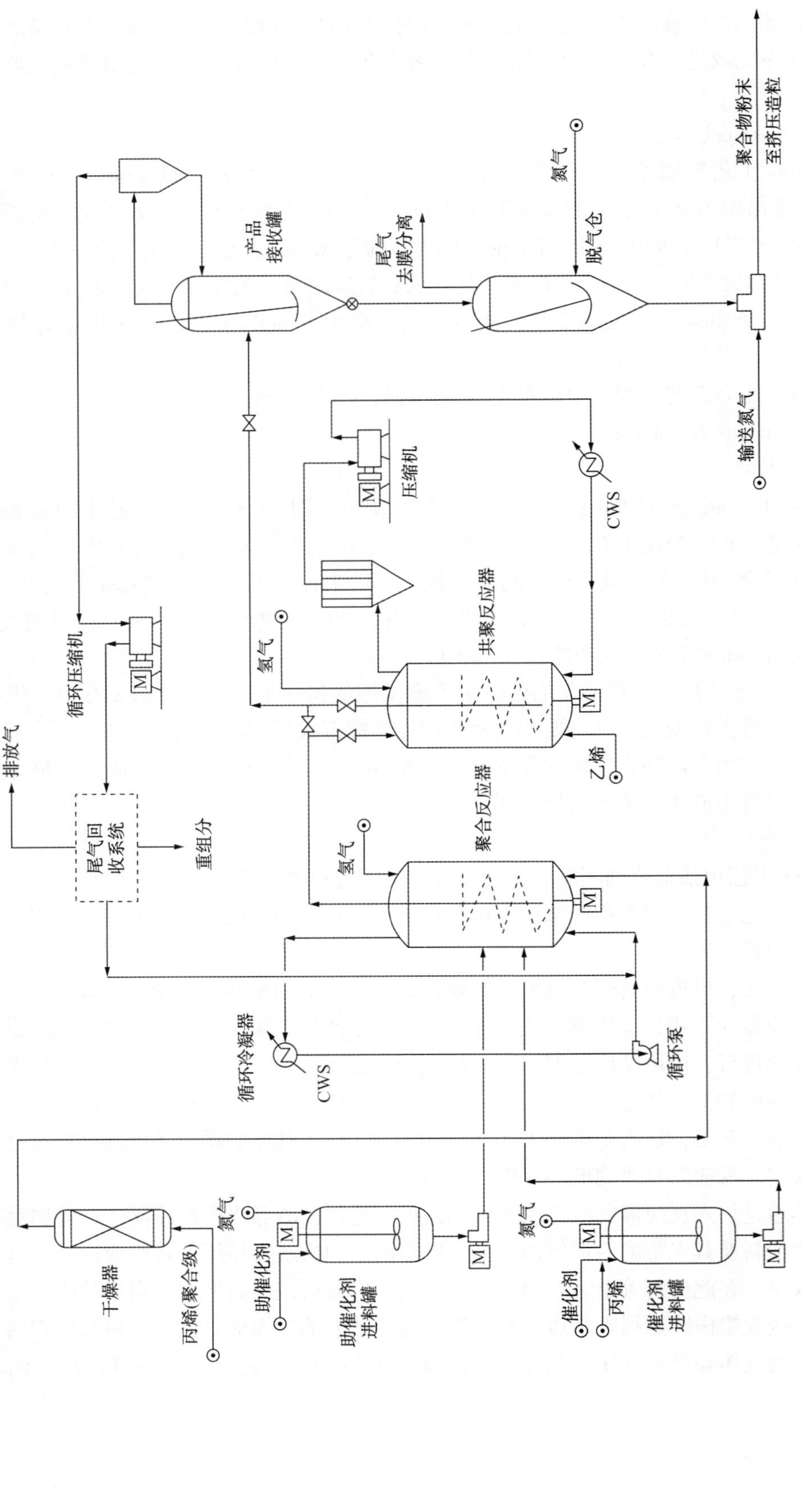

图7-1-8　Novolen工艺流程简图

离开产品接收罐的粉料靠重力进入带搅拌器的脱气仓，粉料中大约含有0.2%的丙烯，在脱气仓中被氮气吹出，可以回收利用，也可以送火炬烧掉。粉料用闭路氮气气流输送至挤压造粒系统。

在反应器内，聚合反应在粉末床中进行。为使反应床不致发生流化，反应器的尺寸、反应器的加料方式和粉末床的充气松散度都是经过仔细选择的。这种独特的状态称为粉末搅拌床。

生产均聚物和无规共聚物用一个反应器，生产抗冲共聚物则在第二反应器中进行。此反应器的压力小于第一反应器，因此第一反应器中的聚合物粉料，可以利用两个反应器之间的压差而被送到第二反应器中。从第一反应器粉料夹带出来的部分丙烯进入第二反应器后，与一部分进料乙烯进行共聚而被消耗掉。在第二反应器进行的共聚反应是由第一反应器来的尚有活性的催化剂所激发的，因此要特别注意控制随时间变化的催化剂活性。为了控制共聚物的相对分子质量，在第二反应器中需要另外加入氢气。

共聚反应器的出料方式与均聚反应器相同。反应器出料的处理过程与均聚物产品相同，要分离循环未反应的单体，聚合物粉料用氮气送到粉料仓。

需要说明的是，Novolen工艺中有很多防止粉料结块的设计，如在反应器下游的粉料出料仓及粉料脱气仓中都设计了搅拌器。对于大规模的装置，这些设备尺寸很大，搅拌器的设计和制造都有难度。同样是为了防止粉料结块，粉料仓还设计了一条粉料小循环线以保证粉料处于流动状态。实际生产表明，Novolen工艺确实比较难操作，尤其是生产抗冲共聚物时，更容易发黏结块。

老的Novolen工艺在挤压造粒单元需要脱氯、脱臭。采用PTK催化剂后，不再需要脱氯、脱臭。

另外，与其他工艺的粉料脱活不同，Novolen工艺采用向挤压机中加入脱盐水脱活残余催化剂。汽化的水汽、低沸点的丙烯低聚物和氮气从挤压机脱气区通过高真空脱气系统去除，因而Novolen工艺使用的挤压机需要特殊设计，费用也增加不少。

（六）Unipol 工艺

1. 工艺特点

GRACE的Unipol气相法聚丙烯工艺技术采用立式气相流化床反应器。Unipol气相法聚丙烯工艺技术由Unipol气相法聚乙烯技术发展而来，工艺流程与Unipol气相法聚乙烯流程很相似。第一套Unipol聚丙烯装置于1985年5月建成投产，很快开始向外转让其技术。截至目前，世界范围采用Unipol气相法技术的PP装置已超过50套，采用该技术的聚丙烯装置的总生产能力超过10.0Mt/a，是应用最广泛的气相法聚丙烯工艺技术。最近几年，Unipol工艺在中国市场也取得较大成功，中国石油、神华、大唐电力等公司先后有17套装置采用Unipol工艺，总产能超过5.0Mt/a。

采用Unipol气相法技术可以生产全范围的PP产品，包括均聚物、无规共聚物和抗冲共聚物以及其特有的Cefor™(丙烯-丁烯共聚物)产品。产品的等规度和相对分子质量分布都可控制，产品性能优越。

2. 工艺过程[1]

采用Unipol工艺生产聚丙烯的工艺流程见图7-1-9。工艺过程主要包括原料精制、催化剂进料、聚合、聚合物脱气和尾气回收、造粒及产品储存、包装等工序。GRACE公司称其紧凑的挤压造粒使造粒系统的投资和操作费用更低。

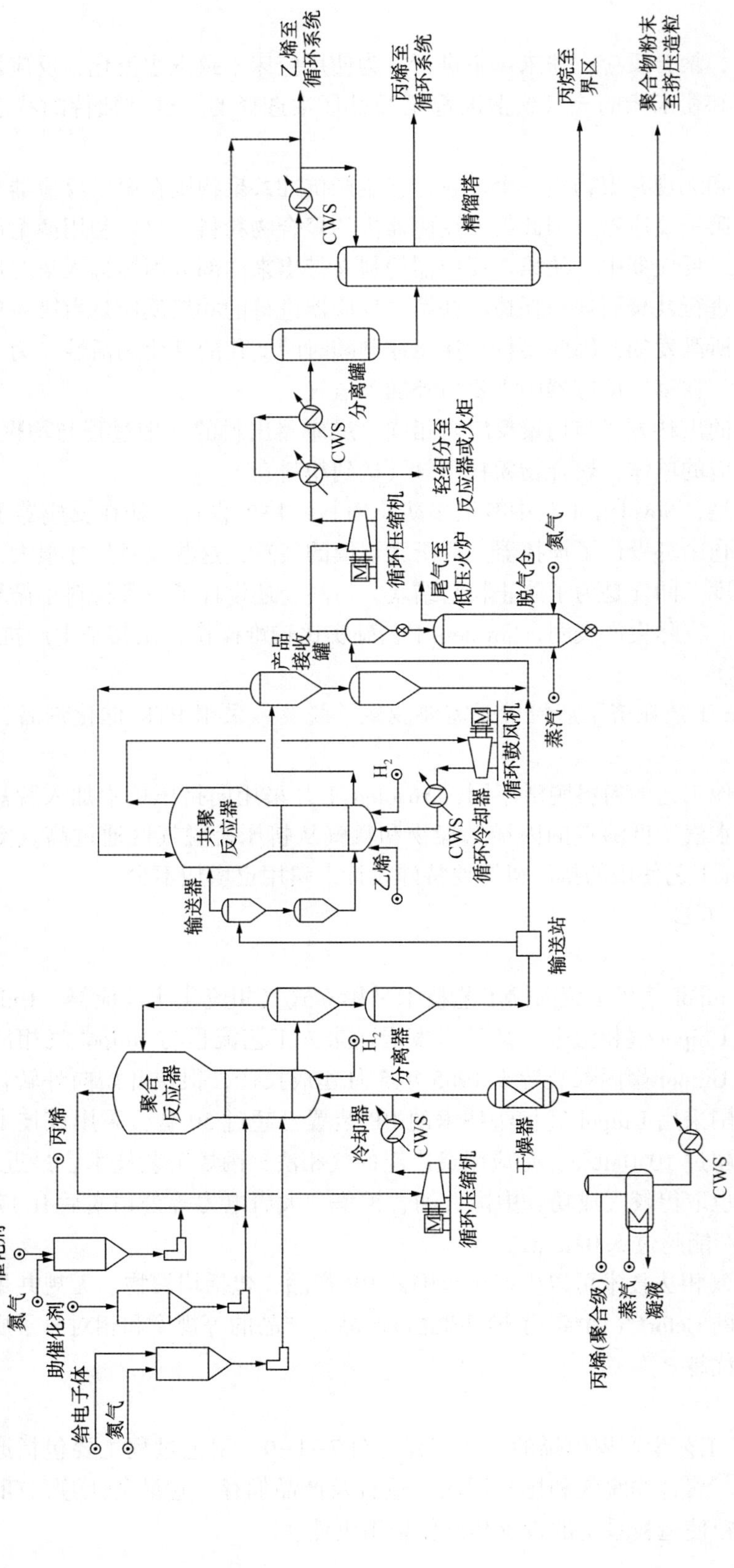

图7-1-9　Unipol工艺流程简图

进入界区的原料丙烯、乙烯一般要进行精制，脱除原料中可能存在的各种对聚合反应催化剂有严重毒害作用的杂质，如氧气、一氧化碳、二氧化碳、水、醇等。通常采用汽提塔脱除丙烯中的轻组分，如氧气、一氧化碳等，再用分子筛干燥器脱除水、醇等。精制系统一般要根据原料的具体规格来设计精制方案。

购买的主催化剂已配制成矿物油悬浮液，可直接用催化剂进料泵把催化剂从进料罐注入反应器的分布板上部注入口。催化剂的进料速度也就决定了反应速率，并控制了产量。助催化剂从反应器的底部进入反应器。

聚合反应系统可分成以下几个部分：第一反应器、抗冲共聚反应器、反应器出料、分离。如只生产均聚物和无规共聚物则只需要一个反应器系统。第一反应器用于生产均聚物、无规共聚物和抗冲共聚物的均聚物部分，是由一台流化床反应器、一台循环气冷却器和一台循环气压缩机组成的一个反应系统。SHAC 催化剂只加入第一反应器。反应器是连续返混式流化床反应器，顶部有一个很大的膨胀段，以使聚合物颗粒沉降。反应器的操作压力为 3.4MPa(g)，在 65℃左右操作，接近单体露点。反应器进料中有一部分液体丙烯和冷凝剂（饱和烃），大约占 10%~12%，液体的汽化潜热强化了反应热的撤出，反应热主要是通过液体蒸发冷凝撤出。循环气回路中的循环气压缩机使循环反应气体与新鲜进料的液态聚合级丙烯一起从反应器分布板底部吹入反应器，使床层流化、返混，并带走反应热。反应热通过管壳式气体冷却器用冷却水撤出反应系统，反应器床层内没有明显的温度和组成差别。产品性能通过反应条件来控制。反应器中的聚合物经两个自动控制的排料系统间断地排出，送入聚合物脱气仓或抗冲共聚反应器。

流化床反应器反应停留时间大约 1h，并带强烈返混。牌号转换时间与本体法(一般为 4h)相当，过渡产品量也较少。

第二反应器生产抗冲共聚物。这个系统的组成与第一反应器相同，只是循环气流全部为气体，设备尺寸相对也小一些，反应器材质仍为碳钢。反应压力大约为 2.4MPa(g)，反应温度为 65~70℃。含有催化剂的活性均聚物间断地从第一反应器送入第二反应器，乙烯、丙烯、氢气和循环单体也连续加入反应器中，在均聚物的基体上生成乙-丙共聚物。

反应器内如果出现结块，可以从监测反应器各参数的仪表预先发出警告，这样可在操作上采取适当的措施以防结块严重。

随着催化剂和原料向反应器内的加入，聚丙烯不断生成，在流化床内累积，使床层升高。当床层升到预定的高度时，间歇出料的产品排放程序自动启动。排放阀打开，一部分产品排入产品排放罐，然后阀门关闭，分离出粉料产品中夹带的未反应气体。两个产品排料系统交替操作，也可以单独操作。每个排料系统由一个高压气固分离罐和一个产品吹出罐组成。从反应器排出的树脂粉料先到分离罐，分离后的气体循环回反应器顶部。反应器床层静压差使气流可以不经加压直接返回到反应器，流化床层的料位高度通过改变产品的出料频率得到控制。

从反应器排出的聚合物还吸附有少量未反应的烃类(约 0.2%~0.3%)，这些烃类必须从产品中分离干净并回收，以保证安全、环保和产品质量等方面的要求。

反应器的出料首先进入一个小的立式产品接受器，从底部吹入氮气，脱除粉料中溶有的烃类。粉料重力流入脱气仓，脱气仓底部加入氮气和少量蒸汽，进一步去除烃类并脱除催化剂的残余活性。脱气过程是使脱气仓里的树脂，以“柱塞流”的形式向下流动。从脱气仓底部排出的处理合格的聚合物送入挤压造粒系统。

产品接收罐排出的尾气进入尾气回收系统。该系统是为了回收那些未反应的单体，以提高单体的总利用率，降低单体消耗和成本。富含单体的物流循环回反应系统，氮气大部分送火炬。生产抗冲共聚物时，尾气中的乙烯和丙烯分离，乙烯循环回共聚反应器。

与其他工艺不同的是，Unipol 工艺中含有很少量单体的脱气仓尾气送单独设置的低压火炬烧掉，这无疑增大了丙烯单耗。

在挤压造粒单元，UCC 公司建议粉料不要中间储存，经脱气、失活处理后直接造粒。因此，脱气仓需有保持 3~4h 产量的缓冲能力。

由于反应系统中产品混合充分，Unipol 工艺与其他工艺相比，需要产品掺混料仓的数量少，每条生产线只需要两台掺混料仓和一台过渡牌号料仓。但往往要求设计较大的产品储存和掺混能力。

很多 Unipol 工艺的竞争者认为，强烈返混的反应器与两个串联反应器系统或活塞流反应器相比，其颗粒停留时间分布不均匀，这将导致由均聚产品粉末作为原料生产的抗冲共聚产品在流动性和橡胶体分布方面都差。但 GRACE 公司认为，返混反应器中颗粒停留时间分布与连续搅拌釜反应器是一样的，用两个反应器也不能明显改善停留时间分布。并且，均一的 SHAC 催化剂活性可以保证得到橡胶体分布均匀并有较好流动性的共聚产品。同时，大返混反应器产品更均匀，使下游产品不需进一步掺混。

二、国产化环管工艺的主要操作参数

国产化环管工艺的主要操作参数见表 7-1-9。

表 7-1-9 主要操作参数

主要设备	操作压力/MPa(g)	操作温度/℃	主要设备	操作压力/MPa(g)	操作温度/℃
预聚反应器	3.4~4.4	20	汽蒸罐	0.02	105
环管反应器	3.4~4.4	70~80	干燥器	0.01	90
闪蒸罐	1.9	80			

三、国产化环管工艺的主要产品

聚丙烯产品开发的主要内容是采用物理或化学手段，改进和提高聚丙烯树脂的应用和加工性能，以更好地适应不同行业、不同领域的应用要求。新产品的开发常常可采用三种手段来实现，即改变聚合工艺条件、改变催化剂或改变树脂的后处理条件(如不同添加剂)等。树脂的牌号一般是指在一个具有相同或相近的主要化学组成的产品品种范围内，因树脂具有不同的加工性能或使用性能，因而拥有不同的行业编号或工厂编号等。这些编号的不同往往可能因树脂的熔体流动速率(MFR)不同、等规指数不同、相对分子质量分布不同、添加剂不同、共聚单体种类不同和共聚单体结合量不同等所致[1]。不同的工艺技术有不同的产品牌号。表 7-1-10 至表 7-1-13 是国产化环管工艺生产的常规产品典型规格和性能：产品规格包括均聚物、无规共聚物和抗冲共聚物共 50 个产品，其中，均聚物 25 个产品，无规共聚物 7 个产品，抗冲共聚物 18 个产品，产品的熔融指数范围是 0.3~40，另外还有新的产品正在开发中。

表 7-1-10　均聚物产品的典型规格和性能

熔体质量流动速率/(g/10min) GB/T 3682—2000	拉伸屈服强度/MPa GB/T 1040.2—2006	屈服伸长率/% GB/T 1040.2—2006	弯曲模量/GPa GB/T 9341—2008	洛氏硬度(R) GB/T 3398.2—2008	热变形温度(0.46N/mm²)/℃ GB/T 1634.2—2004	维卡软化点(1kg)/℃ GB/T 1633—2000
0.3	31	14	1.25	84	77	150
0.3	31	14	1.25	84	77	150
0.7	32	14	1.30	90	79	150
0.7	32	14	1.30	90	79	150
1.8	32	13	1.35	90	80	150
1.8	32	13	1.35	90	80	150
1.8	32	13	1.35	90	80	150
3	32	13	1.35	90	80	150
3	32	13	1.35	90	80	150
3	32	13	1.35	90	80	150
6	32	13	1.35	92	81	150
6	32	13	1.35	92	81	150
8	32	13	1.35	93	81	150
8	32	13	1.35	93	81	150

表 7-1-11　均聚物产品的典型规格和性能

熔体质量流动速率/(g/10min) GB/T 3682—2000	拉伸屈服强度/MPa GB/T 1040.2—2006	屈服伸长率/% GB/T 1040.2—2006	弯曲模量/GPa GB/T 9341—2008	洛氏硬度(R) GB/T 3398.2—2008	热变形温度(0.46N/mm²)/℃ GB/T 1634.2—2004	维卡软化点(1kg)/℃ GB/T 1633—2000
9	31	13	1.30	93	83	150
11	32	12	1.40	95	85	150
12	31	12	1.40	95	85	150
16	31	11	1.40	95	85	150
16	31	11	1.40	95	85	150
25	31	11	1.40	95	85	150
25	31	11	1.40	95	85	150
25	31	11	1.40	95	85	150
25	30	11	1.10	92	83	148
35	31	11	1.30	95	85	150
35	31	11	1.30	95	85	150

表 7-1-12 无规聚物产品的典型规格和性能

熔体质量流动速率/(g/10min) GB/T 3682—2000	拉伸屈服强度/MPa GB/T 1040. 2—2006	屈服伸长率/% GB/T 1040. 2—2006	弯曲模量/GPa GB/T 9341—2008	简支梁缺口冲击强度(23℃)/(kJ/m^2) GB/T 1043. 1—2008	洛氏硬度(R) GB/T 3398. 2—2008	热变形温度(0. 46 N/mm^2)/℃ GB/T 1634. 2—2004	维卡软化点(1kg)/℃ GB/T 1633—2000
1. 8	25	14	0. 85	10. 0	77	70	130
1. 8	25	14	0. 85	10. 0	77	70	130
6	25	13	0. 85	5. 5	79	72	130
8	25	12	0. 95	5. 5	81	75	125
8	25	12	0. 95	5. 5	81	75	125
8	30	12	1. 15	5. 0	84	80	138
8	30	12	1. 15	5. 0	84	80	138

表 7-1-13 抗冲共聚物产品的规格和性能

熔体质量流动速率/(g/10min) GB/T 3682—2000	拉伸屈服强度/MPa GB/T 1040. 2—2006	屈服伸长率/% GB/T 1040. 2—2006	弯曲模量/GPa GB/T 9341—2008	简支梁缺口冲击强度(23℃)/(kJ/m^2) GB/T 1043. 1—2008	简支梁缺口冲击强度(-20℃)/(kJ/m^2) GB/T 1043. 1—2008	洛氏硬度(R) GB/T 3398. 2—2008	热变形温度(0. 46 N/mm^2)/℃ GB/T 1634. 2—2004	维卡软化点(1 kg)/℃ GB/T 1633—2000
0. 8	28	15	1. 10	30	4. 0	85	81	147
0. 8	25	15	1. 00	50	6. 0	76	74	147
1. 5	25	13	1. 00	30	5. 0	85	74	147
1. 5	25	13	0. 90	50	7. 0	77	71	142
2. 8	25	12	0. 90	50	6. 0	78	71	145

续表

熔体质量流动速率/(g/10min) GB/T 3682—2000	拉伸屈服强度/MPa GB/T 1040.2—2006	屈服伸长率/% GB/T 1040.2—2006	弯曲模量/GPa GB/T 9341—2008	简支梁缺口冲击强度(23℃)/(kJ/m²) GB/T 1043.1—2008	简支梁缺口冲击强度(−20℃)/(kJ/m²) GB/T 1043.1—2008	洛氏硬度(R) GB/T 3398.2—2008	热变形温度(0.46 N/mm²)/℃ GB/T 1634.2—2004	维卡软化点(1 kg)/℃ GB/T 1633—2000
3.5	25	12	1.10	10	3.0	90	81	151
3.5	25	12	1.10	12	5.0	85	76	147
3.5	25	12	1.10	12	5.0	85	76	147
6	26	12	1.15	6.0	2.0	92	81	151
7	25	12	1.10	7.0	4.0	85	76	147
7	25	12	1.10	7.0	4.0	85	76	147
13	25	12	1.10	6.0	3.0	90	105	147
40	25	12	1.10	6.0	3.0	90	105	147
20	26	—	1.20	8.0	3.0	95	102	150
20	26	—	1.20	7.0	3.0	95	100	150
3.5	15	—	0.60	—	—	40	53	122
4	21	—	0.90	—	8.0	69	68	140
8	19	—	0.90	—	8.0	67	52	138

第五节　关键设备与机械

一、挤压造粒机组

1. 挤压造粒机组的工作原理和结构

挤压造粒机组是聚丙烯装置中，占地、投资和耗电都最大的设备，直接关系到聚丙烯的最终质量。挤压机的工作原理是靠其核心部件——两根平行且相互啮合的螺杆将聚丙烯粉末熔融，将其和同时加入的各种添加剂充分混合均化。所以，这类挤压机也被称作同向啮合双螺杆挤压机。有些工艺流程还需要在这个过程中，脱去聚丙烯中的低分子物质。熔融的聚丙烯经过一个多孔的模板(孔数，500~1500 不等)在水下被切刀切成颗粒，用离心干燥器干燥，经过筛分后进入料仓。挤压造粒机组外形及典型流程见图 7-1-10、图 7-1-11。

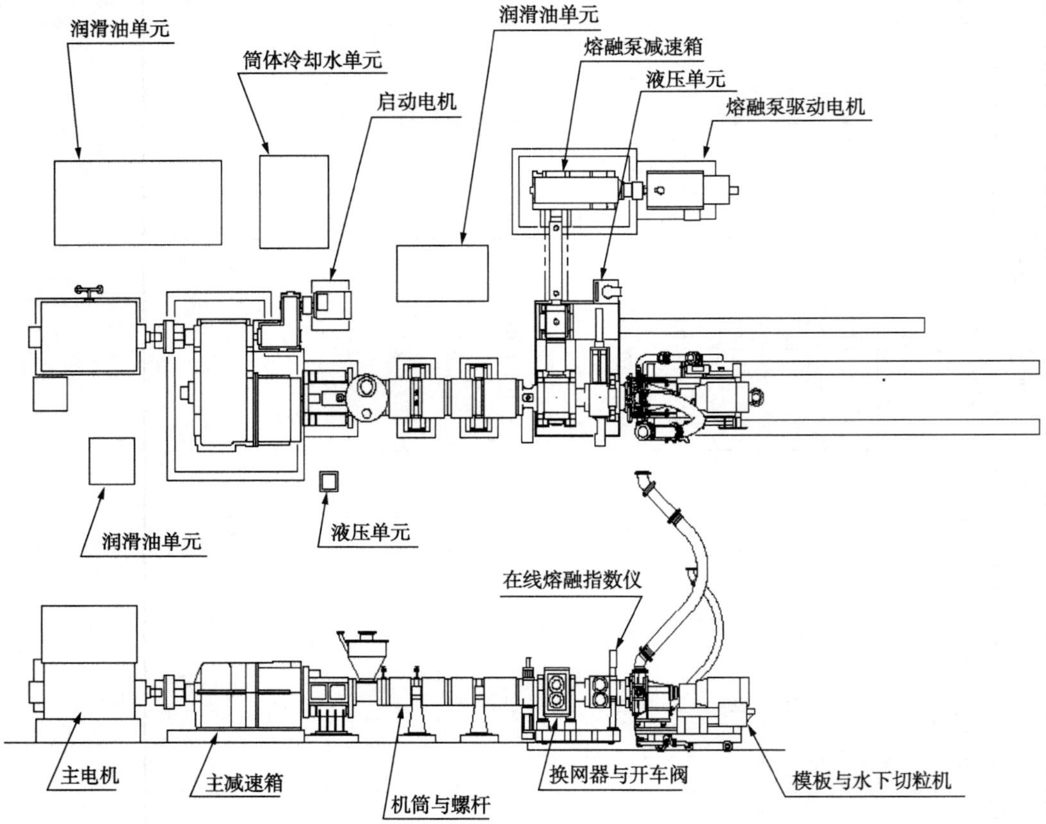

图 7-1-10　外形示意图

典型的挤压造粒机组，分为主机、驱动单元(电机、减速箱)、熔融泵、切粒机、颗粒干燥单元和辅助设备等几大部分。

(1) 驱动单元，挤压造粒机组的驱动单元一般采用电机驱动，减速箱的作用一方面是将电机的转速减速至工艺要求的螺杆转速，另一方面是将动力平均分给两根螺杆。

(2) 主机部分，由螺杆和机筒构成。螺杆一般是由穿在一根芯轴上的不同功能的螺纹块组成，这样制造商可以根据不同的工艺要求，在很短的时间里提供满足不同工艺要求的螺杆(图 7-1-12)。在操作过程中如果螺杆部分磨损，也可以很快用备用的螺纹块进行修复。同样，机筒也是由 8~15 节相似的部件组成。机筒外部还有加热和冷却功能。

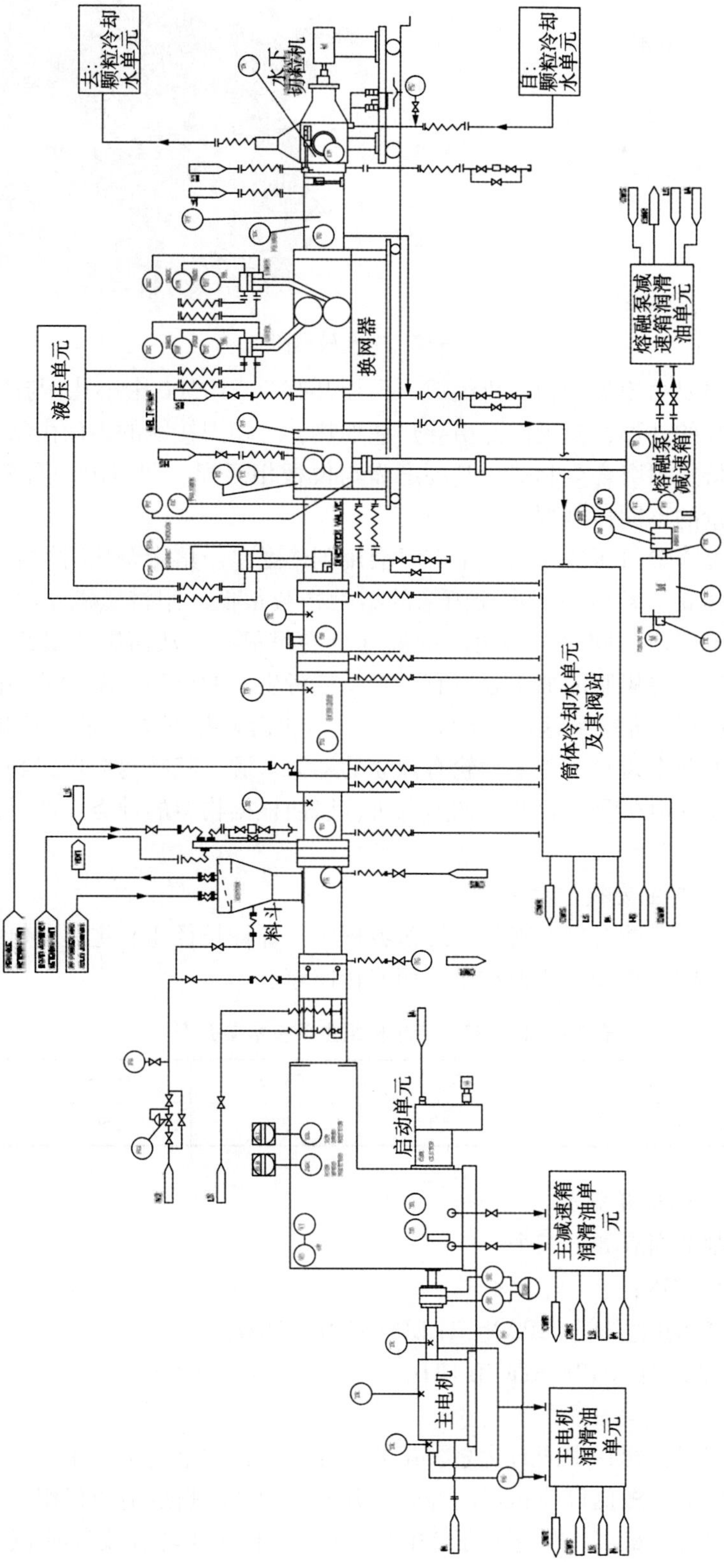

图7-1-11　典型流程示意图

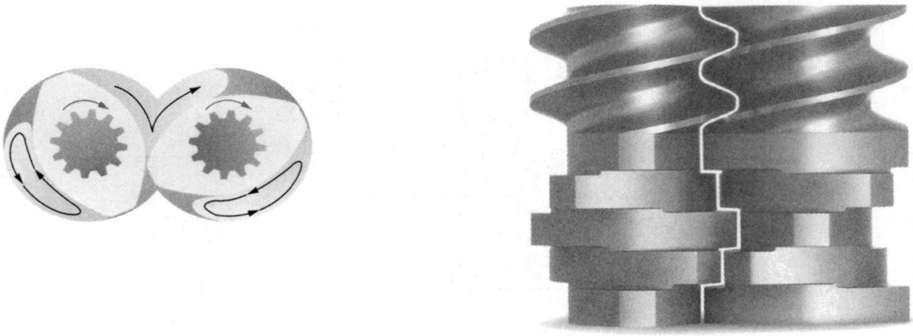

图 7-1-12　螺杆局部图

（3）切粒机，主要由模板和切粒机组成。模板开有 500~1500 个小孔(与能力有关)直接赋予聚丙烯成品颗粒的外形，模板内部由导热油加热，与切刀接触的表面由特殊耐磨合金制造。切刀一般也由特殊耐磨合金制造，其硬度需与模板相匹配。切刀由一台变频电机驱动，可以根据挤压机产量的不同控制颗粒的大小。

（4）熔融泵，聚丙烯挤压造粒机组中有时会用到熔融泵。熔融泵从结构上说是一个齿轮泵，主要的作用是建立造粒压力。当聚丙烯的熔融指数很低，用挤压机本身来建立造粒压力，能耗会变得很不经济，同时熔融树脂的温度会变得很高，从而影响最终产品质量。所以，当工艺操作对聚丙烯树脂的加工温度有要求，或者生产的产品大多为低熔融指数产品的时候，可以采用挤压机+熔融泵这样的配置。为了不使齿轮相互磨损从而影响最终产品质量，一般该齿轮泵的两个齿轮都是主动轮有独立的动力来源。其减速箱形式和挤压机主减速箱类似。熔融泵的驱动电机是一台变频调速电机，以便根据物料的种类、产量以及需要的造粒压力调节转速。

2. 挤压造粒机组的主要技术参数

挤压机的主要技术参数有螺杆直径、螺槽容积率、螺杆长径比、主驱动电机功率、主减速箱减速比、模板造粒带直径、切刀数量、切刀转速等。

表 7-1-14　挤压造粒机组主要技术参数表

机组保证的产量/(t/h)	10~23	23~37	35~50	48~73
螺杆公称直径/mm	250	320	350	380

3. 世界上主要的制造商概况

世界上主要的制造商有如下三个：

① 德国：COPERION；

② 日本：日本制钢所 THE JAPAN STEEL WORKS LTD；

③ 日本：神户制钢所 KOBE STEEL LTD。

4. 挤压造粒机组的国产化

大连橡塑机械有限公司在中国石化总公司的领导下，在北京化工大学、中国石化工程建设公司等单位的协助下，根据以往积累的经验也开发了国产的挤压造粒机组，目前，已经有三台机组成功开车运行，最高产量达到了 33t/h。还有三台机组正在安装调试。国产挤压造粒机组从构造原理、材料选择上基本与上述制造商的产品类似。虽然，在机组可靠性、单机组最大产量、特殊牌号生产等方面国产化挤压机和国外先进制造商还有一定差距，但是，这个差距在参加科研开发的各公司努力下正在逐步缩小。

二、工艺设备概况

（一）国产化环管工艺

本着稳妥、可靠、节约投资的方针，结合我国具体情况，装置中的容器尽量采用国产化。

表 7-1-15　容器汇总表

设备类型	国内订货	国外订货	总 计
反应容器	4		4
搅拌器	7	4	11
塔器	13		13
换热器	40		40
过滤器	36		36
袋滤器	2		2
料仓	19		19
旋风分离器	4		4
其他容器	59	3	62
总计	184	7	191

装置共有工艺设备约 327 台(套)。

1. 容器国产化

根据国产化要求，力争最大限度地立足于国内，但对于目前国内材料供货及设备制造有困难的设备，也只能引进。装置有 5 台采用高合金镍铬钼材料，有 30 台采用低温钢材料，其余为不锈钢、碳钢和铝合金。

具体分述如下：

(1) 设计温度为-45℃的低温容器的选材问题，目前在国内经过调查，板材可选用 09MnNiDR，锻件可选用 09MnNiD，换热管选用 09MnD，另外塔内件(包括塔盘)要求选用不锈钢材质。环管反应器选材为低温钢有缝管，国内目前不能解决，材料需从国外引进。

(2) 对于有特殊要求的搅拌轴，机械密封要求很高，国内制造厂目前达不到要求，也需要引进。

(3) 国内无产品，需向国外订货的设备：如催化剂计量单元、催化剂预接触罐及搅拌器等。

2. 主要设备

(1) 聚合反应器

反应器不同于一般的釜式反应器，是独特的环管结构形式，在底部弯管处设一轴流泵，用它强制液体在环管内循环进行反应，环管外有套管作为夹套撤热。环管内壁需抛光。此外，环管反应器不仅包含带夹套环管，其间的钢结构也属于反应器的一部分，参见图 7-1-13。

材质：内筒——低温钢；夹套——低合金钢。

环管反应器与轴流泵进出口连接法兰的焊缝焊接，为了消除安装产生误差和应力，需在现场与轴流泵一起组装完毕后焊接，然后做相应的检验工作。

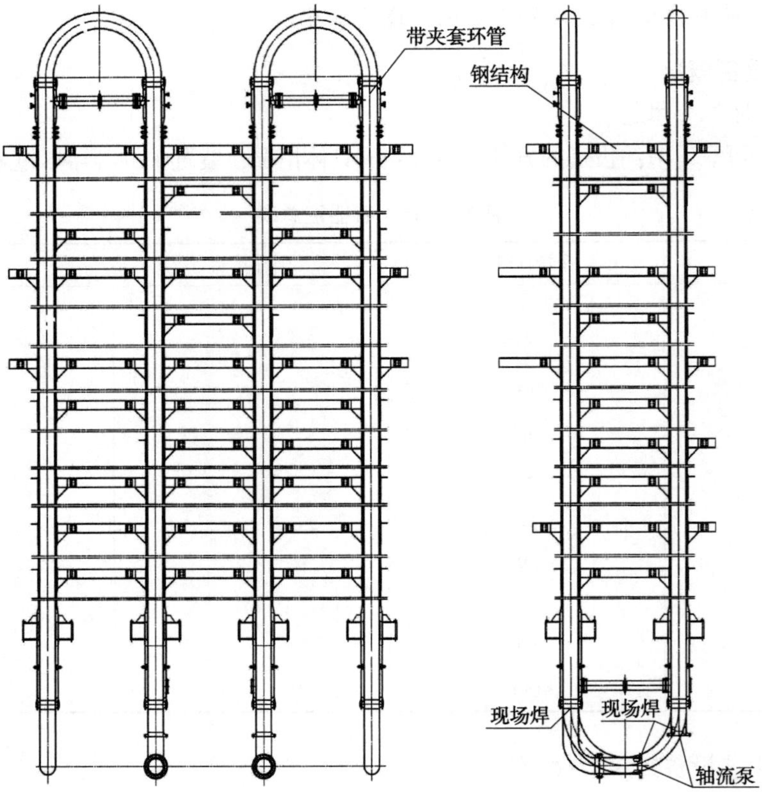

图 7-1-13　聚合反应器

（2）干燥器

流化床结构，底部设有多斜孔分布板，床层中心设纵向隔板，使粉料在沸腾中旋转前进，以延长停留时间，加大传热系数，提高干燥效率。参见图 7-1-14。

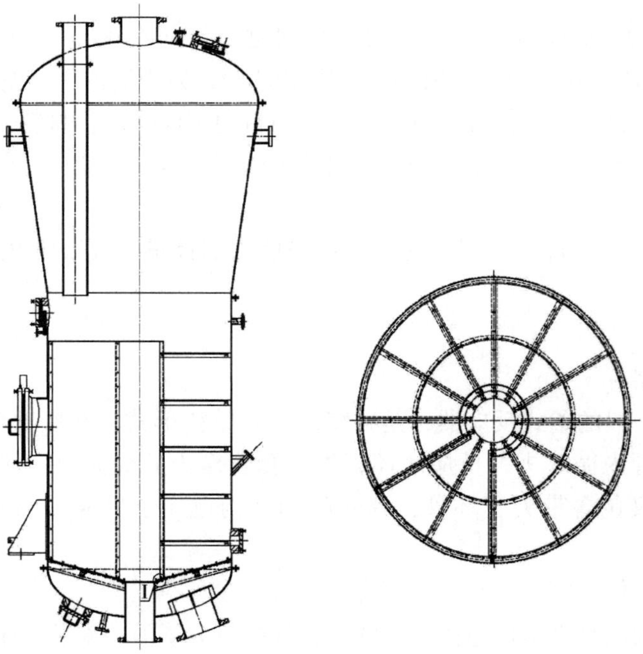

图 7-1-14　干燥器

材质：UNS31803，即：瑞典 SANDVIK SAF2205。

(3) 共聚反应器

反应器为立式釜式反应器，流化床结构，底部设有锥形分布板，并在分布板上开不同方向的斜孔，以控制反应的物料流向及物料的反应时间。此反应器内有一框式搅拌轴，要求刮片到筒壁的距离很小。参见图 7-1-15。

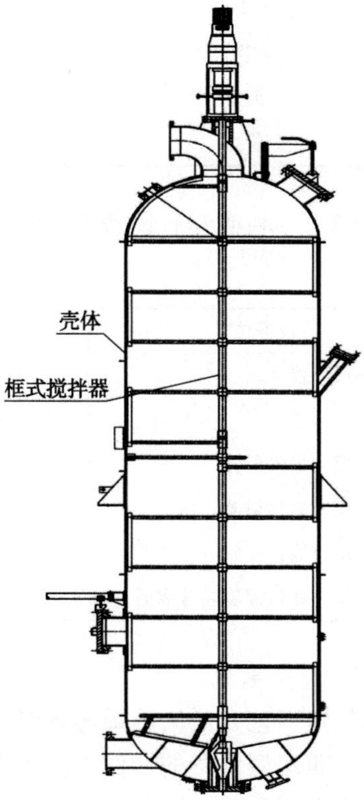

图 7-1-15　共聚反应器

3. 现场(制造)设备

(1) 聚丙烯粉料中间料仓

数量：2 台

材料：铝合金

(2) 聚丙烯均化料仓

数量：8 台

材料：铝合金

内壁带有爬壁式掺合管。

(3) 包装料仓

数量：4 台

材料：铝合金

以上料仓由于容积比较大，所以可以采用法兰连接的型式，降低制造周期，提高产品质量。

(二) Innovene 工艺

1. 静设备统计

装置内静设备包括反应器、塔器、换热器、过滤器、料仓等非定型设备 94 台(套)。

(1) 分类汇总见表 7-1-16、表 7-1-17。

表 7-1-16　静设备汇总表(总)

容器类型	国内订货				国外订货
	台数	金属质量/t			台数
		总质量	合金钢或有色金属		
			材料	质量	
反应器					2
搅拌器	5	15			2
驱动单元					2
密封油系统					2
换热器	20	247			
塔器	5	225			
过滤器	7	35			
袋滤器	3	35			2
料仓	11	426			
其他容器	29	260			4
合计	80	1243			14

表 7-1-17　换热器(类)统计表

设备类型	台数	设备类型	台数
固定管板	4	电加热器	1
U 形管	12	总计	20
套管式	3		

(2) 专利或专有设备汇总见表 7-1-18。

表 7-1-18　专有设备汇总表

设备位号	主要材料	设计标准
第一反应器	壳体 SA516-Gr70/搅拌 SA516-GR70	ASME
第二反应器	壳体 SA516-Gr70/搅拌 SA516-GR70 包覆 SS304	ASME
第一反应器喷射器	SS304	厂家标准
第二反应器喷射器	SS304	厂家标准
第一反应器顶部旋风分离器	SA516-Gr70/SS304	ASME
第二反应器顶部旋风分离器	SA516-Gr70/SS304	ASME

2. 材料选用说明

装置工艺介质为丙烯等烯烃类物质及聚丙烯粉颗粒等，工艺条件无强腐蚀，温度、压力不高，非定型设备的操作工况大多为中压或低压，故除添加剂系统及风送系统材料采用铝镁合金或不锈钢外，其余大部分设备材料采用低温碳钢或碳钢。具体分述如下：

(1) 装置有 13 台设备采用低温钢材料，10 台采用铝镁合金，其余为不锈钢、碳钢。

(2) 设计温度为-45℃的低温容器，板材选用 09MnNiDR；锻件选用 09MnNiD；换热管选用 09MnD。

(3) 塔内件(包括塔盘)选用不锈钢。

3. 主要设备

(1) 反应器

反应器为装置的心脏，是整个装置能否顺利运行的关键。该反应器为 Innovene 工艺的专利设备，由专利工厂独家供货。该反应器是一个独特的活塞流带水平搅拌器的卧式反应器，在壳体顶端设有两个沉降段，壳体不等壁厚，厚段需机加工，第一反应器与第二反应器有以下不同：

(a)搅拌桨形式不同，材料不同，加工要求不同。

(b)第一反应器有两个膨胀段，第二反应器只一个膨胀段。

本反应器内部还设有特殊的丙烯喷淋装置及出料结构和气锁系统，该设计为专利的一部分，影响反应器的生产能力。

反应器介质：气相丙烯、乙烯；液相丙烯，聚丙烯粉料。反应器见图 7-1-16。

(2) 反应器顶部冷凝器

用于反应器撤热，循环气走管程，冷却水在壳程逆流流动。管程介质为带有粉料的循环气。为避免堵塞，不允许采用焊接管，并且对管程及换热管的光洁度要求较高，换热管及管箱内部表面要求抛光。

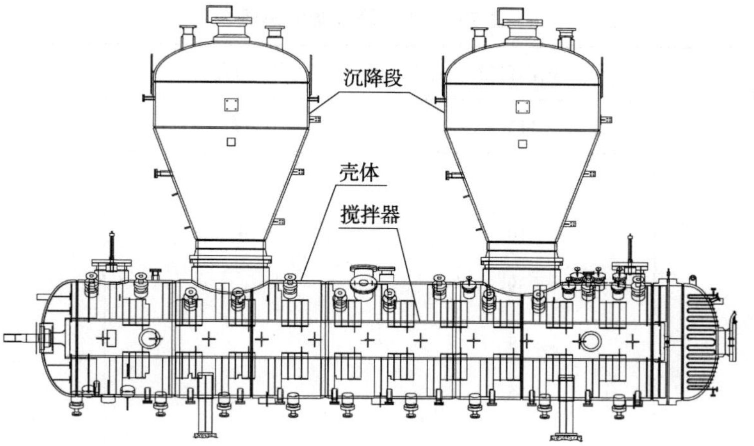

图 7-1-16　反应器

介质：管程：气相循环气(丙烯气)；微量聚丙烯粉料。

壳程：冷却水。

材料：壳程：Q345R。

管程：Q345R，换热管可以选用碳钢、不锈钢、双相钢(根据循环水水质确定)。

冷凝器见图 7-1-17。

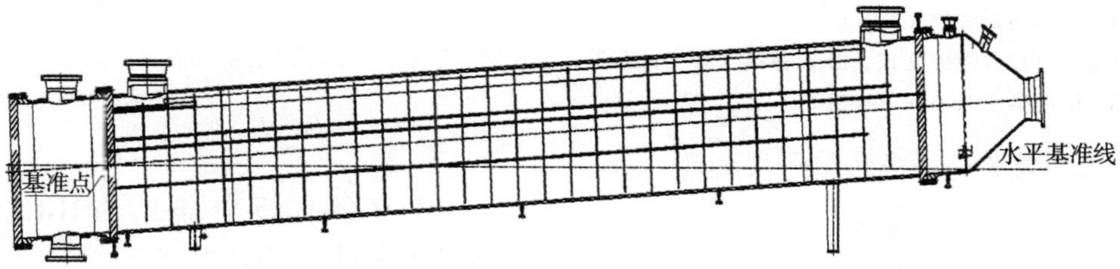

图 7-1-17　反应器顶部冷凝器

(3) 脱气仓

脱气仓底部设有特殊分布器，分布板中开有通孔，使氮气均匀分布并且保证一定流速，以延长停留时间，加大传热系数，氮气在与粉料接触过程中脱除粉料中的丙烯。分布器为专有技术，按照专利商要求分布器以下内表面均需进行抛光处理。参见图 7-1-18。

材料：SS304L。

(三) Spherizone 工艺

1. 静设备统计

装置内静设备包括反应器、塔器、换热器、过滤器、料仓等非定型设备 196 台(套)，设备总质量约 2520t(见表 7-1-19)。

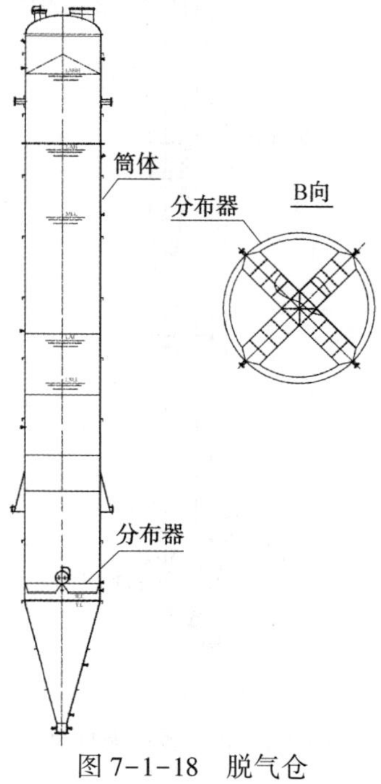

图 7-1-18　脱气仓

表 7-1-19　静设备汇总表

容器类型	国内订货	国外订货	备注
	台数	台数	
反应器①	3		（注 1）
搅拌器	10	4	
换热器	39		
塔器	14		
过滤器②	35		（注 2）
袋滤器②	3		（注 2）
料仓③	16		（注 3）
其他容器④	76	8	（注 4）
合计	196	13	

①多区反应器、共聚反应器材质为低温碳钢，预聚反应器内筒材质为低温管材。

② 过滤器、袋滤器内件为不锈钢或特殊纤维（PP 等）。

③ 料仓材质为铝镁合金 5052。

④ 其他容器包含各类立式、卧式容器、氮气分布器、干燥器、汽蒸器、旋风等，其中汽蒸干燥单元的设备采用 UNS31803，即瑞典 SANDVIK SAF2205。

2. 主要设备——多区循环反应器

多区循环反应器是 SPHRIZONE 聚丙烯工艺技术中的核心设备，为气相反应器。反应器分提升区、沉降区两大部分，沉降区包括一旋风分离器，其余为沉降管。提升区与沉降区通过顶部弯头连接，弯头与旋风段切向连接。提升区底部通过一弯头与反应器冷却器相连。反应器内部包括阻隔液分布器、不对称控制蝶阀、光学测速仪、热电偶套管等特殊内件。操作时物料在反应器内提升区被循环反应气高速提升，经旋风分离器后固体聚合物粉料在沉降区向下移动到沉降区下部，一部分粉料被排至下一工序，另一部分再次被冷却后的循环气高速提升重新参与反应。内壁需抛光。参见图 7-1-19。

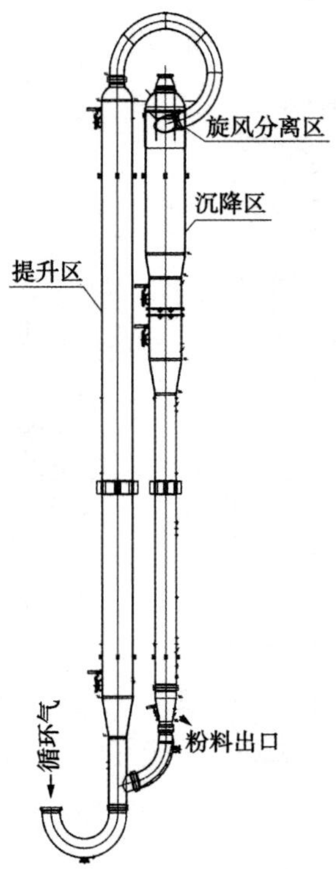

图 7-1-19　多区循环反应器

第六节　装置消耗、能耗与效益分析

一、装置的典型消耗

（一）原料典型消耗(表 7-1-20)

表 7-1-20　原料典型消耗

聚合物	丙烯/(kg/t PP)	乙烯/(kg/t PP)	氢气/(kg/t PP)
均聚物	1002～1005	—	—
无规共聚物	970	35	0.04
无规共聚物	980	25	0.2
抗冲共聚物	955	50	1

注：(1)以上数字以生产 1000 kg 聚丙烯本色粒料计。

(2) 单体消耗指 100%单体的净消耗量。

(3) 氢气的消耗量因牌号而异。

(4) 以中国石化第二代环管法聚丙烯工艺为基础。

（二）公用工程典型消耗(表 7-1-21)

表 7-1-21　每吨产品典型消耗量

聚合物	电/kWh	低压蒸汽/kg	冷却水/t
均聚物	310	330	95
无规共聚物	310	330	100
抗冲共聚物	360	330	120

注：(1)以上数字以生产 1000 kg 聚丙烯本色粒料计。

(2) 表中冷却水温升是 10℃。

(3) 所有上述公用工程消耗量均不包括间接与生产有关的消耗量，如：防冻、照明、采暖、通风、空调、卫生设施、化验室、行政工作和维修等。

(4) 以中国石化第二代环管法聚丙烯工艺为基础。

二、装置的典型能耗

（一）典型能耗表

根据 GB/T 50441—2016《石油化工设计能耗计算标准》中规定能耗核算系数，本装置均聚物和共聚物能耗计算见表 7-1-22、表 7-1-23 和表 7-1-24。

表 7-1-22　均聚物单位产品能耗

名称	单位消耗指标		单位产品能耗（吨产品数量）	单位产品能耗折算值/(kg 标油/t 产品)
	单位	消耗定额每单位折合标油/kg		
电	kWh	0.22	310	68.2
循环水	t	0.06	95	5.7
1.0MPa 级蒸汽	t	76	0.113	8.58
净化压缩空气	Nm^3	0.038	30	1.14

续表

名称	单位消耗指标		单位产品能耗（吨产品数量）	单位产品能耗折算值/（kg 标油/t 产品）
	单位	消耗定额每单位折合标油/kg		
氮气	Nm^3	0.15	40	6
合计				89.62

表 7-1-23　无规共聚物单位产品能耗

名称	单位消耗指标		单位产品能耗（吨产品数量）	单位产品能耗折算值/（kg 标油/t 产品）
	单位	消耗定额每单位折合标油/kg		
电	kWh	0.22	310	68.2
循环水	t	0.06	100	6
1.0MPa 级蒸汽	t	76	0.113	8.58
净化压缩空气	Nm^3	0.038	30	1.14
氮气	Nm^3	0.15	40	6
合计				89.92

表 7-1-24　抗冲共聚物单位产品能耗

名称	单位消耗指标		单位产品能耗（吨产品数量）	单位产品能耗折算值/（kg 标油/t 产品）
	单位	消耗定额每单位折合标油/kg		
电	kWh	0.22	360	79.2
循环水	t	0.06	120	7.2
1.0MPa 级蒸汽	t	76	0.113	8.58
净化压缩空气	Nm^3	0.038	30	1.14
氮气	Nm^3	0.15	40	6
合计				102.12

注：(1) 为便于和国内外的能耗数据比较，表中的能耗数据为聚丙烯每吨均聚物/共聚物典型消耗量，不包括风送系统压缩机、包装码垛、照明、空调、电伴热及辅助设施消耗量。

(2) 能量消耗值为典型牌号消耗。

(3) 循环冷却水的进水与回水的温度差为 10℃，当温度差不是 10℃并对能量消耗计算有显著影响时，应根据实际温度差进行校正。

（二）主要节能措施

1. 工艺技术

下面介绍以中国石化第二代环管法聚丙烯工艺为基础。

（1）设计中优化对原料的综合利用，充分考虑了对原料的回收，最大程度回收由反应器排料夹带的未反应单体。正常操作时，工艺尾气全部送装置外回收，尽可能地降低了原料丙烯的消耗。

（2）采用高效催化剂，活性能够达到$(3\sim4)\times10^4$g 聚丙烯/g 催化剂，明显提高了产品收率，大大降低了装置的能量消耗。

（3）采用串联的两个环管反应器，在环管反应器内物料高速循环、聚合物浆液浓度高、液相丙烯单体和聚合物颗粒间传热效率高。反应器内不会结块。

（4）装置内设置了凝液回收系统，用于回收装置内各排放点排放的凝结水，回收的凝结水部分用于脱盐水补充水，剩余部分送至工厂凝液回收管网。

2. 换热器及机泵节能措施

（1）优化换热流程，合理利用各温位热源，采用高效传热设备，深化换热，保证较高的热回收率和较低的冷热公用工程消耗。

（2）在水热交换中，用板式换热器代替管式换热器，节省金属耗材，降低冷却水用量。

（3）采用高效机泵，提高能量转换效率，降低电耗。

参 考 文 献

[1] 洪定一. 聚丙烯——原理、工艺与技术[M]. 2版. 北京：中国石化出版社，2011.

[2] Chadwick J C, Miedema A, Sudmeijer O. Makromol Chem, 1994, 195: 167.

[3] Zambelli A, Giongo M, Natta G. Makromol Chem, 1968, 112: 183.

[4] Ewen J A. J Am Chem Soc, 1984, 106: 6355.

[5] Pino P, Mulhaupt R. Angew Chem Int Ed Engl, 1980, 19: 857.

[6] Chien J C W, Wu J C. J Polym Sci, Part A: Polym Chem, 1982, 20: 2461.

[7] Giannini U. Makromol Chem Suppl, 1981, 5: 216.

[8] Corradini P, Barone U, Fusco R, et al. Gezz Chim Ital, 1983, 113: 601.

[9] Esso Res & Eng Co. U. S. Patent 3 128 252. 1964.

[10] Galli P, Barbe P C, Noristi L. Angew Makromol Chem, 1984, 120: 73.

[11] 毛炳权等. CN85 100 997. 1987; U S Patent 4 784 983. 1988; U S Patent 4 861 847. 1989; EP 0 258 458 1988; JP 平 07-08945B.

[12] 毛炳权等. CN 1 091 748A. 1993.

[13] 金茂筑等. CN 1 215 061A. 1999.

[14] Himont Incorporated. U S Patent 4 971. 937. 1990.

[15] Natta G, Pasquon I, Svab J, et al. Chim Ind(Milan), 1962, 44: 621.

[16] Natta G, Pasquon I. Adv Catal, 1959, 11: 1.

[17] Goodall B L. Polypropylene and other Polyolefins. Van der Ven, Second Ed, Elsevier, 1990, P105.

[18] Siedle A R, Lamanna W M, Newmark R A. Makromol Chem, Macromol Symp, 1993, 66: 215.

[19] Chadwick J C, Miedema A, Sudmeijer O. Makromol Chem, 1994, 195: 167.

[20] Chien J C W, Nozaki T. J Polym Sci, Part A: Polym Chem, 1991, 29: 205.

[21] Albizzati E, Giannini U, Morini G, et al. Macromol Symp, 1995, 89: 73.

第二章 合成橡胶

第一节 合成橡胶工业的现状与未来

一、概述

合成橡胶是相对于由自然界橡胶树获取的天然橡胶而言的，是指用化学方法合成的人造橡胶。橡胶具有优良的弹性，被广泛应用于车辆、包装、医药、家用电器、运动产品及改性塑料制品等众多领域，在国民经济中具有重要的地位和作用。

人类使用天然橡胶已经有很长的历史，南美洲土著人在哥伦布发现新大陆之前已使用硬化的植物汁液做成有弹性的球，这种弹性球能够擦掉铅笔的痕迹，因此取名为“rubber”，橡胶的英文名称由此而来。随着工业化的发展，人们对天然橡胶的需求量不断增加，科学家们开始剖析和仿制天然橡胶，试图合成与天然橡胶组分相近的橡胶。1826 年，M. 法拉第通过元素分析测得天然橡胶的组成为 C_5H_8。1860 年，C. G. 威廉斯从天然橡胶的热裂解产物中分离出 C_5H_8，定名为异戊二烯，并指出异戊二烯在空气中又会氧化变成白色弹性体。第一次世界大战期间，德国 Bayer 公司开始用 1，3-丁二烯生产 W 型和 H 型甲基橡胶，这是工业生产合成橡胶的开始。合成橡胶工业的迅速发展则始于 20 世纪 40 年代，第二次世界大战对于橡胶需求的急剧增长促进了合成橡胶工业的迅速发展。合成橡胶工业的主要单体原料丁二烯和苯乙烯开始工业化生产，丁苯橡胶、丁腈橡胶、丁基橡胶相继问世，乳聚丁苯橡胶大量生产。二战之后，随着汽车工业的发展，合成橡胶工业继续快速发展，高顺式丁二烯橡胶、聚异戊二烯橡胶、乙丙橡胶、溶聚丁苯橡胶等新合成橡胶品种进入工业化生产，并不断被科学技术革新推动向高性能化方向发展，不同合成橡胶的专用性得到细分。近年来，高性能的溶聚丁苯橡胶、稀土高顺式丁二烯橡胶、稀土高顺式异戊二烯橡胶、高性能的热塑性弹性体(兼具橡胶和塑料的特性)得到广泛研究和发展。

1. 主要合成橡胶种类

合成橡胶有多种分类方法，没有统一的标准。根据合成橡胶的使用特性，一般可分为通用合成橡胶和特种合成橡胶两大类别，通用合成橡胶指可以部分或全部代替天然橡胶使用的胶种，主要用于生产轮胎等大宗产品，如丁苯橡胶、异戊橡胶、顺丁橡胶等；特种橡胶指有特殊性能(如耐高温、耐油、耐老化和高气密性等)、用于特殊场合的橡胶，如硅橡胶、氟橡胶、丁腈橡胶和丁基橡胶等。

按成品状态可分为液体橡胶、固体橡胶、乳胶和粉末橡胶等。

按橡胶制品形成过程可分为热塑性橡胶、硫化型橡胶。

按生胶充填的其他非橡胶成分，可分为非充油胶、充油胶、充炭黑胶等。

合成橡胶最常用的分类方法是按聚合用单体性质分类，通常分为烃类橡胶和含有杂原子或官能团的橡胶。常见烃类橡胶又分为烯烃类橡胶和二烯烃类橡胶，主要品种有丁苯橡胶、丁腈橡胶、丁基橡胶、氯丁橡胶、顺丁橡胶、异戊橡胶和乙丙橡胶等；常见含有杂原子或官能团的橡胶有聚硫橡胶、硅橡胶、氟橡胶、聚氨酯橡胶、聚丙烯酸酯橡胶、氯磺化聚乙烯橡胶等。

常见的烃类橡胶的命名及字母代号如下：

丁二烯橡胶	BR
异戊橡胶	IR
丁腈橡胶	NBR
氯丁橡胶	CR
乙丙橡胶	EPR
丁苯橡胶	SBR
溶聚丁苯橡胶	SSBR
乳聚丁苯橡胶	ESBR
丁基橡胶	IIR
溴化丁基橡胶	BIIR
氯化丁基橡胶	CIIR

2. 主要合成橡胶用途

合成橡胶在国民经济中有着极为重要的作用，它与合成树脂、合成纤维并称为三大合成材料，被广泛应用于人类生活的各个领域，如轮胎、胶管、胶带、密封减震构件、制鞋、医用瓶塞、医用胶管等，其最主要的应用领域是汽车工业。

丁苯橡胶（SBR），又称聚苯乙烯丁二烯共聚物，是通用合成橡胶中产量最大的品种，按生产方法划分为乳聚丁苯橡胶和溶聚丁苯橡胶两类，特殊的有粉末丁苯橡胶。丁苯橡胶的物理机械性能、加工性能及制品的使用性能接近于天然橡胶，其耐磨、耐热、耐老化及硫化速度等性能较天然橡胶更为优良，常与天然橡胶及多种合成橡胶并用，广泛用于轮胎、胶带、胶管、电线电缆、医疗器具及各种橡胶制品的生产等领域。乳聚丁苯橡胶常用于轮胎胎面、翻胎胎面、输送带、胶管、医疗制品、模制品和压出制品等。溶聚丁苯橡胶的耐磨、挠曲、回弹、生热等性能比乳液聚合丁苯橡胶好，挤出后收缩性小，在一般场合可代替乳聚丁苯橡胶。溶聚丁苯橡胶既有很好的耐磨性，又有满意的抗湿滑性，在制鞋业和制造高速车胎领域有优势。粉末丁苯橡胶是在丁苯橡胶的基础上接枝其他单体，其主要用途是沥青改性，它能显著改善沥青的低温性能，还能明显改善沥青的高温性能。

丁二烯橡胶（BR）是通用合成橡胶中产量仅次于丁苯橡胶的品种，其主要生产方法为溶液聚合法，按分子结构主要分为顺式聚丁二烯橡胶和反式聚丁二烯橡胶。按聚合反应催化体系的不同又可分为钴系、锂系、镍系和稀土聚丁二烯橡胶。高顺式丁二烯橡胶具有弹性好、耐寒性好、滞后损失和生热低、耐磨性和耐屈挠性好的特点，主要用于制造轮胎，还可用于制造耐磨制品（如胶鞋、胶辊）、耐寒制品和防震制品。由于顺丁橡胶的抗张强度和抗撕裂强度均低于天然橡胶和丁苯橡胶，所以一般顺丁橡胶与天然橡胶及多种合成橡胶并用。与其他顺丁橡胶相比，稀土顺丁橡胶能更好地减少轮胎滞后损失和内生热、更多降低滚动阻力、更好提高轮胎耐磨性和抗湿滑性，因此顺丁橡胶未来的发展方向是稀土顺丁橡胶。低顺式丁二烯橡胶回弹性好、生热低，永久拉伸变形小，动态性能和低温屈挠性能优异，应用于轮胎制造、胶鞋、胶带、胶版、胶管以及其他橡胶制品行业。低顺式丁二烯橡胶可以单独使用，也可以与其他胶种混合使用，以改善其他胶种的性能。反式丁二烯橡胶的产能较小，一般用于制造鞋底、地板、垫圈、电器制品等。

丁基橡胶（IIR）是由异丁烯和少量异戊二烯聚合而成，其主要生产方法为淤浆法。丁基橡胶具有良好的化学稳定性和热稳定性，最突出的是气密性和水密性，因此主要用于制作各种轮胎的内胎、无内胎轮胎的气密层、各种密封垫圈、硫化胶囊、药用瓶塞、食品(口香糖基料)等。由于普通丁基橡胶具有硫化速度慢、互黏性差、与其他橡胶相容性差、与补强剂之间作用弱等缺点，因此在普通丁基橡胶的基础上发展出了卤化丁基橡胶，根据取代卤素的不同，主要分为溴化丁基橡胶(BIIR)和氯化丁基橡胶(CIIR)。卤化丁基橡胶与普通丁基橡胶相比，具有反应活性高、硫化速度快、交联结构热稳定性好、容易与其他橡胶混炼的优点，因此是丁基橡胶未来的发展方向。

异戊橡胶(IR)是由异戊二烯聚合而成的一种橡胶，是性能最接近天然橡胶的一种合成橡胶，其主要生产方法为溶液聚合法。其结构和性能与天然橡胶近似，其耐水性、电绝缘性超过天然橡胶，而生胶强度、黏着性、加工性能以及硫化胶的抗撕裂强度、耐疲劳性等均稍低于天然橡胶。异戊橡胶主要用于轮胎生产，除航空和重型轮胎外，它可以部分替代天然橡胶。特别是全钢载重子午线轮胎因其使用环境苛刻，胎面胶以往都采用100%天然橡胶，成本较高，现在已经采用异戊橡胶部分替代。

丁腈橡胶(NBR)是由丁二烯和丙烯腈经乳液聚合法制得，其主要生产方法为低温乳液聚合法。丁腈橡胶的最大特点是耐油性极好，主要用于制造各种耐油橡胶制品，如耐油管、胶带、橡胶隔膜和大型油囊、O形圈、皮碗、膜片等，这些被广泛应用于汽车工业、航空工业、石油工业、电线电缆等行业中。普通丁腈橡胶只能在120℃以下长期使用，耐臭氧、耐候和耐辐射性能较差，因此开发了氢化丁腈橡胶，它是丁腈橡胶的加氢产物，既具有良好的耐油、耐臭氧、耐磨和耐化学品腐蚀性，又具有良好的耐热和耐低温性能，可用于制造苛刻条件下使用的耐油密封制品。

表7-2-1列出了主要通用合成橡胶与天然橡胶的特点及用途对比。

表7-2-1　通用合成橡胶与天然橡胶特点及用途

品种	单体	优点	缺点	用途
天然橡胶		具有优良的回弹性、绝缘性、隔水性及可塑性等，易于加工，自补强度很大，经炭黑补强后，机械强度性能较好，耐碱性好	在非极性溶剂中膨胀，耐油性差，耐溶剂性差，不耐候	具有广泛用途，用于制造各种轮胎、工业用传送带、耐酸和耐碱手套、胶管、胶鞋、减震零件等
丁苯橡胶	丁二烯、苯乙烯	其物理机械性能和使用性能接近天然橡胶。与天然橡胶比，具有良好的加工性能、耐磨性、较好的耐热老化性，生产成本低，接受填料能力强，与其他胶种具有较好的相容性	其伸长率、弹性和拉伸强度等性能不及天然橡胶	主要用于制造轮胎和橡胶工业制品，如胶管、胶带、胶鞋等
顺丁橡胶	丁二烯	顺丁橡胶与天然橡胶和丁苯橡胶相比，具有弹性高、耐磨性好、耐寒性好、生热低、动态性能好等特点	抗湿滑性差，撕裂强度和拉伸强度较低，加工性能稍差，需要与其他胶种并用	主要用于制造轮胎、高抗冲ABS，部分用于制造汽车部件(胶管、胶带等)和橡胶制品
乙丙橡胶	乙烯、丙烯、第三单体	弹性仅次于天然橡胶和顺丁橡胶，具有卓越的耐候性、耐老化性、耐臭氧性和耐热性，具有优良的电绝缘性	黏结性较差，耐燃性、耐焰性差，耐油性差	主要用于制造汽车部件、建筑材料、电气材料、橡胶制品等

续表

品种	单体	优点	缺点	用途
异戊橡胶	异戊二烯	性能与天然橡胶接近，与天然橡胶相比，具有纯度高、色泽浅、膨胀和收缩小、流动性好等优点	生胶强度、黏着性、加工性能以及硫化胶的抗撕裂强度、耐疲劳性等均稍低于天然橡胶	天然橡胶替代物，主要用于制造轮胎和橡胶制品
氯丁橡胶	2-氯-1，3-丁二烯	氯丁橡胶具有阻燃性、耐油性、耐化学腐蚀性和良好的密封性	贮存稳定性较差，老化后生胶变硬	主要用于制造胶黏剂、工业橡胶制品、电线、电缆等
丁腈橡胶	丁二烯、丙烯腈	耐油性好，对非极性和弱极性油类及溶剂具有较高的稳定性。耐热性优于天然橡胶、丁苯橡胶和氯丁橡胶	不适用于具有溶胀作用的极性溶剂中，耐臭氧和耐强氧化剂能力差	主要用于制作耐油橡胶制品，如耐油胶管、耐油胶鞋、胶辊等
丁基橡胶	异丁烯、异戊二烯	具有优良的气密性、耐热老化性，具有化学稳定性、耐臭氧性及耐候性，对多数有机酸和无机酸有优良的抗蚀性，具有良好的电绝缘性	黏结性较差，硫化速度慢，难与其他橡胶共混	主要用于制造轮胎内胎或气密层、医用瓶塞等

二、现状

世界合成橡胶的创立期为 20 世纪初期，至今已经有大约一百年的历史。合成橡胶的种类也从最初单一的钠催化聚合二甲基丁二烯得到的甲基橡胶，发展到各种功能橡胶百花齐放的局面。这些橡胶既包含丁苯橡胶、顺丁橡胶、乙丙橡胶、氯丁橡胶、丁基橡胶、丁腈橡胶和异戊橡胶等七大基本合成橡胶品种，也包括硅橡胶、聚硫橡胶、聚醚橡胶、氟橡胶、丙烯酸酯橡胶等特种功能橡胶。

世界合成橡胶的发展是伴随着汽车工业的迅速发展而壮大的，据国际橡胶研究组织 ISRG 预测，2012 年全球天然橡胶产量将达到 11.41Mt，而国际合成橡胶生产者协会（IISRP）的统计数据显示，2011 年世界通用合成橡胶和苯乙烯类热塑性弹性体生产装置总产能达 15.97Mt。世界合成橡胶的产能已经超过天然橡胶的产能。但就世界合成橡胶发展的总体趋势而言，自 2008 年世界金融危机后，受制于世界经济发展的放缓，世界合成橡胶的需求发展放缓，而亚洲产能快速扩张，世界合成橡胶的供应已经过剩。

（一）世界

世界合成橡胶的研究萌芽于 20 世纪初，科学家从分析天然橡胶的组成开始，试图合成与天然橡胶组分近似的橡胶。科学家从天然橡胶中干馏出了异戊二烯，并尝试合成异戊二烯，后来扩大到合成橡胶工业另一重要单体丁二烯的合成研究。从 20 世纪初到 20 世纪 30 年代，合成橡胶工业进入创立期[1]，科学家们不仅研究了以金属钠为催化剂聚合异戊二烯、二甲基丁二烯，还于一战期间生产甲基橡胶。一战结束后，德国以金属钠为催化剂聚合丁二烯，并将此合成橡胶取名 Buna 橡胶。美国的 Goodrich 公司和 Goodyear 公司也独立开发出 Buna S 橡胶。美国标准石油公司开发出丁基橡胶生产方法，并于 1943 年开始工业化生产。

20 世纪 40 年代至 70 年代，世界合成橡胶工业进入快速发展期，并步入成熟期。二战期间，出于战争机器的需要，橡胶成为重要的军需物资，美国通过成立国家合成橡胶战时生产委员会，大力促进合成橡胶装置的建设，一举成为世界头号合成橡胶生产强国。德国则经历了波折，在二战期间大力发展了 Buna 橡胶，但在战后其相关生产专有技术被美国和苏联接管。这期间乳聚丁苯橡胶生产技术得到发展，由热法聚合工艺转向冷法聚合工艺，产品性能得到极大提升，同时还开始生产充油胶。到 20 世纪 50 年代中期，高顺式聚丁二烯橡胶、异戊二烯橡胶、溶聚丁苯橡胶、乙丙橡胶等新品种相继问世，世界合成橡胶步入成熟期。

20 世纪 70 年代到 90 年代初，世界合成橡胶工业在波折中前进，由于 70 年代石油危机的影响，世界合成橡胶产量连续下降，而发达国家汽车工业不景气，合成橡胶需求量下滑，生产能力过剩，合成橡胶生产厂家在世界范围内进行了大规模的并购重组。在此期间，卤化丁基橡胶产品问世，进一步改善了丁基橡胶的加工性能；合成橡胶开始引入羧基、羟基、卤素等功能性基团，进一步改善合成橡胶性能；科学家们改进了催化体系，推出了稀土催化技术，生产出更高性能的合成橡胶；生产商建设多功能装置，根据市场需求变化来调整产品类型；气相法和茂金属催化体系引入聚烯烃类合成橡胶生产。

进入 20 世纪 90 年代后，合成橡胶的生产和消费向发展中国家转移，其中最明显的是中国。伴随着中国改革开放与经济发展，中国的汽车工业得到迅猛的发展，2013 年我国汽车产销量约 2200 万辆，牢牢占据世界第一大汽车生产国位置。2013 年我国轮胎制品出口大幅增加。1~11 月我国轮胎外胎出口 2.24 亿条，占据世界第一大轮胎外胎生产国位置。由于 2008 年到 2012 年间橡胶价格的高位，中国合成橡胶装置投资热潮高烧不退。据合成橡胶工业协会统计，2016 年底，中国主要合成橡胶(不包括胶乳和特种橡胶)生产能力为 5.80 Mt/a，占据世界第一合成橡胶生产国位置。

根据国际合成橡胶生产协会统计，2010 年世界主要国家和地区合成橡胶生产能力合计为 14.789Mt，其统计见表 7-2-2。

表 7-2-2　2010 年世界主要国家和地区合成橡胶生产能力　　万 t

国家和地区	乳聚丁苯橡胶	溶聚丁苯橡胶	顺丁橡胶	异戊橡胶	乙丙橡胶	丁基橡胶	丁腈橡胶	氯丁橡胶	苯乙烯嵌段聚合物	合计
美国	67.5	43	61.7	9	37.6	27.5	4.2	10	32.9	293.4
加拿大						15				15
北美合计	67.5	43	61.7	9	37.6	42.5	4.2	10	32.9	308.4
占世界比例/%	16	34.8	20.4	13	31.8	37.6	5.4	22.3	15.7	20.9
巴西	26.2	2.5	9		4		1.1		3.8	46.6
墨西哥	12	5.5	1.5				3		4	26
阿根廷	5.4						0.2			5.6
拉丁美洲合计	43.6	8	10.5	0	4	0	4.3	0	7.8	78.2
占世界比例/%	10.4	6.5	3.5		3.4		5.5		3.7	5.3
俄罗斯	46.9	4	24	51.2	2	25.3	5.2		3.5	162.1
法国	4.5	15	12		8.5	5.6	15.5		8.7	69.8
德国	11.8	10.7	13.6		7		1.1	10	9.5	63.7
意大利	12		8		8.5		3.3		9	40.8
英国	7.5	3	8			11	1.5			31
荷兰					16				1.8	17.8
比利时						13.5				13.5

续表

国家和地区	乳聚丁苯橡胶	溶聚丁苯橡胶	顺丁橡胶	异戊橡胶	乙丙橡胶	丁基橡胶	丁腈橡胶	氯丁橡胶	苯乙烯嵌段聚合物	合计
波兰	12.2						0.8			13
西班牙									12	12
捷克	9.5									9.5
塞尔维亚	4									4
亚美尼亚								0.8		0.8
欧洲合计	108.4	32.7	65.6	51.2	42	55.4	27.4	10.8	44.5	438
占世界比例/%	25.8	26.5	21.7	74	35.5	49.1	35.3	24.1	21.2	29.6
南非	3.5	0.9	4.7	0.4						9.5
伊朗	4		2.5							6.5
中东和非洲合计	7.5	0.9	7.2	0.4	0	0	0	0	0	16
占世界比例/%	1.8	0.7	2.4	0.6						1.1
中国	85.5	17.2	66.6		5.5	4.5	16	9	66	270.3
日本	32.5	18.6	29.1	8.6	17.1	10.5	8.5	15	16.3	156.2
韩国	51.6	1	31.2		11.2		12.3		14	121.3
中国台湾	10	2	10.4				3		28.4	53.8
泰国	7.2		12.2							19.4
印度	1		7.3		1		2			11.3
印度尼西亚	6									6
亚太合计	193.8	38.8	156.8	8.6	34.8	15	41.8	24	124.7	638.3
占世界比例/%	46.1	31.4	52	12.4	29.4	13.3	53.8	53.6	59.4	43.2
世界合计	420.8	123.4	301.8	69.2	118.4	112.9	77.7	44.8	209.9	1478.9

根据2010年世界主要国家和地区合成橡胶生产能力统计，亚洲已经成为世界合成橡胶发展的重心，其产能达到6.383Mt/a，占到世界总产能的43.2%，欧洲产能4.38Mt/a，占到世界总产能的29.6%，位居第二。分列产能前三位的国家分别为美国、中国、俄罗斯，其产能分别为2.934 Mt/a、2.703 Mt/a和1.621Mt/a。其中中国最近几年合成橡胶产能发展迅速，2013年底中国合成橡胶装置的产能达到5.09 Mt/a(包含七大基本胶种及SBCs，即表7-2-2统计项目)，超过美国，成为世界合成橡胶第一大产能国。

1. 北美

如表7-2-2所示，北美的合成橡胶产能主要是在美国。美国是世界上最早实现合成橡胶工业化生产的国家之一，也是当今合成橡胶生产技术的领先者。

1930年，美国的杜邦化学最早实现了氯丁橡胶的工业化生产。在1940~1945年的第二次世界大战期间，由于军工的需要，合成橡胶与天然橡胶的需求急剧扩大，美国宣布将橡胶作为战略物资，制定了橡胶的进口许可证制度，组建了国家合成橡胶战时生产委员会，组织美国的固特异、古德利奇、费尔斯通、美国橡胶四大轮胎公司和标准石油、陶氏化学在3年之内建成了24家合成橡胶厂，促成美国的合成橡胶工业大发展，居于当时全球垄断地位。1955年，为了寻入竞争，促进发展，美国将所有国企合成橡胶全部下放民间，形成50年代美国 10 大合成橡胶企业[2]。

60 年代前后，美国合成橡胶生产技术得到了大发展。不仅乳聚丁苯橡胶由热聚工艺转为冷聚工艺，还发展了充油胶，大大提高了橡胶性能，同时降低了生产成本。菲利浦、古德利奇、费尔斯通和固特异等还以不同催化体系发明了丁二烯橡胶、异戊橡胶与溶聚丁苯橡胶，并相继建厂投入工业化生产。埃克森、古德利奇、杜邦和联碳公司还以不同第三单体和聚合工艺方式实现三元乙丙橡胶的工业化生产。其相关生产技术还大量成套输往欧洲、日本、拉美等地区，极大地促进了整个世界的合成橡胶工业发展。在 1973 年和 1979 年出现的两次世界石油危机使美国合成橡胶工业受到重创，后来仅余下固特异、埃克森等少数几家企业。

固特异与埃克森美孚是美国主要合成橡胶生产厂家。美国固特异现为美国最大、世界第四的合成橡胶生产厂家，年产能力 775kt。博蒙特工厂建于 20 世纪 40 年代，为目前单体工厂中世界最大的一个，产能达到 475kt，技术实力仍极为雄厚。

埃克森美孚为世界最大和最老的合成橡胶企业之一，主要生产丁基橡胶和三元乙丙橡胶。1943 年最先开始工业化丁基橡胶生产，并以自己技术与美国政府合作，产品牌号称为 GR-1，多年来与加拿大宝兰山（现为朗盛）两家垄断世界丁基橡胶市场多年。该公司 1990 年收购了法国索卡布（socabu）丁基橡胶企业之后，在美国、英国、法国三地共有 4 个工厂，总产能力 422kt/a，占当时全球丁基橡胶的 70%多。除丁基橡胶以外，该公司另一重量级合成橡胶产品为三元乙丙橡胶，拥有 2 个工厂，年产 265kt 乙丙橡胶，居世界第一。另外在韩国有与锦湖化学和日本 JSR 三家合资企业。

如表 7-2-2 所示，美国各胶种装置齐全，各胶种占合成橡胶比例较为均衡，为世界合成橡胶工业强国。高端产品中，溶聚丁苯橡胶和丁基橡胶产能均世界第一，说明其技术实力雄厚。

2. 欧洲

欧洲也是世界上最早工业化合成橡胶的国家地区。德国的 Bayer 公司在一战时期就开始以钠催化聚合二甲基丁二烯生产甲基橡胶。二战时期，德国有多家工厂以金属钠为催化剂、丁二烯为单体生产 Buna 橡胶，其产能在 1943 年达到 112kt/a。二战期间，德国的合成橡胶技术也有了较大进步，丁苯橡胶合成技术由高温间歇聚合工艺转向低转化率的连续聚合工艺。二战结束之后，联邦德国在一段时期内被禁止生产合成橡胶，其合成橡胶生产专有技术由美国和苏联接管，苏联根据战略需要，大力发展合成橡胶工业，成为仅次于美国的合成橡胶生产大国。德国后来在 1950 年成立了拜耳公司，于 1955 年开始生产氯丁橡胶，再通过一系列并购，迅速发展壮大，成为世界级跨国合成橡胶企业集团，极大地促进了德国合成橡胶工业的发展。

如表 7-2-2 所示，俄罗斯为欧洲最大合成橡胶生产国，除了氯丁橡胶外，其余各胶种齐全。由于俄罗斯气候严寒，不易获得天然橡胶，因此其异戊橡胶产业非常发达，其异戊橡胶产能占世界异戊橡胶总产能的 74%。俄罗斯的合成橡胶经历过大发展，产能在 1990 年曾达到 2.36 Mt/a，位列当时的世界第一位。但苏联解体后，其合成橡胶需求严重不足，开工率长期维持在 40%左右。后来通过关停重组，形成了以西布尔、下卡姆斯克石化、卡乌丘克等为主的合成橡胶生产商体系。西布尔为俄罗斯最大的轮胎橡胶企业集团，拥有乳聚丁苯橡胶、顺丁橡胶、异戊橡胶、丁腈橡胶和丁基橡胶等多条生产线，总生产能力达到 653kt/a。

法国为欧洲第二大合成橡胶生产国，除了异戊橡胶和氯丁橡胶外，其余各胶种齐全。德国为欧洲第三大合成橡胶生产国，除了异戊橡胶和丁基橡胶外，其余各胶种齐全。总部设在德国的朗盛集团为全球生产能力最大的合成橡胶企业，其 12 家合成橡胶厂分布在 6 个国家，2008 年其装置总产能达到 1.43 Mt/a，除了不生产异戊橡胶外，其余胶种皆有生产。朗盛的前母体为拜耳公司，本就是世界级跨国合成橡胶企业集团，其乳聚丁苯橡胶、溶聚丁苯橡胶、丁腈橡胶、丁基橡胶、氯丁橡胶产能及技术均位居世界前列。

3. 其他

除了北美和欧洲以外，主要的合成橡胶生产地区为亚太地区，2010 年亚太地区的合成橡胶总产能为 6.383 Mt/a，各胶种产品齐全，占到世界总产能的 43.2%。拉丁美洲地区 2010 年合成橡胶总产能为 782kt/a，仅占世界总产能的 5.3%。由于该地区盛产天然橡胶，所以合成橡胶需求较小。中东和非洲总产能为 160kt/a，仅占世界总产能的 1.1%。

（二）亚洲

亚洲的合成橡胶工业始于日本，始于 20 世纪 40 年代。但在 80 年代前，世界合成橡胶生产的重心在北美和欧洲。由于第二次石油危机的影响，欧美的合成橡胶装置进行了大量的关停重组，同时由于欧美经济的放缓，合成橡胶需求疲软，而亚洲经济开始崛起，从 80 年代后，世界合成橡胶工业的增长极由西方转向了东方。根据国际合成橡胶生产协会统计，2005 年世界主要国家和地区合成橡胶生产能力合计为 12.651 Mt/a，其中亚太地区产能为 4.646 Mt/a，占世界总产能的 36.7% ，超过北美和欧洲成为世界合成橡胶产能第一地区。到 2010 年，世界主要国家和地区合成橡胶生产能力合计为 14.789Mt，而亚太地区的产能进一步扩张至 6.383 Mt/a，占到世界总产能的 43.2%，占比进一步提高。得益于经济与汽车工业的高速发展，2013 年底中国合成橡胶装置的产能达到了惊人的 5.09 Mt/a，亚太地区合成橡胶产能第一的位置进一步加强。

二战后的 20 年(1945 年至 20 世纪 60 年代中期)是日本现代汽车工业的基础阶段。日本经济在经历了二战的毁灭和战后十年的复苏之后，在 1955 年进入高速发展阶段。60 年代中期到 70 年代，日本汽车工业高速发展。1967 年日本超过德国而成为第二大汽车生产国。由于日本汽车工业的高速发展，与汽车工业密切相关的合成橡胶工业也得到快速发展。50 年代，日本主要从美国进口合成橡胶。到 60 年代，日本开始引进合成橡胶生产技术，自己投资建立合成橡胶生产装置，同时又加强自有技术的研发，在 60 年代先后实现了丁腈橡胶、丁苯橡胶、氯丁橡胶的国产化，随后又实现了丙烯酸酯橡胶、顺丁橡胶、丁基橡胶、乙丙橡胶等的工业化，成为合成橡胶生产强国。日本国内主要的合成橡胶生产商是 JSR 和瑞翁公司，占据了国内市场 90%的份额[2]。JSR 拥有 3 个工厂，产能 543kt/a，主要生产乳聚丁苯橡胶、溶聚丁苯橡胶、丁腈橡胶、顺丁橡胶、丁基橡胶和三元乙丙橡胶等。其丁腈橡胶和三元乙丙橡胶生产技术为自主研发，已经输出到国外。瑞翁公司是世界上生产合成橡胶品种最多的企业，总生产能力为 416kt/a，在日本国内有 4 个工厂，国外在美英收购有 3 个企业，以生产特种橡胶见长。

除中国与日本外，韩国是亚洲第三大合成橡胶生产国。其国内主要生产商为锦湖化学，该公司成立于 1973 年，但发展非常迅速，2007 年时拥有产能 870kt/a，位居当时世界第三。锦湖化学目前主要生产丁苯橡胶、顺丁橡胶、丁腈橡胶和苯乙烯嵌段聚合物。除锦湖化学外，韩国另一大合成橡胶生产企业 LG 化学拥有 2 家工厂，主要生产乳聚丁苯橡胶、顺丁橡胶、丁腈橡胶和苯乙烯嵌段聚合物，产能达到 270kt/a。

（三）中国

中国合成橡胶的起步较晚，科研探索始于20世纪50年代初期，而工业化生产则始于50年代末。1958年在四川长寿建成的2000t/a氯丁橡胶装置是我国的首套合成橡胶装置。1960~1962年，在苏联的援助下，在兰州分别建成了13.5kt/a丁苯橡胶装置和1.5kt/a丁腈橡胶装置，这标志着中国合成橡胶工业的创立[3]。

中国合成橡胶工业是在自主创新和引进技术的基础上起步的，并在自主创新技术不断丰富和完善过程中逐渐发展、壮大。伴随着技术进步，伴随着中国经济的发展，伴随着中国汽车工业的高速发展，中国合成橡胶工业产能不断扩大。如表7-2-3所示，2012年我国汽车产量是2002年的约6倍，轮胎外胎产量约为2002年的5.5倍，合成橡胶产量则为2.9倍。中国汽车工业的飞速发展带动了合成橡胶工业的快速发展。

表7-2-3　中国轮胎、合成橡胶与汽车产量统计

项　目	2002年	2005年	2008年	2010年	2012年	2016年	2017年
轮胎外胎/万条	16307	34390	54615	77612	89370	94974	92789
合成橡胶/kt	1360	1810	2380	3200	3970	5600	5920
汽车产量/万辆	325	570	931	1827	1928	2812	2902

注：数据来自国家统计局，其统计口径广，包含合成胶乳、特种橡胶等，数值比表7-2-4中数值大。轮胎外胎统计包括力车胎等，不仅限于机动车轮胎。

如表7-2-4所示，从2000年以后，中国合成橡胶的生产能力和产量产生了飞跃式发展，到2016年底，中国合成橡胶装置生产能力为5.80 Mt/a，稳居世界第一，同时产能过剩。据统计，2016年主要合成橡胶装置能力利用率仅为56.5%[16]。2016年，中国石化关闭了上海高桥分公司120kt/a的顺丁橡胶装置，合成橡胶开启去产能之路。

表7-2-4　中国合成橡胶生产能力与产量[3]　　kt/a

年份	生产能力	产量	年份	生产能力	产量
1960	15.5	3.6	2004	1283	1235
1970	40	24.1	2007①	1658	1633
1980	120	122	2013②	4890	2980
1990	356	299	2016②	5800	3200
2000	1060	764			

①数据摘自2007年世界合成橡胶生产能力概况(上)[4]。

② 数据来自合成橡胶工业协会2013年及2016年国内合成橡胶产业回顾及展望。

中国合成橡胶工业从1958年的氯丁橡胶开始，经过56年的发展，合成橡胶品种已经涵盖七大基本橡胶品种和苯乙烯嵌段聚合物，品种齐全，产品结构比例也基本符合市场化配置，取得了长足进步。

氯丁橡胶是中国最早研发的一种合成橡胶，中国科学院长春应用化学研究所(以下简称长春应化所)于1950年首先开展氯丁橡胶的研制，于当年年底实验合成出氯丁橡胶样品。经过中试研究，于1955年以该技术为基础，在苏联专家的指导下，于四川长寿建设2000t/a氯丁橡胶装置，并于1958年建成投产，填补了中国合成橡胶的空白。中国早期的氯丁橡胶装置生产合格率低、物料单耗高、环境污染大。后来生产厂和研究院进行了大量的技术改造和研发，提升了聚合釜产能，改善了污水水质，实现了无盐凝聚，研发出复合调节型、非污染型、耐寒型氯丁橡胶，还研制出氯丁胶乳。目前，我国氯丁橡胶与世界先进水平相比，仍有一定差距，主要是物耗高、设备运行周期短、副产物回收及综合利用水平不高。国内的主要氯丁橡胶生产商为重庆长寿化工和山西合成橡胶集团。

丁苯橡胶是世界上最大宗的通用合成橡胶，分为乳聚丁苯橡胶和溶聚丁苯橡胶两种。乳聚丁苯橡胶是在引进的基础上起步的，1960 年兰化公司引进苏联热聚合技术建成了13.5kt/a 硬丁苯橡胶生产装置。随后，兰化公司研究院开发出了低温丁苯聚合技术。20 世纪 80 年代，吉林化学工业公司和山东齐鲁石化公司分别从日本 JSR 和瑞翁公司引进了乳聚丁苯橡胶技术，建成了 2 套 80kt/a 丁苯橡胶装置。在这些引进装置技术的基础上，各生产厂家进行了大量的技术改造与开发，开发出新牌号产品，生产环保型丁苯橡胶，开发出快速高转化技术。经过多年的技术改进，中国乳聚丁苯橡胶生产水平已经与世界先进水平相当。山东齐鲁工程公司在消化吸收国外引进技术的基础上，对生产工艺进行了一系列优化，对某些关键设备做了较大技术改进，降低了装置的物耗、能耗，形成了具有自主知识产权的 100kt/a 乳聚丁苯橡胶成套技术工艺包，2005 年 8 月通过了中国石油化工集团公司专家组的鉴定。以齐鲁技术先后建成了 3 套 100kt/a 丁苯橡胶装置，装置均一次投料开车成功，产品质量达到国内先进水平。相比于乳聚丁苯橡胶，溶聚丁苯橡胶在中国发展较慢，2010 年中国的乳聚丁苯橡胶已经达到 855kt/a，而溶聚丁苯的生产能力为 172kt/a。1982 年，燕山石化研究院开始研究溶聚丁苯橡胶，利用 SBS 中试装置，完成了 SSBR 的中试工作，并利用燕山石化合成橡胶厂闲置顺丁橡胶装置生产线进行了 SSBR 千吨级工业化试验，该技术成果“万吨级 SSBR 成套工业生产技术”于 1997 年通过了中石化组织的鉴定。1999 年中石化茂名分公司引进比利时 FINA 公司成套技术建成的 30kt/aSSBR 装置投产，但由于市场价格等原因，改为了生产充油 SBS。至 2011 年，中国大陆的溶聚丁苯橡胶生产能力为 260kt/a[5]，均为多功能生产装置。尽管中国的 SSBR 生产能力不低，但装置的利用率不高，产量较低。其主要原因是 SSBR 的生产成本高，而国内对高性能轮胎需要不迫切，国内现生产的 SSBR 品种牌号单一，从产品性能上不能充分满足国内不同用户的需求，而 SSBR 的市场价格受 ESBR 及天然橡胶的价格影响较大。不过从长远发展看，随着人们生活水平的提高、环保意识的加强、购买力的增强，对高性能轮胎的需求会逐步增长，中国的溶聚丁苯橡胶会得到稳步发展。

顺丁橡胶是产量仅次于丁苯橡胶的第二大合成橡胶品种。顺丁橡胶在我国起步较早，也是技术最成熟的胶种。长春应化所与国外同步研究了钛、钴、镍等引发体系的丁二烯定向聚合研究，于 1962 年通过科学院的鉴定。1966 年，国家科委、石油部、化工部等中央部委组织长春应化所、兰州化物所、兰化研究院、锦州石油六厂等单位进行原料丁二烯生产成套技术与顺丁橡胶生产成套技术的科技攻关，整个攻关历时 5 年之久。1971 年，首套完全采用我国自行研究开发技术建成的北京燕山石化公司 15kt/a 顺丁橡胶装置投产，标志我国顺丁橡胶工业化的开始。我国首套顺丁橡胶装置开车初期工艺技术落后，聚合釜严重挂胶，装置无法连续运转，产品质量差，污染严重。随后又组织了顺丁橡胶生产技术的第二次攻关会战，解决了挂胶、堵塞问题，再经过多年的探索研究，我国顺丁橡胶装置的技术经济、产品质量等取得长足进步，聚合釜生产强度高，聚合单线能力达到 60kt/a，催化体系活性高，我国顺丁橡胶生产技术已经处于国际先进水平，国内生产厂以采用国产顺丁橡胶技术为主。在改进高顺式丁二烯橡胶生产工艺以节能降耗的同时，国内还开发了低顺式丁二烯橡胶生产技术，开发顺丁橡胶新品种和新牌号。稀土顺丁橡胶由于抗湿滑性、内生热性等性能优于镍、钴系顺丁橡胶，近年得到大力研究发展。20 世纪 70 年代，锦州石化公司与长春应化所合作进行了稀土充油顺丁橡胶的研究与开发，并在千吨级中试装置上进行放大试验，取得了成功。但受限于当时条件限制，该技术未推广。随着轮胎子午化的发展，我国国内对稀土顺丁橡胶的需求量越来越大。锦州石化公司与长春应化所从 1997 年重新研究稀土顺丁橡胶工业化，并于 1998 年成功进行工业化试生产。经过逐步完善，形成了整套成熟的稀土顺丁橡胶工业化生产技术。2012 年 10 月，采用燕山石化与北京化工大学合作开发的稀土顺丁橡胶技术建成的燕山石化 30kt/a 稀土顺丁橡胶装置顺利投产，标志着我国顺丁橡胶技术全面步入国际先进行列。

丁腈橡胶的主要特性是耐油、耐热，主要用于制作耐油橡胶制品，需求量不大，我国没有成套自行开发的丁腈橡胶生产技术。我国丁腈橡胶的生产始于 20 世纪 60 年代，兰州石化合成橡胶厂引进苏联热法乳液聚合技术建成了 1500t/a 丁腈橡胶装置，该装置经过多次改扩建，到 20 世纪末达到 4000t/a 的产能。截至 2012 年，我国丁腈橡胶主要生产企业为兰州石化、镇江南帝和宁波顺泽，兰化产能 69. 5kt/a，镇江南帝产能 30kt/a，宁波顺泽产能 50kt/a，总计产能为 149. 5kt/a。2012 年底，中国石化与俄罗斯西布尔签署了关于认购后者克拉斯诺亚尔斯克市合成橡胶厂股份公司 25%股份+1 股的协议，进军丁腈橡胶行业。我国丁腈橡胶装置主要生产批量大的通用牌号产品，兰州石化和宁波顺泽在产品牌号上较为单一，镇江南帝的牌号品种较为丰富。我国对丁腈橡胶的研究主要集中在新产品研制方面，国内最早生产丁腈橡胶的兰化公司合成橡胶厂研制成功粉末丁腈橡胶、液体丁腈橡胶、丁腈胶乳和丁腈-聚氯乙烯共混胶。我国丁腈橡胶生产整体水平离世界先进水平还有一定差距。

异戊橡胶有着与天然橡胶近似的性能，虽然我国对合成异戊橡胶的研究开始很早，但在我国工业化较晚。我国从 20 世纪 60 年代开始研究异戊橡胶，最初的研究以 Al-Ti 引发体系为主，进行过工业试验，但最终未工业化。稀土引发体系最早由长春应化所研究，并最早公布了稀土催化剂用于聚合双烯烃合成高顺式结构聚合物的研究成果。70 年代确立了三元和二元稀土催化体系合成异戊橡胶，该技术经多家研究单位验证，于 1973 年用自行研制的稀土引发剂在燕山石化合成橡胶厂顺丁橡胶生产装置上进行试产，得到的异戊橡胶与日本异戊橡胶 IR-10 性能相近。吉化公司还于 1982 年开始进行了反式异戊橡胶的研究，于 1986 年中试成功，其试制品性能达到加拿大同类胶水平。山东青岛伊科思公司和锦州石化公司也分别建立了连续的中试装置生产出异戊橡胶。2009 年 12 月，茂名市科技局鉴定通过了茂名鲁华化工有限公司的稀土橡胶生产技术。2010 年 4 月，国内第一套异戊橡胶工业化装置 15kt/a 异戊橡胶项目在茂名鲁华化工有限公司顺利投产，该项目的投产填补了国内异戊橡胶的空白。同年 7 月，青岛伊科思公司的 30kt/a 异戊橡胶装置顺利投产。2012 年，采用长春应化所技术的山东神驰有限公司 30kt/a 稀土异戊橡胶生产装置一次开车成功。2013 年 5 月，采用燕山石化与北化院燕山分院开发的具有自主知识产权的技术建成的燕山石化 30kt/a 异戊橡胶装置顺利投产。在中国顺丁橡胶技术水平较高的基础上，稀土异戊橡胶技术以较高的起点工业化，逐步追上世界先进水平。

乙丙橡胶与其他合成橡胶相比，其应用领域广，已广泛应用到汽车部件、建材、电线电缆、耐热胶管、汽车密封件及润滑油添加剂和聚烯烃改性等方面。乙丙橡胶约 50%应用于汽车工业，我国汽车工业发展迅速，但乙丙橡胶的产能却一直远远不能满足需要。虽然我国关于乙丙橡胶生产技术的研究起步较早，但可惜的是一直未形成工业化生产能力，截至 2010 年底，仅有吉林石化拥有 45kt/a 的乙丙橡胶产能。1960 年北京化工研究院成立乙丙橡胶研究课题组，1962 年建成了可小批量试制乙丙橡胶的中试车间。1968 年化工部第一设计院根据北京化工研究院提供的基础设计，为兰化合成橡胶厂设计了 2000t/a 乙丙橡胶装置，采用的是连续常压溶液聚合工艺，该装置到 1977 年才产出质量合格的三元乙丙橡胶，后因该装置整体技术落后原因于 20 世纪 80 年代中期停产。在国内技术未工业化的情况下，1997 年中石油吉林石化公司引进日本三井石化公司的溶液聚合法生产技术建成的 20kt/a 乙丙橡胶装置投产，可以生产 24 个牌号产品。2010 年吉林石化新建成的 25kt/a 乙丙橡胶 B 线装置投入试生产，使中国乙丙橡胶产能增至 45kt/a。经过多年生产实践和吸收消化，目前吉林石化装置生产控制日趋成熟，研究开发系统完善，近年来又开发出应用于润滑油改性剂、汽车内胎及密封条行业的乙丙橡胶新品种，并进行液体乙丙橡胶的开发与生产前期工作。吉林石化还在中国石油总部的大力支持下，组织研究院与有机合成厂共同实施“200t/a 乙丙橡胶中试装置建设及产品开发”项目，利用该中试装置，开发形成自有知识产权的成套技术工艺软件包，并于 2014 年建成 40kt/a 乙丙橡胶装置。在吉化公司发展乙丙橡胶的同时，中国石化与日本三井化学公司合资在上海高桥建设 75kt/a 乙丙橡胶装置，该装置于 2014 年投产。

苯乙烯嵌段聚合物主要是指 SBS、SIS 等苯乙烯和二烯烃嵌段共聚物，它兼具热塑性塑料加工性能和硫化橡胶高弹性。苯乙烯嵌段聚合物是以烷基锂为引发剂，在非极性溶剂中，用负离子“活性聚合”方法制备。1975 年，燕山石化研究院建成 100 升反应釜的锂系聚合物中试装置，开展 SSBR 的合成试验，并于 1978 年在中试装置上试制出 SBS。1982 年，燕山石化研究院完成了 SBS 全流程试验，并开发出 6 个基本牌号。随后岳阳化工总厂橡胶厂与燕山石化研究院合作，先后完成建设 3000t/aSBS 工业试生产装置及 SBS 万吨级工业技术开发研究任务，1991 年整套装置通过了中国石化组织的验收与技术鉴定，其主要技术达到国外 80 年代水平。该技术于 1986 年出口转让到意大利 Enichem 公司，建设 25kt/a SBS 装置，1988 年再次出口转让 SSBR 成套生产技术给意大利 Enichem 公司建设 30kt/a SSBR 装置，这结束了我国合成橡胶技术只进不出的历史。经过多年的努力，我国已经形成大规模 SBS 生产能力，2004 年 SBS 的产量达到 260kt，占当时世界产量的近五分之一。我国自主研发的 SBS 的工业化技术，在能耗、物耗、质量等方面与当前国际先进水平相当，装置的技术经济水平居世界领先水平。

丁基橡胶属于合成橡胶品种里的高端产品，由于合成技术复杂，世界丁基橡胶主要生产商 EXXON 和 Laxess 一直垄断市场，并不对外转让技术。我国于 1966 年开始研究丁基橡胶聚合技术，兰化研究院负责三氯化铝-氯甲烷体系的淤浆法技术研究，中国科技大学负责以三氯氧钒-一氯二乙基铝催化体系的高温溶液聚合技术研究，但经过 7 年的研究，结果并不理想，1983 年主管部门停止了该技术的研究工作。1996 年燕山石化引进意大利 PI 公司的丁基橡胶生产技术和卤化丁基生产技术，于 1999 年底建成 30kt/a 丁基橡胶装置，经过两年的技术攻关和生产参数调优，该装置 2002 年转入正常生产，并于 2008 年扩能到 45kt/a。2006 年，中国石化组织燕山石化橡胶厂、燕化研究院与中国石化工程建设公司联合攻关溴化丁基橡胶生产技术，2007 年成功开发出具有自主知识产权的 30kt/a 溴化丁基橡胶工艺包，并在燕山建成 30kt/a 溴化丁基橡胶装置，2011 年 10 月开车成功，生产出合格溴化丁基橡胶产品，填补了国内溴化丁基橡胶生产空白。除燕山石化外，国内主要的丁基橡胶现有产能包括浙江信汇的 50kt/a 丁基橡胶及盘锦和运的 60kt/a 丁基(卤化丁基)橡胶。燕山石化作为国内首家丁基橡胶生产商，在丁基橡胶生产方面做了很多研究工作，通过技术改造提升装置技术经济能力，同时形成了相关操作 Know-how，基于长期的经验积累和技术进步，2008 年燕山石化与中国石化工程建设公司合作开发了 90kt/a 丁基橡胶装置工艺包，形成具有自主知识产权的丁基橡胶生产技术，该技术获得中国石化集团公司审查通过，并以此技术在燕山建设 90kt/a 丁基橡胶装置，该装置 2014 年开车成功。

我国合成橡胶工业经过 50 多年的发展，已经形成以中国石化和中国石油为主、民营企业遍地开花的竞争态势。由于我国合成橡胶装置近年来产能的极度膨胀，装置的开工率迅速下降，2016 年合成橡胶装置的总体开工率只有 60%左右。未来几年，我国合成橡胶工业必然面对消化产能过剩的痛苦过程。表 7-2-5 列出了我国主要合成橡胶生产企业的产能情况，其中苯乙烯嵌段聚合物资料不全，有一定出入。

表 7-2-5　2016 年中国合成橡胶主要生产企业产能

集团	生产企业	乳聚丁苯橡胶	溶聚丁苯橡胶	顺丁橡胶	异戊橡胶	乙丙橡胶	丁基橡胶	丁腈橡胶	氯丁橡胶	苯乙烯嵌段聚合物	合计
中国石化	燕山石化		3	15	3		13.5			9	43.5
	齐鲁石化	23		6							29
	高桥石化		10			7.5					17.5
	巴陵石化		3	6						30	39
	茂名石化		1	10						7	18
	福橡化工	10		5							15
	小计	33	17	42	3	7.5	13.5	0	0	46	162
中国石油	吉林石化	15				8.5					23.5
	兰州石化	15						7			22
	锦州石化			6							6
	大庆石化			16							16
	抚顺石化	20									20
	独山子石化		10	5						8	23
	成都乙烯			15							15
	小计	50	10	42	0	8.5	0	7	0	8	125.5
其他	南通申华	18									18
	青岛第派				3						3
	山东神驰				3						3
	茂名鲁华				1.5						1.5
	淄博鲁华				5						5
	重庆长寿								2.8		2.8
	山西合成橡胶								5.5		5.5
	镇江南帝							6			6
	黄山华兰							2			2
	天津陆港	10									10
	普利司通	5									5
	杭州浙晨	10									10
	浙江信汇						8				8
	浙江传化			10							10
	山东万达			8							8
	山东玉皇			10							10
	蓝德化工			5							5
	扬子金浦	10		10							20
	寿光骏腾			5							5
	台湾宇部			7.2							7.2
	山东华懋	10		10							20

续表

集团	生产企业	乳聚丁苯橡胶	溶聚丁苯橡胶	顺丁橡胶	异戊橡胶	乙丙橡胶	丁基橡胶	丁腈橡胶	氯丁橡胶	苯乙烯嵌段聚合物	合计
其他	齐翔腾达			5							5
	浙江维泰	10									10
	宁波顺泽							6.5			6.5
	宁波 SK					5					5
	宁波金海德旗				3						3
	宁波科元									14	14
	辽宁北方		10								10
	镇江奇美		4								4
	朗盛台橡							3			3
	阿朗新科(常州)					16					16
	山东京博						5				5
	天利实业				3						3
	惠州李长荣									20	20
	金浦英萨							3			3
	台塑宁波						5				5
	盘锦和运						6				6
	青岛伊科思				3						3
	小计	73	14	70.2	21.5	21	24	20.5	8.3	34	286.5
总计		156	41	154.2	24.5	37	37.5	27.5	8.3	88	574

三、未来

我国合成橡胶由于过度投资，总生产能力已经严重过剩，但未来几年仍有在建装置将投产，将进一步加大过剩程度。在可以预见的相当长一段时间内，我国合成橡胶面临的是去产能化的痛苦过程。

近年来，世界经济呈现缓慢复苏态势，增长乏力，发达国家经济缓慢复苏，新兴市场国家与发展中国家经济增速普遍放缓，世界经济下行的压力较大，世界橡胶需求未完全恢复。在世界橡胶需求缓慢增长的同时，一方面，天然橡胶新增资源快速增长，天然橡胶库存水平不断增加，其供应面持续宽松，导致天然橡胶价格持续下跌，对合成橡胶价格形成持续压制。另一方面，我国合成橡胶装置产能受前几年橡胶价格大幅上涨及高额利润的驱使，在最近两年产生了持续的飞升，导致合成橡胶产能严重过剩，而后两年新增产能的持续释放将进一步加重这种过剩。我国合成橡胶工业的严冬到来了。在充分竞争的市场环境下，重视生产技术研究，发展高性能牌号产品，避免生产同质化普通产品，将是企业的生存之道。

未来合成橡胶工业的发展必须符合市场的需求。合成橡胶最重要的应用领域依然是汽车轮胎，现代汽车在高速、安全、节能、环保方面的发展对轮胎性能提出了新的要求，从而对生产轮胎的合成橡胶原料提出了更高的要求。溶聚丁苯橡胶有很好的滚动阻力、抗湿滑性能和耐磨性能，代表着丁苯橡胶的发展方向。稀土顺丁橡胶由于抗湿滑性、内生热性等性能优于镍、钴系顺丁橡胶，因此符合高性能轮胎在高速、节能、安全、环保等方面发展的需要，代表着顺丁橡胶的发展方向。卤化丁基橡胶由于比普通丁基橡胶具有更好的加工性、共混性，代表着丁基橡胶的发展方向。合成橡胶的另一重要应用领域是汽车部件和轨道交通，涉及密封、传动、装饰、减震等重要部件，乘用车的快速发展和高铁、城市轻轨等的兴起，对用于装饰、减震、油封等的三元乙丙橡胶、丁腈橡胶以及氢化丁腈橡胶、SEBS 等橡胶将有更高的要求。热塑性的橡胶产品由于兼具橡胶和塑料的特性，不需要高温硫化，并且可采用塑料机械加工，其生产过程能耗比传统合成橡胶低 30%多，符合绿色产业发展方向。

随着 LNG 市场的发展，LNG 冷能的利用对节能减排具有重要意义。采用低温反应的丁基橡胶装置，可以考虑利用 LNG 冷能替代目前的乙烯、丙烯制冷系统，提高装置技术经济指标。

由于市场需求变化快，未来建设多功能生产橡胶装置也是发展方向，以不同的产品应对市场。多功能装置主要以溶液聚合为主，可以兼产 SSBR、SBS、LCBR 等产品。

第二节　丁基橡胶

一、产品规格

丁基橡胶(IIR，指普通丁基橡胶，下文同)是由异丁烯和少量异戊二烯共聚而成，异戊二烯的含量仅占 0.6%~3.0%(mol)。由于丁基橡胶主链上来自异丁烯的侧甲基密集排列，所以丁基橡胶的气密性很好，主要用于制作各种轮胎的内胎、无内胎轮胎的气密层等。

丁基橡胶的品种牌号主要用数字或字母表示出产品的不饱和度大小、稳定剂类型和门尼黏度高低。表 7-2-6 至表 7-2-9 列出 EXXON 普通丁基橡胶部分产品规格。牌号中首位数字表示产品不饱和度的高低，用 0、1、2 和 3 表示，数字越大，不饱和度越高；牌号中第二位数字表示稳定剂类型，6 为非污染型稳定剂；末位数字表示门尼黏度大小，数字越大，门尼黏度越大。

表 7-2-6　EXXON Butyl 065 产品规格

项　目	目标值	最小值	最大值	项　目	目标值	最小值	最大值
门尼黏度$ML_{1+8}^{125℃}$	32	29	35	挥发分/%	—	—	0.3
稳定剂(非污染型)/%	—	0.03	—	不饱和度/%(mol)	1.05	0.85	1.25

表 7-2-7　EXXON Butyl 068 产品规格

项　目	目标值	最小值	最大值	项　目	目标值	最小值	最大值
门尼黏度$ML_{1+8}^{125℃}$	51	46	56	挥发分/%	—	—	0.3
稳定剂(非污染型)/%	—	0.03	—	不饱和度/%(mol)	1.15	0.95	1.35

表 7-2-8　EXXON Butyl 268 产品规格

项　目	目标值	最小值	最大值	项　目	目标值	最小值	最大值
门尼黏度$ML_{1+8}^{125℃}$	51	46	56	挥发分/%	—	—	0.3
稳定剂(非污染型)/%	—	0.03	—	不饱和度/%(mol)	1.7	1.5	1.9

表 7-2-9　EXXON Butyl 365 产品规格

项　目	目标值	最小值	最大值	项　目	目标值	最小值	最大值
门尼黏度$ML_{1+8}^{125℃}$	33	30	36	挥发分/%	—	—	0.3
稳定剂(非污染型)/%	—	0.03	—	不饱和度/%(mol)	2.3	2.0	2.6

注：表 7-2-6 至表 7-2-9 数据摘自 EXXON MOBIL CHEMICAL 网站。

国内最早的生产商中国石化北京燕山分公司的丁基橡胶品种牌号采用类似命名方法。表7-2-10至表7-2-11列出燕山石化普通丁基橡胶部分产品规格。牌号中首两位数字表示产品不饱和度的高低，如17表示不饱和度为1.7%(mol)；牌号中后两位数字表示门尼黏度大小，如51表示门尼黏度为51。牌号中末位字母表示稳定剂类型，F表示食品级，不加稳定剂。

表7-2-10　燕山石化IIR-1751产品规格

项　目	目标值	最小值	最大值	项　目	目标值	最小值	最大值
门尼黏度$ML_{1+8}^{125℃}$	51	46	56	挥发分/%	—	—	0.3
稳定剂(非污染型)/%	—	0.05	—	不饱和度/%(mol)	1.7	1.5	1.9

表7-2-11　燕山石化IIR-1751F产品规格

项　目	目标值	最小值	最大值	项　目	目标值	最小值	最大值
门尼黏度$ML_{1+8}^{125℃}$	51	46	56	挥发分/%	—	—	0.3
稳定剂(非污染型)/%	—	—	—	不饱和度/%(mol)	1.7	1.5	1.9

注：表7-2-10至表7-2-11数据摘自北京燕山石化公司网站。

二、原料制备及辅助材料规格

丁基橡胶是由异丁烯和少量异戊二烯共聚生成的，其主要原料为异丁烯和异戊二烯。两种原料均为大宗基本有机原料，目前异丁烯主要由MTBE裂解法生产，异戊二烯则主要由C_5馏分抽提法生产。

(一) 异丁烯

1. MTBE裂解法生产异丁烯流程

异丁烯是基本有机化工原料，其工业获取方法包括硫酸萃取法、叔丁醇脱水法、异丁烷脱氢法、正丁烯异构法、MTBE裂解法等。由于20世纪后期MTBE产能迅速发展，MTBE裂解制异丁烯成为获取高纯异丁烯的主流生产技术。意大利Snam、法国IFP、原北京燕山石化公司研究院等均具有MTBE裂解制异丁烯生产技术。

以原北京燕山石化公司研究院自主开发的工艺技术来说明MTBE裂解制异丁烯的工艺流程[6]。原料MTBE预热后汽化，再进入裂解反应器，原料气在反应器中，在固体酸催化剂催化作用下发生分解反应，生成异丁烯和甲醇。反应是吸热反应，反应器采用列管式固定床反应器，加热介质通过壳程为反应供热。反应后气体自反应器底部出来，先与原料MTBE换热冷却，再冷凝为液体。反应后液体混合物先入甲醇水洗塔进行水洗，甲醇溶于水中，自塔釜去甲醇蒸馏塔回收甲醇，塔顶为含异丁烯、MTBE等的油相。该油相经分水后进入异丁烯精馏塔，塔釜得到含MTBE和低聚物的重组分，塔顶得到粗异丁烯。粗异丁烯经软水二次水洗后，除去其中的微量甲醇，进入异丁烯精制塔进一步脱除轻组分，含二甲醚及水的轻组分自塔顶采出，可送至MTBE合成装置利用其中的异丁烯，塔釜得到聚合级的高纯异丁烯。自甲醇水洗塔釜得到的甲醇水溶液送入甲醇蒸馏塔，自塔上部侧线采出含甲醇>95%的粗甲醇回收使用，塔釜得到的再生水一部分循环使用，一部分成为生产污水。工艺流程见图7-2-1。

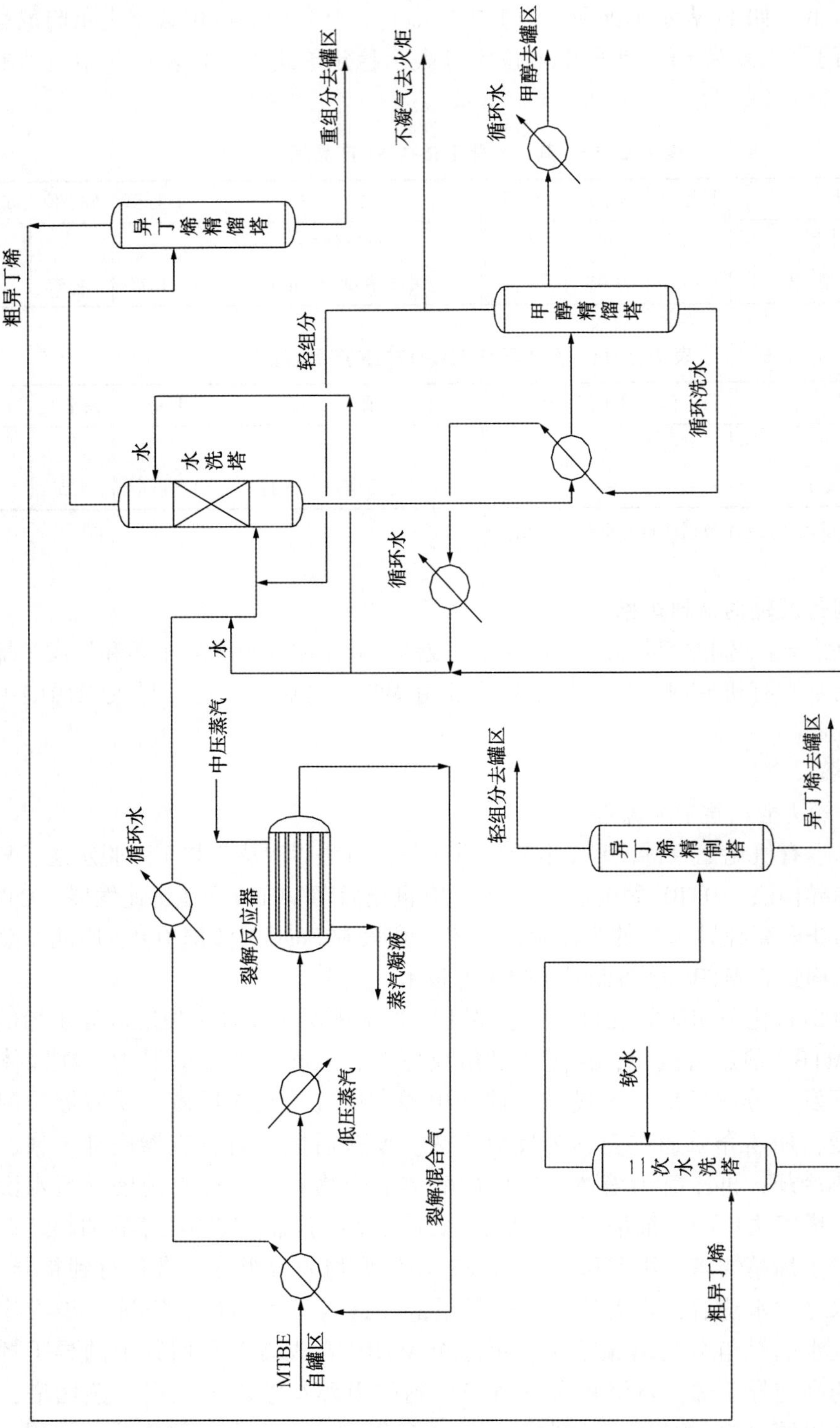

图7-2-1　MTBE裂解制异丁烯工艺流程简图

2. 异丁烯规格

目前，异丁烯主要由 MTBE 裂解法生产，其技术规格见表 7-2-12[1]。

表 7-2-12　异丁烯技术规格

项　　目	数值	项　　目	数值
异丁烯纯度/%	≥99.5	丙烯/(μg/g)	≤50
1-丁烯/(μg/g)	≤200	水/(μg/g)	≤30
2-丁烯/(μg/g)	≤300	二甲醚/(μg/g)	≤5
二烯烃/(μg/g)	≤50	甲醇/(μg/g)	≤5
丙烷/(μg/g)	≤500	MTBE/(μg/g)	≤5

根据对阳离子聚合反应的研究，原料中的各种有害杂质对聚合反应有极大的影响，一定要保证原料技术规格满足聚合需要。直链烯烃是一种链转移剂，超过一定限度后会显著降低聚合物相对分子质量及单体转化率；微量水分提供氢离子为引发剂，但过量时会破坏共引发剂三氯化铝，降低其效率，直至减缓和阻止聚合；二甲醚是一种严重影响聚合的毒物，当其在氯甲烷中含量高于 5μg/g 时，单体转化率、聚合物相对分子质量和不饱和度均呈显著下降，当其高于 30μg/g 时，将阻滞聚合；甲醇能降低单体转化率及聚合物相对分子质量[7]。

3. 异丁烯预处理

自外界采购的异丁烯原料在使用前一般要进行预处理，一般为精馏处理，其主要作用为脱水及轻组分。自异丁烯储罐来的异丁烯自异丁烯脱水塔中上部进料，富含水分的物料自塔顶部采出，该物料经分水后可作为燃料使用；塔釜得到脱水后的异丁烯，该物料经循环水冷却至 40℃后送至精制异丁烯缓冲罐，用于聚合进料。

（二）异戊二烯

1. C_5馏分抽提法生产异戊二烯流程

异戊二烯是合成橡胶的重要单体，主要用于合成异戊橡胶，还少量用作丁基橡胶、SIS 热塑性弹性体的共聚单体，极少量用作一些合成香料、农药等精细化学品的中间品。其生产方法主要有三类，即抽提法、脱氢法和合成法。脱氢法分成异戊烷两步脱氢和异戊烯脱氢两种。合成法较多，主要有异丁烯/甲醛两步合成法、乙炔/丙酮合成法等。抽提法主要以蒸汽裂解乙烯装置副产C_5馏分为原料。由于原料易获得，经济成本低，抽提法成为生产异戊二烯的主要方法。

根据采用萃取溶剂的不同，抽提法分为二甲基甲酰胺抽提法(DMF 法)、*N*-甲基吡咯烷酮抽提法(NMP 法)和乙腈抽提法(ACN 法)三种。这三种抽提法各有特点，在工业上均有应用，但其主要生产流程相似。下面以 DMF 法来说明 C_5馏分抽提法生产异戊二烯流程。

一般 DMF 法主工艺流程分为五个单元，分别为原料预处理单元、第一萃取蒸馏单元、第二萃取蒸馏单元、间戊二烯与双环戊二烯精制单元、溶剂回收单元。工艺流程见图 7-2-2。

原料预处理单元主要由预脱轻塔和预脱重塔系统组成，粗碳五在预脱轻塔先脱除原料中的碳四、炔烃等轻组分。然后通过二聚反应使大部分环戊二烯二聚成双环戊二烯。在预脱重塔将双环戊二烯、碳六等重组分分离出来。

第一萃取蒸馏单元由一萃系统和脱重塔系统组成。在第一萃取精馏塔，通过 DMF 溶剂作用，将异戊二烯与碳五的烷烃、烯烃分离开来，塔釜得到富含异戊二烯的 DMF 溶液，该溶液经第一汽提塔处理后，塔顶得到粗异戊二烯，塔釜得到 DMF 溶剂经回收热量后循环使用。粗异戊二烯通过脱重塔去除预处理后尚存的间戊二烯、环戊二烯等重组分，得到纯度98%以上的化学纯异戊二烯。

第二萃取蒸馏单元由第二萃取精馏塔和汽提塔系统组成，化学纯异戊二烯在第二萃取精馏塔经过DMF溶剂作用，其纯度进一步得到提升，再经过脱轻塔脱除炔烃后，达到聚合级，聚合级的异戊二烯从脱轻塔塔底采出得到。

间戊二烯与双环戊二烯精制单元由碳五蒸出塔、间戊二烯精制塔和双环戊二烯精制塔系统组成，主要采用普通精馏的方法将原料预处理单元分离出的间戊二烯和双环戊二烯进一步分离，利用二聚反应将环戊二烯变成双环戊二烯，以便于与间戊二烯的分离。通过去除 C_6 和多聚物等重组分，得到满足产品质量要求的间戊二烯和双环戊二烯。

溶剂回收单元主要是纯化溶剂，防止杂质在溶剂中累积影响溶剂质量。通过减压精馏的方式，将溶剂中含有的少量的重烃、多聚体等去除。

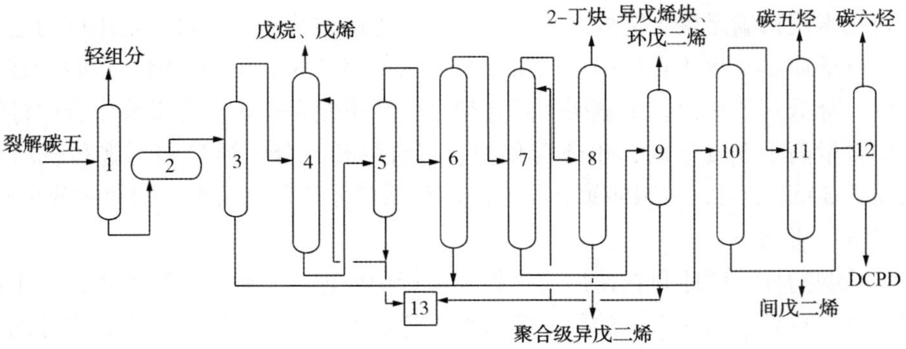

图 7-2-2 DMF 法碳五抽提生产异戊二烯流程简图

1—预脱轻塔；2—二聚反应器；3—预脱重塔；4—第一萃取精馏塔；5—第一解吸塔；6—脱重塔；7—第二萃取精馏塔；8—脱轻塔；9—第二解吸塔；10—脱碳五塔；11—间戊二烯塔；12—双环戊二烯塔；13—溶剂回收

2. 异戊二烯规格

目前，异戊二烯主要由 C_5 馏分抽提法生产，其技术规格见表 7-2-13[1]。

表 7-2-13 异戊二烯技术规格

项　目	数值	项　目	数值
异戊二烯纯度/%	≥99.0	单烯烃+烷烃/%	<0.1
总炔烃/(μg/g)	≤50	羰基化合物(以丙酮计)/(μg/g)	≤5
环戊二烯/(μg/g)	≤5	硫(以 H_2S 计)/(μg/g)	<100
溶剂(乙腈或DMF)/(μg/g)	≤8	TBC阻聚剂/(μg/g)	150~300①
间戊二烯/(μg/g)	≤50		

① 异戊二烯性质活泼，易于自聚，一般加入150~300μg/g的TBC阻聚。

3. 异戊二烯预处理

自外界采购的异戊二烯原料在使用前要进行预处理，一般为精馏处理，其主要作用为脱除轻组分及重组分。自异戊二烯储罐来的异戊二烯进到精制塔中上部，轻组分自塔顶部采出，该物料可作为燃料使用；重组分(阻聚剂、二聚物等)从塔釜采出，经循环水冷却至40℃后，送至界外用作燃料。精制异戊二烯自塔上部侧线采出，经循环水冷却至40℃后自流至精制异戊二烯缓冲罐，用于聚合进料。

（三）辅助材料规格

1. 氯甲烷

氯甲烷作为溶剂，用于配制混合进料和引发剂，在丁基橡胶生产过程中循环使用。引发剂由精氯甲烷配制，其异丁烯含量低于50μg/g。混合进料采用循环氯甲烷配制。技术规格见表7-2-14。

表7-2-14　氯甲烷技术规格

项　目	数值	项　目	数值
氯甲烷/%	≥99.8	氯乙烯/(μg/g)	≤100
水/(μg/g)	≤100	含氧有机物/(μg/g)	≤100
酸(以HCl计)/(μg/g)	≤10	游离氯	检不出
二甲醚/(μg/g)	≤50	不挥发分/(μg/g)	≤100
甲醇/(μg/g)	≤50		

氯甲烷进入装置后需要经过干燥塔吸附精制后方能投入生产。

2. 三氯化铝

三氯化铝作为共引发剂，其外观为白色粉末或颗粒。技术规格见表7-2-15。

表7-2-15　三氯化铝技术规格　%

项　目	数值	项　目	数值
$AlCl_3$	≥99.6	升华物	≥99.5
$FeCl_3$	≤0.05	水不溶物	≤0.05
$SiCl_4$	≤0.004	不挥发分	≤0.1
NaCl	≤0.02		

三、聚合反应机理

丁基橡胶的生产方法有淤浆法和溶液法两种，溶液法的异丁烯单体转化率低，仅有20%~30%，产品加工性能比淤浆法产品差，因此丁基橡胶生产方法绝大多数为淤浆法。淤浆法丁基橡胶的反应机理为阳离子聚合[8]。异丁烯及异戊二烯均含有亲核基团，异丁烯具有供电子基的α-烯烃，异戊二烯具有共轭双键。异丁烯的C═C双键电子云密度高，对H^+离子的亲合力大，与离子对中的正离子作用后，形成带有叔碳原子的碳正离子，由于侧甲基的作用，该C^+离子稳定，容易得到高相对分子质量聚合物。

阳离子聚合反应采用最多的是路易斯酸与含H^+化合物或RX组成的共引发体系，丁基橡胶一般采用$H_2O/AlCl_3$的共引发体系，微量水提供H^+作为引发剂，$AlCl_3$则是共引发剂。

阳离子聚合反应一般包括链引发、链增长、链转移、链终止等基本反应过程。丁基橡胶的聚合反应机理与此类似，主要过程可表示如下：

链引发：

$$AlCl_2 + H_2O = H^+(AlCl_3OH)^- \qquad (7-2-1)$$

$$H^+(AlCl_3OH)^- + CH_2{=}C(CH_3)_2 \longrightarrow CH_3{-}C^+(CH_3)_2 + (AlCl_3OH)^- \qquad (7-2-2)$$

$AlCl_3$与H_2O先形成活性离子对，离子对与异丁烯分子双键作用，通过质子转移，形成稳定的碳正离子。

链增长：

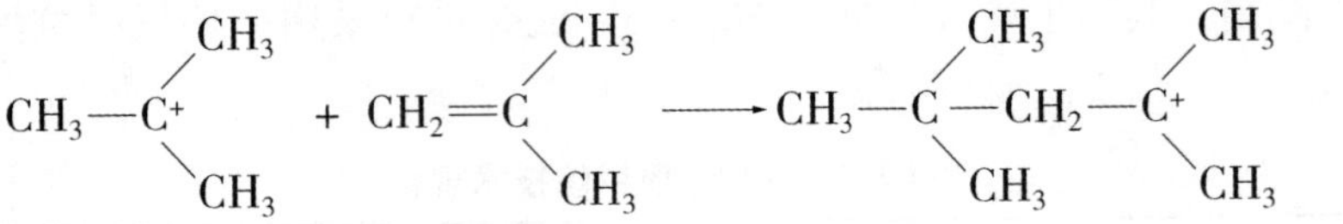

(7-2-3)

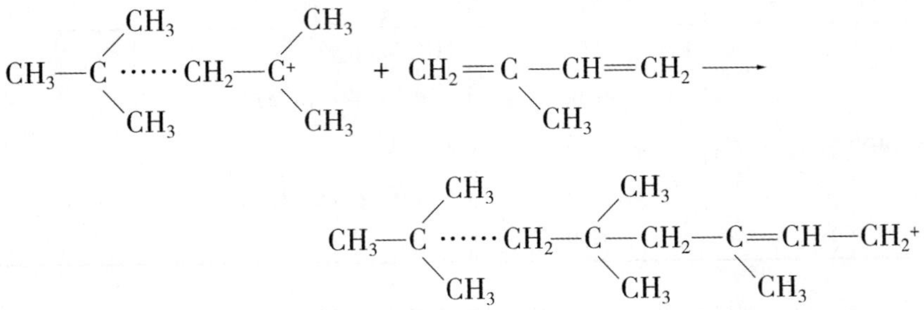

(7-2-4)

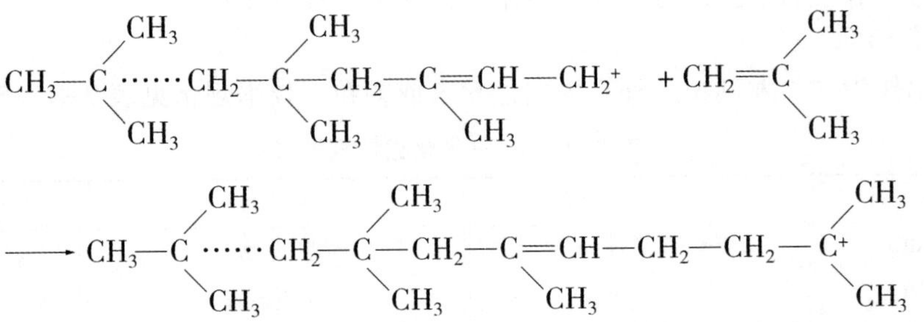

(7-2-5)

碳正离子与异丁烯分子或异戊二烯分子作用，产生链的增长。主链上以异丁烯为主，仅有少量的异戊二烯。

链转移：

自发的质子转移，如式(7-2-6)。

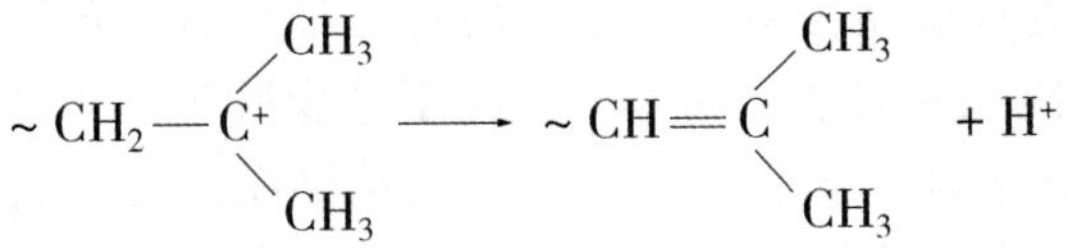

(7-2-6)

转移至单体，如式(7-2-7)。

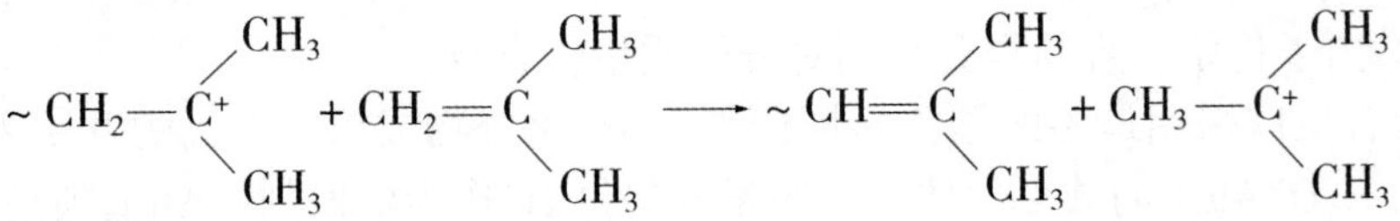

(7-2-7)

转移至溶剂或杂质等，如式(7-2-8)、式(7-2-9)。

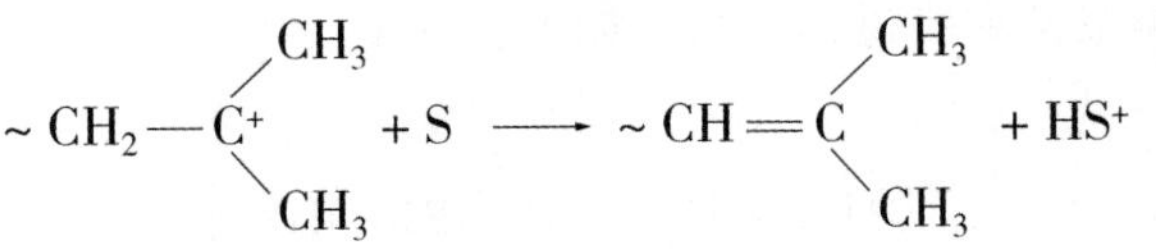

(7-2-8)

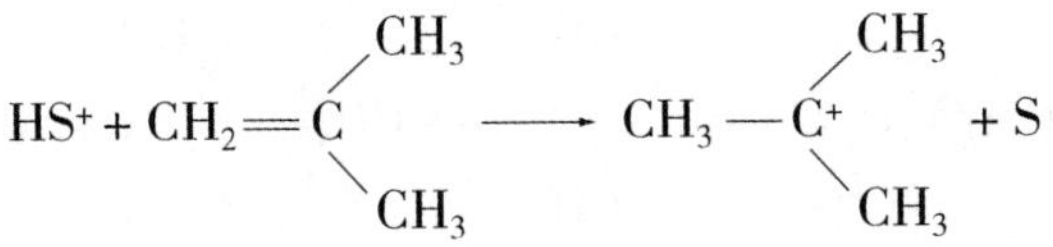

(7-2-9)

链终止：

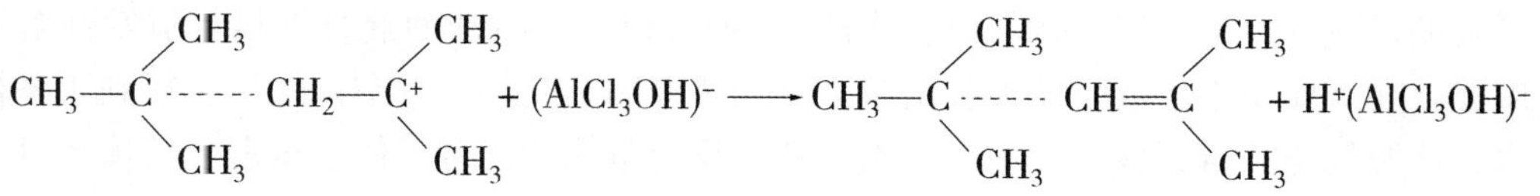

（7-2-10）

当丁基橡胶分子链碳正离子端与负离子反应，引发剂与共引发剂恢复成为活性离子对，而丁基橡胶分子链末端形成不饱和双键，链反应终止。

四、引发剂制备

引发剂的配制主要是控制引发剂和共引发剂三氯化铝的含量，以期聚合产物的相对分子质量及其分布符合产品要求。根据控制要求，配制引发剂的工艺过程一般分为三氯化铝溶解、添加微量水和冷却降温三个步骤。

共引发剂三氯化铝的浓度控制原理是一定温度和流量的精氯甲烷通过共引发剂溶解槽的三氯化铝床层时，形成在该温度下的三氯化铝饱和溶液，通过控制流量和温度，达到控制共引发剂溶液中三氯化铝流量的目的。精氯甲烷先经过冷却器降温处理，控制其温度至所需操作温度。经过控温的精氯甲烷分成两股，一股精氯甲烷用于溶解三氯化铝，带入定量的三氯化铝，该股三氯化铝饱和溶液先经过过滤除去残渣，再与另一股精氯甲烷混合后达到稀释共引发剂溶液浓度，一般控制三氯化铝的浓度为 0.05%～0.3%。该稀释共引发剂溶液再加入微量水成为活化的引发剂溶液，经管道混合器充分混合后，再经过两级冷却，温度降至-90℃以下，然后进入引发剂缓冲罐中贮存、缓冲。多数丁基橡胶装置采用丙烯和乙烯二元制冷，以上的两级冷却则分别为丙烯、乙烯两级冷却，一般第一级冷却至-35℃左右，第二级冷却至-95℃左右。制备流程见图 7-2-3。

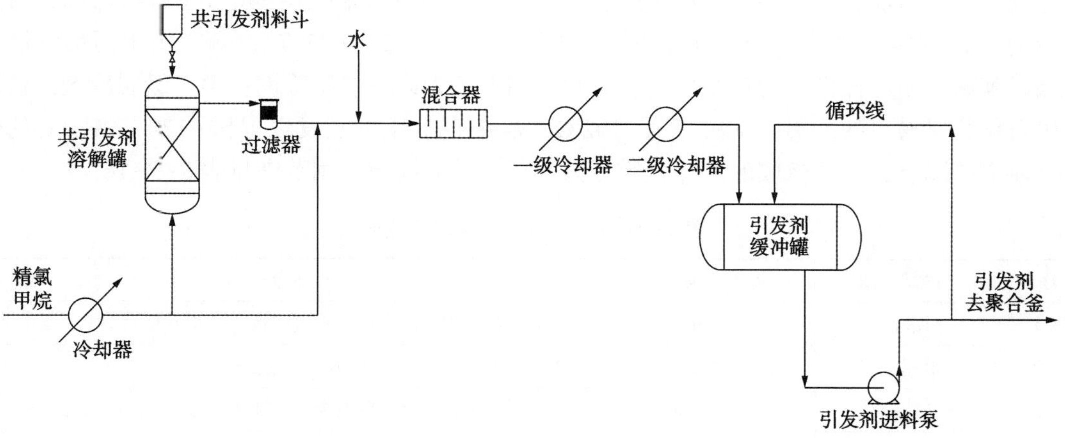

图 7-2-3　引发剂制备流程简图

五、典型工艺流程

丁基橡胶生产以淤浆法为主，下文介绍以三氯化铝和水为共引发剂、以氯甲烷为溶剂的淤浆法丁基橡胶典型工艺流程。

丁基橡胶的生产流程主要包含制冷、引发剂制备、单体精制、混合进料制备、聚合、汽提、未反应单体及溶剂的回收、后处理等工艺过程。

丁基橡胶总生产流程简图如图 7-2-4 所示。先用精氯甲烷溶解三氯化铝，配制一定浓度的引发剂溶液，并加入微量水，活化引发剂溶液，再冷却至-90℃以下。精制异丁烯、异戊二烯及循环氯甲烷按一定比例混合，冷却至-95℃以下。冷却的混合进料与引发剂溶液进入反应釜，在反应釜中生成丁基橡胶淤浆。此淤浆经闪蒸脱气及真空汽提后，得到丁基橡胶胶粒水，从脱气釜顶得到含氯甲烷、水蒸气及未反应单体的混合气体。该混合气体经过回收精制，得到精氯甲烷及循环氯甲烷循环使用，回收的异丁烯送回 MTBE 合成装置，回收的异戊二烯作为燃料油使用。丁基橡胶胶粒水送至后处理，经脱水、干燥、压块、称重、装箱后得到丁基橡胶产品。

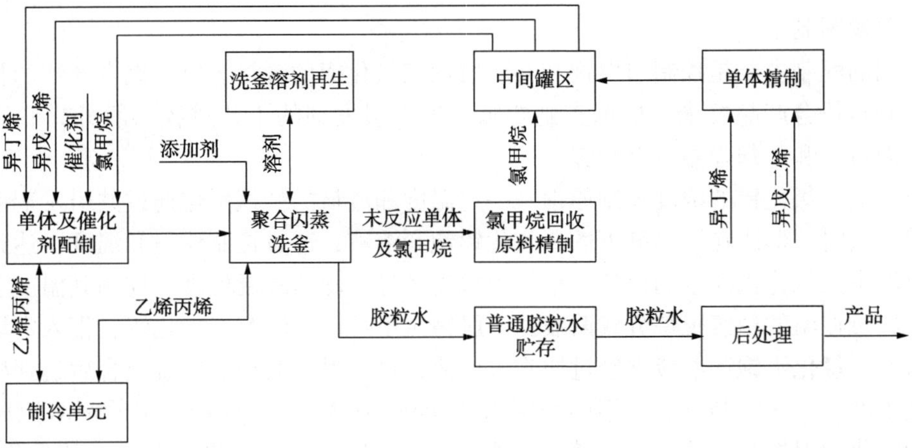

图 7-2-4　丁基橡胶总流程简图

(一) 制冷

丁基橡胶的聚合温度控制在-100～-90℃间，是典型的低温反应，需要-120～-110℃的制冷剂。为了节能，一般制冷采用两级制冷，第一级制冷通常提供-40℃左右的低温，可选制冷剂为氨(沸点-31℃)、丙烷(沸点-42.1℃)、丙烯(沸点-47.7℃)等，由于丙烯的沸点较低，其蒸发制冷操作压力较常压高，通常选用丙烯为第一级制冷剂；第二级制冷剂则通常采用石化装置易得的乙烯，其沸点为-102℃，需要在负压下蒸发以提供-120～-110℃的低温。通常情况下，丁基橡胶的冷却介质分为四级，其分级与应用范围见表 7-2-16。

表 7-2-16　冷却介质应用范围表

序号	冷却介质	温度范围/℃	应用范围
1	循环水	32～42	一般冷却过程，被冷却介质出口温度一般不低于 38℃
2	低温盐水	0～8	用于氯甲烷回收、干燥剂再生等过程
3	丙烯①	-43～-40	用于引发剂、混合进料预冷，冷凝高压乙烯，生产低温盐水
4	乙烯①	-115～-70	用于引发剂、混合进料深冷，聚合釜反应撤热，排空气深冷等

①利用液态丙烯和液态乙烯蒸发来制冷。

1. 丙烯制冷

丙烯制冷流程如图 7-2-5 所示。-45℃的常压丙烯气体先经一段压缩至 0.4MPa(a)，再与二段入口罐来的丙烯气体混合，经二段压缩至 2.0MPa(a)，经循环水冷却、冷凝得到液态丙烯，收集至丙烯受槽。液态丙烯经丙烯节能器闪蒸，其闪蒸气进入丙烯压缩机二段入口罐。节能器液态丙烯为低温盐水等一级用户提供冷量，其操作温度约为-8℃，该闪蒸丙烯气进入丙烯压缩机二段入口罐。液态丙烯也为乙烯冷凝器、引发剂冷却器、混合进料冷却器等二级用户提供冷量，其操作温度约为-45℃，该闪蒸丙烯气进入丙烯压缩机一段入口罐。

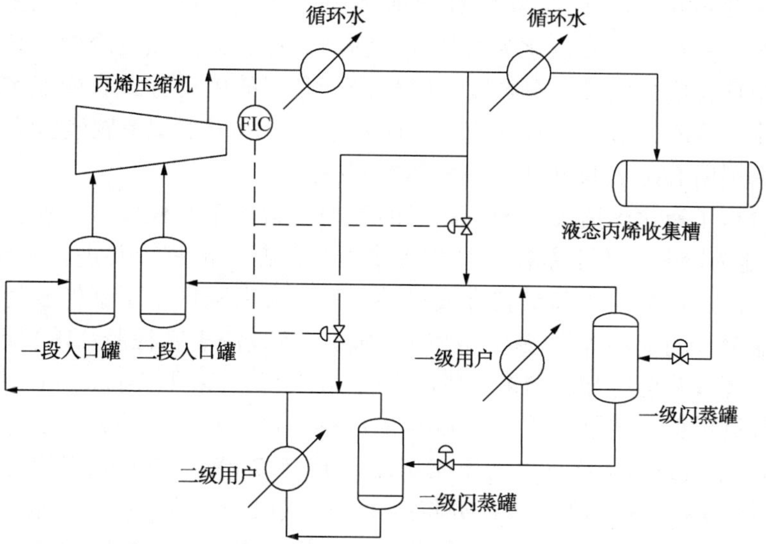

图 7-2-5 丙烯制冷流程简图

2. 乙烯制冷

乙烯制冷流程如图 7-2-6 所示。50kPa(a)的乙烯气体经一段压缩至 0.4MPa(a)，再与二段入口罐来的乙烯气体混合，经二段压缩至 1.9MPa(a)。高压热乙烯气先后经过循环水及丙烯冷却、冷凝后收集于乙烯罐。冷凝后的液态乙烯经乙烯节能器闪蒸，得到-70℃的低温液态乙烯，其闪蒸气进入乙烯压缩机二段入口罐。高压液态乙烯通过闪蒸为-70℃左右的低温用户提供冷量，其闪蒸气进入乙烯压缩机二段入口罐。自节能器来的低温液态乙烯进行二级闪蒸，为引发剂最终冷却器、混合进料最终冷却器、聚合釜撤热等二级用户提供冷量，其操作温度为-120℃至-101℃，相应的闪蒸气进入乙烯压缩机一段入口罐。

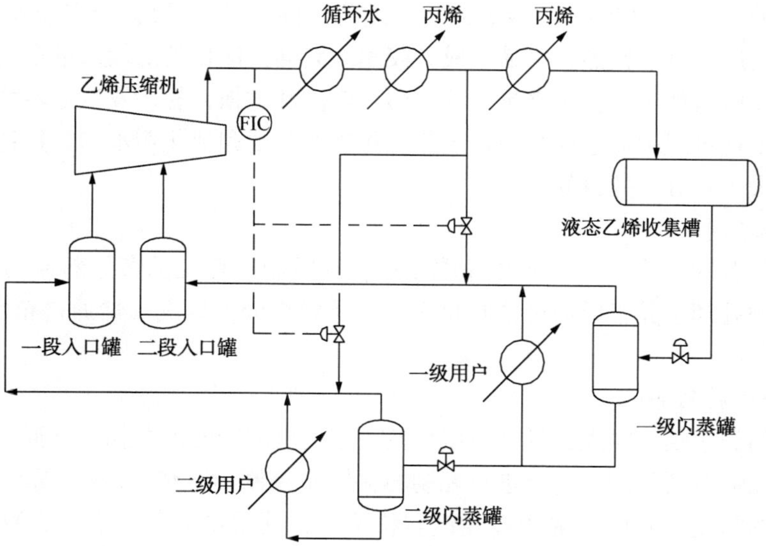

图 7-2-6 乙烯制冷流程简图

3. LNG 制冷应用

LNG(Liquefied Natural Gas)是液化天然气的英文缩写。LNG 在我国已经进入大规模快速发展阶段，快速发展的 LNG 行业为 LNG 冷能利用产业规模提供了良好的 LNG 资源基础。LNG 的储存温度为-163℃，在汽化为天然气过程中会释放大量优质冷能，利用这些优质冷能对于节能减排具有重要意义。现阶段，LNG 冷能利用的主要方式有冷能空分、生产液体二氧化碳和干冰、冷冻冷藏、海水淡化、冷能发电等。由于丁基橡胶装置需要大量低温撤热，因此可考虑利用 LNG 冷能为丁基橡胶装置制冷。

张磊等[9]分析了液化天然气(LNG)冷能的影响因素和丁基橡胶合成所需冷量特点，提出了以 LNG 冷能为冷源，为丁基橡胶合成提供冷量的制冷流程，并进行了流程模拟计算。计算结果表明，LNG 冷能为丁基橡胶合成提供冷量，大大降低了丁基橡胶生产的电耗和水耗，经济效益显著。闵晓兵等[10]基于俄罗斯 30kt/a 溶液法丁基橡胶(IIR)聚合工艺，以液化天然气(LNG)释放冷能冷却乙烯来替代原有的制冷负荷，采用 Aspen plus 软件对提供冷量的流程进行了改进模拟。结果表明，以 LNG 做冷剂，可满足冷却物料和去除反应热的制冷所需负荷 3436kW；改进后的冷却方式压缩功耗为 1545.7 kW，与原流程相比节省了 2346.3 kW，效率提高 60.3%。张婷婷等[11]研究将液化天然气(LNG)冷能用于丁基橡胶合成中的制冷工艺，取代压缩制冷负荷。研究结果表明：LNG 冷能用于丁基橡胶生产工艺中，可替代原工艺中约 1533.9 kW 的冷量负荷，与传统工艺相比，节省约 4 008 kW 的冷剂压缩功耗，降低能耗达 87.4%，大幅度降低了丁基橡胶生产装置的制冷系统成本；同时回收了大量的 LNG 冷能，降低 LNG 的汽化成本，进而减少对环境的污染。

考虑到乙烯制冷到-120～-110℃的低温需要在负压下(-50kPa)蒸发，负压乙烯的管线尺寸大，乙烯负压操作易形成不凝气排空损失乙烯冷剂等因素，也可考虑以 LNG 和丙烯联合制冷为丁基橡胶聚合提供冷量。

(二) 引发剂制备

引发剂为三氯化铝溶解在溶剂氯甲烷中，利用微量的水活化，经冷却后送入聚合釜中。其具体制备过程见前节引发剂制备。引发剂的配制与活化是丁基橡胶生产的关键。引发剂溶液中三氯化铝的含量控制在 0.1%～0.3%，若浓度过低，聚合反应难以正常进行；浓度过高，则引发及反应会过于剧烈，容易生成大胶团。同样，活化剂的加入量更要严格控制，若水含量过低，反应活性不足；水含量过高，则反应活性过强，易于发生链转移，聚合相对分子质量下降。工业过程中通过控制引发剂三氯化铝的浓度和活化剂水的含量达到控制聚合物相对分子质量大小及分布的目的。

(三) 单体精制

丁基橡胶装置的单体为异丁烯和异戊二烯，其精制过程见前节原料制备的异丁烯预处理、异戊二烯预处理。异丁烯通过精制脱除水分及轻组分。异戊二烯通过精制脱除轻组分、TBC 和低聚物。

(四) 混合进料制备

混合进料为异丁烯、异戊二烯和氯甲烷按一定比例配制的混合物，该混合物的比例因生产不同牌号产品而有所不同。混合进料配制的关键是控制异丁烯/异戊二烯的比例以及异丁烯在氯甲烷中的浓度。异戊二烯能增强链转移反应，其用量显著影响聚合物的相对分子质量。根据产品不饱和度的不同要求，需要调节异丁烯/异戊二烯的比例。单体浓度直接影响聚合反应的速率，过高的浓度会使反应过于剧烈，生成大的胶团，一般工业生产控制单体浓度在 20%~40%。

自泵加压送来的异丁烯、循环氯甲烷及异戊二烯先各自计量，然后经过静态混合器充分混合，先后经过循环水和冷冻盐水两级冷却后送入混合进料缓冲罐，再由泵加压，经丙烯和乙烯两级冷却至-95℃以下，送至聚合釜。

（五）聚合

聚合釜的设计是丁基橡胶生产的最关键技术。阳离子聚合反应的特点是反应速度快、反应温度低，因此高效移除反应热、维持反应低温成为聚合釜设计的首要因素。图 7-2-7 中所示反应釜采用乙烯管束撤热，多组乙烯管束沿聚合釜轴向均匀分布，液态乙烯自管束底部进入，在乙烯管内负压蒸发，维持约-115℃的低温，以保证聚合釜内反应温度在-90℃以下。同时在釜内设通轴含多层桨叶的搅拌器，通过强烈搅拌产生良好混合作用，减小釜内物料温度分布差。

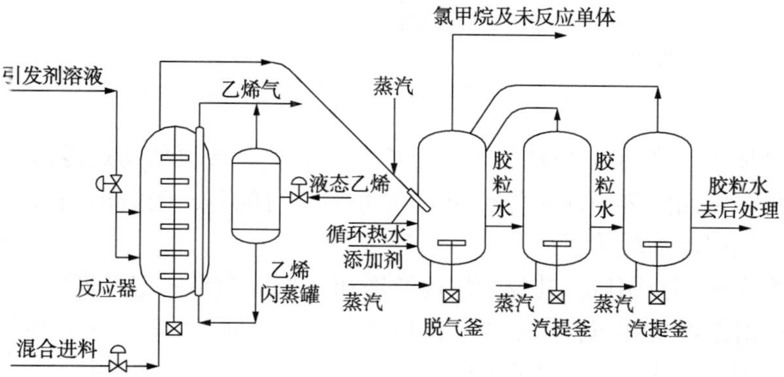

图 7-2-7　反应釜流程简图

聚合混合物从反应釜的底部进入，而引发剂溶液则从反应釜的底部侧面进入，在低温下混合进料与引发剂混合，立即发生反应形成丁基橡胶淤浆液。淤浆液通过反应釜顶部的特殊溢流短管溢出去脱气釜。

正常的情况下聚合单体的反应速率通过控制引发剂的浓度或加入量来调节，控制聚合釜乙烯管束中乙烯蒸发量来稳定聚合釜反应温度。当乙烯断流或其他原因导致聚合反应失控时，联锁启动向聚合釜中注入醇类中止剂，中止反应。

聚合釜每生产一段时间后，就会由于釜内挂胶，传热下降原因而切换至清洗工序，极大地影响了生产效率，增加了能耗。中石化北京燕山分公司，改进引发剂体系，通过添加新的组分，控制反应活性，明显延长了聚合反应器的运转周期。美国 EXXON 公司在法国工厂进行了混合溶剂的工业试验，延长了反应器运转时间，取得较好效果。该混合溶剂是向氯甲烷中增添一定比例的氟代烷烃，使溶剂对生成的聚合物溶解性能变得更差，从而减轻聚合物离子在反应器壁上的黏附而延长运转时间[12]。

（六）溶剂洗釜及再生

聚合釜的正常生产周期为 40~60h，由于生产过程中乙烯管束会挂胶，严重影响换热效率，导致聚合温度上升，当聚合釜温度高于-90℃时，需要将聚合釜切换至清洗工序。当聚合釜挂胶轻时，可利用稀释进料清洗，称为短洗。当短洗几次后，聚合釜挂胶严重，此时需要用溶剂油清洗，称为长洗。洗釜流程及溶剂油再生回收如图 7-2-8 所示。

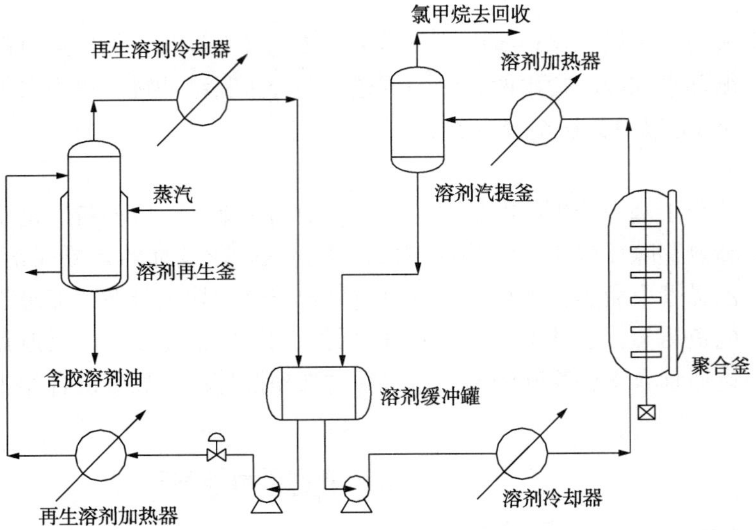

图 7-2-8　溶剂洗釜及再生流程简图

溶剂油经泵加压，冷却至 50℃，从聚合釜底部进入，自顶部高点溢出，釜内的挂胶溶于溶剂油中带出。返回的溶剂油先加热至 60℃左右，再闪蒸，闪蒸出的氯甲烷去回收，闪蒸完的含胶溶剂返回溶剂缓冲罐。

溶剂油经多次循环使用后，其胶含量逐渐增加，当增加到一定程度时溶剂油需要再生。一定流量的再生溶剂经泵加压，用中压蒸汽加热后进入溶剂再生釜闪蒸，再生釜顶的溶剂蒸汽经冷凝后返回溶剂缓冲罐。釜底的含胶溶剂则用作胶黏剂或燃料使用。

(七) 汽提

汽提工艺过程是利用水蒸气将氯甲烷和未反应单体蒸出去，丁基橡胶则在水中形成胶粒水便于输送、处理。

从聚合釜来的温度低于-90℃丁基橡胶淤浆液与蒸汽、循环热水及添加剂在进入脱气釜之前通过一个多层套管强烈混合，并按一定角度喷入脱气釜中。在脱气釜加入循环热水，使釜内胶粒水的浓度维持在 6%以下。脱气釜设置搅拌，分散胶粒，防止黏结成团。添加剂主要是分散剂和抗氧剂，用于防止胶粒黏结和氧化变质。另外由于三氯化铝水解和氯甲烷分解会产生酸，需要向脱气釜中加入碱液以控制釜内 pH 值高于 7。脱气釜的操作压力在 50kPa(g)左右，操作温度维持在 80℃左右，为了较好地将氯甲烷和未反应单体汽提出去，从脱气釜的底部加入蒸汽，其加入量可用釜温信号调节。脱气釜液相中氯甲烷含量一般在 0.1%～0.2%，需要送入汽提釜进行真空汽提，使液相中氯甲烷含量低于 10μg/g。汽提釜上部的气相经真空喷射器加压后送回脱气釜，汽提釜底部的胶粒水用泵送至后处理。

(八) 未反应单体及溶剂的回收

从脱气釜顶部脱除的物流含有水蒸气、氯甲烷及未反应单体等，需要经过一系列工艺过程脱除其中的水分，分离出精氯甲烷、循环氯甲烷循环使用，还要分离出未反应的异丁烯和异戊二烯单体回收使用。

1. 氯甲烷压缩

氯甲烷需要经过两次压缩，第一次压缩后混合气体送去干燥，经干燥后的气体二次压缩后送去回收气体分离。

自脱气釜来的氯甲烷、水蒸气及未反应单体的混合气先冷却至40℃，再经压缩机入口罐分离其中的水分，再经氯甲烷压缩机压缩至350kPa(g)左右，再次冷却并分离水分后，送至回收气干燥系统。

自回收气干燥系统来的干混合气经过氯甲烷压缩机再次压缩至1100kPa(g)以上，随后送入回收气分离系统。

由于在高温下氯甲烷容易分解，产生氯化氢，溶解在水中形成盐酸，造成较强的腐蚀，所以在整个压缩过程中需要控制好温度，防止操作温度过高。

2. 回收气体干燥

氯甲烷混合气一般采用活性氧化铝干燥，采用填料塔形式。活性氧化铝能吸附水分及二甲醚等亲核杂质，干燥后气体水含量低于10μg/g。一旦干燥气的水含量不合格，就用高温热氮气再生干燥剂，以除去干燥剂中吸附的水分和其他杂质。一般单纯使用活性氧化铝吸附法时，干燥剂的操作周期为24~36h。

除了单纯使用活性氧化铝吸附法外，也有采用三甘醇预脱水与活性氧化铝干燥结合使用的。王冰[13]研究了丁基橡胶装置氯甲烷脱水新工艺，采用三甘醇预脱水，将氯甲烷混合气中水含量由2000μg/g降至120μg/g，然后采用活性氧化铝干燥塔脱水，大大延长了活性氧化铝干燥塔的操作周期。

3. 干燥剂再生

吸水后的氧化铝采用闭路循环的热氮气再生。循环路线为：再生氮气先加压，然后冷凝分液去除水分，再经中压蒸汽加热，送入氯甲烷干燥塔带出水分，再经洗涤降温分出凝液后，送入再生氮气压缩机加压。干燥剂的再生操作分两步，加热和冷却，通过改变闭路循环的氮气温度来实现。加热时，氮气用中压蒸汽加热，氯甲烷干燥塔中吸附的水分及二甲醚被热氮气带走。冷却时，氮气用低温盐水冷却，逐步降低氯甲烷干燥塔内的温度，以便干燥塔能投用至干燥流程。

4. 回收气体分离

脱水后的干燥混合气被氯甲烷压缩机再次压缩至1100kPa(g)以上，气相进料至精氯甲烷塔下部，从塔顶得到异丁烯含量低于50μg/g的精氯甲烷。精氯甲烷塔釜液用泵送至循环氯甲烷塔中上部，从该塔顶得到循环氯甲烷。循环氯甲烷塔釜液用泵送至氯甲烷/异丁烯分离塔，该塔顶气返回循环氯甲烷塔塔釜，而塔釜氯甲烷的含量一般要求低于100μg/g，釜液被送入异丁烯塔中。异丁烯和异戊二烯在异丁烯塔中分离，塔顶的回收异丁烯返回MTBE合成装置，塔釜得到异戊二烯等重组分作为燃料油。传统分离流程如图7-2-9所示。

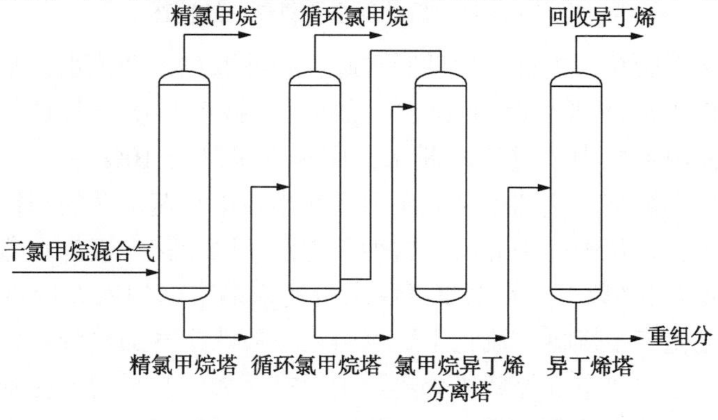

图7-2-9　回收气分离流程方案一简图

回收气分离流程还可采用图 7-2-10 所示的工艺流程。经压缩的干燥混合气进循环氯甲烷塔中上部，从循环氯甲烷塔顶采出循环氯甲烷，同时部分物料送至精氯甲烷塔下部，从精氯甲烷塔顶得到精氯甲烷，塔釜的物料返回循环氯甲烷塔中上部。氯甲烷/异丁烯分离塔和异丁烯塔的操作方案与图 7-2-9 中的方案相同。

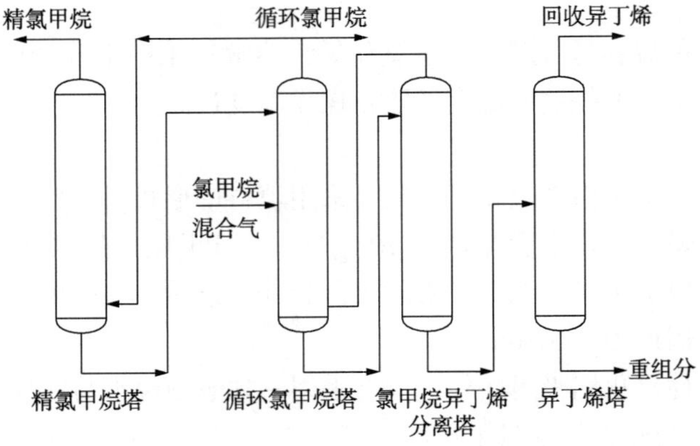

图 7-2-10　回收气分离流程方案二简图

(九) 后处理

如图 7-2-11 所示，丁基橡胶后处理主要机械设备由振动脱水筛、单螺杆脱水机、双螺杆脱水机和流化床干燥器组成。

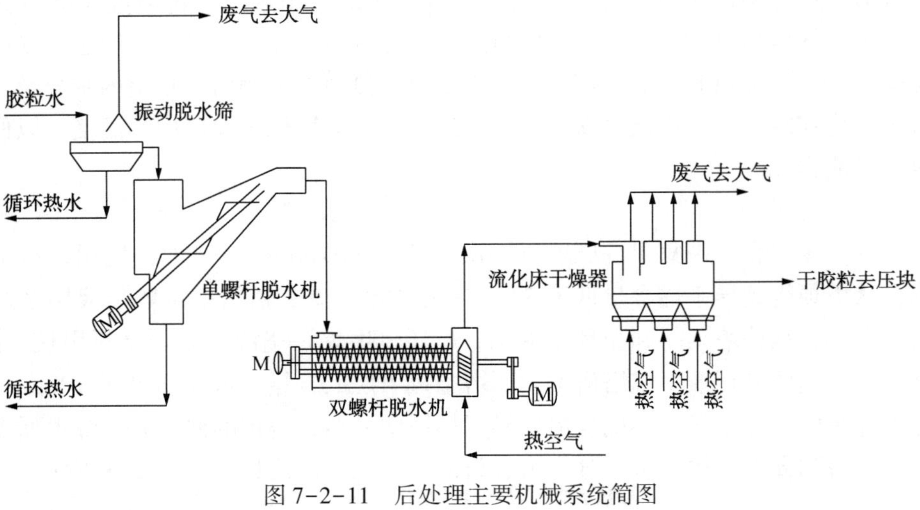

图 7-2-11　后处理主要机械系统简图

从胶粒水储罐来的胶粒水先进入振动脱水筛，在此通过振动脱水，基本脱除胶粒中的游离水，脱除的水分作为循环热水返回反应单元使用，振动筛出口胶粒中水含量约为 50%。此湿胶粒进入单螺杆脱水机中通过挤压脱水，使水含量降至 10%左右。胶粒再进入双螺杆脱水机，胶粒在机器内被挤压达到很高的压力，在出口由高速旋转的圆柱形切刀切成粒，并由高压急剧降为常压，胶粒中的水分由于这种压力的急剧变化闪蒸为水蒸气，干燥变得易于完成，此时水分可降至 3%以下。在双螺杆脱水机的末端底部加入大量热空气，使切出的胶粒流态化，输送至流化床干燥器。流化干燥器引入三股热空气加热胶粒，使胶粒内部的水分扩散至表面并蒸发，湿的热空气经旋风分离除尘后排至大气，干的胶粒则通过干燥器振动输送至下一工段，在此胶粒水含量可降至 0. 3%以下，满足产品水含量指标。干胶粒经分料、称重、压块、复称重、薄膜包装、金属检验、装箱、码垛后得到成品丁基橡胶产品。

六、主要操作参数

1. 丙烯制冷工艺参数

丙烯制冷系统主要工艺参数见表 7-2-17。

表 7-2-17　丙烯制冷主要工艺参数

序号	项　目	压力/kPa	温度/℃
1	丙烯压缩机入口	101~105	-44~-42
2	丙烯压缩机出口	1900~2050	90~95
3	液态丙烯收集槽	1850~1900	42~45
4	一级闪蒸罐	450~465	-10~-7
5	二级闪蒸罐	115~130	-44~-41

2. 乙烯制冷工艺参数

乙烯制冷系统主要工艺参数见表 7-2-18。

表 7-2-18　乙烯制冷主要工艺参数

序号	项　目	压力/kPa	温度/℃
1	乙烯压缩机入口	40~50	-116~-112
2	乙烯压缩机出口	1800~1850	118~125
3	液态乙烯收集槽	1700~1750	-36~34
4	一级闪蒸罐	410~430	-77~-74
5	二级闪蒸罐	110~120	-103~-100
6	乙烯闪蒸罐	50~60	-116~-110

3. 单体精制工艺参数

单体精制主要为异丁烯脱水和异戊二烯脱重，其主要工艺参数见表 7-2-19。

表 7-2-19　单体精制主要工艺参数

项　目	塔盘数	回流比	塔顶压力/kPa	塔顶温度/℃
异丁烯脱水塔	30	—	510~530	41~45
异戊二烯精制塔	30	—	160~180	30~35

4. 聚合工艺参数

聚合单元的主要工艺参数见表 7-2-20。

表 7-2-20　聚合单元主要工艺参数

序号	项　目	内容	序号	项　目	内容
1	进料单体浓度/%		3	混合进料温度/℃	-100~-95
	异丁烯	20~35	4	引发剂进料温度/℃	-95~-90
	异戊二烯	2~3.5	5	反应温度/℃	-100~-90
2	引发剂浓度/%	0.05~0.3			

5. 汽提工艺参数

汽提单元的主要工艺参数见表 7-2-21。

表 7-2-21　汽提单元主要工艺参数

序号	项目	内容	序号	项目	内容
1	脱气釜		2	汽提釜	
	操作压力/kPa	130~150		操作压力/kPa	50~100
	操作温度/℃	60~81		操作温度/℃	67~83
	pH 值	7.5~8.5		pH 值	7.5~8.5
	胶粒水浓度/%	4~8		胶粒水浓度/%	4~8

6. 未反应单体及溶剂回收工艺参数

单体及溶剂回收单元主要工艺参数见表 7-2-22。

表 7-2-22　单体及溶剂回收单元主要工艺参数

序号	项目	内容	序号	项目	内容
1	氯甲烷压缩			回流比	5~8
	压缩机入口操作压力/kPa	105~115		塔顶操作压力/kPa	1120~1150
	压缩机入口操作温度/℃	38~41		塔顶操作温度/℃	50~52
	一段出口操作压力/kPa	410~430		循环氯甲烷塔	
	一段出口操作温度/℃	90~95		塔盘数	60~100
	二段入口操作压力/kPa	340~360		回流比	1.5~2.5
	二段入口操作温度/℃	20~25		塔顶操作压力/kPa	1200~1220
	二段出口操作压力/kPa	1270~1310		塔顶操作温度/℃	53~57
	二段出口操作温度/℃	120~135		氯甲烷/异丁烯分离塔	
2	氯甲烷干燥			塔盘数	40~60
	干燥塔入口操作压力/kPa	390~410		塔顶操作压力/kPa	1260~1270
	干燥塔入口操作温度/℃	20~25		塔顶操作温度/℃	80~83
	干燥塔再生压力/kPa	330~350		异丁烯塔	
	干燥塔再生温度/℃	220~240		塔盘数	20~30
3	回收气精馏分离流程			回流比	1.5~3
	精氯甲烷塔			塔顶操作压力/kPa	450~490
	塔盘数	50~80		塔顶操作温度/℃	45~49

7. 后处理工艺参数

后处理单元的主要工艺参数见表 7-2-23。

表 7-2-23　后处理单元主要工艺参数

序号	项目	内容	序号	项目	内容
1	振动脱水筛		3	双螺杆挤压膨胀干燥机	
	入口操作温度/℃	65~80		出口操作温度/℃	150~160
	入口水含量/%	94~96		出口水含量/%	~1
	出口操作温度/℃	60~75	4	流化床干燥器	
	出口水含量/%	~50		出口水含量/%	~0.3
2	单螺杆挤压脱水机			热空气温度/℃	120~130
	出口操作温度/℃	90~110		干燥器出口温度/℃	~60
	出口水含量/%	8~12			

七、主要设备

丁基橡胶装置的工艺流程长，设备种类较多，其中有本装置特点的设备主要有反应器、混合器、脱气釜、搅拌器和后处理五大类。

1. 反应器

丁基橡胶的聚合反应机理为阳离子聚合，反应为毫秒级，反应放热大，而且为了获得较好的相对分子质量及分布，必须维持反应在-100℃左右的低温下进行，要求反应器内温度梯度小。为了适应丁基橡胶的以上反应特点，反应器必须具有物料混合与分散能力强，传热、传质效率高的特点，还要求反应器不易挂胶、易于清洗、易于制造。丁基橡胶的反应器主要分成多层搅拌内冷管束式反应器和轴流列管循环式反应器两类。

多层搅拌内冷管束式反应器如图 7-2-12 所示。该反应器利用内置管束换热，维持反应温度。低温混合进料由下部进入反应器，低温引发剂溶液自侧面喷嘴进入反应器，反应器内配置有多层浆叶搅拌器，通过强烈搅拌，混合进料与引发剂充分混合，发生聚合反应。液态乙烯自管束底进入内冷管束的管内，通过乙烯蒸发带走反应热，乙烯蒸气从管束顶部出去。反应生成的丁基橡胶淤浆从反应器顶部溢出去脱气釜[7]。此类反应器结构相对简单，传热面积大，但传热系数小，反应器内物料温度分布差小于 1.5℃。此反应器单位体积的生产能力比轴流列管循环式反应器小，主要有 $14m^3$ 和 $16m^3$ 两种规格用于工业生产装置。

轴流列管循环式反应器如图 7-2-13 所示。该反应器利用内置列管换热管换热，维持反应所需低温。低温混合进料和引发剂溶液由反应器下部管口分别进入，两进料口喷嘴靠近轴流搅拌器桨叶下端，利用桨叶高速旋转产生的吸力迅速混合并引发反应，物料沿着中心管向上，大部分物料从换热管内从上至下循环至下部进料区域，少部分淤浆从反应器顶部溢出去脱气釜。液态乙烯自反应器下部进入列管管间，通过乙烯蒸发带走反应热，乙烯蒸气从反应器上部出去。由于轴流搅拌器引起物料在反应器内高强度强制循环，混合进料与引发剂迅速混合均匀，反应充分，温度分布差小。此反应器传热系数高，单位体积的生产能力比多层搅拌内冷管束式反应器大，但结构复杂，加工制造要求高，主要有 $7m^3$、$14m^3$ 等不同规格用于工业生产装置。

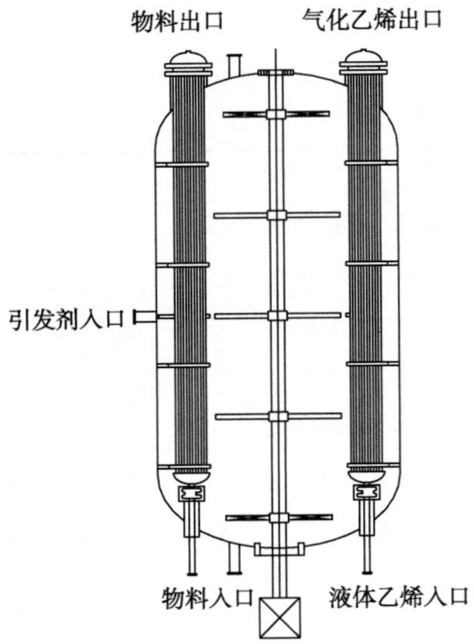

图 7-2-12　多层搅拌内冷管束式反应器

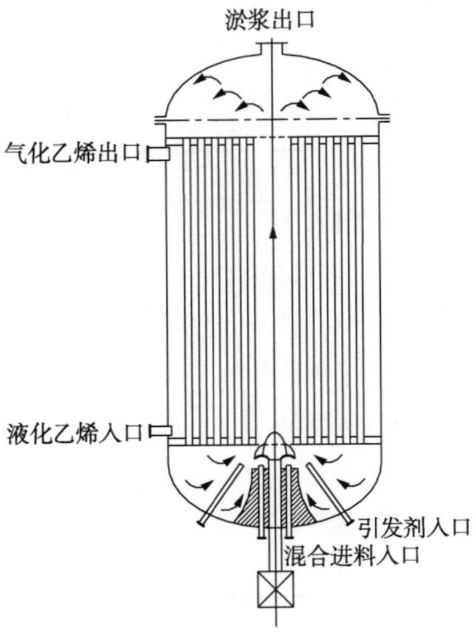

图 7-2-13　轴流列管循环式反应器

丁基橡胶黏性大，易于挂壁，要求反应器内部进行严格的抛光处理；由于反应器要周期性清洗，反应器要经历从-110℃至50℃的温度变化，因此要求反应器内部构件加工精度要求非常高。基于这些原因，2009年以前，我国丁基橡胶反应器均需从国外进口。在经过多年消化吸收引进技术的基础上，北京燕华建安公司设备制造分公司解决了大口径、多开孔部件焊接变形控制，釜体高精度定位尺寸加工，复杂表面高精度抛光处理等一系列技术难题，成功制造出了国内第一台丁基橡胶装置反应器，并成功用于中国石化燕山分公司45kt/a丁基橡胶装置改扩建。该公司的丁基橡胶反应器于2009年通过了中石化重大装备国产化办公室组织的技术鉴定。

2. 混合器

装置内混合进料配制及引发剂配制均需要静态混合器，一般采用管式，利用螺旋折流原理，实现物料的充分混合。

聚合物淤浆进入脱气釜前需要与蒸汽、热水充分混合，形成合适大小的胶粒，该处需要设置特殊型式的管道混合器。该混合器一般为专利或专有设备，没有公开资料。

3. 脱气釜(汽提釜)

脱气釜的主要功能是通过水蒸气、热水的热作用，将低温淤浆中的氯甲烷、单体脱除干净，形成粒度合适、均匀的胶粒水。若形成的胶粒过小，会形成废水中胶末过多损失；胶粒过大，则极易堵塞管线，给后处理带来严重影响。

聚合物淤浆在进脱气釜前需要通过一个特殊的混合器与蒸汽、热水充分混合，形成合适大小的胶粒。该混合器一般作为脱气釜进料管口的特殊附件，不同的专利商拥有不同的特殊混合器构件。

为了使橡胶颗粒均匀分散在热水中，同时强化胶粒与汽提热水的传质，脱气釜及汽提釜需要强烈的搅拌。通常情况下，采用桨式搅拌器。多数采用偶数多叶斜桨，采用底搅拌形式，为防止大胶团对桨叶产生损伤，桨叶及搅拌轴要特别考虑增加强度。

脱气釜及汽提釜操作温度在60~81℃，在该温度下氯甲烷会产生一定的水解，水解产物为甲醇和氯化氢，会对脱气釜及汽提釜产生腐蚀。工业生产中，一般控制脱气釜的pH值，通过加入碱液来中和氯化氢。考虑到大部分工艺采用三氯化铝为共引发剂，脱气釜和汽提釜的选材需要考虑氯离子腐蚀问题。

由于氯甲烷沸点低，易于蒸发，胶粒形成较好，脱气釜及汽提釜不需要太长的停留时间，一般控制液位不高。但脱气釜需要考虑氯甲烷的汽化空间，还要考虑控制 pH 较高时起泡问题，一般脱气釜釜体较高。

4. 搅拌器

丁基橡胶装置的搅拌器主要用于胶粒水的分散、反应器物料混合以及添加剂配制。

反应器搅拌器根据反应器类型的不同而不同。多层搅拌内冷管束式反应器的搅拌器一般为通轴式搅拌器，大多数设置桨叶 5~6 层，一般最顶层和最底层桨叶采用斜涡轮桨，提高物料的轴向流动能力，中间层桨叶多采用直涡轮桨，加强物料的径向流动能力。轴流列管循环式反应器一般采用轴流式搅拌桨，安装在反应器底部，通过桨叶高速旋转带动物料沿轴向向上流动，经过换热管内向下循环，加强传热与传质。为了适应聚合反应波动变化，一般反应器搅拌器采用变频驱动。

添加剂配制用的搅拌器主要用于分散剂的分散与溶解。一般采用顶搅拌，采用两层斜涡轮桨，转速高，通过快速转动带动物料沿径、轴向快速运动，达到充分混合、溶解的目的。

胶粒水的搅拌器通常分为两种。一种是脱气釜和汽提釜用的单层斜桨式搅拌器，另一种是胶粒水贮罐用的多层轴流式搅拌器。脱气釜和汽提釜操作液位低，为了胶粒的初始分散均匀，搅拌强度高，一般采用底搅拌形式，采用多叶斜桨，形成较好的轴、径向流动。为防止大胶团对桨叶产生损伤，桨叶及搅拌轴要特别考虑增加强度。胶粒水贮罐起胶粒水缓冲和调和的作用，其搅拌主要是防止结团，保持胶粒水分散均匀。胶粒水贮罐一般较高较大，采用顶搅拌形式，大多数设置桨叶 3~4 层，一般最底层桨叶采用多叶斜桨，其余桨叶多采用轴流桨，在保证过桨流量足够大以保持胶粒水分散均匀的情况下，耗电量尽可能地小。考虑胶粒水对桨叶的磨损及搅拌轴较长的情况，一般搅拌轴直径需要加粗以保证稳定。

5. 后处理

丁基橡胶后处理主要机械设备由振动脱水筛、单螺杆脱水机、双螺杆脱水机和流化床干燥器组成。一般单线生产能力不超过 45t/h(以干胶计)。我国首套丁基橡胶装置的后处理生产线从 Welding 公司全套引进，随着我国合成橡胶工业的发展，大连橡胶塑料机械股份有限公司等国内机械厂商经过多年研究，目前已能生产后处理的主要机械设备。

振动脱水筛是胶粒脱水的第一道工序，胶粒水从进料箱溢出沿着倾斜的筛网滚动，筛网一直振动，防止胶粒黏附在筛网上。胶粒在滚动过程中，热水顺着筛缝流至热水收集箱，再进入热水罐回收使用；脱掉部分水的湿胶粒则向前滚动落入单螺杆脱水机。一般进筛前胶粒水浓度为 4%~6%，出筛时湿胶粒水含量会降至 50%左右。

单螺杆脱水机是通过螺杆挤压的方法脱除湿胶粒中的大部分水分。该机由进料段、压缩段和模头三个部分组成，整机呈向上倾斜 5°安装，入口在下，出口在上，便于挤出的水分自流至热水收集槽。进料段由直螺杆和直筒体组成，湿胶粒从筒体上部进料，下部排水。压缩段由一段锥形螺杆和锥形筒体以及一段直螺杆和直筒体组成，湿胶粒沿着螺杆前进，压力逐渐增大，水分被挤出来。在单螺杆脱水机的排出端装有可远程调控的模头，通过调节模板的开孔率，达到改变模头物料通过量、改变机体内挤压力、控制脱水效果的目的。一般进单螺杆脱水机前湿胶粒水含量为~50%，出单螺杆脱水机时湿胶粒水含量会降至 8%~12%。

双螺杆脱水机是通过螺杆挤压的方法使湿胶粒升温升压，最后通过出口减压膨胀闪蒸的方式脱水。双螺杆脱水机主机由筒体、螺杆、模头和切刀四个部分组成。筒体内有耐磨衬里，进料段筒体内开有纵向沟槽，有利于进料；两根螺杆直径相同，非啮合，对橡胶不产生剪切力，逆向旋转，推动橡胶向前运动并逐步升压；模头可在线调节，通过调节模头流通面积，达到改变机体内挤压力，控制干燥效果的目的；切刀是高速旋转的圆柱形转刀，将模头挤出的胶条切为合适的胶粒，转刀的下部通有热空气，热空气将切好的胶粒风送至流化床干燥器进一步干燥。经过双螺杆脱水机处理后，胶粒水含量下降至1%~3%。

在生产卤化胶的时候，由于温度过高时可能会导致脱卤、交联等问题，破坏产品性能。为了降低双螺杆脱水机的操作温度，同时保证最终产品的水含量合格，会考虑在双螺杆脱水机之前再增加一台单螺杆脱水机，以降低双螺杆脱水机进料湿胶粒的水含量至4%~6%。

流化床干燥器是利用大量热空气加热胶粒，使胶粒内部的水分扩散到胶粒表面和热空气中，从而达到干燥胶粒的目的。流化床干燥器主体由给料器、振动流化床、温控单元及带旋风分离的排气罩等组成。由于橡胶黏性强，输送过程中易黏结，所以采用振动输送，胶粒在抛振过程中完成输送。一般抛振角在45°~88°，通过调节抛振角可改变胶粒在流化床干燥器中的前进速度，进而改变胶粒的停留时间，达到控制干燥效果的目的。温控单元一般由三组独立的风机、加热器及控制系统组成，分别向流化床干燥器输送不同温度的热空气。热空气从流化床底部进入，湿热空气从排气罩排出，通过旋风分离器回收夹带的胶屑。经过干燥后的胶粒水含量小于0.3%，温度约60℃。通常流化床干燥器设三段干燥段，若干燥效果不好，可考虑加长流化床干燥器，再增设一段干燥段。

八、装置消耗

由于长期以来丁基橡胶技术作为高端技术垄断，各生产商的工艺技术及设备配置不完全相同，引发剂种类及效率亦有差别，各生产商的消耗指标有所差别，且无公开数据。由于溶液法丁基橡胶生产仅有俄罗斯的Togliatti一家工业装置，本节装置消耗仅考虑淤浆法。

1. 物料消耗

一般淤浆法异丁烯的单体转化率在80%~90%，而异戊二烯的消耗主要与产品牌号有关，当产品不饱和度高时，异戊二烯的消耗指标较高。物料消耗见表7-2-24。

表7-2-24　淤浆法物料消耗　　kg/t产品

序号	项目	指标	序号	项目	指标
1	异丁烯	1100~1150①	2	异戊二烯	20~35

①装置内回收异丁烯送至MTBE装置，计为消耗。

2. 化学品消耗

以三氯化铝为共引发剂，以氯甲烷为溶剂，采用乙烯、丙烯制冷系统的淤浆法丁基橡胶装置化学品消耗如表7-2-25所示。

表7-2-25　淤浆法化学品消耗　　kg/t产品

序号	项目	指标	序号	项目	指标
1	氯甲烷	6~35	4	丙烯	1~2
2	三氯化铝	0.7~2	5	活性氧化铝	3~6
3	乙烯	5~10			

3. 公用工程消耗

以三氯化铝为共引发剂，以氯甲烷为溶剂，采用乙烯、丙烯制冷系统的淤浆法丁基橡胶装置公用工程消耗如表 7-2-26 所示。

表 7-2-26　淤浆法主要公用工程消耗

序号	项目	指标	序号	项目	指标
1	循环冷却水/(t/t 产品)	850～1000	4	透平或蒸汽凝液/(t/t 产品)	-6～-3
2	3.5MPa(g)中压蒸汽/(t/t 产品)	8～12	5	电/(kWh/t 产品)	1500～2200
3	1.0MPa(g)低压蒸汽/(t/t 产品)	-3～0			

注：装置内丙烯压缩机用电驱动，乙烯压缩机及氯甲烷压缩机用透平驱动。

九、装置能耗

丁基橡胶装置工艺流程长，低温系统大，一直是能耗高的合成橡胶品种。20 世纪 80 年代，每生产 1t 产品，其能耗高达 2t 标油，是典型的高耗能装置。经过近年不断的技术进步，装置能耗、物耗有了大幅下降。根据表 7-2-26 公用工程消耗计算，以三氯化铝为共引发剂，以氯甲烷为溶剂，采用乙烯、丙烯制冷系统的淤浆法丁基橡胶装置能耗约为 1100～1500kg 标油/t 产品。如前所述，若采用 LNG 冷能作为丁基橡胶装置的制冷，不仅可以节约传统 LNG 汽化需要的设备投资和能源消耗，还能进一步降低丁基橡胶装置的能耗，据初步测算，采用 LNG 冷能替代乙烯、丙烯联合制冷，装置综合能耗将降低约 300kg 标油/t 产品。在沿海 LNG 集中使用的地方，可以考虑利用 LNG 冷能建设丁基橡胶装置。

十、效益分析

伴随着世界经济的周期变化及天然橡胶的价格变化，近年来合成橡胶的价格大起大落。如图 7-2-14 所示，从 2008 年至 2018 年的 10 年间，丁基橡胶价格几度潮起潮落。2008 年，丁基橡胶价格持续上涨，从 25000 元/t 胶持续升至 59800 元/t 胶的历史最高位，生产商持续赚取暴利；2008 年 10 到 2009 年 1 月，丁基橡胶价格持续快速暴跌，最低跌至 14000 元/t 胶的低位；随后，从 2009 年 1 月起，丁基橡胶价格持续走高，开启丁基橡胶 2 年多的牛市，其间价格多维持在 35000 元/t 胶以上，生产商持续赚取暴利；自 2011 年 8 月以后，丁基橡胶价格回落至 25000 元/t 胶左右，一直到 2013 年底，价格持续在 24000 元/t 胶至 28000 元/t

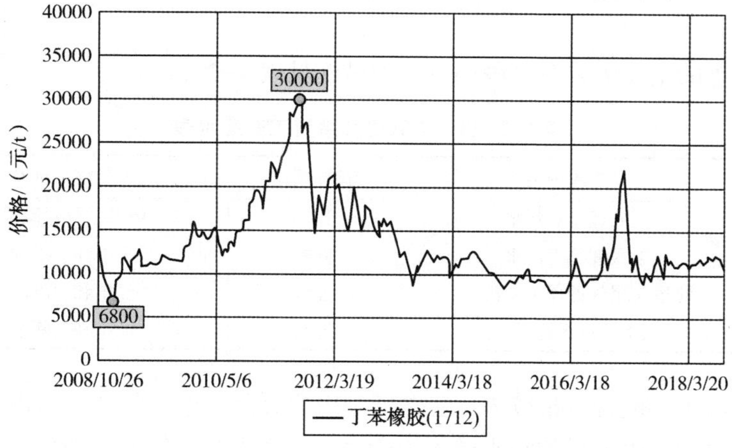

图 7-2-14　丁基橡胶价格曲线

胶之间盘整，生产商赚取小额利润。2014 年初以来，丁基橡胶持续下滑，目前维持在 11000 元/t 胶，跌破生产商成本线，生产商处于亏损状态。

当前世界经济疲软，增长乏力，橡胶需求不足，产能过剩，价格低迷，生产商盈利困难。要想在丁基橡胶行业站稳，唯有提高生产技术水平，降低装置能耗、物耗，降低装置生产成本，保持足够的经济竞争力。将丁基橡胶装置转产为溴化丁基橡胶是未来的趋势。

十一、废物治理

丁基橡胶装置的主要三废是废水及废气，废水中含有细胶末需要处理除去，而氯甲烷废气则需要高温焚烧处理。

1. 废气

丁基橡胶装置的主要工艺废气种类及处理措施见表 7-2-27。

表 7-2-27　丁基橡胶装置工艺废气表

序号	排放源种类	排放规律	处理措施及排放去向
1	后处理尾气	连续	高空排大气
2	氯甲烷尾气	连续	经焚烧处理后排大气
3	不含氯甲烷安全阀排放气	事故	经火炬燃烧后高空排大气
4	不含氯甲烷烃类排放气	间断	经火炬燃烧后高空排大气
5	含氯甲烷安全阀排放气	事故	高空排大气

装置内的后处理尾气来自振动脱水筛上方抽空湿气及流化床干燥器上方经旋风分离除胶屑的湿热空气，其组成满足环保要求，通常采用烟囱高空排大气。

装置内排不凝气时会产生氯甲烷尾气，干燥剂再生时也会产生氯甲烷尾气，这些尾气必须要经过专门的焚烧装置处理。由于氯甲烷含有不易燃烧的氯，燃烧不充分时可能产生光气，毒害更大。为保证氯甲烷的充分燃烧，需要维持燃烧温度在 900℃以上，一般保持在 1100℃左右。氯甲烷燃烧后产生氯化氢，还需要经过急冷和碱洗，利用碱洗填料塔将其中的氯化氢全部中和，最后合格的尾气经烟囱高空排大气。

装置内不含氯甲烷的事故烃排放或间断烃排放均排至火炬管网，经火炬燃烧后高空排大气。因普通火炬达不到焚烧要求，装置内含氯甲烷的事故排放气，无法排入普通火炬，一般采用高空直排大气的方式处理。

2. 废水

丁基橡胶装置的主要工艺废水种类及处理措施见表 7-2-28。

表 7-2-28　丁基橡胶装置工艺废水表

序号	排放源种类	排放规律	处理措施及排放去向
1	后处理排放污水	连续	隔胶、气浮除胶后送污水场
2	干燥剂再生污水	间断	经中和、隔油后送污水场
3	氯甲烷尾气处理单元污水	连续	经中和、隔油后送污水场
4	氯甲烷汽提罐污水	连续	经中和、隔油后送污水场

后处理排放污水一般含有细胶末，工艺流程上先设隔胶池，将浮于水面的胶末隔离，定期捞走处理。经过初次隔胶后的污水送入均衡池，再送入溶气气浮机处理，再进入好氧曝气池和二沉池，去除大部分有机污染物后出水排入监护池，监护池出水水质达到国家《污水综

合排放标准》的二级标准，再通过外排管道排至污水场做进一步处理。

装置内的其他污水一般在装置内经过中和、隔油处理后送污水场进一步处理。

3. 废固

丁基橡胶装置产生的固体废物主要是氯甲烷干燥塔的废分子筛干燥剂，主要成分都是氧化铝，一般填埋处置。

装置内溶气气浮产生的浮渣及好氧曝气池产生的剩余活性污泥经重力脱水后送至离心脱水机，脱水后装车外运，可填埋处置，也可焚烧处理。

第三节　顺丁橡胶

一、产品规格

聚丁二烯橡胶分为反式丁二烯橡胶和顺式丁二烯橡胶两种，顺式丁二烯橡胶又分为低顺式和高顺式两种。本书所讨论的顺丁橡胶全名为顺式-1，4-聚丁二烯橡胶，是顺式-1，4-含量达到95%以上的丁二烯橡胶(BR)，其余聚丁二烯橡胶不在本书讨论范围。顺丁橡胶是由丁二烯聚合制得的结构规整的合成橡胶，与天然橡胶和丁苯橡胶相比，硫化后的顺丁橡胶的耐寒性、耐磨性和弹性特别优异，动负荷下发热少，耐老化性能好，易与天然橡胶、氯丁橡胶或丁腈橡胶并用。顺丁橡胶的主要缺点是抗湿滑性差，拉伸强度较低，加工性能稍差，需要与其他胶种并用。顺丁橡胶主要用于制造轮胎，用于高抗冲 ABS，部分用于制造各种汽车部件。

顺丁橡胶的品种牌号较多，目前没有统一的命名方法。表 7-2-29 至表 7-2-31 列出了一些市场通用牌号的产品规格。

表 7-2-29　燕山石化 BR 9000 技术指标

项　目	优等品	一等品	合格品
生胶门尼黏度$ML_{1+4}^{100^{\circ}C}$	45±4	45±5	45±7
混炼胶门尼黏度$ML_{1+4}^{100^{\circ}C}$	≤65	≤67	≤70
挥发分/%	≤0. 50	≤0. 80	≤1. 10
灰分/%	—	≤0. 20	—
300%定伸应力/MPa			
25min	7. 0~12. 0		
35min	8. 0~13. 0		
50min	8. 0~13. 0		
拉伸强度 35min/MPa	≥13. 2		
扯断伸长率 35min/%	≥330		

注：数据摘自北京燕山石化公司网站。

表 7-2-30　BR 9100 技术指标

项　目	指标	项　目	指标
生胶门尼黏度$ML_{1+4}^{100^{\circ}C}$	46±4	总灰分/%	≤0. 50
顺式含量/%	≥98	相对密度	0. 91
挥发分/%	≤0. 50		

表 7-2-31　BR 1220 技术指标

项　目	目标值	最小值	最大值
生胶门尼黏度$ML_{1+4}^{100℃}$	45	41	49
挥发分/%	0.04		0.5
灰分/%	0.1		0.5
顺式含量/%		97	
有机酸含量/%		0.1	
抗氧剂	非污染型		

二、原料制备及辅助材料规格

本书顺丁橡胶是指顺式-1，4-含量达到95%以上的丁二烯橡胶，是以丁二烯为单体，采用 Ziegler-Natta 催化剂(以下简称 Z-N 催化剂)或稀土催化剂，配位聚合生成的聚合物橡胶。其原料为高纯丁二烯。

(一) 丁二烯

丁二烯有 1，3-丁二烯和 1，2-丁二烯两种同分异构体，一般所说的丁二烯是指 1，3-丁二烯。丁二烯为简单共轭二烯烃，化学性质非常活泼，易于进行加成反应。丁二烯是重要的石油化工基础原料，主要用于生产合成橡胶。丁二烯的生产经历了酒精法、乙炔法、丁烯氧化脱氢和催化脱氢等阶段，随着 20 世纪 60 年代末裂解生产乙烯装置的快速发展，从裂解副产物混合 C_4馏分中抽提生产丁二烯的不同工艺技术先后出现，形成了以 NMP 法、DMF 法、ACN 法三种抽提法为主的世界丁二烯生产格局。近年来，伴随着北美页岩气革命，裂解制乙烯原料轻质化，副产混合 C_4馏分减少，丁二烯原料相对减少，丁烯氧化脱氢制丁二烯技术重新得到一定程度的发展。

1. 丁二烯抽提流程

丁二烯抽提以裂解混合 C_4馏分为原料，C_4馏分中除含有丁二烯外，还含有 1，2-丁二烯、丁烷、丁烯、炔烃及少量的 C_3和 C_5。馏分中各组分的沸点极为接近，单独用普通精馏很难分离出高纯度丁二烯，工业上主要采用萃取精馏和普通精馏相结合的工艺来生产高纯度丁二烯。萃取剂一般都是极性物质且沸点高于被分离的组分，其溶解度参数很大，能与被分离组分形成均匀混合的非理想溶液。主要的萃取剂有二甲基甲酰胺(简称 DMF)、*N*-甲基吡咯烷酮(简称 NMP)和乙腈(简称 ACN)。

(1) DMF 法丁二烯抽提流程

DMF 法丁二烯抽提工艺流程分为萃取精馏、丁二烯精制和溶剂精制三个部分。如图 7-2-15 所示，萃取精馏部分由塔 T-01 至 T-05 五塔组成，C_4原料中比丁二烯难溶和易溶于 DMF 溶剂中的组分在此与丁二烯分离。混合 C_4经进料蒸发后进入 T-01B 塔上部，循环溶剂自 T-01A 上部加入，比丁二烯难溶的丁烷、丁烯等从 T-01A 除去。T-01B 塔釜含丁二烯、炔烃等的富溶剂经 T-02 汽提出 C_4蒸汽，该气体经 C-01 压缩后，一部分返回 T-01B 塔釜以维持塔釜在较低温度，另一部分进入 T-03 进行二次萃取精馏，粗丁二烯从 T-03 上部去 T-06，比丁二烯更易溶的乙基乙炔和乙烯基乙炔等则汇集 T-03 塔釜，该物流经 T-04 闪蒸回收丁二烯后，在 T-05 中汽提分离，塔顶得到炔烃与丁二烯混合物，塔釜得到干净溶剂循环使用。从 T-02 和 T-05 塔釜来的循环溶剂经热回收利用后分别用于 T-01 和 T-03。丁二烯精制部分由 T-06 至 T-08 三塔组成，粗丁二烯经 T-06 水洗脱胺后进入 T-07，丙炔和水从 T-07 塔顶除去，粗丁二烯从 T-07 塔釜输送至 T-08，比丁二烯沸点高的 1，2-丁二烯、C_5 等从塔釜除去，从 T-08 塔顶得到产品丁二烯。溶剂精制部分由 T-09 和 E-01 组成，从 T-02 和 T-05 的回流液抽取部分溶剂进入 T-09 再生，塔顶得到合格污水和少量二聚物，塔釜得到精制溶剂。从循环溶剂中抽取部分溶剂进入 E-01 间歇再生，得到的精制溶剂循环使用或用作密封溶剂。

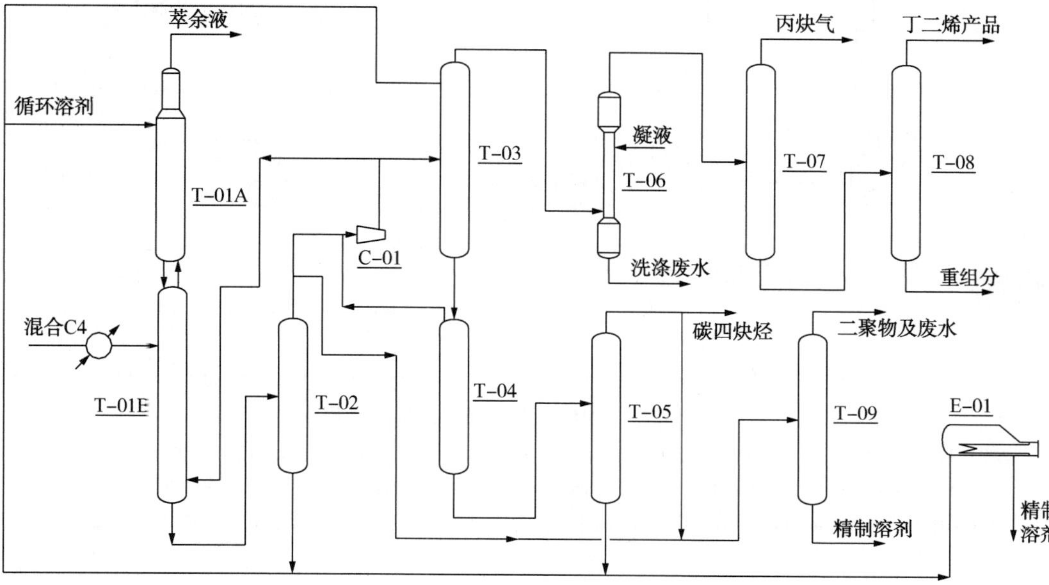

图 7-2-15 DMF 法丁二烯抽提工艺流程

T-01A、B—第一萃取精馏塔；T-02—第一汽提塔；T-03—第二萃取精馏塔；
T-04—丁二烯回收塔；T-05—第二汽提塔；T-06—丁二烯水洗塔；T-07—第一精馏塔；
T-08—第二精馏塔；T-09—溶剂精制塔；C-01—丁二烯气体压缩机；E-01—溶剂再生釜

（2）NMP 法丁二烯抽提流程

NMP 法丁二烯抽提同样分为萃取精馏、普通精馏和溶剂再生三个部分。如图 7-2-16 所示，萃取精馏部分由 T-01 至 T-06 和 T-09 七塔组成，混合 C_4 经进料蒸发后进入 T-01 塔下部，溶剂自 T-01 塔上部加入，比丁二烯难溶的丁烷、丁烯等从 T-01 塔顶除去，而丁二烯则在 T-02 塔中下部形成高浓度区，采用气相侧线方式从此处将丁二烯引入 T-03 塔下部。在 T-03 塔上部加入溶剂，比丁二烯易溶的乙基乙炔等向下汇集到 T-03 塔釜并返回 T-02 塔，T-03 塔顶则得到粗丁二烯去普通精馏。从 T-02 塔釜来的含烃溶剂经加热后进入 T-04 塔，T-04 塔顶气经 T-05 冷却后被 C-01 压缩，再返回至 T-02 塔底部。溶剂中富含的乙基乙炔、乙烯基乙炔等在 T-04 塔中部形成高浓度区，在此处以气相方式侧线采出，经两级水洗并冷却后，与稀释气混合送出界区。T-04 塔底得到汽提干净的溶剂，经热回收后循环使用。从 T-03 塔顶得到的粗丁二烯经过 T-07 和 T-08 两塔普通精馏，分别除去丙炔和重组分，在第二精馏塔顶得到产品丁二烯。从循环溶剂中抽取部分溶剂进入 V-01 再生，在真空状态下利用蒸汽加热将溶剂蒸出，溶剂蒸汽经水洗、冷却后送至脱气塔循环使用。

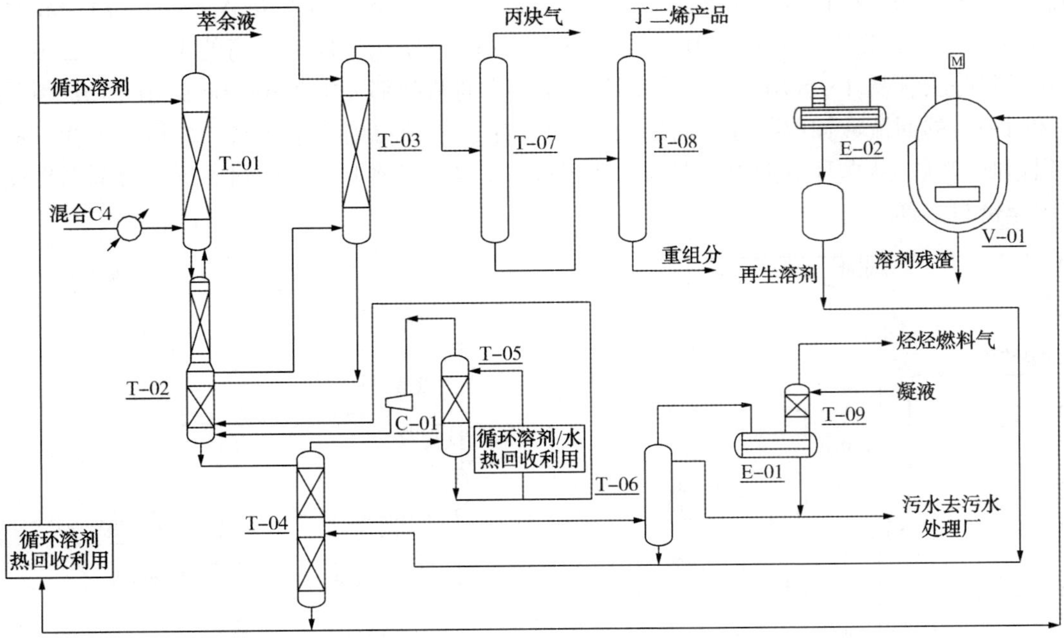

图 7-2-16　NMP 法丁二烯抽提工艺流程

T-01—第一萃取精馏塔；T-02—精馏塔；T-03—第二萃取精馏塔；T-04—脱气塔；T-05—冷却塔；
T-06—第一炔烃洗涤塔；T-07—第一精馏塔；T-08—第二精馏塔；T-09—第二炔烃洗涤塔；
C-01—循环气压缩机；E-01—炔烃洗涤塔冷凝器；E-02—再生溶剂冷凝器；V-01—溶剂再生罐

(3) ACN 法丁二烯抽提流程

ACN 法丁二烯抽提工艺流程同样分为萃取精馏、丁二烯精制和溶剂再生三个部分。如图 7-2-17 所示，在萃取精馏部分，碳四原料中比丁二烯难溶和易溶于乙腈溶剂中的组分在此丁二烯分离。在第一萃取精馏塔中由塔顶脱出比丁二烯难溶的丁烷、丁烯等，比丁二烯更易溶的乙基乙炔和乙烯基乙炔等则汇集在第二萃取精馏塔塔釜中并在汽提塔中通过侧线采出除去，而汽提塔塔釜中得到不含烃类的纯溶剂，该溶剂经换热回收显热后循环使用。从第二萃取精馏塔顶得到的粗丁二烯含沸点比丁二烯低的甲基乙炔和沸点比丁二烯高的 2-顺丁烯、C_5等，前者在第一精馏塔塔顶除去，后者则从第二精馏塔塔釜中除去，高纯度的丁二烯则从第二精馏塔顶得到。溶剂再生部分，将从溶剂系统抽出的少量溶剂脱除二聚物并将各水洗塔塔底排出的水中所含溶剂进行回收循环使用。由于乙腈溶剂沸点低，易从塔顶被带出，故设有多个水洗塔，洗出其中的溶剂，洗水则送至溶剂再生部分回收其中的溶剂。也正是由于乙腈沸点低，汽提操作压力较高，乙腈法丁二烯抽提装置不需要设置压缩机，操作简便。

2. 丁烯氧化脱氢流程

近年来，由于乙烯装置裂解原料轻质化，混合碳四收率较低，混合碳四中丁二烯含量降低，再加上 MTO、MTP 装置混合碳四中丁二烯含量极低，丁二烯原料来源变少，丁烯氧化脱氢制丁二烯技术又被重新研究利用。

丁烯氧化脱氢反应的机理是：丁烯吸附于催化剂表面三价金属(通常为 Fe^{3+})附近的阴离子缺位上，氧则解离为 O^-形式吸附在邻近的另一缺位上，吸附的丁烯在 O^-的作用下，先以均裂的方式去掉一个α-H，并与 O^-结合，再以异裂方式脱掉第二个α-H 而形成 $C_4H_6^-$，

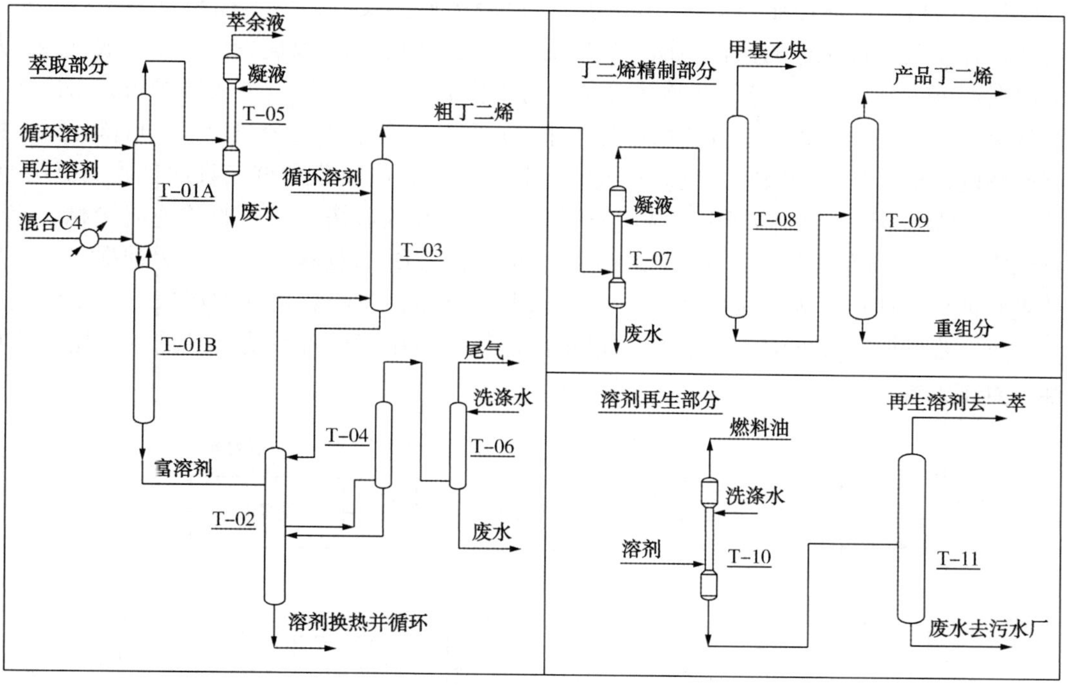

图 7-2-17　ACN 法丁二烯抽提工艺流程

T-01A、B—第一萃取精馏塔；T-02—汽提塔；T-03—第二萃取精馏塔；T-04—炔烃闪蒸塔；T-05—萃余液水洗塔；T-06—尾气洗涤塔；T-07—丁二烯水洗塔；T-08—第一精馏塔；T-09—第二精馏塔；T-10—二聚物水洗塔；T-11—乙腈再生塔

$C_4H_6^-$与 Fe^{3+}发生电子转移而转化成产物丁二烯，然后丁二烯自催化剂表面解吸，而 Fe^{3+}则被还原为 Fe^{2+}。所形成的 OH 基结合生成 H_2O，同时产生一个缺位，气相氧吸附在此缺位上发生解离吸附形成 O^-，同时使 Fe^{2+}氧化为 Fe^{3+}，催化剂回到初始状态。

一个完整的丁烯氧化脱氢制丁二烯装置总流程包括原料预处理、丁烯氧化、丁二烯抽提和溶剂回收及废水处理四个单元，如图 7-2-18 所示。

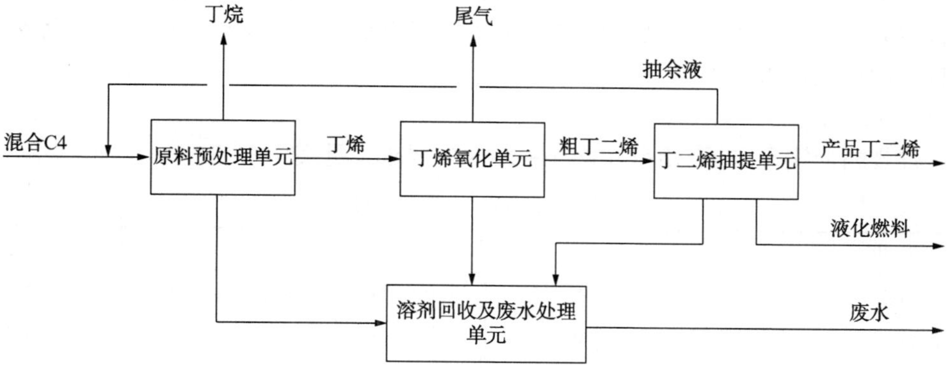

图 7-2-18　丁烯氧化脱氢总流程简图

原料预处理单元主要通过萃取精馏方式将 C_4原料中丁烷脱除。丁烯氧化单元如图 7-2-19 所示，分为氧化脱氢反应部分和油吸收部分，目的在于通过丁烯氧化脱氢生成丁二烯，用油吸收将生成气中的 C_4烃与氮气、CO、CO_2等尾气分离。氧化脱氢反应部分包括反应、水冷及洗醛。在固定床反应器中丁烯与空气在催化剂作用下发生氧化脱氢反应，生成丁二

烯、C_4炔烃及醛、酸、CO_2、CO 等副产物，该反应为放热反应，为了控制反应温度、提高反应选择性及延长催化剂的操作周期，反应需注入大量的蒸汽。反应器出口的生成气经过热量回收后温度大于 150℃，通过水冷塔冷却，再由生成气压缩机加压进入洗醛塔，水冷塔中将酸从生成气中分离出来，在洗醛塔中加压水洗后可以将醛、酮等分离出来。脱除了酸、醛等副产物的生成气进入油吸收系统。油吸收部分包括吸收油吸收和重吸收油吸收两级吸收，目的在于减少 C_4及吸收油的损失。洗醛塔顶的 C_4物料在吸收塔中与吸收油逆流接触，溶于吸收油中的 C_4物料在解吸塔中从吸收油中解吸出来，塔顶 C_4物料进入丁二烯抽提单元，塔釜的吸收油循环使用。为了减少尾气中 C_4及吸收油含量，将吸收塔顶的尾气进入重油吸收系统，进一步回收 C_4和吸收油。再吸收塔顶的尾气经由尾气处理系统处理后达到尾气排放标准，直排大气。

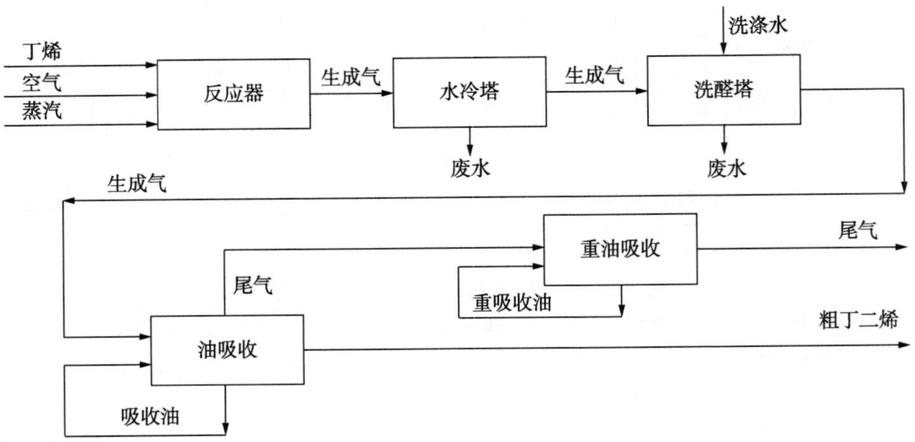

图 7-2-19　丁烯氧化单元流程简图

丁二烯抽提单元与裂解混合碳四抽提丁二烯装置的流程相同。通过两级萃取精馏和两级普通精馏得到聚合级的丁二烯产品。

溶剂回收及废水处理单元包括溶剂再生、含溶剂废水的溶剂回收、反应单元废水的预处理三部分。溶剂再生主要脱除溶剂中的二聚物。废水处理系统主要分别处理脱烷烃单元和丁二烯抽提单元的水洗塔釜废水及反应单元水冷塔和洗醛塔釜的含酸、醛、C_4烃等废水，达到排放标准后送至污水处理场。

3. 丁二烯规格

丁二烯规格应满足国标 GB/T 13291—2008 的要求，见表 7-2-32。

表 7-2-32　丁二烯规格

组　成	规格	组　成	规格
1，3-丁二烯/%	≥99.5	羰基化合物(以乙醛计)/(μg/g)	≤10
顺、反丁烯/%	≤0.4	溶剂/(μg/g)	≤2
乙烯基乙炔/(μg/g)	≤5	丁二烯二聚物/(μg/g)	≤100
总炔烃/(μg/g)	≤20	水/(μg/g)	≤20
过氧化物/(μg/g)	≤5	TBC/(μg/g)	50~150

4. 丁二烯预处理

自外界采购的丁二烯原料在使用前一般要进行预处理，主要为脱除溶剂、TBC、醛类及轻组分。丁二烯原料首先通过一个水洗塔，洗除其中含有的醛类、TBC 及溶剂；然后通过一个脱水塔处理，利用共沸精馏在塔顶脱除其中的水分和轻组分；塔底丁二烯最后进入丁二烯精制塔，从塔釜脱除二聚物等重组分，塔顶精丁二烯经循环水冷凝冷却后送至精制丁二烯缓冲罐，用于聚合进料。

（二）辅助材料规格

顺丁橡胶的辅助材料与催化剂体系有关，常用的催化体系主要有镍催化剂体系、钛催化剂体系、钴催化剂体系和稀土催化剂体系。国内以镍系催化剂为主，近年来发展了稀土催化剂。下列辅助材料以镍系催化剂体系为例。

1. 催化剂体系

镍系催化剂主要由有机酸镍盐、含氟的无机化合物和有机金属化合物组成，也需要微量水促进活性中心更好形成。

（1）环烷酸镍浓溶液

表 7-2-33　环烷酸镍技术规格

项　　目	数值	项　　目	数值
外观	绿色透明溶液，无可见机械杂质	水/%	≤0.2
镍含量/(g/L)	20~25		

（2）浓三异丁基铝

表 7-2-34　浓三异丁基铝技术规格

项　　目	数值	项　　目	数值
浓度/(g/L)	80	活性铝(铝含量)/%	≥87
悬浮铝	无	二异丁基氢化铝	少量

（3）三氟化硼乙醚络合物

表 7-2-35　三氟化硼乙醚络合物技术规格

项　　目	数值	项　　目	数值
外观	无色透明液体	沸点/℃	124.5~126
三氟化硼含量/%	46.8~47.8	水含量/%	≤0.5
相对密度	1.12~1.27		

2. 溶剂

采用溶剂为己烷，其规格见表 7-2-36。

表 7-2-36　溶剂技术规格

项　　目	数值	项　　目	数值
外观	无色透明液体	水含量/(μg/g)	≤300
馏程/℃	66~68	溴值/(g/100g)	≤0.1
正己烷含量/%	60~80	相对密度	0.663~0.683
苯/(μg/g)	≤1000		

3. 填充油

采用高芳烃油，规格见表 7-2-37。

表 7-2-37　填充油技术规格

项　目	数值	项　目	数值
相对密度	0.98～1.03	挥发分(165℃，3h)/%	≤0.5
黏度(99℃)/塞氏秒	180～300	烷烃含量/%	≤18
折光率(n_D^{20})	1.58	芳烃含量/%	≥72
闪点/℃	≥200	胶质含量/%	≤10
凝点/℃	≤20		

三、聚合反应机理

顺丁橡胶的聚合反应机理为配位聚合。含富电子 C ═C 双键的丁二烯单体首先与活性种中显正电位、并具有空位的过渡金属($Mt^{\delta+}$)配位，然后被活化的单体插入过渡金属-碳键(Mt-R)中进行增长。其增长反应为：

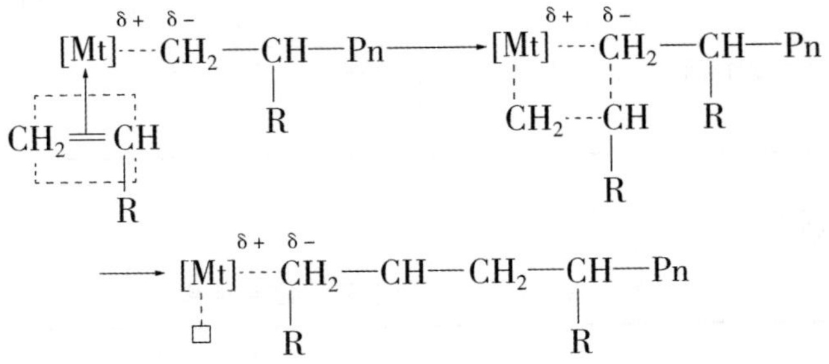

(7-2-11)

式中，[Mt]为过渡金属；┄□为空位；Pn 为增长链；CH_2═CH—R 为 α - 烯烃。

配位聚合的特点是：

(1) 单体首先在嗜电性过渡金属上配位并形成 π-络合物。

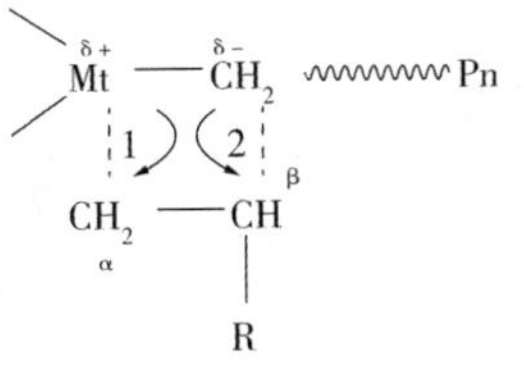

图 7-2-20　配位反应四元环过渡态示意

(2) 反应通常是负离子性质。

(3) 反应需经过四元环过渡态实现单体插入，插入反应包括两个同时进行的化学过程：一是增长链端负离子对碳碳双键的 β-碳原子的亲核进攻(图 7-2-20 中的反应 2)；二是反离子$Mt^{\delta+}$对烯烃 π 电子的亲电进攻(图 7-2-20 中的反应 1)。

配位聚合通常在配位催化剂作用下进行，而且本质上常是单体对增长链端络合物的插入反应。故配位聚合常称为络合聚合或插入聚合；由于配位聚合可借以制备立构规整的聚合物，故又称为定向聚合。

四、催化剂制备

用于顺丁橡胶配位聚合的催化剂主要有 Z-N 催化剂和稀土催化剂。Z-N 催化剂通常由主催化剂和助催化剂两部分组成，主催化剂通常是Ⅳ～Ⅷ族过渡金属化合物；助催化剂则为Ⅰ～Ⅲ族的金属有机化合物。常用 Z-N 催化剂体系有镍系、钴系和钛系。镍系催化剂一般以环烷酸镍为主催化剂，配有三异丁基铝和三氟化硼乙醚络合物；钛系催化剂常用 TiI_4 为主催化剂，配以三乙基铝，该体系催化作用得到较高的顺式结构；钴系催化剂常用二氯化钴为主催化剂，以二乙基氯化铝为助催化剂，以微量水为活化剂。稀土催化体系一般为三元催化体系，采用羧酸钕盐为主催化剂，配以三异丁基铝和含氯化合物。

（一）镍系催化剂配置

国内催化剂加料采用镍铝陈化、稀硼单加的方式。

浓环烷酸镍溶液用氮气压至稀镍配制釜中，利用称重仪进行定量，然后加入定量的己烷溶剂，配制成一定浓度的稀镍油溶液。

浓铝剂溶液用氮气压至稀铝剂配制釜中，利用称重仪进行定量，然后加入定量的己烷溶剂，配制成一定浓度的稀铝剂溶液。

稀铝剂溶液和稀镍油溶液分别用计量泵加压并计量后进入陈化釜，陈化完成后送入催化剂缓冲罐。生产时，先将陈化好的催化剂溶液送入催化剂操作罐，再用计量泵精确计量后与丁二烯溶剂油溶液混合进入聚合釜。

罐装的三氟化硼乙醚络合物用氮气压至硼高位槽中，利用计量泵加压并计量后，再与溶剂油溶液混合后进入聚合首釜。

（二）稀土催化剂配置

稀土催化剂一般采取三元陈化法配置。

浓羧酸钕盐先用泵经过流量计精确计量后批次打入稀钕液配制罐，然后加入定量的己烷溶剂，配制成一定浓度的稀钕液，再用泵批次定量送入陈化釜。

浓氯化物溶液先用泵经过流量计精确计量后批次打入稀氯化物配制罐，然后加入定量的己烷溶剂，配制成一定浓度的稀氯化物液，再用泵批次定量送入陈化釜。

浓铝剂溶液用氮气压至稀铝剂配制釜中，利用称重仪进行定量，然后加入定量的己烷溶剂，配制成一定浓度的稀铝剂溶液，再用泵批次定量送入陈化釜。

以上三种物料在陈化釜中陈化完全后，陈化液送入催化剂缓冲罐。生产时，先将陈化好的催化剂溶液送入催化剂操作罐，再用计量泵精确计量后与丁二烯溶剂油溶液混合进入聚合釜。

五、典型工艺流程

顺丁橡胶的聚合机理为配位聚合，无论采用Z-N催化剂体系还是稀土催化体系，均采用溶液聚合法。虽然气相本体聚合流程也有研究，但无法解决在气相中催化剂活性、移除反应热等多种问题，未见气相本体聚合流程的工业化。

溶液聚合顺丁橡胶工艺，尽管催化剂体系会有不同，采用的溶剂会有不同，但典型的工艺流程是基本相同的。主工艺流程一般包括六个单元，它们分别是催化剂配制单元、单体精制单元、聚合单元、凝聚单元、溶剂脱水单元和后处理单元。典型工艺流程见图7-2-1。

（一）催化剂配置

工业上用于顺丁橡胶配位聚合的催化剂大体分两类，分别为Z-N催化剂和稀土催化剂。关于催化剂配置其具体制备过程见前节催化剂制备。

催化剂配置是顺丁橡胶生产的关键，各生产商均对具体配方及过程保密。一般情况下要掌握好主催化剂过渡金属与铝剂的配比，以保证铝剂将过渡金属还原到合适的离子价位，保证主催化金属的活性；对需要加水活化的催化体系，要控制好微量水的加入量，否则会影响聚合速率和相对分子质量大小；催化剂陈化的时间、加料的先后顺序也会影响催化剂的活性、影响单体转化率、影响产物的顺式含量等。总之，工业生产过程中，催化剂的配置需要严格操作，以保证产品质量。

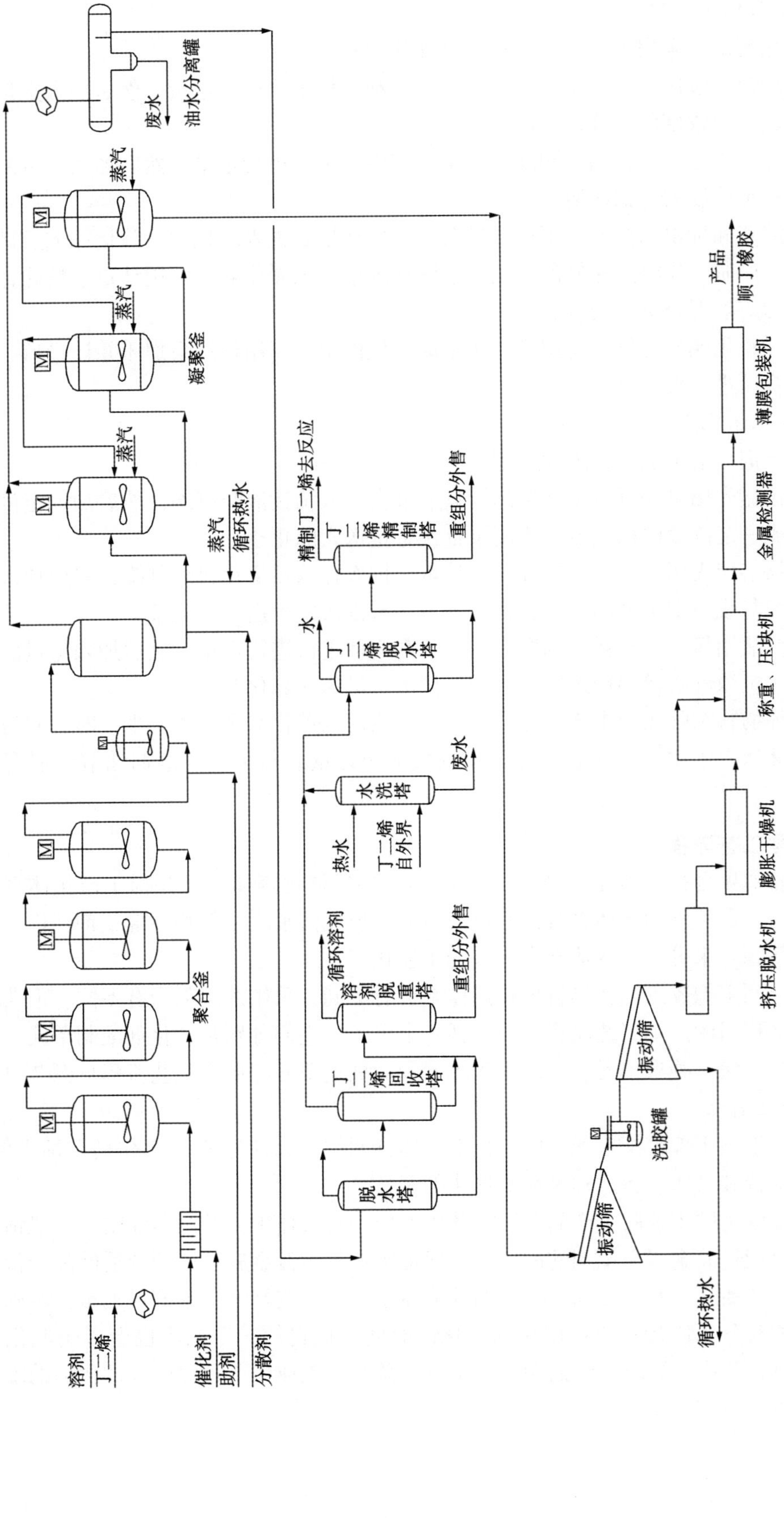

图7-2-21　顺丁橡胶典型工艺流程简图

（二）单体精制

自外界采购的丁二烯原料一般含有150μg/g以上的阻聚剂TBC，在使用前需要脱除。从罐区来的丁二烯水含量可能超标，需要进行脱水处理；同时丙炔、乙腈之类的杂质会对聚合转化率产生严重影响，因此在使用前一般要进行预处理。其处理流程见前述丁二烯预处理描述。

（三）聚合

以镍系顺丁橡胶生产为例，精制溶剂与精制丁二烯按一定比例混合，经冷冻盐水冷却后，与铝-镍陈化液混合，再与三氟化硼乙醚络合物混合，进入静态混合器，充分混合后的进料混合物进入聚合釜首釜，再依次经过多个聚合釜，达到一定的停留时间后聚合反应完成。反应物料均是从聚合釜底部进入，顶部出料。聚合反应热的导出主要通过聚合物料的预冷来实现，将混合进料利用冷冻盐水降温至1~5℃，利用反应过程中物料的升温来吸收大部分聚合热，另外小部分热由反应釜的夹套传热撤出。在反应末釜出料处加入终止剂、防老剂等，随后物料进入终止釜，反应终止的胶液送入胶液缓冲罐，在此生成的顺丁胶液进行缓冲、贮存、调和。

（四）凝聚

凝聚的主要作用是利用蒸汽汽提胶液中的溶剂和单体，将丁二烯聚合物分散成胶粒，形成便于输送的胶粒水。

自胶液缓冲罐来的门尼合格的胶液经螺杆泵加压后自特殊喷胶喷嘴进入凝聚釜内。特殊喷嘴的设计是各生产商的Know-how，较好的喷嘴设计能实现胶粒直径小、分散均匀的目的，而小的胶粒会有效提高传质效率，减小凝聚釜的停留时间，大幅降低蒸汽消耗和电消耗。若生产充油胶，在胶液进凝聚釜前增加充油胶混合器，将填充油与胶液充分混合。凝聚一般采用多釜凝聚，其中第一凝聚釜采用正压操作，其余凝聚釜或采用微正压操作，或采用负压操作。在第一凝聚釜中，在机械搅拌和蒸汽的共同作用下，胶液在热水中分散为胶粒，胶液中的未反应丁二烯和绝大部分溶剂从第一凝聚釜顶部蒸出。在第一凝聚釜中加入大量的自后处理循环来的热水，同时加入足够的分散剂，保证胶粒的良好分散，将胶粒水浓度控制在4%~8%，以便于用胶粒水泵输送至第二凝聚釜。胶粒在其他凝聚釜中在机械搅拌和蒸汽的共同作用下，进一步脱除剩余溶剂，釜顶气相经蒸汽喷射器带出送至第一汽提釜底部，而釜底胶粒水则由釜间泵送至下一凝聚釜。经过多釜凝聚完成后的胶粒水送至后处理单元。

从第一凝聚釜顶部出来的气相经冷却后进入油水分层罐，从胶液缓冲罐顶部闪蒸出来的油气经冷凝、冷却后也进入油水分层罐。经油水分离后，分层水可送入第一凝聚釜使用，溶剂则自流至回收溶剂罐，再用泵送至湿溶剂罐等待处理。

（五）溶剂脱水

自罐区来的湿溶剂先与脱水塔顶物料进行换热升温，再经预热器用蒸汽加热，最后从塔中部进入溶剂脱水塔。溶剂脱水塔顶气相主要含丁二烯、水、轻组分及少量碳六，该物流先与进料湿溶剂换热回收部分热量，再循环水冷凝，进入溶剂脱水塔回流罐。水分由回流罐中分水包排入污水管线。塔顶不凝气排至尾气回收系统或火炬。从回流罐采出部分物料送至丁二烯回收塔，分离回收丁二烯和溶剂。塔釜物料为脱水后溶剂，送入溶剂脱重塔进行脱重处理。从脱重塔顶得到精制溶剂送入罐区精制溶剂罐贮存，塔釜得到重组分及重杂质，经冷却后送入罐区，用作燃料油。

（六）后处理

由凝聚来的胶粒水先进入第一脱水振动筛，经振动脱除其中的游离水，分离出的热水进入热水罐，经热水泵送入凝聚釜循环使用，部分多余的热水经脱胶处理后送污水场。经振动脱水后的胶粒进入洗胶罐，洗去胶中部分杂质，送入第二脱水振动筛，脱除其中的游离水。洗涤水循环使用，定期置换。洗涤后脱水胶粒进入脱水挤压机，经挤压脱水后，进入膨胀干燥机，胶粒在机器内被挤压达到很高的压力，由挤压摩擦生热橡胶温度不断升高，到被挤出时由于压力迅速降低而发生闪蒸，大量水分闪蒸出来，物料水分含量降低到2%以下。挤出的胶粒然后进入干燥箱，通过热风干燥和冷风降温，水分进一步挥发，降到0.5%以下。干胶粒经分料、称重、压块、复称重、薄膜包装、金属检验、装箱、码垛后得到成品顺丁橡胶产品。

六、主要操作参数

1. 丁二烯精制工艺参数

丁二烯精制主要为丁二烯水洗、丁二烯脱水和丁二烯精制，其主要工艺参数见表7-2-38。

表7-2-38　丁二烯精制主要工艺参数

项目	塔盘数	回流比	塔顶压力/kPa	塔顶温度/℃
丁二烯水洗塔	30	—	510~530	~30
丁二烯脱水塔	40~60	—	520~530	41~45
丁二烯脱重塔	60~80	—	470~510	41~45

2. 聚合工艺参数

不同催化剂体系的聚合工艺参数各不相同，镍系催化聚合单元的主要工艺参数见表7-2-39。

表7-2-39　聚合单元主要工艺参数

序号	项　目	内容	备注
1	丁二烯浓度/%	18~22	
2	催化剂浓度/%	0.015~0.03	按稀释前计量
3	混合进料温度/℃	1~5	
4	首釜温度/℃	60~70	
5	聚合温度/℃	60~90	
6	溶剂	己烷	
7	聚合时间/h	1.5~2	
8	单体转化率/%	~85	

3. 凝聚工艺参数

凝聚单元的主要工艺参数见表 7-2-40。

表 7-2-40　凝聚单元主要工艺参数

序号	项　目	内容	序号	项　目	内容
1	第一凝聚釜			操作温度/℃	90~101
	操作压力/kPa	115~140		胶粒水浓度/%	4~8
	操作温度/℃	80~100	3	回收溶剂冷却器	
	胶粒水浓度/%	4~8		物料操作压力/kPa	115~140
2	其他凝聚釜			物料出口温度/℃	40~42
	操作压力/kPa	103~170			

4. 溶剂脱水工艺参数

溶剂脱水及回收部分主要工艺参数见表 7-2-41。

表 7-2-41　溶剂脱水及回收部分主要工艺参数

序号	项　目	内容	序号	项　目	内容
1	溶剂脱水塔		3	溶剂脱重塔	
	塔盘数	50~70		塔盘数	40~60
	塔顶操作压力/kPa	400~420		塔顶操作压力/kPa	150~170
	塔顶操作温度/℃	90~95		塔顶操作温度/℃	75~81
2	丁二烯回收塔		4	溶剂脱轻塔	
	塔盘数	60~80		塔盘数	40~50
	塔顶操作压力/kPa	430~450		塔顶操作压力/kPa	160~180
	塔顶操作温度/℃	38~41		塔顶操作温度/℃	69~73

5. 后处理工艺参数

后处理单元的主要工艺参数见表 7-2-42。

表 7-2-42　后处理单元主要工艺参数

序号	项　目	内容	序号	项　目	内容
1	第一振动脱水筛			出口水含量/%	5~15
	入口操作温度/℃	80~90	4	挤压膨胀干燥机	
	入口水含量/%	94~96		出口操作温度/℃	180~200
	出口水含量/%	~50		出口水含量/%	1~2
2	第二振动脱水筛		5	干燥箱	
	入口操作温度/℃	70~80		出口水含量/%	~0.5
	出口水含量/%	~50		干燥器出口温度/℃	~60
3	挤压脱水机				

七、主要设备

顺丁橡胶装置与大多数合成橡胶装置一样，工艺流程较长，设备种类较多，其中有本装置特点的设备主要有反应器、混合器、凝聚釜、搅拌器和后处理五大类。

1. 反应器

顺丁橡胶的聚合反应机理为配位聚合，其聚合具有引发快、增长慢、只有向单体转移终止的特性，其聚合速率与单体浓度成正比，顺丁橡胶反应速度从开始到结束是递减的，为了达到足够的转化率，需要较长的停留时间，一般采用多釜串联的方式满足聚合时间。由于聚合首釜的单体浓度高，反应速度快，放热多，一般采用预冷进料混合物、利用进料混合物吸热升温的方式来吸收首釜反应热。

由于首釜物料转化率低，胶液浓度低，物料黏度低，首釜反应器可采用板框式搅拌器，外设夹套，利用夹套传热撤出部分反应热；随着后续各釜反应转化率的提高，胶液浓度逐渐提高，物料变得黏稠不易流动，此时可采用双螺带式搅拌反应器。如果黏度超高，可采用带刮刀的螺带式搅拌反应器或刮壁式反应器，刮去反应器壁的胶层，减少器壁热阻，保障夹套撤热能力，控制反应温度，保障产品质量。

经过多年的研究与发展，我国目前镍系顺丁橡胶装置反应器单釜容积达到 $30m^3$，采用带刮刀的螺带式搅拌反应器，生产稀土顺丁橡胶的单线生产能力可达 30kt/a。

2. 混合器

在混合物料进聚合首釜之前，混合物料需要与陈化好的催化剂溶液充分混合，一般选用静态混合器，采用管式，利用螺旋折流原理，实现物料与催化剂的充分混合。

胶液进入汽提釜前需要与蒸汽、热水充分混合，形成合适大小的胶粒，该处需要设置特殊形式的喷嘴，亦即一种管道混合器。该混合器一般为专利或专有设备，没有公开资料。日本宇部兴产公司研制出一种高效喷嘴，利用高线速过热蒸汽将喷出的胶液切割，凝聚后胶粒粒径为 4~6mm，远小于采用普通喷嘴时的 20 mm 胶粒。Bayer 公司也做了类似开发，利用高线速过热蒸汽切割胶料，形成粒径小而均匀的胶粒。由于胶粒小，溶剂从胶粒内向水相的传质效率极大提高，凝聚所需停留时间缩短，凝聚釜操作液位可降低，搅拌功率降低，凝聚部分蒸汽及用电消耗将大幅降低。

3. 凝聚釜

凝聚釜的主要功能是通过水蒸气、热水的热作用，将胶液中的溶剂和单体脱除于净，形成粒度合适、均匀的胶粒水。若形成的胶粒过大，则极易堵塞管线，给后处理带来严重影响。

如前节混合器所述，胶液在进入凝聚釜前需要通过一个特殊的混合器，与蒸汽、热水充分混合，形成合适大小的胶粒。该混合器一般作为凝聚釜进料管口的特殊附件，不同的专利商拥有不同的特殊混合器构件。良好的混合器可形成较小的均匀胶粒，有利于传质、节能降耗。

为了使橡胶颗粒均匀分散在热水中，同时强化胶粒与汽提热水的传质，凝聚釜需要强烈的搅拌。由于胶粒中的己烷不易汽化，若混合器切割胶粒效果不好，形成胶粒较大，凝聚釜需要较长的停留时间来保证汽提效果，凝聚釜需要较高的操作液位。通常情况下，凝聚釜采用多层搅拌，采用顶搅拌或底搅拌均可，最底层搅拌采用桨式搅拌器，多数为多叶斜桨，其余搅拌桨多采用轴流式桨叶，以保证胶粒水流通量大，充分混合。为防止大胶团对桨叶产生损伤，桨叶及搅拌轴要特别考虑增加强度。

4. 搅拌器

顺丁橡胶装置的搅拌器主要用于聚合物料混合、胶粒水的分散以及催化剂配制。

反应器搅拌器根据胶液黏度的不同而有所区别。一般反应器搅拌器为通轴式搅拌器，电机置于反应器顶部。常用的型式有框式搅拌器、螺带式搅拌器。框式搅拌器主要用于聚合首釜、胶液黏度不高的情况；螺带式搅拌器主要用于聚合后半段、胶液黏度高的情况，为了刮去反应器壁的挂胶层，提高传热效率，可在螺带上安装刮壁器。对于稀土顺丁橡胶装置，由于胶液黏度比镍系顺丁胶液高很多，一般采用带刮刀的螺带式搅拌反应器。由于生产调整，催化剂活性变化，单体浓度调整，反应器内胶液浓度可能发生变化，导致搅拌功率的变化，反应器搅拌器通常采用变频控制，以适应此类变化。

催化剂配制和添加剂配制用的搅拌器主要用于催化剂的分散与反应，用于添加剂的分散与溶解。常采用顶搅拌，采用斜涡轮桨，转速高，通过快速转动带动物料沿径、轴向快速运动，达到充分混合、溶解、反应的目的。

胶粒水的搅拌器主要是凝聚釜使用。凝聚釜多采用高液位工作，为了产生良好的搅拌效果，多采用多层搅拌方式，采用顶搅拌和底搅拌均可，最底层搅拌多为多叶斜桨，形成较好的轴、径向流动；其余层搅拌多为轴流式桨叶，形成较大的流通量，保证轴向的充分混合。为防止大胶团对桨叶产生损伤，桨叶及搅拌轴要特别考虑增加强度。

5. 后处理

顺丁橡胶后处理主要机械设备由脱水筛、挤压脱水机、挤压膨胀干燥机和干燥箱组成。一般挤压脱水机单线生产能力为 30～80kt/a 左右。顺丁橡胶的后处理机械主要有 Anderson 型、French 型和 Welding 型。我国大连橡胶塑料机械股份有限公司通过多年的研究，具备国产化相关后处理机械设备的能力。

脱水筛主要采用振动脱水，胶粒水从进料箱溢出沿着倾斜的筛网滚动，筛网一直振动，防止胶粒黏附在筛网上。胶粒在滚动过程中，热水顺着筛缝流至热水收集箱，再进入热水罐回收使用；脱掉部分游离水的湿胶粒则向前滚动落入挤压脱水机。

常用的挤压脱水机主要有 Anderson 型、French 型和 Welding 型。其基本原理相同，利用胶粒在螺杆内受挤压机械脱水，在出口处利用闪蒸除掉部分水分。Anderson 型和 French 型挤压脱水机均为水平放置，筒体前后等径，螺旋叶等深不等距，通过螺距从加料口到出料口依次减小来使物料在筒体内受到的压力不断提高，从而使物料挤压脱水，物料的相互摩擦也使物料温度升高，在出口处物料压力骤失，部分水分闪蒸除去。Anderson 型挤压脱水机筒体由两个带有笼骨架和笼条的半圆筒组成，筒体分为四段，各段笼条间隙从加料口到出料口依次减小。螺杆分成若干节，进料区螺杆的螺纹连续，其余部分为断开拼合式。水分从笼条间隙挤出流入集水槽。机头设有调压模板和切刀，通过调节机头模板出口面积来调节机内压力，使胶料达到预期的脱水效果。Anderson 型挤压脱水机的排料端利用可调节的环形锐孔控制机体内压力。Welding 型挤压脱水机整机呈向上倾斜安装，入口在下，出口在上，便于挤出的水分自流至热水收集槽。料筒分为排水段、进料段、压缩段和挤出段，料筒内壁有排水纵槽，下部设排水口，外壁设有夹套，用以控制物料温度。筒体排水段和进料段直径相同，压缩段和挤出段直径相同，排水段和进料段直径大，通过锥形缩径与压缩段和挤出段连接。机头出口模板由两块多孔板组成，通过旋转调节物料出口面积，从而调节机内压力。通过挤压脱水，胶料的水含量由入口的 50%左右下降至出口的 5%～15%。

挤压膨胀干燥机分为单螺杆机型和双螺杆机型两种，前者以 Anderson 机型为代表，后者以 Welding 机型为代表。Anderson 型膨胀干燥机机身较长，筒体分为前后两段，筒体上不设抽气孔，设有蒸汽加热夹套。从挤压脱水机来的胶料进入膨胀干燥机，受夹套加热和螺杆的挤压所产生的机械能，胶料逐步升温至180~200℃，机内压力大于水蒸气压，水分在机内保持液态，在机头出口处200℃的胶料压力突然降低，胶粒中的水分迅速汽化使胶料膨胀而脱去水分。Welding单螺杆膨胀干燥机分为进口段、锥形段和恒直径段，螺杆直径从进口段至出口段逐渐变大，螺杆的出口段为双螺杆，出口模头有两块多孔板组成，通过旋转调节物料出口面积而调节机内压力。在干燥机头外侧装有透平式胶粒切刀，将胶条切成等长的胶粒。双螺杆膨胀干燥机为等温式干燥机，料筒上设有排气孔，两根螺杆并列，螺纹相反，转动方向相反，螺纹彼此正切，机头出料口设有旋转刀头将胶料切成粒状。通过挤压膨胀干燥机，胶料的水含量由入口的5%~15%左右下降至出口的1%~2%。

干燥箱一般采用振动输送，热风干燥，经过干燥后胶粒水含量降至0.5%以下。

八、装置消耗

顺丁橡胶装置的消耗指标与催化体系、充油含量等因素有关，本节装置消耗仅考虑非充油胶消耗指标。

1. 物料消耗

一般顺丁橡胶装置的单体转化率在80%以上，装置内溶剂回收精制部分设有丁二烯回收塔，未反应的丁二烯单体大部分回收使用，因此丁二烯消耗指标相差不大，一般为1005~1020kg丁二烯/t顺丁橡胶产品。

2. 化学品消耗

顺丁橡胶的主要化学品有催化剂、溶剂、防老剂、分散剂、碱液等，因各催化剂体系配方保密，其消耗指标未见公开数据。镍系顺丁橡胶装置化学品消耗如表7-2-43所示。

表7-2-43　镍系顺丁橡胶装置化学品消耗

序号	项　目	指标	序号	项　目	指标
1	溶剂(己烷)/(kg/t产品)	20~40	3	分散剂/(kg/t产品)	0.5~1.5
2	防老剂/(kg/t产品)	2~3			

3. 公用工程消耗

镍系顺丁橡胶装置公用工程消耗如表7-2-44所示。

表7-2-44　镍系顺丁橡胶装置主要公用工程消耗

序号	项　目	指标	序号	项　目	指标
1	循环冷却水/(kg/t产品)	220~260	3	电/(kWh/t产品)	370~410
2	1.0MPa(g)低压蒸汽/(kg/t产品)	3~4			

九、装置能耗

早期的顺丁橡胶装置反应胶液浓度低，采用两釜凝聚，为了减少溶剂消耗，将胶粒中溶剂汽提彻底，凝聚釜操作温度高，操作液位高，装置的能耗高，吨产品的能耗高达600kg标油。近年来，随着反应技术的发展，多釜凝聚技术的发展，热泵技术在凝聚釜顶废热回收的利用，顺丁橡胶装置公用工程消耗大幅降低。根据表7-2-44公用工程消耗计算，镍系顺丁橡胶装置能耗约为350~440kg标油/t产品。若采用热泵技术回收凝聚釜顶废热，装置能耗可进一步降低至310kg标油/t产品。

十、效益分析

与丁基橡胶一样，顺丁橡胶价格也随着世界经济的周期变化及天然橡胶的价格变化而大起大落。如图 7-2-22 和图 7-2-23 所示，从 2008 年至 2018 年的 10 年间，顺丁橡胶价格跟随天然橡胶价格几度起落。

图 7-2-22　天然橡胶价格曲线

图 7-2-23　顺丁橡胶价格曲线

受 2008 年世界经济危机的影响，顺丁橡胶在短短三个月内，从 27000 元/t 胶的价格暴跌至近 10 年的历史低位 7800 元/t 胶。随后开启了长达 2 年多的持续上涨，价格从 2008 年年底的 7800 元/t 胶一直上涨到 2011 年 8 月的 35800 元/t 胶的历史顶峰，胶价自 2009 年 8 月末价格均在 15000 元/t 胶以上，生产商赚取了丰厚的利润。自 2011 年 8 月以后，顺丁橡胶价格持续回落，至 2015 年 12 月价格跌破 10000 元/t 胶，生产商开始面临困境。2016 年顺丁橡胶快速拉高至 25000 元/t 胶，目前价格在 13000 元/t 胶至 15000 元/t 胶之间盘整，顺丁橡胶生产商保持微薄利润。由于 2013 年大量民营企业投资的顺丁橡胶装置投产，装置开工率约 60%，未来顺丁橡胶价格走势不容乐观。

十一、废物治理

顺丁橡胶装置的主要三废是废水及废气，废水中含有细胶末需要处理除去，而后处理废气不合格则需要催化氧化处理。

1. 废气

顺丁橡胶装置的主要工艺废气种类及处理措施见表 7-2-45。

表 7-2-45　顺丁橡胶装置工艺废气表

序号	排放源种类	排放规律	处理措施及排放去向
1	后处理尾气	连续	经催化氧化处理合格后高空排大气
2	生产过程排放含油尾气	连续	经火炬燃烧后高空排大气
3	含烃安全阀排放气	事故	经火炬燃烧后高空排大气

当装置内凝聚釜效果不佳时，胶粒及水中的溶剂汽提不够彻底，导致后处理尾气中有机物含量超标，此时需要采用催化氧化处理技术去除尾气中的有机物，使后处理排放的尾气达到环保要求。从后处理来的尾气首先进入尾气过滤器去除胶末，然后利用增压风机增压，与尾气换热器升温后，进入催化氧化反应器进行催化氧化反应，将挥发性有机物氧化为二氧化碳和水。从催化氧化反应器出来的高温净化气体先通过余热蒸汽发生器产生部分蒸汽，然后再经过尾气换热器回收热量，最后经高架烟囱排入大气。

2. 废水

顺丁橡胶装置的主要工艺废水种类及处理措施见表 7-2-46。

表 7-2-46　顺丁橡胶装置工艺废水表

序号	排放源种类	排放规律	处理措施及排放去向
1	后处理热水罐排放污水	连续	隔胶、气浮除胶后送污水场
2	后处理洗涤水罐排放污水	连续	隔胶、气浮除胶后送污水场
3	溶剂回收分层水排放	连续	经隔油后送污水场

后处理排放污水一般含有细微顺丁橡胶胶末，工艺流程上先设隔胶池，将浮于水面的胶末隔离，定期捞走处理。经过初次隔胶后的污水送入均衡池，再送入溶气气浮机处理，再进入好氧曝气池和二沉池，去除大部分有机污染物后出水排入监护池，监护池出水水质达到国家《污水综合排放标准》的二级标准，再通过外排管道排至污水场做进一步处理。

装置内的其他污水一般在装置内经过隔油处理后送污水场进一步处理。

3. 废固

顺丁橡胶装置产生固体废物主要是废胶，一般作为副产品降级出售。

装置内溶气气浮产生的浮渣及好氧曝气池产生的剩余活性污泥经重力脱水后送至离心脱水机，脱水后装车外运，可填埋处置，也可焚烧处理。

第四节　丁腈橡胶

一、产品规格

丁腈橡胶(NBR)是由丁二烯和丙烯腈经乳液聚合法制得，其主要生产方法为连续低温乳液聚合法，少部分用间歇高温聚法或间歇低温聚合法。丁腈橡胶的最大特点是耐油性极好，主要用于制造各种耐油橡胶制品，如耐油管、橡胶隔膜和大型油囊等，这些被广泛应用于汽车工业、石油工业等行业中。氢化丁腈橡胶是丁腈橡胶的加氢产物，既具有良好的耐油、耐臭氧、耐磨和耐化学品腐蚀性，又具有良好的耐热和耐低温性能，可以用于制造苛刻条件下使用的耐油密封制品。

丁腈橡胶的品种牌号繁多，没有统一的命名方法，品种牌号可依其结合丙烯腈量、门尼黏度、防老剂类型等划分，一般以结合丙烯腈量划分者居多。按结合丙烯腈量分类，商品丁腈橡胶的结合丙烯腈量一般在 16%~53%之间，具体划分见表 7-2-47。

表 7-2-47　丁腈橡胶按结合丙烯腈量分类　%

序号	类别	丙烯腈含量	序号	类别	丙烯腈含量
1	特高腈品级	42~53	4	中腈品级	24~27
2	高腈品级	35~41	5	低腈品级	16~23
3	中高腈品级	28~34			

表 7-2-48 列出了国内主要丁腈橡胶生产商镇江南帝的部分快速硫化型产品牌号及特性，其前两位数字表示结合丙烯腈量的低限值，后两位代表门尼黏度的低限值。表 7-2-49、表 7-2-50 分别列出了 Laxess 公司、兰州石化的产品特性。

表 7-2-48　镇江南帝快速硫化型产品牌号

产品牌号	丙烯腈含量/%	门尼黏度$ML_{1+4}^{100℃}$	特　　性
4580	≥45	≥80	超高耐油性能
4155	≥41	≥55	快速硫化，低模具污染，流动性佳，回弹性佳
3645	≥36	≥45	快速硫化，低模具污染，流动性佳，回弹性佳
3375	≥33	≥75	快速硫化，低模具污染，流动性佳，回弹性佳
2865	≥28	≥65	快速硫化，低模具污染，流动性佳，回弹性佳。
1965	≥19	≥65	快速加硫，反拔弹性优，耐低温特性佳

注：数据摘自镇江南帝公司网站。

表 7-2-49　Laxess 公司 Perbunan 系列产品牌号

牌号	丙烯腈含量/%	门尼黏度$ML_{1+4}^{100℃}$	特性及应用
2845F	28.0	45	良好弹性及低温屈挠性好
2870F	28.0	70	
2895F	28.0	95	良好的弹性及低温曲挠性好，高黏度和良好的压缩永久变形性能
28120F	28.0	120	
3430F	34.0	32	同时具有良好的耐燃油及低温曲挠性
3445F	34.0	45	
3470F	34.0	70	
3945F	39.0	45	极佳耐油、耐燃油性
3965F	39.0	65	
1846F	18.0	45	极佳低温柔软性及压缩永久变形
2831F	28.6	30	良好的弹性及低温柔软性
2846F	28.6	42	
3446F	34.7	42	同时具有良好的耐燃油及低温曲挠性
4456F	44.0	55	极佳耐油、耐燃油性

注：数据摘自 Laxess 公司网站。

表 7-2-50　兰州石化 N 系列丁腈橡胶技术指标[14]

项　　目	N-21	N-31	N-32	N-34	N-41
挥发分/%	≤1	≤1	≤1	≤1.3	≤1
总灰分/%	≤0.8	≤0.8	≤0.8	≤1.0	≤0.8
丙烯腈含量/%	39~42	32~35	32~35	26~29	28~30
门尼黏度$ML_{1+4}^{100℃}$	77~88	72~83	41~51	40~55	72~82
300 %定伸应力/MPa	6.4~9.8	5.4~8.3	4.4~7.4	14.7~24.5	5.4~8.8
拉伸强度/MPa	≥20.6	≥18.6	≥17.6	≥17.6	≥17.6
扯断伸长率/%	≥600	≥650	≥650	≥300	≥550

一般情况下，随着丙烯腈含量的增加，丁腈橡胶的耐油性、耐热性、硫黄体系硫化速率、耐磨性、硬度及抗张强度提高，而低温曲挠性、耐压缩变形性、弹性等性能降低。

二、原料制备及辅助材料规格

本书丁腈橡胶是以丁二烯和丙烯腈为单体，采用乳液聚合方法，通过自由基反应历程制得的无规共聚物。其原料为高纯丁二烯和丙烯腈。丁二烯主要采用裂解碳四溶剂抽提法生产，部分采用丁烯氧化脱氢法生产；丙烯腈的生产则主要采用丙烯氨氧化工艺生产。

（一）丁二烯

丁二烯的生产及规格参见本章第三节顺丁橡胶的原料制备之丁二烯部分。由于少量的阻聚剂足以使自由基聚合反应中止，因此丁二烯在使用前需要碱洗除去其中的阻聚剂。

（二）丙烯腈

丙烯腈是丁腈橡胶生产中使用的主要单体，由于它的存在使丁腈橡胶具有了特有的耐油耐热性。丙烯腈属高度危险品，具有易燃易爆的特点，毒性强，工作区域空气丙烯腈的最大允许浓度不应超过 2mg/m^3。丙烯腈在储存过程中易于形成自聚物，其低聚物的存在会严重影响丁腈橡胶聚合反应。

国外丙烯腈的生产方法有美国氰氨公司和联合碳化物公司在 1966 年以前使用的氢氰酸和乙烯加成生成乙烯腈醇，然后脱水得丙烯腈的生产方法。另外还有 1970 年以前，Dupont、Cytec 和 Monsanto 使用乙炔催化加氢氰酸生产丙烯腈的乙炔法。这些方法都因生产成本高、毒性大、工艺技术落后而逐渐被丙烯氨氧化法所取代。1960 年美国 SOHIO 公司开发成功了以丙烯和氨为原料采用空气氧化的方法生产丙烯腈的新工艺。该法生产成本低、副反应少，工艺过程简单，丙烯氨氧化工艺在全球得到迅速发展，目前已经是全世界生产丙烯腈的主要方法，占全球丙烯腈总产能的 95%左右。

1. 丙烯腈生产工艺流程

本节简述丙烯氨氧化生产丙烯腈的主要工艺流程，见图 7-2-24。

液态丙烯经蒸发预热后与经过蒸发预热的氨在管道中混合，然后进入反应器，空气经过滤、压缩后通过分布板进入流化床反应器，混合气使催化剂床层流化并同时进行氧化反应。在反应器中，丙烯、氨和空气在催化剂作用下，进行氧化反应，主反应是生成丙烯腈和水并释放大量的热，反应产生的多余热量由反应器内的冷却盘管移出，以产生过热蒸汽。反应器内同时还会产生副反应，生成氰化氢、乙腈、一氧化碳、二氧化碳、丙烯醛、丙烯酸以及水等。因此反应气体流出物中包括部分丙烯腈，水，未反应的丙烯、氨、氧和氮等。反应生成气经旋风分离除掉夹带的催化剂后，进入反应气体冷却器，冷却后送至急冷塔。反应气体自急冷塔下部进入，反应气体中未反应的氨与加到急冷塔的硫酸中和生成硫铵，脱氨的反应气被冷却。急冷塔顶出来的气体送入吸收塔底部，与水进行逆流吸收，塔底得到含丙烯腈、乙腈、氢氰酸和其他有机物的水溶液(富水)。塔顶尾气送入废气焚烧炉。塔釜富水溶液送至丙烯腈回收塔中处理，采用萃取精馏的方法将丙烯腈、氢氰酸与乙腈分离。回收塔底得到贫水；含乙腈、水及少量氢氰酸的气相由回收塔侧线抽出，进入乙腈回收塔回收其中的乙腈，回收的粗乙腈可进一步精制处理，得到合格乙腈作为副产物；从丙烯腈回收塔顶得到粗丙烯腈，送入脱轻组分塔处理。粗丙烯腈中的氢氰酸自脱轻组分塔顶部除去，而粗丙烯腈则自脱轻组分塔釜送至产品塔处理。产品塔一般采用负压操作，重质有机物自产品塔底部除去，丙烯腈产品自成品塔上部侧线抽出，经循环水冷却后，再用冷冻盐水进一步冷却，然后被送至成品罐。

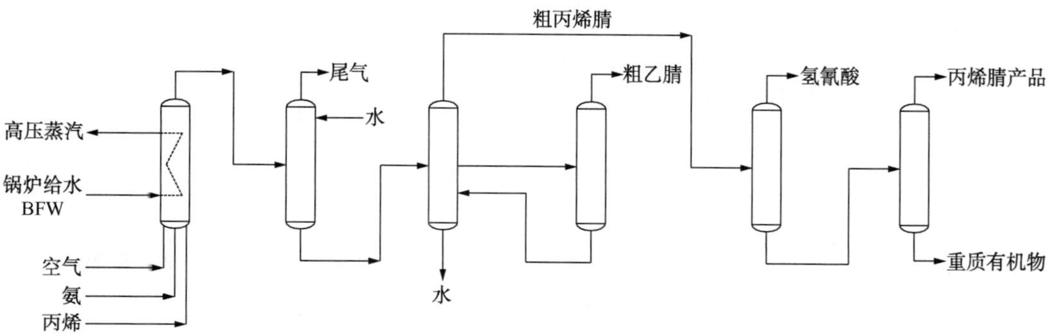

图 7-2-24　丙烯氨氧化工艺流程简图

2. 丙烯腈规格

丙烯腈的质量规格应满足 GB/T 7717. 1—2008(工业用丙烯腈)要求，见表 7-2-51。

表 7-2-51　丙烯腈规格

组　成	规格	组　成	规格
丙烯腈/%	≥99. 5	阻聚剂/(μg/g)	≤35~45
丙酮/(μg/g)	≤100	过氧化物/(μg/g)	≤0. 2
乙腈/(μg/g)	≤150	丙烯醛/(μg/g)	≤10
酸度/(μg/g)	≤20	水含量/%	≤0. 20~0. 45
醛(以乙醛计)/(μg/g)	≤50	不挥发物/(μg/g)	≤100
HCN/(μg/g)	≤5		

3. 丙烯腈预处理

由于少量的阻聚剂足以使自由基聚合反应中止，因此丙烯腈在使用前需要碱洗除去其中的阻聚剂。

(3) 辅助材料规格

由于丁腈橡胶采用乳液聚合技术，生产过程中所用到的助剂种类繁多，主要有引发剂、活化剂、乳化剂、调节剂、分散剂、终止剂、防老剂、电解质、消泡剂等。不同聚合工艺所采用的引发剂、活化剂等组成体系又不相同。本节给出部分辅助材料规格。

表 7-2-52　丁腈橡胶装置使用的主要助剂[15] 16

类别	助剂名称	项目		指标
乳化剂	丁基萘磺酸钠(拉开粉)	外观		橙黄色透明液体
		活性物含量/%		65～70
		水溶液浓度/%		17～20
		氧化钠/%		0.01～0.1
		氯化钠/%	≤	0.1
		总盐/%	≤	12
		铁/%	≤	0.003
		相对密度		1.11～1.12
	歧化松香酸钾皂	外观		黄色或棕红色透明液体
		固体含量/%		24.5～25.5
		pH 值		10.4～10.8
		去氢枞酸钾含量/%	≥	10.6
		氢枞酸钾含量/%	≤	0.1
		色度(Gardner)/号	≤	7
		浊点/℃	≤	5
	十二烷基苯磺酸	外观		棕色黏稠液体
		烷基苯磺酸含量/%	≥	97
		游离油含量/%	≤	1.5
		硫酸含量/%	≤	1.5
		色泽(klett)	≤	35
扩散剂	油酸钾	外观		浅黄色透明液体
		固体物含量/%		15.0～16.0
		pH 值		10.0～10.5
	扩散剂-N	外观		黑色或褐色液体
		pH 值(2%水溶液)		9.5～10.5
		固体物含量/%		44.0～46.0
		灰分/%		13.0～17.0
		硫酸钠/%		1.8～4.9
		水不溶物/%	≤	0.03
		碱度/%	≤	0.4
		铁(以二氧化二铁计)/%	≤	0.002
		相对密度		1.237～1.243
		色度(Gardner)/号	≤	5
	十二烷基苯磺酸钠	活性组分含量/%		30±1
		不皂化物/%	≤	8
		盐分/%	≤	8
		pH 值		7～8

续表

类别	助剂名称	项目	指标
扩散剂	干酪素	色泽	白色或浅黄色，均匀一致
		颗粒	最大颗粒不超过 2mm
		纯度	不允许有杂质存在
		水分/%　≤	12.00
		脂肪/%　≤	1.50
		灰分/%　≤	2.50
		酸度/(°)　≤	80
	十八烷基三甲基氯化铵	外观	浅黄色透明液体
		pH 值	5~7
		有效成分/%	27.5~30.5
		灼烧残渣/%　≤	0.5
相对分子质量调节剂	调节剂丁（二硫代双甲硫羰酸异丙酯）	外观	白色结晶粉末
		结晶点/℃　≥	52.0
		苯不溶物/%　≤	2.0
	叔十二碳硫醇	外观	无色透明液体
		纯度/%　≥	97.0
		硫醇中硫/%　≥	2.0
		相对密度(15/4℃)	0.860~0.865
		折光率(n_D^{25})	1.462~1.465
		色度(APHA)　≤	40
		蒸馏试验(5mmHg)/℃	
		5%	90.5~95.0
		95%	100.0~105.0
电解质	焦磷酸钾	含量/%　≥	95.0
		水不溶物含量/%　≤	0.20
		pH 值(1%水溶液)	9.9~10.7
		正磷酸盐	符合检验结果要求
终止剂	二甲基二硫代氨基甲酸钠（福美钠）	外观	橘黄或草绿色透明液体
		纯度/%　≥	20.0
		总固物/%　≥	19.0
		密度/(g/cm^3)	1.075~1.095
		碱度(以氢氧化钠计)/%	0.01~0.50
		还原力　≥	6.0
	对苯二酚	外观	白色或近乎白色的结晶或结晶粉末
		对苯二酚含量/%	99.0~100.0
		熔点范围/℃	171~175
		乙酸溶解试验	合格
		灼烧残渣/%　≤	0.05
		重金属/%　≤	0.002
		铁/%　≤	0.002

三、聚合反应机理

丁腈橡胶主要采用低温连续乳液聚合工艺生产，其聚合机理为自由基聚合，遵从乳液聚合原理。

(一) 自由基聚合机理

自由基反应历程包括链引发、链增长、链转移和链终止四步反应。

链引发反应分成两步进行，第一步是引发剂活化、分解形成初级自由基，第二步是初级自由基与单体加成形成单体自由基。引发剂活化、分解为吸热反应，活化能较高，速率较慢，是链引发反应的控制步骤。初级自由基与单体加成形成单体自由基的反应为放热反应，活化能较低，反应速率快。引发剂可分为热分解型和氧化-还原型两类。热分解型引发剂分子中含有弱键，受热时弱的共价键发生均裂而产生自由基。常用热分解型引发剂有偶氮化合物、过氧化物和过硫酸盐；氧化-还原型引发剂通常由氧化剂和还原剂组成，氧化剂通常为有机或无机过氧化物，如过氧化氢异丙苯、过硫酸钾等，还原剂常用亚铁盐，有时为提高还原剂的使用效率，还会在聚合体系中加入二次还原剂。由于氧化-还原反应只是一个电子的转移过程，其产生自由基反应的活化能较热分解反应低，因此可在较低温度下实现自由基聚合反应。低温乳液聚合工艺生产丁腈橡胶，就是采用氧化-还原体系引发剂，其体系组成为：过氧化二异丙苯-硫酸亚铁-甲醛次硫酸氢钠，其中过氧化二异丙苯为氧化剂，硫酸亚铁为还原剂，甲醛次硫酸氢钠为二次还原剂，用于将三价铁离子还原为二价铁离子，提高硫酸亚铁的使用效率，避免使用过多的硫酸亚铁，从而避免产品中铁离子含量过高，影响产品的硫化性能。

$$C_6H_5-\overset{\overset{CH_3}{|}}{\underset{\underset{CH_3}{|}}{C}}-COOH + Fe^{2+} \longrightarrow C_6H_5-\overset{\overset{CH_3}{|}}{\underset{\underset{CH_3}{|}}{C}}-CO + Fe^{3+} + OH^{+} \qquad (7-2-12)$$

$$Fe^{3+}+HSO_2 \cdot HCHO+3OH^{-} \longrightarrow Fe^{2+}+SO_3^{2-} \cdot HCHO+2H_2O \qquad (7-2-13)$$

链增长过程可描述为：单体自由基继续使新的单体活化，形成新的链自由基，链自由基活性不衰减，继续与其他单体分子结合形成链自由基，从而导致链自由基不断增长。链增长是放热过程，增长活化能低，反应速率极快，链增长过程中链自由基与单体丁二烯或丙烯腈的加成是随机的，因此得到的产品只能是无规共聚物。以字母 A 代表丙烯腈，B 代表丁二烯，两种单体的序列连接方式可能是 BAB、ABA、BBA、AAB 等多种方式，但主要是丁二烯与丙烯腈依次头-尾相接，由于丁腈橡胶生产配料中丁二烯比例远较丙烯腈高，所以连接方式以 BAB 为主。

$$RO \cdot +CH_2=CH-CN \longrightarrow RO-CH_2-\underset{\underset{CN}{|}}{CH} \cdot \qquad (7-2-14)$$

$$RO-CH_2-\underset{\underset{CN}{|}}{CH} \cdot +CH_2=CH-CH=CH_2 \longrightarrow RO-CH_2-\underset{\underset{CN}{|}}{CH}-CH_2-CH=CH\text{-}CH_2 \cdot \qquad (7-2-15)$$

链转移是链自由基与链转移剂作用，产生新的自由基，而且这种新的自由基远不如链自由基活泼。式(7-2-16)表示了链转移过程。

$$M_n \cdot +SY \longrightarrow M_nY+S \cdot \qquad (7-2-16)$$

式中 SY 为链转移剂，其主要作用是调节相对分子质量和相对分子质量分布。工业生产中常使用硫醇作为相对分子质量调节剂，如叔十二碳硫醇或二硫代双甲硫羰酸异丙酯。

链中止反应主要有偶合终止和歧化终止两种。链偶合中止是两个链自由基的弧电子相结合形成共价键的终止反应，产生的大分子为两个链自由基重复单元数相加。链歧化终止则是一个链自由基夺取了另一个链自由基的氢原子，或发生与其他原子的终止反应，生产的聚合物分子与链自白基重复单元数相同。

在聚合体系中，链终止和链增长是相互竞争的，聚合早期以链增长为主，后期则以链终止为主。丁腈橡胶的生产过程中，偶合终止与歧化终止都存在。

（二）乳液聚合原理

丁腈橡胶采用乳液聚合，以非均相乳液聚合理论为反应原理，即以水为介质，按胶束机理生成彼此孤立的乳胶粒，在胶粒中进行自由基加成以生成产物的聚合方法。反应共分为乳胶粒生成、乳胶粒生长和聚合完成三个阶段。

丁腈橡胶的单体丁二烯和丙烯腈均为非水溶性单体，而引发剂为水溶性。引发剂在水中分解成初级自由基后，容易被捕捉到具有大量表面积的胶束中，形成胶束成核过程。

在反应开始前，乳化剂浓度大于临界胶束浓度后，乳化剂一部分以单体分子形式溶解在水中，而另一部分形成胶束。单体丁二烯和丙烯腈在搅拌作用下被分散成单体珠滴，由于乳化剂的增溶作月，部分单体珠滴被吸收到胶束中，形成增溶胶束。

当引发剂加入到系统以后，引发剂分解或氧化还原产生自由基。当自由基扩散进入增溶胶束以后，就在其中发生聚合反应，生成大分子链，生成聚合物乳胶粒，乳聚体系变成水相（溶有少量单体、引发剂和乳化剂）、单体液滴和被单体溶胀的聚合物乳胶粒的三相体系。随着生成越来越多的新聚合物乳胶粒，胶束不断减少，乳化剂沿着单体液滴上的乳化剂→水相→乳胶粒方向移动，越来越多的乳化剂通过水相吸附在乳胶粒表面，溶解在水中乳化剂不断减少，使胶束乳化剂量减少，致使胶束数目越来越少，以致最后胶束消失。这一过程称为乳胶粒生成阶段。

引发剂继续在水相中分解出自由基，因为乳胶粒的数目要比单体珠滴的数目大得多，所以自由基主要向乳胶粒中扩散，并在乳胶粒中引发聚合，使得乳胶粒不断长大。在乳胶粒中单体被消耗，单体的平衡不断沿着单体珠滴→水相→乳胶粒方向移动，致使单体珠滴中的单体逐渐减少直到单体珠滴消失。由胶束消耗尽到单体珠滴消失，这段时期称为乳胶粒长大阶段。

由于单体珠滴消失了，在乳胶粒中进行聚合反应只能依靠消耗乳胶粒内残存的单体，胶粒单体的浓度会越来越低。在乳胶粒内的黏度越来越高，反应速率越来越低，这个阶段称为聚合完成阶段。

根据以上乳液聚合原理，选择合适的乳化剂，形成稳定的水乳液分散体系是丁腈橡胶生产的重要影响因素。一般工业上选用水溶性阴离子表面活性剂作为丁腈橡胶生产的乳化剂，它能降低单体的表面张力，将其乳化为微小液滴，在液滴表面形成乳化保护层，保持乳液稳定。还能形成胶束，增溶单体，并形成引发聚合反应的场所。

四、典型工艺流程

乳液聚合法生产丁腈橡胶的工艺技术比较成熟，一般分为连续低温聚合法、间歇式低温聚合法、间歇式高温聚合法。连续低温聚合工艺的生产效率高，单位产品能耗低，技术经济上具有优势，主要用于生产通用品种。间歇式聚合工艺生产方式灵活，易于切换牌号，主要用于生产特殊品种。无论采用连续式聚合还是间歇式聚合，其基本工艺流程单元是相同的，主要有化学品配制单元、聚合单元、单体回收与精制单元、胶乳贮存和掺混单元、凝聚与后处理单元。不同的是，连续聚合工艺采用多釜串联的方式保证反应时间，而间歇聚合工艺则采用单釜长时间反应来完成聚合。在产品性能方面，当单体配比及调节剂配方相近时，间歇式聚合工艺所得到的丁腈橡胶的相对分子质量及门尼黏度稍高，相对分子质量分布稍窄，凝胶含量高，硫化胶的加工性能较差。本书仅以连续低温聚合工艺为代表，叙述丁腈橡胶生产工艺流程，见图 7-2-25。

（一）化学品配制

本单元的作用主要是配制各种助剂，固体或粉末类助剂在配制罐中用水溶解配制成一定浓度的溶液，然后送入操作罐，用计量泵送至工艺流程需要的位置；液体类助剂用桶泵或氮气送至相关贮罐中，然后用计量泵送至工艺流程需要的位置。液体类助剂主要有引发剂过氧化氢异丙苯、乳化剂十二烷基苯磺酸、相对分子质量调节剂叔十二碳硫醇等，固体类助剂主要有活化剂硫酸亚铁、活化剂二水合甲醛次硫酸氢钠、电解质焦磷酸钾、终止剂对苯二酚等。

（二）聚合

精制丁二烯由调节阀控制流量，与同样由调节阀控制流量的精制丙烯腈按比例在线混合，形成单体混合物。脱除钙镁离子的软化水由调节阀控制流量，与同样由调节阀控制流量的乳化剂、活化剂按配制比例在线混合，形成乳化液。单体混合物与乳化液混合物再通过混合器充分混合成为进料混合物，进料混合物为乳化液，用冷冻盐水冷至低温，然后送入聚合釜首釜。为了保证形成良好的乳化液，在进料混合物进聚合釜之前可考虑增设混合进料乳化罐，选择合适的搅拌，使进料混合物形成良好的乳化液。引发剂和调节剂分别经计量泵计量加压后送入聚合釜首釜，在其中氧化-还原产生自由基，引起丁二烯与丙烯腈按自由基聚合机理生成丁腈乳胶粒。反应过程中会释放大量的聚合热，一般利用反应釜外部夹套和(或)设在聚合釜内的列管换热，冷剂一般为液氨，利用液氨在夹套和列管内的蒸发带走聚合热。丁腈橡胶聚合反应时间较长，一般为 15~20h，通常采用多釜串联反应的形式来保证足够的聚合反应时间。聚合物料通常由上一釜的顶部溢出，然后从底部进入下一釜。当聚合物料从末釜顶部出料时，聚合反应完成，在管线上注入终止剂，反应终止，物料送入泄料槽。

（三）单体回收与精制

单体的回收与精制分成丁二烯和丙烯腈两个部分。按照丁二烯和丙烯腈的沸点差别，胶乳中单体按先丁二烯、后丙烯腈的顺序回收。

1. 丁二烯单体回收与精制

丁二烯的回收通常采用三级闪蒸的方案。从聚合系统来的丁腈橡胶乳液先用低压饱和蒸汽预热，然后经三级闪蒸脱除其中的丁二烯。三级闪蒸压力按顺序逐级降低，首级控制在 0.2MPa 左右，次级控制在 0.03MPa 左右，末级为真空闪蒸，真空度控制在 28kPa。所有闪蒸出的丁二烯气体经过三段压缩后，再经循环水冷却，经冷冻盐水冷凝，最后送至丁二烯贮存单元。回收丁二烯过程中，要严格控制胶乳温度，防止局部过热使胶乳絮凝；需要在胶乳中加入消泡剂，防止泡沫夹带到冷凝器等设备，影响设备运行周期；还要在丁二烯系统中加

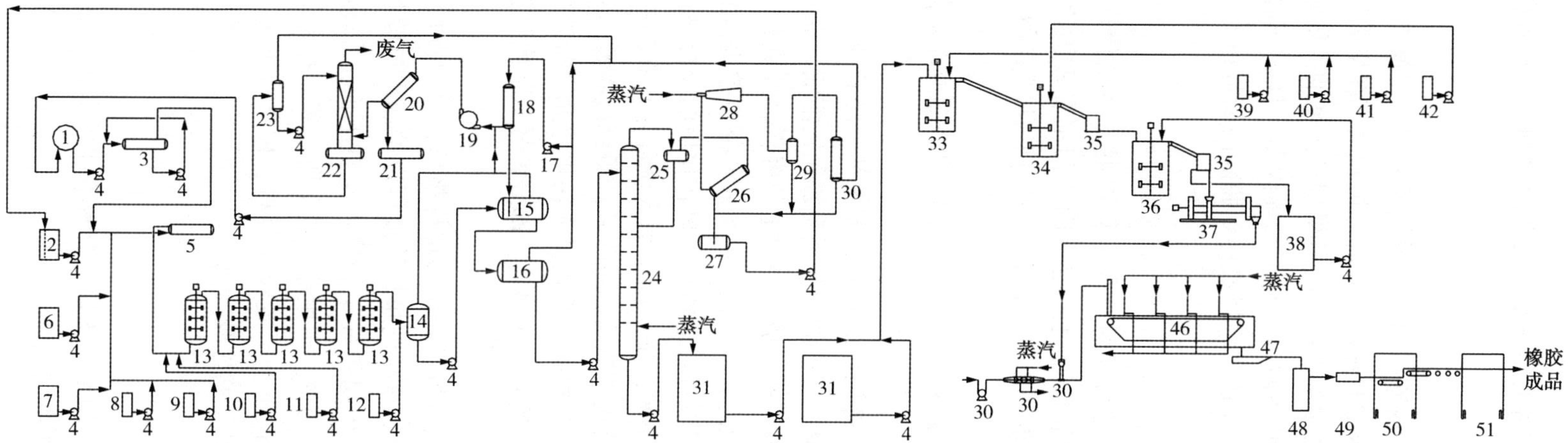

图7-2-25　连续低温聚合丁腈橡胶工艺流程简图

1—丁二烯贮槽；2—丙烯腈贮槽；3—碱洗槽；4—泵；5—乳液冷却器；6—软水槽；7—乳化剂贮槽；8—活化剂贮槽；9—除氧剂计量槽；10—引发剂计量槽；11—调节剂计量槽；12—终止剂计量槽；13—聚合釜；14—泄料槽；15—压力闪蒸槽；16—真空闪蒸槽；17—真空泵；18—丁二烯冷却器；19—压缩机；20—丁二烯冷凝器；21—回收丁二烯槽；22—尾气吸收塔；23—尾气闪蒸塔；24—脱气塔；25—气液分离器；26—第一真空冷凝器；27—回收丙烯腈水槽；28—蒸汽喷射器；29—增压分离器；30—第二真空冷凝器；31—胶浆混合槽；32—胶浆贮槽；33—凝聚槽；34—皂转化槽；35—固定筛；36—洗涤槽；37—挤压脱水机；38—循环水槽；39—凝聚剂计量槽；40—凝聚剂计量槽；41—防老剂计量槽；42—碱液计量槽；43—鼓风机；44—空气预热器；45—碎胶机；46—干燥器；47—螺旋输送器；48—压块机；49—金属检测器；50—薄膜包装机；51—装袋机

入阻聚剂，防止丁二烯端基聚合物的生成。

自外界来的丁二烯和回收的丁二烯均含有阻聚剂，这些阻聚剂会导致聚合反应终止，因此这些丁二烯均需碱洗脱除阻聚剂。

2. 丙烯腈单体回收与精制

脱除丁二烯的胶乳利用脱气塔进一步脱除丙烯腈，脱气塔采用真空操作。胶乳经流量调节后送至脱气塔的上部，塔釜内加入低压饱和蒸汽，胶乳与饱和蒸汽在塔内进行热交换，胶乳中的丙烯腈和部分水被汽提出来，在塔顶经二级冷凝后得到低浓度的丙烯腈水溶液，该溶液被精制提浓后得到95%以上的丙烯腈循环使用。与丁二烯闪蒸一样，回收丙烯腈过程中也需要严格控制操作温度、加入消泡剂。从脱气塔塔底得到脱除丙烯腈和丁二烯的胶乳，用泵送至胶乳贮存和掺混单元。

(四) 胶乳贮存和掺混

本单元对不同批次生产的、不同门尼黏度的胶乳进行掺混，达到使产品质量均匀稳定的目的。掺混的原则是严格控制聚合温度超过规定范围或门尼黏度波动大的胶乳的掺混比例，门尼黏度波动越大，其掺混比例越小。当超过规定门尼黏度值±30 的胶乳则不能掺混。

当胶乳贮存周期超过 15 天时，应在胶乳中加入 10μg/g 的甲醛溶液以杀菌防霉。

(五) 凝聚与后处理

丁腈橡胶生产多采用并流凝聚工艺，掺混后的胶乳、凝聚剂、防老剂、消泡剂经过计量连续送至凝聚槽，在搅拌作用下进行凝聚。常用的凝聚剂有氯化钙溶液、氯化钠溶液、硫酸铝溶液等，它能在水中离解，使胶粒双电层所形成的稳定电位降低，胶乳粒子之间失去排斥作用，而相互黏结在一起，形成一定粒度的胶粒浮在水中。胶粒靠位差溢流到皂转化槽，经过计量的碱液持续加入槽中，在搅拌作用下进行皂转化；皂转化后的胶粒靠位差溢流到固定板式乳清筛，脱除乳清后，胶粒送到洗涤槽；洗涤槽中加入洗涤水，在搅拌作用下进行洗涤，得到一定粒径的胶粒；再经过固定板式乳清筛，脱除乳清得到湿胶粒送入挤压机。经固定筛脱除胶粒的乳清大部分循环使用，部分根据水平衡排入污水单元进行处理。凝聚槽、皂转化槽和洗涤槽底部分别通入低压蒸汽以控制操作温度。部分牌号丁腈橡胶凝聚过程还加入硫酸等助凝剂控制 pH 值。

凝聚得到的湿胶粒进入螺杆式挤压脱水机，经锥形螺杆挤压，挤出湿胶粒中的游离水，使脱粒水含量降至 10%～15%。通过调整脱水机的螺杆锥度可以控制出口胶料的水含量。挤压脱水后的湿胶粒经高压鼓风机吹送至单层带式干燥器，经自下而上的热风加热到 85～95℃，使胶粒中水分等挥发分降至 0.5%～1%。干燥器一般多段设置，操作温度由前向后按顺序递减，出口段的操作温度降至 60℃以下。干胶粒经分料、称重、压块、复称重、金属检验、薄膜包装、装箱、码垛后得到成品丁腈橡胶产品。

五、主要操作参数

1. 聚合单元工艺参数

不同牌号的丁腈橡胶生产过程所使用的配方不同，其聚合工艺条件亦有区别。丁二烯、丙烯腈连续低温乳液共聚典型配方如表 7-2-53 所示。

表 7-2-53　丁二烯、丙烯腈连续低温乳液共聚典型配方[15] 75

序号	物质名称	配方(质量分数)					
		Ⅰ	Ⅱ	Ⅲ	Ⅳ	Ⅴ	Ⅵ
1	丁二烯	72	69	67	57	66	79
2	丙烯腈	28	31	33	43	34	21
3	阴离子乳化剂	2.0~2.5	2.0~2.5	2.0~2.5	2.2~3.0	3.0~3.8	2.5~4.0
4	电解质	0.10~0.15	0.15~0.20	0.10~0.1	0.15~0.20	0.08~0.15	0.08~0.20
5	引发剂	0.05~0.08	0.01~0.02	0.02~0.04	0.02~0.04	0.01~0.03	0.02~0.05
6	活化剂	0.010~0.020	0.004~0.006	0.010~0.020	0.003~0.005	0.003~0.005	0.004~0.008
7	调节剂	0.25~0.35	0.25~0.35	0.30~0.40	0.30~0.40	0.30~0.45	0.25~0.40
8	终止剂	0.15~0.25	0.15~0.25	0.15~0.25	0.15~0.25	0.15~0.30	0.15~0.25
9	水	310	240	300	280	190	190

丁二烯、丙烯腈连续低温乳液共聚工艺条件如表 7-2-54 所示。

表 7-2-54　丁二烯、丙烯腈连续低温乳液共聚工艺条件及控制目标[15] 75

项　　目	控制指标	项　　目	控制指标
聚合温度/℃	5~15	结合丙烯腈含量/%	18~53
单体转化率/%	68~89	橡胶门尼黏度$ML_{1+4}^{100℃}$	50~85
聚合反应时间/h	15~20	胶乳固含量/%	17~25

2. 丁二烯回收工艺参数(表 7-2-55)

表 7-2-55　丁二烯回收主要工艺参数

序号	项目	内容	序号	项目	内容
1	第一闪蒸槽		3	第三闪蒸槽	
	操作压力/MPa(g)	0.2		操作压力/kPa	28
	操作温度/℃	40~50		操作温度/℃	42~50
2	第二闪蒸槽		4	丁二烯压缩机	
	操作压力/MPa(g)	0.03		出口压力/MPa(g)	≥0.6
	操作温度/℃	40~50			

3. 丙烯腈回收工艺参数(表 7-2-56)

表 7-2-56　丙烯腈回收主要工艺参数

项　　目	内容	项　　目	内容
脱气塔塔板/块	12	脱气塔塔釜温度/℃	70~80
脱气塔塔顶温度/℃	40~50	脱气塔塔釜操作压力/kPa	26
脱气塔塔顶操作压力/kPa	13	脱气塔塔釜丙烯腈含量/(μg/g)	≤100

4. 凝聚工艺参数(表 7-2-57)

表 7-2-57　凝聚主要工艺参数

项　目	内容	项　目	内容
凝聚槽操作温度/℃	40~50	皂转化槽操作压力	常压
凝聚槽操作压力	常压	洗涤槽操作温度/℃	70~85
皂转化槽操作温度/℃	40~50	洗涤槽操作压力	常压

5. 后处理工艺参数

后处理单元的主要工艺参数见表 7-2-58。

表 7-2-58　后处理单元主要工艺参数

序号	项　目	内容	序号	项　目	内容
1	挤压脱水机			中间各室操作温度/℃	80~90
	入口操作温度/℃	70~85		末室操作温度/℃	60~70
	入口水含量/%	~50		冷却段操作温度/℃	≤60
	出口水含量/%	10~15		出口水含量/%	0.5~1.0
2	带式干燥器		3	压块机	
	前边各室操作温度/℃	85~95		胶块质量/kg	25±0.25

六、主要设备

丁腈橡胶装置采用乳液聚合技术，与乳聚丁苯橡胶装置类似，工艺流程较长，设备种类较多，其中有本装置特点的设备主要有聚合釜、脱气塔、搅拌器和后处理四大类。

1. 聚合釜

丁腈橡胶的聚合机理为自由基聚合，采用乳液聚合工艺过程，聚合过程符合乳液聚合工艺特征，引发慢，初期增长快，后期反应速度随单体浓度下降而下降，其后期聚合速率与单体浓度成正比。为了达到足够的转化率，需要较长的停留时间，一般采用多釜串联的方式满足聚合时间。聚合反应时间跟多数乳液聚合工艺一样，一般控制在 15~20h，采用 8~12 个釜串联，聚合釜体积越大，采用的釜数越少。

聚合釜的设计，主要任务是解决好参与反应物料的传质和传热问题。聚合釜内的传质符合乳液聚合的特点，包括单体液滴的分散和聚集、乳化剂形成胶束、单体在胶束内的增溶、乳胶粒的形成、单体从液滴到水相再到乳胶粒的传质、乳化剂从单体液滴到水相再到乳胶粒的传质等等。传质的动力，主要来自搅拌器的搅拌。与采用溶液聚合的顺丁橡胶装置的高黏度胶液不同，乳液聚合体系属于低黏度流体，丁腈橡胶装置聚合釜一般选用适用于低黏度流体的搅拌器，如斜桨、三叶后掠式或 Brumagin 式。传热也是影响聚合反应的关键因素，主要通过外夹套和(或)设在聚合釜内的列管来换热，冷剂通常为液氨。可以通过在夹套内安装导流板来强化传热，还能通过加强聚合釜内搅拌、加大物料湍流程度来强化传热。

在聚合过程中会产生凝胶挂壁，为了减少挂壁或在聚合釜内壁上进行聚合反应，聚合釜与物料接触部分材质一般选用不锈钢，在投料前进行高度抛光或钝化，延长聚合釜的生产周期。

2. 脱气塔

脱气塔的主要功能是将丁腈乳液中的丙烯腈汽提出来。常压下丙烯腈的沸点为 78℃，而为了保证胶乳的稳定、减少胶乳中凝胶量的产生，汽提温度不能过高，所以一般采用真空汽提，在较低的温度下达到丙烯腈与水的共沸点，实现丙烯腈的快速蒸出。

与乳聚丁苯装置一样，脱气塔采用筛板塔。一般塔内设 12 块塔板，板上开条形孔或大孔径锥形孔。由于脱气塔内易起泡，在脱气塔上部应加入消泡剂以避免泡沫被夹带到冷凝器中，堵塞设备或管线。在脱气过程中，部分胶乳可能会凝聚产生胶粒，胶乳中也含有一定的凝胶，这些都导致脱气塔容易堵塞。一般脱气塔按一开一备设两台，需要定期清理塔釜与塔板。为了方便清理脱气塔，塔板的间距一般大于 1000mm，板间均开设人孔。

3. 搅拌器

丁腈橡胶装置的搅拌器主要用于各种化学品配制、聚合釜物料混合、胶粒水的分散等。

丁腈橡胶装置的化学品种类繁多，有清液、黏液、粉末、晶体等，需要根据配制目的的不同选用不同的搅拌型式。对于粉末或晶体的溶解，多采用顶搅拌，采用斜涡轮桨，转速高，通过快速转动带动物料沿径、轴向快速运动，达到充分混合、溶解的目的。对于液体的混合，可采用轴流桨或锚式桨。

聚合釜的搅拌器主要是为了加强传质与传热。与溶液聚合体系的高黏度不同，乳液聚合体系黏度低，丁腈橡胶装置聚合釜一般选用适用于低黏度流体的搅拌器，如斜桨、三叶后掠式或 Brumagin 式(译为布鲁玛金型)。在搅拌强度的选择上，要充分考虑乳液聚合的特点，使搅拌既能维持体系良好的传热与混合，又能减少体系因搅拌的机械剪切力而产生的凝聚。一般情况下，乳胶粒聚结速度随着反应转化率的增加而增大，乳液的稳定性下降，所以从聚合釜首釜到末釜可以考虑不同的搅拌强度，从首釜到末釜的搅拌强度可以依次递减。

胶乳掺混罐的搅拌器主要考虑混合作用，同时由于乳胶粒在此聚结的可能性较大，此处一般选择轴流型桨，桨端的线速度需要控制在 15m/s 以下，防止因搅拌机械剪切作用导致胶乳凝聚。

胶粒水的搅拌器主要是凝聚槽、皂转化槽及洗胶槽使用。凝聚槽及皂转化槽均需进行化学反应，采用高液位工作，物料从设备上部溢出。为了产生良好的搅拌效果，保证凝聚和皂转化效果，需要搅拌转速高、强度大，多采用顶搅拌，常设两层多叶斜桨，形成较好的轴、径向流动。洗胶槽内加入新鲜洗涤水，除去可溶性助剂，其洗涤效果主要依靠充分的搅拌和较高的洗涤温度来实现，其搅拌转速高、搅拌强度大。以上各槽的搅拌转速均应高于 200r/min为宜。

4. 后处理

丁腈橡胶后处理主要机械设备由脱水筛、挤压脱水机、干燥器组成。脱水筛为固定板筛，胶粒水自洗胶槽溢出进入脱水筛，湿胶粒滚动过程中脱除自由水，然后进入挤压脱水机。典型的挤压脱水机为锥形螺杆式，螺杆的锥度可调，通过锥度变化调节挤压压力，进而调节出口胶的水含量。挤压脱水后的湿胶粒水含量约 10%~15%，经鼓风机吹送至单层带式干燥器。干燥器为多段设置，热风自下而上吹入，湿胶粒在热空气作用下使胶中的水等挥发分降至 0.5%~1%。为了防止黏结，网板上方设有硅油喷洒装置，在网板上喷涂 2%的硅油乳液。在干燥器的出口段，热风温度降低，使出口胶粒温度≤60℃，以利于后续分料、称重等操作的进行。

七、装置消耗

丁腈橡胶装置的消耗指标与产品丙烯腈含量、乳液体系等因素有关，丁腈橡胶装置引发体系、乳化体系、凝聚体系的配制差别较大，本节装置消耗不考虑化学品的消耗指标。

1. 物料消耗

冷法连续聚合丁腈橡胶装置的单体转化率在68%~89%，未反应的丁二烯和丙烯腈单体均大部分回收使用，因此相同牌号产品的物料消耗指标相差不大，影响物料消耗的主要因素为产品牌号。表7-2-59列出了部分丁腈橡胶产品的物料消耗指标。

表7-2-59　冷法连续聚合丁腈橡胶物料消耗指标[15]84

结合丙烯腈含量/%	物料消耗指标/(kg/t产品)	
	丁二烯	丙烯腈
28~30	730	310
32~34	682	344

2. 公用工程消耗

冷法连续聚合丁腈橡胶装置公用工程消耗如表7-2-60所示。

表7-2-60　冷法连续聚合丁腈橡胶装置主要公用工程消耗

序号	项目	指标
1	循环冷却水/(t/t产品)	260~290
2	1.0MPa(g)低压蒸汽/(t/t产品)	4.0~4.5
3	电/(kWh/t产品)	390~420

八、装置能耗

虽然生产不同牌号的冷法丁腈橡胶装置所用两种单体的消耗指标差异较大，但其生产能耗差异不大。根据表7-2-60所列的丁腈橡胶装置主要公用工程消耗计算，冷法丁腈橡胶装置能耗约为440~490kg标油/t产品。

九、效益分析

丁腈橡胶价格随着世界经济的周期变化及天然橡胶的价格变化而大起大落。如图7-2-26所示，从2008年至2018年的10年间，丁腈橡胶价格价格几度起落。

受2008年世界经济危机的影响，丁腈橡胶在短短几个月内，从32000元/t胶的价格暴跌至近10年的历史低位13000元/t胶。随后开启了长达2年多的持续上涨，价格从13000元/t胶一直上涨到2011年8月的33500元/t胶的历史顶峰，生产商在这一轮上涨中持续受益。自2011年8月以后，丁腈橡胶价格持续回落，到2015年跌破10000元/t胶，随后上涨，目前维持在23000元/t胶的价格盘整。由于同期丁二烯均价在12000元/t盘整，而丙烯腈均价在17000元/t盘整，丁腈橡胶生产商目前有较好的盈利。与顺丁橡胶的大量过剩不同，2016年底国内丁腈橡胶产能约为275kt/a，而预测2020年度国内丁腈橡胶的表观消费量大于300kt/a，国内丁腈橡胶装置产能适度。由于外国俄罗斯及韩国丁腈橡胶的供应过剩，对中国市场的冲击较大，丁腈橡胶的未来走势依然平淡。

图 7-2-26　丁腈橡胶价格曲线

十、废物治理

丁腈橡胶装置的主要三废是废水及废气，废水中含有乳化剂、盐类、丙烯腈、细胶末等多种杂质需要处理除去。

1. 废气

丁腈橡胶装置的主要工艺废气种类及处理措施见表 7-2-61。

表 7-2-61　丁腈橡胶装置工艺废气表

序号	排放源种类	排放规律	处理措施及排放去向
1	后处理尾气	连续	当尾气中丁二烯和丙烯腈含量合格时直接高空排大气，不合格时尾气经催化氧化处理后高空排大气
2	生产过程排放含烃尾气	连续	经火炬燃烧后高空排大气
3	含烃安全阀排放气	事故	经火炬燃烧后高空排大气

关于后处理尾气的催化氧化工艺过程描述可参阅本书第三节顺丁橡胶的废气处理部分。

2. 废水

丁腈橡胶装置的主要工艺废水种类及处理措施见表 7-2-62。

表 7-2-62　丁腈橡胶装置工艺废水表

序号	排放源种类	排放规律	处理措施及排放去向
1	皂化槽排放污水	连续	本装置初级处理后送污水场
2	洗胶槽排放污水	连续	本装置初级处理后送污水场
3	水洗塔污水排放	间断	本装置初级处理后送污水场

丁腈橡胶废水中含有乳化剂、盐类、丙烯腈、细胶末等多种杂质需要处理，一般需要在装置内进行初级处理。初级处理包括沉降、絮凝、浮选和污泥脱水等过程。首先将废水集中收集到污水池进行沉降，再用刮渣机刮去污水表面的浮渣及水下沉降的污泥。除掉浮渣与污泥的污水，送至絮凝池加入化学药剂絮凝，再通入加压空气浮选聚集胶粒，用刮渣机刮去污水表面的浮渣，絮凝池中除去浮渣的污水外送污水场做进一步处理。

自污水池和絮凝池来的浮渣与污泥经重力脱水后送至离心脱水机，脱水后的污泥送外界填埋或焚烧处理。污泥脱水产生的污水返回絮凝池循环处理。

3. 废固

丁腈橡胶装置产生固体废物主要是废胶，一般作为副产品降级出售或者填埋处理。

装置内污泥脱水后装车外运，可填埋处置，也可焚烧处理。

参 考 文 献

[1] 赵旭涛，刘大华．合成橡胶工业手册[M].2版．北京：化学工业出版社，2006：647.

[2] 于清溪．合成橡胶发展现状与未来趋势(中)[J]. 橡塑技术与装置：2009，35(5)：9-17.

[3] 中国合成橡胶工业协会．中国合成橡胶工业总览[M]. 北京：中国计量出版社，2005：1-35.

[4] 崔小明．2007年世界合成橡胶生产能力概况(上)[J]. 世界橡胶工业：2008，35(9)：38-44.

[5] 史工昌，王锋，杨绮波，等．溶聚丁苯橡胶国内外生产现状及发展建议[J]. 弹性体：2013，23(2)：77-83.

[6] 雷鸣，赵岚．甲基叔丁基醚裂解制高纯异丁烯技术的研究[J]. 石油化工：2001，30(增刊)：183-186.

[7] 赵旭涛，刘大华．合成橡胶工业手册[M].2版．北京：化学工业出版社，2006：655-658.

[8] 焦书科，周彦豪．橡胶弹性物理及合成化学[M]. 北京：中国石化出版社，2008：164.

[9] 张磊，蒋凌云．液化天然气冷能为丁基橡胶合成提供冷量研究[J]. 化学工业：2009，27(11)：23-26.

[10] 闵晓兵，范永将，等．丁基橡胶装置聚合单元物料冷却工艺的改进模拟研究 [J]. 石油技术与应用：2012，30(5)：443-446.

[11] 张婷婷，李亚军，等．丁基橡胶生产工艺中LNG冷能的利用[J]. 低温工程：2010，175(3)：46-51.

[12] 冯志豪．丁基橡胶与卤化丁基橡胶的现状与发展[C]//2009新型合成橡胶应用技术与发展研讨会会议论文集，2009：16-24.

[13] 王冰．丁基橡胶装置氯甲烷脱水新工艺[D]. 天津：天津大学，2006.

[14] 赵旭涛，刘大华．合成橡胶工业手册[M].2版．北京：化学工业出版社，2006：721.

[15] 张传贤，火金山，等．丁腈橡胶[M]. 北京：中国石化出版社，2010：16-20；75-76；84.

[16] 中国合成橡胶工业协会秘书处．2016年国内合成橡胶产业回顾及展望[J]. 合成橡胶工业：2017，40(2)：83-85.

第八篇　轻烃加工综合效益分析

第一章　国内外炼油厂轻烃利用状况与加工技术进展

目前，全球炼油能力继续稳步增长，炼油产业集中度进一步提升。据美国《油气杂志》统计，2017 年全球炼厂总数为 615 座，较 2000 年减少了 127 座，平均单厂规模为 7.54Mt/a，较 2000 年增加 2.06Mt/a，平均规模增幅达 38%。2010 年以后全球新建炼厂中，千万吨级炼厂越来越多，80%以上新增炼厂能力都超过了千万吨。我国炼厂大型化、规模化和基地化趋势也十分显著。截至 2017 年底，我国已建成单厂规模千万吨级以上的炼厂共 25 座，能力占全国总炼油能力的 42%，其中 20.0Mt/a 及以上规模炼厂有 4 座，炼油能力占全国的 11%。在"十三五"期间，我国已着手打造建设现代化、园区化的七大石化产业园区，中国石化也在加快茂湛、镇海、上海、南京 4 个世界级石化基地规划建设。

随着炼厂加工规模的大型化，炼厂副产的轻烃资源产量也越来越多。对于典型千万吨级燃油型炼厂而言，全厂气体轻烃产量可达到 1.0 Mt/a，约占原油加工量的 10%。如果采用化工型炼厂路线，全厂气体轻烃产量和比例还会大幅增加。为了提高炼厂的经济效益，如何高效利用轻烃资源，已成为炼化行业各方关注和研究的重点。与此同时，随着资源分离技术和资源转化技术的不断发展和进步，传统炼油已向化工炼油和分子炼油转变，炼厂轻烃利用呈精细化和多元化发展模式[1~4]。

第一节　炼厂轻烃资源利用分析

一、干气资源的利用

炼油厂的干气资源主要来自常减压蒸馏、催化裂化、延迟焦化、加氢处理、加氢裂化和催化重整等装置，干气收率为原油加工总量 5%左右。与其他工艺装置相比，常减压塔顶气和加氢处理气体收率较低，一般常作为装置的燃料自用。但随着炼厂原油加工量的增加和全厂加氢比例的提升，这部分气体资源产量也大幅提升。因此，大型炼厂和新建炼厂一般都配套设置了轻烃回收装置，回收部分高价值的饱和轻烃资源，剩余干气再作为装置燃料或制氢原料，从而实现资源的高效利用，同时保证企业的安全生产。

对于炼厂的不饱和干气资源，如延迟焦化干气和催化裂化干气等，传统炼厂和小型炼油企业一般作为燃料自用。但随着炼厂加工规模的增大、炼厂转型发展和炼化一体化的深度融合，这部分富含碳二的气体资源在炼化企业中也通常用于回收乙烯或作为乙烯原料。为了直接回收利用催化干气的乙烯资源，国内外相继开发了稀乙烯制乙苯工艺[5]，即催化干气中的稀乙烯直接与苯进行烷基化反应生产乙苯，这些技术的开发应用大幅提升了炼厂的经济效益。

随着环保要求的日益严格，国内外炼厂加氢装置品种逐渐增多，加氢规模不断增大，全厂的氢气资源需求量大幅提升，企业对低分气和各种富氢气体的回收利用非常重视。炼厂低分气中氢气含量较高，约达 70%(V)以上，并且低分气中氢气量约占全厂氢气消耗量的 10%~20%。此外，炼厂富氢气体还包括重整氢、乙烯氢、乙苯脱氢尾气、加氢装置排放废氢等。对于炼厂低分气以及其他富氢气体，当前一般经过脱硫后送到变压吸附单元回收氢气，变压吸附尾气压缩后作为燃料气使用或制氢原料。

目前，炼厂或炼化企业干气的主要利用途径见图 8-1-1。

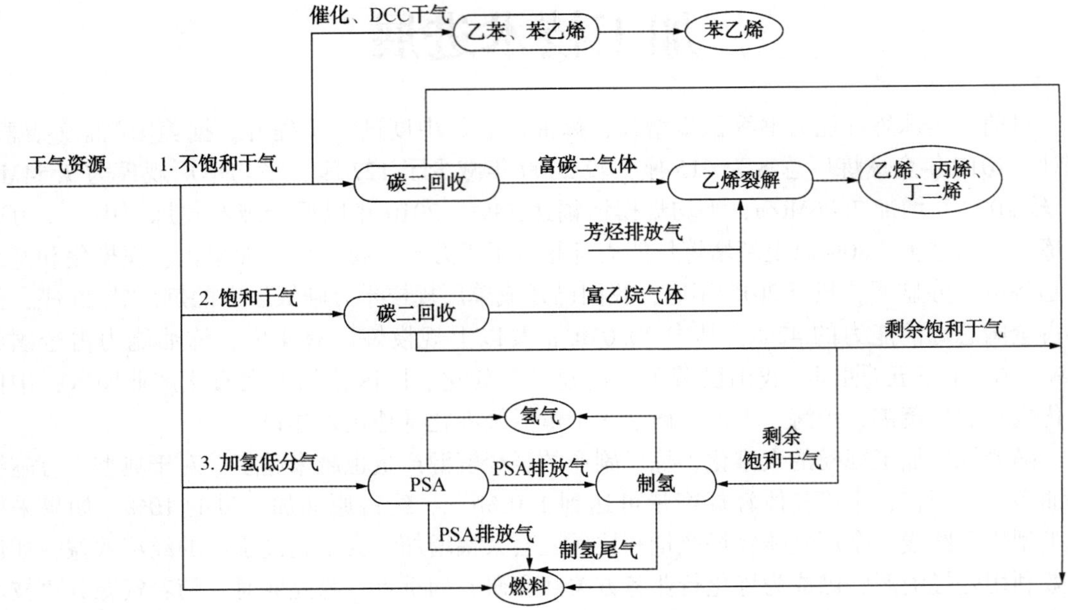

图 8-1-1　炼厂干气资源的主要利用途径

二、液化气资源的利用

液化气资源主要来自催化裂化、加氢裂化、催化重整、延迟焦化等装置，这类装置的液化气收率约为原油加工总量的 8%~10%。在我国炼厂和一体化炼制企业中，催化裂化是全厂生产油品的核心装置，催化液化气收率高达 12%~22%，催化裂解(DCC)和催化热裂解(CPP)的液化气收率更高，可达到 30%~40%，同时催化液化气的组成与所采用的工艺路线密切相关[6]。因此，炼厂催化裂化液化气是全厂轻烃利用的重点和核心。

催化裂化液化气中烃类组成较多，以烯烃和异构烃类为主。目前，炼厂催化裂化液化气基本不作为燃料使用或和商品液化气外卖，而一般经脱硫脱硫醇处理后进行 C_3/C_4 分离，并回收其中的高价值丙烯和丙烷等，气分剩余碳四资源在不同的炼制企业的加工路线略有差异。在燃油型炼厂中气分碳四主要用于生产高辛烷值的汽油调和组分，如烷基化油、醚化汽油、芳构化汽油等，在化工型炼厂中则可采用烯烃裂解技术继续转化为乙烯和丙烯，或进行高价值碳四资源回收。对于含有催化裂解装置的炼厂，也有部分碳四资源继续返回催化裂解装置增产烯烃产品。

但自 2017 年以来，我国政府大力推广乙醇汽油等生物质燃料，国家发改委等 15 部委联合下发的《关于扩大生物燃料乙醇生产和推广使用车用乙醇汽油的实施方案》要求，明确 2020 年全国基本实现全覆盖推广使用乙醇汽油，导致异丁烯生产醚化汽油路线受到大幅限制。国内相关研究单位相继开发了碳四烯烃叠合技术，为碳四烯烃资源的深度加工提供了新途径。碳四烯烃叠合技术可依托炼厂现有 MTBE 装置进行改造，生产高辛烷值的叠合汽油，为我国汽油质量升级提供了技术保障。

对于饱和液化气资源，如加氢裂化液化气和重整液化气等，现有燃油型炼厂一般作为商品液化气外卖，或作为制氢装置原料，但也有部分炼厂作为全厂装置燃料使用，这种情况在资源丰富的国外炼厂较为常见。

国内外炼厂或炼化企业液化气主要利用途径见图 8-1-2。

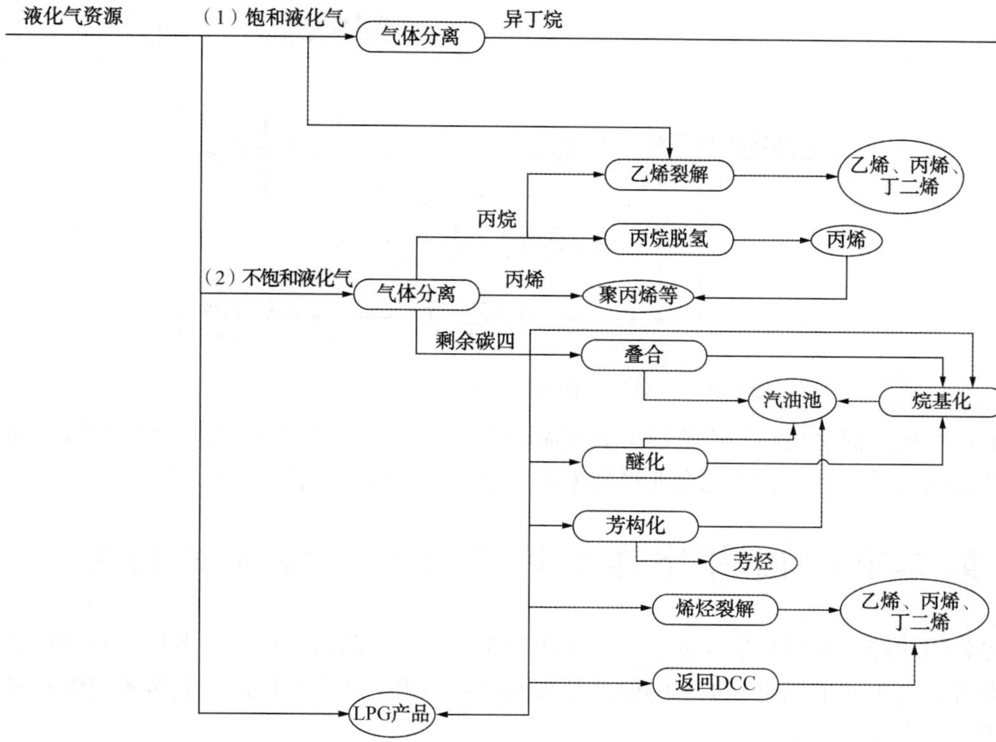

图 8-1-2　炼厂液化气资源的主要利用途径

三、液体轻烃资源的利用

液体轻烃资源在此主要指的是炼厂的碳五、碳六资源，这部分资源主要来自常压蒸馏、催化裂化、加氢处理和加氢裂化、延迟焦化等装置。对于不同来源和不同性质特征的液体轻烃，炼厂通常采用不同的加工利用路线。目前，炼厂碳五碳六液体轻烃的主要利用途径见图 8-1-3 所示。

在燃料型炼厂中，富含异构烷烃的饱和轻烃通常直接作为汽油调和组分，如戊烷油和裂化轻石脑油等，而富含正构烷烃的资源一般采用异构化技术生产异构化汽油，如直馏轻石脑油。但在炼化一体化企业或化工型炼厂中，为了实现资源的最优化利用，充分发挥每一份资源的特征价值，已有部分炼厂设置了石脑油正异构分离装置，回收富集正构烷烃和异构烷烃，并分别作为乙烯裂解原料和汽油调和组分，同步实现了乙烯原料和油品生产原料的优化。

对于不饱和的液体轻烃，燃油型炼厂通常采用醚化技术和芳构化技术生产汽油调和组分，但我国面临着 2020 年实现乙醇汽油的普及推广要求，C_5醚化技术在炼厂的应用趋势也

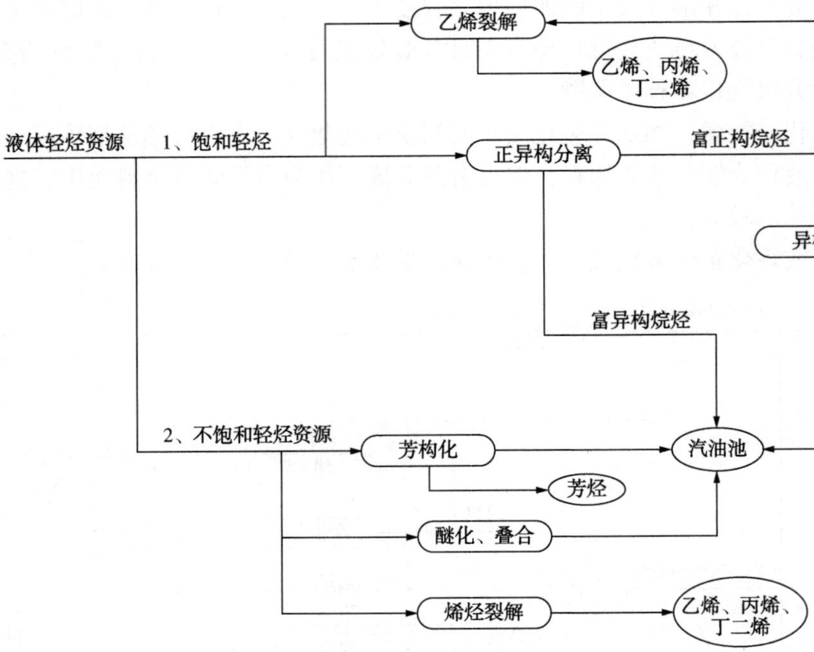

图 8-1-3　炼厂液体轻烃资源的主要利用途径

逐渐减弱。此外，催化裂解和乙烯裂解装置副产的轻油资源中含有异戊烯、环戊二烯、间戊二烯以及异戊二烯等组分，炼化企业可根据需要进行分离回收和精细化利用。

第二节　国内外典型炼厂轻烃资源加工利用

世界各国的经济发展水平高低不一，炼化行业的市场产品需求也千差万别。对于世界各国炼厂而言，由于加工规模、加工的原油类型及产品需求不同，全厂的工艺装置配置和轻烃综合利用途径也差别较大。

一、国外典型炼厂的轻烃综合利用

图 8-1-4 为国外某大型燃料型炼厂的轻烃综合利用简图。该炼厂以生产柴油和汽油为主，重油采用延迟焦化+加氢裂化组合路线，全厂的轻烃资源主要有：①来自常减压蒸馏、催化重整、加氢裂化和加氢处理等装置的饱和轻烃，以及部分粗石脑油；②来自延迟焦化装置的不饱和轻烃和焦化石脑油；③来自催化重整和加氢裂化等装置的富氢气体。

对于饱和轻烃、直馏粗石脑油和加氢粗石脑油等资源，炼厂设置了轻烃回收装置，实现了低价值资源的集中回收和高效利用，其中回收的丙烷和丁烷将作为产品外卖，同时也可作为化工原料继续加工利用；回收的轻石脑油馏分经加氢处理后送至异构化装置生产清洁的汽油调和组分；回收的重石脑油经加氢处理后送至催化重整装置生产高辛烷值的汽油调和组分和芳烃产品；剩余的干气直接作为装置燃料或制氢原料。

对于延迟焦化装置副产的不饱和轻烃资源和轻油资源，考虑到全厂的燃料和油品需要，炼厂一般将焦化干气和焦化液化气作为装置燃料使用，而焦化石脑油则经加氢精制和轻重分离后分别作为异构化原料（轻馏分）和催化重整原料（重馏分），并用于生产汽油调和组分。

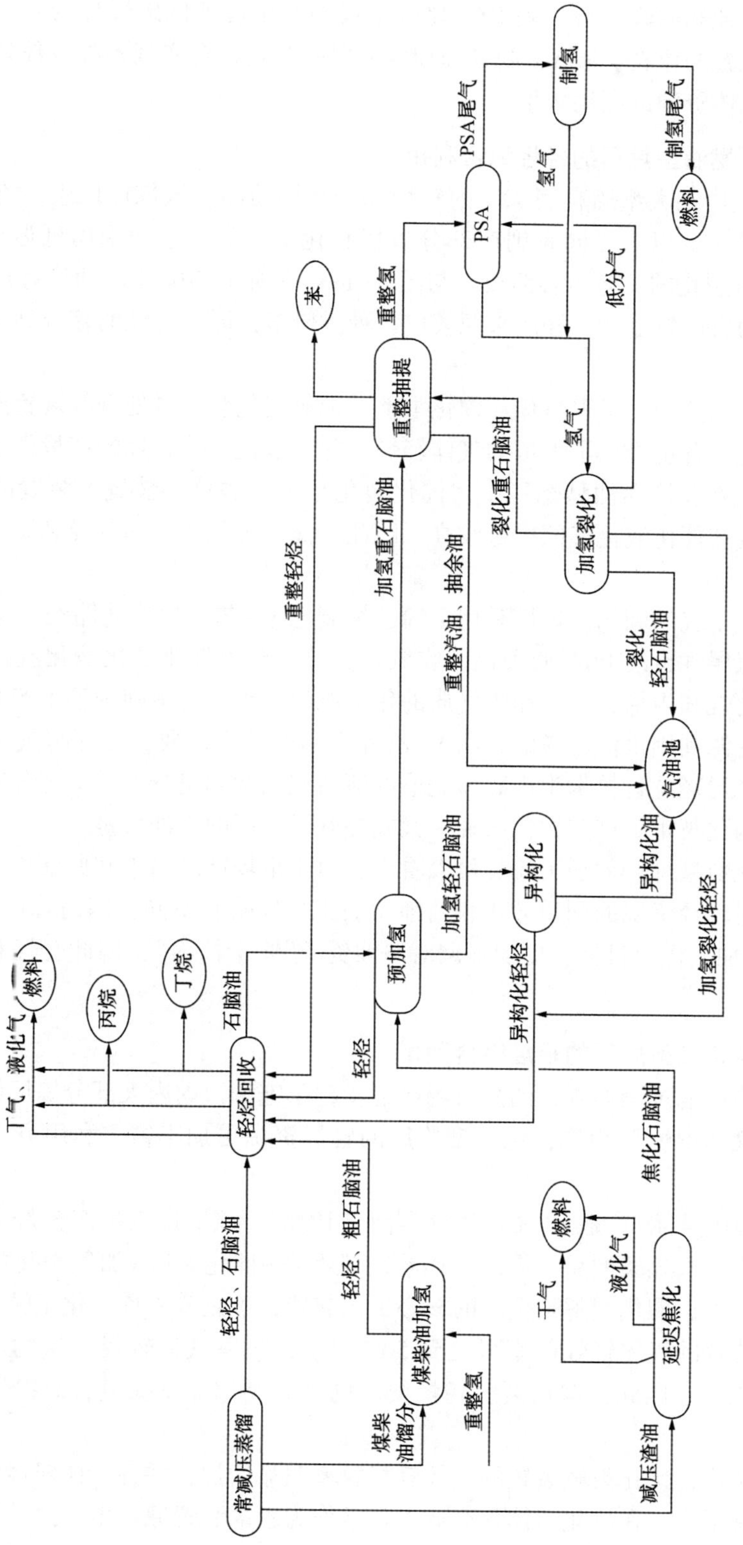

图8-1-4　国外某燃油型炼厂的轻烃综合利用简图

对于催化重整和加氢裂化等装置副产的富氢气体，炼厂设置了 PSA 装置对重整氢和低分气中氢气进行提纯和回收。考虑到 PSA 尾气组成中以甲烷等低碳轻烃为主，炼厂直接将其作为干气制氢装置的原料。PSA、制氢和加氢装置的工艺组合实现各类气体资源的分类梯级利用，提高了气体资源的利用效率。

二、国内典型燃油型炼厂的轻烃综合利用

图 8-1-5 为国内某大型燃料型炼厂的轻烃综合利用简图。该炼厂以生产汽煤柴油品为主，油品收率达到 65% 以上，同时副产部分芳烃和化工产品，重油采用延迟焦化-蜡油加氢-催化裂化+加氢裂化的工艺组合路线。与图 8-1-4 中所示的国外燃油型炼厂相比，该炼厂由于工艺装置构成比较复杂，轻烃来源较广，种类较多，因此轻烃的综合利用方式也更加多样化。

该炼厂除常减压蒸馏、延迟焦化、催化重整、加氢裂化和加氢处理等装置产出部分轻烃资源外，催化裂化装置也产出了大量的气体轻烃，并且催化气体轻烃的产量占全厂气体轻烃总量的 45%左右。在我国燃油型炼厂中，催化裂化是全厂的核心装置，装置的加工规模一般较大，催化干气和催化液化气的产量较高，因此，催化裂化装置的轻烃利用一直是炼化企业关注和研究重点。

对于催化裂化干气的利用，炼厂采用了稀乙烯制乙苯-苯乙烯工艺路线，在生产苯乙烯同时，副产的脱氢尾气也经 PSA 最大化回收氢气资源。对于催化裂化液化气，炼厂设置气体分离装置回收丙烷和丙烯，丙烷作为优质的化工原料外卖，丙烯则用于生产聚丙烯，进一步提升炼厂轻烃资源利用价值；考虑到国 VI 乙醇汽油的生产需要，炼厂将气分装置的碳四资源一部分采用了烯烃叠合技术生产高辛烷值的清洁汽油调和组分，另一部分碳四资源和重整抽余油采用芳构化技术生产芳构化汽油，大幅提升了全厂的汽油质量。

对比国内外燃料型炼厂的加工流程可以看出，由于市场产品需求和原油供应资源的差异化，国内外炼厂对轻烃资源的利用方式和精细化加工程度略有不同，国内炼厂多以“实现资源利用最大化”为加工优化目标，更加强调对原油资源“吃干榨尽”，因此轻烃利用方式更加精细化和多元化。

三、国内典型化工型炼厂的轻烃综合利用

随着我国炼油产能过剩加剧，油品市场已逐步趋于饱和，国内大部分炼厂已开始向化工转型。与传统的燃油型炼厂相比，化工型炼厂的轻烃资源更加丰富，利用方式也将更加多样化。

图 8-1-6 为国内某化工型炼厂的轻烃综合利用简图。该炼厂以生产芳烃和化工产品为主，同时适产少量的汽煤柴油品，重油采用溶剂脱沥青-催化裂解+加氢裂化的工艺组合路线。对于该炼厂而言，催化裂解是全厂的核心工艺装置，也是未来炼厂化工转型的关键装置之一，催化裂解装置的气体轻烃收率可达到 50% 以上，裂解气体轻烃产量约占全厂气体轻烃总产量的 65%以上。因此，催化裂解轻烃资源的综合利用非常关键，直接影响着全厂的经济效益水平。

与催化裂化相比，催化裂解装置的气体轻烃收率明显增加，并且气体轻烃中烯烃含量更高。对于催化裂解干气，在炼化一体化企业中常常作为乙烯装置原料生产纯乙烯，间接通过纯乙烯生产下游化工产品，也可直接采用稀乙烯路线进行加工利用，其中稀乙烯法加工路线较短，非常适用于中型炼厂。该炼厂也采用稀乙烯法制苯乙烯路线。

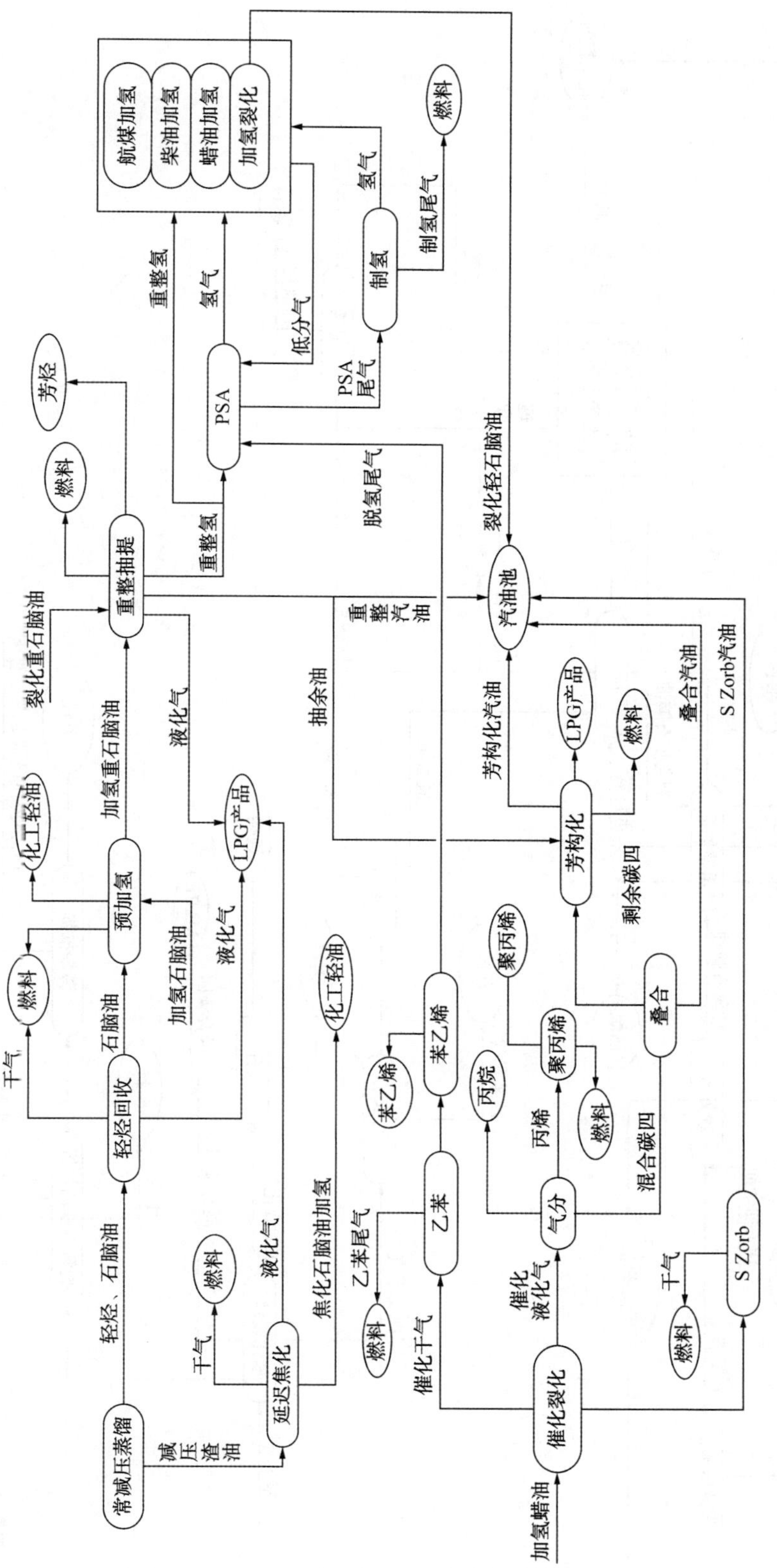

图8-1-5 国内某燃油型炼厂的轻烃综合利用简图

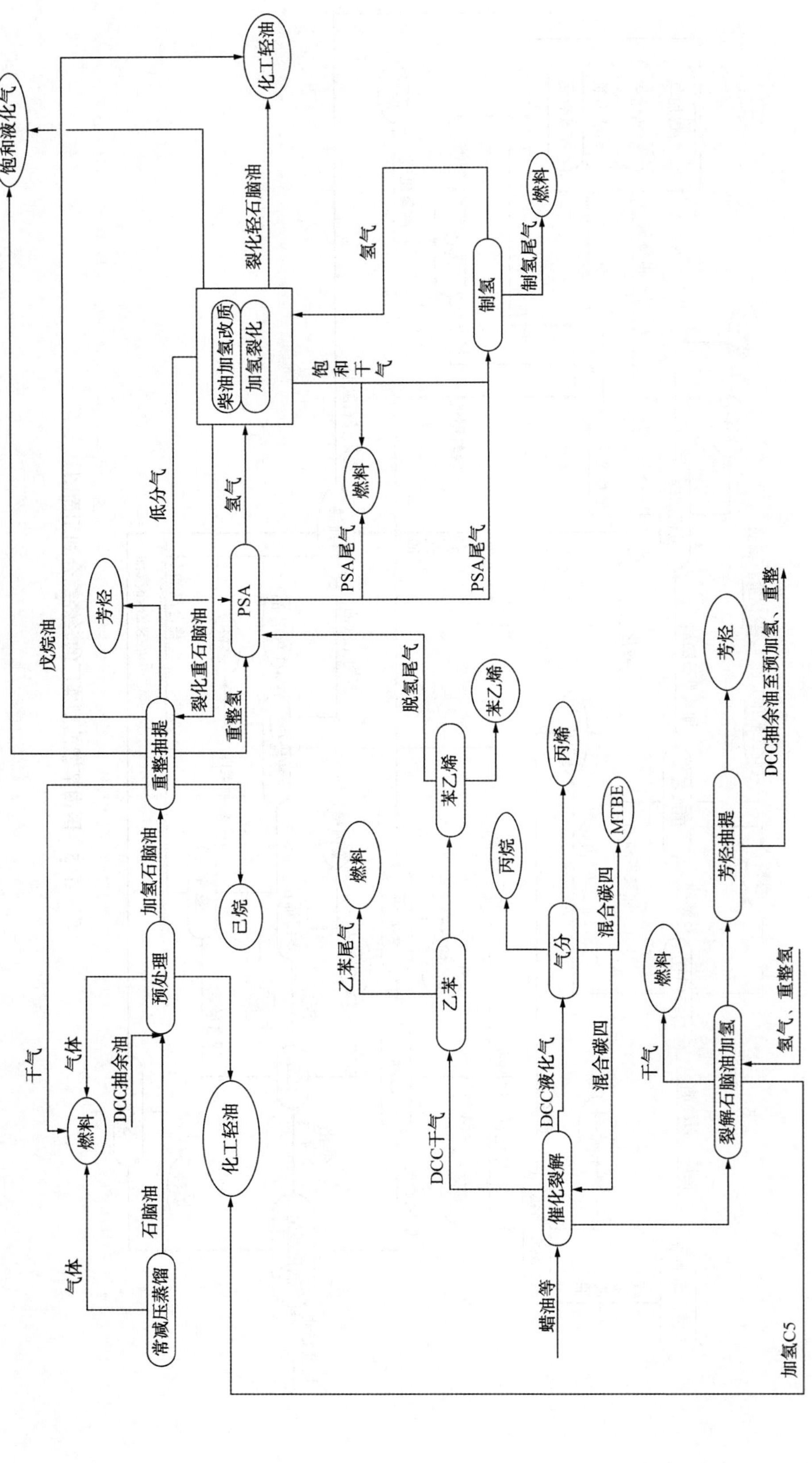

图8-1-6　国内某化工型炼厂的轻烃综合利用简图

催化裂解液化气与催化裂化液化气的组成基本相同，因此两者的利用途径也基本一致，如液化气经气体分离后回收丙烷和丙烯，碳四采用醚化、叠合、烷基化、芳构化等工艺技术生产高辛烷值汽油调和组分。但由于裂解液化气的收率较高，丙烷和丙烯的产量较大，因此在炼油企业中常常直接用于生产化工产品，如将炼厂丙烷进行脱氢转化生产丙烯，丙烯继续聚合生产聚丙烯等。

此外，需要指出的是，该炼厂所加工的原油为国内自产原油。与进口原油相比，国内自产原油的轻烃收率较低，因此炼厂直接将常减压蒸馏装置的气体轻烃作为燃料利用。对于其他轻烃和液体轻油资源，与国内其他炼厂的利用途径基本相同，但化工型炼厂更偏向于将这部分资源转化为化工产品或化工原料，而非转化为油品。

四、国内典型一体化炼厂的轻烃综合利用

图 8-1-7 和图 8-1-8 分别为国内现有的某大型炼化一体化企业和正在建设中的一体化企业的轻烃综合利用简图。与国内典型的燃油型炼厂和化工型炼厂相比，一体化企业的炼厂加工规模一般较大，加工流程较长，轻烃资源的利用途径更加多元化，精细化利用程度也更高。

图 8-1-7 炼厂以生产油品为主，乙烯和芳烃为辅，因此全厂轻烃遵循“宜油则油、宜烯则烯、宜芳则芳”的加工利用原则：①催化干气富含乙烯资源，直接作为乙烯原料，催化液化气经 C_3/C_4分离后，丙烷作为乙烯原料，丙烯聚合生产聚丙烯，碳四馏分中异构烃类含量较高，直接采用叠合技术和烷基化技术生产高辛烷值清洁汽油调和组分；②焦化干气富含乙烷资源，焦化液化气以饱和轻烃为主，因此炼厂设置焦气回收加氢装置回收富乙烷气体和饱和液化气，回收的饱和轻烃直接作为乙烯裂解原料，焦化石脑油富含链烷烃和烯烃，经加氢处理后将作为优质的乙烯原料；③对于 C_5/C_6 等轻石脑油资源，炼厂设置了正异构分离装置，其中富含的异构烷烃馏分作为清洁汽油调和组分，富含正构烷烃馏分作为优质的乙烯原料；④在生产 PX 过程中，歧化和异构化装置单元副产了部分轻烃资源，也将作为优质的乙烯原料；⑤其他轻烃的加工利用与燃油型炼厂基本相同。可以看出，油化芳一体化促进了轻烃资源的更优化利用。

图 8-1-8 在建炼厂以生产芳烃和乙烯为主，油品为辅，因此全厂轻烃资源的加工方向更偏向于生产更优质的化工原料和化工产品。对于全厂的富氢气体、干气、液化气和轻石脑油馏分，炼厂从资源的结构特点出发，采用分离技术分别设置了 PSA 氢气回收、碳二回收、液化气分离和石脑油正异构分离装置，最大程度回收高价值的轻烃资源和优质的乙烯原料，实现了资源的结构级别利用甚至是分子级别的利用。因此，炼厂转型发展的需要决定了我国轻烃资源的加工方向，而分离应用技术的进步大幅提升了我国轻烃的综合利用水平。

“十三五”期间，我国还将有一批大型炼化企业相继启动建设和投产运营，炼油产能过剩加剧。同时随着国内油品消费需求的放缓，油品质量升级步伐加快，安全环保要求不断提高，我国炼油工业发展将面临巨大的挑战，炼油企业未来的竞争将愈演愈烈。与国外炼油企业相比，我国炼油企业已加强了全厂资源的精细化管理，低价值轻烃资源逐步变“废”为“宝”，资源综合利用水平明显提高。

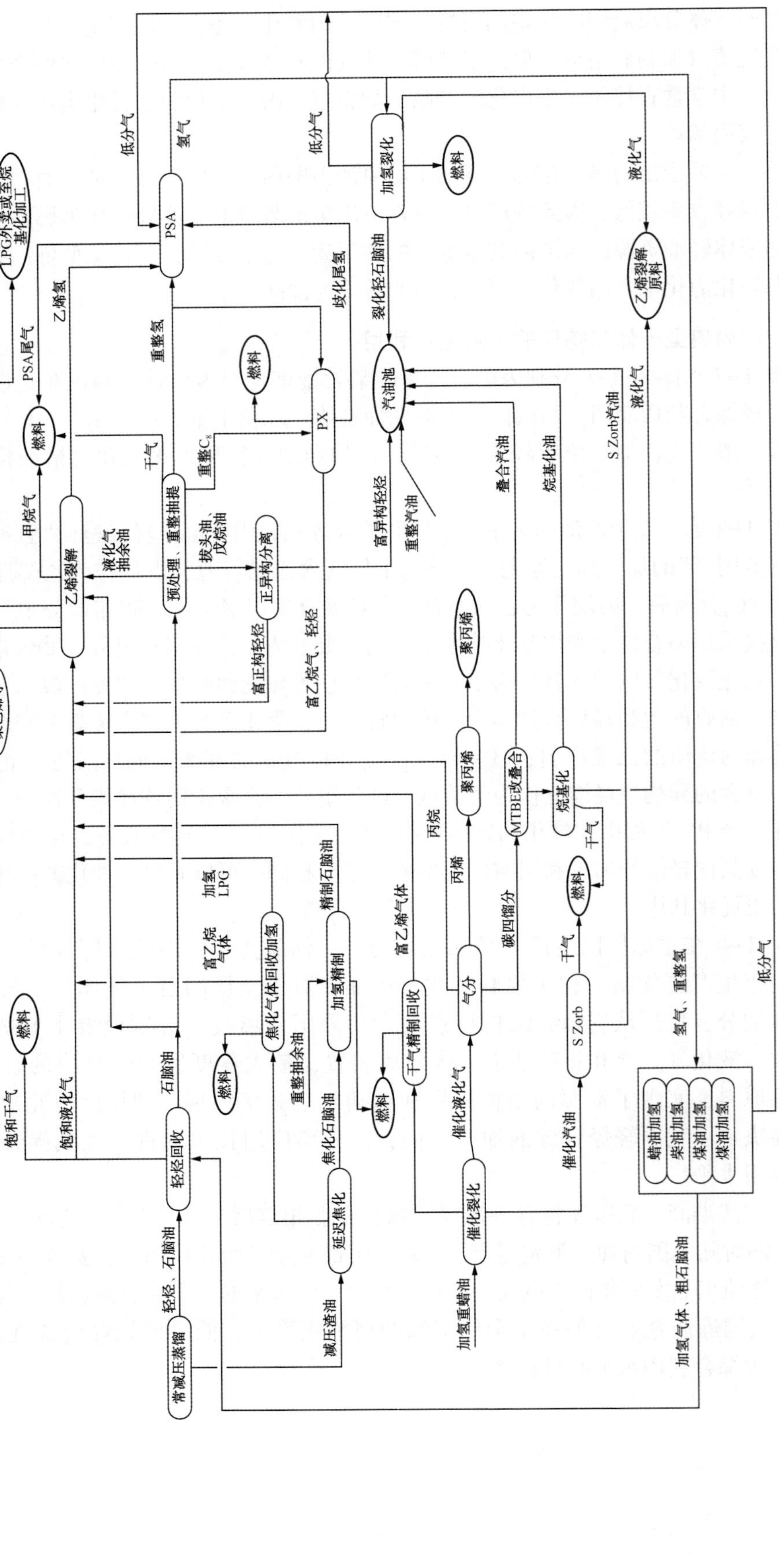

图8-1-7　国内某一体化型炼厂的轻烃综合利用简图

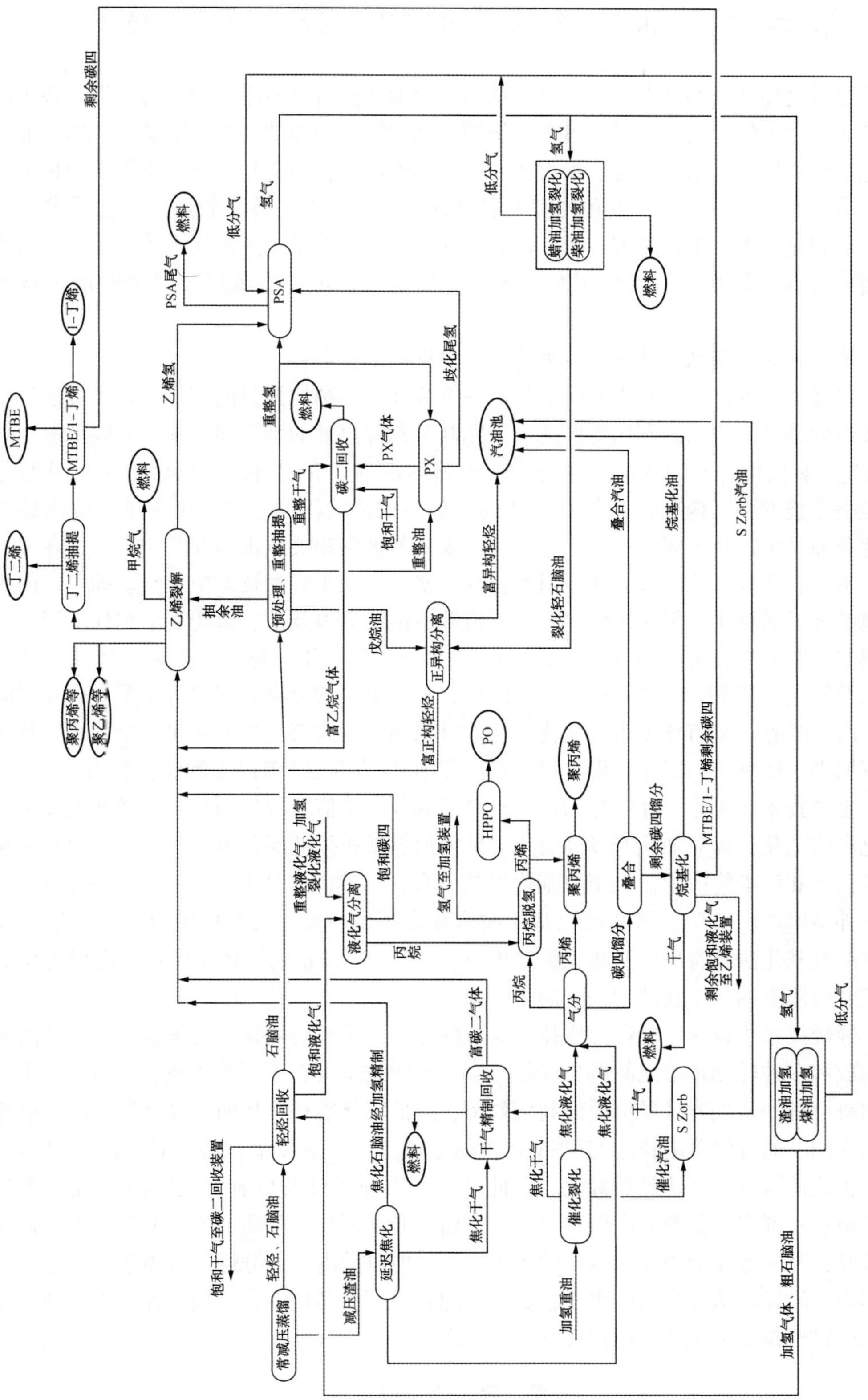

图8-1-8　国内某一体化型炼厂的轻烃综合利用简图（建设中）

第三节　炼厂轻烃资源加工技术发展趋势

为了应对更加严格的环保法规，全球炼油行业加快推进清洁燃料的发展，世界各国的油品质量升级步伐加快；与此同时，世界经济的发展和能源结构的调整，推动了全球炼油行业加快向化工行业转型。未来的炼厂不再单一生产燃料油品，而更趋向于提供优质的化工原料或化学品[7]。在炼厂的油品升级和转型发展过程中，涌现出一批新的炼油工艺技术[6,8~10]，如渣油加氢裂化技术、催化裂解技术、催化柴油加氢转化技术、芳烃技术等。这些技术的发展一方面使得炼厂轻烃资源大幅增加，另一方面也大力推动着炼厂轻烃资源加工技术的发展。

未来炼厂轻烃资源利用和技术发展趋势将呈现以下特点：

(1) 轻烃资源油品化。基于我国油品质量升级和油品结构调整的需要，轻烃资源转化为清洁汽油组分是当前主要的利用方向之一。尤其是乙醇汽油的推广和实施，大幅限制了炼厂 MTBE 的生产和应用，导致汽油池缺乏高辛烷值的汽油调和组分。碳四轻烃采用烷基化技术、烯烃叠合技术和芳构化技术等可生产高辛烷值的清洁汽油组分，可为炼厂解决燃眉之急。但部分油品生产技术还有待成熟完善，未来还需加强相关技术的开发应用。

(2) 资源利用分子化和多元化。目前，炼厂基本实现了轻烃资源中氢气、碳二、丙烷和丙烯资源的分子级利用。但对于碳四及碳五资源，由于分离技术、市场需求和加工经济性等因素，限制了企业对高价值组分的回收利用，如 1-丁烯、丁二烯、异戊烯、环戊二烯、间戊二烯以及异戊二烯等。未来，炼化企业碳四和碳五资源的分离和利用将是重点研究方向之一。此同时，随着产品市场需求的变化，轻烃资源利用形式将更加多元化。全厂轻烃利用应遵循适宜原则，做到全局优化，做好轻烃资源在油品-化工品-芳烃上的综合利用。

(3) 轻烃技术绿色化。在转化为清洁油品或其他高价值资源的同时，轻烃加工技术本身应绿色化和清洁化，即应加强开发高效率、低消耗、低排放的绿色生产工艺，从源头上减少能源资源消耗和污染物产生。对于烷基化工艺而言，虽然硫酸法和氢氟酸法工艺技术成熟，已在国内外多家炼厂应用，但两种烷基化技术存在环境污染、设备腐蚀以及安全生产等问题。固体酸烷基化法具有生产过程无废酸排放、污染少、设备腐蚀轻等优点，已成为烷基化工艺在工业应用上的一个新的发展方向[11]。

(4) 轻烃技术集成化。轻烃集成技术应包括分离技术与转化技术的集成、多种分离技术之间的集成和多种转化技术之间的集成等。由于不同技术具有不同的优缺点，多种技术的集成化应用将会进一步提升轻烃资源的利用效率，降低转化能耗，从而提高整体效益。以炼厂氢气回收为例，通过膜分离技术与 PSA 技术的集成，可形成技术优势互补，既能提高氢气回收率，也能让氢气纯度达到目标要求。此外，气体分离技术与油品-乙烯-芳烃生产技术的集成可同步实现多种资源的高效利用，一方面提升炼厂汽油品质，为乙醇汽油推广普及奠定技术基础，另一方面助力我国炼厂的化工转型。但目前由于部分炼厂规模较小、炼化一体化程度不高，轻烃资源综合利用水平较低。但随着炼厂大型化的发展趋势和化工转型的发展要求，炼厂轻烃技术集成化应用将会进一步加强。

参　考　文　献

[1] 戴厚良. 芳烃生产技术展望[J]. 石油炼制与化工, 2013, 44(1)1-10.

[2] 李春义，王国玮．丙烷和丁烷气固相催化脱氢制烯烃[J]．中国科学：化学，2018，48(4)：342-361.
[3] 李涛．碳四馏分中异丁烷的利用方案研究[J]．石油化工技术与经济，2015，31(2)：1-6.
[4] 朱庆云，郑丽君，任文坡．烷基化油生产技术新进展[J]．石化技术与应用，2016，34(6)511-515.
[5] 张初媚．催化干气制乙苯技术的工艺研发与设计[D]．北京：北京化工大学，2015.
[6] 陈俊武，许友好．催化裂化工艺与工程[M]．3版．北京：中国石化出版社，2015.
[7] 李雪静．全球炼化行业发展动向及启示[J]．石化技术与应用，2018，36(2)：75-82.
[8] 李浩，范传宏，刘凯祥．渣油加氢工艺及工程技术探讨[J]．石油炼制与化工，2012，43(6)：31-39.
[9] 郭春垒，范景新，臧甲忠，等．柴油高值化综合利用技术发展现状及分析[J]．化工进展，2018，37(11)：4205-4213.
[10] 袁忠勋．逆流连续重整工艺技术[R]．2017年中国芳烃产业链发展大会，辽宁盘锦，2017.
[11] 万辉．烷基化工艺技术经济比较[J]．石油炼制与化工，2018，49(11)：91-95.

第二章　典型项目的技术经济分析

第一节　概　　述

一、缘起与视角

前述各篇章中对轻烃利用的各种技术手段已分别进行了简要的投资及经济效益分析，可以看出，绝大部分技术手段都是有效益的。但这种分析只考虑了该技术/装置本身的投资及效益，而忽略了其对厂内其他部分乃至全厂整体效益的影响，具有较大的局限性。

炼油厂或炼化一体化企业对轻烃的加工利用，会对全厂投资及操作费用有多大的影响？会给全厂带来多大的经济效益？为回答这些问题，本章选择了三种典型的全厂性炼油或一体化项目方案，进行轻烃利用的经济效益分析，以便从整体上鸟瞰轻烃利用的经济效果。

第一种情况：炼油厂利用轻烃的措施很多，拟选择轻烃回收、异构化、烷基化等装置手段，回收石脑油、液化气，并生产异构化油、烷基化油等，实现全厂多产高品质汽油的目标。在此基础上，进一步考虑生产聚丙烯和苯乙烯的情况。

第二种情况：炼化一体化企业中乙烯裂解料的来源和轻质化一直是困扰裂解装置产出的大问题，拟选择干气提浓手段，回收碳二资源，作为乙烯裂解料。

第三种情况：炼化一体化企业综合利用轻烃，使炼油、化工两部分的轻烃资源得以充分利用，并通过轻烃资源串换实现更大的附加值。

此外，也选取了几种典型的轻烃加工工艺装置进行有针对性的财务分析，以揭示其技术经济特性。

最后，通过对上述典型项目/装置技术经济测算结果的分析，总结轻烃加工利用的经济性和技术经济特征，并对炼油厂轻烃加工的选择进行深入分析。

二、关于技术经济分析

（一）分析基准及方法

对上述三种情况的分析均选取符合经济规模的千万吨级及以上企业，采用互斥方案比较的方法对不考虑轻烃利用的方案和考虑轻烃利用的方案进行整体对比，并对项目现金流进行差额分析，以反映差额投资的经济效益。

（二）方案比较的原则

为使项目评价具有可比性，评价中特别注意遵循效益与费用计算口径对应一致的原则，以及各方案可比性的原则，具体包括以下方面：

1. 各工艺方案采用的基础保持一致性

各工艺流程计算采用的产品收率、单位消耗指标等，相同情况下应该保持一致；而不同情况下，如进料性质改变、操作条件变化等，应体现其差别，除非这种差别太小而可以忽略不计。

备选的产品方案应在市场导向下，尽可能优化，既能满足下游装置的要求，又能使产品的附加值最大。

2. 投入与产出范围的对应性

纳入评价范围的资产及其原料、公用工程消耗应与其产出对应一致。如果考虑了某部分的投资，就应该一并考虑其产出及公用工程消耗；反之，如果考虑了某部分的产出，就应该一并考虑其相关投资及公用工程消耗。否则，就会夸大或缩小项目的效益水平。

3. 投资结构和水平的完整性

不同工艺方案的投资，应按项目建成投产后完整的投资组成和价格水平计取。否则在差额效益(投资大的方案与投资小的方案的效益差额)一定的情况下，不完整或偏低水平的差额投资(投资大的方案与投资小的方案的投资差额)数值偏小，从而有利于投资较大的方案；反之，如果高估冒算，投资水平偏高，则有利于投资较小的方案。

4. 采用合理适宜的价格水平及不同的价格体系分析

评估采用的价格体系至为关键。对不同工艺方案而言，特别是差距不大的方案之间，采用不同的价格体系，如低价价格体系、高价价格体系，或品种相对差价变化较大的不同价格体系，其评价结果可能大不相同。

首先，应采用合理适宜的价格体系。在原油产品的价格体系中，包括各种不同的价格，如在计价方式上包括进口等价、国家定价、市场价、内部核算价、财务预算价；在计价时间上，包括历史均价、现价、预测价；在价格水平上，包括低价、中价、高价体系；按是否包含通货膨胀，又分为时价(含通货膨胀)和实价(不含通货膨胀)等。应慎重对待如此众多的价格类别，根据项目评价的目的、方法和项目方案的特点等因素综合选定所采用的价格体系。一般而言，应该采用基于国际市场进口等价的预测价格，以反映项目寿命期内的长期趋势；通常不宜采用反映当前时点情况的现价或国家定价，因其只能反映项目在业已建成投产的假设前提下，当前财务年度的盈利能力。还应注意的是，通常基准收益率的确定不考虑通货膨胀因素影响，因此一般可采用实价价格体系进行比选。

其次，应该进行不同价格体系下的测算，从不同的价格角度来印证或对比。在评价中往往会碰到这样的情况，即采用不同价格水平(含绝对水平及相对水平)测算的相对结果大不相同。这就需要结合方案的投入产出和价格水平的差异，逐项进行对比，找出原因所在。

5. 避免指标分析的误区

在对评价结果的分析中，往往存在着这样一个误区，那就是仅仅对各方案的内部收益率进行比较，并以内部收益率的高低直接判断项目的相对优劣，这就有可能得出错误的结论。

在财务评价中，对于通过了绝对效果检验(以行业基准收益率为判断标准)的方案，要判断两个方案在经济上的优劣，应比较其差额投资的内部收益率。如果大于等于行业基准收益率(相当于差额净现值大于等于零)，则认为差额投资的效益水平达到行业要求，从而表明投资大的方案较优；或者直接比较两方案的净现值，以净现值较大者为优。采用净现值与采用差额投资内部收益率进行方案比选的结果是一致的；而采用净现值与采用内部收益率进行方案比选的结果有可能不同。

6. 重视敏感性分析

方案比选通常是基于某些特定的假设，当情况发生变化时，对各方案的影响程度很可能是不一致的。因此，应该对这些敏感因素进行分析，包括一般因素的敏感性分析和特定因素的敏感性分析。找出对各方案影响程度差别较大的敏感性因素，分析原因，并结合盈利能力指标统筹分析。如对于原料或产品价格的变化、建设投资或汇率的变化等，不同方案的敏感度系数（指项目效益指标变化率与不确定性因素变化率之比，反映项目效益对该不确定性因素的敏感程度）可能会差别较大，有的方案对其变化十分敏感，有的却不甚敏感，当未来某种因素发生变化的可能性大大增加时，应特别重视其对项目效益的影响，此时方案之间的优劣对比有可能发生变化。

7. 积极发挥技经人员的主观能动作用

工艺流程方案的比选也对技术经济专业人员提出了较高的要求。技术经济专业人员需要具备很强的责任心，能保持与各专业间的良好互动，并应该具有工程与经济复合型的知识结构，积极发挥主观能动作用。技术经济专业人员通过测算分析，发现问题，并反馈至各专业，特别是工艺专业，以保持各方案的可比性，或为项目工艺方案的优化设计提供修改建议及建设性意见。

综上所言，对炼油厂工艺方案及其对应的全厂加工方案进行比选时，需要注意的主要方面包括：各工艺方案采用的基础应保持一致性，投入与产出保持一致性，投资结构和水平保持完整性，采用合理适宜的价格水平进行测算，并采用不同的价格体系来分析印证，科学严谨地对评价指标进行分析，重视敏感性分析的作用。同时，技术经济专业人员也需要发挥好其主观能动作用。只有充分考虑以上几个方面，才能通过方案比选方法的正确运用，客观地体现备选方案在经济上的优劣，做出正确的选择。

需要补充说明的是，在工艺流程方案的比选中，财务指标是主要指标，但不是唯一指标。应该以财务指标为基础，并结合其他因素（如技术、工程、市场、环境、风险等），进行综合分析，最终确定项目的实施方案。

（三）相关指标定义

1. 净现值（*NPV*）

净现值是将项目整个计算期内各年的净现金流量，按某个给定的折现率，折算到计算期期初（零点，也即第 1 年初）的现值代数和。净现值的计算公式为：

$$NPV(i) = \sum_{t=0}^{n} (CI - CO)_t (1 + i)^{-t} \tag{8-2-1}$$

式中　n——计算期期数；

i——设定折现率。

在项目经济评价中，若 $NPV \geqslant 0$，则该项目在经济上可以接受；反之，若 $NPV<0$，则经济上可以拒绝该项目。

当给定的折现率 $i=i_c$（i_c 为设定的基准收益率），若 $NPV(i_c)=0$，表示项目达到了基准收益率标准，而不是表示该项目盈亏平衡；若 $NPV(i_c)>0$，则意味着该项目可以获得比基准收益率更高的收益；而 $NPV(i_c)<0$，仅表示项目不能达到基准收益率水平，不能确定项目是否会亏损。

净现值用于财务评价时，将其结果称为财务净现值，记为 $FNPV(i_c)$；当净现值用于经济分析时，将其结果称为经济净现值，记为 $ENPV(i_s)$，其中 i_s 为社会折现率。

2. 内部收益率（*IRR*）

内部收益率是一个同净现值一样被广泛使用的项目经济评价指标，它是指使项目净现值为零时的折现率，记作 *IRR*。其表达式为：

$$\sum_{t=0}^{n} (CI - CO)_t (1 + IRR)^{-t} = 0 \tag{8-2-2}$$

应用 IRR 对单独一个项目进行经济评价的判别准则是：若 $IRR \geqslant i_c$（或 i_s），则认为项目在财务上（或经济上，指经济分析时，下同）是可以接受的；若 $IRR < i_c$（或 i_s），则项目在财务上（或经济上）应予以拒绝。

内部收益率指标的经济含义是项目对占用资金的恢复能力。也可以说内部收益率是指项目对初始投资的偿还能力或项目对贷款利率的最大承受能力。由于内部收益率不是用来计算初始投资收益的，所以不能用内部收益率指标作为排列多个独立项目优劣顺序的依据。

内部收益率用于独立项目财务评价时，将其结果称为财务内部收益率，记为 $FIRR$；当内部收益率用于独立项目经济分析时，将其结果称为经济内部收益率，记为 $EIRR$。

3. 差额投资内部收益率

差额投资内部收益率，又称增量投资内部收益率，也叫追加投资内部收益率，是指相比较的两个方案各年净现金流量差额的现值之和等于零时的折现率。其表达式为：

$$\sum_{t=0}^{n}\left[(CI-CO)_2-(CI-CO)_1\right]_t(1+\Delta FIRR)^{-t}=0 \qquad (8-2-3)$$

式中　$\Delta FIRR$——差额投资财务内部收益率；

$(CI-CO)_2$——投资多的方案的年净现金流量；

$(CI-CO)_1$——投资少的方案的年净现金流量。

式（8-2-3）是差额投资财务内部收益的表达式，若将财务净现金流量替换为经济净效益流量，就成了差额投资经济内部收益率（$\Delta FIRR$）的表达式。

将差额投资内部收益率 $\Delta FIRR$ 与基准投资收益率 i_c（或 $\Delta FIRR$ 与社会折现率 i_s）相比较，若 $\Delta FIRR \geqslant i_c$ 时，则投资多的方案为优；若 $\Delta FIRR < i_c$，则投资少的方案为优。

多个互斥方案相比选时，先按投资多少由少到多排列，然后，再依次就相邻方案两两比较。计算求出相比较两个方案的差额投资内部收益率 $\Delta FIRR$。若 $\Delta FIRR \geqslant i_c$，则保留投资多的方案；若 $\Delta FIRR < i_c$，则保留投资少的方案。被保留方案再与下一个相邻方案比较，计算 $\Delta FIRR$，再进行取舍判断。依此不断进行，直至比较完所有方案，最后保留的方案即为相对最优方案。

差额投资内部收益率的计算采用与内部收益率相同的求解方法。

应当指出，用差额投资内部收益率对多方案进行评价和比选时，其前提是每个方案是可行的。

4. 投资回收期（P_t）

投资回收期（也称投资返本年限）是以项目的净收益抵偿投资所需的时间（常用年表示）。它是反映项目财务上投资回收能力的重要指标。项目评价计算出的投资回收期不大于行业基准投资回收期或设定的基准投资回收期（P_c）时，可以认为项目在财务上是可以考虑接受的。

静态投资回收期是在不考虑资金时间价值条件下以净收益抵偿投资所需要的时间，通常以年为单位，从建设开始年年初算起，其表达式为：

$$\sum_{t=0}^{P_t}(CI-CO)_t=0 \qquad (8-2-4)$$

投资回收期可借助财务现金流量表净现金流量数据和累计净现金流量数据计算求得，计算公式如下：

$$P_t = 累计净现金流量开始出现正值的年份数 - 1 + \frac{上一年累计净现金流量的绝对值}{当年净现金流量} \quad (8-2-5)$$

项目投资回收期短，表明投资回收快，抗风险能力强。求出的投资回收期(P_t)可与行业基准投资回收期(P_c)比较：

若 $P_t \leqslant P_c$，可以考虑接受该项目；若 $P_t > P_c$，可以考虑拒绝接受该项目。

基准投资回收期应有部门或行业标准，企业也可以有自己的标准。

5. 完全操作费用

完全操作费用反映了项目对加工单位原料的总费用支出(总成本费用中仅扣除了原料费用和营业费用)。其计算式为：

完全操作费用(单位：元/t 原油)=(外购辅助材料+外购燃料+外购动力+工资及福利费+折旧费+修理费+其他制造费用+管理费用+财务费用)/原油加工量　　(8-2-6)

6. 现金操作费用

现金操作费用则只考虑生产经营中直接付现的部分，即在完全操作费用的基础上，不考虑折旧费、摊销费(列支在管理费用项下)和财务费用等先期因素，以反映企业现实的生产管理水平。其计算式为：

现金操作费用(单位：元/t 原油)=(外购辅助材料+外购燃料+外购动力+工资及福利费+修理费+其他制造费用+其他管理费用)/原油加工量　　(8-2-7)

7. 吨油利润

吨油利润反映项目每加工单位(以吨计)原油获得的税后利润水平。其计算式为：

吨油利润(单位：元/t 原油)=税后利润/原油加工量　　(8-2-8)

8. 总投资收益率

总投资收益率表示总投资的盈利水平，是指项目达到设计能力后正常年份的年息税前利润(EBIT)或运营期内年平均息税前利润与项目总投资的比率。其计算式为：

$$总投资收益率 = \frac{年息税前利润}{项目总投资} \times 100\% \quad (8-2-9)$$

息税前利润=利润总额+支付的全部利息　　(8-2-10)

或息税前利润=营业收入-营业税金及附加-经营成本-折旧和摊销　　(8-2-11)

总投资收益率高于同行业的收益率参考值，表明用总投资收益率表示的盈利能力满足要求。

9. 资本金净利润率

项目资本金净利润率表示项目资本金的盈利水平，是指项目达到设计能力后正常年份的年净利润或运营期内年平均净利润与项目资本金的比率。其计算式为：

$$项目资本金净利润率 = \frac{年净利润}{项目资本金} \times 100\% \quad (8-2-12)$$

项目资本金净利润率高于同行业的净利润率参考值，表明用项目资本金净利润率表示的盈利能力满足要求。

10. 利息备付率

利息备付率是指在借款偿还期内的息税前利润与当年应付利息的比值，它从付息资金来源的充裕性角度反映支付债务利息的能力。息税前利润等于利润总额和当年应付利息之和，当年应付利息是指计入总成本费用的全部利息。计算公式如下：

$$利息备付率=\frac{息税前利润}{应付利息额} \quad (8-2-13)$$

利息备付率应分年计算，分别计算在债务偿还期内各年的利息备付率。

利息备付率表示利息支付的保证倍率，对于正常经营的企业，利息备付率至少应当大于1，一般不宜低于2，并结合债权人的要求确定。利息备付率高，说明利息支付的保证度大，偿债风险小；利息备付率低于1，表示没有足够资金支付利息，偿债风险很大。

11. 偿债备付率

偿债备付率是从偿债资金来源的充裕性角度反映偿付债务本息的能力，是指在债务偿还期内，可用于计算还本付息的资金与当年应还本付息额的比值，可用于计算还本付息的资金是指息税折旧摊销前利润(EBITDA，息税前利润加上折旧和摊销)减去所得税后的余额；当年应还本付息金额包括还本金额及计入总成本费用的全部利息。

$$偿债备付率=\frac{息税折旧摊销前利润-所得税}{应还本付息额} \quad (8-2-14)$$

如果运营期间支出了维持运营的投资费用，应从分子中扣减。

偿债备付率应分年计算，分别计算在债务偿还期内各年的偿债备付率。

偿债备付率表示偿付债务本息的保证倍率，至少应大于1，一般不宜低于1.3，并结合债权人的要求确定。偿债备付率低，说明偿付债务本息的资金不充足，偿债风险大。当这一指标小于1时，表示可用于计算还本付息的资金不足以偿付当年债务。

12. 资产负债率

资产负债率是指企业某个时点负债总额同资产总额的比率。其计算公式为：

$$资产负债率=(负债总额/资产总额)\times100\% \quad (8-2-15)$$

资产负债率表示企业总资产中有多少是通过负债得来的，是评价企业负债水平的综合指标。适度的资产负债率既能表明企业投资人、债权人的风险较小，又能表明企业经营安全、稳健、有效，具有较强的融资能力。过高的资产负债率表明企业财务风险太大；过低的资产负债率则表明企业对财务杠杆利用不够。

13. 占用资本收益率(ROCE)

占用资本收益率表明企业(或全厂性项目)在一定资本和融资结构情况下的税后利润状况，是体现企业(或全厂性项目)资源运用效率的综合指标。其计算式为：

$$占用资本收益率=税后经营利润/已占用资本 \quad (8-2-16)$$

14. 加权平均资金成本(WACC)

项目融资方案的资金成本可以用加权平均资金成本来表示，将融资方案中各种融资的资金成本以该融资额占总融资额的比例为权数加权平均，得到该融资方案的加权平均资金成本。即

$$I=\sum_{t=1}^{n} i_t \times f_t \quad (8-2-17)$$

式中　I——加权平均资金成本；

i_t——第 t 种融资的资金成本；

f_t——第 t 种融资的融资金额占融资方案总融资金额的比例，有 $\sum f_t = 1$；

n——融资类型的数目。

通常，要求项目的加权平均资金成本要低于行业基准值。例如，当前中国石化炼油项目加权平均资金成本基准值为 12%。加权平均资金成本可以作为选择项目融资方案的重要条件之一。

第二节　炼油厂轻烃加工的技术经济分析

一、评价方案

（一）总加工流程

过去大部分炼油厂的轻烃资源利用均以燃料为主，一定程度上造成了轻烃资源的浪费，致使经济上不尽合理。近年来，随着国内炼油厂原油加工量的提高，特别是加工进口原油数量的增长及加工深度的增加，炼油厂各装置产生的轻烃组分大量增加，炼油厂轻烃的回收和利用就愈显重要。为考量炼油厂轻烃利用对经济效益的影响，结合某千万吨级炼油项目轻烃利用与否的情况，以渣油加氢流程为例，按以下三个方案进行对比分析。

1. 无轻烃利用方案

全厂加工流程安排如下：

混合原油经常压装置分出燃料气、液化气、石脑油馏分、煤油馏分、柴油馏分、蜡油馏分、常压重油等。常压重油分为两部分，一部分进减压装置分馏，生产用于加氢裂化的蜡油，另一部分常重油与减压渣油混合进渣油加氢。

直馏的煤油馏分全部作为煤油加氢装置的进料，生产满足 3[#]喷气燃料标准要求的喷气燃料产品。直馏柴油馏分作为柴油加氢精制装置的进料。柴油加氢精制装置按生产满足质量要求的车用柴油考虑；柴油加氢精制副产的石脑油送重整预分馏系统；干气送脱硫系统集中脱硫。

直馏蜡油作为加氢裂化装置原料，加氢裂化装置采用最大量生产中间馏分的工艺技术。加氢裂化装置煤、柴油作为全厂产品调和组分；重石脑油做重整装置的原料；轻石脑油全部作为汽油调和组分；液化气及干气送全厂脱硫系统集中脱硫。

减压渣油与不进减压的常压重油混合进 RDS 装置。RDS 装置生产的柴油作为柴油调和组分，石脑油送重整预分馏系统；干气送脱硫系统集中脱硫后作为燃料气，RDS 加氢重油进催化裂化装置。

催化裂化采用 MIP 技术。催化液化气经脱硫、脱硫醇后到气体分馏装置分出丙烯、丙烷、混合 C_4。丙烯作为化工原料，丙烷作为产品单独出厂，混合 C_4作为 MTBE 装置进料，生产的 MTBE 调和汽油，MTBE 的未反应 C_4作为 LPG 产品出厂。

预加氢装置分出轻重石脑油，重石脑油作为重整装置的原料，轻石脑油作为产品出厂。重整装置以预加氢装置分出的重石脑油作为原料，除生产高辛烷值汽油馏分外，PX 装置生产对二甲苯。

该方案不考虑设置轻烃回收装置，炼油厂气作为全厂燃料或制氢原料。LPG 仅考虑催化 LPG 的利用，其余均作为产品出厂。石脑油除重石脑油作为重整原料外，其余均作为产品出厂。

2. 利用轻烃生产汽油方案

该流程在油品加工流程方面与无轻烃利用方案基本相同。主要差别在于，该方案中全厂考虑设置轻烃回收装置，炼厂干气先经轻烃回收装置回收轻烃后，再作为全厂燃料或制氢原料。同时轻石脑油经异构化装置生产异构化油，醚后 C_4 经烷基化装置生产烷基化油，以最大化生产汽油产品。

3. 利用轻烃气体生产苯乙烯、聚丙烯方案

随着工艺装置(常减压、加氢处理、加氢精制等)轻烃气体的集中处理，饱和干气中富含的氢气、乙烷的回收利用也越来越受到大家的重视。另外，催化干气富含乙烯，利用催化裂化干气中的乙烯组分还可直接与苯烃化制乙苯，进一步生产苯乙烯，这项技术在国内、国外均有成熟的工艺。为此在利用轻烃生产汽油方案的基础上考虑利用催化干气中的乙烯生产苯乙烯，以及丙烯生产聚丙烯的方案。

(二) 各方案装置配置

各方案装置配置见表 8-2-1。

表 8-2-1　各方案装置配置　　万 t/a

单元名称	无轻烃利用方案	生产汽油方案	生产苯乙烯、聚丙烯方案
常减压蒸馏装置	1200	1200	1200
催化原料预处理装置	400	400	400
重油催化裂化装置	350	350	350
气体分馏装置	60	60	60
甲基叔丁基醚装置	10	10	10
催化汽油脱硫	150	150	150
芳烃联合装置	260/100	260/100	260/100
加氢裂化装置	260	260	260
柴油加氢装置	400	400	400
喷气燃料加氢装置	150	150	150
制氢装置	10 万 Nm^3/h	10 万 Nm^3/h	10 万 Nm^3/h
硫黄回收和溶剂再生装置	36	36	36
酸性水汽提装置	260t/h	260t/h	260t/h
轻烃回收装置	—	270	270
异构化装置	—	25	25
烷基化装置	—	25	25
苯乙烯装置	—	—	10
聚丙烯装置	—	—	16

各方案全厂工艺流程详见图 8-2-1、图 8-2-2 和图 8-2-3。

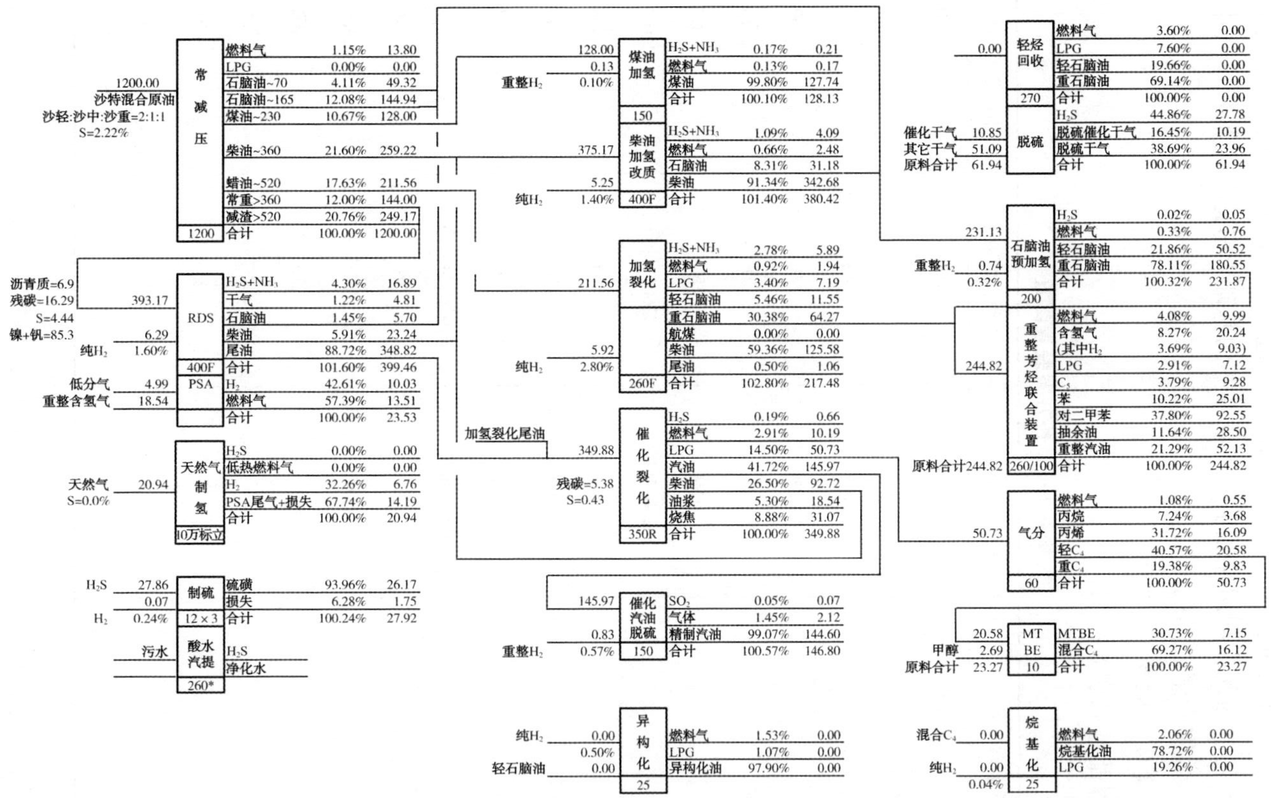

总物料平衡表

万t/a

原料	数量
甲醇	2.69
沙特混合原油 S=2.22%	1200.00
天然气(制氢+燃料)	32.01
外购氢气	0.75
原料合计	1235.45
产品	
丙烯	16.09
丙烷	3.68
LPG	25.95
乙烯原料	64.83
其中:饱和LPG	14.31
轻石脑油	50.52
国V汽油	253.21
其中:92#	186.64
95#	66.57
煤油	127.74
柴油	468.26
其中:-10#国V柴油	393.26
其中:-35#国V柴油	75.00
苯	25.01
对二甲苯	92.55
硫磺	26.17
燃料油	18.54
产品合计	1122.04
燃料	
燃料气	55.33
燃料天然气	11.07
催化烧焦	31.07
燃料合计	97.47
损失	
制氢PSA尾气+损失	14.19
制硫损失	1.75
其它损失	
损失合计	15.94
产品 燃料 损失 合计	1235.45
柴汽比	1.85
轻油收率	84.11%
商品收率	92.77%

*年开工天数:350

注:酸水汽提装置规模单位为t/h

图8-2-1　某炼油项目12.0Mt/a原油总加工流程（无轻烃利用方案）

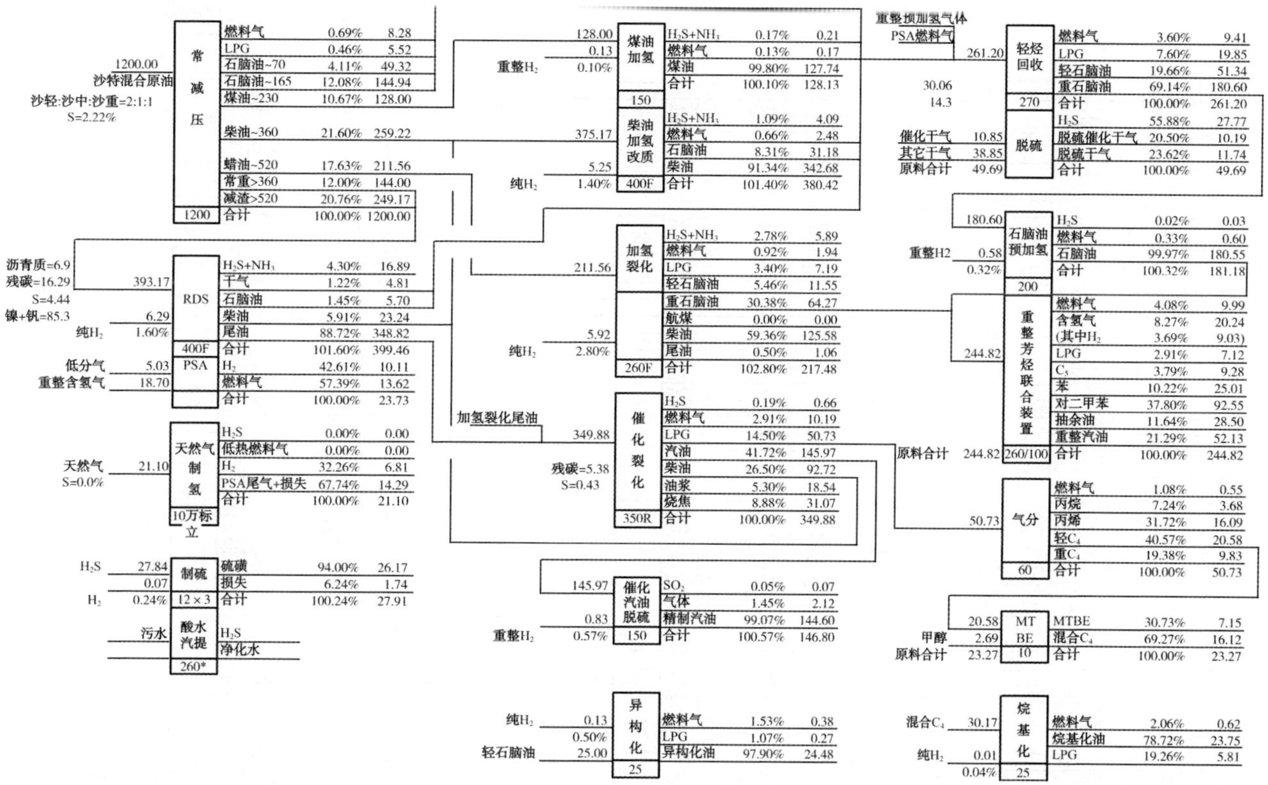

总物料平衡表

万t/a

原料	数量
甲醇	2.69
沙特混合原油 S=2.22%	1200.00
天然气(制氢+燃料)	53.30
外购氢气	0.75
原料合计	1256.73
产品	
丙烯	16.09
丙烷	3.68
LPG	0.00
乙烯原料	62.36
其中:饱和LPG	36.01
轻石脑油	26.34
国V汽油	301.44
其中:92#	244.44
95#	57.00
煤油	127.74
柴油	468.26
其中:-10#国V柴油	393.26
其中:-35#国V柴油	75.00
苯	25.01
对二甲苯	92.55
硫磺	26.17
燃料油	18.54
产品合计	1141.85
燃料	
燃料气	35.59
燃料天然气	32.20
催化烧焦	31.07
燃料合计	98.86
损失	
制氢PSA尾气+损失	14.29
制硫损失	1.74
其它损失	
损失合计	16.03
产品 燃料 损失 合计	1256.73
柴汽比	1.55
轻油收率	86.10%
商品收率	94.41%

*年开工天数:350

注:酸水汽提装置规模单位为t/h

图8-2-2　某炼油项目12.0Mt/a原油总加工流程（生产汽油方案）

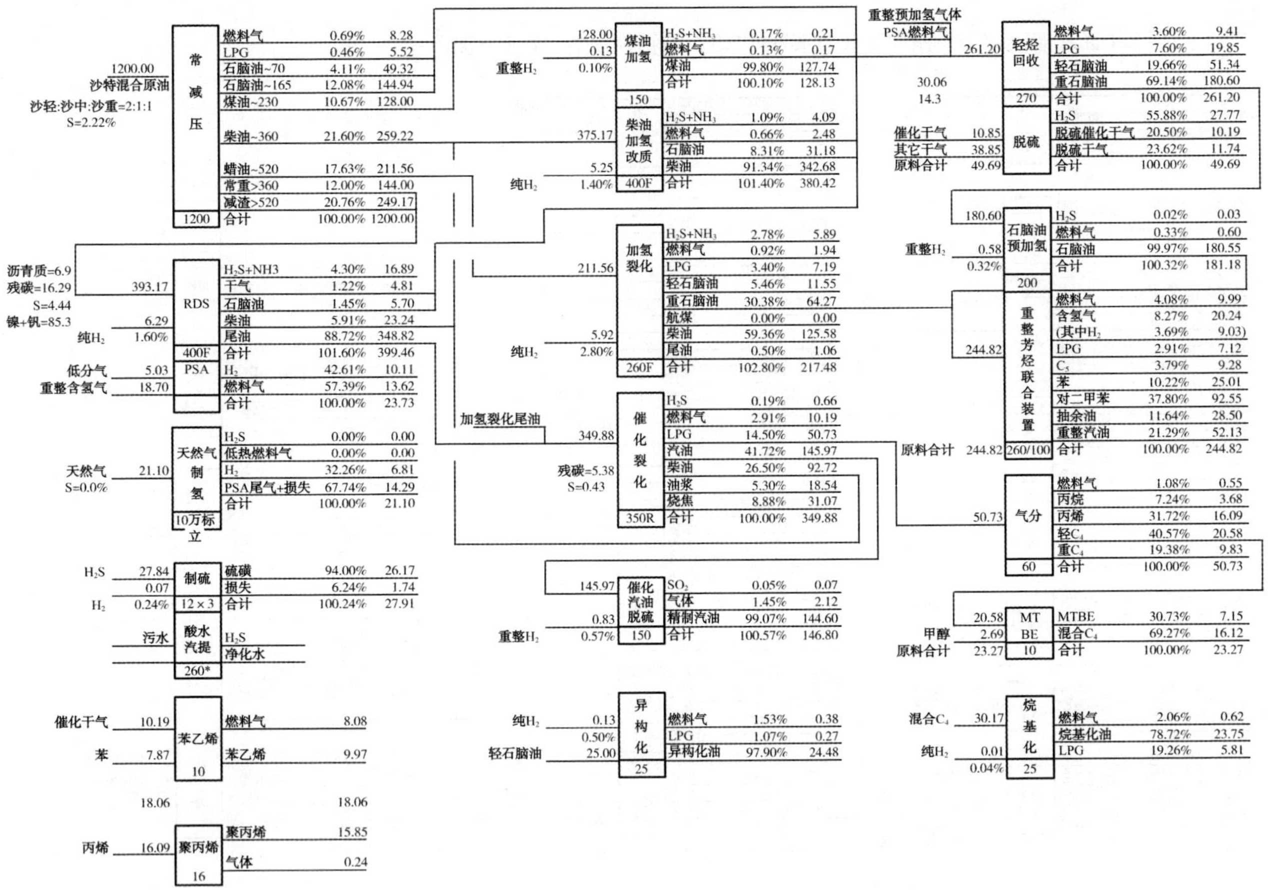

总物料平衡表

万t/a

原料	数量
甲醇	2.69
沙特混合原油 S=2.22%	1200.00
天然气(制氢+燃料)	56.57
外购氢气	0.75
原料合计	1260.01
产品	
丙烯	15.85
丙烷	3.68
LPG	0.00
乙烯原料	62.36
其中:饱和LPG	36.01
轻石脑油	26.34
国V汽油	301.44
其中:92#	244.44
95#	57.00
煤油	127.74
柴油	468.26
其中:-10#国V柴油	393.26
其中:-35#国V柴油	75.00
苯	17.14
对二甲苯	92.55
苯乙烯	9.97
硫磺	26.17
燃料油	18.54
产品合计	1143.71
燃料	
燃料气	33.73
燃料天然气	35.47
催化烧焦	31.07
燃料合计	100.27
损失	
制氢PSA尾气+损失	14.29
制硫损失	1.74
其它损失	
损失合计	16.03
产品 燃料 损失 合计	1260.01
柴汽比	1.55
轻油收率	85.45%
商品收率	94.56%

*年开工天数:350

注:酸水汽提装置规模单位为t/h

图8-2-3 某炼油项目12.0Mt/a原油总加工流程（生产苯乙烯、聚丙烯方案）

二、投资估算

（一）估算方案及范围

该千万吨级炼油项目建设地点位于我国东部/东南沿海地区，加工原油拟按中东进口混合原油考虑，混合原油硫含量为2.22%，包括常减压蒸馏装置、催化原料预处理装置、催化裂化等工艺装置，以及配套的公用工程、储运、辅助设施及厂外工程等。

（二）编制依据

（1）中国石化咨(2005)154号关于印发《石油化工项目可行性研究报告编制规定》的通知。

（2）石化股份发(2006)106号关于印发《中国石油化工股份有限公司石油化工项目可行性研究投资估算编制办法(试行)》的通知。

（3）中国石化经济技术研究院项目可行性研究技术经济参数与数据(2018)。

（三）估算原则

（1）设备材料价格水平为2015年市场价格，设备运杂费按6%、材料运杂费按4%、引进设备材料国内运费按1.7%计算。

（2）不可预见费估算以固定资产、无形资产和其他资产之和为基数，国内部分按6%计算；引进部分按2%计算。

（3）按照“营改增”后最新税率计算增值税抵扣。

（四）估算方法

根据可行性研究阶段投资估算的有关规定与方法，投资估算结合该项目的工艺总流程、公用工程的配置及改造内容等具体特点，采用主要工程量法及相关系数法进行估算。

（五）估算结果

各方案投资估算结果见表8-2-2。

表8-2-2　各方案投资估算结果

万元

序号	项　　目	无轻烃利用方案	生产汽油方案	生产苯乙烯、聚丙烯方案
1	建设投资	2333798	2424688	2524351
1.1	其中：可抵扣增值税进项税	208678	214638	223304

三、财务评价

（一）评价方案及范围

项目的财务评价考虑在全厂工艺流程的基础上，进行投入产出分析。财务评价界定范围为选定的该千万吨级炼油项目所属范围(含12.0Mt/a炼油及1.0Mt/a芳烃联合装置)。财务评价依照现行经济法规、财税制度及各项相关政策执行。

（二）基本参数及假设

（1）项目建设地点考虑为中国东部/东南沿海地区；

（2）根据国家关于消费型增值税的有关政策及中国石化行业办法，在报批总投资中按直接扣减可抵扣增值税进项税计算，但在财务评价中则反映其在建设期占用、在生产期抵扣的现金流走势；

（3）项目寿命期为18年，其中建设期3年，生产期15年；

(4) 项目资本金按报批总投资(不含可抵扣增值税)的30%考虑;
(5) 项目长期借款年利率(5年期以上)为4.90%，流动资金借款年利率为4.35%;
(6) 项目生产负荷：项目投产第一年生产负荷为90%，第二年及以后各年均为100%;
(7) 建设投资分年投入比例为：第一年20%，第二年50%，第三年30%;
(8) 项目流动资金按分项详细估算法估算，流动资金各分项日常储备天数为：

- 应收账款　　30天
- 原材料(不含原油)　　15天(原油储备全部依托临近商储库)
- 辅助材料　　15天
- 在产品　　3天
- 产成品10天
- 现金　　15天
- 应付账款　　30天

(9) 项目定员为550~630人，年工资及福利费按人均10万元计;
(10) 项目折旧按平均年限法计取(净残值率为3%)，折旧年限为15年;
(11) 项目修理费费率为3%;
(12) 其他制造费用为3万元/(人·年)，其他管理费用为4.5万元/(人·年);
(13) 项目生产期保险费费率为0.4%;
(14) 项目营业费用按汽煤柴产品之外营业收入的1%计取;
(15) 增值税：除新鲜水、液化气、天然气为10%外，其他税率均为16%;
(16) 消费税：

- 汽油2110元/t
- 柴油1411元/t
- 石脑油2105元/t(石脑油价格已扣除消费税)
- 燃料油1218元/t

(17) 城市维护建设税、教育费附加、地方教育附加分别按增值税与消费税之和的7%、3%、2%计取;
(18) 项目所得税税率为25%;
(19) 项目基准收益率为所得税前12%、所得税后10%。

(三) 评价采用价格

原油及产品的价格拟采用中国石化集团公司经济技术研究院推荐的“项目经济效益测算价格(2018版)”。该价格以近十年间新加坡市场原油及成品油月平均价为基础，以代表国际市场油价走势的布伦特原油为基准，对各种原油及油品相对布伦特原油的差价进行分析测算，从而确定不同原油及汽油、煤油、柴油、石脑油、燃料油等与布伦特原油之间较为合理的差价。在取定布伦特原油离岸价为60美元/桶的基础上，根据相应的差价水平确定原油和主要成品油价格，并按进口等价的原则推算出国内价格水平。对于那些没有推荐价格的产品，根据其与原油的价格关系确定。

三个方案的主要原料、产品及其评估价格(含税价)见表8-2-3。

表 8-2-3　原料、产品及其评估价格

万 t/a

项　　目	无轻烃利用方案	生产汽油方案	生产苯乙烯、聚丙烯方案	价格/(元/t)
原料				
沙轻原油①	600	600	600	3316
沙中原油①	300	300	300	3189
沙重原油①	300	300	300	2964
制氢用天然气	20. 94	21. 1	21. 1	2800
甲醇	2. 69	2. 69	2. 69	2152
外购氢气	0. 75	0. 75	0. 75	11004
产品				
液化气	25. 95			3988
丙烯	16. 09	16. 09		6425
聚丙烯			15. 85	8308
丙烷②	3. 68	3. 68	3. 68	4168
乙烯原料(轻石脑油)	50. 52	26. 34	26. 34	3930
乙烯原料(液化气)	14. 31	36. 01	36. 01	4168
92#汽油	186. 64	244. 44	244. 44	6991
95#汽油	66. 57	57. 00	57. 00	7386
喷气燃料	127. 74	127. 74	127. 74	4763
0#柴油	280. 96	280. 96	280. 96	5705
-10#柴油	187. 30	187. 30	187. 30	6047
苯	25. 01	25. 01	17. 14	5255
苯乙烯			9. 97	8170
对二甲苯	92. 55	92. 55	92. 55	6236
燃料油	18. 54	18. 54	18. 54	3787
硫黄	26. 17	26. 17	26. 17	904
外购燃料：				
天然气	11. 07	32. 20	35. 47	2800

①原油价格扣减因自建码头节省的码头费用 20 元/t，但包含临近原油商储库的租赁费 25 元/t。

② 丙烷按饱和液化气计价，但增值税税率由 10%调整为 16%。

(四) 评价结果

评价结果见表 8-2-4、图 8-2-4、图 8-2-5。

表 8-2-4　财务指标汇总表

序号	项目名称	单位	无轻烃利用方案	生产汽油方案	生产苯乙烯、聚丙烯方案	备注
一	财务评价数据					
1	项目总投资	万元	2834818	2939142	3053923	含可抵扣增值税(进项悦额)
1. 1	建设投资	万元	2542476	2639326	2747656	

续表

序号	项目名称	单位	无轻烃利用方案	生产汽油方案	生产苯乙烯、聚丙烯方案	备注
1.2	建设期利息	万元	131730	136685	142256	
1.3	流动资金	万元	160612	163132	164011	
2	项目报批总投资	万元	2722389	2824950	2939115	含可抵扣增值税(进项税额)
2.1	建设投资	万元	2542476	2639326	2747656	
2.2	建设期利息	万元	131730	136685	142256	
2.3	铺底流动资金	万元	48184	48940	49203	
3	项目资本金	万元	748345	776654	807329	
4	营业收入	万元	6380402	6604226	6672171	生产期均值
5	营业税金及附加	万元	1394344	1510592	1511435	生产期均值
6	增值税	万元	331312	356567	363590	生产期均值
7	总成本	万元	4309972	4380936	4405540	生产期均值
8	利润总额	万元	344774	356130	391607	生产期均值
9	所得税	万元	82395	85098	93768	生产期均值
10	净利润	万元	262379	271033	297839	生产期均值
11	全厂完全操作费用	元/t 原油	314.50	370.27	390.95	生产期均值
12	全厂现金操作费用	元/t 原油	155.72	205.52	219.73	生产期均值
13	全厂吨油利润	元/t 原油	220.12	227.38	249.86	生产期均值
二	项目财务盈利能力指标					
1	项目投资财务内部牧益率					
1.1	所得税前	%	16.24	16.20	16.87	全部投资
1.2	所得税后	%	12.97	12.93	13.49	全部投资
2	项目投资财务净现值					
2.1	所得税前	万元	568085	582365	708676	全部投资折现率=12%
2.2	所得税后	万元	432809	442948	552117	全部投资折现率=10%
3	项目投资回收期	年	8.84	8.85	8.64	所得税后含建设期3年
4	资本金财务内部收益率	%	21.92	21.82	23.00	
5	总投资收益率	%	12.72	12.67	13.37	生产期均值
6	资本金净利润率	%	35.06	34.90	36.89	生产期均值
三	项目偿债能力指标					
1	利息备付率		5.07	5.06	5.36	借款偿还期内均值
2	偿债备付率		0.90	0.89	0.92	借款偿还期内均值
3	资产负债率	%	33.58	33.46	32.76	寿命期均值
四	企业财务评价指标					
1	占用资本收益率(ROCE)	%	15.45	15.40	16.21	生产期前5年均值
2	加权平均资金成本(WACC)	%	11.69	11.71	11.74	寿命期均值

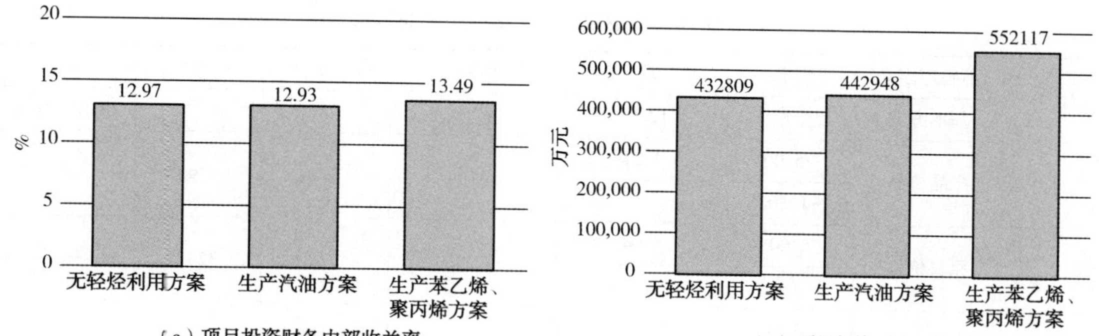

（a）项目投资财务内部收益率　　（b）项目投资财务净现值

图 8-2-4　IRR 与 NPV 走势

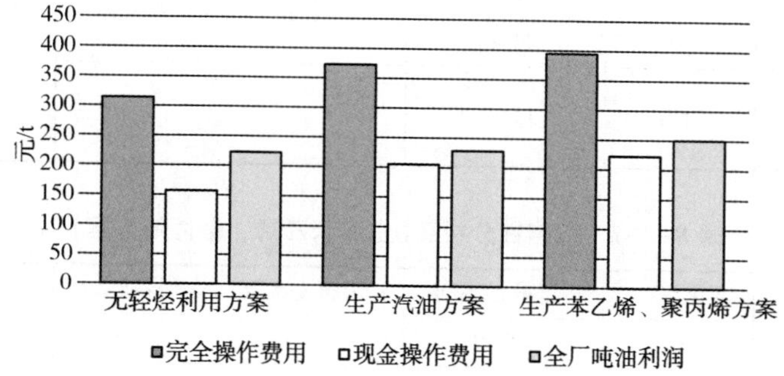

图 8-2-5　操作费用与吨油利润比较

各方案所得税后指标分别为：无轻烃利用方案的项目投资财务内部收益率 12.97%，净现值 432809 万元；生产汽油方案的项目投资财务内部收益率 12.93%，净现值 442948 万元；生产苯乙烯、聚丙烯方案的项目投资财务内部收益率 13.49%，净现值 552117 万元。可见，考虑轻烃利用措施后，操作费用有所增加，但吨油利润也增加了，项目整体效益水平有了明显提高。

（五）敏感性分析

考虑项目实施过程中一些不定因素的变化，分别对建设投资、生产负荷、原料价格、产品价格和建设期等因素进行敏感性分析。结果见表 8-2-5、表 8-2-6 和表 8-2-7。

表 8-2-5　敏感性分析表（无轻烃利用方案）

序号	不确定因素	变化率/%	内部收益率/%	敏感度系数	临界点/%	临界值	备注
	基本方案	0	12.97				BIRR=10%
1	产品价格	-5.00	4.24	13.46	-0.56	5693	
		-10.0					
2	原料价格	5.00	7.89	-7.84	0.96	3247	
		10					
3	生产负荷	-5.00	12.14	1.30	-5.76	94	
		-10.00	11.29				
4	建设投资	5	12.21	-1.14	6.57	2466740	
		10	11.49				
5	建设期	+1 年	11.69				

表 8-2-6　敏感性分析表(生产汽油方案)

序号	不确定因素	变化率/%	内部收益率/%	敏感度系数	临界点/%	临界值	备注
	基本方案	0	12.93				BIRR = 10%
1	产品价格	-5.00	4.21	13.49	-0.54	5792	
		-10.00					
2	原料价格	5.00	8.04	-7.56	0.96	3247	
		10					
3	生产负荷	-5.00	12.11	1 30	-5.55	94	
		0.00	11.25				
4	建设投资	5	12.17	-1.14	6 32%	2555131	
		10	11 46				
5	建设期	+1 年	11.66				

表 8-2-7　敏感性分析袭(生产苯乙烯、聚丙烯方案)

序号	不确定因素	变化率/%	内部收益率/%	敏感度系数	临界点/%	临界值	备注
	基本方案	0	13.49				BIRR = 10%
1	产品价格	-5.00	5.24	12.23	-0.90	5820	
		-10.00					
2	原料价格	5.00	8.89	-6.82	1.62	3268	
		10					
3	生产负荷	-5.00	12.65	1.27	-8.70	91	
		-10.00	11.78				
4	建设投资	5	12.71	-1.11	9.91	2747414	
		10	11.99				
5	建设期	+1 年	12.19				

由以上分析可知，产品价格与原料价格对各方案效益的影响最大，但由于本项目原料、产品的价格具有较强的相关性，当二者联动时，其对内部收益率的影响不大(以生产苯乙烯、聚丙烯方案为例，见图 8-2-6)。其他因素，如生产负荷、建设投资、建设期的变化等对项目效益的影响相对较小。

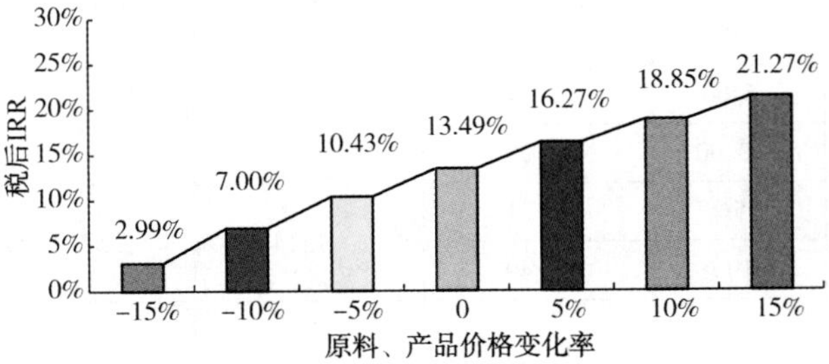

图 8-2-6　原料、产品价格同步敏感性分析

需要指出的是，上述敏感性分析结果显示，随着轻烃利用措施的实施，项目投资所得税后内部收益率对各不确定因素的敏感程度呈总体下降趋势(敏感度系数降低了)。这也说明轻烃利用措施不仅提高了企业的经济效益，也增强了其抗风险能力。

四、综合分析

(一) 生产汽油方案与无轻烃利用方案的比较

1. 原料产品方案比较

原料、产品及其评估价格见表 8-2-8。

表 8-2-8　原料、产品及其评估价格　万 t/a

项　　目	无轻烃利用方案	生产汽油方案	差额	价格/(元/t)
原料				
沙轻原油①	600	600		3316
沙中原油①	300	300		3189
沙重原油①	300	300		2964
制氢用天然气	20.94	21.1	0.16	2800
甲醇	2.69	2.69		2152
外购氢气	0.75	0.75		11004
产品				
液化气	25.95		-25.95	3988
丙烯	16.09	16.09		6425
丙烷②	3.68	3.68		4168
乙烯原料(轻石脑油)	50.52	26.34	-24.18	3930
乙烯原料(液化气)	14.31	36.01	21.70	4168
92#汽油	186.64	244.44	57.8	6991
95#汽油	66.57	57.00	-9.57	7386
喷气燃料	127.74	127.74		4763
0#柴油	280.96	280.96		5705
-10#柴油	187.30	187.30		6047
苯	25.01	25.01		5255
对二甲苯	92.55	92.55		6236
燃料油	18.54	18.54		3787
硫黄	26.17	26.17		904
外购燃料				
天然气	11.07	32.20	21.13	2800

① 原油价格扣减因自建码头节省的码头费用 20 元/t，但包含临近原油商储库的租赁费 25 元/t。

② 丙烷按饱和液化气计价，但增值税税率由 10%调整为 16%。

2. 主要财务指标对比

主要财务指标对比见表 8-2-9。

表 8-2-9　财务指标汇总表

序号	项目名称	单位	无轻烃利用方案	生产汽油方案	差额投资指标	备注
一	财务评价数据					
1	项目总投资	万元	2834818	2939142	104324	含可抵扣增值税(进项税额)
1.1	建设投资	万元	2542476	2639326	96850	
1.2	建设期利息	万元	131730	136685	4955	
1.3	流动资金	万元	160612	163132	2519	
2	项目报批总投资	万元	2722389	2824950	102561	含可抵扣增值税(进项税额)
2.1	建设投资	万元	2542476	2639326	96850	
2.2	建设期利息	万元	131730	136685	4955	
2.3	铺底流动资金	万元	48184	48940	756	
3	项目资本金	万元	748345	776654	28310	
4	营业收入	万元	6380402	6604226	223823	生产期均值
5	营业税金及附加	万元	1394344	1510592	116248	生产期均值
6	增值税	万元	331312	356567	25255	生产期均值
7	总成本	万元	4309972	4380936	70964	生产期均值
8	利润总额	万元	344774	356130	11356	生产期均值
9	所得税	万元	82395	85098	2702	生产期均值
10	净利润	万元	262379	271033	8653	生产期均值
11	全厂完全操作费用	元/t 原油	314.50	370.27	55.77	生产期均值
12	全厂现金操作费用	元/t 原油	155.72	205.52	49.80	生产期均值
13	全厂吨油利润	元/t 原油	220.12	227.38	7.26	生产期均值
二	项目财务盈利能力指标					
1	项目投资财务内部收益率					
1.1	所得税前	%	16.24	16.20	14.92	全部投资
1.2	所得税后	%	12.97	12.93	11.91	奎部投资
2	项目投资财务净现值					
2.1	所得税前	万元	568085	582365	14280	全部投资　折现率=12%
2.2	所得税后	万元	432809	442948	10139	全部投资　折现率=10%
3	项目投资回收期	年	8.84	8.85	9.16	所得税后　含建设期 3 年
4	资本金财务内部收益率	%	21.92	21.82	19.17	
5	总投资收益率	%	12.72	12.67		生产期均值
6	资本金净利润率	%	35.06	34.90		生产期均值
三	项目偿债能力指标					
1	利息备付率		5.07	5.06		借款偿还期内均值
2	偿债备付率		0.90	0.89		借款偿还期内均值

续表

序号	项目名称	单位	无轻烃利用方案	生产汽油方案	差额投资指标	备注
3	资产负债率	%	33.58	33.46		寿命期均值
四	企业财务评价指标					
1	占用资本收益事(ROCE)	%	15.45	15.40		生产期前5年均值
2	加权平均资金成本(WACC)	%	11.69	11.71		寿命期均值

3. 对比分析

项目各方案的收益水平均超过设定的行业基准值10%，无轻烃利用方案的项目投资财务内部收益率为12.97%，净现值为432809万元；生产汽油方案的项目投资财务内部收益率为12.93%，净现值为442948万元；两者差额投资的财务内部收益率为11.91%，净现值为10139万元。

从两方案差额投资分析的结果来看，建设投资(含可抵扣增值税进项税)增加96850万元，而年净利润增加8653万元，差额投资内部收益率为11.91%。说明追加投入具有一定的经济效益。由于上述测算建立在布伦特原油价格60美元/桶基础上，增产的汽油与消耗的天然气和液化气的差价偏低，致使差额效益并不显著；如采用布伦特原油价格80美元/桶价格，其差额内部收益率可达到24.92%，效益十分明显。

综合来看，生产汽油方案考虑了轻烃回收，从通常按燃料气定价的炼厂气中回收液化气，同时轻石脑油经异构化装置生产异构化油，醚后C_4经烷基化装置生产烷基化油，以生产高品质汽油产品，而全厂燃料的不足通过外购相对廉价的天然气来补充。从全厂的投入产出来看，通过增加消耗211.3kt/a天然气，并将241.8kt/a石脑油和259.5kt/a普通液化气转变为具有高附加值的汽油(482.3kt/a)和饱和液化气(217.1kt/a，作为乙烯原料)产品，其附加值提高8亿元以上，减去完全操作费用约7亿元，利润总额可达1亿元以上。

(二) 生产苯乙烯、聚丙烯方案与生产汽油方案比较

1. 原料产品方案比较

原料产品方案比较见表8-2-10。

表8-2-10　原料、产品及其评估价格　　万t/a

项　　目	生产汽油方案	生产苯乙烯、聚丙烯方案	差额	价格/(元/t)
原料				
沙轻原油①	600	600		3316
沙中原油①	300	300		3189
沙重原油①	300	300		2964
制氢用天然气	21.1	21.1		2800
甲醇	2.69	2.69		2152
外购氢气	0.75	0.75		11004
产品				
丙烯	16.09		-16.09	6425

续表

项　目	生产汽油方案	生产苯乙烯、聚丙烯方案	差额	价格/(元/t)
聚丙烯		15.85	15.85	8308
丙烷②	3.68	3.68		4168
乙烯原料(轻石脑油)	26.34	26.34		3930
乙烯原料(液化气)	36.01	36.01		4168
92#汽油	244.44	244.44		6991
95#汽油	57.00	57.00		7386
喷气燃料	127.74	127.74		4763
0#柴油	280.96	280.96		5705
-10#柴油	187.30	187.30		6047
苯	25.01	17.14	-7.87	5255
苯乙烯		9.97	9.97	8170
对二甲苯	92.55	92.55		6236
燃料油	18.54	18.54		3787
硫黄	26.17	26.17		904
外购燃料				
天然气	32.20	35.47	3.27	2800

①原油价格扣减因自建码头节省的码头费用 20 元/t，但包含临近原油商储库的租赁费 25 元/t。

② 丙烷按饱和液化气计价，但增值税税率由 10%调整为 16%。

2. 主要财务指标对比

主要财务指标对比见表 8-2-11。

表 8-2-11　财务指标汇总表

序号	项目名称	单位	生产汽油方案	生产苯乙烯、聚丙烯方案	差额投资指标	备注
一	财务评价数据					
1	项目总投资	万元	2939142	3053923	114781	含可抵扣增值税(进项税额)
1.1	建设投资	万元	2639326	2747656	108330	
1.2	建设期利息	万元	136685	142256	5571	
1.3	流动资金	万元	163132	164011	880	
2	项目报批总投资	万元	2824950	2939115	114165	含可抵扣增值税(进项税额)
2.1	建设投资	万元	2639326	2747656	108330	
2.2	建设期利息	万元	136685	142256	5571	
2.3	铺底流动资金	万元	48940	49203	264	
3	项目资本金	万元	776654	807329	30675	
4	营业收入	万元	6604226	6672171	67946	生产期均值
5	营业税金及附加	万元	1510592	1511435	843	生产期均值

续表

序号	项目名称	单位	生产汽油方案	生产苯乙烯、聚丙烯方案	差额投资指标	备注
6	增值税	万元	356567	363590	7023	生产期均值
7	总成本	万元	4380936	4405540	24604	生产期均值
8	利润总额	万元	356130	391607	35477	生产期均值
9	所得税	万元	85098	93768	8671	生产期均值
10	净利润	万元	271033	297839	26806	生产期均值
11	全厂完全操作费用	元/t 原油	370. 27	390. 95	20. 67	生产期均值
12	全厂现金操作费用	元/t 原油	205. 52	219. 73	14. 21	生产期均值
13	全厂吨油利润	元/t 原油	227. 38	249. 86	22. 49	生产期均值
二	项目财务盈利能力指标					
1	项目投资财务内部收益率					
1. 1	所得税前	%	16. 20	16. 87	31. 08	全部投资
1. 2	所得税后	%	12. 93	13. 49	28. 40	全部投资
2	项目投资财务净现值					
2. 1	所得税前	万元	582365	708676	126311	全部投资　折现率 = 12%
2. 2	所得税后	万元	442948	552117	109169	全部投资　折现率 = 10%
3	项目投资回收期	年	8. 85	8. 64	5. 98	所得税后　台建设期 3 年
4	资本金财务内部收益率	%	21. 82	23. 00	48. 76	
5	总投资收益率	%	12. 67	13. 37		生产期均值
6	资本金净利润率	%	34. 90	36. 89		生产期均位
三	项目偿债能力指标					
1	利息备付率		5. 06	5. 36		借款偿还期内均值
2	偿债备付率		0. 89	0. 92		借款偿还期内均值
3	资产负债率	%	33. 46	32. 76		寿命期均值
四	企业财务评价指标					
1	占用资本收益率(ROCE)	%	15. 40	16. 21		生产期前 5 年均值
2	加权平均资金成本(WACC)	%	11. 71	11. 74		寿命期均值

3. 对比分析

在生产汽油方案的基础上，考虑利用催化裂化干气中的乙烯组分直接与苯烃化制乙苯，进一步生产苯乙烯，同时利用丙烯生产聚丙烯，即采用生产苯乙烯、聚丙烯方案，则项目投资财务内部收益率为 13. 49%，净现值为 552117 万元，与生产汽油方案相比，项目投资财务内部收益率提高了 0. 56 个百分点，净现值高出 109169 万元，效益水平将大幅提升。

从两方案差额投资分析的结果来看，建设投资(含可抵扣增值税进项税)仅增加 108330 万元，而年净利润增加 26806 万元，差额投资内部收益率达到 25. 40%。说明追加投入具有较好的经济效益。

生产苯乙烯、聚丙烯方案将按燃料气定价的干气(利用其中的稀乙烯)与苯生产苯乙烯，并将所产丙烯全部消化生产聚丙烯，具有较高的产品增值，其产品附加值提高约 6. 79 亿元，减去完全操作费用约3.29亿元，利润总额可达3.5亿元左右，具有较好的经济效益。

综合来看，在中低油价下，后端综合利用轻烃措施(生产苯乙烯、聚丙烯方案)的增量效益要好于前端(生产汽油方案)；在中高油价下，前端要好于后端。从项目效益最大化的角度来看，无论是前端还是后端措施，其在经济上都是可行的，往往可以统筹考虑。

(三) 综合结论

评价结果表明，在炼油厂不考虑轻烃利用措施的基础上，增加轻烃利用措施后经济效益有明显提高。可以说，对轻烃资源的加工利用是炼油厂获得良好经济效益的必要条件。

上述测算采用了布伦特原油离岸价为60美元/桶的效益测算价，若布伦特原油价格基准40或80美元/桶，其测算结果的绝对值会有较大的变化，但在其他假定条件不变的情况下，各方案测算结果的相对关系及其反映出的技术经济特征应该是基本确定的。

第三节　炼化一体化企业综合利用轻烃的技术经济分析

一、对炼化一体化企业增设干气提浓装置的情景分析

前面我们通过分析，得出了单独炼油厂可通过轻烃加工措施来大幅提高经济效益的结论。如果是炼化一体化企业或者其炼油部分，轻烃加工的措施会有何不同？情况又将如何呢？以下通过对一个具有千万吨级原油加工能力的炼化一体化企业的剖析来进行分析。

(一) 概述

该千万吨级炼化一体化项目考虑设计加工15.0Mt/a中东原油，并配套1.0Mt/a乙烯、800kt/a PX。其中科威特原油7.5Mt/a、沙特轻质原油7.5Mt/a，混合原油硫含量为2.425%，酸值0.09mgKOH/g，API度31.08。

围绕着如何改善全厂燃料产品结构、优化乙烯、PX生产原料，同时适应含硫、劣质原油的加工的需要，拟加工原油各馏分加工方案选择如下：

轻石脑油组分由于其辛烷值较低，正构烷烃含量较高，宜考虑作为乙烯的生产原料。重石脑油馏分芳潜较高，可作为重整原料，一方面生产的芳烃组分可作为对二甲苯生产的原料，同时生产高辛烷值汽油组分；另一方面重整装置副产的氢气又可为加氢装置提供廉价的氢源。按照“应油则油、应芳则芳、应烯则烯”的设计原则，该项目拟在轻烃回收装置同时增设轻、重石脑油分离塔，分离出的<100℃轻石脑油，其中富含直链烷烃的轻石脑油考虑作为生产低碳烯烃的原料，富集C_7、C_8组分的重馏分作为催化重整装置的进料，以最大化地优化芳烃生产装置的进料性质。

直馏煤油馏分除硫醇指标不能满足要求外，其他指标均满足3#喷气燃料标准的要求，采用临氢工艺精制生产3#喷气燃料产品。

直馏柴油本身十六烷值较高(CETANE INDEX：54.3)，与焦化汽柴油混合直接进入柴油加氢脱硫后即可生产满足要求的车用柴油；由于催化装置(采用MIP/CGP工艺路线)柴油馏分具有密度大、芳烃含量高、十六烷值较低的特点，且产量较高，直接加氢精制后作为柴油调和组分无法满足柴油产品质量要求，需要改质。截止到目前，催化柴油加氢改质(RLG)技术已获得成功工业应用。该技术是通过控制加氢精制段芳烃饱和程度，在加氢精制反应区尽可能保留烷基苯、四氢萘等单环芳烃，同时降低氮含量至适宜的水

平，为加氢裂化段提供原料；通过控制加氢裂化段四氢萘等单环芳烃的异构、开环，以及烷基苯等单环芳烃的烷基侧链断裂，有效地将柴油馏分中的烷基苯等单环芳烃转化为汽油馏分中的苯、甲苯、二甲苯等高辛烷值组分，从而达到生产高辛烷值汽油的目的。本项目考虑将催化柴油与渣油加氢柴油混合进入新建的1.0Mt/a柴油加氢改质装置进行加工，多产汽油调和组分，剩余柴油作为柴油调和组分，全厂柴油产品调和十六烷值达到51以上，平均硫含量指标≯10mg/kg。

减压蜡油的轻质化一般有两种工艺，一是催化裂化，一是加氢裂化。

催化裂化技术是目前石化行业生产燃料产品的主要工艺，是液化石油气、汽油和柴油的主要生产手段。催化裂化技术生产的汽油、柴油收率高，气体产品中液化石油气含有大量的C_3、C_4烯烃，是优良的石油化工和生产高辛烷值汽油组分的原料，在炼油厂中占有举足轻重的地位。

加氢裂化是一种灵活的加工工艺，由于原料在裂化过程中补入了大量的氢，产物为饱和烃，不含烯烃。加氢裂化是炼厂重要的二次加工手段，它不仅能够生产优质的中间馏分油和润滑油料，而且能够生产重整料和乙烯生产用的裂解原料。生产的产品品种多且质量好，通常可以直接生产高辛烷值调和汽油和化工溶剂油，并可用作制氢原料和乙烯生产原料。重石脑油芳烃潜含量高，硫、氮含量低，是催化重整生产高辛烷值汽油或轻芳烃的优质进料。尾油BMCI值低，是生产乙烯或高黏度指数润滑油的优质进料。此外，加氢裂化的原料范围宽、操作方案多，炼厂可以应用加氢裂化组成不同的流程，既提高全厂的操作灵活性又提高经济效益，可以说是油、化、纤结合的核心。

加氢裂化与催化裂化比较，对于全厂轻油收率和提高化工原料自给、降低化工原料成本的贡献，加氢裂化有明显的优势，根据建设目标及产品方案要求，该项目考虑建设以轻蜡油为原料的加氢裂化装置，以实现重整料的优化与乙烯裂解原料的自给，充分发挥加氢裂化的优势。

渣油加工目前比较成熟的技术是延迟焦化、溶剂脱沥青和渣油加氢处理的工艺路线。

渣油加氢工艺是20世纪50年代发展起来的工艺技术，当时其主要目的是生产低硫燃料油，近年来随着世界能源资源的进一步紧张，对重质燃料油的需求量进一步减少，使得渣油加氢更多的是与重油催化裂化配套生产汽油和柴油、石油液化气等产品。渣油加氢工艺具有轻油收率高、产品质量好、不存在副产物利用的特点，但渣油加氢方案也存在投资高、操作费用高、对原料变化的适应性差等问题。

焦化工艺已有70多年的历史，具有对原料适应性强、投资和操作费用较低、技术成熟可靠等优点，也是目前广为采用的渣油加工工艺之一。焦化生产的石脑油和柴油馏分经过加氢以后，石脑油是较好的乙烯原料，柴油加氢精制后可作为优质的柴油调和组分，但焦化方案中轻油收率低，生产的高硫焦价格便宜、不易处理。近年来随着加工手段的进步，特别是气化技术的出现，解决了高硫焦的出路问题，为焦化工艺提供了新的发展空间。

溶剂脱沥青工艺过程简单，不需要使用催化剂及化学药剂，所用溶剂为炼油产品。溶剂脱沥青能使渣油中的沥青质、金属等浓缩于沥青中，所得到的脱沥青油具有杂质含量低、未经受热化学反应、裂化性能好等特点。同时，溶剂脱沥青装置建设投资少、操作费用低、环境污染小。近年来，溶剂脱沥青在含硫渣油加工中的使用日益受到重视。其不足在于溶剂脱沥青工艺沥青的收率较焦化工艺所产生的焦炭高，故其轻油收率相对较低，同时生产的硬沥青出路也是需考虑的问题。

经比较，该项目总工艺加工流程推荐采用常减压—渣油加氢处理—催化裂化—加氢裂化—延迟焦化的加工工艺路线，该工艺路线的安排契合了拟加工原油高硫、高金属、高残炭、低API度的特点。

（二）全厂加工方案

综合以上选择意见，该项目实施后，炼油部分各馏分加工方案如下：

1. 原油加工

常减压装置设计加工原油为科威特原油和沙特轻油的混合原油，混合比例1∶1，根据所加工的混合原油特点、全厂总加工流程规划要求的产品方案和下游装置对原料的要求，原油加工装置仍采用电脱盐→初馏塔→常压塔→减压塔的工艺路线。

结合全厂总流程，本装置常压塔设三条侧线，常一线为喷气燃料加氢料，常二线、三线为柴油加氢精制料。常压塔顶采用一级冷凝流程，常压塔顶气和石脑油送至轻烃回收装置。减顶不凝气在装置内经不凝气脱硫塔脱硫后，作为装置自用燃料气送至加热炉。

常压塔设常顶循、常一中和常二中三个中段回流。

减压部分采用两段减压蒸馏技术、减压深拔至不低于590℃的技术方案，其中：

第一段减压蒸馏采用干式减压操作，目的是生产加氢裂化原料，原油切割温度大约在520℃，可根据加氢裂化装置的实际生产情况，灵活调整其收率和质量。

第二段减压蒸馏采用SEI第二代减压深拔技术，目的是生产1.6Mt/a焦化原料，原油切割温度可以达到590℃以上，可根据焦化装置的实际生产情况，灵活调整减压切割深度和渣油质量，以最大限度改善渣油加氢原料质量。

2. 石脑油加工

直馏石脑油、柴油加氢精制石脑油、渣油加氢处理的粗石脑油在轻烃回收装置稳定后，分离轻、重石脑油，重石脑油去石脑油加氢精制，精制直馏石脑油和加氢裂化重石脑油进连续重整装置加工。

为了优化乙烯原料，轻石脑油作为优质的乙烯原料供给化工部分生产低碳烯烃。

加氢裂化轻石脑油由于辛烷值较高(RON约80)，与新增的柴油加氢改质装置石脑油作为汽油调和组分。

3. 汽油生产

项目全厂汽油调和组分包括：异构化生成油、催化汽油(经过加氢处理、轻汽油醚化)和甲苯、MTBE、C_9^+重芳烃、C_8芳烃(混合二甲苯)、芳烃抽余油、加氢裂化轻石脑油、重整戊烷油等，其中全厂正常生产情况下，C_8芳烃(混合二甲苯)不考虑作为汽油调和组分，仅作为事故工况考虑。

4. 喷气燃料加工

保持直馏喷气燃料馏分去喷气燃料加氢精制装置生产，满足3#喷气燃料产品质量要求，同时储运系统考虑在喷气燃料市场波动的情况下，喷气燃料产品调和柴油的可能性。

5. 柴油加工

项目预计直馏柴油馏分和焦化汽柴油混合产量约4.05Mt/a，送至规模为4.0Mt/a汽柴油加氢装置处理。

催化柴油密度和芳烃含量高，十六烷值较低，产量较高，直接调和柴油无法满足柴油产品质量要求，拟将催化柴油与渣油加氢柴油混合进入1.0Mt/a柴油加氢改质装置进行加工，全厂柴油产品调和十六烷值估计可达到51以上，平均硫含量指标≯10mg/kg。

全厂柴油调和组分包括加氢精制柴油、加氢裂化柴油以及加氢改质柴油，柴油产品可满足国Ⅴ车用柴油标准。

6. 蜡油加工

常减压装置减压部分拔出约2.8Mt/a减压蜡油去加氢裂化装置加工，生产的尾油将作为乙烯原料或外卖。

加氢裂化装置按全循环、部分循环、一次通过式的灵活的操作方案设计，以适应全厂不同产品方案生产以及炼化一体化情况下全厂开停工不同步的需要。

加氢裂化装置与氢提纯、制氢装置组成联合装置。

7. 渣油加工

延迟焦化和渣油加氢的渣油加工工艺路线都是成熟的，各有利弊，结合加工原油的性质，项目现有全厂加工方案——常压渣油、渣油加氢处理+部分减压渣油延迟焦化工艺路线的安排，适于拟加工原油高硫、高金属、高残炭、低API度的特点。

二段减压渣油全部进入延迟焦化装置处理，为了多生产汽油调和组分，除部分一段减压渣油、减压亘蜡油、焦化重蜡油外，渣油加氢进料还考虑了焦化轻蜡油作为原料。

催化裂化装置原料改为全部渣油加氢处理后的重油，预计催化进料的性质如下：

相对密度	0.92
总氮/(mg/kg)	1400
硫含量/%	0.30

为了使催化装置在实际生产过程中对原料有较好的适应性，催化裂化装置设计进料硫含量按0.5%考虑。

催化油浆暂按全部作为商品外销考虑。

8. 炼油部分气体加工安排

为了合理回收利用全厂的气体，全厂液化气按饱和与非饱和分别精制与储存，其安排如下：

（1）常顶油(气)、渣油加氢处理、加氢裂化粗石脑油(塔顶气)、柴油加氢石脑油(塔顶气)、柴油改质气体和催化重整石脑油加氢装置的塔顶气一同进轻烃回收装置，采用脱丁烷-脱乙烷-吸收塔三塔流程，吸收塔吸收剂用7℃冷媒水冷却。回收饱和LPG的同时将稳定后的石脑油进行轻重石脑油分离，轻石脑油作为乙烯原料，重石脑油作为催化重整的原料；分出的燃料气脱硫，LPG脱硫脱硫醇后分别送出装置；干气和液化气采用MDEA溶液脱硫；液化气采用液液抽提法脱硫醇。

从聚丙烯装置膜分离后排出的泄放气，其中富含C_3组分，拟送至催化裂化装置吸收稳定部分予以回收。

（2）重整含氢气体除部分提供给重整石脑油加氢装置、催化汽油醚化/加氢以及硫黄回收装置外，其余的与在加氢裂化装置脱硫后加氢低分气(加氢处理、加氢裂化、柴油加氢精制)一起进设置在制氢装置内的变压吸附(PSA)及氢气升压设施，PSA尾气并入全厂燃料气系统或作为制氢的原料。

（3）干气脱硫

干气脱硫物流流向见表8-2-12。

表 8-2-12　干气脱硫物流流向

序号	装置名称	干气来源	物料去向	备注
1	干气脱硫 1	轻烃回收干气	方案 1——酸性气去制硫，干气经 PSA 提纯后并入燃料气系统； 方案 2——酸性气去制硫，干气经 PSA 提纯后去新建炼厂干气提浓装置，回收 C_2 作为乙烯原料	设在轻烃回收装置内
2	干气脱硫 2	催化干气、焦化干气	方案 1——酸性气去制硫，脱硫后干气并入燃料气系统； 方案 2——酸性气去制硫，脱硫后催化、焦化干气去新建炼厂干气提浓装置，回收 C_2 作为乙烯原料	邻近催化裂化装置布置

炼厂干气是石油化工的一种重要资源，是炼油厂在石油加工过程中所得到的气体的总称，其中包括催化裂化干气、加氢裂化气、焦化气、重整气等。炼厂干气中含有氢气、甲烷、乙烷、乙烯等组分，其中催化裂化干气中乙烯含量约占 15%，过去因无合适的回收方法而被白白烧掉，随着石油资源日趋紧张，炼厂干气的合理利用问题也突显出来。

国外炼厂十分重视回收炼厂干气中乙烯的技术开发，其中使用炼厂气作为乙烯原料的技术措施在 20 世纪 80 年代就已经工业化。他们将催化裂化干气进行浓缩，回收得到乙烯和轻烃，不经裂解直接进入乙烯装置的分离系统，作为乙烯原料的补充，从而增加了烯烃产量，降低了乙烯生产成本，提高了资源利用率，在国外已成为炼化一体化实现资源优化利用和降低乙烯生产成本的重要手段。

从表 8-2-12 可以看出，方案 1——脱硫后的轻烃回收干气氢含量较高，该部分饱和干气与催化汽油醚化装置汽油分馏塔塔顶不凝气经压缩后与重整氢、加氢低分气一并考虑进 PSA 设施回收氢气，剩余尾气直接并入全厂燃料气系统；方案 2——为降低乙烯生产成本，实现乙烯原料轻质化，节约用以生产乙烯的轻质油品，该方案考虑增设一套炼厂干气提浓装置，回收净化催化干气、净化焦化干气及轻烃回收干气中的 C_2 组分，送往乙烯作为原料，炼厂干气提浓装置布置在乙烯装置界区。

(4) 液化气脱硫

液化气脱硫脱硫醇物流流向见表 8-2-13。

表 8-2-13　液化气脱硫脱硫醇物流流向

序号	装置名称	LPG 来源	物料去向	备注
1	液化气脱硫脱硫醇(一)	轻烃回收装置	酸性气去制硫	设在轻烃回收装置内
			饱和液化气直接作为乙烯裂解的原料	
2	液化气脱硫脱硫醇(二)	催化裂化、延迟焦化装置	酸性气去制硫	临近催化裂化装置布置
			催化、焦化液化气去气体分馏装置，生产丙烯产品	丙烯去聚丙烯装置

(三) 生产装置组成及规模

按照以上馏分油加工方案，该项目炼油部分主要工艺生产装置组成及规模情况见表 8-2-14。

表 8-2-14　炼油部分主要工艺生产装置组成及规模情况　　万 t/a

序号	装置名称	公称设计规模	备注
1	常减压蒸馏装置	1500	采用原油换热—电脱盐—原油换热—初馏塔—初底油换热—加热炉—常压塔—减压炉—减压塔三级抽空减压深拔工艺路线，其中原油电脱盐考虑两级电脱盐技术；减压部分采用两级减压蒸馏
2	轻烃回收装置(含饱和干气、液化气脱硫、饱和液化气脱硫醇)	300	主要处理常减压装置、渣油加氢、加氢裂化和加氢精制装置的气体、粗石脑油，回收气体中的 C_3 及 C_3 以上组分，分离出干气、液化气和石脑油等产品，采用脱丁烷—脱乙烷—吸收塔工艺路线
3	连续重整装置	220	
4	芳烃抽提装置	85	
5	煤油加氢装置	150	
6	汽、柴油加氢精制装置	400	
7	蜡油加氢裂化装置	280	
8	渣油加氢处理装置	340	
9	催化裂化装置	300	采用多产低烯烃汽油的(MIP-CGP)技术；催化进料硫含量虽然较低，但由于催化原料是经过加氢的重油，大部分硫存在于重组分中，进入焦炭中的硫百分比也高，因此，需上催化烟气脱硫系统。
10	催化轻汽油醚化、选择性加氢精制装置	120	CD-TECH
11	气体分馏装置	60	
12	MTBE 装置(产品规模)	10	
13	聚丙烯装置(产品规模)	20	
14	延迟焦化装置	160	
15	制氢装置/(万 Nm^3/h)	14	正常情况下按低负荷操作，不足部分外购
16	PSA 装置	10	
17	硫黄回收+尾气处理装置	38	
18	柴油加氢改质(RLG)	100	类似 RLG 技术以催化柴油等高芳烃含量劣质柴油为原料，通过控制加氢精制段芳烃饱和程度，在加氢精制反应区尽可能保留烷基苯、四氢萘等单环芳烃，同时降低氮含量至适宜的水平，为加氢裂化段提供原料；通过控制加氢裂化段四氢萘等单环芳烃的异构、开环，以及烷基苯等单环芳烃的烷基侧链断裂，有效地将柴油馏分中的烷基苯等单环芳烃转化为汽油馏分中的苯、甲苯、二甲苯等高辛烷值组分，从而达到生产高辛烷值汽油或 BTX 原料的目的
19	炼厂干气提浓装置	50	仅方案 2 设置采用浅冷油吸收法干气回收技术，对干气中的碳二、碳三组分进行回收并副产氢气

(四) 原料产品方案

方案1、方案2的乙烯生产原料配制情况对比见表8-2-15。

表8-2-15　方案1、方案2的乙烯生产原料配制情况对比　万 t/a

名　称	方案1	方案2
外购轻烃(饱和液化气)	26.04	
饱和液化气	41.03	41.03
丙烷	3.31	3.31
轻石脑油	87.72	87.72
抽余油	16.20	6.10
柴油加氢石脑油	21.30	21.30
加氢裂化尾油	84.57	84.57
富 C_2 气体		27.43
PX 歧化外排气	4.60	4.60
合计	284.77	276.06

可见，炼厂干气提浓装置的建设显著改善了乙烯裂解装置的进料性质，在原料得到轻质化的同时，也做到了原料自给。

方案1和方案2炼油部分+乙烯裂解装置范围内的主要原料、产品情况对比见表8-2-16。

表8-2-16　炼油部分+乙烯裂解装置范围内的主要原料、产品情况对比　万 t/a

名　称	方案1	方案2	备　注
一、原料汇总	加工量		
合计	1598.84	1571.10	
外购原油			
沙特轻油	750.00	750.00	含硫2.425%
科威特原油	750.00	750.00	
外购甲醇	10.28	10.28	
天然气	8.22	5.86	制氢原料
酸性气	12.06	12.06	自POX来，去硫黄回收装置
裂解汽油芳烃抽余油	5.71	5.77	自化工部分，调和汽油
甲苯	5.62	5.70	自化工部分，调和汽油
重芳烃	0.53	0.53	自PX部分
外购轻烃	26.04		
异构化 C_5 馏分	1.02	1.02	自化工PX部分，调和汽油
含氢气体	1.78	2.00	自PX部分
氢气自煤制氢	7.00	7.00	
燃料气自化工部分	9.55	9.55	其中异构化外排气3.97，歧化外排气(作为乙烯原料)4.6

续表

名　称	方案 1	方案 2	备　注
燃料油自化工部分	1.33	1.33	
MTBE	9.70	10.00	暂按调和汽油考虑
二、产品汇总	生产量		
商品小计	1182.84	1194.31	
汽油			
欧V 92#车用汽油			
欧V 95#车用汽油	285.99	296.53	平均辛烷值
喷气燃料	202.66	202.66	
柴油	488.96	488.96	欧V柴油
燃料油	19.43	19.43	催化油浆
混合二甲苯	55.56	55.56	PX 原料
C_9^+重芳烃	30.99	30.99	PX 原料
液化气(LPG)	35.48	36.16	不饱和液化气
H_2[95%(v)]	3.55	3.81	去 PX、裂解汽油加氢
乙烯	97.06	102.80	
丙烯	46.70	44.47	
粗裂解汽油	48.10	37.98	
混合 C_4	34.11	32.77	
PGO	5.66	5.18	
PFO	5.69	6.68	
石油焦	43.65	43.65	
聚丙烯	17.62	17.62	
硫黄	36.59	36.59	
三、自用燃料			
干气	44.13	15.32	不足部分补充天然气或合成气，其中，方案 1 另需补充约 34.8kt/a 天然气，方案 2 另需补充约 291.3kt/a 天然气
燃料油	1.33	1.33	
催化烧焦	28.40	28.40	
甲烷氢	43.68	42.16	
四、损失	17.49	16.04	含制氢尾气
合计	1598.83	1571.10	

对比方案 1，由于方案 2 增设了炼厂干气预精制设施，可向化工部分提供全部蒸汽裂解原料 2.76Mt/a，其中丙烷、饱和液化气、富乙烷气体(包括 PX 歧化外排气)等约 760kt/a，轻石脑油、芳烃抽余油、焦化精制石脑油等富含链烷烃的石脑油馏分 1.1512Mt/a。在保证全厂油品产量最大化、优质化的前提下，乙烯裂解原料做到了轻质化、优质化，同时也为百

万吨级乙烯原料自给创造了条件。

(五) 财务评价

1. 评价方案及范围

项目的财务评价考虑对上述无干气提浓和有干气提浓两种方案直接进行差额投资效益分析，即将方案 2 与方案 1 的同类项(现金流量)相减，构建出差额投入产出(现金流量)，计算差额投资的效益指标，以反映建设干气提浓装置对全厂经济效益的贡献。

财务评价界定范围选定为该一体化项目炼油部分及乙烯裂解装置所属范围。财务评价依照现行经济法规、财税制度及各项相关政策执行。

2. 基本参数及假设

(1) 项目建设地点考虑为中国东部/东南沿海地区；

(2) 项目建设投资估算的价格水平为 2015 年物价水平，装置建设投资中不含可抵扣增值税进项税；

(3) 项目寿命期为 18 年，其中建设期 3 年，生产期 15 年；

(4) 项目资本金按报批总投资(不含可抵扣增值税)的 30%考虑；

(5) 项目长期借款年利率(5 年期以上)为 4.90%，流动资金借款年利率为 4.35%；

(6) 项目生产负荷：项目投产第一年生产负荷为 90%，第二年及以后各年均为 100%；

(7) 建设投资分年投入比例为：第一年 20%，第二年 50%，第三年 30%；

(8) 项目流动资金按分项详细估算法估算，流动资金各分项目常储备天数为：

• 应收账款	30 天
• 原材料(不含原油)	15 天(原油储备全部依托临近商储库)
• 辅助材料	15 天
• 在产品	3 天
• 产成品	10 天
• 现金	15 天
• 应付账款	30 天

(9) 装置定员为 20 人，年工资及福利费按 10 万元/(人·年)计；

(10) 项目折旧按平均年限法计取(净残值率为 3%)，折旧年限为 15 年；

(11) 项目修理费费率为 3%；

(12) 其他制造费用为 3 万元/(人·年)，其他管理费用为 4.5 万元/(人·年)；

(13) 项目生产期保险费费率为 0.4%；

(14) 项目营业费用按汽煤柴产品之外营业收入的 1%计取；

(15) 增值税：除新鲜水、液化气、天然气为 10%外，其他税率均为 16%；

(16) 消费税：

• 汽油	2110 元/t
• 燃料油	1218 元/t

(17) 城市维护建设税、教育费附加、地方教育附加分别按增值税与消费税之和的 7%、3%、2%计取；

(18) 项目所得税税率为 25%；

(19) 项目基准收益率为所得税前 12%、所得税后 10%。

3. 评价采用价格

原油及产品的价格拟采用中国石化集团公司经济技术研究院推荐的“项目经济效益测算价格(2018版)”。该价格以近十年间新加坡市场原油及成品油月平均价为基础，以代表国际市场油价走势的布伦特原油为基准，对各种原油及油品相对布伦特原油的差价进行分析测算，从而确定不同原油及汽、煤、柴、石脑油、燃料油等与布伦特原油之间较为合理的差价。在取定布伦特原油离岸价为60美元/桶的基础上，根据相应的差价水平确定原油和主要成品油价格，并按进口等价的原则推算出国内价格水平。对于那些没有推荐价格的产品，根据其与原油的价格关系确定。

两方案差额原料、产品及其评估价格(含税价)见表8-2-17。

表8-2-17　差额原料、产品及其评估价格(含税价)

项　目	差额(方案2-方案1)/(万t/a)	价格/(元/t)
原料	-27.73	
制氢天然气	-2.35	2800
芳烃抽余油	0.06	3930
甲苯	0.08	5017
MTBE	0.30	5109
外购饱和液化气①	-26.04	4218
外购氢气[80%(v)]	0.22	11004
产品	4.04	
液化气	0.68	3988
95#汽油	10.54	7386
氢气[95%(v)]	0.26	9904
乙烯	5.74	8160
丙烯	-2.23	6425
粗裂解汽油	-10.12	3812
混合$C_4$②	-1.34	3988
PGO	-0.48	3537
PFO	0.99	2751
外购燃料		
天然气	25.65	2800

① 外购饱和液化气价格考虑运费50元/t。

② 混合C_4按商品液化气计价，但增值税税率由10%调整为16%。

4. 评价结果

评价结果见表8-2-18。

表8-2-18　差额数据与指标汇总表

序号	项目名称	单位	数值	备注
一	财务评价数据			
1	项目总投资	万元	40061	不含可抵扣增值税(进项税额)
1.1	建设投资	万元	43625	
1.2	建设期利息	万元	2055	

续表

序号	项目名称	单位	数值	备注
1.3	流动资金	万元	-5619	
2	项目报批总投资	万元	43994	不含可抵扣增值税(进项税额)
2.1	建设投资	万元	43625	
2.2	建设期利息	万元	2055	
2.3	铺底流动资金	万元	-1686	
3	项目资本金	万元	13198	
4	营业收入	万元	72249	生产期均值
5	营业税金及附加	万元	26143	生产期均值
6	增值税	万元	11673	生产期均值
7	总成本	万元	-24557	生产期均值
8	利润总额	万元	58991	生产期均值
9	所得税	万元	14748	生产期均值
10	净利润	万元	44243	生产期均值
二	财务盈利能力指标			
1	差额投资财务内部收益率			
1.1	所得税前	%	78.09	
1.2	所得税后	%	65.52	
2	差额投资财务净现值			
2.1	所得税前	万元	268132	折现率=12%
2.2	所得税后	万元	236507	折现率=10%
3	差额投资回收期	年	3.91	所得税后含建设期3年

结果显示，方案2比方案1的建设投资增加43625万元，建设期利息增加2055万元，而流动资金则减少5619万元；差额投资的年均净利润为44243万元，差额投资所得税后财务内部收益率为65.52%，净现值为236507万元，投资回收期仅为3.91年(含建设期3年)。可见，考虑干气提浓装置后，对整体方案的效益贡献十分显著。

(六) 综合分析

从单独装置的角度看，干气提浓装置的效益主要表现在以较少的增量投资从炼厂干气中分出乙烯、乙烷等高附加值产品；而从全厂角度看，炼化一体化项目通过设置干气提浓装置还可以获得更多层面的经济效益，表现为多种效益的叠加。具体而言，以上述测算为例，主要有以下方面：

(1) 外购天然气补燃，顶出外购饱和液化气。上例中方案2多外购256.5kt/a天然气，减少外购260.4kt/a饱和液化气，两者的不含税差价约为1200元/t，节省费用约3亿元。此外，由于外购料的变化而减少流动资金约0.56亿元。

(2) 增产优质乙烯料，乙烯裂解装置也由于原料轻质化提高了产出。方案2通过干气提浓装置增产约270kt/a乙烷和乙烯，作为乙烯裂解的原料。由于乙烯收率大幅提高，一方面乙烯裂解的原料总量由方案1的2.8476Mt/a降为方案2的2.7605Mt/a，另一方面，乙烯和丙烯的总产量也提高了35kt/a，这部分产出的增值约2.5亿元。

（3）节省的乙烯料（抽余油）调入汽油，附加值提高。在保证乙烯裂解产出的情况下，方案2可以少供近100kt/a抽余油作为乙烯料，将其调入汽油池（方案中汽油辛烷值略有过剩），可增产约100kt/a高标号汽油，这部分产出的附加值约为1亿元。

相对方案1，方案2上述三部分的增值约为7亿元，而完全操作费用（不含外购燃料）只增加约1.1亿元，利润总额增加约5.9亿元。

当然，如果考虑市场因素，上例中不能多出高标号汽油，而是将节省的抽余油直接外卖，即不考虑抽余油调入汽油的增值因素，上述差额投资的效益指标会略有下降，利润总额降为4.9亿元，但差额投资所得税后财务内部收益率仍可达到59.37%。

需要说明的是，如果项目评价范围扩展至一体化项目整体或进一步向下游延伸，多产乙烯的下游加工效益将会显现。此时，差额效益的总量应该是增加的，但单位差额投资的效果会有所下降，或者说差额内部收益率将会有所下降。

综合来看，对炼化一体化项目设置干气提浓装置，不仅可以从干气中提取高附加值产品，还可进一步获得乙烯裂解原料轻质化带来的效益，是进一步提高炼化一体化项目经济效益的必然选择。

二、炼化一体化企业炼油部分与单独炼油厂对比的情景分析

前面对单独炼油厂轻烃利用的情况和炼化一体化下设置干气提浓的情况分别进行了分析，得出了对轻烃的加工利用可大幅改善其经济效益的结论。

那么如果将一个已经较为充分利用轻烃资源的单独炼油厂，纳入炼化一体化环境下，作为炼化一体化企业的炼油部分，两者的流程会有何差别？整体效益水平又将有何变化呢？以下通过对一个具有两千万吨级原油加工能力的炼化一体化企业炼油部分和单独炼油厂的剖析来进行分析。

（一）无乙烯方案（单独炼油厂）

全厂加工流程安排：

混合原油22.0Mt/a，分两系列加工，原油（A、B）经两套常压装置分出石脑油馏分（A、B）、煤油馏分（A、B）、柴油馏分（A、B）、蜡油（A、B）和渣油（A、B）分别送下游装置。

直馏的煤油馏分（A、B）全部作为煤油加氢装置的进料，生产满足3#喷气燃料标准要求的喷气燃料产品。

直馏柴油馏分A与催化柴油混合作为中压加氢装置的进料；煤、柴油作为全厂柴油产品调和组分；重石脑油做重整装置的原料；轻石脑油全部作为汽油调和组分；中压加氢装置设吸收稳定，液化气及干气送全厂脱硫系统集中脱硫。

直馏柴油馏分B作为柴油加氢精制装置的进料。柴油加氢精制装置按生产满足质量要求的车用柴油考虑；副产的石脑油送石脑油分离装置；干气送脱硫系统集中脱硫。

直馏蜡油A作为加氢裂化装置原料，加氢尾油做乙烯或润滑油原料；加氢裂化装置煤、柴油作为全厂产品调和组分；重石脑油做重整装置的原料；轻石脑油全部作为汽油调和组分；加氢裂化装置设吸收稳定，液化气及干气送全厂脱硫系统集中脱硫。

直馏蜡油B和部分重蜡油A作为蜡油加氢原料，副产的石脑油送石脑油分离装置；干气送脱硫系统集中脱硫；加氢蜡油送催化裂化。

减压渣油A与催化油浆混合进延迟焦化装置。焦化装置生产的汽柴油送汽柴油加氢；焦化蜡油送RDS，焦化装置设吸收稳定，干气和LPG送脱硫系统集中脱硫。石油焦作为产

品外卖。

减压渣油 B 与焦化蜡油混合进 RDS 装置。RDS 装置生产的柴油送柴油加氢，石脑油送石脑油分离装置；干气送脱硫系统集中脱硫后作为燃料气，RDS 加氢重油进催化裂化装置。

催化裂化采用 MIP 技术。催化液化气经脱硫、脱硫醇后到气体分馏装置分出丙烯、丙烷、混合 C_4。丙烯作为化工原料，丙烷作为乙烯原料，混合 C_4作为 MTBE 装置进料，生产的 MTBE 调和汽油，部分未反应 C_4作为烷基化原料，其余作为产品外卖。

石脑油 A 送预加氢装置，其中：轻石脑油作为乙烯原料，重石脑油作为原料芳烃联合装置的原料生产对二甲苯。

石脑油 B 送石脑油分离装置，其中：轻石脑油作为乙烯原料，重石脑油作为重整装置的原料，生产高辛烷值汽油馏分。

该流程考虑设置轻烃回收装置，加氢装置的炼厂气先经轻烃回收装置，回收其中的饱和 LPG 送化工做乙烯原料，剩余的饱和干气再作为全厂燃料或制氢原料，不足的燃料气由天然气补充。石脑油除重石脑油作为重整原料外，其余均作为乙烯原料。

（二）有乙烯方案（炼化一体化企业中的炼油部分）

有乙烯方案的油品加工流程与炼油厂方案基本相同。主要差别在于：

（1）煤气化制氢装置产部分合成气供化工部分的丁辛醇装置，同时购入化工部分所产氢气；

（2）原油加工 B 系列的连续重整汽油送化工进行芳烃抽提，炼油工程不再设置芳烃抽提装置；

（3）催化干气、异构化干气供给在化工部分统一设置的干气提浓装置，提浓后的剩余干气再返回炼油部分。此外，炼油的部分丙烷、正丁烷也供乙烯装置作为乙烯原料。不足的燃料气由天然气补充。

另外有乙烯方案流程中充分考虑了炼油与化工的原料互供，除炼油可为 1.0kt/a 乙烯装置提供约 2.77Mt/a 乙烯原料外，炼油和化工之间的物料互供约为 3.55Mt/a。

（三）两方案物料和装置配置的主要变化

两方案物料和装置配置的主要变化见表 8-2-19。

表 8-2-19 物料和装置配置的主要变化

名　称	无乙烯方案/（万 t/a）	有乙烯方案/（万 t/a）	备注
（1）原料			
乙烯来氢气		2.79	化工供炼油
乙烯返催化干气		9.20	化工供炼油
乙烯来 C_8^+馏分		76.33	化工供炼油
乙烯来抽余油		34.75	化工供炼油
乙烯来燃料油		2.71	化工供炼油
（2）产品			
合成气		11.89	炼油供化工
催化液化气		24.34	炼油供化工
丙烯		29.53	炼油供化工

续表

名　　称	无乙烯方案/（万 t/a）	有乙烯方案/（万 t/a）	备注
重整生成油		137.32	炼油供化工
苯		19.26	炼油供化工
乙烯原料	169.68	277.46	炼油供化工
其中：催化干气		17.05	
异构化干气		4.46	
丙烷		7.48	
正丁烷		2.06	
饱和 LPG	51.49	51.49	
化工轻油	169.68	194.92	
(3)装置变化			
抽提装置	70	—	含重整汽油分离

（四）两方案原料和产品方案

两方案原料和产品方案见表 8-2-20。

表 8-2-20　两方案原料和产品方案

序号	名　　称	无乙烯方案/(万 t/a)	有乙烯方案/(万 t/a)	备注
一	原料			
1	国产含酸原油(A)	1200	1200	
2	进口混合原油(B)	1000	1000	
3	甲醇	5.23	5.31	
4	外购 C_7/C_8 汽油	6.84	6.84	来自临近企业
5	外购天然气	38.48	45.41	
6	外购煤	176.00	176.00	POX 原料，S=0.7%
7	乙烯来氢气	0.00	2.79	来自化工部分
8	乙烯返催化干气	—	9.20	来自化工部分
9	乙烯来 $C_6 \sim C_8$ 馏分	—	0.00	
10	乙烯来 C_8^+ 馏分	—	76.33	来自化工部分
11	乙烯来抽余油	—	34.75	来自化工部分
12	乙烯来燃料油	—	2.71	来自化工部分
	合计	2426.55	2559.34	来自化工部分
二	产　　品			
1	合成气	—	11.89	供化工部分
2	液化气	59.03	51.04	
	其中：商品	59.03	26.70	
	催化液化气		24.34	供化工部分，OCU 原料

续表

序号	名　　称	无乙烯方案/(万 t/a)	有乙烯方案/(万 t/a)	备注
3	丙烯	30.74	31.31	
	其中：商品	30.74	1.78	外供丙烯酸项目
		—	29.53	供化工部分
4	重整生成油	—	137.32	供化工部分
5	苯	47.36	35.83	
	其中：商品	47.36	16.57	
			19.26	供化工部分
6	甲苯	21.13	—	
7	对二甲苯(PX)	89.35	85.58	
8	邻二甲苯(OX)	8.58	8.12	
9	混合二甲苯	12.50	12.50	
10	乙烯裂解原料	221.17	277.46	
	其中：化工轻油	169.68	194.92	
11	加氢尾油	72.24	45.00	外售作润滑油原料
12	MTBE	5.00	8.00	
13	国 V 汽油	343.13	353.37	
	其中：92#	243.13	248.37	国 V，S≯10mg/kg
	95#	100.00	105.00	国 V，S≯10mg/kg
14	喷气燃料	190.00	190.00	
15	国 V 柴油	849.11	846.60	
16	硫黄	18.41	18.42	S≯50mg/kg，CN=51
17	液氨	3.57	3.53	S≯10mg/kg，CN=51
18	低硫焦炭	113.50	113.64	
19	H_2S 送硫酸装置	10.00	10.00	
	产品合计	2094.82	2239.60	
三	自用燃料及损失			
1	燃料气	88.92	77.99	
2	天然气	24.86	32.62	
3	转化制氢 PSA 尾气	9.38	8.20	
4	燃料油	7.11	9.62	
5	催化烧焦	40.27	41.11	
6	损失	161.19	150.20	
	合计	331.74	319.74	

（五）财务评价

1. 评价方案及范围

项目的财务评价考虑在方案工艺流程的基础上，进行投入产出分析。财务评价界定范围为：

（1）无乙烯方案：22.0Mt/a 炼油厂项目；

（2）有乙烯方案：22.0Mt/a 炼油及 1.0Mt/a 乙烯一体化项目之炼油部分。

财务评价依照现行经济法规、财税制度及各项相关政策执行。

2. 基本参数及假设

（1）项目建设地点考虑为中国东部/东南沿海地区；

（2）项目建设投资估算的价格水平为 2015 年物价水平；

（3）根据国家关于消费型增值税的有关政策及中国石化行业办法，在报批总投资中按直接扣减可抵扣增值税进项税计算，但在财务评价中则反映其在建设期占用、在生产期抵扣的现金流走势；

（4）项目寿命期为 19 年，其中建设期 4 年，生产期 15 年；

（5）项目资本金按报批总投资(不含可抵扣增值税)的 30%考虑；

（6）项目长期借款年利率(5 年期以上)为 4.90%，流动资金借款年利率为 4.35%；

（7）项目生产负荷：项目投产第一年生产负荷为 90%，第二年及以后各年均为 100%；

（8）建设投资分年投入比例为：第一年 15%，第二年 30%，第三年 35%，第四年 20%；

（9）项目流动资金按分项详细估算法估算，流动资金各分项目常储备天数为：

- 应收账款　　30 天
- 原材料　　20 天
- 辅助材料　　15 天
- 在产品　　3 天
- 产成品　　10 天
- 现金　　15 天
- 应付账款　　30 天

（10）项目定员为 1100 人，年工资及福利费按 15 万元/(人·年)计；

（11）项目折旧按平均年限法计取(净残值率为 3%)，折旧年限为 15 年；

（12）项目修理费费率为 3%；

（13）其他制造费用为 3 万元/(人·年)，其他管理费用为 4.5 万元/(人·年)；

（14）项目生产期保险费费率为 0.4%；

（15）项目营业费用按外销产品(汽煤柴产品除外)营业收入的 1%计取；

（16）增值税：除新鲜水、液化气、天然气为 10%外，其他税率均为 16%；

（17）消费税：

- 汽油　　2110 元/t
- 柴油　　1411 元/t
- 乙烯来燃料油价格已扣除消费税 1218 元/t

（18）城市维护建设税、教育费附加、地方教育附加分别按增值税与消费税之和的 7%、3%、2%计取；

（19）项目所得税税率为 25%；

（20）项目基准收益率为所得税前 12%、所得税后 10%。

3. 评价采用价格

原油及产品的价格拟采用中国石化集团公司经济技术研究院推荐的“项目经济效益测算

价格(2018版)”。该价格以近十年间新加坡市场原油及成品油月平均价为基础，以代表国际市场油价走势的布伦特原油为基准，对各种原油及油品相对布伦特原油的差价进行分析测算，从而确定不同原油及汽、煤、柴、石脑油、燃料油等与布伦特原油之间较为合理的差价。在取定布伦特原油离岸价为60美元/桶的基础上，根据相应的差价水平确定原油和主要成品油价格，并按进口等价的原则推算出国内价格水平。对于那些没有推荐价格的产品，根据其与原油的价格关系确定。

两方案原料、产品及其评估价格(含税价)见表8-2-21。

表8-2-21　原料、产品及其评估价格　　万t/a

项　目	无乙烯方案	有乙烯方案	差额	价格/(元/t)
原料				
国产含酸原油	1200	1200		2362
进口混合原油①	1000	1000		3347
甲醇	5.23	5.31	0.09	2152
外购 C_7/C_8汽油	6.84	6.84		4097
外购天然气	13.62	12.79	-0.83	2800
外购煤	176	176.00		480
乙烯来氢气		2.79	2.79	8037
乙烯返催化干气		9.2	9.2	2374
乙烯来 C_8^+馏分		76.33	76.33	3969
乙烯来抽余油		34.75	34.75	3930
乙烯来燃料油		2.71	2.71	2295
产品				
合成气②		11.89	11.89	1493
液化气	59.03	51.04	-7.99	3988
丙烯	30.74	31.31	0.57	6425
重整生成油		137.32	137.32	4127
苯	47.36	35.83	-11.54	5255
甲苯	21.13	0.00	-21.13	5017
对二甲苯(PX)	89.35	85.58	-3.77	6236
邻二甲苯(OX)	8.58	8.12	-0.46	6036
混合二甲苯	12.50	12.50		5096
乙烯裂解原料	221.17	277.46	56.29	
其中：化工轻油	169.68	194.92	25.24	3930
催化干气③		17.05	17.05	3420
异构化干气④		4.46	4.46	2762
丙烷⑤		7.48	7.48	4168
正丁烷⑤		2.06	2.06	4168
饱和LPG	51.49	51.49	0.00	4168

续表

项　　目	无乙烯方案	有乙烯方案	差额	价格/(元/t)
加氢尾油	72.24	45.00	-27.24	3734
MTBE	5.00	8.00	3.00	5109
汽油(国Ⅴ)	343.13	353.37	10.24	
其中：92#	243.13	248.37	5.24	6991
95#	100.00	105.00	5.00	7386
喷气燃料	190.00	190.00		4763
柴油(国Ⅴ)	849.11	846.60	-2.51	5705
硫黄	18.41	18.42	0.01	904
液氨	3.57	3.53	-0.04	2640
低硫焦炭	113.50	113.64	0.14	1193

①进口混合原油价格扣减因自建码头节省的码头费用。
② 合成气按氢气和一氧化碳的质量百分比加权计价，并扣除分离费用。
③ 催化干气按乙烯、乙烷和燃料气的质量百分比加权计价，并扣除分离费用。
④ 异构化干气按乙烷和燃料气的质量百分比加权计价，并扣除分离费用。
⑤ 丙烷、正丁烷按饱和液化气计价，但增值税税率由10%调整为16%。

4. 评价结果

评价结果见表8-2-22。

表8-2-22　财务指标汇总表

序号	项目名称	单位	无乙烯方案	有乙烯方案	差额投资指标	备注
一	财务评价数据					
1	项目总投资	万元	5855131	5848883	-6248	含可抵扣增值税(进项税额)
1.1	建设投资	万元	4882753	4859938	-22815	
1.2	建设期利息	万元	350893	349673	-1221	
1.3	流动资金	万元	621484	639272	17788	
2	项目报批总投资	万元	5420092	5401392	-18699	含可抵扣增值税(进项税额)
2.1	建设投资	万元	4882753	4859938	-22815	
2.2	建设期利息	万元	350893	349673	-1221	
2.3	铺底流动资金	万元	186445	191782	5336	
3	项目资本金	万元	1506903	1501820	-5083	
4	营业收入	万元	10912867	11455015	542148	生产期均值
5	营业税金及附加	万元	2203143	2207740	4596	生产期均值
6	增值税	万元	539540	544219	4679	生产期均值
7	总成本	万元	7237764	7738622	500858	生产期均值
8	利润总额	万元	932420	964433	32013	生产期均值
9	所得税	万元	226487	234520	8033	生产期均值
10	净利润	万元	705933	729914	23981	生产期均值

续表

序号	项目名称	单位	无乙烯方案	有乙烯方案	差额投资指标	备注
11	吨油利润	元/t 原油	323.03	334.01	10.97	生产期均值
二	项目财务盈利能力指标					
1	项目投资财务内部收益率					
1.1	所得税前	%	18.43	18.89		全部控资
1.2	所得税后	%	14.89	15.27		全部投资
2	项目投资财务净现值					
2.1	所得税前	万元	1861153	2002747	141594	全部投资　折现率=12%
2.2	所得税后	万元	1543574	1670768	127194	全部投资　折现率=10%
3	项目投资回收期	年	8.96	8.85		所得税后含建设期4年
4	资本金财务内部牧益率	%	26.78	27.67		
5	总投资收益率	%	16.69	17.26		生产期均值
6	资本金净利润率	%	46.85	48.60		生产期均值
三	项目偿债能力指标					
1	利息备付率		5.89	6.05		借款偿还期内均值
2	偿债备付率		1.07	1.09		借款偿还期内均值
3	资产负债率	%	34.29	34.41		寿命期均值
四	企业财务评价指标					
1	占用资本收益率(ROCE)	%	19.08	19.67		生产期前5年均值
2	加权平均资金成本(WACC)	%	11.23	11.22		寿命期均值

结果显示，无乙烯方案的项目投资所得税后财务内部收益率为14.89%，净现值为1543574万元；有乙烯方案的项目投资所得税后财务内部收益率为15.27%，净现值为1670768万元；有乙烯方案与无乙烯方案相比，年利润总额增加约3.2亿元，吨油利润增加10.97元/t，项目投资财务内部收益率增加约0.38个百分点，净现值增加约12.72亿元。可见，炼化一体化下的炼油部分与单独炼油厂相比，效益水平有了明显提高。

（六）综合分析

相对而言，单独炼油厂可依托的资源和条件有限，而炼化一体化下的炼油部分则具有较好的外部资源和条件，因而可以进一步优化物料流程。具体而言，以上述测算为例，主要有以下方面：

（1）设置干气提浓装置以多产优质乙烯料

一体化项目下通常可考虑设置干气提浓装置，提取炼厂气中的乙烯、乙烷、丙烷等，作为乙烯裂解的原料。上例中考虑将干气提浓装置设置在化工部分，炼油部分供此装置的炼厂气按各主要组分的占比加权计价(扣除相关分离费用)。此部分增值约为2亿元。

（2）与化工物料串换优化，产生协同效益

炼油煤气化制氢装置将部分合成气供化工丁辛醇装置，并引入乙烯副产氢气作为补充氢源；在化工部分统一设置较大规模的苯抽提装置(有乙烯方案相应建设投资减少2.28亿元)，炼油部分重整生成油供给化工，并返回抽余料等。此部分增值约为1.2亿元。

上述合计增值约为3.20亿元，可见，炼油、化工一体化通过物料的协同优化，做大了整体蛋糕，从而使得炼油、化工各自分享的蛋糕份额要大于其单独的小蛋糕。

此外，需要补充说明的几点是：

(1) 上例中单独炼油厂可进一步加工拟外送的石脑油，多产汽柴油，获得更高的附加值。但考虑到目前纯燃料型的大型炼油厂的产品销路或销售半径的问题，同时也为与一体化下的炼油部分的流程有较强的对比性，对上述单独炼油厂的流程还是按产出部分石脑油作为乙烯原料来考虑；

(2) 上例中未考虑炼化一体化下炼油、化工因共享基础设施、配套设施及厂外工程等而节省的投资，如果进一步考虑此因素，其投资往往可以节省约5%，炼油部分的内部收益率还可提高约0.7个百分点；

(3) 上例中有乙烯方案的评价范围为一体化的炼油部分，未包括一体化下乙烯原料轻质化带来的效益变化，这部分效益将反映在乙烯部分因乙烯原料变轻，产出增加方面；

(4) 炼化一体化下炼油、乙烯中间产品定价思路或方式的不同，会使其效益受到一定影响，但难以改变上述基本结论。

第四节 综合分析与结论

一、几种典型轻烃加工工艺装置经济性综述

(一) 工艺装置技术经济特性指标

不同的轻烃利用装置由于其原料和产品不同、在炼油厂工艺流程中所起的作用不同，各自具有与投资、成本和效益相关的独特的技术经济特性。

1. 投资

工艺装置最为重要的投资指标是单位能力建设投资，由装置建设投资除以装置加工能力求得。炼油装置的一次性初始投资(建设投资)将在生产期转化为项目的固定成本，如直接形成折旧、摊销，同时也决定了修理费、保险费和财务费用等的高低。

除建设投资外，工艺装置流动资金也是总投资的重要组成部分，而进出物料的储备费用和在产品占用的资金是其流动资金的主要构成。一般采用“分项详细估算法”测算工艺装置的流动资金，按中间物料及在产品的储备天数、应收(付)账款天数等计算。虽然炼油厂的流动资金是企业整体运营的需要，但计取单个工艺装置的流动资金可以视为对全厂流动资金的分摊。如果扣除中间物料的重复计算，各装置流动资金相加应该等于全厂流动资金总额。

2. 操作费用

对于工艺装置的成本费用，一般重点考察其单位操作费用，包括完全操作费用和现金操作费用。工艺装置的单位操作费用越低，反映其在同类装置中的竞争力越强。

工艺装置的操作费用一般分为完全操作费用和现金操作费用。计算公式分别为：

完全操作费用(单位：元/t)=(辅助材料+外购燃料+外购动力+工资及福利费+折旧费+修理费+其他制造费用+管理费用+财务费用)/原料加工量　(8-2-18)

现金操作费用(单位：元/t)=(辅助材料+外购燃料+外购动力+工资及福利费+修理费+其他制造费用+其他管理费用)/原料加工量　(8-2-19)

由式(8-2-18)和式(8-2-19)可看出，完全操作费用反映了项目对加工单位原料的总费

用支出(总成本费用中仅扣除了原料费用和营业费用)；现金操作费用则只考虑生产经营中直接付现的部分，即在完全操作费用的基础上，不考虑折旧费、摊销费(列支在管理费用项下)和财务费用等先期因素，以反映企业现实的生产管理水平。

需要指出的是，式(8-2-18)和式(8-2-19)的分母为原料加工量，这对于炼油厂大部分原油/馏分油加工装置是适宜的(以一种/几种原料的混合原料生产多种联产品)，但对各类轻烃加工利用装置就不适合了。由于轻烃加工利用装置的原料性质各异而目的产品比较明确，其装置性质更像化工装置(如聚丙烯就是化工装置)，因此，其操作费用计算公式应该按化工装置考虑，即操作费用的计算是基于主要(目的)产品量而非原料加工量。

3. 效益

对工艺装置的财务评价，通常首选的方法是进行全厂“有无对比”分析，以客观反映装置建设对全厂的影响和贡献。在已对全厂进行了整体规划和整体经济评价(全厂新建或有无对比分析)的情况下，单个装置的财务评价可以不再进行。但往往在实际工作中，全厂“有无对比”分析难以做到，单装置财务评价的需求还是广泛存在的。

需要注意的是，单个工艺装置(特别是对全厂物料及流程影响较大的装置)的财务评价有时并不能客观反映该装置的效益情况。有的工艺装置从单装置评价的角度看，效益不好(有时也与中间物料的定价有关)，但因其效益水平体现在以全厂为评价范围的整体经济效益中，从全厂整体角度而言，该装置却是获取整体效益必不可少的重要组成部分。

(二) 技术经济特性指标分析

1. 技术经济分析方法

本节选取轻烃回收、干气提浓、干气制氢、烷基化、MTBE、异构化、丙烷脱氢和聚丙烯，共计8种典型轻烃加工工艺装置，参照现已建成的工业装置实例，列出各类型装置的技术经济指标，按新建装置进行技术经济分析。通过分别测算各主要工艺过程的单位产品建设投资、现金操作费用、完全操作费用等指标，分析各类型轻烃加工装置的技术经济特性。

各装置的评价范围，以装置边界为限，评价范围内与外界的物料及公用工程消耗均按买断考虑。

需要说明的是，以下技术经济分析是在假定的数据及参数条件下的测算结果，仅供参考。实际项目中应区分情况具体分析，不可盲目套用。

2. 技术经济分析采用参数及假设

(1) 装置建设地点假设为中国东部/东南沿海地区；

(2) 装置建设期为2~3年，生产运营期为15年；

(3) 装置每年开工率均为100%；

(4) 装置年开工时间为8400h；

(5) 装置投资为2015年价格水平，已扣除可抵扣增值税进项税；

(6) 不考虑借贷资金，所有投资均按自有资金考虑；

(7) 人员工资按10万元/(人·年)计算；

(8) 原料及产品评估价格基于布伦特原油离岸价60美元/桶考虑；

(9) 公用工程价格为近年东部/东南沿海炼油企业均价(但燃料油价格基于布伦特原油离岸价60美元/桶考虑)；

(10) 原料产品及公用工程消耗价格均包含增值税，但不含消费税；

(11) 单位产品建设投资 = 装置建设投资(不含可抵扣增值税)/主要产品年产量；

（12）总生产成本＝总现金成本+折旧＝原材料费用+化学品催化剂费用+公用工程费用+直接固定成本+分摊固定成本+折旧，按年计算；

（13）完全操作费用(含增值税)＝(化学品催化剂费用+公用工程费用+直接固定成本+分摊固定成本+折旧)/主要产品年产量；

（14）现金操作费用(含增值税)＝(化学品催化剂费用+公用工程费用+直接固定成本+分摊固定成本)/主要产品年产量；

（15）单位产品毛利为主要产品均价与主要原料均价之差，未扣除操作费用。

3. 测算结果汇总

测算结果汇总见表 8-2-23。

表 8-2-23　测算结果汇总

元/t

序号	名称	主要原料/主要产品	单位产品建设投资	现金操作费用	完全操作费用	单位产品毛利
1	轻烃回收装置	炼厂干气、石脑油料/石脑油、液化气	50	18	21	
2	干气提浓装置	炼厂干气/乙烯、乙烷	2500	785	950	≮1400
3	干气制氢装置	炼厂干气/氢气	0.71 元/Nm^3	0.90 元/Nm^3(完全成本)		
4	MTBE 装置	炼厂 C_4/MTBE	500	285	318	≮1600
5	烷基化装置	炼厂 C_4/烷基化油	2100	590	730	
6	异构化装置	炼厂 C_5~C_6/异构化油	260	225	242	≮400
7	丙烷脱氢装置	炼厂丙烷/乙烯、丙烯	4500	1000	1500	≮2500
8	聚丙烯装置	炼厂丙烯/聚丙烯	2450	580	740	

①上述装置均选取典型规模和工艺方案进行测算，旨在给出各装置技术经济特性指标一个数量级的概念。

② 受工艺技术、装置规模、原料组成和产品要求不同的影响，上述测算结果并不是普遍适用的，实际工作中应根据具体情况进行测算。

4. 综合分析

结合上述测算结果，我们可以做出以下分析：

（1）轻烃回收装置

轻烃回收装置的生产目的主要是回收原料(原料油、原料气)中的液化气、稳定石脑油，同时副产干气，采取的技术手段主要是吸收、解析、稳定、再吸收等，基本上是物理过程，通过消耗能量达到回收液化气、稳定石脑油、降低干气中 C_3和 C_4组分含量的目的。

测算表明，一套典型轻烃回收装置的单位产品建设投资约为 50 元/t，现金操作费用约为 18 元/t，完全操作费用约为 21 元/t。其单位产品毛利由于原料与稳定石脑油的差价不好确定而难以测算，但从炼厂干气与液化气的差价来看，基本上在 1500 元/t 以上，增值空间较大。

（2）干气提浓装置

干气提浓装置的生产目的主要是回收炼厂干气中的乙烯和乙烷。

测算表明，一套典型干气提浓装置的单位产品建设投资约为 2500 元/t，现金操作费用约为 785 元/t，完全操作费用约为 950 元/t。以富乙烯气和富乙烷气加权均价与炼厂干气的差价计算，其单位产品毛利不小于 1400 元/t，增值效果十分显著。

(3) 干气制氢装置

由于炼油厂对氢气的刚性需求，建设制氢装置通常是加氢型炼油厂生产合格产品、实现经济效益的必备手段，其本身的效益往往通过服务全厂加氢装置来体现。因此，制氢装置单装置财务评价的重点不是该装置自身的盈利能力，而是制氢的单位成本费用。

制氢装置所产氢气是炼油厂加氢装置用氢的主要来源。按原料的不同，制氢装置的种类包括煤(石油焦)制氢、天然气制氢、石脑油制氢、炼厂干气制氢、液化气制氢等。

以 10 万 Nm^3/h 制氢装置为例，石脑油制氢、液化气制氢、天然气制氢、炼厂气制氢的单位能力建设投资相差不大，均在 0.7 元/Nm^3 上下(不含可抵扣增值税进项税)，而煤制氢的单位能力建设投资约为 1.8 元/Nm^3(不含可抵扣增值税进项税，未考虑煤码头及备煤设施投资分摊，下同)。

从成本构成来看，石脑油制氢与液化气制氢通常具有较高的变动成本(主要为原料费用)和较低的固定成本(主要由一次性投资转化而来)，而煤制氢则具有较低的变动成本(主要为原料费用)和较高的固定成本(主要由一次性投资转化而来)。煤制氢由于采用价格相对低廉的煤而大幅降低了占成本主要部分的变动成本，虽然其一次性投资要明显高于前者，致使其固定成本偏高，但整体成本费用得以降低。炼厂气制氢和天然气制氢的情况介于上述两者之间。

以布伦特原油离岸价 60 美元/桶、天然气 3000 元/t、煤 480 元/t 价格水平进行测算，10 万 Nm^3/h 制氢装置的单位完全成本从高至低排序为液化气制氢、石脑油制氢、天然气制氢、炼厂气制氢、煤制氢，分别为 1.34 元/Nm^3、1.33 元/Nm^3、1.04 元/Nm^3、0.90 元/Nm^3、0.75 元/Nm^3；按单位氢气完全成本+10%投资回报的氢气价格从高至低排序为液化气制氢、石脑油制氢、天然气制氢、煤制氢、炼厂气制氢，分别 1.45 元/Nm^3、1.44 元/Nm^3、1.15 元/Nm^3、1.10 元/Nm^3、1.02 元/Nm^3。

可见，在中低油价下，炼厂干气制氢的成本费用和制氢价格相对较低。在我国东部地区由于环境压力而对煤制氢严格限制的今天，炼厂干气制氢方案来源可靠、成本低廉，不失为一个较为理想的制氢选择。

(4) MTBE 装置

MTBE 装置的生产目的主要是利用液化气/混合碳四中的异丁烯和甲醇反应，生成辛烷值高、稳定性好、调和效应好的甲基叔丁基醚，作为汽油的调和组分。

测算表明，一套典型 MTBE 装置的单位产品建设投资约为 500 元/t，现金操作费用约为 285 元/t，完全操作费用约为 318 元/t。MTBE 产品的价格通常按石脑油价格的 1.3 倍考虑，这样算下来，其单位产品毛利不低于 1600 元/t。

从单装置评价的角度来测算，MTBE 装置的效益通常是好的。但 MTBE 对全厂的贡献主要在于调和汽油，由于其辛烷值高、调和效应好，对全厂汽油提升辛烷值效果显著，客观评价 MTBE 装置的效益水平应该从全厂角度分析。

(5) 烷基化装置

烷基化装置的生产目的主要是利用液化气/混合碳四中的异丁烷和烯烃反应，生成辛烷值高、洁净度好的烷基化油，作为汽油的调和组分。

测算表明，一套典型硫酸法烷基化装置的单位产品建设投资(不含废酸再生装置)约为 2100 元/t，现金操作费用约为 590 元/t，完全操作费用约为 730 元/t。单装置评价下烷基化的效益水平与烷基化油和碳四之间的差价密切相关，通常烷基化油的价格按不低于 95# 汽油考虑，其与原料碳四的差价(扣除消费税影响)在低油价下不足 1000 元/t，但在高油价下超过了 1500 元/t，高油价下烷基化装置的效益较为显著。

从另一角度看，烷基化油对全厂的贡献主要在于调和汽油，由于其辛烷值高、洁净无杂质，调和效果明显。因此，客观评价烷基化装置的效益水平应该从全厂角度分析。

（6）异构化装置

异构化装置的目的是通过异构化反应，将低辛烷值的 C_5、C_6馏分转化为高辛烷值汽油组分——异构化油。

测算表明，一套典型异构化装置的单位产品建设投资约为 260 元/t，现金操作费用约为 225 元/t，完全操作费用约为 242 元/t。异构化油通常由企业自产自用，市场很少有交易，其价格不好确定，考虑到其辛烷值及较好的洁净度，价格通常会高于石脑油原料 400 元/t 以上。

从单装置评价的角度来测算，异构化装置的效益通常是好的。但异构化装置对全厂的贡献主要在于调和汽油，由于其辛烷值高、调和效应好，对全厂汽油提升辛烷值效果显著，客观评价异构化装置的效益水平应该从全厂角度分析。

（7）丙烷脱氢装置

丙烷脱氢装置是以丙烷为原料，通过丙烷脱氢生产丙烯。

以一套 450kt/a 丙烷脱氢装置为例，财务评价的结果表明，其单位产品建设投资约为 4500 元/t，现金操作费用约为 1000 元/t，完全操作费用约为 1500 元/t；原料丙烷与主要产品丙烯的差价需不低于 2400 元/t，方可使项目投资所得税后财务内部收益率达到 10%(所得税后)。

（8）聚丙烯装置

聚丙烯装置是以丙烯为原料生产聚丙烯，其效益水平与聚丙烯和丙烯之间的差价水平密切相关。以一套 400Mt/a 聚丙烯装置为例，财务评价的结果表明，单位聚丙烯产品的建设投资约为 2450 元/t，现金操作费用约为 580 元/t，完全操作费用约为 740 元/t。通常其主要原料丙烯与产品聚丙烯的差价超过 1700 元/t 时，项目投资所得税后财务内部收益率才能达到 10%(所得税后)。

（三）综合结论

1. 装置规模的影响

炼油厂可利用轻烃潜含量的多少是装置规模的决定因素。轻烃可利用量过少，装置规模偏小，在经济上是不合算的。相反，轻烃可利用量较大，装置规模才能达到经济规模，实现较好的经济效益。

2. 中间产品价格定价的影响

由于条件所限，上述测算采用“单装置”评价方法，原料及产品多为中间产品，其价格的取值具有较大的不确定性。相关敏感性分析也表明，产品和原料的价格对项目效益的影响最大，是最为敏感的因素。如果考虑到原料与产品价格很强的关联性，也可以说原料与产品之间的差价是单装置评价效益的决定因素。中间产品价格的变化会在一定程度上改变测算的结果。因此，上述测算结果只是一个相对值，反映了在拟定的假设条件下各装置的分析结果。

3. 不同价格体系的影响

上述测算采用了布伦特原油离岸价为 60 美元/桶的效益测算价。若布伦特原油价格基准下调至 40 或上调至 80 美元/桶，其测算结果的绝对值会有较大的变化，但在其他假定条件不变的情况下，各装置测算结果的相对关系及其反映出的技术经济特征应该是基本确定的。

4. 上述轻烃加工技术各有特点，应区分情况，选择适宜的轻烃加工技术

上述技术经济分析为我们提供了一个分析问题的角度和视野，其结果也反映了以上各种技术(装置)不同的技术经济特性、对原料的适应性和对产品的选择性，在经济上通常是可行的。在选择时，应结合企业实际情况、原料来源和产品需求，进行细致的方案对比分析，从中选择最为适宜的轻烃加工技术方案。

二、炼油厂轻烃加工经济性综述

(一) 轻烃加工在经济上的必要性

炼油厂对其轻烃资源进行加工利用，无论从环境保护、节能减排、绿色低碳要求，还是从经济效益的角度来看，都是必然的选择。

中高油价时代的到来，一方面使得原油价格高企，企业完全操作成本加大；另一方面，由于受到中东低价化工品和北美页岩气革命的影响，我国石化产品价格承受着巨大的压力。为解除或降低成本费用上涨和产品价格下行的双重压力，炼油厂就近的一个应对措施就是搞精细化加工，以“分子炼油”的理念对企业内部和外来的各类轻烃资源进行进一步细化加工，扩展产品面和延长产品链，以提升产品附加值，提高企业经济效益和综合竞争力。

通常对炼油厂各类轻烃的加工利用，可大幅提高全厂轻油收率和高附加值产品收率。如从燃料气中提取氢气、C_2馏分、液化气、轻石脑油等高附加值产品，并进一步加工利用；而全厂燃料的不足，可引入较为廉价的煤或天然气补燃，从而降低公用工程消耗成本。而在炼化一体化情况下，炼油部分还可通过与化工部分的物料串换进一步提升产品附加值。

(二) 全厂利用轻烃的经济性

炼油厂/炼化一体化企业对轻烃的加工利用，通常具有投资较小(共享企业公用工程和厂外工程)、成本较低(廉价原料来源、共享生产管理)、效益较好(原料产品增值空间大)的特点。结合前述分析，有以下几种情况：

1. 单独炼油厂的轻烃利用

单独炼油厂可通过设置轻烃回收、烷基化、异构化等装置，从通常按燃料气定价的炼油厂气中回收液化气，同时生产异构化油和烷基化油，作为高品质汽油组分，而全厂燃料的不足可通过外购相对廉价的天然气来补充。

从本章第二节千万吨级炼油厂的案例来看(采用布伦特原油离岸价 60 美元/桶效益测算价)，与无轻烃利用方案相比，生产汽油方案通过增加消耗天然气，并将石脑油和普通液化气转变为具有高附加值的汽油和饱和液化气(作为乙烯原料)产品，产品附加值提高约 8 亿元，减去完全操作费用约 7 亿元，利润总额可达 1 亿元左右。

从两方案差额投资分析的结果来看，建设投资(含可抵扣增值税进项税)仅增加 96850 万元，而年净利润增加 8653 万元，差额投资内部收益率为 11.91%，说明追加投入具有一定的经济效益。由于上述测算建立在布伦特原油价格 60 美元/桶基础上，增产的汽油与消耗的天然气和液化气的差价偏低，致使差额效益并不显著；如采用布伦特原油价格 80 美元/桶价格，其差额内部收益率可达到 24.92%，效益十分明显。

在此基础上，还可考虑利用催化裂化干气中的乙烯组分直接与苯烃化制乙苯，进一步生产苯乙烯，同时利用丙烯生产聚丙烯，即采用生产苯乙烯、聚丙烯方案。该方案将按燃料气定价的干气(利用其中的稀乙烯)与苯生产苯乙烯，并将所产丙烯全部消化生产聚丙烯，具有较高的产品增值，其产品附加值约可提高 6.79 亿元，减去完全操作费用约 3.29 亿元，利

润总额可达3.5亿元左右，从而具有较好的经济效益。

生产苯乙烯、聚丙烯方案的项目投资财务内部收益率为13.49%，净现值为552117万元，与生产汽油方案相比，项目投资财务内部收益率提高了0.56个百分点，净现值高出109169万元，效益水平进一步提升。从两方案差额投资分析的结果来看，建设投资(含可抵扣增值税进项税)仅增加108330万元，而年净利润增加26806万元，差额投资内部收益率达到25.40%，说明追加投入具有较好的经济效益。

综合来看，在中低油价下，后端综合利用轻烃措施(生产苯乙烯、聚丙烯方案)的增量效益要好于前端(生产汽油方案)；在中高油价下，前端要好于后端。从项目效益最大化的角度来看，无论是前端还是后端措施，其在经济上都是可行的，往往可以统筹考虑。

2. 一体化情况下设干气提浓装置

从单独装置的角度看，干气提浓装置的效益主要表现在从炼厂干气中分出乙烯、乙烷等高附加值产品；而从全厂角度看，炼化一体化项目通过设置干气提浓装置可以获得更多层面的经济效益，表现为多种效益的叠加。从本章第三节第一部分的案例来看(财务评价界定范围为选定的该一体化项目炼油部分及乙烯裂解装置所属范围)，主要有以下方面：

(1) 外购天然气补燃，顶出外购饱和液化气。

有干气提浓的方案2与无干气提浓的方案1相比，增加外购天然气，减少外购饱和液化气，两者的不含税差价约为1200元/t，节省费用约3亿元。此外，由于外购料的变化而减少流动资金约0.56亿元。

(2) 增产优质乙烯料，乙烯裂解装置也由于原料轻质化提高了产出。

方案2通过干气提浓装置增产乙烷和乙烯，作为乙烯裂解的原料。由于乙烯收率大幅提高，一方面乙烯裂解的原料总量下降了；另一方面，乙烯和丙烯的总产量也提高了，这部分产出的增值约2.5亿元。

(3) 节省的乙烯料(抽余油)调入汽油，附加值提高。

在保证乙烯裂解产出的情况下，方案2可以少供抽余油作为乙烯料，将其调入汽油池(方案中汽油辛烷值略有过剩)，可增产高标号汽油，这部分产出的附加值约为1亿元。

相对方案1，方案2上述三部分的增值约为7亿元，而完全操作费用(不含外购燃料)只增加约1.1亿元，利润总额增加约5.9亿元。

当然，如果考虑市场因素，上例中不能多出高标号汽油，而是将节省的抽余油直接外卖，即不考虑抽余油调入汽油的增值因素，上述差额项目的效益指标会略有下降，利润总额降为4.9亿元，但差额投资所得税后财务内部收益率仍可达到59.37%。

如果项目评价范围扩展至一体化项目整体或进一步向下游延伸，多产乙烯的下游加工效益将会显现。此时，差额效益的总量应该是增加的，但单位差额投资的效果会有所下降，即差额内部收益率将会略有下降。

综合来看，对炼化一体化项目设置干气提浓装置，不仅可以从干气中提取高附加值产品，还可进一步获得乙烯裂解原料轻质化带来的效益，是进一步提高其经济效益的必选项。

3. 单独炼油厂与一体化炼油部分比较

相对而言，单独炼油厂可依托的资源和条件有限，而炼化一体化下的炼油部分则具有较好的外部资源和条件，因而可以进一步优化物料流程。从本章第三节第二部分的案例来看(财务评价界定范围为炼油厂或一体化项目的炼油部分)，主要有以下方面：

(1) 设置干气提浓装置以多产优质乙烯料

一体化项目下通常可考虑设置干气提浓装置，提取炼厂气中的乙烯、乙烷、丙烷等，作为乙烯裂解的原料。案例中考虑将干气提浓装置设置在乙烯部分，炼油部分供此装置的炼厂气按各主要组分的占比加权计价(扣除相关分离费用)。此部分增值约为2亿元。

(2) 与化工物料串换优化，产生协同效益

炼油煤气化制氢装置将部分合成气供化工丁辛醇装置，并引入乙烯副产氢气作为补充氢源；在化工部分统一设置较大规模的苯抽提装置(有乙烯方案相应建设投资减少2.28亿元)，炼油部分重整生成油供给化工，并返回抽余料等。此部分增值约为1.2亿元。

上述合计增值约为3.20亿元，可见，炼油、化工一体化通过物料的协同优化，做大了整体蛋糕，从而使得炼油、化工各自分享的蛋糕份额要大于其单独的小蛋糕。

此外，案例中未考虑炼化一体化下炼油、化工因共享基础设施、配套设施及厂外工程等而节省的投资，如果进一步考虑此因素，其投资往往可以节省约5%，炼油部分的内部收益率还可提高约0.7个百分点；而案例中有乙烯方案的评价范围为一体化的炼油部分，未包括一体化下乙烯原料轻质化带来的效益变化，这部分效益将反映在乙烯部分因乙烯原料变轻、产出增加方面。

综上所述，炼油厂/炼化一体化企业对轻烃的加工利用，不仅可以大幅提高经济效益，也在客观上增强了抗风险能力和行业竞争力。

(三) 全国/行业利用的经济性

面对当前炼化行业产能过剩和企业竞争压力加大的局面，炼化企业已经到了一个必须要转型发展的关键时期，即从靠规模扩张、投资拉动的粗放型外延式发展转向靠结构调整、技术改造实现提质增效升级的集约型内涵式发展模式，由解决“有没有”转向“好不好”，重点在于提高产品的性价比、附加值。对轻烃的加工利用正是炼化企业实现转型发展的有效手段之一。

从微观层面看，轻烃加工装置和全厂利用轻烃的经济效益通常是好的，而从行业整体角度看，由于其可利用的轻烃资源数额巨大，轻烃加工的总量效益将是非常显著的。

2017年中国石化原油加工量约为239Mt，而全国2017年原油加工量约为568Mt，如可利用轻烃资源(包括炼厂干气、液化气、轻石脑油等所含轻烃资源)按5%计，中国石化、全国炼化行业的可利用轻烃资源可分别达到11.95Mt、28.40Mt。如果这些资源全部得到合理的加工利用，以保守估计每吨轻烃增值1000元计算，其利润总额可达120亿元(中国石化)或284亿元(全国)，总量效益相当可观。如果进一步考虑轻烃利用措施对下游化工及精细化工的带动作用，即所谓的乘数效应，其经济效果还将成倍增长。

三、炼油厂轻烃加工的选择

新建炼油厂的设计应充分考虑轻烃的加工利用，现有企业也应在目前企业流程安排的基础上，深入分析，对症下药，选择实施对企业最适宜的轻烃利用方式。

(一) 工程规模经济是炼油厂轻烃加工的前提和基础

就炼油厂的规模经济来看，通常分为工程规模经济、聚集经济、范围经济和一体化经济四种情况。

炼油厂工程规模经济(也称内部规模经济)，是指随着生产规模的扩大，其长期平均成本会经历一个先下降而后上升的过程，这其中的拐点(区间)就是最佳经济规模。炼油行业是典型的“装置工业”，投资中关键设备的比重大，单位投资与成本随装置大型化(生产规模

的扩大)而降低的趋势明显，而工程上常用的规模指数就是这种趋势的定量反映。可以说，炼油厂具有显著的工程规模经济特征。

炼油厂聚集经济表现为其在空间上的局部集中现象，往往伴随着在分散状态下所没有的经济效率，导致了由企业聚集造成的整体系统功能大于分散状态下各企业所能实现的功能的总和。换言之，众多企业在局部空间上的聚集表现为一种规模报酬递增的额外好处，我们称为聚集经济。由于企业数量的增加和相对集中，在生产、信息收集、产品销售、辅助性服务等方面的成本就会降低，从而增强企业的竞争优势与生存发展能力。炼油厂聚集经济主要体现为同类聚集、非同类聚集两种形态。

炼油厂范围经济通常是指通过扩大经营范围，增加产品种类，生产多种产品而引起的单位成本的降低。与规模经济强调产量规模带来的经济性不同，它强调生产不同种类产品获得的经济性，通常是企业从生产或提供某种系列产品(与大量生产同一产品不同)的单位成本中获得节省。而这种节约来自分销、研究与开发和服务中心等部门。范围经济一般成为企业采取多样化经营战略的理论依据。如果由于企业生产经营范围的扩大，导致平均成本降低、经济效益提高，则存在范围经济；反之则存在范围不经济。

炼油厂与化工厂的一体化是最为常见的一种一体化经济，也可以看作是聚集经济的高级形式。炼油化工一体化不仅可以避免中间物料定价的不确定性和高昂的谈判成本，减少定员和投资，而且对炼油厂和化工厂税收的优化整合作用也是不可忽视的。通常来说，对于炼油与化工而言，如果建设地点相邻(相近)，并具有一定的工厂规模，物料往来较多，则大有实现一体化的必要。两个或多个企业往往可以通过相互持股，实现紧密的联合。从类型来看，炼油厂与基础原料化工厂之间由于物料关联多、规模匹配好，往往应该实现一体化；而炼油厂与精细化工厂之间由于物料关联少、规模差异大、产品线过长等原因，往往不必实现一体化。

上述四种规模经济中，炼油厂的工程规模经济是前提或基础，聚集经济、范围经济和一体化经济的发展都需要在此基础上才能充分发挥其经济性。

炼油厂对轻烃进行加工可归于范围经济的范畴，同样需要具备一个前提或基础，即炼油厂的工程规模符合经济规模。炼油厂如果规模过小，其轻烃加工装置难以达到规模化，单位成本偏高，产品便没有竞争力。可见，炼油厂具有一定的工程规模是轻烃利用的必要条件。

(二) 炼油厂轻烃加工应考虑的基本方面

炼油厂的轻烃加工应综合考虑产业政策、市场需求、价格变化趋势以及技术发展等宏观环境。产业政策的走向是决定产品方向的风向标。产品的市场需求/市场容量是规划产品品种的基本面，而市场供需的变化又直接带来产品价格的变化；反过来，对市场价格变化趋势的预期也反作用于市场供需。工艺与工程技术的发展也推动新的产品不断涌现，对未来技术创新的预判也影响着产品线的选择。

炼油厂的轻烃加工应结合企业内部条件，如企业类型、全厂工艺流程状况、轻烃来源等因素综合考虑。如果是单独的炼油厂，对于前述炼油厂回收利用轻烃的各项工艺技术，应根据企业工艺流程的特点进行选择。企业加工的原油类型不同、全厂加工流程不同，都会对企业轻烃的加工方案产生影响；如果是一体化企业中的炼油部分，除炼油厂回收利用轻烃的各工艺技术外，还可与化工部分的轻烃资源进行物料优化串换，尽可能提升产品附加值。

炼油厂的轻烃加工还应结合企业所处的周边环境/依托条件等外部因素综合考虑。如果是单独企业，周边没有较多的物料依托条件，应立足内部资源，充分挖潜增效；如果是处于石化基地，炼油厂与基地内的其他企业形成了同类聚集经济，可与基地内其他炼油厂、石化厂进行物料串换，形成差异化的较大的规模经济，从而形成共赢的局面；如果是处于工业园区，处于工业园区的炼油厂与园区内的其他企业形成了非同类聚集经济，往往可与钢厂、电厂等企业互供物料，以实现绿色低碳和循环经济。

（三）借助 SWOT 分析方法，因企制宜，选择轻烃加工方式

1. SWOT 方法简介

所谓 SWOT 分析，是基于企业内部要素和外部环境下的态势分析，是将与研究对象密切相关的各种主要内部要素，即竞争优势（strength）和竞争劣势（weakness），及各种外部环境因素，即机会（opportunity）和威胁（threat），通过调查列举出来，并依照矩阵形式排列，然后用系统分析的思想，把各种因素相互匹配起来加以分析，从中得出一系列相应的结论。

根据优势、劣势分析和机会、威胁分析，可以画出 SWOT 分析图（见图 8-2-7）。SWOT 分析图分为 4 个象限，根据企业所在的不同位置，采取不同的战略：在图 8-2-7 右上角的企业拥有强大的内部优势和众多的机会，企业应采取增加投资、扩大规模、提高市场占有率的增长性战略；在右下角的企业尽管具有较大的内部优势，但必须面临严峻的外部挑战，应利用企业自身优势，开展多元化经营，避免或降低外部威胁的打击，分散风险，寻找新的发展机会；处于左上角的企业，面临外部机会，但自身内部缺乏条件，应采取扭转性战略，改变企业内部的不利条件；处于左下角的企业既面临外部威胁，自身条件也存在问题，应采取防御性战略，避开威胁，消除劣势。

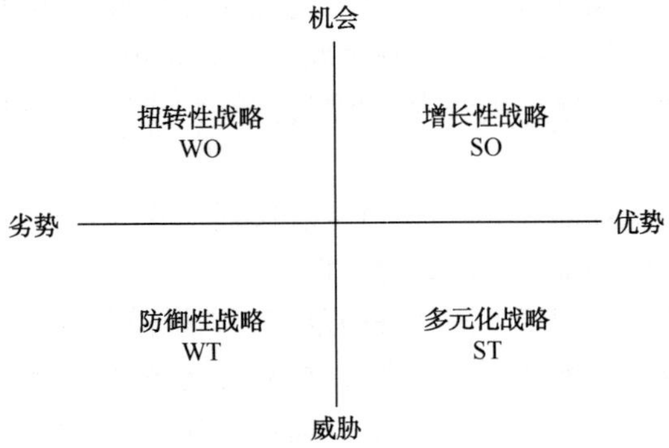

图 8-2-7　SWOT 分析图

在完成优势、劣势矩阵和机会、威胁矩阵后，通过分析画出 SWOT 图，明确企业所在象限，制定出相应的行动计划。制定计划的基本思路是：发挥优势因素，克服弱点因素，利用机会因素，化解威胁因素；考虑过去，立足当前，着眼未来。运用系统分析的综合分析方法，将考虑的各种环境因素相互匹配起来加以组合，得出一系列公司未来发展的可选择对策。

2. 对炼油厂轻烃利用的 SWOT 分析

采用 SWOT 分析方法，从炼油厂自身的优势与劣势、面临的外部机遇与威胁 4 个方面，分析企业/项目在目标市场面临的竞争态势。利用这种方法可以从中找出对自己有利的、值得发扬的因素，以及对自己不利的、需要避开的东西，发现存在的问题，找出解决办法，并明确以后的发展方向。需要指出的是，衡量一个企业及其产品是否具有竞争优势，只能站在现有及潜在用户角度上，而不是站在企业的角度上。

通常来看，炼油厂轻烃利用的优势与劣势、机遇与威胁主要包括以下方面：

（1）内部优势：炼油厂各种轻烃的来源较为丰富，其价值通常按燃料气或液化气定价，原始价值低；如果能够进一步与周边炼化企业协同，进行轻烃原料串换，将可实现更大规模的品种经济；工艺技术及产品线丰富，可选择适宜的品种方向，实现差异化发展。

（2）内部劣势：某些品种的轻烃利用可能存在不符合规模经济的问题。

（3）外部机遇：产业政策通常是鼓励的；产品市场需求大，附加值高，即便是市场较为饱和的产品线，也可凭借较低的单位成本费用去挤占市场；技术的快速发展带来新的工艺/工程技术，可及早介入新品种，获取垄断利润。

（4）外部威胁：面临进口低价石化原料/产品的竞争；某些产品线市场较为饱和，竞争激烈；产品价格有可能大幅波动，对建设和投产时机的把握要求高；技术的快速发展是双刃剑，在企业轻烃加工措施实施后，可能还会面临更新技术/产品线的竞争威胁。

综上所述，炼油厂对轻烃的加工利用具有较为明显的内部优势和较好的外部机遇，没有明显的内部劣势，但要面临较为严峻的外部威胁。在SWOT分析图中，炼油厂对轻烃的加工利用举措通常位于右下角，即炼油厂尽管具有较大的内部优势，但必须面临严峻的外部挑战，应利用企业自身优势，开展多元化经营，避免或降低外部威胁的打击，分散风险，寻找新的发展机会，在轻烃利用的深度（高附加值化）和广度（产品多样化）两个方面进行拓展。

从本质上看，炼油厂对轻烃的加工利用是范围经济的一种，炼油厂范围经济是指多元化经营所形成的规模经济形态，即既有规模下的多样化。其类型通常包括以下两种：

（1）横向范围经济，即产品多样（元）化，以生产高附加值的产品或对低价值产品的回收利用等，如C_4的综合利用、干气回收氢气等；

（2）纵向范围经济，即延长产业链，将产品链向后延伸，获取更高的附加值。如利用重整生产芳烃、利用催化所产丙烯生产聚丙烯等，都是当前炼油厂进一步提高产品附加值的重要手段。当然，如果炼油厂为化工厂提供原料、与化工厂联合生产，这就转变成了炼油化工的一体化规模经济。

综合来看，对炼油厂轻烃加工利用的选择，首先应具有一定的企业规模，并根据产业政策、市场需求、价格变化趋势以及技术发展等宏观因素，结合企业所具有的内部条件和所处的外部环境，可通过SWOT分析，扬长避短，因企制宜，选择最适宜的轻烃利用方式。

麦肯锡咨询公司认为，核心竞争力的灵魂是创新，核心竞争力的精髓是主导产品（服务）。对于正在致力于做大做强的中国炼油业而言，认清核心竞争力的内涵有着非凡的现实意义。各炼油企业应立足企业实际，“有所为，有所不为”，集中企业资源，重点打造最适宜企业做大做强的方面，形成“人无我有，人有我优”的特长，致力于形成有较强竞争力的规模经济。炼油企业的这种做法是出于对规模经济的重新理解和再认识，即经济规模并不只是总的规模，而是在某些产品或产品链上的具体规模和核心竞争力。

企业的规模扩张离不开其核心竞争能力，而企业的核心竞争力又在企业的规模化过程中得到了强化，两者相辅相成，缺一不可。在激烈的市场竞争中，中国炼油企业要想取得成功，就必须明确企业的规模和产业边界，结合自身内外部条件，建立主营产品领先优势，着力培养企业核心竞争力，从而形成持久的、专业化的规模优势。

参考文献

[1] 国家发展改革委、建设部．建设项目经济评价方法与参数[M]．3版．北京：中国计划出版社，2006.

[2] 全国注册咨询工程师（投资）资格考试参考教材编写委员会．项目决策分析与评价．北京：中国计划出

版社，2016.

[3] 中国石油化工项目可行性研究技术经济参数与数据：2018. 中国石油化工集团公司经济技术研究院，2018.

[4] 赵文忠．谈炼油化工项目总工艺流程方案比选的技术经济分析[J]. 当代石油石化，2009，17(2)：29-33.

[5] 赵文忠，孙丽丽．对炼油项目操作费用指标的思考[J]. 当代石油石化，2006，14(9)：28-30.

[6] 李大东．加氢处理工艺与工程[M].2 版．北京：中国石化出版社，2014.

[7] 孙丽丽．石油炼制技术与经济[M]. 北京：中国石化出版社，2013.

[8] 赵文忠．提高炼油项目经济效益的途径分析[J]. 当代石油石化，2005，13(6)：34-37.

[9] 孙丽丽．高硫劣质原油加工与渣油加氢技术的适应性[J]. 当代石油石化，2005，13(9)：34-37.

[10] 李志强．原油蒸馏工艺与工程[M]. 北京：中国石化出版社，2010.

[11] 赵文忠，王玉翠．循环经济理念在炼油厂工厂设计中的应用[M]. 当代石油石化，2013，21(7)：7-10.

附　　录

附录一　计量单位换算表①②

名称	国际单位制(Si)	非国际单位制	换算系数或公式
长度	米，m	英尺，ft 英寸，in	1ft = 0.3048m 1in = 0.0254m 1f = 12in
面积	米^2，m^2	平方英尺，ft^2 公亩，a 公顷，ha	1 ft^2 = 0.0929m^2 1 公亩 = 100 m^2 1 公顷 = 10 000 m^2 1 英亩 = 4046.86 m^2
体积	米^3，m^3 升③，L	立方英尺，Scf (ft^3) (美)加仑，(US) gal 美(石油)桶，bbl	1L = 10^{-3} m^3 1Scf = 0.0283168 m^3 1(US) gal = 0.00378541m^3 1bbl = 0.158987 m^3
质量	千克，公斤，kg	吨，t 磅，lb 短吨，short ton 长吨，long ton	1t = 1000kg 1 lb = 0.453592kg 1 short ton = 907.185kg 1long ton = 1016.05kg
压力	帕，Pa	磅/英寸^2，psi(lbf/in^2) 千克力/厘米^2，kgf/cm^2 巴，bar 毫米水柱，mmH_2O	1 psi = 6.89476kPa 1 kgf/cm^2 = 9.80665×10^4Pa 1bar = 10^5Pa 1 mmH_2O = 9.80665Pa
温度	摄氏度②③，℃	华氏度，℉ 开尔文，K 兰氏度，°R	℃ = 5/9(℉ - 32) ℃ = k - 273.15 °R = ℉+459.67
热，功	焦耳，J	卡，cal 英热单位，Btu 千克标油，kgOE 千瓦小时，kW · h	1cal = 4.1868J 1Btu = 1.05506J 1kgOE = 41.8J 1J = 0.10204kg · m 1J = 2.778×10^{-7}kW · h
运动黏度	帕斯卡 · 秒，Pa · s 米^2/秒③，m^2/s	厘斯，cSt 厘帕，cP	1cSt = $10^{-6}m^2/s$ 1cSt = 1mm^2/s 1 Pa · s = 10^3cP
密度	千克/米^3，kg/m^3 $d_{15.6}^{15.6}$③	°API(API 度)	°API = (141.5/ $d_{15.6}^{15.6}$) - 131.5

① 北京石油化工总厂设计院．常用度量单位换算手册[M]．北京：燃料化学工业出版社，1974。

② 杜荷聪等．计量单位及其换算[M]．北京：计量出版社，1982。

③ GB 3100—1993，GB 3101—1993。

附录二　炼油厂和炼油装置加工能力换算系数表①②③

序号	装置名称	原料相对密度	桶/日历日(bbl/cd)折算为吨/年(t/a)乘以下系数	桶/开工日(bbl/sd)折算为吨/年(t/a)乘以下系数
1	炼油厂、常压蒸馏	0.87	50	47
2	减压蒸馏、热裂化	0.92	53	49
3	润滑油加工(糖醛、酚精制、白土精制、脱蜡等)	0.92	53	48
4	焦化、减黏裂化、丙烷脱沥青④	0.95	53	50
5	催化裂化			
	重柴油	0.87	50	47
	常压重油	0.92	54	49
6	催化重整、叠合、烷基化、气体分馏、醚化、芳烃生产⑤	0.74	43	41
7	异构化⑤			
	C_4	0.58	—	33
	C_5	0.63	—	37
	$C_5 \sim C_6$	0.66	—	38
8	加氢裂化			
	重柴油、常压重油	0.92	54	49
	减压渣油⑥	0.95	55	50
9	加氢处理(精制)⑥			
	液化气	0.54	31	30
	汽油	0.74	43	41
	煤油	0.81	47	45
	柴油、原油	0.87	50	45
	重柴油、润滑油	0.92	54	49
	减压渣油、残渣燃料油	0.95	55	50
10	氧化沥青	1.04	60	54

①蒸馏(常、减压蒸馏)装置或炼油厂加工处理量的换算，仍沿用传统的习惯，采用50作为换算系数。

② 对一次加工装置以及轻质油品的二次加工装置，将桶/日历日折算成桶/开工日时，乘系数0.95，而对其他二次加工装置，则乘系数0.90。

③ 表中所列换算系数一般只适用于炼油厂和单独装置处理量的换算。对某一炼油厂及其各工艺装置处理量的换算，采用上述系数时，须加以适当修正。

④ 对未说明原料的热加工，则按55(日历日)和48(开工日)换算。

⑤ 叠合、烷基化、异构化、醚化装置以产品为基准折算，其余装置以进料为基准折算。

⑥ 北京石油化工总厂设计院．石油工业常用度量单位换算手册[M]．北京：燃料化学工业出版社，1974。

附录三 常见气体和轻烃的性质

组分序号	名称	化学式	相对分子质量	正常沸点/℃	正常冰点/℃	临界性质 温度/℃	临界性质 压力/kPa	临界性质 体积/(m^3/kg)	临界性质 压缩因子	偏心因子	相对密度(15.6/15.6℃)	API度	液体密度/(kg/m^3)(15.6℃)
	气体												
1	空气		28.95	-194.48	-214	-140.7	3774.08	0.00316	0.313	0.0073879	0.8748	30.26	873.89^{G}
2	氨	NH_3	17.03	-33.43	-77.74	132.5	11280.24	0.00426	0.242	0.252608	0.6165	98.02	615.89
3	氩	Ar	39.95	-185.87	-189.37	-122.29	4898.11	0.00187	0.291				
4	一氧化碳	CO	28.01	-191.45	-205	-140.23	3499.08	0.00337	0.299	0.0481621			
5	二氧化碳	CO_2	44.01	-78.48	-56.57	31.06	7383.16	0.00214	0.274	0.223621	0.8172	41.65	816.41
6	羰基硫	COS	60.08	-50.15	-138.8	105.65	6349.14	0.00225	0.272	0.0970119	1.031	5.75	1029.98
7	氢	H_2	2.02	-252.76	-259.2	-239.96	1313.03	0.03182	0.305	-0.215993			
8	硫化氢	H_2S	34.08	-60.35	-85.47	100.38	8963.1	0.00289	0.284	0.0941677	0.8012	45.1	800.44
9	氮	N_2	28.01	-195.81	-210	-146.95	3400.07	0.00318	0.289	0.0377215			
10	氧	O_2	32	-182.96	-218.79	-118.57	5043.11	0.00229	0.288	0.0221798	1.1421	-7.61	1141.00^{G}
	C_1~C_3烃类												
11	甲烷	CH_4	16.04	-161.49	-182.46^{P}	-82.59	4599.1	0.00615	0.286	0.0115478	0.2999	340.38	299.57^{Z}
12	乙炔	C_2H_2	26.04	-83.8	-80.75	35.17	6139.14	0.00434	0.271	0.1873	0.4177	207.3	417.24
13	乙烯	C_2H_4	28.05	-103.74	-169.15	9.19	5040.11	0.00467	0.281	0.0864516	0.1388	888	138.66^{P}
14	乙烷	C_2H_6	30.07	-88.6	-182.8	32.17	4872.11	0.00484	0.279	0.099493	0.3554	266.66	355.04
15	丙炔(甲基乙炔)	C_3H_4	40.06	-23.21	-102.7	129.24	5628.12	0.00409	0.276	0.216117	0.6212	96.3	620.54
16	环丙烷	C_3H_6	42.08	-32.78	-127.56	124.76	5495.12	0.00387	0.27	0.12688	0.6165	98.03	615.87
17	丙烯	C_3H_6	42.08	-47.69	-185.26	92.42	4665.1	0.00448	0.289	0.139817	0.5192	141.04	518.67
18	丙烷	C_3H_8	44.1	-42.04	-187.68	96.68	4248.09	0.00454	0.276	0.152291	0.5063	147.99	505.78
	C_4烃类												
19	乙烯基乙炔	C_4H_4	52.08	5.1		180.85^{P}	4860.10^{P}	0.00394^{P}	0.264	0.106852	0.6889	73.89	688.24
20	2-丁炔(二甲基乙炔)	C_4H_6	54.09	26.98	-32.24	200.05^{P}	4870.11^{P}	0.00409^{P}	0.274	0.238542	0.6965	71.65	695.85

续表

组分序号	名称	化学式	理想气体生成热/(kJ/kg)(25℃)	理想气体 Gibbs 自由能/(kJ/kg)(25℃，常压)	熔解热/(kJ/kg)(25℃)	辛烷值		燃烧限/%(v)(在空气中)		自燃点/℃	OELs/(mg/m³)		
						马达法	研究法	下限	上限		MAC	PC-TWA	PC-STEL
	气体												
1	空气		0	0									
2	氨	NH_3	-2693.26	-926.35	331.94			16	25	651		20	30
3	氩	Ar	0	0	29.56								
4	一氧化碳	CO	-3943.47	-4893.21	29.95			12.5	74	609		20	30
5	二氧化碳	CO_2	-8935.58	-8955.11	196.85							9000	18000
6	羰基硫	COS	-2362.12	-2814.58	78.72			12	29				
7	氢	H_2	0	0	58.07			4	75	520			
8	硫化氢	H_2S	-604.91	-980.53	69.7			4.3	45.5	260	10		
9	氮	N_2	0	0	25.67								
10	氧	O_2	0	0	13.85								
	C_1~C_3烃类												
11	甲烷	CH_4	-4642.05	-3145.16	58.7			4.4	16.5	537			
12	乙炔	C_2H_2	8758.44	8086.02	128.6			2.5	80	305			
13	乙烯	C_2H_4	1870.54	2438.02	119.6	75.6	0.03	2.3	32.3	450			
14	乙烷	C_2H_6	-2785.71	-1060.85	95.11	0.05	1.6	2.9	13	472			
15	丙炔(甲基乙炔)	C_3H_4	4612.02	4835.01				1.7	39.9^P	340			
16	环丙烷	C_3H_6	1265.79	2479.35	129.32			2.4	10.4	498			
17	丙烯	C_3H_6	468.08	1475.96	71.45	84.9	0.2	2	11	455			
18	丙烷	C_3H_8	-2372.33	-552.74	79.94	97.1	1.8	2	9.5	450			
	C_4烃类												
19	乙烯基乙炔	C_4H_4	5845.35	5872.36				2.2	31.7				
20	2-丁炔(二甲基乙炔)	C_4H_6	2691.82	3416.05	170.9	70.2	85.9	2.0^P	41.8^P	323			

续表

组分序号	名称	化学式	相对分子质量	正常沸点/℃	正常冰点/℃	临界性质				偏心因子	相对密度（15.6/15.6℃）	API度	液体密度/（kg/m³）（15.6℃）
						温度/℃	压力/kPa	体积/（m³/kg）	压缩因子				
21	1-丁炔（乙基乙炔）	C_4H_6	54.09	8.07	-125.72	170.05^{P}	4950.11^{P}	0.00410^{P}	0.298	0.246864	0.6599	82.91	659.29
22	环丁烷	C_4H_8	56.11	12.51	-90.67^{P}	186.78^{P}	4980.11^{P}	0.00374^{P}	0.273	0.18474	0.6991	70.9	698.43
23	正丁烯	C_4H_8	56.11	-6.25	-185.35	146.8	4043.09	0.00427	0.277	0.19054	0.6001	104.31	599.47
24	顺-2-丁烯	C_4H_8	56.11	3.72	-138.89^{P}	162.43	4243.09	0.00417	0.274	0.204776	0.629	93.45	628.4
25	反-2-丁烯	C_4H_8	56.11	0.88	-105.53	155.48	4100.09	0.00424	0.273	0.217664	0.6116	99.86	610.99
26	异丁烯	C_4H_8	56.11	-6.9	-140.34	144.75	4000.09	0.00426	0.275	0.194273	0.6006	104.09	600.04
27	丁烷	C_4H_{10}	58.12	-0.5	-138.29^{P}	151.97	3796.08	0.00439	0.274	0.200164	0.5849	110.42	584.32
28	2-甲基丙烷（异丁烷）	C_4H_{10}	58.12	-11.72	-159.61	134.99	3648.08	0.00452	0.282	0.180771	0.5644	119.22	563.83
	C_5烃类												
29	1-戊炔	C_5H_8	68.12	40.18	-105.7	208.05^{P}	4170.09^{P}	0.00407^{P}	0.289	0.289925	0.7016	70.18	700.9
30	2-戊炔	C_5H_8	68.12	56.12	-109.32	245.85^{P}	4030.09^{P}	0.00405^{P}	0.258	0.175199	0.716	66.14	715.25
31	环戊烯	C_5H_8	68.12	44.23	-135.02^{P}	233.85	4802.1	0.0036	0.279	0.195859	0.7773	50.54	776.52
32	环戊烷	C_5H_{10}	70.13	49.25	-93.84	238.61	4502.1	0.00368	0.273	0.195884	0.7502	57.12	749.43
33	正戊烯	C_5H_{10}	70.13	29.96	-165.22	191.63	3513.08	0.00421	0.268	0.23115	0.6456	87.67	644.99
34	顺-2-戊烯	C_5H_{10}	70.13	36.93	-151.4	202.05	3640.08	0.00416	0.269	0.245236	0.661	82.57	660.34
35	反-2-戊烯	C_5H_{10}	70.13	36.34	-140.26	201.05	3660.08	0.00418	0.272	0.248372	0.6532	85.14	652.51
36	2-甲基-1-丁烯	C_5H_{10}	70.13	31.16	-137.57	191.85	3400.07	0.00416	0.257	0.229982	0.6558	84.28	655.13
37	3-甲基-1-丁烯	C_5H_{10}	70.13	20.06	-168.49	177.22	3520.08	0.00431	0.284	0.229705	0.6328	92.12	632.14
38	2-甲基-2-丁烯	C_5H_{10}	70.13	38.56	-133.76	197.85	3400.07	0.00416	0.254	0.275316	0.6637	81.7	663.03
39	正戊烷	C_5H_{12}	72.15	36.07	-129.73	196.55	3370.07	0.00434	0.27	0.251506	0.6317	92.49	631.12
40	2-甲基丁烷（异戊烷）	C_5H_{12}	72.15	27.84	-159.9	187.28	3381.07	0.00424	0.27	0.227461	0.6265	94.37	625.84
41	2，2-二甲基丙烷（新戊烷）	C_5H_{12}	72.15	9.5	-16.55	160.63	3199.07	0.00421	0.269	0.196363	0.5973	105.4	596.72
42	甲基环丁烷	C_5H_{10}	70.13	36.3		214.14^{P}	4195.04^{P}	0.00389^{P}	0.28277	0.183	0.6977	71.3	697.03
43	乙基环丁烷	C_6H_{12}	84.16	70.6	-142.75	253.64^{P}	3647.54^{P}	0.00390^{P}	0.27332	0.225	0.7327	61.61	732.02

续表

组分序号	名称	化学式	液体折射率（25℃）	蒸汽压/kPa（37.78℃）	比热容/[kJ/(kg·℃)]（15.6℃，定压）		运动黏度/（mm^2/s）		汽化热/（kJ/kg）（正常沸点下）	低热值/（kJ/kg）（25℃）	表面张力/（Dynes/cm）	溶解度参数/（Cal/cm^3）$^{0.5}$（25℃）	闪点/℃
					理想气	液体	37.8℃	98.9℃					
21	1-丁炔（乙基乙炔）	C_4H_6		286.48	1.4664	2.4914	0.293	0.236	454.41	45535.63	17.07	8.103	
22	环丁烷	C_4H_8	1.362	235.55	1.2103	1.9098	0.353		427.14	45736	19.43	7.829	-64.15^{P}
23	正丁烯	C_4H_8	1.3803	429.54	1.4829	2.2558			394.13	45255.07	12.12	6.767	
24	顺-2-丁烯	C_4H_8	1.36	317.16	1.3886	2.2191	0.26		416.87	45132.11	13.99	7.194	
25	反-2-丁烯	C_4H_8	1.352	344.16	1.5202	2.2498^{P}	0.267		405.46	45067.95	13.16	6.954	
26	异丁烯	C_4H_8	1.3926	439.98	1.5292	2.292	0.244		395.28	44959.4	11.69	6.676	
27	丁烷	C_4H_{10}	1.3292	356.08	1.649	2.366	0.253	0.169	385.2	45688.81	11.92	6.695	
28	2-甲基丙烷（异丁烷）	C_4H_{10}	1.31755	502	1.6134	2.3733	0.277	0.187	367.01	45544.93	9.84	6.143	
	C_5烃类												
29	1-戊炔	C_5H_8	1.3822	93.08	1.5219	2.353	0.469	0.341	400.74	44760.43	18.79	7.873	-34.15
30	2-戊炔	C_5H_8	1.4009	53.54	1.4087	2.0536	0.302	0.209	414.62	44439.19	22.23	8.284	-30.15
31	环戊烯	C_5H_8	1.4194	80.95	1.1453	1.7571	0.388	0.26	394.57	43121.7	22.11	8.254	-29.15
32	环戊烷	C_5H_{10}	1.40363	68.39	1.1391	1.7696	0.497		387.14	43757.43	21.78	8.088	-39.15^{P}
33	正戊烯	C_5H_{10}	1.36835	132.03	1.4996	2.167			361.35	44593.77	15.46	7.077	-18.15
34	顺-2-戊烯	C_5H_{10}	1.3798	104.37	1.3738	2.1271			376.01	44501.25	16.8	7.384	-47.15^{P}
35	反-2-戊烯	C_5H_{10}	1.3761	106.43	1.5124	2.1999			374.26	44437.1	16.41	7.316	-48.15^{P}
36	2-甲基-1-丁烯	C_5H_{10}	1.3746	126.57	1.5335	2.204			364.67	44398.51	15.88	7.184	-52.15^{P}
37	3-甲基-1-丁烯	C_5H_{10}	1.3611	181.82	1.6541	2.1832			345.06	44532.63	13.8	6.822	-62.15^{P}
38	2-甲基-2-丁烯	C_5H_{10}	1.3842	98.93	1.4625	2.1433	0.289		375.92	44297.4	16.85	7.414	-47.15^{P}
39	正戊烷	C_5H_{12}	1.35472	107.45	1.6181	2.2724	0.33	0.224	357.56	44945.45	15.47	7.037	-40
40	2-甲基丁烷（异戊烷）	C_5H_{12}	1.35088	141.1	1.5957	2.2516	0.307		343.4	44870.61	14.45	6.774	-57.15^{P}
41	2,2-二甲基丙烷（新戊烷）	C_5H_{12}	1.339	252.77	1.6171	2.325			314.66	45021	10.89	6.378	
42	甲基环丁烷	C_5H_{10}	1.381		1.3623	1.4052^{P}			516.89	44793.20^{P}	16.38^{P}		
43	乙基环丁烷	C_6H_{12}	1.3994		0.1418	1.4346^{P}			481.81	44565.64^{P}	19.58^{P}		

续表

组分序号	名称	化学式	理想气体生成热/(kJ/kg)(25℃)	理想气体Gibbs自由能/(kJ/kg)(25℃，常压)	熔解热/(kJ/kg)(25℃)	辛烷值		燃烧限/%(v)(在空气中)		自燃点/℃	OELs/(mg/m^3)		
						马达法	研究法	下限	上限		MAC	PC-TWA	PC-STEL
21	1-丁炔(乙基乙炔)	C_4H_6	3052.09	3736.59	111.58			2.0^P	32.9^P	319			
22	环丁烷	C_4H_8	507.62	1998.43	19.4			1.8^P	11.1^P	427			
23	正丁烯	C_4H_8	-9.62	1251.6	68.68	80.8	97.4	1.6	9.3	384		100	
24	顺-2-丁烯	C_4H_8	-131.8	1146.15	130.44	83.5	100	1.6	9.7	325			
25	反-2-丁烯	C_4H_8	-195.92	1124.96	174.12			1.8	9.7	324			
26	异丁烯	C_4H_8	-304.57	1034.48	105.84			1.8	8.8	465			
27	丁烷	C_4H_{10}	-2162.78	-287.13	80.22	89.6	93.8	1.5	9	288			
28	2-甲基丙烷(异丁烷)	C_4H_{10}	-2307.03	-356.94	78.22	97.6	0.1	1.8	8.4	460			
	C_5烃类												
29	1-戊炔	C_5H_8	2118.45	3085.26				1.6^P	22.3^P	282			
30	2-戊炔	C_5H_8	1835.31	2797.7				1.6^P	25.3^P	302			
31	环戊烯	C_5H_8	485.6	1621.12	49.4	69.7	93.3	1.5^P	12.1^P	395			
32	环戊烷	C_5H_{10}	-1097.6	553.58	8.68	84.9	0.1	1.4^P	9.4^P	361			
33	正戊烯	C_5H_{10}	-303.51	1117.84	82.93	77.1	90.9	1.5	8.7	273			
34	顺-2-戊烯	C_5H_{10}	-374.75^P	1049.58	101.54			1.5^P	10.6^P	251			
35	反-2-戊烯	C_5H_{10}	-443.15^P	994.73	119.23			1.5^P	10.6^P	265			
36	2-甲基-1-丁烯	C_5H_{10}	-502.99	950.13	112.95	81.9	0.2	1.4	9.6^P	365			
37	3-甲基-1-丁烯	C_5H_{10}	-393.27	1083.64	76.52			1.5^S	9.1^S	365			
38	2-甲基-2-丁烯	C_5H_{10}	-595.61	861.36	108.47	84.7	97.3	1.4	9.6^P	365			
39	正戊烷	C_5H_{12}	-2032.76	-122.07	116.49	62.6	61.7	1.3	8	243		500	1000
40	2-甲基丁烷(异戊烷)	C_5H_{12}	-2128.89	-194.61	71.49	90.3	92.3	1.3	8	420		500	1000
41	2，2-二甲基丙烷(新戊烷)	C_5H_{12}	-2327.93	-237.4	44.22	80.2	85.5	1.4	7.5	450		500	1000
42	甲基环丁烷	C_5H_{10}	-96.90^P					1.49^P	9.57^P				
43	乙基环丁烷	C_6H_{12}	-326.54^P			63.9	41.1	1.2	7.7				

注：数据中的上角标的字母表示为：G—在沸点条件下；P—预测值；S—预测值或实验值；Z—估算值。

轻烃物理性质的说明：

(1) 名称：基本上按照美国化学工程协会的物理性质设计研究院(DIPPR)所定义的“普通名称”命名习惯的中文译名列出。

(2) 化学式：按照 DIPPR 所定义的化学式列出。

(3) 相对分子质量：基于国际纯粹与应用化学联合会(IUPAC)“Atomic Weight of the Elements,”1986(102)报告。

(4) 正常沸点(℃)：在 1 大气压下的物质的沸点。

(5) 正常冰点(℃)：在 1 大气压下空气中的结冰点。

(6) 临界性质：根据蒸汽压曲线的 P-T 图上一个纯物质气液相共存的平衡条件的定义。该曲线起始于三项点，终止于临界点。当共存相接近于临界点时，气液相的性质彼此接近，直到在临界压力和临界温度处成为彼此相等，并在这个条件下出现了单一的均相。因此，在临界点时的各项性质分别称为临界温度(℃)、临界压力(MPa)、临界体积(m^3/kg)和临界压缩因子。

(7) 偏心因子：偏心因子根据对比温度为 0.7 时的对比蒸汽压的定义式所计算。当缺乏蒸汽压数据时，使用纯物质蒸汽压预测方法计算。

(8) 相对密度：15.6℃下物质的液体密度与同样温度下水的密度的比值。

(9) API 度：使用与 15.6℃下物质的液体相对密度相关联的 API 度定义式计算。

(10) 液体密度(kg/m^3)：是 1 大气压，15.6℃下液体的密度。当 15.6℃处于或高于物质的沸点时，压力为该物质的饱和压力。对于在 15.6℃下处于固态的物质，该值是外推回到 15.6℃液体的密度值。

(11) 液体折射率，又称折光率、折射指数。指在 25℃下波长为 589.26nm 的钠 D 光在空气中的速度与光在被空气饱和的纯物质液体中的速度之比。

(12) 蒸汽压(kPa)：一个物质在指定温度下气相与液相相平衡时的压力。表列数值是 37.78℃下的蒸汽压。

(13) 液体和气体的比热容：比热容由在恒定压力下热容对于温度的偏导数所定义。表列的恒压比热容是理想气体和液体在 1 大气压和 15.6℃下的数值。当物质的正常沸点温度低于 15.6℃时，则压力为饱和蒸汽压力。理想气体的比热容来自分光镜数据，当缺乏此数据时，使用 Benson 的二次方法进行预测。

(14) 液体的黏度：分别列出在 1 大气压、37.78℃和 98.89℃下的运动黏度。运动黏度由物质的动力黏度与密度之比所定义。

(15) 汽化热：由在平衡蒸汽压力下实际气体的热焓与在相同温度和压力下的液体热焓的之差所定义。表列数值是在正常沸点下的实验数据。当无实验值时，由 Clapeyron 方程进行预测。

(16) 液体的低热值，又称净热值和净燃烧热。烃类的低热值是指烃类与氧气反应完全燃烧生成气体状态下的水和二氧化碳时热焓的变化。由于定义是燃烧反应中焓值的变化，因此低热值始终是正值。非烃类的标准燃烧产物除水和二氧化碳外，还包括气体状态下的 F_2、Cl_2、Br_2、I_2、SO_2和 N_2。表列数值是 1 大气压、25℃下的低热值。当在这个条件下处于气态的物质，则数值为气体的低热值。因而，该物质在 1 大气压和 25℃下的低热值应是表列数值与此状态下的汽化热的差值。在缺乏物质的生成热数据时，首先使用 Benson 的二次方法预测生成热，然后定义计算得到该物质的低热值。

（17）表面张力：是由液体的自由表面所显示的张力。表列数值为25℃的数据。

（18）溶解度参数：溶解度参数的定义是

$$\delta = \left(\frac{\Delta u^{VAP}}{V^L}\right)^{1/2}$$

式中　δ——组分的溶解度参数，$(cal/cm^3)^{1/2}$；

Δu^{VAP}——汽化为理想气体时的内能变化值，cal/mol；

V^L——25℃时液体摩尔体积，cm^3/mol。

内能变化值经近似处理后，上式演变为：

$$\delta = \left(\frac{\lambda - RT}{V^L}\right)^{1/2}$$

式中　δ——组分的溶解度参数，$(cal/cm^3)^{1/2}$；

λ——25℃时组分的汽化热，cal/mol；

R——气体常数，1.9872cal/(mol-K)；

T——绝对温度，298.15K；

V^L——25℃时液体摩尔体积，cm^3/mol。

（19）闪点：液体或固体的闪点是它们通过汽化或升华产生足够的蒸汽后在靠近液体或所使用的容器表面与空气形成可燃混合物的最低温度。

（20）生成热：25℃下理想气体的生成热可以由液体的生成热导出

$$\Delta H_f^{gas} = \Delta H_f^{liq} - \lambda$$

式中　ΔH_f^{gas}——25℃下理想气体生成热，kJ/kg；

ΔH_f^{liq}——25℃下液体生成热，kJ/kg；

λ——25℃时组分的汽化热，cal/mol；

在忽略压力的影响时，烃类C_aH_b的液体生成热可以由低热值得到

$$\Delta H_f^{liq} = \Delta H_c + a\frac{MW(CO_2)}{MW(C_aH_b)}\Delta H_f(CO_2, gas) + \frac{bMW(H_2O)}{2MW(C_aH_b)}\Delta H_f(H_2O, gas)$$

式中　ΔH_f^{liq}——25℃下液体生成热，kJ/kg；

ΔH_c——25℃下低热值，kJ/kg；

MW——相对分子质量；CO_2 44.01，H_2O 18.02；

$\Delta H_f(CO_2, gas)$——CO_2生成热，-8935.48kJ/kg；

$\Delta H_f(H_2O, gas)$——H_2O生成热，-13413.95kJ/kg。

通过前述低热值的标准燃烧产物，使用类似公式可以获得非烃类的生成热。当缺乏实验数据时，使用Benson的二次方法来预测组分的生成热。

（21）Gibbs生成自由能：表中列出25℃理想气体的Gibbs生成自由能。

（22）熔解热：表中列出25℃熔解热。

（23）燃烧限：表中列出以体积百分数表示的与空气的混合物的燃烧下限和燃烧上限。在缺乏实验值时，使用Shebeko等的方法预测燃烧下限，和使用DIPPR编制的方法预测燃烧上限。

（24）ASTM辛烷值：发动机燃料的辛烷值表示该燃料在实验室发动机的规定条件下的发生爆震的相对倾向。在数值上等于在实验条件下与试样抗爆性能相等时参考燃料中异辛烷的体积百分数。

(25) 自燃点：引起化学品自动点燃的最低温度。

(26) OELs(职业接触限值)：即职业性有害因素的接触限制量值。它是指劳动者在职业活动过程中长期反复接触，对绝大多数接触者的健康不引起有害作用的容许接触水平。

化学有害因素的职业接触限值包括时间长度加权平均容许浓度(PC-TWA)、短时间接触容许浓度(PC-STEL)和最高容许浓度(MAC)三类。PC-TWA 表示以时间为权数规定的 8 小时工作日、40 小时工作周的平均容许接触浓度。PC-STEL 表示在遵守 PC-TWA 前提下容许短时间(15 分钟)接触的浓度。MAC 表示工作地点、在一个工作日内、任何时间有毒化学物质均不应超过的浓度。

数据和说明均来自：刘家明等．石油炼制工程师手册(第Ⅲ卷)：石油炼制工艺基础数据和图表[M]. 北京：中国石化出版社，2015.

附录四　过热蒸汽性质

温度/℃	1.0 大气压(绝) $t_s=99.09$　$i''=638.7$　$v''=1.725$　$S''=1.7592$			1.5 大气压(绝) $t_s=110.79$　$i''=643.1$　$v''=1.180$　$S''=1.7267$			2.0 大气压(绝) $t_s=119.62$　$i''=646.3$　$v''=0.9019$　$S''=1.7039$			2.5 大气压(绝) $t_s=126.79$　$i''=648.7$　$v''=0.7319$　$S''=1.6862$		
	比体积/(m^3/kg)	焓/(kcal/kg)	熵/[kcal/(kg·℃)]	比体积/(m^3/kg)	焓/(kcal/kg)	熵/[kcal/(kg·℃)]	比体积/(m^3/kg)	焓/(kcal/kg)	熵/[kcal/(kg·℃)]	比体积/(m^3/kg)	焓/(kcal/kg)	熵/[kcal/(kg·℃)]
0	0.0010002	0	0.0000	0.0010001	0.0	0.0000	0.0010001	0	0.0000	0.0010001	0	0.0000
10	0.0010003	10.1	0.0361	0.0010003	10.1	0.0361	0.0010003	10.1	0.0361	0.0010003	10.1	0.0361
20	0.0010018	20.1	0.0708	0.0010018	20.1	0.0708	0.0010018	20.1	0.0708	0.0010017	20.1	0.0708
30	0.0010044	30.0	0.1043	0.0010043	30.0	0.1043	0.0010043	30.0	0.1043	0.0010043	30.0	0.1043
40	0.0010079	40.0	0.1367	0.0010078	40.0	0.1367	0.0010078	40.0	0.1367	0.0010078	40.0	0.1367
50	0.0010121	50.0	0.1681	0.0010120	50.0	0.1681	0.0010120	50.0	0.1681	0.0010120	50.0	0.1681
60	0.0010170	60.0	0.1985	0.0010170	60.0	0.1985	0.0010170	60.0	0.1985	0.0010170	60.0	0.1985
70	0.0010226	70.0	0.2281	0.0010226	70.0	0.2281	0.0010227	70.0	0.2281	0.0010227	70.0	0.2281
80	0.0010289	80.0	0.2568	0.0010289	80.0	0.2568	0.0010289	80.0	0.2568	0.0010289	80.0	0.2568
90	0.0010359	90.1	0.2849	0.0010358	90.1	0.2849	0.0010358	90.1	0.2849	0.0010358	90.1	0.2849
100	1.729	639.0	1.7600	0.0010434	100.1	0.3122	0.0010435	100.2	0.3122	0.0010434	100.2	0.3122
110	1.779	643.8	1.7727	0.0010515	110.2	0.3388	0.0010515	110.2	0.3388	0.0010515	110.2	0.3388
120	1.829	648.6	1.7850	1.211	647.6	1.7381	0.9030	646.4	1.7041	0.0010603	120.3	0.3649
130	1.878	653.4	1.7970	1.245	652.4	1.7503	0.9287	651.4	1.7165	0.7387	650.3	1.6901
140	1.926	658.1	1.8087	1.278	657.3	1.7622	0.9540	656.3	1.7286	0.7594	655.3	1.7024
150	1.975	662.9	1.8201	1.311	662.1	1.7738	0.9791	661.2	1.7404	0.7798	660.3	1.7143
160	2.023	667.7	1.8312	1.344	666.9	1.7851	1.004	666.1	1.7519	0.7999	665.3	1.7259
170	2.071	672.5	1.8420	1.376	671.7	1.7961	1.029	671.0	1.7631	0.8199	670.3	1.7372
180	2.119	677.2	1.8525	1.409	676.5	1.8068	1.053	675.9	1.7739	0.8398	675.2	1.7482
190	2.167	681.9	1.8628	1.441	681.3	1.8172	1.078	680.7	1.7845	0.8596	680.1	1.7589

续表

温度/℃	1.0大气压(绝)			1.5大气压(绝)			2.0大气压(绝)			2.5大气压(绝)		
	t_s=99.09 i''=638.7 v''=1.725 S''=1.7592			t_s=110.79 i''=643.1 v''=1.180 S''=1.7267			t_s=119.62 i''=646.3 v''=0.9019 S''=1.7039			t_s=126.79 i''=648.7 v''=0.7319 S''=1.6862		
	比体积/(m^3/kg)	焓/(kcal/kg)	熵/[kcal/(kg·℃)]	比体积/(m^3/kg)	焓/(kcal/kg)	熵/[kcal/(kg·℃)]	比体积/(m^3/kg)	焓/(kcal/kg)	熵/[kcal/(kg·℃)]	比体积/(m^3/kg)	焓/(kcal/kg)	熵/[kcal/(kg·℃)]
200	2.215	686.6	1.8728	1.473	686.1	1.8274	1.102	685.5	1.7948	0.8792	685.0	1.7693
210	2.263	691.3	1.8828	1.505	690.8	1.8373	1.126	690.3	1.8049	0.8988	689.8	1.7795
220	2.311	696.0	1.8925	1.537	695.6	1.8471	1.150	695.1	1.8148	0.9183	694.6	1.7894
230	2.358	700.8	1.9020	1.569	700.4	1.8567	1.174	699.6	1.8244	0.9377	699.5	1.7991
240	2.406	705.5	1.9113	1.601	705.1	1.8661	1.198	704.7	1.8388	0.9570	704.3	1.8086
250	2.454	710.3	1.9205	1.633	709.9	1.8753	1.222	709.5	1.8430	0.9763	709.1	1.8179
260	2.501	715.0	1.9295	1.664	714.7	1.8843	1.246	714.3	1.8521	0.9955	713.9	1.8270
270	2.548	719.8	1.9384	1.696	719.5	1.8932	1.270	719.1	1.8611	1.015	718.8	1.8360
280	2.596	724.6	1.9471	1.728	724.3	1.9020	1.294	723.9	1.8699	1.034	723.6	1.8448
290	2.643	729.4	1.9557	1.760	729.1	1.9106	1.318	728.8	1.8785	1.053	728.5	1.8535
300	2.690	734.2	1.9641	1.791	733.9	1.9191	1.342	733.7	1.8870	1.072	733.4	1.8620
310	2.738	739.0	1.9724	1.823	738.7	1.9274	1.366	738.5	1.8954	1.092	738.2	1.8704
320	2.785	743.8	1.9806	1.855	743.6	1.9356	1.390	743.3	1.9036	1.111	743.1	1.8787
330	2.832	748.7	1.9887	1.886	748.4	1.9437	1.413	748.2	1.9117	1.130	747.9	1.8869
340	2.880	753.5	1.9967	1.918	753.3	1.9517	1.437	753.0	1.9197	1.149	752.8	1.8948
350	2.927	758.4	2.0045	1.949	758.1	1.9596	1.461	757.9	1.9276	1.168	757.7	1.9028
360	2.974	763.3	2.0122	1.981	763.0	1.9674	1.485	762.8	1.9354	1.187	762.6	1.9106
370	3.022	768.2	2.0199	2.013	768.0	1.9751	1.508	767.8	1.9431	1.206	767.5	1.9183
380	3.069	773.1	2.0275	2.044	772.9	1.9827	1.532	772.7	1.9507	1.225	772.5	1.9259
390	3.116	778.0	2.0350	2.076	777.8	1.9902	1.556	777.6	1.9582	1.244	777.4	1.9334

续表

温度/℃	1.0大气压(绝) $t_s=99.09$ $i''=638.7$ $v''=1.725$ $S''=1.7592$			1.5大气压(绝) $t_s=110.79$ $i''=643.1$ $v''=1.180$ $S''=1.7267$			2.0大气压(绝) $t_s=119.62$ $i''=646.3$ $v''=0.9019$ $S''=1.7039$			2.5大气压(绝) $t_s=126.79$ $i''=648.7$ $v''-0.7319$ $S''-1.6862$		
	比体积/(m^3/kg)	焓/(kcal/kg)	熵/[kcal/(kg·℃)]	比体积/(m^3/kg)	焓/(kcal/kg)	熵/[kcal/(kg·℃)]	比体积/(m^3/kg)	焓/(kcal/kg)	熵/[kcal/(kg·℃)]	比体积/(m^3/kg)	焓/(kcal/kg)	熵/[kcal/(kg·℃)]
400	3.163	782.9	2.0424	2.107	782.7	1.9976	1.579	782.5	1.9656	1.263	782.4	1.9408
410	3.211	787.9	2.0497	2.139	787.7	2.0049	1.602	787.5	1.9829	1.282	787.3	1.9482
420	3.258	792.9	2.0569	2.170	792.7	2.0121	1.627	792.5	1.9802	1.301	792.3	1.9555
430	3.305	797.8	2.0641	2.202	797.7	2.0193	1.651	797.5	1.9874	1.320	797.4	1.9627
440	3.352	802.8	2.0712	2.233	802.7	2.0264	1.674	802.5	1.9945	1.339	802.4	1.9698
450	3.399	807.8	2.0782	2.265	807.7	2.0334	1.698	807.5	2.0015	1.358	807.4	1.9768
460	3.446	812.9	2.0851	2.296	812.7	2.0403	1.722	812.6	2.0084	1.377	812.5	1.9837
470	3.494	817.9	2.0919	2.328	817.8	2.0471	1.745	817.6	2.0153	1.396	817.5	1.9906
480	3.541	823.0	2.0987	2.359	822.9	2.0539	1.769	822.7	2.0221	1.415	822.6	1.9974
490	3.588	828.1	2.1054	2.391	827.9	2.0606	1.792	827.8	2.0288	1.433	827.7	2.0041
500	3.635	833.2	2.1120	2.422	833.0	2.0672	1.816	832.9	2.0354	1.452	832.8	2.0107
510	3.682	838.3	2.1186	2.454	838.2	2.0738	1.840	838.0	2.0420	1.471	837.9	2.0173
520	3.729	843.4	2.1251	2.485	843.3	2.0803	1.863	843.2	2.0485	1.490	843.1	2.0238
530	3.777	848.6	2.1316	2.517	848.5	2.0868	1.887	848.4	2.0550	1.509	848.2	2.0303
540	3.824	853.7	2.1380	2.548	853.6	2.0932	1.911	853.5	2.0614	1.528	853.4	2.0367
550	3.871	858.9	2.1443	2.580	858.8	2.0995	1.934	858.7	2.0677	1.547	858.6	2.0430
560	3.918	864.1	2.1506	2.611	864.0	2.1058	1.958	863.9	2.0740	1.566	863.8	2.0493
570	3.965	869.3	2.1568	2.643	869.2	2.1120	1.982	869.1	2.0802	1.585	869.0	2.0556
580	4.012	874.5	2.1629	2.674	874.4	2.1182	2.005	874.3	2.0864	1.604	874.2	2.0618
590	4.059	879.8	2.1690	2.706	879.7	2.1243	2.029	879.6	2.0925	1.623	879.5	2.0679

续表

温度/℃	1.0大气压(绝)			1.5大气压(绝)			2.0大气压(绝)			2.5大气压(绝)		
	t_s=99.09　i''=638.7 v''=1.725　S''=1.7592			t_s=110.79　i''=643.1 v''=1.180　S''=1.7267			t_s=119.62　i''=646.3 v''=0.9019　S''=1.7039			t_s=126.79　i''=648.7 v''=0.7319　S''=1.6862		
	比体积/(m^3/kg)	焓/(kcal/kg)	熵/[kcal/(kg·℃)]	比体积/(m^3/kg)	焓/(kcal/kg)	熵/[kcal/(kg·℃)]	比体积/(m^3/kg)	焓/(kcal/kg)	熵/[kcal/(kg·℃)]	比体积/(m^3/kg)	焓/(kcal/kg)	熵/[kcal/(kg·℃)]
600	4.106	885.0	2.1751	2.737	884.9	2.1304	2.052	884.9	2.0986	1.641	884.8	2.0739
610	4.154	890.3	2.1812	2.768	890.2	2.1365	2.076	890.2	2.1047	1.660	890.1	2.0800
620	4.201	895.6	2.1872	2.800	895.5	2.1424	2.099	895.5	2.1107	1.679	895.4	2.0860
630	4.248	900.9	2.1931	2.831	900.9	2.1483	2.123	900.8	2.1166	1.698	900.7	2.0919
640	4.295	906.2	2.1990	2.862	906.2	2.1542	2.146	906.1	2.1225	1.717	906.0	2.0978
650	4.342	911.6	2.2048	2.894	911.5	2.1600	2.170	911.5	2.1283	1.735	911.4	2.1036
660	4.389	917.0	2.2106	2.925	916.9	2.1658	2.193	916.8	2.1341	1.754	916.8	2.1094
670	4.436	922.4	2.2163	2.956	922.3	2.1716	2.217	922.2	2.1398	1.773	922.2	2.1152
680	4.483	927.8	2.2220	2.988	927.7	2.1772	2.240	927.6	2.1455	1.792	927.6	2.1208
690	4.530	933.2	2.2276	3.019	933.1	2.1829	2.264	933.0	2.1512	1.811	933.0	2.1265
700	4.578	938.6	2.2332	3.052	938.5	2.1885	2.289	938.5	2.1568	1.831	938.4	2.1321
710	4.626	943.4	2.2380	3.083	943.4	2.1933	2.312	943.3	2.1615	1.850	943.2	2.1369
720	4.673	948.8	2.2435	3.115	948.8	2.1988	2.336	948.8	2.1670	1.869	948.7	2.1424
730	4.720	954.3	2.2490	3.147	954.3	2.2043	2.360	954.3	2.1725	1.888	954.2	2.1479
740	4.767	959.8	2.2545	3.179	959.8	2.2098	2.384	959.8	2.1780	1.907	959.7	2.1534
750	4.814	965.3	2.2599	3.210	965.3	2.2152	2.408	965.3	2.1834	1.926	965.2	2.1588
760	4.861	970.8	2.2653	3.241	970.8	2.2206	2.432	970.8	2.1887	1.945	970.7	2.1641
770	4.908	976.3	2.2706	3.272	976.3	2.2259	2.455	976.3	2.1940	1.964	976.2	2.1694
780	4.955	981.8	2.2759	3.303	981.3	2.2311	2.478	981.8	2.1992	1.983	981.7	2.1747
790	5.002	987.4	2.2811	3.334	987.4	2.2363	2.501	987.4	2.2044	2.001	987.3	2.1800
800	5.049	993.0	2.2863	3.365	993.0	2.2415	2.524	993.0	2.2096	2.019	992.9	2.1852

续表

温度/℃	1.0 大气压(绝) $t_s=99.09$ $i''=638.7$ $v''=1.725$ $S''=1.7592$			1.5 大气压(绝) $t_s=110.79$ $i''=643.1$ $v''=1.180$ $S''=1.7267$			2.0 大气压(绝) $t_s=119.62$ $i''=646.3$ $v''=0.9019$ $S''=1.7039$			2.5 大气压(绝) $t_s=126.79$ $i''=648.7$ $v''=0.7319$ $S''=1.6862$		
	比体积/(m^3/kg)	焓/(kcal/kg)	熵/[kcal/(kg·℃)]	比体积/(m^3/kg)	焓/(kcal/kg)	熵/[kcal/(kg·℃)]	比体积/(m^3/kg)	焓/(kcal/kg)	熵/[kcal/(kg·℃)]	比体积/(m^3/kg)	焓/(kcal/kg)	熵/[kcal/(kg·℃)]
810	5.096	998.6	2.2915	3.397	998.6	2.2467	2.548	998.6	2.2148	2.038	998.5	2.1904
820	5.143	1004.2	2.2967	3.428	1004.2	2.2519	3.572	1004.2	2.2200	2.057	1004.1	2.1956
830	5.190	1009.9	2.3018	3.459	1009.9	2.2571	2.596	1009.9	2.2252	2.076	1009.8	2.2007
840	5.237	1015.6	2.3069	3.490	1015.6	2.2622	2.619	1015.6	2.2304	2.095	1015.5	2.2058
850	5.284	1021.3	2.3120	3.521	1021.3	2.2673	2.642	1021.3	2.2356	2.113	1021.2	2.2109
860	5.331	1027.0	2.3170	3.553	1027.0	2.2723	2.666	1027.0	2.2407	2.132	1026.9	202159
870	5.378	1032.7	2.3220	3.585	1032.7	2.2773	2.690	1032.7	2.2457	2.151	1032.6	2.2209
880	5.425	1038.4	2.3269	3.617	1038.4	2.2822	2.713	1038.4	2.2506	2.170	1038.3	2.2258
890	5.472	1044.1	2.3318	3.648	1044.1	2.2871	2.736	1044.1	2.2555	2.189	1044.0	2.2307
900	5.519	1049.8	2.3367	3.679	1049.8	2.2920	2.759	1049.8	2.2603	2.207	1049.7	2.2356
910	5.566	1055.5	2.3416	3.711	1055.5	2.2969	2.783	1055.5	2.2652	2.226	1055.4	2.2405
920	5.613	1061.2	2.3465	3.743	1061.2	2.3018	2.807	1061.2	2.2701	2.245	1061.1	2.2454
930	5.660	1066.9	2.3513	3.775	1066.9	2.3066	2.831	1066.9	2.2749	2.264	1066.8	2.2503
940	5.707	1072.6	2.3561	3.807	1072.6	2.3114	2.855	1072.6	2.2797	2.283	1072.5	2.2551
950	5.754	1078.3	2.3609	3.838	1078.3	2.3162	2.879	1078.3	2.2845	2.302	1078.2	2.2599
960	5.801	1084.0	2.3656	3.869	1084.0	2.3209	2.902	1084.0	2.2892	2.321	1084.0	2.2646
970	5.848	1089.8	2.3703	3.900	1089.8	2.3256	2.925	1089.8	2.2939	2.340	1089.8	2.2693
980	5.895	1095.6	2.3750	3.931	1095.6	2.3303	2.948	1095.6	2.2986	2.359	1095.6	2.2740
990	5.942	1101.4	2.3796	3.962	1101.4	2.3349	2.971	1101.4	2.3032	2.377	1101.4	2.2786
1000	5.989	1107.2	2.3842	3.993	1107.2	2.3395	2.994	1107.2	3.3078	2.395	1107.2	2.2832

续表

温度/℃	3.0 大气压(绝) $t_s=132.88$ $i''=650.8$ $v''=0.6160$ $S''=1.6716$			4.0 大气压(绝) $t_s=142.92$ $i''=653.9$ $v''=0.4708$ $S''=1.6488$			5.0 大气压(绝) $t_s=151.11$ $i''=656.3$ $v''=0.3818$ $S''=1.6310$			6.0 大气压(绝) $t_s=158.08$ $i''=658.3$ $v''=0.3214$ $S''=1.6163$		
	比体积/(m^3/kg)	焓/(kcal/kg)	熵/[kcal/(kg·℃)]	比体积/(m^3/kg)	焓/(kcal/kg)	熵/[kcal/(kg·℃)]	比体积/(m^3/kg)	焓/(kcal/kg)	熵/[kcal/(kg·℃)]	比体积/(m^3/kg)	焓/(kcal/kg)	熵/[kcal/(kg·℃)]
0	0.0010001	0.1	0.0000	0.0010000	0	0.0000	0.0009999	0.1	0.0000	0.0009999	0.1	0.0000
10	0.0010002	10.1	0.0361	0.0010002	10.1	0.0361	0.0010001	10.2	0.0361	0.0010001	10.2	0.0361
20	0.0010017	20.1	0.0708	0.0010017	20.1	0.0708	0.0010016	20.1	0.0708	0.0010016	20.2	0.0708
30	0.0010043	30.1	0.1043	0.0010042	30.1	0.1043	0.0010042	30.1	0.1043	0.0010041	30.1	0.1043
40	0.0010078	40.0	0.1367	0.0010077	40.1	0.1367	0.0010077	40.1	0.1367	0.0010077	40.1	0.1367
50	0.0010120	50.0	0.1680	0.0010119	50.0	0.1680	0.0010119	50.0	0.1680	0.0010118	50.1	0.1680
60	0.0010170	60.0	0.1984	0.0010169	60.0	0.1984	0.0010168	60.0	0.1984	0.0010168	60.1	0.1984
70	0.0010226	70.0	0.2280	0.0010226	70.0	0.2280	0.0010225	70.0	0.2280	0.0010225	70.1	0.2280
80	0.0010288	80.0	0.2568	0.0010288	80.0	0.2568	0.0010288	80.0	0.2568	0.0010287	80.1	0.2568
90	0.0010358	90.1	0.2848	0.0010357	90.1	0.2848	0.0010357	90.1	0.2848	0.0010356	90.2	0.2848
100	0.0010434	100.2	0.3121	0.0010433	100.2	0.3121	0.0010433	100.2	0.3121	0.0010432	100.2	0.3121
110	0.0010515	110.2	0.3388	0.0010514	110.3	0.3387	0.0010514	110.3	0.3387	0.0010513	110.3	0.3387
120	0.0010602	120.3	0.3649	0.0010602	120.4	0.3648	0.0010601	120.4	0.3648	0.0010601	120.4	0.3648
130	0.0010697	130.5	0.3904	0.0010697	130.6	0.3904	0.0010696	130.6	0.3904	0.0010696	130.6	0.3903
140	0.6296	654.4	1.6805	0.0010798	140.8	0.4154	0.0010797	140.8	0.4154	0.0010797	140.8	0.4154
150	0.6469	659.5	1.6926	0.4806	657.6	1.6576	0.0010906	151.0	0.4399	0.0010906	151.0	0.4399
160	0.6640	664.5	1.7043	0.4938	662.8	1.6697	0.3917	661.0	1.6420	0.3233	659.3	1.6187
170	0.6809	669.5	1.7157	0.5068	668.0	1.6814	0.4024	666.4	1.6541	0.3326	664.8	1.6311
180	0.6976	674.5	1.7263	0.5197	673.1	1.6929	0.4130	671.7	1.6658	0.3417	670.2	1.6431
190	0.7142	679.5	1.7376	0.5325	678.2	1.7040	0.4234	676.9	1.6772	0.3506	675.6	1.6547

续表

温度/℃	3.0大气压(绝) $t_s=132.88$ $i''=650.8$ $v''=0.6160$ $S''=1.6716$			4.0大气压(绝) $t_s=142.92$ $i''=653.9$ $v''=0.4708$ $S''=1.6488$			5.0大气压(绝) $t_s=151.11$ $i''=656.3$ $v''=0.3818$ $S''=1.6310$			6.0大气压(绝) $t_s=158.08$ $i''=658.3$ $v''=0.3214$ $S''=1.6163$		
	比体积/(m^3/kg)	焓/(kcal/kg)	熵/[kcal/(kg·℃)]	比体积/(m^3/kg)	焓/(kcal/kg)	熵/[kcal/(kg·℃)]	比体积/(m^3/kg)	焓/(kcal/kg)	熵/[kcal/(kg·℃)]	比体积/(m^3/kg)	焓/(kcal/kg)	熵/[kcal/(kg·℃)]
200	0.7307	684.4	1.7482	0.5451	683.2	1.7147	0.4336	682.1	1.6882	0.3593	680.9	1.6660
210	0.7471	689.3	1.7585	0.5576	688.2	1.7252	0.4438	687.2	1.6989	0.3680	686.1	1.6770
220	0.7635	694.2	1.7685	0.5700	693.2	1.7358	0.4539	692.2	1.7092	0.3766	691.2	1.6876
230	0.7798	699.0	1.7782	0.5824	698.1	1.7452	0.4640	697.2	1.7193	0.3851	696.3	1.6978
240	0.7960	703.9	1.7878	0.5947	703.1	1.7549	0.4740	702.2	1.7291	0.3935	701.3	1.7077
250	0.8122	708.8	1.7972	0.6070	708.0	1.7644	0.4839	707.2	1.7387	0.4018	706.4	1.7174
260	0.8283	713.6	1.8064	0.6192	712.9	1.7737	0.4938	712.1	1.7481	0.4101	711.4	1.7269
270	0.8444	718.5	1.8154	0.6314	717.8	1.7828	0.5036	717.1	1.7573	0.4184	716.4	1.7362
280	0.8605	723.3	1.8243	0.6435	722.7	1.7917	0.5134	722.0	1.7663	0.4266	721.4	1.7453
290	0.8766	728.1	1.8330	0.6557	727.6	1.8005	0.5232	726.9	1.7751	0.4348	726.3	1.7542
300	0.8926	733.0	1.8416	0.6678	732.5	1.8001	0.5329	731.9	1.7838	0.4430	731.3	1.7629
310	0.9085	737.0	1.8500	0.6799	737.4	1.8176	0.5426	736.9	1.7923	0.4512	736.2	1.7715
320	0.9245	742.8	1.8583	0.6919	742.3	1.8259	0.5524	741.7	1.8007	0.4593	741.2	1.7800
330	0.9405	747.7	1.8665	0.7040	747.2	1.8341	0.5621	746.7	1.8089	0.4674	746.2	1.7883
340	0.9564	752.6	1.8745	0.7160	752.1	1.8422	0.5717	751.6	1.8170	0.4755	751.1	1.7965
350	0.9723	757.5	1.8824	0.7280	757.0	1.8502	0.5814	756.6	1.8250	0.4836	756.1	1.8045
360	0.9883	762.4	1.8902	0.7400	762.0	1.8580	0.5910	761.5	1.8329	0.4917	761.1	1.8124
370	1.004	767.3	1.8979	0.7519	766.9	1.8658	0.6006	766.5	1.8407	0.4998	766.1	1.8202
380	1.020	772.3	1.9055	0.7639	771.9	1.8734	0.6102	771.5	1.8484	0.5078	771.0	1.8279
390	1.036	777.2	1.9130	0.7758	776.8	1.8810	0.6198	776.5	1.8560	0.5158	776.0	1.8355

续表

温度/℃	3.0 大气压(绝)			4.0 大气压(绝)			5.0 大气压(绝)			6.0 大气压(绝)		
	t_s=132.88 i''=650.8 v''=0.6160 S''=1.6716			t_s=142.92 i''=653.9 v''=0.4708 S''=1.6488			t_s=151.11 i''=656.3 v''=0.3818 S''=1.6310			t_s=158.08 i''=658.3 v''=0.3214 S''=1.6163		
	比体积/(m^3/kg)	焓/(kcal/kg)	熵/[kcal/(kg·℃)]	比体积/(m^3/kg)	焓/(kcal/kg)	熵/[kcal/(kg·℃)]	比体积/(m^3/kg)	焓/(kcal/kg)	熵/[kcal/(kg·℃)]	比体积/(m^3/kg)	焓/(kcal/kg)	熵/[kcal/(kg·℃)]
400	1.052	782.2	1.9205	0.7878	781.8	1.8885	0.6294	781.5	1.8635	0.5238	781.1	1.8430
410	1.068	787.2	1.9279	0.7997	786.8	1.8959	0.6390	786.5	1.8709	0.5318	786.1	1.8504
420	1.083	792.7	1.9352	0.8116	791.8	1.9032	0.6485	791.5	1.8782	0.5398	791.2	1.8577
430	1.099	797.2	1.9424	0.8235	796.9	1.9104	0.6581	796.5	1.8854	0.5478	796.2	1.8649
440	1.115	802.2	1.9595	0.8354	801.9	1.9175	0.6677	801.6	1.8926	0.5558	801.3	1.8721
450	1.131	807.2	1.9565	0.8473	807.0	1.9245	0.6772	806.7	1.8996	0.5638	806.3	1.8792
460	1.147	812.3	1.9634	0.8592	812.0	1.9315	0.6867	811.7	1.9066	0.5717	811.4	1.8862
470	1.163	817.4	1.9703	0.8711	817.1	1.9584	0.6962	816.8	1.9135	0.5797	816.6	1.8932
480	1.178	822.5	1.9771	0.8830	822.2	1.9452	0.7058	821.9	1.9203	0.5877	821.7	1.9000
490	1.194	827.6	1.9839	0.8949	827.3	1.9519	0.7153	827.1	1.9271	0.5956	826.8	1.9068
500	1.210	832.7	1.9905	0.9367	832.4	1.9586	0.7248	832.2	1.9338	0.6035	831.9	1.9185
510	1.226	837.8	1.9971	0.9186	937.6	1.9652	0.7343	837.3	1.9404	0.6115	837.1	1.9201
520	1.241	843.0	2.0036	0.9304	842.7	1.9717	0.7438	842.5	1.9469	0.6194	842.3	1.9266
530	1.257	848.1	2.0101	0.9423	847.9	1.9782	0.7533	847.7	1.9534	0.6273	847.5	1.9331
540	1.273	853.3	2.0164	0.9541	853.1	1.9846	0.7628	852.9	1.9598	0.6353	852.7	1.9396
550	1.289	858.2	2.0229	0.9660	858.3	1.9910	0.7723	858.1	1.9662	0.6432	857.9	1.9460
560	1.304	863.7	2.0292	0.9778	863.5	1.9973	0.7818	863.3	1.9725	0.6511	863.1	1.9523
570	1.320	869.9	2.0354	0.9896	868.7	2.0035	0.7913	868.5	1.9788	0.6590	868.4	1.9585
580	1.336	874.2	2.0416	1.002	874.0	2.0097	0.8003	873.8	1.9850	0.6669	873.6	1.9647
590	1.352	879.4	2.0477	1.013	879.2	2.0158	0.8102	879.1	1.9911	0.6748	879.9	1.9709
600	1.367	884.7	2.0538	1.025	884.5	2.0219	0.8197	884.3	1.9972	0.6828	884.2	1.9770

续表

温度/℃	3.0大气压(绝)[1]			4.0大气压(绝)			5.0大气压(绝)			6.0大气压(绝)		
	t_s=132.88 i''=650.8 v''=0.6160 S''=1.6716			t_s=142.92 i''=653.9 v''=0.4708 S''=1.6488			t_s=151.11 i''=656.3 v''=0.3818 S''=1.6310			t_s=158.08 i''=658.3 v''=0.3214 S''=1.6163		
	比体积/(m³/kg)	焓/(kcal/kg)	熵/[kcal/(kg·℃)]	比体积/(m³/kg)	焓/(kcal/kg)	熵/[kcal/(kg·℃)]	比体积/(m³/kg)	焓/(kcal/kg)	熵/[kcal/(kg·℃)]	比体积/(m³/kg)	焓/(kcal/kg)	熵/[kcal/(kg·℃)]
610	1.383	890.0	2.0599	1.037	889.8	2.0280	0.8292	889.7	2.0033	0.6907	889.5	1.9831
620	1.399	895.3	2.0659	1.049	895.1	2.0340	0.8387	895.0	2.0093	0.6986	894.8	1.9891
630	1.414	900.6	2.0718	1.060	900.5	2.0400	0.8481	900.3	2.0152	0.7065	900.2	1.9950
640	1.430	906.0	2.0777	1.072	905.8	2.0458	0.8576	905.6	2.0211	0.7144	905.5	2.0009
650	1.446	911.3	2.0835	1.084	911.3	2.0517	0.8670	911.0	2.0270	0.7222	910.9	2.0068
660	1.462	916.7	2.0893	1.096	916.5	2.0575	0.8765	916.4	2.0328	0.7302	916.3	2.0126
670	1.477	922.1	2.0950	1.107	921.9	2.0632	0.8860	921.8	2.0385	0.7380	921.7	2.0183
680	1.493	927.5	2.1007	1.119	927.4	2.0689	0.8954	927.2	2.0442	0.7459	927.1	2.0240
690	1.509	932.9	2.1064	1.131	932.8	2.0746	0.9049	932.6	2.0499	0.7538	932.5	2.0297
700	1.524	938.3	2.1120	1.144	938.2	2.0802	0.9143	938.1	2.0555	0.7617	938.0	2.0353
710	1.541	943.1	2.1167	1.1553	943.0	2.0850	0.9239	942.9	2.0603	0.7697	942.8	0.0399
720	1.556	948.6	2.1222	1.1671	948.5	2.0905	0.9334	948.4	2.0658	0.7776	948.3	2.0455
730	1.572	954.1	2.1277	1.1789	954.0	2.0960	0.9429	953.9	2.0713	0.7855	953.8	2.0510
740	1.588	959.6	2.1332	1.1907	959.5	2.1015	0.9524	959.4	2.0768	0.7934	959.3	2.0565
750	1.604	965.1	2.1386	1.2025	965.0	2.1069	0.9618	964.9	2.0822	0.8013	964.8	2.0619
760	1.620	970.6	2.1440	1.2143	970.5	2.1123	0.9712	970.4	2.0876	0.8092	970.3	2.0673
770	1.636	976.1	2.1493	1.2261	976.0	2.1176	0.9806	975.9	2.0929	0.8171	975.8	2.0726
780	1.652	981.6	2.1546	1.2379	981.6	2.1229	0.9900	981.5	2.0982	0.8250	981.4	2.0778
790	1.667	987.2	2.1599	1.2497	987.2	2.1281	0.9994	987.1	2.1034	0.8329	987.0	2.0830
800	1.682	992.8	2.1651	1.2615	992.8	2.1333	1.0088	992.7	2.1086	0.8407	992.6	2.0882

① 温度从710~800℃，v''=0.6169。

续表

温度/℃	3.0 大气压(绝)①			4.0 大气压(绝)			5.0 大气压(绝)			6.0 大气压(绝)		
	t_s=132.88 i''=650.8 v''=0.6169 S''=1.6716			t_s=142.92 i''=653.9 v''=0.4708 S''=1.6488			t_s=151.11 i''=656.3 v''=0.3818 S''=1.6310			t_s=158.08 i''=658.3 v''=0.3214 S''=1.6163		
	比体积/(m^3/kg)	焓/(kcal/kg)	熵/[kcal/(kg·℃)]	比体积/(m^3/kg)	焓/(kcal/kg)	熵/[kcal/(kg·℃)]	比体积/(m^3/kg)	焓/(kcal/kg)	熵/[kcal/(kg·℃)]	比体积/(m^3/kg)	焓/(kcal/kg)	熵/[kcal/(kg·℃)]
810	1.698	998.4	2.1703	1.2733	998.4	2.1385	1.0183	998.3	2.1138	0.8486	998.2	2.0934
820	1.714	1004.0	2.1755	1.2851	1004.0	2.1437	1.0277	1003.9	2.1190	0.8565	1003.8	2.0986
830	1.730	1009.7	2.1806	1.2969	1009.7	2.1488	1.0372	1009.6	2.1241	0.8644	1009.5	2.1038
840	1.746	1015.4	2.1857	1.3087	1015.4	2.1539	1.0466	1.15.3	2.1292	0.8722	1015.2	2.1089
850	1.761	1021.1	2.1908	1.3205	1021.1	2.1590	1.0560	1021.0	2.1343	0.8800	1020.0	2.1140
860	1.777	1026.8	2.1958	1.3322	1026.8	2.1640	1.0655	1026.7	2.1393	0.8879	1026.6	2.1190
870	1.793	1032.5	2.2008	1.3439	1032.2	2.1690	1.0749	1032.4	2.1443	0.8958	1032.3	2.1240
880	1.809	1038.2	2.2057	1.3556	1038.2	2.1740	1.0844	1038.1	2.1403	0.9036	1038.0	2.1290
890	1.824	1043.9	2.2106	1.3673	1043.9	2.1789	1.0938	1043.8	2.1543	0.9114	1043.7	2.1340
900	1.839	1049.6	2.2155	1.3790	1049.6	2.1838	1.1032	1049.5	2.1592	0.9192	1049.4	2.1389
910	1.855	1055.3	2.2204	1.3908	1055.3	2.1887	1.1126	1055.2	2.1641	0.9271	1055.1	2.1438
920	1.871	1061.0	2.2253	1.4025	1061.0	2.1936	1.1221	1060.9	2.1690	0.9350	1060.8	2.1487
930	1.887	1066.7	2.2302	1.4143	1066.7	2.1984	1.1315	1066.6	2.1738	0.9429	1066.5	2.1535
940	1.903	1072.4	2.2350	1.4260	1072.4	2.2032	1.1410	1072.3	2.1786	0.9508	1072.2	2.1583
950	1.919	1078.1	2.2398	1.4378	1078.1	2.2080	1.1504	1078.0	2.1834	0.9587	1077.9	2.1631
960	1.935	1083.9	2.2445	1.4495	1083.9	2.2127	1.1599	1083.8	2.1881	0.9665	1083.7	2.1678
970	1.951	1089.7	2.2492	1.4613	1089.7	2.2174	1.1693	1089.6	2.1928	0.9743	1089.5	2.1725
980	1.966	1095.5	2.2539	1.4730	1095.5	2.2221	1.1788	1095.4	2.1975	0.0.9821	1095.3	2.1772
990	1.981	1101.3	2.2585	1.4848	1101.3	2.2267	1.1882	1101.2	2.2022	0.9899	1101.1	2.1819
1000	1.996	1107.1	2.2631	1.4965	1107.1	2.2313	1.1976	1107.0	2.2068	0.9977	1106.9	2.1865

续表

温度/℃	7.0大气压(绝) t_s=164.17 i''=659.9 v''=0.2778 S''=1.6039			8.0大气压(绝) t_s=169.61 i''=661.2 v''=0.2448 S''=1.5931			9.0大气压(绝) t_s=174.53 i''=662.3 v''=0.2190 S''=1.5834			10.0大气压(绝) t_s=179.04 i''=663.3 v''−0.1980 S''=1.5749		
	比体积/(m^3/kg)	焓/(kcal/kg)	熵/[kcal/(kg·℃)]	比体积/(m^3/kg)	焓/(kcal/kg)	熵/[kcal/(kg·℃)]	比体积/(m^3/kg)	焓/(kcal/kg)	熵/[kcal/(kg·℃)]	比体积/(m^3/kg)	焓/(kcal/kg)	熵/[kcal/(kg·℃)]
0	0.0009999	0.2	0.0000	0.0009998	0.2	0.0000	0.0009997	0.2	0.0000	0.0009997	0.2	0.0000
10	0.0010000	10.2	0.0361	0.0010000	10.2	0.0361	0.0009999	10.2	0.0361	0.0009999	10.3	0.0361
20	0.0010015	20.2	0.0708	0.0010015	20.2	0.0708	0.0010015	20.2	0.0707	0.0010014	20.3	0.0707
30	0.0010041	30.2	0.1043	0.0010040	30.2	0.1042	0.0010040	30.2	0.1042	0.0010040	30.2	0.1042
40	0.0010076	40.1	0.1367	0.0010076	40.2	0.1366	0.0010075	40.2	0.1366	0.0010075	40.2	0.1366
50	0.0010118	50.1	0.1680	0.0010118	50.1	0.1680	0.0010117	50.1	0.1680	0.0010117	50.2	0.1680
60	0.0010168	60.1	0.1984	0.0010167	60.1	0.1984	0.0010167	60.1	0.1984	0.0010166	60.1	0.1984
70	0.0010225	70.1	0.2280	0.0010224	70.1	0.2278	0.0010223	70.1	0.2279	0.0010223	70.1	0.2279
80	0.0010286	80.1	0.2568	0.0010286	80.1	0.2567	0.0010285	80.1	0.2567	0.0010285	80.1	0.2566
90	0.0010356	90.2	0.2848	0.0010355	90.2	0.2847	0.0010355	90.2	0.2847	0.0010354	90.2	0.2847
100	0.0010432	100.2	0.3121	0.0010431	100.3	0.3120	0.0010431	100.3	0.3120	0.0010430	100.2	0.3120
110	0.0010513	110.3	0.3387	0.0010512	110.4	0.3387	0.0010512	110.3	0.3386	0.0010511	110.4	0.3386
120	0.0010600	120.4	0.3648	0.0010600	120.4	0.3648	0.0010599	120.5	0.3647	0.0010599	120.5	0.3647
130	0.0010695	130.6	0.3903	0.0010695	130.6	0.3903	0.0010694	130.6	0.3903	0.0010694	130.7	0.3903
140	0.0010796	140.8	0.4153	0.0010795	140.8	0.4153	0.0010795	140.8	0.4153	0.0010794	140.8	0.4153
150	0.0010904	150.0	0.4398	0.0010904	151.1	0.4398	0.0010903	151.1	0.4398	0.0010902	151.1	0.4398
160	0.0011020	161.4	0.4640	0.0011020	161.4	0.4639	0.0011019	161.4	0.4639	0.0011018	161.4	0.4638
170	0.2827	663.1	1.6112	0.2452	661.5	1.5938	0.0011143	171.8	0.4876	0.0011142	171.8	0.4876
180	0.2908	668.7	1.6236	0.2524	667.2	1.6064	0.2225	665.5	1.5906	0.1986	663.8	1.5760
190	0.2986	674.2	1.6355	0.2594	672.8	1.6185	0.2290	671.3	1.6032	0.2046	669.8	1.5891

续表

温度/℃	7.0 大气压(绝)			8.0 大气压(绝)			9.0 大气压(绝)			10.0 大气压(绝)		
	t_s = 164.17　i'' = 659.9 v'' = 0.2778　S'' = 1.6039			t_s = 169.61　i'' = 661.2 v'' = 0.2448　S'' = 1.5931			t_s = 174.53　i'' = 662.3 v'' = 0.2190　S'' = 1.5834			t_s = 179.04　i'' = 663.3 v'' = 0.1980　S'' = 1.5749		
	比体积/(m^3/kg)	焓/(kcal/kg)	熵/[kcal/(kg·℃)]	比体积/(m^3/kg)	焓/(kcal/kg)	熵/[kcal/(kg·℃)]	比体积/(m^3/kg)	焓/(kcal/kg)	熵/[kcal/(kg·℃)]	比体积/(m^3/kg)	焓/(kcal/kg)	熵/[kcal/(kg·℃)]
200	0.3062	679.6	1.6470	0.2662	678.3	1.6302	0.2353	677.0	1.6151	0.2104	675.7	1.6013
210	0.3138	684.9	1.6582	0.2730	683.8	1.6416	0.2414	682.6	1.6267	0.2160	681.4	1.6131
220	0.3212	690.1	1.6690	0.2797	689.1	1.6526	0.2474	688.0	1.6379	0.2215	686.9	1.6245
230	0.3285	695.3	1.6793	0.2863	694.4	1.6632	0.2533	693.4	1.6487	0.2269	692.4	1.6355
240	0.3358	700.5	1.6894	0.2928	699.6	1.6735	0.2591	698.7	1.6591	0.2322	697.8	1.6461
250	0.3431	705.6	1.6992	0.2992	704.7	1.6835	0.2649	703.9	1.6692	0.2375	703.0	1.6563
260	0.3503	710.6	1.7088	0.3055	709.8	1.6931	0.2706	709.1	1.6790	0.2427	708.2	1.6662
270	0.3575	715.7	1.7182	0.3118	714.9	1.7025	0.2762	714.2	1.6886	0.2479	713.4	1.6759
280	0.3646	720.7	1.7274	0.3181	720.0	1.7117	0.2818	719.3	1.6979	0.2530	718.6	1.6853
290	0.3717	725.7	1.7364	0.3244	725.1	1.7208	0.2874	724.4	1.7070	0.2581	723.8	1.6945
300	0.3788	730.7	1.7452	0.3306	730.1	1.7397	0.2930	729.5	1.7159	0.2632	728.9	1.7035
310	0.3858	735.7	1.7538	0.3368	735.1	1.7384	0.2986	734.6	1.7247	0.2682	734.0	1.7123
320	0.3928	740.7	1.7623	0.3430	740.1	1.7469	0.3042	739.6	1.7333	0.2732	739.0	1.7210
330	0.3998	745.7	1.7706	0.3492	745.2	1.7553	0.3097	744.6	1.7417	0.2782	744.1	1.7295
340	0.4068	750.7	1.7788	0.3553	750.2	1.7635	0.3152	749.7	1.7500	0.2832	749.2	1.7378
350	0.4138	755.7	1.7869	0.3614	755.2	1.7716	0.3207	754.7	1.7581	0.2881	754.3	1.7460
360	0.4207	760.7	1.7949	0.3675	760.2	1.7796	0.3261	759.8	1.7661	0.2930	759.3	1.7540
370	0.4277	765.7	1.8027	0.3736	765.2	1.7875	0.3316	764.8	1.7740	0.2980	764.4	1.7619
380	0.4346	770.7	1.8104	0.3797	770.3	1.7953	0.3370	769.9	1.7818	0.3029	769.5	1.7698
390	0.4415	775.7	1.8181	0.3858	775.3	1.8029	0.3424	774.9	1.7895	0.3078	774.6	1.7775

续表

温度/℃	7.0大气压(绝)			8.0大气压(绝)			9.0大气压(绝)			10.0大气压(绝)		
	t_s=164.17　i''=659.9 v''=0.2778　S''=1.6039			t_s=169.61　i''=661.2 v''=0.2448　S''=1.5931			t_s=174.53　i''=662.3 v''=0.2190　S''=1.5834			t_s=179.04　i''=663.3 v''=0.1980　S''=1.5749		
	比体积/(m^3/kg)	焓/(kcal/kg)	熵/[kcal/(kg·℃)]	比体积/(m^3/kg)	焓/(kcal/kg)	熵/[kcal/(kg·℃)]	比体积/(m^3/kg)	焓/(kcal/kg)	熵/[kcal/(kg·℃)]	比体积/(m^3/kg)	焓/(kcal/kg)	熵/[kcal/(kg·℃)]
400	0.4484	780.7	1.8256	0.3918	780.4	1.8104	0.3478	780.0	1.7971	0.3126	779.6	1.7851
410	0.4553	785.8	1.8330	0.3979	785.4	1.8179	0.3532	785.1	1.8046	0.3175	784.7	1.7926
420	0.4622	790.8	1.8403	0.4039	790.5	1.8253	0.2586	790.2	1.8120	0.3223	789.8	1.8000
430	0.4690	795.9	1.8476	0.4100	795.6	1.8326	0.3640	795.2	1.8193	0.3272	794.9	1.8073
440	0.4759	801.0	1.8548	0.4160	800.7	1.8398	0.3694	800.3	1.8265	0.3320	800.0	1.8145
450	0.4827	806.1	1.8619	0.4220	805.8	1.8469	0.3747	805.5	1.8336	0.3369	805.2	1.8217
460	0.4895	811.2	1.8689	0.4280	810.9	1.8539	0.3801	810.6	1.8406	0.3417	810.3	1.8288
470	0.4964	816.3	1.8758	0.4340	816.0	1.8609	0.3854	815.7	1.8476	0.3465	815.4	1.8358
480	0.5033	821.4	1.8827	0.4400	821.1	1.8678	0.3908	820.9	1.8545	0.3514	820.6	1.8427
490	0.5101	826.5	1.8895	0.4460	826.3	1.8746	0.3961	826.0	1.8613	0.3562	825.8	1.8495
500	0.5169	831.7	1.8962	0.4520	831.4	1.8813	0.4014	831.2	1.8680	0.3610	831.0	1.8562
510	0.5237	836.9	1.9028	0.4579	836.6	1.8879	0.4068	836.4	1.8747	0.3658	836.2	1.8629
520	0.5306	842.0	1.9094	0.4639	841.8	1.8945	0.4121	841.6	1.8813	0.3706	841.4	1.8695
530	0.5374	847.2	1.9159	0.4699	847.0	1.9010	0.4174	846.8	1.8878	0.3754	846.6	1.8760
540	0.5442	852.5	1.9224	0.4759	852.2	1.9075	0.4227	852.0	1.8943	0.3802	851.8	1.8825
550	0.5510	857.7	1.9288	0.4818	857.5	1.9139	0.4280	857.3	1.0007	0.3850	857.1	1.8889
560	0.5578	862.9	1.9351	0.4878	862.7	1.9202	0.4333	862.5	1.6070	0.3898	862.2	1.8953
570	0.5646	868.2	1.9414	0.4937	868.0	1.9265	0.4386	867.8	1.9133	0.3945	867.6	1.9016
580	0.5714	873.4	1.9476	0.4997	873.2	1.9327	0.4439	873.0	1.9195	0.3993	872.9	1.9078
590	0.5781	878.7	1.9537	0.5056	878.5	1.9389	0.4492	878.3	1.9257	0.4041	878.2	1.9140

续表

温度/℃	7.0 大气压(绝)			8.0 大气压(绝)			9.0 大气压(绝)			10.0 大气压(绝)		
	$t_s=164.17$ $i''=659.9$ $v''=0.2778$ $S''=1.6039$			$t_s=169.61$ $i''=661.2$ $v''=0.2448$ $S''=1.5931$			$t_s=174.53$ $i''=662.3$ $v''=0.2190$ $S''=1.5834$			$t_s=179.04$ $i''=663.3$ $v''=0.1980$ $S''=1.5749$		
	比体积/(m^3/kg)	焓/(kcal/kg)	熵/[kcal/(kg·℃)]	比体积/(m^3/kg)	焓/(kcal/kg)	熵/[kcal/(kg·℃)]	比体积/(m^3/kg)	焓/(kcal/kg)	熵/[kcal/(kg·℃)]	比体积/(m^3/kg)	焓/(kcal/kg)	熵/[kcal/(kg·℃)]
600	0.5849	884.0	1.9598	0.5116	883.8	1.9450	0.4545	883.6	1.9318	0.4089	883.5	1.9201
610	0.5917	889.3	1.9660	0.5175	889.2	1.9511	0.4598	889.0	1.9380	0.4136	888.8	1.9262
620	0.5985	894.7	1.9720	0.5236	894.5	1.9571	0.4651	894.3	1.9440	0.4184	894.2	1.9323
630	0.6053	900.0	1.9770	0.5294	899.8	1.9631	0.4704	899.7	1.9500	0.4232	899.5	1.9382
640	0.6121	905.4	1.9838	0.5353	905.2	1.9690	0.4757	905.0	1.9559	0.4279	904.9	1.9442
650	0.6188	910.7	1.9897	0.5413	910.5	1.9748	0.4809	910.4	1.9617	0.4327	910.3	1.9500
660	0.6256	916.1	1.9955	0.5472	915.9	1.9806	0.4862	915.8	1.9676	0.4374	915.7	1.9558
670	0.6324	921.5	2.0012	0.5531	921.4	1.9864	0.4915	921.3	1.9733	0.4422	921.1	1.9616
680	0.6391	926.9	2.0069	0.5590	926.8	1.9921	0.4968	926.7	1.9790	0.4469	926.6	1.9673
690	0.6459	932.4	2.0126	0.5650	932.2	1.9978	0.5020	932.1	1.9847	0.4517	932.0	1.9730
700	0.6257	937.8	2.0182	0.5709	937.7	2.0034	0.5073	937.6	1.9904	0.4564	937.4	1.9787
710	0.6596	942.7	2.0229	0.5771	942.5	2.0082	0.5127	942.4	1.9951	0.4613	942.3	1.9833
720	0.6664	948.2	2.0284	0.5831	948.0	2.0137	0.5180	947.9	2.0006	0.4661	947.8	1.9889
730	0.6732	953.7	2.0339	0.5890	953.5	2.0192	0.5233	953.4	2.0061	0.4709	953.3	1.9944
740	0.6800	959.2	2.0394	0.5949	959.0	2.0247	0.5286	958.9	2.0116	0.4757	958.8	1.9999
750	0.6868	964.7	2.0448	0.6008	964.5	2.0301	0.5339	964.4	2.0170	0.4805	964.3	2.0053
760	0.6936	970.2	2.0502	0.6067	970.0	2.0355	0.5392	699.9	2.0224	0.4852	969.8	2.0107
770	0.7003	975.7	2.0555	0.6126	975.5	2.0408	0.5445	975.4	2.0277	0.4899	975.4	2.0160
780	0.7070	981.3	2.0608	0.6185	981.1	2.0461	0.5497	981.0	2.0330	0.4946	981.0	2.0213
790	0.7137	986.9	2.0660	0.6244	986.7	2.0514	0.5549	986.6	2.0383	0.4993	986.6	2.0266

续表

温度/℃	7.0大气压(绝) t_s=164.17 i''=659.9 v''=0.2778 S''=1.6039			8.0大气压(绝) t_s=169.61 i''=661.2 v''=0.2448 S''=1.5931			9.0大气压(绝) t_s=174.53 i''=662.3 v''=0.2190 S''=1.5834			10.0大气压(绝) t_s=179.04 i''=663.3 v''=0.1980 S''=1.5749		
	比体积/(m^3/kg)	焓/(kcal/kg)	熵/[kcal/(kg·℃)]	比体积/(m^3/kg)	焓/(kcal/kg)	熵/[kcal/(kg·℃)]	比体积/(m^3/kg)	焓/(kcal/kg)	熵/[kcal/(kg·℃)]	比体积/(m^3/kg)	焓/(kcal/kg)	熵/[kcal/(kg·℃)]
800	0.7204	992.5	2.0712	0.6303	992.3	2.0567	0.5601	992.2	2.0436	0.5040	992.2	2.0319
810	0.7272	998.1	2.0764	0.6362	997.9	2.0619	0.5654	997.8	2.0488	0.5038	997.8	2.0371
820	0.7340	1003.7	2.0816	0.6421	1003.5	2.0671	0.5707	1003.4	2.0540	0.5135	1003.4	2.0423
830	0.7407	1009.4	2.0868	0.6480	1009.2	2.0722	0.5759	1009.1	2.0592	0.5182	1009.1	2.0474
840	0.7474	1.15.1	0.0920	0.6539	1014.9	2.0773	0.5811	1014.8	2.0643	0.5229	1014.8	2.0525
850	0.7541	1020.8	2.0971	0.6598	1020.6	2.0824	0.5863	1020.5	2.0694	0.5276	1020.5	2.0576
860	0.7609	1026.5	2.1021	0.6658	1026.3	2.0874	0.5916	1026.2	2.0744	0.5324	1026.2	2.0626
870	0.7677	1032.2	2.1071	0.6717	1032.0	2.0924	0.5969	1031.9	2.0794	0.5372	1031.9	2.0676
880	0.7744	1037.9	2.1121	0.6776	1037.7	2.0974	0.6022	1037.6	2.0844	0.5419	1037.6	2.0726
890	0.7811	1043.6	2.1171	0.6835	1043.4	2.1024	0.6775	1043.3	2.0894	0.5466	1043.3	2.0776
900	0.7878	1049.3	2.1220	0.6894	1049.1	2.1073	0.6127	1049.0	2.0943	0.5513	1049.0	2.0826
910	0.7946	1055.0	2.1269	0.6953	1054.8	2.1122	0.6180	1054.7	2.0992	0.5561	1054.7	2.0875
920	0.8014	1060.7	2.1318	0.7012	1060.5	2.1171	0.6233	1060.4	2.1041	0.5609	1060.4	2.0924
930	0.8082	1066.4	2.1366	0.7071	1066.2	2.1219	0.6286	1066.1	2.1089	0.5656	1066.1	2.0972
940	0.8150	1072.1	2.1414	0.7130	1071.9	2.1267	0.6339	1071.8	2.1137	0.5703	1071.8	2.1020
950	0.8217	1077.8	2.1462	0.7189	1077.7	2.1314	0.6391	1077.6	2.1184	0.5750	1077.6	2.1067
960	0.8284	1083.6	2.1509	0.7248	1083.5	2.1361	0.6443	1083.4	2.1231	0.5797	1083.4	2.1114
970	0.8351	1089.4	2.1556	0.7307	1089.3	2.1403	0.6495	1089.2	2.1278	0.5844	1089.2	2.1161
980	0.8418	1095.2	2.1603	0.7366	1095.1	2.1455	0.6547	1095.0	2.1325	0.5891	1095.2	2.1208
990	0.8485	1101.0	2.1649	0.7425	1100.9	2.1502	0.6599	1100.8	2.1372	0.5938	1100.8	2.1255
1000	0.8552	1106.8	2.1695	0.7483	1106.7	2.1548	0.6651	1106.6	2.1418	0.5985	1106.6	2.1301

续表

温度/℃	12.0大气压(绝) $t_s=187.08$ $i''=664.9$ $v''=0.1663$ $S''=1.5598$			15.0大气压(绝) $t_s=197.36$ $i''=666.7$ $v''=0.1342$ $S''=1.5410$			20.0大气压(绝) $t_s=211.38$ $i''=668.5$ $v''=0.1016$ $S''=1.5161$			25.0大气压(绝) $t_s=222.90$ $i''=669.3$ $v''=0.08150$ $S''=1.4961$		
	比体积/(m^3/kg)	焓/(kcal/kg)	熵/[kcal/(kg·℃)]	比体积/(m^3/kg)	焓/(kcal/kg)	熵/[kcal/(kg·℃)]	比体积/(m^3/kg)	焓/(kcal/kg)	熵/[kcal/(kg·℃)]	比体积/(m^3/kg)	焓/(kcal/kg)	熵/[kcal/(kg·℃)]
0	0.0009996	0.3	0.0000	0.0009994	0.4	0.0000	0.0009992	0.5	0.0000	0.0009989	0.6	0.0000
10	0.0009998	10.3	0.0361	0.0009997	10.4	0.0361	0.0009994	10.5	0.0360	0.0009992	10.6	0.0360
20	0.0010013	20.3	0.0707	0.0010012	20.4	0.0707	0.0010010	20.5	0.0707	0.0010007	20.6	0.0706
30	0.0010039	30.3	0.1042	0.0010037	30.3	0.1042	0.0010035	30.4	0.1042	0.0010033	30.5	0.1041
40	0.0010074	40.2	0.1366	0.0010073	40.3	0.1366	0.0010070	40.4	0.1366	0.0010068	40.5	0.1365
50	0.0010116	50.2	0.1680	0.0010115	50.2	0.1680	0.0010112	50.4	0.1679	0.0010110	50.4	0.1678
60	0.0010165	60.2	0.1984	0.0010164	60.2	0.1984	0.0010164	60.3	0.1982	0.0010159	60.4	0.1981
70	0.0010222	70.2	0.2279	0.0010221	70.2	0.2278	0.0010218	70.3	0.2277	0.0010216	70.4	0.2276
80	0.0010284	80.2	0.2566	0.0010283	80.2	0.2565	0.0010280	80.3	0.2565	0.0010278	80.4	0.2563
90	0.0010353	90.3	0.2346	0.0010352	90.3	0.2846	0.0010349	90.4	0.2845	0.0010347	90.5	0.2844
100	0.0010429	100.3	0.3120	0.0010427	100.5	0.3119	0.0010424	100.5	0.3118	0.0010422	100.6	0.3117
110	0.0010510	110.3	0.3386	0.0010508	110.5	0.3385	0.0010506	110.5	0.3384	0.0010503	110.6	0.3383
120	0.0010598	120.5	0.3647	0.0010596	120.6	0.3646	0.0010593	120.6	0.3645	0.0010591	120.7	0.3644
130	0.00106901	130.7	0.3902	0.0010691	130.7	0.3901	0.0010688	130.8	0.3900	0.0010685	130.9	0.3899
140	0.0010793	140.9	0.4152	0.0010791	140.9	0.4151	0.0010788	141.0	0.4150	0.0010785	140.1	0.4149
150	0.0010901	151.1	0.4397	0.0010899	151.2	0.4396	0.0010896	151.2	0.4395	0.0010893	151.3	0.4393
160	0.0011017	161.4	0.4638	0.0011015	161.5	0.4637	0.0011011	161.5	0.4635	0.0011008	161.6	0.4633
170	0.0011141	171.8	0.4875	0.0011139	171.9	0.4874	0.0011135	171.9	0.4872	0.0011131	172.0	0.4869
180	0.0011273	182.3	0.5109	0.0011271	182.3	0.5108	0.0011267	182.4	0.5106	0.0011263	182.4	0.5103
190	0.1677	666.8	1.5638	0.0011413	192.9	0.5339	0.0011409	193.0	0.5336	0.0011404	193.0	0.5334
200	0.1729	672.9	1.5768	0.1353	668.4	1.5447	0.0011561	203.6	0.5564	0.0011556	203.7	0.5563

续表

温度/℃	12.0大气压(绝)			15.0大气压(绝)			20.0大气压(绝)			25.0大气压(绝)		
	t_s=187.08 i''=664.9 v''=0.1663 S''=1.5598			t_s=197.36 i''=666.7 v''=0.1342 S''-1.5410			t_s=211.38 i''=668.5 v''-0.1016 S''=1.5161			t_s=222.90 i''=669.3 v''=0.08150 S''=1.4961		
	比体积/(m^3/kg)	焓/(kcal/kg)	熵/[kcal/(kg·℃)]	比体积/(m^3/kg)	焓/(kcal/kg)	熵/[kcal/(kg·℃)]	比体积/(m^3/kg)	焓/(kcal/kg)	熵/[kcal/(kg·℃)]	比体积/(m^3/kg)	焓/(kcal/kg)	熵/[kcal/(kg·℃)]
210	0.1779	678.9	1.5891	0.1396	674.8	1.5581	0.0011726	214.4	0.5791	0.0011720	214.5	0.5789
220	0.1827	684.7	1.6009	0.1437	681.0	1.5707	0.1044	674.4	1.5284	0.0011899	225.4	0.6013
230	0.1873	690.3	1.6123	0.1476	687.0	1.5827	0.1078	681.2	1.5418	0.08355	674.5	1.5067
240	0.1919	695.8	1.6232	0.1514	692.9	1.5942	0.1109	687.6	1.5544	0.08631	684.7	1.5207
250	0.1964	701.3	1.6337	0.1552	698.6	1.6052	0.1139	693.8	1.5663	0.08896	688.6	1.5338
260	0.2008	706.7	1.6439	0.1589	704.2	1.6157	0.1168	699.8	1.5777	0.09151	695.1	135461
270	0.2052	712.0	1.6537	0.1625	709.7	1.6259	0.0097	705.7	1.5886	0.09397	701.4	1.5578
280	0.2096	717.3	1.6633	0.1661	715.1	1.6358	0.1225	711.4	1.5990	0.09636	707.5	1.5689
290	0.2139	722.5	1.6727	0.1697	720.5	1.6454	0.1253	717.0	1.6090	0.09871	713.4	1.5795
300	0.2182	727.7	1.6818	0.1732	725.8	1.6548	0.1281	722.5	1.6187	0.1010	719.2	1.5897
310	0.2224	732.8	1.6907	0.1767	731.0	1.6639	0.1308	727.9	1.6282	0.1033	724.9	1.5996
320	0.2266	738.0	1.6995	0.1801	736.3	1.6728	0.1335	733.4	1.6375	0.1055	730.5	1.6091
330	0.2308	743.1	1.7081	0.1835	741.5	1.6815	0.1361	738.8	1.6465	0.1077	736.0	1.6184
340	0.2350	748.2	1.7165	0.1869	746.7	1.6900	0.1388	744.2	1.6553	0.1099	741.5	1.6274
350	0.2392	753.3	1.7248	0.1903	751.9	1.6984	0.1414	749.5	1.6639	0.1120	747.0	1.6362
360	0.2434	758.4	1.7329	0.1937	757.1	1.7067	0.1440	754.8	1.6723	0.1142	752.4	1.6448
370	0.2475	763.5	1.7409	0.1970	762.3	1.7148	0.1466	760.1	1.6806	0.1163	757.8	1.6533
380	0.2516	768.7	1.7478	0.2004	767.4	1.7227	0.1491	765.3	1.6887	0.1184	763.2	1.6618
390	0.2557	773.8	1.7564	0.2037	772.6	1.7305	0.1517	770.6	1.6967	0.1205	768.6	1.6698
400	0.2598	778.9	1.7641	0.2070	777.8	1.7383	0.1542	775.8	1.7046	0.1225	773.9	1.6778

续表

温度/℃	12.0大气压(绝)			15.0大气压(绝)			20.0大气压(绝)			25.0大气压(绝)		
	t_s=187.08 i''=664.9 v''=0.1663 S''=1.5598			t_s=197.36 i''=666.7 v''=0.1342 S''=1.5410			t_s=211.38 i''=668.5 v''=0.1016 S''=1.5161			t_s=222.90 i''=669.3 v''=0.08150 S''=1.4961		
	比体积/(m^3/kg)	焓/(kcal/kg)	熵/[kcal/(kg·℃)]	比体积/(m^3/kg)	焓/(kcal/kg)	熵/[kcal/(kg·℃)]	比体积/(m^3/kg)	焓/(kcal/kg)	熵/[kcal/(kg·℃)]	比体积/(m^3/kg)	焓/(kcal/kg)	熵/[kcal/(kg·℃)]
410	0.2639	784.0	1.7717	0.2103	782.9	1.7460	0.1567	781.1	1.7123	0.1246	779.3	1.6857
420	0.2680	789.1	1.7792	0.2136	788.1	1.7535	0.1593	786.4	1.7199	0.1266	784.6	1.6935
430	0.2721	794.3	1.7865	0.2169	793.3	1.7609	0.1618	791.7	1.7274	0.1287	789.9	1.7011
440	0.2762	799.4	1.7938	0.2202	798.5	1.7682	0.1643	796.9	1.7349	0.1307	795.2	1.7086
450	0.2802	804.6	1.8010	0.2235	803.6	1.7754	0.1668	802.1	1.7422	0.1327	800.5	1.7160
460	0.2843	809.7	1.8081	0.2268	808.8	1.7826	0.1693	807.4	1.7494	0.1347	805.9	1.7233
470	0.2883	814.9	1.8151	0.2300	814.0	1.7897	0.1717	812.6	1.7565	0.1367	811.2	1.7306
480	0.2923	820.1	1.8220	0.2333	819.3	1.7967	0.1742	817.9	1.7636	0.1387	816.5	1.7377
490	0.2964	825.3	1.8288	0.2365	824.5	1.8036	0.1767	823.2	1.7706	0.1407	821.9	1.7447
500	0.3004	830.5	1.8356	0.2398	829.7	1.8104	0.1791	828.5	1.7775	0.1427	827.2	1.7516
510	0.3044	835.7	1.8424	0.2430	835.0	1.8171	0.1816	833.8	1.7843	0.1447	832.2	1.7585
520	0.3084	840.9	1.8490	0.2462	840.2	1.8237	0.1840	839.1	1.7910	0.1467	837.9	1.7653
530	0.3124	846.1	1.8555	0.2494	845.5	1.8303	0.1865	844.5	1.7976	0.1487	843.2	1.7720
540	0.3164	851.4	1.8620	0.2527	850.7	1.8368	0.1889	849.7	1.8042	0.1507	848.6	1.7786
550	0.3204	856.6	1.8684	0.2559	856.0	1.8433	0.1913	855.0	1.8107	0.1526	854.0	1.7852
560	0.3244	861.9	1.8748	0.2591	861.3	1.8497	0.1938	860.3	1.8171	0.1546	859.3	1.7917
570	0.3284	867.2	1.8811	0.2623	866.6	1.8560	0.1962	865.7	1.8235	0.1565	864.7	1.7981
580	0.3324	872.5	1.8874	0.2655	871.9	1.8623	0.1986	871.0	1.8298	0.1585	870.1	1.8044
590	0.3364	877.8	1.8936	0.2687	877.3	1.8685	0.2010	876.4	1.8360	0.1604	875.5	1.8107
600	0.3404	883.1	1.8997	0.2719	882.6	1.8747	0.2034	881.7	1.8422	0.1623	880.9	1.8169

续表

温度/℃	12.0 大气压(绝)			15.0 大气压(绝)			20.0 大气压(绝)			25.0 大气压(绝)		
	t_s = 187.08 i'' = 664.9 v'' – 0.1663 S'' = 1.5598			t_s = 197.36 i'' = 666.7 v'' = 0.1342 S'' = 1.5410			t_s = 211.38 i'' = 668.5 v'' = 0.1016 S'' = 1.5161			t_s = 222.90 i'' = 669.3 v'' = 0.08150 S'' = 1.4961		
	比体积/(m^3/kg)	焓/(kcal/kg)	熵/[kcal/(kg·℃)]	比体积/(m^3/kg)	焓/(kcal/kg)	熵/[kcal/(kg·℃)]	比体积/(m^3/kg)	焓/(kcal/kg)	熵/[kcal/(kg·℃)]	比体积/(m^3/kg)	焓/(kcal/kg)	熵/[kcal/(kg·℃)]
610	0.3444	888.5	0.2751	0.2751	888.0	1.8809	0.2059	887.2	1.8485	0.1643	886.3	1.8232
620	0.3484	893.8	0.2783	0.2783	893.4	1.8869	0.2083	892.6	1.8546	0.1662	891.7	1.8293
630	0.3523	899.2	0.2815	0.2815	898.7	1.8929	0.2107	897.9	1.8606	0.1682	897.2	1.8353
640	0.3563	904.6	0.2847	0.2847	904.1	1.8989	0.2131	903.4	1.8666	0.1701	902.6	1.8413
650	0.3603	910.0	0.2879	0.2879	909.6	1.9048	0.2155	908.8	1.8725	0.1720	908.1	1.8473
660	0.3642	915.4	0.2911	0.2911	915.0	1.9106	0.2179	914.3	1.8783	0.1740	913.6	1.8532
670	0.3682	920.8	0.2942	0.2942	920.4	1.9164	0.2203	919.7	1.8842	0.1750	919.0	1.8590
680	0.3722	926.3	0.2974	0.2974	925.9	1.9221	0.2226	925.2	1.8899	0.1778	924.6	1.8648
690	0.3761	931.7	0.3006	0.3006	931.3	1.9278	0.2251	930.7	1.8957	0.1798	930.0	1.8706
700	0.3801	937.2	0.3038	0.3038	936.8	1.9335	0.2275	936.2	1.9013	0.1817	935.6	1.8763
710	0.3842	942.0	0.3071	0.3071	941.6	1.9381	0.2300	941.0	1.9059	0.1838	940.3	1.8808
720	0.3882	947.5	0.3103	0.3103	947.1	1.9437	0.2324	946.5	1.9115	0.1858	945.8	1.8864
730	0.3922	953.0	0.3135	0.3135	952.6	.9492	0.2348	952.0	1.9170	0.1877	951.3	1.8920
740	0.3962	958.5	0.3167	0.3167	958.1	1.9547	0.2372	957.5	1.9225	0.1896	956.9	1.8975
750	0.4002	964.0	0.3199	0.3190	963.7	1.9601	0.2396	963.1	1.9280	0.1915	962.5	1.9030
760	0.4042	969.5	0.3231	0.3231	969.2	1.9655	0.2420	968.7	1.9334	0.1934	968.1	1.9084
770	0.4081	975.1	0.3263	0.3263	974.8	1.9709	0.2444	974.3	1.9388	0.1953	973.7	1.9138
780	0.4120	980.7	0.3294	0.3294	980.4	1.9762	0.2468	979.9	1.9441	0.1972	979.3	1.6192
790	0.4159	986.3	0.3325	0.3325	986.0	1.9815	0.2492	985.5	1.9494	0.1991	984.9	1.9245
800	0.4198	991.9	0.3356	0.3356	991.6	1.9868	0.2515	991.1	1.9547	0.2010	990.6	1.9298
810	0.4238	997.5	0.3388	0.3388	997.2	1.9920	0.2539	996.8	1.9600	0.2030	996.3	1.9351

续表

温度/℃	12.0大气压(绝)			15.0大气压(绝)			20.0大气压(绝)			25.0大气压(绝)		
	t_s=187.08 i''=664.9 v''=0.1663 S''=1.5598			t_s=197.36 i''=666.7 v''=0.1342 S''=1.5410			t_s=211.38 i''=668.5 v''=0.1016 S''=1.5161			t_s=222.90 i''=669.3 v''=0.08150 S''=1.4961		
	比体积/(m^3/kg)	焓/(kcal/kg)	熵/[kcal/(kg·℃)]	比体积/(m^3/kg)	焓/(kcal/kg)	熵/[kcal/(kg·℃)]	比体积/(m^3/kg)	焓/(kcal/kg)	熵/[kcal/(kg·℃)]	比体积/(m^3/kg)	焓/(kcal/kg)	熵/[kcal/(kg·℃)]
820	0.4278	1003.2	0.3420	0.3420	1002.9	1.9972	0.2563	1002.5	1.9652	0.2049	1002.0	1.9403
830	0.4317	1008.9	0.3452	0.3452	1008.6	2.0024	0.2587	1008.2	1.9704	0.2068	1007.7	1.9455
840	0.4356	1014.6	0.3484	0.3484	1014.3	2.0075	0.2611	1013.9	1.9755	0.2087	1013.4	1.9506
850	0.4395	1020.3	0.3515	0.3515	1020.0	2.0126	0.2634	1019.6	1.9806	0.2106	1019.2	1.9557
860	0.4435	1026.0	0.3547	0.3547	1025.7	2.0176	0.2658	1025.3	1.9857	0.2125	1024.9	1.9608
870	0.4475	1031.7	0.3579	0.3579	1031.4	2.0226	0.2682	1031.0	1.9907	0.2144	1030.6	1.9658
880	0.4515	1037.4	0.3611	0.3611	1037.1	2.0276	0.2706	1036.7	1.9957	0.2163	1036.4	1.9708
890	0.4554	1043.1	0.3642	0.3642	1048.8	2.0326	0.2730	1042.5	2.0007	0.2182	1042.2	1.9758
900	0.4593	1048.8	0.3673	0.3673	1048.6	2.0376	0.2753	1048.3	2.0057	0.2201	1048.0	1.9808
910	0.4633	1.54.5	0.3705	0.3705	1054.3	2.0425	0.2777	1054.0	2.0106	0.2220	1053.7	1.9857
920	0.4673	1060.2	0.3737	0.3737	1060.0	2.0474	0.2801	1059.7	2.0155	0.2239	1059.4	1.9906
930	0.4713	4065.9	0.3769	0.3769	1065.7	2.0522	0.2825	1065.4	2.0203	0.2258	1065.1	1.9954
940	0.4753	1071.7	0.3801	0.3801	1071.5	2.0570	0.2849	1071.2	2.0251	0.2277	1070.9	2.0002
950	0.4792	1077.5	0.3833	0.3833	1077.3	2.0618	0.2873	1077.0	2.0299	0.2296	1076.7	2.0050
960	0.4831	1083.3	0.3865	0.3865	1083.1	2.0665	0.2897	1082.8	2.0347	0.2315	1082.5	2.0098
970	0.4870	1089.1	0.3396	0.3396	1088.9	2.0712	0.2921	1088.6	2.0394	0.2334	1088.3	2.0145
980	0.4909	1094.9	0.3927	0.3927	1094.7	2.0759	0.2944	1094.4	2.0441	0.2353	1094.1	2.0192
990	0.4948	1100.7	0.3958	0.3958	1100.5	2.0806	0.2967	1100.2	2.0487	0.2372	1099.9	2.0239
1000	0.4987	1106.5	0.3989	0.3989	1106.0	2.0852	0.2990	1106.0	2.0533	0.2391	1105.7	2.0285

续表

温度/℃	30 大气压(绝) $t_s=232.76$ $i''=669.6$ $v''=0.06798$ $S''=1.4791$			35 大气压(绝) $t_s=241.42$ $i''=669.5$ $v''=0.05819$ $S''=1.4647$			40 大气压(绝) $t_s=249.18$ $i''=669.0$ $v''=0.05078$ $S''=1.4517$			50 大气压(绝) $t_s=262.7$ $i''=667.5$ $v''=0.04026$ $S''=1.4288$		
	比体积/(m^3/kg)	焓/(kcal/kg)	熵/[kcal/(kg·℃)]	比体积/(m^3/kg)	焓/(kcal/kg)	熵/[kcal/(kg·℃)]	比体积/(m^3/kg)	焓/(kcal/kg)	熵/[kcal/(kg·℃)]	比体积/(m^3/kg)	焓/(kcal/kg)	熵/[kcal/(kg·℃)]
0	0.0009987	0.7	0.0000	0.0009984	0.8	0.0000	0.0009982	1.0	0.0001	0.0009977	1.2	0.0001
10	0.0009990	10.7	0.0360	0.0009987	10.8	0.0360	0.0009985	10.9	0.0360	0.0009981	11.2	0.359
20	0.0010005	20.7	0.0706	0.0010003	20.8	0.0706	0.0010001	20.9	0.0750	0.0009997	21.1	0.0705
30	0.0010031	30.6	0.1041	0.0010029	30.7	0.1041	0.0010027	30.9	0.1040	0.0010022	31.1	0.1040
40	0.0010066	40.6	0.1364	0.0010064	40.7	0.1364	0.0010062	40.8	0.1364	0.0010057	41.0	0.1363
50	0.0010108	50.6	0.1677	0.0010106	50.7	0.1677	0.0010103	50.8	0.1677	0.0010099	51.0	0.1675
60	0.0010157	60.5	0.1981	0.0010155	60.6	0.1980	0.0010152	60.7	0.1979	0.0010148	60.9	0.1978
70	0.0010213	70.5	0.2276	0.0010211	70.6	0.2275	0.0010208	70.7	0.2274	0.0010204	70.9	0.2272
80	0.0010275	80.5	0.2563	0.0010273	80.6	0.2562	0.0010271	80.7	0.2561	0.0010266	80.9	0.2559
90	0.0010344	90.6	0.2843	0.0010342	90.7	0.2842	0.0010339	90.8	0.2841	0.0010334	91.0	0.2839
100	0.0010419	100.6	0.3116	0.0010417	100.7	0.3115	0.0010414	100.8	0.3114	0.0010409	101.0	0.3112
110	0.0010501	110.7	0.3382	0.0010498	110.8	0.3381	0.0010495	110.9	0.3380	0.0010490	111.1	0.3378
120	0.0010588	120.8	0.3643	0.0010585	120.9	0.3642	0.0010582	121.0	0.3641	0.0010577	121.2	0.3639
130	0.0010682	131.0	0.3898	0.0010679	131.1	0.3897	0.0010676	131.1	0.3896	0.0010670	131.3	0.3839
140	0.0010732	141.2	0.4148	0.0010779	141.2	0.4147	0.0010776	141.3	0.4146	0.0010770	141.5	0.4143
150	0.0010890	151.4	0.4392	0.0010886	151.5	0.4391	0.0010883	151.5	0.4390	0.0010877	151.7	0.4387
160	0.0011004	161.7	0.4632	0.0011001	161.7	0.4630	0.0010997	161.8	0.4628	0.0010990	161.9	0.4625
170	0.0011127	172.0	0.4868	0.0011124	172.1	0.4866	0.0011120	172.6	0.4863	0.0011113	172.3	0.4860
180	0.0011259	182.5	0.5101	0.0011255	182.6	0.5099	0.0011251	182.6	0.5096	0.0011243	182.7	0.5093
190	0.0011400	193.1	0.5332	0.0011395	193.1	0.5330	0.0011391	193.2	0.5327	0.0011382	193.3	0.5323
200	0.0011552	203.7	0.5560	0.0011547	203.8	0.5558	0.0011542	203.8	0.5555	0.0011532	203.9	0.5551

续表

温度/℃	30 大气压(绝)			35 大气压(绝)			40 大气压(绝)			50 大气压(绝)		
	$t_s=232.76$ $i''=669.6$ $v''=0.06798$ $S''=1.4794$			$t_s=241.42$ $i''=669.5$ $v''=0.05819$ $S''=1.4647$			$t_s=249.18$ $i''=669.0$ $v''=0.05078$ $S''=1.4517$			$t_s=262.7$ $i''=667.5$ $v''=0.04026$ $S''=1.4288$		
	比体积/(m^3/kg)	焓/(kcal/kg)	熵/[kcal/(kg·℃)]	比体积/(m^3/kg)	焓/(kcal/kg)	熵/[kcal/(kg·℃)]	比体积/(m^3/kg)	焓/(kcal/kg)	熵/[kcal/(kg·℃)]	比体积/(m^3/kg)	焓/(kcal/kg)	熵/[kcal/(kg·℃)]
210	0.0011715	214.5	0.5786	0.0011710	214.5	0.5784	0.0011704	214.6	0.5781	0.0011694	214.7	0.5777
220	0.0011892	225.4	0.6010	0.0011886	225.5	0.6008	0.0011880	225.5	0.6005	0.0011868	225.6	0.6000
230	0.0012085	236.5	0.6332	0.0012078	236.5	0.6230	0.0012071	236.5	0.6228	0.0012057	236.6	0.6222
240	0.06976	675.2	1.4904	0.0012289	247.8	0.6453	0.0012281	247.8	0.6451	0.0012265	247.8	0.6444
250	0.07220	682.8	1.5050	0.06010	676.5	1.4784	0.05090	669.7	1.4528	0.0012494	259.3	0.6666
260	0.07450	690.0	1.5185	0.06226	684.4	1.4932	0.05297	678.4	1.4693	0.0012750	271.1	0.6890
270	0.07670	696.8	1.5311	0.06430	691.8	1.5069	0.05491	686.5	1.4844	0.04157	674.7	1.4420
280	0.07883	703.3	1.5430	0.06625	698.8	1.5197	0.05675	694.1	1.4983	0.04327	683.6	1.4584
290	0.08089	709.5	1.5542	0.06812	705.5	1.5317	0.05849	701.2	1.5111	0.04486	691.9	1.4733
300	0.08290	715.6	1.5649	0.06993	711.9	1.5430	0.06016	708.0	1.5230	0.04637	699.7	1.4870
310	0.08486	721.6	1.5752	0.07169	718.1	1.5537	0.06178	714.6	1.5343	0.04781	707.0	1.4996
320	0.08679	727.4	1.5851	0.07341	724.2	1.5640	0.06335	720.9	1.5450	0.04919	714.0	1.5114
330	0.08869	733.2	1.5947	0.07510	730.2	1.5740	0.06488	727.1	1.5553	0.05052	720.7	1.5226
340	0.09056	738.9	1.6040	0.07676	736.0	1.5836	0.06688	733.2	1.5653	0.05181	727.2	1.5333
350	0.09240	744.5	1.6131	0.07839	741.8	1.5929	0.06786	739.1	1.5749	0.05307	733.6	1.5435
360	0.09423	750.1	1.6220	0.08000	747.5	1.6020	0.06931	745.0	1.5843	0.05431	739.8	1.5533
370	0.09604	755.6	1.6306	0.08159	753.2	1.6109	0.0704	750.8	1.5934	0.05552	745.9	1.5628
380	0.09783	761.1	1.6391	0.08316	758.8	1.6195	0.07215	756.6	1.6022	0.05671	751.9	1.5721
390	0.09961	766.5	1.6474	0.08472	764.4	1.6280	0.07355	762.3	1.6108	0.05788	757.9	1.5812
400	0.1014	772.0	1.6555	0.08626	770.0	1.6363	0.07493	768.0	1.6193	0.05903	763.8	1.5901
410	0.1031	777.4	1.6635	0.08779	775.5	1.6445	0.07630	773.6	1.6476	0.06017	769.6	1.5987
420	0.1049	782.8	1.6714	0.08931	781.0	1.6525	0.07765	779.2	1.6358	0.06130	775.4	1.6071

续表

温度/℃	30 大气压(绝)			35 大气压(绝)			40 大气压(绝)			50 大气压(绝)		
	t_s=232.76 i''=669.6 v''=0.06798 S''=1.4794			t_s=241.42 i''=669.5 v''=0.05819 S''=1.4647			t_s=249.18 i''=669.0 v''=0.05078 S''=1.4517			t_s=262.7 i''=667.5 v''=0.04026 S''=1.4288		
	比体积/(m^3/kg)	焓/(kcal/kg)	熵/[kcal/(kg·℃)]	比体积/(m^3/kg)	焓/(kcal/kg)	熵/[kcal/(kg·℃)]	比体积/(m^3/kg)	焓/(kcal/kg)	熵/[kcal/(kg·℃)]	比体积/(m^3/kg)	焓/(kcal/kg)	熵/[kcal/(kg·℃)]
430	0.1066	788.2	1.6792	0.09082	786.5	1.6604	0.07899	784.8	1.6498	0.06241	781.2	1.6153
440	0.1083	793.6	1.6868	0.09232	792.0	1.6681	0.08032	790.3	1.6516	0.06351	786.9	1.6234
450	0.1100	799.0	1.6943	0.09381	797.4	1.6757	0.08164	795.9	1.6593	0.06460	792.6	1.6314
460	0.1117	804.4	1.7017	0.09529	802.9	1.6832	0.08295	801.4	1.6669	0.06568	798.2	1.6392
470	0.1134	809.8	1.7090	0.09676	808.3	1.6906	0.08426	806.9	1.6744	0.06676	803.9	1.6460
480	0.1151	815.2	1.7162	0.09823	813.8	1.6979	0.08556	812.4	1.6828	0.06782	809.6	1.6544
490	0.1168	820.6	1.7234	0.09969	819.2	1.7051	0.08685	817.9	1.6891	0.06888	815.2	1.6618
500	0.1185	825.9	1.7304	0.1011	824.7	1.7122	0.08814	823.4	1.6962	0.06993	820.8	1.6691
510	0.1201	831.3	1.7373	0.1026	830.1	1.7191	0.08942	828.9	1.7032	0.07098	826.4	1.6763
520	0.1218	836.7	1.7441	0.1040	835.6	1.7260	0.09069	834.4	1.7102	0.07202	832.0	1.6834
530	0.1235	842.1	1.7508	0.1055	841.0	1.7328	0.09196	839.8	1.7171	0.07305	837.5	1.6904
540	0.1251	847.5	1.7575	0.1069	846.4	1.7395	0.09322	845.3	1.7239	0.07408	843.1	1.6973
550	0.1268	852.9	1.7642	0.1088	851.8	1.7462	0.09448	850.8	1.7306	0.07511	848.7	1.7041
560	0.1284	858.3	1.7707	0.1098	857.3	1.7528	0.09574	856.3	1.7372	0.07613	854.2	1.7108
570	0.1301	863.7	1.7771	0.1112	862.8	1.7593	0.09699	861.8	1.7437	0.07715	859.8	1.7174
580	0.1317	869.1	1.7835	0.1126	868.2	1.7657	0.09824	867.3	1.7502	0.07816	865.3	1.7239
590	0.1333	874.6	1.7898	0.1140	873.7	1.7721	0.09948	872.8	1.7566	0.07917	870.9	1.7304
600	0.1350	880.0	1.7961	0.1154	879.1	1.7784	0.1007	878.3	1.7629	0.08018	876.5	1.7369
610	0.1366	885.5	1.8024	0.1168	884.6	1.7847	0.1021	883.2	1.7680	0.08129	881.4	1.7419
620	0.1382	890.9	1.8085	0.1182	890.1	1.7909	0.1034	888.7	1.7742	0.08228	886.9	1.7482
630	0.1398	896.4	1.8146	0.1196	895.6	1.7970	0.1047	894.2	1.7803	0.08327	892.4	1.7544
640	0.1415	901.8	1.8206	0.1210	901.1	1.8031	0.1059	899.7	1.7864	0.08426	897.9	1.7605

续表

温度/℃	30 大气压(绝)			35 大气压(绝)			40 大气压(绝)			50 大气压(绝)		
	t_s = 232.76　i'' = 669.6　v'' = 0.06798　S'' = 1.4794			t_s = 241.42　i'' = 669.5　v'' = 0.05819　S'' = 1.4647			t_s = 249.18　i'' = 669.0　v'' = 0.05078　S'' = 1.4517			t_s = 262.7　i'' = 667.5　v'' = 0.04026　S'' = 1.4288		
	比体积/(m^3/kg)	焓/(kcal/kg)	熵/[kcal/(kg·℃)]	比体积/(m^3/kg)	焓/(kcal/kg)	熵/[kcal/(kg·℃)]	比体积/(m^3/kg)	焓/(kcal/kg)	熵/[kcal/(kg·℃)]	比体积/(m^3/kg)	焓/(kcal/kg)	熵/[kcal/(kg·℃)]
650	0.1431	907.4	1.8266	0.1224	906.6	1.8091	0.1071	905.1	1.7924	0.08525	903.4	1.7666
660	0.1447	912.8	1.8325	0.1238	912.1	1.8150	0.1083	910.6	1.7983	0.08624	908.9	1.7726
670	0.1463	918.4	1.8384	0.1252	917.7	1.8209	0.1095	916.1	1.8042	0.08723	914.5	1.7786
680	0.1479	923.9	1.8442	0.1266	923.2	1.8267	0.1107	921.6	1.8101	0.08822	920.1	1.7845
690	0.1495	929.3	1.8500	0.1280	928.7	1.8325	0.1119	927.1	1.8159	0.08921	925.7	1.7903
700	0.1512	934.8	1.8557	0.1293	934.3	1.8383	0.1131	932.7	1.8217	0.09020	931.3	1.7961
710	0.1529	939.6	1.8602	0.1308	938.9	1.8427	0.1144	938.3	1.8274	0.09118	936.9	1.8019
720	0.1545	945.1	1.8658	0.1322	944.5	1.8484	0.1156	943.9	1.8331	0.09216	942.5	1.8076
730	0.1561	950.7	1.8714	0.1336	950.1	1.8540	0.1168	949.5	1.8387	0.09314	948.1	1.8132
740	0.1577	956.3	1.8769	0.1350	955.7	1.8598	0.1180	955.1	1.3443	0.09412	953.8	1.8188
750	0.1593	961.9	1.8824	0.1364	961.3	1.8651	0.1192	960.7	1.8498	0.09510	959.5	1.8244
760	0.1609	967.5	1.8879	0.1378	966.9	1.8706	0.1204	966.3	1.8553	0.09608	965.2	1.8299
770	0.1625	973.1	1.8933	0.1392	972.5	1.8760	0.1216	971.9	1.8608	0.09706	970.9	1.8354
780	0.1641	978.7	1.8987	0.1406	978.2	1.8814	0.1223	977.6	1.8662	0.09804	976.6	1.8408
790	0.1657	984.4	1.9040	0.1420	983.9	1.8867	0.1240	983.3	1.8715	0.09902	982.3	1.8462
800	0.1673	990.1	1.9098	0.1433	989.6	1.8920	0.1252	989.0	1.8768	0.1000	988.0	1.8515
810	0.1689	995.8	1.9146	0.1447	995.3	1.3973	0.1265	994.7	1.8821	0.1010	993.7	1.8568
820	0.1705	1001.5	1.9198	0.1461	1001.0	1.9025	0.1277	1000.4	1.8873	0.1020	999.4	1.8673

续表

温度/℃	30 大气压(绝)			35 大气压(绝)			40 大气压(绝)			50 大气压(绝)		
	t_g = 232.76 i'' = 669.6 v'' = 0.06798 S'' = 1.4794			t_s = 241.42 i'' = 669.5 v'' = 0.05819 S'' = 1.4647			t_s = 249.18 i'' = 669.0 v'' = 0.05078 S'' = 1.4517			t_s = 262.7 i'' = 667.5 v'' = 0.04026 S'' = 1.4288		
	比体积/(m^3/kg)	焓/(kcal/kg)	熵/[kcal/(kg·℃)]	比体积/(m^3/kg)	焓/(kcal/kg)	熵/[kcal/(kg·℃)]	比体积/(m^3/kg)	焓/(kcal/kg)	熵/[kcal/(kg·℃)]	比体积/(m^3/kg)	焓/(kcal/kg)	熵/[kcal/(kg·℃)]
830	0.1721	1007.5	1.9250	0.1475	1006.7	1.9077	0.1289	1008.1	1.8925	0.1030	1005.2	1.8673
840	0.1737	1012.9	1.9302	0.1488	1012.4	1.9129	0.1301	1011.9	1.8977	0.1040	1011.0	1.8725
850	0.1753	1018.7	1.9353	0.1502	1018.2	1.9180	0.1313	1017.7	1.9029	0.1049	1016.8	1.8777
860	0.1769	1024.4	1.9404	0.1516	1023.9	1.9231	0.1325	1023.5	1.9080	0.1059	1022.6	1.8828
870	0.1785	1030.2	1.9454	0.1530	1029.7	1.9282	0.1337	1029.3	1.9131	0.1069	1028.4	1.8879
880	0.1801	1036.0	1.9504	0.1544	1035.5	1.9332	0.1349	1035.1	1.9182	0.1079	1034.2	1.8930
890	0.1817	1041.8	1.9554	0.1557	1041.3	1.9382	0.1361	1040.9	1.9232	0.1088	1040.0	1.8980
900	0.1833	1047.6	1.9604	0.1570	1047.1	1.9432	0.1373	1046.7	1.9282	0.1097	1045.8	1.9030
910	0.1849	1053.3	1.9654	0.1584	1052.8	1.9482	0.1385	1052.4	1.9332	0.1107	1051.6	1.9080
920	0.1865	1059.0	1.9703	0.1598	1058.6	1.9531	0.1397	1058.2	1.9381	0.1117	1057.4	1.9129
930	0.1881	1064.8	1.9751	0.1612	1064.4	1.9579	0.1409	1064.0	1.9430	0.1127	1063.2	1.9178
940	0.1897	1070.6	1.9799	0.1626	1070.2	1.9627	0.1421	1069.8	1.9478	0.1137	1069.0	1.9227
950	0.1913	1076.4	1.9847	0.1640	1076.0	1.9675	0.1433	1075.6	1.9526	0.1147	1074.8	1.9275
960	0.1929	1082.2	1.9895	0.1654	1081.8	1.9723	0.1445	1081.4	1.9574	0.1157	1080.6	1.9323
970	0.1945	1088.0	1.9942	0.1667	1087.6	1.9770	0.1457	1087.2	1.9621	0.1167	1086.4	1.9371
980	0.1961	1093.8	1.9989	0.1680	1093.4	1.9817	0.1469	1093.0	1.9668	0.1175	1092.2	19418
990	0.1977	1099.6	2.0036	0.1693	1099.2	1.9864	0.1481	1098.3	1.9715	0.1184	1098.1	1.9465
1000	0.1992	1105.4	2.0082	0.1706	1105.0	1.9910	0.1493	1104.6	1.9761	0.1193	1104.0	1.9511

续表

温度/℃	60 大气压(绝)			70 大气压(绝)			80 大气压(绝)			90 大气压(绝)		
	t_s=274.29 i''=665.4 v''=0.03313 S''=1.4089			t_s=284.48 i''=662.6 v''=0.02798 S''=1.3911			t_s=293.62 i''=659.3 v''=0.02405 S''=1.3745			t_s=301.92 i''=655.7 v''=0.02096 S''=1.3587		
	比体积/(m^3/kg)	焓/(kcal/kg)	熵/[kcal/(kg·℃)]	比体积/(m^3/kg)	焓/(kcal/kg)	熵/[kcal/(kg·℃)]	比体积/(m^3/kg)	焓/(kcal/kg)	熵/[kcal/(kg·℃)]	比体积/(m^3/kg)	焓/(kcal/kg)	熵/[kcal/(kg·℃)]
0	0.0009972	1.4	0.0001	0.0009967	1.7	0.0001	0.0009962	1.9	0.0001	0.0009957	2.2	0.0001
10	0.0009976	11.4	0.0350	0.0009972	11.6	0.0358	0.0009967	11.9	0.0353	0.0009962	12.1	0.0358
20	0.0009992	21.3	0.0704	0.0009988	21.6	0.0704	0.0009983	21.8	0.0703	0.0009979	22.0	0.0702
30	0.0010018	31.3	0.1038	0.0010014	31.5	0.1037	0.0010009	31.7	0.1036	0.0010005	31.9	0.1036
40	0.0010053	41.2	0.1360	0.0010049	41.4	0.1359	0.0010045	41.6	0.1359	0.0010040	41.8	0.1357
50	0.0010095	51.2	0.1672	0.0010090	51.4	0.1671	0.0010086	51.6	0.1670	0.0010082	51.5	0.1668
60	0.0010144	61.1	0.1976	0.0010139	61.3	0.1974	0.0010135	61.5	0.1973	0.0010130	61.7	0.1971
70	0.0010199	71.1	0.2270	0.0010195	71.3	0.2268	0.0010190	71.5	0.2267	0.0010186	71.7	0.2265
80	0.0010262	81.1	0.2556	0.0010257	81.2	0.2555	0.0010252	81.4	0.2553	0.0010248	81.6	0.2551
90	0.0010329	91.1	0.2836	0.0010325	91.2	0.2834	0.0010320	91.4	0.2832	0.0010315	91.6	0.2831
100	0.0010404	101.1	0.3109	0.0010399	101.2	0.3107	0.0010394	101.4	0.3105	0.0010389	101.6	0.3103
110	0.0010485	111.1	0.3375	0.0010480	111.3	0.3373	0.0010475	111.5	0.3371	0.0010470	111.7	0.3369
120	0.0010572	121.2	0.3535	0.0010566	121.4	0.3633	0.0010561	121.6	0.3631	0.0010556	121.7	0.3628
130	0.0010665	131.3	0.3889	0.0010659	131.5	0.3887	0.0010653	131.7	0.3884	0.0010648	131.8	0.3882
140	0.0010764	141.5	0.4137	0.0010758	141.7	0.4135	0.0010752	141.8	0.4133	0.0010746	142.0	0.4130
150	0.0010870	151.7	0.4381	0.0010864	151.9	0.4378	0.0010858	152.0	0.4376	0.0010851	152.2	0.4373
160	0.0010984	162.0	0.4619	0.0010977	162.1	0.4617	0.0010970	162.2	0.4614	0.0010963	162.4	0.4611
170	0.0011105	172.3	0.4854	0.0011098	172.4	0.4851	0.0011091	172.6	0.4848	0.0011083	172.7	0.4844
180	0.0011235	182.3	0.5086	0.0011226	182.9	0.5082	0.0011219	183.0	0.5079	0.0011211	183.1	0.5075
190	0.0011375	193.3	0.5316	0.0011365	193.4	0.5312	0.0011356	193.5	0.5308	0.0011348	193.6	0.5305

续表

温度/℃	60大气压(绝)			70大气压(绝)			80大气压(绝)			90大气压(绝)		
	t_s=274.29　i''=665.4　v''=0.03313　S''=1.4089			t_s=284.48　i''=662.6　v''=0.02798　S''=1.3911			t_s=293.62　i''=659.3　v''=0.02405　S''=1.3745			t_s=301.92　i''=655.7　v''=0.02096　S''=1.3587		
	比体积/(m^3/kg)	焓/(kcal/kg)	熵/[kcal/(kg·℃)]	比体积/(m^3/kg)	焓/(kcal/kg)	熵/[kcal/(kg·℃)]	比体积/(m^3/kg)	焓/(kcal/kg)	熵/[kcal/(kg·℃)]	比体积/(m^3/kg)	焓/(kcal/kg)	熵/[kcal/(kg·℃)]
200	0.0011522	203.9	0.5543	0.0011513	204.0	0.5539	0.0011504	204.1	0.5535	0.0011494	204.2	0.5532
210	0.0011683	214.6	0.5768	0.0011673	214.7	0.5764	0.0011662	214.8	0.5759	0.0011652	214.9	0.5755
220	0.0011357	225.5	0.5991	0.0011845	225.6	0.5986	0.0011833	225.7	0.5982	0.0011822	225.7	0.5977
230	0.0012045	236.5	0.6212	0.0012032	236.6	0.6206	0.0012019	236.6	0.6202	0.0012006	236.7	0.6196
240	0.0012251	247.8	0.6433	0.0012236	247.8	0.6428	0.0012221	247.8	0.6423	0.0012206	247.9	0.6417
250	0.0012478	259.3	0.6655	0.0012460	259.3	0.6649	0.0012443	259.3	0.6643	0.0012425	259.3	0.6638
260	0.0012729	270.9	0.6878	0.0012709	270.9	0.6871	0.0012689	270.9	0.6864	0.0012669	270.9	0.6858
270	0.0013014	283.0	0.7100	0.0012989	282.9	0.7092	0.0012965	282.9	0.7085	0.0012942	282.7	0.7078
280	0.03405	6710	1.4188	0.0013308	295.2	0.7317	0.0013279	295.1	0.7308	0.0013250	295.0	0.7300
290	0.03563	680.2	1.4357	0.02881	668.5	1.4015	0.0013640	307.9	0.7538	0.0013604	307.7	0.7528
300	0.03711	689.0	1.4512	0.03029	678.7	1.4195	0.02503	667.0	1.3875	0.0014024	321.1	0.7764
310	0.03848	697.4	1.4655	0.03163	688.2	1.4360	0.02635	678.0	1.4067	0.02213	666.0	1.3764
320	0.03976	705.1	1.4788	0.03287	697.1	1.4510	0.02757	688.0	1.4239	0.02336	677.7	1.3963
330	0.04097	712.5	1.4912	0.03403	705.3	1.4646	0.02870	679.2	1.4393	0.02448	688.3	1.4145
340	0.04213	719.6	1.5029	0.03512	713.0	1.4773	0.02976	705.8	1.4534	0.02553	698.0	1.4303
350	0.04324	726.4	1.5140	0.03615	720.3	1.4893	0.03076	713.9	1.4665	0.02652	706.9	1.4446
360	0.04432	733.1	1.5246	0.03714	727.4	1.5007	0.03171	721.5	1.4787	0.02745	715.1	1.4578
370	0.04538	739.7	1.5349	0.03810	734.3	1.5116	0.03261	728.8	1.4902	0.02832	722.9	1.4702
380	0.04642	746.1	1.5448	0.03903	741.0	1.5220	0.03348	735.9	1.5012	0.02914	730.4	1.4818
390	0.04744	752.4	1.5543	0.03994	747.6	1.5320	0.03432	742.8	1.5117	0.02993	737.6	1.4927
400	0.04845	758.7	15635	0.04084	754.1	1.5417	0.03514	749.5	1.5217	0.03070	744.6	1.5031

续表

温度/℃	60 大气压(绝)			70 大气压(绝)			80 大气压(绝)			90 大气压(绝)		
	t_s = 274.29　i'' = 665.4 v'' = 0.03313　S'' = 1.4089			t_s = 284.48　i'' = 662.6 v'' = 0.02798　S'' = 1.3911			t_s = 293.62　i'' = 659.3 v'' = 0.02405　S'' = 1.3745			t_s = 301.92　i'' = 655.7 v'' = 0.02096　S'' = 1.3587		
	比体积/(m^3/kg)	焓/(kcal/kg)	熵/[kcal/(kg·℃)]	比体积/(m^3/kg)	焓/(kcal/kg)	熵/[kcal/(kg·℃)]	比体积/(m^3/kg)	焓/(kcal/kg)	熵/[kcal/(kg·℃)]	比体积/(m^3/kg)	焓/(kcal/kg)	熵/[kcal/(kg·℃)]
410	0.04944	764.9	1.5725	0.04173	760.5	1.5511	0.03595	756.1	1.5314	0.03145	751.5	1.5132
420	0.05052	770.9	1.5813	0.04260	766.8	1.5602	0.03674	762.6	1.5408	0.03218	758.3	1.5230
430	0.05138	776.8	1.5899	0.04346	773.0	1.5690	0.03752	769.0	1.5500	0.03289	764.9	1.5325
440	0.05233	782.7	1.5983	0.04430	779.1	1.5776	0.03828	775.3	1.5589	0.03359	771.4	1.5418
450	0.05327	788.5	1.6065	0.04513	785.1	1.5860	0.03903	781.5	1.5676	0.03428	777.8	1.5508
460	0.05420	794.3	1.6146	0.04596	791.1	1.5943	0.03977	787.7	1.5761	0.03496	784.2	1.5596
470	0.05512	800.1	1.6225	0.04678	797.1	1.6024	0.04050	793.8	1.5844	0.03563	790.5	1.5682
480	0.05604	805.9	1.6302	0.04759	803.0	1.6103	0.04122	799.8	1.5925	0.03629	796.7	1.5766
490	0.05695	811.7	1.6378	0.04839	808.9	1.6181	0.04194	805.8	1.6004	0.03694	802.9	1.5847
500	0.05785	817.5	1.6453	0.04918	814.7	1.6257	0.04265	811.8	1.6082	0.03758	809.0	1.5925
510	0.05874	823.2	1.6526	0.04996	820.5	1.6331	0.04335	817.7	1.6158	0.03821	815.0	1.6002
520	0.05962	828.9	1.6598	0.05073	826.3	1.6404	0.04405	823.6	1.6233	0.03884	821.0	1.6078
530	0.06050	834.6	1.6669	0.05150	832.1	1.6476	0.04474	829.5	1.6306	0.03947	826.9	1.6153
540	0.06138	840.2	1.6740	0.05227	837.8	1.6547	0.04542	835.3	1.6378	0.04009	832.8	1.6226
550	0.00227	845.8	1.6809	0.05304	343.5	1.6617	0.04610	841.1	1.6449	0.04071	838.7	1.6298
560	0.06315	851.4	1.6877	0.05381	349.2	1.6686	0.04678	846.9	1.6519	0.04133	844.6	1.6369
570	0.06402	857.0	1.6943	0.05457	854.9	1.6754	0.04746	852.7	1.6588	0.04194	850.4	1.6439
580	0.06488	862.6	1.7009	0.05532	360.6	1.6821	0.04813	858.4	1.6656	0.04254	856.2	1.6508
590	0.06574	868.2	1.7074	0.05605	866.2	1.6886	0.04879	864.1	1.6722	0.04314	862.0	1.6575
600	0.06658	873.8	1.7138	0.05678	871.8	1.6951	0.04944	869.8	1.6788	0.04372	867.8	1.6642

续表

温度/℃	60 大气压(绝)			70 大气压(绝)			80 大气压(绝)			90 大气压(绝)		
	t_s=274.29 i''=665.4 v''=0.03313 S''=1.4089			t_s=284.48 i''=662.6 v''=0.02798 S''=1.3911			t_s=293.62 i''=659.3 v''=0.02405 S''=1.3745			t_s=301.92 i''=655.7 v''=0.02096 S''=1.3587		
	比体积/(m^3/kg)	焓/(kcal/kg)	熵/[kcal/(kg·℃)]	比体积/(m^3/kg)	焓/(kcal/kg)	熵/[kcal/(kg·℃)]	比体积/(m^3/kg)	焓/(kcal/kg)	熵/[kcal/(kg·℃)]	比体积/(m^3/kg)	焓/(kcal/kg)	熵/[kcal/(kg·℃)]
610	0.06743	879.4	1.7202	0.05751	877.5	1.7015	0.05009	875.6	1.6853	0.04430	873.6	1.6708
620	0.06827	885.0	1.7265	0.05824	883.2	1.7079	0.05074	881.3	1.6917	0.04488	879.4	1.6773
630	0.06911	890.6	1.7328	0.05897	888.9	1.7142	0.05138	887.0	1.6981	0.04546	885.2	1.6837
640	0.06995	896.2	1.7390	0.05970	894.5	1.7205	0.05202	892.7	1.7044	0.04604	891.0	1.6901
650	0.07078	901.7	1.7451	0.06042	900.1	1.7267	0.05266	898.4	1.7107	0.04662	896.7	1.6964
660	0.07161	907.3	1.7512	0.06115	905.8	1.7329	0.05330	904.1	1.7169	0.04720	902.5	1.7027
670	0.07245	912.9	1.7572	0.06188	911.5	1.7390	0.05394	909.8	1.7230	0.04778	908.3	1.7089
680	0.07328	918.5	1.7632	0.06260	917.2	1.7450	0.05458	915.5	1.7291	0.04836	914.1	1.7150
690	0.07411	924.2	1.7691	0.06332	922.9	1.7510	0.05522	921.3	1.7351	0.04893	919.9	1.7210
700	0.07494	929.9	1.7750	0.06404	928.6	1.7569	0.05586	927.1	1.7411	0.04950	925.7	1.7270
710	0.07577	935.5	1.7808	0.06475	934.3	1.7628	0.05649	932.8	1.7470	0.05007	931.5	1.7320
720	0.07660	941.2	1.7866	0.06546	940.0	1.7686	0.05712	938.6	1.7528	0.5063	937.3	1.7388
730	0.07742	946.9	1.7923	0.06617	945.7	1.7743	0.05775	944.4	1.7586	0.05119	943.1	1.7446
740	0.07824	952.6	1.7979	0.06688	951.4	1.7800	0.05838	950.2	1.7643	0.05175	948.9	1.7504
750	0.07906	958.3	1.8035	0.06759	957.2	1.7856	0.05901	956.0	1.7700	0.05231	954.8	1.77561
760	0.07988	964.0	1.8091	0.06830	962.9	1.7912	0.05964	961.8	1.7756	0.05287	960.6	1.7617
770	0.08070	969.7	1.8146	0.06901	968.6	1.7967	0.06026	967.6	1.7811	0.05343	966.4	1.7673
780	0.08152	975.4	1.8200	0.06972	974.4	1.8021	0.06088	973.4	1.7866	0.05399	972.2	1.7728
790	0.08234	981.2	1.8254	0.07043	980.2	1.8075	0.06150	979.2	1.7921	0.05455	978.0	1.7783
800	0.08316	987.0	1.8307	0.07114	986.0	1.8129	0.06212	985.0	1.7975	0.05511	983.9	1.7837
810	0.08398	992.7	1.8360	0.07185	991.8	1.8182	0.06274	990.8	1.8029	0.05567	989.7	1.7891

续表

温度/℃	60 大气压(绝)			70 大气压(绝)			80 大气压(绝)			90 大气压(绝)		
	t_s=274.29 i''=665.4 v''=0.03313 S''=1.4089			t_s=284.48 i''=662.6 v''=0.02798 S''=1.3911			t_s=293.62 i''=659.3 v''=0.02405 S''=1.3745			t_s=301.92 i''=655.7 v''=0.02096 S''=1.3587		
	比体积/(m^3/kg)	焓/(kcal/kg)	熵/[kcal/(kg·℃)]	比体积/(m^3/kg)	焓/(kcal/kg)	熵/[kcal/(kg·℃)]	比体积/(m^3/kg)	焓/(kcal/kg)	熵/[kcal/(kg·℃)]	比体积/(m^3/kg)	焓/(kcal/kg)	熵/[kcal/(kg·℃)]
820	0.08480	998.5	1.8413	0.07256	997.6	1.8235	0.06336	996.6	1.8082	0.05622	995.5	1.7945
830	0.08561	1004.3	1.8466	0.07326	1003.4	1.8288	0.06398	1002.4	1.8135	0.05677	7001.4	1.7998
840	0.08642	1010.1	1.8518	0.07396	1009.2	1.8341	0.06460	1008.2	1.8188	0.05732	1007.3	1.8051
850	0.08723	1015.9	1.8570	0.07466	1015.0	1.8393	0.06521	1014.1	1.8240	0.05787	1013.2	1.8104
860	0.08804	1021.7	1.8622	0.07536	1020.8	1.8445	0.06583	1019.9	1.8292	0.05842	1019.0	1.8156
870	0.08885	1027.5	1.8672	0.07606	1026.6	1.8497	0.06645	1025.7	1.8344	0.05897	1024.9	1.8208
880	0.08966	1033.3	1.8724	0.07676	1032.4	1.8548	0.06706	1031.6	1.8395	0.05952	1030.8	1.8259
890	0.09047	1039.1	1.8774	0.07745	1038.3	1.8599	0.06767	1037.5	1.8446	0.06007	1036.7	1.8310
900	0.09128	1045.0	1.8824	0.07814	1044.2	1.8649	0.06828	1043.4	1.8496	0.06061	1042.6	1.8361
910	0.09209	1050.8	1.8874	0.07884	1050.0	1.8699	0.06889	1049.2	1.8546	0.06116	1048.4	1.8411
920	0.09290	1056.6	1.8923	0.07954	1055.8	1.8749	0.06950	1055.0	1.8596	0.06171	1054.2	1.8461
930	0.09371	1062.4	1.8972	0.08023	1061.6	1.8798	0.07011	1060.8	1.8645	0.06226	1060.1	1.8511
940	0.09452	1068.2	1.9021	0.08092	1067.4	1.8847	0.07072	1066.7	1.8694	0.06280	1066.9	1.8560
950	0.09533	1074.0	1.9069	0.08161	1073.2	1.8895	0.07133	1072.6	1.8743	0.06334	1071.9	1.8609
960	0.09613	1079.8	1.9117	0.08230	1079.1	1.8943	0.07194	1078.5	1.8791	0.06388	1007.8	1.8657
970	0.09693	1085.7	1.9165	0.08299	1085.0	1.8991	0.07255	1084.4	1.8830	0.06442	1083.7	1.8705
980	0.09773	1091.6	1.9212	0.08368	1090.9	1.9038	0.07316	1090.3	1.8887	0.06496	1089.6	1.8753
990	0.09853	1097.5	1.9259	0.08437	1096.8	1.9085	0.07376	1096.2	1.8934	0.06550	1095.5	1.8801
1000	0.09933	1103.4	1.9306	0.08506	1102.7	1.9132	0.07436	1102.1	1.8981	0.06604	1101.4	1.8848

注：t_s—饱和温度,℃；i''—干饱和蒸汽的焓，kcal/kg；v''—干饱和蒸汽的比体积，m^3/kg；S''—干饱和蒸汽的熵，kcal/(kg·℃)；表中黑线上的数据为水的性质。

附录五 饱和蒸汽和饱和水性质(以温度为基准)

温度 /℃	绝对温度 /K	压力(绝) /(kg/cm²)	沸腾水的比容 /(m³/kg)	干饱和蒸汽的比容 /(m³/kg)	干饱和蒸汽密度 /(kg/m³)	沸腾水的焓 /(kcal/kg)	干饱和蒸汽的焓 /(kcal/kg)	蒸发潜热 /(kcal/kg)	沸腾水的熵 /[kcal/(kg·℃)]	干饱和蒸汽的熵 /[kcal/(kg·℃)]
0	273.16	0.006228	0.0010002	206.3	0.004847	0	597.3	597.3	0	2.1865
1	274.16	0.006694	0.0010001	192.7	0.005189	1.01	597.7	596.7	0.0037	2.1802
2	275.16	0.007198	0.0010001	180.0	0.005555	2.01	598.2	596.2	0.0073	2.1739
3	276.16	0.007723	0.0010001	168.2	0.005945	3.02	598.6	595.6	0.0109	2.1677
4	277.16	0.008289	0.0010001	157.3	0.006357	4.02	599.1	595.1	0.0146	2.1615
5	278.16	0.008890	0.0010001	147.2	0.006793	5.03	599.5	594.5	0.0182	2.1554
6	279.16	0.009530	0.0010001	137.8	0.007256	6.03	599.9	593.9	0.0218	2.1493
7	280.16	0.010210	0.0010001	129.1	0.007746	7.03	600.4	593.4	0.0254	0.1432
8	281.16	0.010932	0.0010002	121.0	0.008265	8.04	600.8	592.8	0.0290	2.1373
9	282.16	0.011699	0.0010003	113.4	0.008815	9.04	601.2	592.3	0.0326	2.1314
10	283.16	0.012513	0.0010004	106.42	0.009398	10.04	601.7	591.7	0.0361	2.01256
11	284.16	0.013376	0.0010005	99.91	0.01001	11.04	602.1	591.1	0.0396	2.1198
12	285.16	0.014291	0.0010006	93.84	0.01066	12.04	602.6	590.6	0.0431	2.1141
13	286.16	0.015261	0.0010007	88.18	0.01134	13.04	603.0	590.0	0.0466	2.1084
14	287.16	0.016289	0.0010008	82.90	0.01206	14.04	603.5	589.5	0.0501	2.1028
15	288.16	0.017376	0.0010010	77.97	0.01282	15.04	603.9	588.9	0.0536	2.0972
16	289.16	0.018527	0.0010011	73.38	0.01363	16.04	604.3	588.3	0.0571	2.0916
17	290.16	0.019745	0.0010013	69.10	0.01447	17.04	604.7	587.7	0.0605	2.0861
18	291.16	0.02103	0.0010015	65.09	0.01536	18.04	605.1	587.1	0.0639	2.0806
19	292.16	0.02239	0.0010017	61.34	0.01630	19.04	605.6	586.6	0.0673	2.0752
20	293.16	0.02383	0.0010018	57.84	0.01729	20.04	606.0	586.0	0.0708	2.0699
21	294.16	0.02534	0.0010020	54.56	0.01833	21.04	606.4	585.4	0.0742	2.0646
22	295.16	0.02694	0.0010023	51.49	0.01942	22.04	606.9	585.9	0.0776	2.0594
23	296.16	0.02863	0.0010025	48.62	0.02057	23.04	607.3	584.3	0.0810	2.0542
24	297.16	0.03041	0.0010023	45.93	0.02177	24.03	607.8	583.8	0.0843	2.0490

续表

温度 /℃	绝对温度 /K	压力(绝) /(kg/cm²)	沸腾水的比容 /(m³/kg)	干饱和蒸汽的比容 /(m³/kg)	干饱和蒸汽密度 /(kg/m³)	沸腾水的焓 /(kcal/kg)	干饱和蒸汽的焓 /(kcal/kg)	蒸发潜热 /(kcal/kg)	沸腾水的熵 /[kcal/(kg·℃)]	干饱和蒸汽的熵 /[kcal/(kg·℃)]
25	293.16	0.03229	0.0010030	43.40	0.02304	25.03	608.2	583.2	0.0877	2.0438
26	299.16	0.03426	0.0010033	41.03	0.02437	26.03	608.6	582.6	0.0910	2.0387
27	300.16	0.03634	0.0010036	38.83	0.02376	27.03	609.1	582.1	0.0943	2.0337
28	301.16	0.03853	0.0010038	36.74	0.02722	28.03	609.5	581.5	0.0977	2.0287
29	302.16	0.04083	0.0010041	34.78	0.02875	29.03	610.0	581.0	0.1010	2.0237
30	303.16	0.04325	0.0010044	32.93	0.03036	30.02	610.4	580.4	0.1043	2.0188
31	304.16	0.04580	0.0010047	31.20	0.03205	31.02	610.8	579.8	1.1076	2.0140
32	305.16	0.04847	0.0010051	29.58	0.03381	32.02	611.3	579.3	0.1109	2.0091
33	306.16	0.05128	0.0010054	28.05	0.03565	33.02	611.7	578.7	0.1141	2.0043
34	307.16	0.05423	0.0010057	26.61	0.03758	34.02	612.2	578.1	0.1173	1.9995
35	308.16	0.05733	0.0010060	25.25	0.03960	35.01	612.6	577.6	0.1206	1.9943
36	309.16	0.06057	0.0010064	23.97	0.04172	36.01	613.0	577.0	0.1238	1.9902
37	310.16	0.06398	0.0010068	22.77	0.04393	37.01	613.4	576.4	0.1271	1.9856
38	311.16	0.06755	0.0010072	21.63	0.04623	38.01	613.9	575.9	0.1303	1.9810
39	312.16	0.07129	0.0010075	20.56	0.04864	39.01	614.3	575.3	0.1335	1.9764
40	313.16	0.07520	0.0010079	19.55	0.05115	40.01	614.7	574.7	0.1367	1.9719
41	314.16	0.07930	0.0010083	18.60	0.05376	41.00	615.2	574.2	0.1399	1.9674
42	315.16	0.08360	0.0010087	17.70	0.05649	42.00	615.6	573.6	0.1430	1.9630
43	316.16	0.00809	0.0010091	16.85	0.05935	43.00	616.0	573.0	0.1462	1.9586
44	317.16	0.09279	0.0010095	16.04	0.06234	44.00	616.4	572.4	0.1493	1.9542
45	318.16	0.09771	0.0010099	15.28	0.06545	45.00	616.8	571.8	0.1525	1.9499
46	319.16	0.10284	0.0010104	14.56	0.06868	46.00	617.2	571.2	0.1556	1.9456
47	320.16	0.10821	0.0010108	13.88	0.07205	46.99	617.7	570.7	0.1587	1.9413
48	321.16	0.11382	0.0010112	13.23	0.07557	47.99	618.1	570.1	0.1619	1.9371
49	322.16	0.11967	0.0010116	12.62	0.07923	48.99	618.5	569.5	0.1650	1.9329

续表

温度 /℃	绝对温度 /K	压力(绝) /(kg/cm²)	沸腾水的比容 /(m³/kg)	干饱和蒸汽的比容 /(m³/kg)	干饱和蒸汽密度 /(kg/m³)	沸腾水的焓 /(kcal/kg)	干饱和蒸汽的焓 /(kcal/kg)	蒸发潜热 /(kcal/kg)	沸腾水的熵 /[kcal/(kg·℃)]	干饱和蒸汽的熵 /[kcal/(kg·℃)]
50	323.16	0.12578	0.0010121	12.05	0.08302	49.99	619.0	569.0	0.1681	1.9287
51	324.16	0.13216	0.0010125	11.50	0.08696	50.99	619.4	568.4	0.1712	1.9245
52	325.16	0.13881	0.0010130	10.98	0.09107	51.99	619.8	567.8	0.1742	1.9204
53	326.16	0.14575	0.0010135	10.49	0.09535	52.99	620.3	567.3	0.1773	1.9164
54	327.16	0.15298	0.0010140	10.02	0.09980	53.98	620.7	566.7	0.1803	1.9124
55	328.16	0.16051	0.0010145	9.573	0.1044	54.98	621.1	566.1	0.1834	1.9084
56	329.16	0.16835	0.0010150	9.158	0.1092	55.98	621.6	565.6	0.1864	1.9044
57	330.16	0.17653	0.0010155	8.759	0.1142	56.98	622.0	565.0	0.1895	1.9004
58	331.16	0.18504	0.0010160	8.380	0.1193	57.98	622.4	564.4	0.1925	1.8965
59	332.16	0.19390	0.0010166	8.020	0.1247	58.98	622.8	563.8	0.1955	1.8927
60	333.16	0.2031	0.0010171	7.678	0.1302	59.98	623.2	563.2	0.1985	1.8889
61	334.16	0.2127	0.0010177	7.352	0.1360	60.98	623.6	562.6	0.2015	1.8851
62	335.16	0.2227	0.0010182	7.042	0.1420	61.98	624.0	562.0	0.2045	1.8813
63	336.16	0.2330	0.0010187	6.748	0.1482	62.98	624.4	561.4	0.2075	1.8775
64	337.16	0.2438	0.0010193	6.468	0.1546	63.98	624.8	560.8	0.2104	1.8738
65	338.16	0.2550	0.0010199	6.201	0.1613	64.98	625.2	560.2	0.2134	1.8701
66	339.16	0.2666	0.0010204	5.947	0.1682	65.98	625.6	559.6	0.2163	1.8665
67	340.16	0.2787	0.0010210	5.705	0.1753	66.98	626.0	559.0	0.2193	1.8629
68	341.16	0.2912	0.0010216	5.474	0.1827	67.98	626.4	558.4	0.2222	1.8593
69	342.16	0.3042	0.0010222	5.254	0.1903	68.98	626.9	557.9	0.2251	1.8557
70	343.16	0.3177	0.0010229	5.045	0.1982	69.98	627.3	557.3	0.2281	1.8521
71	344.16	0.3317	0.0010234	4.846	0.2064	70.98	627.7	556.7	0.2310	1.8486
72	345.16	0.3463	0.0010240	4.655	0.2148	71.99	628.1	556.1	0.2339	1.8451
73	346.16	0.3613	0.0010246	4.473	0.2236	72.99	628.5	555.5	0.2368	1.8416
74	347.16	0.3769	0.0010252	4.299	0.2326	73.99	628.9	554.9	0.2397	1.8382

续表

温度 /℃	绝对温度 /K	压力(绝) /(kg/cm²)	沸腾水的比容 /(m³/kg)	干饱和蒸汽的比容 /(m³/kg)	干饱和蒸汽密度 /(kg/m³)	沸腾水的焓 /(kcal/kg)	干饱和蒸汽的焓 /(kcal/kg)	蒸发潜热 /(kcal/kg)	沸腾水的熵 /[kcal/(kg·℃)]	干饱和蒸汽的熵 /[kcal/(kg·℃)]
75	348. 16	0. 3931	0. 0010258	4. 133	0. 2420	74. 99	629. 3	554. 3	0. 2426	1. 8348
76	349. 16	0. 4098	0. 0010264	3. 975	0. 2516	75. 99	629. 7	553. 7	0. 2454	1. 8314
77	350. 16	0. 4272	0. 0010270	3. 824	0. 2615	76. 99	630. 1	553. 1	0. 2483	1. 8280
78	351. 16	0. 4451	0. 0010277	3. 679	0. 2718	78. 00	630. 5	552. 5	0. 2511	1. 8246
79	352. 16	0. 4637	0. 0010283	3. 541	0. 2824	79. 00	630. 9	551. 9	0. 2540	1. 8213
80	353. 16	0. 4829	0. 0010290	3. 409	0. 2933	80. 00	631. 3	551. 3	0. 2568	1. 8180
81	354. 16	0. 5028	0. 0010296	3. 282	0. 3047	81. 00	631. 7	550. 7	0. 2597	1. 8147
82	355. 16	0. 5234	0. 0010303	3. 161	0. 3164	82. 01	632. 1	550. 1	0. 2625	1. 8115
83	356. 16	0. 5447	0. 0010310	3. 045	0. 3284	83. 01	632. 5	549. 5	0. 2653	1. 8083
84	357. 16	0. 5667	0. 0010317	2. 934	0. 3408	84. 01	632. 9	548. 9	0. 2631	1. 8050
85	358. 16	0. 5894	0. 0010324	2. 828	0. 3536	85. 02	633. 3	548. 3	0. 2709	1. 8018
86	359. 16	0. 6129	0. 0010331	2. 726	0. 3668	86. 02	633. 7	547. 7	0. 2737	1. 7986
87	360. 16	0. 6372	0. 0010338	2. 629	0. 3804	87. 03	634. 1	547. 1	0. 2765	1. 7954
88	361. 16	0. 6623	0. 0010345	2. 536	0. 3943	88. 03	634. 5	546. 5	0. 2792	1. 7923
89	362. 16	0. 6882	0. 0010352	2. 447	0. 4087	89. 03	634. 8	545. 8	0. 2820	1. 7892
90	363. 16	0. 7149	0. 0010359	2. 361	0. 4235	90. 04	635. 2	545. 2	0. 2848	1. 7862
91	364. 16	0. 7425	0. 0010366	2. 279	0. 4388	91. 05	635. 6	544. 6	0. 2875	1. 7832
92	365. 16	0. 7710	0. 0010373	2. 200	0. 4545	92. 05	636. 1	544. 0	0. 2903	1. 7802
93	366. 16	0. 8004	0. 0010381	2. 125	0. 4706	93. 06	636. 5	543. 4	0. 2931	1. 7772
94	367. 16	0. 8307	0. 0010388	2. 052	0. 4873	94. 06	636. 9	542. 8	0. 2959	1. 7742
95	368. 16	0. 8619	0. 0010396	1. 982	0. 5045	95. 07	637. 2	542. 1	0. 2986	1. 7712
96	369. 16	0. 8942	0. 0010404	1. 915	0. 5222	96. 07	637. 6	541. 5	0. 3013	1. 7682
97	370. 16	0. 9274	0. 0010412	1. 851	0. 5403	97. 08	638. 0	540. 9	0. 3041	1. 7652
98	371. 16	0. 9616	0. 0010419	1. 789	0. 5590	98. 09	638. 4	540. 3	0. 3068	1. 7623
99	372. 16	0. 9969	0. 0010427	1. 730	0. 5781	99. 10	638. 7	539. 6	0. 3095	7. 7594

续表

温度 /℃	绝对温度 /K	压力(绝) /(kg/cm²)	沸腾水的比容 /(m³/kg)	干饱和蒸汽的比容 /(m³/kg)	干饱和蒸汽密度 /(kg/m³)	沸腾水的焓 /(kcal/kg)	干饱和蒸汽的焓 /(kcal/kg)	蒸发潜热 /(kcal/kg)	沸腾水的熵 /[kcal/(kg·℃)]	干饱和蒸汽的熵 /[kcal/(kg·℃)]
100	373.16	1.0332	0.0010435	1.673	0.5977	100.10	639.1	539.0	0.3122	1.7566
101	374.16	1.0707	0.0010443	1.618	0.6180	101.11	639.5	538.4	0.3149	1.7538
102	375.16	1.1092	0.0010451	1.565	0.6389	102.12	639.8	537.7	0.3176	1.7510
103	376.16	1.1489	0.0010458	1.515	0.6602	103.12	640.2	537.1	0.3203	1.7482
104	377.16	1.1898	0.0010466	1.466	0.6821	104.13	640.5	536.4	0.3229	1.7454
105	378.16	1.2318	0.0010474	1.419	0.7047	105.14	640.9	535.8	0.3256	1.7426
106	379.16	1.2751	0.0010482	1.374	0.7278	106.15	641.4	535.2	0.3283	1.7398
107	380.16	1.3196	0.0010490	1.331	0.7514	107.16	641.7	534.5	0.3309	1.7370
108	381.16	1.3654	0.0010498	1.289	0.7757	108.17	642.1	533.9	0.3336	1.7343
109	382.16	1.4125	0.0010507	1.249	0.8007	109.18	642.4	533.2	0.3362	1.7316
110	383.16	1.4609	0.0010515	1.210	0.8263	110.19	642.8	532.6	0.3388	1.7289
111	384.16	1.5106	0.0010523	1.173	0.8525	111.20	643.2	532.0	0.3415	1.7262
112	385.16	1.5618	0.0010531	1.137	0.8794	112.21	643.5	531.3	0.3441	1.7235
113	386.16	1.6144	0.0010540	1.102	0.9070	113.22	643.9	530.7	0.3467	1.7209
114	387.16	1.6634	0.0010549	1.069	0.9354	114.23	644.2	530.0	0.3493	1.7183
115	388.16	1.7239	0.0010558	1.037	0.9647	115.25	644.6	529.4	0.3519	1.7157
116	389.16	1.7809	0.0010566	1.005	0.9950	116.26	645.0	528.7	0.3545	1.7131
117	390.16	1.8394	0.0010575	0.9756	1.025	117.27	645.4	528.1	0.3571	1.7105
118	391.16	1.8995	0.0010584	0.9466	1.056	118.28	645.7	527.4	0.3597	1.7079
119	392.16	1.9612	0.0010593	0.9186	1.089	119.30	646.0	526.7	0.3623	1.7053
120	393.16	2.0245	0.0010603	0.8917	1.122	120.3	646.4	526.1	0.3649	1.7027
121	394.16	2.0895	0.0010612	0.3658	1.155	121.3	646.8	525.5	0.3675	1.7002
122	395.16	2.1561	0.0010621	0.8407	1.189	122.3	647.1	524.8	0.3701	1.6980
123	396.16	2.2245	0.0010630	0.8164	1.225	123.3	647.4	524.1	0.3726	1.6955
124	397.16	2.2947	0.0010639	0.7930	1.261	124.4	647.8	523.4	0.3752	1.6930

续表

温度/℃	绝对温度/K	压力(绝)/(kg/cm²)	沸腾水的比容/(m³/kg)	干饱和蒸汽的比容/(m³/kg)	干饱和蒸汽密度/(kg/m³)	沸腾水的焓/(kcal/kg)	干饱和蒸汽的焓/(kcal/kg)	蒸发潜热/(kcal/kg)	沸腾水的熵/[kcal/(kg·℃)]	干饱和蒸汽的熵/[kcal/(kg·℃)]
125	398.16	2.3666	0.0010649	0.7704	1.298	125.4	648.1	522.7	0.3777	1.6905
126	399.16	2.4404	0.0010658	0.7435	1.336	126.4	648.4	522.0	0.3803	1.6880
127	400.16	2.5160	0.0010668	0.7274	1.375	127.4	648.7	521.3	0.3828	1.6856
128	401.16	2.5935	0.0010678	0.7070	1.415	128.4	649.1	520.7	0.3854	1.6832
129	402.16	2.6730	0.0010687	0.6873	1.455	129.5	649.5	520.0	0.3879	1.6808
130	403.16	2.7544	0.0010697	0.6683	1.496	130.5	649.3	519.3	0.3904	1.6784
131	404.16	2.8378	0.0010707	0.6499	1.539	131.5	650.1	518.6	0.3929	1.6760
132	405.16	2.9233	0.0010717	0.6321	1.582	132.5	650.4	517.9	0.3954	1.6736
133	406.16	3.011	0.0010727	0.6148	1.626	133.5	650.7	517.2	0.3979	1.6713
134	407.16	3.101	0.0010737	0.5981	1.672	134.6	651.1	516.5	0.4004	1.6690
135	408.16	3.192	0.0010747	0.5820	1.718	135.6	651.4	515.8	0.4029	1.6647
136	409.16	3.286	0.0010757	0.5664	1.765	136.6	651.7	515.1	0.4054	1.6644
137	410.16	3.382	0.0010767	0.5513	1.814	137.6	652.0	514.4	0.4079	1.6621
138	411.16	3.481	0.0010777	0.5366	1.864	138.7	652.4	513.7	0.4104	1.6598
139	412.16	3.582	0.0010787	0.5224	1.914	139.7	652.7	513.0	0.4129	1.6575
140	413.16	3.685	0.0010798	0.5087	1.966	140.7	653.0	512.3	0.4154	1.6553
141	414.16	3.790	0.0010808	0.4954	2.018	141.7	653.3	511.6	0.4179	1.6531
142	415.16	3.898	0.0010819	0.4825	2.072	142.8	653.7	510.9	0.4203	1.6508
143	416.16	4.009	0.0010829	0.4700	2.128	143.8	654.0	510.2	0.4228	1.6486
144	417.16	4.122	0.0010840	0.4579	2.184	144.8	654.2	509.4	0.4252	1.6464
145	418.16	4.237	0.0010851	0.4461	2.242	145.8	654.5	508.7	0.4277	1.6442
146	419.16	4.355	0.0010862	0.4347	2.300	146.9	654.8	507.9	0.4302	1.6420
147	420.16	4.476	0.0010873	0.4237	2.360	147.9	655.1	507.2	0.4326	1.6398
148	421.16	4.599	0.0010884	0.4130	2.421	148.9	655.4	506.5	0.4350	1.6376
149	422.16	4.725	0.0010895	0.4026	2.484	150.0	655.7	505.7	0.4374	1.6355

续表

温度/℃	绝对温度/K	压力(绝)/(kg/cm²)	沸腾水的比容/(m³/kg)	干饱和蒸汽的比容/(m³/kg)	干饱和蒸汽密度/(kg/m³)	沸腾水的焓/(kcal/kg)	干饱和蒸汽的焓/(kcal/kg)	蒸发潜热/(kcal/kg)	沸腾水的熵/[kcal/(kg·℃)]	干饱和蒸汽的熵/[kcal/(kg·℃)]
150	423.16	4.854	0.0010906	0.3026	2.547	151.0	656.0	505.0	0.4399	1.6333
151	424.16	4.985	0.0010917	0.3829	2.612	152.0	656.3	504.3	0.4413	1.6311
152	425.16	5.120	0.0010928	0.3734	2.678	153.1	656.6	503.5	0.4448	1.6290
153	426.16	5.257	0.0010939	0.3642	2.746	154.1	657.0	502.9	0.4472	1.6269
154	427.16	5.397	0.0010950	0.3552	2.815	155.1	657.2	502.1	0.4496	1.6248
155	428.16	5.540	0.0010962	0.3465	2.886	156.1	657.4	501.3	0.4520	1.6227
156	429.16	5.686	0.0010973	0.3381	2.958	157.2	657.7	500.5	0.4544	1.6207
157	430.16	5.836	0.0010985	0.3299	3.031	158.2	657.9	499.7	0.4568	1.6186
158	431.16	5.989	0.0010997	0.3220	3.106	159.3	658.2	498.9	0.4592	1.6165
159	432.16	6.144	0.0010009	0.3143	3.182	160.3	658.5	498.2	0.4616	1.6144
160	433.16	6.302	0.0011021	0.3068	3.259	161.3	658.7	497.4	0.4640	1.6124
161	434.16	6.464	0.0011033	0.2996	3.333	162.4	659.0	496.6	0.4664	1.6103
162	435.16	6.630	0.0011044	0.2925	3.418	163.4	659.3	495.9	0.4688	1.6082
163	436.16	6.798	0.0011056	0.2857	3.500	164.5	659.6	495.1	0.4712	1.6062
164	437.16	6.970	0.0011069	0.2790	3.584	165.5	659.8	494.3	0.4736	1.6042
165	438.16	7.146	0.0011081	0.2725	3.670	166.6	660.1	493.5	0.4759	1.6022
166	439.16	7.325	0.0011093	0.2662	3.757	167.6	660.3	492.7	0.4783	1.6002
167	440.16	7.507	0.0011106	0.2601	3.845	168.6	660.5	491.9	0.4806	1.5983
168	441.16	7.693	0.0011118	0.2541	3.935	169.7	660.8	491.1	0.4830	1.5962
169	442.16	7.883	0.0011131	0.2483	4.027	170.7	661.0	490.3	0.4853	1.5943
170	443.16	8.076	0.0011144	0.2426	4.122	171.8	661.3	498.5	0.4877	1.5923
171	444.16	8.274	0.0011156	0.2371	4.218	172.8	661.5	488.7	0.4900	1.5903
172	445.16	8.475	0.0011169	0.2318	4.315	173.9	661.8	487.9	0.4924	1.5883
173	446.16	8.679	0.0011182	0.2266	4.414	175.0	662.0	487.0	0.4947	1.5863
174	447.16	8.888	0.0011195	0.2215	4.515	176.0	662.2	486.2	0.4971	1.5844

续表

温度/℃	绝对温度/K	压力(绝)/(kg/cm²)	沸腾水的比容/(m³/kg)	干饱和蒸汽的比容/(m³/kg)	干饱和蒸汽密度/(kg/m³)	沸腾水的焓/(kcal/kg)	干饱和蒸汽的焓/(kcal/kg)	蒸发潜热/(kcal/kg)	沸腾水的熵/[kcal/(kg·℃)]	干饱和蒸汽的熵/[kcal/(kg·℃)]
175	448.16	9.101	0.0011208	0.2166	4.617	177.0	662.4	485.4	0.4994	1.5825
176	449.16	9.317	0.0011221	0.2118	4.721	178.1	662.7	484.6	0.5017	1.5806
177	450.16	9.538	0.0011235	0.2071	4.828	179.1	662.9	483.8	0.5041	1.5787
178	451.16	9.763	0.0011248	0.2026	4.936	180.2	663.2	483.0	0.5064	1.5768
179	452.16	9.992	0.0011261	0.1982	5.045	181.2	663.4	482.2	0.5087	1.5749
180	453.16	10.225	0.0011275	0.1939	5.157	182.3	663.6	481.3	0.5110	1.5730
181	454.16	10.462	0.0011289	0.1897	5.271	183.3	663.7	480.4	0.5133	1.5711
182	455.16	10.703	0.0011303	0.1856	5.388	184.4	663.9	479.5	0.5156	1.5692
183	456.16	10.950	0.0011316	0.1816	5.507	185.5	664.1	478.6	0.5179	1.5673
184	457.16	11.201	0.0011330	0.1777	5.627	186.5	664.3	477.8	0.5202	1.5654
185	458.16	11.456	0.0011344	0.1739	5.750	187.6	664.6	477.0	0.5225	1.5636
186	459.16	11.715	0.0011358	0.1702	5.875	188.6	664.7	476.1	0.5248	1.5617
187	460.16	11.979	0.0011372	0.1666	6.002	189.7	664.9	475.2	0.5271	1.5598
188	461.16	12.248	0.0011386	0.1631	6.131	190.7	665.1	474.4	0.5294	1.5580
189	462.16	12.522	0.0011400	0.1597	6.262	191.8	665.3	473.5	0.5317	1.5561
190	463.16	12.800	0.0011415	0.1564	6.395	192.9	665.5	472.6	0.5340	1.5543
191	464.16	132.083	0.0011430	0.1531	6.532	194.0	665.7	471.7	0.5363	1.5525
192	465.16	13.371	0.0011445	0.1499	9.671	195.0	665.8	470.8	0.5386	1.5507
193	466.16	13.664	0.0011459	0.1468	6.812	196.1	666.0	469.9	0.5409	1.5489
194	467.16	13.962	0.0011474	0.1438	6.954	197.2	666.2	469.0	0.5432	1.5471
195	468.16	14.265	0.0011489	0.1409	7.098	198.2	666.3	468.1	0.5454	1.5453
196	469.16	14.573	0.0011504	0.1308	7.246	199.3	666.5	467.2	0.5477	1.5435
197	470.16	14.886	0.0011519	0.1352	7.396	200.4	666.7	466.3	0.5500	1.5417
198	471.16	15.204	0.0011535	0.1325	7.548	201.4	666.8	465.4	0.5522	1.5398
199	472.16	15.528	0.0011550	0.1298	7.704	202.5	666.9	464.4	0.5545	1.5380

续表

温度 /℃	绝对温度 /K	压力(绝) /(kg/cm^2)	沸腾水的比容 /(m^3/kg)	干饱和蒸汽的比容 /(m^3/kg)	干饱和蒸汽密度 /(kg/m^3)	沸腾水的焓 /(kcal/kg)	干饱和蒸汽的焓 /(kcal/kg)	蒸发潜热 /(kcal/kg)	沸腾水的熵 /[kcal/(kg·℃)]	干饱和蒸汽的熵 /[kcal/(kg·℃)]
200	473. 16	15. 857	0. 0011565	0. 1272	7. 863	203. 6	667. 1	463. 5	0. 5567	1. 5362
201	474. 16	16. 192	0. 0011581	0. 1246	8. 026	204. 7	667. 2	462. 5	0. 5590	1. 5344
202	475. 16	16. 532	0. 0011596	0. 1221	8. 188	205. 7	667. 2	461. 5	0. 5612	1. 5326
203	476. 16	16. 877	0. 0011612	0. 1197	8. 355	206. 8	667. 4	460. 6	0. 5634	1. 5308
204	477. 16	17. 228	0. 0011628	0. 1173	8. 525	207. 9	667. 6	459. 7	0. 5657	1. 5290
205	478. 16	17. 585	0. 0011644	0. 1150	8. 696	209. 0	667. 7	458. 7	0. 5679	1. 5273
206	479. 16	17. 948	0. 0011660	0. 1128	8. 869	21. 01	667. 9	457. 8	0. 5702	1. 5256
207	480. 16	18. 316	0. 0011676	0. 1106	9. 044	211. 2	668. 0	456. 8	0. 5724	1. 5238
208	481. 16	18. 690	0. 0011693	0. 1085	9. 220	212. 3	668. 1	455. 8	0. 5746	1. 5220
209	482. 16	19. 070	0. 0011709	0. 1064	9. 398	213. 3	668. 2	454. 8	0. 5769	1. 5202
210	483. 16	19. 456	0. 0011726	0. 1044	9. 578	214. 4	668. 3	453. 9	0. 5791	1. 5185
211	484. 16	19. 848	0. 0011743	0. 1024	9. 765	215. 5	668. 4	452. 9	0. 5813	1. 5168
212	485. 16	20. 246	0. 0011760	0. 1004	9. 960	216. 6	668. 5	451. 9	0. 5835	1. 5150
213	486. 16	20. 651	0. 0011778	0. 09836	10. 17	217. 7	668. 6	450. 9	0. 5858	1. 5133
214	487. 16	21. 061	0. 0011795	0. 09649	10. 36	218. 8	668. 7	449. 9	0. 5880	1. 5115
215	488. 16	21. 477	0. 0011812	0. 09465	10. 56	219. 9	668. 8	448. 9	0. 5903	1. 5098
216	489. 16	21. 901	0. 0011829	0. 09285	10. 77	221. 0	668. 9	447. 9	0. 5925	1. 5081
217	490. 16	22. 331	0. 0011846	0. 09109	10. 98	222. 1	669. 0	446. 9	0. 5948	1. 5063
218	491. 16	22. 767	0. 0011864	0. 08937	11. 19	223. 2	669. 0	445. 8	0. 5970	1. 5046
219	492. 16	23. 209	0. 0011882	0. 08770	11. 40	224. 3	669. 1	444. 8	0. 5992	1. 5028
220	493. 16	23. 659	0. 0011900	0. 08606	11. 62	225. 4	669. 1	443. 7	0. 6014	1. 5011
221	494. 16	24. 115	0. 0011918	0. 08445	11. 84	226. 5	669. 2	442. 7	0. 6036	1. 4994
222	495. 16	24. 577	0. 0011936	0. 08288	12. 06	227. 6	669. 2	441. 6	0. 6058	1. 4977
223	496. 16	25. 047	0. 0011955	0. 08434	12. 29	228. 7	669. 3	440. 6	0. 6080	1. 4959
224	497. 16	25. 523	0. 0011973	0. 07984	12. 52	229. 8	669. 3	439. 5	0. 6102	1. 4942

续表

温度/℃	绝对温度/K	压力(绝)/(kg/cm²)	沸腾水的比容/(m³/kg)	干饱和蒸汽的比容/(m³/kg)	干饱和蒸汽密度/(kg/m³)	沸腾水的焓/(kcal/kg)	干饱和蒸汽的焓/(kcal/kg)	蒸发潜热/(kcal/kg)	沸腾水的熵/[kcal/(kg·℃)]	干饱和蒸汽的熵/[kcal/(kg·℃)]
225	498.16	26.007	0.0011992	0.07837	12.76	231.0	669.4	438.4	0.6124	1.4925
226	499.16	26.497	0.0012011	0.07693	13.00	232.1	669.4	437.3	0.6145	1.4908
227	500.16	26.995	0.0012029	0.07552	13.24	233.2	669.4	436.2	0.6168	1.4891
228	501.16	27.499	0.0012048	0.07414	13.48	234.3	669.4	435.1	0.6190	1.4874
229	502.16	28.011	0.0012068	0.07279	13.74	235.4	669.5	434.1	0.6212	1.4857
230	503.16	28.531	0.0012087	0.07147	13.99	236.5	669.5	433.0	0.6234	1.4840
231	504.16	29.057	0.0012107	0.07018	14.25	237.7	669.6	431.9	0.6256	1.4823
232	505.16	29.591	0.0012127	0.06891	14.51	238.8	669.6	430.8	0.6278	1.4806
233	506.16	30.133	0.001247	0.06767	14.78	239.9	669.6	429.7	0.6300	1.4790
234	507.16	30.682	0.0012167	0.06646	15.05	241.0	669.6	428.6	0.6322	1.4773
235	508.16	31.239	0.0012187	0.06527	15.32	242.2	669.6	427.4	0.6344	1.4756
236	509.16	31.803	0.0012207	0.06410	15.60	243.3	669.9	426.3	0.6366	1.4739
237	510.16	32.375	0.0012227	0.06296	15.88	244.4	669.6	425.2	0.6388	1.4722
238	511.16	32.955	0.0012248	0.06184	16.17	245.6	669.9	424.0	0.6410	1.4705
239	512.16	33.544	0.0012269	0.06074	16.46	246.7	669.6	422.9	0.6432	1.4688
240	513.16	34.140	0.0012291	0.05967	16.76	247.8	669.5	421.7	0.6454	1.4671
241	514.16	34.745	0.0012313	0.05862	17.06	249.0	669.5	420.5	0.6476	1.4654
242	515.16	35.357	0.0012334	0.05759	17.36	250.1	669.5	419.4	0.6498	1.4637
243	516.16	35.978	0.0012356	0.05658	17.67	251.3	669.5	418.2	0.6519	1.4620
244	517.16	36.607	0.0012377	0.05559	17.99	252.4	669.4	417.0	0.6541	1.4604
245	518.16	37.244	0.0012399	0.05462	18.31	253.6	669.4	415.8	0.6563	1.4587
246	519.16	37.890	0.0012421	0.05367	18.63	254.7	669.3	414.6	0.6585	1.4570
247	520.16	38.545	0.0012444	0.05274	18.96	255.9	669.2	413.3	0.6607	1.4553
248	521.16	39.208	0.0012466	0.05183	19.29	257.0	669.1	412.1	0.6628	1.4537
249	522.16	39.880	0.0012489	0.05093	19.63	258.2	669.1	410.9	0.6650	1.4520

续表

温度 /℃	绝对温度 /K	压力(绝) /(kg/cm²)	沸腾水的比容 /(m³/kg)	干饱和蒸汽的比容 /(m³/kg)	干饱和蒸汽密度 /(kg/m³)	沸腾水的焓 /(kcal/kg)	干饱和蒸汽的焓 /(kcal/kg)	蒸发潜热 /(kcal/kg)	沸腾水的熵 /[kcal/(kg·℃)]	干饱和蒸汽的熵 /[kcal/(kg·℃)]
250	523.16	40.56	0.0012512	0.5005	19.98	259.4	669.0	409.6	0.6672	1.4503
251	524.16	41.25	0.0012536	0.04919	20.33	260.5	668.9	408.4	0.6694	1.4486
252	525.16	41.95	0.0012560	0.04835	20.68	261.7	668.8	407.1	0.6716	1.4469
253	526.16	42.66	0.0012583	0.04752	21.04	262.9	668.7	405.8	0.6738	1.4452
254	527.16	43.37	0.0012607	0.04671	21.41	264.0	668.6	404.6	0.6760	1.4435
255	528.16	44.10	0.0012631	0.04591	21.78	265.2	668.5	403.3	0.6782	1.4418
256	529.16	44.83	0.0012655	0.04513	22.16	266.4	668.4	402.0	0.6804	1.4401
257	530.16	45.58	0.0012679	0.04436	22.54	267.5	668.2	400.7	0.6826	1.4384
258	531.16	46.33	0.0012704	0.04361	22.93	268.7	668.1	399.4	0.6847	1.4367
259	532.16	47.09	0.0012729	0.04287	23.33	269.9	668.0	398.1	0.6869	1.4351
260	533.16	47.87	0.0012755	0.04215	23.72	271.1	667.9	396.8	0.6891	1.4334
261	534.16	48.65	0.0012781	0.04144	24.13	272.3	667.7	395.4	0.6912	1.4317
262	535.16	49.44	0.0012807	0.04074	24.54	273.5	667.6	394.1	0.6934	1.4300
263	536.16	50.24	0.0012834	0.04005	24.96	274.7	667.4	392.7	0.6956	1.4283
264	537.16	51.05	0.0012860	0.03938	25.39	275.9	667.3	391.4	0.6978	1.4266
265	538.16	51.88	0.0012886	0.03872	25.83	277.1	667.2	390.1	0.7000	1.4249
266	539.16	52.71	0.0012913	0.03807	26.27	278.3	667.0	388.7	0.7022	1.4232
267	540.16	53.55	0.0012940	0.03744	26.71	279.5	66.9	387.4	0.7044	1.4215
268	541.16	54.40	0.0012967	0.03682	27.16	280.7	666.7	386.0	0.7066	1.4198
269	542.16	55.26	0.0012995	0.03620	27.62	281.9	666.5	384.5	0.7087	1.4180
270	543.16	56.14	0.0013023	0.03560	28.09	283.1	666.3	383.2	0.7109	1.4163
271	544.16	57.02	0.0013051	0.03501	28.56	284.3	666.1	381.8	0.7131	1.4146
272	545.16	57.91	0.0013080	0.03443	29.04	285.5	665.9	380.4	0.7153	1.4129
273	546.16	58.82	0.0013109	0.33386	29.53	286.7	665.7	379.0	0.7175	1.4112
274	547.16	59.73	0.0013138	0.03330	30.03	288.0	665.5	377.5	0.7197	1.4094

续表

温度 /℃	绝对温度 /K	压力(绝) /(kg/cm²)	沸腾水的比容 /(m³/kg)	干饱和蒸汽的比容 /(m³/kg)	干饱和蒸汽密度 /(kg/m³)	沸腾水的焓 /(kcal/kg)	干饱和蒸汽的焓 /(kcal/kg)	蒸发潜热 /(kcal/kg)	沸腾水的熵 /[kcal/(kg·℃)]	干饱和蒸汽的熵 /[kcal/(kg·℃)]
275	548.16	60.66	0.0013168	0.03275	30.53	289.2	665.2	376.0	0.7219	1.4077
276	549.16	61.60	0.0013198	0.03221	31.05	290.4	664.9	374.5	0.7241	1.4060
277	550.16	62.55	0.0013228	0.03167	31.58	291.7	664.7	373.0	0.7263	1.4042
278	551.16	63.51	0.0013259	0.03114	32.11	292.9	664.4	371.5	0.7285	1.4025
279	552.16	64.48	0.0013290	0.03063	32.65	294.2	664.2	370.0	0.7307	1.4008
280	553.16	65.46	0.0013321	0.03013	33.19	295.4	663.9	368.5	0.7328	1.3990
281	554.16	66.46	0.0013353	0.02964	33.74	296.7	663.7	367.0	0.7350	1.3973
282	555.16	67.46	0.0013385	0.02915	34.30	297.9	663.4	365.5	0.7373	1.3955
283	556.16	68.47	0.0013417	0.02867	34.88	299.2	663.1	363.9	0.7395	1.3937
284	557.16	69.50	0.0013450	0.02820	35.46	300.4	662.7	362.3	0.7417	1.3920
285	558.16	70.54	0.0013483	0.02774	36.05	301.7	662.4	360.7	0.7439	1.3902
286	559.16	71.59	0.0013516	0.02728	36.66	303.0	662.1	359.1	0.7461	1.3884
287	560.16	72.65	0.0013550	0.02684	37.26	304.2	661.7	357.5	0.7483	1.3866
288	561.16	73.73	0.0013585	0.02640	37.88	305.5	661.4	355.9	0.7505	1.3848
289	562.16	74.82	0.0013620	0.02596	38.52	306.8	661.1	354.3	0.7528	1.3830
290	563.16	75.92	0.0013655	0.02554	39.15	308.1	660.7	352.6	0.7550	1.3812
291	564.16	77.03	0.0013691	0.02512	39.81	309.4	660.4	351.0	0.7573	1.3794
292	565.16	78.15	0.0013727	0.02471	40.47	310.7	660.0	349.3	0.7595	1.3775
293	566.16	79.29	0.0013764	0.02430	41.15	312.0	659.6	347.6	0.7617	1.3739
294	567.16	80.44	0.0013801	0.02390	41.84	313.3	659.2	345.9	0.7640	1.3720
295	568.16	81.60	0.0013839	0.02351	42.53	314.6	658.8	344.2	0.7662	1.3720
296	569.16	82.78	0.0013877	0.02312	43.23	315.9	658.4	342.5	0.7784	1.3701
297	570.16	83.97	0.0013916	0.02275	43.96	317.2	658.0	340.8	0.7706	1.3683
298	571.16	85.17	0.0013956	0.02237	44.70	318.6	657.6	339.0	0.7729	1.3664
299	572.16	86.38	0.0013996	0.02200	45.43	319.9	657.1	337.2	0.7751	1.3645

续表

温度 /℃	绝对温度 /K	压力(绝) /(kg/cm²)	沸腾水的比容 /(m³/kg)	干饱和蒸汽的比容 /(m³/kg)	干饱和蒸汽密度 /(kg/m³)	沸腾水的焓 /(kcal/kg)	干饱和蒸汽的焓 /(kcal/kg)	蒸发潜热 /(kcal/kg)	沸腾水的熵 /[kcal/(kg·℃)]	干饱和蒸汽的熵 /[kcal/(kg·℃)]
300	573.16	87.61	0.0014036	0.02164	46.21	321.2	656.6	335.4	0.7774	1.3626
301	574.16	88.85	0.001407	0.02129	46.97	322.6	656.2	333.6	0.7797	1.3607
302	575.16	90.11	0.001412	0.02094	47.75	323.9	655.7	331.8	0.7820	1.3588
303	576.16	91.38	0.001416	0.02059	48.57	325.3	655.3	330.0	0.7842	1.3569
304	577.16	92.66	0.001420	0.02025	49.38	326.6	654.7	328.1	0.7865	1.3549
305	578.16	93.95	0.001425	0.01992	50.20	328.0	654.2	326.2	0.7888	1.3530
306	579.16	95.26	0.001429	0.01959	51.05	329.3	653.6	324.3	0.7911	1.3510
307	580.16	96.59	0.001434	0.01926	51.92	330.7	653.1	322.4	0.7934	1.3491
308	581.16	97.92	0.001438	0.01894	52.80	332.1	652.6	320.5	0.7957	1.3471
309	582.16	99.28	0.001443	0.01863	53.68	333.5	652.0	318.5	0.7980	1.3451
310	583.16	100.64	0.001447	0.01832	54.58	334.9	651.4	316.5	0.8003	1.3431
311	584.16	102.02	0.001452	0.01801	55.52	336.3	650.8	314.5	0.8026	1.3411
312	585.16	103.42	0.001457	0.01771	56.46	337.7	650.2	312.5	0.8050	1.3390
313	586.16	104.83	0.001462	0.01741	57.44	339.1	649.6	310.5	0.8073	1.3370
314	587.16	106.25	0.001467	0.01712	58.41	340.5	648.9	308.4	0.8096	1.3349
315	588.16	107.69	0.001472	0.01683	59.42	342.0	648.3	306.3	0.8120	1.3328
316	589.16	109.15	0.001477	0.01655	60.42	343.4	647.6	304.2	0.8144	1.3307
317	590.16	110.62	0.001483	0.01627	61.46	344.9	647.0	302.1	0.8167	1.3286
318	591.16	112.11	0.001488	0.01599	62.54	346.3	646.3	300.0	0.8191	1.3264
319	592.16	113.61	0.001494	0.01572	63.61	347.8	645.6	297.8	0.8215	1.3243
320	593.16	115.12	0.001499	0.01545	64.72	349.2	644.9	295.7	0.8239	1.3221
321	594.16	116.66	0.001505	0.01519	65.83	350.7	644.3	293.6	0.8263	1.3199
322	595.16	118.21	0.001511	0.01493	66.98	352.2	643.5	291.3	0.8287	1.3177
323	596.16	119.77	0.001517	0.01467	68.17	353.7	642.7	289.0	0.8311	1.3155
324	597.16	121.35	0.001523	0.01442	69.35	355.2	641.9	286.7	0.8336	1.3133

续表

温度 /℃	绝对温度 /K	压力(绝) /(kg/cm²)	沸腾水的比容 /(m³/kg)	干饱和蒸汽的比容 /(m³/kg)	干饱和蒸汽密度 /(kg/m³)	沸腾水的焓 /(kcal/kg)	干饱和蒸汽的焓 /(kcal/kg)	蒸发潜热 /(kcal/kg)	沸腾水的熵 /[kcal/(kg·℃)]	干饱和蒸汽的熵 /[kcal/(kg·℃)]
325	598.16	122.95	0.001529	0.01417	70.57	356.7	641.0	284.3	0.8360	1.3111
326	599.10	124.56	0.001535	0.01392	71.84	358.3	640.2	281.9	0.8384	1.3088
327	600.16	126.19	0.001542	0.01363	73.10	359.8	639.3	279.5	0.8409	1.3065
328	601.16	127.84	0.001548	0.01344	74.40	361.3	638.4	277.1	0.8434	1.3043
329	602.16	129.50	0.001555	0.01320	75.76	362.9	637.6	274.7	0.8459	1.3019
330	603.16	131.18	0.001562	0.01297	77.10	364.5	636.7	272.2	0.8484	1.2996
331	604.16	132.88	0.001569	0.01274	78.49	366.1	635.8	269.7	0.8510	1.2972
332	605.16	134.59	0.001577	0.01251	79.94	367.7	634.8	267.2	0.8535	1.2949
333	606.16	136.33	0.001584	0.01228	81.43	369.3	633.9	264.6	0.8561	1.2924
334	607.16	138.08	0.001591	0.01206	82.92	370.9	632.9	262.0	0.8586	1.2900
335	608.16	139.85	0.001599	0.01184	84.46	372.5	631.8	259.3	0.8612	1.2875
336	609.16	141.63	0.001607	0.01162	86.06	374.2	630.8	256.6	0.8637	1.2850
337	610.16	143.44	0.001615	0.01141	87.64	375.8	629.6	253.8	0.8663	1.2824
338	611.16	145.26	0.001623	0.01120	89.29	377.5	628.5	251.0	0.8689	1.2798
339	612.16	147.10	0.001631	0.01099	90.99	379.2	627.4	248.2	0.8716	1.2772
340	613.16	148.96	0.001639	0.01078	92.76	330.9	626.2	245.3	0.8743	1.2745
341	614.16	150.84	0.001648	0.01057	94.60	382.6	625.0	242.4	0.8770	1.2718
342	615.16	152.73	0.001658	0.01037	96.43	384.4	623.8	239.4	0.8798	1.2690
343	616.16	154.65	0.001667	0.01017	98.33	386.1	622.5	236.4	0.8825	1.2662
344	617.16	156.59	0.001676	0.009969	100.31	387.9	621.2	233.3	0.8853	1.2633
345	618.16	158.84	0.001686	0.009771	102.34	389.8	619.9	230.1	0.8881	1.2604
346	619.16	160.52	0.001696	0.009574	104.45	391.6	618.6	227.0	0.8909	1.2574
347	620.16	162.52	0.001707	0.009379	106.62	393.4	617.2	223.8	0.8937	1.2544
348	621.16	164.53	0.001718	0.009186	108.86	395.3	615.7	220.4	0.8966	1.2513
349	622.16	166.57	0.001729	0.008995	111.17	379.2	614.1	216.9	0.8995	1.2481

续表

温度 /℃	绝对温度 /K	压力(绝) /(kg/cm²)	沸腾水的比容 /(m³/kg)	干饱和蒸汽的比容 /(m³/kg)	干饱和蒸汽密度 /(kg/m³)	沸腾水的焓 /(kcal/kg)	干饱和蒸汽的焓 /(kcal/kg)	蒸发潜热 /(kcal/kg)	沸腾水的熵 /[kcal/(kg·℃)]	干饱和蒸汽的熵 /[kcal/(kg·℃)]
350	623. 16	168. 63	0. 001741	0. 008803	113. 6	399. 2	612. 5	213. 3	0. 9025	1. 2448
351	624. 16	170. 71	0. 001752	0. 008613	116. 1	401. 1	610. 9	209. 8	0. 9055	1. 2415
352	625. 16	172. 81	0. 001764	0. 008425	118. 7	403. 1	609. 2	206. 1	0. 9085	1. 2381
353	626. 16	174. 93	0. 001777	0. 008238	121. 4	405. 1	607. 4	202. 3	0. 9116	1. 2346
354	627. 16	177. 07	0. 001792	0. 008053	124. 2	407. 2	605. 5	198. 3	0. 9148	1. 2310
355	628. 16	179. 24	0. 001807	0. 007869	127. 1	409. 4	603. 6	194. 2	0. 9181	1. 2273
356	629. 16	181. 43	0. 001823	0. 007684	130. 0	411. 6	601. 5	189. 9	0. 9214	1. 2235
357	630. 16	183. 64	0. 001840	0. 007499	133. 2	413. 8	599. 3	185. 5	0. 9248	1. 2195
358	631. 16	185. 83	0. 001857	0. 007314	136. 6	146. 1	597. 1	181. 0	0. 9283	1. 2154
359	632. 16	188. 13	0. 001875	0. 007130	140. 2	418. 4	594. 9	176. 5	0. 9318	1. 2112
360	633. 16	190. 42	0. 001894	0. 006943	144. 0	420. 7	592. 6	171. 9	0. 9354	1. 2069
361	634. 16	192. 72	0. 001918	0. 00675	148. 1	423. 3	590. 1	166. 8	0. 9392	1. 2024
362	635. 16	195. 06	0. 001943	0. 00656	152. 4	425. 8	587. 5	161. 7	0. 9430	1. 1977
363	636. 16	197. 41	0. 001963	0. 00637	157. 0	428. 4	584. 6	156. 2	0. 9470	1. 1928
364	637. 16	199. 80	0. 001999	0. 00618	161. 8	431. 2	581. 5	150. 3	0. 9512	1. 1872
365	638. 16	202. 21	0. 002002	0. 00599	166. 8	434. 1	578. 2	144. 1	0. 9556	1. 1814
366	639. 16	204. 64	0. 002005	0. 00580	172. 5	437. 2	574. 7	137. 5	0. 9602	1. 1751
367	640. 16	207. 11	0. 002008	0. 00569	178. 8	440. 4	570. 9	130. 5	0. 9652	1. 1689
368	641. 16	209. 60	0. 002112	0. 00538	185. 8	443. 9	566. 6	122. 7	0. 9704	1. 1619
369	642. 16	212. 12	0. 002117	0. 00516	193. 6	447. 8	562. 0	114. 2	0. 9762	1. 1541
370	643. 16	214. 68	0. 00222	0. 00493	203	452. 0	556. 7	104. 7	0. 9825	1. 1453
371	644. 16	217. 26	0. 00229	0. 00468	214	456. 8	550. 5	93. 7	0. 9898	1. 1352
372	645. 16	219. 88	0. 00238	0. 00440	227	462. 6	542. 9	80. 3	0. 9986	1. 1230
373	646. 16	222. 53	0. 00251	0. 00405	247	470. 3	532. 6	62. 4	1. 0102	1. 1067
374	647. 16	225. 22	0. 00280	0. 00347	288	485. 3	512. 7	27. 4	1. 0332	1. 0755

附录六　饱和蒸汽和饱和水性质(以压力为基础)

压力(绝) /(kg/cm^2)	温度 /℃	沸腾水的比容 /(m^3/kg)	干饱和蒸汽的比容 /(m^3/kg)	干饱和蒸汽密度 /(kg/m^3)	沸腾水的焓 /(kcal/kg)	干饱和蒸汽的焓 /(kcal/kg)	蒸发潜热 /(kcal/kg)	沸腾水的熵 /[kcal/(kg·℃)]	干饱和蒸汽的熵 /[kcal/(kg·℃)]
0.010	6.698	0.0010001	131.7	0.007593	6.73	600.2	593.5	0.0243	2.1450
0.015	12.737	0.0010007	89.64	0.01116	12.78	602.9	590.1	0.0457	2.1097
0.020	17.204	0.0010013	68.24	0.01465	17.25	604.9	587.6	0.0612	2.0849
0.025	20.776	0.0010020	55.28	0.01809	20.81	606.4	585.6	0.0735	2.0657
0.030	23.772	0.0010027	46.52	0.02149	23.80	607.8	584.0	0.0837	2.0505
0.035	26.359	0.0010034	40.22	0.02486	26.39	608.9	582.5	0.0924	2.0371
0.040	28.641	0.0010041	35.46	0.02820	28.67	609.8	581.1	0.0999	2.0254
0.045	30.69	0.0010047	31.72	0.03152	30.71	610.7	580.0	0.1066	2.0153
0.050	32.55	0.0010053	28.73	0.03481	32.58	611.5	578.9	0.1127	2.0065
0.055	34.25	0.0010059	26.25	0.03809	34.26	612.3	578.0	0.1182	1.9986
0.060	35.82	0.0010064	24.18	0.04135	35.84	613.0	577.2	0.1233	1.9912
0.065	37.29	0.0010069	22.43	0.04458	37.29	613.6	576.3	0.1280	1.9841
0.070	38.66	0.0010074	20.92	0.04780	38.67	614.1	575.4	0.1324	1.9777
0.075	39.95	0.0010079	19.60	0.05101	39.96	614.7	574.7	0.1363	1.9718
0.080	41.16	0.0010084	18.45	0.05421	41.17	615.2	574.0	0.1402	1.9664
0.085	42.32	0.0010088	17.43	0.05740	42.32	615.7	573.4	0.1439	1.9614
0.090	43.41	0.0010093	16.51	0.06058	43.41	616.2	572.7	0.1474	1.9566
0.095	44.46	0.0010097	15.69	0.06375	44.46	616.6	572.2	0.1508	1.9522
0.10	45.45	0.0010101	14.95	0.06691	45.45	617.0	571.6	0.1540	1.9480
0.11	47.33	0.0010108	13.66	0.07320	47.33	617.8	570.5	0.1598	1.9401
0.12	49.06	0.0010116	12.59	0.07946	49.05	618.6	569.5	0.1652	1.9327
0.13	50.67	0.0010123	11.67	0.08569	50.66	619.3	568.6	0.1702	1.9258
0.14	52.18	0.0010130	10.88	0.09188	52.17	619.9	567.7	0.1748	1.9196
0.15	53.60	0.0010137	10.20	0.09804	83.58	620.5	566.9	0.1791	1.9140
0.16	54.94	0.0010144	9.604	0.1041	54.92	621.1	566.2	0.1832	1.9088

续表

压力(绝) /(kg/cm²)	温度 /℃	沸腾水的比容 /(m³/kg)	干饱和蒸汽的比容 /(m³/kg)	干饱和蒸汽密度 /(kg/m³)	沸腾水的焓 /(kcal/kg)	干饱和蒸汽的焓 /(kcal/kg)	蒸发潜热 /(kcal/kg)	沸腾水的熵 /[kcal/(kg·℃)]	干饱和蒸汽的熵 /[kcal/(kg·℃)]
0.07	56.21	0.0010151	9.074	0.1102	56.20	621.6	565.4	0.1871	1.9038
0.18	57.41	0.0010157	8.600	0.1163	57.40	622.1	564.7	0.1908	1.8991
0.19	58.57	0.0010163	8.172	0.1224	58.55	622.6	564.0	0.1943	1.8946
0.20	59.67	0.0010169	7.789	0.1284	59.65	623.0	563.4	0.1976	1.8903
0.21	60.72	0.0010175	4.442	0.1344	60.70	623.5	562.8	0.2007	1.8862
0.22	61.74	0.0010181	7.123	0.1404	61.71	623.9	562.2	0.2037	1.8824
0.23	62.71	0.0010186	6.832	0.1464	62.69	624.3	561.6	0.2066	1.8788
0.24	63.65	0.0010191	6.564	0.1523	63.63	624.7	561.1	0.2096	1.8753
0.25	64.56	0.0010196	6.317	0.1583	64.51	625.0	560.5	0.2121	1.8718
0.26	65.44	0.0010201	6.082	0.1642	65.45	625.4	560.0	0.2147	1.8685
0.27	66.29	0.0010206	5.877	0.1702	66.27	625.7	559.4	0.2172	1.8653
0.28	67.11	0.0010211	5.680	0.1761	67.09	626.1	559.0	0.2196	1.8623
0.29	67.91	0.0010216	5.496	0.1820	67.89	626.4	558.5	0.2219	1.8594
0.30	68.68	0.0010221	5.324	0.1878	68.66	626.7	558.0	0.2242	1.8567
0.32	70.16	0.0010229	5.012	0.1995	70.14	627.3	557.2	0.2286	1.8516
0.34	71.57	0.0010237	4.735	0.2112	71.55	627.9	556.4	0.2327	1.8468
0.36	72.91	0.0010245	4.483	0.2228	72.90	628.5	555.6	0.2366	1.8420
0.38	74.19	0.0010253	4.266	0.2344	74.18	629.0	554.8	0.2403	1.8375
0.40	75.42	0.0010261	4.066	0.2459	75.41	629.5	554.1	0.2438	1.8338
0.45	78.27	0.0010279	3.641	0.2746	78.27	630.6	552.3	0.2519	1.8235
0.50	80.86	0.0010296	3.299	0.3031	80.86	631.6	550.7	0.2593	1.8149
0.55	83.25	0.0010312	3.017	0.3314	83.26	632.6	549.3	0.2660	1.8072
0.60	85.45	0.0010327	2.781	0.3595	85.47	633.5	548.0	0.2722	1.8003
0.65	87.51	0.0010341	2.581	0.3874	87.54	634.3	546.8	0.2779	1.7940

续表

压力(绝)/(kg/cm^2)	温度/℃	沸腾水的比容/(m^3/kg)	干饱和蒸汽的比容/(m^3/kg)	干饱和蒸汽密度/(kg/m^3)	沸腾水的焓/(kcal/kg)	干饱和蒸汽的焓/(kcal/kg)	蒸发潜热/(kcal/kg)	沸腾水的熵/[kcal/(kg·℃)]	干饱和蒸汽的熵/[kcal/(kg·℃)]
0.70	89.45	0.0010355	2.409	0.4152	89.49	635.1	545.6	0.2833	1.7881
0.75	91.27	0.0010368	2.258	0.4429	91.32	735.8	544.5	0.2884	1.7825
0.80	92.99	0.0010381	2.126	0.4704	93.05	637.4	543.3	0.2931	1.7772
0.85	94.62	0.0010393	2.009	0.4978	94.69	637.0	542.3	0.2976	1.7722
0.90	96.18	0.0010405	1.904	0.5252	96.25	637.6	541.3	0.3019	1.7675
0.95	97.66	0.0010417	1.811	0.5525	97.74	638.1	540.4	0.3059	1.7631
1.0	99.09	0.0010428	1.725	0.5797	99.18	638.7	539.5	0.3097	1.7589
1.1	101.76	0.0010448	1.578	0.6338	101.87	639.7	537.8	0.3169	1.7513
1.2	104.25	0.0010468	1.455	0.7876	104.38	640.6	536.2	0.3236	1.7444
1.3	106.56	0.0010487	1.350	0.7411	106.72	641.5	534.8	0.3298	1.7381
1.4	108.74	0.0010505	1.259	0.7944	108.92	642.3	533.4	0.3355	1.7322
1.5	110.79	0.0010521	1.180	0.8474	110.99	643.1	532.1	0.3409	1.7267
1.6	112.73	0.0010538	1.111	0.9901	112.96	643.8	530.8	0.3460	1.7216
1.7	114.57	0.0010554	1.050	0.9524	114.83	644.4	529.6	0.3508	1.7168
1.8	116.33	0.0010570	0.9957	1.004	116.60	645.1	528.5	0.3554	1.7123
1.9	118.01	0.0010585	0.9464	1.057	118.28	645.7	527.4	0.3598	1.7081
2.0	119.62	0.0010600	0.9019	1.109	119.94	646.3	526.4	0.3640	1.7040
2.1	121.16	0.0010614	0.8616	1.161	121.5	646.8	525.3	0.3680	1.7001
2.2	122.65	0.0010627	0.8249	1.212	123.0	647.3	524.3	0.3718	1.6963
2.3	124.08	0.0010640	0.7913	1.264	124.5	647.8	523.3	0.3754	1.6926
2.4	125.46	0.0010653	0.7604	1.315	125.9	648.2	522.3	0.3789	1.6891
2.5	126.79	0.0010666	0.7319	1.366	127.3	648.7	521.4	0.3823	1.6860
2.6	128.08	0.0010678	0.7055	1.417	128.6	649.2	520.6	0.3856	1.6830
2.7	129.34	0.0010690	0.6809	1.469	129.9	649.6	519.7	0.3888	1.6800
2.8	130.55	0.0010702	0.6580	1.520	131.1	650.1	518.9	0.3918	1.6771

续表

压力(绝)/(kg/cm²)	温度/℃	沸腾水的比容/(m³/kg)	干饱和蒸汽的比容/(m³/kg)	干饱和蒸汽密度/(kg/m³)	沸腾水的焓/(kcal/kg)	干饱和蒸汽的焓/(kcal/kg)	蒸发潜热/(kcal/kg)	沸腾水的熵/[kcal/(kg·℃)]	干饱和蒸汽的熵/[kcal/(kg·℃)]
2.9	131.73	0.0010714	0.6386	1.570	132.3	650.4	518.1	0.3947	1.6743
3.0	132.88	0.0010726	0.6160	1.621	133.5	650.8	517.3	0.3976	1.6716
3.1	134.00	0.0010737	0.5982	1.672	134.6	651.1	516.5	0.4004	1.6690
3.2	135.08	0.0010748	0.5807	1.722	135.7	651.5	515.8	0.4031	1.6665
3.3	136.14	0.0010759	0.5642	1.772	136.8	651.8	515.0	0.4058	1.6640
3.4	137.18	0.0010769	0.5486	1.823	137.9	652.1	514.2	0.4084	1.6516
3.5	138.19	0.0010780	0.5338	1.873	138.9	652.4	513.5	0.4109	1.6592
3.6	139.18	0.0010790	0.5198	1.924	139.9	652.7	512.8	0.4134	1.6570
3.7	140.15	0.0010799	0.5066	1.974	140.9	653.0	512.1	0.4158	1.6548
3.8	141.09	0.0010809	0.4941	2.024	141.9	653.3	511.4	0.4181	1.6527
3.9	142.02	0.0010819	0.4822	2.074	142.8	653.6	510.8	0.4204	1.6507
4.0	142.92	0.0010829	0.4708	2.124	143.7	653.9	510.2	0.4226	1.6488
4.1	143.81	0.0010838	0.4600	2.174	144.6	654.2	509.6	0.4248	1.6469
4.2	144.68	0.0010847	0.4497	2.224	145.5	654.5	509.0	0.4239	1.6459
4.3	145.54	0.0010857	0.4399	2.273	146.4	654.8	508.4	0.4290	1.6432
4.4	146.38	0.0010866	0.4305	2.323	147.3	655.0	507.7	0.4311	1.6413
4.5	147.20	0.0010875	0.4215	2.372	148.1	655.2	507.1	0.4331	1.6394
4.6	148.01	0.0010884	0.4129	2.422	148.9	655.4	506.5	0.4350	1.6376
4.7	148.81	0.0010893	0.4046	2.472	149.8	655.7	505.9	0.4369	1.6358
4.8	149.59	0.0010902	0.3966	2.521	150.6	655.9	505.3	0.4388	1.6341
4.9	150.36	0.0010910	0.3890	2.570	151.4	656.1	504.7	0.4407	1.6324
5.0	151.11	0.0010918	0.3818	2.619	152.1	656.3	504.2	0.4426	1.6309
5.2	152.59	0.0010936	0.3678	2.718	153.7	656.8	503.1	0.4462	1.6279
5.4	154.02	0.0010953	0.3550	2.817	155.2	657.2	502.0	0.4497	1.6249

续表

压力(绝)/(kg/cm²)	温度/℃	沸腾水的比容/(m³/kg)	干饱和蒸汽的比容/(m³/kg)	干饱和蒸汽密度/(kg/m³)	沸腾水的焓/(kcal/kg)	干饱和蒸汽的焓/(kcal/kg)	蒸发潜热/(kcal/kg)	沸腾水的熵/[kcal/(kg·℃)]	干饱和蒸汽的熵/[kcal/(kg·℃)]
5.6	155.41	0.0010969	0.3430	2.915	156.6	657.5	501.0	0.4531	1.6220
5.8	156.76	0.0010985	0.3313	3.013	158.0	658.0	500.0	0.4563	1.6192
6.0	158.08	0.0011000	0.3214	3.111	159.4	658.3	498.9	0.4594	1.6164
6.2	159.36	0.0011015	0.3116	3.209	156.7	658.6	497.9	0.4625	1.6137
6.4	160.61	0.0011029	0.3024	3.307	162.0	659.0	497.0	0.4655	1.6112
6.6	151.82	0.0011043	0.2938	3.404	163.2	659.3	496.1	0.4684	1.6088
6.8	163.01	0.0011057	0.2856	3.502	164.5	659.6	495.1	0.4712	1.6064
7.0	164.17	0.0011071	0.2778	3.600	165.7	659.9	494.2	0.4740	1.6040
7.2	165.31	0.0011085	0.2705	3.697	166.9	660.2	493.3	0.4767	1.6017
7.4	166.42	0.0011099	0.2436	3.794	168.0	660.4	492.4	0.4793	1.5994
7.6	167.51	0.0011113	0.2570	3.891	169.2	660.7	491.5	0.4818	1.5972
7.8	168.57	0.0011127	0.2507	3.988	170.3	660.9	490.6	0.4843	1.5950
8.0	169.61	0.0011140	0.2448	4.085	171.4	661.2	489.8	0.4868	1.5930
8.2	170.63	0.0011152	0.2391	4.182	172.4	661.4	489.0	0.4892	1.5910
8.4	171.63	0.0011165	0.2337	4.278	173.5	661.7	488.2	0.4915	1.5890
8.6	172.61	0.0011177	0.2286	4.374	174.5	661.9	487.4	0.4938	1.5870
8.8	173.58	0.0011190	0.2237	4.470	175.5	662.1	486.6	0.4961	1.5851
9.0	174.53	0.0011202	0.2190	4.567	176.5	662.3	485.8	0.4983	1.5833
9.2	175.46	0.0011214	0.2144	4.664	177.5	662.5	485.0	0.5005	1.5815
9.4	176.38	0.0011226	0.2100	4.762	178.5	662.7	484.2	0.5026	1.5797
9.6	177.28	0.0011238	0.2058	4.859	179.4	662.9	483.5	0.5047	1.5780
9.8	178.16	0.0011250	0.2018	4.955	178.0	663.1	482.8	0.5068	1.5764
10.0	179.04	0.0011262	0.1980	5.050	181.2	663.3	482.1	0.5088	1.5749
10.5	181.16	0.0011291	0.1890	5.291	183.5	663.7	480.2	0.5137	1.5706

续表

压力(绝)/(kg/cm²)	温度/℃	沸腾水的比容/(m³/kg)	干饱和蒸汽的比容/(m³/kg)	干饱和蒸汽密度/(kg/m³)	沸腾水的焓/(kcal/kg)	干饱和蒸汽的焓/(kcal/kg)	蒸发潜热/(kcal/kg)	沸腾水的熵/[kcal/(kg·℃)]	干饱和蒸汽的熵/[kcal/(kg·℃)]
11.0	183.20	0.0011318	0.1808	5.531	185.7	664.1	478.4	0.5184	1.5666
11.5	185.17	0.0011345	0.1733	5.772	187.8	664.5	476.7	0.5229	1.5629
12.0	187.08	0.0011372	0.1663	6.013	189.8	664.9	475.1	0.5272	1.5594
12.5	188.92	0.0011399	0.1599	6.254	191.7	665.3	473.6	0.5314	1.5561
13.0	190.71	0.0011425	0.1540	6.494	193.6	665.6	472.0	0.5356	1.5530
13.5	192.45	0.0011450	0.1485	6.734	195.5	665.9	470.4	0.5396	1.5499
14.0	194.13	0.0011475	0.1434	6.974	197.3	666.2	468.9	0.5435	1.5469
14.5	195.77	0.0011499	0.1387	7.215	199.0	666.4	467.4	0.5472	1.5440
15.0	197.36	0.0011524	0.1342	7.452	200.7	666.7	466.0	0.5508	1.5412
15.5	198.91	0.0011548	0.1300	7.692	202.4	666.9	464.5	0.5543	1.5384
16.0	200.43	0.0011572	0.1261	7.931	204.0	667.1	463.1	0.5577	1.5356
16.5	201.91	0.0011595	0.1224	8.170	205.6	667.3	461.7	0.5610	1.5329
17.0	203.35	0.0011618	0.1189	8.410	207.2	667.5	460.3	0.5642	1.5303
17.5	204.76	0.0011640	0.1156	8.650	208.7	667.7	459.0	0.5674	1.5278
18.0	206.14	0.0011662	0.1125	8.889	210.2	667.8	457.7	0.5705	1.5254
18.5	207.49	0.0011684	0.1096	9.132	211.6	668.0	456.4	0.5735	1.5230
19.0	208.81	0.0011707	0.1068	9.372	213.1	668.2	455.1	0.5764	1.5207
19.5	210.11	0.0011729	0.1041	9.615	214.5	668.3	453.8	0.5793	1.5184
20.0	211.38	0.0011751	0.1016	9.852	215.9	668.5	452.6	0.5822	1.5162
20.5	212.63	0.0011773	0.09908	10.09	217.3	668.6	451.3	0.5851	1.5141
21.0	213.85	0.0011794	0.09676	10.33	218.6	668.7	150.1	0.5879	1.5121
21.5	215.05	0.0011814	0.09455	10.58	220.0	668.8	448.8	0.5906	1.5099
22.0	216.23	0.0011834	0.09244	10.82	221.3	668.9	447.6	0.5932	1.5078
22.5	217.39	0.0011854	0.09042	11.06	222.5	668.9	446.4	0.5956	1.5058
23.0	218.53	0.0011874	0.08848	11.30	223.7	669.0	445.3	0.5982	1.5038
23.5	219.65	0.0011894	0.08663	11.54	225.0	669.1	444.0	0.6007	1.5019
24.0	220.75	0.0011914	0.08486	11.78	226.2	669.2	443.0	0.6031	1.5000

续表

压力(绝) /(kg/cm^2)	温度 /℃	沸腾水的比容 /(m^3/kg)	干饱和蒸汽的比容 /(m^3/kg)	干饱和蒸汽密度 /(kg/m^3)	沸腾水的焓 /(kcal/kg)	干饱和蒸汽的焓 /(kcal/kg)	蒸发潜热 /(kcal/kg)	沸腾水的熵 /[kcal/(kg·℃)]	干饱和蒸汽的熵 /[kcal/(kg·℃)]
24.5	221.83	0.0011993	0.08315	12.03	227.4	669.2	441.8	0.6055	1.4981
25.0	222.90	0.0011953	0.08150	12.27	228.6	669.3	440.7	0.6078	1.4962
25.5	223.95	0.0011972	0.07991	12.51	229.8	669.3	439.5	0.6101	1.4943
26.0	224.99	0.0011992	0.07838	12.76	231.0	669.4	438.4	0.6124	1.4924
26.5	226.01	0.0012011	0.07691	13.00	233.1	669.4	437.3	0.6146	1.4906
27.0	227.01	0.0012039	0.07550	13.24	233.2	669.4	436.2	0.6168	1.4889
27.5	228.00	0.0012049	0.07413	13.49	234.2	669.4	435.2	0.6190	1.4873
28.0	228.98	0.0012067	0.07282	13.73	235.3	669.4	434.1	0.6211	1.4857
28.5	229.94	0.0012086	0.07155	13.93	236.4	669.5	433.1	0.6232	1.4841
29.0	230.89	0.0012105	0.07032	14.22	237.5	669.5	432.0	0.6253	1.4825
29.5	231.83	0.0012124	0.06913	14.46	238.5	669.5	431.0	0.6274	1.4809
30	232.76	0.0012142	0.06798	14.71	239.6	669.5	429.9	0.6295	1.4793
31	234.57	0.0012179	0.06678	15.20	241.7	669.5	427.8	0.6335	1.4762
32	236.35	0.0012215	0.06370	15.70	243.7	669.5	425.8	0.6373	1.4732
33	238.08	0.0012250	0.06176	16.19	245.6	669.5	423.9	0.6411	1.4703
34	239.77	0.0012285	0.05993	16.69	247.6	669.5	421.9	0.6448	1.4674
35	241.42	0.0012320	0.05819	17.18	249.5	669.5	420.0	0.6484	1.4646
36	243.04	0.0012355	0.05655	17.68	251.3	669.4	418.1	0.6520	1.4619
37	244.62	0.0012389	0.05499	18.18	253.1	669.3	416.2	0.6555	1.4593
38	246.17	0.0012424	0.05351	18.69	254.9	669.2	414.3	0.6589	1.4567
39	247.69	0.0012459	0.5211	19.19	256.6	669.1	412.5	0.6622	1.4541
40	249.18	0.0012493	0.05078	19.69	258.4	669.0	410.6	0.6654	1.4515
41	250.64	0.0012527	0.04950	20.20	260.1	668.9	408.8	0.6686	1.4490
42	252.07	0.0012561	0.04828	20.71	261.8	668.8	407.0	0.6718	1.4463
43	253.48	0.0012595	0.04712	21.22	263.5	668.7	405.2	0.6749	1.4443
44	254.87	0.0012629	0.04601	21.73	265.1	668.5	403.4	0.6779	1.4420

续表

压力(绝) /(kg/cm²)	温度 /℃	沸腾水的比容 /(m³/kg)	干饱和蒸汽的比容 /(m³/kg)	干饱和蒸汽密度 /(kg/m³)	沸腾水的焓 /(kcal/kg)	干饱和蒸汽的焓 /(kcal/kg)	蒸发潜热 /(kcal/kg)	沸腾水的熵 /[kcal/(kg·℃)]	干饱和蒸汽的熵 /[kcal/(kg·℃)]
45	256. 23	0. 0012663	0. 04495	22. 25	266. 7	668. 4	401. 7	0. 6809	1. 4397
46	257. 56	0. 0012696	0. 04394	22. 76	268. 2	668. 2	400. 0	0. 6838	1. 4375
47	258. 88	0. 0012729	0. 04297	23. 27	269. 7	668. 0	398. 2	0. 6867	1. 4353
48	260. 17	0. 0012762	0. 04203	23. 79	271. 3	667. 9	396. 5	0. 6895	1. 4331
49	261. 45	0. 0012794	0. 04113	24. 31	272. 8	667. 7	394. 9	0. 6923	1. 4310
50	262. 70	0. 0012826	0. 04026	24. 84	274. 3	667. 5	393. 2	0. 6950	1. 4289
51	263. 93	0. 0012858	0. 03942	25. 37	275. 7	667. 3	391. 6	0. 6977	1. 4268
52	265. 15	0. 0012890	0. 03862	25. 89	277. 2	667. 1	389. 9	0. 7004	1. 4247
53	266. 35	0. 0012922	0. 03785	26. 42	278. 7	666. 9	388. 2	0. 7030	1. 4226
54	267. 53	0. 0012954	0. 03711	26. 95	280. 1	666. 7	36. 6	0. 7056	1. 4206
55	268. 69	0. 0012986	0. 03639	27. 48	281. 5	666. 5	385. 0	0. 7081	1. 4186
56	269. 84	0. 0013018	0. 03569	28. 02	282. 9	666. 3	383. 4	0. 7106	1. 4166
57	270. 98	0. 0013051	0. 03501	28. 56	284. 3	666. 1	381. 8	0. 7131	1. 4147
58	272. 10	0. 0013083	0. 03436	29. 10	285. 7	665. 9	380. 2	0. 7155	1. 4128
59	273. 20	0. 0013115	0. 03373	29. 65	287. 0	665. 6	378. 6	0. 7179	1. 4108
60	274. 29	0. 0013147	0. 03312	30. 19	288. 4	665. 4	377. 0	0. 7203	1. 4089
61	275. 37	0. 0013179	0. 03253	30. 74	289. 7	665. 1	375. 4	0. 7227	1. 4070
62	276. 43	0. 0013211	0. 03197	31. 28	291. 0	664. 8	373. 8	0. 7250	1. 4052
63	277. 48	0. 0013243	0. 03142	31. 83	292. 3	664. 6	372. 3	0. 7273	1. 4034
64	278. 51	0. 0012375	0. 03083	32. 38	293. 6	664. 3	370. 7	0. 7296	1. 4016
65	279. 54	0. 0013306	0. 03036	32. 94	294. 8	664. 0	369. 2	0. 7318	1. 3998
66	280. 55	0. 0013338	0. 02986	33. 49	296. 1	663. 7	367. 6	0. 7340	1. 3980
67	281. 55	0. 0013370	0. 02937	34. 05	297. 3	663. 5	366. 2	0. 7362	1. 3963
68	282. 54	0. 0013402	0. 02889	34. 61	298. 6	663. 2	364. 6	0. 7334	1. 3945
69	283. 52	0. 0013434	0. 02843	35. 17	299. 8	622. 9	363. 1	0. 7406	1. 3928
70	284. 48	0. 0013466	0. 02798	35. 74	301. 0	662. 6	361. 6	0. 7428	1. 3911

续表

压力(绝) /(kg/cm²)	温度 /℃	沸腾水的比容 /(m³/kg)	干饱和蒸汽的比容 /(m³/kg)	干饱和蒸汽密度 /(kg/m³)	沸腾水的焓 /(kcal/kg)	干饱和蒸汽的焓 /(kcal/kg)	蒸发潜热 /(kcal/kg)	沸腾水的熵 /[kcal/(kg·℃)]	干饱和蒸汽的熵 /[kcal/(kg·℃)]
71	285. 44	0. 0012498	0. 02754	36. 31	302. 3	662. 2	359. 9	0. 7449	1. 3894
72	286. 39	0. 0012530	0. 02711	36. 89	303. 5	661. 9	358. 4	0. 7470	1. 3877
73	287. 32	0. 0012561	0. 02669	37. 47	304. 6	661. 6	356. 9	0. 7491	1. 3860
74	288. 25	0. 0012593	0. 02629	38. 04	305. 8	661. 3	355. 5	0. 7511	1. 3843
75	289. 17	0. 0013626	0. 02589	38. 63	307. 0	661. 0	354. 0	0. 7522	1. 3827
76	290. 08	0. 0013658	0. 02550	39. 22	308. 2	660. 7	352. 5	0. 7552	1. 3811
77	290. 97	0. 0013690	0. 02513	39. 79	309. 4	660. 3	351. 0	0. 7572	1. 3794
78	291. 86	0. 0013722	0. 02476	40. 39	310. 5	660. 0	349. 5	0. 7592	1. 3778
79	292. 75	0. 0013755	0. 02440	40. 98	311. 7	659. 7	348. 0	0. 7612	1. 3761
80	293. 62	0. 0013787	0. 02405	41. 58	312. 8	659. 3	346. 5	0. 7631	1. 3745
81	294. 48	0. 0013819	0. 02372	42. 16	313. 9	659. 0	345. 1	0. 7650	1. 3730
82	295. 34	0. 0013852	0. 02338	42. 77	315. 0	658. 6	343. 6	0. 7670	1. 3714
83	296. 19	0. 0013885	0. 02305	43. 38	316. 2	658. 3	342. 1	0. 7689	1. 3698
84	297. 03	0. 0013917	0. 02273	43. 99	317. 3	657. 9	340. 6	0. 7708	1. 3682
85	297. 86	0. 0013950	0. 02243	44. 58	318. 4	657. 6	339. 2	0. 7726	1. 3666
86	298. 69	0. 0013983	0. 02212	45. 21	319. 5	657. 2	337. 7	0. 7745	1. 3651
87	299. 51	0. 0014016	0. 02182	45. 83	320. 6	656. 8	336. 2	0. 7763	1. 3635
88	300. 32	0. 0014049	0. 02153	46. 45	321. 6	656. 5	334. 8	0. 7781	1. 3620
89	301. 12	0. 0014082	0. 02124	47. 08	322. 7	656. 4	333. 4	0. 7800	1. 3604
90	301. 92	0. 0014115	0. 02096	47. 71	323. 8	655. 7	331. 9	0. 7818	1. 3589
91	302. 71	0. 0014148	0. 02069	48. 33	324. 9	655. 3	330. 4	0. 7836	1. 3574
92	303. 49	0. 0014181	0. 02042	48. 97	325. 9	655. 0	329. 1	0. 7854	1. 3559
93	304. 27	0. 0014215	0. 02016	49. 60	327. 0	654. 6	327. 6	0. 7871	1. 3544
94	305. 04	0. 0014249	0. 01990	50. 25	328. 0	654. 2	326. 2	0. 7889	1. 3529
95	305. 80	0. 0014282	0. 01965	50. 89	329. 1	653. 8	324. 7	0. 7906	1. 3514
96	306. 56	0. 0014316	0. 01940	51. 55	330. 1	653. 3	323. 2	0. 7924	1. 3499
97	307. 31	0. 0014350	0. 01916	52. 19	331. 2	652. 9	321. 8	0. 7941	1. 3484

续表

压力(绝) /(kg/cm²)	温度 /℃	沸腾水的比容 /(m^3/kg)	干饱和蒸汽的比容 /(m^3/kg)	干饱和蒸汽密度 /(kg/m^3)	沸腾水的焓 /(kcal/kg)	干饱和蒸汽的焓 /(kcal/kg)	蒸发潜热 /(kcal/kg)	沸腾水的熵 /[kcal/(kg·℃)]	干饱和蒸汽的熵 /[kcal/(kg·℃)]
98	308.06	0.0014384	0.01892	52.85	332.2	652.5	320.3	0.7958	1.3469
99	308.80	0.0014418	0.01869	53.51	333.2	652.1	318.9	0.7875	1.3455
100	309.53	0.0014453	0.01846	54.17	334.2	651.7	317.5	0.7992	1.3440
102	310.98	0.0014522	0.01802	55.49	336.3	650.8	314.5	0.8026	1.3411
104	312.41	0.0014591	0.01759	56.85	338.3	650.0	311.7	0.8059	1.3381
106	313.82	0.0014662	0.01717	58.24	340.3	649.1	308.8	0.8092	1.3352
108	315.21	0.0014733	0.01677	59.63	342.3	648.1	305.8	0.8125	1.3324
110	316.58	0.001480	0.01638	61.05	344.2	647.2	303.0	0.8158	1.3294
112	317.93	0.001488	0.01601	62.46	246.2	646.3	300.1	0.8190	1.3265
114	319.26	0.001495	0.01565	63.90	348.2	645.3	297.2	0.8221	1.3237
116	320.57	0.001502	0.01530	65.36	350.1	644.4	294.3	0.8253	1.3208
118	321.87	0.001510	0.01496	66.85	352.0	643.5	291.5	0.8284	1.3179
120	323.15	0.001517	0.01463	68.35	353.9	642.5	288.6	0.8318	1.3151
122	324.41	0.001525	0.01432	69.83	355.8	641.4	285.6	0.8346	1.3124
124	325.65	0.001533	0.01401	71.38	357.7	640.4	282.7	0.8376	1.3096
126	326.88	0.001541	0.01371	72.94	359.6	639.4	279.8	0.8407	1.3067
128	328.10	0.001547	0.01341	74.57	361.5	638.3	276.8	0.8437	1.3039
130	329.30	0.001557	0.01313	76.16	363.4	637.2	273.8	0.8467	1.3012
132	330.48	0.001565	0.01286	77.76	365.2	636.2	271.0	0.8496	1.2984
134	331.65	0.001574	0.01259	79.43	367.1	635.1	268.0	0.8526	1.2955
136	332.81	0.001582	0.01233	81.10	369.0	634.0	265.0	0.8556	1.2923
138	333.96	0.001591	0.01207	82.58	370.8	632.8	262.0	0.8584	1.2899

续表

压力(绝) /(kg/cm^2)	温度 /℃	沸腾水的比容 /(m^3/kg)	干饱和蒸汽的比容 /(m^3/kg)	干饱和蒸汽密度 /(kg/m^3)	沸腾水的焓 /(kcal/kg)	干饱和蒸汽的焓 /(kcal/kg)	蒸发潜热 /(kcal/kg)	沸腾水的熵 /[kcal/(kg·℃)]	干饱和蒸汽的熵 /[kcal/(kg·℃)]
140	335.09	0.001600	0.01182	84.60	372.7	631.7	259.0	0.8614	1.2873
142	336.21	0.001608	0.01159	86.28	374.5	630.5	256.0	0.8643	1.2843
144	337.31	0.001617	0.01134	88.18	376.4	629.4	253.0	0.8672	1.2814
146	338.40	0.001625	0.01111	90.01	378.2	628.1	249.9	0.8700	1.2786
148	339.49	0.001635	0.01088	91.91	380.1	626.9	246.8	0.8730	1.2757
150	340.56	0.001644	0.01066	93.81	381.9	625.6	243.7	0.8758	1.2728
152	341.61	0.001653	0.01045	95.69	383.7	624.3	240.6	0.8786	1.2698
154	342.66	0.001663	0.01024	97.66	385.6	623.0	237.4	0.8815	1.2668
156	343.70	0.001673	0.01003	99.70	387.4	621.6	234.2	0.8844	1.2640
158	344.72	0.001683	0.009826	101.77	389.3	620.3	231.0	0.8873	1.2611
160	345.74	0.001693	0.009625	103.9	391.1	618.9	227.8	0.8901	1.2582
162	346.74	0.001704	0.009431	106.0	392.9	617.5	224.5	0.8930	1.2552
164	347.74	0.001715	0.009237	108.3	394.8	616.0	221.2	0.8959	1.2521
166	348.72	0.001726	0.009048	110.5	396.7	614.5	217.8	0.8987	1.2489
168	349.70	0.001737	0.008862	112.8	398.6	613.0	214.4	0.9016	1.2456
170	350.66	0.001748	0.008681	115.2	400.4	611.5	211.1	0.9045	1.2422
172	351.62	0.001760	0.008501	117.6	402.3	609.8	207.5	0.9074	1.2387
174	352.56	0.001772	0.008325	120.1	404.2	608.2	204.0	0.9103	1.2353
176	353.50	0.001785	0.008150	122.7	406.2	606.5	200.3	0.9132	1.2321
178	354.43	0.001798	0.007974	125.4	408.1	604.7	196.6	0.9162	1.2292
180	355.35	0.001812	0.007803	128.2	410.1	602.8	192.7	0.9192	1.2258
182	356.26	0.001826	0.007633	131.0	412.2	600.9	188.7	0.9222	1.2224

续表

压力(绝) /(kg/cm²)	温度 /℃	沸腾水的比容 /(m³/kg)	干饱和蒸汽的比容 /(m³/kg)	干饱和蒸汽密度 /(kg/m³)	沸腾水的焓 /(kcal/kg)	干饱和蒸汽的焓 /(kcal/kg)	蒸发潜热 /(kcal/kg)	沸腾水的熵 /[kcal/(kg·℃)]	干饱和蒸汽的熵 /[kcal/(kg·℃)]
184	357. 16	0. 001840	0. 007466	133. 9	414. 2	599. 0	184. 8	0. 9252	1. 2190
186	358. 06	0. 001856	0. 007300	137. 0	416. 2	597. 1	180. 9	0. 9284	1. 2154
188	358. 94	0. 001873	0. 007138	140. 1	418. 2	595. 1	176. 9	0. 9315	1. 2117
190	359. 82	0. 001890	0. 00697	143. 5	420. 4	593. 0	172. 6	0. 9347	1. 2080
192	360. 69	0. 001906	0. 00682	146. 6	422. 3	591. 0	168. 7	0. 9378	1. 2042
194	361. 55	0. 001923	0. 00666	150. 1	424. 4	588. 9	164. 5	0. 9410	1. 2002
196	332. 40	0. 001942	0. 00650	153. 8	426. 6	586. 6	160. 0	0. 9443	1. 1960
198	363. 25	0. 001963	0. 00634	157. 7	428. 9	584. 0	155. 1	0. 9477	1. 1914
200	364. 08	0. 001987	0. 00618	161. 9	431. 3	581. 4	150. 1	0. 9514	1. 1867
202	364. 91	0. 00201	0. 00601	166. 3	433. 8	578. 6	144. 7	0. 9551	1. 1819
204	365. 74	0. 00204	0. 00585	171. 0	436. 4	575. 6	139. 2	0. 9590	1. 1770
206	366. 55	0. 00207	0. 00568	175. 9	438. 9	572. 6	133. 6	0. 9630	1. 1717
208	367. 36	0. 00210	0. 00552	181. 2	441. 7	569. 4	127. 7	0. 9670	1. 1663
210	368. 16	0. 00213	0. 00535	186. 9	444. 5	565. 9	121. 4	0. 9713	1. 1606
212	368. 95	0. 00217	0. 00517	193. 2	447. 6	562. 2	114. 6	0. 9759	1. 1545
214	369. 74	0. 00221	0. 00499	200. 2	450. 8	558. 2	107. 4	0. 9808	1. 1475
216	370. 51	0. 00226	0. 00481	208	454. 2	553. 8	99. 6	0. 9860	1. 1406
218	371. 29	0. 00231	0. 00462	216	458. 6	548. 2	89. 6	0. 9921	1. 1315
220	372. 1	0. 00238	0. 00436	229	463	542. 3	79. 3	0. 9993	1. 1220
222	372. 8	0. 00247	0. 00412	242	468	535. 4	67. 3	1. 0070	1. 1112
224	373. 6	0. 00267	0. 00373	268	479	520. 7	45. 7	1. 0240	1. 0880